합격률 및 시험 일정 안내

2024년 합격률 알아보기

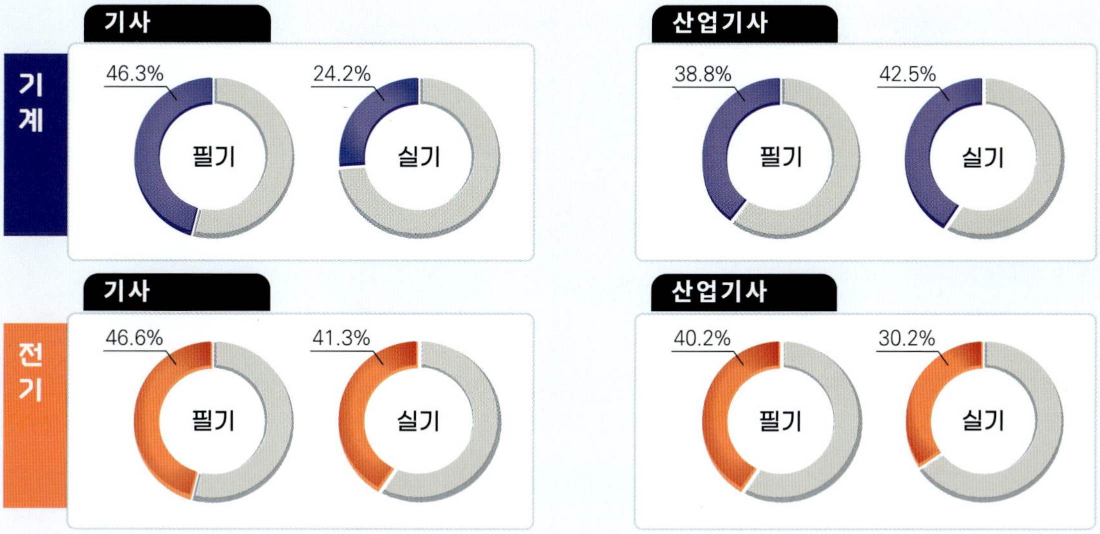

기계
- 기사: 필기 46.3%, 실기 24.2%
- 산업기사: 필기 38.8%, 실기 42.5%

전기
- 기사: 필기 46.6%, 실기 41.3%
- 산업기사: 필기 40.2%, 실기 30.2%

2026년 시험일정 예상하기

제 1회
- 접수: 1월 12일(월) ~ 15일(목)
- 시험: 2월 6일(금) ~ 3월 6일(금)

제 2회
- 접수: 4월 13일(월) ~ 16일(목)
- 시험: 5월 8일(금) ~ 29일(금)

제 3회
- 접수: 7월 20일(월) ~ 23일(목)
- 시험: 8월 8일(토) ~ 9월 1일(화)

※ 정확한 시험 일정과 관련된 정보는 한국산업인력공단(Q-Net)에서 확인하시길 바랍니다.

합격으로 입증할 오직 초격차만의 가치

다회독으로 마스터하기
다회독에 최적화된 초격차만의 구성으로
편리한 반복학습이 가능합니다.

2025년 모든 회차 수록
2025년 기출문제 전 회차를 수록하여
최신 출제 경향을 정확하게 파악할 수 있습니다.

과목별 목표시간 설정
실전 감각을 기르고 시간 관리 능력과 집중력을
동시에 향상시킬 수 있습니다.

신유형 문제
새로운 유형에 대한 적응력을 높여 실전에서
자신있게 문제를 해결할 수 있습니다.

문제별 난이도
난이도 표시를 통해 전략적으로 문제에 접근하여
학습 효율을 높일 수 있습니다.

풍부한 해설과 꿀팁 암기법
초격차가 제시하는 꿀팁과 풍부한 해설로
해당 내용을 완벽하게 마스터할 수 있습니다.

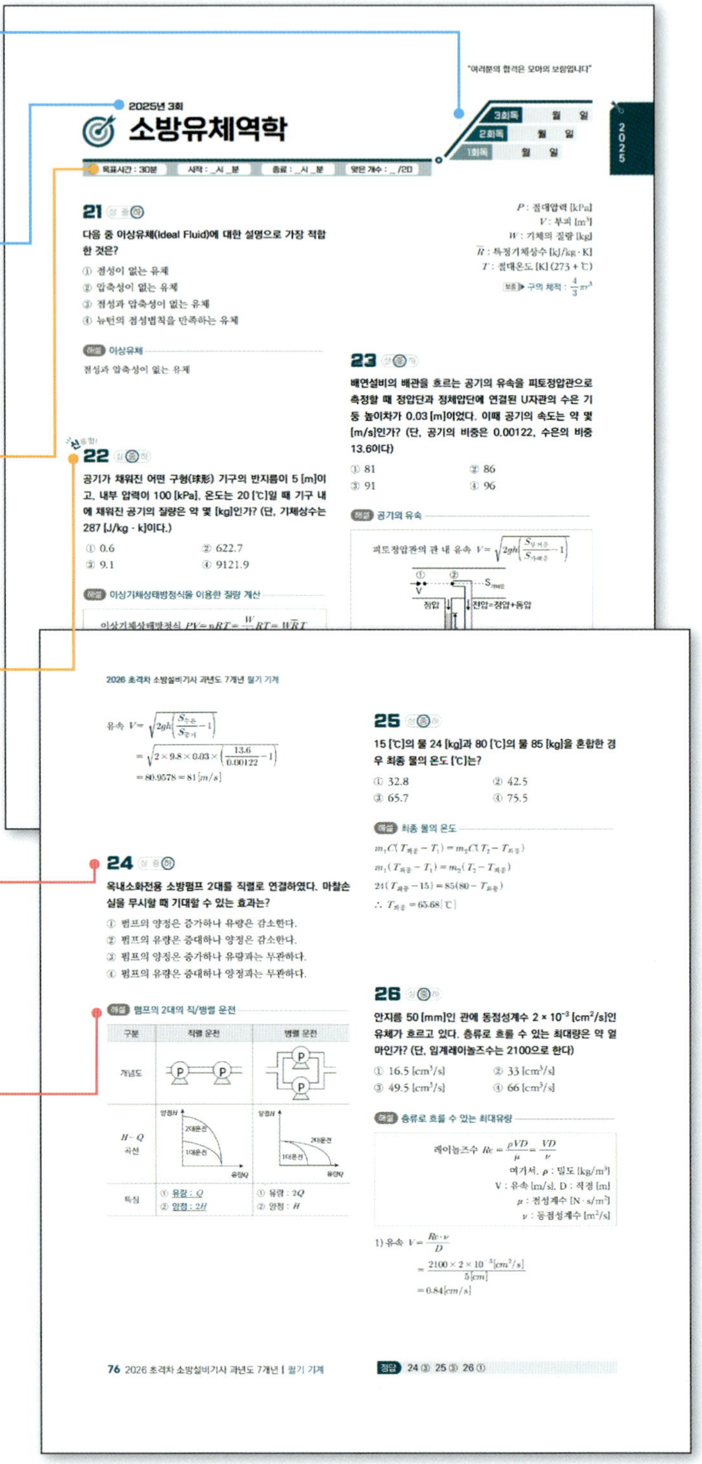

과목별 학습 방법

•• 소방원론

소방원론은 기계분야와 전기분야 공통과목이다. 다른 과목에 비해 난이도는 그리 높지 않기 때문에 이 과목에서 고득점을 획득해야 하는 전략과목이기도 하다. 기본 개념 위주의 학습이 요구되며, 이해와 암기를 필요로 하는 과목이니 만큼 **자주 반복적으로 회독하는 것이 효과적인 학습 방법**이다. 학습에 들어가기 전에 세부목차를 통해 소방원론에서 어떠한 내용을 학습하게 될지를 사전에 훑어보기를 바란다.

•• 소방유체역학

소방유체역학은 누구에게나 쉽지 않은 과목이라 과락이 빈번하게 나타나는 과목이다. 따라서 전략적으로 과락을 면하는 것을 목표로 해야 할 수도 있다. 그러나 공식을 통해 문제를 해결하는 유형들이 지배적이기 때문에 **그동안 많이 출제되었던 공식들을 하나씩 익히고 암기하여 계산 문제를 많이 풀어본다**면 과락을 면하는 것은 물론 실기시험에서도 출제가 되는 부분이므로 필기시험 준비할 때 확실하게 해둘 것을 권한다.

•• 소방관계법규

소방관계법규는 상대적으로 학습량이 많은데, 법조문을 이해하고 암기해야 하므로 투여한 시간만큼 점수를 얻을 수 있는 과목이다. 특히 기간이나 벌금과 같이 숫자가 지문으로 나오는 경우가 많아 **나만의 암기법을 활용하면 도움이 될 수 있다**. 이처럼 학습량과 암기량이 많은 과목이라 고득점이 어려울 수 있지만 **자주 출제되는 부분을 중심으로 학습한다**면 원하는 결과를 얻을 수 있을 것이다.

•• 소방기계시설의 구조 및 원리

실기시험과 연관성이 높은 과목인 소방기계시설의 구조 및 원리는 필기시험을 준비할 때 확실하게 학습하는 것이 필요하다. 암기가 필요한 과목이지만 적정한 이해가 수반되어야 학습이 원활할 수 있다. 이 과목은 모든 챕터에서 골고루 출제가 되고 있는데, 출제되는 부분은 정해져 있으므로 **책에 강조 표시된 부분을 잘 참조하여 학습**하는 것이 효율적이다.

초격차로 압도적인 합격의 격차를 만들다!

- <초격차>로 공부했던 선배 합격생들의 리얼 합격 스토리 -

"시작부터 마지막까지 함께하는 초격차!"

기존에 막연했던 이론 공부의 어려움을 초격차의 깔끔하게 정리된 개념을 보면서 극복할 수 있었습니다. 팁과 암기법 등이 부담감을 많이 줄여주었습니다. 특히 책 속의 책에 핵심요약과 중요빈출지문이 잘 정리되어 있어서 도움이 많이 됐습니다. 책속의 책을 보면서 시험에 나올 핵심 내용을 마지막으로 점검하고 시험장에 들어갔습니다. 초격차 덕분에 끝까지 잘 정리해서 합격할 수 있었습니다.

2025년 2회 합격자 안○○

2025년 2회 합격자 장○○

"핵심이론-기출-다회독으로 끝내는 초격차!"

이론을 어떻게 어떤 식으로 외워야하는지, 중요한 것은 무엇인지 핵심 정리가 잘 되어 있어서 좋았습니다. 이론 학습 후 챕터별 예상문제를 바로 풀면서 배운 내용을 다시 복습하고 과년도 기출문제로 넘어갔습니다. 이 순서대로 3회차까지 보았는데 회독 날짜를 보니 점점 시간이 단축되는게 보여서 자신감이 많이 붙었습니다. 그 결과가 합격으로 이어진 것 같아 감사드립니다.

"비전공자도 이해할 수 있는 초격차!"

비전공자라 전반적인 이해가 부족해 독학이 어려웠는데 교재를 따라 공부하다보니 문제나 공식도 점차 이해할 수 있었습니다. 기출문제를 풀 때 상세한 해설 덕분에 문제 풀이 과정을 명확하게 알 수 있었던 점이 좋았습니다. 단순한 정답 암기가 아니라 왜 틀리고 왜 맞는지 이해할 수 있었습니다. 7개년 기출문제를 반복 학습하며 자연스럽게 문제 유형에 익숙해진 것도 합격하는데 큰 도움이 되었습니다.

2025년 1회 합격자 김○○

2025년 1회 합격자 오○○

"효율적인 학습이 가능한 초격차!"

방대한 양의 소방설비기사 내용을 모두 공부하기보다 초격차 교재의 구성에 따라 중요한 부분에 집중했습니다. 이론 공부할 땐 특히 암기법이 도움이 많이 되었습니다. 헷갈리는 부분도 암기법을 통해 외우니 오래 기억할 수 있었습니다. 단원별로 정리된 문제를 풀면서 문제에 대한 적응도가 많이 좋아졌고 과년도 기출문제를 풀면서 반복적으로 등장하는 문제들을 정복할 수 있었습니다. 초격차 덕분에 단기간에 합격이라는 목표를 달성할 수 있었습니다.

소방설비기사

필기 기계 | **과년도 7개년**

소방원론 / 소방유체역학 / 소방관계법규
소방기계시설의 구조 및 원리

2026 초超 격格 차差

황모아 · 이지원 · 오민정

모아북스

CONTENTS

2025년

1회	소방원론	6
	소방유체역학	11
	소방관계법규	18
	소방기계시설의 구조 및 원리	27

2회	소방원론	34
	소방유체역학	41
	소방관계법규	50
	소방기계시설의 구조 및 원리	59

3회	소방원론	68
	소방유체역학	75
	소방관계법규	83
	소방기계시설의 구조 및 원리	91

2024년

1회	소방원론	100
	소방유체역학	107
	소방관계법규	115
	소방기계시설의 구조 및 원리	123

2회	소방원론	131
	소방유체역학	138
	소방관계법규	148
	소방기계시설의 구조 및 원리	157

3회	소방원론	165
	소방유체역학	172
	소방관계법규	181
	소방기계시설의 구조 및 원리	190

2023년

1회	소방원론	200
	소방유체역학	208
	소방관계법규	218
	소방기계시설의 구조 및 원리	227

2회	소방원론	236
	소방유체역학	243
	소방관계법규	251
	소방기계시설의 구조 및 원리	260

4회	소방원론	270
	소방유체역학	277
	소방관계법규	286
	소방기계시설의 구조 및 원리	295

2022년

1회	소방원론	306
	소방유체역학	312
	소방관계법규	321
	소방기계시설의 구조 및 원리	330

2회	소방원론	339
	소방유체역학	346
	소방관계법규	354
	소방기계시설의 구조 및 원리	363

4회	소방원론	370
	소방유체역학	376
	소방관계법규	385
	소방기계시설의 구조 및 원리	393

2021년

1회	소방원론 ·· 404
	소방유체역학 ································ 410
	소방관계법규 ································ 418
	소방기계시설의 구조 및 원리 ········ 427

2회	소방원론 ·· 436
	소방유체역학 ································ 442
	소방관계법규 ································ 450
	소방기계시설의 구조 및 원리 ········ 459

4회	소방원론 ·· 468
	소방유체역학 ································ 474
	소방관계법규 ································ 483
	소방기계시설의 구조 및 원리 ········ 491

2020년

1,2회	소방원론 ·· 502
	소방유체역학 ································ 508
	소방관계법규 ································ 518
	소방기계시설의 구조 및 원리 ········ 526

3회	소방원론 ·· 533
	소방유체역학 ································ 539
	소방관계법규 ································ 547
	소방기계시설의 구조 및 원리 ········ 556

4회	소방원론 ·· 564
	소방유체역학 ································ 570
	소방관계법규 ································ 578
	소방기계시설의 구조 및 원리 ········ 586

2019년

1회	소방원론 ·· 596
	소방유체역학 ································ 603
	소방관계법규 ································ 611
	소방기계시설의 구조 및 원리 ········ 620

2회	소방원론 ·· 628
	소방유체역학 ································ 634
	소방관계법규 ································ 642
	소방기계시설의 구조 및 원리 ········ 650

4회	소방원론 ·· 659
	소방유체역학 ································ 666
	소방관계법규 ································ 673
	소방기계시설의 구조 및 원리 ········ 681

2025 출제경향 분석

[소방원론]

CHAPTER 연도 및 회차		연소	연소생성물	폭발	화재	위험물	소화	안전관리 및 건축방재	합계
2025년	1	2	0	2	1	3	8	4	20
	2	5	0	0	2	2	7	4	20
	3	5	2	1	1	4	5	2	20

[소방유체역학]

CHAPTER 연도 및 회차		유체이론	정수역학	동수역학	배관과 펌프	열역학	합계
2025년	1	1	5	6	4	4	20
	2	1	7	4	6	2	20
	3	2	4	6	5	3	20

격차를 뛰어넘어 압도적인 격차를 만들다

[소방관계법규]

CHAPTER 연도 및 회차		소방기본법	소방시설법	화재예방법	소방공사업법	위험물 안전관리법	합계
2025년	1	5	6	2	2	5	20
	2	3	4	5	2	6	20
	3	6	5	4	1	4	20

[소방기계시설의 구조 및 원리]

CHAPTER 연도 및 회차		소화기구 및 자동 소화장치	옥내 소화전 설비	옥외 소화전 설비	스프링 클러 설비	물분무 소화 설비	미분무 소화 설비	포소화 설비	이산화 탄소 소화 설비	할론 소화 설비	할로겐 화합물 및 불활성기체 소화설비	분말 소화 설비	피난기구 및 인명 구조기구	소화 용수 설비	제연 설비	연결 송수관 설비	연결 살수 설비	기타	합계
2025년	1	2	2	0	1	3	0	3	2	0	0	2	3	0	2	0	0	0	20
	2	2	0	1	4	2	0	3	1	1	0	2	1	1	1	1	0	0	20
	3	2	1	0	4	1	0	1	1	1	0	2	2	1	2	1	0	1	20

2025년 1회 소방원론

01 (상 중 하) 신유형!

다음 중 불연성이지만 산소를 많이 함유하고 있는 강산화제가 아닌 것은?

① 과산화나트륨
② 트리니트로톨루엔
③ 질산
④ 과염소산

해설 불연성이면서 산소를 많이 함유하고 있는 강산화제 ──

제1류 위험물과 제6류 위험물은 불연성이면서 산소를 많이 함유하고 있는 강산화제이다.

1) 제1류 위험물

위험물	지정수량	위험물	지정수량
아염소산 염류	50 [kg]	브로민산 염류 (브롬산 염류)	300 [kg]
염소산 염류		질산 염류	
과염소산 염류		아이오딘산 염류 (요오드산염류)	
무기과산화물		과망가니즈산 염류 (과망간산염류)	1000 [kg]
-	-	다이크로뮴산 염류 (중크롬산염류)	

2) 제6류 위험물

위험물	지정수량
과염소산, 과산화수소, 질산	300 [kg]

※ 제5류 위험물은 가연성이면서 산소를 많이 함유하고 있다.

① 과산화나트륨 → 제1류 위험물(무기과산화물)
② 트리니트로톨루엔 → 제5류 위험물
③ 질산 → 제6류 위험물
④ 과염소산 → 제6류 위험물

02 (상 중 하)

부촉매소화에 관한 설명으로 옳은 것은?

① 산소의 농도를 낮추어 소화하는 방법이다.
② 화학반응으로 발생한 탄산가스에 의한 소화방법이다.
③ 활성기(Free Radical)의 생성을 억제하는 소화방법이다.
④ 용융잠열에 의한 냉각효과를 이용하여 소화하는 방법이다.

해설 부촉매소화(억제소화) ──

- 화학적 소화
- 연쇄반응을 차단하여 소화
- 활성기의 생성을 억제하는 소화방법
- 할론·할로겐화합물소화약제

03 (상 중 하)

이산화탄소의 증기비중은 약 얼마인가?

① 0.81
② 1.52
③ 2.02
④ 2.51

해설 증기비중 ──

- 증기비중 $= \dfrac{\text{분자량}}{29(\text{공기 분자량})} = \dfrac{44(CO_2 \text{ 분자량})}{29} ≒ 1.52$

- 공기에 대한 가스의 무게비

증기비중	공기에 대한 무게
증기비중 > 1	공기보다 무거움
증기비중 < 1	공기보다 가벼움

보충 분자량(H : 1, C : 12, N : 14, O : 16)

정답 01 ② 02 ③ 03 ②

04 상중하

다음 중 질식소화가 주된 소화효과가 아닌 것은?

① 할론 소화기로 소화
② 이산화탄소 소화기로 소화
③ 마른모래로 소화
④ 포소화약제에 의한 소화

해설 소화효과

① 할론 소화기로 소화 → 부촉매소화
② 이산화탄소 소화기로 소화 → 질식소화
③ 마른모래로 소화 → 질식소화
④ 포소화약제에 의한 소화 → 질식소화

05 상중하

착화에너지가 충분하지 않아 가연물이 발화되지 못하고 다량의 연기가 발생되는 연소형태는?

① 훈소
② 표면연소
③ 분해연소
④ 증발연소

해설 훈소

- 산소 부족으로 불꽃을 내지 않고 연기만 나는 느린 연소
- 착화에너지가 충분하지 않아 가연물이 발화되지 못하고 다량의 연기 발생

06 상중하

가연성 액화가스의 용기가 과열로 파손되어 가스가 분출된 후 불이 붙어 폭발하는 현상은?

① 블레비(BLEVE)
② 보일오버(Boil Over)
③ 슬롭오버(Slop Over)
④ 플래시오버(Flash Over)

해설 유류탱크 화재 재해현상

현상	설명
보일오버	중질유 탱크의 저부에 에멀전(물)이 증발하면서 부피가 팽창하여 유류를 분출
슬롭오버	고온의 기름 표면에 물을 살수 시 급격한 수분 증발로 기름이 팽창되어 탱크 밖으로 분출
프로스오버	고온의 아스팔트가 물이 존재하는 탱크에 옮겨지면 화재를 수반하지 않고 기름을 분출
블레비	비등액체 증기폭발, 주변 화재로 탱크 내 액체가 비등하고 압력이 상승하여 탱크 파열, 파이어 볼 발생

보충 플래시오버 : 온도가 급격히 상승하여 화재가 순간적으로 실내 전체에 확산되는 현상

07 상중하

공기 중에서 자연발화 위험성이 높은 물질은?

① 벤젠
② 톨루엔
③ 이황화탄소
④ 트리에틸알루미늄

해설 제3류 위험물

1) 제3류 위험물 : 황린, 칼륨, 나트륨, 알칼리토금속, 트리에틸알루미늄, 탄화알루미늄
2) 자연발화성 물질 및 금수성 물질
3) 물과 접촉하면 가연성 가스 발생(황린 제외)
4) 팽창진주암, 팽창질석 등에 의한 질식소화

보충 트리에틸알루미늄은 공기 중에서 자연발화한다.

정답 04 ① 05 ① 06 ① 07 ④

08 (중)

불활성기체소화약제인 IG-541의 성분이 아닌 것은?

① 질소
② 아르곤
③ 헬륨
④ 이산화탄소

해설 불활성기체소화약제

소화약제	분자식
IG-541	N_2 : 52 [%], Ar : 40 [%], CO_2 : 8 [%]
IG-01	Ar : 100 [%]
IG-55	N_2 : 50 [%], Ar : 50 [%]
IG-100	N_2 : 100 [%]

09 (중)

피난층에 대한 정의로 옳은 것은?

① 지상으로 통하는 피난계단이 있는 층
② 비상용 승강기의 승강장이 있는 층
③ 비상용 출입구가 설치되어 있는 층
④ 직접 지상으로 통하는 출입구가 있는 층

해설 피난층

곧바로 지상으로 갈 수 있는 출입구가 있는 층이나 피난안전구역이 있는 층

10 (하)

건축물의 주요구조부에 해당되지 않는 것은?

① 기둥
② 작은 보
③ 지붕틀
④ 바닥

해설 건물의 주요구조부

1) 바닥(최하층 바닥 제외)
2) 보(작은 보 제외)
3) 지붕틀(차양 제외)
4) 내력벽(비내력벽 제외)
5) 주계단(옥외계단 제외)
6) 기둥(사잇기둥 제외)

암기 바보지내주기

11 (중)

간이소화용구에 해당되지 않는 것은?

① 이산화탄소소화기
② 마른모래
③ 팽창질석
④ 팽창진주암

해설 소화약제 외의 것을 이용한 간이소화용구

마른모래, 팽창질석, 팽창진주암

12 (하)

가연물이 되기 쉬운 조건이 아닌 것은?

① 발열량이 커야 한다.
② 열전도율이 커야 한다.
③ 산소와 친화력이 좋아야 한다.
④ 활성화에너지가 작아야 한다.

해설 가연물의 구비조건

• 활성화 에너지가 작을 것 (-)
• 열전도율이 작을 것 (-)
• 산소와 접촉하는 표면적이 넓을 것 (+)
• 발열량이 클 것 (+)
• 산소와 친화력이 클 것 (+)
• 연쇄반응을 일으킬 것 (+)

TIP 활성화에너지, 열전도율 (-)

정답 08 ③ 09 ④ 10 ② 11 ① 12 ②

13 상중하

화재 시 불티가 바람에 날리거나 상승하는 열기류에 휩쓸려 멀리 있는 가연물에 착화되는 현상은?

① 비화
② 전도
③ 대류
④ 복사

해설 비화

강풍, 복사에 의해 불꽃이 날아가 화염 확대

보충 ▶ 열전달 : 전도, 대류, 복사

14 상중하

할로겐화합물소화약제에 관한 설명으로 틀린 것은?

① 비열, 기화열이 작기 때문에 냉각효과는 물보다 작다.
② 할로겐 원자는 활성기의 생성을 억제하여 연쇄반응을 차단한다.
③ 사용 후에도 화재현장을 오염시키지 않기 때문에 통신기기실 등에 적합하다.
④ 약제의 분자 중에 포함되어 있는 할로겐 원자의 소화효과는 F > Cl > Br > I의 순이다.

해설 할로겐족 원소

- 주기율표 17족 원소 : F, Cl, Br, I
- 전기음성도(결합력) : F > Cl > Br > I
- 부촉매효과(소화능력) : F < Cl < Br < I

암기 ▶ FC바르셀로나 아이

15 상중하

유류탱크 화재 시 발생하는 슬롭오버(Slop Over)현상에 관한 설명으로 틀린 것은?

① 소화 시 외부에서 방사하는 포에 의해 발생한다.
② 연소유가 비산되어 탱크 외부까지 화재가 확산된다.
③ 탱크의 바닥에 고인 물의 비등 팽창에 의해 발생한다.
④ 연소면의 온도가 100 [℃] 이상일 때 물을 주수하면 발생한다.

해설 유류탱크 화재 재해현상

현상	설명
보일 오버	중질유 탱크의 저부에 에멀전(물)이 증발하면서 부피가 팽창하여 유류를 분출
슬롭 오버	고온의 기름 표면에 물을 살수 시 급격한 수분 증발로 기름이 팽창되어 탱크 밖으로 분출
프로스 오버	고온의 아스팔트가 물이 존재하는 탱크에 옮겨지면 화재를 수반하지 않고 기름을 분출
블레비	비등액체 증기폭발, 주변 화재로 탱크 내 액체가 비등하고 압력이 상승하여 탱크 파열, 파이어 볼 발생

보충 ▶ 플래시 오버 : 온도가 급격히 상승하여 화재가 순간적으로 실내 전체에 확산되는 현상

16 상중하

마그네슘에 관한 설명으로 옳지 않은 것은?

① 마그네슘의 지정수량은 500 [kg]이다.
② 마그네슘 화재 시 주수하면 폭발이 일어날 수도 있다.
③ 마그네슘 화재 시 이산화탄소소화약제를 사용하여 소화한다.
④ 마그네슘의 저장·취급 시 산화제와의 접촉을 피한다.

해설 마그네슘 소화방법

마른모래, 석회분으로 질식소화

정답 13 ① 14 ④ 15 ③ 16 ③

17 (중)

할로겐화합물소화약제의 분자식이 틀린 것은?

① 할론 2402 : $C_2F_4Br_2$
② 할론 1211 : CCl_2FBr
③ 할론 1301 : CF_3Br
④ 할론 104 : CCl_4

해설 할론소화약제

종류	분자식	상온·상압
할론 1211	CF_2ClBr	기체
할론 1301	CF_3Br	
할론 1011	CH_2ClBr	액체
할론 2402	$C_2F_4Br_2$	

보충 ▶ 할론 104 : CCl_4

18 (하)

그림에서 내화조 건물의 표준 화재 온도 - 시간 곡선은?

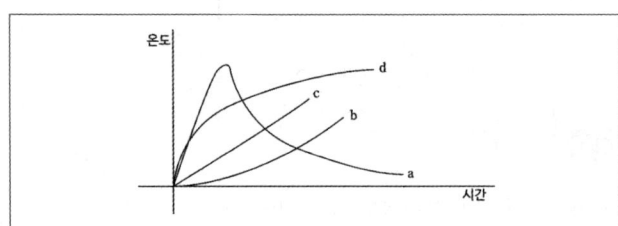

① a
② b
③ c
④ d

해설 표준화재 온도 - 시간 곡선

목조건축물	내화건축물

19 (중)

벤젠의 소화에 필요한 CO_2의 이론소화농도가 공기 중에서 37 [vol%]일 때 한계산소농도는 약 몇 [vol%]인가?

① 13.2
② 14.5
③ 15.5
④ 16.5

해설 이산화탄소 농도

$$CO_2 \text{ 농도} = \frac{21 - O_2}{21} \times 100$$

$$37 = \frac{21 - O_2}{21} \times 100$$

$$O_2 = 21 - \frac{37 \times 21}{100}$$

$$O_2 ≒ 13.2 \text{ [vol\%]}$$

20 (하)

연기감지기가 작동할 정도이고 가시거리가 20 ~ 30 [m]에 해당하는 감광계수는 얼마인가?

① 0.1 [m⁻¹]
② 1.0 [m⁻¹]
③ 2.0 [m⁻¹]
④ 10 [m⁻¹]

해설 감광계수

감광계수[m⁻¹]	가시거리[m]	내용
0.1	20 ~ 30	연기감지기 작동할 때
0.3	5	건물에 익숙한 사람이 피난에 지장을 느낄 때
0.5	3	어두움을 느낄 때
1	1 ~ 2	거의 앞이 보이지 않음
10	0.2 ~ 0.5	최성기 때 연기농도
30	-	출화실에서 연기 분출

정답 17 ② 18 ④ 19 ① 20 ①

2025년 1회 소방유체역학

21 (상 중 하)

온도 50 [℃], 압력 100 [kPa]인 공기가 지름 10 [mm]인 관 속을 흐르고 있다. 임계 레이놀즈수가 2100일 때 층류로 흐를 수 있는 최대평균속도(V)와 유량(Q)은 각각 약 얼마인가? (단, 공기의 점성계수는 19.5 × 10⁻⁶ [kg/m·s]이며, 기체상수는 287 [J/kg·K]이다)

① V = 0.6 [m/s], Q = 0.5 × 10⁻⁴ [m³/s]
② V = 1.9 [m/s], Q = 1.5 × 10⁻⁴ [m³/s]
③ V = 3.8 [m/s], Q = 3.0 × 10⁻⁴ [m³/s]
④ V = 5.8 [m/s], Q = 6.1 × 10⁻⁴ [m³/s]

해설 층류로 흐를 수 있는 최대평균속도(V)와 유량(Q)

레이놀즈수 $Re = \dfrac{\rho VD}{\mu} = \dfrac{VD}{\nu}$

ρ : 밀도 [kg/m³], V : 유속 [m/s]
D : 직경 [m], μ : 점성계수 [N·s/m²]
ν : 동점성계수 [m²/s]

1) 공기의 밀도 ρ

$$\text{밀도} \rho = \frac{P}{R \times T} = \frac{100}{0.287 \times (50+273)}$$
$$= 1.0787 [kg/m^3]$$

2) 최대 유속 V

$$\text{속도} V = \frac{Re \times \mu}{D \times \rho} = \frac{2100 \times 19.5 \times 10^{-6}}{0.01 \times 1.0787}$$
$$= 3.8 [m/s]$$

3) 최대 유량 Q

$$Q = A \times V = \frac{\pi}{4} D^2 \times V$$
$$= \frac{\pi \times 0.01^2}{4} \times 3.8 = 3 \times 10^{-4} [m^3/s]$$

22 (상 중 하)

수직유리관 속의 물기둥의 높이를 측정하여 압력을 측정할 때, 모세관현상에 의한 영향이 0.5 [mm] 이하가 되도록 하려면 관의 반경은 최소 몇 [mm]가 되어야 하는가? (단, 물의 표면장력은 0.0728 [N/m], 물 – 유리 – 공기 조합에 대한 접촉각은 0°로 한다)

① 2.97　　② 5.94
③ 29.7　　④ 59.4

해설 모세관현상

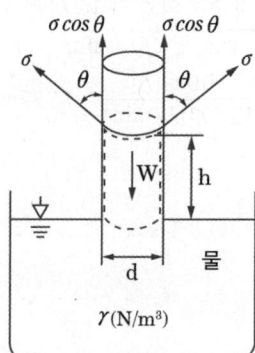

상승높이 $h[m] = \dfrac{4\sigma \cos\theta}{\gamma d}$

σ : 표면장력 [N/m]
θ : 각도 [°]
γ : 비중량 [N/m³]
d : 관의 내경 [m]

1) 직경 d

$$0.5 \times 10^{-3} = \frac{4 \times 0.0728 \times \cos 0}{9800 \times d}$$
$$\therefore d = 0.0594 m = 59.4 mm$$

2) 반경 r

$$\text{반경} r = \frac{d}{2} = \frac{59.4}{2} = 29.7 mm$$

정답 21 ③　22 ③

23 (상 중 하)

노즐의 계기압력 400 [kPa]로 방사되는 옥내소화전에서 저수조의 수량이 10 [m³]이라면 저수조의 물이 전부 소비되는 데 걸리는 시간은 약 몇 분인가? (단, 노즐의 직경은 10 [mm]이다)

① 75 ② 95
③ 150 ④ 180

해설 저수조의 물이 소비되는 걸리는 시간

$$시간\ t[\min] = \frac{저수조의\ 수량\ V_t[L]}{방사량\ Q[L/\min]}$$

1) 방사량 Q

$$Q[L/\min] = 2.086 \times D[mm]^2 \times \sqrt{P[MPa]}$$
$$= 2.086 \times 10^2 \times \sqrt{0.4}$$
$$= 131.93\ [L/\min]$$

2) 물을 소비하는 데 걸리는 시간 [min]

$$시간\ t[\min] = \frac{저수조의\ 수량\ V_t[L]}{방사량\ Q[L/\min]}$$
$$= \frac{10\,000[L]}{131.93[L/\min]} = 75.79[\min]$$

24 (상 중 하)

고속주행 시 타이어의 온도가 20 [℃]에서 80 [℃]로 상승하였다. 타이어의 체적이 변화하지 않고 타이어 내 공기를 이상기체라 하였을 때 압력 상승은 약 몇 [kPa]인가? (단, 온도 20 [℃]에서의 게이지압력은 0.183 [MPa], 대기압은 101.3 [kPa]이다)

① 37 ② 58
③ 286 ④ 345

해설 타이어 내 공기의 압력 상승

보일-샤를의 법칙 $\dfrac{P_1 V_1}{T_1} = \dfrac{P_2 V_2}{T_2}$

여기서 체적이 변화하지 않으므로 $V_1 = V_2$

따라서 $\dfrac{P_1}{T_1} = \dfrac{P_2}{T_2}$

여기서 P_1과 P_2는 절대압력이므로
P_1 = 대기압 + 게이지압
  = 101.3 [kPa] + 183 [kPa] = 284.3 [kPa]

$$\frac{284.3\,[kPa]}{(273+20)[K]} = \frac{P_2}{(273+80)[K]}$$

$\therefore P_2 = 342.5\,[kPa]$

그러므로
압력 상승 $(P_2 - P_1) = 342.5 - 284.3$
  $= 58.2\,[kPa]$

P : 절대압력 [kPa]
T : 절대온도 [K](273 + ℃)

보충 절대압력 = 대기압 + 게이지압

25 (상 중 하)

관 내의 흐름에서 부차적 손실에 해당되지 않는 것은?

① 곡선부에 의한 손실
② 직선 원관 내의 손실
③ 유동단면의 장애물에 의한 손실
④ 관 단면의 급격한 확대에 의한 손실

해설 배관의 마찰손실

- 주손실 : 직선 원관 내의 손실
- 부차적손실
  ① 곡선부에 의한 손실
  ② 유동단면의 장애물에 의한 손실
  ③ 관 단면의 급격한 확대에 의한 손실

26 (상 중 하)

표준대기압에서 진공압이 400 [mmHg]일 때 절대압력은 약 몇 [kPa]인가? (단, 대기압은 101.325 [kPa], 수은의 비중은 13.6이다)

① 48 ② 53
③ 149 ④ 154

해설 절대압력

1) 압력단위환산

$$400 mmHg \times \frac{101.325 kPa}{760 mmHg} = 53.33 kPa$$

2) 절대압 = 대기압 - 진공압
   = 101.325 - 53.33 = 47.995 ≒ 48 [kPa]

※ 부르돈(관)압력계
1) 압력의 차이를 측정하는 장치로 계기 내 부르돈관의 신축을 계기판에 나타내는 장치
2) 배관 등의 관로 또는 탱크에 구멍을 뚫어 유체의 압력과 대기압의 차를 나타낸다.
3) 정압(+)을 측정한다.

[내부사진]

[외부사진]

27 (상 중 하)

타원형 단면의 금속관이 팽창하는 원리를 이용하는 압력 측정장치는?

① 액주계   ② 수은기압계
③ 경사미압계   ④ 부르돈 압력계

해설 유체의 측정

구분	측정기기
유량	벤추리미터, 오리피스, 로터미터, 위어, 노즐
압력(정압)	피에조미터, 정압관, 부르돈(관)압력계, 마노미터
유속(동압)	피토관, 피토정압관, 시차액주계, 열선풍속계

28 신유형! (상 중 하)

50 [kW]의 동력을 600 [rpm]으로 전달하려고 한다. 이때 축 토크(J)는 약 얼마인가?

① 83   ② 133
③ 500 ④ 796

해설 축 토크

$$각속도\ \omega\ [rad/s] = \frac{2\pi N}{60}$$

$$각속도\ P\ [W] = T\ [J] \times \omega\ [rad/s]$$

동력 $P = T\omega$에서

$$T = \frac{P}{\omega} = \frac{50 \times 10^3}{\frac{2\pi N}{60}} = \frac{50 \times 10^3}{\frac{2\pi \times 600}{60}} = 795.77 ≒ 796 [J]$$

정답 26 ① 27 ④ 28 ④

29 (중)

펌프 운전 중에 펌프 입구와 출구에 설치된 진공계, 압력계의 지침이 흔들리고 동시에 토출 유량이 변화하는 현상으로 송출압력과 송출유량 사이에 주기적인 변동이 일어나는 현상은?

① 수격현상 ② 맥동현상
③ 공동현상 ④ 와류현상

해설 펌프의 이상현상

1) 맥동현상(Surging) : 압력계가 흔들리고 송출유량이 주기적으로 변하는 현상
2) 공동현상(Cavitation) : 관 내 유체의 정압이 포화수증기압보다 낮아져 유체에 기포가 발생하는 현상
3) 수격현상(Water Hammering) : 유체가 흐를 때 급격한 속도변화로 내부압력에 급변화가 생기는 현상

30 (중)

단순화된 선형 운동량방정식 $\Sigma \vec{F} = m(\vec{V_2} - \vec{V_1})$이 성립되기 위하여 다음 [보기] 중 꼭 필요한 조건을 모두 고른 것은? (단, [m]은 질량유량, $\vec{V_1}$는 검사체적 입구평균속도, $\vec{V_2}$는 출구평균속도이다)

(가) 정상 상태	(나) 균일유동
(다) 비정상유동	

① (가) ② (가), (나)
③ (나), (다) ④ (가), (나), (다)

해설 운동량방정식

유체의 운동량법칙은 유동하고 있는 모든 유체에 적용할 수 있으며 운동량방정식의 가정은 다음과 같다.
① 유동단면에서 유속은 일정하다. → (나) 균일유동
② 정상유동이다. → (가) 정상 상태

정상유동인 경우 외부에서 검사체적의 물질에 작용하는 순(Net)힘은 검사표면을 통한 순유동량 유동률과 같다.
정상유동일 때 검사표면을 통한 선형 운동량의 유출률과 유입률의 차는 외부에서 검사체적 내의 물질에 작용하는 힘의 합과 같다.

$$F_{cv} = \dot{m}_{out} V_{out} - \dot{m}_{in} V_{in}$$

F_{cv} : 외부에서 검사체적의 물질에 작용하는 순힘

31 (하)

펌프에서 기계효율이 0.8, 수력효율이 0.85, 체적효율이 0.75인 경우 전효율은 얼마인가?

① 0.51 ② 0.68
③ 0.8   ④ 0.9

해설 펌프의 전효율

전효율 = 기계효율 × 수력효율 × 체적효율
     = 0.8 × 0.85 × 0.75 = 0.51

정답 29 ② 30 ② 31 ①

32 (중)

단면이 1 [m²]인 단열 물체를 통해서 5 [kW]의 열이 전도되고 있다. 이 물체의 두께는 5 [cm]이고 열전도도는 0.3 [W/m·℃]이다. 이 물체 양면의 온도차는 몇 [℃]인가?

① 35
② 237
③ 506
④ 833

해설 푸리에 열전도법칙

$$\text{전도열량 } \dot{Q}[W] = \frac{k \times A \times \Delta T}{l}$$

k : 열전도율(열전도계수) [W/m·K]
A : 열전달 면적 [m²]
ΔT : 온도 차 [K]
l : 전열체의 두께 [m]

$$\dot{Q} = \frac{k \times A \times (T_2 - T_1)}{l}, \quad 5000 = \frac{0.3 \times 1 \times (T_2 - T_1)}{0.05}$$

$\therefore T_2 - T_1 = 833 \ [℃]$

33 (하)

표면적이 A, 절대온도가 T_1인 흑체와 절대온도가 T_2인 흑체 주위 밀폐 공간 사이의 열전달량은?

① $T_1 - T_2$에 비례한다.
② $T_1^2 - T_2^2$에 비례한다.
③ $T_1^3 - T_2^3$에 비례한다.
④ $T_1^4 - T_2^4$에 비례한다.

해설 복사에너지(스테판 볼츠만법칙)

$$\text{단위 면적당 복사열량 } \dot{Q}''[W/m^2] = \varepsilon \times \sigma \times T^4$$

복사에너지는 절대온도의 4승에 비례

34 (하)

지름이 10 [cm]인 실린더 속에 유체가 흐르고 있다. 벽면으로부터 가까운 곳에서 수직거리가 y [m]인 위치에서 속도가 u = 5y − y² [m/s]로 표시된다면 벽면에서의 마찰 전단응력은 몇 [Pa]인가? (단, 유체의 점성계수 μ = 3.82 × 10⁻² [N·s/m²])

① 0.191
② 0.38
③ 1.95
④ 3.82

해설 전단응력(뉴턴의 점성법칙)

$$\text{전단응력 } \tau = \mu \frac{du}{dy}$$

- $\frac{du}{dy} = \frac{d(5y - y^2)}{dy} = [5 - 2y]_{y=0} = 5$ (벽면이므로 $y = 0$)

- $\tau = 3.82 \times 10^{-2} [N \cdot s/m^2] \times 5 [1/s]$
  $= 0.191 [N/m^2] = 0.191 [Pa]$

※ 기본 미분공식

1) 상수 함수의 미분 : $\frac{d}{dx}[c] = 0$
   상수 c는 변화하지 않기 때문에 미분은 0이 됨

2) 거듭제곱 함수의 미분 : $\frac{d}{dx}[x^n] = nx^{n-1}$
   미분을 하면 지수가 하나 줄어들고 원래의 지수 값이 앞에 곱해짐

정답 32 ④ 33 ④ 34 ①

35 상 중 하

이상기체의 운동에 대한 설명으로 옳은 것은?

① 분자 사이에 인력이 항상 작용한다.
② 분자 사이에 척력이 항상 작용한다.
③ 분자가 충돌할 때 에너지의 손실이 있다.
④ 분자 자신의 체적은 거의 무시할 수 있다.

해설 이상기체의 운동론
- 분자 자신의 체적을 거의 무시할 수 있다.
- 분자 상호 간의 인력을 무시한다.
- 아보가드로법칙을 만족하는 기체이다.

36 상 중 하

두 물체를 접촉시켰더니 잠시 후 두 물체가 열평형 상태에 도달하였다. 이 열평형 상태는 무엇을 의미하는가?

① 두 물체의 비열은 다르나 열용량이 서로 같아진 상태
② 두 물체의 열용량은 다르나 비열이 서로 같아진 상태
③ 두 물체의 온도가 서로 같으며 더 이상 변화하지 않는 상태
④ 한 물체에서 잃은 열량이 다른 물체에서 얻은 열량과 같은 상태

해설 열역학 제0법칙(열평형의 법칙)

온도가 높은 물체에서 낮은 물체로 열이 이동하여 두 물체의 온도는 평형을 이룸

37 상 중 하 (신유형!)

직선으로 쭉 뻗은 원형관에서 완전발달 층류유동과 관련된 식과 가장 거리가 먼 식은? (단, 기호는 다음과 같다)

f	관마찰계수	τ	전단응력
Re	레이놀즈수	μ	점성계수
u_{mean}	평균 유속	$\dfrac{du}{dy}$	속도구배
u_{max}	최대 유속	r_0	관의 반지름
u	관 내에서의 속도분포	r	관 중심으로부터 임의의 반경

① $f = \dfrac{64}{Re}$
② $u_{mean} = 0.5 \times u_{max}$
③ $\tau = \mu \dfrac{du}{dy}$
④ $u = u_{max}\left\{1 - \left(\dfrac{r}{r_0}\right)^2\right\}$

해설 원형관에서 완전발달 층류유동

$\tau = \mu \dfrac{du}{dy}$

이것은 전단 응력(Shear Stress)의 정의이다.
점성 유체의 뉴턴법칙을 나타내는 일반적인 공식으로 층류유동뿐만 아니라 난류유동에서도 적용된다.

정답 35 ④ 36 ③ 37 ③

38 (상 중 하)

물의 유속을 측정하기 위해 피토관을 사용하였다. 동압이 60 [mmHg]이면 유속은 약 몇 [m/s]인가? (단, 수은의 비중은 13.6이다)

① 2.7
② 3.5
③ 3.7
④ 4.0

해설 물의 유속(토리첼리식)

관 내 유속(토리첼리식) $V = \sqrt{2gh}$

1) 압력단위환산

$60\,[mmHg] \times \dfrac{10.332\,[m]}{760\,[mmHg]} = 0.815\,[m]$

2) 유속 $V = \sqrt{2 \times 9.8 \times 0.815} = 4\,[m/s]$

39 (상 중 하)

아래 그림과 같은 반지름이 1 [m]이고, 폭이 3 [m]인 곡면의 수문 AB가 받는 수평분력은 약 몇 [N]인가?

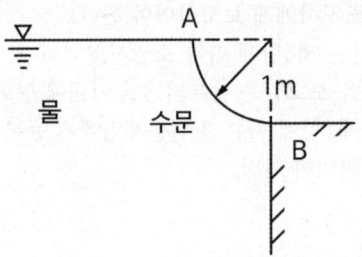

① 7350
② 14700
③ 23900
④ 29400

해설 수평분력

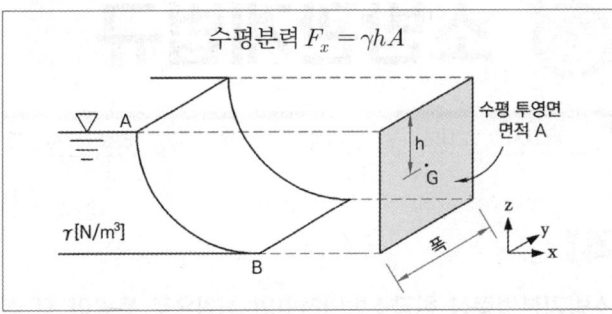

수평분력 $F_x = \gamma h A$

$F_x = \gamma h A$
$= 9800 \times \dfrac{1}{2} \times (1 \times 3)$
$= 14700\,[N]$

40 (상 중 하)

초기온도와 압력이 각각 50 [℃], 600 [kPa]인 이상기체를 100 [kPa]까지 가역 단열팽창시켰을 때 온도는 약 몇 [K]인가? (단, 이 기체의 비열비는 1.4이다)

① 194
② 216
③ 248
④ 262

해설 단열팽창 시 온도

단열 지수 관계 $\dfrac{T_2}{T_1} = \left(\dfrac{V_1}{V_2}\right)^{k-1} = \left(\dfrac{P_2}{P_1}\right)^{\frac{k-1}{k}}$

$\dfrac{T_2}{T_1} = \left(\dfrac{P_2}{P_1}\right)^{\frac{k-1}{k}}$

$\dfrac{T_2}{50+273} = \left(\dfrac{100}{600}\right)^{\frac{1.4-1}{1.4}}$

$\therefore T_2 = 193.58\,[K]$

T : 절대온도 [K]
V : 체적 [m³]
P : 압력 [kPa]
k : 비열비

정답 38 ④ 39 ② 40 ①

2025년 1회 소방관계법규

41 상 중 하

소방기본법령상 한국소방안전원의 회원으로 등록이 될 수 없는 사람을 고르시오.

① 소방시설 설치 및 관리에 관한 법률에 따라 등록을 하거나 허가를 받은 사람으로서 회원이 되려는 사람
② 소방 분야에 관심이 있거나 학식과 경험이 풍부한 사람으로서 회원이 되려는 사람
③ 소방안전관리자, 소방기술자 또는 위험물안전관리자로 선임되거나 채용된 사람으로서 회원이 되려는 사람
④ 소방공무원으로서 5년 이상 경력이 있는 사람

해설 한국소방안전원 회원

소방기본법 제42조(회원의 관리)
안전원은 소방기술과 안전관리 역량의 향상을 위하여 다음 각 호의 사람을 회원으로 관리할 수 있다.
1. 「소방시설 설치 및 관리에 관한 법률」, 「소방시설공사업법」 또는 「위험물안전관리법」에 따라 등록을 하거나 허가를 받은 사람으로서 회원이 되려는 사람
2. 「화재의 예방 및 안전관리에 관한 법률」, 「소방시설공사업법」 또는 「위험물안전관리법」에 따라 소방안전관리자, 소방기술자 또는 위험물안전관리자로 선임되거나 채용된 사람으로서 회원이 되려는 사람
3. 그 밖에 소방 분야에 관심이 있거나 학식과 경험이 풍부한 사람으로서 회원이 되려는 사람
※ 제44조의2(안전원의 임원) : 원장 1명을 포함한 9명 이내의 이사와 1명의 감사(원장과 감사는 소방청장이 임명)

42 상 중 하

소방시설공사업법상 소방시설업자 지위 승계를 신고하려는 자는 그 상속일, 양수일, 합병일 또는 인수일부터 며칠 이내에 서류(전자문서를 포함한다)를 협회에 제출해야 하는지 고르시오.

① 3일 ② 5일
③ 15일 ④ 30일

해설 소방시설공사업법 제7조(지위승계신고 등)

① 법 제7조 제1항 및 제2항에 따라 소방시설업자 지위 승계를 신고하려는 자는 그 상속일, 양수일, 합병일 또는 인수일부터 30일 이내에 다음 각 호의 구분에 따른 서류(전자문서를 포함한다)를 협회에 제출해야 한다.
(중략)
④ 제1항에 따른 지위승계신고 서류를 제출받은 협회는 접수일부터 7일 이내에 지위를 승계한 사실을 확인한 후 그 결과를 시·도지사에게 보고하여야 한다.
⑤ 시·도지사는 제4항에 따라 소방시설업의 지위승계신고의 확인 사실을 보고받은 날부터 3일 이내에 협회를 경유하여 법 제7조 제1항에 따른 지위승계인에게 등록증 및 등록수첩을 발급하여야 한다.

정답 41 ④ 42 ④

43 상(중)하

소방시설 설치 및 관리에 관한 법령상 간이스프링클러설비를 설치하여야 하는 특정소방대상물의 기준으로 틀린 것을 고르시오.

① 근린생활시설로 사용하는 부분의 바닥면적 합계가 1000 [m²] 이상인 경우
② 교육연구시설 내에 있는 합숙소로서 연면적 100 [m²] 이상인 경우
③ 정신의료기관으로서 바닥면적 합계 300 [m²] 이상 600 [m²] 미만인 경우
④ 의료시설로서 바닥면적 합계가 300 [m²] 미만인 경우

해설 간이스프링클러설비 설치대상

설치대상	기준
근린생활시설	• 바닥면적 합계 1000 [m²] 이상인 것은 모든 층 • 의원, 치과의원, 한의원으로서 입원실이 있는 것 • 조산원 및 산후조리원 연면적 600 [m²] 미만 시설
교육연구시설 내 합숙소	연면적 100 [m²] 이상인 경우에는 모든 층
의료시설 (종합병원, 병원, 치과병원, 요양병원)	바닥면적 합계 600 [m²] 미만
• 정신의료기관, 의료재활시설 • 노유자시설	• 바닥면적 합계 300 [m²] 이상 600 [m²] 미만 • 바닥면적 합계 300 [m²] 미만, 창살 설치
복합건축물	연면적 1000 [m²] 이상 전 층
연립주택 및 다세대주택	-
숙박시설	바닥면적 합계 300 [m²] 이상 600 [m²] 미만

44 상 중(하)

소방기본법령상 소방안전교육사의 배치대상별 배치기준으로 틀린 것은?

① 소방청 : 2명 이상 배치
② 소방서 : 1명 이상 배치
③ 소방본부 : 2명 이상 배치
④ 한국소방안전원(본회) : 1명 이상 배치

해설 소방안전교육사

보육시설 영유아, 유치원의 유아, 학교 학생들을 대상으로 해서 화재예방 및 화재발생 시에 인명, 재산피해를 줄이기 위해 소방안전 교육과 훈련을 실시하는 인력. 소방안전교육을 기획하고 진행, 분석, 평가, 교육 등의 업무를 담당한다.

배치대상	배치기준(이상)
소방청	2명
소방본부	2명
소방서	1명
한국소방안전원	본회 : 2명, 시·도지부 : 1명
한국소방산업기술원	2명

45 상(중)하

소방시설관리사시험의 응시자격에 해당하지 않는 것을 고르시오.

① 건축사
② 건축기계설비기술사
③ 소방설비기사
④ 위험물기능장

해설 소방시설관리사시험

1. 소방기술사·위험물기능장·건축사·건축기계설비기술사·건축전기설비기술사 또는 공조냉동기계기술사
2. 소방설비기사 자격을 취득한 후 2년 이상 소방청장이 정하여 고시하는 소방에 관한 실무경력(이하 "소방실무경력"이라 한다)이 있는 사람
3. 소방설비산업기사 자격을 취득한 후 3년 이상 소방실무경력이 있는 사람
4. 「국가과학기술 경쟁력 강화를 위한 이공계지원 특별법」 제2조 제1호에 따른 이공계(이하 "이공계"라 한다) 분야를 전공한 사람으로서 다음 각 목의 어느 하나에 해당하는 사람
   가. 이공계 분야의 박사학위를 취득한 사람
   나. 이공계 분야의 석사학위를 취득한 후 2년 이상 소방실무경력이 있는 사람
   다. 이공계 분야의 학사학위를 취득한 후 3년 이상 소방실무경력이 있는 사람
5. 소방안전공학(소방방재공학, 안전공학을 포함한다) 분야를 전공한 후 다음 각 목의 어느 하나에 해당하는 사람
   가. 해당 분야의 석사학위 이상을 취득한 사람
   나. 2년 이상 소방실무경력이 있는 사람
6. 위험물산업기사 또는 위험물기능사 자격을 취득한 후 3년 이상 소방실무경력이 있는 사람
7. 소방공무원으로 5년 이상 근무한 경력이 있는 사람
8. 소방안전 관련 학과의 학사학위를 취득한 후 3년 이상 소방실무경력이 있는 사람
9. 산업안전기사 자격을 취득한 후 3년 이상 소방실무경력이 있는 사람
10. 다음 각 목의 어느 하나에 해당하는 사람
    가. 특급 소방안전관리대상물의 소방안전관리자로 2년 이상 근무한 실무경력이 있는 사람
    나. 1급 소방안전관리대상물의 소방안전관리자로 3년 이상 근무한 실무경력이 있는 사람
    다. 2급 소방안전관리대상물의 소방안전관리자로 5년 이상 근무한 실무경력이 있는 사람
    라. 3급 소방안전관리대상물의 소방안전관리자로 7년 이상 근무한 실무경력이 있는 사람
    마. 10년 이상 소방실무경력이 있는 사람

※ 2027년 1월 1일 시행
1. 소방기술사·건축사·건축기계설비기술사·건축전기설비기술사 또는 공조냉동기계기술사
2. 위험물기능장
3. 소방설비기사
4. 「국가과학기술 경쟁력 강화를 위한 이공계지원 특별법」 제2조 제1호에 따른 이공계 분야의 박사학위를 취득한 사람
5. 소방청장이 정하여 고시하는 소방안전 관련 분야의 석사 이상의 학위를 취득한 사람
6. 소방설비산업기사 또는 소방공무원 등 소방청장이 정하여 고시하는 사람 중 소방에 관한 실무경력(자격 취득 후의 실무경력으로 한정한다)이 3년 이상인 사람

46 상(중)하

특정소방대상물의 소방시설등에 대한 자체점검이 가능한 소방기술자를 고르시오.

① 소방시설관리사
② 소방설비기사
③ 전기기사
④ 위험물산업기사

> **해설** 소방시설등의 자체점검

〈소방시설 설치 및 관리에 관한 법률〉
제22조(소방시설등의 자체점검)
① 특정소방대상물의 관계인은 그 대상물에 설치되어 있는 소방시설등이 이 법이나 이 법에 따른 명령 등에 적합하게 설치·관리되고 있는지에 대하여 다음 각 호의 구분에 따른 기간 내에 스스로 점검하거나 제34조에 따른 점검능력 평가를 받은 관리업자 또는 행정안전부령으로 정하는 기술자격자(이하 "관리업자등"이라 한다)로 하여금 정기적으로 점검(이하 "자체점검"이라 한다)하게 하여야 한다. 이 경우 관리업자등이 점검한 경우에는 그 점검 결과를 행정안전부령으로 정하는 바에 따라 관계인에게 제출하여야 한다.

〈소방시설 설치 및 관리에 관한 법률 시행규칙〉
제19조(기술자격자의 범위) 법 제22조 제1항 각 호 외의 부분 전단에서 "행정안전부령으로 정하는 기술자격자"란 「화재의 예방 및 안전관리에 관한 법률」 제24조 제1항 전단에 따라 소방안전관리자(이하 "소방안전관리자"라 한다)로 선임된 소방시설관리사 및 소방기술사를 말한다.

47 상 중 **하**

소방기본법에서 사용하는 용어의 정의로 알맞은 것을 고르시오.

① 소방대상물이란 건축물, 차량, 선박(항해 중인 선박만 해당한다), 선박 건조 구조물, 산림, 그 밖의 인공 구조물 또는 물건을 말한다.
② 소방본부장이란 화재, 재난·재해, 그 밖의 위급한 상황이 발생한 현장에서 소방대를 지휘하는 사람을 말한다.
③ 관계인이란 소방대상물의 소유자·관리자 또는 점유자를 말한다.
④ 소방대란 화재 진압 및 화재, 재난·재해, 그 밖의 위급한 상황에서 구조·구급 활동을 하는 사람으로서 소방공무원, 의무소방원, 소방안전관리자를 말한다.

> **해설** 소방용어 정의

1) 소방대상물
  (1) 건축물
  (2) 차량
  (3) 선박(항구에 매어 둔 것)
  (4) 산림, 그 밖의 인공구조물 또는 물건
2) 관계지역
  소방대상물이 있는 장소 및 그 이웃 지역으로 화재의 예방·경계·진압, 구조·구급 등의 활동에 필요한 지역
3) 관계인
  소방대상물의 소유자·관리자·점유자
4) 소방대
  화재 진압 및 화재, 재난·재해, 그 밖의 위급한 상황에서 구조·구급 활동
  (1) 소방공무원
  (2) 의무소방원
  (3) 의용소방대원
  암기▶ 공무용
5) 소방본부장
  특별시·광역시·특별자치시·도 또는 특별자치도(이하 "시·도"라 한다)에서 화재의 예방·경계·진압·조사 및 구조·구급 등의 업무를 담당하는 부서의 장
6) 소방대장
  소방본부장 또는 소방서장 등 화재, 재난·재해, 그 밖의 위급한 상황이 발생한 현장에서 소방대를 지휘하는 사람

48 상 **중** 하

소방시설 설치 및 관리에 관한 법령상 형식승인을 받지 아니한 소방용품을 판매하거나 판매목적으로 진열하거나 소방시설공사에 사용한 자에 대한 벌칙기준은?

① 3년 이하의 징역 또는 3000만 원 이하의 벌금
② 2년 이하의 징역 또는 1500만 원 이하의 벌금
③ 1년 이하의 징역 또는 1000만 원 이하의 벌금
④ 1년 이하의 징역 또는 500만 원 이하의 벌금

정답 47 ③ 48 ①

해설 3년 이하 징역 또는 3000만 원 이하 벌금

1. 조치명령 위반사항에 대한 명령을 정당한 사유 없이 위반
2. 관리업 등록을 하지 않고 영업을 한 자
3. 소방용품 형식승인 받지 아니하고 제조·수입 또는 거짓이나 그 밖의 부정한 방법으로 형식승인을 받은 자
4. 제품검사를 받지 아니한 자 또는 거짓이나 그 밖의 부정한 방법으로 제품검사를 받은 자
5. <u>소방용품을 판매·진열하거나 소방시설공사에 사용한 자</u>
6. 거짓이나 그 밖의 부정한 방법으로 성능인증 또는 제품검사를 받은 자
7. 제품검사를 받지 아니하거나 합격표시를 하지 아니한 소방용품을 판매·진열하거나 소방시설공사에 사용한 자
8. 구매자에게 명령을 받은 사실을 알리지 아니하거나 필요한 조치를 하지 아니한 자
9. 거짓이나 그 밖의 부정한 방법으로 전문기관으로 지정을 받은 자

⑸ 암막·무대막(영화상영관 스크린, 가상체험체육시설의 스크린 포함)
⑹ 섬유류, 합성수지류 등을 원료로 하여 제작된 소파·의자(단란주점영업, 유흥주점, 노래연습장업의 영업장에 설치하는 것만 해당)
2) 건축물 내부의 천장이나 벽에 부착하거나 설치하는 것, 다만 가구류(옷장·찬장·식탁·식탁용 의자·사무용 책상·사무용 의자·계산대 등)와 너비 10 [cm] 이하 반자돌림대 등과 내부 마감재료는 제외
 ⑴ 종이류(두께 2 [mm] 이상)·합성수지류·섬유류를 주원료로 한 물품
 ⑵ 합판, 목재
 ⑶ 공간 구획하는 간이 칸막이
 ⑷ 흡음·방음을 위하여 설치하는 흡음재, 방음재

49 상⦿하

소방시설 설치 및 관리에 관한 법령상 방염대상물품이 아닌 것은?

① 제조·가공 공정에서 방염처리한 벽지류(두께 2 [mm] 미만인 종이벽지 제외)
② 제조·가공 공정에서 방염처리한 커튼류(블라인드 제외)
③ 제조·가공 공정에서 방염처리한 무대용 합판
④ 제조·가공 공정에서 방염처리한 합성수지류 등을 원료로 하여 제작된 소파

해설 방염대상물품

1) 제조·가공 공정에서 방염처리한 물품(합판·목재류 설치 현장에서 방염처리한 것 포함)
 ⑴ 창문에 설치하는 커튼류(블라인드 포함)
 ⑵ 카펫
 ⑶ 벽지류(두께 2 [mm] 미만인 종이벽지 제외)
 ⑷ 전시용 합판·목재 또는 섬유판, 무대용 합판·목재 또는 섬유판(합판·목재류의 경우 불가피하게 설치 현장에서 방염처리한 것을 포함한다)

50 상⦿하

소방기본법령상 소방용수시설별 설치기준 중 틀린 것은?

① 급수탑 개폐밸브는 지상에서 1.5 [m] 이상 1.7 [m] 이하의 위치에 설치하도록 할 것
② 소화전은 상수도와 연결하여 지하식 또는 지상식의 구조로 하고, 소방용 호스와 연결하는 소화전의 연결금속구의 구경은 100 [mm]로 할 것
③ 저수조 흡수관의 투입구가 사각형의 경우에는 한 변의 길이가 60 [cm] 이상, 원형의 경우에는 지름이 60 [cm] 이상일 것
④ 저수조는 지면으로부터의 낙차가 4.5 [m] 이하일 것

해설 소방용수시설 설치기준

1) 소화전
 • 상수도와 연결, 지하식·지상식 구조
 • 연결금속구 구경 : 65 [mm]
2) 급수탑
 • 급수배관 구경 : 100 [mm] 이상
 • <u>개폐밸브 : 지상 1.5 [m] 이상 1.7 [m] 이하</u>

정답 49 ② 50 ②

3) 저수조
- 지면으로부터의 낙차 : 4.5 [m] 이하
- 흡수부분 수심 : 0.5 [m] 이상일 것
- 흡수관 투입구 : 사각형 한 변 60 [cm]
  원형 지름 60 [cm] 이상

51 (상,중,하)

소방시설 설치 및 관리에 관한 법령상 제연설비를 설치하여야 하는 특정소방대상물의 기준으로 틀린 것을 고르시오.

① 영화상영관으로서 수용인원 100명 이상인 경우
② 노유자시설로서 바닥면적 합계가 600 [m²] 이상인 경우
③ 판매시설로서 바닥면적 합계가 1000 [m²] 이상인 경우
④ 지하상가로서 연면적 1000 [m²] 이상인 경우

해설 제연설비 설치대상

설치대상	기준
문화 및 집회시설, 종교시설, 운동시설	• 무대부 바닥면적 200 [m²] 이상인 경우에는 해당 무대부 • 영화상영관 수용인원 100명 이상인 경우에는 해당 영화상영관
지하층·무창층에 설치된 근린생활시설, 판매시설, 숙박시설, 운수시설, 의료시설, 위락시설, 노유자시설, 창고시설(물류터미널로 한정)	바닥면적 합계 1000 [m²] 이상인 경우 해당 부분
지하상가	연면적 1000 [m²] 이상
공항시설 대기실, 항만시설 대기실, 휴게시설, 시외버스정류장, 철도 및 도시철도 시설	지하층·무창층 바닥면적 1000 [m²] 이상인 경우에는 모든 층
특정소방대상물(갓복도형 아파트등 제외)에 부설된 특별피난계단, 비상용 승강기의 승강장, 피난용 승강기의 승강장	

52 (상,중,하)

위험물안전관리법령상 제조소의 위치·구조 및 설비의 기준 중 위험물을 취급하는 건축물 그 밖의 시설의 주위에는 그 취급하는 위험물의 최대수량이 지정수량의 10배 이하인 경우 보유하여야 할 공지의 너비는 몇 [m] 이상이어야 하는가?

① 3 ② 5
③ 8 ④ 10

해설 제조소 보유공지

취급하는 위험물 최대수량	공지 너비
지정수량 10배 이하	3 [m] 이상
지정수량 10배 초과	5 [m] 이상

53 (상,중,하)

다음 괄호 안에 들어갈 알맞은 말을 고르시오.

> 위험물이란, 인화성 또는 (㉠) 등의 성질을 가지는 것으로서 (㉡)이 정하는 물품을 의미한다.

① ㉠ 발화성, ㉡ 행정안전부령
② ㉠ 발화성, ㉡ 대통령령
③ ㉠ 자기반응성, ㉡ 대통령령
④ ㉠ 금수성, ㉡ 행정안전부령

해설 위험물 용어정의

1) 위험물 : 인화성 또는 발화성 등의 성질을 가지는 것으로서 대통령령이 정하는 물품
2) 지정수량 : 위험물의 종류별로 위험성을 고려하여 대통령령이 정하는 수량으로서 제조소등의 설치허가 등에 있어서 최저의 기준이 되는 수량
3) 제조소 : 위험물을 제조할 목적으로 지정수량 이상의 위험물을 취급하기 위하여 허가를 받은 장소를 말한다.
4) 저장소 : 시정수량 이상의 위험물을 저장하기 위한 대통령령이 정하는 장소

정답 51 ② 52 ① 53 ②

5) 취급소 : 지정수량 이상의 위험물을 제조외의 목적으로 취급하기 위한 대통령령이 정하는 장소로서 제6조 제1항의 규정에 따른 허가를 받은 장소를 말한다.

6) 제조소등

구분		내용
제조소		위험물을 제조할 목적으로 지정수량 이상의 위험물을 취급하기 위하여 허가를 받은 장소
저장소	옥외 저장소	옥외에 위험물을 저장하는 장소 • 제2류 위험물 : 황 또는 인화성 고체(인화점 0[℃] 이상인 것에 한함) • 제4류 위험물 : 제1석유류(인화점 0[℃] 이상인 것에 한함)·알코올류·제2석유류·제3석유류·제4석유류·동식물유류 • 제6류 위험물
	옥내 저장소	옥내에 위험물을 저장하는 장소
	옥외탱크 저장소	옥외에 있는 탱크에 위험물을 저장하는 장소
	옥내탱크 저장소	건축물 내부에 설치된 탱크에 위험물을 저장하는 장소
	지하탱크 저장소	지하에 설치된 탱크에 위험물을 저장하는 장소
	간이탱크 저장소	간이탱크에 위험물을 저장하는 장소
	이동탱크 저장소	차량에 고정된 탱크에 위험물을 저장하는 장소
	암반탱크 저장소	암반 내의 공간을 이용한 탱크에 액체의 위험물을 저장하는 장소
취급소	주유 취급소	고정된 주유설비를 통해 자동차, 항공기, 선박에 직접 주유하는 장소
	판매 취급소	용기에 위험물을 담아 판매하기 위해 지정수량 40배 이하 취급소
	이송 취급소	배관 및 이에 부속된 설비에 의하여 위험물을 이송하는 장소
	일반 취급소	주유취급소, 판매취급소 및 이송취급소에 해당하지 않는 취급소

54

소방시설공사업법령상 소방시설공사의 하자보수 보증기간이 다른 하나를 고르시오.

① 피난기구
② 비상조명등
③ 무선통신보조설비
④ 자동화재탐지설비

해설 소방시설 하자보수 보증기간

소방시설	기간
• 피난기구 · 유도등 • 비상경보설비 • 비상조명등 • 비상방송설비 • 무선통신보조설비	2년
• 자동소화장치 • 옥내 · 외소화전설비 • 스프링클러 · 간이스프링클러설비 • 물분무등소화설비 • 자동화재탐지설비 • 상수도소화용수설비 • 소화활동설비(무선통신보조설비 제외) • 화재알림설비	3년

암기 이년 피비무

정답 54 ④

55

소방기본법령상 출동한 소방대의 소방장비를 파손하거나 그 효용을 해하여 화재진압·인명구조·구급활동을 방해하는 행위를 한 사람에 대한 벌칙기준은?

① 500만 원 이하의 과태료
② 1년 이하의 징역 또는 1000만 원 이하의 벌금
③ 3년 이하의 징역 또는 3000만 원 이하의 벌금
④ 5년 이하의 징역 또는 5000만 원 이하의 벌금

해설 5년 이하 징역 또는 5000만 원 이하 벌금

1) 위력을 사용하여 출동한 소방대의 화재진압·인명구조·구급활동을 방해하는 행위
2) 소방대가 화재진압·인명구조·구급활동을 위하여 현장에 출동하거나 현장에 출입하는 것을 고의로 방해하는 행위
3) 출동한 소방대원에게 폭행·협박을 행사하여 화재진압·인명구조·구급활동 방해(음주 또는 약물로 인한 심신장애 상태에서 위반 시 형법의 감경 미적용)
4) 출동한 소방대의 소방장비를 파손하거나 그 효용을 해하여 화재진압·인명구조·구급활동 방해하는 행위
5) 소방자동차의 출동을 방해한 사람
6) 사람을 구출하는 일 또는 불을 끄거나 불이 번지지 않도록 하는 일을 방해한 사람
7) 정당한 사유 없이 소방용수시설·비상소화장치를 사용하거나 소방용수시설·비상소화장치의 효용을 해치거나 그 정당한 사용을 방해한 사람

56

화재의 예방 및 안전관리에 관한 법령상 화재예방강화지구에 해당하지 않는 것은?

① 위험물의 저장 및 처리 시설이 밀집한 지역
② 소방시설·소방용수시설·소방출동로가 없는 지역
③ 시장지역
④ 공장이 있는 지역

해설 화재예방강화지구

1) 지정권자 : 시·도지사
2) 화재예방강화지구 지정 요청 : 소방청장
3) 화재예방강화지구
  (1) 시장지역
  (2) 공장·창고가 밀집한 지역
  (3) 목조건물이 밀집한 지역
  (4) 노후·불량건축물이 밀집한 지역
  (5) 위험물의 저장 및 처리 시설이 밀집한 지역
  (6) 석유화학제품을 생산하는 공장이 있는 지역
  (7) 산업입지 및 개발에 관한 법률에 따른 산업단지
  (8) 소방시설·소방용수시설·소방출동로가 없는 지역
  (9) 물류단지
  (10) (1) ~ (9)까지 준하는 지역으로서 소방관서장이 화재예방강화지구로 지정할 필요가 있다고 인정하는 지역

57

위험물안전관리 법령상 옥내주유취급소에 있어서 당해 사무소 등의 출입구 및 피난구와 당해 피난구로 통하는 통로·계단 및 출입구에 설치해야 하는 피난설비는?

① 유도등
② 구조대
③ 피난사다리
④ 완강기

해설 피난설비

1) 주유취급소 중 건축물 2층 이상의 부분을 점포·휴게음식점·전시장 용도로 사용하는 것에 있어서는 당해 건축물 2층 이상으로부터 주유취급소 부지 밖으로 통하는 출입구와 당해 출입구로 통하는 통로·계단·출입구에 유도등 설치
2) 옥내주유취급소에 있어서 당해 사무소 등의 출입구 및 피난구와 당해 피난구로 통하는 통로·계단·출입구에 유도등 설치

정답 55 ④ 56 ④ 57 ①

58 상중하

화재의 예방 및 안전관리에 관한 법령상 사람을 구출하거나 불이 번지는 것을 막기 위하여 필요할 때에는 화재가 발생하거나 불이 번질 우려가 있는 소방대상물 및 토지를 일시적으로 사용하거나 그 사용의 제한 또는 소방활동에 필요한 처분을 할 수 있는 사람은?

① 소방본부장
② 시·도지사
③ 의용소방대원
④ 소방대상물의 관리자

해설 소방본부장, 소방서장, 소방대장 권한

구분	권한
소방청장	• 소방박물관 설립 (소방체험관 : 시·도지사) • 한국소방안전원 감독 • 소방력 동원 요청
소방청장, 소방본부장, 소방서장	• 소방활동
소방본부장, 소방서장	• 소방업무 응원요청 • 지리조사
소방본부장, 소방서장, 소방대장	• 소방활동 종사명령 • 강제처분 • 피난명령 • 위험시설 긴급조치
소방대장	• 소방활동구역 설정

59 상중하

위험물안전관리법령에 따라 위험물안전관리자를 해임하거나 퇴직한 때에는 해임하거나 퇴직한 날부터 며칠 이내에 다시 안전관리자를 선임하여야 하는가?

① 30일   ② 15일
③ 7일   ④ 3일

해설 위험물안전관리자

- 안전관리자 선임 : 관계인
- 안전관리자 해임, 퇴직 시 : 해임, 퇴직한 날부터 30일 이내 재선임
- 선임신고기간 : 소방본부장·소방서장에게 선임 날부터 14일 이내 신고
- 직무대행기간 : 30일 이내

60 상중하

지정수량의 최소 몇 배 이상의 위험물을 취급하는 제조소에는 피뢰침을 설치해야 하는가? (단, 제6류 위험물을 취급하는 위험물제조소는 제외하고, 제조소 주위의 상황에 따라 안전상 지장이 없는 경우도 제외한다)

① 5배   ② 10배
③ 50배   ④ 100배

해설 위험물 제조소 피뢰설비

지정수량 10배 이상인 옥외탱크저장소 피뢰침 설치(제6류 위험물 제조소 제외)

암기 피식(피뢰설비 10)

정답 58 ① 59 ① 60 ②

2025년 1회
소방기계시설의 구조 및 원리

61 상 중 하

포소화설비의 화재안전성능기준상 국소방출방식의 고발포용 고정포방출구의 설치기준 중 괄호 안에 알맞은 것은? (단, 방호대상물의 높이가 1 [m] 미만인 경우는 제외한다)

국소방출방식의 고발포용 고정포방출구는 방호대상물의 구분에 따라 해당 방호대상물의 높이의 (㉠)배의 거리를 수평으로 연장한 선으로 둘러싸인 부분의 면적을 (㉡)이라 한다.

① ㉠ : 2, ㉡ : 방호면적
② ㉠ : 2, ㉡ : 관포면적
③ ㉠ : 3, ㉡ : 방호면적
④ ㉠ : 3, ㉡ : 관포면적

해설 국소방출방식의 고발포용 고정포방출구

국소방출방식의 고발포용 고정포방출구는 다음 각 목의 기준에 따를 것

가. 방호대상물이 서로 인접하여 불이 쉽게 붙을 우려가 있는 경우에는 불이 옮겨 붙을 우려가 있는 범위내의 방호대상물을 하나의 방호대상물로 하여 설치할 것

나. 고정포방출구(포발생기가 분리되어 있는 것에 있어서는 해당 포발생기를 포함한다)는 방호대상물의 구분에 따라 해당 방호대상물의 높이의 3배(1 [m] 미만의 경우에는 1 [m])의 거리를 수평으로 연장한 선으로 둘러싸인 부분의 면적 1제곱미터에 대하여 1분당 방출량이 다음 표에 따른 양 이상이 되도록 할 것

방호대상물	방호면적 1 [m²]에 대한 1분당 방출량
특수가연물	3 [L]
기타의 것	2 [L]

※ 방호면적

방호대상물의 각 부분에서 각각 해당 방호대상물 높이의 3배(1 [m] 미만인 경우는 1 [m])의 거리를 수평으로 연장한 선으로 둘러싸인 부분의 면적으로 이는 국소방출방식에서 여유율을 감안한 수치이다.

또한 방호면적의 외곽선을 외주선(外周線)이라 한다.

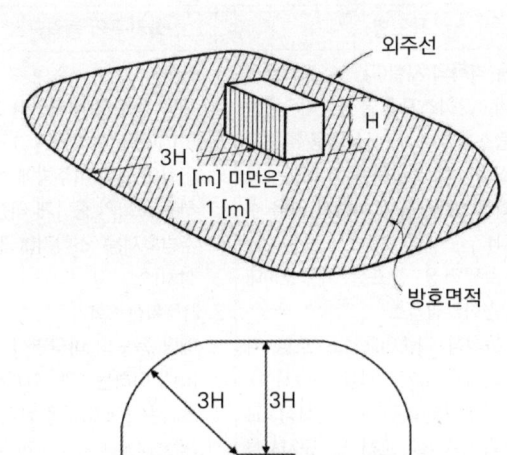

[외주선의 개념]

정답 61 ③

62 (상)(중)(하)

280 [m²]의 발전실에 부속용도별로 추가하여야 할 적응성이 있는 수동식 소화기의 최소 수량은 몇 개인가?

① 2　　② 4
③ 6　　④ 12

해설 부속용도별 추가해야 할 소화기구 및 자동소화장치

소화기 개수 = $\dfrac{\text{해당 바닥면적}[m^2]}{50[m^2/\text{개}]}$

$= \dfrac{280[m^2]}{50[m^2/\text{개}]} = 5.6 \rightarrow 6[\text{개}]$

용도별	소화기구의 능력단위
1. 다음 각목의 시설(다만 스프링클러설비·간이스프링클러설비·물분무등소화설비 또는 상업용 주방자동소화장치가 설치된 경우에는 자동확산소화기를 설치하지 않을 수 있다) 가) 보일러실·건조실·세탁소·대량화기취급소 나) 음식점·다중이용업소·호텔·기숙사·노유자 시설·의료시설·업무시설·공장·장례식장·교육연구시설·교정 및 군사시설의 주방 다) 관리자의 출입이 곤란한 변전실·송전실·변압기실 및 배전반실	1. 소화기 해당 용도의 바닥면적 25 [m²]마다 능력단위 1단위 이상의 소화기[주방에 설치하는 소화기 중 1개 이상은 주방화재용 소화기(K급)로 설치] 2. 자동확산소화기 해당 용도의 바닥면적 10 [m²] 이하는 1개, 10 [m²] 초과는 2개 이상을 설치[방호대상에 유효하게 분사될 수 있는 위치에 배치될 수 있는 수량으로 설치할 것]
2. 발전실·변전실·송전실·변압기실·배전반실·통신기기실·전산기기실 기타 이와 유사한 시설이 있는 장소(관리자의 출입이 곤란한 장소 제외)	해당 용도의 바닥면적 50 [m²]마다 적응성이 있는 소화기 1개 이상

63 (상)(중)(하)

주요구조부가 내화구조이고 건널 복도가 설치된 층의 피난기구 수의 설치의 감소 방법으로 적합한 것은?

① 원래의 수에서 1/2을 감소한다.
② 원래의 수에서 건널 복도 수를 더한 수로 한다.
③ 피난기구의 수에서 당해 건널 복도 수의 2배의 수를 뺀 수로 한다.
④ 피난기구를 설치하지 아니할 수 있다.

해설 피난기구 설치 감소

주요구조부가 내화구조이고 기준에 적합한 건널 복도가 설치되어 있는 층에는 피난기구의 수에서 해당 건널 복도의 수의 2배의 수를 뺀 수(피난기구의 개수 - 건널 복도의 수 × 2)로 함

64 (상)(중)(하)

물분무소화설비 대상 공장에서 물분무헤드의 설치 제외 장소로서 틀린 것은?

① 고온의 물질 및 증류범위가 넓어 끓어 넘치는 위험이 있는 물질을 저장하는 장소
② 물에 심하게 반응하여 위험한 물질을 생성하는 물질을 취급하는 장소
③ 운전 시 표면의 온도가 260 [℃] 이상으로 되는 등 직접분무를 하는 경우 그 부분에 손상을 입힐 우려가 있는 기계장치 등이 있는 장소
④ 표준방사량으로 당해 방호대상물의 화재를 유효하게 소화하는 데 필요한 적정한 장소

해설 물분무헤드 설치 제외

- 물에 심하게 반응하여 위험한 물질을 생성하는 물질을 취급하는 장소
- 고온의 물질 및 증류범위가 넓어 끓어 넘치는 위험이 있는 물질을 저장하는 장소
- 운전 시 표면의 온도가 260 [℃] 이상으로 되는 등 직접분무를 하는 경우 그 부분에 손상을 입힐 우려가 있는 기계장치 등이 있는 장소

정답 62 ③　63 ③　64 ④

65 (중)

제연설비의 배출기와 배출풍도에 관한 설명 중 틀린 것은?

① 배출기와 배출풍도의 접속 부분에 사용하는 캔버스는 내열성이 있는 것으로 할 것
② 배출기의 전동기 부분과 배풍기 부분은 분리하여 설치할 것
③ 배출기 흡입 측 풍도 안의 풍속은 15 [m/s] 이상으로 할 것
④ 배출기의 배출 측 풍도 안의 풍속은 20 [m/s] 이하로 할 것

해설 제연설비 유입 및 배출풍도 풍속
- 유입 풍도 : 20 [m/s] 이하
- 제연구역 유입 순간 : 5 [m/s] 이하
- 배출기 흡입 측 : 15 [m/s] 이하
- 배출기 배출 측 : 20 [m/s] 이하

66 (중)

피난기구의 화재안전기술기준상 의료시설 중 입원실이 있는 조산원 3층에 적응성이 없는 피난기구는?

① 미끄럼대
② 공기안전매트
③ 승강식 피난기
④ 다수인피난장비

해설 설치장소별 피난기구의 적응성

구분	1층	2층	3층	4층 이상 10층 이하
의료시설·근린생활시설 중 입원실이 있는 의원·접골원·조산원	–	–	• 미끄럼대 • 구조대 • 다수인피난장비 • 승강식 피난기 • 피난교 • 피난용 트랩	• 구조대 • 다수인피난장비 • 승강식피난기 • 피난교 • 피난용 트랩

67 (중)

이산화탄소소화설비의 화재안전기준에 따른 소화약제의 저장용기 설치기준으로 틀린 것은?

① 방화문으로 구획된 실에 설치할 것
② 방호구역 외의 장소에 설치할 것
③ 용기 간의 간격은 점검에 지장이 없도록 2 [cm]의 간격을 유지할 것
④ 온도가 40 [℃] 이하이고 온도변화가 적은 곳에 설치할 것

해설 이산화탄소소화설비 저장용기 설치장소
1) 방호구역 외의 장소에 설치할 것
2) 온도가 40 [℃] 이하이고 온도변화가 적은 곳에 설치할 것
3) 직사광선 및 빗물이 침투할 우려가 없는 곳에 설치할 것
4) 방화문으로 구획된 실에 설치할 것
5) 용기의 설치장소에는 해당 용기가 설치된 곳임을 표시하는 표지를 할 것
6) 용기 간의 간격은 점검에 지장이 없도록 3 [cm] 이상 간격을 유지할 것
7) 저장용기와 집합관을 연결하는 연결배관에는 체크밸브를 설치할 것

68 (중)

물분무소화설비를 설치하는 차고의 배수설비 설치기준 중 틀린 것은?

① 차량이 주차하는 장소의 적당한 곳에 높이 10 [cm] 이상의 경계턱으로 배수구 설치할 것
② 길이 40 [m] 이하마다 집수관, 소화핏트 등 기름분리장치를 설치할 것
③ 차량이 주차하는 바닥은 배수구를 향하여 100분의 1 이상의 기울기를 유지할 것
④ 배수설비는 가압송수장치의 최대 송수능력의 수량을 유효하게 배수할 수 있는 크기 및 기울기로 할 것

정답 65 ③ 66 ② 67 ③ 68 ③

해설 물분무소화설비의 배수설비 설치기준

1) 차량이 주차하는 장소의 적당한 곳에 높이 10 [cm] 이상의 경계턱으로 배수구를 설치할 것
2) 배수구에는 새어 나온 기름을 모아 소화할 수 있도록 길이 40 [m] 이하마다 집수관·소화핏트 등 기름분리장치를 설치할 것
3) 차량이 주차하는 바닥은 배수구를 향하여 100분의 2 이상의 기울기를 유지할 것
4) 배수설비는 가압송수장치의 최대송수능력의 수량을 유효하게 배수할 수 있는 크기 및 기울기로 할 것

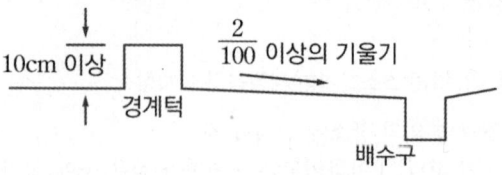

69 (상 중 하)

포헤드를 소방대상물의 천장 또는 반자에 설치하여야 할 경우 헤드 1개가 방호되어야 할 최대한의 바닥면적은 몇 [m^2]인가?

① 3
② 5
③ 7
④ 9

해설 포소화설비 포헤드 바닥면적기준

- 포워터스프링클러헤드 : 8 [m^2]마다 1개 이상
- 포헤드 : 9 [m^2]마다 1개 이상

70 (상 중 하)

자동차 차고에 설치하는 물분무소화설비 수원의 저수량에 관한 기준으로 옳은 것은? (단, 바닥면적은 100 [m^2]인 경우이다)

① 바닥면적 1 [m^2]에 대하여 10 [L/min]로 10분간 방수할 수 있는 양 이상
② 바닥면적 1 [m^2]에 대하여 10 [L/min]로 20분간 방수할 수 있는 양 이상
③ 바닥면적 1 [m^2]에 대하여 20 [L/min]로 10분간 방수할 수 있는 양 이상
④ 바닥면적 1 [m^2]에 대하여 20 [L/min]로 20분간 방수할 수 있는 양 이상

해설 물분무소화설비 수원 저수량

소방대상물	토출량	비고
특수가연물을 저장·취급	10 [L/min·m^2]	최소 바닥면적 50 [m^2]
절연유봉입 변압기	10 [L/min·m^2]	-
컨베이어벨트	10 [L/min·m^2]	-
케이블트레이· 케이블덕트	12 [L/min·m^2]	-
차고·주차장	20 [L/min·m^2]	최소 바닥면적 50 [m^2]

- 저수량
  = 면적 × 토출량 × 방수시간(20 [min])

암기 ▶ 특절컨 10, 케이트 12, 차주 20

71

특정소방대상물별 소화기구의 능력단위의 기준 중 다음 ( ) 안에 알맞은 것은?

특정 소방대상물	소화기구의 능력단위
장례식장 및 의료시설	해당 용도의 바닥면적 (㉠) [m²]마다 능력 단위 1단위 이상
노유자시설	해당 용도의 바닥면적 (㉡) [m²]마다 능력 단위 1단위 이상
위락시설	해당 용도의 바닥면적 (㉢) [m²]마다 능력 단위 1단위 이상

① ㉠ 30 ㉡ 50 ㉢ 100
② ㉠ 30 ㉡ 100 ㉢ 50
③ ㉠ 50 ㉡ 100 ㉢ 30
④ ㉠ 50 ㉡ 30 ㉢ 100

해설 특정소방대상물별 소화기구의 능력단위

특정소방대상물	소화기구의 능력단위
1. 위락시설	해당 용도의 바닥면적 30 [m²]마다 능력단위 1단위 이상
2. 공연장·집회장·관람장·문화재·장례식장 및 의료시설	해당 용도의 바닥면적 50 [m²]마다 능력단위 1단위 이상
3. 근린생활시설·판매시설·운수시설·숙박시설·노유자시설·전시장·공동주택·업무시설·방송통신시설·공장·창고시설·항공기 및 자동차 관련 시설 및 관광휴게시설	해당 용도 바닥면적 100 [m²]마다 능력단위 1단위 이상
4. 그 밖의 것	해당 용도 바닥면적 200 [m²]마다 능력단위 1단위 이상

※ 소화기구의 능력단위를 산정함에 있어서 건축물의 주요구조부가 내화구조이고, 벽 및 반자의 실내에 면하는 부분이 불연·준불연·난연재료로 된 특정소방대상물에 있어서는 위 표의 바닥면적의 2배를 해당 특정소방대상물의 기준면적으로 한다.

72

주차장에 필요한 분말소화약제 120 [kg]을 저장하려고 한다. 이때 필요한 저장용기의 최소 내용적 [L]은?

① 96
② 120
③ 150
④ 180

해설 분말소화약제 저장용기

• 차고·주차장 : 제3종 분말(인산암모늄)

소화약제	1종	2·3종	4종
약제 1 [kg]당 저장용기 내용적	0.8 [L]	1 [L]	1.25 [L]

• 저장용기 내용적 = 저장량 [kg] × 내용적 [L/kg]
  = 120 [kg] × 1 [L/kg] = 120 [L]

73

아래 평면도와 같이 반자가 있는 어느 실내에 전등이나 공조용 디퓨져 등의 시설물을 무시하고 수평거리를 2.1 [m]로 하여 스프링클러헤드를 정방형으로 설치하고자 할 때 최소 몇 개의 헤드를 설치해야 하는가? (단, 반자 속에는 헤드를 설치하지 아니하는 것으로 본다)

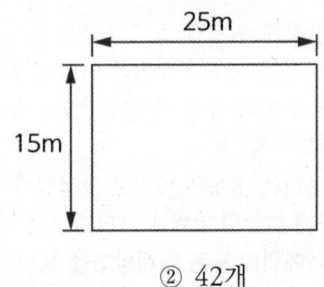

① 24개
② 42개
③ 54개
④ 72개

해설 스프링클러 정방형 헤드 간격

- S = 2 R cos45°
    = 2 × 2.1 × cos45° = 2.97 [m]
- 가로 설치개수 25 ÷ 2.97 = 8.41 ≒ 9개
- 세로 설치개수 15 ÷ 2.97 = 5.05 ≒ 6개
- 총 설치할 헤드개수
    = 가로 설치개수 × 세로 설치개수
    = 9 × 6 = 54개

S : 정방형 배치 시 헤드 간 거리 [m]
R : 수평거리 [m]

74 (상 중 하)

분말소화설비의 배관과 선택밸브의 설치기준에 대한 내용으로 옳지 않은 것은?

① 배관은 겸용으로 설치할 것
② 강관은 아연도금에 따른 배관용 탄소강관을 사용할 것
③ 동관은 고정압력 또는 최고사용압력의 1.5배 이상의 압력에 견딜 수 있는 것을 사용할 것
④ 선택밸브는 방호구역 또는 방호대상물마다 설치할 것

해설 분말소화설비의 배관과 선택밸브

1) 배관
  - 배관은 전용으로 설치할 것
  - 강관을 사용하는 경우의 배관은 아연도금에 따른 배관용 탄소강관이나 이와 동등 이상의 강도·내식성 및 내열성을 가진 것으로 할 것
  - 동관을 사용하는 경우의 배관은 고정압력 또는 최고사용압력의 1.5배 이상의 압력에 견딜 수 있는 것을 사용할 것
  - 밸브류는 개폐위치 또는 개폐방향을 표시한 것으로 할 것
  - 배관의 관부속 및 밸브류는 배관과 동등 이상의 강도 및 내식성이 있는 것으로 할 것
2) 선택밸브
  - 방호구역 또는 방호대상물마다 설치할 것
  - 각 선택밸브에는 해당 방호구역 또는 방호대상물을 표시할 것

75 (상 중 하)

옥내소화전이 하나의 층에는 6개, 또 다른 층에는 3개, 나머지 모든 층에는 4개씩 설치되어 있다. 수원의 최소 수량 [m³] 기준은? (단, 30층 미만의 특정소방대상물이며 창고시설이 아니다)

① 5.2
② 10.4
③ 13
④ 15.6

해설 옥내소화전 수원

- 수원량 [m³] = N × 2.6 [m³]
             = 2개 × 2.6 [m³] = 5.2 [m³]

여기서 N : 옥내소화전의 설치개수가 가장 많은 층의 설치개수(29층 이하 : 최대 2개)

76 (상 중 하)

제연설비의 화재안전기술기준상 제연구획은 소화활동 및 피난상 지장을 가져오지 않도록 단순한 구조로 하여야 하며 하나의 제연구역의 면적은 몇 [m²] 이내로 규정하고 있는가?

① 700
② 1000
③ 1300
④ 1500

해설 제연설비의 제연구역 구획기준

1) 하나의 제연구역 면적 : 1000 [m²] 이내
2) 거실과 통로(복도 포함)는 각각 제연구획할 것
3) 통로상의 제연구역은 보행중심선의 길이가 60 [m]를 초과하지 않을 것
4) 하나의 제연구역은 직경 60 [m] 원 내에 들어갈 수 있을 것
5) 하나의 제연구역은 2 이상 층에 미치지 않도록 할 것

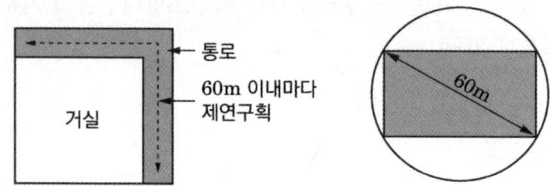

77 ⑤⑧⑨

이산화탄소소화설비의 시설 중 소화 후 연소 및 소화잔류 가스를 인명 안전상 배출 및 희석시키는 배출설비의 설치대상이 아닌 것은?

① 지하층
② 피난층
③ 무창층
④ 밀폐된 거실

해설 이산화탄소 배출설비 설치대상 ─────
지하층, 무창층, 밀폐된 거실

암기 ▶ 지무밀거

78 ⑤⑧⑨

피난사다리에 해당되지 않는 것은?

① 미끄럼식사다리
② 고정식사다리
③ 올림식사다리
④ 내림식사다리

해설 피난사다리 종류 ─────
고정식 · 올림식 · 내림식

암기 ▶ (담배)피고올래

79 ⑤⑧⑨

다음은 포의 팽창비를 설명한 것이다. (A) 및 (B)에 들어갈 용어로 옳은 것은?

> 팽창비라 함은 최종 발생한 포 (A)를 원래 포 수용액 (B)로 나눈 값을 말한다.

① (A) 체적, (B) 중량
② (A) 체적, (B) 질량
③ (A) 체적, (B) 체적
④ (A) 중량, (B) 중량

해설 포소화설비 팽창비 ─────

$$팽창비 = \frac{발생\ 후\ 포\ 체적}{발생\ 전\ 포수용액\ 체적}$$

80 ⑤⑧⑨

옥내소화전방수구는 특정소방대상물의 층마다 설치하되, 당해 특정소방대상물의 각 부분으로부터 하나의 옥내소화전방수구까지의 수평거리가 몇 [m] 이하가 되도록 하는가?

① 20
② 25
③ 30
④ 40

해설 옥내소화전 수평거리 ─────
옥내소화전방수구는 다음의 기준에 따라 설치해야 한다.
특정소방대상물의 층마다 설치하되, 해당 특정소방대상물의 각 부분으로부터 하나의 옥내소화전 방수구까지의 수평거리가 25 [m](호스릴옥내소화전설비를 포함한다) 이하가 되도록 할 것. 다만, 복층형 구조의 공동주택의 경우에는 세대의 출입구가 설치된 층에만 설치할 수 있다.

정답 77 ② 78 ① 79 ③ 80 ②

2025년 2회 소방원론

01
Halon 1301의 증기비중은 약 얼마인가? (단, 원자량은 C 12, F 19, Br 80, Cl 35.5이고, 공기의 평균분자량은 29 이다)

① 4.14 ② 5.14
③ 6.14 ④ 7.14

해설 증기비중

$$증기비중 = \frac{분자량}{29(공기 분자량)}$$

1) 할론 1301(CF_3Br)의 분자량
   분자량 $= 12 + 19 \times 3 + 80 = 149$

2) 할론 1301(CF_3Br)의 증기비중
   $$증기비중 = \frac{분자량}{29(공기 분자량)} = \frac{149}{29} ≒ 5.14$$

보충 원자량(C : 12, F : 19, Cl : 35.5, Br : 80)

02 신유형!
건축물의 방화계획에서 공간적 대응에 해당하지 않는 것은?

① 방화구획
② 특별피난계단
③ 경보설비
④ 건축물의 내장재를 불연화

해설 화재안전대책

① 방화구획 → 공간적 대응
   내화구조 등을 이용하여 화재 확산을 억제하기 위한 공간 분할계획이다.
② 특별피난계단 → 공간적 대응
   화재 시 피난을 위한 별도 구획된 구조로 제연·불연 성능을 갖춘 공간적 피난 수단이다.
③ 경보설비 → 설비적 대응
   화재 발생을 알리는 경보장치로 설비적 대응이다.
④ 건축물의 내장재를 불연화 → 공간적 대응
   건축물의 내장재 등을 불연재료로 시공하는 것은 공간적 대응이다.

정답 01 ② 02 ③

03 상(중)하

비수용성 유류의 화재 시 물로 소화할 수 없는 이유는?

① 인화점이 변하기 때문
② 발화점이 변하기 때문
③ 연소면이 확대되기 때문
④ 수용성으로 변하여 인화점이 상승하기 때문

해설 유류화재 소화방법

- 유지는 물보다 비중이 가벼워 물 위에 뜸
- 주수소화 시 유면이 확대되어 화재 확대
- 포소화약제 등 유면을 덮어 질식소화

04 상 중(하)

위험물의 유별에 따른 대표적인 성질의 연결이 옳지 않은 것은?

① 제1류 : 산화성 고체
② 제2류 : 가연성 고체
③ 제4류 : 인화성 액체
④ 제5류 : 산화성 액체

해설 위험물의 분류

구분	개요
제1류	산화성 고체
제2류	가연성 고체
제3류	자연발화성·금수성 물질
제4류	인화성 액체
제5류	자기반응성 물질
제6류	산화성 액체

암기 ▶ 산가자 인자산

05 (상)중 하

다음 중 공기에서의 연소범위를 기준으로 했을 때 위험도 (H) 값이 가장 큰 것은?

① 다이에틸에터
② 수소
③ 에틸렌
④ 뷰테인

해설 위험도 계산

1) 위험도 $H = \dfrac{U-L}{L}$

2) 주요물질 연소범위

가스	하한계 L	상한계 U	위험도 H
이황화탄소	1.2	44	35.67
아세틸렌	2.5	81	31.4
다이에틸에터 (디에틸에테르)	1.9	48	24.26
수소	4	75	17.75
에틸렌	2.7	36	12.33
일산화탄소	12.5	74	4.92
뷰테인(부탄)	1.8	8.4	3.67
프로페인(프로판)	2.1	9.5	3.52
에테인(에탄)	3	12.4	3.13
메테인(메탄)	5	15	2

① 다이에틸에터(디에틸에테르) $H = \dfrac{48-1.9}{1.9} = 24.26$

② 수소 $H = \dfrac{75-4}{4} = 17.75$

③ 에틸렌 $H = \dfrac{36-2.7}{2.7} = 12.33$

④ 뷰테인(부탄) $H = \dfrac{8.4-1.8}{1.8} = 3.67$

정답 03 ③ 04 ④ 05 ①

06 (상 중 하)

할로겐화합물소화약제에서 구성 원소가 아닌 것은?

① 염소
② 브롬
③ 네온
④ 탄소

해설 할로겐족 원소

1) 주기율표 17족 원소 : F, Cl, Br, I
2) 전기음성도(결합력) : F > Cl > Br > I
3) 부촉매효과(소화능력) : F < Cl < Br < I

> **TIP** ▶ 0족 불활성 기체 : 헬륨(He), 네온(Ne), 아르곤(Ar), 크립톤(Kr), 크세논(Xe), 라돈(Rn)
>
> **암기** ▶ FC바르셀로나 아이

07 (상 중 하)

고비점유 화재 시 무상주수하여 가연성 증기의 발생을 억제함으로써 기름의 연소성을 상실시키는 소화효과는?

① 억제효과
② 제거효과
③ 유화효과
④ 파괴효과

해설 물의 소화효과

효과	설명
냉각효과	증발(기화) 잠열에 의한 열 흡수
질식효과	기화 시 체적이 약 1650배 증가하여 주변 산소농도 낮춤
유화효과	에멀전 형성, 가연성 혼합기 생성 억제
희석효과	분해가스나 증기의 농도 낮춤

> **보충** ▶ 부촉매효과 : 분말, 할로겐화합물

08 (상 중 하)

소방시설 설치 및 관리에 관한 법령상 방염대상물품이 아닌 것은?

① 제조·가공 공정에서 방염처리한 두께 2 [mm] 미만인 종이벽지를 제외한 벽지류
② 제조·가공 공정에서 방염처리한 카펫
③ 건축물 내부의 벽에 부착하는 암막
④ 제조·가공 공정에서 방염처리한 무대막

해설 방염대상물품

1) 제조·가공 공정에서 방염처리한 물품(합판·목재류 설치현장에서 방염처리한 것 포함)
   (1) 창문에 설치하는 커튼류(블라인드 포함)
   (2) 카펫
   (3) 벽지류(두께 2 [mm] 미만인 종이벽지 제외)
   (4) 전시용 합판·목재 또는 섬유판, 무대용 합판·목재 또는 섬유판(합판·목재류의 경우 불가피하게 설치 현장에서 방염처리한 것을 포함한다)
   (5) 암막·무대막(영화상영관 스크린, 가상체험체육시설의 스크린 포함)
   (6) 섬유류, 합성수지류 등을 원료로 하여 제작된 소파·의자(단란주점영업, 유흥주점, 노래연습장업의 영업장에 설치하는 것만 해당)
2) 건축물 내부의 천장이나 벽에 부착하거나 설치하는 것, 다만 가구류(옷장·찬장·식탁·식탁용 의자·사무용 책상·사무용 의자·계산대 등)와 너비 10 [cm] 이하 반자돌림대 등과 내부 마감재료는 제외
   (1) 종이류(두께 2 [mm] 이상)·합성수지류·섬유류를 주원료로 한 물품
   (2) 합판, 목재
   (3) 공간 구획하는 간이 칸막이
   (4) 흡음·방음을 위하여 설치하는 흡음재, 방음재

09 상(중)하

다음 중 인화점이 가장 낮은 물질은?

① 산화프로필렌 ② 이황화탄소
③ 메틸알코올 ④ 등유

해설 인화점

물질	인화점 [℃]
다이에틸에터(디에틸에테르)	-45
가솔린(휘발유)	-43
산화프로필렌	-37
이황화탄소	-30
아세톤	-18
메틸알코올	11
에틸알코올	13
등유	39
경유	41

암기 ▶ 인가산이아 / 메에 / 등경

10 상(중)하

같은 원액으로 만들어진 포의 특성에 관한 설명으로 옳지 않은 것은?

① 발포배율이 커지면 환원시간은 짧아진다.
② 환원시간이 길면 내열성이 떨어진다.
③ 유동성이 좋으면 내열성이 떨어진다.
④ 발포배율이 작으면 유동성이 떨어진다.

해설 포의 특성

• 발포배율이 커지면 환원시간은 짧아진다.
• 환원시간이 길면 내열성이 좋아진다.
• 유동성이 좋으면 내열성이 떨어진다.
• 발포배율이 작으면 유동성이 떨어진다.

11 상(중)하

공기 중에서 수소의 연소범위로 옳은 것은?

① 0.4 ~ 4 [vol%]
② 1 ~ 12.5 [vol%]
③ 4 ~ 75 [vol%]
④ 67 ~ 92 [vol%]

해설 주요 물질 연소범위

가스	하한계 [vol%]	상한계 [vol%]
이황화탄소	1.2	44
아세틸렌	2.5	81
수소	4	75
일산화탄소	12.5	74
에틸렌	2.7	36
암모니아	15	28
메테인(메탄)	5	15
에테인(에탄)	3	12.4
프로페인(프로판)	2.1	9.5
뷰테인(부탄)	1.8	8.4

암기 ▶ (이황)일이사사, (아)이고팔아파, (수)사치료, (일산)이리와 칠사, (에틸)이찌삼육, (메)오싫오, (프)이하나구오, (뷰)십팔팔사

정답 09 ① 10 ② 11 ③

12 (상 중 하)

물리적 소화방법이 아닌 것은?

① 산소공급원 차단
② 연쇄반응 차단
③ 온도 냉각
④ 가연물 제거

해설 소화의 형태

소화	내용
냉각소화	열 흡수, 발화점 이하로 낮추어 소화
질식소화	산소농도 15 [%] 이하로 낮춤
제거소화	가연물을 차단, 격리
억제소화	연쇄반응을 차단, 부촉매소화

보충 물리적 소화 : 냉각, 질식, 제거
화학적 소화 : 억제소화(부촉매소화)

13 (상 중 하)

화재하중 계산 시 목재의 단위발열량은 약 몇 [kcal/kg] 인가?

① 3000
② 4500
③ 9000
④ 12000

해설 화재하중

1) 화재하중이란 화재실의 단위면적당 등가가연물(목재)의 양으로 건물화재 시 발열량 및 화재위험성 척도가 된다.
2) 화재구획실 내에 존재하는 가연물은 각각 단위중량당 발열량[kcal/kg]이 다르기 때문에 목재의 발열량으로 환산하여 화재하중을 산정한다.
   예) 종이 : 4000 [kcal/kg], 고무 : 9000 [kcal/kg]
3) 화재 시 주수시간을 결정하는 주요인이다.

4) 화재하중 $q = \dfrac{\Sigma GH_i}{HA} = \dfrac{\Sigma Q}{4500A}$ [kg/m²]

G : 가연물의 양 [kg]
H_i : 단위중량당 발열량 [kcal/kg]
H : 목재의 단위중량당 발열량 [4500 kcal/kg]
A : 화재실의 바닥면적 [m²]
ΣQ : 화재실 내 가연물의 전발열량 [kcal]

14 (상 중 하)

60분 방화문과 30분 방화문의 연기 및 불꽃 차단 성능은 각각 최소 몇 분 이상이어야 하는가?

① 60분 방화문 : 90분, 30분 방화문 : 40분
② 60분 방화문 : 60분, 30분 방화문 : 30분
③ 60분 방화문 : 45분, 30분 방화문 : 20분
④ 60분 방화문 : 30분, 30분 방화문 : 10분

해설 방화문

구분	기준
60분+ 방화문	연기 및 불꽃 차단시간 60분 이상, 열 차단 시간 30분 이상
60분 방화문	연기 및 불꽃 차단시간 60분 이상
30분 방화문	연기 및 불꽃 차단시간 30분 이상 60분 미만

정답 12 ② 13 ② 14 ②

15

가연물의 종류에 따른 화재에 분류방법 중 유류화재를 나타내는 것은?

① A급 화재
② B급 화재
③ C급 화재
④ D급 화재

해설 화재의 분류

등급	화재	표시색	가연물
A급	일반화재	백색	나무, 섬유, 종이, 고무, 플라스틱류
B급	유류화재	황색	인화성 액체, 가연성 액체, 석유 그리스, 타르, 오일, 유성도료, 솔벤트, 래커, 알코올 및 인화성 가스 등
C급	전기화재	청색	전류가 흐르고 있는 전기기기, 배선 등
D급	금속화재	무색	마그네슘 합금 등 가연성 금속
K급	주방화재	-	주방에서 동식물유를 취급하는 조리기구

16

마그네슘의 화재에 주수하였을 때 물과 마그네슘의 반응으로 인하여 생성되는 가스는?

① 산소
② 수소
③ 일산화탄소
④ 이산화탄소

해설 금수성 물질

물과 접촉하여 발화, 가연성 가스 발생

구분	현상
무기과산화물	산소(O_2) 발생
금속분 마그네슘(Mg) 나트륨(Na) 칼륨(K) 리튬(Li)	수소(H_2) 발생
탄화칼슘(칼슘카바이드)	아세틸렌(C_2H_2) 발생

17

화재의 일반적 특성이 아닌 것은?

① 확대성
② 정형성
③ 우발성
④ 불안정성

해설 화재의 일반적 특성

우발성, 확대성, 불안정성

암기 우확불

18

건물 내에서 화재가 발생하여 실내온도가 20 [℃]에서 600 [℃]까지 상승했다면 온도 상승만으로 건물 내의 공기 부피는 처음의 약 몇 배 정도 팽창하는가? (단, 화재로 인한 압력의 변화는 없다고 가정한다)

① 3배
② 9배
③ 15배
④ 30배

해설 보일 - 샤를의 법칙

$$\text{보일 - 샤를의 법칙} \quad \frac{P_1 V_1}{T_1} = \frac{P_2 V_2}{T_2}$$

기체를 이상기체로 가정하면 보일 - 샤를의 법칙을 만족한다. 여기서 압력의 변화는 없다고 가정하므로

$$\frac{V_1}{T_1} = \frac{V_2}{T_2}$$

$$\therefore \frac{V_2}{V_1} = \frac{T_2}{T_1} = \frac{(600+273)[K]}{(20+273)[K]} = 2.98 ≒ 3$$

V_1, V_2 : 부피 [m^3]
T_1, T_2 : 절대온도 [K]

정답 15 ② 16 ② 17 ② 18 ①

19 (상 중 하)

화재 발생 시 건축물의 화재를 확대시키는 주요인이 아닌 것은?

① 비화
② 복사열
③ 화염의 접촉(접염)
④ 기화열

해설 화재 확산 요인

접염, 비화, 복사열

20 (상 중 하)

제1인산암모늄이 주성분인 분말소화약제는?

① 제1종 분말소화약제
② 제2종 분말소화약제
③ 제3종 분말소화약제
④ 제4종 분말소화약제

해설 분말소화약제

종별	소화약제	약제색	적응화재
1종	탄산수소나트륨 ($NaHCO_3$)	백색	BC급
2종	탄산수소칼륨 ($KHCO_3$)	담자색 (담회색)	BC급
3종	제1인산암모늄 ($NH_4H_2PO_4$)	담홍색	ABC급
4종	탄산수소칼륨 + 요소 ($KHCO_3+(NH_2)_2CO$)	회(백)색	BC급

암기 백담사 홍어회

정답 19 ④ 20 ③

2025년 2회 소방유체역학

21 (상 중 하)

검사체적(Control Volume)에 대한 운동량방정식의 근원이 되는 법칙 또는 방정식은?

① 질량보존법칙
② 연속방정식
③ 베르누이방정식
④ 뉴턴의 운동 제2법칙

해설 뉴턴의 운동 제 2법칙

> 뉴턴의 운동 제 2법칙 $F = ma$
> F : 물체에 작용하는 힘 [N]
> m : 물체의 질량 [kg]
> a : 물체의 가속도 [m/s²]

1) 물체에 힘이 가해지면 그 힘의 크기와 방향에 따라 가속도가 생긴다.
2) 가속도의 크기는 질량이 클수록 작아지고 힘이 클수록 커진다. 즉, 힘은 질량과 가속도의 곱이다.
3) 힘과 가속도는 벡터량이므로 방향도 중요하다.
4) 이 법칙은 고전역학의 기반이 되며 <u>운동방정식의 기본으로 쓰인다</u>.
5) <u>운동량방정식은 뉴턴의 운동 제 2법칙을 검사체적(Control Volume) 개념에 적용한 것이다</u>.

보충 검사체적 : 질량, 운동량, 에너지보존법칙을 해석적으로 적용하기 위한 가상의 공간(부피)을 의미함

22 (상 중 하)

관의 단면적이 0.6 [m²]에서 0.2 [m²]로 감소하는 수평 원형 축소관으로 공기를 수송하고 있다. 관 마찰손실은 없는 것으로 가정하고 7.26 [N/s]의 공기가 흐를 때 압력 감소는 몇 Pa인가? (단, 공기 밀도는 1.23 [kg/m³]이다)

① 4.96 ② 5.58
③ 6.20 ④ 9.92

해설 압력 감소(베르누이방정식)

$$\frac{P_1}{\gamma} + \frac{V_1^2}{2g} + Z_1 = \frac{P_2}{\gamma} + \frac{V_2^2}{2g} + Z_2$$

1) 비중량
$\gamma = \rho g = 1.23 \times 9.8 = 12.054 [N/m^3]$

2) 유속 V_1, V_2 (중량유량 이용)
$G = \gamma A_1 V_1 = \gamma A_2 V_2$

① $V_1 = \dfrac{G}{\gamma A_1} = \dfrac{7.26 [N/s]}{12.054 [N/m^3] \times 0.6 [m^2]}$
$= 1.004 [m/s]$

② $V_2 = \dfrac{G}{\gamma A_2} = \dfrac{7.26 [N/s]}{12.054 [N/m^3] \times 0.2 [m^2]}$
$= 3.011 [m/s]$

3) 베르누이방정식에 의한 압력 차 $P_1 - P_2 (\triangle P)$

$\dfrac{P_1}{\gamma} + \dfrac{V_1^2}{2g} + Z_1 = \dfrac{P_2}{\gamma} + \dfrac{V_2^2}{2g} + Z_2$
($Z_1 = Z_2$이므로)

$\dfrac{P_1}{\gamma} + \dfrac{V_1^2}{2g} = \dfrac{P_2}{\gamma} + \dfrac{V_2^2}{2g}$

$\dfrac{P_1 - P_2}{\gamma} = \dfrac{V_2^2 - V_1^2}{2g}$

정답 21 ④ 22 ①

$$\therefore P_1 - P_2 = \gamma \frac{V_2^2 - V_1^2}{2g}$$
$$= 12.054 \times \frac{3.011^2 - 1.004^2}{2 \times 9.8}$$
$$= 4.96 \, [Pa]$$

23 (상 중 하)

국소대기압이 98.6 [kPa]인 곳에서 펌프에 의하여 흡입되는 물의 압력을 진공계로 측정하였다. 진공계가 7.3 [kPa]을 가리켰을 때 절대압력은 몇 [kPa]인가?

① 0.93　　② 9.3
③ 91.3　　④ 105.9

해설 절대압력

절대압력 = 대기압 - 진공압
　　　　 = 98.6 - 7.3 = 91.3 [kPa]

> **보충** 절대압력 : 완전진공을 기준으로 측정한 압력
> (1) 절대압력 = 대기압 + 게이지압력
> (2) 절대압력 = 대기압 - 진공압

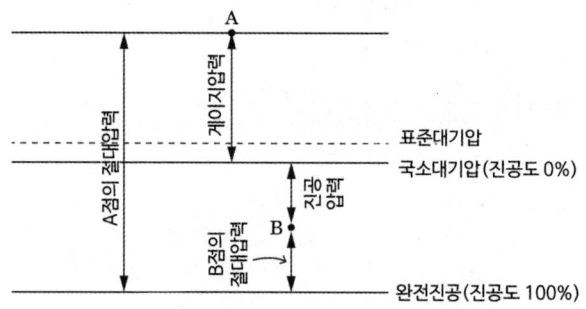

[절대압력과 진공압력]

24 (상 중 하)

유량이 0.6 [m³/min]일 때 손실수두가 7 [m]인 관로를 통하여 10 [m] 높이 위에 있는 저수조로 물을 이송하고자 한다. 펌프의 효율이 90 [%]라고 할 때 펌프에 공급해야 하는 전동력은 몇 [kW]인가?

① 0.45　　② 1.85
③ 2.27　　④ 136

해설 펌프의 동력

$$\text{동력 } P[kW] = \frac{\gamma[kN/m^3] \times Q[m^3/s] \times H[m]}{\eta} \times K$$

※ 동력을 구할 때 조건상 효율(η)이나 전달계수(K)가 주어져 있지 않다면, 효율과 전달계수를 제외하고 산출한다.

1) 전양정 H
　H = 실양정 + 마찰손실수두 + 방사압
　　 = 10 + 7 = 17 [m]
　(∵ 문제에 방사압과 관련된 조건이 없으므로)

2) 전동력 P
$$P = \frac{\gamma Q H}{\eta} = \frac{9.8 \times \frac{0.6}{60} \times 17}{0.9} = 1.85 [kW]$$

γ : 물의 비중량 [9.8 kN/m³]
Q : 유량 [m³/s]
H : 전양정 [m]
η : 효율

> **보충** 전양정 H = 실양정 + 마찰손실 + 방사압
> (단, 문제 조건에 나와 있지 않은 것은 무시한다)

25 상㊥하

그림과 같이 수족관에 직경 3 [m]의 투시경이 설치되어 있다. 이 투시경에 작용하는 힘 [kN]은?

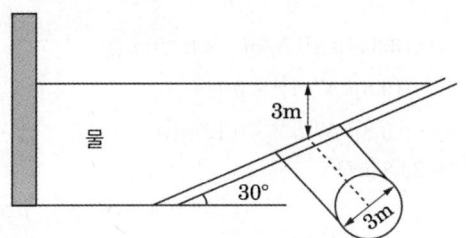

① 207.8
② 123.9
③ 87.1
④ 52.4

해설 투시경에 작용하는 힘

경사면에 작용하는 유체의 전압력 $F = \gamma \bar{h} A$
γ : 비중량 [kN/m³]
$\bar{h}$: 도심점으로부터 액면까지 연직 상방의 높이 [m]
A : 면적 [m²]

$F = \gamma \bar{h} A = 9.8 \times 3 \times (\frac{\pi}{4} \times 3^2) = 207.8 \, [kN]$

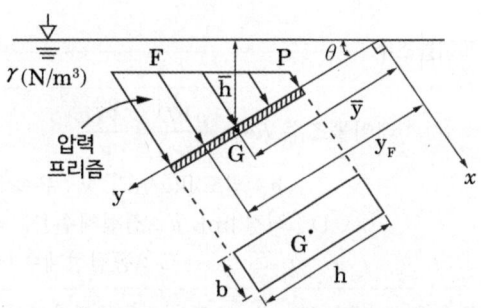

[경사면에 작용하는 유체의 전압력]

26 상㊥하

물의 체적탄성계수가 2.5 [GPa]일 때 물의 체적을 1 [%] 감소시키기 위해서 얼마의 압력 [MPa]을 가하여야 하는가?

① 20
② 25
③ 30
④ 35

해설 체적탄성계수

체적탄성계수 $K = -\frac{\Delta P}{\Delta V / V_1} = -\frac{P_2 - P_1}{\frac{(V_2 - V_1)}{V_1}}$

$K = -\frac{\Delta P}{\Delta V / V_1}$

$2500 \, [MPa] = -\frac{\Delta P}{(\frac{-1}{100})}$

$\therefore \Delta P = 25 \, [MPa]$

※ $\frac{\Delta V}{V_1}$가 $\frac{-1}{100}$인 이유

체적이 감소하기 때문에 (−)부호임

보충 1 [GPa] = 1000 [MPa]
G[기가] : 10⁹, M[메가] : 10⁶, k[킬로] : 10³

정답 25 ① 26 ②

27

392 [N/s]의 물이 지름 20 [cm]의 관 속에 흐르고 있을 때 평균 속도는 약 몇 [m/s]인가?

① 0.127
② 1.27
③ 2.27
④ 12.7

해설 물의 평균속도(중량유량)

$$중량유량\ G[N/s] = \gamma A V$$

따라서 유속 $V = \dfrac{G}{\gamma A}$

$$V = \dfrac{392[N/s]}{9800[N/m^3] \times (\dfrac{\pi}{4} \times 0.2^2)[m^2]} = 1.27[m/s]$$

γ : 비중량 [N/m³]
A : 배관 단면적 [m²]
V : 유속 [m/s]

28

그림에서 h₁ = 120 [mm], h₂ = 180 [mm], h₃ = 100 [mm]일 때 A에서의 압력과 B에서의 압력의 차이 (P_A − P_B)를 구하면? (단, A, B 속의 액체는 물이고, 차압액주계에서의 중간 액체는 수은 비중 13.60이다)

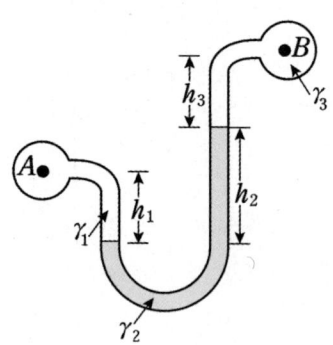

① 20.4 [kPa]
② 23.8 [kPa]
③ 26.4 [kPa]
④ 29.8 [kPa]

해설 U자형 시차액주계

$$P_A + \gamma_1 h_1 = P_B + \gamma_2 h_2 + \gamma_3 h_3$$
$$\begin{aligned}P_A - P_B &= \gamma_2 h_2 + \gamma_3 h_3 - \gamma_1 h_1\\ &= S_2 \gamma_2 h_2 + \gamma_w h_3 - \gamma_w h_1\\ &= (13.6 \times 9.8[kN/m^3] \times 0.18[m])\\ &\quad + (9.8[kN/m^3] \times 0.1[m])\\ &\quad - (9.8[kN/m^3] \times 0.12[m])\\ &= 23.8[kPa]\end{aligned}$$

보충 $\gamma = S \times \gamma_w$, $\rho = S \times \rho_w$

29

레이놀즈수에 대한 설명으로 옳은 것은?

① 정상류와 비정상류를 구별하여 주는 척도가 된다.
② 실체유체와 이상유체를 구별하여 주는 척도가 된다.
③ 층류와 난류를 구별하여 주는 척도가 된다.
④ 등류와 비등류를 구별하여 주는 척도가 된다.

해설 레이놀즈수

$$레이놀즈수\ Re = \dfrac{\rho V D}{\mu} = \dfrac{VD}{\nu}$$

ρ : 밀도 [kg/m³], V : 유속 [m/s]
D : 직경 [m], μ : 점성계수 [N·s/m²]
ν : 동점성계수 [m²/s]

레이놀즈수(Reynolds Number, Re)는 유체역학에서 유체의 흐름 상태가 층류(Laminar Flow)인지 난류(Turbulent Flow)인지를 판단하는 데 사용되는 무차원수이다.

정답 27 ② 28 ② 29 ③

30 (중)

그림과 같이 반경 2 [m], 폭(y방향) 4 [m]의 곡면 AB가 수문으로 이용된다. 이 수문에 작용하는 물에 의한 힘의 수평성분(x방향)의 크기는 약 얼마인가?

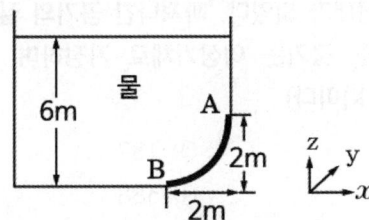

① 337 [kN] ② 392 [kN]
③ 437 [kN] ④ 492 [kN]

해설 수평분력

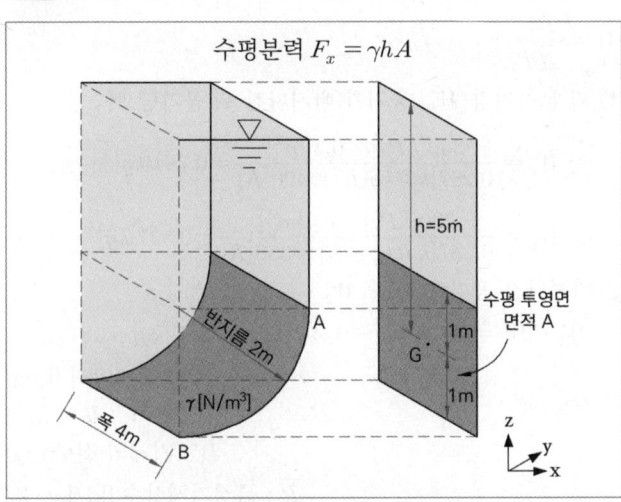

1) 액면으로부터 도심점까지의 거리 h
$$h = \left(6 - \frac{2}{2}\right)[m] = 5[m]$$

2) 수문의 수평투영면의 면적 A
$$A = 2 \times 4 = 8[m^2]$$

3) 수평분력 F_x
$$F_x = \gamma h A$$
$$= 9.8[kN/m^3] \times 5[m] \times 8[m^2] = 392[kN]$$

31 (중)

공기 중에서 무게가 941 [N]인 돌이 물속에서 500 [N]이라면 이 돌의 체적 [m³]은? (단, 공기의 부력은 무시한다)

① 0.012 ② 0.028
③ 0.034 ④ 0.045

해설 물체의 부력

> 부력 ① $F_B = \gamma V$
> ② F_B = 공기 중에서 무게 - 물 속에서 무게

1) 부력 F_B
   F_B = 공기 중에서 무게 - 물 속에서 무게
   $= 941 - 500 = 441[N]$

2) 체적 V
   $F_B = \gamma V$ 이므로
   체적 $V = \dfrac{F_B}{\gamma} = \dfrac{441[N]}{9800[N/m^3]} = 0.045[m^3]$

   γ : 비중량 [N/m³]
   V : 부피 [m³]

정답 30 ② 31 ④

32 ⓢ ⓜ ⓗ

파이프 단면적이 2.5배로 급격하게 확대되는 구간을 지난 후의 유속이 1.2 [m/s]이다. 부차적 손실계수가 0.36이라면 급격 확대로 인한 손실수두는 몇 [m]인가?

① 0.0264　　② 0.0661
③ 0.165　　　④ 0.331

해설 돌연확대관 손실

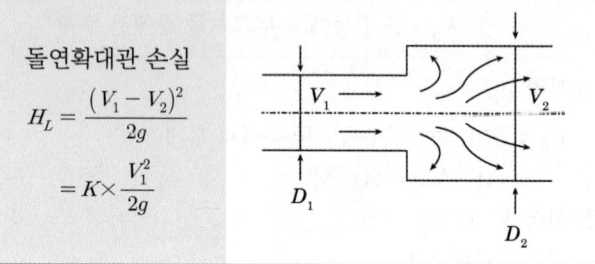

돌연확대관 손실
$$H_L = \frac{(V_1 - V_2)^2}{2g} = K \times \frac{V_1^2}{2g}$$

1) 유속 V_1

Q_1(확대 전) $= Q_2$(확대 후)

$A_1 V_1$(확대 전) $= A_2 V_2$(확대 후)

$V_1 = \dfrac{A_2}{A_1} \times V_2 = \dfrac{2.5}{1} \times 1.2 = 3 [m/s]$

2) 손실수두 H_L

$H_L = K \times \dfrac{V_1^2}{2g} = 0.36 \times \dfrac{3^2}{2 \times 9.8} = 0.165 [m]$

H_L : 부차적 손실수두 [m]

K : 손실계수 $\left[K = \left(1 - \dfrac{A_1}{A_2}\right)^2 \right]$

V : 유속 [m/s]

g : 중력가속도 [m/s²]

33 ⓢ 중 ⓗ

부피가 0.3 [m³]으로 일정한 용기 내의 공기가 원래 300 [kPa](절대압력), 400 [K]의 상태였으나 일정 시간 동안 출구가 개방되어 공기가 빠져나가 200 [kPa](절대압력), 350 [K]의 상태가 되었다. 빠져나간 공기의 질량은 약 몇 [g]인가? (단, 공기는 이상기체로 가정하며 기체상수는 287 [J/kg·K]이다)

① 74　　　② 187
③ 295　　　④ 388

해설 빠져나간 공기의 질량 계산

이상기체상태방정식 $PV = nRT = \dfrac{W}{M} RT = W\overline{R}T$

$W = \dfrac{PV}{\overline{R}T}$

1) 원래 공기량 W_1, 공기가 빠져나간 뒤 공기량 W_2

(1) $W_1 = \dfrac{300 [kPa] \times 0.3 [m^3]}{0.287 [kJ/kg \cdot K] \times 400 [K]} = 0.784 [kg]$

(2) $W_2 = \dfrac{200 [kPa] \times 0.3 [m^3]}{0.287 [kJ/kg \cdot K] \times 350 [K]} = 0.597 [kg]$

2) 빠져나간 공기량 $W_1 - W_2$

$W_1 - W_2 = 0.784 [kg] - 0.597 [kg] = 0.187 [kg] = 187 [g]$

P : 절대압력 [kPa]
V : 부피 [m³]
W : 기체의 질량 [kg]
$\overline{R}$: 특정기체상수 [kJ/kg·K]
T : 절대온도 [K](273 + ℃)

정답 32 ③　33 ②

34 (상중하)

한 변의 길이가 L인 정사각형 단면의 수력지름(Hydraulic Diameter)은?

① L/4
② L/2
③ L
④ 2L

해설 수력직경 D_h

$$수력직경\ D_h = 4R_h$$
$$수력반경\ R_h = \frac{유동단면적}{접수길이}$$

1) 유동단면적 $= L \times L = L^2$
2) 접수길이 $= 2(L+L) = 4L$
3) 수력직경 D_h

$$D_h = 4R_h = 4 \times \frac{유동단면적}{접수길이} = 4 \times \frac{L^2}{4L} = L$$

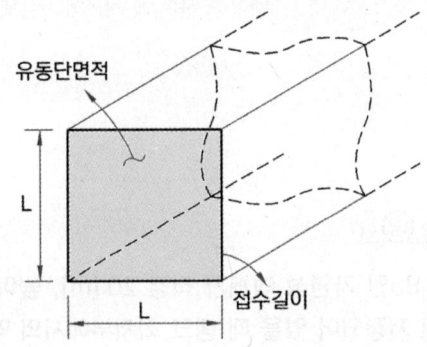

35 (상중하) 신유형!

온도가 T인 유체가 정압이 P인 상태로 관 속을 흐를 때 공동현상이 발생하는 조건으로 가장 적절한 것은? (단, 유체 온도 T에 해당하는 포화증기압을 P_s라 한다)

① $P > P_s$
② $P > 2 \times P_s$
③ $P < P_s$
④ $P < 2 \times P_s$

해설 공동현상(Cavitation)

1) 개념 : 펌프 흡입 측 배관의 손실이 증가하여 소화수의 정압이 증기압 이하로 낮아져서 기포가 발생하는 현상이다.
2) 방지대책
   (1) 펌프의 위치를 수원보다 낮게 한다.
   (2) 흡입배관의 구경을 크게 한다.
   (3) 펌프의 회전수를 낮춘다.
   (4) 양흡입펌프를 사용한다.
   (5) 2대 이상의 펌프를 사용한다.
   (6) 펌프의 흡입 측을 가압한다.
   (7) 입형펌프를 사용하고 회전차를 수중에 완전히 잠기게 한다.
   (8) 흡입관의 길이를 줄이거나 밸브, 플랜지 등을 조정하여 흡입 손실수두를 줄인다.

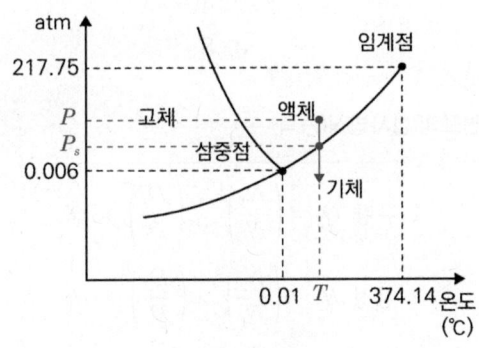

[물의 상평형도]

정답 34 ③ 35 ③

36 (상 중 하)

다음 중 열전달방식에 대한 설명으로 틀린 것은?

① 전도는 고체에서만 일어난다.
② 대류는 유체의 움직임에 의해 열이 전달된다.
③ 복사는 물질의 매개 없이도 열이 전달될 수 있다.
④ 전도는 분자의 진동이나 자유 전자의 이동에 의해 열이 전달된다.

해설 열전달

전도는 주로 고체에서 발생하지만 액체와 기체에서도 분자의 충돌을 통해 열이 전달될 수 있다. 따라서 "전도는 고체에서만 일어난다"는 진술은 틀린 내용이다.

37 (상 중 하)

소방펌프의 회전수를 2배로 증가시키면 소방펌프 동력은 몇 배로 증가하는가? (단, 기타 조건은 동일하다)

① 2
② 4
③ 6
④ 8

해설 펌프의 상사법칙(동력)

① 유량 $Q_2 = \left(\dfrac{N_2}{N_1}\right)^1 \times \left(\dfrac{D_2}{D_1}\right)^3 \times Q_1$

② 양정 $H_2 = \left(\dfrac{N_2}{N_1}\right)^2 \times \left(\dfrac{D_2}{D_1}\right)^2 \times H_1$

③ 동력 $L_2 = \left(\dfrac{N_2}{N_1}\right)^3 \times \left(\dfrac{D_2}{D_1}\right)^5 \times L_1$

$L_2 = \left(\dfrac{N_2}{N_1}\right)^3 \times L_1 = \left(\dfrac{2 \times N_1}{N_1}\right)^3 \times L_1 = 2^3 \times L_1 = 8 \times L_1$

∴ $L_2 = 8 \times L_1$

38 (상 중 하)

동점성계수가 0.1×10^{-5} [m²/s]인 유체가 안지름 10 [cm]인 원관 내에 1 [m/s]로 흐르고 있다. 관의 마찰계수가 f = 0.022이며 등가길이가 200 [m]일 때의 손실수두 몇 [m]인가? (단, 비중량은 9800 [N/m³]이다)

① 2.24
② 6.58
③ 11.0
④ 22.0

해설 관로의 길이(달시방정식)

$$마찰손실수두\ H_L = f\dfrac{L}{D}\dfrac{V^2}{2g}$$

$H_L = f\dfrac{L}{D}\dfrac{V^2}{2g} = 0.022 \times \dfrac{200}{0.1} \times \dfrac{1^2}{2 \times 9.8} = 2.24\,[m]$

보충 ▶ 문제에서는 동점성계수가 주어졌으나 마찰계수 f가 주어졌으므로 풀이 시 계산에 사용되지 않는다.

39 (상 중 하)

비중이 0.85인 가연성 액체가 직경 20 [m], 높이 15 [m]인 탱크에 저장되어 있을 때 탱크 최저부에서의 액체에 의한 압력 [kPa]은?

① 39270
② 125
③ 124950
④ 167

해설 탱크 최저부에서의 압력

$$압력\ P = \gamma h$$

$P = \gamma h = S\gamma_w h = 0.85 \times 9.8\,[kN/m^3] \times 15\,[m]$
$= 124.95\,[kN/m^2] \fallingdotseq 125\,[kPa]$

40 (상⦁중⦁하)

이상기체의 정압비열 C_p와 정적비열 C_v와의 관계로 옳은 것은? (단, R은 이상기체 상수이고, k는 비열비이다)

① $C_p = \dfrac{1}{2}C_v$ ② $C_p < C_V$

③ $C_P - C_v = R$ ④ $\dfrac{C_v}{C_p} = k$

해설 정압비열과 정적비열 관계

1) 정압비열과 정적비열의 차이
   $R = C_P - C_V$

   R : 기체상수 [kJ/kg·K]
   C_P : 정압비열 [kJ/kg·K]
   C_V : 정적비열 [kJ/kg·K]

2) 비열비 k
   정압비열과 정적비열의 비 $\left(k = \dfrac{C_P}{C_V}\right)$

   여기서 $C_P > C_V$ 이므로 비열비 k는 반드시 1보다 크다.

정답 40 ③

2025년 2회 소방관계법규

41

소방기본법상 소방대의 구성원에 속하지 않는 자는?

① 소방공무원법에 따른 소방공무원
② 의용소방대 설치 및 운영에 관한 법률에 따른 의용소방대원
③ 위험물안전관리법에 따른 자체소방대원
④ 의무소방대설치법에 따라 임용된 의무소방원

해설 소방대 구성원

- 소방공무원
- 의무소방원
- 의용소방대원

암기▶ 공무용

* 자체소방대원 : 소방훈련을 이수한 일단의 시민 또는 사업체 고용인들로 구성된 민간소방대

42 (신유형)

소방시설공사업법상 일반 공사감리원이 감리현장 연면적의 총 합계가 10만 [m²]인 경우 담당할 수 있는 최대 공사현장은 몇 개 이하인가?

① 1개
② 3개
③ 5개
④ 10개

해설 소방시설공사업법 시행규칙 제16조

제16조(감리원의 세부 배치기준 등)
① 법 제18조 제3항에 따른 감리원의 세부적인 배치기준은 다음 각 호의 구분에 따른다.
1. 상주 공사감리 대상인 경우
  가. 기계분야의 감리원 자격을 취득한 사람과 전기분야의 감리원 자격을 취득한 사람 각 1명 이상을 감리원으로 배치할 것. 다만 기계분야 및 전기분야의 감리원 자격을 함께 취득한 사람이 있는 경우에는 그에 해당하는 사람 1명 이상을 배치할 수 있다.
  나. 소방시설용 배관(전선관을 포함한다. 이하 같다)을 설치하거나 매립하는 때부터 소방시설 완공검사증명서를 발급받을 때까지 소방공사감리현장에 감리원을 배치할 것
2. 일반 공사감리 대상인 경우
  가. 기계분야의 감리원 자격을 취득한 사람과 전기분야의 감리원 자격을 취득한 사람 각 1명 이상을 감리원으로 배치할 것. 다만 기계분야 및 전기분야의 감리원 자격을 함께 취득한 사람이 있는 경우에는 그에 해당하는 사람 1명 이상을 배치할 수 있다.
  나. 별표 3에 따른 기간 동안 감리원을 배치할 것
  다. 감리원은 주 1회 이상 소방공사감리현장에 배치되어 감리할 것
  라. <u>1명의 감리원이 담당하는 소방공사감리현장은 5개 이하</u>(자동화재탐지설비 또는 옥내소화전설비 중 어느 하나만 설치하는 2개의 소방공사감리현장이 최단 차량주행거리로 30킬로미터 이내에 있는 경우에는 1개의 소방공사감리현장으로 본다)로서 감리현장 연면적의 총 합계가 10만제곱미터 이하일 것. 다만 일반 공사감리 대상인 아파트의 경우에는 연면적의 합계에 관계없이 1명의 감리원이 5개 이내의 공사현장을 감리할 수 있다.

정답 41 ③ 42 ③

상주 공사감리 대상	일반 공사감리 대상
• 기계분야 감리원 자격 취득자와 전기분야 감리원 자격 취득자 각 1명 이상 감리원으로 배치(쌍기사 1명 이상) • 소방시설용 배관(전선관을 포함)을 설치하거나 매립하는 때부터 소방시설 완공검사증명서 발급 받을 때까지 소방공사감리현장에 감리원 배치	• 기계분야 감리원 자격 취득자와 전기분야 감리원 자격 취득자 각 1명 이상 감리원으로 배치(쌍기사 1명 이상) • 일반공사감리기간에 따라 감리원 배치 • 감리원은 주 1회 이상 소방공사 감리현장에 배치되어 감리 • 감리원 1명이 담당하는 소방공사 감리현장은 5개 이하로서 감리현장 연면적 총 합계가 100000 [m²] 이하(아파트 경우 연면적 합계 관계없이 감리원 1명이 5개 이내 공사현장 감리)

43 상(중)하

소방시설 설치 및 관리에 관한 법령상 스프링클러설비를 설치하여야 하는 특정소방대상물의 기준으로 틀린 것은? (단, 위험물 저장 및 처리 시설 중 가스시설 또는 지하구는 제외한다)

① 복합건축물로서 연면적 5000 [m²] 이상
② 창고시설로서 바닥면적 합계가 1000 [m²] 이상
③ 노유자시설로서 바닥면적의 합계가 600 [m²] 이상
④ 지하상가로서 연면적이 연면적 1000 [m²] 이상

해설 스프링클러설비 설치대상

설치대상	기준
• 문화 및 집회시설(동·식물원 제외) • 종교시설 • 운동시설(물놀이형 시설 및 바닥이 불연재료이고 관람석이 없는 운동시설은 제외)	• 수용인원 100명 이상 • 영화상영관 바닥면적 : 지하층·무창층 500 [m²](그 외 1000 [m²]) 이상 • 무대부 : 지하층·무창층, 4층 이상 300 [m²](그 외 500 [m²]) 이상
• 판매시설, 운수시설 • 창고시설(물류터미널)	• 수용인원 500명 이상 • 바닥면적 합계 5000 [m²] 이상
6층 이상인 특정소방대상물	전 층
• 의료시설(정신의료기관, 종합병원, 병원, 치과병원, 한방병원, 요양병원) • 노유자시설 • 숙박 가능한 수련시설 • 숙박시설 • 산후조리원, 조산원	바닥면적 합계 600 [m²] 이상인 것은 모든 층
지하상가	연면적 1000 [m²] 이상
기숙사(교육연구시설·수련시설 내에 있는 학생 수용을 위한 것), 복합건축물	연면적 5000 [m²] 이상인 모든 층
특수가연물 저장·취급시설	지정수량 1000배 이상
랙식 창고의 높이가 10 [m]를 초과	바닥면적 또는 랙이 설치된 부분의 합계가 1500 [m²] 이상인 경우 모든 층
전기저장시설, 교정 및 군사시설 중 보호감호소, 교도소, 구치소 및 그 지소, 보호관찰소, 갱생보호시설, 치료감호시설, 소년원 및 소년분류심사원의 수용거실, 보호시설(외국인보호소의 경우에는 보호대상자의 생활공간으로 한정), 유치장	-

정답 43 ②

44 상ⓒ하

화재의 예방 및 안전관리에 관한 법령상 소방안전관리대상물의 소방안전관리자의 업무가 아닌 것은?

① 소방시설공사의 발주
② 소방훈련 및 교육
③ 소방계획서의 작성 및 시행
④ 자위소방대의 구성·운영·교육

해설 특정소방대상물 소방안전관리자와 관계인의 업무

1) 소방안전관리자의 업무
   (1) 피난계획 관련 사항과 대통령령으로 정하는 사항이 포함된 소방계획서 작성 및 시행
   (2) 자위소방대 및 초기대응체계 구성·운영·교육
   (3) 피난시설, 방화구획, 방화시설의 관리
   (4) 소방훈련 및 교육
   (5) 소방시설이나 그 밖의 소방 관련 시설의 관리
   (6) 화기 취급의 감독
   (7) 소방안전관리에 관한 업무수행에 관한 기록·유지((3), (5), (6)항 업무)
   (8) 화재발생 시 초기대응
   (9) 그 밖에 소방안전관리에 필요한 업무
2) 특정소방대상물 관계인의 업무
   (1) 피난시설, 방화구획, 방화시설의 관리
   (2) 소방시설이나 그 밖의 소방 관련 시설의 관리
   (3) 화기 취급의 감독
   (4) 화재발생 시 초기대응
   (5) 그 밖에 소방안전관리에 필요한 업무

45 상ⓒ하

피난시설, 방화구획 또는 방화시설을 폐쇄·훼손·변경 등의 행위를 3차 이상 위반한 경우에 대한 과태료 부과기준으로 옳은 것은?

① 200만 원
② 300만 원
③ 500만 원
④ 1000만 원

해설 과태료

1. 피난시설, 방화구획 또는 방화시설을 폐쇄·훼손·변경하는 등의 행위를 한 경우
   - 1차 : 100만 원
   - 2차 : 200만 원
   - 3차 : 300만 원
2. 점검기록표를 기록하지 아니하거나 특정소방대상물의 출입자가 쉽게 볼 수 있는 장소에 게시하지 아니한 관계인
   - 1차 : 100만 원
   - 2차 : 200만 원
   - <u>3차 : 300만 원</u>

46 상ⓒ하

화재의 예방 및 안전관리에 관한 법령상 특수가연물의 저장 및 취급기준 중 살수설비를 설치하였을 때 석탄·목탄류를 저장하는 경우 쌓는 부분의 바닥면적은 몇 [m²] 이하인가? (단, 석탄·목탄류를 발전용으로 저장하는 경우는 제외한다)

① 200
② 250
③ 300
④ 350

해설 특수가연물 저장기준

1) 품명별로 구분하여 쌓을 것
2) 일반적인 경우
   (1) 쌓는 높이 : 10 [m] 이하
   (2) 쌓는 부분 바닥 : 50 [m²] 이하(석탄·목탄류 : 200 [m²] 이하)
3) 살수설비, 대형 수동식 소화기 설치하는 경우
   (1) 쌓는 높이 : 15 [m] 이하
   (2) 쌓는 부분의 바닥면적 : 200 [m²] 이하(석탄·목탄류 : <u>300 [m²] 이하</u>)

정답 44 ① 45 ② 46 ③

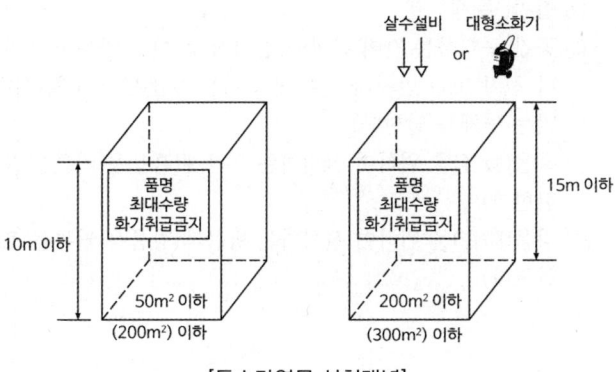

[특수가연물 설치개념]

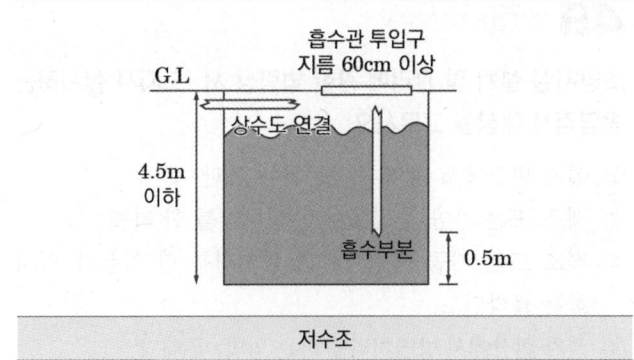

저수조

47 ⓗ

소방용수시설의 설치기준 중 주거지역·상업지역 및 공업지역에 설치하는 경우 소방대상물과의 수평거리는 최대 몇 [m] 이하인가?

① 50
② 100
③ 150
④ 200

해설 소방용수시설 수평거리

- 주거지역·상업지역·공업지역 : 100 [m] 이하
- 그 외의 지역 : 140 [m] 이하

암기 ▶ 주상공 100

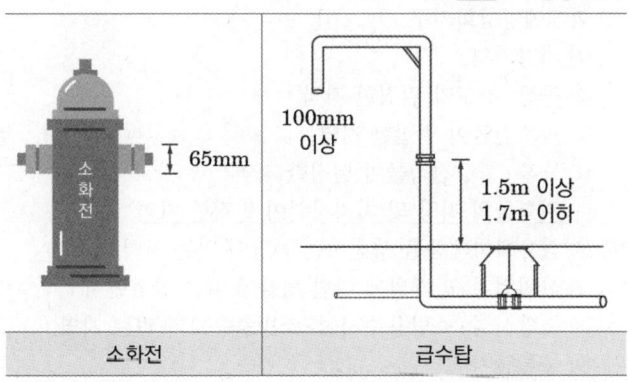

48 ⓗ

소방시설 설치 및 관리에 관한 법령상 소화설비에 해당하지 않는 것은?

① 주거용 주방자동소화장치
② 자동확산소화기
③ 스프링클러설비
④ 비상경보설비

해설 소방시설

구분	정의
소화설비	물 또는 그 밖의 소화약제를 사용하여 소화하는 기계·기구·설비
경보설비	화재 발생 사실을 통보하는 기계·기구·설비
피난구조설비	화재 시 피난하기 위해 사용하는 기구·설비
소화용수설비	화재를 진압하는 데 필요한 물을 공급·저장하는 설비
소화활동설비	화재를 진압하거나 인명구조 활동을 위해 사용하는 설비

암기 ▶ 소경피 용활

49 상(중)하

소방시설 설치 및 관리에 관한 법령상 시·도지사 실시하는 방염검사 대상을 고르시오.

① 설치 현장에서 방염처리를 하는 합판·목재
② 제조 또는 가공 공정에서 방염처리를 한 카펫
③ 제조 또는 가공 공정에서 방염처리를 한 창문에 설치하는 블라인드
④ 설치 현장에서 방염처리를 하는 암막·무대막

해설 방염성능의 검사

1) 특정소방대상물에서 사용하는 방염대상물품은 소방청장(대통령령으로 정하는 방염대상물품의 경우에는 시·도지사)이 실시하는 방염성능검사를 받은 것이어야 함
   (1) 소방청장 실시하는 방염검사 대상 : 방염대상물품
   (2) 시·도지사 실시하는 방염검사 대상 : 설치 현장에서 방염처리하는 합판·목재
2) 방염처리업의 등록을 한 자는 1)에 따른 방염성능검사를 할 때에 거짓 시료를 제출하여서는 아니 됨
3) 방염성능검사의 방법과 검사 결과에 따른 합격 표시 등에 필요한 사항 : 행정안전부령

⟨방염대상물품⟩
1) 제조·가공 공정에서 방염처리한 물품
   (1) 창문에 설치하는 커튼류(블라인드 포함)
   (2) 카펫
   (3) 벽지류(두께 2 [mm] 미만인 종이벽지 제외)
   (4) 전시용 합판·목재 또는 섬유판, 무대용 합판·목재 또는 섬유판(합판·목재류의 경우 불가피하게 설치 현장에서 방염처리한 것을 포함한다)
   (5) 암막·무대막(영화상영관 스크린, 가상체험체육시설의 스크린 포함)
   (6) 섬유류, 합성수지류 등을 원료로 하여 제작된 소파·의자(단란주점영업, 유흥주점, 노래연습장업의 영업장에 설치하는 것만 해당)
2) 건축물 내부의 천장이나 벽에 부착하거나 설치하는 것 다만 가구류(옷장·찬장·식탁·식탁용 의자·사무용 책상·사무용 의자·계산대 등)와 너비 10 [cm] 이하 반자돌림대 등과 내부 마감재료는 제외
   (1) 종이류(두께 2 [mm] 이상)·합성수지류·섬유류를 주원료로 한 물품
   (2) 합판, 목재
   (3) 공간 구획하는 간이 칸막이(접이식 등 이동 가능한 벽체나 천장 또는 반자가 실내에 접하는 부분까지 구획하지 않는 벽체를 말한다)
   (4) 흡음(吸音)을 위하여 설치하는 흡음재(흡음용 커튼을 포함한다)
   (5) 방음(防音)을 위하여 설치하는 방음재(방음용 커튼을 포함한다)

50 상(중)하

화재의 예방 및 안전관리에 관한 법령상 화재예방강화지구로 알맞지 않은 것을 고르시오.

① 위험물의 저장시설이 있는 지역
② 시장지역
③ 공장이 밀집한 지역
④ 노후 건축물이 밀집한 지역

해설 화재예방강화지구

화재 발생 우려가 크거나 화재가 발생할 경우 피해가 클 것으로 예상되는 지역에 대하여 화재의 예방 및 안전관리를 강화하기 위해 지정·관리하는 지역
1) 지정권자 : 시·도지사
2) 화재예방강화지구 지정 요청 : 소방청장
3) 화재예방강화지구
   (1) 시장지역
   (2) 공장·창고가 밀집한 지역
   (3) 목조건물이 밀집한 지역
   (4) 노후·불량건축물이 밀집한 지역
   (5) 위험물의 저장 및 처리시설이 밀집한 지역
   (6) 석유화학제품을 생산하는 공장이 있는 지역
   (7) 산업입지 및 개발에 관한 법률에 따른 산업단지
   (8) 소방시설·소방용수시설·소방출동로가 없는 지역
   (9) 물류단지
   (10) (1)~(9)까지 준하는 지역으로서 소방관서장이 화재예방강화지구로 지정할 필요가 있다고 인정하는 지역

정답 49 ① 50 ①

51 (중)

소방시설공사업법상 특정소방대상물의 관계인 또는 발주자가 해당 도급계약의 수급인을 도급계약 해지할 수 있는 경우의 기준 중 틀린 것은?

① 하도급 계약의 적정성 심사 결과 하수급인 또는 하도급계약 내용의 변경 요구에 정당한 사유 없이 따르지 아니하는 경우
② 정당한 사유 없이 15일 이상 소방시설공사를 계속하지 아니하는 경우
③ 소방시설업이 등록취소되거나 영업정지된 경우
④ 소방시설업을 휴업하거나 폐업한 경우

해설 도급계약 해지

특정소방대상물의 관계인 또는 발주자는 해당 도급계약의 수급인이 다음 어느 하나에 해당하는 경우에는 도급계약을 해지할 수 있음
1) 소방시설업이 등록취소되거나 영업정지된 경우
2) 소방시설업을 휴업하거나 폐업한 경우
3) 정당한 사유 없이 30일 이상 소방시설공사를 계속하지 않는 경우
4) 하도급계약 자료에 따른 요구에 정당한 사유 없이 따르지 않는 경우

52 (중)

소방시설 설치 및 관리에 관한 법령상 소방시설관리업을 등록할 수 있는 자는?

① 피성년후견인
② 소방시설관리업의 등록이 취소된 날부터 2년이 경과된 자
③ 금고 이상의 형의 집행유예를 선고받고 그 유예기간 중에 있는 자
④ 금고 이상의 실형을 선고받고 그 집행이 면제된 날부터 2년이 지나지 아니한 자

해설 소방시설관리업 등록

1) 거짓이나 그 밖의 부정한 방법으로 등록한 경우
2) 등록 결격사유에 해당하게 된 경우
3) 다른 자에게 등록증이나 등록수첩 빌려준 경우

※ 2)의 결격사유
- 피성년후견인
- 금고 이상 실형을 선고받고 집행이 끝나거나 면제된 날부터 2년이 지나지 않은 자
- 금고 이상 형의 집행유예 선고받고 유예기간 중인 자
- 소방시설업 등록이 취소된 날부터 2년이 지나지 않은 자

53 (중)

위험물안전관리법령상 제조소의 기준에 따라 건축물의 외벽 또는 이에 상당하는 공작물의 외측으로부터 제조소의 외벽 또는 이에 상당하는 공작물의 외측까지 사용전압 35000 [V]를 초과하는 특고압가공전선의 경우 안전거리는 몇 [m] 이상인지 고르시오.

① 3 [m] ② 5 [m]
③ 7 [m] ④ 10 [m]

해설 제조소 안전거리

[거리 : 이상]

대상		거리
특고압가공전선 사용전압	7000 [V] 초과 35000 [V] 이하	3 [m]
	35000 [V] 초과	5 [m]
주거용으로 사용되는 것 (제조소 설치된 부지 내의 것 제외)		10 [m]
고압가스·액화석유가스·도시가스 저장 또는 취급하는 시설		20 [m]
학교·병원·극장·다수 수용시설		30 [m]
지정문화재		50 [m]

정답 51 ② 52 ② 53 ②

54 상(중)하

위험물안전관리법령상 위험물의 안전관리와 관련된 업무를 수행하는 자로서 소방청장이 실시하는 안전교육대상자가 아닌 것은?

① 안전관리자로 선임된 자
② 탱크시험자의 기술인력으로 종사하는 자
③ 위험물운송자로 종사하는 자
④ 제조소등의 관계인

해설 안전교육 대상자

1) 안전원에 위탁
   (1) 위험물 운반자, 위험물 운송자의 요건을 갖추려는 사람
   (2) 위험물 취급자격자의 자격을 갖추려는 사람
   (3) 안전관리자로 선임된 자 및 위험물 운송자, 운반자에 대한 안전교육
2) 기술원에 위탁
   (1) 탱크시험자의 기술인력으로 종사하는 자

55 상(중)하

위험물안전관리법령에 따른 정기점검의 대상인 제조소등의 기준 중 틀린 것은?

① 지정수량 10배 이상의 위험물을 취급하는 제조소
② 지정수량 20배 이상의 위험물을 저장하는 옥외탱크저장소
③ 암반탱크저장소
④ 지하탱크저장소

해설 정기점검 대상인 제조소등

1) 지정수량 10배 이상의 위험물을 취급하는 제조소
2) 지정수량 100배 이상의 위험물을 저장하는 옥외저장소
3) 지정수량 150배 이상의 위험물을 저장하는 옥내저장소
4) 지정수량 200배 이상의 위험물을 저장하는 옥외탱크저장소
5) 암반탱크저장소
6) 이송취급소
7) 지정수량 10배 이상의 위험물을 취급하는 일반취급소(제4류 위험물만 지정수량 50배 이하로 취급하는 일반취급소)
8) 지하탱크저장소
9) 이동탱크저장소
10) 위험물 취급 탱크로서 지하에 매설된 탱크가 있는 제조소·주유취급소·일반취급소

56 상(중)하

제6류 위험물에 속하지 않는 것은?

① 질산 ② 과산화수소
③ 과염소산 ④ 과염소산염류

해설 제6류 위험물(산화성 액체)

품명	지정수량
과염소산	300 [kg]
과산화수소	
질산	

구분	성질
제1류 위험물	산화성 고체(강산화성 물질)
제2류 위험물	가연성 고체(환원성 물질)
제3류 위험물	자연발화성·금수성 물질
제4류 위험물	인화성 액체
제5류 위험물	자기반응성 물질
제6류 위험물	산화성 액체

암기 ▶ 산가자인자산

정답 54 ④ 55 ② 56 ④

57 (상중하)

화재의 예방 및 안전관리에 관한 법령상 소방대상물의 개수·이전·제거, 사용의 금지 또는 제한, 사용폐쇄, 공사의 정지 또는 중지, 그 밖의 필요한 조치로 인하여 손실을 받은 자가 손실보상청구서에 첨부하여야 하는 서류로 틀린 것은?

① 손실보상 합의서
② 손실을 증명할 수 있는 사진
③ 손실을 증명할 수 있는 증빙자료
④ 소방대상물의 관계인임을 증명할 수 있는 서류(건축물대장은 제외)

해설 화재안전조사 손실보상

1) 손실보상 의무자 : 소방청장, 시·도지사
2) 화재안전조사 결과에 따른 조치명령으로 인해 손실을 입은 자가 있는 경우 대통령령으로 정하는 바에 따라 보상
3) 손실보상
   (1) 소방청장, 시·도지사가 손실을 보상하는 경우 : 시가로 보상
   (2) 손실 보상에 관하여 소방청장, 시·도지사와 손실을 입은 자가 협의
   (3) 보상금액에 관한 협의가 성립되지 않은 경우 소방청장, 시·도지사는 그 보상금액을 지급하거나 공탁하고 상대방에게 통지
   (4) 보상금의 지급 또는 공탁의 통지에 불복하는 자는 지급 또는 공탁의 통지를 받은 날부터 30일 이내에 중앙토지수용위원회 또는 관할 지방 토지수용위원회에 재결 신청
4) 손실보상청구서 첨부서류
   (1) 소방대상물의 관계인임을 증명할 수 있는 서류(건축물대장 제외)
   (2) 손실을 증명할 수 있는 사진 그 밖의 증빙자료

보충 ▶ 손실보상합의서 : 협의 이후 작성

58 (상중하)

소방시설공사업법령상 소방시설업 등록을 하지 아니하고 영업을 한 자에 대한 벌칙은?

① 500만 원 이하의 벌금
② 1년 이하의 징역 또는 1000만 원 이하의 벌금
③ 3년 이하의 징역 또는 3000만 원 이하의 벌금
④ 5년 이하의 징역

해설 소방공사업법 벌금

[3년 3000만 원]
1) 소방시설업 등록하지 아니하고 영업을 한 자
2) 부정한 청탁을 받고 재물 또는 재산상의 이익을 취득하거나 부정한 청탁을 하면서 재물 또는 재산상의 이익을 제공한 자

[1년 1000만 원]
1) 영업정지 처분을 받고 그 기간에 영업한 자
2) 법과 NFTC를 위반한 설계·시공자
3) 적법하지 않게 감리를 하거나 거짓으로 감리한 자
4) 공사 감리자를 지정하지 아니한 관계인
5) 공사업자가 감리업자의 시정보완 요구를 무시하고 그 공사를 계속할 경우 감리업자는 그 사실을 소방본부장 또는 소방서장에게 보고하여야 한다. 이 사실을 거짓으로 보고한 감리업자
6) 공사감리 결과보고서의 제출을 거짓으로 한 감리업자
7) 무등록 소방시설업자에게 소방공사 도급한 관계인 또는 발주자
8) 도급받은 소방시설의 설계, 시공, 감리를 하도급한 자
9) 하도급받은 소방시설공사를 다시 하도급한 하수급인
10) 소방기술자가 법 또는 명령을 따르지 않고 업무를 수행한 자

59 (중)

위험물안전관리법령상 제4류 위험물을 저장·취급하는 제조소에 "화기엄금"이란 주의사항을 표시하는 게시판을 설치할 경우 게시판의 색상은?

① 청색바탕에 백색문자
② 적색바탕에 백색문자
③ 백색바탕에 적색문자
④ 백색바탕에 흑색문자

해설 위험물제조소 게시판 설치기준

분류	주의사항	색상
• 제1류 위험물 중 알칼리금속의 과산화물 • 제3류 위험물 중 금수성 물질	물기엄금	청색바탕 백색문자
• 제2류 위험물(인화성 고체 제외)	화기주의	적색바탕 백색문자
• 제2류 위험물 중 인화성 고체 • 제3류 위험물 중 자연발화성 물질 • <u>제4류 위험물</u> • 제5류 위험물	화기엄금	
• 제6류 위험물	별도 표시 안함	

암기 ▶ 물청바, 화적바

60 (중)

다음 중 소방기본법령에 따른 소방신호의 종류가 아닌 것은?

① 경계신호 ② 발화신호
③ 진압신호 ④ 훈련신호

해설 소방신호

1) 종류
   (1) <u>경계신호</u> : 화재예방상 필요하다고 인정되거나 화재위험경보 시 발령
   (2) 발화신호 : 화재가 발생한 때 발령
   (3) 해제신호 : 소화활동이 필요 없다고 인정되는 때 발령
   (4) 훈련신호 : 훈련상 필요하다고 인정되는 때 발령

2) 방법

종별	타종신호	사이렌신호
경계신호	1타, 연 2타 반복	5초 간격 30초씩 3회
발화신호	난타	5초 간격 5초씩 3회
해제신호	상당한 간격 1타씩 반복	1분간 1회
훈련신호	연 3타 반복	10초 간격 1분씩 3회

정답 59 ② 60 ③

2025년 2회 소방기계시설의 구조 및 원리

61 ⑨⑨⑩

공장, 창고 등의 용도로 사용하는 단층 건축물의 바닥면적이 큰 건축물에 스모크해치를 설치하는 경우 그 효과를 높이기 위한 장치는?

① 제연 덕트
② 배출기
③ 보조 제연기
④ 드래프트커튼

해설 스모크해치와 드래프트커튼

스모크해치는 공장, 창고 등 단층의 바닥면적이 큰 건물의 지붕에 설치하는 배연구로서 드래프트커튼과 조합하여 연기를 일정 구간에 가두고 스모크해치를 개방하여 연기를 외부로 배출시킨다.

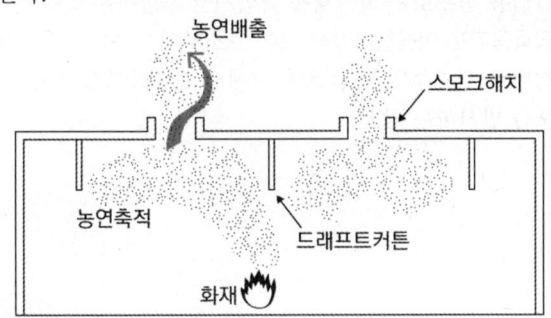

62 ⑨⑨⑩

스프링클러설비의 화재안전기술기준상 고가수조를 이용한 가압송수장치의 설치기준 중 고가수조에 설치하지 않아도 되는 것은?

① 수위계
② 배수관
③ 압력계
④ 오버플로관

해설 스프링클러설비 고가수조 부대설비

수위계, 배수관, 급수관, 오버플로우관, 맨홀

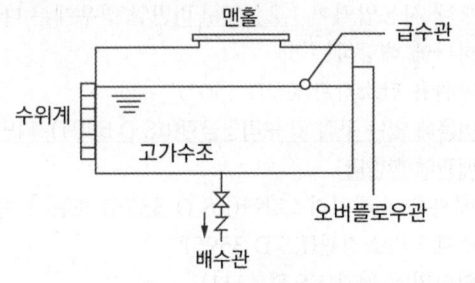

보충 압력계는 압력수조에 설치

정답 61 ④ 62 ③

63 상(중)하

연결송수관설비의 화재안전기술기준에 따라 배관의 설치기준으로 옳지 않은 것은?

① 지면으로부터의 높이가 31 [m] 이상인 특정소방대상물은 습식 설비로 하여야 한다.
② 다른 부분과 내화구조로 구획된 덕트 또는 피트의 내부에 설치하는 경우에는 소방용 합성수지배관으로 설치할 수 있다.
③ 배관 내 사용압력이 1.2 [MPa] 미만인 경우 이음매 있는 구리 및 구리합금관을 사용하여야 한다.
④ 연결송수관설비 주배관의 구경은 100 [mm] 이상의 것으로 할 것. 다만 주 배관의 구경이 100 [mm] 이상인 옥내소화전설비의 배관과는 겸용할 수 있다.

해설 사용압력에 따른 연결송수관설비 배관

1) 배관 내 사용압력이 1.2 [MPa] 미만일 경우에는 다음의 어느 하나에 해당하는 것
   (1) 배관용 탄소강관(KS D 3507)
   (2) 이음매 없는 구리 및 구리합금관(KS D 5301). 다만 습식의 배관에 한한다.
   (3) 배관용 스테인리스강관(KS D 3576) 또는 일반배관용 스테인리스강관(KS D 3595)
   (4) 덕타일 주철관(KS D 4311)
2) 배관 내 사용압력이 1.2 [MPa] 이상일 경우에는 다음의 어느 하나에 해당하는 것
   (1) 압력배관용 탄소강관(KS D 3562)
   (2) 배관용 아크용접 탄소강강관(KS D 3583)
3) 다음의 어느 하나에 해당하는 장소에는 소방청장이 정하여 고시한 「소방용합성수지배관의 성능인증 및 제품검사의 기술기준」에 적합한 소방용 합성수지배관으로 설치할 수 있다.
   (1) 배관을 지하에 매설하는 경우
   (2) 다른 부분과 내화구조로 구획된 덕트 또는 피트의 내부에 설치하는 경우
   (3) 천장(상층이 있는 경우에는 상층바닥의 하단을 포함한다. 이하 같다)과 반자를 불연재료 또는 준불연재료로 설치하고 소화배관 내부에 항상 소화수가 채워진 상태로 설치하는 경우

64 상(중)하

공기포소화약제 혼합방식으로 펌프와 발포기의 중간에 설치된 벤추리관의 벤추리 작용에 따라 포소화약제를 흡입·혼합하는 방식은?

① 펌프 프로포셔너
② 라인 프로포셔너
③ 프레셔 프로포셔너
④ 프레셔사이드 프로포셔너

해설 포소화설비 포혼합장치의 종류

1) 라인 프로포셔너방식 : 벤추리관의 벤추리작용에 따라 소화약제를 흡입·혼합하는 방식
2) 프레셔 프로포셔너방식 : 벤추리관의 벤추리작용과 포소화약제 저장탱크압력에 따라 소화약제를 흡입·혼합하는 방식
3) 펌프 프로포셔너방식 : 흡입기에 물 일부를 보내고, 농도 조정밸브에서 조정된 포소화약제의 필요량을 소화약제 탱크에서 펌프 흡입 측으로 보내는 방식
4) 프레셔사이드 프로포셔너방식 : 압입기 설치하여 소화약제 압입용 펌프로 소화약제를 압입시켜 혼합하는 방식
5) 압축공기포 믹싱챔버방식 : 물, 포소화약제 및 공기를 믹싱챔버로 강제주입시켜 챔버 내에서 포수용액을 생성한 후 포를 방사하는 방식

정답 63 ③ 64 ②

65 상중하

포소화설비의 화재안전성능기준상 국소방출방식의 고발포용 고정포방출구의 설치기준 중 괄호 안에 알맞은 것은? (단, 방호대상물의 높이가 1 [m] 미만인 경우는 제외한다)

> 국소방출방식의 고발포용 고정포방출구는 방호대상물의 구분에 따라 해당 방호대상물의 높이의 (㉠)배의 거리를 수평으로 연장한 선으로 둘러싸인 부분의 면적을 (㉡)이라 한다.

① ㉠ : 2, ㉡ : 방호면적
② ㉠ : 2, ㉡ : 관포면적
③ ㉠ : 3, ㉡ : 방호면적
④ ㉠ : 3, ㉡ : 관포면적

해설 국소방출방식의 고발포용 고정포방출구

국소방출방식의 고발포용 고정포방출구는 다음 각 목의 기준에 따를 것

가. 방호대상물이 서로 인접하여 불이 쉽게 붙을 우려가 있는 경우에는 불이 옮겨 붙을 우려가 있는 범위 내의 방호대상물을 하나의 방호대상물로 하여 설치할 것

나. 고정포방출구(포발생기가 분리되어 있는 것에 있어서는 해당 포발생기를 포함한다)는 방호대상물의 구분에 따라 해당 방호대상물의 높이의 3배(1 [m] 미만의 경우에는 1 [m])의 거리를 수평으로 연장한 선으로 둘러싸인 부분의 면적 1제곱미터에 대하여 1분당 방출량이 다음 표에 따른 양 이상이 되도록 할 것

방호대상물	방호면적 1 [m²]에 대한 1분당 방출량
특수가연물	3 [L]
기타의 것	2 [L]

※ 방호면적
방호대상물의 각 부분에서 각각 해당 방호대상물 높이의 3배(1 [m] 미만인 경우는 1 [m])의 거리를 수평으로 연장한 선으로 둘러싸인 부분의 면적으로 이는 국소방출방식에서 여유율을 감안한 수치이다.
또한 방호면적의 외곽선을 외주선(外周線)이라 한다.

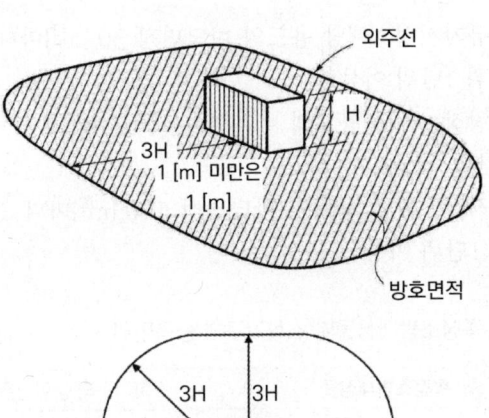

[외주선의 개념]

정답 65 ③

66 상 ⓒ 하

특정소방대상물별 소화기구의 능력단위기준으로 옳지 않은 것은? (단, 내화구조 아닌 건축물의 경우)

① 위락시설 : 해당 용도의 바닥면적 30 [m²]마다 능력단위 1단위 이상
② 노유자시설 : 해당 용도의 바닥면적 30 [m²]마다 능력단위 1단위 이상
③ 관람장 : 해당 용도의 바닥면적 50 [m²]마다 능력단위 1단위 이상
④ 전시장 : 해당 용도의 바닥면적 100 [m²]마다 능력단위 1단위 이상

해설 특정소방대상물별 소화기구의 능력단위

특정소방대상물	소화기구의 능력단위
1. 위락시설	해당 용도의 바닥면적 30 [m²]마다 능력단위 1단위 이상
2. 공연장·집회장·관람장·문화재·장례식장 및 의료시설	해당 용도의 바닥면적 50 [m²]마다 능력단위 1단위 이상
3. 근린생활시설·판매시설·운수시설·숙박시설·<u>노유자시설</u>·전시장·공동주택·업무시설·방송통신시설·공장·창고시설·항공기 및 자동차 관련 시설 및 관광휴게시설	해당 용도 바닥면적 <u>100</u> [m²]마다 능력단위 1단위 이상
4. 그 밖의 것	해당 용도 바닥면적 200 [m²]마다 능력단위 1단위 이상

※ 소화기구의 능력단위를 산정함에 있어서 건축물의 주요구조부가 내화구조이고, 벽 및 반자의 실내에 면하는 부분이 불연·준불연·난연재료로 된 특정소방대상물에 있어서는 위 표의 바닥면적의 2배를 해당 특정소방대상물의 기준면적으로 한다.

67 상 ⓒ 하

호스릴방식의 분말소화설비는 방호대상물의 각 부분으로부터 하나의 호스 접결구까지의 수평거리가 몇 [m] 이하가 되도록 하여야 하는가?

① 10
② 15
③ 20
④ 25

해설 호스릴방식의 분말소화설비

호스릴방식의 분말소화설비는 방호대상물의 각 부분으로부터 하나의 호스접결구까지의 수평거리가 <u>15 [m] 이하</u>가 되도록 할 것

68 상 중 ⓗ

사무실 용도의 장소에 스프링클러를 설치할 경우 교차배관에서 분기되는 지점을 기준으로 한쪽의 가지배관에 설치되는 하향식 스프링클러헤드는 몇 개 이하로 설치하는가? (단, 수리역학적 배관방식의 경우는 제외한다)

① 8
② 10
③ 12
④ 16

해설 스프링클러설비 가지배관에 설치되는 헤드의 개수

교차배관에서 분기되는 지점을 기점으로 한쪽 가지배관에 설치되는 헤드의 개수는 8개 이하로 할 것

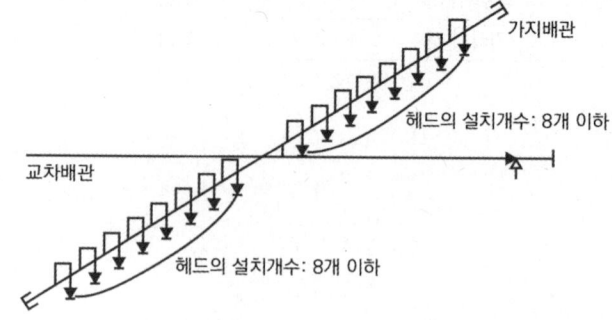

[가지배관에 설치하는 헤드 수]

69 (상 중 하)

분말소화설비의 가압용 가스로 질소가스를 사용하는 경우 질소가스는 소화약제 1 [kg]마다 몇 [L] 이상으로 하는가?

① 10
② 20
③ 30
④ 40

해설 분말소화설비 가압용 가스용기와 가압·축압용 가스

1) 가압용 가스 또는 축압용 가스는 질소가스 또는 이산화탄소로 할 것
2) 소화약제 1 [kg]당(35 [℃], 1기압으로 환산)

구분	가압식	축압식
질소	40 [L] 이상	10 [L] 이상
이산화탄소	20 [g] 이상 + 배관청소에 필요한 양	

3) 저장용기 및 배관의 청소에 필요한 양의 가스는 별도의 용기에 저장할 것

신유형! 70 (상 중 하)

소화기에 관한 기준으로 옳은 것은?

① A급 화재용 소화기의 소화능력 시험은 중유를 대상으로 한다.
② 소화기구의 적용기준은 소방대상물의 소요 능력단위 이하의 수량을 적용하여야 한다.
③ C급 화재에 대한 능력단위는 지정하지 않는다.
④ 동일한 조건에서 A급 화재용 소화기의 능력단위와 B급 화재용 소화기의 능력단위는 같다.

해설 소화기

① B급 화재용 소화기의 소화능력 시험은 중유를 대상으로 한다.
② 소화기구의 적용기준은 소방대상물의 소요 능력단위 이상의 수량을 적용하여야 한다.
④ A급 화재와 B급 화재는 화재의 종류와 성질이 다르기 때문에, 동일한 조건에서 A급 화재용 소화기의 능력단위와 B급 화재용 소화기의 능력단위는 같지 않다. A급 화재용 소화기의 능력단위는 A급 화재에 대한 소화 능력을, B급 화재용 소화기의 능력단위는 B급 화재에 대한 소화 능력을 각각 나타낸다.

보충 소화약제가 전기 절연성을 가지면 C급 화재에 적응되는 것으로 표시할 뿐, 능력단위를 표시하지는 않는다

71 (상 중 하)

고발포의 포 팽창비율은 얼마인가?

① 20 이하
② 20 이상 80 미만
③ 80 이하
④ 80 이상 1000 미만

해설 포소화설비 팽창비

$$팽창비 = \frac{최종 발생한 포 체적}{포 발생 전의 포 수용액의 체적}$$

저발포	고발포	
20배 이하	제1종 기계포	80배 이상 250배 미만
	제2종 기계포	250배 이상 500배 미만
	제3종 기계포	500배 이상 1000배 미만

정답 69 ④ 70 ③ 71 ④

72 상(중)하

호스릴이산화탄소소화설비의 설치기준으로 옳지 않은 것은?

① 20 [℃]에서 하나의 노즐마다 소화약제의 방출량은 60초당 60 [kg] 이상이어야 한다.
② 소화약제 저장용기는 호스릴 2개마다 1개 이상 설치해야 한다.
③ 소화약제 저장용기의 가장 가까운 곳의 보기 쉬운 곳에 표시등을 설치해야 한다.
④ 소화약제 저장용기의 개방밸브는 호스의 설치장소에서 수동으로 개폐할 수 있어야 한다.

해설 호스릴이산화탄소소화설비

1) 방호대상물의 각 부분으로부터 하나의 호스접결구까지의 수평거리가 15 [m] 이하가 되도록 할 것
2) 호스릴이산화탄소소화설비의 노즐은 20 [℃]에서 하나의 노즐마다 60 [kg/min] 이상의 소화약제를 방출할 수 있는 것으로 할 것
3) 소화약제 저장용기는 호스릴을 설치하는 장소마다 설치할 것
4) 소화약제 저장용기의 개방밸브는 호스릴의 설치장소에서 수동으로 개폐할 수 있는 것으로 할 것
5) 소화약제 저장용기의 가장 가까운 곳의 보기 쉬운 곳에 적색의 표시등을 설치하고, 호스릴이산화탄소소화설비가 있다는 뜻을 표시한 표지를 할 것

73 상 중(하)

스프링클러헤드의 방수구에서 유출되는 물을 세분시키는 작용을 하는 것은?

① 클래퍼   ② 워터모터공
③ 리타팅 챔버   ④ 디플렉터

해설 스프링클러헤드 디플렉터(Deflector, 반사판)

디플렉터(반사판) : 스프링클러헤드의 방수구에서 유출되는 물을 세분시키는 작용을 하는 것을 말한다.

디플렉터
(반사판)

74 상(중)하

하나의 옥외소화전을 사용하는 노즐선단에서의 방수압력이 몇 [MPa]을 초과할 경우 호스접결구의 인입 측에 감압장치를 설치하여야 하는가?

① 0.5   ② 0.6
③ 0.7   ④ 0.8

해설 옥외소화전설비의 방수압력 및 방수량

특정소방대상물에 설치된 옥외소화전(2개 이상 설치된 경우에는 2개의 옥외소화전)을 동시에 사용할 경우 각 옥외소화전의 노즐선단에서의 방수압력이 0.25 [MPa] 이상이고, 방수량이 350 [L/min] 이상이 되는 성능의 것으로 할 것. 다만 하나의 옥외소화전을 사용하는 노즐선단에서의 방수압력이 0.7 [MPa]을 초과할 경우에는 호스접결구의 인입 측에 감압장치를 설치해야 한다.

정답 72 ② 73 ④ 74 ③

75 ⓢ㊥ⓗ

소화수조 또는 저수조가 지표면으로부터 깊이가 4.5 [m] 이상인 지하에 있는 경우 설치하여야 하는 가압송수장치의 1분당 최소 양수량은 몇 [L]인가? (단, 소요수량은 20 [m³] 이상 40 [m³] 미만이다)

① 1100
② 2200
③ 3300
④ 4400

[해설] 소화수조 및 저수조의 소요수량에 따른 가압송수치기준

소화수조 또는 저수조가 지표면으로부터의 깊이(수조 내부바닥까지의 길이를 말한다) 4.5 [m] 이상인 지하에 있는 경우에는 다음 표에 따라 가압송수장치를 설치해야 한다. 다만 기준에 따른 저수량을 지표면으로부터 4.5 [m] 이하인 지하에서 확보할 수 있는 경우에는 소화수조 또는 저수조의 지표면으로부터의 깊이에 관계없이 가압송수장치를 설치하지 않을 수 있다.

소요수량	20 [m³] 이상 40 [m³] 미만	40 [m³] 이상 100 [m³] 미만	100 [m³] 이상
가압송수장치의 1분당 양수량	1100 [L] 이상	2200 [L] 이상	3300 [L] 이상

76 ⓢ㊥ⓗ

완강기의 최대사용자수기준 중 다음 ( ) 안에 알맞은 것은?

> 최대사용자수(1회에 강하할 수 있는 사용자의 최대수)는 최대사용하중을 ( ) [N]으로 나누어서 얻은 값으로 한다.

① 250
② 500
③ 750
④ 1500

[해설] 완강기 최대사용하중 및 최대사용자수 등

1) 최대사용하중은 1500 [N] 이상의 하중이어야 함
2) 최대사용자수(1회에 강하할 수 있는 사용자의 최대수)는 최대사용하중을 1500 [N]으로 나누어 얻은 값으로 함
3) 최대사용자수에 상당하는 수의 벨트가 있어야 함

[보충] 최대사용하중 : 완강기, 간이완강기 및 지지대를 사용함에 있어서 당해 완강기, 간이완강기 및 지지대에 가할 수 있는 최대하중

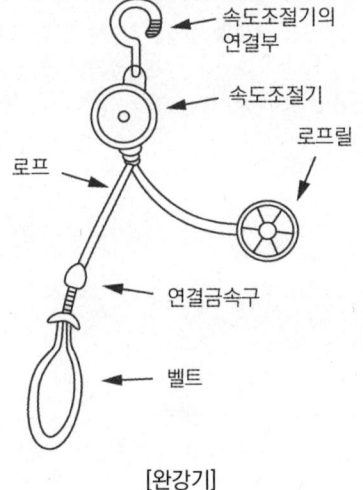

[완강기]

77 상(중)하

물분무소화설비의 화재안전기술기준상 154 [kV] 초과 181 [kV] 이하의 고압 전기기기와 물분무헤드 사이에 이격거리는?

① 150 [cm] 이상
② 180 [cm] 이상
③ 210 [cm] 이상
④ 260 [cm] 이상

해설 고압의 전기기기와 물분무헤드 사이의 거리

전압 [kV]	거리 [cm]
66 이하	70 이상
66 초과 77 이하	80 이상
77 초과 110 이하	110 이상
110 초과 154 이하	150 이상
154 초과 181 이하	180 이상
181 초과 220 이하	210 이상
220 초과 275 이하	260 이상

TIP 전압의 "이하 값"과 근사한 거리 이상

78 상(중)하

물분무소화설비 수원의 저수량 설치기준으로 옳지 않은 것은?

① 특수가연물을 저장 또는 취급하는 특정소방대상물 또는 그 부분에 있어서 그 바닥면적 1 [m²]에 대하여 10 [L/min]으로 20분간 방수할 수 있는 양 이상으로 할 것
② 차고 또는 주차장은 그 바닥면적 1 [m²]에 대하여 20 [L/min]으로 20분간 방수할 수 있는 양 이상으로 할 것
③ 케이블 덕트는 투영된 바닥면적 1 [m²]에 대하여 12 [L/min]으로 20분간 방수할 수 있는 양 이상으로 할 것
④ 컨베이어 벨트 등 벨트부분 바닥면적 1 [m²]에 대하여 20 [L/min]으로 20분간 방수할 수 있는 양 이상으로 할 것

해설 물분무소화설비 수원의 저수량

소방대상물	토출량	비고
특수가연물을 저장·취급하는 특정소방대상물	10 [L/min·m²]	최소 바닥면적 50 [m²]
절연유봉입 변압기·컨베이어벨트	10 [L/min·m²]	-
케이블트레이·케이블덕트	12 [L/min·m²]	-
차고·주차장	20 [L/min·m²]	최소 바닥면적 50 [m²]

• 저수량 = 면적 × 토출량 × 방수시간(20 [min])

암기 특절컨 10, 케이트 12, 차주 20

정답 77 ② 78 ④

79

습식 유수검지장치를 사용하는 스프링클러설비에 동장치를 시험할 수 있는 시험장치의 설치위치기준으로 옳은 것은?

① 유수검지장치 2차 측 배관에 연결하여 설치할 것
② 교차관의 중간 부분에 연결하여 설치할 것
③ 유수검지장치의 측면배관에 연결하여 설치할 것
④ 유수검지장치에서 가장 먼 교차배관의 끝으로부터 연결하여 설치할 것

해설 습식 스프링클러설비의 시험장치 설치위치

습식 스프링클러설비 및 부압식 스프링클러설비에 있어서는 유수검지장치 2차 측 배관에 연결하여 설치하고 건식 스프링클러설비인 경우 유수검지장치에서 가장 먼 거리에 위치한 가지배관의 끝으로부터 연결하여 설치한다. 이 경우 유수검지장치 2차 측 설비의 내용적이 2840 [L]를 초과하는 건식 스프링클러설비는 시험장치 개폐밸브를 완전 개방 후 1분 이내에 물이 방사되어야 한다.

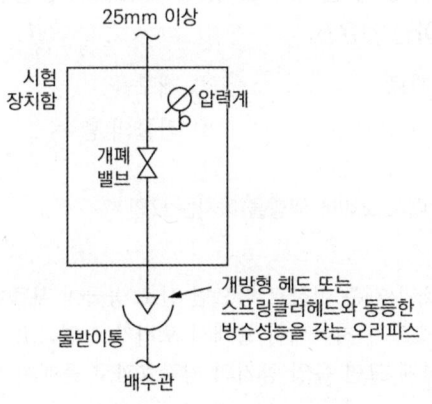

80

할론소화설비의 화재안전기술기준상 배관의 설치기준 중 ( )에 들어갈 내용은?

> 강관을 사용하는 경우의 배관은 ( ) 이상의 것 또는 이와 동등 이상의 강도를 가진 것으로서 아연도금 등에 따라 방식 처리된 것을 사용할 것

① 압력배관용 탄소강관 중 스케줄 80
② 압력배관용 탄소강관 중 스케줄 40
③ 배관용 탄소강관 중 스케줄 80
④ 배관용 탄소강관 중 스케줄 40

해설 할론소화설비의 배관 설치기준

1) 배관은 전용으로 할 것
2) 강관을 사용하는 경우의 배관은 압력배관용 탄소강관 중 스케줄 40 이상의 것 또는 이와 동등 이상의 강도를 가진 것으로서 아연도금 등에 따라 방식 처리된 것을 사용할 것
3) 동관을 사용하는 경우에는 이음이 없는 동 및 동합금관의 것으로서 고압식은 16.5 [MPa] 이상, 저압식은 3.75 [MPa] 이상의 압력에 견딜 수 있는 것을 사용할 것
4) 배관 부속 및 밸브류는 강관 또는 동관과 동등 이상의 강도 및 내식성이 있는 것으로 할 것

정답 79 ① 80 ②

2025년 3회 소방원론

01 화재 발생 시 물을 소화약제로 사용할 수 있는 것은?

① 칼슘카바이드
② 무기과산화물류
③ 마그네슘 분말
④ 염소산염류

해설 금수성 물질

물과 접촉하여 발화, 가연성 가스 발생

구분	현상
무기과산화물	산소(O_2) 발생
금속분 마그네슘(Mg) 나트륨(Na) 칼륨(K) 리튬(Li)	수소(H_2) 발생
탄화칼슘(칼슘카바이드)	아세틸렌(C_2H_2) 발생

보충 염소산염류(제1류 위험물) : 주수소화

02 다음 중 가스계 소화약제가 아닌 것은?

① 포소화약제
② 할로겐화합물 및 불활성기체소화약제
③ 이산화탄소소화약제
④ 할론소화약제

해설 가스계 소화약제
- 이산화탄소소화약제
- 할론소화약제
- 할로겐화합물 및 불활성기체소화약제

보충 포소화약제 : 수계 소화약제

03 건축물 화재 시 플래시 오버(Flash Over)에 영향을 주는 요소가 아닌 것은?

① 내장재료
② 개구율
③ 화원의 크기
④ 건물의 층수

해설 플래시 오버에 영향을 미치는 요인

1) 개구율
   개구율이 기준 이하로 작으면 산소 공급이 부족하므로 열 분해 속도가 저하되어 플래시 오버가 지연되고, 개구율이 과도하게 크면 유입 공기의 냉각효과로 플래시 오버가 늦어짐
2) 가연물의 양·종류
   가연물의 높이가 높을수록, 가연물의 열방출률이 클수록 플래시 오버 도달 시간이 짧아짐
3) 화원의 크기
   화원의 크기가 클수록 열분해 속도가 빨라지고, 플래시 오버 도달 시간이 짧아짐
4) 산소의 농도
   산소농도가 10 [%] 이상이면 플래시 오버 발생 가능함

정답 01 ④ 02 ① 03 ④

5) 내장재료
내장재료의 열전도율이 크고 두께가 두꺼울수록 플래시 오버 도달 시간이 느려짐
6) 화재 발생 시 주위온도
열전달은 온도 차로 인해 에너지가 전달되므로 화재 발생 시 주위온도는 화재의 성장에 영향을 줌
7) 구획실의 기하학적 구조
구획실의 크기, 형상, 면적, 체적 등은 해당 층에 가연물과 플래시 오버와의 관계에 영향을 미침

보충 ▶ 건물의 층수와 플래시 오버는 관계없음

신유형! 04 (상 중 하)

습기가 많을 때 그 전달속도가 빨라져서 사람이 방호할 수 있는 능력을 떨어지게 하며 폐속으로 급히 흡입하면 혈압이 떨어져 혈액순환에 장애를 초래하게 되어 사망할수 있는 화재의 생성물은?

① 수분
② 분진
③ 열
④ 연기

해설 화재생성물

① 수분 : 호흡곤란이나 불쾌감은 유발할 수 있으나, 단독으로는 급성 치명적 영향이 크지 않다.
② 분진 : 호흡기 자극이나 폐질환을 유발하지만, 화재 시 즉각적인 치명적 원인은 아니다.
③ 열 : 피부 화상 및 열사병을 유발할 수 있다. 그러나 문제에서 언급된 '습기가 많을 때 전달 속도가 빨라지고, 급속 흡입 시 혈압 저하' 현상과는 직접 관련이 없다.
④ <u>연기 : 습기가 많을수록 전도 및 대류 속도가 빨라지며, 급히 흡입하면 혈압 저하, 혈액순환 장애, 질식을 유발해 사망에 이를 수 있다.</u>

05 (상 중 하)

물의 물리·화학적 성질에 대한 설명으로 틀린 것은?

① 수소결합성 물질로서 비점이 높고 비열이 크다.
② 100 [℃]의 액체 물이 100 [℃]의 수증기로 변하면 체적이 약 1600배 증가한다.
③ 유류화재에 물을 무상으로 주수하면 질식효과 이외에 유탁액이 생성되어 유화효과가 나타난다.
④ 비극성 공유 결합성 물질로 비점이 높다.

해설 물의 물리·화학적 성질

구분	내용
물리적성질	1) 상온에서 물은 무겁고 안정된 액체 2) 비열 : 1 [kcal/kg·℃] (= 4.18 [kJ/kg·K]) 3) 잠열 　① 융해잠열 　　80 [kcal/kg] (= 334 [kJ/kg]) 　② 증발잠열 　　539.6 [kcal/kg] (= 2257 [kJ/kg]) 4) 비열, 잠열이 크므로 냉각소화효과가 큼 5) 표면장력이 큼 6) 증발 시 체적 약 1650배(1600 ~ 1700배) 증가
화학적성질	물 분자(H_2O)는 산소(O) 원자 1개와 수소(H) 원자 2개가 극성 공유결합을 이루고, 물분자 사이에 <u>수소결합</u>을 이루고 있음

※ 물분자의 극성 공유결합과 수소결합
물 분자(H_2O)는 산소(O) 원자 1개와 수소(H) 원자 2개가 공유결합을 이루고 있다. 이때 산소 원자와 수소 원자는 전자를 1개씩 내어서 전자쌍을 만들고 이를 공유하지만, 전자쌍은 전기음성도가 더 큰 산소 원자 쪽에 가깝게 위치하여 산소 원자는 부분적인 음전하(-)를 띠고, 수소 원자는 부분적인 양전하(+)를 띠게 된다(극성 공유결합). 따라서 극성을 띤 물 분자끼리는 전기적 인력에 의한 수소결합을 하게 되며 강한 응집력을 갖게 된다.

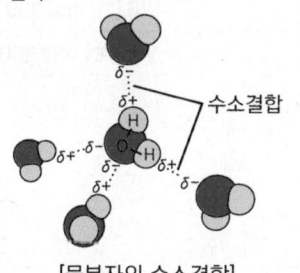

[물분자의 수소결합]

06 (상 중 하)

자연발화의 조건으로 틀린 것은?

① 열전도율이 낮을 것
② 발열량이 클 것
③ 주의의 온도가 높을 것
④ 표면적이 작을 것

해설 자연발화 조건

1) 발열량이 클 것 (+)
2) 산소와 접촉하는 표면적이 넓을 것 (+)
3) 주위온도 높을 것 (+)
4) 열전도율이 작을 것 (-)
5) 일정 수분은 촉매제 역할

TIP 열전도율만 (-)

07 (상 중 하)

제4류 위험물 중 제1석유류, 제2석유류, 제3석유류, 제4석유류를 각 품명별로 구분하는 분류의 기준은?

① 발화점
② 인화점
③ 비중
④ 연소범위

해설 제4류 위험물 인화점

구분	인화점
제1석유류	21 [℃] 미만
제2석유류	21 [℃] 이상 70 [℃] 미만
제3석유류	70 [℃] 이상 200 [℃] 미만
제4석유류	200 [℃] 이상 250 [℃] 미만

08 (상 중 하)

질식소화방법에 대한 예를 설명한 것으로 옳은 것은?

① 열을 흡수할 수 있는 매체를 화염 속에 투입한다.
② 열용량이 큰 고체 물질을 이용하여 소화한다.
③ 중질유 화재 시 물을 무상으로 분무한다.
④ 가연성 기체의 분출화재 시 주 밸브를 닫아서 연료공급을 차단한다.

해설 물소화약제

1) 비열, 증발잠열(기화잠열)이 큼
2) 가격이 저렴하고 쉽게 구할 수 있음
3) 무상주수 시 중질유 화재에 적응성 있음(에멀젼 형성으로 유화효과)
4) 물이 수증기로 기화 시 체적이 약 1650배(1600 ~ 1700배) 증가하여 주변 산소농도 낮춤
5) 수용성 액체의 화재 시 물을 주입시켜서 가연성 물질의 농도를 낮춤

보충 질식소화 : 불연성 피막인 Emulsion을 형성하여 산소 차단

09 (상 중 하)

증기비중을 구하는 식은 다음과 같다. ( ) 안에 들어갈 알맞은 값은?

$$증기비중 = \frac{분자량}{(\quad)}$$

① 15
② 21
③ 22.4
④ 29

정답 06 ④ 07 ② 08 ③ 09 ④

해설 증기비중

$$증기비중 = \frac{분자량}{29(공기\ 분자량)}$$

• 공기에 대한 가스의 무게비

증기비중	공기에 대한 무게
증기비중 > 1	공기보다 무거움
증기비중 < 1	공기보다 가벼움

10 (상**중**하)

알루미늄 분말 화재 시 적응성 있는 소화약제는?

① 물 ② 마른모래
③ 포말 ④ 강화액

해설 위험물 소화방법

종류	소화방법
제1류	물에 의한 냉각소화(무기과산화물 : 마른모래 등에 의한 질식소화)
제2류	물에 의한 냉각소화(황화인, 철분, 마그네슘, 금속분은 마른모래 등에 의한 질식소화)
제3류	마른모래, 팽창질석, 팽창진주암에 의한 질식소화
제4류	포, 분말, CO_2, 할론소화약제에 의한 질식소화
제5류	화재초기 대량의 물로 냉각소화
제6류	마른모래 등에 의한 질식소화(과산화수소 : 다량의 물로 희석소화)

보충 알루미늄 분말 : 제2류 위험물(금속분)

11 (상**중**하)

화씨온도 122 [°F]는 섭씨온도로 몇 [℃]인가?

① 40 ② 50
③ 60 ④ 70

해설 섭씨온도

섭씨 온도	$℃ = \frac{5}{9}(°F - 32)$	랭킨 온도	$R = °F + 460$
화씨 온도	$°F = \frac{9}{5}℃ + 32$	캘빈 온도	$K = ℃ + 273$

※ 122 [°F] ⇒ [℃]

$$℃ = \frac{5}{9}([°F] - 32) = \frac{5}{9}(122 - 32) = 50\ [℃]$$

12 신유형! (상**중**하)

연기의 농도표시방법 중 단위체적당 연기입자의 갯수를 나타내는 방법은?

① 중량농도법 ② 입자농도법
③ 투과율법 ④ 상대농도법

해설 연기의 농도표시방법

1) 절대농도 표시방법
   연기 입자의 수나 중량을 직접 측정하여 절대적인 수치로 농도를 나타내는 방법이다.
   • 중량농도법[mg/m^3] : 연기 속 입자의 질량(중량)을 기준으로 농도를 표시하는 방법이다.
   • 입자농도법[개수/cm^3] : 연기 속의 단위 체적당 입자 수를 기준으로 농도를 표시하는 방법이다.

2) 상대농도 표시방법
   연기를 통과하는 빛의 양을 측정하여 농도를 간접적, 상대적으로 나타내는 방법이다.
   • 투과율법[%(투과율)] : 연기를 통과하는 빛의 투과율을 측정하여 농도를 간접적으로 나타내는 방법이다.

정답 10 ② 11 ② 12 ②

13 (상 중 하)

폭발에 대한 설명으로 틀린 것은?

① 보일러 폭발은 화학적 폭발이라 할 수 없다.
② 분무 폭발은 기상 폭발에 속하지 않는다.
③ 수증기 폭발은 기상 폭발에 속하지 않는다.
④ 화약류 폭발은 화학적 폭발이라 할 수 있다.

해설 폭발의 형태

구분	응상폭발	기상폭발
정의	고·액체의 폭발	기체의 폭발
특징	물리적 폭발	화학적 폭발
종류	<u>수증기폭발</u>, 증기폭발, 전선폭발, 상전이폭발, 압력방출에 의한 폭발, <u>보일러폭발</u>, 블레비(BLEVE)	유증기폭발, 가스폭발, 산화폭발, <u>분무폭발</u>, 분진폭발, 분해폭발, 중합폭발, <u>화약류폭발</u>, 증기운폭발(UVCE)

14 (상 중 하)

부피비로 질소가 65[%], 수소가 15[%] 이산화탄소가 20[%]로 혼합된 전압이 760[mmHg] 기체가 있다. 이때 질소의 분압은 약 몇 [mmHg]인가? (단, 모두 이상기체로 간주한다)

① 152　　② 252
③ 394　　④ 494

해설 혼합기체의 압력

돌턴의 분압법칙에 의해 혼합기체의 전체 압력 P와 각 기체의 분압 P_1, P_2 사이에는 다음과 같은 관계식이 성립함

$$\text{돌턴의 분압법칙 } P = P_1 + P_2$$

이때 일정온도, 일정압력에서 여러가지 기체를 혼합하여 하나의 혼합기체를 만들 때 혼합기체가 차지하는 체적은 혼합 전에 각 기체가 차지했던 체적의 합과 같고, 혼합기체의 압력은 각 기체의 분압을 합한 것과 같다.

따라서
질소의 분압 = 혼합 기체의 전압 × 질소의 부피비
　　　　　 = 760[mmHg] × 0.65
　　　　　 = 494[mmHg]

15 (상 중 하)

할로겐화합물소화약제로부터 기대할 수 있는 소화작용으로 틀린 것은?

① 부촉매작용　　② 냉각작용
③ 유화작용　　　④ 질식작용

해설 할로겐화합물소화약제의 소화작용

- 부촉매작용
- 질식작용
- 냉각작용

보충 유화작용 : 물분무소화

16 (상 중 하)

건축물에 화재가 발생할 때 연소확대를 방지하기 위한 계획에 해당되는 않는 것은?

① 수직계획　　② 입면계획
③ 수평계획　　④ 용도계획

해설 방화구획

1) 층(수직) 또는 면적(수평)별 구획
2) 피난용 승강기의 승강로 구획
3) 용도별 구획
4) 방화댐퍼 설치

정답 13 ②　14 ④　15 ③　16 ②

17 (상 중 하)

산소와 질소의 혼합물인 공기의 평균 분자량은? (단, 공기는 산소 21 [vol%], 질소 79 [vol%]로 구성되어 있다고 가정한다)

① 30.84 ② 29.84
③ 28.84 ④ 27.84

해설 공기 분자량

1) N_2 = 14 [g] × 2 = 28 [g/mol]
2) O_2 = 16 [g] × 2 = 32 [g/mol]

따라서
공기 분자량 = (28 × 0.79) + (32 × 0.21)
= 28.84 [g/mol]

보충 원자량(H : 1, C : 12, N : 14, O : 16)

18 (상 중 하)

고가의 압력탱크가 필요하지 않아서 대용량의 포소화설비에 채용되는 것으로 펌프의 토출관에 압입기를 설치하여 포소화약제 압입용 펌프로 포소화약제를 압입시켜 혼합하는 방식은?

① 프레셔 프로포셔너방식(Pressure Proportioner Type)
② 프레셔사이드 프로포셔너방식(Pressure Side Proportioner Type)
③ 펌프 프로포셔너방식(Pump Proportioner Type)
④ 라인 프로포셔너방식(Line Proportioner Type)

해설 포소화설비 포혼합장치 종류

1) 라인 프로포셔너방식 : 벤추리관의 벤추리작용에 따라 소화약제를 흡입·혼합하는 방식
2) 프레셔 프로포셔너방식 : 벤추리관의 벤추리작용과 포소화약제 저장탱크압력에 따라 소화약제를 흡입·혼합하는 방식
3) 펌프 프로포셔너방식 : 흡입기에 물 일부를 보내고, 농도 조정밸브에서 조정된 포소화약제의 필요량을 소화약제 탱크에서 펌프 흡입 측으로 보내는 방식

4) 프레셔사이드 프로포셔너방식 : 압입기 설치하여 소화약제 압입용 펌프로 소화약제를 압입시켜 혼합하는 방식
5) 압축공기포 믹싱챔버방식 : 물, 포소화약제 및 공기를 믹싱챔버로 강제주입시켜 챔버 내에서 포수용액을 생성한 후 포를 방사하는 방식

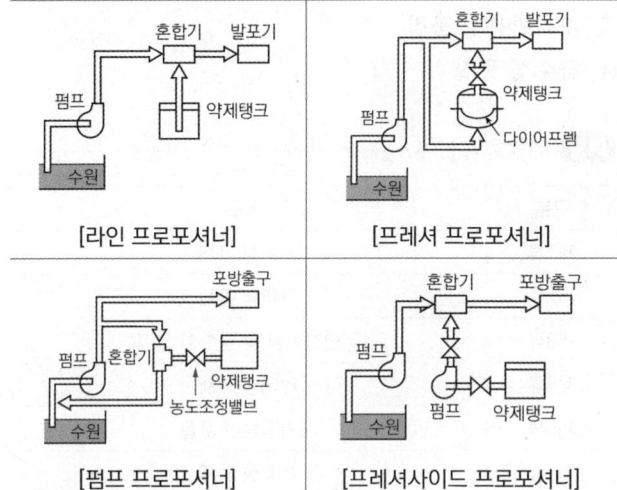

[라인 프로포셔너]   [프레셔 프로포셔너]
[펌프 프로포셔너]   [프레셔사이드 프로포셔너]

19 (상 중 하)

전기화재가 발생되는 발화 요인으로 틀린 것은?

① 역률 ② 합선
③ 누전 ④ 과전류

해설 전기화재 원인

1) 과전류(과부하)   2) 단락(합선)
3) 누전   4) 낙뢰
5) 전기불꽃
6) 정전기로 인한 스파크 발생

보충 • 단락 : 전기회로의 두 점 사이의 절연이 잘 안되어서 두 점 사이가 접속되는 일
• 누전 : 절연이 불완전하거나 시설이 손상되어 전기가 전깃줄 밖으로 새어 흐름

TIP 역률 : 유효전력을 피상전력으로 나눈 값으로 역률이 1, 즉 100 [%]라는 것은 무효전력이 아예 존재하지 않다는 것임을 의미함

정답 17 ③ 18 ② 19 ①

20 상 중 하

제1석유류는 어떤 위험물에 속하는가?

① 산화성 액체
② 인화성 액체
③ 자기반응성 물질
④ 금수성 물질

해설 위험물의 분류

구분	개요
제1류	산화성 고체
제2류	가연성 고체
제3류	자연발화성 및 금수성 물질
제4류	인화성 액체
제5류	자기반응성 물질
제6류	산화성 액체

암기 산가자 인자산

정답 20 ②

2025년 3회 소방유체역학

P : 절대압력 [kPa]
V : 부피 [m³]
W : 기체의 질량 [kg]
$\overline{R}$: 특정기체상수 [kJ/kg·K]
T : 절대온도 [K] (273 + ℃)

보충▶ 구의 체적 : $\frac{4}{3}\pi r^3$

21 (상 중 하)

다음 중 이상유체(Ideal Fluid)에 대한 설명으로 가장 적합한 것은?

① 점성이 없는 유체
② 압축성이 없는 유체
③ 점성과 압축성이 없는 유체
④ 뉴턴의 점성법칙을 만족하는 유체

해설 이상유체

점성과 압축성이 없는 유체

22 (상 중 하) 신유형!

공기가 채워진 어떤 구형(球形) 기구의 반지름이 5 [m]이고, 내부 압력이 100 [kPa], 온도는 20 [℃]일 때 기구 내에 채워진 공기의 질량은 약 몇 [kg]인가? (단, 기체상수는 287 [J/kg·k]이다.)

① 0.6
② 622.7
③ 9.1
④ 9121.9

해설 이상기체상태방정식을 이용한 질량 계산

$$\text{이상기체상태방정식 } PV = nRT = \frac{W}{M}RT = W\overline{R}T$$

$PV = W\overline{R}T$

$100 \times \left(\frac{4}{3}\pi \times 5^3\right) = W \times 0.287 \times (20 + 273) = W\overline{R}T$

∴ $W = 622.657 \, [kg]$

23 (상 중 하)

배연설비의 배관을 흐르는 공기의 유속을 피토정압관으로 측정할 때 정압단과 정체압단에 연결된 U자관의 수은 기둥 높이차가 0.03 [m]이었다. 이때 공기의 속도는 약 몇 [m/s]인가? (단, 공기의 비중은 0.00122, 수은의 비중 13.6이다)

① 81
② 86
③ 91
④ 96

해설 공기의 유속

피토정압관의 관 내 유속 $V = \sqrt{2gh\left(\dfrac{S_{무거운}}{S_{가벼운}} - 1\right)}$

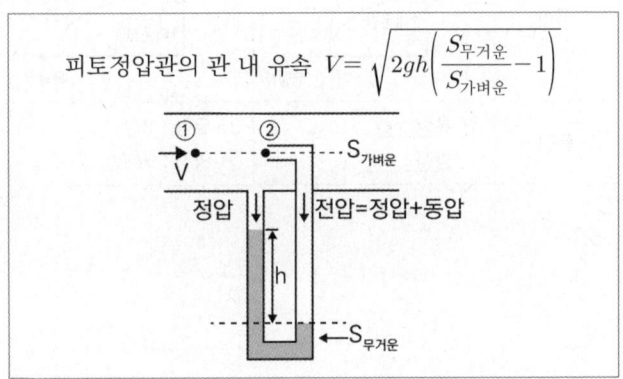

정답 21 ③ 22 ② 23 ①

유속 $V = \sqrt{2gh\left(\dfrac{S_{수은}}{S_{공기}} - 1\right)}$

$= \sqrt{2 \times 9.8 \times 0.03 \times \left(\dfrac{13.6}{0.00122} - 1\right)}$

$= 80.9578 = 81 [m/s]$

24 (상 중 하)

옥내소화전용 소방펌프 2대를 직렬로 연결하였다. 마찰손실을 무시할 때 기대할 수 있는 효과는?

① 펌프의 양정은 증가하나 유량은 감소한다.
② 펌프의 유량은 증대하나 양정은 감소한다.
③ 펌프의 양정은 증가하나 유량과는 무관하다.
④ 펌프의 유량은 증대하나 양정과는 무관하다.

해설 펌프의 2대의 직/병렬 운전

구분	직렬 운전	병렬 운전
개념도	P—P	P, P (병렬)
$H-Q$ 곡선	양정 H, 2대운전/1대운전, 유량 Q	양정 H, 2대운전/1대운전, 유량 Q
특징	① 유량 : Q ② 양정 : $2H$	① 유량 : $2Q$ ② 양정 : H

25 (상 중 하)

15 [℃]의 물 24 [kg]과 80 [℃]의 물 85 [kg]을 혼합한 경우 최종 물의 온도 [℃]는?

① 32.8 ② 42.5
③ 65.7 ④ 75.5

해설 최종 물의 온도

$m_1 C(T_{최종} - T_1) = m_2 C(T_2 - T_{최종})$

$m_1(T_{최종} - T_1) = m_2(T_2 - T_{최종})$

$24(T_{최종} - 15) = 85(80 - T_{최종})$

$\therefore T_{최종} = 65.68 [℃]$

26 (상 중 하)

안지름 50 [mm]인 관에 동점성계수 2 × 10⁻³ [cm²/s]인 유체가 흐르고 있다. 층류로 흐를 수 있는 최대량은 약 얼마인가? (단, 임계레이놀즈수는 2100으로 한다)

① 16.5 [cm³/s] ② 33 [cm³/s]
③ 49.5 [cm³/s] ④ 66 [cm³/s]

해설 층류로 흐를 수 있는 최대유량

레이놀즈수 $Re = \dfrac{\rho VD}{\mu} = \dfrac{VD}{\nu}$

여기서, ρ : 밀도 [kg/m³]
V : 유속 [m/s], D : 직경 [m]
μ : 점성계수 [N·s/m²]
ν : 동점성계수 [m²/s]

1) 유속 $V = \dfrac{Re \cdot \nu}{D}$

$= \dfrac{2100 \times 2 \times 10^{-3} [cm^2/s]}{5 [cm]}$

$= 0.84 [cm/s]$

정답 24 ③ 25 ③ 26 ①

2) 유량 $Q = AV = \dfrac{\pi}{4}D^2 \times V$

$= \left(\dfrac{\pi}{4} \times 5^2\right)[cm^2] \times 0.84[cm/s]$

$= 16.5\,[cm^3/s]$

27 (상**중**하)

물의 체적을 2 [%] 축소시키는 데 필요한 압력 [MPa]은?
(단, 물의 체적탄성계수는 2.08 [GPa]이다)

① 32.1　　② 41.6
③ 45.4　　④ 52.5

해설 체적탄성계수

체적탄성계수 $K = -\dfrac{\Delta P}{\Delta V/V_1} = -\dfrac{\Delta P}{\dfrac{(V_2-V_1)}{V_1}}$

$K = -\dfrac{\Delta P}{\Delta V/V}$

$\Delta P = -K \times \dfrac{\Delta V}{V}$

$= -2.08 \times 10^9 \times (-0.02)$

$= 41.6 \times 10^6\,[Pa]$

$= 41.6\,[MPa]$

※ $\dfrac{\Delta V}{V_1}$가 (-)인 이유 : 체적이 감소하기 때문

보충 ▶ 1 [MPa] = 10^6 [Pa]
G[기가] : 10^9, M[메가] : 10^6, k[킬로] : 10^3

28 (상**중**하)

비압축성 유체의 2차원 정상 유동에서 x방향의 속도를 u, y방향의 속도를 v라고 할 때 다음에 주어진 식들 중에서 연속방정식을 만족하는 것은 어느 것인가?

① u = 2x + 2y, v = 2x - 2y
② u = a + 2y, v = x² - 2y
③ u = 2x + y, v = x² + 2y
④ u = x + 2y, v = 2x - y²

해설 2차원 유동의 연속방정식

$\dfrac{\delta u}{\delta x} + \dfrac{\delta v}{\delta y} = 0$을 만족하는 식

① $\dfrac{\partial(2x+2y)}{\partial x} + \dfrac{\partial(2x-2y)}{\partial y} = 2 - 2 = 0$

② $\dfrac{\partial(a-2y)}{\partial x} + \dfrac{\partial(x^2-2y)}{\partial y} = 0 - 2 = -2$

③ $\dfrac{\partial(2x+y)}{\partial x} + \dfrac{\partial(x^2+2y)}{\partial y} = 2 + 2 = 4$

④ $\dfrac{\partial(x+2y)}{\partial x} + \dfrac{\partial(2x-y^2)}{\partial y} = 1 - 2y$

29 (상 중 **하**)

그림과 같은 수문(폭 높이 = 3 [m] × 2 [m])이 있을 경우 수문에 작용하는 힘의 작용점은 수면에서 몇 [m] 깊이에 있는가?

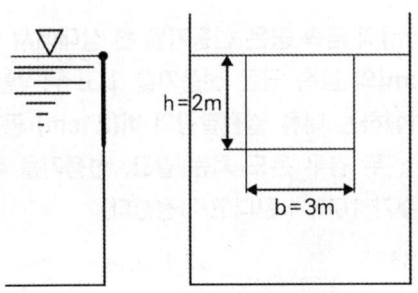

① 약 0.7 [m]　　② 약 1.1 [m]
③ 약 1.3 [m]　　④ 약 1.5 [m]

해설 수문에 작용하는 힘의 작용점 y_F

수문을 각도 $\theta = 90°$인 경사면이라고 보면, 수면으로부터 수문에 작용하는 힘의 작용점까지의 거리 y_F는 다음과 같다.

$$y_F = \bar{y} + \frac{I_G}{A \times \bar{y}} = \bar{y} + \frac{\frac{bh^3}{12}}{A \times \bar{y}}$$

여기서 $\bar{y} = \frac{2[m]}{2} = 1[m]$이므로

$$y_F = 1 + \frac{\frac{3 \times 2^3}{12}}{(3 \times 2) \times 1} = 1.33[m]$$

$\bar{h}$: 수면에서 수문의 도심점까지 수직거리
$\bar{y}$: 수면에서 수문의 도심점까지 직선거리
I_G : 단면 2차모멘트(사각형 : $bh^3/12$)
A : 수문의 단면적

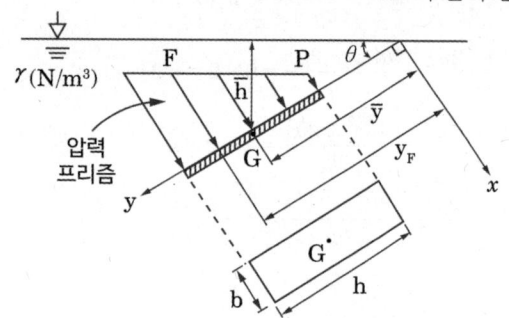

[경사면에 작용하는 유체의 전압력]

30 상**중**하

지름 2 [cm]의 금속 공은 선풍기를 켠 상태에서 냉각하고, 지름 4 [cm]의 금속 공은 선풍기를 끄고 냉각할 때 동일시간당 발생하는 대류 열전달량의 비(2 [cm] 공 : 4 [cm] 공)는? (단, 두 경우 온도 차는 같고, 선풍기를 켜면 대류 열전달계수가 10배가 된다고 가정한다)

① 1 : 0.3375　　② 1 : 0.4
③ 1 : 5　　④ 1 : 10

해설 대류 열전달량

$$대류열량\ Q = hA\Delta T$$

• 구의 표면적 $A = 4\pi r^2$
• 온도 차가 같으므로 $\Delta T = \Delta T_1 = \Delta T_2$

1) 지름 2 [cm] 금속 공의 대류열량 Q_1
 (선풍기를 켠 상태로 냉각 → $h_1 = 10 \times h_2$)
$Q_1 = h_1 A_1 \Delta T = h_1 (4\pi r_1^2) \Delta T$
$\quad = (10 \times h_2) \times (4 \times \pi \times 1^2) \times \Delta T = 40\pi h_2 \Delta T$

2) 지름 4 [cm] 금속 공의 대류열량 Q_2
 (선풍기를 끄고 냉각)
$Q_2 = h_2 A_2 \Delta T = h_2 (4\pi r_2^2) \Delta T$
$\quad = h_2 \times (4 \times \pi \times 2^2) \times \Delta T = 16\pi h_2 \Delta T$

3) 열전달량 비율
$Q_1 : Q_2 = 40 : 16 = 1 : 0.4$

31 상**중**하

안지름이 5 [mm]인 원형 직선 관 내에 0.2×10^{-3} [m³/min]의 물이 흐르고 있다. 유량을 두 배로 하기 위해서는 직선 관 양단의 압력차가 몇 배가 되어야 하는가? (단, 물의 동점성계수는 10^{-6} [m²/s]이다)

① 1.14배　　② 1.41배
③ 2배　　④ 4배

해설 양단의 압력차

하겐 포아젤공식

$$압력손실\ \Delta P[Pa] = \frac{128\mu LQ}{\pi D^4}$$

여기서, μ : 점성계수 [N·s/m²]
L : 길이 [m]
Q : 유량 [m³/s]
D : 직경 [m]

정답 30 ② 31 ③

$$Re = \frac{DV}{\nu} = \frac{D\frac{Q}{A}}{\nu}$$

$$= \frac{0.005 \times \left(\frac{0.2 \times 10^{-3}}{60}\right)}{\frac{\pi}{4}0.005^2} = 848.8 \,(층류)$$

층류이므로 하겐 포아젤식을 사용할 수 있으며, $\triangle P \propto Q$ 이다. 따라서 Q가 $2Q$가 되면 $\triangle P$는 $2\triangle P$가 된다.

32 (상)(중)(하)

다음 계측기 중 측정하고자 하는 것이 다른 것은?

① Bourdon 압력계
② U자관 마노미터
③ 피에조미터
④ 열선풍속계

해설 유체의 측정

구분	측정기기
유량	벤추리미터, 오리피스, 로터미터, 위어, 노즐
압력 (정압)	피에조미터, 정압관, 부르돈(관)압력계, 마노미터
유속 (동압)	피토관, 피토정압관, 시차액주계, 열선풍속계

33 (상)(중)(하)

관 A에는 비중 S_1 = 1.5인 유체가 있으며, 마노미터 유체는 비중 S_2 = 13.6인 수은이고, 마노미터에서의 수은의 높이 차 h_2는 20 [cm]이다. 이후 관 A의 압력을 종전보다 40 [kPa] 증가했을 때, 마노미터에서 수은의 새로운 높이 차(h_2')는 약 몇 [cm]인가?

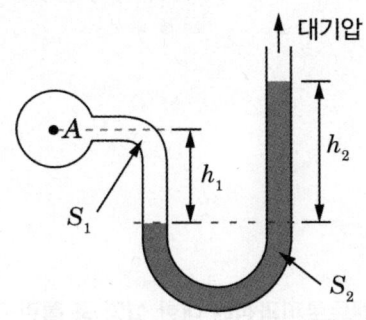

① 28.4
② 35.9
③ 46.2
④ 51.8

해설 변화된 높이 차 계산

1) A점 압력 증가 전

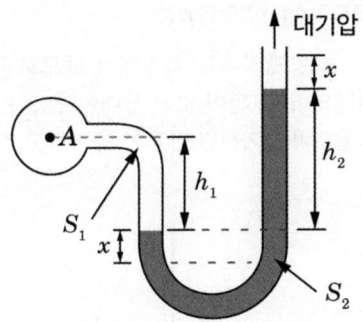

$$P_A + \gamma_1 h_1 = \gamma_2 h_2$$

2) A점 압력 증가 후

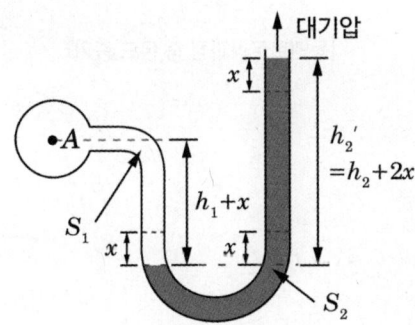

정답 32 ④ 33 ④

$P_A + 40000[Pa] + \gamma_1(h_1+x) = \gamma_2(h_2+2x)$

$40000[Pa] + \gamma_1 x = \gamma_2 2x$

$40000[Pa] + S_1\gamma_w x = S_2\gamma_w 2x$

$40000[Pa] + 1.5 \times 9800 \times x = 13.6 \times 9800 \times 2x$

$x = 0.159m = 15.9cm$

3) 새로운 높이 차 $h_2'[cm]$

$h_2'[cm] = h_2 + 2x = 20 + (2 \times 15.9) = 51.8[cm]$

보충 ▶ $\gamma = S \times \gamma_w$, $\rho = S \times \rho_w$

34 (상 중 하)

이상기체의 등엔트로피과정에 대한 설명 중 틀린 것은?

① 폴리트로픽과정의 일종이다.
② 가역단열과정에서 나타난다.
③ 온도가 증가하면 압력이 증가한다.
④ 온도가 증가하면 비체적이 증가한다.

해설 등엔트로피과정(가역단열과정)

1) 기체가 압축 또는 팽창되는 과정에서 엔트로피의 변화가 없어서 주변과의 열 교환이 없는 상태이다.
2) 단열이므로 온도가 증가하면 압력이 증가하고, 비체적이 감소한다.

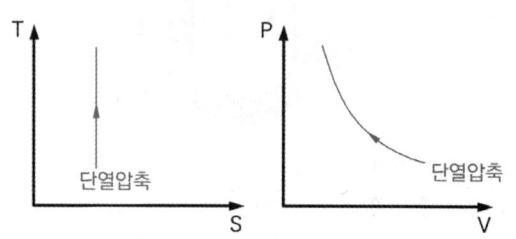

[등엔트로피과정 중 온도 증가]

35 (상 중 하)

유효낙차가 65 [m]이고 유량이 20 [m³/s]인 수력발전소에서 수차의 이론 출력 [kW]은?

① 12740　② 1300
③ 12.74　④ 1.3

해설 수차의 이론 출력 계산

> 수차의 이론출력 $P[kW] = \gamma \times Q \times H$
> 여기서, γ : 물의 비중량 [9.8 kN/m³]
> Q : 유량 [m³/s], H : 전양정 [m]

$P = \gamma Q H = 9.8 \times 20 \times 65 = 12740[kW]$

36 (상 중 하)

내경이 D인 배관에 비압축성 유체인 물이 V의 속도로 흐르다가 갑자기 내경이 3D가 되는 확대관으로 흘렀다. 확대된 배관에서 물의 속도는 어떻게 되는가?

① 변화 없다.
② 1/3로 줄어든다.
③ 1/6로 줄어든다.
④ 1/9로 줄어든다.

해설 확대관에서 물의 속도(Q = AV)

> 체적유량 $Q[m^3/s] = AV$
> 여기서, A : 배관의 단면적 [m²]
> V : 유속 [m/s]

$A_1 V_1 = A_2 V_2$

$1^2 \times 1 = 3^2 \times V_2$

∴ $V_2 = \dfrac{1}{9}$

37 (중)

그림과 같이 반지름이 1 [m], 폭(y방향) 2 [m]인 곡면 AB에 작용하는 물에 의한 힘의 수직성분(z방향) F_z와 수평성분(x방향) F_x와의 비(F_z/F_x)는 얼마인가?

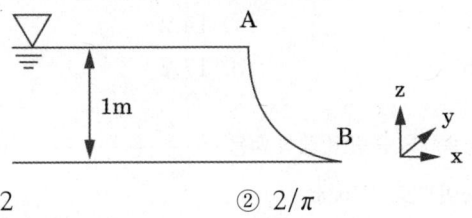

① $\pi/2$
② $2/\pi$
③ 2π
④ $1/2\pi$

해설 수평분력과 수직분력

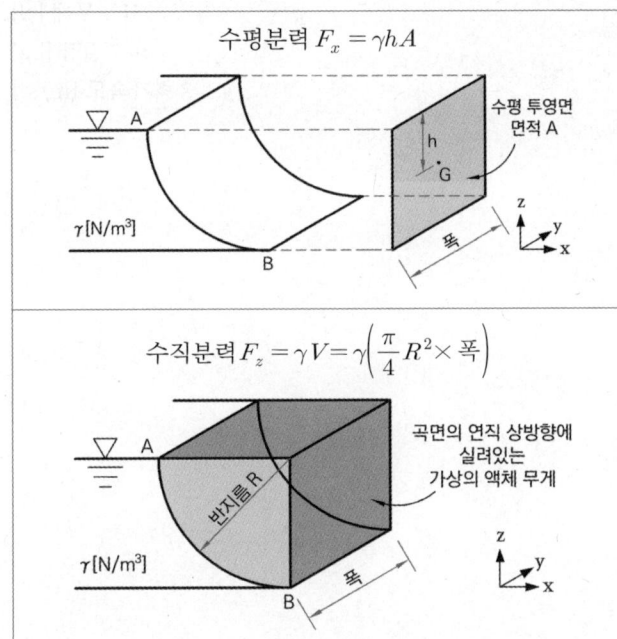

1) 수평분력 F_x

$$F_x = \gamma h A = \gamma \times \frac{R}{2} \times (R \times 폭)$$
$$= \gamma \times \frac{1}{2} \times (1 \times 2) = \gamma$$

2) 수직분력 F_z

$$F_z = \gamma V = \gamma \left(\frac{\pi}{4} R^2 \times 폭 \right)$$
$$= \gamma \left(\frac{\pi}{4} \times 1^2 \times 2 \right) = \gamma \frac{\pi}{2}$$

3) F_z와 F_x와의 비 ($\frac{F_z}{F_x}$)

$$\frac{F_z}{F_x} = \frac{\left(\gamma \frac{\pi}{2} \right)}{\gamma} = \frac{\pi}{2}$$

F_x : 수평분력
F_z : 수직분력
γ : 비중량
h : 투영면의 도심점까지 높이
A : 투영면적
R : 곡면의 반지름
V : 곡면 연직상방향의 체적

38 (하)

관로의 손실에 관한 내용 중 등가길이의 의미로 옳은 것은?

① 부차적 손실과 같은 크기의 마찰 손실이 발생할 수 있는 직관의 길이
② 배관 요소 중 곡관에 해당하는 총길이
③ 손실계수에 손실 수두를 곱한 값
④ 배관시스템의 밸브, 벤드, 티 등 추가적 부품의 총 길이

해설 등가길이

부차적 손실과 같은 크기의 마찰 손실이 발생할 수 있는 직관의 길이 $L_e = \frac{KD}{f}$

정답 37 ① 38 ①

39 (하)

다음 중 캐비테이션(공동현상) 방지방법으로 옳은 것은 모두 고른 것은?

> ㉠ 펌프의 설치위치를 낮추어 흡입 양정을 작게 한다.
> ㉡ 흡입관의 지름을 작게 한다.
> ㉢ 펌프의 회전수를 작게 한다.

① ㉠, ㉡   ② ㉠, ㉢
③ ㉡, ㉢   ④ ㉠, ㉡, ㉢

해설 공동현상(Cavitation)

1) 개념 : 펌프 흡입 측 배관의 손실이 증가하여 소화수의 정압이 증기압 이하로 낮아져서 기포가 발생하는 현상이다.
2) 방지대책
   (1) 펌프의 위치를 수원보다 낮게 한다.
   (2) 흡입배관의 구경을 크게 한다.
   (3) 펌프의 회전수를 낮춘다.
   (4) 양흡입펌프를 사용한다.
   (5) 2대 이상의 펌프를 사용한다.
   (6) 펌프의 흡입 측을 가압한다.
   (7) 입형펌프를 사용하고, 회전차를 수중에 완전히 잠기게 한다.
   (8) 흡입관의 길이를 줄이거나 밸브, 플랜지 등을 조정하여 흡입 손실수두를 줄인다.

40 (중)

중력가속도가 10.6 [m/s²]인 곳에서 어떤 금속체의 중량이 100 [N]이었다. 중력가속도가 1.67 [m/s²]인 달 표면에서 이 금속체의 중량 [N]은?

① 13.1   ② 14.2
③ 15.8   ④ 17.2

해설 금속체의 중량(비례식 이용)

$W = mg$ 이므로 $W \propto g$

$10.6 \, [m/s^2] : 100 \, [N] = 1.67 \, [m/s^2] : x \, [N]$

$x = \dfrac{100 \times 1.67}{10.6} = 15.75 \, [N]$

W : 무게 [N]
m : 질량 [kg]
g : 중력가속도 [m/s²]

소방관계법규

2025년 3회

41
소방기본법령상 소방의 날 설명으로 알맞지 않은 것을 고르시오.

① 국민의 안전의식과 화재에 대한 경각심을 높이고 안전문화를 정착시키기 위한 목적이다.
② 소방의 날 행사에 관하여 필요한 사항은 소방청장 또는 시·도지사가 따로 정하여 시행할 수 있다.
③ 매년 11월 9일을 소방의 날로 정하여 기념행사를 한다.
④ 소방서장은 지역발전을 위해 노력하는 시민단체를 명예직 소방대원으로 위촉할 수 있다.

해설 소방의 날 제정과 운영 등

1) 국민의 안전의식과 화재에 대한 경각심을 높이고 안전문화를 정착시키기 위하여 매년 11월 9일을 소방의 날로 정하여 기념행사를 한다.
2) 소방의 날 행사에 관하여 필요한 사항은 소방청장 또는 시·도지사가 따로 정하여 시행할 수 있다.
3) <u>소방청장은 다음에 해당하는 사람을 명예직 소방대원으로 위촉할 수 있다.</u>
  (1) 「의사상자 등 예우 및 지원에 관한 법률」에 따른 의사상자에 해당하는 사람
  (2) 소방행정 발전에 공로가 있다고 인정되는 사람

42
다음 중 의료시설을 고르시오.

① 한의원
② 치과병원
③ 조산원
④ 동물병원

해설 특정소방대상물

① 한의원 : 근린생활시설
② 치과병원 : 의료시설
③ 조산원 : 근린생활시설
④ 동물병원 : 근린생활시설

43
소방시설 설치 및 관리에 관한 법령상 스프링클러설비를 설치하여야 하는 특정소방대상물의 기준으로 틀린 것은? (단, 위험물 저장 및 처리시설 중 가스시설 또는 지하구는 제외한다)

① 숙박시설로서 바닥면적의 합계가 600 [m²] 이상
② 특수가연물 저장·취급시설로서 지정수량이 1000배 이상
③ 기숙사로서 연면적 2000 [m²] 이상
④ 복합건축물로서 연면적 5000 [m²] 이상

정답 41 ④ 42 ② 43 ③

해설 스프링클러설비 설치대상

설치대상	기준
• 문화 및 집회시설(동·식물원 제외) • 종교시설 • 운동시설(물놀이형 시설 및 바닥이 불연재료이고 관람석이 없는 운동시설은 제외)	• 수용인원 100명 이상 • 영화상영관 바닥면적 : 지하층·무창층 500 $[m^2]$(그 외 1000 $[m^2]$) 이상 • 무대부 : 지하층·무창층, 4층 이상 300 $[m^2]$(그 외 500 $[m^2]$) 이상
• 판매시설, 운수시설 • 창고시설(물류터미널)	• 수용인원 500명 이상 • 바닥면적 합계 5000 $[m^2]$ 이상
6층 이상인 특정소방대상물	전 층
• 의료시설(정신의료기관, 종합병원, 병원, 치과병원, 한방병원, 요양병원) • 노유자시설 • 숙박 가능한 수련시설 • 숙박시설 • 산후조리원, 조산원	바닥면적 합계 600 $[m^2]$ 이상인 것은 모든 층
지하상가	연면적 1000 $[m^2]$ 이상
기숙사(교육연구시설·수련시설 내에 있는 학생 수용을 위한 것), 복합건축물	연면적 5000 $[m^2]$ 이상인 모든 층
특수가연물 저장·취급시설	지정수량 1000배 이상
랙식 창고의 높이가 10 $[m]$를 초과	바닥면적 또는 랙이 설치된 부분의 합계가 1500 $[m^2]$ 이상인 경우 모든 층
전기저장시설, 교정 및 군사시설 중 보호감호소, 교도소, 구치소 및 그 지소, 보호관찰소, 갱생보호시설, 치료감호시설, 소년원 및 소년분류심사원의 수용거실, 보호시설(외국인보호소의 경우에는 보호대상자의 생활공간으로 한정), 유치장	-

44 상ⓒ하

화재예방강화지구의 지정대상이 아닌 것은?

① 공장·창고가 밀집한 지역
② 목조건물이 밀집한 지역
③ 농촌지역
④ 시장지역

해설 화재예방강화지구

1) 지정권자 : 시·도지사
2) 화재예방강화지구 지정 요청 : 소방청장
3) 화재예방강화지구
   (1) 시장지역
   (2) 공장·창고가 밀집한 지역
   (3) 목조건물이 밀집한 지역
   (4) 노후·불량건축물이 밀집한 지역
   (5) 위험물의 저장 및 처리시설이 밀집한 지역
   (6) 석유화학제품을 생산하는 공장이 있는 지역
   (7) 산업입지 및 개발에 관한 법률에 따른 산업단지
   (8) 소방시설·소방용수시설·소방출동로가 없는 지역
   (9) 물류단지
   (10) (1) ~ (9)까지 준하는 지역으로서 소방관서장이 화재예방강화지구로 지정할 필요가 있다고 인정하는 지역

45 상ⓒ하

소방시설의 하자가 발생한 경우 통보를 받은 공사업자는 며칠 이내에 이를 보수하거나 보수 일정을 기록한 하자보수계획을 관계인에게 서면으로 알려야 하는가?

① 3일 ② 5일
③ 14일 ④ 30일

정답 44 ③ 45 ①

해설 하자보수

1) 관계인은 하자보수 보증기간 이내에 소방시설 하자 발생 시 공사업자에게 그 사실을 알려야 한다.
2) 통보받은 공사업자는 3일 이내 하자보수 또는 하자보수계획을 관계인에게 서면으로 알려야 한다.
3) 관계인은 공사업자가 다음 각 호의 어느 하나에 해당하는 경우에는 소방본부장·서장에게 그 사실을 알릴 수 있음
   (1) 3일 이내에 하자보수를 이행하지 아니한 경우
   (2) 3일 이내에 하자보수계획을 서면으로 알리지 아니한 경우
   (3) 하자보수계획이 불합리하다고 인정되는 경우

2) 자동신호장치 갖춘 스프링클러설비 또는 물분무등소화설비 설치한 제조소등은 자동화재탐지설비 설치한 것으로 봄
3) 자동화재탐지설비·자동화재속보설비·비상경보설비(비상벨장치 또는 경종 포함)·확성장치(휴대용 확성기 포함) 및 비상방송설비로 구분

46 (상**중**하)

위험물안전관리법령상 자동화재탐지설비를 설치해야 하는 기준으로 틀린 것을 고르시오.

① 연면적이 500 $[m^2]$ 이상인 제조소 및 일반취급소
② 지정수량의 100배 이상을 저장 또는 취급하는 옥내저장소(고인화점 위험물만을 저장 또는 취급하는 것은 제외한다)
③ 옥내주유취급소
④ 특수인화물, 제1석유류 및 알코올류를 저장 또는 취급하는 옥외탱크저장소의 탱크 용량이 3000만 리터 이상인 것

해설 경보설비 설치기준

1) 제조소등별 설치해야 하는 경보설비

특정소방대상물	소방시설
• 연면적 500 $[m^2]$ 이상 • 옥내에서 지정수량 100배 이상 취급	• 자동화재탐지설비
• 지정수량 10배 이상 저장 또는 취급 (이동탱크저장소 제외)	• 자동화재탐지설비 • 비상경보설비 • 비상방송설비 • 확성장치 중 1종 이상

47 (상**중**하)

소방기본법령상 소방신호의 종류로 틀린 것을 고르시오.

① 경보신호
② 발화신호
③ 해제신호
④ 훈련신호

해설 소방신호

1) 종류
   (1) 경계신호 : 화재예방상 필요하다고 인정되거나 화재위험경보 시 발령
   (2) 발화신호 : 화재가 발생한 때 발령
   (3) 해제신호 : 소화활동이 필요 없다고 인정되는 때 발령
   (4) 훈련신호 : 훈련상 필요하다고 인정되는 때 발령
2) 방법

종별	타종신호	사이렌신호
경계신호	1타, 연 2타 반복	5초 간격 30초씩 3회
발화신호	난타	5초 간격 5초씩 3회
해제신호	상당한 간격 1타씩 반복	1분간 1회
훈련신호	연 3타 반복	10초 간격 1분씩 3회

정답 46 ④ 47 ①

48 (중)

위험물안전관리법령상 위험물 및 지정수량에 대한 기준 중 다음 (   ) 안에 알맞은 것은?

> 금속분이라 함은 알칼리금속·알칼리토류금속·철 및 마그네슘 외의 금속의 분말을 말하고, 구리분·니켈분 및 (㉠) 마이크로미터의 체를 통과하는 것이 (㉡) 중량퍼센트 미만인 것은 제외한다.

① ㉠ 150, ㉡ 50
② ㉠ 53, ㉡ 50
③ ㉠ 50, ㉡ 150
④ ㉠ 50, ㉡ 53

해설 위험물의 정의(금속분)

- 알칼리금속·알칼리토류금속·철·마그네슘 외의 금속 분말
- 구리분·니켈분 및 150 [μm]의 체를 통과하는 것이 50중량 퍼센트 미만인 것 제외

49 (중)

화재의 예방 및 안전관리에 관한 법률상 보일러 등의 위치·구조 및 관리와 화재예방을 위하여 불의 사용에 있어서 지켜야 하는 사항 중 보일러에 경유·등유 등 액체연료를 사용하는 경우에 연료탱크는 보일러 본체로부터 수평거리 최소 몇 [m] 이상의 간격을 두어 설치해야 하는가?

① 0.5
② 0.6
③ 1
④ 2

해설 보일러 화재예방(경유·등유 사용)

1) 가연성 벽·바닥·천장과 접촉하는 증기기관·연통의 부분은 규조토 등 난연성 단열재로 덮어씌울 것
2) 액체연료(경유·등유 등)을 사용하는 경우
   (1) <u>연료탱크는 보일러 본체로부터 수평거리 1 [m] 이상</u>
   (2) 연료차단 개폐밸브는 연료탱크로부터 0.5 [m] 이내
   (3) 연료탱크 또는 연료공급 배관에는 여과장치 설치
   (4) 사용이 허용된 연료만 사용
   (5) 불연재료 받침대를 설치하여 넘어짐 방지

3) 기체연료 설치기준
   (1) 환기구 설치 등 가연성 가스가 머무르지 않도록 함
   (2) 연료를 공급하는 배관은 금속관
   (3) 연료차단 개폐밸브는 연료용기 등으로부터 0.5 [m] 이내
   (4) 가스누설경보기 설치

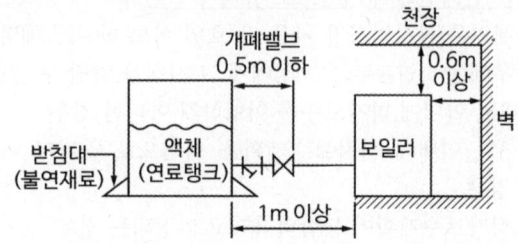

50 (중)

화재의 예방 및 안전관리에 관한 법령상 특수가연물의 저장 및 취급의 기준 중 (   )에 들어갈 내용으로 옳은 것은? (단, 석탄·목탄류의 경우는 제외한다)

> 쌓는 높이는 (㉠) [m] 이하가 되도록 하고, 쌓는 부분의 바닥면적은 (㉡) [m²] 이하가 되도록 할 것

① ㉠ 15, ㉡ 200
② ㉠ 15, ㉡ 300
③ ㉠ 10, ㉡ 30
④ ㉠ 10, ㉡ 50

해설 특수가연물 저장기준

1) 품명별로 구분하여 쌓을 것
2) 일반적인 경우
   (1) 쌓는 높이 : 10 [m] 이하
   (2) 쌓는 부분 바닥 : 50 [m²] 이하(석탄·목탄류 : 200 [m²] 이하)
3) 살수설비, 대형 수동식 소화기 설치하는 경우
   (1) 쌓는 높이 : 15 [m] 이하
   (2) 쌓는 부분의 바닥면적 : 200 [m²] 이하(석탄·목탄류 : 300 [m²] 이하)

51

다음 중 품질이 우수하다고 인정되는 소방용품에 대하여 우수품질인증을 할 수 있는 자는?

① 산업통상자원부장관
② 시·도지사
③ 소방청장
④ 소방본부장 또는 소방서장

해설 우수품질 제품 인증

1) 소방청장은 형식승인의 대상이 되는 소방용품 중 품질이 우수하다고 인정하는 소방용품에 대하여 인증(이하 "우수품질인증"이라 한다)을 할 수 있다.
2) 우수품질인증을 받으려는 자는 행정안전부령으로 정하는 바에 따라 소방청장에게 신청하여야 한다.
3) 우수품질인증을 받은 소방용품에는 우수품질인증 표시를 할 수 있다.
4) 우수품질인증의 유효기간은 5년의 범위에서 행정안전부령으로 정한다.
5) 소방청장은 다음 각 호의 어느 하나에 해당하는 경우에는 우수품질인증을 취소할 수 있다. 다만 제1호에 해당하는 경우에는 우수품질인증을 취소하여야 한다.
   (1) 거짓이나 그 밖의 부정한 방법으로 우수품질인증을 받은 경우
   (2) 우수품질인증을 받은 제품이 「발명진흥법」에 따른 산업재산권 등 타인의 권리를 침해하였다고 판단되는 경우
6) 1)부터 5)까지에서 규정한 사항 외에 우수품질인증을 위한 기술기준, 제품의 품질관리 평가, 우수품질인증의 갱신, 수수료, 인증표시 등 우수품질인증에 필요한 사항은 행정안전부령으로 정한다.

52

소방기본법령상 저수조의 설치기준으로 틀린 것은?

① 지면으로부터의 낙차가 4.5 [m] 이상일 것
② 흡수부분의 수심이 0.5 [m] 이상일 것
③ 흡수에 지장이 없도록 토사 및 쓰레기 등을 제거할 수 있는 설비를 갖출 것
④ 흡수관의 투입구가 사각형의 경우에는 한변의 길이가 60 [cm] 이상, 원형의 경우에는 지름이 60 [cm] 이상일 것

해설 소방용수시설 설치기준

1) 소화전
   • 상수도와 연결, 지하식·지상식 구조
   • 연결금속구 구경 : 65 [mm]
2) 급수탑
   • 급수배관 구경 : 100 [mm] 이상
   • 개폐밸브 : 지상 1.5 [m] 이상 1.7 [m] 이하
3) 저수조
   • 지면으로부터의 낙차 : 4.5 [m] 이하
   • 흡수부분 수심 : 0.5 [m] 이상일 것
   • 흡수관 투입구 : 사각형 한 변 60 [cm],
                   원형 지름 60 [cm] 이상

53

위험물안전관리법상 업무상 과실로 제조소등에서 위험물을 유출·방출 또는 확산시켜 사람의 생명·신체 또는 재산에 대하여 위험을 발생시킨 자에 대한 벌칙기준은?

① 5년 이하의 금고 또는 2000만 원 이하의 벌금
② 5년 이하의 금고 또는 7000만 원 이하의 벌금
③ 7년 이하의 금고 또는 2000만 원 이하의 벌금
④ 7년 이하의 금고 또는 7000만 원 이하의 벌금

정답 51 ③ 52 ① 53 ④

해설 위험물법 벌칙

- 5년 이하 징역 또는 1억 원 이하 벌금
  제조소등의 설치허가를 받지 아니하고 제조소등을 설치한 자
- 7년 이하 금고 또는 7천만 원 이하 벌금
  업무상 과실로 위험물 유출·방출시켜 생명·신체·재산에 위험을 발생시킨 자
- 10년 이하 금고 또는 1억 원 이하 벌금
  업무상 과실로 위험물 유출·방출시켜 사람을 사상에 이르게 한 자

54 (상 중 하)

위험물안전관리법령상 위험물의 안전관리와 관련된 업무를 수행하는 자로서 소방청장이 실시하는 안전교육대상자가 아닌 것은?

① 안전관리자로 선임된 자
② 탱크시험자의 기술인력으로 종사하는 자
③ 위험물운송자로 종사하는 자
④ 제조소등의 관계인

해설 안전교육 대상자

1) 안전원에 위탁
   (1) 위험물 운반자, 위험물 운송자의 요건을 갖추려는 사람
   (2) 위험물 취급자격자의 자격을 갖추려는 사람
   (3) 안전관리자로 선임된 자 및 위험물 운송자, 운반자에 대한 안전교육
2) 기술원에 위탁
   탱크시험자의 기술인력으로 종사하는 자

55 (상 중 하)

소방기본법에서 정의하는 소방대상물에 해당하지 않는 것은?

① 산림
② 차량
③ 건축물
④ 항해 중인 선박

해설 소방대상물

- 건축물
- 차량
- 선박(항구에 매어 둔 것)
- 산림, 그 밖의 인공구조물 또는 물건

56 (상 중 하)

소방기본법령상 소방대장은 화재, 재난·재해 그 밖의 위급한 상황이 발생한 현장에 소방활동구역을 정하여 소방활동에 필요한 자로서 대통령령으로 정하는 사람 외에는 그 구역에의 출입을 제한할 수 있다. 다음 중 소방활동구역에 출입할 수 없는 사람은?

① 소방활동구역 안에 있는 소방대상물의 소유자·관리자 또는 점유자
② 전기·가스·수도·통신·교통의 업무에 종사하는 사람으로서 원활한 소방활동을 위하여 필요한 사람
③ 시·도지사가 소방활동을 위하여 출입을 허가한 사람
④ 의사·간호사 그 밖에 구조·구급업무에 종사하는 사람

해설 소방활동구역 출입자

- 소방활동구역 안에 있는 소방대상물의 소유자·관리자 또는 점유자
- 전기·가스·수도·통신·교통 업무 종사자로 소방활동 위하여 필요한 사람
- 의사·간호사, 구조·구급업무 종사자
- 취재인력 등 보도업무 종사자
- 수사업무 종사자
- 소방대장이 소방활동 위해 출입을 허가한 자

정답 54 ④ 55 ④ 56 ③

57 상중하

소방기본법령상 소방활동장비와 설비의 구입 및 설치 시 국고보조의 대상이 아닌 것은?

① 소방자동차
② 사무용 집기
③ 소방헬리콥터 및 소방정
④ 소방전용통신설비 및 전산설비

해설 소방장비 등에 대한 국고보조

1) 국고보조
  (1) 국가는 시·도 소방장비구입 등의 경비를 일부 보조함
  (2) 국가보조 대상사업의 범위와 기준 보조율 : 대통령인 「보조금관리에 관한 법률 시행령」
  (3) 소방활동장비 및 설비의 종류와 규격 : 행정안전부령
2) 국고보조 대상사업의 범위
  (1) 소방활동장비와 설비의 구입 및 설치
    ① 소방자동차
    ② 소방헬리콥터 및 소방정
    ③ 소방전용통신설비 및 전산설비
    ④ 그 밖에 방화복 등 소방활동에 필요한 소방장비
  (2) 소방관서용 청사의 건축

58 상중하

소방시설 설치 및 관리에 관한 법령상 방염성능기준 이상의 실내장식물 등을 설치해야 하는 특정소방대상물이 아닌 것은?

① 숙박이 가능한 수련시설
② 층수가 11층 이상인 아파트
③ 건축물 옥내에 있는 종교시설
④ 방송통신시설 중 방송국 및 촬영소

해설 방염

1) 방염성능기준 : 대통령령
2) 방염성능기준 이상의 실내장식물 등을 설치해야 하는 특정소방대상물
  (1) 근린생활시설 중 의원, 조산원, 산후조리원, 체력단련장, 공연장 및 종교집회장, 치과의원, 한의원
  (2) 건축물의 옥내에 있는 시설
    ① 문화 및 집회시설
    ② 종교시설
    ③ 운동시설(수영장 제외)
  (3) 의료시설
  (4) 교육연구시설 중 합숙소
  (5) 노유자시설
  (6) 숙박이 가능한 수련시설
  (7) 숙박시설
  (8) 방송통신시설 중 방송국 및 촬영소
  (9) 다중이용업소
  (10) 층수가 11층 이상인 것(아파트 제외)

59 상중하

다음 중 화재의 예방 및 안전관리에 관한 법령상 특수가연물에 해당하는 품명별 기준수량으로 틀린 것은?

① 사류 1000 [kg] 이상
② 면화류 200 [kg] 이상
③ 나무껍질 및 대팻밥 400 [kg] 이상
④ 넝마 및 종이부스러기 500 [kg] 이상

해설 특수가연물

품명	수량
면화류	200 [kg] 이상
나무껍질 및 대팻밥	400 [kg] 이상
넝마 및 종이부스러기	1000 [kg] 이상
사류, 볏짚류	1000 [kg] 이상
가연성 고체류	3000 [kg] 이상
석탄·목탄류	10000 [kg] 이상

정답 57 ② 58 ② 59 ④

품명		수량
가연성 액체류		2 [m³] 이상
목재가공품 및 나무부스러기		10 [m³] 이상
고무류·플라스틱류	발포시킨 것	20 [m³] 이상
	그 밖의 것	3000 [kg] 이상

 면이 나대싸 넘사벽 천 가고삼 석목만 가액이 고발이

60 ⑤⑥⑥

소방안전관리자 및 소방안전관리보조자에 대한 실무교육의 교육대상, 교육일정 등 실무교육에 필요한 계획을 수립하여 매년 누구의 승인을 얻어 교육을 실시하는가?

① 한국소방안전원장
② 소방본부장
③ 소방청장
④ 시·도지사

해설 소방안전관리자 실무교육

실무교육의 대상, 일정·횟수 등을 포함한 실무교육의 실시 계획을 매년 수립·시행해야 함
- 승인자 : 소방청장
- 통보 : 교육실시 30일 전까지 교육대상자에게 통보
- 주기 : 선임된 날부터 6개월 이내, 교육실시 후 2년마다 1회 이상 실시

정답 60 ③

2025년 3회 소방기계시설의 구조 및 원리

61 (중)

다음은 특정소방대상물별 소화기구의 능력단위기준에 대한 설명이다. ( ) 안에 들어갈 내용으로 알맞은 것은?

> 문화재에 소화기구를 설치할 경우 능력단위기준에 따라 해당용도의 바닥면적( ) [m²]마다 능력단위 1단위 이상이 되어야 한다.

① 30
② 50
③ 100
④ 200

해설 특정소방대상물별 소화기구의 능력단위

특정소방대상물	소화기구의 능력단위
1. 위락시설	해당 용도의 바닥면적 30 [m²]마다 능력단위 1단위 이상
2. 공연장·집회장·관람장·문화재·장례식장 및 의료시설	해당 용도의 바닥면적 50 [m²]마다 능력단위 1단위 이상
3. 근린생활시설·판매시설·운수시설·숙박시설·노유자시설·전시장·공동주택·업무시설·방송통신시설·공장·창고시설·항공기 및 자동차 관련 시설 및 관광휴게시설	해당 용도 바닥면적 100 [m²]마다 능력단위 1단위 이상
4. 그 밖의 것	해당 용도 바닥면적 200 [m²]마다 능력단위 1단위 이상

※ 소화기구의 능력단위를 산정함에 있어서 건축물의 주요구조부가 내화구조이고, 벽 및 반자의 실내에 면하는 부분이 불연·준불연·난연재료로 된 특정소방대상물에 있어서는 위 표의 바닥면적의 2배를 해당 특정소방대상물의 기준면적으로 한다.

62 (중) 신유형!

스프링클러설비의 화재안전기술기준상 연소할 우려가 있는 개구부의 상하좌우에 스프링클러헤드를 설치할 때 헤드 간격은 얼마인가?

① 2 [m]
② 2.5 [m]
③ 1.5 [m]
④ 1 [m]

해설 연소할 우려가 있는 개구부

연소할 우려가 있는 개구부에는 그 상하좌우에 2.5 [m] 간격으로(개구부의 폭이 2.5 [m] 이하인 경우에는 그 중앙에) 스프링클러헤드를 설치하되, 스프링클러헤드와 개구부의 내측면으로부터 직선거리는 15 [cm] 이하가 되도록 할 것. 이 경우 사람이 상시 출입하는 개구부로서 통행에 지장이 있는 때에는 개구부의 상부 또는 측면(개구부의 폭이 9 [m] 이하인 경우에 한한다)에 설치하되, 헤드 상호 간의 간격은 1.2 [m] 이하로 설치해야 한다.

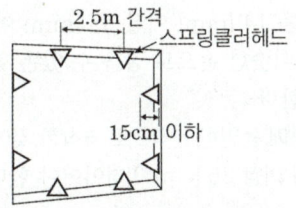

[연소할 우려가 있는 개구부]

보충 연소할 우려가 있는 개구부 : 각 방화구획을 관통하는 컨베이어·에스컬레이터 또는 이와 유사한 시설의 주위로서 방화구획을 할 수 없는 부분을 말한다.

정답 61 ② 62 ②

63 ④

피난사다리의 형식승인 및 제품검사의 기술기준상 피난사다리의 일반구조 기준으로 옳은 것은?

① 피난사다리는 2개 이상의 횡봉으로 구성되어야 한다. 다만 고정식사다리인 경우에는 횡봉의 수를 1개로 할 수 있다.
② 피난사다리(종봉이 1개인 고정식사다리는 제외)의 종봉의 간격은 최외각 종봉 사이의 안치수가 15 [cm] 이상이어야 한다.
③ 피난사다리의 횡봉은 지름 15 [mm] 이상 25 [mm] 이하의 원형인 단면이거나 또는 이와 비슷한 손으로 잡을 수 있는 형태의 단면이 있는 것이어야 한다.
④ 피난사다리의 횡봉은 종봉에 동일한 간격으로 부착한 것이어야 하며, 그 간격은 25 [cm] 이상 35 [cm] 이하이어야 한다.

해설 피난사다리 종봉 및 횡봉

1) 2개 이상의 종봉 및 횡봉으로 구성. 다만 고정식사다리인 경우에는 종봉의 수를 1개로 할 수 있다.
2) 피난사다리(종봉이 1개인 고정식사다리 제외)의 종봉의 간격은 최외각 종봉 사이의 안치수가 30 [cm] 이상이어야 한다.
3) 횡봉은 지름 14 [mm] 이상 35 [mm] 이하의 원형인 단면 또는 이와 비슷한 손으로 잡을 수 있는 형태의 단면이 있는 것이어야 한다.
4) 횡봉은 종봉에 동일한 간격으로 부착한 것이어야 하며, 그 간격은 25 [cm] 이상 35 [cm] 이하이어야 한다.

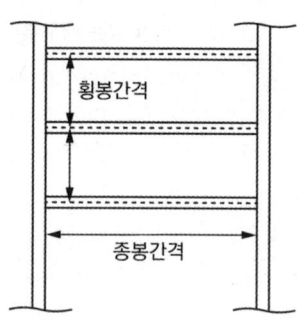

64 ③

스프링클러설비의 화재안전기술기준상 고가수조를 이용한 가압송수장치의 설치기준 중 고가수조에 설치하지 않아도 되는 것은?

① 수위계
② 배수관
③ 압력계
④ 오버플로우관

해설 스프링클러설비 고가수조 부대설비

수위계, 배수관, 급수관, 오버플로우관, 맨홀

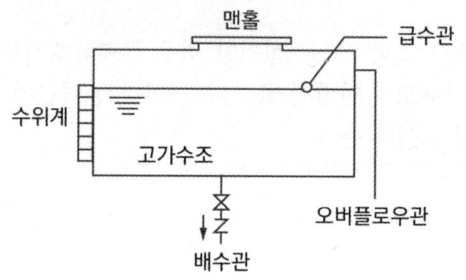

보충 압력계는 압력수조에 설치

65 ③

제연설비의 설치 시 아연도금강판으로 제작된 배출풍도 단면의 긴 변이 400 [mm]인 경우 (㉠)와 2500 [mm]인 경우 (㉡), 강판의 최소 두께는 각각 몇 [mm]인가?

① ㉠ 0.4, ㉡ 1.0
② ㉠ 0.5, ㉡ 1.0
③ ㉠ 0.5, ㉡ 1.2
④ ㉠ 0.6, ㉡ 1.2

해설 풍도 크기와 강판 두께

풍도는 아연도금강판 또는 이와 동등 이상의 내식성·내열성이 있는 것으로 하며, 「건축법 시행령」 제2조에 따른 불연재료(석면재료를 제외한다)인 단열재로 풍도외부에 유효한 단열처리를 하고, 강판의 두께는 풍도의 크기에 따라 다음 표에 따른 기준 이상으로 할 것. 다만 방화구획이 되는 전용실에 급기 송풍기와 연결되는 풍도는 단열이 필요 없다.

풍도단면의 긴 변 또는 직경의 크기	450 [mm] 이하	750 [mm] 이하	1500 [mm] 이하	2250 [mm] 이하	2250 [mm] 초과
두께 [mm]	0.5	0.6	0.8	1.0	1.2

66 상⟨중⟩하

분말소화설비의 화재안전성능기준상 호스릴방식의 분말소화설비의 설치기준으로 틀린 것은?

① 소화약제의 저장용기는 호스릴 설치하는 장소마다 설치할 것
② 방호대상물의 각 부분으로부터 하나의 호스접결구까지의 수평거리가 15 [m] 이하가 되도록 할 것
③ 소화약제의 저장용기의 개방밸브는 호스릴의 설치장소에서 자동으로 개폐할 수 있는 것으로 할 것
④ 소화약제 저장용기의 가장 가까운 곳의 보기 쉬운 곳에 적색의 표시등을 설치하고, 호스릴방식의 분말소화설비가 있다는 뜻을 표시한 표지를 할 것

해설 호스릴방식의 분말소화설비 설치기준 ─────

1) 방호대상물의 각 부분으로부터 하나의 호스접결구까지의 수평거리가 15 [m] 이하가 되도록 할 것
2) 소화약제 저장용기의 개방밸브는 호스릴의 설치장소에서 수동으로 개폐할 수 있는 것으로 할 것
3) 소화약제 저장용기는 호스릴을 설치하는 장소마다 설치할 것
4) 하나의 노즐마다 1분당 방출하는 소화약제의 양

소화약제 종별	제1종	제2·3종	제4종
1분당 방출하는 소화약제의 양	45 [kg/min]	27 [kg/min]	18 [kg/min]

5) 소화약제 저장용기의 가장 가까운 곳의 보기 쉬운 곳에 적색의 표시등을 설치하고, 호스릴방식의 분말소화설비가 있다는 뜻을 표시한 표지를 할 것

67 상⟨중⟩하

할론 1301을 전역방출방식으로 방출할 때 분사헤드의 최소 방출압력[MPa]은?

① 0.1　　② 0.2
③ 0.9　　④ 1.05

해설 할론 전역방출방식 방출압력 ─────

1) 할론 2402 : 0.1 [MPa] 이상
2) 할론 1211 : 0.2 [MPa] 이상
3) 할론 1301 : 0.9 [MPa] 이상

68 상 중⟨하⟩

폐쇄형 스프링클러헤드를 사용하는 설비에서 하나의 방호구역의 바닥면적의 기준은 몇 [m²] 이하인가? (단, 격자형 배관방식을 채택하지 않는다)

① 1500　　② 2000
③ 2500　　④ 3000

해설 폐쇄형 헤드를 사용하는 설비의 방호구역기준 ─────

하나의 방호구역의 바닥면적 : 3000 [m²] 이하

69 상 중⟨하⟩

위험물안전관리에 관한 세부기준상 포소화설비에서 부상지붕구조의 탱크에 상부포주입법을 이용한 포방출구 형태는?

① Ⅰ형 방출구　　② Ⅱ형 방출구
③ 특형 방출구　　④ 표면하주입식 방출구

해설 **포방출구**

탱크구조		포방출구
고정지붕구조 (콘루프 탱크)	상부포주입법	Ⅰ, Ⅱ 형
	저부포주입법	Ⅲ, Ⅳ 형
부상지붕구조 (플로팅루프 탱크)	상부포주입법	특형

70 (상 중 하)

분말소화설비에 사용하는 소화약제 중 제3종 분말의 주성분으로 옳은 것은?

① 인산염
② 탄산수소칼륨
③ 탄산수소나트륨
④ 요소

해설 **분말소화약제 주성분**

- 제1종 : 탄산수소나트륨(중탄산나트륨)
- 제2종 : 탄산수소칼륨(중탄산칼륨)
- 제3종 : 제1인산암모늄(제1인산염, 인산염류)
- 제4종 : 탄산수소칼륨 + 요소

71 (상 중 하)

다음 시설 중 호스릴포소화설비를 설치할 수 있는 소방 대상물은?

① 완전 밀폐된 주차장
② 지상 1층으로서 지붕이 있는 부분
③ 주된 벽이 없고 기둥뿐인 고가 밑의 주차장
④ 바닥면적 합계가 1000 [m²] 미만인 항공기 격납고

해설 **호스릴포소화설비 설치대상**

1) 차고 또는 주차장
   다음의 어느 하나에 해당하는 차고·주차장의 부분에는 호스릴포소화설비 또는 포소화전설비를 설치할 수 있다.
   (1) 완전 개방된 옥상주차장 또는 고가 밑의 주차장으로서 주된 벽이 없고 기둥뿐이거나 주위가 위해방지용 철주 등으로 둘러싸인 부분
   (2) 지상 1층으로서 지붕이 없는 부분
2) 항공기격납고
   바닥면적의 합계가 1000 [m²] 이상이고 항공기의 격납위치가 한정되어 있는 경우에는 그 한정된 장소 외의 부분에 대하여는 호스릴포소화설비를 설치할 수 있다.

72 (상 중 하)

소화용수 설비의 소요수량이 40 [m³] 이상 100 [m³] 미만인 경우에 채수구는 몇 개를 설치하여야 하는가?

① 1 ② 2
③ 3 ④ 4

해설 **소화수조 및 저수조 채수구 설치기준**

채수구는 다음 표에 따라 소방용호스 또는 소방용흡수관에 사용하는 구경 65 [mm] 이상의 나사식 결합금속구를 설치할 것

[소요수량에 따른 채수구의 수]

소요수량	20 [m³] 이상 40 [m³] 미만	40 [m³] 이상 100 [m³] 미만	100 [m³] 이상
채수구의 수(개)	1개	2개	3개

[채수구의 설치높이]

[채수구]

정답 70 ① 71 ③ 72 ②

73 (상[중]하)

1개 층의 거실 면적이 400 [m²]이고 복도 면적이 300 [m²]인 소방대상물에 제연설비를 설치할 경우 제연구역은 최소 몇 개인가?

① 1
② 2
③ 3
④ 4

해설 제연설비의 제연구역 구획기준

거실과 복도는 각각 제연구획해야 하므로
바닥면적 400 [m²]인 거실, 300 [m²]인 복도는 각각 제연구획해야 한다.
여기서 거실과 복도 모두 바닥면적이 각각 1000 [m²] 이내이므로
거실 1개 + 복도 1개 = 2개
따라서 제연구역의 최소수는 2개이다.

※ 제연설비의 제연구역 구획기준
1) 하나의 제연구역 면적 : 1000 [m²] 이내
2) 거실과 통로(복도 포함)는 각각 제연구획할 것
3) 통로상의 제연구역은 보행중심선의 길이가 60 [m]를 초과하지 않을 것
4) 하나의 제연구역은 직경 60 [m] 원 내에 들어갈 수 있을 것
5) 하나의 제연구역은 2 이상 층에 미치지 않도록 할 것

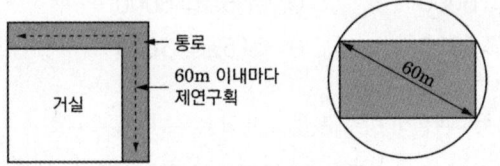

74 (상)중[하]

습식·부압식 스프링클러설비 외의 배관설비에는 헤드를 향하여 상향으로 경사를 유지하여야 한다. 이때 수평주행 배관의 최소 기울기는?

① 1 / 500
② 1 / 250
③ 1 / 100
④ 2 / 100

해설 기울기 Summary

구분	설명
1 / 100 이상	연결살수설비 수평주행배관
2 / 100 이상	물분무소화설비 배수설비
1 / 250 이상	S/P 습식·부압식 외 가지배관
1 / 500 이상	S/P 습식·부압식 외 수평주행배관

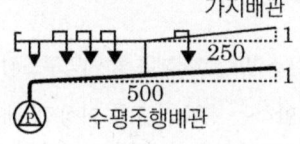

[S/P 습식·부압식 외의 설비]

75 (상 중[하])

간이소화용구인 마른모래 50 [L] 5포와 삽을 비치한 상태일 때 능력단위는 얼마인가?

① 1.5 단위
② 2 단위
③ 2.5 단위
④ 4 단위

해설 간이소화용구 능력단위(소화약제 외의 것)

간이소화용구		능력단위
마른모래	삽을 상비한 50 [L] 이상의 것 1포	0.5 단위
팽창질석, 팽창진주암	삽을 상비한 80 [L] 이상의 것 1포	

$5 \times 0.5 = 2.5$ 단위

정답 73 ② 74 ① 75 ③

76 상 중 하

특정소방대상물의 용도 및 장소별로 설치해야 할 인명구조기구의 기준으로 틀린 것은?

① 지하가 중 지하상가는 공기 호흡기를 층마다 2개 이상 비치할 것
② 문화 및 집회시설 중 수용인원 100명 이상의 영화상영관은 공기호흡기를 층마다 2개 이상 비치할 것
③ 물분무등소화설비 중 이산화탄소소화설비를 설치해야 하는 특정소방대상물은 공기호흡기를 이산화탄소소화설비가 설치된 장소의 출입구 외부 인근에 1대 이상 비치할 것
④ 지하층을 포함하는 층수가 7층 이상인 관광호텔은 방열복 또는 방화복, 공기호흡기, 인공소생기를 각 1개 이상 비치할 것

해설 용도 및 장소별로 설치해야 할 인명구조기구

④ 지하층을 포함하는 층수가 7층 이상인 관광호텔은 방열복 또는 방화복, 공기호흡기, 인공소생기를 <u>각 2개 이상</u> 비치할 것

특정소방대상물	인명구조기구	설치 수량
지하층을 포함하는 층수가 7층 이상인 관광호텔 및 5층 이상인 병원	• 방열복 또는 방화복 • 공기호흡기 • 인공소생기	각 2개 이상 비치할 것 (다만 병원의 경우 인공소생기를 설치하지 않을 수 있다)
• 문화 및 집회시설 중 수용인원 100명 이상의 영화상영관 • 판매시설 중 대규모 점포 • 운수시설 중 지하역사 • 지하가 중 지하상가	공기호흡기	층마다 2개 이상 비치할 것
물분무등소화설비 중 이산화탄소소화설비를 설치해야 하는 특정소방대상물 (호스릴이산화탄소소화설비는 제외한다)	공기호흡기	이산화탄소소화설비가 설치된 장소의 출입구 외부 인근에 1개 이상 비치할 것

[방열복] [방화복] [공기호흡기] [인공소생기]

77 상 중 하

연결송수관설비의 화재안전기술기준에 따른 방수구의 설치기준에 대한 내용이다. 다음 ( ) 안에 들어갈 내용으로 알맞은 것은? (단, 집회장·관람장·백화점·도매시장·소매시장·판매시설·공장·창고시설 또는 지하가를 제외한다)

> 송수구가 부설된 옥내소화전을 설치한 특정소방대상물로서 지하층을 제외한 층수가 (㉠)층 이하이고 연면적이 (㉡) [m²] 미만인 특정소방대상물의 지상층에는 방수구를 설치하지 않을 수 있다.

① ㉠ 4, ㉡ 6000
② ㉠ 5, ㉡ 6000
③ ㉠ 4, ㉡ 3000
④ ㉠ 5, ㉡ 3000

해설 연결송수관설비 방수구 설치 제외

연결송수관설비의 방수구는 그 특정소방대상물의 층마다 설치할 것. 다만 다음의 어느 하나에 해당하는 층에는 설치하지 않을 수 있다.
1) 아파트의 1층 및 2층
2) 소방차의 접근이 가능하고 소방대원이 소방차로부터 각 부분에 쉽게 도달할 수 있는 피난층
3) 송수구가 부설된 옥내소화전을 설치한 특정소방대상물(집회장·관람장·백화점·도매시장·소매시장·판매시설·공장·창고시설 또는 지하가를 제외)로서 다음의 어느 하나에 해당하는 층
  (1) 지하층을 제외한 층수가 <u>4층 이하이고 연면적이 6000 [m²] 미만</u>인 특정소방대상물의 지상층
  (2) 지하층의 층수가 2 이하인 특정소방대상물의 지하층

정답 76 ④ 77 ①

78 ⓢⓜⓗ

최대 방수구역의 바닥면적이 60 [m²]인 주차장에 물분무소화설비를 설치하려고 하는 경우 수원의 최소 저수량은 몇 [m³]인가?

① 12 ② 16
③ 20 ④ 24

해설 물분무소화설비 수원의 저수량

소방대상물	토출량	비고
특수가연물을 저장·취급하는 특정소방대상물	10 [L/min·m²]	최소 바닥면적 50 [m²]
절연유봉입 변압기·컨베이어벨트	10 [L/min·m²]	–
케이블트레이·케이블덕트	12 [L/min·m²]	–
차고·주차장	20 [L/min·m²]	최소 바닥면적 50 [m²]

- 저수량 = 면적 × 토출량 × 방수시간(20 [min])
  = 60 [m²] × 20 [L/min·m²] × 20 [min]
  = 24000 [L] = 24 [m³]

암기 특절컨 10, 케이트 12, 차주 20

79 ⓢⓜⓗ

유량을 토출하여 펌프를 시험할 때 성능시험배관의 밸브를 막고 연속으로 운전할 경우 자동적으로 개방되는 것은 어느 밸브인가?

① 풋밸브 ② 릴리프밸브
③ 시험밸브 ④ 유량조절밸브

해설 릴리프밸브

가압송수장치의 체절운전 시 수온의 상승을 방지하기 위하여 체절압력 미만에서 릴리프밸브가 자동적으로 개방

80 ⓢⓜⓗ

이산화탄소소화설비의 화재안전기술기준상 수동식 기동장치에 대한 설치기준으로 틀린 것은?

① 전기를 사용하는 기동장치에는 전원표시등을 설치할 것
② 전역방출방식은 방호구역마다, 국소방출방식은 방호대상물마다 설치할 것
③ 해당 방호구역의 출입구부분 등 조작을 하는 자가 쉽게 피난할 수 있는 장소에 설치할 것
④ 기동장치의 조작부는 바닥으로부터 높이 0.5 [m] 이상 0.8 [m] 이하의 위치에 설치하고, 보호판 등에 따른 보호장치를 설치할 것

해설 이산화탄소소화설비 수동식 기동장치

수동식 기동장치 부근에는 소화약제의 방출을 지연시킬 수 있는 방출지연스위치를 설치해야 한다.

1) 수동식 기동장치는 전역방출방식은 방호구역마다, 국소방출방식은 방호대상물마다 설치할 것
2) 해당 방호구역의 출입구 부근 등 조작을 하는 자가 쉽게 피난할 수 있는 장소에 설치할 것
3) 수동식 기동장치의 조작부는 바닥으로부터 0.8 [m] 이상 1.5 [m] 이하의 위치에 설치하고, 보호판 등에 따른 보호장치를 설치할 것
4) 기동장치 인근의 보기 쉬운 곳에 "이산화탄소소화설비 수동식 기동장치"라는 표지를 할 것
5) 전기를 사용하는 기동장치에는 전원표시등을 설치할 것
6) 기동장치의 방출용 스위치는 음향경보장치와 연동하여 조작될 수 있는 것으로 할 것
7) 기동장치에는 보호장치를 설치해야 하며, 보호장치를 개방하는 경우 기동장치에 설치된 부저 또는 벨 등에 의하여 경고음을 발할 것
8) 기동장치를 옥외에 설치하는 경우 빗물 또는 외부 충격의 영향을 받지 아니하도록 설치할 것

2024 출제경향 분석

[소방원론]

CHAPTER 연도 및 회차		연소	연소생성물	폭발	화재	위험물	소화	안전관리 및 건축방재	합계
2024년	1	7	1	0	3	4	4	1	20
	2	7	2	0	4	2	1	4	20
	3	3	2	2	1	3	7	2	20

[소방유체역학]

CHAPTER 연도 및 회차		유체이론	정수역학	동수역학	배관과 펌프	열역학	합계
2024년	1	2	3	8	5	2	20
	2	6	3	3	6	2	20
	3	3	2	5	6	4	20

격차를 뛰어넘어 압도적인 격차를 만들다

[소방관계법규]

연도 및 회차	CHAPTER	소방기본법	소방시설법	화재예방법	소방공사업법	위험물 안전관리법	합계
2024년	1	5	5	3	2	5	20
	2	6	5	4	2	3	20
	3	5	5	2	4	4	20

[소방기계시설의 구조 및 원리]

연도 및 회차	CHAPTER	소화기구 및 자동 소화장치	옥내 소화전 설비	옥외 소화전 설비	스프링클러 설비	물분무 소화 설비	미분무 소화 설비	포소화 설비	이산화 탄소 소화 설비	할론 소화 설비	할로겐 화합물 및 불활성기체 소화설비	분말 소화 설비	피난기구 및 인명 구조기구	소화 용수 설비	제연 설비	연결 송수관 설비	연결 살수 설비	기타	합계
2024년	1	1	1	1	2	2	0	2	2	1	0	2	2	0	2	1	0	1	20
	2	1	1	0	2	0	1	2	1	1	1	2	2	2	2	1	1	0	20
	3	2	1	1	3	1	0	2	1	1	1	1	2	2	1	1	0	0	20

2024년 1회 소방원론

01

화학적 소화방법에 해당하는 것은?

① 모닥불에 물을 뿌려 소화한다.
② 모닥불을 모래로 덮어 소화한다.
③ 유류화재를 할론 1301로 소화한다.
④ 지하실 화재를 이산화탄소로 소화한다.

해설 부촉매소화(억제소화)

1) 할론 1301의 소화
   (1) 화학적 소화
   (2) 연쇄반응을 차단하여 소화
   (3) 활성기의 생성을 억제하는 소화
2) 소화의 형태

소화	내용
냉각소화	열 흡수, 발화점 이하로 낮추어 소화
질식소화	산소농도 15 [%] 이하로 낮춤
제거소화	가연물을 차단, 격리
억제소화	연쇄반응을 차단, 부촉매소화

보충 물리적 소화 : 냉각, 질식, 제거
화학적 소화 : 억제소화(부촉매소화)

02

분말소화약제 중 A급, B급, C급 화재에 모두 사용할 수 있는 것은?

① Na_2CO_3
② $NH_4H_2PO_4$
③ $KHCO_3$
④ $NaHCO_3$

해설 제1인산암모늄($NH_4H_2PO_4$)

1) 제3종 분말소화약제($NH_4H_2PO_4$)
   (1) 열분해 시 생성되는 메타인산(HPO_3)이 가연물 표면에 부착해 피막을 형성하여 산소 차단
   (2) 차고, 주차장에 설치하는 분말소화설비의 소화약제는 제3종 분말로 해야 함
   (3) 적응 화재 : A · B · C급 화재
2) 분말소화약제

종별	소화약제	약제색	적응화재
1종	탄산수소나트륨 ($NaHCO_3$)	백색	BC급
2종	탄산수소칼륨 ($KHCO_3$)	담자색 (담회색)	BC급
3종	제1인산암모늄 ($NH_4H_2PO_4$)	담홍색	ABC급
4종	탄산수소칼륨 + 요소 ($KHCO_3+(NH_2)_2CO$)	회(백)색	BC급

암기 백담사 홍어회

정답 01 ③ 02 ②

03 (중)

다음 중 이산화탄소의 삼중점에 가장 가까운 온도는?

① -48 [℃]
② -57 [℃]
③ -62 [℃]
④ -75 [℃]

해설 이산화탄소의 물성

이산화탄소의 삼중점은 고체, 액체, 기체가 공존하는 지점으로 압력 0.53 [MPa], 온도 -56.7 [℃]에 해당한다.

분자량	44 [g/mol]	임계온도	31.35 [℃]
증기비중	1.529	임계압력	7.38 [MPa]
증발열	137 [cal/g]	융해열	45.2 [cal/g]
삼중점	-56.7 [℃]	비점	-78 [℃]

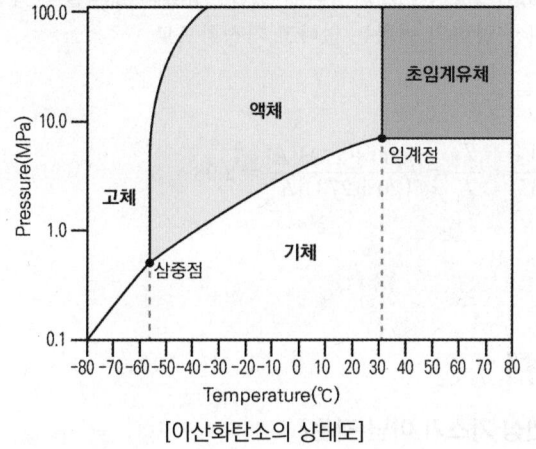

[이산화탄소의 상태도]

04 (하)

황린의 보관방법으로 옳은 것은?

① 물속에 보관
② 이황화탄소 속에 보관
③ 수산화칼륨 속에 보관
④ 통풍이 잘 되는 공기 중에 보관

해설 위험물의 저장

위험물	저장장소
황린 이황화탄소(CS_2)	물속
나이트로셀룰로오스 (니트로셀룰로오스)	알코올 속
칼륨(K) 나트륨(Na) 리튬(Li)	석유류(등유) 속

암기 황물 나이알 ㅠㅠ

05 (중)

건물화재 시 패닉(Panic)의 발생원인과 직접적인 관계가 없는 것은?

① 연기에 의한 시계 제한
② 유독가스에 의한 호흡 장애
③ 외부와 단절되어 고립
④ 불연내장재의 사용

해설 패닉의 발생원인

1) 연기에 의한 가시거리 제한
2) 유독가스에 의한 호흡 장애
3) 외부와 단절된 심리적인 고립감

TIP 불연성 내장재의 사용 : 화재 확대방지
보충 시계(視界) : 시력이 미치는 범위

정답 03 ② 04 ① 05 ④

06 (상 중 하)

목조건축물에서 발생하는 옥외출화 시기를 나타낸 것으로 옳은 것은?

① 창, 출입구 등에 발염 착화한 때
② 천장 속, 벽 속 등에서 발염 착화한 때
③ 가옥구조에서는 천장면에 발염 착화한 때
④ 불연 천장인 경우 실내의 그 뒷면에 발염 착화한 때

해설 옥내출화와 옥외출화

분류	내용
옥내출화	• 실내 천장 속, 벽 내부에서 발염착화 • 준불연성, 난연성으로 피복된 내부의 목재에 착화
옥외출화	• 건축물 외부의 가연물질에 발염착화 • 창, 출입구 등의 개구부 등에 착화 • 목재사용 가옥 벽, 추녀 밑 판자나 목재에 발염착화

07 (상 중 하)

증기비중의 정의로 옳은 것은? (단, 보기에서 분자, 분모의 단위는 모두 [g/mol]이다)

① $\dfrac{분자량}{22.4}$ ② $\dfrac{분자량}{29}$

③ $\dfrac{분자량}{44.8}$ ④ $\dfrac{분자량}{100}$

해설 증기비중

1) 증기비중 = $\dfrac{분자량}{29(공기 분자량)}$
2) 공기에 대한 가스의 무게비

증기비중	공기에 대한 무게
증기비중 > 1	공기보다 무거움
증기비중 < 1	공기보다 가벼움

보충 ▶ 원자량(H : 1, C : 12, N : 14, O : 16)

08 (상 중 하)

건물 내에서 화재가 발생하여 실내온도가 20 [℃]에서 600 [℃]까지 상승했다면 온도 상승으로 건물 내의 공기 부피는 처음의 약 몇 배 정도 팽창하는가? (단, 화재로 인한 압력의 변화는 없다고 가정한다.)

① 3배   ② 9배
③ 15배 ④ 30배

해설 보일-샤를의 법칙

$$보일-샤를의 법칙 \quad \dfrac{P_1 V_1}{T_1} = \dfrac{P_2 V_2}{T_2}$$

기체를 이상기체로 가정하면 보일-샤를의 법칙을 만족한다. 여기서 압력의 변화는 없다고 가정하므로

$$\dfrac{V_1}{T_1} = \dfrac{V_2}{T_2}$$

$$\therefore \dfrac{V_2}{V_1} = \dfrac{T_2}{T_1} = \dfrac{(600+273)[K]}{(20+273)[K]} = 2.98 ≒ 3$$

09 (상 중 하)

가연성 가스가 아닌 것은?

① 일산화탄소 ② 프로페인
③ 수소   ④ 아르곤

해설 가연성 가스와 조연성 가스

구분	가연성 가스	조연성 가스
정의	자기 자신이 연소하는 가스	자기 자신은 타지 않고 연소를 도와주는 가스
종류	일산화탄소(CO) 수소(H_2) 메테인(메탄, CH_4) 프로페인(프로판, C_3H_8) 암모니아(NH_3) 뷰테인(부탄, C_4H_{10})	오존(O_3) 공기 산소(O_2) 염소(Cl) 불소(F)

※ 아르곤 : 불활성 가스

정답 06 ① 07 ② 08 ① 09 ④

10 (중)

화재 최성기 때의 농도로 유도등이 보이지 않을 정도의 연기농도는? (단, 감광계수로 나타낸다)

① 0.1 [m⁻¹] ② 1 [m⁻¹]
③ 10 [m⁻¹] ④ 30 [m⁻¹]

해설 감광계수

감광계수 [m⁻¹]	가시거리 [m]	내용
0.1	20 ~ 30	연기감지기 작동할 때
0.3	5	건물에 익숙한 사람이 피난에 지장을 느낄 때
0.5	3	어두움을 느낄 때
1	1 ~ 2	거의 앞이 보이지 않음
10	0.2 ~ 0.5	최성기 때 연기농도
30	-	출화실에서 연기 분출

11 (하)

위험물안전관리법령상 위험물 유별에 따른 성질이 잘못 연결된 것은?

① 제1류 위험물 - 산화성 고체
② 제2류 위험물 - 가연성 고체
③ 제4류 위험물 - 인화성 액체
④ 제6류 위험물 - 자기반응성 물질

해설 위험물의 분류

구분	개요
제1류	산화성 고체
제2류	가연성 고체
제3류	자연발화성·금수성 물질
제4류	인화성 액체
제5류	자기반응성 물질
제6류	산화성 액체

암기 ▶ 산가자 인자산

12 (상)

MOC(Minimum Oxygen Concentration, 최소산소농도)가 가장 작은 물질은?

① 메테인 ② 에테인
③ 프로페인 ④ 뷰테인

해설 최소산소농도(MOC)

1) MOC(최소산소농도, 한계산소농도)
   MOC = LFL(연소하한계) × 산소몰수

2) 연소하한계

종류	메테인(메탄)	에테인(에탄)	프로페인(프로판)	뷰테인(부탄)
연소범위 [vol%]	5 ~ 15	3 ~ 12.4	2.1 ~ 9.5	1.8 ~ 8.4

3) 연소반응식

메테인(메탄)	$CH_4 + 2O_2 \rightarrow CO_2 + 2H_2O$
에테인(에탄)	$C_2H_6 + 3.5O_2 \rightarrow 2CO_2 + 3H_2O$
프로페인(프로판)	$C_3H_8 + 5O_2 \rightarrow 3CO_2 + 4H_2O$
뷰테인(부탄)	$C_4H_{10} + 6.5O_2 \rightarrow 4CO_2 + 5H_2O$

① 메테인 = 5 × 2 [mol] = 10 [%]
② 에테인 = 3 × 3.5 [mol] = 10.5 [%]
③ 프로페인 = 2.1 × 5 [mol] = 10.5 [%]
④ 뷰테인 = 1.8 × 6.5 [mol] = 11.7 [%]

∴ 메테인 < 에테인 = 프로페인 < 뷰테인

보충 ▶ MOC : 화염 전파를 위해 필요한 최소한의 산소 농도 (연료와 공기의 혼합기 중 산소의 부피[%])

정답 10 ③ 11 ④ 12 ①

13 (상)(중)하

가연성 가스나 산소의 농도를 낮추어 소화하는 방법은?

① 질식소화
② 냉각소화
③ 제거소화
④ 억제소화

해설 소화의 형태

소화	내용
냉각소화	열 흡수, 발화점 이하로 낮추어 소화
질식소화	산소농도 15 [%] 이하로 낮추어 소화
제거소화	가연물을 차단, 격리하여 소화
억제소화	연쇄반응을 차단하여 소화(부촉매소화)

14 (상)(중)하

위험물안전관리법령상 제4류 위험물의 화재에 적응성이 있는 것은?

① 옥내소화전설비
② 옥외소화전설비
③ 봉상수 소화기
④ 물분무소화설비

해설 제4류 위험물(인화성 액체)의 소화

소화	내용
질식소화	CO_2, 포, 분말소화약제를 이용한 소화
유화소화 (에멀전효과)	물·미분무를 이용한 소화
희석소화	수용성 위험물에 알코올포(내알콜포)를 이용한 소화

보충 ▶ 제4류 위험물은 유면이 확대되는 위험성이 크므로 봉상형태 주수소화는 절대금지

15 (상)(중)하

무창층 여부를 판단하는 개구부로서 갖추어야 할 조건으로 옳은 것은?

① 개구부 크기가 지름 30 [cm]의 원이 내접할 수 있는 것
② 해당 층의 바닥면으로부터 개구부 밑부분까지의 높이가 1.5 [m]인 것
③ 내부 또는 외부에서 쉽게 파괴 또는 개방할 수 있을 것
④ 창에 방범을 위하여 40 [cm] 간격으로 창살을 설치한 것

해설 무창층과 개구부의 기준

1) 무창층(無窓層)
   지상층 중 다음의 요건을 모두 갖춘 개구부의 면적의 합계가 해당 층의 바닥면적의 30분의 1 이하가 되는 층
2) 개구부
   (1) 크기는 지름 50 [cm] 이상의 원이 통과할 수 있을 것
   (2) 해당 층의 바닥면으로부터 개구부 밑부분까지의 높이가 1.2 [m] 이내일 것
   (3) 도로 또는 차량이 진입할 수 있는 빈터를 향할 것
   (4) 화재 시 건축물로부터 쉽게 피난할 수 있도록 창살이나 그 밖의 장애물이 설치되지 않을 것
   (5) 내부 또는 외부에서 쉽게 부수거나 열 수 있을 것

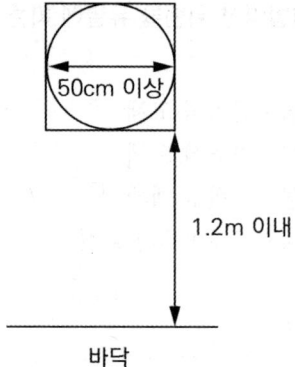

16 (상-중-하)

일반적인 자연발화의 방지법으로 틀린 것은?

① 습도를 높일 것
② 저장실의 온도를 낮출 것
③ 정촉매작용을 하는 물질을 피할 것
④ 통풍을 원활하게 하여 열축적을 방지할 것

해설 자연발화 방지대책

1) 가연성 물질 제거
2) 통풍이나 환기를 통한 열 축적 방지
3) 저장실의 온도를 낮출 것
4) 습도 높은 곳 피할 것(수분 : 촉매작용)
5) 열전도성 좋게 할 것

17 (상 중 하)

공기 중의 산소의 농도는 약 몇 [vol%]인가?

① 10　　② 13
③ 17　　④ 21

해설 대기의 구성성분

- 산소(O_2) : 21 [%]
- 질소(N_2) : 78 [%]
- 아르곤(Ar) : 0.93 [%]
- 이산화탄소(CO_2) : 0.04 [%]
- 기타 : 0.03 [%]

18 (상-중-하)

공기 중에서 수소의 연소범위로 옳은 것은?

① 0.4 ~ 4 [vol%]
② 1 ~ 12.5 [vol%]
③ 4 ~ 75 [vol%]
④ 67 ~ 92 [vol%]

해설 주요 물질 연소범위

가스	하한계 [vol%]	상한계 [vol%]
이황화탄소	1.2	44
아세틸렌	2.5	81
수소	4	75
일산화탄소	12.5	74
에틸렌	2.7	36
암모니아	15	28
메테인(메탄)	5	15
에테인(에탄)	3	12.4
프로페인(프로판)	2.1	9.5
뷰테인(부탄)	1.8	8.4

암기 (이황)일이사사, (아)이고팔아파, (수)사치료, (일산)이리와 칠사, (에틸)이찌삼육, (메)오싫오, (프)이하나구오, (뷰)십팔팔사

19 상(중)하

화재 발생 시 건축물의 화재를 확대시키는 주요인이 아닌 것은?

① 비화
② 복사열
③ 화염의 접촉(접염)
④ 기화열

해설 화재 확산 요인

접염, 비화, 복사열

20 상(중)하

화재 발생 시 주수소화가 적합하지 않은 물질은?

① 적린
② 마그네슘분말
③ 과염소산칼륨
④ 황

해설 금수성 물질

물과 접촉하여 발화, 가연성 가스 발생

구분	현상
무기과산화물	산소(O_2) 발생
금속분 마그네슘(Mg) 나트륨(Na) 칼륨(K) 리튬(Li)	수소(H_2) 발생
탄화칼슘(칼슘카바이드)	아세틸렌(C_2H_2) 발생

정답 19 ④ 20 ②

2024년 1회 소방유체역학

21 (하)

수두 100 [mmAq]로 표시되는 압력은 몇 [Pa]인가?

① 0.098
② 0.98
③ 9.8
④ 980

해설 압력단위 환산

[풀이 1] 표준대기압을 이용한 단위환산

$P = 100[mmAq] \times \dfrac{101325[Pa]}{10332[mmAq]}$

$= 980[Pa]$

[풀이 2] $P = \gamma h$를 이용한 단위환산

$P = \gamma[N/m^3] \times h[m]$

$= 9800[N/m^3] \times 0.1[mAq]$

$= 980[Pa]$

22 (중)

안지름 50 [mm]인 관에 동점성계수 2×10^{-3} [cm²/s]인 유체가 흐르고 있다. 층류로 흐를 수 있는 최대량은 약 얼마인가? (단, 임계레이놀즈수는 2100으로 한다)

① 16.5 [cm³/s]
② 33 [cm³/s]
③ 49.5 [cm³/s]
④ 66 [cm³/s]

해설 층류로 흐를 수 있는 최대 유량

레이놀즈수 $Re = \dfrac{\rho VD}{\mu} = \dfrac{VD}{\nu}$

ρ : 밀도 [kg/m³], V : 유속 [m/s]
D : 직경 [m], μ : 점성계수 [N·s/m²]
ν : 동점성계수 [m²/s]

1) 최대 유속 V

$V = \dfrac{Re \cdot \nu}{D} = \dfrac{2100 \times (2 \times 10^{-3})[cm^2/s]}{5[cm]}$

$= 0.84 [cm/s]$

⇒ 층류는 Re < 2100이므로 층류로 흐를 수 있는 최대 유속 0.84 [cm/s]이다.

2) 최대 유량 Q

$Q = A \times V = \dfrac{\pi}{4}D^2 \times V$

$= \left(\dfrac{\pi}{4} \times 5^2\right)[cm^2] \times 0.84[cm/s] = 16.5 [cm^3/s]$

23 (중)

Newton의 점성법칙에 대한 설명으로 옳게 짝지어진 것은?

㉮ 전단응력은 점성계수와 속도기울기의 곱이다.
㉯ 전단응력은 점성계수에 비례한다.
㉰ 전단응력은 속도기울기에 반비례한다.

① ㉮, ㉯
② ㉯, ㉰
③ ㉮, ㉰
④ ㉮, ㉯, ㉰

정답 21 ④ 22 ① 23 ①

해설 뉴턴의 점성법칙(전단응력)

$$전단응력\ \tau[N/m^2] = \mu \frac{du}{dy}$$

1) 점성계수(μ)와 속도기울기($\frac{du}{dy}$)의 곱
2) 속도기울기($\frac{du}{dy}$)에 비례
3) 점성계수(μ)에 비례
4) 속도구배($\frac{du}{dy}$)가 0이면 전단응력(τ)은 0

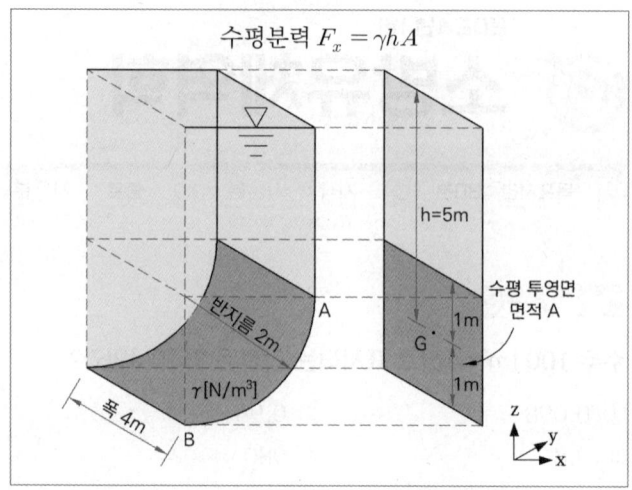

24 (상⟨중⟩하)

그림과 같이 반경 2 [m], 폭(y방향) 4 [m]의 곡면 AB가 수문으로 이용된다. 이 수문에 작용하는 물에 의한 힘의 수평성분(x방향)의 크기는 약 얼마인가?

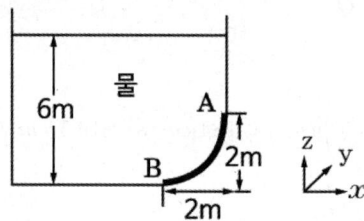

① 337 [kN]
② 392 [kN]
③ 437 [kN]
④ 492 [kN]

해설 수평분력

1) 도심점까지의 거리 $h = \left(6 - \frac{2}{2}\right)[m] = 5[m]$
2) 수문의 수평투영면의 면적 $A = 2 \times 4 = 8[m^2]$
3) 수평분력 $F_x = \gamma h A$
   $= 9.8[kN/m^3] \times 5[m] \times 8[m^2] = 392[kN]$

25 (상 중⟨하⟩)

경사진 관로의 유체흐름에서 수력기울기선의 위치로 옳은 것은?

① 언제나 에너지선보다 위에 있다.
② 에너지선보다 속도수두만큼 아래에 있다.
③ 항상 수평이 된다.
④ 개수로의 수면보다 속도수두만큼 위에 있다.

해설 에너지선과 수력기울기선

1) 에너지선 = 속도수두 + 압력수두 + 위치수두
2) 수력기울기선 = 압력수두 + 위치수두

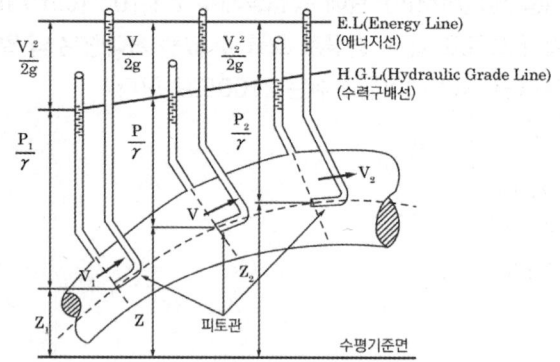

보충 ▶ 수력기울기선(수력구배선)은 에너지선보다 속도수두만큼 아래 있다.

정답 24 ② 25 ②

26

그림과 같이 속도 V인 유체가 정지하고 있는 곡면 깃에 부딪혀 그림의 각도로 유동 방향이 바뀐다. 유체가 곡면에 가하는 힘의 x, y 성분의 크기를 |F$_x$|와 |F$_y$|라 할 때 |F$_y$| / |F$_x$|는? (단, 유동 단면적은 일정하고, 0° < θ < 90°이다)

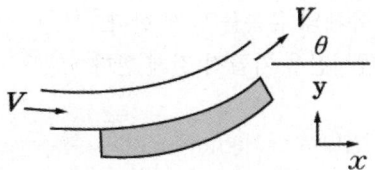

① $\dfrac{1-\cos\theta}{\sin\theta}$ ② $\dfrac{\sin\theta}{1-\cos\theta}$

③ $\dfrac{1-\sin\theta}{\cos\theta}$ ④ $\dfrac{\cos\theta}{1-\sin\theta}$

해설 곡면에 가하는 힘

| 힘의 x성분 크기 $F_x = \rho QV(1-\cos\theta)$ |
| 힘의 y성분 크기 $F_y = \rho QV\sin\theta$ |

$\dfrac{|F_y|}{|F_x|} = \dfrac{\rho QV\sin\theta}{\rho QV(1-\cos\theta)} = \dfrac{\sin\theta}{(1-\cos\theta)}$

ρ : 밀도 $[kg/m^3]$
Q : 유량 $[m^3/s]$, V : 유속 $[m/s]$

27

펌프의 입구 및 출구 측에 연결된 진공계와 압력계가 각각 25 [mmHg]와 260 [kPa]을 가리켰다. 이 펌프의 배출 유량이 0.15 [m³/s]가 되려면 펌프의 동력은 약 몇 [kW]가 되어야 하는가? (단, 펌프의 입구와 출구의 높이 차는 없고, 입구 측 안지름은 20 [cm], 출구 측 안지름은 15 [cm]이다)

① 3.95   ② 4.32
③ 39.5   ④ 43.2

해설 펌프 수동력

| 펌프의 수동력 $P = \gamma Q H_P$ |

1) 펌프 전양정 H_P[m]

$\dfrac{P_1}{\gamma} + \dfrac{V_1^2}{2g} + Z_1 + H_P = \dfrac{P_2}{\gamma} + \dfrac{V_2^2}{2g} + Z_2 \quad (Z_1 = Z_2)$

$H_P = \dfrac{P_2}{\gamma} - \dfrac{P_1}{\gamma} + \dfrac{V_2^2}{2g} - \dfrac{V_1^2}{2g}$

$= \dfrac{260}{9.8}m - (-25mmHg \times \dfrac{10.332mAq}{760mmHg})$

$+ \dfrac{8.49^2}{2\times 9.8} - \dfrac{4.77^2}{2\times 9.8}$

$= 29.387 ≒ 29.39[m]$

2) 유속 V ($Q = AV$)

$0.15 = \dfrac{\pi}{4} \times 0.2^2 \times V_1, \quad \therefore V_1 = 4.77[m/s]$

$0.15 = \dfrac{\pi}{4} \times 0.15^2 \times V_2, \quad \therefore V_2 = 8.49[m/s]$

3) 동력 P

$P = \gamma Q H_P = 9.8 \times 0.15 \times 29.39 = 43.2 [kW]$

중요 이 문제는 토출 측 배관과 흡입 측 배관의 직경이 다르기 때문에 토출 측과 흡입 측 배관 내 유속이 서로 다르다. 따라서 반드시 베르누이방정식을 통해 펌프의 전양정을 구해야 한다.

28

A, B 두 원관 속을 기체가 미소한 압력차로 흐르고 있을 때 이 압력차를 측정하려면 다음 중 어떤 압력계를 쓰는 것이 가장 적절한가?

① 간섭계
② 오리피스
③ 마이크로마노미터
④ 부르돈압력계

정답 26 ② 27 ④ 28 ③

해설 유체의 측정

구분	측정기기
유량	벤추리미터, 오리피스, 로터미터, 위어
압력(정압)	피에조미터, 정압관, 부르돈(관)압력계, 마노미터, 마이크로마노미터
유속(동압)	피토관, 피토정압관, 시차액주계, 열선풍속계

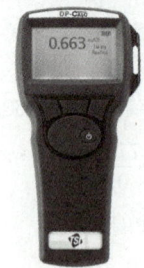

[마이크로마노미터]

29 (상 중 하)

기체의 체적탄성계수에 관한 설명으로 옳지 않은 것은?

① 체적탄성계수는 압력의 차원을 가진다.
② 체적탄성계수가 큰 기체는 압축하기가 쉽다.
③ 체적탄성계수의 역수를 압축률이라 한다.
④ 이상기체를 등온 압축시킬 때 체적탄성계수는 절대압력과 같은 값이다.

해설 체적탄성계수

$$체적탄성계수\ K = -\frac{\Delta P}{\Delta V/V_1} = -\frac{\Delta P}{\frac{(V_2-V_1)}{V_1}}$$

(체적변화율에 대한 압력변화)

1) 체적탄성계수($K[N/m^2]$)는 압력의 차원을 가짐
2) 비압축성의 척도로 체적탄성계수(K)가 클수록 압축이 어려움
3) 체적탄성계수와 압축률은 반비례 관계

   압축률 $\beta = \frac{1}{K}$

4) 이상기체 등온 압축 시 체적탄성계수는 절대압력과 같은 값

30 (상 중 하)

물의 압력파에 의한 수격작용을 방지하기 위한 방법으로 옳지 않은 것은?

① 펌프의 속도가 급격히 변화하는 것을 방지한다.
② 관로 내의 관경을 축소시킨다.
③ 관로 내 유체의 유속을 낮게 한다.
④ 밸브 개폐시간을 가급적 길게 한다.

해설 수격작용(Water Hammering)

1) 개념
   펌프나 밸브를 갑작스럽게 조작하면 관 속에 흐르는 유체의 속도가 급격히 변하면서 운동에너지가 압력에너지로 바뀌게 됨. 이때 고압이 발생하여 배관이나 관 부속품에 무리한 충격파가 전달되는 현상
2) 방지대책
   (1) 배관 구경을 크게 하여 관 내 유속을 낮춤
   (2) 밸브를 서서히 개폐
   (3) 펌프에 플라이 휠(Fly Wheel)을 설치하여 펌프의 급격한 속도변화를 방지
   (4) 조압수조(Surge Tank)를 관선에 설치
   (5) 수격방지기를 설치
   (6) 밸브를 송출구 가까이 설치하고 적당히 제어

보충 조압수조 : 압력을 조절하는 수조

31 (상 중 하)

지름 0.7 [m]의 관 속에 5 [m/s]의 평균 속도로 물이 흐르고 있을 때 관의 길이 700 [m]에 대한 마찰손실수두는 약 몇 [m]인가? (단, 관마찰계수는 0.03이다)

① 19　　② 27
③ 30　　④ 38

정답 29 ② 30 ② 31 ④

해설 달시 바이스바하공식

$$\text{손실수두 } h[m] = f\frac{L}{D}\frac{V^2}{2g}$$

$h = f\dfrac{L}{D}\dfrac{V^2}{2g}$

$= 0.03 \times \dfrac{700[m]}{0.7[m]} \times \dfrac{(5[m/s])^2}{2 \times 9.8[m/s^2]}$

$= 38.265[m]$

$\fallingdotseq 38[m]$

32 ①

관의 단면적이 0.6 [m²]에서 0.2 [m²]로 감소하는 수평 원형 축소관으로 공기를 수송하고 있다. 관 마찰손실은 없는 것으로 가정하고 7.26 [N/s]의 공기가 흐를 때 압력 감소는 몇 [Pa]인가? (단, 공기 밀도는 1.23 [kg/m³]이다)

① 4.96   ② 5.58
③ 6.20   ④ 9.92

해설 압력 감소(베르누이방정식)

$$\frac{P_1}{\gamma} + \frac{V_1^2}{2g} + Z_1 = \frac{P_2}{\gamma} + \frac{V_2^2}{2g} + Z_2$$

1) 비중량
   $\gamma = \rho g = 1.23 \times 9.8 = 12.054 [N/m^3]$

2) 유속 V_1, V_2 (중량유량 이용)

   $G = \gamma A_1 V_1 = \gamma A_2 V_2$

   (1) $V_1 = \dfrac{G}{\gamma A_1} = \dfrac{7.26[N/s]}{12.054[N/m^3] \times 0.6[m^2]}$
   $= 1.004[m/s]$

   (2) $V_2 = \dfrac{G}{\gamma A_2} = \dfrac{7.26[N/s]}{12.054[N/m^3] \times 0.2[m^2]}$
   $= 3.011[m/s]$

3) 베르누이방정식에 의한 압력 차 $P_1 - P_2 (\triangle P)$

$\dfrac{P_1}{\gamma} + \dfrac{V_1^2}{2g} + Z_1 = \dfrac{P_2}{\gamma} + \dfrac{V_2^2}{2g} + Z_2$

($Z_1 = Z_2$ 이므로)

$\dfrac{P_1}{\gamma} + \dfrac{V_1^2}{2g} = \dfrac{P_2}{\gamma} + \dfrac{V_2^2}{2g}$

$\dfrac{P_1 - P_2}{\gamma} = \dfrac{V_2^2 - V_1^2}{2g}$

$\therefore P_1 - P_2 = \gamma \dfrac{V_2^2 - V_1^2}{2g}$

$= 12.054 \times \dfrac{3.011^2 - 1.004^2}{2 \times 9.8}$

$= 4.96[Pa]$

33 ④

관로 내 물이 30 [m/s]로 흐르고 있으며 그 지점의 정압이 100 [kPa]일 때 정체압은 몇 [kPa]인가?

① 0.45   ② 100
③ 450   ④ 550

해설 정체점 압력

정체점 압력(전압)
= 정압 + 동압

$= P_{정압} + \gamma\dfrac{V^2}{2g}$ ($\because P_{동압} = \gamma h = \gamma\dfrac{V^2}{2g}$)

$= 100[kPa] + \left(9.8[kN/m^3] \times \dfrac{(30[m/s])^2}{2 \times 9.8[m/s^2]}\right)$

$= 550[kPa]$

34 (상중하)

대기 중으로 방사되는 물 제트에 피토관의 흡입구를 갖다 대었을 때 피토관의 수직부에 나타나는 수주의 높이가 0.6 [m]라고 하면 물 제트의 유속은 약 몇 [m/s]인가? (단, 모든 손실은 무시한다)

① 0.25
② 1.55
③ 2.75
④ 3.43

해설 물 제트의 유속(토리첼리식)

$$\text{관 내 유속(토리첼리식) } V = \sqrt{2gh}$$

유속 $V = \sqrt{2gh}$
$= \sqrt{2 \times 9.8 \times 0.6} = 3.43 \, [m/s]$

g : 중력가속도 [m/s²]
h : 피토관 수직부 유체의 높이(속도수두) [m]

35 (상중하)

온도 80 [℃]인 고체표면을 40 [℃]의 공기로 강제 대류 열전달에 의해서 냉각한다. 대류 열전달 계수를 20 [W/m²·K]라고 할 때 고체 표면의 열유속 [W/m²]인가?

① 785
② 790
③ 795
④ 800

해설 고체 표면의 열유속

열유속(Heat Flux) : 단위시간, 단위면적당 흐르는 열의 양
$\dot{q}'' = h(T_1 - T_2)$
$= 20 [W/m^2 \cdot K] \times \{(273+80) - (273+40)\} [K]$
$= 800 [W/m^2]$

36 (상중하)

어떤 밸브가 장치된 지름 20 [cm]인 원관에 4 [℃]의 물이 2 [m/s]의 평균속도로 흐르고 있다. 밸브와 앞과 뒤에서의 압력차이가 7.6 [kPa]일 때 이 밸브의 부차적 손실계수 K와 등가길이 L_e은? (단, 관의 마찰계수는 0.02이다)

① K = 3.8, L_e = 38 [m]
② K = 7.6, L_e = 38 [m]
③ K = 38, L_e = 3.8 [m]
④ K = 38, L_e = 7.6 [m]

해설 밸브의 부차적 손실과 등가길이

$$\text{부차적 손실 } h_L = K \frac{V^2}{2g}$$

1) 손실계수 K

$h_L = \frac{P}{\gamma} = K \frac{V^2}{2g}$

$K = \frac{2gP}{\gamma V^2}$

$= \frac{2 \times 9.8 [m/s^2] \times 7.6 [kN/m^2]}{9.8 [kN/m^3] \times (2 [m/s])^2}$

$= 3.8$

2) 배관의 상당(등가)길이 L_e

$L_e = \frac{KD}{f} = \frac{3.8 \times 0.2 [m]}{0.02} = 38 [m]$

37 (상중하)

안지름이 15 [cm]인 소화용 호스에 물이 질량유량 100 [kg/s]로 흐르는 경우 평균유속은 약 몇 [m/s]인가?

① 1
② 1.41
③ 3.18
④ 5.66

정답 34 ④ 35 ④ 36 ① 37 ④

해설 연속방정식(질량유량)

$$\text{질량유량 } M = \rho A V$$

$M = \rho \cdot A \cdot V = \rho \cdot \dfrac{\pi}{4} D^2 \cdot V$

유속 $V = \dfrac{M}{\rho \dfrac{\pi}{4} D^2} = \dfrac{100}{1000 \times \dfrac{\pi}{4} \times 0.15^2}$

$= 5.66 \, [m/s]$

38 (상중하)

안지름 30 [cm]인 원관 속을 절대압력 0.32 [MPa], 온도 27 [℃]인 공기가 4 [kg/s]로 흐를 때 이 원관 속을 흐르는 공기의 평균속도는 약 몇 [m/s]인가? (단, 공기의 기체상수 R = 287 [J/kg·K]이다)

① 15.2   ② 20.3
③ 25.2   ④ 32.5

해설 공기의 유속(질량 유량)

$$\text{질량유량 } M = \rho A V$$

$V = \dfrac{M}{\rho A}$

1) 밀도 ρ

$PV = nRT = \dfrac{W}{M}RT = W\overline{R}T$ 이므로

밀도 $\rho = \dfrac{P}{RT}$

$= \dfrac{320 [kPa]}{0.287 [kJ/kg \cdot K] \times (273 + 27)[K]}$

$= 3.716 \, [kg/m^3]$

2) 유속 V

$V = \dfrac{M}{\rho \left(\dfrac{\pi}{4} D^2 \right)} = \dfrac{4}{3.716 \times \left(\dfrac{\pi}{4} \times 0.3^2 \right)} = 15.2 [m/s]$

39 (상중하)

국소대기압이 102 [kPa]인 곳의 기압을 비중 1.59, 증기압 13 [kPa]인 액체를 이용한 기압계로 측정하면 기압계에서 액주의 높이는?

① 5.71 [m]   ② 6.55 [m]
③ 9.08 [m]   ④ 10.4 [m]

해설 기압계 액주의 높이

1) 액체의 비중량 γ
$\gamma = S\gamma_w = 1.59 \times 9.8 [kN/m^3]$
$= 15.582 [kN/m^3]$

2) 기압계 압력 P
P = 대기압 - 액체 증기압
= 102 - 13 = 89 [kPa]

3) 액주의 높이 H
$H = \dfrac{P}{\gamma} = \dfrac{89 [kPa]}{15.582 [kN/m^3]} = 5.71 [m]$

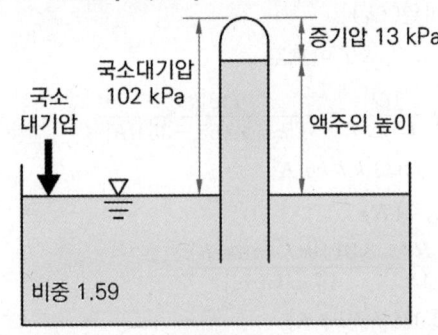

[액주의 높이]

40 (중)

이상기체 1 [kg]를 35 [℃]로부터 65 [℃]까지 정적과정에서 가열하는 데 필요한 열량이 118 [kJ]이라면 정압비열은? (단, 이 기체의 분자량은 4 [kg/kmol]이고, 일반기체상수는 8.314 [kJ/kmol·K]이다)

① 2.11 [kJ/kg·K]
② 3.93 [kJ/kg·K]
③ 5.23 [kJ/kg·K]
④ 6.01 [kJ/kg·K]

해설 정압비열과 정적비열 관계

$$C_P - C_V = \overline{R}$$

$\overline{R}$: 기체상수 [kJ/kg·K]
C_P : 정압비열 [kJ/kg·K]
C_V : 정적비열 [kJ/kg·K]

1) 정적비열(C_V)

   $Q = mC_V \Delta T$ 이므로

   $$C_V = \frac{Q}{W \cdot \Delta T} = \frac{118[kJ]}{1[kg] \times (65-35)[K]}$$
   $$= 3.933[kJ/kg \cdot K]$$

2) 기체상수($\overline{R}$)

   $$\overline{R} = \frac{R}{M} = \frac{8.314[kJ/kmol \cdot K]}{4[kg/kmol]}$$
   $$= 2.078[kJ/kg \cdot K]$$

3) 정압비열(C_P)

   $$C_P = \overline{R} + C_V$$
   $$= 2.078[kJ/kg \cdot K] + 3.933[kJ/kg \cdot K]$$
   $$= 6.01[kJ/kg \cdot K]$$

2024년 1회 소방관계법규

41

소방기본법에서 정의하는 "소방본부장"으로 알맞지 않은 것을 고르시오.

① 특별시
② 광역시
③ 특례시
④ 특별자치시

해설 소방기본법

제2조(정의) 이 법에서 사용하는 용어의 뜻은 다음과 같다.
1. "소방대상물"이란 건축물, 차량, 선박(「선박법」 제1조의2 제1항에 따른 선박으로서 항구에 매어 둔 선박만 해당한다), 선박 건조 구조물, 산림, 그 밖의 인공 구조물 또는 물건을 말한다.
2. "관계지역"이란 소방대상물이 있는 장소 및 그 이웃 지역으로서 화재의 예방·경계·진압, 구조·구급 등의 활동에 필요한 지역을 말한다.
3. "관계인"이란 소방대상물의 소유자·관리자 또는 점유자를 말한다.
4. "소방본부장"이란 특별시·광역시·특별자치시·도 또는 특별자치도(이하 "시·도"라 한다)에서 화재의 예방·경계·진압·조사 및 구조·구급 등의 업무를 담당하는 부서의 장을 말한다.
5. "소방대"(消防隊)란 화재를 진압하고 화재, 재난·재해, 그 밖의 위급한 상황에서 구조·구급 활동 등을 하기 위하여 다음 각 목의 사람으로 구성된 조직체를 말한다.
   가. 「소방공무원법」에 따른 소방공무원
   나. 「의무소방대설치법」 제3조에 따라 임용된 의무소방원(義務消防員)
   다. 「의용소방대 설치 및 운영에 관한 법률」에 따른 의용소방대원(義勇消防隊員)
6. "소방대장"(消防隊長)이란 소방본부장 또는 소방서장 등 화재, 재난·재해, 그 밖의 위급한 상황이 발생한 현장에서 소방대를 지휘하는 사람을 말한다.

42

소방청장 또는 관할 소방본부장은 평가단원을 해임하거나 해촉(解囑)할 수 있는데, 그 경우로 알맞지 않은 것을 고르시오.

① 심신장애로 직무를 수행할 수 없게 된 경우
② 직무와 관련된 비위사실이 있는 경우
③ 직무태만, 품위손상이나 그 밖의 사유로 평가단원으로 적합하지 않다고 인정되는 경우
④ 직무를 수행하기 어렵다고 다른 평가단원이 요청하는 경우

해설 소방시설 설치 및 관리에 관한 법률 시행규칙

제13조(평가단원의 해임·해촉) 소방청장 또는 관할 소방본부장은 평가단원이 다음 각 호의 어느 하나에 해당하는 경우에는 해당 평가단원을 해임하거나 해촉(解囑)할 수 있다.
1. 심신장애로 직무를 수행할 수 없게 된 경우
2. 직무와 관련된 비위사실이 있는 경우
3. 직무태만, 품위손상이나 그 밖의 사유로 평가단원으로 적합하지 않다고 인정되는 경우
4. 제12조 제1항 각 호의 어느 하나에 해당하는 데도 불구하고 회피하지 않은 경우
5. 평가단원 스스로 직무를 수행하기 어렵다는 의사를 밝히는 경우

정답 41 ③ 42 ④

43 (상 중 하)

다음 중 소방시설관리사 응시 자격이 아닌 것은?

① 소방기술사
② 건축사
③ 위험물기능장
④ 건설안전기술사

해설 소방시설관리사 응시 자격

1) 소방기술사, 위험물기능장, 건축사, 건축기계설비기술사, 건축전기설비기술사, 공조냉동기계기술사
2) 소방설비기사 자격을 취득한 후 + 2년 이상 소방청장이 정하여 고시하는 소방 실무경력이 있는 사람
3) 소방설비산업기사 자격 취득 후 + 3년 이상 소방실무경력이 있는 사람
4) 「국가과학기술 경쟁력 강화를 위한 이공계지원 특별법」 제2조 제1호에 따른 이공계 분야를 전공한 사람
5) 소방안전공학(소방방재공학, 안전공학을 포함) 전공 후 다음 각 목의 어느 하나에 해당하는 사람
6) 위험물산업기사 또는 위험물기능사 자격을 취득 후 + 3년 이상 소방실무경력이 있는 사람
7) 소방공무원으로 5년 이상 근무한 경력이 있는 사람
8) 소방안전 관련 학과의 학사학위를 취득 후 + 3년 이상 소방실무경력이 있는 사람
9) 산업안전기사 자격을 취득 후 + 3년 이상 소방실무경력이 있는 사람
10) 다음 각 항목의 어느 하나에 해당하는 사람
    (1) 특급 소방안전관리대상물의 소방안전관리자로 2년 이상 근무한 실무경력이 있는 사람
    (2) 1급 소방안전관리대상물의 소방안전관리자로 3년 이상 근무한 실무경력이 있는 사람
    (3) 2급 소방안전관리대상물의 소방안전관리자로 5년 이상 근무한 실무경력이 있는 사람
    (4) 3급 소방안전관리대상물의 소방안전관리자로 7년 이상 근무한 실무경력이 있는 사람
    (5) 10년 이상 소방실무경력이 있는 사람

44 (상 중 하)

소방기본법령상 소방안전교육사의 배치대상별 배치기준으로 틀린 것은?

① 소방청 : 2명 이상 배치
② 소방서 : 1명 이상 배치
③ 소방본부 : 2명 이상 배치
④ 한국소방안전원(본회) : 1명 이상 배치

해설 소방안전교육사

소방안전교육의 기획·진행·분석 및 교수업무를 수행
1) 소방안전교육사 시험 실시 및 자격부여 : 소방청장
2) 소방안전교육사 시험 관련 필요사항 : 대통령령
3) 시험 주기 : 2년마다 1회 시행 원칙. 다만 소방청장이 필요하다고 인정하는 때에는 그 횟수를 증감
4) 소방안전교육사 배치대상 및 배치기준

배치대상	배치기준(이상)
소방청	2명
소방본부	2명
소방서	1명
한국소방안전원	본회 : 2명 시·도지부 : 1명
한국소방산업기술원	2명

45 (상 중 하)

소방기본법령상 소방의 날 제정과 운영 등에 관한 사항으로 틀린 것은?

① 국민의 안전의식과 화재에 대한 경각심을 높이고 안전문화를 정착시키기 위한 목적이다.
② 소방의 날은 매년 11월 9일이다.
③ 소방의 날 행사에 관하여 필요한 사항은 소방청장 또는 시·도지사가 따로 정하여 시행할 수 있다.
④ 시·도지사는 소방행정 발전에 공로가 있다고 인정되는 사람을 명예직 소방대원으로 위촉할 수 있다.

정답 43 ④ 44 ④ 45 ④

해설 소방의 날 제정과 운영 등

1) 국민의 안전의식과 화재에 대한 경각심을 높이고 안전문화를 정착시키기 위하여 매년 11월 9일을 소방의 날로 정하여 기념행사를 한다.
2) 소방의 날 행사에 관하여 필요한 사항은 소방청장 또는 시·도지사가 따로 정하여 시행할 수 있다.
3) 소방청장은 다음에 해당하는 사람을 명예직 소방대원으로 위촉할 수 있다.
   (1) 「의사상자등 예우 및 지원에 관한 법률」에 따른 의사상자에 해당하는 사람
   (2) 소방행정 발전에 공로가 있다고 인정되는 사람

46 상중하

화재예방강화지구의 지정대상이 아닌 것은?

① 공장·창고가 밀집한 지역
② 목조건물이 밀집한 지역
③ 농촌지역
④ 시장지역

해설 화재예방강화지구

1) 지정권자 : 시·도지사
2) 화재예방강화지구 지정 요청 : 소방청장
3) 화재예방강화지구
   (1) 시장지역
   (2) 공장·창고가 밀집한 지역
   (3) 목조건물이 밀집한 지역
   (4) 노후·불량건축물이 밀집한 지역
   (5) 위험물의 저장 및 처리 시설이 밀집한 지역
   (6) 석유화학제품을 생산하는 공장이 있는 지역
   (7) 산업입지 및 개발에 관한 법률에 따른 산업단지
   (8) 소방시설·소방용수시설·소방출동로가 없는 지역
   (9) 물류단지
   (10) (1) ~ (9)까지 준하는 지역으로서 소방관서장이 화재예방강화지구로 지정할 필요가 있다고 인정하는 지역

47 상중하

소방기본법령상 소방업무의 응원에 대한 설명 중 틀린 것은?

① 소방본부장이나 소방서장은 소방활동을 할 때에 긴급한 경우에는 이웃한 소방본부장 또는 소방서장에게 소방업무의 응원을 요청할 수 있다.
② 소방업무의 응원 요청을 받은 소방본부장 또는 소방서장은 정당한 사유 없이 그 요청을 거절하여서는 아니 된다.
③ 소방업무의 응원을 위하여 파견된 소방대원은 응원을 요청한 소방본부장 또는 소방서장의 지휘에 따라야 한다.
④ 시·도지사는 소방업무의 응원을 요청하는 경우를 대비하여 출동 대상지역 및 규모와 필요한 경비의 부담 등에 관하여 필요한 사항을 대통령령으로 정하는 바에 따라 이웃하는 시·도지사와 협의하여 미리 규약으로 정하여야 한다.

해설 소방업무 응원

- 소방본부장·소방서장은 긴급 시 이웃 소방본부장·소방서장에게 소방업무 응원 요청
- 응원 요청 받은 소방본부장·소방서장은 정당한 사유 없이 요청 거절 금지
- 응원 위해 파견된 소방대원은 응원 요청한 소방본부장·소방서장의 지휘를 따라야 함
- 시·도지사는 출동 대상지역과 규모, 필요 경비 부담 등 필요사항을 행정안전부령에 따라 협의하여 미리 규약으로 정해야 함

48 (상 ⓒ 하)

위험물안전관리법령상 제조소등의 관계인은 위험물의 안전관리에 관한 직무를 수행하게 하기 위하여 제조소등마다 위험물의 취급에 관한 자격이 있는 자를 위험물안전관리자로 선임하여야 한다. 이 경우 제조소등의 관계인이 지켜야 할 기준으로 틀린 것은?

① 제조소등의 관계인은 안전관리자를 해임하거나 안전관리자가 퇴직한 때에는 해임하거나 퇴직한 날부터 15일 이내에 다시 안전관리자를 선임하여야 한다.
② 제조소등의 관계인이 안전관리자를 선임한 경우에는 선임한 날부터 14일 이내에 소방본부장 또는 소방서장에게 신고하여야 한다.
③ 제조소등의 관계인은 안전관리자가 여행·질병 그 밖의 사유로 인하여 일시적으로 직무를 수행할 수 없는 경우에는 국가기술자격법에 따른 위험물의 취급에 관한 자격취득자 또는 위험물 안전에 관한 기본지식과 경험이 있는 자를 대리자로 지정하여 그 직무를 대행하게 하여야 한다. 이 경우 대행하는 기간은 30일을 초과할 수 없다.
④ 안전관리자는 위험물을 취급하는 작업을 하는 때에는 작업자에게 안전관리에 관한 필요한 지시를 하는 등 위험물의 취급에 관한 안전관리와 감독을 하여야 하고, 제조소등의 관계인은 안전관리자의 위험물안전관리에 관한 의견을 존중하고 그 권고에 따라야 한다.

해설 위험물안전관리자 ─────────

- 안전관리자 선임 : 관계인
- 안전관리자 해임, 퇴직 시
  <u>해임, 퇴직한 날부터 30일 이내 재선임</u>
- 선임신고기간 : 소방본부장·소방서장에게 선임한 날부터 14일 이내 신고
- 직무대행기간 : 30일 이내

49 (상 ⓒ 하)

시장지역에서 화재로 오인할 만한 우려가 있는 불을 피우거나 연막소독을 하려는 자가 신고를 하지 아니하여 소방자동차를 출동하게 한 자에 대한 과태료 부과·징수권자는?

① 국무총리
② 시·도지사
③ 행정안전부 장관
④ 소방본부장 또는 소방서장

해설 20만 원 이하의 과태료 ─────────

화재로 오인할 만한 우려가 있는 불을 피우거나 연막 소독을 하기 전에 신고를 하지 않아 소방자동차를 출동하게 한 자
- 부과권자 : 소방본부장, 소방서장
- 과태료 : 20만 원 이하

50 (상 중 하) 신유형!

소방시설공사업법령상 소방시설공사업을 등록하려는 자는 금융회사 또는 소방산업공제조합이 자본금 기준금액의 100분의 20 이상에 해당하는 금액의 담보를 제공받거나 현금의 예치 또는 출자를 받은 사실을 증명하여 발행하는 확인서를 누구에게 제출해야 하는가?

① 국무총리
② 시·도지사
③ 행정안전부 장관
④ 소방본부장 또는 소방서장

정답 48 ① 49 ④ 50 ②

해설 소방시설업의 등록기준 및 영업범위

〈소방시설공사업법 시행령〉
제2조(소방시설업의 등록기준 및 영업범위) ② 소방시설공사업의 등록을 하려는 자는 별표 1의 기준을 갖추어 소방청장이 지정하는 금융회사 또는 「소방산업의 진흥에 관한 법률」 제23조에 따른 소방산업공제조합이 별표 1에 따른 자본금 기준금액의 100분의 20 이상에 해당하는 금액의 담보를 제공받거나 현금의 예치 또는 출자를 받은 사실을 증명하여 발행하는 확인서를 특별시장·광역시장·특별자치시장·도지사 또는 특별자치도지사(이하 "시·도지사"라 한다)에게 제출하여야 한다.

51 상 ⓒ 하

위험물안전관리법령상 인화성액체위험물(이황화탄소를 제외)의 옥외탱크저장소의 탱크주위에 설치하여야 하는 방유제의 기준 중 틀린 것은?

① 방유제의 용량은 방유제 안에 설치된 탱크가 하나인 때에는 그 탱크 용량의 110 [%] 이상으로 할 것
② 방유제의 용량은 방유제 안에 설치된 탱크가 2기 이상인 때에는 그 탱크 중 용량이 최대인 것의 용량의 110 [%] 이상으로 할 것
③ 방유제는 높이 1 [m] 이상 2 [m] 이하, 두께 0.2 [m] 이상, 지하매설 깊이 0.5 [m] 이상으로 할 것
④ 방유제 내의 면적은 80000 [m^2] 이하로 할 것

해설 방유제

1) 방유제 용량
 (1) 탱크 1기 : 탱크용량 110 [%] 이상
 (2) 탱크 2기 이상 : 최대 탱크 용량 110 [%] 이상
2) 방유제 높이 : 0.5 [m] 이상 3 [m] 이하
3) 방유제 두께 : 0.2 [m] 이상
4) 지하매설길이 : 1 [m] 이상
5) 방유제 면적 : 80000 [m^2] 이하
6) 방유제 내에 설치하는 옥외저장탱크 수 : 10기 이하
7) 방유제 재질 : 철근콘크리트, 흙담

52 상 ⓒ 하

화재의 예방 및 안전관리에 관한 법령상 1급 소방안전관리대상물에 해당하는 건축물은?

① 지하구
② 가연성 가스 1000톤 이상 저장 시설
③ 연면적 15000 [m^2] 이상인 동물원
④ 층수가 20층이고, 지상으로부터 높이가 100 [m]인 아파트

해설 소방안전관리대상물

구분	기준
특급	• 50층 이상(지하층 제외), 높이 200 [m] 이상 아파트 • 30층 이상(지하층 포함), 높이 120 [m] 이상 특정소방대상물(아파트 제외) • 연면적 100000 [m^2] 이상 특정소방대상물(아파트 제외)
1급	• 30층 이상(지하층 제외), 높이 120 [m] 이상 아파트 • 11층 이상 특정소방대상물(아파트 제외) • 연면적 15000 [m^2] 이상 특정소방대상물(아파트 및 연립주택 제외) • 가연성 가스 1000톤 이상 저장·취급시설
2급	• 지하구, 공동주택(옥내, SP설치), 보물·국보로 지정된 목조건축물 • 가연성 가스 100톤 이상 1000톤 미만 저장·취급시설 • 옥내소화전, 스프링클러, 간이, 물분무등소화설비 설치대상(호스릴방식 물분무등소화설비만을 설치한 경우 제외)
3급	• 간이스프링클러설비 또는 자동화재탐지설비를 설치하여야 하는 특정소방대상물
비고	동·식물원, 철강 등 불연성 물품 저장·취급 창고, 위험물 제조소등, 지하구는 특급 및 1급 소방안전관리대상물에서 제외

53 상중하

제4류 위험물을 저장·취급하는 제조소에 "화기엄금"이란 주의사항을 표시하는 게시판을 설치할 경우 게시판의 색상은?

① 청색바탕에 백색문자
② 적색바탕에 백색문자
③ 백색바탕에 적색문자
④ 백색바탕에 흑색문자

해설 위험물제조소 게시판 설치기준

분류	주의사항	색상
• 제1류 위험물 중 알칼리금속의 과산화물 • 제3류 위험물 중 금수성 물질	물기엄금	청색바탕 백색문자
• 제2류 위험물(인화성 고체 제외)	화기주의	적색바탕 백색문자
• 제2류 위험물 중 인화성 고체 • 제3류 위험물 중 자연발화성 물질 • 제4류 위험물 • 제5류 위험물	화기엄금	
• 제6류 위험물	별도 표시 안함	

암기 물청바, 화적바

54 상중하

위험물안전관리법령상 제조소등이 아닌 장소에서 지정수량 이상의 위험물 취급할 수 있는 기준 중 다음 (　) 안에 알맞은 것은?

> 시·도의 조례가 정하는 바에 따라 관할 소방서장의 승인을 받아 지정수량 이상의 위험물을 (　)일 이내의 기간 동안 임시로 저장 또는 취급하는 경우

① 15
② 30
③ 60
④ 90

해설 위험물 임시저장

1) 위치·구조·설비기준 : 시·도 조례
2) 제조소등이 아닌 장소에서 지정수량 이상 위험물 취급할 수 있는 경우
   • 관할 소방서장의 승인 받아 지정수량 이상 위험물 90일 이내로 임시 저장·취급
   • 군부대는 지정수량 이상 위험물 군사 목적으로 임시 저장·취급

55 상중하

제조소등의 위치·구조 또는 설비의 변경 없이 당해 제조소등에서 저장하거나 취급하는 위험물의 품명·수량 또는 지정수량의 배수를 변경하고자 할 때는 누구에게 신고해야 하는가?

① 국무총리
② 시·도지사
③ 관할 소방서장
④ 행정안전부장관

해설 제조소 설치 및 변경

1) 설치허가자 : 시·도지사(행전안전부령)
2) 변경신고 : 변경하고자 하는 날의 1일 전
3) 허가 제외 장소
   • 주택의 난방시설(공동주택 중앙난방시설 제외)을 위한 저장소·취급소
   • 농예용·축산용·수산용으로 필요한 난방·건조시설을 위한 지정수량 20배 이하의 저장소

암기 농 축 수 20 (농축된 물 20만원)

정답 53 ② 54 ④ 55 ②

56 (중)

소방기본법상 소방활동구역의 설정권자로 옳은 것은?

① 소방본부장
② 소방서장
③ 소방대장
④ 시·도지사

해설 소방활동구역 설정

구분	권한
소방청장	• 소방박물관 설립 • 한국소방안전원 감독 • 소방력 동원 요청
소방청장, 소방본부장, 소방서장	• 소방활동
소방본부장, 소방서장	• 소방업무 응원요청 • 지리조사
소방본부장, 소방서장, 소방대장	• 소방활동 종사명령 • 강제처분 • 피난명령 • 위험시설 긴급조치
소방대장	• 소방활동구역 설정

57 (하)

화재의 예방 및 안전관리에 관한 법령에 따른 소방안전 특별관리시설물의 안전관리 대상 전통시장의 기준 중 다음 ( ) 안에 알맞은 것은?

전통시장으로서 대통령령으로 정하는 전통 점포가 ( )개 이상인 전통시장

① 100
② 300
③ 500
④ 600

해설 소방안전 특별관리시설물

1) 공항시설
2) 철도시설·도시철도시설
3) 항만시설
4) 지정문화유산 및 천연기념물등인 시설
5) 산업기술단지·산업단지
6) 초고층 건축물·지하연계 복합건축물
7) 수용인원 1000명 이상 영화상영관
8) 전력용·통신용 지하구
9) 석유비축시설
10) 천연가스 인수기지 및 공급망
11) 대통령령으로 정하는 점포가 500개 이상인 전통시장
12) 그 밖의 대통령령으로 정하는 시설물
   (1) 발전소
   (2) 물류창고로서 연면적 10만 [m²] 이상
   (3) 가스공급시설

58 (중)

소방시설 설치 및 관리에 관한 법령상 터널로서 길이가 1000 [m]일 때 설치하지 않아도 되는 소방시설은?

① 인명구조기구
② 옥내소화전설비
③ 연결송수관설비
④ 무선통신보조설비

해설 터널길이에 따른 소방시설

터널길이	적용설비
500 [m] 이상	• 비상경보설비 • 비상조명등설비 • 비상콘센트설비 • 무선통신보조설비
1000 [m] 이상	• 옥내소화전설비 • 연결송수관설비 • 자동화재탐지설비

정답 56 ③ 57 ③ 58 ①

59 (상⦿하)

소방시설공사업법령상 소방시설공사의 하자보수 보증기간이 3년이 아닌 것은?

① 자동소화장치
② 무선통신보조설비
③ 자동화재탐지설비
④ 간이스프링클러설비

해설 소방시설 하자보수 보증기간

소방시설	기간
• 피난기구·유도등 • 비상경보설비 • 비상조명등 • 비상방송설비 • 무선통신보조설비	2년
• 자동소화장치 • 옥내·외소화전설비 • 스프링클러·간이스프링클러설비 • 물분무등소화설비 • 자동화재탐지설비 • 상수도소화용수설비 • 화재알림설비	3년

암기 이년 피비무

60 (상⦿하)

소방시설 설치 및 관리에 관한 법령상 수용인원 산정방법 중 침대가 없는 숙박시설로 해당 특정소방대상물 종사자의 수는 5명, 복도, 계단 및 화장실의 바닥면적을 제외한 바닥면적 158 [m²]인 경우 수용인원은 약 몇 명인가?

① 37
② 45
③ 58
④ 84

해설 수용인원 산정방법

1) 숙박시설이 있는 특정소방대상물
   • 침대 있는 경우 : 종사자 수 + 침대 수
   • 침대 없는 경우 : 종사자 수 + $\frac{바닥면적 합계}{3 m^2}$

2) 수용인원 = $5 + \frac{158}{3}$ → 반올림하여 58명

보충 숙박시설 이외의 특정소방대상물
• 강의실·교무실·상담실·실습실·휴게실 용도로 쓰이는 특정소방대상물 : 바닥면적 합계 / 1.9 [m²]
• 강당·문화집회시설·운동시설·종교시설 : 바닥면적 합계 / 4.6 [m²]
• 관람석에 고정식 의자가 있는 경우 : 의자 수
• 관람석에 긴 의자가 있는 경우 : 의자의 정면너비 / 0.45 [m]
• 그 밖의 대상물 : 바닥면적 합계 / 3 [m²]

정답 59 ② 60 ③

2024년 1회
소방기계시설의 구조 및 원리

61 상 중 하

스프링클러설비 배관의 설치기준으로 틀린 것은?

① 급수배관의 구경은 수리계산에 따르는 경우 가지배관의 유속은 6 [m/s], 그 밖의 배관의 유속은 10 [m/s]를 초과할 수 없다.
② 수직배수배관의 구경은 50 [mm] 이상으로 해야 한다.
③ 지하매설배관은 소방용 합성수지배관으로 설치할 수 있다.
④ 교차배관의 최소 구경은 65 [mm] 이상으로 해야 한다.

해설 스프링클러설비 배관 설치기준

1) 급수배관의 구경은 수리계산에 따르는 경우 가지배관의 유속은 6 [m/s], 그 밖의 배관의 유속은 10 [m/s]를 초과할 수 없다.
2) 수직배수배관 : 50 [mm] 이상
3) 교차배관 : 40 [mm] 이상
4) 소방용 합성수지배관으로 설치 가능한 경우
   (1) 배관을 지하에 매설하는 경우
   (2) 다른 부분과 내화구조로 구획된 덕트 또는 피트의 내부에 설치하는 경우
   (3) 천장과 반자를 불연재료 또는 준불연재료로 설치하고 소화배관 내부에 항상 소화수가 채워진 상태로 설치하는 경우

62 상 중 하

액화천연가스(LNG)를 사용하는 아파트 주방에 주방용 자동소화장치를 설치할 경우 탐지부의 설치위치로 옳은 것은?

① 바닥면으로부터 30 [cm] 이하의 위치
② 천장면으로부터 30 [cm] 이하의 위치
③ 가스차단장치로부터 30 [cm] 이상의 위치
④ 소화약제 분사노즐로부터 30 [cm] 이상의 위치

해설 주거용 주방자동소화장치 탐지부

1) 공기보다 가벼운 가스(LNG)
   천장면으로부터 30 [cm] 이하의 위치에 설치
2) 공기보다 무거운 가스(LPG)
   바닥면으로부터 30 [cm] 이하의 위치에 설치

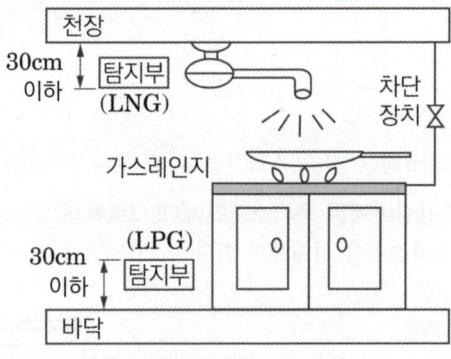

[주거용 주방자동소화장치]

정답 61 ④ 62 ②

63 (중)

지하구의 화재안전기술기준에 따라 연소방지설비전용헤드를 사용할 때 배관의 구경이 65 [mm]인 경우 하나의 배관에 부착하는 살수헤드의 최대 개수로 옳은 것은?

① 2
② 3
③ 5
④ 6

해설 연소방지설비 살수헤드 개수

헤드개수	1개	2개	3개	4개 또는 5개	6개 이상
배관구경 (mm)	32	40	50	65	80

64 (하)

옥외소화전설비의 화재안전성능기준상 옥외소화전설비에는 옥외소화전마다 그로부터 몇 [m] 이내의 장소에 소화전함을 설치해야 하는가?

① 5
② 8
③ 6
④ 7

해설 옥외소화전설비의 소화전함 설치기준

옥외소화전설비에는 옥외소화전마다 그로부터 5 [m] 이내의 장소에 소화전함을 설치해야 한다.

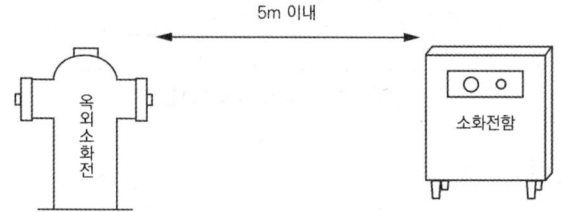

65 (중)

포소화설비에서 포소화약제를 혼합하는 방식이 아닌 것은?

① 라인 프로포셔너방식
② 펌프 프로포셔너방식
③ 리퀴드펌핑 프로포셔너방식
④ 프레셔사이드 프로포셔너방식

해설 포소화설비 포혼합장치의 종류

1) 라인 프로포셔너방식 : 벤추리관의 벤추리작용에 따라 소화약제를 흡입·혼합하는 방식
2) 프레셔 프로포셔너방식 : 벤추리관의 벤추리작용과 포소화약제 저장탱크압력에 따라 소화약제를 흡입·혼합하는 방식
3) 펌프 프로포셔너방식 : 흡입기에 물 일부를 보내고, 농도 조정밸브에서 조정된 포소화약제의 필요량을 소화약제 탱크에서 펌프 흡입 측으로 보내는 방식
4) 프레셔사이드 프로포셔너방식 : 압입기 설치하여 소화약제 압입용 펌프로 소화약제를 압입시켜 혼합하는 방식
5) 압축공기포 믹싱챔버방식 : 물, 포소화약제 및 공기를 믹싱챔버로 강제주입시켜 챔버 내에서 포수용액을 생성한 후 포를 방사하는 방식

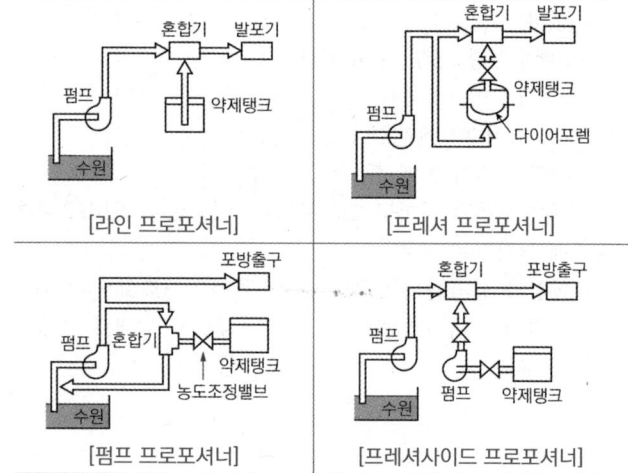

정답 63 ③ 64 ① 65 ③

66 (상/중/하)

물분무소화설비의 화재안전기술기준상 물분무소화설비 가압송수장치의 1분당 토출량에 대한 최소기준으로 옳은 것은? (단, 특수가연물을 저장 취급하는 특정소방대상물 및 차고 주차장의 바닥면적은 50 [m²] 이하인 경우는 50 [m²]를 적용한다)

① 차고 또는 주차장의 바닥면적 1 [m²]당 10 [L]를 곱한 양 이상
② 특수가연물을 저장·취급하는 특정소방대상물의 바닥면적 1 [m²]당 20 [L]를 곱한 양 이상
③ 케이블트레이, 케이블덕트는 투영된 바닥면적 1 [m²]당 10 [L]를 곱한 양 이상
④ 절연유봉입변압기는 바닥면적을 제외한 표면적을 합한 면적 1 [m²]당 10 [L]를 곱한 양 이상

해설 물분무소화설비 수원의 저수량

소방대상물	토출량	비고
특수가연물을 저장·취급하는 특정소방대상물	10 [L/min·m²]	최소 바닥면적 50 [m²]
절연유봉입 변압기·컨베이어벨트	10 [L/min·m²]	-
케이블트레이·케이블덕트	12 [L/min·m²]	-
차고·주차장	20 [L/min·m²]	최소 바닥면적 50 [m²]

• 저수량 = 면적 × 토출량 × 방수시간(20 [min])

암기 특절컨 10, 케이트 12, 차주 20

67 (상/중/하)

제연방식에 의한 분류 중 아래의 장·단점에 해당하는 방식은?

• 장점 : 화재 초기에 화재실의 내압을 낮추고 연기를 다른 구역으로 누출시키지 않는다.
• 단점 : 연기 온도가 상승하면 기기의 내열성에 한계가 있다.

① 제1종 기계제연방식
② 제2종 기계제연방식
③ 제3종 기계제연방식
④ 밀폐제연방식

해설 기계제연방식 종류

• 제1종 기계제연 : 송풍기 + 배출기
• 제2종 기계제연 : 송풍기
• 제3종 기계제연 : 배출기
  → 제3종 기계제연은 급기는 자연급기, 배기는 기계제연이기 때문에 화재실의 내압 낮춰 다른 구역으로 연기를 누출시키지 않는 장점이 있음

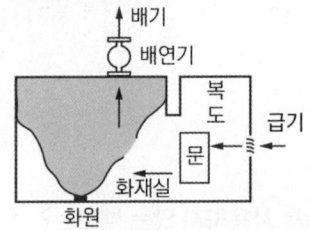

[제3종 기계제연]

정답 66 ④ 67 ③

68 (중)

예상제연구역 바닥면적 400 [m²] 미만 거실의 공기유입구와 배출구 간의 직선거리기준으로 옳은 것은? (단, 제연경계에 의한 구획을 제외한다)

① 2 [m] 이상 또는 구획된 실의 장변의 4분의 1 이상으로 할 것
② 3 [m] 이상 또는 구획된 실의 장변의 4분의 1 이상으로 할 것
③ 5 [m] 이상 또는 구획된 실의 장변의 2분의 1 이상으로 할 것
④ 10 [m] 이상 또는 구획된 실의 장변의 2분의 1 이상으로 할 것

해설 공기유입구와 배출구 간 이격거리

1) 바닥면적 400 [m²] 미만의 거실
   공기유입구와 배출구 간의 직선거리는 5 [m] 이상 또는 구획된 실의 장변의 2분의 1 이상으로 할 것
2) 바닥면적이 400 [m²] 이상의 거실
   바닥으로부터 1.5 [m] 이하의 높이에 설치하고 그 주변은 공기의 유입에 장애가 없도록 할 것

69 (중)

분말소화설비에서 사용하지 않는 밸브는?

① 드라이밸브
② 클리닝밸브
③ 안전밸브
④ 배기밸브

해설 분말소화설비 사용밸브

- 분말소화설비에서 사용하는 밸브
  클리닝밸브, 안전밸브, 배기밸브
- 스프링클러설비에서 사용하는 밸브
  드라이밸브(건식 유수검지장치)

70 (하)

피난기구의 설치 및 유지에 관한 사항 중 옳지 않은 것은?

① 피난기구를 설치하는 개구부는 서로 동일 직선상의 위치에 있을 것
② 설치장소에는 피난기구의 위치를 표시하는 발광식 또는 축광식 표지와 그 사용방법을 표시한 표지(외국어 및 그림병기)를 부착할 것
③ 피난기구는 소방대상물의 기둥, 바닥, 보, 기타 구조상 견고한 부분에 볼트조임·매입·용접 기타의 방법으로 견고하게 부착할 것
④ 피난기구는 계단·피난기구 기타 피난 시설로부터 적당한 거리에 있는 안전한 구조로 된 피난 또는 소화활동상 유효한 개구부에 고정하여 설치할 것

해설 피난기구의 설치 및 유지에 관한 사항

피난기구를 설치하는 개구부는 서로 동일 직선상이 아닌 위치에 있을 것

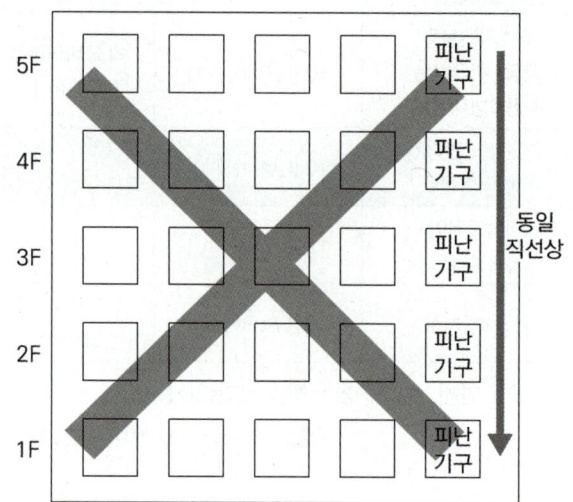

71 (상,중,하)

연결송수관설비의 화재안전기술기준상 17층의 사무소 건축물로 11층 이상에 쌍구형 방수구가 설치된 경우 14층에 설치된 방수기구함에 요구되는 길이 15 [m]의 호스 및 방사형 관창의 설치개수는?

① 호스는 5개 이상, 방사형 관창은 2개 이상
② 호스는 3개 이상, 방사형 관창은 1개 이상
③ 호스는 단구형 방수구의 2배 이상의 개수, 방사형 관창은 2개 이상
④ 호스는 단구형 방수구의 2배 이상의 개수, 방사형 관창은 1개 이상

해설 연결송수관설비 방수기구함 설치기준

1) 방수기구함은 피난층과 가장 가까운 층을 기준으로 3개 층마다 설치하되, 그 층의 방수구마다 보행거리 5 [m] 이내에 설치할 것
2) 방수기구함에는 길이 15 [m]의 호스와 방사형 관창을 다음의 기준에 따라 비치할 것
  (1) 호스는 방수구에 연결하였을 때 그 방수구가 담당하는 구역의 각 부분에 유효하게 물이 뿌려질 수 있는 개수 이상을 비치할 것. 이 경우 쌍구형 방수구는 단구형 방수구의 2배 이상의 개수를 설치해야 한다.
  (2) 방사형 관창은 단구형 방수구의 경우에는 1개, 쌍구형 방수구의 경우에는 2개 이상 비치할 것

72 (상,중,하)

경사강하식 구조대의 구조에 대한 설명으로 틀린 것은?

① 구조대 본체는 강하방향으로 봉합부가 설치되어야 한다.
② 입구틀 및 취부틀의 입구는 지름 60 [cm] 이상의 구체가 통과할 수 있어야 한다.
③ 손잡이는 출구 부근에 좌우 각 3개 이상 균일한 간격으로 견고하게 부착하여야 한다.
④ 구조대 본체의 활강부는 낙하방지를 위해 포를 2중 구조로 하거나 망목의 변의 길이가 8 [cm] 이하인 망을 설치하여야 한다.

해설 경사강하식구조대 구조

1) 연속하여 활강할 수 있고 안전하고 쉽게 사용할 수 있는 구조일 것
2) 입구틀 및 취부틀의 입구는 지름 60 [cm] 이상의 구체가 통과할 수 있는 것이어야 함
3) 포지는 사용 시 수직방향으로 현저하게 늘어나지 않을 것
4) 포지, 지지틀, 취부틀 그 밖의 부속장치 등은 견고하게 부착되어야 함
5) 구조대 본체는 강하방향으로 봉합부가 설치되지 않을 것
6) 구조대 본체의 활강부는 낙하방지를 위해 포를 2중구조로 하거나 망목의 변의 길이가 8 [cm] 이하인 망을 설치해야 함
7) 본체의 포지는 하부지지장치에 인장력이 균등하게 걸리도록 부착해야 하며, 하부지지장치는 쉽게 조작할 수 있어야 함
8) 손잡이는 출구부근에 좌우 각 3개 이상 균일한 간격으로 견고하게 부착해야 함
9) 구조대본체의 끝부분에는 길이 4 [m] 이상, 지름 4 [mm] 이상의 유도선을 부착하여야 하며, 유도선 끝에는 중량 3 [N](300 [g]) 이상의 모래주머니 등을 설치해야 함
10) 땅에 닿을 때 충격을 받는 부분에는 완충장치로서 받침포 등을 부착해야 함

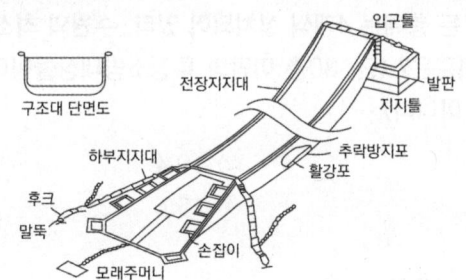

73 (상,중,하)

분말소화설비 배관의 설치기준으로 옳지 않은 것은?

① 배관은 전용으로 할 것
② 배관은 모두 스케줄 40 이상으로 할 것
③ 동관을 사용할 경우는 고정압력 또는 최고 사용압력의 1.5배 이상의 압력에 견딜 수 있는 것으로 할 것
④ 밸브류는 개폐위치 또는 개폐방향을 표시한 것으로 할 것

정답 71 ③ 72 ① 73 ②

해설 분말소화설비 배관

1) 배관은 전용으로 할 것
2) 강관 사용 배관 : 아연도금에 따른 배관용 탄소강관이나 이와 동등 이상의 강도·내식성 및 내열성을 가진 것으로 할 것(단, 축압식 분말소화설비에 사용하는 것 중 20 [℃]에서 압력이 2.5 [MPa] 이상 4.2 [MPa] 이하인 것은 압력배관용 탄소강관 중 이음이 없는 스케줄 40 이상의 것 또는 이와 동등 이상의 강도를 가진 것으로서 아연도금으로 방식 처리된 것을 사용해야 함)
3) 동관 사용 배관 : 고정압력 또는 최고사용압력의 1.5배 이상의 압력에 견딜 수 있는 것을 사용할 것
4) 밸브류는 개폐위치 또는 개폐방향을 표시한 것
5) 배관의 관부속 및 밸브류는 배관과 동등 이상의 강도 및 내식성이 있는 것으로 할 것

74 상(중)하

옥내소화전이 하나의 층에는 6개, 또 다른 층에는 3개, 나머지 모든 층에는 4개씩 설치되어 있다. 수원의 최소 수량 [m³] 기준은? (단, 30층 미만의 특정소방대상물이며 창고시설이 아니다)

① 5.2
② 10.4
③ 13
④ 15.6

해설 옥내소화전 수원

- 수원량 [m³] = N × 2.6 [m³]
  = 2개 × 2.6 [m³] = 5.2 [m³]
  여기서 N : 옥내소화전의 설치개수가 가장 많은 층의 설치개수(29층 이하 : 최대 2개)

75 상(중)하 *신유형!*

할론소화설비의 국소방출방식 소화약제의 양 산출과 관련된 공식 $Q = \left(X - Y\dfrac{a}{A}\right)$에서 할론 1301 소화약제에 해당하는 X와 Y의 수치로 옳은 것은?

① X : 8, Y : 6
② X : 4, Y : 3
③ X : 3.2, Y : 2.4
④ X : 2, Y : 1.5

해설 방호공간 1 [m³]당의 약제량

$$Q = \left(X - Y\dfrac{a}{A}\right)$$

- Q : 방호공간 1 [m³]에 대한 소화약제의 양 [kg/m³]
- a : 방호대상물 주위에 설치된 벽 면적의 합계 [m²]
- A : 방호공간의 벽 면적(벽이 없는 경우에는 벽이 있는 것으로 가정한 당해 부분의 면적)의 합계 [m²]
- X 및 Y : 다음 표의 수치

소화약제의 종류	X의 수치	Y의 수치
할론 2402	5.2	3.9
할론 1211	4.4	3.3
할론 1301	4	3

76 상(중)하

이산화탄소소화설비에서 방출되는 가스압력을 이용하여 배기덕트를 차단하는 장치는?

① 방화셔터
② 피스톤릴리져댐퍼
③ 가스체크밸브
④ 방화댐퍼

정답 74 ① 75 ② 76 ②

해설 피스톤릴리져댐퍼(PRD)

1) 소화약제가 방출되는 가스압력을 이용하여 피스톤을 동작시켜 개구부(환기팬, 덕트 등)를 폐쇄하는 장치
2) 방호구역 내 소화약제가 방출될 때 소화 효과를 높이기 위하여 외부로 소화약제가 빠져나갈 수 있는 개구부를 닫는다.

[피스톤릴리져댐퍼]

77 상중하

포소화설비의 화재안전기술기준에 따라 포소화약제의 저장량 계산 시 가장 먼 탱크까지의 송액관에 충전하기 위한 필요량을 계산에 반영하지 않는 경우는?

① 송액관의 내경이 75 [mm] 이하인 경우
② 송액관의 내경이 80 [mm] 이하인 경우
③ 송액관의 내경이 85 [mm] 이하인 경우
④ 송액관의 내경이 100 [mm] 이하인 경우

해설 포소화약제의 저장량 - 고정포방출구방식

가장 먼 탱크까지의 송액관(내경 75 [mm] 이하의 송액관을 제외한다)에 충전하기 위하여 필요한 양

$$Q = V \times S \times 1000 [L/m^3]$$

Q : 포소화약제의 양 [L]
V : 송액관 내부의 체적 [m³]
S : 포소화약제의 사용농도 [%]

78 상중하

특고압의 전기시설을 보호하기 위한 수계소화설비로 물분무소화설비의 사용이 가능한 주된 이유는?

① 물분무소화설비는 다른 물소화설비에 비해서 신속한 소화를 보여주기 때문이다.
② 물분무소화설비는 다른 물소화설비에 비해서 물의 소모량이 적기 때문이다.
③ 분무 상태의 물은 전기적으로 비전도성이기 때문이다.
④ 물분무입자 역시 물이므로 전기전도성이 있으나 전기 시설물을 젖게 하지 않기 때문이다.

해설 물분무소화설비 특징

물분무소화설비는 분무 상태의 작은 입자로 비전도성을 가져 C급(전기) 화재에 적응성 있다.

79 상중하

( ) 안에 들어갈 내용으로 알맞은 것은?

이산화탄소소화설비, 이산화탄소소화약제의 저압식 저장용기에는 용기 내부의 온도가 (㉠)에서 (㉡)의 압력을 유지할 수 있는 자동냉동장치를 설치할 것

① ㉠ 0 [℃] 이상, ㉡ 4 [MPa]
② ㉠ -18 [℃] 이하, ㉡ 2.1 [MPa]
③ ㉠ 20 [℃] 이하, ㉡ 2 [MPa]
④ ㉠ 40 [℃] 이하, ㉡ 2.1 [MPa]

해설 이산화탄소소화약제의 저장용기 설치기준

1) 저장용기의 충전비
  (1) 고압식 : 1.5 이상 1.9 이하
  (2) 저압식 : 1.1 이상 1.4 이하

2) 저압식 저장용기에는 내압시험압력의 0.64배부터 0.8배의 압력에서 작동하는 안전밸브와 내압시험압력의 0.8배부터 내압시험압력에서 작동하는 봉판을 설치할 것
3) 저압식 저장용기에는 액면계 및 압력계와 2.3 [MPa] 이상 1.9 [MPa] 이하의 압력에서 작동하는 압력경보장치를 설치할 것
4) 저압식 저장용기에는 용기 내부의 온도가 섭씨 영하 18 [℃] 이하에서 2.1 [MPa] 의 압력을 유지할 수 있는 자동냉동장치를 설치할 것
5) 저장용기는 고압식은 25 [MPa] 이상, 저압식은 3.5 [MPa] 이상의 내압시험압력에 합격한 것으로 할 것

80

스프링클러설비 또는 옥내소화전설비에 사용되는 밸브에 대한 설명으로 옳지 않은 것은?

① 펌프의 토출 측 체크밸브는 배관 내 압력이 가압송수장치로 역류되는 것을 방지한다.
② 가압송수장치의 풋밸브는 펌프의 위치가 수원의 수위보다 높을 때 설치한다.
③ 입상관에 사용하는 스윙체크밸브는 아래에서 위로 송수하는 경우에만 사용된다.
④ 펌프의 흡입 측 배관에는 버터플라이밸브의 개폐표시형밸브를 설치하여야 한다.

해설 수계소화설비에 사용되는 밸브

1) 체크밸브
   역류방지의 목적으로 사용되는 밸브(유체의 흐름방향이 한쪽 방향으로만 흐르도록 하는 밸브)
   (1) 스윙체크밸브
       힌지 핀을 중심으로 디스크가 유체의 흐름량(유속)에 따라 디스크가 열림으로 밸브가 개방되고, 유체가 정지함에 따라 밸브 출구의 압력과 디스크의 무게에 의해 닫히는 구조이다.

(2) 스모렌스키체크밸브
리프트체크밸브의 일종으로 해머리스 체크밸브라 한다. 스프링으로 자동폐쇄시켜 수격작용을 방지하는 구조이다. 바이패스밸브가 부착되어 있어 필요시 바이패스밸브를 개방하면 2차 측 물을 1차 측으로 보낼 수 있다.

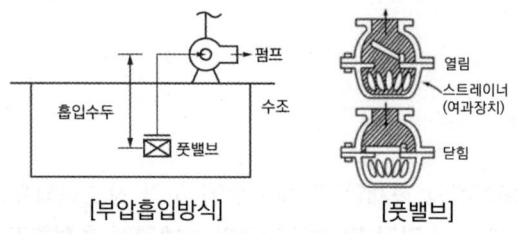

| 스윙형 체크밸브 | 스모렌스키체크밸브 |

2) 풋밸브
펌프의 위치가 수원의 수위보다 높을 때 설치하며 이물질을 걸러주고 역류방지의 기능이 있다.

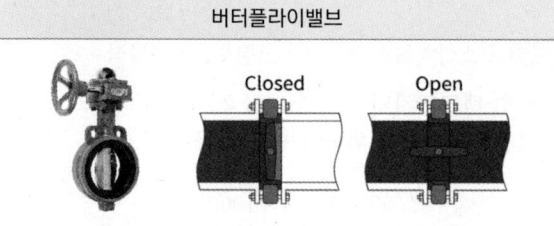

[부압흡입방식]   [풋밸브]

3) 개폐표시형밸브
밸브의 개폐 여부를 외부에서 식별이 가능한 밸브
(1) 급수배관에 설치되어 급수를 차단할 수 있는 개폐밸브는 개폐표시형으로 할 것
(2) 펌프의 흡입 측 배관에는 버터플라이밸브 외의 개폐표시형밸브를 설치해야 한다.

버터플라이밸브

Closed   Open

밸브 몸체 속에 축을 기준으로 디스크(평판)가 회전함으로써 개폐되는 밸브이다. 완전 개방 시에도 유로 상에 디스크(평판)가 존재하므로 마찰저항이 커서 소화펌프의 흡입 측 배관에는 사용할 수 없다.

정답 80 ④

2024년 2회 소방원론

01 상(중)하

황린의 연소생성물은 무엇인가?
① SO_2
② P_2O_5
③ PH_3
④ P_2S_5

해설 황린(P_4)

황린은 연소 시 오산화인(P_2O_5)의 흰 연기를 낸다.
$P_4 + 5O_2 \rightarrow 2P_2O_5$

보충 황린은 제3류 위험물이며, 자연발화성이 있어 물속에 저장한다.

02 상 중(하)

목재 화재 시 다량의 물을 뿌려 소화하고자 한다. 이때 가장 큰 소화효과는?
① 제거소화효과
② 냉각소화효과
③ 부촉매소화효과
④ 희석소화효과

해설 냉각소화

열을 흡수하여 발화점 이하로 낮추는 소화
예) 목재 화재 시 다량의 물을 뿌려 소화

03 상(중)하

피난대책의 일반적인 원칙이 아닌 것은?
① 피난경로는 간단명료하게 한다.
② 피난설비는 고정식 설비보다 이동식 설비를 위주로 설치한다.
③ 간단한 그림이나 색채를 이용하여 표시한다.
④ 두 방향의 피난통로를 확보한다.

해설 피난대책 일반원칙

피난대책은 Fail - Safe와 Fool - Proof 원칙에 따른다.
1) Fail - Safe
   (1) 하나의 수단이 고장으로 실패하여도 다른 수단을 이용할 수 있도록 할 것
   (2) 양방향 피난경로를 상시 확보해둘 것
   (3) 부분화, 다중화할 것
2) Fool - Proof
   (1) 피난수단은 조작이 간편한 원시적 방법으로 할 것
   (2) 비상시 판단능력 저하를 대비하여 누구나 알 수 있도록 간단한 그림이나 색채를 이용하여 표시할 것
   (3) 피난설비는 고정식 설비로 설치할 것
   (4) 피난경로는 간단명료하게 할 것

정답 01 ② 02 ② 03 ②

04 상 중 하

연소와 가장 관련이 있는 화학반응은?

① 산화반응 ② 환원반응
③ 치환반응 ④ 중화반응

해설 연소

가연물이 공기 중의 산소와 결합하여 빛과 열을 수반하는 산화반응

05 상 중 하

다음 중 주된 연소형태가 표면연소인 것은 어느 것인가?

① 알코올
② 숯
③ 목재
④ 에터(에테르)

해설 연소의 형태(고체의 연소)

구분	내용	종류
표면연소	불꽃이 없고 표면에서 연소	숯, 코크스, 목탄, 금속분
분해연소	고체 가연물이 온도 상승 시 열분해를 통해 발생하는 가연성 가스가 연소	목재, 석탄, 종이, 플라스틱
증발연소	열분해 없이 증발하여 연소	황(유황), 나프탈렌, 파라핀(양초)
자기연소	물질 내부에 산소를 함유하고 있어 별도의 산소 공급 없이 연소	나이트로셀룰로오스(니트로셀룰로오스), 나이트로글리세린(니트로글리세린), 유기과산화물

06 상 중 하

화재에서 눈부신 백색(휘백색)의 불꽃 온도는 약 몇 [℃]인가?

① 500
② 950
③ 1300
④ 1500

해설 연소 시 불꽃의 색과 온도

색	온도 [℃]
암적색	700 ~ 750
적색	850
휘석색	900 ~ 950
황적색	1100
백색	1200 ~ 1300
휘백색	1500

암기 암적적 휘황백 휘백

07 (상중하)

일반적으로 실내의 화재하중이 가장 많은 곳은?

① 주택
② 사무실
③ 도서관
④ 병원

해설 화재하중

1) 화재하중이란 화재실의 단위면적당 등가가연물(목재)의 양으로 건물화재 시 발열량 및 화재위험성 척도가 된다.
2) 화재구획실 내에 존재하는 가연물은 각각 단위중량당 발열량[kcal/kg]이 다르기 때문에 목재의 발열량으로 환산하여 화재하중을 산정한다.
   예) 종이 : 4000 [kcal/kg], 고무 : 9000 [kcal/kg]
3) 화재 시 주수시간을 결정하는 주요인이다.
4) 화재하중 $q = \dfrac{\sum GH_i}{HA} = \dfrac{\sum Q}{4500A}$ [kg/m²]

   G : 가연물의 양 [kg]
   H_i : 단위중량당 발열량 [kcal/kg]
   H : 목재의 단위중량당 발열량 [4500 kcal/kg]
   A : 화재실의 바닥면적 [m²]
   $\sum Q$: 화재실 내 가연물의 전발열량 [kcal]

5) 소방대상물의 용도별 화재하중

대상물의 용도	화재하중 [kg/m²]
호텔	5 ~ 15
병원	10 ~ 15
사무실	10 ~ 20
주택	30 ~ 60
백화점	100 ~ 200
도서관	250
창고	200 ~ 1000

TIP 화재가혹도 = 화재강도 × 화재하중

보충 화재하중이 크다 = 가연물의 양 대비 화재구획의 공간이 좁다

08 (상중하)

황린, 적린이 서로 동소체라는 것을 증명하는 데 가장 효과적인 것은?

① 비중을 비교한다.
② 착화점을 비교한다.
③ 유기용제에 대한 용해도를 비교한다.
④ 연소생성물을 확인한다.

해설 동소체

황린(P_4)과 적린(P)은 인(P)으로 구성된 동소체로 연소시 오산화인(P_2O_5)을 생성한다. 동소체는 연소생성물을 확인해보면 알 수 있다.

1) 적린(P)의 연소
   $4P + 5O_2 \rightarrow 2P_2O_5$
2) 황린(P_4)의 연소
   $P_4 + 5O_2 \rightarrow 2P_2O_5$

보충 동소체 : 한 종류의 원소로 이루어졌으나 그 원자들의 배열순서나 배열구조가 달라 그 성질이 서로 다른 물질들

정답 07 ③ 08 ④

09 상중하

Halon 1301의 증기비중은 약 얼마인가? (단, 원자량은 C 12, F 19, Br 80, Cl 35.5이고, 공기의 평균분자량은 29이다)

① 4.14
② 5.14
③ 6.14
④ 7.14

해설 증기비중

$$증기비중 = \frac{분자량}{29(공기 분자량)}$$

1) 할론 1301(CF_3Br)의 분자량
   분자량 = $12 + 19 \times 3 + 80 = 149$

2) 할론 1301(CF_3Br)의 증기비중
   $$증기비중 = \frac{분자량}{29(공기 분자량)} = \frac{149}{29} ≒ 5.14$$

   보충 원자량(C : 12, F : 19, Cl : 35.5, Br : 80)

10 상중하

가연물질의 종류에 따라 화재를 분류하였을 때 섬유류 화재가 속하는 것은?

① A급 화재
② B급 화재
③ C급 화재
④ D급 화재

해설 화재의 분류

등급	화재	표시색	가연물
A급	일반화재	백색	나무, 섬유, 종이, 고무, 플라스틱류
B급	유류화재	황색	인화성 액체, 가연성 액체, 석유 그리스, 타르, 오일, 유성도료, 솔벤트, 래커, 알코올 및 인화성 가스 등
C급	전기화재	청색	전류가 흐르고 있는 전기기기, 배선 등
D급	금속화재	무색	마그네슘 합금 등 가연성 금속
K급	주방화재	–	주방에서 동식물유를 취급하는 조리기구

11 상중하

피난계획의 일반원칙 중 Fool – Proof 원칙이란 무엇인가?

① 한 가지가 고장이 나도 다른 수단을 이용할 수 있도록 하는 원칙
② 두 방향의 피난동선을 항상 확보하는 원칙
③ 피난수단을 이동식 시설로 하는 원칙
④ 피난수단을 조작이 간편한 원시적 방법으로 하는 원칙

해설 피난대책 일반원칙

피난대책은 Fail - Safe와 Fool - Proof 원칙에 따른다.

1) Fail - Safe
   (1) 하나의 수단이 고장으로 실패하여도 다른 수단을 이용할 수 있도록 할 것
   (2) 양방향 피난경로를 상시 확보해둘 것
   (3) 부분화, 다중화할 것

2) Fool - Proof
   (1) 피난수단은 조작이 간편한 원시적 방법으로 할 것
   (2) 비상시 판단능력 저하를 대비하여 누구나 알 수 있도록 간단한 그림이나 색채를 이용하여 표시할 것
   (3) 피난설비는 고정식 설비로 설치할 것
   (4) 피난경로는 간단명료하게 할 것

정답 09 ② 10 ① 11 ④

12 (상ⓒ하)

가스 A가 40 [vol%], 가스 B가 60 [vol%]로 혼합된 가스의 연소하한계는 몇 [vol%]인가? (단, 가스 A의 연소하한계는 4.9 [vol%]이며, 가스 B의 연소하한계는 4.15 [vol%]이다)

① 1.82
② 2.02
③ 3.22
④ 4.42

해설 르 샤틀리에법칙

$$르\ 샤틀리에법칙\ \frac{100}{L} = \frac{V_1}{L_1} + \frac{V_2}{L_2} + \cdots + \frac{V_n}{L_n}$$

르 샤틀리에법칙으로 혼합가스의 폭발하한계 및 상한계를 계산할 수 있다.

$$\frac{100}{L} = \frac{40}{4.9} + \frac{60}{4.15}$$

$$L = \frac{100}{\frac{40}{4.9} + \frac{60}{4.15}}$$

$$\therefore L \fallingdotseq 4.42\ [\%]$$

L : 혼합가스 폭발하한계 [vol%]
$L_1 \sim L_n$: 가연성 가스 폭발하한계 [vol%]
$V_1 \sim V_n$: 가연성 가스 용량 [vol%]

13 (상ⓒ하)

건축물 화재에서 플래시 오버(Flash Over)현상이 일어나는 시기는?

① 초기에서 성장기로 넘어가는 시기
② 성장기에서 최성기로 넘어가는 시기
③ 최성기에서 감쇠기로 넘어가는 시기
④ 감쇠기에서 종기로 넘어가는 시기

해설 실내화재 발생현상

1) 플래시 오버
   (1) 온도가 급격히 상승하여 화재가 순간적으로 실내 전체에 확산되는 현상
   (2) 발생 시기 : 성장기 ~ 최성기 직전
2) 백드래프트
   (1) 훈소 상태일 때 신선한 공기 유입으로 실내의 축적된 가스가 단시간 연소, 폭발하여 실외로 분출
   (2) 발생 시기 : 감쇠기(최성기 이후)

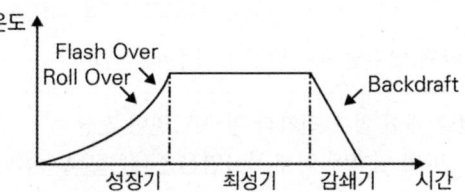

14 (상ⓒ하)

방화구조의 기준으로 틀린 것은?

① 철망모르타르로서 그 바름두께가 2 [cm] 이상인 것
② 심벽에 흙으로 맞벽치기한 것
③ 시멘트모르타르 위에 타일을 붙인 것으로서 그 두께의 합계가 1.5 [cm] 이상인 것
④ 석고판 위에 두께 2.5 [cm] 이상의 회반죽을 바른 것

해설 방화구조 설치기준

[두께 : 이상]

구분	두께
철망모르타르	2 [cm]
• 석고판 위에 시멘트모르타르를 바른 것 • 석고판 위에 회반죽을 바른 것 • 시멘트모르타르 위에 타일을 붙인 것	2.5 [cm]
심벽에 흙으로 맞벽치기 한 것	모두 해당
산업표준화법에 의한 한국산업표준에 따라 시험한 결과 방화2급 이상에 해당하는 것	

15 (중)

표면온도가 300 [℃]에서 안전하게 작동하도록 설계된 히터의 표면온도가 360 [℃]로 상승하면 300 [℃]에 비하여 약 몇 배의 열을 방출할 수 있는가?

① 1.1배
② 1.5배
③ 2.0배
④ 2.5배

해설 스테판 볼츠만의 법칙

$$\text{단위 면적당 복사열량 } Q\,[W/m^2] = \sigma T^4$$

복사 : 열전달 매질 없이 전자파 형태로 열이 전달
스테판 볼츠만의 법칙에 의해 복사열은 <u>절대온도의 4승에 비례</u>한다.

보충 매질 : 파동을 전달시키는 물질

$$\frac{Q_2}{Q_1} = \frac{(273+t_2)^4}{(273+t_1)^4} = \frac{(273+360)^4}{(273+300)^4} ≒ 1.5배$$

σ : 스테판 볼츠만 상수 $[W/m^2 \cdot K^4]$
T : 절대온도 [K]

16 (중)

자연발화에 대한 예방책으로 적당하지 않은 것은?

① 열의 축적을 방지한다.
② 황린은 물속에 저장한다.
③ 주위온도를 낮게 유지한다.
④ 가능한 한 물질을 분말 상태로 저장한다.

해설 자연발화 방지대책

1) 가연성 물질 제거
2) 통풍이나 환기를 통한 열 축적 방지
3) 저장실의 온도를 낮출 것
4) 습도 높은 곳 피할 것(수분 : 촉매작용)
5) 열전도성 좋게 할 것
6) 물질의 표면적이 넓지 않게 할 것
 → ④ 가능한 한 물질의 표면적을 작게 저장한다.

17 (하)

건축물의 주요구조부에 해당되지 않는 것은?

① 기둥
② 작은 보
③ 지붕틀
④ 바닥

해설 건물의 주요구조부

1) 바닥(최하층 바닥 제외)
2) 보(작은 보 제외)
3) 지붕틀(차양 제외)
4) 내력벽(비내력벽 제외)
5) 주계단(옥외계단 제외)
6) 기둥(사잇기둥 제외)

암기 바보지내주기

18 (하)

다음 중 연소의 3요소가 아닌 것은?

① 가연물
② 촉매
③ 산소공급원
④ 점화원

해설 연소의 3요소, 4요소

연소의 3요소	연소의 4요소
• 가연물 • 산소공급원 • 점화원	• 가연물 • 산소공급원 • 점화원 • 연쇄반응

암기 연소의 3요소 : 가산점

정답 15 ② 16 ④ 17 ② 18 ②

19 (중)

화재가혹도에 대한 설명 중 틀린 것은?

① 화재가혹도란 화재 시 당해 건물과 그 내부의 수용재산 등을 파괴하거나 손상을 입히는 정도를 뜻한다.
② 화재강도가 높을수록 화재가혹도가 커진다.
③ 화재가혹도는 손실과 반비례한다.
④ 화재하중이 같더라도 물질의 상태에 따라 가혹도는 달라진다.

해설 화재가혹도

1) 화재가혹도란 화재 시 당해 건물과 그 내부의 수용재산 등을 파괴하거나 손상을 입히는 정도를 뜻한다.
   ⇨ 화재가혹도는 손실과 비례한다.
2) 화재가혹도 = 화재강도 × 화재하중
   ⇨ 화재강도가 높을수록 화재가혹도가 커진다.
3) 가연물의 비표면적, 가연물의 배열 상태, 가연물의 발열량, 화재실의 구조(단열성), 공기(산소)의 공급 상황 등이 화재강도에 영향을 미치므로 이에 따라 화재가혹도도 달라진다.
   ⇨ 화재하중이 같더라도 물질의 상태에 따라 가혹도는 달라진다.
4) 최고온도(화재강도)가 높을수록 지속시간(화재하중)이 길수록 화재가혹도가 커진다.
5) 방호공간 안에서 화재의 세기를 나타내고 화재가 진행되는 과정에서 온도에 따라 변하는 것으로 온도 – 시간 곡선으로 표시할 수 있다.

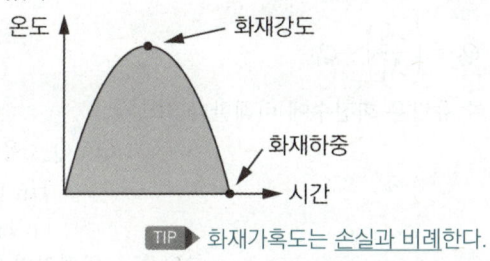

TIP 화재가혹도는 손실과 비례한다.

20 (중)

조연성 가스로만 나열되어 있는 것은?

① 질소, 불소, 수증기
② 산소, 불소, 염소
③ 산소, 이산화탄소, 오존
④ 질소, 이산화탄소, 염소

해설 가연성 가스와 조연성 가스

구분	가연성 가스	조연성 가스
정의	자기 자신이 연소하는 가스	자기 자신은 타지 않고 연소를 도와주는 가스
종류	일산화탄소(CO) 수소(H_2) 메테인(메탄, CH_4) 프로페인(프로판, C_3H_8) 암모니아(NH_3) 뷰테인(부탄, C_4H_{10})	오존(O_3) 공기 산소(O_2) 염소(Cl) 불소(F)

암기 조 오공산 염불

정답 19 ③ 20 ②

2024년 2회 소방유체역학

21

밀폐된 용기 1 [m³]에 이상기체를 압력 400 [kPa], 온도 20 [℃]의 상태로 담았을 때 기체의 질량은 몇 [kg]인가? (단, 정압비열은 0.9309 [kJ/kg·K]이고, 정적비열은 0.6661 [kJ/kg·K]이다)

① 75.53 ② 5.16
③ 7.55   ④ 51.6

해설 이상기체 상태방정식

이상기체 상태방정식 $PV = W\overline{R}T$

1) 기체상수 $\overline{R}$ [kJ/kg·K]
   $\overline{R} = C_P - C_V$

   $\overline{R}$: 기체상수 [kJ/kg·K]
   C_P : 정압비열 [kJ/kg·K]
   C_V : 정적비열 [kJ/kg·K]

2) 기체의 질량 W [kg]

   $W[kg] = \dfrac{PV}{\overline{R}T} = \dfrac{PV}{(C_P - C_V)T}$

   $= \dfrac{400[kPa] \times 1[m^3]}{(0.9309 - 0.6661)[kJ/kg \cdot K] \times (273 + 20)[K]}$

   $= 5.155 ≒ 5.16 [kg]$

   P : 절대압력 [kPa]
   V : 부피 [m³]
   W : 기체의 질량 [kg]
   $\overline{R}$: 특정기체상수 [kJ/kg·K]
   T : 절대온도 [K](273 + ℃)

22

동일 펌프 내에서 회전수를 변경시켰을 때 유량과 회전수의 관계로서 옳은 것은?

① 유량은 회전수에 비례한다.
② 유량은 회전수 제곱에 비례한다.
③ 유량은 회전수 세제곱에 비례한다.
④ 유량은 회전수 제곱근에 비례한다.

해설 펌프의 상사법칙

① 유량 $Q_2 = \left(\dfrac{N_2}{N_1}\right)^1 \times \left(\dfrac{D_2}{D_1}\right)^3 \times Q_1$

② 양정 $H_2 = \left(\dfrac{N_2}{N_1}\right)^2 \times \left(\dfrac{D_2}{D_1}\right)^2 \times H_1$

③ 동력 $L_2 = \left(\dfrac{N_2}{N_1}\right)^3 \times \left(\dfrac{D_2}{D_1}\right)^5 \times L_1$

변경 후 유량 Q_2

$Q_2 = \left(\dfrac{N_2}{N_1}\right) \times Q_1$

⇨ 유량은 회전수에 비례한다.

Q_1, Q_2 : 유량 [m³/min]
H_1, H_2 : 양정 [m]
L_1, L_2 : 동력 [kW]
N_1, N_2 : 임펠러의 회전수 [rpm]
D_1, D_2 : 임펠러의 직경 [m]

정답 21 ② 22 ①

23 (상 중 하)

반경 5 [cm]인 실린더에 담겨진 물이 실린더의 중심축에 대하여 일정한 속도 1800 [rpm]으로 회전하고 있다. 실린더에서 물이 넘쳐흐르지 않을 경우 물의 중심점과 실린더 벽면 사이의 수면의 수직 최고거리는 몇 [m]인가?

① 0.5 [m] ② 0.48 [m]
③ 4.53 [m] ④ 9.06 [m]

해설 등속회전운동을 받는 유체

$$\text{액면 상승 높이 } h = \frac{r^2 w^2}{2g}$$

만약 $r \Rightarrow r_0$이면, $h \Rightarrow h_0$이므로 $h_0 = \frac{r_0^2 w^2}{2g}$

$$h_0 = \frac{r_0^2 w^2}{2g} = \frac{r_0^2 \left(\frac{2\pi N}{60}\right)^2}{2g} = \frac{0.05^2 \times \left(\frac{2\pi \times 1800}{60}\right)^2}{2 \times 9.8}$$
$$= 4.531 ≒ 4.53 [m]$$

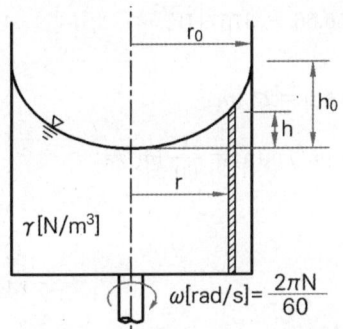

h : 임의의 반경 r에서의 액면 상승 높이 [m]
$w\left(= \frac{2\pi N}{60}\right)$: 각속도 [m/s]
N : 회전수 [rpm]
g : 중력가속도 [m/s^2]

24 (상 중 하)

어느 일정 길이의 배관 속을 매분 200 [L]의 물이 흐르고 있을 때의 마찰손실압력이 0.02 [MPa]이었다면 물 흐름이 매분 300 [L]로 증가할 경우 마찰손실압력은 얼마가 될 것인가? (단, 마찰손실 계산은 하겐 윌리엄스공식을 따른다고 한다)

① 0.031 [MPa] ② 0.042 [MPa]
③ 0.540 [MPa] ④ 0.061 [MPa]

해설 하겐 윌리엄스공식을 이용한 마찰손실 계산

$$\text{하겐 윌리엄스공식}$$
$$\triangle P_m [MPa/m] = 6.053 \times 10^4 \times \frac{Q^{1.85}}{C^{1.85} \times D^{4.87}}$$

$\triangle P_m [MPa/m] = 6.053 \times 10^4 \times \frac{Q^{1.85}}{C^{1.85} \times D^{4.87}}$ 에서

마찰손실 $\triangle P_m \propto Q^{1.85}$ 이므로
비례식으로 풀이하면
$\triangle P_1 : Q_1^{1.85} = \triangle P_2 : Q_2^{1.85}$
$0.02 [MPa] : (200 [L/\min])^{1.85} = \triangle P_2 : (300 [L/\min])^{1.85}$

$$\therefore \triangle P_2 = \frac{(300 [L/\min])^{1.85}}{(200 [L/\min])^{1.85}} \times 0.02 [MPa] ≒ 0.042 [MPa]$$

$\triangle P_m$: 1 [m]당 마찰손실압력 [MPa/m]
Q : 유량 [L/min], C : 조도
D : 직경 [mm]

25 (중)

지름이 5 [cm]인 소방노즐에서 물제트가 40 [m/s]의 속도로 건물 벽에 수직으로 충돌하고 있다. 벽이 받는 힘은 약 몇 [N]인가?

① 320　　　② 2451
③ 2570　　　④ 3141

해설 판에 작용하는 충격력

> 고정평판에 작용하는 힘 $F = \rho QV = \rho AV^2$

$F[N] = \rho QV = \rho AV^2$
$= 1000[N \cdot s^2/m^4] \times \frac{\pi}{4} 0.05^2 [m^2] \times (40[m/s])^2$
$≒ 3141.59[N]$

ρ : 유체의 밀도 [kg/m³, N·s²/m⁴]
Q : 노즐에서의 유량 [m³/s]
(유량 $Q = AV$: 노즐의 단면적 × 절대속도)
V : 노즐에서의 유출 유속 [m/s]
A : 노즐의 단면적 [m²]

26 (중)

펌프 중심으로부터 2 [m] 아래에 있는 물을 펌프중심 위 15 [m] 송출 수면으로 양수하려 한다. 관로의 전 손실수두가 6 [m]이고, 송출수량이 1 [m³/min]이라면 필요한 펌프의 동력은 약 몇 [W]인가? (단, 물의 비중량은 9800 [N/m³]이다)

① 2777　　　② 3103
③ 3430　　　④ 3757

해설 펌프의 동력

> $P[W] = \dfrac{\gamma[N/m^3] \times Q[m^3/s] \times H[m]}{\eta} \times K$
> ※ 동력을 구할 때 조건상 효율(η)이나 전달계수(K)가 주어져 있지 않다면, 효율과 전달계수를 제외하고 산출한다.

동력 $P = \gamma QH$
$= 9800[N/m^3] \times \dfrac{1}{60}[m^3/s] \times 23[m]$
$= 3756.66 ≒ 3757[W]$

(1) 전양정 H [m]
　$H = 2 + 15 + 6 = 23$ [m]

(2) 유량 $Q = 1 [m^3/min] = \dfrac{1}{60} [m^3/s]$

γ : 비중량 [N/m³]
Q : 유량 [m³/s]
H : 전양정 [m]
η : 효율
K : 전달계수

27 (중)

배관 속의 물에 압력을 가하였더니 물의 체적이 0.5 [%] 감소하였다. 이때 가해진 압력은 몇 [MPa]인가? (단, 물의 체적탄성계수는 2 [GPa]이다)

① 10
② 98
③ 100
④ 980

해설 체적탄성계수

$$체적탄성계수\ K = -\frac{\Delta P}{\Delta V/V_1} = -\frac{P_2 - P_1}{\dfrac{(V_2 - V_1)}{V_1}}$$

$K = -\dfrac{P_2 - P_1}{\dfrac{(V_2 - V_1)}{V_1}}$

$2000[MPa] = -\dfrac{\Delta P[MPa]}{\dfrac{(-0.5)}{100}}$

∴ $\Delta P = 10\ [MPa]$

※ $\dfrac{\Delta V}{V_1}$ 가 (-)인 이유 : 체적이 감소하기 때문

보충 1 [GPa] = 1000 [MPa]
G[기가] : 10^9, M[메가] : 10^6, k[킬로] : 10^3

28 (하)

가역단열과정에서 엔트로피 변화 $\triangle S$는?

① $\triangle S > 1$
② $0 < \triangle S < 1$
③ $\triangle S = 1$
④ $\triangle S = 0$

해설 가역단열과정

가역단열과정은 엔트로피가 일정한 과정
1) $\triangle S = 0$
2) $S_2 - S_1 = 0$
3) $S_1 = S_2$

29 (중)

커다란 탱크의 밑면에서 물이 0.05 [m³/s]로 일정하게 흘러나가고, 위에서는 단면적 0.025 [m²], 분출속도 8 [m/s]의 노즐을 통하여 탱크로 유입되고 있다. 탱크 내 물은 몇 [m³/s]로 늘어나는가?

① 0.15
② 0.0145
③ 0.3
④ 0.03

해설 탱크 내 늘어난 물의 양

$$체적유량\ Q[m^3/s] = A[m^2] \times V[m/s]$$

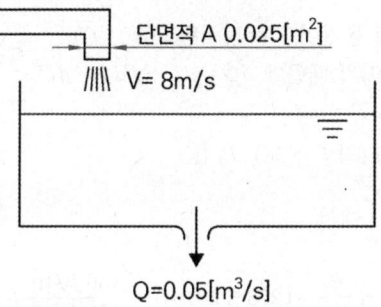

탱크 내 늘어난 물의 양
$= Q_1 - Q_2 = A_1 V_1 - Q_2$
$= 0.025[m^2] \times 8[m/s] - 0.05[m^3/s]$
$= 0.15[m^3/s]$

Q : 유량 [m³/s]
A : 노즐 단면적 [m²]
V : 유속 [m/s]

30 (상 중 하)

견고한 밀폐 용기 안에 공기가 압력 100 [kPa], 체적 1 [m³], 온도 20 [℃] 상태로 있다. 이 용기를 가열하여 압력이 150 [kPa]이 되었다. 공기는 이상기체로 취급하며, 정적비열은 0.717 [kJ/kg·K], 기체 상수는 0.289 [kJ/kg·K]이다. 최종 온도와 가열량은 약 얼마인가?

① 303 [K], 98 [kJ]
② 303 [K], 117 [kJ]
③ 440 [K], 105 [kJ]
④ 440 [K], 124 [kJ]

해설 정적변화 시 최종 온도와 가열량

견고한 밀폐 용기이므로 정적변화($V=C$)
즉, $dV=0$이기 때문에 $\delta Q = dU + PdV = dU$
$Q = mC_v \triangle T = mC_v(T_2 - T_1)$

1) 나중 온도(최종 온도) T_2 [K]

$\dfrac{P_1}{T_1} = \dfrac{P_2}{T_2}$ 에서

$T_2 = T_1 \times \dfrac{P_2}{P_1} = (273+20)[K] \times \dfrac{150[kPa]}{100[kPa]}$

$= 439.5[K]$

∴ 최종 온도 $T_2 = 440[K]$

2) 질량 W [kg]

$P_1V = W\overline{R}T_1$

$W = \dfrac{P_1V}{\overline{R}T_1} = \dfrac{100 \times 1}{0.289 \times (273+20)} = 1.18[kg]$

3) 가열량 Q

$Q = mC_v\triangle T = mC_v(T_2 - T_1)$
$= 1.18 \times 0.717 \times (439.5 - 293)$
$≒ 123.95[kJ]$

∴ 가열량 $Q = 124[kJ]$

Q : 가열량 [kJ]
U : 내부에너지 [kJ], m : 질량 [kg]
C_v : 정적비열 [kJ/kg·K], $\triangle T$: 온도 차 [K]

31 (상 중 하) 신유형!

다음 중 증기압에 대한 설명 중 틀린 것은?

① 기압계에 수은을 이용하는 것이 적합한 이유는 증기압이 높기 때문이다.
② 쉽게 증발하는 휘발성 액체는 증기압이 높다.
③ 증기압은 밀폐된 용기 내의 액체 표면을 탈출하는 증기의 양이 액체 속으로 재침투하는 증기의 양과 같을 때의 압력이다.
④ 유동하는 액체 내부에서 압력이 증기압보다 낮아지면 액체가 기화하는 공동현상(Cavitation)이 발생한다.

해설 증기압

1) 기압계에 수은을 이용하는 것이 적합한 이유는 수은의 증기압이 낮기 때문이다.
2) 쉽게 증발하는 휘발성 액체는 증기압이 높다.
3) 증기압은 밀폐된 용기 내의 액체 표면을 탈출하는 증기의 양이 액체 속으로 재침투하는 증기의 양과 같을 때의 압력이다.
4) 유동하는 액체 내부에서 압력이 증기압보다 낮아지면 액체가 기화하는 공동현상(Cavitation)이 발생한다.
5) 증기분자의 질량이 작을수록 큰 증기압이 나타난다.
6) 분자의 운동이 커지면 증기압이 증가한다.
7) 같은 물질이라도 온도가 상승하면 증기압이 증가한다.
8) 밀폐된 용기에서는 어느 한도에 이르면 증발이 일어나지 않고, 안에 있는 용액은 그 이상 줄어들지 않는 것처럼 보인다. 그 이유는 같은 시간 동안 증발하는 액체나 고체 분자의 수와 응축되는 기체분자의 수가 같아져서 증발도 응축도 일어나지 않는 것처럼 보이기 때문이다. 이 상태를 동적 평형 상태라 하고 이 상태에 있을 때 기체를 그 액체의 포화증기, 그 기체의 압력을 포화증기압이라 한다.
9) 증기압력이 클수록 증기가 된 입자 수가 많다.

32 (상 중 하)

다음 중 뉴턴의 점성법칙을 기초로 한 점도계는?

① 맥 미첼(MacMichael) 점도계
② 오스트발트(Ostwald) 점도계
③ 낙구식 점도계
④ 세이볼트(Saybolt) 점도계

해설 점도계

구분	원리	점도계 종류
뉴턴의 점성법칙	회전 원통법	• 스토머 점도계 • 맥미셀(맥미첼) 점도계
스토크스법칙	낙구법	• 낙구식 점도계
하겐 포아젤의 법칙	세관법	• 오스왈트(오스트발트) 점도계 • 세이볼트 점도계 • 앵글러 점도계 • 바베이 점도계 • 레드우드 점도계

암기 뉴회스맥, 스낙, 하오세

33 (상 중 하)

진공계기압력이 19 [kPa], 20 [℃]인 기체가 계기압력 800 [kPa]로 등온압축되었다면 처음 체적에 대한 최후의 체적비는? (단, 대기압은 100 [kPa]이다)

① $\dfrac{1}{11.1}$ ② $\dfrac{1}{9.8}$
③ $\dfrac{1}{8.4}$ ④ $\dfrac{1}{7.8}$

해설 이상기체를 등온 압축할 때 체적의 변화

$$\text{보일 - 샤를의 법칙} \quad \dfrac{P_1 V_1}{T_1} = \dfrac{P_2 V_2}{T_2}$$

$\dfrac{P_1 V_1}{T_1} = \dfrac{P_2 V_2}{T_2}$ 에서 온도가 일정하므로 ($T_1 = T_2$)

$P_1 V_1 = P_2 V_2$

$\dfrac{V_2}{V_1} = \dfrac{P_1}{P_2}$

여기서 P_1, P_2를 절대압력으로 구하면

P_1 = 대기압 - 진공압
　 = $100[kPa] - 19[kPa]$
　 = $81[kPa]$

P_2 = 대기압 + 계기압
　 = $100[kPa] + 800[kPa]$
　 = $900[kPa]$

$\dfrac{V_2}{V_1} = \dfrac{P_1}{P_2} = \dfrac{81}{900} ≒ \dfrac{1}{11.1}$

정답 32 ① 33 ①

34 (중)

안지름 10 [cm]의 관로에서 마찰손실수두가 속도수두와 같다면 그 관로의 길이는 약 몇 [m]인가? (단, 관마찰계수는 0.03이다)

① 1.58
② 2.54
③ 3.33
④ 4.52

해설 관로의 길이(달시방정식)

$$\text{손실수두 } H_L[m] = f \times \frac{L}{D} \times \frac{V^2}{2g}$$

1) 마찰손실수두 $H_L = f\frac{L}{D}\frac{V^2}{2g}$

2) 속도수두 $H_v = \frac{V^2}{2g}$

3) 조건상 '마찰손실수두 H_L = 속도수두 H_v'이므로

$$f\frac{L}{D}\frac{V^2}{2g} = \frac{V^2}{2g}$$

$$f\frac{L}{D} = 1$$

∴ 관로의 길이 $L = \frac{D}{f} = \frac{0.1}{0.03} = 3.333 \, [m]$

35 (하)

다음 중 무차원수의 물리적 의미로 틀린 것은?

① 레이놀즈수(Re) = 관성력/점성력
② 프루드수(Fr) = 관성력/중력
③ 웨버수(We) = 관성력/탄성력
④ 오일러수(Eu) = 압력힘/관성력

해설 무차원수

1) 차원, 즉 단위가 없는 수
2) 어떠한 2가지 특성을 비교하여 그 정도를 숫자로 표시

무차원수	물리적 의미
레이놀즈수	$\frac{관성력}{점성력}$
프루드수	$\frac{관성력}{중력}$
웨버수	$\frac{관성력}{표면장력}$
오일러수	$\frac{압축력}{관성력}$
마하수	$\frac{관성력}{탄성력}$

정답 34 ③ 35 ③

36 상중하

그림과 같은 수문이 열리지 않도록 하기 위하여 그 하단 A점에서 받쳐 주어야 할 최소 힘 F_P는 몇 [kN]인가? (단, 수문의 폭 1 [m], 유체의 비중량 9800 [N/m³]이다)

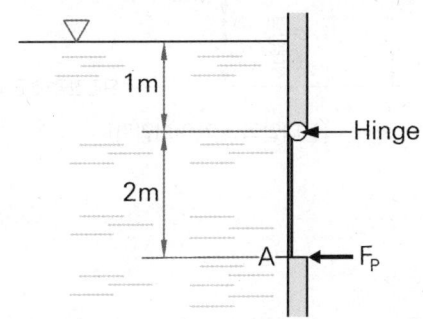

① 43
② 27
③ 23
④ 13

해설 수문이 열리지 않기 위한 최소 힘

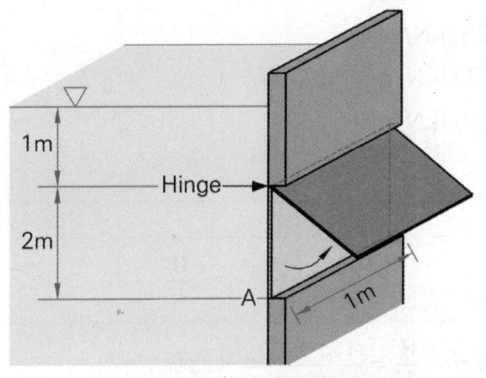

[수문이 열린 상태]

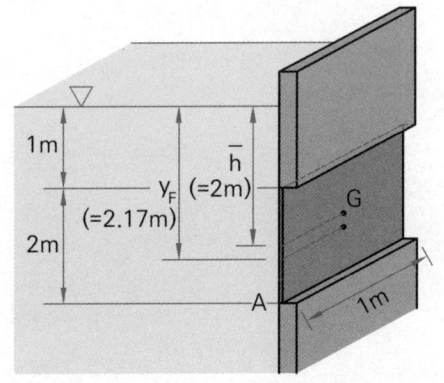

[수문의 도심점(G)과 작용점의 위치(y_F)]

1) 수문에 작용하는 유체의 전압력 F_1

$$F_1 = \gamma \bar{h} A$$
$$= 9.8[kN/m^3] \times (1[m] + \frac{2}{2}[m]) \times (2 \times 1)[m^2]$$
$$= 39.2[kN]$$

2) 작용점의 위치 y_F

$$y_F = \bar{y} + \frac{I_G}{A \times \bar{y}} = \bar{y} + \frac{\frac{bh^3}{12}}{A \times \bar{y}}$$
$$= 2 + \frac{\frac{1 \times 2^3}{12}}{(2 \times 1) \times 2} = 2.17[m]$$

3) 수문의 개방력

$F_1 \times L_1 = F_2 \times L_2$ 이므로

$$F_2 = \frac{F_1 \times L_1}{L_2} = \frac{39.2[N] \times (2.17-1)[m]}{2[m]}$$
$$≒ 23[kN]$$

$\bar{h}$: 수면에서 수문의 도심점까지 수직거리
$\bar{y}$: 수면에서 수문의 도심점까지 직선거리
I_G : 단면 2차모멘트(사각형 : $bh^3/12$)
L_1 : 힌지에서 작용점의 위치까지 거리
L_2 : 힌지에서 힘을 가할 지점까지 거리
A : 수문의 단면적

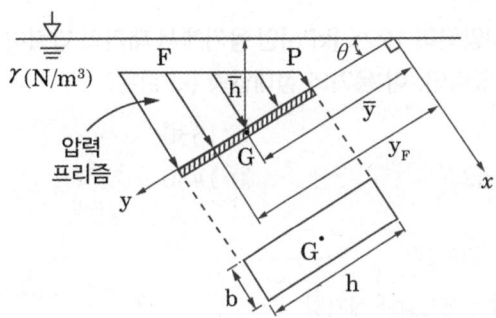

[경사면에 작용하는 유체의 전압력]

정답 36 ③

37 (중)

파이프 내의 흐름에 있어서 마찰계수 f에 대한 설명으로 옳은 것은?

① f는 파이프의 조도와 레이놀즈에 관계있다.
② f는 파이프의 조도에는 전혀 관계없고 압력에만 관계있다.
③ 레이놀즈에는 관계없고 조도에만 관계있다.
④ 레이놀즈와 마찰손실수두에 의하여 결정된다.

해설 관 마찰계수 영향인자

1) 층류 : 레이놀즈수
2) 천이영역 : 레이놀즈수와 상대조도
3) 난류
　(1) 거친 관에서 : 상대조도
　(2) 매끈한 관에서 : 레이놀즈수

38 (하)

게이지압력이 1225 [kPa]인 용기에서 대기의 압력이 105 [kPa]였다면, 이 용기의 절대압력 [kPa]은?

① 1250　　② 1330
③ 1142　　④ 1450

해설 절대압력

절대압 = 대기압 + 계기압
　　　 = 105 + 1225 = 1330 [kPa]

보충 절대압력 : 완전진공을 기준으로 측정한 압력
　(1) 절대압력 = 대기압 + 게이지압력
　(2) 절대압력 = 대기압 - 진공압

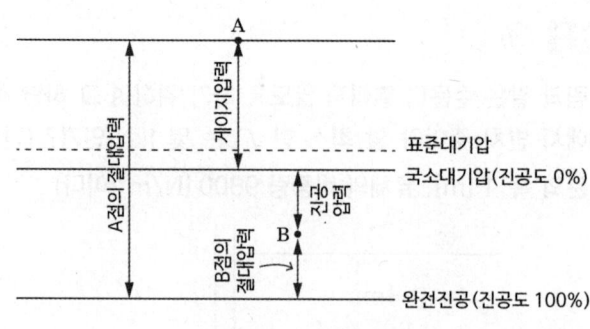

[절대압력과 게이지압력]

39 (중)

무게가 44.1 [kN]인 어떤 기름의 체적이 5.36 [m³]이다. 이 기름의 비중량은 얼마인가?

① 119 [kN/m³]
② 8.23 [kN/m³]
③ 1190 [kN/m³]
④ 8230 [kN/m³]

해설 액체의 비중량

$$비중량\ \gamma = \frac{W}{V}$$

비중량 $\gamma = \dfrac{W}{V} = \dfrac{44.1[kN]}{5.36[m^3]} ≒ 8.23\ [kN/m^3]$

정답 37 ① 38 ② 39 ②

40 (상)중(하)

펌프로서 지하 5 [m]에 있는 물을 지상 50 [m]의 물 탱크까지 1분간에 1.8 [m³]을 올리려면 펌프의 동력이 몇 [kW] 필요한가? (단, 펌프의 효율 60 [%], 관로의 전손실수두(全損失水頭)를 10 [m], 동력전달계수를 1.1이라 한다)

① 35.04　　② 25.85
③ 31.85　　④ 21.02

해설 펌프의 동력

$$P[kW] = \frac{\gamma[kN/m^3] \times Q[m^3/s] \times H[m]}{\eta} \times K$$

※ 동력을 구할 때 조건상 효율(η)이나 전달계수(K)가 주어져 있지 않다면, 효율과 전달계수를 제외하고 산출한다.

1) 전양정 H = 실양정(높이) + 손실
   $= (5+50) + 10 = 65\,[m]$
   (∵ 문제에 방사압과 관련된 조건이 없으므로)

2) 동력 $P = \dfrac{\gamma QH}{\eta} \times K$

   $= \dfrac{9.8 \times \dfrac{1.8}{60} \times 65}{0.6} \times 1.1 = 35.04\,[kW]$

　　　　　γ : 물의 비중량 [9.8 kN/m³]
　　　　　Q : 유량 [m³/s]
　　　　　H : 전양정 [m]
　　　　　η : 효율
　　　　　K : 전달계수

보충 전양정 H = 실양정 + 마찰손실 + 방사압
(단, 문제 조건에 나와 있지 않은 것은 무시한다)

정답 40 ①

2024년 2회 소방관계법규

41 (상 중 하)

소방시설 설치 및 관리에 관한 법령상 소방시설관리업자가 등록기준에 미달하게 된 경우 2차 위반하였을 때의 행정처분기준을 고르시오. (단, 기술인력이 퇴직하거나 해임되어 30일 이내에 재선임하여 신고한 경우는 제외한다)

① 경고(시정명령)
② 영업정지 3개월
③ 영업정지 6개월
④ 등록취소

해설 소방시설관리업자에 대한 행정처분기준

[소방시설 설치 및 관리에 관한 법률 시행규칙]
[별표 8] 행정처분기준
나. 소방시설관리업자에 대한 행정처분기준

위반사항	행정처분기준		
	1차 위반	2차 위반	3차 이상 위반
1) 거짓이나 그 밖의 부정한 방법으로 등록을 한 경우	등록취소		
2) 점검을 하지 않거나 거짓으로 한 경우	-		
가) 점검을 하지 않은 경우	영업정지 1개월	영업정지 3개월	등록취소
나) 거짓으로 점검한 경우	경고(시정명령)	영업정지 3개월	등록취소
3) 등록기준에 미달하게 된 경우. 다만 기술인력이 퇴직하거나 해임되어 30일 이내에 재선임하여 신고한 경우는 제외한다.	경고(시정명령)	영업정지 3개월	등록취소
4) 법 제30조 각 호의 어느 하나의 등록의 결격사유에 해당하게 된 경우. 디만 제30조 제5호에 해당하는 법인으로서 결격사유에 해당하게 된 날부터 2개월 이내에 그 임원을 결격사유가 없는 임원으로 바꾸어 선임한 경우는 제외한다.	등록취소		
5) 등록증 또는 등록수첩을 빌려준 경우	등록취소		
6) 점검능력 평가를 받지 않고 자체점검을 한 경우	영업정지 1개월	영업정지 3개월	등록취소

42 (상 중 하)

소방시설 설치 및 관리에 관한 법령상 특정소방대상물 중 운수시설에 해당하지 않는 것을 고르시오.

① 여객자동차터미널
② 철도 정비창
③ 공항시설
④ 물류터미널

정답 41 ② 42 ④

해설 소방시설 설치 및 관리에 관한 법률 시행령

[별표 2] 특정소방대상물
- 운수시설
  - 가. 여객자동차터미널
  - 나. 철도 및 도시철도 시설[정비창(整備廠) 등 관련 시설을 포함한다]
  - 다. 공항시설(항공관제탑을 포함한다)
  - 라. 항만시설 및 종합여객시설
- 창고시설(위험물 저장 및 처리 시설 또는 그 부속용도에 해당하는 것은 제외한다)
  - 가. 창고(물품저장시설로서 냉장·냉동 창고를 포함한다)
  - 나. 하역장
  - 다. 「물류시설의 개발 및 운영에 관한 법률」에 따른 물류터미널
  - 라. 「유통산업발전법」 제2조 제15호에 따른 집배송시설

해설 기술원 위탁 업무

1) 탱크성능검사 중 다음에 해당하는 것
   (1) 용량이 100만 [L] 이상인 액체위험물을 저장하는 탱크
   (2) 암반탱크
   (3) 지하탱크저장소의 위험물탱크 중 이중벽탱크
2) 완공검사 중 다음에 해당하는 것
   (1) 지정수량의 1천 배 이상의 위험물을 취급하는 제조소 일반취급소의 설치 또는 변경(사용 중인 제조소 또는 일반취급소의 보수 또는 부분적인 증설 제외)에 따른 완공검사
   (2) 옥외탱크저장소(저장용량이 50만 [L] 이상인 것만 해당) 암반탱크저장소의 설치 또는 변경에 따른 완공검사
3) 운반용기검사

43 상 중 하

위험물안전관리법령에 따른 소방청장, 시·도지사, 소방본부장 또는 소방서장이 한국 소방산업기술원에 위탁할 수 있는 업무의 기준 중 틀린 것은?

① 시·도지사의 탱크안전성능검사 중 암반탱크에 대한 탱크안전성능검사
② 시·도지사의 탱크안전성능검사 중 용량이 100만 [L] 이상인 액체위험물을 저장하는 탱크에 대한 탱크안전성능검사
③ 시·도지사의 완공검사에 관한 권한 중 저장용량이 30만 [L] 이상인 옥외탱크저장소 또는 암반탱크저장소의 설치 또는 변경에 따른 완공검사
④ 운반용기검사

44 상 중 하

소방시설공사업법령에 따른 소방시설공사의 착공신고 대상으로 해당하지 않는 것을 고르시오.

① 호스릴옥내소화전설비를 포함한 옥내소화전설비를 신설하는 경우
② 상·하수도설비공사업자가 공사하는 경우는 제외한 소화용수설비를 신설하는 경우
③ 정보통신공사업자가 소방용 외의 용도와 겸용되는 무선통신보조설비를 신설하는 경우
④ 스프링클러설비의 방호구역을 증설하는 경우

해설 소방시설공사의 착공신고 대상

1. 특정소방대상물에 다음 각 목의 어느 하나에 해당하는 설비를 신설하는 공사
   가. 옥내소화전설비(호스릴옥내소화전설비를 포함한다. 이하 같다), 옥외소화전설비, 스프링클러설비·간이스프링클러설비(캐비닛형 간이스프링클러설비를 포함한다. 이하 같다) 및 화재조기진압용 스프링클러설비(이하 "스프링클러설비등"이라 한다), 물분무소화설비·포소화설비·이산화탄소소화설비·할론소화설비·할로겐화합물 및 불활성기체소화설비·미분무소화설비·강화액소화설비 및 분말소화설비(이하 "물분무등소화설비"라 한다),

정답 43 ③ 44 ③

연결송수관설비, 연결살수설비, 제연설비(소방용 외의 용도와 겸용되는 제연설비를 「건설산업기본법 시행령」 별표 1에 따른 기계설비·가스공사업자가 공사하는 경우는 제외한다), 소화용수설비(소화용수설비를 「건설산업기본법 시행령」 별표 1에 따른 기계설비·가스공사업자 또는 상·하수도설비공사업자가 공사하는 경우는 제외한다) 또는 연소방지설비

나. 자동화재탐지설비, 비상경보설비, 비상방송설비(소방용 외의 용도와 겸용되는 비상방송설비를 「정보통신공사업법」에 따른 정보통신공사업자가 공사하는 경우는 제외한다), 비상콘센트설비(비상콘센트설비를 「전기공사업법」에 따른 전기공사업자가 공사하는 경우는 제외한다) 또는 무선통신보조설비(소방용 외의 용도와 겸용되는 무선통신보조설비를 「정보통신공사업법」에 따른 정보통신공사업자가 공사하는 경우는 제외한다)

2. 특정소방대상물에 다음 각 목의 어느 하나에 해당하는 설비 또는 구역 등을 증설하는 공사
   가. 옥내·옥외소화전설비
   나. 스프링클러설비·간이스프링클러설비 또는 물분무등소화설비의 방호구역, 자동화재탐지설비의 경계구역, 제연설비의 제연구역(소방용 외의 용도와 겸용되는 제연설비를 「건설산업기본법 시행령」 별표 1에 따른 기계설비·가스공사업자가 공사하는 경우는 제외한다), 연결살수설비의 살수구역, 연결송수관설비의 송수구역, 비상콘센트설비의 전용회로, 연소방지설비의 살수구역

3. 특정소방대상물에 설치된 소방시설등을 구성하는 다음 각 목의 어느 하나에 해당하는 것의 전부 또는 일부를 개설(改設), 이전(移轉) 또는 정비(整備)하는 공사. 다만 고장 또는 파손 등으로 인하여 작동시킬 수 없는 소방시설을 긴급히 교체하거나 보수하여야 하는 경우에는 신고하지 않을 수 있다.
   가. 수신반(受信盤)
   나. 소화펌프
   다. 동력제어반
   라. 감시제어반

45 상 중 하

소방시설 설치 및 관리에 관한 법령상 간이스프링클러설비를 설치하여야 하는 특정소방대상물의 기준으로 옳은 것은?

① 근린생활시설로 사용하는 부분의 바닥면적 합계가 1000 [m²] 이상인 것은 모든 층
② 교육연구시설 내에 있는 합숙소로서 연면적 500 [m²] 이상인 것
③ 정신병원과 의료재활시설을 제외한 요양병원으로 사용되는 바닥면적의 합계가 300 [m²] 이상 600 [m²] 미만인 시설
④ 정신의료기관 또는 의료재활시설로 사용되는 바닥면적의 합계가 600 [m²] 미만인 시설

해설 간이스프링클러설비 설치대상

설치대상	기준
근린생활시설	• 바닥면적 합계 1000 [m²] 이상인 것은 모든 층 • 의원, 치과의원, 한의원으로서 입원실이 있는 것 • 조산원 및 산후조리원 연면적 600 [m²] 미만 시설
교육시설 내 합숙소	연면적 100 [m²] 이상인 경우에는 모든 층
의료시설(종합병원, 병원, 치과병원, 요양병원)	바닥면적 합계 600 [m²] 미만
• 정신의료기관, 의료재활시설 • 노유자시설	• 바닥면적 합계 300 [m²] 이상 600 [m²] 미만 • 바닥면적 합계 300 [m²] 미만, 창살 설치
복합건축물	연면적 1000 [m²] 이상 전 층
연립주택 및 다세대주택	-
숙박시설	바닥면적 합계 300 [m²] 이상 600 [m²] 미만

정답 45 ①

46 (상⦁중⦁하)

소방기본법령상 소방의 날 제정과 운영 등에 관한 사항으로 틀린 것은?

① 국민의 안전의식과 화재에 대한 경각심을 높이고 안전문화를 정착시키기 위한 목적이다.
② 소방의 날은 매년 11월 9일이다.
③ 소방의 날 행사에 관하여 필요한 사항은 소방청장 또는 시·도지사가 따로 정하여 시행할 수 있다.
④ 시·도지사는 소방행정 발전에 공로가 있다고 인정되는 사람을 명예직 소방대원으로 위촉할 수 있다.

해설 소방의 날 제정과 운영 등

1) 국민의 안전의식과 화재에 대한 경각심을 높이고 안전문화를 정착시키기 위하여 매년 11월 9일을 소방의 날로 정하여 기념행사를 한다.
2) 소방의 날 행사에 관하여 필요한 사항은 소방청장 또는 시·도지사가 따로 정하여 시행할 수 있다.
3) <u>소방청장은 다음에 해당하는 사람을 명예직 소방대원으로 위촉할 수 있다.</u>
   (1) 「의사상자등 예우 및 지원에 관한 법률」에 따른 의사상자에 해당하는 사람
   (2) 소방행정 발전에 공로가 있다고 인정되는 사람

47 (상⦁중⦁하)

위험물안전관리법령상 위험물취급소의 구분에 해당하지 않는 것은?

① 이송취급소　　② 관리취급소
③ 판매취급소　　④ 일반취급소

해설 위험물 취급소 구분

- 주유취급소 : 자동차·항공기·선박 등의 연료탱크에 직접 주유
- 판매취급소 : 지정수량 40배 이하
- 이송취급소 : 위험물 이송
- 일반취급소 : 주유취급소, 판매취급소, 이송취급소 외의 장소

48 (상⦁중⦁하)

위험물안전관리법령상 제조소등이 아닌 장소에서 지정수량 이상의 위험물 취급할 수 있는 기준 중 다음 (　) 안에 알맞은 것은?

> 시·도의 조례가 정하는 바에 따라 관할 소방서장의 승인을 받아 지정수량 이상의 위험물을 (　)일 이내의 기간 동안 임시로 저장 또는 취급하는 경우

① 15　　② 30
③ 60　　④ 90

해설 위험물 임시저장

1) 위치·구조·설비기준 : 시·도 조례
2) 제조소등이 아닌 장소에서 지정수량 이상 위험물 취급할 수 있는 경우
   - <u>관할 소방서장의 승인 받아 지정수량 이상 위험물 90일 이내로 임시 저장·취급</u>
   - 군부대는 지정수량 이상 위험물 군사 목적으로 임시 저장·취급

49 (상 중 하)

피난시설, 방화구획 또는 방화시설을 폐쇄·훼손·변경 등의 행위를 3차 이상 위반한 경우에 대한 과태료 부과기준으로 옳은 것은?

① 200만 원 ② 300만 원
③ 500만 원 ④ 1000만 원

해설 과태료

1) 피난시설, 방화구획 또는 방화시설을 폐쇄·훼손·변경하는 등의 행위를 한 경우
   - 1차 : 100만 원
   - 2차 : 200만 원
   - 3차 : 300만 원
2) 점검기록표를 기록하지 아니하거나 특정소방대상물의 출입자가 쉽게 볼 수 있는 장소에 게시하지 아니한 관계인
   - 1차 : 100만 원
   - 2차 : 200만 원
   - 3차 : 300만 원

50 (상 중 하)

소방기본법령에 따른 소방대원에게 실시할 교육·훈련 횟수 및 기간의 기준 중 다음 ( ) 안에 알맞은 것은?

횟수	기간
(㉠)년마다 1회	(㉡)주 이상

① ㉠ 2, ㉡ 2   ② ㉠ 2, ㉡ 4
③ ㉠ 1, ㉡ 2   ④ ㉠ 1, ㉡ 4

해설 소방대원에게 실시할 교육·훈련

소방업무를 전문적이고 효과적으로 수행하기 위하여 소방대원에게 필요한 교육·훈련을 실시하여야 함

횟수	기간
2년마다 1회	2주 이상

1) 횟수 : 2년마다 1회
2) 기간 : 2주 이상
3) 교육·훈련 실시자 : 소방청장·본부장·서장
4) 교육·훈련의 종류 및 대상자

종류	대상자
화재진압훈련	소방공무원(화재진압 업무), 의무소방원, 의용소방대원
인명구조훈련	소방공무원(구조 업무), 의무소방원, 의용소방대원
응급처치훈련	소방공무원(구급 업무), 의무소방원, 의용소방대원
인명대피훈련	소방공무원(모든 업무), 의무소방원, 의용소방대원
현장지휘훈련	소방공무원 : 지방소방정, 지방소방령, 지방소방경, 지방소방위

51 (상 중 하)

다음 중 소방기본법령에 따른 소방신호의 종류가 아닌 것은?

① 경계신호   ② 발화신호
③ 진압신호   ④ 훈련신호

해설 소방신호

1) 종류
   (1) 경계신호 : 화재예방상 필요하다고 인정되거나 화재위험경보 시 발령
   (2) 발화신호 : 화재가 발생한 때 발령
   (3) 해제신호 : 소화활동이 필요 없다고 인정되는 때 발령
   (4) 훈련신호 : 훈련상 필요하다고 인정되는 때 발령
2) 방법

종별	타종신호	사이렌신호
경계신호	1타, 연 2타 반복	5초 간격 30초씩 3회
발화신호	난타	5초 간격 5초씩 3회
해제신호	상당한 간격 1타씩 반복	1분간 1회
훈련신호	연 3타 반복	10초 간격 1분씩 3회

정답 49 ② 50 ① 51 ③

52 상(중)하

화재의 예방 및 안전관리에 관한 법령상 특정소방대상물의 관계인이 수행하여야 하는 소방안전관리 업무가 아닌 것은?

① 소방훈련의 지도/감독
② 화기 취급의 감독
③ 피난시설, 방화구획 및 방화시설의 관리
④ 소방시설이나 그 밖의 소방 관련 시설의 관리

해설 특정소방대상물 소방안전관리자와 관계인의 업무

1) 소방안전관리자의 업무
   (1) 피난계획 관련 사항과 대통령령으로 정하는 사항이 포함된 소방계획서 작성 및 시행
   (2) 자위소방대 및 초기대응체계 구성·운영·교육
   (3) 피난시설, 방화구획, 방화시설의 관리
   (4) <u>소방훈련 및 교육</u>
   (5) 소방시설이나 그 밖의 소방 관련 시설의 관리
   (6) 화기 취급의 감독
   (7) 소방안전관리에 관한 업무수행에 관한 기록·유지((3), (5), (6)항 업무)
   (8) 화재발생 시 초기대응
   (9) 그 밖에 소방안전관리에 필요한 업무
2) 특정소방대상물 소방관계인의 업무
   (1) 피난시설, 방화구획, 방화시설의 관리
   (2) 소방시설이나 그 밖의 소방 관련 시설의 관리
   (3) 화기 취급의 감독
   (4) 화재발생 시 초기대응
   (5) 그 밖에 소방안전관리에 필요한 업무

53 상(중)하

소방시설공사업법령상 소방시설공사의 하자보수 보증기간이 3년이 아닌 것은?

① 자동소화장치
② 무선통신보조설비
③ 자동화재탐지설비
④ 간이스프링클러설비

해설 소방시설 하자보수 보증기간

소방시설	기간
• 피난기구·유도등 • 비상경보설비 • 비상조명등 • 비상방송설비 • <u>무선통신보조설비</u>	2년
• 자동소화장치 • 옥내·외소화전설비 • 스프링클러·간이스프링클러설비 • 물분무등소화설비 • 자동화재탐지설비 • 상수도소화용수설비 • 화재알림설비	3년

암기 ▶ 이년 피비무

정답 52 ① 53 ②

54 (상⊙하)

국가가 시·도의 소방업무에 필요한 경비의 일부를 보조하는 국고보조 대상이 아닌 것은?

① 소방용수시설
② 소방전용통신시설
③ 소방자동차
④ 소방관서용 청사의 건축

해설 국고보조

1) 국고보조
   (1) 국가는 시·도 소방장비구입 등의 경비를 일부 보조함
   (2) 국가보조 대상사업의 범위와 기준 보조율 : 대통령령인 「보조금관리에 관한 법률 시행령」
   (3) 소방활동장비 및 설비의 종류와 규격 : 행정안전부령
2) 국고보조 대상사업의 범위
   (1) 소방활동장비와 설비의 구입 및 설치
      ① 소방자동차
      ② 소방헬리콥터 및 소방정
      ③ 소방전용통신설비 및 전산설비
      ④ 그 밖에 방화복 등 소방활동에 필요한 소방장비
   (2) 소방관서용 청사의 건축

55 (상⊙하)

소방시설 설치 및 관리에 관한 법령상 방염대상물품이 아닌 것은?

① 제조·가공 공정에서 방염처리한 두께 2 [mm] 미만인 종이벽지를 제외한 벽지류
② 제조·가공 공정에서 방염처리한 카펫
③ 건축물 내부의 벽에 부착하는 암막
④ 제조·가공 공정에서 방염처리한 무대막

해설 방염대상물품

1) 제조·가공 공정에서 방염처리한 물품(합판·목재류 설치 현장에서 방염처리한 것 포함)
   (1) 창문에 설치하는 커튼류(블라인드 포함)
   (2) 카펫
   (3) 벽지류(두께 2 [mm] 미만인 종이벽지 제외)
   (4) 전시용 합판·목재 또는 섬유판, 무대용 합판·목재 또는 섬유판(합판·목재류의 경우 불가피하게 설치 현장에서 방염처리한 것을 포함한다)
   (5) 암막·무대막(영화상영관 스크린, 가상체험체육시설의 스크린 포함)
   (6) 섬유류, 합성수지류 등을 원료로 하여 제작된 소파·의자(단란주점영업, 유흥주점, 노래연습장업의 영업장에 설치하는 것만 해당)
2) 건축물 내부의 천장이나 벽에 부착하거나 설치하는 것, 다만 가구류(옷장·찬장·식탁·식탁용 의자·사무용 책상·사무용 의자·계산대 등)와 너비 10 [cm] 이하 반자돌림대 등과 내부 마감재료는 제외
   (1) 종이류(두께 2 [mm] 이상)·합성수지류·섬유류를 주원료로 한 물품
   (2) 합판, 목재
   (3) 공간 구획하는 간이 칸막이
   (4) 흡음·방음을 위하여 설치하는 흡음재, 방음재

정답 54 ① 55 ③

56 (상중하)

소방체험관의 설립·운영권자는?

① 국무총리
② 소방청장
③ 시·도지사
④ 소방본부장 및 소방서장

해설 소방박물관, 소방체험관

소방박물관	소방체험관
소방청장	시·도지사
행정안전부령	시·도 조례
① 국내·외의 소방의 역사 ② 소방공무원의 복장 및 소방장비 등의 변천 및 발전에 관한 자료를 수집·보관 및 전시	① 재난·안전사고 유형에 따른 예방, 대처, 대응 등에 관한 체험교육 ② 체험교육 프로그램의 개발 및 국민 안전의식 향상을 위한 홍보·전시 ③ 체험교육 인력의 양성 및 유관기관·단체 등과 협력 ④ 시·도지사가 인정하는 사업
① 소방박물관장 1인(소방공무원 중 소방청장이 임명), 부관장 1인 ② 운영위원회 : 7인 이내	-

암기 청물 시체

57 (상중하)

화재의 예방 및 안전관리에 관한 법령상 화재예방강화지구의 지정대상이 아닌 것은? (단, 소방청장 소방본부장 또는 소방서장이 화재예방강화지구로 지정할 필요가 있다고 인정하는 지역은 제외한다)

① 위험물의 저장 및 처리 시설이 밀집한 지역
② 소방시설·소방용수시설·소방출동로가 없는 지역
③ 노후·불량건축물이 밀집한 지역
④ 공장 창고가 있는 지역

해설 화재예방강화지구 지정

1) 지정권자 : 시·도지사
2) 화재예방강화지구 지정 요청 : 소방청장
3) 화재예방강화지구
   (1) 시장지역
   (2) 공장·창고가 밀집한 지역
   (3) 목조건물이 밀집한 지역
   (4) 노후·불량건축물이 밀집한 지역
   (5) 위험물의 저장 및 처리 시설이 밀집한 지역
   (6) 석유화학제품을 생산하는 공장이 있는 지역
   (7) 산업입지 및 개발에 관한 법률에 따른 산업단지
   (8) 소방시설·소방용수시설·소방출동로가 없는 지역
   (9) 물류단지
   (10) (1) ~ (9)까지 준하는 지역으로서 소방관서장이 화재예방강화지구로 지정할 필요가 있다고 인정하는 지역

58 (상중하)

소방용수시설 저수조의 설치기준으로 틀린 것은?

① 지면으로부터의 낙차가 4.5 [m] 이하일 것
② 흡수부분의 수심이 0.3 [m] 이상일 것
③ 흡수관의 투입구가 사각형의 경우에는 한 변의 길이가 60 [cm] 이상일 것
④ 흡수관의 투입구가 원형의 경우에는 지름이 60 [cm] 이상일 것

해설 소방용수시설 설치기준

1) 소화전
   • 상수도와 연결, 지하식·지상식 구조
   • 연결금속구 구경 : 65 [mm]
2) 급수탑
   • 급수배관 구경 : 100 [mm] 이상
   • 개폐밸브 : 지상 1.5 [m] 이상 1.7 [m] 이하
3) 저수조
   • 지면으로부터의 낙차 : 4.5 [m] 이하
   • <u>흡수부분 수심 : 0.5 [m] 이상일 것</u>
   • 흡수관 투입구 : 사각형 한 변 60 [cm]
                    원형 지름 60 [cm] 이상

정답 56 ③ 57 ④ 58 ②

59 상⊙하

화재의 예방 및 안전관리에 관한 법령상 소방안전 특별관리시설물의 대상기준 중 틀린 것은?

① 수련시설
② 항만시설
③ 전력용 및 통신용 지하구
④ 지정문화유산

해설 소방안전 특별관리시설물 ─────

1) 소방안전 특별관리 : 소방청장
2) 소방안전 특별관리시설물
   (1) 공항시설
   (2) 철도시설·도시철도시설
   (3) <u>항만시설</u>
   (4) 지정문화유산 및 천연기념물등인 시설(시설이 아닌 지정문화유산 및 천연기념물등을 보호하거나 소장하고 있는 시설을 포함한다)
   (5) 산업기술단지·산업단지
   (6) 초고층 건축물·지하연계 복합건축물
   (7) 수용인원 1000명 이상 영화상영관
   (8) <u>전력용·통신용 지하구</u>
   (9) 석유비축시설
   (10) 천연가스 인수기지 및 공급망
   (11) 대통령령으로 정하는 점포가 500개 이상인 전통시장
   (12) 그 밖의 대통령령으로 정하는 시설물
      ① 발전소
      ② 물류창고로서 연면적 10만 [m²] 이상
      ③ 가스공급시설

60 상⊙하

대통령령으로 정하는 특정소방대상물의 소방시설 중 내진설계 대상이 아닌 것은?

① 옥내소화전설비
② 스프링클러설비
③ 미분무소화설비
④ 연결살수설비

해설 내진설계 소방시설 ─────

- 옥내소화전설비
- 스프링클러설비
- 물분무등소화설비

암기 옥 스 등

2024년 2회
소방기계시설의 구조 및 원리

61 (상⦁중⦁하)

소화수조 및 저수조의 화재안전기술기준에 따라 소화용수설비에 설치하는 흡수관투입구의 수는 소요수량이 80 [m³]인 경우 최소 몇 개를 설치해야 하는가?

① 1
② 2
③ 3
④ 4

해설 소화수조 및 저수조 흡수관투입구 설치기준

1) 지하에 설치하는 흡수관투입구 : 한 변이 0.6 [m] 이상이거나 직경이 0.6 [m] 이상인 것

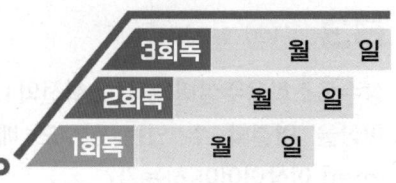

2) 설치개수

소요수량	80 [m³] 미만	80 [m³] 이상
흡수관투입구 수	1개 이상	2개 이상

62 (상⦁중⦁하)

분말소화설비의 화재안전기술기준상 배관에 관한 기준으로 틀린 것은?

① 배관은 전용으로 할 것
② 배관은 모두 스케줄 40 이상으로 할 것
③ 동관을 사용하는 경우의 배관은 고정압력 또는 최고사용압력의 1.5배 이상의 압력에 견딜 수 있는 것을 사용할 것
④ 밸브류는 개폐위치 또는 개폐방향을 표시한 것으로 할 것

해설 분말소화설비 배관

1) 배관은 전용으로 할 것
2) 강관 사용 배관 : 아연도금에 따른 배관용 탄소강관이나 이와 동등 이상의 강도·내식성 및 내열성을 가진 것으로 할 것(단, 축압식 분말소화설비에 사용하는 것 중 20 [℃]에서 압력이 2.5 [MPa] 이상 4.2 [MPa] 이하인 것은 압력배관용 탄소강관 중 이음이 없는 스케줄 40 이상의 것 또는 이와 동등 이상의 강도를 가진 것으로서 아연도금으로 방식 처리된 것을 사용해야 함)
3) 동관 사용 배관 : 고정압력 또는 최고사용압력의 1.5배 이상의 압력에 견딜 수 있는 것을 사용할 것
4) 밸브류는 개폐위치 또는 개폐방향을 표시한 것
5) 배관의 관부속 및 밸브류는 배관과 동등 이상의 강도 및 내식성이 있는 것으로 할 것

정답 61 ② 62 ②

63 (중)

상수도소화용수설비에서 소화전의 호칭지름 100 [mm] 이상을 연결할 수 있는 상수도 배관의 호칭지름은 몇 [mm] 이상이어야 하는가?

① 50
② 75
③ 80
④ 100

해설 상수도소화용수설비 설치기준

1) 호칭지름 75 [mm] 이상의 수도배관에 호칭지름 100 [mm] 이상의 소화전을 접속할 것
2) 소화전은 소방자동차 등의 진입이 쉬운 도로변 또는 공지에 설치할 것
3) 소화전은 특정소방대상물의 수평투영면의 각 부분으로부터 140 [m] 이하가 되도록 설치할 것

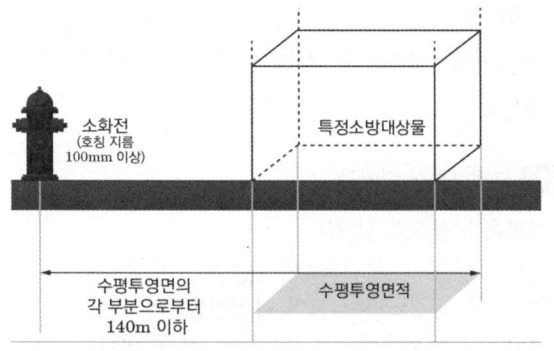

64 (하)

포소화설비의 화재안전기술기준에 따라 포헤드의 설치기준 중 다음 괄호 안에 알맞은 것은?

> 포워터스프링클러헤드는 특정소방대상물의 천장 또는 반자에 설치하되, 바닥면적 ( ) [m²]마다 1개 이상으로 하여 해당 방호대상물의 화재를 유효하게 소화할 수 있도록 할 것

① 6
② 7
③ 8
④ 9

해설 포소화설비 포헤드 설치기준

구분	설치기준
포워터스프링클러헤드	바닥면적 8 [m²]마다 1개 이상
포헤드	바닥면적 9 [m²]마다 1개 이상

[포헤드] [포워터스프링클러헤드]

65 (하)

미분무소화설비의 화재안전성능기준에 따른 용어의 정의 중 다음 ( ) 안에 알맞은 것은?

> 미분무란 물만을 사용하여 소화하는 방식으로 최소설계압력에서 헤드로부터 방출되는 물입자 중 (㉠) [%]의 누적체적분포가 (㉡) [μm] 이하로 분무되고 A, B, C급 화재에 적응성을 갖는 것을 말한다.

① ㉠ 30, ㉡ 200
② ㉠ 50, ㉡ 200
③ ㉠ 60, ㉡ 400
④ ㉠ 99, ㉡ 400

해설 미분무소화설비 미분무 정의

물만을 사용하여 소화하는 방식으로 최소설계압력에서 헤드로부터 방출되는 물입자 중 99 [%]의 누적체적분포가 400 [μm] 이하로 분무되고 A, B, C급 화재에 적응성을 갖는 것을 말한다.

[여러 개의 오리피스에서 방사되는 미분무헤드]

정답 63 ② 64 ③ 65 ④

66 (상⟨중⟩하)

연결살수설비의 화재안전기술기준에 따른 건축물에 설치하는 연결살수설비의 헤드에 대한 기준 중 다음 ( ) 안에 알맞은 것은?

> 천장 또는 반자의 각 부분으로부터 하나의 살수헤드까지의 수평거리가 연결살수설비 전용헤드의 경우에는 (㉠) [m] 이하, 스프링클러헤드의 경우에는 (㉡) [m] 이하로 할 것. 다만 살수헤드의 부착면과 바닥과의 높이가 (㉢) [m] 이하인 부분은 살수헤드의 살수분포에 따른 거리로 할 수 있다.

① ㉠ 3.7, ㉡ 2.3, ㉢ 2.1
② ㉠ 3.7, ㉡ 2.3, ㉢ 2.3
③ ㉠ 2.3, ㉡ 3.7, ㉢ 2.3
④ ㉠ 2.3, ㉡ 3.7, ㉢ 2.1

해설 연결살수설비의 헤드에 대한 기준

천장 또는 반자의 각 부분으로부터 하나의 살수헤드까지의 수평거리가 연결살수설비 전용헤드의 경우에는 3.7 [m] 이하, 스프링클러헤드의 경우에는 2.3 [m] 이하로 할 것. 다만 살수헤드의 부착면과 바닥과의 높이가 2.1 [m] 이하인 부분은 살수헤드의 살수분포에 따른 거리로 할 수 있다.

67 (상⟨중⟩하)

옥내소화전설비에서 펌프의 성능시험배관에 대한 분기 위치는?

① 펌프의 토출 측에 설치된 개폐밸브 이전
② 펌프의 토출 측에 설치된 체크밸브 이전
③ 펌프 흡입 측 배관의 여과장치 이후
④ 펌프 흡입 측 배관의 개폐밸브 이후

해설 펌프의 성능시험배관 설치기준

성능시험배관은 펌프의 토출 측에 설치된 개폐밸브 이전에서 분기하여 직선으로 설치하고, 유량측정장치를 기준으로 전단 직관부에는 개폐밸브를 후단 직관부에는 유량조절밸브를 설치할 것. 이 경우 개폐밸브와 유량측정장치 사이의 직관부 거리 및 유량측정장치와 유량조절밸브 사이의 직관부 거리는 해당 유량측정장치 제조사의 설치사양에 따르고, 성능시험배관의 호칭지름은 유량측정장치의 호칭지름에 따른다.

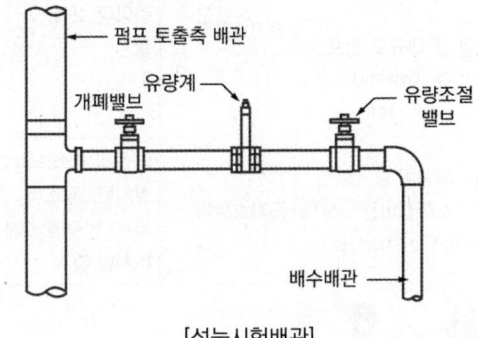

[성능시험배관]

68 (상⟨중⟩하)

인명구조기구를 설치해야 하는 특정소방대상물과 인명구조기구의 설치수량이 옳지 않은 것은?

① 지하층을 포함하는 층수가 8층인 관광호텔에 방열복 또는 방화복과 인공소생기를 각 2개 이상 비치할 것
② 운수시설 중 지하역사에 공기호흡기를 층마다 2개 이상 비치할 것
③ 판매시설 중 대규모점포에 공기호흡기를 층마다 2개 이상 비치할 것
④ 물분무등소화설비 중 이산화탄소소화설비를 설치해야 하는 특정소방대상물에 공기호흡기를 이산화탄소소화설비가 설치된 장소의 출입구 외부 인근에 1개 이상 비치할 것

정답 66 ① 67 ① 68 ①

해설 용도 및 장소별로 설치해야 할 인명구조기구

특정소방대상물	인명구조기구	설치 수량
지하층을 포함하는 층수가 7층 이상인 관광호텔 및 5층 이상인 병원	• 방열복 또는 방화복 • 공기호흡기 • 인공소생기	각 2개 이상 비치할 것 (다만 병원의 경우 인공소생기를 설치하지 않을 수 있다)
• 문화 및 집회시설 중 수용인원 100명 이상의 영화상영관 • 판매시설 중 대규모 점포 • 운수시설 중 지하역사 • 지하가 중 지하상가	공기호흡기	층마다 2개 이상 비치할 것
물분무등소화설비 중 이산화탄소소화설비를 설치해야 하는 특정소방대상물	공기호흡기	이산화탄소소화설비가 설치된 장소의 출입구 외부 인근에 1개 이상 비치할 것

[방열복] [방화복] [공기호흡기] [인공소생기]

69

화재조기진압용 스프링클러설비를 설치할 장소의 구조기준으로 틀린 것은?

① 해당 층의 높이가 13.7 [m] 이하일 것
② 천장의 기울기가 1000분의 168을 초과하지 않아야 하고 이를 초과하는 경우에는 반자를 지면과 수평으로 설치할 것
③ 천장은 평평하여야 하며 철재나 목재의 돌출부분이 102 [mm]를 초과하지 않을 것
④ 보로 사용되는 목재·콘크리트 및 철재 사이의 간격이 0.8 [m] 이상 1.5 [m] 이하일 것

해설 화재조기진압용 S/P 설치장소 구조

1) 해당 층의 높이가 13.7 [m] 이하일 것. 다만 2층 이상일 경우에는 해당 층의 바닥을 내화구조로 하고 다른 부분과 방화구획할 것
2) 천장 기울기 168/1000 초과하지 않아야 하고, 이를 초과하는 경우에는 반자를 지면과 수평으로 설치할 것
3) 천장은 평평해야 하며 철재나 목재트러스 구조인 경우 철재나 목재의 돌출 부분이 102 [mm]를 초과하지 않을 것
4) <u>보로 사용되는 목재·콘크리트 및 철재 사이의 간격이 0.9 [m] 이상 2.3 [m] 이하일 것</u>
5) 창고 내 선반 등의 형태는 하부로 물이 침투되는 구조로 할 것

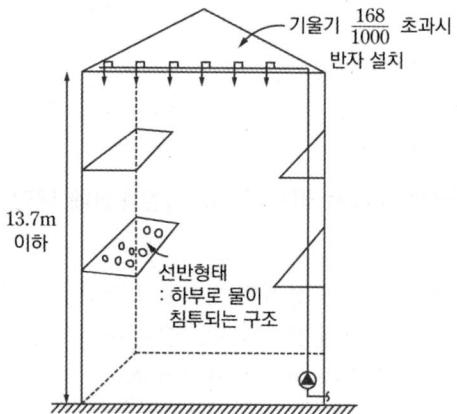

정답 69 ④

70 (상ⓜ하)

다음 중 완강기의 주요 구성요소가 아닌 것은?

① 디딤판
② 속도조절기
③ 연결금속구
④ 벨트

해설 완강기 구성

1) 속도조절기
2) 속도조절기의 연결부
3) 로프
4) 연결금속구
5) 벨트

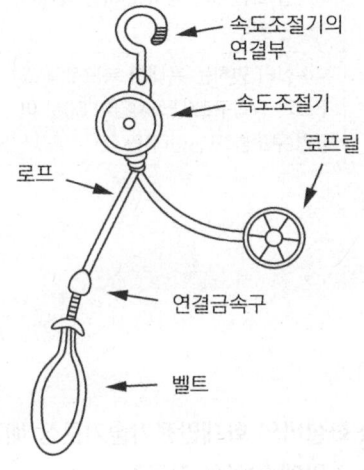

71 (상ⓜ하)

소방대상물 주변의 설치된 벽면적의 합계가 20 [m²], 방호공간의 벽면적 합계가 50 [m²], 방호공간 체적이 30 [m³]인 장소에서 국소방출방식의 분말소화설비를 설치할 때 저장할 소화약제량은 약 몇 [kg]인가? (단, 소화약제의 종별에 따른 X, Y의 수치에서 X의 수치는 5.2, Y의 수치는 3.9로 하며 여유율(K)는 1.1로 한다)

① 120
② 199
③ 314
④ 349

해설 국소방출방식 약제량

$$W = V \times \left(X - Y\frac{a}{A}\right) \times 1.1$$
$$= 30 \times \left(5.2 - 3.9 \times \frac{20}{50}\right) \times 1.1$$
$$= 120.12 [kg]$$

V : 방호공간의 체적 [m³]
a : 방호대상물 주변에 설치된 벽면적의 합계 [m²]
A : 방호공간의 벽면적의 합계 [m²]

72 (상ⓜ하)

다음 중 지하층이나 무창층 또는 밀폐된 거실로서 그 바닥면적이 20 [m²] 미만의 장소에 설치할 수 있는 소화기구는? (단, 배기를 위한 유효한 개구부가 없는 장소인 경우이다)

① 이산화탄소를 방출하는 소화기구
② 할론자동확산소화기로 약제를 방출하는 소화기구
③ 할론 1211을 방출하는 소화기구
④ 할론 2402를 방출하는 소화기구

해설 이산화탄소 또는 할로겐화합물을 방출하는 소화기구 설치 불가 장소

이산화탄소 또는 할로겐화합물을 방출하는 소화기구(자동확산소화기를 제외)는 지하층이나 무창층 또는 밀폐된 거실로서 그 바닥면적이 20 [m²] 미만의 장소에는 설치할 수 없다. 다만 배기를 위한 유효한 개구부가 있는 장소인 경우에는 그렇지 않다.

정답 70 ① 71 ① 72 ②

73 상(중)하

특정소방대상물의 보가 있는 부분의 포헤드 설치기준 중 포헤드와 보 하단의 수직거리가 0.2 [m]일 경우 포헤드와 보의 수평거리기준으로 옳은 것은?

① 0.75 [m] 미만
② 0.75 [m] 이상 1 [m] 미만
③ 1 [m] 이상 1.5 [m] 미만
④ 1.5 [m] 이상

해설 보가 있는 부분의 포헤드

포헤드와 보 하단의 수직거리	포헤드와 보의 수평거리
0	0.75 [m] 미만
0.1 [m] 미만	0.75 [m] 이상 1 [m] 미만
0.1 [m] 이상 0.15 [m] 미만	1 [m] 이상 1.5 [m] 미만
0.15 [m] 이상 0.3 [m] 미만	1.5 [m] 이상

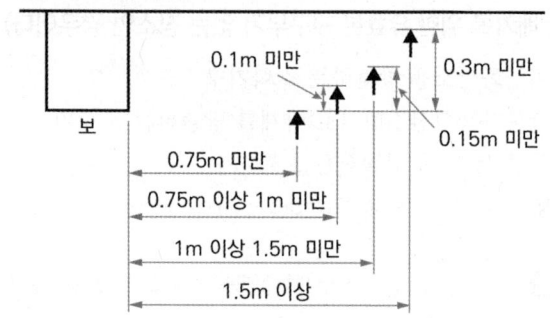

74 상 중(하)

제연구역의 선정방식 중 계단실 및 그 부속실을 동시에 제연하는 것의 방연풍속은 몇 [m/s] 이상이어야 하는가?

① 0.4   ② 0.5
③ 0.6   ④ 0.7

해설 방연풍속

제연구역		방연풍속
계단실 및 그 부속실을 동시에 제연하는 것 또는 계단실만 단독으로 제연하는 것		0.5 [m/s] 이상
부속실만 단독으로 제연하는 것	부속실 또는 승강장이 면하는 옥내가 거실인 경우	0.7 [m/s] 이상
	부속실이 면하는 옥내가 복도로서 그 구조가 방화구조(내화시간이 30분 이상인 구조를 포함한다)인 것	0.5 [m/s] 이상

75 상(중)하

이산화탄소소화설비의 화재안전기술기준상 배관의 설치기준 중 다음 ( ) 안에 알맞은 것은?

> 고압식의 1차 측(개폐밸브 또는 선택밸브 이전) 배관부속의 최소사용설계압력은 (㉠) [MPa]로 하고, 고압식의 2차 측과 저압식의 배관부속의 최소사용설계압력은 (㉡) [MPa]로 할 것

① ㉠ 4.0, ㉡ 2.0
② ㉠ 9.5, ㉡ 4.5
③ ㉠ 9.5, ㉡ 2.0
④ ㉠ 4.5, ㉡ 9.5

해설 이산화탄소소화설비의 배관

구분		설치조건
강관 (압력배관용 탄소강관)	고압식	스케줄 80 이상 (20 [mm] 이하 : 스케줄 40 이상인 것)
	저압식	스케줄 40 이상
동관 (이음이 없는 동 및 동합금관)	고압식	16.5 [MPa] 이상의 압력에 견딜 수 있는 것
	저압식	3.75 [MPa] 이상의 압력에 견딜 수 있는 것
배관부속	고압식 1차 측	최소사용설계압력 : 9.5 [MPa]
	고압식 2차 측과 저압식	최소사용설계압력 : 4.5 [MPa]

76 (상중하)

할론소화설비의 분사헤드 설치기준 중 전역방출방식 할론 1211 분사헤드의 방출압력은 최소 몇 [MPa] 이상이어야 하는가?

① 0.1
② 0.2
③ 0.7
④ 0.9

해설 할론소화설비 분사헤드 방출압력

- 할론 2402 : 0.1 [MPa] 이상
- 할론 1211 : 0.2 [MPa] 이상
- 할론 1301 : 0.9 [MPa] 이상

77 (상중하)

할로겐화합물 및 불활성기체소화설비의 배관 설치기준으로 틀린 것은?

① 배관은 전용으로 할 것
② 배관부속 및 밸브류는 강관 또는 동관과 동등 이상의 강도 및 내식성이 있는 것으로 할 것
③ 배관의 구경은 해당 방호구역에 할로겐화합물소화약제는 10초 이내에, 불활성기체소화약제는 A·C급 화재 2분, B급 화재 1분 이내에 방출되도록 하여야 한다.
④ 강관을 사용하는 경우 압력배관용 탄소강관 또는 이와 동등 이상의 강도를 가진 것으로서 구리 등에 따라 방식처리된 것을 사용할 것

해설 할로겐화합물 및 불활성기체소화설비 배관

1) 배관은 전용으로 할 것
2) 배관·배관부속 및 밸브류는 저장용기의 방출 내압을 견딜 수 있어야 함
   (1) 강관을 사용하는 경우의 배관은 압력배관용 탄소강관 또는 이와 동등 이상의 강도를 가진 것으로서 아연도금 등에 따라 방식처리된 것을 사용할 것
   (2) 동관을 사용하는 경우의 배관은 이음이 없는 동 및 동합금관의 것을 사용할 것
3) 배관부속 및 밸브류는 강관 또는 동관과 동등 이상의 강도 및 내식성이 있는 것으로 할 것
4) 배관과 배관, 배관과 배관 부속 및 밸브류의 접속은 나사접합, 용접접합, 압축접합 또는 플랜지접합 등의 방법을 사용해야 한다.
5) 배관의 구경은 해당 방호구역에 할로겐화합물소화약제는 10초 이내에, 불활성기체소화약제는 A·C급 화재 2분, B급 화재 1분 이내에 방호구역 각 부분에 최소설계농도의 95 [%] 이상에 해당하는 약제량이 방출되도록 해야 한다.

정답 76 ② 77 ④

78 (상 중 하)

제연설비를 설치하기 위해서는 하나의 제연구역의 면적은 몇 [m²] 이내로 하여야 하는가?

① 1000
② 1500
③ 2000
④ 2500

해설 제연설비의 제연구역 구획기준

1) 하나의 제연구역 면적 : 1000 [m²] 이내
2) 거실과 통로(복도 포함)는 각각 제연구획할 것
3) 통로상의 제연구역은 보행중심선의 길이가 60 [m]를 초과하지 않을 것
4) 하나의 제연구역은 직경 60 [m] 원 내에 들어갈 수 있을 것
5) 하나의 제연구역은 2 이상 층에 미치지 않도록 할 것

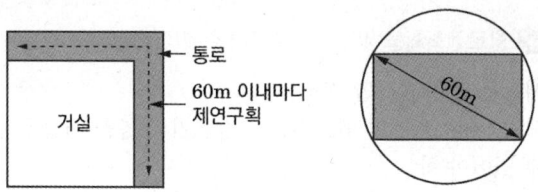

79 (상 중 하) 신유형!

연결송수관설비의 화재안전기술기준에 따라 배관을 습식으로 설치해야 하는 특정소방대상물은 무엇인가?

① 지면으로부터의 높이가 40 [m], 지상 7층인 판매시설
② 지면으로부터의 높이가 30 [m], 지상 9층인 오피스
③ 지면으로부터의 높이가 20 [m], 지상 6층인 오피스텔
④ 지면으로부터의 높이가 10 [m], 지상 8층인 숙박시설

해설 연결송수관설비의 배관

지면으로부터의 높이가 31 [m] 이상인 특정소방대상물 또는 지상 11층 이상인 특정소방대상물에 있어서는 습식 설비로 할 것

80 (상 중 하)

개방형 스프링클러설비에서 하나의 방수구역을 담당하는 헤드의 개수는 몇 개 이하로 해야 하는가? (단, 방수구역은 나누어져 있지 않고 하나의 구역으로 되어 있다)

① 50
② 40
③ 30
④ 20

해설 개방형 스프링클러설비의 방수구역

1) 하나의 방수구역은 2개 층에 미치지 않도록 할 것
2) 방수구역마다 일제개방밸브 설치해야 함
3) 하나의 방수구역을 담당하는 헤드의 개수 : 50개 이하(단, 2개 이상의 방수구역으로 나눌 경우 : 하나의 방수구역을 담당하는 헤드의 개수는 25개 이상으로 해야 함)

정답 78 ① 79 ① 80 ①

소방원론

2024년 3회

01 상 중 하

다음 중 연소의 3요소가 아닌 것은?

① 연료
② 촉매
③ 공기
④ 점화원

해설 연소의 3요소, 4요소

① 연료 ⇒ 가연물
③ 공기 ⇒ 산소공급원
④ 점화원

연소의 3요소	연소의 4요소
• 가연물 • 산소공급원 • 점화원	• 가연물 • 산소공급원 • 점화원 • 연쇄반응

암기 연소의 3요소 : 가산점

02 상 중 하

제2종 분말소화약제의 주성분으로 옳은 것은?

① NaH_2PO_4
② KH_2PO_4
③ $NaHCO_3$
④ $KHCO_3$

해설 분말소화약제

종별	소화약제	약제색	적응화재
1종	탄산수소나트륨 ($NaHCO_3$)	백색	BC급
2종	탄산수소칼륨 ($KHCO_3$)	담자색 (담회색)	BC급
3종	제1인산암모늄 ($NH_4H_2PO_4$)	담홍색	ABC급
4종	탄산수소칼륨 + 요소 ($KHCO_3+(NH_2)_2CO$)	회(백)색	BC급

암기 백담사 홍어회

03 상 중 하

소화에 필요한 CO_2의 이론소화농도가 공기 중에서 37 [vol%]일 때 한계산소농도는 약 몇 [vol%]인가?

① 13.2
② 14.5
③ 15.5
④ 16.5

해설 이산화탄소의 농도

$$CO_2 \text{ 농도 [vol\%]} = \frac{21 - O_2[vol\%]}{21} \times 100$$

$37 = \dfrac{21 - O_2}{21} \times 100$

$\therefore O_2 = 13.23 \, [vol\%]$

정답 01 ② 02 ④ 03 ①

04 상중하

제6류 위험물에 속하지 않는 것은?

① 질산
② 과산화수소
③ 과염소산
④ 과염소산염류

해설 제6류 위험물(산화성 액체)

품명	지정수량
과염소산	
과산화수소	300 [kg]
질산	

보충 과염소산염류 : 제1류 위험물

05 상중하 (신유형)

물의 물리·화학적 성질로 틀린 것은?

① 분자 간 결합은 쌍극자-쌍극자 상호작용의 일종인 수소결합에 의해 이루어진다.
② 대기압하에서 100[℃]의 물이 액체에서 수증기로 바뀌면 체적은 약 1600배 정도 증가한다.
③ 유류화재에 물을 무상으로 주수하면 질식효과 이외에 유탁액에 생성되어 유화효과가 나타난다.
④ 수소 1 분자와 산소 1/2 분자로 이루어져 있으며 이들 사이의 화학결합은 비극성 이온결합이다.

해설 물의 물리·화학적 성질

④ 수소 1 분자와 산소 1/2 분자로 이루어져 있으며 이들 사이의 화학결합은 극성 공유결합이다.

구분	내용
물리적 성질	• 상온에서 물은 무겁고 안정된 액체 • 융해잠열 : 80 [kcal/kg] (= 334 [kJ/kg]) • 증발잠열 : 539.6 [kcal/kg] (= 2257 [kJ/kg]) • 비열 : 1 [kcal/kg·℃] = 1 [cal/g·℃] 　　　(= 4.18 [kJ/kg·K]) • 잠열, 비열, 표면장력이 크다 • 증발 시 체적 약 1650배(1600 ~ 1700배) 증가
화학적 성질	• 수소 2 원자, 산소 1 원자(H_2O) • 물은 극성 분자, 수소결합

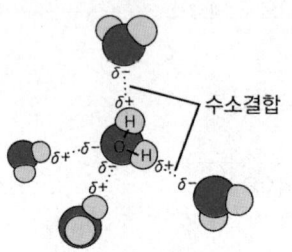

[물분자의 수소결합]

06 상중하

물과 반응하여 가연성 기체를 발생하지 않는 것은?

① 칼륨　　② 인화아연
③ 산화칼슘　　④ 탄화알루미늄

해설 분진폭발을 일으키지 않는 물질

물과 반응하여 가연성 기체를 발생하지 않는 것
• 시멘트
• 석회석
• 탄산칼슘($CaCO_3$)
• 생석회(CaO) = 산화칼슘
• 소석회

암기 분시석 탄생소

정답 04 ④ 05 ④ 06 ③

07 상중하

화재의 소화원리에 따른 소화방법의 적용으로 틀린 것은?

① 냉각소화 : 스프링클러설비
② 질식소화 : 이산화탄소소화설비
③ 제거소화 : 포소화설비
④ 억제소화 : 할로겐화합물소화설비

해설 소화방법

소화원리	소화방법
냉각소화	• 스프링클러설비 • 옥내 · 외소화전설비
질식소화	• 이산화탄소소화설비 • 포소화설비 • 불활성기체소화설비 • 마른모래 · 팽창질석 · 팽창진주암
억제소화	• 할로겐화합물소화설비 • 분말소화설비

08 상중하

실내 화재 시 발생한 연기로 인한 감광계수[m^{-1}]와 가시거리에 대한 설명 중 틀린 것은?

① 감광계수가 0.1일 때 가시거리는 20 ~ 30 [m]이다.
② 감광계수가 0.3일 때 가시거리는 15 ~ 20 [m]이다.
③ 감광계수가 1.0일 때 가시거리는 1 ~ 2 [m]이다.
④ 감광계수가 10일 때 가시거리는 0.2 ~ 0.5 [m]이다.

해설 감광계수

감광계수 [m^{-1}]	가시거리 [m]	내용
0.1	20 ~ 30	연기감지기 작동할 때
0.3	5	건물에 익숙한 사람이 피난에 지장을 느낄 때
0.5	3	어두움을 느낄 때
1	1 ~ 2	거의 앞이 보이지 않음
10	0.2 ~ 0.5	최성기 때 연기농도
30	-	출화실에서 연기 분출

09 상중하

제4류 위험물의 물리 · 화학적 특성에 대한 설명으로 틀린 것은?

① 증기는 공기보다 가볍다.
② 대부분은 물보다 가볍다.
③ 인화성 액체이다.
④ 인화점이 낮을수록 증기 발생이 용이하다.

해설 제4류 위험물의 특성

1) 상온에서 액체 상태이다.
2) 인화성 액체이다(인화의 위험이 높다).
3) 인화점이 낮을수록 증기 발생이 용이하다.
4) 정전기에 의한 화재 발생위험이 있다.
5) 대부분 물보다 가볍고 물에 녹지 않는다.
6) 증기는 공기보다 무겁다(증기비중이 공기보다 크다).
7) 비교적 낮은 착화점을 가지고 있다.

정답 07 ③ 08 ② 09 ①

10 (상 중 하)

자연발화 방지대책에 대한 설명 중 틀린 것은?

① 저장실의 온도를 낮게 유지한다.
② 저장실의 환기를 원활히 시킨다.
③ 촉매물질과의 접촉을 피한다.
④ 저장실의 습도를 높게 유지한다.

해설 자연발화 방지대책

1) 가연성 물질 제거
2) 통풍이나 환기를 통한 열 축적 방지
3) 저장실의 온도를 낮출 것
4) 습도 높은 곳 피할 것(수분 : 촉매작용)
5) 열전도성 좋게 할 것

11 (상 중 하)

할론소화설비에서 할론 1301 약제의 분자식은?

① CBr_2ClF
② CF_3Br
③ CCl_2BrF
④ BrC_2ClF

해설 할론소화약제

종류	분자식	상온·상압
할론 1211	CF_2ClBr	기체
할론 1301	CF_3Br	
할론 1011	CH_2ClBr	액체
할론 2402	$C_2F_4Br_2$	

12 (상 중 하) 신유형!

내화구조기준에 적합한 지붕의 구조로 옳지 않은 것은?

① 철골철근콘크리트조
② 무근콘크리트조
③ 철재로 보강된 콘크리트블록조
④ 철재로 보강된 유리블록

해설 내화구조기준에 적합한 지붕

1) 철근콘크리트조 또는 철골철근콘크리트조
2) 철재로 보강된 콘크리트블록조·벽돌조 또는 석조
3) 철재로 보강된 유리블록 또는 망입유리로 된 것

보충 건축법 제50조에 따라 주요구조부와 지붕을 내화(耐火)구조로 해야 한다.

13 (상 중 하)

전기화재의 원인으로 거리가 먼 것은?

① 단락
② 과전류
③ 누전
④ 절연 과다

해설 전기화재 원인

1) 과전류(과부하)에 의한 발화
2) 단락(합선)에 의한 발화
3) 누전에 의한 발화
4) 낙뢰에 의한 발화
5) 전기불꽃에 의한 발화
6) 정전기로 인한 스파크 발생에 의한 발화

보충
• 절연 : 전기 또는 열을 통하지 않게 하는 것
• 단락 : 전기회로의 두 점 사이의 절연이 잘 안 되어서 두 점 사이가 접속되는 일
• 누전 : 절연이 불완전하거나 시설이 손상되어 전기가 전깃줄 밖으로 새어 흐름

정답 10 ④ 11 ② 12 ② 13 ④

14 상(중)하

주된 연소 형태가 표면연소인 가연물로만 나열된 것은?

① 숯, 목탄
② 석탄, 종이
③ 나프탈렌, 파라핀
④ 니트로셀룰로오스, 질화면

해설 연소의 형태(고체의 연소)

구분	내용	종류
표면연소	불꽃이 없고 표면에서 연소	숯, 코크스, 목탄, 금속분
분해연소	고체 가연물이 온도 상승 시 열분해를 통해 발생하는 가연성 가스가 연소	목재, 석탄, 종이, 플라스틱
증발연소	열분해 없이 증발하여 연소	황(유황), 나프탈렌, 파라핀(양초)
자기연소	물질 내부에 산소를 함유하고 있어 별도의 산소 공급 없이 연소	나이트로셀룰로오스(니트로셀룰로오스), 나이트로글리세린(니트로글리세린), 유기과산화물

15 상(중)하

화재에서 눈부신 백색(휘백색)의 불꽃 온도는 약 몇 [℃]인가?

① 500
② 950
③ 1300
④ 1500

해설 연소 시 불꽃의 색과 온도

색	온도 [℃]
암적색	700 ~ 750
적색	850
휘적색	900 ~ 950
황적색	1100
백색	1200 ~ 1300
휘백색	1500

암기 ▶ 암적적 휘황백 휘백

16 상(중)하

물체의 표면온도가 250 [℃]에서 650 [℃]로 상승하면 열 복사량은 약 몇 배 정도 상승하는가?

① 2.5
② 5.7
③ 7.5
④ 9.7

해설 스테판 볼츠만의 법칙

$$단위\ 면적당\ 복사열량\ Q\,[W/m^2] = \sigma T^4$$

복사 : 열전달 매질 없이 전자파 형태로 열이 전달
스테판 볼츠만의 법칙에 의해 복사열은 절대온도의 4승에 비례한다.

보충 ▶ 매질 : 파동을 전달시키는 물질

$$\frac{Q_2}{Q_1} = \frac{(273+t_2)^4}{(273+t_1)^4} = \frac{(273+650)^4}{(273+250)^4} \fallingdotseq 9.7배$$

σ : 스테판 볼츠만 상수 $[W/m^2 \cdot K^4]$
T : 절대온도 [K]

정답 14 ① 15 ④ 16 ④

17 (중)

물의 소화력을 증대시키기 위하여 첨가하는 첨가제 중 물의 유실을 방지하고 건물, 임야 등의 입체 면에 오랫동안 잔류하게 하기 위한 것은?

① 침투제 ② 강화액
③ 증점제 ④ 유화제

해설 물의 소화력 증대를 위한 첨가제

종류	특성
증점제	산림에 장시간 부착(점도 증가)
침투제	계면활성제 첨가
부동액	물의 동결방지 위해 첨가
유화제	분무주수하면 효과적(에멀젼 형성)
강화액	염류를 첨가하여 물의 소화효과와 강화액의 부촉매효과 이용

18 (중)

폭연에서 폭굉으로 전이되기 위한 조건에 대한 설명으로 틀린 것은?

① 정상연소속도가 작은 가스일수록 폭굉으로 전이가 용이하다.
② 배관 내에 장애물이 존재할 경우 폭굉으로 전이가 용이하다.
③ 배관의 관경이 가늘수록 폭굉으로 전이가 용이하다.
④ 배관 내 압력이 높을수록 폭굉으로 전이가 용이하다.

해설 폭연(Deflagration), 폭굉(Detonation)

1) 폭연과 폭굉의 비교

가스폭발은 물적 조건과 에너지조건이 만족되면 화염이 발생하여 일정한 속도로 전파되는데, 음속 이하를 폭연(Deflagration), 음속 이상을 폭굉(Detonation)이라고 한다.

구분	폭연	폭굉
전파 속도	음속 이하 (0.1 ~ 10 [m/s])	음속 이상 (1000 ~ 3500 [m/s])
특징	폭굉으로 전이 될 수 있음	압력 상승이 폭연의 10배 이상
에너지 전달	전도, 대류, 복사 (열에 의한 연소파)	충격파

2) 폭굉 유도거리
 (1) 폭굉 유도거리란 정상적인 연소에서 폭굉으로 전이되는 데 필요한 거리를 말한다.
 (2) 폭굉 유도거리가 짧을수록 위험성이 크다.
 (3) 폭굉유도거리가 짧아지는 조건
  ① 점화원의 에너지가 클수록 (+)
  ② 연소속도가 클수록 (+)
  ③ 주위온도가 높을수록 (+)
  ④ 배관의 압력이 클수록 (+)
  ⑤ 배관 내 장애물이 많을수록 (+)
  ⑥ 배관의 관경이 가늘수록(작을수록) (-)

① 정상연소속도가 큰 가스일수록 폭굉으로 전이가 용이하다.

19 ③

위험물안전관리법령에서 정하는 제3류 위험물에 해당하는 것이 아닌 것은?

① 인화칼슘 ② 황린
③ 칼륨 ④ 황화인

해설 제2류 위험물 및 제3류 위험물

구분	종류
제2류 위험물	• 황화인(황화린), 적린, 황(유황) • 철분, 마그네슘, 금속분(Al, Zn 등), 인화성 고체
제3류 위험물	• 황린, 칼륨(K), 나트륨(Na), 알칼리금속(Li 등) 및 알칼리토금속(Ca 등) • 유기금속화합물, 금속의 수소화물(수소화리튬, 수소화나트륨, 수소화칼슘) • 금속의 인화물(인화칼슘) • 칼슘 또는 알루미늄의 탄화물(탄화칼슘, 탄화알루미늄)

※ 제3류 위험물의 특징 및 소화
 (1) 자연발화성 물질 및 금수성 물질
 (2) 물과 접촉하면 발열·발화함
 (3) 건조사, 팽창진주암, 팽창질석 등에 의한 질식소화(주수소화 절대엄금)

암기 제2류 위험물 : 황화인
　　　제3류 위험물 : 황린

20 ③

할론소화약제의 주된 소화효과 및 방법에 대한 설명으로 옳은 것은?

① 소화약제의 증발잠열에 의한 소화방법이다.
② 산소의 농도를 15 [%] 이하로 낮게 하는 소화방법이다.
③ 소화약제의 열분해에 의해 발생하는 이산화탄소에 의한 소화방법이다.
④ 자유활성기(Free Radical)의 생성을 억제하는 소화방법이다.

해설 할론소화약제

1) 연쇄반응 차단하여 부촉매소화
2) 라디컬포착제로 자유활성기 생성 억제
3) 할로겐족 원소 사용(F, Cl, Br, I 등)
4) 부식성이 낮음
5) 전기의 부도체로 전기화재에 효과적
6) 적응성 : 통신기기실, 미술관, 전산실 등

정답 19 ④ 20 ④

2024년 3회 소방유체역학

21 상(중)하

관 내를 흐르고 있는 유체에 대해 체적 유량으로 표시하기 곤란한 경우는?

① 물이 관 내를 흐를 때
② 기름이 관 내를 흐를 때
③ 탄산가스가 관 내를 흐를 때
④ 단면적이 변하는 관 속을 물이 흐를 때

해설 압축성 유체와 비압축성 유체

1) 탄산가스는 압축성 유체이므로 관의 단면이 축소하게 되면 압력 변화가 발생하고 이에 따른 유체의 체적 변화가 발생하므로 탄산가스가 관 내를 흐를 때는 체적유량보다 질량유량으로 표시하는 것이 바람직하다.
2) 물, 기름은 대표적인 비압축성 유체로 압력변화에 따른 체적 변화가 무시할 수 있을 정도로 미미하기 때문에 체적유량으로 표시 가능하다.

보충 압축성 유체 : 압력변화에 대하여 변수[밀도, 비중량, 체적 등]의 변화를 무시할 수 없는 유체

22 상(중)하

수평으로 설치된 안지름 D, 길이 L의 곧은 원관 내에 체적유량 Q의 유체가 흐를 때 손실수두는? (단, 관마찰계수는 f이고, 중력 가속도는 g이다)

① $\dfrac{4fLQ^2}{\pi^2 gD^4}$
② $\dfrac{8fLQ^2}{\pi^2 gD^4}$
③ $\dfrac{4fLQ^2}{\pi^2 gD^5}$
④ $\dfrac{8fLQ^2}{\pi^2 gD^5}$

해설 달시 바이스바하공식

$$\text{손실수두 } h[m] = f\dfrac{L}{D}\dfrac{V^2}{2g}$$

$$h = f\dfrac{L}{D}\dfrac{V^2}{2g} = f\dfrac{L}{D}\dfrac{\left(\dfrac{Q}{\dfrac{\pi}{4}D^2}\right)^2}{2g} = f\dfrac{L}{D}\dfrac{\dfrac{Q^2}{\dfrac{\pi^2}{4^2}D^4}}{2g}$$

$$= f\dfrac{L}{D}\dfrac{Q^2}{2g \times \dfrac{\pi^2}{4^2}D^4}$$

$$= f\dfrac{L}{D}\dfrac{4^2 \times Q^2}{2g \times \pi^2 D^4}$$

$$= \dfrac{8fLQ^2}{\pi^2 gD^5}$$

23 상(중)하

뉴턴의 점성법칙을 나타내는 식으로 옳은 것은?

① $\rho_1 A_1 V_1 = \rho_2 A_2 V_2$
② $\tau = \mu \dfrac{du}{dy}$
③ $\dfrac{P_1}{\gamma} + \dfrac{V_1^2}{2g} + Z_1 = \dfrac{P_2}{\gamma} + \dfrac{V_2^2}{2g} + Z_2$
④ $PV = nRT$

정답 21 ③ 22 ④ 23 ②

해설 뉴턴의 점성법칙

① $\rho_1 A_1 V_1 = \rho_2 A_2 V_2$ ⇒ 연속방정식
② $\tau = \mu \dfrac{du}{dy}$ ⇒ 뉴턴의 점성법칙
③ $\dfrac{P_1}{\gamma} + \dfrac{V_1^2}{2g} + Z_1 = \dfrac{P_2}{\gamma} + \dfrac{V_2^2}{2g} + Z_2$
   ⇒ 베르누이방정식
④ $PV = nRT$ ⇒ 이상기체 상태방정식

24 (상중하)

그림과 같이 수조차의 탱크 측벽에 안지름이 25 [cm]인 노즐을 설치하여 노즐로부터 물이 분사되고 있다. 노즐 중심은 수면으로부터 3 [m] 아래에 있다고 할 때 수조차가 받는 추력 F는 약 몇 [kN]인가? (단, 노면과의 마찰은 무시한다)

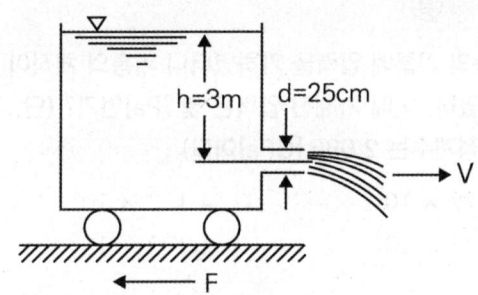

① 1.77 ② 2.89
③ 4.56 ④ 5.21

해설 물탱크가 받는 추진력

$$추력\ F = \rho A V^2 = \rho A (\sqrt{2gh})^2$$

1) 유속 V
   $V = \sqrt{2gh} = \sqrt{2 \times 9.8 \times 3} = 7.67 [m/s]$
2) 추력 F
   $F = \rho A V^2$
   $= 1000 \times \dfrac{\pi}{4}(0.25)^2 \times 7.67^2$
   $≒ 2887.76 [N] = 2.89 [kN]$

25 (상중하)

그림과 같이 수조의 밑 부분에 구멍을 뚫고 물을 유량 Q로 방출시키고 있다. 손실을 무시할 때 수위가 처음 높이의 1/2로 되었을 때 방출되는 유량은 어떻게 되는가?

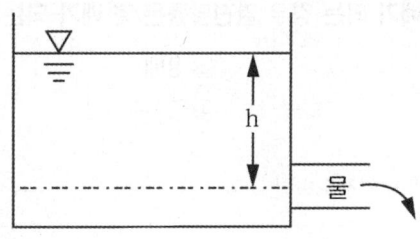

① $\dfrac{1}{\sqrt{2}} Q$ ② $\dfrac{1}{2} Q$
③ $\dfrac{1}{\sqrt{3}} Q$ ④ $\dfrac{1}{3} Q$

해설 수조의 방출 유량

$$유출\ 유속\ V = \sqrt{2gh}$$

유량 $Q = AV = A\sqrt{2gh}$
따라서 $Q \propto \sqrt{h}$ 이므로
1) 수위가 h일 때 방출 유량 : Q
2) 나중 수위가 $\dfrac{h}{2}$로 되었을 때 방출 유량 : Q_2로 하면
   $Q : \sqrt{h} = Q_2 : \sqrt{h_2}$
   $Q : \sqrt{h} = Q_2 : \sqrt{\dfrac{h}{2}}$
   $Q_2 = \sqrt{\dfrac{1}{2}} Q = \dfrac{1}{\sqrt{2}} Q$
   ∴ $Q_2 = \dfrac{1}{\sqrt{2}} Q$

정답 24 ② 25 ①

26 (상 중 하)

열전달 면적이 A이고 온도 차이가 △T, 벽의 열전도율이 k, 두께 x인 벽을 통한 열류량은 Q이다. 동일한 열전달 면적에서 온도 차이가 2배, 벽의 열전도율이 4배가 되고 벽의 두께가 2배가 되는 경우 열전달률은 몇 배가 되는가?

① 4배
② 8배
③ 16배
④ 32배

해설 푸리에 열전도법칙

$$\text{전도열량 } \dot{Q}[W] = \frac{k \times A \times \triangle T}{l}$$

k : 열전도율(열전도계수) [W/m·K]
A : 열전달 면적 [m²]
$\triangle T$: 온도 차 [K]
l : 전열체의 두께 [m]

$Q = \frac{kA\triangle T}{x}$ 에서

동일한 열전달 면적에서 온도 차이가 2배, 벽의 열전도율이 4배가 되고 벽의 두께가 2배가 되는 경우

$Q_2 = \frac{(4 \times k) \times A \times (2 \times \triangle T)}{(2 \times x)}$

$= 4 \times \frac{kA\triangle T}{x} = 4Q$

∴ 4배

27 (상 중 하)

Carnot 사이클이 800 [K]의 고온 열원과 500 [K]의 저온 열원 사이에서 작동한다. 이 사이클에 공급하는 열량이 사이클 당 800 [kJ]이라 할 때, 한 사이클 당 외부에 하는 일은 약 몇 [kJ]인가?

① 200
② 300
③ 400
④ 500

해설 카르노사이클

$$\text{카르노사이클의 열효율}$$
$$\eta_c = \frac{W}{Q_H} = \frac{Q_H - Q_L}{Q_H} = 1 - \frac{Q_L}{Q_H} = 1 - \frac{T_L}{T_H}$$

$W = Q_H \times \eta$

$= Q_H \times \left(1 - \frac{T_L}{T_H}\right)$

$= 800 \times \left(1 - \frac{500}{800}\right)$

$= 300 \, [kJ]$

W : 외부에 하는 일 [kJ]
T_L : 저온 [K], T_H : 고온 [K]
Q_L : 저온 열량 [kJ], Q_H : 고온 열량 [kJ]

28 (상 중 하)

배관 속의 기름에 압력을 가하였더니 기름의 체적이 1/50 감소하였다. 이때 가해진 압력은 몇 [Pa]인가? (단, 기름의 체적탄성계수는 2.086 [GPa]이다)

① 4.172×10^7
② 4.172×10^4
③ 4.172×10^3
④ 4.172×10^2

해설 체적탄성계수

$$\text{체적탄성계수 } K = -\frac{\Delta P}{\Delta V/V_1} = -\frac{P_2 - P_1}{\frac{(V_2 - V_1)}{V_1}}$$

$2.086 \times 10^9 \, [Pa] = -\frac{\Delta P}{\left(-\frac{1}{50}\right)}$

∴ $\triangle P = 4.172 \times 10^7 \, [Pa]$

※ $\frac{\Delta V}{V_1}$ 가 (-)인 이유 : 체적이 감소하기 때문

보충 1 [GPa] = 10⁹ [Pa]
G[기가] : 10^9, M[메가] : 10^6, k[킬로] : 10^3

정답 26 ① 27 ② 28 ①

29 (상⦁중⦁하)

원심펌프가 전양정 120 [m]에 대해 6 [m³/s]의 물을 공급할 때 필요한 축동력이 9530 [kW]이었다. 이때 펌프의 체적효율과 기계효율이 각각 88 [%], 89 [%]라고 하면 이 펌프의 수력효율은 약 몇 [%]인가?

① 74.1 ② 84.2
③ 88.5 ④ 94.5

해설 펌프의 효율 계산

$$축동력\ P[kW] = \frac{\gamma[kN/m^3] \times Q[m^3/s] \times H[m]}{\eta}$$

1) 축동력 $P = \frac{\gamma Q H}{\eta}$

$$9530 = \frac{9.8 \times 6 \times 120}{\eta}$$

∴ 전효율 $\eta = 0.74$

2) $\eta_{수력}$

전효율 $\eta = \eta_{수력} \times \eta_{체적} \times \eta_{기계}$

$0.74 = \eta_{수력} \times 0.88 \times 0.89$

∴ $\eta_{수력} = 0.9448 = 94.5\%$

γ : 물의 비중량 [9.8 kN/m³]
Q : 유량 [m³/s]
H : 전양정 [m]
η : 효율

30 (상⦁중⦁하)

이상기체의 폴리트로픽 변화 $PV^n = C$ 에서 n이 대상 기체의 비열비(Ratio of Specific Heat)인 경우는 어떤 변화인가? (단, P는 압력, V는 부피, C는 상수(Constant)를 나타낸다)

① 단열 변화 ② 정압 변화
③ 등온 변화 ④ 정적 변화

해설 폴리트로픽 지수(n)

폴리트로픽 지수	n = 0	n = 1	n = k	n = ∞
변화	등압	등온	단열	정적

k : 비열비

31 (상⦁중⦁하)

글로브밸브에 의한 손실을 지름이 10 [cm]이고 관 마찰계수가 0.025인 관의 길이로 환산하면 상당길이가 40 [m]가 된다. 이 밸브의 부차적 손실계수는?

① 0.25 ② 1
③ 2.5   ④ 10

해설 관의 상당길이

$$K = f\frac{L_e}{D} = 0.025 \times \frac{40}{0.1} = 10$$

보충 상당길이(등가길이) : 관 부속물에 유체가 흐를 때 발생되는 마찰 손실과 같은 크기의 마찰 손실을 가지는 동일 구경의 직관의 길이

32 (상⦁중⦁하)

베르누이방정식을 적용할 수 있는 기본 전제조건으로 옳은 것은?

① 비압축성 흐름, 점성 흐름, 정상유동, 유선을 따라
② 압축성 흐름, 비점성 흐름, 정상유동, 유선을 따라
③ 비압축성 흐름, 비점성 흐름, 비정상유동, 유선을 따라
④ 비압축성 흐름, 비점성 흐름, 정상유동, 유선을 따라

해설 베르누이방정식의 조건

1) 유체입자는 유선을 따라 흐름
2) 정상류
3) 비점성 유체(유체입자는 마찰이 없다)
4) 비압축성 유체

33 상중하

다음 중 금속의 탄성변형을 이용하여 기계적으로 압력을 측정할 수 있는 것은?

① 부르돈관압력계
② 수은기압계
③ 맥라우드진공계
④ 마노미터압력계

해설 유체의 측정

구분	측정기기
유량	벤추리미터, 오리피스, 로터미터, 위어, 노즐
압력(정압)	피에조미터, 정압관, 부르돈(관)압력계, 마노미터
유속(동압)	피토관, 피토정압관, 시차액주계, 열선풍속계

※ 부르돈(관)압력계
1) 압력의 차이를 측정하는 장치로 계기 내 부르돈관의 신축을 계기판에 나타내는 장치
2) 배관 등의 관로 또는 탱크에 구멍을 뚫어 유체의 압력과 대기압의 차를 나타낸다.
3) 정압(+)을 측정한다.

[내부사진]   [외부사진]

34 상중하

그림과 같이 점성계수가 0.26 [N·s/m²]인 기름 위에 판을 수평으로 4 [m/s]의 속도로 잡아당길 때 필요한 힘은 몇 [N]인가? (단, 속도분포는 선형이다)

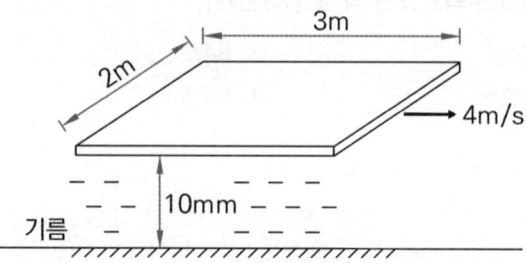

① 54 ② 127
③ 341 ④ 624

해설 뉴턴의 점성법칙(전단응력)

$$\text{전단응력 } \tau[N/m^2] = \mu \frac{du}{dy}$$

$$F = \tau \times A = \mu \frac{du}{dy} \times A$$
$$= \left(0.26[N\cdot s/m^2] \times \frac{4[m/s]}{0.01[m]}\right) \times (2[m] \times 3[m])$$
$$= 624[N]$$

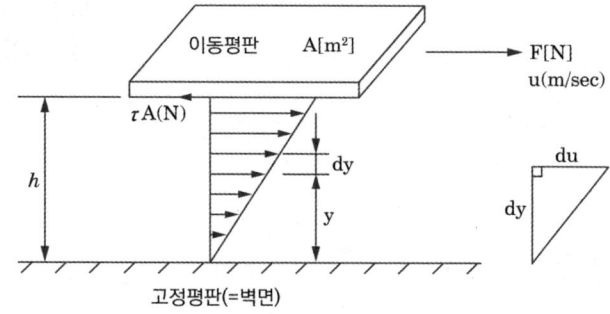

정답 33 ① 34 ④

35

그림과 같이 비중량이 γ_1, γ_2, γ_3인 세 가지의 유체로 채워진 마노미터에서 A점과 B점의 압력 차이 $(P_A - P_B)$는?

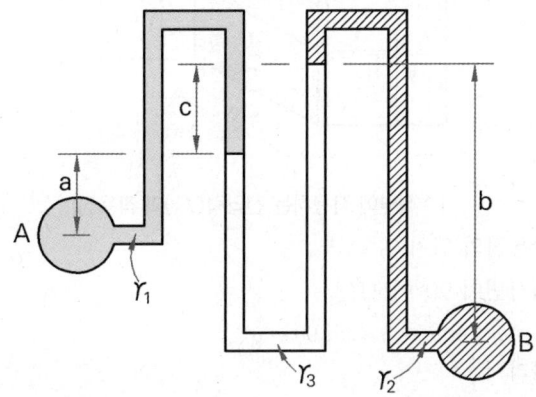

① $-a\gamma_1 - b\gamma_2 + c\gamma_3$
② $a\gamma_1 + b\gamma_2 - c\gamma_3$
③ $a\gamma_1 - b\gamma_2 + c\gamma_3$
④ $a\gamma_1 - b\gamma_2 - c\gamma_3$

해설 시차액주계

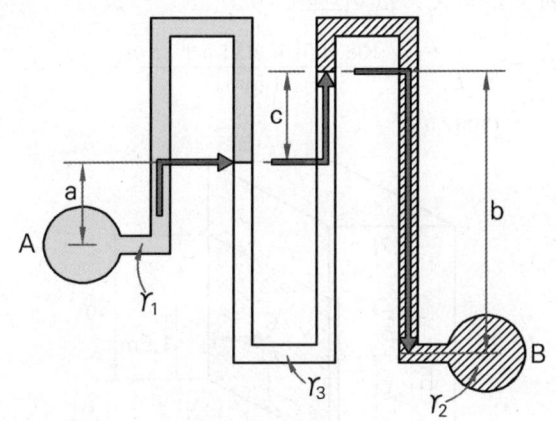

$P_A - \gamma_1 a - \gamma_3 c + \gamma_2 b = P_B$
$P_A - P_B = \gamma_1 a + \gamma_3 c - \gamma_2 b$
$\quad\quad\quad = a\gamma_1 - b\gamma_2 + c\gamma_3$

36

성능이 같은 2대의 펌프를 병렬로 연결하였을 경우 양정과 유량은 얼마인가? (단, 펌프 1대에서 유량은 Q, 양정은 H 라고 한다)

① 유량은 4Q, 양정은 H
② 유량은 4Q, 양정은 2H
③ 유량은 2Q, 양정은 2H
④ 유량은 2Q, 양정은 H

해설 펌프 2대의 직/병렬 운전

구분	직렬 운전	병렬 운전
개념도	(P)-(P)	(P) / (P) 병렬
$H-Q$ 곡선	2대운전 / 1대운전	2대운전 / 1대운전
특징	① 유량: Q ② 양정: $2H$	① 유량: $2Q$ ② 양정: H

정답 35 ③ 36 ④

37 상 중 하

그림과 같이 한쪽은 힌지로 연결된 수문에서 공기압력이 균등하게 작용할 때 h = 1.5 [m], H = 3 [m]라면 수문이 열리지 않을 공기의 최소 계기압력은 몇 [Pa]인가? (단, 수문의 폭은 1 [m]이고, 물의 밀도는 980 [kg/m³]이다)

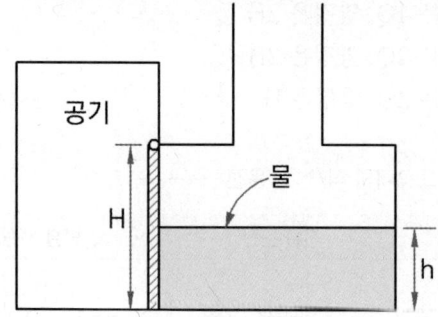

① 4564　　　　② 3452
③ 6125　　　　④ 6002.5

해설 수문이 열리지 않기 위한 최소 압력

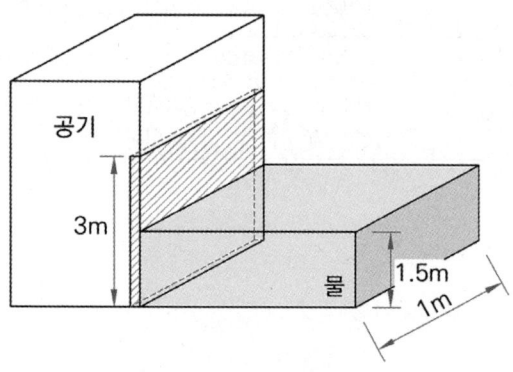

[문제 그림 입체도]

1) 수직면에 작용하는 유체의 전압력 F_1

$$F_1 = \gamma \bar{h} A = \rho g \bar{h} A$$
$$= 980\,[kg/m^3] \times 9.8\,[m/s^2] \times \frac{1.5}{2}\,[m]$$
$$\times (1.5 \times 1)\,[m^2]$$
$$= 10804.5\,[N]$$

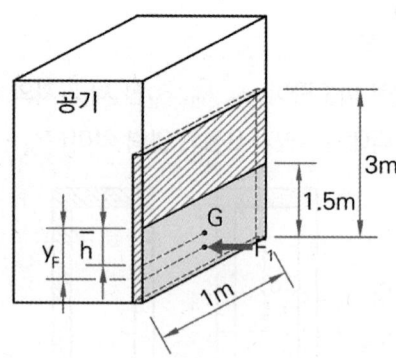

[수직면에 작용하는 전압력(F_1)과 작용점]

2) 작용점의 위치 y_F

경사면이 90°이므로
$$\bar{h} = \bar{y} \times \sin\theta = \bar{y} \times \sin 90 = \bar{y}$$
따라서
$$y_F = \bar{y} + \frac{I_G}{A \times \bar{y}} = \bar{y} + \frac{\frac{bh^3}{12}}{A \times \bar{y}}$$
$$= \frac{1.5}{2} + \frac{\frac{1 \times 1.5^3}{12}}{(1.5 \times 1) \times \frac{1.5}{2}} = 1\,[m]$$

3) 수문 중심에 작용하는 힘 F_2

$F_1 \times L_1 = F_2 \times L_2$ 이므로
$$F_2 = \frac{F_1 \times L_1}{L_2} = \frac{10804.5\,[N] \times (1.5+1)\,[m]}{1.5\,[m]}$$
$$= 18007.5\,[N]$$

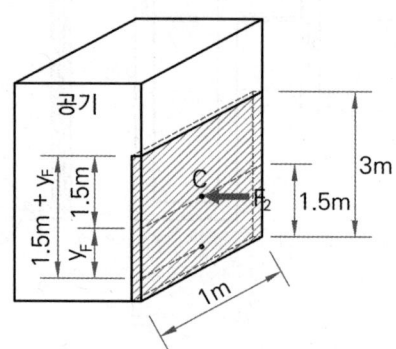

[수문 중심에 작용하는 힘(F_2)]

4) 공기의 압력 P

   공기 압력에 의한 힘 = 수문에 작용하는 힘 F_2

   공기 압력 × 수문의 면적 = 수문에 작용하는 힘 F_2

   $P \times A = F_2$

   $P = \dfrac{F_2}{A}$

   $= \dfrac{18007.5[N]}{(1 \times 3)[m^2]} = 6002.5[N]$

※ 경사면에 작용하는 전압력

$F = \gamma \bar{h} A$

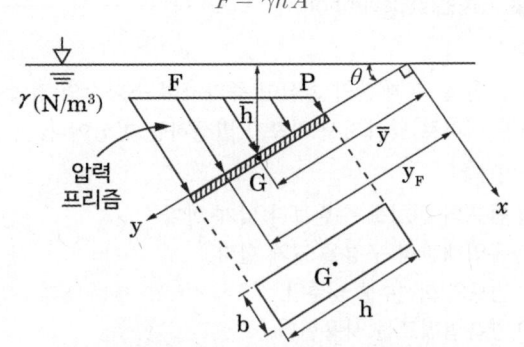

[경사면에 작용하는 유체의 전압력]

$\bar{h}$: 수면에서 경사평판의 도심점까지 수직거리

$\bar{y}$: 수면에서 경사평판의 도심점까지 직선거리

I_G : 단면 2차모멘트(사각형 : $bh^3/12$)

A : 경사평판의 단면적

38 상 중 하

1기압 상태에서, 20 [℃] 물 100 [kg]을 200 [℃]의 수증기로 기화시켰을 때 필요한 열량은 몇 [kJ]인가? (단, 대기압에서 물의 비열은 4.2 [kJ/kg·℃], 증발잠열은 2300 [kJ/kg]이고, 수증기의 정압비열은 1.85 [kJ/kg·℃]이다)

① 267200　　② 282100
③ 225300　　④ 258700

해설 물 상태변화에 필요한 열량

$\boxed{20℃\ 물} \rightarrow \boxed{100℃\ 물} \rightarrow \boxed{100℃\ 수증기} \rightarrow \boxed{200℃\ 수증기}$
　　　Q_1　　　　Q_2　　　　Q_3

1) 현열량 Q_1 (20 [℃] 물 → 100 [℃] 물)

   $Q_1 = m C_물 \Delta T$

   $= 100[kg] \times 4.2[kJ/kg \cdot ℃] \times (100-20)[℃]$

   $= 33600[kJ]$

2) 잠열량 Q_2 (100 [℃] 물 → 100 [℃] 수증기)

   $Q_2 = mr$

   $= 100[kg] \times 2300[kJ/kg]$

   $= 230000[kJ]$

3) 현열량 Q_3 (100 [℃] 수증기 → 200 [℃] 수증기)

   $Q_3 = m C_{수증기} \Delta T$

   $= 100[kg] \times 1.85[kJ/kg \cdot ℃] \times (200-100)[℃]$

   $= 18500[kJ]$

4) 총 필요한 열량 Q

   $Q = Q_1 + Q_2 + Q_3$

   $= 33600 + 230000 + 18500$

   $= 282100[kJ]$

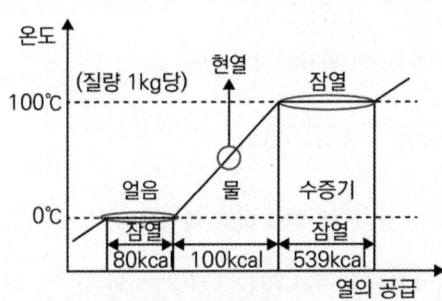

[물의 상태변화]

m : 질량 [kg], C : 물의 비열 [$kJ/kg \cdot ℃$]

ΔT : 온도 차 [℃], r : 물의 증발잠열 [kJ/kg]

정답 38 ②

39 상 중 하

압력 200 [kPa], 온도 400 [K]의 공기가 10 [m/s]의 속도로 흐르는 지름 10 [cm]의 원관이 지름 20 [cm]인 원관이 연결된 다음 압력 180 [kPa], 온도 350 [K]로 흐른다. 공기가 이상기체라면 정상 상태에서 지름 20 [cm]인 원관에서의 공기의 속도 [m/s]는?

① 2.43 ② 2.50
③ 2.67 ④ 4.50

해설 공기의 속도

$$질량유량\ M = \rho A V$$

$M_1 = M_2$
$\rho_1 A_1 V_1 = \rho_2 A_2 V_2$

따라서 지름 10 [cm]의 원관에서의 밀도와 지름 20 [cm]의 원관에서의 밀도를 각각 구하면

1) 지름 10 [cm]의 원관에서의 밀도 ρ_1

$$\rho_1 = \frac{P_1 M}{RT_1} = \frac{200 \times 29}{8.314 \times 400} = 1.744\ [kg/m^3]$$

2) 지름 20 [cm]의 원관에서의 밀도 ρ_2

$$\rho_2 = \frac{P_2 M}{RT_2} = \frac{180 \times 29}{8.314 \times 350} = 1.794\ [kg/m^3]$$

따라서
$\rho_1 A_1 V_1 = \rho_2 A_2 V_2$에 위의 값을 대입하면

$$1.744 \times \frac{\pi}{4} 0.1^2 \times 10 = 1.794 \times \frac{\pi}{4} 0.2^2 \times V_2$$

$$\therefore V_2 = \frac{0.1^2 \times 10 \times 1.744}{0.2^2 \times 1.794} = 2.43\ [m/s]$$

보충 공기의 평균 분자량 : 29 [kg/kmol]

40 상 중 하

펌프의 캐비테이션을 방지하기 위한 방법으로 틀린 것은?

① 펌프의 설치 위치를 낮추어서 흡입 양정을 작게 한다.
② 흡입관을 크게 하거나 밸브, 플랜지 등을 조정하여 흡입 손실수두를 줄인다.
③ 펌프의 회전속도를 높여 흡입 속도를 크게 한다.
④ 2대 이상의 펌프를 사용한다.

해설 공동현상(Cavitation)

1) 개념
   펌프 흡입 측 배관의 손실이 증가하여 소화수의 정압이 증기압 이하로 낮아져서 기포가 발생하는 현상이다.

2) 방지대책
   (1) 펌프의 위치를 수원보다 낮게 한다.
   (2) 흡입배관의 구경을 크게 한다.
   (3) 펌프의 회전수를 낮춘다.
   (4) 양흡입펌프를 사용한다.
   (5) 2대 이상의 펌프를 사용한다.
   (6) 펌프의 흡입 측을 가압한다.
   (7) 입형펌프를 사용하고 회전차를 수중에 완전히 잠기게 한다.
   (8) 흡입관의 길이를 줄이거나 밸브, 플랜지 등을 조정하여 흡입 손실수두를 줄인다.

정답 39 ① 40 ③

2024년 3회 소방관계법규

41 상 중 하

소방기본법령상 소방안전교육사의 배치대상별 배치기준으로 틀린 것은?

① 소방청 : 2명 이상 배치
② 소방서 : 1명 이상 배치
③ 소방본부 : 2명 이상 배치
④ 한국소방안전원(시·도지부) : 2명 이상 배치

해설 소방안전교육사

보육시설 영유아, 유치원의 유아, 학교 학생들을 대상으로 해서 화재예방 및 화재발생 시에 인명, 재산피해를 줄이기 위해 소방안전 교육과 훈련을 실시하는 인력. 소방안전교육을 기획하고 진행, 분석, 평가, 교육 등의 업무를 담당한다.

배치대상	배치기준(이상)
소방청	2명
소방본부	2명
소방서	1명
한국소방안전원	본회 : 2명, 시·도지부 : 1명
한국소방산업기술원	2명

42 상 중 하

다음 중 소방기본법에서 정의하는 용어의 뜻으로 틀린 것을 고르시오.

① "소방대상물"이란 건축물, 차량, 선박(「선박법」 제1조의2 제1항에 따른 선박으로서 항구에 매어 둔 선박만 해당한다), 선박 건조 구조물, 산림, 그 밖의 인공 구조물 또는 물건을 말한다.
② "관계인"이란 소방대상물의 소유자·관리자 또는 점유자를 말한다.
③ "소방본부장"이란 특별시·광역시·특별자치시·도 또는 특별자치도(이하 "시·도"라 한다)에서 화재의 예방·경계·진압·조사 및 구조·구급 등의 업무를 담당하는 부서의 장을 말한다.
④ "소방대"(消防隊)란 화재를 진압하고 화재, 재난·재해, 그 밖의 위급한 상황에서 구조·구급 활동 등을 하는 사람으로서 소방공무원, 의무소방원, 자체소방대원이다.

해설 소방대

1) 의무소방원 : 병역 의무 기간동안 군 복무 대신 소방관서에서 업무를 보조하는 현역 군인(군사훈련을 마친 후 소방업무를 보조하며 화재의 경계 및 진압 업무와 구조 및 구급활동 등의 소방업무를 수행 → 2023년도에 폐지)
2) 의용소방대원 : 일반인으로 구성되어있으며 소방 업무를 보조. 화재 등 재난상황 발생 시 복무
3) 자체소방대 : 위험물안전관리법에 따른 설치대상에 편성
4) 자위소방대 : 화재의 예방 및 안전관리에 관한 법률에 따르며 특정소방대상물에 자율적으로 구성

정답 41 ④ 42 ④

43 (중)

소방기본법령상 소방의 날 제정과 운영 등에 관하여 소방행정 발전에 공로가 있다고 인정되는 사람을 누가 명예직 소방대원으로 위촉할 수 있는지 고르시오.

① 소방본부장
② 소방청장
③ 시도지사
④ 소방서장

해설 소방의 날 제정과 운영 등

1) 국민의 안전의식과 화재에 대한 경각심을 높이고 안전문화를 정착시키기 위하여 매년 11월 9일을 소방의 날로 정하여 기념행사를 한다.
2) 소방의 날 행사에 관하여 필요한 사항은 소방청장 또는 시·도지사가 따로 정하여 시행할 수 있다.
3) 소방청장은 다음에 해당하는 사람을 명예직 소방대원으로 위촉할 수 있다.
   (1) 「의사상자등 예우 및 지원에 관한 법률」에 따른 의사상자에 해당하는 사람
   (2) 소방행정 발전에 공로가 있다고 인정되는 사람

44 (중)

소방시설공사업법령상 소방시설공사의 하자보수 보증기간이 3년이 아닌 것은?

① 자동소화장치
② 비상조명등
③ 자동화재탐지설비
④ 간이스프링클러설비

해설 소방시설 하자보수 보증기간

소방시설	기간
• 피난기구·유도등 • 비상경보설비 • 비상조명등 • 비상방송설비 • 무선통신보조설비	2년
• 자동소화장치 • 옥내·외소화전설비 • 스프링클러·간이스프링클러설비 • 물분무등소화설비 • 자동화재탐지설비 • 상수도소화용수설비 • 화재알림설비	3년

암기 ▶ 이년 피비무

45 (중)

자동화재탐지설비를 설치하여야 하는 특정소방대상물의 기준으로 틀린 것은?

① 교정 및 군사시설로서 연면적 2000 [m²] 이상인 것
② 목욕장으로서 연면적 2000 [m²] 이상인 것
③ 근린생활시설로서 연면적 600 [m²] 이상인 것
④ 터널로서 길이 1000 [m] 이상인 것

해설 자동화재탐지설비 설치대상

설치대상	기준
• 교육연구시설(교육시설 내에 있는 기숙사 및 합숙소를 포함한다), 수련시설(기숙사·합숙소 포함, 숙박시설 제외) • 동·식물 관련 시설, 교정 및 군사시설 • 자원순환 관련 시설 • 교정 및 군사시설 • 묘지 관련 시설	연면적 2000 [m²] 이상인 경우에는 모든 층

정답 43 ② 44 ② 45 ②

설치대상	기준
목욕장, 문화 및 집회시설, 종교시설, 판매시설, 운동시설, 운수시설, 업무시설, 창고시설, 공장, 지하가, 위험물 저장 및 처리시설, 항공기 및 자동차 관련 시설, 교정 및 군사시설 중 국방·군사시설, 방송통신시설, 발전시설, 관광 휴게시설	연면적 1000 [m²] 이상인 경우에는 모든 층
• 근린생활시설(목욕장 제외) • 의료시설(정신의료기관, 요양병원 제외) • 위락시설, 장례시설 및 복합건축물	연면적 600 [m²] 이상인 경우에는 모든 층
정신의료기관, 의료재활시설	• 바닥면적합계 300 [m²] 이상 • 바닥면적 합계 300 [m²] 미만, 창살 설치
터널	길이 1000 [m] 이상
공장 및 창고시설	500배 이상 특수가연물
요양병원, 지하구, 전통시장, 조산원, 산후조리원	-
전기저장시설, 노유자생활시설	-
공동주택 중 아파트등·기숙사, 숙박시설, 6층 이상인 건축물	-
노유자시설	연면적 400 [m²] 이상인 경우에는 모든 층
숙박시설이 있는 수련시설	수용인원 100명 이상인 경우에는 모든 층

46

화재의 예방 및 안전관리에 관한 법령상 특정소방대상물의 관계인이 수행하여야 하는 소방안전관리 업무가 아닌 것은?

① 소방훈련 및 교육
② 화기 취급의 감독
③ 피난시설, 방화구획 및 방화시설의 관리
④ 화재발생 시 초기대응

해설 특정소방대상물 소방안전관리자와 관계인의 업무

1) 소방안전관리자의 업무
   (1) 피난계획 관련 사항과 대통령령으로 정하는 사항이 포함된 소방계획서 작성 및 시행
   (2) 자위소방대 및 초기대응체계 구성·운영·교육
   (3) 피난시설, 방화구획, 방화시설의 관리
   (4) <u>소방훈련 및 교육</u>
   (5) 소방시설이나 그 밖의 소방 관련 시설의 관리
   (6) 화기 취급의 감독
   (7) 소방안전관리에 관한 업무수행에 관한 기록·유지((3), (5), (6)항 업무)
   (8) 화재발생 시 초기대응
   (9) 그 밖에 소방안전관리에 필요한 업무
2) 특정소방대상물 소방관계인의 업무
   (1) 피난시설, 방화구획, 방화시설의 관리
   (2) 소방시설이나 그 밖의 소방 관련 시설의 관리
   (3) 화기 취급의 감독
   (4) 화재발생 시 초기대응
   (5) 그 밖에 소방안전관리에 필요한 업무

정답 46 ①

47 (상 ⓒ 하)

위험물안전관리법령상 인화성액체위험물(이황화탄소를 제외)의 옥외탱크저장소의 탱크주위에 설치하여야 하는 방유제의 기준 중 틀린 것은?

① 방유제의 용량은 방유제 안에 설치된 탱크가 하나인 때에는 그 탱크 용량의 110 [%] 이상으로 할 것
② 방유제의 용량은 방유제 안에 설치된 탱크가 2기 이상인 때에는 그 탱크 중 용량이 최대인 것의 용량의 110 [%] 이상으로 할 것
③ 방유제는 높이 1 [m] 이상 2 [m] 이하, 두께 0.2 [m] 이상, 지하매설 깊이 0.5 [m] 이상으로 할 것
④ 방유제 내의 면적은 80000 [m²] 이하로 할 것

해설 방유제

1) 방유제 용량
 (1) 탱크 1기 : 탱크용량 110 [%] 이상
 (2) 탱크 2기 이상 : 최대 탱크 용량 110 [%] 이상
2) 방유제 높이 : 0.5 [m] 이상 3 [m] 이하
3) 방유제 두께 : 0.2 [m] 이상
4) 지하매설길이 : 1 [m] 이상
5) 방유제 면적 : 80000 [m²] 이하
6) 방유제 내에 설치하는 옥외저장탱크 수 : 10기 이하
7) 방유제 재질 : 철근콘크리트, 흙담

48 (상 ⓒ 하)

소방기본법령상 소방활동구역의 출입자에 해당되지 않는 자는?

① 의사·간호사 그 밖의 구조·구급업무 종사자
② 소방활동구역 밖에 있는 소방대상물의 소유자·관리자·점유자
③ 수사업무 종사자
④ 취재인력 등 보도업무에 종사하는 자

해설 소방활동구역

1) 설정
 (1) 설정권자 : 소방대장
 (2) 소방활동구역을 정하여 소방활동에 필요한 사람으로서 대통령령으로 정하는 사람 외에는 그 구역에 출입하는 것을 제한
2) 출입자
 (1) 소방활동구역 안에 있는 소방대상물의 소유자·관리자·점유자
 (2) 전기·가스·수도·통신·교통의 업무 종사자로서 소방활동을 위해 필요한 사람
 (3) 의사·간호사 그 밖의 구조·구급업무 종사자
 (4) 취재인력 등 보도업무 종사자
 (5) 수사업무 종사자
 (6) 그 밖에 소방대장이 소방활동을 위해 출입을 허가한 사람
3) 경찰공무원은 소방대가 소방활동구역에 있지 않거나 소방대장의 요청이 있을 때에는 출입제한 조치를 할 수 있음

정답 47 ③ 48 ②

49 (중)

소방시설 설치 및 관리에 관한 법령에 따른 방염성능기준 이상의 실내 장식물 등을 설치하여야 하는 특정소방대상물의 기준 중 틀린 것은?

① 교육연구시설 중 합숙소
② 층수가 11층 이상인 아파트
③ 의료시설
④ 방송통신시설 중 방송국

해설 방염

1) 방염성능기준 : 대통령령
2) 방염성능기준 이상의 실내장식물 등을 설치해야 하는 특정소방대상물
   (1) 근린생활시설 중 의원, 조산원, 산후조리원, 체력단련장, 공연장 및 종교집회장, 치과의원, 한의원
   (2) 건축물의 옥내에 있는 시설
      ① 문화 및 집회시설
      ② 종교시설
      ③ 운동시설(수영장 제외)
   (3) 의료시설
   (4) 교육연구시설 중 합숙소
   (5) 노유자시설
   (6) 숙박이 가능한 수련시설
   (7) 숙박시설
   (8) 방송통신시설 중 방송국 및 촬영소
   (9) 다중이용업소
   ⑩ <u>층수가 11층 이상인 것(아파트 제외)</u>

※ 소방본부장 또는 소방서장은 방염대상물품 외에 다음의 물품은 방염처리된 물품을 사용하도록 권장할 수 있다.
   1) 다중이용업소, 의료시설, 노유자 시설, 숙박시설 또는 장례식장에서 사용하는 침구류·소파 및 의자
   2) 건축물 내부의 천장 또는 벽에 부착하거나 설치하는 가구류

50 (중)

소방시설 설치 및 관리에 관한 법령상 종합점검 실시 대상이 되는 특정소방대상물의 기준 중 다음 ( ) 안에 알맞은 것은?

- 물분무등소화설비[호스릴방식의 물분무등소화설비만을 설치한 경우는 제외]가 설치된 연면적 (㉠) [m²] 이상인 특정소방대상물(위험물 제조소등은 제외)
- 다중이용업의 영업장이 설치된 특정소방대상물로서 연면적이 (㉡) [m²] 이상인 것

① ㉠ 2000, ㉡ 2000
② ㉠ 2000, ㉡ 5000
③ ㉠ 5000, ㉡ 2000
④ ㉠ 5000, ㉡ 5000

해설 종합점검 대상

1) 최초점검 대상물
2) 스프링클러설비가 설치된 특정소방대상물
3) <u>물분무등소화설비[호스릴방식의 물분무등소화설비만을 설치한 경우는 제외]가 설치된 연면적 5000 [m²] 이상인 특정소방대상물(위험물 제조소등은 제외)</u>
4) <u>다중이용업의 영업장이 설치된 특정소방대상물로서 연면적이 2000 [m²] 이상인 것(단란주점과 유흥주점, 영화상영관, 비디오물감상실업, 복합영상물제공업, 노래연습장, 산후조리원, 고시원, 안마시술소)</u>
5) 제연설비가 설치된 터널
6) 공공기관 중 연면적(터널·지하구의 경우 그 길이와 평균폭을 곱하여 계산된 값)이 1000 [m²] 이상인 것으로서 옥내소화전설비 또는 자동화재탐지설비가 설치된 것(소방대가 근무하는 공공기관은 제외)

정답 49 ② 50 ③

51 (상,중,하)

소방본부장 또는 소방서장은 건축허가 등의 동의요구서류를 접수한 날부터 최대 며칠 이내에 건축허가 등의 동의 여부를 회신하여야 하는가? (단, 허가 신청한 건축물은 지상으로부터 높이가 200 [m]인 아파트이다)

① 5일 ② 7일
③ 10일 ④ 15일

해설 건축허가 동의요구

- 승인자 : 소방본부장, 소방서장
- 회신 : 동의요구서류 접수한 날로부터 5일(**특급소방안전관리대상물 10일**) 이내
- 동의요구서·첨부서류 보완 : 4일 이내
- 건축허가 취소 사실 통보 : 7일 이내

보충 ▶ 200 [m] 이상 아파트 : 특급소방안전관리대상물

52 (상,중,하)

소방시설공사업법령상 특정소방대상물에 설치된 소방시설등을 구성하는 것의 전부 또는 일부를 개설, 이전 또는 정비하는 공사의 경우 소방시설공사의 착공신고 대상이 아닌 것은? (단, 고장 또는 파손 등으로 인하여 작동시킬 수 없는 소방시설을 긴급히 교체하거나 보수하여야 하는 경우는 제외한다)

① 수신반 ② 소화펌프
③ 동력(감시)제어반 ④ 압력챔버

해설 착공신고

특정소방대상물에 설치된 소방시설등을 구성하는 다음에 해당하는 것의 전부 또는 일부를 개설, 이전, 정비하는 공사. 다만 고장·파손 등으로 인하여 작동시킬 수 없는 소방시설을 긴급히 교체하거나 보수하여야 하는 경우에는 신고하지 않을 수 있음
1) 수신반
2) 소화펌프
3) 동력제어반
4) 감시제어반

53 (상,중,하)

소방시설 설치 및 관리에 관한 법령상 종합점검을 할 수 있는 기술인력으로 알맞은 것을 고르시오.

① 소방설비기사와 소방설비산업기사 자격증 취득자
② 위험물기능장 자격증 취득자
③ 소방안전관리자로 선임된 소방시설관리사 및 소방기술사
④ 관계인

해설 종합점검

[대상]
1) 최초점검 대상물
2) 스프링클러설비가 설치된 특정소방대상물
3) 물분무등소화설비[호스릴방식의 물분무등소화설비만을 설치한 경우는 제외]가 설치된 연면적 5000 [m²] 이상인 특정소방대상물(위험물 제조소등은 제외)
4) 다중이용업의 영업장이 설치된 특정소방대상물로서 연면적이 2000 [m²] 이상인 것(단란주점과 유흥주점, 영화상영관, 비디오물감상실업, 복합영상물제공업, 노래연습장, 산후조리원, 고시원, 안마시술소)
5) 제연설비가 설치된 터널
6) 공공기관 중 연면적(터널·지하구의 경우 그 길이와 평균폭을 곱하여 계산된 값)이 1000 [m²] 이상인 것으로서 옥내소화전설비 또는 자동화재탐지설비가 설치된 것(소방대가 근무하는 공공기관은 제외)

[기술인력]
1) 관리업에 등록된 소방시설관리사
2) 소방안전관리자로 선임된 소방시설관리사 또는 소방기술사

정답 51 ③ 52 ④ 53 ③

54 (중)

소방시설관리사의 결격사유에 해당하지 않는 것을 고르시오.

① 피성년후견인
② 금고 이상의 형의 집행유예를 선고받고 유예기간이 끝난 자
③ 자격이 취소된 날부터 2년이 지나지 않은 자
④ 금고 이상의 실형을 선고받고 그 집행이 끝나거나(집행이 끝난 것으로 보는 경우를 포함한다) 면제된 날부터 2년이 지나지 않은 자

해설 소방시설관리사 결격사유

1) 피성년후견인
2) 금고 이상의 실형을 선고받고 그 집행이 끝나거나(집행이 끝난 것으로 보는 경우를 포함한다) 면제된 날부터 2년이 지나지 않은 자
3) 금고 이상의 형의 집행유예를 선고받고 그 유예기간 중에 있는 자
4) 자격이 취소된 날부터 2년이 지나지 않은 자

55 (중)

건축허가 등을 함에 있어서 미리 소방본부장 또는 소방서장의 동의를 받아야 하는 건축물 등의 범위기준이 아닌 것은?

① 모든 수련시설로서 수용인원 100인 이상인 건축물
② 지하층 또는 무창층이 있는 건축물로서 바닥면적이 150 [m²] 이상인 층이 있는 것
③ 차고·주차장으로 사용되는 바닥면적이 200 [m²] 이상인 층이 있는 건물이나 주차시설
④ 장애인 의료재활시설로서 연면적 300 [m²] 이상인 건축물

해설 건축허가 동의대상물 범위

구분	기준	
학교시설	연면적 100 [m²] 이상	
노유자(老幼者)시설 및 수련시설	연면적 200 [m²] 이상	
지하층·무창층이 있는 건축물	바닥면적 150 [m²](공연장 100 [m²]) 이상	
정신의료기관, 장애인 의료재활시설	연면적 300 [m²] 이상	
일반용도의 특정소방대상물	연면적 400 [m²] 이상	
차고, 주차장 또는 주차용도로 사용되는 시설	바닥면적 200 [m²] 이상	
	기계식 주차시설 자동차 20대 이상	
• 노인 관련 시설 중 노인주거복지시설, 노인의료복지시설, 재가노인복지시설, 학대피해노인 전용쉼터 • 아동복지시설(아동상담소, 아동전용시설 및 지역아동센터는 제외한다) • 장애인 거주시설 • 정신질환자 관련 시설(공동생활가정을 제외한 재활훈련시설과 종합시설 중 24시간 주거를 제공하지 않는 시설은 제외한다) • 노숙인 관련 시설 중 노숙인자활시설·노숙인재활시설·노숙인요양시설 • 결핵환자나 한센인이 24시간 생활하는 노유자시설	단독주택, 공동주택에 설치되는 시설 제외	
• 6층 이상 건축물 • 항공기격납고, 관망탑, 항공관제탑, 방송용송수신탑 • 요양병원(의료재활시설 제외) • 위험물 저장 및 처리시설, 지하구, 전기저장시설, 풍력발전소 • 조산원, 산후조리원, 의원 (입원실 또는 인공신장실이 있는 것) • 공장 또는 창고시설로서 지정 수량의 750배 이상의 특수가연물을 저장·취급하는 것 • 가스시설로서 지상에 노출된 탱크의 저장용량의 합계가 100톤 이상인 것	–	

정답 54 ② 55 ①

56 (상-중-하)

위험물안전관리법령상 제조소등이 아닌 장소에서 지정수량 이상의 위험물 취급할 수 있는 기준 중 다음 ( ) 안에 알맞은 것은?

> 시·도의 조례가 정하는 바에 따라 관할 소방서장의 승인을 받아 지정수량 이상의 위험물을 (   )일 이내의 기간 동안 임시로 저장 또는 취급하는 경우

① 15　　② 30
③ 60　　④ 90

해설 위험물 임시저장
1) 위치·구조·설비기준 : 시·도 조례
2) 제조소등이 아닌 장소에서 지정수량 이상 위험물 취급할 수 있는 경우
　• 관할 소방서장의 승인 받아 지정수량 이상 위험물 90일 이내로 임시 저장·취급
　• 군부대는 지정수량 이상 위험물 군사 목적으로 임시 저장·취급

57 (상-중-하)

위험물안전관리법령상 위험물별 성질로서 틀린 것은?

① 제1류 : 산화성 고체
② 제2류 : 가연성 액체
③ 제4류 : 인화성 액체
④ 제6류 : 산화성 액체

해설 위험물의 분류

구분	개요
제1류	산화성 고체
제2류	가연성 고체
제3류	자연발화성·금수성 물질
제4류	인화성 액체
제5류	자기반응성 물질
제6류	산화성 액체

암기 ▶ 산가자 인자산

58 (상-중-하)

화재의 예방 및 안전관리에 관한 법령상 관리의 권원이 분리된 특정소방대상물의 소방안전관리자를 선임해야 할 대상인 것은?

① 판매시설 중 도매시장
② 복합건축물로서 층수가 8층 이상인 것
③ 지하층을 제외한 층수가 7층 이상인 고층 건축물
④ 복합건축물로서 연면적이 12000 [m²] 이상인 것

해설 관리의 권원이 분리된 특정소방대상물의 소방안전관리자 선임 대상
• 복합건축물(지하층 제외한 층수가 11층 이상 또는 연면적 3만 [m²] 이상)
• 지하가(지하 인공구조물 안에 설치된 상점 및 사무실, 그 밖에 이와 비슷한 시설이 연속하여 지하도에 접하여 설치된 것과 그 지하도를 합한 것)
• 판매시설 중 도매시장, 소매시장 및 전통시장

59

소방기본법령상 국고보조 대상사업의 범위 중 소방활동장비와 설비에 해당하지 않는 것은?

① 소방자동차
② 소방헬리콥터
③ 소방전용 외의 통신설비
④ 방화복 등 소방활동에 필요한 소방장비

해설 국고보조

1) 국고보조
   (1) 국가는 시·도 소방장비구입 등의 경비를 일부 보조함
   (2) 국가보조 대상사업의 범위와 기준 보조율 : 대통령령인 「보조금관리에 관한 법률 시행령」
   (3) 소방활동장비 및 설비의 종류와 규격 : 행정안전부령
2) 국고보조 대상사업의 범위
   (1) 소방활동장비와 설비의 구입 및 설치
      ① 소방자동차
      ② 소방헬리콥터 및 소방정
      ③ 소방전용통신설비 및 전산설비
      ④ 그 밖에 방화복 등 소방활동에 필요한 소방장비
   (2) 소방관서용 청사의 건축

60

위험물안전관리법상 업무상 과실로 제조소등에서 위험물을 유출·방출 또는 확산시켜 사람의 생명·신체 또는 재산에 대하여 위험을 발생시킨 자에 대한 벌칙기준으로 옳은 것은?

① 5년 이하의 금고 또는 2000만 원 이하의 벌금
② 5년 이하의 금고 또는 7000만 원 이하의 벌금
③ 7년 이하의 금고 또는 2000만 원 이하의 벌금
④ 7년 이하의 금고 또는 7000만 원 이하의 벌금

해설 위험물법 벌칙

- 5년 이하 징역 또는 1억 원 이하 벌금
  제조소등의 설치허가를 받지 아니하고 제조소등을 설치한 자
- 7년 이하 금고 또는 7천만 원 이하 벌금
  업무상 과실로 위험물 유출·방출시켜 생명·신체·재산에 위험을 발생시킨 자
- 10년 이하 금고 또는 1억 원 이하 벌금
  업무상 과실로 위험물 유출·방출시켜 사람을 사상에 이르게 한 자

정답 59 ③ 60 ④

2024년 3회 소방기계시설의 구조 및 원리

61 ⓐ ⓜ ⓗ

하나의 층에 바닥면적 400 [m²]인 거실, 300 [m²]인 복도가 있을 때 최소 제연구역의 수는 몇 개인가?

① 1개 ② 2개
③ 3개 ④ 4개

해설 제연설비의 제연구역 구획기준

거실과 복도는 각각 제연구획해야 하므로
바닥면적 400 [m²]인 거실, 300 [m²]인 복도는 각각 제연구획해야 한다.
여기서 거실과 복도 모두 바닥면적이 각각 1000 [m²] 이내이므로
거실 1개 + 복도 1개 = 2개
따라서 제연구역의 최소 수는 <u>2개</u>이다.

※ 제연설비의 제연구역 구획기준
1) 하나의 제연구역 면적 : 1000 [m²] 이내
2) 거실과 통로(복도 포함)는 각각 제연구획할 것
3) 통로상의 제연구역은 보행중심선의 길이가 60 [m]를 초과하지 않을 것
4) 하나의 제연구역은 직경 60 [m] 원 내에 들어갈 수 있을 것
5) 하나의 제연구역은 2 이상 층에 미치지 않도록 할 것

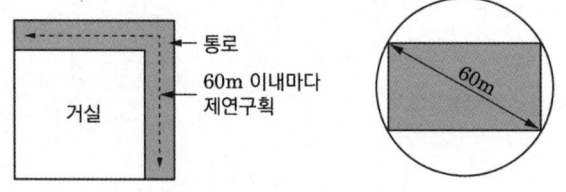

62 ⓐ ⓜ ⓗ

소화기구 및 자동소화장치의 화재안전성능기준에 따라 대형소화기를 설치할 때 특정소방대상물의 각 부분으로부터 1개의 소화기까지의 보행거리가 최대 몇 [m] 이내가 되도록 배치하여야 하는가?

① 20 ② 25
③ 30 ④ 40

해설 소화기의 보행거리기준
1) 소형소화기 : 보행거리 20 [m] 이내
2) 대형소화기 : 보행거리 30 [m] 이내

[소형소화기]   [대형소화기]

63 (중)

소화수조 및 저수조의 화재안전기술기준에 따라 소화용수설비에 설치하는 흡수관투입구의 수는 소요수량이 80 [m³]인 경우 최소 몇 개를 설치해야 하는가?

① 1
② 2
③ 3
④ 4

해설 소화수조 및 저수조 흡수관투입구 설치기준

1) 지하에 설치하는 흡수관투입구 : 한 변이 0.6 [m] 이상이거나 직경이 0.6 [m] 이상인 것

한 변이 0.6 [m] 이상	직경이 0.6 [m] 이상
0.6m 이상	0.6m 이상

2) 설치개수

소요수량	80 [m³] 미만	80 [m³] 이상
흡수관투입구 수	1개 이상	2개 이상

64 신유형! (중)

간이스프링클러설비의 화재안전성능기준에 따라 가장 먼 가지배관에서 2개의 간이헤드를 동시에 개방할 경우 각각의 간이헤드 선단 방수압력과 방수량은 얼마 이상이어야 하는가? (단, 간이스프링클러설비를 설치하는 특정소방대상물은 근린생활시설, 숙박시설, 복합건축물인 경우가 아닙니다. 또한 주차장에 표준반응형스프링클러헤드를 사용하는 경우는 제외한다)

① 0.1 [MPa], 80 [L/min]
② 0.1 [MPa], 50 [L/min]
③ 0.2 [MPa], 50 [L/min]
④ 0.2 [MPa], 80 [L/min]

해설 간이스프링클러헤드 방수압력

방수압력(상수도직결형의 상수도압력)은 가장 먼 가지배관에서 2개의 간이헤드를 동시에 개방할 경우 각각의 간이헤드 선단 방수압력은 0.1 [MPa] 이상, 방수량은 50 [L/min] 이상이어야 한다. 다만 주차장에 표준반응형스프링클러헤드를 사용할 경우 헤드 1개의 방수량은 80 [L/min] 이상이어야 한다.

65 신유형! (중)

소방대상물 주변의 설치된 벽면적의 합계가 20 [m²], 방호공간의 벽면적 합계가 50 [m²], 방호공간 체적이 30 [m³]인 장소에서 국소방출방식의 분말소화설비를 설치할 때 저장할 소화약제량은 약 몇 [kg]인가? (단, 소화약제의 종별에 따른 X, Y의 수치에서 X의 수치는 5.2, Y의 수치는 3.9로 하며 여유율(K)는 1.1로 한다)

① 120
② 199
③ 314
④ 349

해설 분말소화설비의 국소방출방식 소화약제량

$$W = V \times \left(X - Y\frac{a}{A}\right) \times 1.1$$
$$= 30 \times \left(5.2 - 3.9 \times \frac{20}{50}\right) \times 1.1$$
$$= 120.12 [kg]$$

V : 방호공간의 체적 [m³]
a : 방호대상물 주변에 설치된 벽면적의 합계 [m²]
A : 방호공간의 벽면적의 합계 [m²]

정답 63 ② 64 ② 65 ①

66 상(중)하

물분무소화설비의 화재안전기술기준상 물분무소화설비 가압송수장치의 1분당 토출량에 대한 최소기준으로 옳은 것은? (단, 특수가연물을 저장 취급하는 특정소방대상물 및 차고 주차장의 바닥면적은 50 [m²] 이하인 경우는 50 [m²]를 적용한다)

① 차고 또는 주차장의 바닥면적 1 [m²]당 10 [L]를 곱한 양 이상
② 특수가연물을 저장·취급하는 특정소방대상물의 바닥면적 1 [m²]당 20 [L]를 곱한 양 이상
③ 케이블트레이, 케이블덕트는 투영된 바닥면적 1 [m²]당 10 [L]를 곱한 양 이상
④ 절연유봉입변압기는 바닥면적을 제외한 표면적을 합한 면적 1 [m²]당 10 [L]를 곱한 양 이상

해설 물분무소화설비 수원의 저수량

소방대상물	토출량	비고
특수가연물을 저장·취급하는 특정소방대상물	10 [L/min·m²]	최소 바닥면적 50 [m²]
절연유봉입 변압기·컨베이어벨트	10 [L/min·m²]	–
케이블트레이·케이블덕트	12 [L/min·m²]	–
차고·주차장	20 [L/min·m²]	최소 바닥면적 50 [m²]

• 저수량 = 면적 × 토출량 × 방수시간(20 [min])

암기 특절컨 10, 케이트 12, 차주 20

67 상(중)하

스프링클러설비를 설치해야 할 특정소방대상물에 있어서 스프링클러헤드를 설치하지 않을 수 있는 장소가 아닌 장소는?

① 목욕실
② 통신기기실
③ 발전실
④ 사무실

해설 스프링클러헤드의 설치 제외 장소

1) 천장 및 반자의 재료에 따른 기준으로서 다음 어느 하나에 해당하는 경우

천장 및 반자의 재료	천장과 반자 사이의 거리
양쪽 모두 불연재료 + 벽이 불연재료 (그 사이에 가연물이 존재 ×)	2 [m] 이상
양쪽 모두 불연재료	2 [m] 미만
천장·반자 중 한쪽이 불연재료	1 [m] 미만
양쪽 모두 불연재료 외의 것	0.5 [m] 미만

2) 계단실·경사로·승강기의 승강로·비상용 승강기의 승강장·파이프덕트 및 덕트피트·목욕실·수영장(관람석부분 제외)·화장실·직접 외기에 개방되어 있는 복도
3) 통신기기실·전자기기실·기타 이와 유사한 장소
4) 발전실·변전실·변압기·기타 이와 유사한 전기설비가 설치되어 있는 장소
5) 병원의 수술실·응급처치실·기타 이와 유사한 장소
6) 펌프실·물탱크실 엘리베이터 권상기실 그 밖의 이와 비슷한 장소
7) 현관 또는 로비 등으로서 바닥으로부터 높이가 20 [m] 이상인 장소
8) 영하의 냉장창고의 냉장실 또는 냉동창고의 냉동실
9) 고온의 노가 설치된 장소 또는 물과 격렬하게 반응하는 물품의 저장 또는 취급장소
10) 실내 테니스장·게이트볼장·정구장 또는 이와 비슷한 장소로서 실내 바닥·벽·천장이 불연재료 또는 준불연재료로 구성되어 있고 가연물이 존재하지 않는 장소로서 관람석이 없는 운동시설(지하층은 제외)
11) 공동주택 중 아파트의 대피공간
[공동주택의 화재안전기술기준(NFTC 608)에 명시되어 있음]

68

대형 이산화탄소 소화기의 소화약제 충전량은 얼마인가?

① 20 [kg] 이상
② 30 [kg] 이상
③ 50 [kg] 이상
④ 70 [kg] 이상

해설 대형소화기에 충전하는 소화약제량

소화기 구분	충전량
물	80 [L] 이상
강화액	60 [L] 이상
포	20 [L] 이상
이산화탄소	50 [kg] 이상
할로겐화물	30 [kg] 이상
분말	20 [kg] 이상

암기 물강포 이할분 / 862 532

69

스프링클러설비의 수직배수배관의 구경은 얼마 이상으로 해야 하는가? (다만 수직배관의 구경이 50 [mm] 미만인 경우는 제외한다)

① 40
② 50
③ 100
④ 125

해설 스프링클러헤드 수직배수배관 구경

수직배수배관의 구경은 50 [mm] 이상으로 해야 한다. 다만 수직배관의 구경이 50 [mm] 미만인 경우에는 수직배관과 동일한 구경으로 할 수 있다.

70

위험물안전관리에 관한 세부기준상 아래에서 설명하는 포방출구는 무엇인가?

> 고정지붕구조 또는 부상덮개부착 고정지붕구조(옥외저장탱크의 액상에 금속제의 플로팅, 팬 등의 덮개를 부착한 고정지붕구조의 것을 말한다)의 탱크에 상부포주입법을 이용하는 것으로서 방출된 포가 탱크 옆판의 내면을 따라 흘러내려 가면서 액면 아래로 몰입되거나 액면을 뒤섞지 않고 액면상을 덮을 수 있는 반사판 및 탱크 내의 위험물 증기가 외부로 역류되는 것을 저지할 수 있는 구조·기구를 갖는 포방출구

① Ⅰ형 방출구
② Ⅱ형 방출구
③ 특형 방출구
④ Ⅳ형 방출구

해설 포방출구 - Ⅱ형 방출구

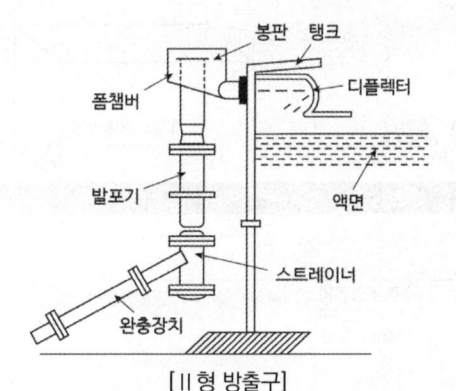

[Ⅱ형 방출구]

1) Cone Roof Tank에 설치하는 방식으로 상부포주입법을 이용
2) 방출된 포가 탱크 옆판의 내면을 따라 흘러내려 가면서 액면에 전개되도록 반사판이 있는 포방출구

※ 포방출구의 종류

탱크구조		포방출구
고정지붕구조 (콘루프 탱크)	상부포주입법	Ⅰ, Ⅱ형
	저부포주입법	Ⅲ, Ⅳ형
부상지붕구조 (플로팅루프 탱크)	상부포주입법	특형

정답 68 ③ 69 ② 70 ②

71 (중)

상수도소화용수설비의 화재안전기술기준상 소화전은 구경(호칭지름)이 최소 얼마 이상의 수도배관에 접속하여야 하는가?

① 50 [mm] 이상의 수도배관
② 75 [mm] 이상의 수도배관
③ 85 [mm] 이상의 수도배관
④ 100 [mm] 이상의 수도배관

해설 상수도소화용수설비의 설치기준

1) 호칭지름 75 [mm] 이상의 수도배관에 호칭지름 100 [mm] 이상의 소화전을 접속할 것
2) 소화전은 소방자동차의 진입이 쉬운 도로변 또는 공지에 설치할 것
3) 소화전은 특정소방대상물의 수평투영면의 각 부분으로부터 140 [m] 이하가 되도록 설치할 것

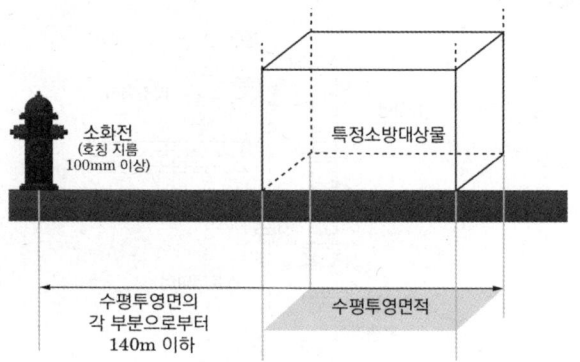

72 (하)

완강기의 형식승인 및 제품검사의 기술기준상 완강기의 최대사용하중은 최소 몇 [N] 이상의 하중이어야 하는가?

① 800 ② 1000
③ 1200 ④ 1500

해설 완강기 최대사용하중

최대사용하중 : 1500 [N] 이상

보충 최대사용하중 : 완강기, 간이완강기 및 지지대를 사용함에 있어서 당해 완강기, 간이완강기 및 지지대에 가할 수 있는 최대하중

73 (중)

연결송수관설비의 화재안전기술기준상 방수구의 호스접결구에 대한 높이기준으로 옳은 것을 고르시오.

① 바닥으로부터 높이 0.5 [m] 이상 1 [m] 이하의 위치에 설치할 것
② 바닥으로부터 1.5 [m] 이하의 위치에 설치할 것
③ 바닥으로부터 높이 0.8 [m] 이상 1.5 [m] 이하의 위치에 설치할 것
④ 바닥으로부터 1 [m] 이하의 위치에 설치할 것

해설 연결송수관설비 방수구

방수구의 호스접결구는 바닥으로부터 높이 0.5 [m] 이상 1 [m] 이하의 위치에 설치할 것

정답 71 ② 72 ④ 73 ①

74 (상)(중)(하)

이산화탄소소화설비의 화재안전기술기준에 따른 이산화탄소소화설비 기동장치의 설치기준으로 맞는 것은?

① 가스압력식 기동장치 기동용 가스용기의 용적은 3 [L] 이상으로 한다.
② 수동식 기동장치는 전역방출방식에 있어서 방호대상물마다 설치한다.
③ 수동식 기동장치의 부근에는 소화약제의 방출을 지연시킬 수 있는 방출지연스위치를 설치해야 한다.
④ 전기식 기동장치로서 5병의 저장용기를 동시에 개방하는 설비는 2병 이상의 저장용기에 전자개방밸브를 부착해야 한다.

해설 이산화탄소소화설비 기동장치

1) 가스압력식 기동장치
   (1) 기동용 가스용기 및 해당 용기에 사용하는 밸브는 25 [MPa] 이상의 압력에 견딜 수 있는 것으로 할 것
   (2) 기동용 가스용기에는 내압시험압력의 0.8배부터 내압시험압력 이하에서 작동하는 안전장치를 설치할 것
   (3) 기동용 가스용기의 체적은 5 [L] 이상으로 하고, 해당 용기에 저장하는 질소 등의 비활성 기체는 6.0 [MPa] 이상 (21 [℃] 기준)의 압력으로 충전할 것
   (4) 기동용 가스용기에는 충전 여부를 확인할 수 있는 압력게이지를 설치할 것
2) 전기식 기동장치로서 7병 이상의 저장용기를 동시에 개방하는 설비는 2병 이상의 저장용기에 전자 개방밸브를 부착할 것
3) <u>수동식 기동장치 부근에는 소화약제의 방출을 지연시킬 수 있는 방출지연스위치를 설치해야 함</u>
4) 수동식 기동장치는 전역방출방식은 방호구역마다 국소방출방식은 방호대상물마다 설치할 것

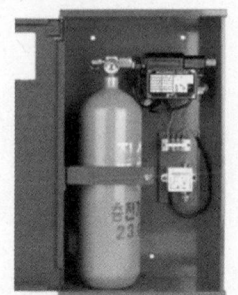

[기동용 가스용기함 내부]

75 (상)(중)(하)

옥내소화전의 화재안전성능기준상 소방자동차부터 그 설비에 송수할 수 있는 송수구의 설치기준으로 틀린 것은?

① 송수구로부터 주배관에 이르는 연결배관에는 개폐밸브를 설치하지 않을 것
② 지면으로부터 높이가 0.8 [m] 이상 1.5 [m] 이하의 위치에 설치할 것
③ 구경 65 [mm]의 쌍구형 또는 단구형으로 할 것
④ 송수구의 가까운 부분에 자동배수밸브(또는 직경 5 [mm]의 배수공) 및 체크밸브를 설치할 것

해설 옥내소화전설비의 송수구

옥내소화전설비에는 소방자동차부터 그 설비에 송수할 수 있는 송수구를 다음의 기준에 따라 설치해야 한다.
1) 송수구는 송수 및 그 밖의 소화작업에 지장을 주지 않도록 설치할 것
2) 송수구로부터 주배관에 이르는 연결배관에는 개폐밸브를 설치하지 않을 것
3) 지면으로부터 높이가 0.5 [m] 이상 1 [m] 이하의 위치에 설치할 것
4) 구경 65 [mm]의 쌍구형 또는 단구형으로 할 것
5) 송수구의 가까운 부분에 자동배수밸브(또는 직경 5 [mm]의 배수공) 및 체크밸브를 설치할 것
6) 송수구에는 이물질을 막기 위한 마개를 씌울 것

정답 74 ③ 75 ②

76 (상⦁중⦁하)

할론소화설비의 분사헤드 설치기준 중 전역방출방식 할론 1301 분사헤드의 방출압력은 최소 몇 [MPa] 이상이어야 하는가?

① 0.1
② 0.2
③ 0.7
④ 0.9

해설 할론소화설비 분사헤드 방출압력
- 할론 2402 : 0.1 [MPa] 이상
- 할론 1211 : 0.2 [MPa] 이상
- 할론 1301 : 0.9 [MPa] 이상

77 (상⦁중⦁하)

포소화설비의 화재안전기술기준상 포소화설비의 자동식 기동장치에 폐쇄형 스프링클러헤드를 사용하는 경우에 대한 설치기준 중 다음 ( ) 안에 알맞은 것은? (단, 자동화재탐지설비의 수신기가 설치된 장소에 상시 사람이 근무하고 있고, 화재 시 즉시 해당 조작부를 작동시킬 수 있는 경우는 제외한다)

- 표시온도가 (㉠) [℃] 미만인 것을 사용하고 1개의 스프링클러헤드의 경계 면적은 (㉡) [m²] 이하로 할 것
- 부착면의 높이는 바닥면으로부터 (㉢) [m] 이하로 하고 화재를 유효하게 감지할 수 있도록 할 것

① ㉠ 60, ㉡ 10, ㉢ 7
② ㉠ 60, ㉡ 20, ㉢ 7
③ ㉠ 79, ㉡ 10, ㉢ 5
④ ㉠ 79, ㉡ 20, ㉢ 5

해설 포소화설비 자동식 기동장치 – 폐쇄형 S/P헤드
1) 표시온도 : 79 [℃] 미만
2) 1개의 스프링클러헤드의 경계면적 : 20 [m²] 이하
3) 부착면의 높이 : 바닥으로부터 5 [m] 이하
4) 하나의 감지장치 경계구역은 하나의 층이 되도록 할 것

78 (상⦁중⦁하)

완강기의 속도조절기에 관한 설명으로 틀린 것은?

① 견고하고 내구성이 있어야 한다.
② 강하 시 발생하는 열에 의해 기능에 이상이 생기지 아니하여야 한다.
③ 속도조절기의 풀리(Pulley) 등으로부터 로프가 노출되지 아니하는 구조이어야 한다.
④ 평상시에는 분해, 청소 등을 하기 쉽게 만들어져 있어야 한다.

해설 완강기의 속도조절기
1) 견고하고 내구성이 있어야 한다.
2) 평상시에 분해, 청소 등을 하지 아니하여도 작동할 수 있어야 한다.
3) 강하 시 발생하는 열에 의하여 기능에 이상이 생기지 아니하여야 한다.
4) 속도조절기는 사용 중에 분해·손상·변형되지 아니하여야 하며, 속도조절기의 이탈이 생기지 아니하도록 덮개를 하여야 한다.
5) 강하 시 로프가 손상되지 아니하여야 한다.
6) 속도조절기의 풀리(Pulley) 등으로부터 로프가 노출되지 아니하는 구조이어야 한다.

정답 76 ④ 77 ④ 78 ④

79 (상㊥하)

전동기 또는 내연기관에 따른 펌프를 이용하는 옥외소화전설비의 가압송수장치의 설치기준 중 다음 ( ) 안에 알맞은 것은?

> 해당 특정소방대상물에 설치된 옥외소화전(2개 이상 설치된 경우에는 2개의 옥외소화전)을 동시에 사용할 경우 각 옥외소화전의 노즐선단에서의 방수압력이 (㉠) [MPa] 이상이고, 방수량이 (㉡) [L/min] 이상이 되는 성능의 것으로 할 것

① ㉠ 0.17, ㉡ 350
② ㉠ 0.25, ㉡ 350
③ ㉠ 0.17, ㉡ 130
④ ㉠ 0.25, ㉡ 130

해설 옥외소화전설비 설치기준
1) 방수압력 : 0.25 [MPa] 이상, 0.7 [MPa] 이하
2) 방수량 : 350 [L/min] 이상
3) 호스 구경 : 65 [mm]
4) 옥외소화전설비의 수원[m³] : N × 7 [m³](N : 최대 2개)

80 (상㊥하)

할로겐화합물 및 불활성기체소화설비의 화재안전기술기준에 따른 할로겐화합물 및 불활성기체소화설비의 수동식 기동장치의 설치기준에 대한 설명으로 틀린 것은?

① 50 [N] 이상의 힘을 가하여 기동할 수 있는 구조로 할 것
② 전기를 사용하는 기동장치에는 전원표시등을 설치할 것
③ 기동장치의 방출용 스위치는 음향경보장치와 연동하여 조작될 수 있는 것으로 할 것
④ 해당 방호구역의 출입구 부근 등 조작을 하는 자가 쉽게 피난할 수 있는 장소에 설치할 것

해설 할로겐화합물 및 불활성기체소화설비의 수동식 기동장치
수동식 기동장치 부근에는 소화약제의 방출을 지연시킬 수 있는 방출지연스위치를 설치해야 한다.
1) 방호구역마다 설치할 것
2) 해당 방호구역의 출입구 부분 등 조작을 하는 자가 쉽게 피난할 수 있는 장소에 설치할 것
3) 기동장치의 조작부는 바닥으로부터 높이 0.8 [m] 이상 1.5 [m] 이하 위치에 설치하고, 보호판 등에 따른 보호장치를 설치할 것
4) 기동장치 인근의 보기 쉬운 곳에 "할로겐화합물 및 불활성기체소화설비 수동식 기동장치"라는 표지를 할 것
5) 전기를 사용하는 기동장치에는 전원표시등을 설치할 것
6) 기동장치의 방출용 스위치는 음향경보장치와 연동하여 조작될 수 있는 것으로 할 것
7) 50 [N] 이하의 힘을 가하여 기동할 수 있는 구조로 할 것
8) 기동장치에는 보호장치를 설치해야 하며, 보호장치를 개방하는 경우 기동장치에 설치된 부저 또는 벨 등에 의하여 경고음을 발할 것 〈시행 2024.8.1.〉
9) 기동장치를 옥외에 설치하는 경우 빗물 또는 외부 충격의 영향을 받지 아니하도록 설치할 것 〈시행 2024.8.1.〉

정답 79 ② 80 ①

2023 출제경향 분석

[소방원론]

CHAPTER 연도 및 회차		연소	연소생성물	폭발	화재	위험물	소화	안전관리 및 건축방재	합계
2023년	1	6	1	1	5	1	2	4	20
	2	6	0	1	1	4	3	5	20
	4	7	1	1	1	3	4	3	20

[소방유체역학]

CHAPTER 연도 및 회차		유체이론	정수역학	동수역학	배관과 펌프	열역학	합계
2023년	1	4	3	5	5	3	20
	2	4	3	4	5	4	20
	4	3	2	6	5	4	20

격차를 뛰어넘어 압도적인 격차를 만들다

[소방관계법규]

연도 및 회차	CHAPTER	소방기본법	소방시설법	화재예방법	소방공사업법	위험물 안전관리법	합계
2023년	1	5	6	3	4	2	20
	2	5	3	4	5	3	20
	4	4	6	2	4	4	20

[소방기계시설의 구조 및 원리]

연도 및 회차	CHAPTER	소화기구 및 자동소화장치	옥내소화전설비	옥외소화전설비	스프링클러설비	물분무소화설비	미분무소화설비	포소화설비	이산화탄소소화설비	할론소화설비	할로겐화합물 및 불활성기체소화설비	분말소화설비	피난기구 및 인명구조기구	소화용수설비	제연설비	연결송수관설비	연결살수설비	기타	합계
2023년	1	2	0	1	3	1	1	2	1	0	1	2	2	1	2	0	0	1	20
	2	3	1	0	3	1	1	2	1	0	0	2	1	1	3	0	1	0	20
	4	2	0	0	2	2	0	3	0	1	1	1	2	1	2	1	1	1	20

2023년 1회 소방원론

01 (상 중 하)

화재 표면온도(절대온도)가 2배로 되면 복사에너지는 몇 배로 증가되는가?

① 2 ② 4
③ 8 ④ 16

해설 스테판 볼츠만의 법칙

단위 면적당 복사열량 $Q[W/m^2] = \sigma T^4$

복사 : 열전달 매질 없이 전자파 형태로 열이 전달
스테판 볼츠만의 법칙에 의해 복사열은 절대온도의 4승에 비례한다.

보충▶ 매질 : 파동을 전달시키는 물질

[풀이 1]
- T [K]일 때 : $Q_1 = \sigma T^4$
- 2T [K]일 때 : $Q_2 = \sigma(2T)^4 = 16\sigma T^4$

$$\frac{Q_2}{Q_1} = \frac{16\sigma T^4}{\sigma T^4} = 16$$

∴ $Q_2 = 16 \times Q_1$

[풀이 2]
$Q = \sigma T^4$
따라서 $Q \propto T^4$이므로
$Q_1 : T^4 = Q_2 : (2T)^4$
$Q_2 \times T^4 = Q_1 \times (2T)^4$
∴ $Q_2 = 16 \times Q_1$

Q : 복사에너지 [W/m²]
σ : 스테판 볼츠만 상수 [W/m²·K⁴]
T : 절대온도 [K]

02 (상 중 하)

어떤 기체가 0 [℃], 1기압에서 부피가 11.2 [L], 기체 질량이 22 [g]이었다면 이 기체의 분자량은? (단, 이상기체로 가정한다)

① 22 ② 35
③ 44 ④ 56

해설 이상기체 상태방정식

이상기체 상태방정식 $PV = nRT = \frac{W}{M}RT$

분자량 $M = \frac{WRT}{PV} = \frac{22 \times 0.082 \times 273}{1 \times 11.2}$
≒ 44 [g/mol]

P : 절대압력 [atm]
n : 몰수 [mol]
T : 절대온도(273 + ℃) [K]
W : 기체의 질량 [g]
V : 부피 [L]
R : 기체상수(0.082 [atm·L/mol·K])
M : 분자량 [g/mol]

03 (상 중 하)

철근콘크리트조, 연와조, 벽돌조 등과 같은 구조로 화재 시 상당시간 동안 변화를 일으키지 않으며 화재 후에도 수리하여 재사용할 수 있는 구조는?

① 방화구조 ② 내화구조
③ 난연구조 ④ 방열구조

정답 01 ④ 02 ③ 03 ②

해설 내화구조

1) 내화구조
   (1) 화재 시 건축물의 강도 및 성능을 일정시간 유지할 수 있는 구조
   (2) 철근 콘크리트조, 연와조, 기타 이와 유사한 구조
2) 방화구조
   (1) 일정시간 동안 일정구획에서 화재를 한정시킬 수 있는 구조
   (2) 철망모르타르, 회반죽 바르기 기타 이와 유사한 구조로서 화재에 대한 내력은 없고 화재 시 건축물의 인접부분으로 연소되는 것을 방지할 수 있는 정도의 구조

구분	거실 각 부분으로부터 계단에 이르는 보행거리
일반건축물	30 [m] 이하
건축물의 주요구조부가 내화구조, 불연재료로 된 건축물	50 [m] 이하 (층수가 16층 이상인 공동주택의 경우 16층 이상인 층 : 40 [m] 이하)
자동화 생산시설에 스프링클러 등 자동식 소화설비를 설치한 공장	75 [m] 이하 (무인화 공장 : 100 [m] 이하)

04 상 중 하

주요구조부가 내화구조로 된 건축물에서 거실 각 부분으로부터 하나의 직통계단에 이르는 보행거리는 피난자의 안전상 몇 [m] 이하이어야 하는가?

① 50　　　　　② 60
③ 70　　　　　④ 80

해설 직통계단의 설치

건축물의 피난층 외의 층에서는 피난층 또는 지상으로 통하는 직통계단을 거실의 각 부분으로부터 계단에 이르는 보행거리가 30 [m] 이하가 되도록 설치해야 한다. 다만 건축물의 주요구조부가 내화구조 또는 불연재료로 된 건축물은 그 보행거리가 50 [m](층수가 16층 이상인 공동주택의 경우 16층 이상인 층에 대해서는 40 [m]) 이하가 되도록 설치할 수 있으며, 자동화 생산시설에 스프링클러 등 자동식 소화설비를 설치한 공장으로서 국토교통부령으로 정하는 공장인 경우에는 그 보행거리가 75 [m](무인화 공장인 경우에는 100 [m]) 이하가 되도록 설치할 수 있다[건축법 시행령 제34조 제1항].

05 상 중 하

다음 위험물 중 물과 접촉 시 위험성이 가장 높은 것은?

① $NaClO_3$　　　　② P
③ Na_2O_2　　　　④ TNT

해설 물과 접촉 시 위험성이 큰 물질

위험물	분류	소화
$NaClO_3$ (염소산나트륨)	제1류 (염소산염류)	주수소화
P (인)	제2류 (적린) 또는 제3류 (황린) ※ 적린과 황린은 동소체	주수소화
Na_2O_2 (과산화나트륨)	1류 위험물 (무기과산화물)	마른모래로 피복소화
TNT (트라이나이트로톨루엔)	제5류 위험물 (나이트로화합물)	주수소화

※ 무기과산화물은 물과 접촉 시 산소발생 따라서 주수소화 절대엄금
$2Na_2O_2 + 2H_2O \rightarrow 4NaOH + O_2\uparrow$

정답 04 ① 05 ③

06 폭굉(Detonation)에 관한 설명으로 틀린 것은?

① 연소속도가 음속보다 느릴 때 나타난다.
② 온도의 상승은 충격파의 압력에 기인한다.
③ 압력 상승은 폭연의 경우보다 크다.
④ 폭굉의 유도거리는 배관의 지름과 관계가 있다.

해설 폭연(Deflagration), 폭굉(Detonation)

1) 폭연과 폭굉의 비교

가스폭발은 물적 조건과 에너지조건이 만족되면 화염이 발생하여 일정한 속도로 전파되는데, 음속 이하를 폭연(Deflagration), 음속 이상을 폭굉(Detonation)이라고 한다.

구분	폭연	폭굉
전파 속도	음속 이하 (0.1 ~ 10 [m/s])	음속 이상 (1000 ~ 3500 [m/s])
특징	폭굉으로 전이 될 수 있음	압력 상승이 폭연의 10배 이상
에너지 전달	전도, 대류, 복사 (열에 의한 연소파)	충격파

2) 폭굉 유도거리
 (1) 폭굉 유도거리란 정상적인 연소에서 폭굉으로 전이되는데 필요한 거리를 말한다.
 (2) 폭굉 유도거리가 짧을수록 위험성이 크다.
 (3) 폭굉유도거리가 짧아지는 조건
  ① 점화원의 에너지가 클수록 (+)
  ② 연소속도가 클수록 (+)
  ③ 주위온도가 높을수록 (+)
  ④ 배관의 압력이 클수록 (+)
  ⑤ 배관 내 장애물이 많을수록 (+)
  ⑥ 배관의 관경이 가늘수록(작을수록) (-)

07 플래시 오버(Flash Over)에 대한 설명으로 옳은 것은?

① 도시가스의 폭발적 연소를 말한다.
② 휘발유 등 가연성 액체가 넓게 흘러서 발화한 상태를 말한다.
③ 옥내화재가 서서히 진행하여 열 및 가연성 기체가 축적되었다가 일시에 연소하여 화염이 크게 발생하는 상태를 말한다.
④ 화재층의 불이 상부층으로 올라가는 현상을 말한다.

해설 실내화재 발생현상

1) 플래시 오버
 (1) 온도가 급격히 상승하여 화재가 순간적으로 실내 전체에 확산되는 현상
 (2) 발생 시기 : 성장기 ~ 최성기 직전
2) 백드래프트
 (1) 훈소 상태일 때 신선한 공기 유입으로 실내의 축적된 가스가 단시간 연소, 폭발하여 실외로 분출
 (2) 발생 시기 : 감쇄기(최성기 이후)

08 전기화재의 원인으로 거리가 먼 것은?

① 단락
② 과전류
③ 누전
④ 절연 과다

정답 06 ① 07 ③ 08 ④

해설 전기화재 원인

1) 과전류(과부하)에 의한 발화
2) 단락(합선)에 의한 발화
3) 누전에 의한 발화
4) 낙뢰에 의한 발화
5) 전기불꽃에 의한 발화
6) 정전기로 인한 스파크 발생에 의한 발화

보충
- 절연 : 전기 또는 열을 통하지 않게 하는 것
- 단락 : 전기회로의 두 점 사이의 절연이 잘 안 되어서 두 점 사이가 접속되는 일
- 누전 : 절연이 불완전하거나 시설이 손상되어 전기가 전깃줄 밖으로 새어 흐름

09 (상·중·하)

인화점이 낮은 것부터 높은 순서로 옳게 나열된 것은?

① 에틸알코올 < 이황화탄소 < 아세톤
② 이황화탄소 < 에틸알코올 < 아세톤
③ 에틸알코올 < 아세톤 < 이황화탄소
④ 이황화탄소 < 아세톤 < 에틸알코올

해설 인화점

물질	인화점 [℃]
다이에틸에터(디에틸에테르)	-45
가솔린(휘발유)	-43
산화프로필렌	-37
이황화탄소	-30
아세톤	-18
메틸알코올	11
에틸알코올	13
등유	39
경유	41

- 이황화탄소 < 아세톤 < 에틸알코올

암기 인가산이아 / 메에 / 등경

10 (상·중·하) 신유형!

1기압 상태에서, 22 [℃] 물 1 [kg]이 소화 시 모두 기화되었을 때 필요한 열량은 몇 [kJ]인가? (단, 1 [kcal] = 4.18 [kJ]이다)

① 2672 ② 2580
③ 2253 ④ 2587

해설 물 상태변화에 필요한 열량

$$\boxed{22℃\ 물} \xrightarrow{Q_1} \boxed{100℃\ 물} \xrightarrow{Q_2} \boxed{100℃\ 수증기}$$

- 물의 비열 [kJ/kg·K]
  1 [kcal/kg·℃] = 4.18 [kJ/kg·K]
- 물의 증발잠열 [kJ/kg]

$$539[kcal/kg] = 539[kcal/kg] \times \frac{4.18[kJ]}{1[kcal]}$$
$$= 2253.02[kJ/kg]$$

1) 현열량 Q_1 (22 [℃] 물 → 100 [℃] 물)

$$Q_1 = mC\Delta T$$
$$= 1[kg] \times 4.18[kJ/kg \cdot K] \times (100-22)[K]$$
$$= 326.04[kJ]$$

2) 잠열량 Q_2 (100 [℃] 물 → 100 [℃] 수증기)

$$Q_2 = mr$$
$$= 1[kg] \times 2253.02[kJ/kg]$$
$$= 2253.02[kJ]$$

3) 총 필요한 열량 Q

$$Q = Q_1 + Q_2 = 326.04 + 2253.02 = 2579.06[kJ]$$

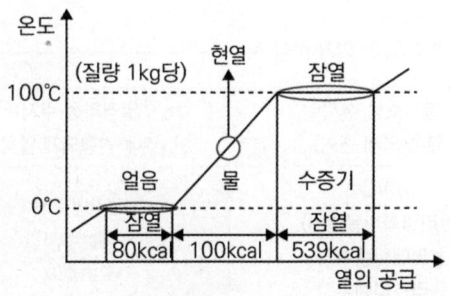

[물의 상태변화]
m : 질량 [kg], C : 물의 비열 [kJ/kg·K]
ΔT : 온도 차 [K], r : 물의 증발잠열 [kJ/kg]

11 (상중하)

공기와 할론 1301의 혼합기체에서 할론 1301에 비해 공기의 확산속도는 약 몇 배인가? (단, 공기의 평균 분자량은 29, 할론 1301의 분자량은 149이다)

① 2.27배 ② 3.85배
③ 5.17배 ④ 6.46배

해설 그레이엄의 확산속도법칙

> 그레이엄의 확산속도법칙 $\dfrac{V_1}{V_2} = \sqrt{\dfrac{\rho_2}{\rho_1}} = \sqrt{\dfrac{m_2}{m_1}}$

$\dfrac{V_{공기}}{V_{할론1301}} = \sqrt{\dfrac{m_{할론1301}}{m_{공기}}} = \sqrt{\dfrac{149}{29}} = 2.266 ≒ 2.27$

V_1, V_2 : 기체 1, 2 확산속도 [m/s]
ρ_1, ρ_2 : 기체 1, 2 밀도 [kg/m³]
m_1, m_2 : 기체 1, 2 분자량 [kg/kmol]

12 (상 중 하)

일반적인 플라스틱 분류상 열경화성 플라스틱에 해당하는 것은?

① 폴리에틸렌 ② 폴리염화비닐
③ 페놀수지   ④ 폴리스티렌

해설 합성수지의 화재성상

열가소성 수지 (열에 의해 변형)	열경화성 수지 (열에 변형되지 않음)
PVC (폴리염화비닐수지) 폴리에틸렌수지 폴리스티렌수지	멜라민수지 페놀수지 요소수지

암기 ▶ 가피폴폴 멜페요

13 (상중하)

내화건축물의 화재에서 공기의 유통이 원활하고 연소는 급속히 진행되어 개구부에는 진한 매연과 화염이 분출하고 실내는 순간적으로 화염이 충만한 시기는?

① 성장기   ② 초기
③ 최성기   ④ 중기

해설 구획화재의 진행

1) 발화 : 가연물이 공기 중에서 산소와 반응해 열과 빛을 내는 초기 단계
2) 성장기 : 화재 초기에는 화염이 크지 않고 백색연기 발생하다가 점차 개구부에 진한 흑색연기 분출, 플래시 오버가 발생할 수 있는 최성기 직전의 상태로 화염이 순간적으로 번지는 플래시 오버가 발생하면 바로 최싱기가 됨
3) 최성기 : 플래시 오버현상이 진행된 뒤 온도가 최고에 이르러 천장 등이 녹고 무너져 내려앉는 단계로 산소가 급격히 줄어 다량의 불완전가스가 발생함
4) 감쇄기 : 산소 소진으로 화재가 부분적으로 소멸되고 연기 발생 정지

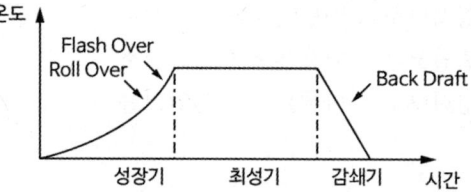

14 상㉣하

분말소화약제에 관한 설명 중 틀린 것은?

① 차고, 주차장에는 제3종 분말소화약제를 사용할 수 없다.
② 최적의 소화를 나타내는 분말의 입도는 20 ~ 25 [μm] 정도이다.
③ CDC(Compatible Dry Chemical)는 포와 함께 사용할 수 있다.
④ 제1인산염을 주성분으로 한 분말은 담홍색으로 착색되어 있다.

해설 분말소화약제

1) 제3종 분말소화약제(제1인산염)는 차고, 주차장에 적응성이 있으며 담홍색으로 착색되어 있음
2) 20 ~ 30 [μm] 범위 분말입도가 가장 효과적
3) 미세도의 분포가 골고루 되어 있어야 함
4) CDC소화약제란 포와 함께 사용할 수 있는 분말소화약제를 말함

보충 수성막포와 제3종 분말소화약제를 겸용하여 사용하면 소화성능이 향상되며, 이를 트윈에이전트시스템(Twin Agent System)이라 한다.

15 상㉣하

화재의 유형별 특성에 관한 설명으로 옳은 것은?

① A급 화재는 무색으로 표시하며 감전의 위험이 있으므로 주수소화를 엄금한다.
② B급 화재는 황색으로 표시하며 질식소화를 통해 화재를 진압한다.
③ C급 화재는 백색으로 표시하며 가연성이 강한 금속의 화재이다.
④ D급 화재는 청색으로 표시하며 연소 후에 재를 남긴다.

해설 화재별 소화방법

등급	화재	표시색	소화방법
A급	일반화재	백색	냉각소화
B급	유류화재	황색	질식소화
C급	전기화재	청색	질식소화
D급	금속화재	무색	마른모래, 팽창질석, 팽창진주암 D급 소화기
K급	주방화재	-	K급 소화기

16 상㉣하

할로겐화합물 및 불활성기체소화약제 계열 중 HCFC-22를 82 [%] 포함하고 있는 것은?

① IG-541
② HFC-227ea
③ IG-55
④ HCFC BLEND A

해설 할로겐화합물 및 불활성기체소화약제 계열

계열	소화약제	상품명	기타
FC	FC-3-1-10	CEA-410	C_4F_{10}
HFC	HFC-23	FE-13	CHF_3
	HFC-125	FE-25	CHF_2CF_3
	HFC-227ea	FM-200	CF_3CHFCF_3
HCFC	HCFC-124	FE-241	$CHClCF_3$
	HCFC BLEND A	NAF-S-III	HCFC-22 : 82 [%] HCFC-123 : 4.75 [%] HCFC-124 : 9.5 [%] $C_{10}H_{16}$: 3.75 [%]
IG	IG-541	Inergen	N_2, Ar, CO_2

정답 14 ① 15 ② 16 ④

17 (상 중 하)

건물의 주요구조부가 아닌 것은?

① 작은 보
② 기둥
③ 내력벽
④ 주계단

해설 건물의 주요구조부

1) 바닥(최하층 바닥 제외)
2) 보(작은 보 제외)
3) 지붕틀(차양 제외)
4) 내력벽(비내력벽 제외)
5) 주계단(옥외계단 제외)
6) 기둥(사잇기둥 제외)

암기 바보지내주기

18 (상 중 하)

연면적이 1000 [m²] 이상인 건축물에 설치하는 방화벽이 갖추어야 할 기준으로 틀린 것은?

① 내화구조로서 홀로 설 수 있는 구조일 것
② 방화벽이 양쪽 끝과 위쪽 끝을 건축물의 외벽면 및 지붕면으로부터 0.1 [m] 이상 튀어나오게 할 것
③ 방화벽에 설치하는 출입문의 너비는 2.5 [m] 이하로 할 것
④ 방화벽에 설치하는 출입문의 높이는 2.5 [m] 이하로 할 것

해설 방화벽 설치기준

구분	설치 및 구조기준
대상 건축물	주요구조부가 내화구조이거나 불연재료인 건축물이 아닌 연면적 1000 [m²] 이상인 건축물
구획	각 구획된 바닥면적의 합계 : 1000 [m²] 미만
구조	• 내화구조로서 홀로 설 수 있는 구조일 것 • 방화벽 양쪽 끝과 위쪽 끝을 건축물의 외벽면 및 지붕면으로부터 0.5 [m] 이상 튀어나오게 할 것 • 출입문 너비와 높이 : 2.5 [m] 이하 • 출입문 : 60분+ 방화문 또는 60분 방화문

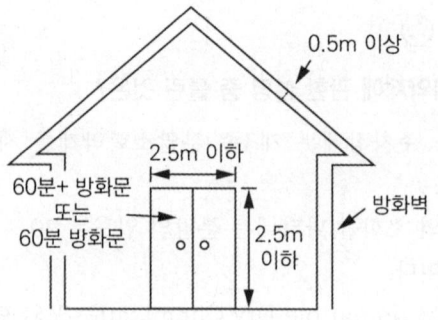

19 (상 중 하)

다음 중 점화원이라고 할 수 없는 것은?

① 정전기
② 충격
③ 증발열
④ 마찰열

해설 점화원 형태에 의한 분류

구분	종류
기계열	압축열, 마찰열, 마찰스파크, 충격열, 단열압축
전기열	유도열, 유전열, 저항열, 아크열, 정전기열, 낙뢰에 의한 열
화학열	연소열, 분해열, 용해열, 생성열, 자연발화열

※ 점화원이 될 수 없는 것 : 기화열(증발열), 융해열, 단열팽창 등

정답 17 ① 18 ② 19 ③

20 (상)중 하

다음 가연성 기체 1몰이 완전 연소하는 데 필요한 이론공기량으로 틀린 것은? (단, 체적비로 계산하며 공기 중 산소의 농도를 21 [vol%]로 한다)

① 수소 - 약 2.38몰
② 메테인 - 약 9.52몰
③ 아세틸렌 - 약 16.91몰
④ 프로페인 - 약 23.81몰

해설 연소에 필요한 이론공기량

1) 수소 : $H_2 + \frac{1}{2}O_2 \rightarrow H_2O$

∴ 이론공기량 = $\frac{0.5\ 몰}{0.21(21\%)}$ ≒ 2.38몰

2) 메테인(메탄) : $CH_4 + 2O_2 \rightarrow CO_2 + 2H_2O$

∴ 이론공기량 = $\frac{2\ 몰}{0.21(21\%)}$ ≒ 9.52몰

3) 아세틸렌 : $C_2H_2 + \frac{5}{2}O_2 \rightarrow 2CO_2 + H_2O$

∴ 이론공기량 = $\frac{2.5\ 몰}{0.21(21\%)}$ ≒ 11.9몰

4) 프로페인(프로판) : $C_3H_8 + 5O_2 \rightarrow 3CO_2 + 4H_2O$

∴ 이론공기량 = $\frac{5\ 몰}{0.21(21\%)}$ ≒ 23.81몰

※ 참고

수소의 완전연소반응식은 $H_2 + \frac{1}{2}O_2 \rightarrow H_2O$이다. 따라서 수소 1 [mol]이 완전연소하기 위해서 필요한 산소가 $\frac{1}{2}$ [mol]이다. 이때 필요한 이론공기량 [mol]을 구할 때, 전체 공기를 100 [vol%], 공기 중 산소를 21 [vol%]라고 가정하면 다음과 같은 비례식을 세울 수 있다.

$\frac{1}{2}$ [mol](필요한 산소) : x [mol](필요한 공기량)
= 21 [vol%](공기 중 산소) : 100 [vol%](전체 공기)

∴ 필요한 공기량 $x[mol] = \dfrac{\frac{1}{2}[mol] \times 100[vol\%]}{21[vol\%]}$

$= \dfrac{\frac{1}{2}[mol]}{0.21}$

※ 가연성 기체 1몰이 완전 연소하는 데 필요한 이론공기량 $x[mol]$:
$\dfrac{완전\ 연소하는\ 데\ 필요한\ 산소몰수[mol]}{0.21}$

정답 20 ③

2023년 1회 소방유체역학

21 (중)

관 내의 액주 높이로 압력을 측정할 수 있는데 모세관현상은 측정하고자 하는 압력의 오차를 유발한다. 물을 사용하여 모세관현상에 의한 액주의 상승 높이를 2 [mm] 이하로 유지하려고 하면 관의 내경은 최소 몇 [mm] 이상으로 해야 하는가? (단, 물의 표면장력은 0.08 [N/m], 밀도는 1000 [kg/m³], 접촉각은 0°이다)

① 16.3　　② 4.1
③ 2.8　　　④ 6.7

해설 모세관현상

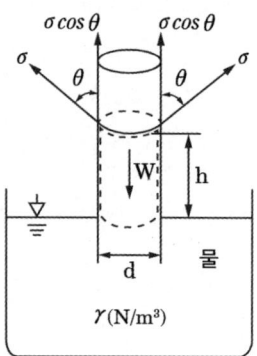

$$상승높이 \quad h[m] = \frac{4\sigma\cos\theta}{\gamma d}$$

σ : 표면장력 [N/m]
θ : 각도 [°]
γ : 비중량 [N/m³]
d : 관의 내경 [m]

$$2 \times 10^{-3}[m] = \frac{4 \times 0.08[N/m] \times \cos 0°}{9800[N/m^3] \times d[m]}$$

$d = 0.01632[m] = 16.32[mm]$

22 (중) 신유형!

바닷속에 잠수함이 정지해 있고 그 위에 빙산이 떠 있다. 잠수함의 해치(출입문)가 받는 정수력에 미치는 빙산의 효과는?

① 빙산이 없을 때와 같다.
② 빙산이 있으면 정수력이 커진다.
③ 물 위에 떠오른 빙산의 체적에 따라 다르다.
④ 빙산이 있으면 정수력이 작아진다.

해설 정수력과 부력

1) 정수력(= 전압력)

　$F = \gamma h A$

　유체 내에서 물체가 잠긴 깊이가 깊어질수록 정수력은 증가한다(깊이에 따른 압력의 증가로 정수력이 증가함).

2) 부력 F_B

　$F_B = \gamma_{유체} V_{잠긴체적}$

　부력은 물체가 밀어낸 부피만큼의 액체 무게이다.

3) 해치가 받는 정수력에 미치는 빙산의 효과
　잠수함 위에 빙산이 떠 있으나, 그 위에 빙산이 없으나 마찬가지로 자유표면으로부터 잠수함의 해치까지의 거리는 같다. 따라서 전압력(= 정수력)은 빙산이 바로 위에 떠 있으나, 그 위에 없으나 일정하다.

보충 자유표면 : 액체가 기체에 접하고 있는 표면

23 (중)

안지름 25 [mm], 길이 10 m의 수평 파이프를 통해 비중 0.8, 점성계수는 5 × 10⁻³ [kg/m·s]인 기름을 유량 0.2 × 10⁻³ [m³/s]로 수송하고자 할 때 필요한 펌프의 최소 동력은 약 몇 [W]인가?

① 0.21
② 0.58
③ 0.77
④ 0.81

해설 펌프의 동력

$$P[W] = \frac{\gamma[N/m^3] \times Q[m^3/s] \times H[m]}{\eta} \times K$$

※ 동력을 구할 때 조건상 효율(η)이나 전달계수(K)가 주어져 있지 않다면, 효율과 전달계수를 제외하고 산출한다.

[풀이 1] (달시 웨버공식 풀이)

동력 $P = \gamma Q H_L = S\gamma_w Q H_L$

여기서

1) 양정 H_L (달시 웨버공식 풀이)

$$H_L[m] = f\frac{L}{D}\frac{V^2}{2g} = 0.039 \frac{10}{0.025} \frac{0.407^2}{2 \times 9.8} = 0.1318$$

(1) $f = \frac{64}{Re} = \frac{64}{1628} = 0.039$

(2) $Re = \frac{\rho VD}{\mu} = \frac{S\rho_w VD}{\mu}$
$= \frac{(0.8 \times 1000) \times 0.407 \times 0.025}{5 \times 10^{-3}} = 1628$

(3) $V = \frac{Q}{A} = \frac{0.2 \times 10^{-3}}{\frac{\pi}{4} \times 0.025^2} = 0.407 [m/s]$

따라서

2) 동력 $P = \gamma Q H_L = S\gamma_w Q H_L$
$= 0.8 \times 9800 \times 0.2 \times 10^{-3} \times 0.1318$
$= 0.2066 ≒ 0.21 [W]$

[풀이 2] (하겐 - 포아젤공식 풀이)

동력 $P = \gamma Q H_L = S\gamma_w Q H_L$

여기서 층류유동으로 가정하고 [하겐 - 포아젤공식]을 사용한다.

1) 양정 H_L (하겐 - 포아젤공식 풀이)

$$H_L[m] = \frac{128 \times \mu \times L \times Q}{\gamma \times \pi \times D^4} = \frac{128 \mu L Q}{(S\gamma_w)\pi D^4}$$

$$= \frac{128 \times (5 \times 10^{-3}) \times 10 \times (0.2 \times 10^{-3})}{(0.8 \times 9800) \times \pi \times 0.025^4}$$

$$= 0.133 [m]$$

따라서

2) 동력 $P[W] = \gamma[N/m^3] \times Q[m^3/s] \times H_L[m]$
$= S\gamma_w Q H_L$
$= (0.8 \times 9800) \times 0.2 \times 10^{-3} \times 0.133$
$= 0.2085 ≒ 0.21 [W]$

γ : 비중량 [N/m³]
Q : 유량 [m³/s]
H : 전양정 [m]
η : 효율
K : 전달계수

24 (중)

관로에서 관마찰에 의한 손실수두가 속도수두와 같게 될 때의 관로의 길이는 약 몇 [m]인가? (단, 관의 지름은 400 [mm]이고, 관마찰계수는 0.041이다)

① 9.75
② 10.45
③ 10.05
④ 10.24

해설 관로의 길이(달시방정식)

$$\text{손실수두 } H_L[m] = f \times \frac{L}{D} \times \frac{V^2}{2g}$$

1) 마찰손실수두 $H_L = f\dfrac{L}{D}\dfrac{V^2}{2g}$

2) 속도수두 $H_v = \dfrac{V^2}{2g}$

3) 조건상 '마찰손실수두 H_L = 속도수두 H_v'이므로

$$f\frac{L}{D}\frac{V^2}{2g} = \frac{V^2}{2g}$$

$$f\frac{L}{D} = 1$$

∴ 관로의 길이 $L = \dfrac{D}{f} = \dfrac{0.4}{0.041} = 9.756\ m$

해설 베르누이방정식

$$\text{베르누이방정식 } \frac{P_A}{\gamma} + \frac{V_A^2}{2g} + Z_A = \frac{P_B}{\gamma} + \frac{V_B^2}{2g} + Z_B$$

1) 배관 내 모든 위치에서 속도수두, 압력수두, 위치수두의 합은 일정하다.

2) 조건상 수평 배관이므로 A지점과 B지점의 위치수두는 서로 같다($Z_A = Z_B$). 그러나 B지점의 관경이 A지점보다 크므로 B지점의 유속이 A지점보다 작다. 따라서 B지점의 압력수두가 A지점보다 크다.

$$\frac{P_A}{\gamma} + \frac{V_A^2}{2g} + Z_A = \frac{P_B}{\gamma} + \frac{V_B^2}{2g} + Z_B$$

압력 증가 / 유속 감소

- 구경이 커질 때($D_A < D_B$) : $V_A > V_B$, $P_A < P_B$

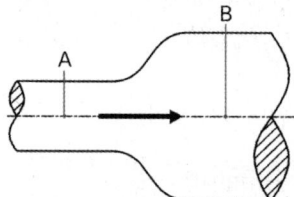

- 구경이 작아질 때($D_A > D_B$) : $V_A < V_B$, $P_A > P_B$

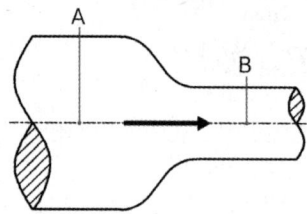

25 (상중하)

그림과 같이 크기가 다른 관이 연결된 수평 배관 내에 화살표의 방향으로 물이 정상 상태로 흐른다. 압력계 A, B에서 지시하는 압력을 각각 P_A, P_B라고 할 때 P_A와 P_B의 관계로 옳은 것은? (단, A와 B지점 사이의 마찰손실은 없다고 가정한다)

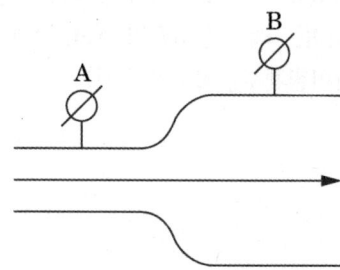

① $P_A > P_B$
② $P_A < P_B$
③ $P_A = P_B$
④ 이 조건만으로는 판단할 수 없다.

정답 25 ②

26 (상)(중)(하)

100 [kPa], 4 [℃]의 물을 3000 [kg/h]의 500 [kPa]로 공급하기 위하여 소요되는 펌프의 동력은 약 몇 [kW]인가? (단, 펌프의 효율은 70 [%]이다)

① 0.33 [kW] ② 0.48 [kW]
③ 1.32 [kW] ④ 2.48 [kW]

해설 펌프의 동력

$$P[kW] = \frac{\gamma[kN/m^3] \times Q[m^3/s] \times H[m]}{\eta} \times K$$

1) 소요양정 H

$$H = \frac{(500-100)[kPa]}{9.8[kN/m^3]} = 40.816[m]$$

2) 유량 Q

$Q = 3000[kg/h] = 3000[L/h]$
(∵ 물 1 [kg] = 1 [L]이므로)
여기서 Q는 $[m^3/s]$단위이므로
$3000[L/h]$를 $[m^3/s]$로 단위 변환하면

$$3000[L/h] = 3000[L/h] \times \frac{1[m^3]}{1000[L]} \times \frac{1[h]}{3600[s]}$$

$$= \frac{3}{3600}[m^3/s]$$

3) 동력 P

$$P = \frac{\gamma Q H}{\eta} \times K$$

$$= \frac{9.8 \times \frac{3}{3600} \times 40.816}{0.7}$$

$$= 0.476[kW]$$

※ 참고
유체가 물일 때, 1 [kg] = 1 [L]임을 유의한다.

γ : 비중량 [kN/m³]
Q : 유량 [m³/s]
H : 전양정 [m]
η : 효율
K : 전달계수

27 (상)(중)(하)

직경이 18 [mm]인 노즐을 사용하여 방사 압력 147 [kPa]로 옥내소화전으로부터 방수하면 방수속도는 약 몇 [m/s]인가? (단, 방사유체의 비중은 1이다)

① 17.1 ② 10.3
③ 16.3 ④ 14.7

해설 유체의 유출 속도

$$유속 \ V = \sqrt{2gh}$$

$유속 \ V = \sqrt{2gh} = \sqrt{2g\left(\frac{P}{\gamma}\right)}$ (∵ $P = \gamma h$)

$$= \sqrt{2 \times 9.8[m/s^2] \times \frac{147[kPa]}{9.8[kN/m^3]}}$$

$$= 17.146[m/s]$$

28 (상)(중)(하)

30 [℃], 100 [kPa]의 물을 이상적인 가역 단열 펌프를 이용하여 3000 [kPa]까지 가압한다. 이 펌프를 구동하기 위해 단위질량당 필요한 공업일은 몇 [kJ/kg]인가? (단, 물의 비체적은 0.001 [m³/kg]이다)

① 29 ② 30
③ 3.0 ④ 2.9

해설 공업일(압축일)

$$공업일 \ W_t = -\int V dP$$

$W_t = -V(P_2 - P_1)$
$= -0.001[m^3/kg] \times (3000 - 100)[kN/m^2]$
$= -2.9[kJ/kg]$

※ 공업일 W_t의 (-)부호는 일의 방향성을 나타냄

29 신유형! (상, 중, 하)

그림과 같은 면적 A_1인 원형관의 출구에 노즐이 볼트로 연결되어 있으며 물이 분출되고 있다. 노즐 끝의 면적이 $A_2 = 0.2A_1$, 1지점에서의 압력(절대압력)이 P_1이고, 속도가 V_1일 때 전체 볼트에 작용하는 힘의 크기로 옳은 것은? (단, 대기압은 P_{atm}, 물의 밀도는 ρ이다)

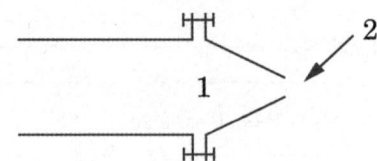

① $P_1 A_1 - P_{atm} A_2 - 4\rho A_1 V_1^2$
② $(P_1 - P_{atm}) A_1 - 4\rho A_1 V_1^2$
③ $P_1 A_1 - P_{atm} A_2 + 4\rho A_1 V_1^2$
④ $(P_1 - P_{atm}) A_1 + 4\rho A_1 V_1^2$

해설 플랜지볼트에 작용하는 힘 F_x

플랜지볼트에 작용하는 힘 F_x
$F_x = P_{1g} A_1 - \rho Q \Delta V$

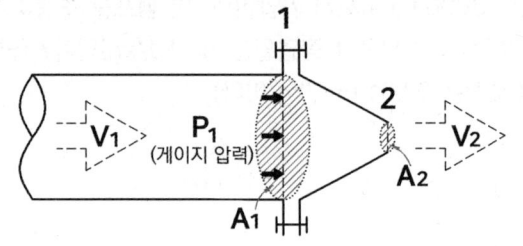

1) V_1과 V_2의 관계
$Q = A_1 V_1 = A_2 V_2$
$V_2 = \dfrac{A_1}{A_2} V_1 = \dfrac{A_1}{0.2 A_1} V_1 = 5 V_1$
∴ $V_2 = 5 V_1$

2) 플랜지볼트에 작용하는 힘 F_x
$F_x = P_{1g} A_1 - \rho Q \Delta V$
$\quad = (P_1 - P_{atm}) A_1 - \rho (A_1 V_1)(V_2 - V_1)$
$\quad = (P_1 - P_{atm}) A_1 - \rho (A_1 V_1)(5 V_1 - V_1)$
$\quad = (P_1 - P_{atm}) A_1 - \rho (A_1 V_1)(4 V_1)$
$\quad = (P_1 - P_{atm}) A_1 - 4\rho A_1 V_1^2$

Q : 유량
ΔV : 유속 차($V_2 - V_1$)
P_{1g} : 1 지점(원형관)에서의 게이지압력

TIP 문제에 언급된 기호로만 F_x(힘의 크기)를 나타낸다.

30 (상, 중, 하)

유체의 형상에 관한 설명으로 옳은 것은?
① 점성계수는 온도에 비례한다.
② 실제 유체는 점성으로 인하여 유동손실이 발생된다.
③ 동점성계수는 온도의 함수이며 단위는 포아즈(Poise)를 쓴다.
④ 기체의 점성은 주로 분자 간의 결합력 때문에 생긴다.

해설 유체의 점성

1) 점성계수는 온도에 비례하지 않는다.
2) 동점성계수는 액체인 경우 온도만의 함수이고, 기체인 경우는 온도와 압력의 함수이다.
3) 동점성계수의 단위 : $stokes\ [cm^2/s]$
4) 기체의 점성은 온도가 상승하면 증가한다(온도상승에 따라 분자의 운동량이 증가하여 분자 간의 충돌이 증가하기 때문).
5) 액체의 점성은 온도가 상승하면 감소한다(온도상승에 따라 분자의 응집력이 감소하기 때문).

정답 29 ② 30 ②

31

직각으로 굽어진 유리관의 한 쪽은 정지한 수면 밑에 넣고 다른 한 쪽은 연직으로 세워 수면 위로 나오게 하였다. 이 관을 수평으로 0.98 [m/s]의 속도로 운동시킬 때 다음 중 옳은 것은?

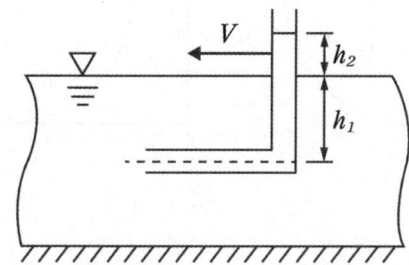

① $h_1 - h_2 = 24.5 [mm]$
② $h_1 = 24.5 [mm]$
③ $h_1 - h_2 = 49 [mm]$
④ $h_2 = 49 [mm]$

해설 피토관

$$유속\ V = \sqrt{2gh}$$

관을 좌측 수평으로 0.98 [m/s]로 운동시키는 것은 관이 정지한 상태에서 관 내 유체가 우측 수평으로 0.98 [m/s]로 운동하는 것과 같다.

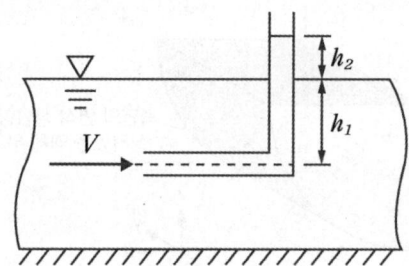

따라서
관 내 유속 $V = \sqrt{2gh}$
$0.98 = \sqrt{2 \times 9.8 \times h_2}$
$h_2 = 0.049 [m] = 49 [mm]$

32

다음은 열의 이동을 막기 위해 쓰이는 방법의 예시이다. 각 방법이 어떤 열전달방식을 줄이기 위한 것인지 바르게 짝지어진 것은?

> ㄱ. 맑은 날에 햇빛을 막기 위해 밝은 색의 양산을 사용한다.
> ㄴ. 주전자의 손잡이는 나무 또는 플라스틱으로 만든다.

① ㄱ. 복사   ㄴ. 대류
② ㄱ. 대류   ㄴ. 전도
③ ㄱ. 복사   ㄴ. 전도
④ ㄱ. 전도   ㄴ. 대류

해설 열전달

1) 복사에너지
전자기파 또는 광자의 형태로 물체로부터 방사되는 에너지로 최대로 복사에너지를 방사하는 이상적인 표면을 흑체(Black Body)라고 한다. 실제 표면에서 방사되는 복사에너지는 동일한 온도의 흑체 표면에서 방사되는 복사에너지보다 작다(밝은 색은 복사열을 반사함).

2) 전도
물체 내에서 또는 물체 간의 직접적인 접촉을 통하여 열이 전달되는 것으로 입자들이 위치는 바뀌지 않으면서 서로의 충돌에 의해 에너지가 한 곳에서 다른 곳으로 이동한다.

3) 대류
기체나 액체와 같이 유동성이 있는 유체 내에서 일어나는 열전달방법으로 대류는 온도차에 의해서 생겨난 유체의 흐름에 의해서 열이 전달된다.

정답 31 ④ 32 ③

33 (상·중·하)

질량 2 [kg]의 이상기체로 구성된 밀폐계가 600 [kJ]의 열을 받아 350 [kJ]의 일을 하였다. 이 기체의 온도는 몇 [℃] 상승하였는가? (단, 이 기체의 정적비열은 5 [kJ/kg·K], 정압비열은 6 [kJ/kg·K]이다)

① 95.0 ② 20.8
③ 79.2 ④ 25.0

해설 밀폐계의 열량

$_1Q_2 = \triangle U + {_1W_2}$

$_1Q_2 = mC_V \triangle T + {_1W_2}$

$600[kJ] = 2[kg] \times 5[kJ/kg \cdot K] \times \triangle T[K] + 350[kJ]$

$\therefore \triangle T = 25[K] = 25[℃]$

※ 온도 차($\triangle T$)는 절대온도[K]를 섭씨온도[℃]로 변환하여도 수치 값이 같다.

$_1Q_2$: 열량 [kJ]
$\triangle U$: 내부에너지 [kJ], m : 질량 [kg]
C_V : 정적비열 [kJ/kg·K], $\triangle T$: 온도 차 [K]

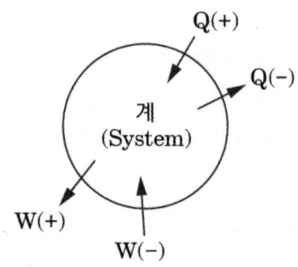

34 (상·중·하) 신유형!

반지름이 같은 4분원 모양의 두 수문 AB와 CD에 작용하는 단위 폭당 수직 정수력의 크기의 비는? (단, 대기압은 무시하며 물속에서 A와 C의 압력은 같다)

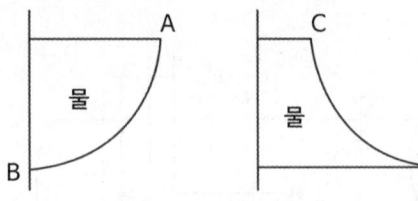

① $1 : \dfrac{2}{3}$ ② $1 : 1$

③ $1 : \left(1 - \dfrac{\pi}{4}\right)$ ④ $\left(1 - \dfrac{\pi}{4}\right) : 1$

해설 곡면에 작용하는 전압력(수직분력)

$$수직분력\ F_y = \gamma V$$

곡면에 작용하는 전압력의 수직분력은 곡면의 연직상방향에 실린 액체의 무게와 같다. 만약에 액체가 곡면의 연직상방향에 실려 있지 않으면, 곡면 연직상방향에 실린 가상의 액체 무게와 같다(곡면이 액체 위에 있을 때, 액체의 무게와 전압력의 수직 성분은 반대방향으로 작용하므로).

따라서 두 수문 AB와 CD에 작용하는 단위 폭당 정수력의 크기는 같다.

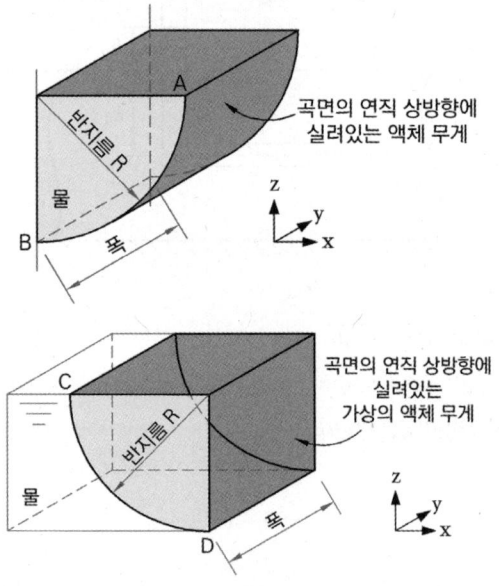

정답 33 ④ 34 ②

35 (중)

그림의 역U자관 마노미터에서 압력 차($P_x - P_y$)는 약 몇 [Pa]인가?

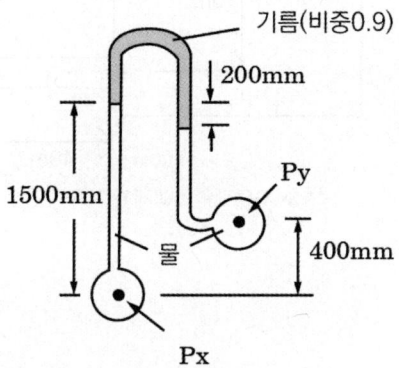

① 3215
② 4115
③ 5045
④ 6825

해설 역U자관 마노미터 압력차

$P_X - \gamma_1 h_1 = P_Y - \gamma_2 h_2 - \gamma_3 h_3$

$P_X - P_Y = \gamma_1 h_1 - \gamma_2 h_2 - \gamma_3 h_3$

$= \gamma_w h_1 - S_2 \gamma_w h_2 - \gamma_w h_3$

$= (9800[N/m^3] \times 1.5[m])$
$\quad - (0.9 \times 9800[N/m^3] \times 0.2[m])$
$\quad - (9800[N/m^3] \times 0.9[m])$

$= 4116[Pa]$

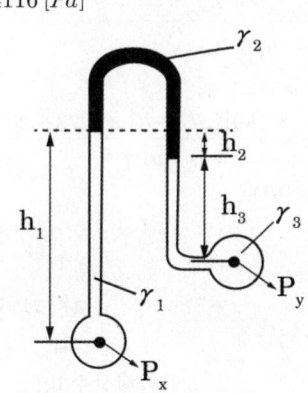

보충 $\gamma = S \times \gamma_w,\ \rho = S \times \rho_w$

36 (하)

물이 배관 내에 유동하고 있을 때 흐르는 물속 어느 부분의 정압이 그때 물의 온도에 해당하는 증기압 이하로 되면 부분적으로 기포가 발생하는 현상을 무엇이라고 하는가?

① 와류현상
② 수격현상
③ 공동현상
④ 서징현상

해설 펌프의 이상현상

1) 맥동현상(Surging) : 압력계가 흔들리고 송출유량이 주기적으로 변하는 현상
2) 공동현상(Cavitation) : 관 내 유체의 정압이 포화수증기압보다 낮아져 유체에 기포가 발생하는 현상
3) 수격현상(Water Hammering) : 유체가 흐를 때 급격한 속도변화로 내부압력에 급변화가 생기는 현상

37 (하)

다음 중 절대단위계(MLT계)에서 힘의 차원을 바르게 표현한 것은? (단, M : 질량, L : 길이, T : 시간)

① $ML^{-1}T^{-2}$
② MLT^2
③ MLT^{-2}
④ MLT

해설 힘의 차원

- $F = ma\ [N = kg \cdot m/s^2]$
- 힘의 차원 : $[MLT^{-2}]$

m : 질량 [kg]
a : 가속도 [m/s²]

38 (상 중 하) 신유형!

물탱크의 자유표면으로부터 10 [m] 아래에 지름 2 [cm], 길이 40 [m]의 수평 파이프를 연결하고 끝에 지름 1 [cm] 인 수도꼭지를 달아 물을 배출할 때 수도꼭지 출구 유속은 약 몇 [m/s]인가? (단, 파이프 내 마찰계수는 0.025, 수도 꼭지에서의 부차적 손실계수는 50으로 하고 다른 손실은 모두 무시한다)

① 3.9　　　② 1.9
③ 2.9　　　④ 0.9

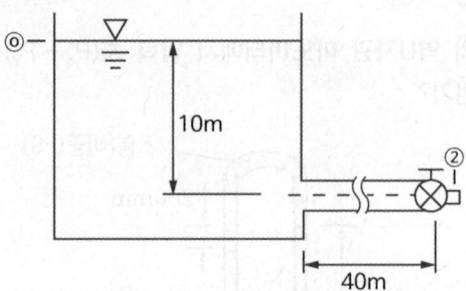

∴ $V_2 = 1.903 [m/s]$

보충 ▶ 자유표면 : 액체가 기체에 접하고 있는 표면

해설 베르누이방정식을 통한 유속 계산

1) 파이프 내의 유속 V_1과 수도꼭지 유출 유속 V_2과의 관계

$$Q_1 = Q_2 \rightarrow A_1 V_1 = A_2 V_2$$

$$V_1 = \frac{A_2}{A_1} V_2 = \frac{1^2}{2^2} V_2 = \frac{1}{4} V_2$$

∴ $V_1 = \frac{1}{4} V_2$

2) 손실수두 h_L

　(1) 파이프 내 마찰손실 $h_1 = f \frac{L_1}{D_1} \frac{V_1^2}{2g}$

　(2) 수도꼭지의 부차적 손실 $h_2 = K \frac{V_2^2}{2g}$

　(3) 손실수두 $h_L = h_1 + h_2$

∴ $h_L = 0.025 \times \frac{40}{0.02} \times \frac{\left(\frac{1}{4} V_2\right)^2}{2 \times 9.8}$
$+ 50 \times \frac{V_2^2}{2 \times 9.8} = 2.71 V_2^2$

3) 베르누이방정식을 통한 유속(V_2) 계산

$$\frac{P_0}{\gamma} + \frac{V_0^2}{2g} + Z_0 = \frac{P_2}{\gamma} + \frac{V_2^2}{2g} + Z_2 + h_L$$

(여기서 $P_0 = P_2 = 0$[대기압], $V_0 ≒ 0$)

$$Z_0 = \frac{V_2^2}{2g} + Z_2 + h_L$$

$$\frac{V_2^2}{2g} = Z_0 - Z_2 - h_L$$

$V_2 = \sqrt{2 \times 9.8 \times (Z_0 - Z_2 - h_L)}$
$= \sqrt{2 \times 9.8 \times (10 - 2.71 V_2^2)}$ (∵ $Z_0 - Z_2 = 10$)

39 (상 중 하)

온도가 20 [℃]인 이산화탄소 6 [kg]이 체적 0.3 [m³] 인 용기에 가득 차 있다. 가스의 압력은 약 몇 [kPa]인가? (단, 이산화탄소의 기체상수는 189 [J/kg · K]인 이상기체로 가정한다)

① 189　　　② 1108
③ 75.6　　　④ 554

해설 이상기체 상태방정식

$$\text{이상기체 상태방정식 } PV = nRT = \frac{W}{M} RT = W\overline{R}T$$

$P[kPa] = \frac{W\overline{R}T}{V}$
$= \frac{6[kg] \times 0.189[kJ/kg \cdot K] \times (273+20)[K]}{0.3[m^3]}$
$= 1107.54 [kPa]$

P : 절대압력 [kPa]
V : 부피 [m³]
M : 분자량 [kg/kmol]
W : 기체의 질량 [kg]
R : 기체상수 [kPa · m³/kmol · K]
$\overline{R}$: 특정기체상수 [kJ/kg · K]
T : 절대온도 [K](273 + ℃)

정답 38 ② 39 ②

40

비중량이 9880 [N/m³]인 유체가 소화설비 배관 내를 1분당 50 [kN]의 중량으로 흐른다. 관의 안지름이 150 [mm]라면 평균 유속은 약 몇 [m/s]인가?

① 4.77 ② 3.1
③ 283.8 ④ 83.3

해설 평균 유속(중량유량)

$$중량유량\ \dot{G}[N/s] = \gamma A V$$

유속 $V = \dfrac{\dot{G}}{\gamma A} = \dfrac{\dfrac{50 \times 10^3}{60}[N/s]}{9880[N/m^3] \times \dfrac{\pi}{4} \times 0.15^2[m^2]}$

$= 4.77 [m/s]$

γ : 비중량 [N/m³]
A : 배관 단면적 [m²]
V : 유속 [m/s]

정답 40 ①

2023년 1회 소방관계법규

41 상 중 하

소방시설 설치 및 관리에 관한 법령상 특정소방대상물에 실내장식 등의 목적으로 설치 또는 부착하는 물품으로서 제조 또는 가공공정에서 방염처리를 한 방염대상물품이 아닌 것은? (단, 합판·목재류의 경우에는 설치현장에서 방염처리를 한 것을 말한다)

① 창문에 설치하는 커튼류
② 암막·무대막
③ 전시용 합판·목재 또는 섬유판
④ 종이벽지

해설 방염대상물품

1) 제조·가공 공정에서 방염처리한 물품
  (1) 창문에 설치하는 커튼류(블라인드 포함)
  (2) 카펫
  (3) 벽지류(두께 2 [mm] 미만인 종이벽지 제외)
  (4) 전시용 합판·목재 또는 섬유판, 무대용 합판·목재 또는 섬유판(합판·목재류의 경우 불가피하게 설치 현장에서 방염처리한 것을 포함한다)
  (5) 암막·무대막(영화상영관 스크린, 가상체험체육시설의 스크린 포함)
  (6) 섬유류, 합성수지류 등을 원료로 하여 제작된 소파·의자(단란주점영업, 유흥주점, 노래연습장업의 영업장에 설치하는 것만 해당)

2) 건축물 내부의 천장이나 벽에 부착하거나 설치하는 것, 다만 가구류(옷장·찬장·식탁·식탁용 의자·사무용 책상·사무용 의자·계산대 등)와 너비 10 [cm] 이하 반자돌림대 등과 내부 마감재료 제외

  (1) 종이류(두께 2 [mm] 이상)·합성수지류·섬유류를 주원료로 한 물품
  (2) 합판, 목재
  (3) 공간 구획하는 간이 칸막이(접이식 등 이동 가능한 벽체나 천장 또는 반자가 실내에 접하는 부분까지 구획하지 않는 벽체를 말한다)
  (4) 흡음(吸音)을 위하여 설치하는 흡음재(흡음용 커튼을 포함한다)
  (5) 방음(防音)을 위하여 설치하는 방음재(방음용 커튼을 포함한다)

보충 ▶ 시·도지사 : 설치현장 방염처리 합판·목재

42 상 중 하

위험물안전관리법령상 제조소 또는 일반 취급소의 위험물 취급탱크 노즐 또는 맨홀을 신설하는 경우, 노즐 또는 맨홀의 직경이 몇 [mm]를 초과하는 경우 변경허가를 받아야 하는가?

① 250
② 300
③ 400
④ 600

정답 41 ④ 42 ①

해설 제조소등의 설치 및 변경

1) 설치허가자 : 시·도지사(행전안전부령)
2) 위험물 품명·수량·지정수량의 배수 변경신고 : 변경하고자 하는 날의 1일 전
3) 제조소·일반취급소 변경허가를 받아야 하는 경우
   (1) 제조소·일반취급소 위치 이전
   (2) 배출설비 또는 불활성기체 봉입장치 신설
   (3) 위험물취급탱크 신설·교체·철거·보수
   (4) 위험물취급탱크 노즐 또는 맨홀 신설(노즐 또는 맨홀 직경 250 [mm] 초과하는 경우)
   (5) 위험물취급탱크 탱크전용실 증설 또는 교체
4) 변경허가·변경신고 제외 장소
   (1) 주택의 난방시설(공동주택의 중앙난방시설 제외)을 위한 저장소·취급소
   (2) 농예용·축산용·수산용으로 필요한 난방시설 또는 건조시설을 위한 지정수량 20배 이하의 저장소

43 상(중)하

특수가연물의 저장 및 취급기준을 2회 위반한 경우 과태료 부과기준은?

① 100 ② 200
③ 300 ④ 400

해설 과태료 부과기준(200만 원 이하)

1) 불을 사용할 때 지켜야 하는 사항 및 특수가연물의 저장 및 취급기준을 위반한 경우
2) 소방설비등의 설치 명령을 정당한 사유 없이 따르지 아니한 경우
3) 기간 내에 선임신고를 하지 아니하거나 소방안전관리자의 성명 등을 게시하지 아니한 경우
4) 기간 내에 선임신고를 하지 아니한 자
5) 기간 내에 소방훈련 및 교육결과를 제출하지 아니한 경우
※ 특수가연물의 저장 및 취급기준 위반 : 횟수에 상관없이 200만 원

44 상(중)하

다음 중 중급기술자의 학력·경력자에 대한 기준으로 옳은 것은?

① 박사학위를 취득한 후 1년 이상 소방 관련 업무를 수행한 자
② 석사학위를 취득한 후 2년 이상 소방 관련 업무를 수행한 자
③ 학사학위를 취득한 후 6년 이상 소방 관련 업무를 수행한 자
④ 전문학사학위를 취득한 후 10년 동안 소방 관련 업무를 수행한 자

해설 소방기술자 학력·경력에 따른 기술등급

등급	소방 관련 학과 학력 경력자	소방 관련 학과 이외 경력자
특급	• 박사 + 3년 이상 • 석사 + 7년 이상 • 학사 + 11년 이상 • 전문학사학위 + 15년 이상	—
고급	• 박사 + 1년 이상 • 석사 + 4년 이상 • 학사 + 7년 이상 • 전문학사학위 + 10년 이상 • 고등학교 소방학과 + 13년 • 고등학교 졸업 + 15년 이상	• 학사 + 12년 이상 • 전문학사학위 + 15년 이상 • 고등학교 졸업 + 18년 이상 • 22년 이상 소방 관련 업무
중급	• 박사 • 석사 + 2년 이상 • 학사 + 5년 이상 • 전문학사학위 + 8년 이상 • 고등학교 소방학과 + 10년 • 고등학교 졸업 + 12년 이상	• 학사 + 9년 이상 • 전문학사학위 + 12년 이상 • 고등학교 졸업 + 15년 이상 • 18년 이상 소방 관련 업무
초급	• 석사, 학사 • 관련 학과 졸업 • 전문학사학위 + 2년 이상 • 고등학교 소방학과 + 3년 • 고등학교 졸업 +5년 이상	• 학사 + 3년 이상 • 전문학사학위 + 5년 이상 • 고등학교 졸업 + 7년 이상 • 9년 이상 소방 관련 업무

45 (상 중 하)

화재의 예방 및 안전관리에 관한 법령에 따른 특수가연물의 기준 중 다음 (   ) 안에 알맞은 것은?

품명	수량
나무껍질 및 대팻밥	(㉠) [kg] 이상
면화류	(㉡) [kg] 이상

① ㉠ 200, ㉡ 400
② ㉠ 200, ㉡ 1000
③ ㉠ 400, ㉡ 200
④ ㉠ 400, ㉡ 1000

해설 특수가연물

품명		수량
면화류		200 [kg] 이상
나무껍질 및 대팻밥		400 [kg] 이상
넝마 및 종이부스러기		1000 [kg] 이상
사류, 볏짚류		1000 [kg] 이상
가연성 고체류		3000 [kg] 이상
석탄·목탄류		10000 [kg] 이상
가연성 액체류		2 [m³] 이상
목재가공품 및 나무부스러기		10 [m³] 이상
고무류·플라스틱류	발포시킨 것	20 [m³] 이상
	그 밖의 것	3000 [kg] 이상

암기 면이 나대싸 넘사벽 천 가고삼 석목만 가액이 고발이

46 (상 중 하)

소방기본법령상 출동한 소방대원에게 폭행 또는 협박을 행사하여 화재진압·인명구조 또는 구급활동을 방해한 사람에 대한 벌칙기준은?

① 500만 원 이하의 과태료
② 1년 이하의 징역 또는 1000만 원 이하의 벌금
③ 3년 이하의 징역 또는 3000만 원 이하의 벌금
④ 5년 이하의 징역 또는 5000만 원 이하의 벌금

해설 5년 이하 징역 또는 5000만 원 이하 벌금

1) 위력을 사용하여 출동한 소방대의 화재진압·인명구조·구급활동을 방해하는 행위
2) 소방대가 화재진압·인명구조·구급활동을 위하여 현장에 출동하거나 현장에 출입하는 것을 고의로 방해하는 행위
3) 출동한 소방대원에게 폭행·협박을 행사하여 화재진압·인명구조·구급활동 방해(음주 또는 약물로 인한 심신장애 상태에서 위반 시 형법의 감경 미적용)
4) 출동한 소방대의 소방장비를 파손하거나 그 효용을 해하여 화재진압·인명구조·구급활동 방해하는 행위
5) 소방자동차의 출동을 방해한 사람
6) 사람을 구출하는 일 또는 불을 끄거나 불이 번지지 않도록 하는 일을 방해한 사람
7) 정당한 사유 없이 소방용수시설·비상소화장치를 사용하거나 소방용수시설·비상소화장치의 효용을 해치거나 그 정당한 사용을 방해한 사람

47 (상 중 하)

소방시설 설치 및 관리에 관한 법령상 스프링클러설비를 설치하여야 하는 특정소방대상물의 기준으로 틀린 것은? (단, 위험물 저장 및 처리 시설 중 가스시설 또는 지하구는 제외한다)

① 복합건축물로서 연면적 3500 [m²] 이상인 경우에는 모든 층
② 창고시설(물류터미널은 제외)로서 바닥면적 합계가 5000 [m²] 이상인 경우에는 모든 층
③ 숙박이 가능한 수련시설 용도로 사용되는 시설의 바닥면적의 합계가 600 [m²] 이상인 것은 모든 층
④ 판매시설, 운수시설 및 창고시설(물류터미널에 한정)로서 바닥면적의 합계가 5000 [m²] 이상이거나 수용인원이 500명 이상인 경우에는 모든 층

정답 45 ③ 46 ④ 47 ①

해설 스프링클러설비 설치대상

설치대상	기준
• 문화 및 집회시설(동·식물원 제외) • 종교시설 • 운동시설(물놀이형 시설 및 바닥이 불연재료이고 관람석이 없는 운동시설은 제외)	• 수용인원 100명 이상 • 영화상영관 바닥면적 : 지하층·무창층 500 [m²](그 외 1000 [m²]) 이상 • 무대부 : 지하층·무창층, 4층 이상 300 [m²](그 외 500 [m²]) 이상
• 판매시설, 운수시설 • 창고시설(물류터미널)	• 수용인원 500명 이상 • 바닥면적 합계 5000 [m²] 이상
6층 이상인 특정소방대상물	전 층
• 의료시설(정신의료기관, 종합병원, 병원, 치과병원, 한방병원, 요양병원) • 노유자시설 • 숙박 가능한 수련시설 • 숙박시설 • 산후조리원, 조산원	바닥면적 합계 600 [m²] 이상인 것은 모든 층
지하상가	연면적 1000 [m²] 이상
기숙사(교육연구시설·수련시설 내에 있는 학생 수용을 위한 것), 복합건축물	연면적 5000 [m²] 이상인 모든 층
특수가연물 저장·취급시설	지정수량 1000배 이상
랙식 창고의 높이가 10 [m]를 초과	바닥면적 또는 랙이 설치된 부분의 합계가 1500 [m²] 이상인 경우 모든 층
전기저장시설, 교정 및 군사시설 중 보호감호소, 교도소, 구치소 및 그 지소, 보호관찰소, 갱생보호시설, 치료감호시설, 소년원 및 소년분류심사원의 수용거실, 보호시설(외국인보호소의 경우에는 보호대상자의 생활공간으로 한정), 유치장	-

48

아파트로 층수가 20층인 특정소방대상물에서 스프링클러설비를 하여야 하는 층수는? (단, 아파트는 신축을 실시하는 경우이다)

① 전 층
② 15층 이상
③ 11층 이상
④ 6층 이상

해설 스프링클러설비 설치대상

47번 문제 해설 참조

49

제3류 위험물 중 금수성 물품에 적응성이 있는 소화약제는?

① 이산화탄소
② 물
③ 팽창진주암
④ 인산염류분말

해설 금수성 물질

• 물과 접촉하여 발화, 가연성 가스 발생
• 종류 : 칼륨, 나트륨, 알킬알루미늄, 알킬리튬
• 질식소화 : 마른모래, 팽창질석, 팽창진주암

정답 48 ① 49 ③

50 (상 중 하)

화재의 예방 및 안전관리에 관한 법령상 일반음식점에서 조리를 위하여 불을 사용하는 설비를 설치하는 경우 지켜야 하는 사항 중 다음 ( ) 안에 알맞은 것은?

- 주방설비에 부속된 배기닥트는 (㉠) [mm] 이상의 아연도금 강판 또는 이와 동등 이상의 내식성 불연재료로 설치할 것
- 열을 발생하는 조리기구로부터 (㉡) [m] 이내의 거리에 있는 가연성 주요구조부는 석면판 또는 단열성이 있는 불연 재료로 덮어씌울 것

① ㉠ 0.5, ㉡ 0.15
② ㉠ 0.5, ㉡ 0.6
③ ㉠ 0.6, ㉡ 0.15
④ ㉠ 0.6, ㉡ 0.5

해설 음식조리를 위하여 설치하는 설비

- 주방설비에 부속된 배출덕트는 0.5 [mm] 이상 아연도금강판 또는 동등 이상의 내식성 불연재료로 설치
- 동·식물 기름 제거 가능한 필터 설치
- 열 발생 조리기구는 반자 또는 선반으로부터 0.6 [m] 이상 떨어지게 할 것
- 열 발생 조리기구로부터 0.15 [m] 이내 거리의 가연성 주요구조부는 석면판 또는 단열성 있는 불연재료로 덮어씌울 것

51 (상 중 하)

소방공사업법령상 공사감리자 지정대상 특정 소방대상물의 범위가 아닌 것은?

① 캐비닛형 간이스프링클러설비를 신설·개설하거나 방호·방수구역을 증설할 때
② 물분무등소화설비(호스릴방식의 소화설비는 제외)를 신설·개설하거나 방호·방수구역을 증설할 때
③ 제연설비를 신설·개설하거나 제연구역을 증설할 때
④ 연소방지설비를 신설·개설하거나 살수구역을 증설할 때

해설 공사감리자 지정대상 특정소방대상물 범위

1) 옥내소화전설비 신설·개설·증설
2) 스프링클러설비등(캐비닛형 간이SP 제외) 신설·개설하거나 방호·방수구역을 증설
3) 물분무등소화설비(호스릴 제외) 신설·개설하거나 방호·방수구역을 증설
4) 옥외소화전설비 신설·개설·증설
5) 자동화재탐지설비 신설·개설
6) 화재알림설비 신설·개설
7) 비상방송설비 신설·개설
8) 통합감시시설 신설·개설
9) 소화용수설비 신설·개설
10) 다음 각 목에 따른 소화활동설비에 대하여 각 목에 따른 시공을 할 때
   (1) 제연설비 신설·개설하거나 제연구역 증설
   (2) 연결송수관설비 신설·개설
   (3) 연결살수설비 신설·개설하거나 송수구역 증설
   (4) 비상콘센트설비 신설·개설하거나 전용회로 증설
   (5) 무선통신보조설비 신설·개설
   (6) 연소방지설비를 신설·개설하거나 살수구역 증설

52 (상 중 하)

소방시설공사업법령상 상주 공사감리 대상기준 중 다음 ( ) 안에 알맞은 것은?

- 연면적 (㉠) [m²] 이상의 특정소방대상물(아파트 제외)에 대한 소방시설의 공사
- 지하층을 포함한 층수가 (㉡)층 이상으로서 (㉢)세대 이상인 아파트에 대한 소방시설의 공사

① ㉠ 10000, ㉡ 11, ㉢ 600
② ㉠ 10000, ㉡ 16, ㉢ 500
③ ㉠ 30000, ㉡ 11, ㉢ 600
④ ㉠ 30000, ㉡ 16, ㉢ 500

정답 50 ① 51 ① 52 ④

해설 공사감리 대상

종류	대상	방법
상주 감리	• 연 3만 [m²] 이상 (아파트 제외) • 16층(지하층 포함) 이상으로 500세대 이상 아파트	• 정한 기간에 현장 상주 • 감리업무 수행, 감리일지 작성 • 1일 이상 일탈 시 발주확인·업무대행
일반 감리	• 상주감리 이외 공사현장	• 배치기간에 현장 업무, 주 1회 이상 • 감리업무 수행, 감리일지 작성 • 14일 이내 수행 불가 시 대행자 지정 • 대행자 주 2회 이상 배치, 업무내용통보

53 상(중)하

소방용수시설 급수탑 개폐밸브의 설치기준으로 옳은 것은?

① 지상에서 1.0 [m] 이상 1.5 [m] 이하
② 지상에서 1.5 [m] 이상 1.7 [m] 이하
③ 지상에서 1.2 [m] 이상 1.8 [m] 이하
④ 지상에서 1.5 [m] 이상 2.0 [m] 이하

해설 소방용수시설의 설치기준

1) 소화전
   • 상수도와 연결, 지하식·지상식 구조
   • 연결금속구 구경 : 65 [mm]
2) 급수탑
   • 급수배관 구경 : 100 [mm] 이상
   • <u>개폐밸브 : 지상 1.5 [m] 이상 1.7 [m] 이하</u>
3) 저수조
   • 지면으로부터의 낙차 : 4.5 [m] 이하
   • 흡수부분 수심 : 0.5 [m] 이상일 것
   • 흡수관 투입구 : 사각형 한 변 60 [cm]
     원형 지름 60 [cm] 이상

54 상(중)하

고급감리원 이상의 소방공사감리원의 소방시설공사 배치 현장기준으로 옳은 것은?

① 연면적 5000 [m²] 이상 30000 [m²] 미만인 특정소방대상물의 공사 현장
② 연면적 30000 [m²] 이상 200000 [m²] 미만인 아파트의 공사 현장
③ 연면적 30000 [m²] 이상 200000 [m²] 미만 특정소방대상물(아파트 제외) 공사 현장
④ 연면적 200000 [m²] 이상인 특정소방대상물의 공사 현장

해설 감리원 배치기준

감리원 배치기준	소방시설공사 현장기준
특급감리원 중 소방기술사	• 연면적 200000 [m²] 이상 특정소방대상물 공사현장 • 지하층을 포함한 층수가 40층 이상 특정소방대상물 공사현장
특급감리원 이상 소방공사 감리원 (기계분야 및 전기분야)	• 연면적 30000 [m²] 이상 200000 [m²] 미만 특정소방대상물 공사현장(아파트 제외) • 지하층 포함한 층수가 16층 이상 40층 미만 특정소방대상물 공사현장
고급감리원 이상 소방공사 감리원 (기계분야 및 전기분야)	• 물분무등소화설비(호스릴방식 제외) 또는 제연설비 설치되는 특정소방대상물 공사현장 • <u>연면적 30000 [m²] 이상 200000 [m²] 미만 아파트 공사현장</u>

55 상(중)하

소방시설기준 적용의 특례 중 특정소방대상물의 관계인이 소방시설을 갖추어야 함에도 불구하고 관련 소방시설을 설치하지 아니할 수 있는 소방시설의 범위로 옳은 것은? (단, 화재 위험도가 낮은 특정소방대상물로서 석재, 불연성금속, 불연성 건축재료 등의 가공공장·기계조립공장·주물공장 또는 불연성 물품을 저장하는 창고이다)

① 옥외소화전 및 연결살수설비
② 연결송수관설비 및 연결살수설비
③ 자동화재탐지설비, 상수도소화용수설비 및 연결살수설비
④ 스프링클러설비, 상수도소화용수설비 및 연결살수설비

해설 화재위험도 낮은 특정소방대상물

구분	특정소방대상물	소방시설
화재위험도가 낮은 특정소방대상물	석재, 불연성금속, 불연성 건축재료 등의 가공공장, 기계조립공장, 불연성물품 저장 창고	옥외소화전설비, 연결살수설비
화재안전기준 적용 어려운 특정소방대상물	펄프공장의 작업장, 음료수 공장의 세정·충전 작업장 등	스프링클러설비, 상수도소화용수설비, 연결살수설비
	정수장, 수영장, 목욕장, 농예·축산·어류양식용시설 등	자동화재탐지, 상수도소화용수, 연결살수설비
화재안전기준을 달리 적용하여야 하는 특수한 용도·구조의 특정소방대상물	• 원자력발전소 • 중·저준위방사성폐기물 저장시설	연결송수관설비, 연결살수설비
위험물안전관리법에 따라 자체소방대 설치된 특정소방대상물	자체소방대가 설치된 위험물 제조소등에 부속된 사무실	옥내소화전설비, 소화용수설비, 연결살수설비 및 연결송수관설비

56 상(중)하

우수품질인증을 받지 아니한 제품에 우수품질 인증 표시를 하거나 우수품질인증 표시를 위조 또는 변조하여 사용한 자에 대한 벌칙기준은?

① 100만 원 이하의 벌금
② 200만 원 이하의 벌금
③ 300만 원 이하의 벌금
④ 1000만 원 이하의 벌금

해설 1년 1000만 원 이하의 벌금

1) 자체점검을 하지 않거나 관리업자에게 정기점검하게 하지 아니한 자
2) 소방시설관리사증을 빌려주거나 빌리거나 이를 알선한 자
3) 동시에 둘 이상의 업체에 취업한 자
4) 자격정지처분을 받고 자격정지기간 중에 관리사의 업무를 한 자
5) 관리업 등록증, 등록수첩을 다른 자에게 빌려주거나 빌리거나 이를 알선한 자
6) 영업정지처분을 받고 영업정지기간 중에 관리업의 업무를 한 자
7) 제품검사 합격표시 허위·위조·변조한 자
8) 형식승인의 변경승인을 받지 아니한 자
9) 제품검사에 합격하지 아니한 소방용품에 성능인증을 받았다는 표시 또는 제품검사에 합격하였다는 표시를 하거나 성능인증을 받았다는 표시 또는 제품검사에 합격하였다는 표시를 위조 또는 변조하여 사용한 자
10) 성능인증의 변경인증을 받지 아니한 자
11) <u>우수품질 표시 허위·위조·변조하여 사용한 자</u>
12) 관계인의 업무 방해하거나 출입·검사 시 알게 된 비밀을 누설한 자

57 (상 **중** 하)

소방의 역사와 안전문화를 발전시키고 국민의 안전의식을 높이기 위하여 ㉠ 소방박물관과 ㉡ 소방체험관을 설립 및 운영할 수 있는 사람은?

① ㉠ 소방청장, ㉡ 소방청장
② ㉠ 소방청장, ㉡ 시·도지사
③ ㉠ 시·도지사, ㉡ 시·도지사
④ ㉠ 소방본부장, ㉡ 시·도지사

해설 설립 및 운영 소방박물관, 체험관

소방박물관	소방체험관
소방청장	시·도지사
행정안전부령	시·도 조례
① 국내·외의 소방의 역사 ② 소방공무원의 복장 및 소방장비 등의 변천 및 발전에 관한 자료를 수집·보관 및 전시	① 재난·안전사고 유형에 따른 예방, 대처, 대응 등에 관한 체험교육 ② 체험교육 프로그램의 개발 및 국민 안전의식 향상을 위한 홍보·전시 ③ 체험교육 인력의 양성 및 유관기관·단체 등과 협력 ④ 시·도지사가 인정하는 사업
① 소방박물관장 1인(소방공무원 중 소방청장이 임명), 부관장 1인 ② 운영위원회 : 7인 이내	-

58 (상 **중** 하)

소방시설 설치 및 관리에 관한 법령상 형식승인을 받지 아니한 소방용품을 판매하거나 판매목적으로 진열하거나 소방시설공사에 사용한 자에 대한 벌칙기준은?

① 3년 이하의 징역 또는 3000만 원 이하의 벌금
② 2년 이하의 징역 또는 1500만 원 이하의 벌금
③ 1년 이하의 징역 또는 1000만 원 이하의 벌금
④ 1년 이하의 징역 또는 500만 원 이하의 벌금

해설 3년 이하 징역 또는 3000만 원 이하 벌금
1) 조치명령 위반사항에 대한 명령을 정당한 사유 없이 위반
2) 관리업 등록을 하지 않고 영업을 한 자
3) 소방용품 형식승인 받지 아니하고 제조·수입 또는 거짓이나 그 밖의 부정한 방법으로 형식승인을 받은 자
4) 제품검사를 받지 아니한 자 또는 거짓이나 그 밖의 부정한 방법으로 제품검사를 받은 자
5) 소방용품을 판매·진열하거나 소방시설공사에 사용한 자
6) 거짓이나 그 밖의 부정한 방법으로 성능인증 또는 제품검사를 받은 자
7) 제품검사를 받지 아니하거나 합격표시를 하지 아니한 소방용품을 판매·진열하거나 소방시설공사에 사용한 자
8) 구매자에게 명령을 받은 사실을 알리지 아니하거나 필요한 조치를 하지 아니한 자
9) 거짓이나 그 밖의 부정한 방법으로 전문기관으로 지정을 받은 자

59 (상 중 **하**)

소방기본법에서 정의하는 소방대상물에 해당하지 않는 것은?

① 산림
② 차량
③ 건축물
④ 항해 중인 선박

해설 소방용어 정의

1) 소방대상물
   (1) 건축물
   (2) 차량
   (3) 선박(항구에 매어 둔 것)
   (4) 산림, 그 밖의 인공구조물 또는 물건
2) 관계지역
   소방대상물이 있는 장소 및 그 이웃 지역으로 화재의 예방·경계·진압, 구조·구급 등의 활동에 필요한 지역
3) 관계인
   소방대상물의 소유자·관리자·점유자
4) 소방대
   화재 진압 및 화재, 재난·재해, 그 밖의 위급한 상황에서 구조·구급 활동

(1) 소방공무원
(2) 의무소방원
(3) 의용소방대원

암기 공무용

5) 소방본부장
특별시·광역시·특별자치시·도 또는 특별자치도(이하 "시·도"라 한다)에서 화재의 예방·경계·진압·조사 및 구조·구급 등의 업무를 담당하는 부서의 장

6) 소방대장
소방본부장 또는 소방서장 등 화재, 재난·재해, 그 밖의 위급한 상황이 발생한 현장에서 소방대를 지휘하는 사람

60 상중하

소방기본법령상 소방력의 동원에 대한 설명으로 틀린 것은?

① 소방청장은 해당 시·도의 소방력만으로는 소방활동을 효율적으로 수행하기 어려운 화재, 재난·재해, 그 밖의 구조·구급이 필요한 상황이 발생하거나 특별히 국가적 차원에서 소방활동을 수행할 필요가 인정될 때에는 각 시·도지사에게 행정안전부령으로 정하는 바에 따라 소방력을 동원할 것을 요청할 수 있다.

② 소방청장은 시·도지사에게 동원된 소방력을 화재, 재난·재해 등이 발생한 지역에 지원·파견하여 줄 것을 요청하거나 필요한 경우 직접 소방대를 편성하여 화재진압 및 인명구조 등 소방에 필요한 활동을 하게 할 수 있다.

③ 동원된 소방대원이 다른 시·도에 파견·지원되어 소방활동을 수행할 때에는 특별한 사정이 없으면 화재, 재난·재해 등이 발생한 지역을 관할하는 소방본부장 또는 소방서장의 지휘에 따라야 한다. 다만 소방청장이 직접 소방대를 편성하여 소방활동을 하게 하는 경우에는 소방청장의 지휘에 따라야 한다.

④ 소방활동을 수행하는 과정에서 발생하는 경비 부담에 관한 사항에 따라 소방활동을 수행한 민간 소방 인력이 사망하거나 부상을 입었을 경우의 보상주체·보상기준 등에 관한 사항, 그 밖에 동원된 소방력의 운용과 관련하여 필요한 사항은 행정안전부령으로 정한다.

해설 소방력의 동원

1) 소방청장 → 시·도지사에게 요청
2) 동원요청 인정사항
   (1) 시·도 소방력으로 소방활동이 어려운 화재
   (2) 재난·재해
   (3) 그 밖에 구조구급 필요사항
   (4) 국가적 차원의 소방활동 필요
3) 동원 요청방법 : 소방청장은 시·도지사에게 동원 요청 사실과 다음의 요청사항을 팩스 또는 전화 등의 방법으로 통지(단, 긴급을 요하는 경우 시·도 소방본부 또는 소방서의 종합실장에게 직접 요청)
   (1) 동원을 요청하는 인력 및 장비
   (2) 소방력 이송 수단 및 집결장소
   (3) 소방활동을 수행하게 될 재난의 규모, 원인 등 소방활동에 필요한 정보
4) 요청을 받은 시·도지사는 정당한 사유 없이 요청을 거절하여서는 아니 됨
5) 소방청장은 필요한 경우 직접 소방대를 편성하여 소방에 필요한 활동을 하게 할 수 있음
6) 동원된 소방력은 지역 관할하는 소방본부장·서장의 지휘에 따라야 함. 다만 소방청장이 직접 소방대를 편성하여 소방활동을 하는 경우에는 소방청장의 지휘에 따라야 함
7) <u>소방활동을 수행하는 과정에서 발생하는 경비 부담, 보상주체, 보상기준, 소방력 운용에 관한 사항 : 대통령령</u>
   (1) 동원된 소방력의 소방활동 수행과정에서 발생하는 경비 : 시·도지사
   (2) 동원된 민간 소방인력이 소방활동 수행 중 사망하거나 부상 입은 경우의 보상 : 시·도지사

정답 60 ④

2023년 1회 소방기계시설의 구조 및 원리

61 상⑬하

분말소화설비의 화재안전성능기준상 소화약제의 종별과 호스릴방식의 분말소화설비의 하나의 노즐마다 1분당 방출하는 소화약제의 최소량으로 틀린 것은?

① 제2종 분말 : 27 [kg]
② 제4종 분말 : 20 [kg]
③ 제3종 분말 : 27 [kg]
④ 제1종 분말 : 45 [kg]

해설 호스릴방식의 분말소화설비

소화약제의 종별	1종	2·3종	4종
1분당 방출하는 소화약제의 양	45 [kg]	27 [kg]	18 [kg]

62 상⑬하

특별피난계단의 계단실 및 부속실 제연설비의 화재안전성능기준상 제연설비의 시험 등에 대한 기준으로 틀린 것은?

① 제연구역의 모든 출입문 등의 크기와 열리는 방향이 설계 시와 동일한지 여부를 확인한다.
② 제연구역의 출입문 및 복도와 거실(옥내가 복도와 거실로 되어 있는 경우에 한한다) 사이의 출입문마다 제연설비가 작동하고 있는 상태에서 그 폐쇄력을 측정한다.
③ 층별로 화재감지기(수동기동장치를 포함)를 동작시켜 제연설비가 작동하는지 여부를 확인한다.
④ 기준에 따라 제연설비가 작동하는 경우 제연구역의 출입문이 모두 닫혀 있는 상태에서 제연설비를 가동시킨 후 출입문의 개방에 필요한 힘을 측정하여 규정에 따른 개방력에 적합한지 여부를 확인한다.

해설 부속실 제연 시험·측정·조정 등(TAB)

제연설비는 설계목적에 적합한지 검토하고 제연설비의 성능과 관련된 건물의 모든 부분(건축설비를 포함한다)이 완성되는 시점에 맞추어 시험·측정 및 조정(이하 "시험 등"이라 한다)을 해야 한다.

1) 제연구역의 모든 출입문 등의 크기와 열리는 방향이 설계 시와 동일한지 여부를 확인할 것
2) 제연구역의 출입문 및 복도와 거실(옥내가 복도와 거실로 되어 있는 경우에 한한다) 사이의 출입문마다 제연설비가 작동하고 있지 아니한 상태에서 그 폐쇄력을 측정할 것
3) 층별로 화재감지기(수동기동장치를 포함한다)를 동작시켜 제연설비가 작동하는지 여부를 확인할 것
4) 3)의 기준에 따라 제연설비가 작동하는 경우 다음의 기준에 따른 시험 등을 실시할 것
  (1) 부속실과 면하는 옥내 및 계단실의 출입문을 동시에 개방할 경우 규정에 따른 방연풍속에 적합한지 여부를 확인하고, 적합하지 아니한 경우에는 급기구의 개구율과 송풍기의 풍량조절댐퍼 등을 조정하여 적합하게 할 것
  (2) (1)에 따른 시험 등의 과정에서 출입문을 개방하지 않은 제연구역의 실제 차압이 기준에 적합한지 여부를 출입문 등에 차압측정공을 설치하고 이를 통하여 차압측정기구로 실측하여 확인·조정할 것
  (3) 제연구역의 출입문이 모두 닫혀 있는 상태에서 제연설비를 가동시킨 후 출입문의 개방에 필요한 힘을 측정하여 규정에 따른 개방력에 적합한지 여부를 확인하고, 적합하지 아니한 경우에는 급기구의 개구율 조정 및 플랩댐퍼(설치하는 경우에 한한다)와 풍량조절용댐퍼 등의 조정에 따라 적합하도록 조치할 것
  (4) (1)에 따른 시험 등의 과정에서 부속실의 개방된 출입문이 자동으로 완전히 닫히는지 여부를 확인하고, 닫힌 상태를 유지할 수 있도록 조정할 것

정답 61 ② 62 ②

63 (상,중,하)

인명구조기구의 화재안전성능기준상 특정소방대상물의 용도 및 장소별로 설치해야 할 인명구조기구 설치기준 중 ( )에 들어갈 내용은?

물분무등소화설비 중 (㉠)소화설비를 설치하는 특정소방대상물에는 (㉠)소화설비가 설치된 장소의 출입구 외부 인근에 (㉡)개 이상의 (㉢)을/를 비치할 것

① ㉠ 할론, ㉡ 1, ㉢ 방열복
② ㉠ 이산화탄소, ㉡ 2, ㉢ 방화복
③ ㉠ 할론, ㉡ 2, ㉢ 공기호흡기
④ ㉠ 이산화탄소, ㉡ 1, ㉢ 공기호흡기

해설 용도 및 장소별로 설치해야 할 인명구조기구

특정소방대상물	인명구조기구	설치수량
지하층을 포함하는 층수가 7층 이상인 관광호텔 및 5층 이상인 병원	• 방열복 또는 방화복 • 공기호흡기 • 인공소생기	각 2개 이상 비치할 것 (단, 병원의 경우 인공소생기 설치 제외 가능)
• 문화 및 집회시설 중 수용인원 100명 이상의 영화상영관 • 판매시설 중 대규모 점포 • 운수시설 중 지하역사 • 지하가 중 지하상가	공기호흡기	층마다 2개 이상 비치할 것
물분무등소화설비 중 이산화탄소소화설비를 설치해야 하는 특정소방대상물	공기호흡기	이산화탄소소화설비가 설치된 장소의 출입구 외부 인근에 1개 이상 비치할 것

[방열복] [방화복] [공기호흡기] [인공소생기]

64 (상,중,하)

제연설비의 화재안전성능기준에 따라 예상제연구역의 각 부분으로부터 하나의 배출구까지의 수평거리는 최대 몇 [m] 이내가 되어야 하는가?

① 5   ② 10
③ 15   ④ 20

해설 제연설비의 배출구 수평거리

예상제연구역의 각 부분으로부터 하나의 배출구까지의 수평거리는 10 [m] 이내가 되도록 해야 한다.

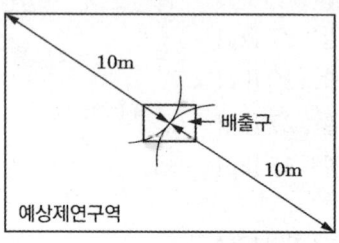

65 (상,중,하)

소화수조 및 저수조의 화재안전성능기준상 가압송수장치 설치기준 중 다음 ( ) 안에 알맞은 것은?

소화수조가 옥상 또는 옥탑의 부분에 설치된 경우에는 지상에 설치된 채수구에서의 압력이 ( ) [MPa] 이상이 되도록 해야 한다.

① 0.1   ② 0.15
③ 0.17   ④ 0.25

해설 소화수조가 옥상 또는 옥탑에 설치된 경우

소화수조가 옥상 또는 옥탑의 부분에 설치된 경우에는 지상에 설치된 채수구에서의 압력이 0.15 [MPa] 이상이 되도록 할 것

정답 63 ④ 64 ② 65 ②

66 상(중)하

할로겐화합물 및 불활성기체소화설비의 화재안전기술기준에 따른 할로겐화합물 및 불활성기체소화설비의 수동식 기동장치의 설치기준에 대한 설명으로 틀린 것은?

① 50 [N] 이상의 힘을 가하여 기동할 수 있는 구조로 할 것
② 전기를 사용하는 기동장치에는 전원표시등을 설치할 것
③ 기동장치의 방출용 스위치는 음향경보장치와 연동하여 조작될 수 있는 것으로 할 것
④ 해당 방호구역의 출입구 부근 등 조작을 하는 자가 쉽게 피난할 수 있는 장소에 설치할 것

해설 할로겐화합물 및 불활성기체소화설비의 수동식 기동장치

수동식 기동장치 부근에는 소화약제의 방출을 지연시킬 수 있는 방출지연스위치를 설치해야 한다.
1) 방호구역마다 설치할 것
2) 해당 방호구역의 출입구 부분 등 조작을 하는 자가 쉽게 피난할 수 있는 장소에 설치할 것
3) 기동장치의 조작부는 바닥으로부터 높이 0.8 [m] 이상 1.5 [m] 이하 위치에 설치하고, 보호판 등에 따른 보호장치를 설치할 것
4) 기동장치 인근의 보기 쉬운 곳에 "할로겐화합물 및 불활성기체소화설비 수동식 기동장치"라는 표지를 할 것
5) 전기를 사용하는 기동장치에는 전원표시등을 설치할 것
6) 기동장치의 방출용 스위치는 음향경보장치와 연동하여 조작될 수 있는 것으로 할 것
7) 50 [N] 이하의 힘을 가하여 기동할 수 있는 구조로 할 것
8) 기동장치에는 보호장치를 설치해야 하며, 보호장치를 개방하는 경우 기동장치에 설치된 부저 또는 벨 등에 의하여 경고음을 발할 것 〈시행 2024.8.1.〉
9) 기동장치를 옥외에 설치하는 경우 빗물 또는 외부 충격의 영향을 받지 아니하도록 설치할 것 〈시행 2024.8.1.〉

67 상 중(하)

소화기구 및 자동소화장치의 화재안전성능기준에 따른 수동으로 조작하는 대형소화기 B급의 능력단위기준은 몇 단위 이상인가?

① 10
② 15
③ 20
④ 25

해설 소화기의 능력단위

1) 소형소화기 : 능력단위가 1단위 이상이고, 대형소화기의 능력단위 미만인 소화기
2) 대형소화기 : 화재 시 사람이 운반할 수 있도록 운반대와 바퀴가 설치되어 있고, 능력단위가 A급 10단위 이상, B급 20단위 이상인 소화기

[소형소화기]

[대형소화기]

68 상(중)하

포소화설비의 화재안전기술기준상 특정소방대상물에 따라 적용하는 포소화설비의 설치기준 중 특수가연물을 저장·취급하는 공장 또는 창고에 적응성을 갖는 포소화설비가 아닌 것은?

① 포헤드설비
② 고정포방출설비
③ 압축공기포소화설비
④ 호스릴포소화설비

정답 66 ① 67 ③ 68 ④

해설 특수가연물을 저장·취급하는 장소에 적응성이 있는 포소화설비
- 포워터스프링클러설비
- 포헤드설비
- 고정포방출설비
- 압축공기포소화설비

암기 ▶ 포포고압

69 상 중 하

물분무소화설비의 화재안전기술기준상 물분무소화설비의 가압송수장치로 압력수조의 필요한 압력을 산출할 때 필요한 것이 아닌 것은?

① 낙차의 환산수두압
② 물분무헤드의 설계압력
③ 배관의 마찰손실수두압
④ 소방용 호스의 마찰손실수두압

해설 물분무소화설비의 압력수조에 필요한 압력

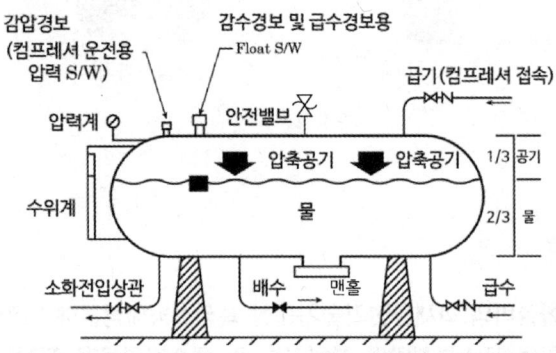

필요압력 $P = P_1 + P_2 + P_3$

P_1 : 물분무헤드의 설계압력 [MPa]
P_2 : 배관의 마찰손실수두압 [MPa]
P_3 : 낙차의 환산수두압 [MPa]

물분무소화설비에는 호스가 사용되지 않으므로 '④ 소방용 호스의 마찰손실수두압'은 압력수조의 필요한 압력을 산출할 때 필요하지 않다.

70 상 중 하

분말소화설비의 화재안전성능기준상 분말소화약제의 가압용 가스용기에 대한 설명으로 틀린 것은?

① 가압용 가스용기를 3병 이상 설치한 경우에는 2개 이상의 용기에 전자개방밸브를 부착할 것
② 가압용 가스용기에는 2.5 [MPa] 이하의 압력에서 조정이 가능한 압력조정기를 설치할 것
③ 가압용 가스에 질소가스를 사용하는 것의 질소가스는 소화약제 1 [kg]마다 20 [L](35 [℃]에서 1기압의 압력 상태로 환산한 것) 이상으로 할 것
④ 축압용 가스에 질소가스를 사용하는 것의 질소가스는 소화약제 1 [kg]마다 10 [L](35 [℃]에서 1기압의 압력 상태로 환산한 것) 이상으로 할 것

해설 분말소화설비 가압용 가스용기와 가압·축압용 가스

1) 가압용 가스용기
   (1) 가스용기는 분말소화약제의 저장용기에 접속하여 설치할 것
   (2) 가압용 가스용기를 3병 이상 설치한 경우에는 2개 이상의 용기에 전자개방밸브를 부착해야 함
   (3) 가압용 가스용기에는 2.5 [MPa] 이하의 압력에서 조정이 가능한 압력조정기를 설치해야 함

2) 분말소화설비 가압·축압용 가스
   (1) 가압용 가스 또는 축압용 가스는 질소가스 또는 이산화탄소로 할 것
   (2) 소화약제 1 [kg]당(35 [℃], 1기압으로 환산)

구분	가압식	축압식
질소	40 [L] 이상	10 [L] 이상
이산화탄소	20 [g] 이상 + 배관청소에 필요한 양	

   (3) 저장용기 및 배관의 청소에 필요한 양의 가스는 별도의 용기에 저장할 것

정답 69 ④ 70 ③

71 상중하

스프링클러설비의 화재안전기술기준상 스프링클러설비의 배관에 대한 내용으로 틀린 것은?

① 수직배수배관의구경은 65 [mm] 이상으로 하여야 한다.
② 급수배관 중 가지배관의 배열은 토너먼트방식이 아니어야 한다.
③ 교차배관의 청소구는 교차배관 끝에 개폐밸브를 설치한다.
④ 습식 스프링클러설비 또는 부압식 스프링클러설비 외의 설비에는 헤드를 향하여 상향으로 가지배관의 기울기를 $\frac{1}{250}$ 이상으로 한다.

해설 스프링클러설비의 배관 설치기준

1) 수직배수배관 : 50 [mm] 이상
2) 가지배관의 배열은 토너먼트 배관방식이 아닐 것
3) 교차배관은 가지배관과 수평으로 설치하거나 또는 가지배관 밑에 설치하고, 최소구경이 40 [mm] 이상이 되도록 할 것
4) 청소구는 교차배관 끝에 40 [mm] 이상 크기의 개폐밸브를 설치하고, 호스접결이 가능한 나사식 또는 고정배수 배관식으로 할 것
5) 습식 스프링클러설비 또는 부압식 스프링클러설비 외의 설비에는 헤드를 향하여 상향으로 수평주행배관의 기울기를 500분의 1 이상, 가지배관의 기울기를 250분의 1 이상으로 할 것

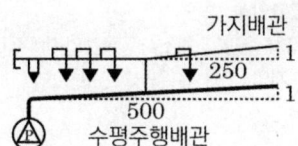

72 상중하

포소화약제의 혼합장치에 대한 설명 중 옳은 것은?

① 라인 프로포셔너방식이란 펌프의 토출관과 흡입관 사이의 배관 도중에 설치한 흡입기에 펌프에서 토출된 물의 일부를 보내고, 농도 조정밸브에서 조정된 포소화약제의 필요량을 포소화약제 탱크에서 펌프 흡입 측으로 보내어 이를 혼합하는 방식을 말한다.
② 프레셔사이드 프로포셔너방식이란 펌프의 토출관에 압입기를 설치하여 포소화약제 압입용 펌프로 포소화약제를 압입시켜 혼합하는 방식을 말한다.
③ 프레셔 프로포셔너방식이란 펌프와 발포기 중간에 설치된 벤추리관의 벤추리작용에 따라 포소화약제를 흡입·혼합하는 방식을 말한다.
④ 펌프 프로포셔너방식이란 펌프와 발포기의 중간에 설치된 벤추리관의 벤추리작용과 펌프 가압수의 포소화약제 저장탱크에 대한 압력에 따라 포소화약제를 흡입·혼합하는 방식을 말한다.

해설 포소화설비 포혼합장치의 종류

1) 라인 프로포셔너방식 : 벤추리관의 벤추리작용에 따라 소화약제를 흡입·혼합하는 방식
2) 프레셔 프로포셔너방식 : 벤추리관의 벤추리작용과 포소화약제 저장탱크압력에 따라 소화약제를 흡입·혼합하는 방식
3) 펌프 프로포셔너방식 : 흡입기에 물 일부를 보내고, 농도 조정밸브에서 조정된 포소화약제의 필요량을 소화약제 탱크에서 펌프 흡입 측으로 보내는 방식
4) 프레셔사이드 프로포셔너방식 : 압입기 설치하여 소화약제 압입용 펌프로 소화약제를 압입시켜 혼합하는 방식
5) 압축공기포 믹싱챔버방식 : 물, 포소화약제 및 공기를 믹싱챔버로 강제주입시켜 챔버 내에서 포수용액을 생성한 후 포를 방사하는 방식

정답 71 ① 72 ②

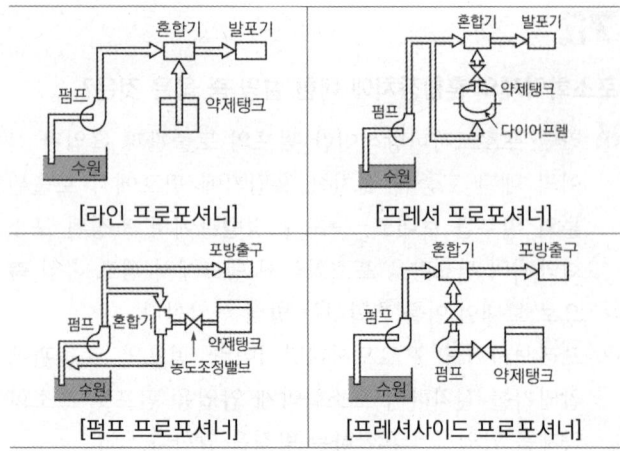

[라인 프로포셔너] [프레셔 프로포셔너] [펌프 프로포셔너] [프레셔사이드 프로포셔너]

73 (상중하)

지하구의 화재안전성능기준상 지하구에 설치하는 연소방지설비 송수구의 설치기준으로 틀린 것은?

① 송수구로부터 주배관에 이르는 연결배관에는 개폐밸브를 설치하지 않을 것
② 지면으로부터 높이가 0.5 [m] 이상 1 [m] 이하의 위치에 설치할 것
③ 구경 65 [mm]의 쌍구형으로 할 것
④ 송수구로부터 3 [m] 이내에 살수구역 안내표지를 설치할 것

해설 지하구의 연소방지설비 송수구

1) 소방차가 쉽게 접근할 수 있는 노출된 장소에 설치하되, 눈에 띄기 쉬운 보도 또는 차도에 설치할 것
2) 송수구는 구경 65 [mm]의 쌍구형으로 할 것
3) 송수구로부터 1 [m] 이내에 살수구역 안내표지를 설치할 것
4) 지면으로부터 높이가 0.5 [m] 이상 1 [m] 이하의 위치에 설치할 것
5) 송수구의 가까운 부분에 자동배수밸브(또는 직경 5 [mm]의 배수공)를 설치할 것. 이 경우 자동배수밸브는 배관 안의 물이 잘 빠질 수 있는 위치에 설치하되, 배수로 인하여 다른 물건 또는 장소에 피해를 주지 않아야 한다.
6) 송수구로부터 주배관에 이르는 연결배관에는 개폐밸브를 설치하지 않을 것
7) 송수구에는 이물질을 막기 위한 마개를 씌울 것

74 (상중하)

이산화탄소소화설비의 화재안전기술기준상 배관의 설치기준 중 다음 ( ) 안에 알맞은 것은?

고압식의 1차 측(개폐밸브 또는 선택밸브 이전) 배관부속의 최소사용설계압력은 (㉠) [MPa]로 하고, 고압식의 2차 측과 저압식의 배관부속의 최소사용설계압력은 (㉡) [MPa]로 할 것

① ㉠ 4.0, ㉡ 2.0
② ㉠ 9.5, ㉡ 4.5
③ ㉠ 9.5, ㉡ 2.0
④ ㉠ 4.5, ㉡ 9.5

해설 이산화탄소소화설비의 배관

구분		설치조건
강관 (압력배관용 탄소강관)	고압식	스케줄 80 이상 (20 [mm] 이하 : 스케줄 40 이상인 것)
	저압식	스케줄 40 이상
동관 (이음이 없는 동 및 동합금관)	고압식	16.5 [MPa] 이상의 압력에 견딜 수 있는 것
	저압식	3.75 [MPa] 이상의 압력에 견딜 수 있는 것
배관부속	고압식 1차 측	최소사용설계압력 : 9.5 [MPa]
	고압식 2차 측과 저압식	최소사용설계압력 : 4.5 [MPa]

정답 73 ④ 74 ②

75 (하)

스프링클러설비의 화재안전성능기준상 스프링클러설비의 교차배관에서 분기되는 지점을 기점으로 한쪽 가지배관에 설치하는 간이헤드의 개수는 최대 몇 개 이하인가?

① 8 ② 10
③ 12 ④ 15

해설 간이SP 가지배관에 설치되는 헤드의 개수

교차배관에서 분기되는 지점을 기점으로 한쪽 가지배관에 설치되는 간이헤드의 개수는 **8개 이하**로 할 것

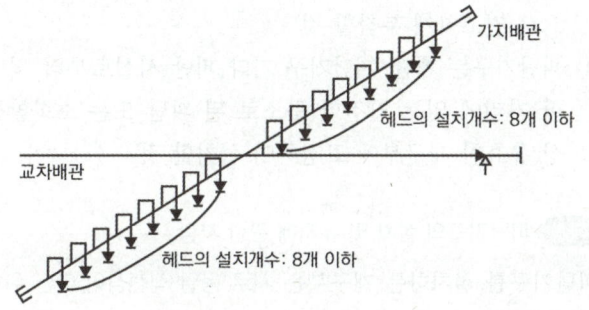

[가지배관에 설치하는 헤드 수]

76 (중)

스프링클러설비의 화재안전기술기준상 급수배관의 구경을 수리계산에 따르는 경우 가지배관의 유속은 최대 몇 [m/s] 이하여야 하는가?

① 6 ② 8
③ 10 ④ 4

해설 스프링클러설비 급수배관의 구경

급수배관의 구경은 수리계산에 따르는 경우 가지배관의 유속은 6 [m/s], 그 밖의 배관의 유속은 10 [m/s]를 초과할 수 없다.

77 (중)

소화기구 및 자동소화장치의 화재안전기술기준상 특정소방대상물에 따른 소화기구의 능력단위 외에 부속용도별로 추가해야 할 소화기구 및 자동소화장치의 설치기준 중 다음 ( )에 들어갈 내용은?

건조실·세탁소·대량화기취급소:
1. 해당 용도의 바닥면적 (㉠) [m²]마다 능력단위 (㉡) 단위 이상의 소화기로 할 것
2. 자동확산소화기는 해당 용도의 바닥면적을 기준으로 (㉢) [m²] 이하는 1개, (㉢) [m²] 초과는 2개 이상을 설치하되 방호대상에 유효하게 분사될 수 있는 위치에 배치될 수 있는 수량으로 설치할 것

① ㉠ 20, ㉡ 2, ㉢ 10
② ㉠ 25, ㉡ 2, ㉢ 30
③ ㉠ 25, ㉡ 1, ㉢ 10
④ ㉠ 20, ㉡ 1, ㉢ 20

해설 부속용도별 추가해야 할 소화기구 및 자동소화장치

용도별	소화기구의 능력단위
1. 다음 각목의 시설(다만 스프링클러설비·간이스프링클러설비·물분무등소화설비 또는 상업용 주방자동소화장치가 설치된 경우에는 자동확산소화기를 설치하지 않을 수 있다) 가) 보일러실·건조실·세탁소·대량화기취급소 나) 음식점·다중이용업소·호텔·기숙사·노유자시설·의료시설·업무시설·공장·장례식장·교육연구시설·교정 및 군사시설의 주방 다) 관리자의 출입이 곤란한 변전실·송전실·변압기실 및 배전반실	1. 소화기 : 해당 용도의 바닥면적 25 [m²]마다 능력단위 1단위 이상의 소화기[주방에 설치하는 소화기 중 1개 이상은 주방화재용 소화기(K급)로 설치] 2. 자동확산소화기 : 해당 용도의 바닥면적 10 [m²] 이하는 1개, 10 [m²] 초과는 2개 이상을 설치[방호대상에 유효하게 분사될 수 있는 위치에 배치될 수 있는 수량으로 설치할 것]

정답 75 ① 76 ① 77 ③

용도별	소화기구의 능력단위
2. 발전실·변전실·송전실·변압기실·배전반실·통신기기실·전산기기실 기타 이와 유사한 시설이 있는 장소(관리자의 출입이 곤란한 장소 제외)	해당 용도의 바닥면적 50 [m²]마다 적응성이 있는 소화기 1개 이상
3. 마그네슘 합금 칩을 저장 또는 취급하는 장소 〈시행 2024.7.25.〉	금속화재용 소화기(D급) 1개 이상을 금속재료로부터 보행거리 20 [m] 이내로 설치할 것

78 상 중 하

옥외소화전설비의 화재안전성능기준상 옥외소화전설비에는 옥외소화전마다 그로부터 몇 [m] 이내의 장소에 소화전함을 설치해야 하는가?

① 5
② 8
③ 6
④ 7

해설 옥외소화전설비의 소화전함 설치기준

옥외소화전설비에는 옥외소화전마다 그로부터 5 [m] 이내의 장소에 소화전함을 설치해야 한다.

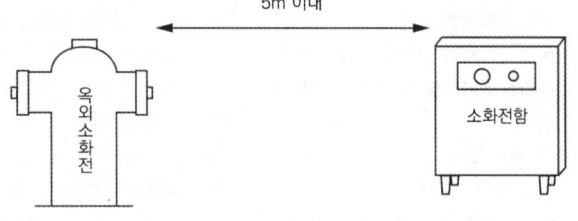

79 상 중 하

피난기구의 화재안전기술기준에 따른 피난기구의 설치 및 유지에 관한 사항 중 틀린 것은?

① 피난기구를 설치하는 개구부는 서로 동일 직선상의 위치에 있을 것
② 피난기구를 설치한 장소에는 가까운 곳의 보기 쉬운 곳에 피난기구의 위치를 표시하는 발광식 또는 축광식 표지와 그 사용방법을 표시한 표지를 부착할 것
③ 피난기구는 특정소방대상물의 기둥, 바닥, 보, 기타 구조상 견고한 부분에 볼트조임·매입·용접 기타의 방법으로 견고하게 부착할 것
④ 피난기구는 계단·피난기구 기타 피난 시설로부터 적당한 거리에 있는 안전한 구조로 된 피난 또는 소화활동상 유효한 개구부에 고정하여 설치할 것

해설 피난기구의 설치 및 유지에 관한 사항

피난기구를 설치하는 개구부는 서로 동일 직선상이 아닌 위치에 있을 것

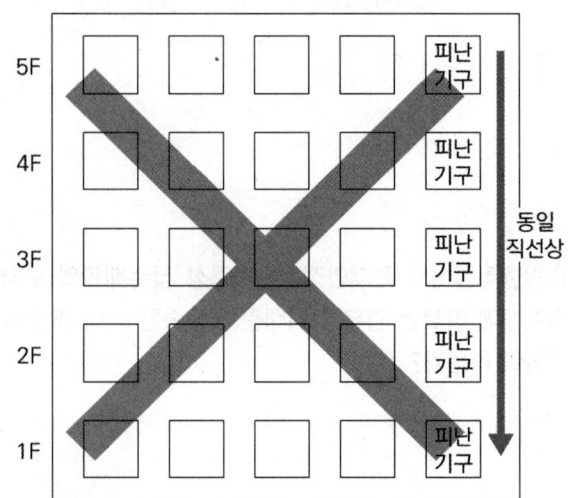

80 상 중 하

미분무소화설비의 화재안전기술기준상 감시제어반은 기준에 따른 전용실 안에 설치해야 한다. 미분무소화설비의 감시제어반 설치기준 중 다음 (   ) 안에 들어갈 내용은?

> 감시제어반은 다음의 기준에 따른 전용실 안에 설치할 것. 다른 부분과 방화구획을 할 것. 이 경우 전용실의 벽에는 기계실 또는 전기실 등의 감시를 위하여 두께 (㉠) [mm] 이상의 망입유리(두께 16.3 [mm] 이상의 접합유리 또는 두께 28 [mm] 이상의 복층유리를 포함한다)로 된 (㉡) [m²] 미만의 붙박이창을 설치할 수 있다.

① ㉠ 7, ㉡ 1
② ㉠ 7, ㉡ 4
③ ㉠ 3.5, ㉡ 1
④ ㉠ 3.5, ㉡ 4

해설 미분무소화설비 감시제어반 설치기준

다른 부분과 방화구획을 할 것. 이 경우 전용실의 벽에는 기계실 또는 전기실 등의 감시를 위하여 두께 7 [mm] 이상의 망입유리(두께 16.3 [mm] 이상의 접합유리 또는 두께 28 [mm] 이상의 복층유리를 포함한다)로 된 4 [m²] 미만의 붙박이창을 설치할 수 있다.

정답 80 ②

2023년 2회 소방원론

01

1 [kcal]의 열은 약 몇 [Joule]에 해당하는가?

① 5262　　② 4186
③ 3943　　④ 3330

해설 열량의 관계

- 1 [kcal] = 4186 [J]

02

수소 1 [kg]이 완전연소할 때 필요한 산소량은 몇 [kg]인가?

① 4　　② 8
③ 16　　④ 32

해설 수소의 완전연소반응식

$2H_2 + O_2 \rightarrow 2H_2O + Q$ [kcal]

수소(H_2) 2 [kmol]이 산소(O_2) 1 [kmol]과 반응하여 완전연소하게 된다.
여기서,
- 수소(H_2)의 분자량 : 2 [kg/kmol]
- 산소(O_2)의 분자량 : 32 [kg/kmol]

이므로
- 수소 2 [kmol]의 질량 : $2[kmol] \times 2[kg/kmol]$ = 4 [kg]
- 산소 1 [kmol]의 질량 : $1[kmol] \times 32[kg/kmol]$ = 32 [kg]

이다.

즉, 수소 4 [kg]이 완전연소할 때 필요한 산소량은 32 [kg]이다. 따라서 수소 1 [kg]이 완전연소할 때 필요한 산소량은 $32 \times \frac{1}{4}$ = 8 [kg]이다.

4 [kg] : 32 [kg] = 1 [kg] : x [kg]

∴ $x = 32 \times \frac{1}{4} = 8 \, [kg]$

03

위험물의 저장방법으로 틀린 것은?

① 금속나트륨 – 석유류에 저장
② 이황화탄소 – 수조 물탱크에 저장
③ 알킬알루미늄 – 벤젠액에 희석하여 저장
④ 산화프로필렌 – 구리 용기에 넣고 불연성 가스를 봉입하여 저장

해설 산화프로필렌, 아세트알데하이드의 저장 및 취급

산화프로필렌, 아세트알데하이드(아세트알데히드)는 구리, 마그네슘, 은, 수은 및 그 합금과 저장 시 폭발성 아세틸라이드를 생성하므로 구리, 마그네슘, 은, 수은 및 그 합금과 저장 금지

정답 01 ②　02 ②　03 ④

04 촛불의 주된 연소형태에 해당하는 것은?

① 표면연소 ② 분해연소
③ 증발연소 ④ 자기연소

해설 연소의 형태(고체의 연소)

구분	내용	종류
표면연소	불꽃이 없고 표면에서 연소	숯, 코크스, 목탄, 금속분
분해연소	고체 가연물이 온도 상승 시 열분해를 통해 발생하는 가연성 가스가 연소	목재, 석탄, 종이, 플라스틱
증발연소	열분해 없이 증발하여 연소	황(유황), 나프탈렌, 파라핀(양초)
자기연소	물질 내부에 산소를 함유하고 있어 별도의 산소 공급 없이 연소	나이트로셀룰로오스(니트로셀룰로오스), 나이트로글리세린(니트로글리세린), 유기과산화물

05 내화구조기준에 적합한 지붕의 구조로 옳지 않은 것은?

① 철근콘크리트조
② 샌드위치 패널
③ 철재로 보강된 벽돌조
④ 철재로 보강된 유리블록

해설 내화구조기준에 적합한 지붕

건축법 제50조에 따라 주요구조부와 지붕을 내화구조로 해야 한다.
내화구조의 지붕의 경우에는 다음 어느 하나에 해당하는 것
㈎ 철근콘크리트조 또는 철골철근콘크리트조
㈏ 철재로 보강된 콘크리트블록조·벽돌조 또는 석조
㈐ 철재로 보강된 유리블록 또는 망입유리로 된 것

보충 샌드위치 패널 : 양면에 강판과 내부 심재인 단열재로 구성된 복합패널

06 다음 물질 중 물과 반응하여 발생하는 가스의 연결이 틀린 것은?

① 탄화칼슘 – 아세틸렌
② 인화칼슘 – 포스핀
③ 탄화알루미늄 – 이산화황
④ 수소화리튬 – 수소

해설 물과 반응 시 발생가스

물질	가스
탄화칼슘(CaC_2)	아세틸렌(C_2H_2)
탄화알루미늄(Al_4C_3)	메테인(메탄, CH_4)
인화칼슘(Ca_3P_2)	포스핀(PH_3)
인화알루미늄(AlP)	
수소화리튬(LiH)	수소(H_2)

암기 탄칼아, 탄알메, 인포

07 방호공간 안에서 화재의 세기를 나타내고 화재가 진행되는 과정에서 온도에 따라 변하는 것으로 온도 – 시간 곡선으로 표시할 수 있는 것은?

① 화재저항 ② 화재가혹도
③ 화재하중 ④ 화재플럼

해설 화재가혹도

1) 화재가혹도란 화재 시 당해 건물과 그 내부의 수용재산 등을 파괴하거나 손상을 입히는 정도를 뜻한다.
2) 화재가혹도 = 화재강도 × 화재하중
3) 가연물의 비표면적, 가연물의 배열 상태, 가연물의 발열량, 화재실의 구조(단열성), 공기(산소)의 공급 상황 등이 화재강도에 영향을 미치므로 이에 따라 화재가혹도도 달라진다.
4) 최고온도(화재강도)가 높을수록 지속시간(화재하중)이 길수록 화재가혹도가 커진다.

정답 04 ③ 05 ② 06 ③ 07 ②

5) 방호공간 안에서 화재의 세기를 나타내고 화재가 진행되는 과정에서 온도에 따라 변하는 것으로 온도 - 시간 곡선으로 표시할 수 있다.

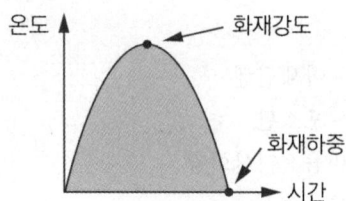

08 (상중하)

유류탱크의 화재 시 탱크 저부의 물이 뜨거운 열류층에 의하여 수증기로 변하면서 급작스런 부피 팽창을 일으켜 유류가 탱크 외부로 분출하는 현상은?

① 슬롭 오버(Slop Over)
② 블레비(BLEVE)
③ 보일 오버(Boil Over)
④ 파이어 볼(Fire Ball)

해설 유류탱크 화재 재해현상

현상	설명
보일 오버	중질유 탱크 저부의 에멀젼(물)이 증발하면서 부피가 팽창하여 기름이 탱크 밖으로 화재를 동반하며 방출하는 현상
슬롭 오버	고온 기름 표면에 물 살수 시 급격한 수분 증발로 기름이 팽창되어 탱크 밖으로 분출하는 현상
프로스 오버	고온 아스팔트가 물이 존재하는 탱크에 옮겨지면서 화재를 수반하지 않고 기름을 분출하는 현상
블레비	비등액체 증기폭발, 주변 화재로 탱크 내 액체가 비등하고 압력이 상승하여 탱크가 파열되는 현상, 파이어 볼 발생 ※ 파이어 볼 : 인화성 액체가 대량 기화되어 갑자기 발화될 때 발생하는 공 모양 화염

09 (상중하)

인화점이 낮은 것부터 높은 순서로 옳게 나열된 것은?

① 에틸알코올 < 이황화탄소 < 아세톤
② 이황화탄소 < 에틸알코올 < 아세톤
③ 에틸알코올 < 아세톤 < 이황화탄소
④ 이황화탄소 < 아세톤 < 에틸알코올

해설 인화점

물질	인화점 [℃]
다이에틸에터(디에틸에테르)	-45
가솔린(휘발유)	-43
산화프로필렌	-37
이황화탄소	-30
아세톤	-18
메틸알코올	11
에틸알코올	13
등유	39
경유	41

• 이황화탄소 < 아세톤 < 에틸알코올

암기 인가산이아 / 메에 / 등경

10 (상중하)

건물의 피난동선에 대한 설명으로 옳지 않은 것은?

① 피난동선은 가급적 단순한 형태가 좋다.
② 피난동선은 가급적 상호 반대방향으로 다수의 출구와 연결되는 것이 좋다.
③ 피난동선은 수평동선과 수직동선으로 구분된다.
④ 피난동선은 복도, 계단을 제외한 엘리베이터와 같은 피난전용의 통행구조를 말한다.

정답 08 ③ 09 ④ 10 ④

해설 건물의 피난동선

1) 피난동선은 가급적 단순해야 한다.
2) 피난동선은 상호 반대방향으로 다수의 출구와 연결되어야 한다.
3) 피난동선은 병목현상이 발생하지 않도록 수평동선과 수직동선으로 구분하여 동선계획을 수립한다.
4) 피난수단으로 엘리베이터를 이용하지 않는 것이 좋다.

11 (상중하)

A가스 60 [vol%], B가스 40 [vol%]로 이루어진 혼합 가스의 폭발하한계는 약 몇 [vol%]인가? (단, A가스의 폭발하한계는 4.5 [vol%], B가스는 4.12 [vol%]이다)

① 4.26　　② 4.34
③ 4.45　　④ 4.21

해설 르 샤틀리에법칙

르 샤틀리에법칙 $\dfrac{100}{L} = \dfrac{V_1}{L_1} + \dfrac{V_2}{L_2} + \cdots + \dfrac{V_n}{L_n}$

르 샤틀리에법칙으로 혼합가스의 폭발하한계 및 상한계를 계산할 수 있다.

$\dfrac{100}{L} = \dfrac{60}{4.5} + \dfrac{40}{4.12}$

$L = \dfrac{100}{\dfrac{60}{4.5} + \dfrac{40}{4.12}}$

∴ $L \fallingdotseq 4.34\,[\%]$

L : 혼합가스 폭발하한계 [vol%]
$L_1 \sim L_n$: 가연성 가스 폭발하한계 [vol%]
$V_1 \sim V_n$: 가연성 가스 용량 [vol%]

12 (상중하)

제거소화의 예가 아닌 것은?

① 유류화재 시 다량의 포를 방사한다.
② 전기화재 시 신속하게 전원을 차단한다.
③ 가연성 가스 화재 시 가스의 밸브를 닫는다.
④ 산림화재 시 확산을 막기 위하여 산림의 일부를 벌목한다.

해설 제거소화

방법	내용
격리	• 바람을 일으켜 가연물과 불꽃을 격리
소멸	• 가스밸브를 차단하여 가스 공급을 소멸(전기화재 시 전원을 차단) • 드레인밸브(배출밸브)를 개방하여 기름 배출 • 가연물을 다른 지역으로 이동
파괴	• 산불 화재 시 맞불, 벌목

보충 유류화재 시 다량의 포 방사 : 질식소화

13 (상중하)

표준 상태에 있는 메테인가스의 밀도는 몇 [g/L]인가?

① 0.21　　② 0.41
③ 0.71　　④ 0.91

해설 표준 상태의 기체 밀도

표준 상태의 기체 밀도 $= \dfrac{분자량[g/mol]}{22.4[L/mol]}$

표준 상태의 기체 밀도 $= \dfrac{분자량}{22.4}$

$= \dfrac{16[g/mol]}{22.4[L/mol]} = 0.71[g/L]$

보충 • 메테인(메탄, CH_4)의 분자량 : 16 [g/mol]
• 원자량(C : 12, H : 1)

정답 11 ② 12 ① 13 ③

14 (상)(중)하

화재 시 이산화탄소를 사용하여 화재를 진압하려고 할 때 산소의 농도를 11 [vol%]로 낮추어 화재를 진압하려면 공기 중 이산화탄소의 농도는 약 몇 [vol%]가 되어야 하는가?

① 0.91 [%]
② 0.4762 [%]
③ 90.91 [%]
④ 47.62 [%]

해설 이산화탄소의 농도

$$CO_2 \text{ 농도 [vol\%]} = \frac{21 - O_2[vol\%]}{21} \times 100$$

$$CO_2 \text{ 농도} = \frac{21 - O_2}{21} \times 100$$

$$= \frac{21 - 11}{21} \times 100 ≒ 47.62 \text{ [vol\%]}$$

15 (상)(중)하

연면적이 1000 [m²] 이상인 건축물에 설치하는 방화벽이 갖추어야 할 기준으로 옳은 것은?

① 방화구조로서 홀로 설 수 있는 구조일 것
② 방화벽의 양쪽 끝과 위 쪽 끝을 건축물의 외벽면 및 지붕면으로부터 0.5 [m] 이상 튀어 나오게 할 것
③ 방화벽에 설치하는 출입문의 너비 및 높이는 3 [m] 이하로 할 것
④ 방화벽에 설치하는 출입문에는 60분 방화문 또는 30분 방화문을 설치할 것

해설 방화벽 설치기준

구분	설치 및 구조기준
대상 건축물	주요구조부가 내화구조이거나 불연재료인 건축물이 아닌 연면적 1000 [m²] 이상인 건축물
구획	각 구획된 바닥면적의 합계 : 1000 [m²] 미만
구조	• 내화구조로서 홀로 설 수 있는 구조일 것 • 방화벽 양쪽 끝과 위쪽 끝을 건축물의 외벽면 및 지붕면으로부터 0.5 [m] 이상 튀어나오게 할 것 • 출입문 너비와 높이 : 2.5 [m] 이하 • 출입문 : 60분+ 방화문 또는 60분 방화문

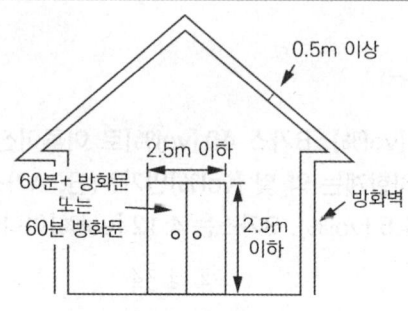

16 (상)(중)하

건축물의 내화구조 바닥이 철근콘크리트조인 경우 두께가 몇 [cm] 이상이어야 하는가?

① 5 [cm]
② 10 [cm]
③ 19 [cm]
④ 7 [cm]

해설 내화구조 바닥기준

[두께 : 이상]

구조	두께
철근콘크리트조 또는 철골철근콘크리트조	10 [cm]
철재로 보강된 콘크리트블록조 · 벽돌조 · 석조로서 철재에 덮은 콘크리트블록등	5 [cm]
철재의 양면을 철망모르타르 또는 콘크리트로 덮은 것	5 [cm]

정답 14 ④ 15 ② 16 ②

17 (상 중 하)

건물의 주요구조부가 아닌 것은?

① 작은 보 ② 기둥
③ 내력벽 ④ 주계단

해설 건물의 주요구조부

1) 바닥(최하층 바닥 제외)
2) 보(작은 보 제외)
3) 지붕틀(차양 제외)
4) 내력벽(비내력벽 제외)
5) 주계단(옥외계단 제외)
6) 기둥(사잇기둥 제외)

암기 바보지내주기

18 (상 중 하)

위험물안전관리법령에서 정하는 제3류 위험물에 해당하는 것이 아닌 것은?

① Al ② Ca
③ K   ④ Na

해설 제2류 위험물 및 제3류 위험물

구분	종류
제2류 위험물	• 황화인(황화린), 적린, 황(유황) • 철분, 마그네슘, 금속분(Al, Zn 등), 인화성 고체
제3류 위험물	• 황린, 칼륨(K), 나트륨(Na), 알칼리금속(Li 등) 및 알칼리토금속(Ca 등) • 유기금속화합물, 금속의 수소화물(수소화리튬, 수소화나트륨, 수소화칼슘) • 금속의 인화물(인화칼슘) • 칼슘 또는 알루미늄의 탄화물(탄화칼슘, 탄화알루미늄)

• 제3류 위험물의 특징 및 소화
 (1) 자연발화성 물질 및 금수성 물질
 (2) 물과 접촉하면 발열·발화함
 (3) 건조사, 팽창진주암, 팽창질석 등에 의한 질식소화(주수소화 절대엄금)

19 (상 중 하)

액화석유가스(LPG)에 대한 성질로 틀린 것은?

① LPG를 액화하면 물보다 가볍다.
② LPG는 프로페인이 주성분이다.
③ LPG는 특이취가 없어 부취제를 사용하지 않는다.
④ LPG가 기화되면 공기보다 무겁다.

해설 액화석유가스(Liquefied Petroleum Gas)

1) 액화하면 물보다 가볍다.
2) 상온에서는 기체로 존재하고 공기보다 무겁다. 따라서 LPG가 누출되었을 때 창문 열어 환기로 빼내는 건 불가능하다.
3) LPG의 주성분은 프로페인(프로판, C_3H_8), 뷰테인(부탄, C_4H_{10})이다. 프로페인(프로판)은 가정용, 뷰테인(부탄)은 자동차용으로 주로 쓰인다.
4) LPG는 원래 무색, 무취이나 누설 시 쉽게 알 수 있도록 부취제를 넣는다.
5) LPG는 독성은 없으나 마취성이 있다.
6) LPG는 물에 녹지 않으나 휘발유 등의 유기용매에 용해된다.
7) 천연고무를 잘 녹인다.

정답 17 ① 18 ① 19 ③

20 상중하

할로겐화합물 및 불활성기체소화설비에서 심장의 역반응(심장 장애현상)이 나타나는 최저 농도를 무엇이라 하는가?

① ODP
② NOAEL
③ GWP
④ LOAEL

해설 소화약제 관련 용어

1) NOAEL
   - No Observed Adverse Effect Level
   - 심장 독성 시험에서 심장에 영향을 미치지 않는 농도
2) LOAEL
   - Lowest Observed Adverse Effect Level
   - 심장 독성 시험에서 심장에 영향을 미칠 수 있는 최소 농도
3) ODP
   - Ozone Depletion Potential
   - 어떤 물질의 오존 파괴능력을 상대적으로 나타내는 지표
   $$ODP = \frac{\text{물질 1}[kg]\text{에 의해 파괴되는 오존량}}{CFC-11\ 1[kg]\text{에 의해 파괴되는 오존량}}$$
4) GWP
   - Global Warming Potential
   - 어떤 물질이 기여하는 온난화 정도를 상대적으로 나타내는 지표
   $$GWP = \frac{\text{물질 1}[kg]\text{이 영향을 주는 지구온난화 정도}}{CO_2\ 1[kg]\text{이 영향을 주는 지구온난화 정도}}$$

정답 20 ④

2023년 2회 소방유체역학

21 상(중)하

초기 상태에서 압력 100 [kPa]인 공기가 있다. 공기의 부피가 초기 부피의 절반이 될 때까지 가역단열 압축할 때 나중 압력은 약 몇 [kPa]인가? (단, 공기의 비열비는 1.4, 공기의 기체상수는 287 [J/kg·℃]이다)

① 236.5　　② 263.9
③ 189.7　　④ 176.5

해설 가역단열변화 관계식

$$\text{단열 지수 관계 } \frac{T_2}{T_1} = \left(\frac{V_1}{V_2}\right)^{k-1} = \left(\frac{P_2}{P_1}\right)^{\frac{k-1}{k}}$$

$\left(\dfrac{V_1}{V_2}\right)^{k-1} = \left(\dfrac{P_2}{P_1}\right)^{\frac{k-1}{k}}$

$\left(\dfrac{V_1}{0.5 \times V_1}\right)^{1.4-1} = \left(\dfrac{P_2}{100}\right)^{\frac{1.4-1}{1.4}}$

$\left(\dfrac{1}{0.5}\right)^{1.4-1} = \left(\dfrac{P_2}{100}\right)^{\frac{1.4-1}{1.4}}$

$P_2 = 263.901 [kPa]$

T : 절대온도 [K]
V : 체적 [m³]
P : 압력 [kPa]
k : 비열비

22 상(중)하

유체가 평판 위를 u [m/s] = 1 − e^(1−2y)의 속도분포로 흐르고 있다. 이때 y [m]는 평판 면으로부터 측정된 수직거리일 때 평판에서의 전단응력은 약 몇 [N/m²]인가? (단, 점성계수는 2.63 × 10⁻² [Pa·s]이다)

① 0.7　　② 7
③ 1.4　　④ 0.14

해설 전단응력

$$\text{전단응력 } \tau[N/m^2] = \mu \frac{du}{dy}$$

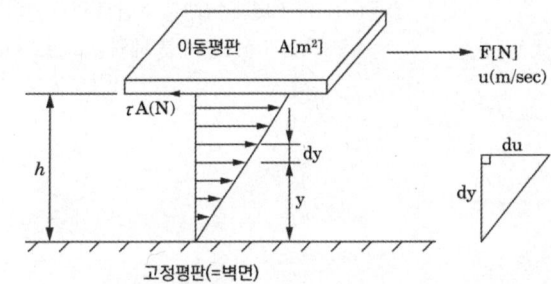

1) 속도구배 $\dfrac{du}{dy} = \dfrac{d}{dy}(1-e^{1-2y})\mid_{y=0}$
　　　　= 5.436
(∵ 평판에서의 전단응력이므로 y = 0)

2) 전단응력 $\tau = \mu \dfrac{du}{dy} [N/m^2]$
　= $2.63 \times 10^{-2} [N\cdot s/m^2] \times 5.436 [1/s]$
　= $0.14 [N/m^2]$

보충 점성계수(μ)의 단위 : $[Pa\cdot s] = [N\cdot s/m^2]$

정답　21 ②　22 ④

23 (상 중 하)

전양정이 60 [m], 유량이 6 [m³/min], 효율이 60 [%]인 펌프를 작동시키는 데 필요한 동력 [kW]는?

① 44 ② 60
③ 98 ④ 117

해설 펌프의 동력

$$P[kW] = \frac{\gamma[kN/m^3] \times Q[m^3/s] \times H[m]}{\eta} \times K$$

$$P = \frac{\gamma Q H}{\eta} = \frac{9.8 \times \frac{6}{60} \times 60}{0.6} = 98[kW]$$

γ : 물의 비중량 [9.8 kN/m³]
Q : 유량 [m³/s]
H : 전양정 [m]
η : 효율
K : 전달계수

보충 동력을 구할 때 조건상 효율(η)이나 전달계수(K)가 주어져 있지 않다면, 효율과 전달계수를 제외하고 산출한다.

24 (상 중 하)

그림의 U자형 차압 액주계에서 A점과 B점의 압력의 차이 ($P_A - P_B$) [Pa]는 무엇인가? (단, γ_1, γ_2, γ_3는 유체의 비중량 [N/m³]이고, h_1, h_2, h_3는 그림상의 높이 [m]이다)

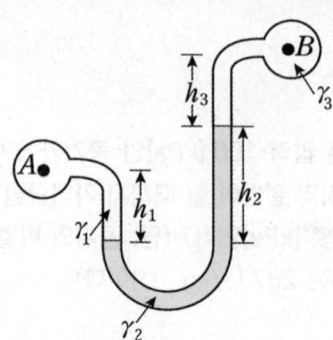

① $\gamma_1 h_1 + \gamma_2 h_2 - \gamma_3 h_3$
② $\gamma_1 h_1 - \gamma_2 h_2 + \gamma_3 h_3$
③ $-\gamma_1 h_1 + \gamma_2 h_2 + \gamma_3 h_3$
④ $-\gamma_1 h_1 - \gamma_2 h_2 + \gamma_3 h_3$

해설 U자형 시차액주계

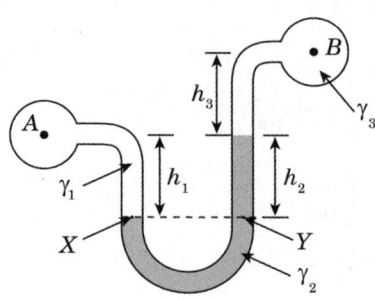

$P_X = P_Y$
$P_X = P_A + \gamma_1 h_1$
$P_Y = P_B + \gamma_2 h_2 + \gamma_3 h_3$
$P_A + \gamma_1 h_1 = P_B + \gamma_2 h_2 + \gamma_3 h_3$
∴ $P_A - P_B = -\gamma_1 h_1 + \gamma_2 h_2 + \gamma_3 h_3$

25 상 중 하

펌프의 캐비테이션을 방지하기 위한 방법으로 틀린 것은?

① 펌프의 설치 위치를 낮추어서 흡입 양정을 작게 한다.
② 흡입관을 크게 하거나 밸브, 플랜지 등을 조정하여 흡입 손실수두를 줄인다.
③ 펌프의 회전속도를 높여 흡입 속도를 크게 한다.
④ 2대 이상의 펌프를 사용한다.

해설 공동현상(Cavitation)

1) 개념
   펌프 흡입 측 배관의 손실이 증가하여 소화수의 정압이 증기압 이하로 낮아져서 기포가 발생하는 현상이다.

2) 방지대책
   (1) 펌프의 위치를 수원보다 낮게 한다.
   (2) 흡입배관의 구경을 크게 한다.
   (3) 펌프의 회전수를 낮춘다.
   (4) 양흡입펌프를 사용한다.
   (5) 2대 이상의 펌프를 사용한다.
   (6) 펌프의 흡입 측을 가압한다.
   (7) 입형펌프를 사용하고, 회전차를 수중에 완전히 잠기게 한다.
   (8) 흡입관의 길이를 줄이거나 밸브, 플랜지 등을 조정하여 흡입 손실수두를 줄인다.

26 상 중 하

베르누이방정식을 적용할 수 있는 기본 전제조건으로 옳은 것은?

① 비압축성 흐름, 점성 흐름, 정상유동, 유선을 따라
② 압축성 흐름, 비점성 흐름, 정상유동, 유선을 따라
③ 비압축성 흐름, 비점성 흐름, 비정상유동, 유선을 따라
④ 비압축성 흐름, 비점성 흐름, 정상유동, 유선을 따라

해설 베르누이방정식의 조건

1) 유체입자는 유선을 따라 흐름
2) 정상류
3) 비점성 유체(유체입자는 마찰이 없다)
4) 비압축성 유체

27 상 중 하

이상기체에 적용하는 보일-샤를의 법칙에 대한 그래프로 틀린 것은?

① 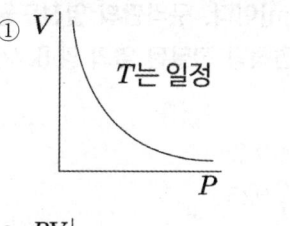 ②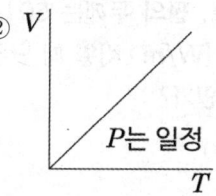

③ 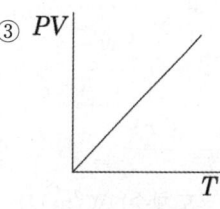 ④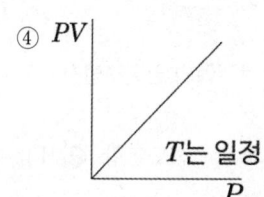

해설 보일-샤를의 법칙

1) 보일의 법칙

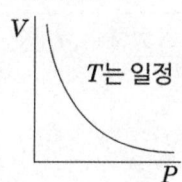

$P_1 V_1 = P_2 V_2$

기체의 온도가 일정할 때 기체의 체적은 절대압력에 반비례

2) 샤를의 법칙

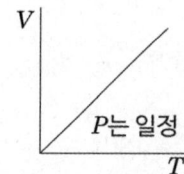

$\dfrac{V_1}{T_1} = \dfrac{V_2}{T_2}$

기체의 압력이 일정할 때 기체의 체적은 절대온도에 비례

3) 보일-샤를의 법칙

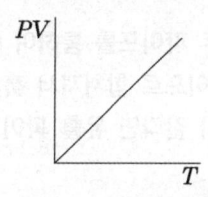

$\dfrac{P_1 V_1}{T_1} = \dfrac{P_2 V_2}{T_2}$

기체의 체적은 절대압력에 반비례하고 절대온도에 비례

암기 ▶ 보온샤압
(보일의 법칙은 온도가 일정, 샤를의 법칙은 압력이 일정)

정답 25 ③ 26 ④ 27 ④

28 (중)

구리판의 열전달 면적이 가로 5 [cm], 세로 10 [cm]이다. 이때 한 면의 온도가 280 [°C], 다른 한 면의 온도는 30 [°C]이고, 판의 두께는 50 [mm]이다. 구리판의 열전도율이 370 [W/m·K]일 때 단위면적당 전달된 열의 양 [kW]은 얼마인가?

① 1850 ② 9.25
③ 185   ④ 9250

해설 푸리에의 열전도법칙

전도열량 $\dot{Q}[W] = \dfrac{k \times A \times \triangle T}{l}$

k : 열전도율(열전도계수) [W/m·K]
A : 열전달 면적 [m²]
$\triangle T$: 온도 차 [K]
l : 전열체의 두께 [m]

단위면적당 전도열량 $\dot{Q}''[W/m^2] = \dfrac{k \times \triangle T}{l}$

$\dot{Q}'' = \dfrac{370 \times (280-30)}{0.05}$
$= 1850000 [W/m^2]$
$= 1850 [kW/m^2]$

29 (중)

안지름이 각각 2 [cm], 3 [cm]인 두 파이프를 통하여 속도가 같은 물이 유입되어 하나의 파이프로 합쳐져서 흘러 나간다. 유출되는 속도가 유입속도와 같다면 유출 파이프의 안지름은 약 몇 [cm]인가?

① 3.61 ② 4.24
③ 5.00 ④ 5.85

해설 연속방정식

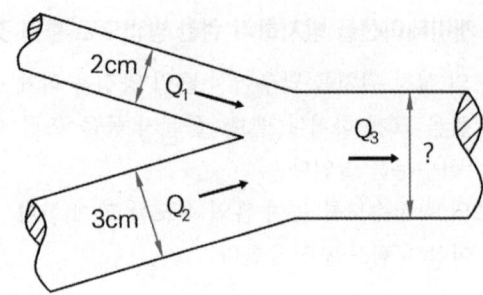

$Q_1 + Q_2 = Q_3$에서
$A_1 V_1 + A_2 V_2 = A_3 V_3$
여기서 $V_1 = V_2 = V_3$이므로
$A_1 + A_2 = A_3$

$\dfrac{\pi \times 2^2}{4} + \dfrac{\pi \times 3^2}{4} = \dfrac{\pi \times d_3^2}{4}$

∴ $d_3 = 3.61 [cm]$

Q : 유량, A : 배관 단면적, V : 유속

30 (중)

원통 속의 물이 중심축에 대하여 ω의 각속도로 강체와 같이 등속회전하고 있을 때 가장 압력이 높은 지점은?

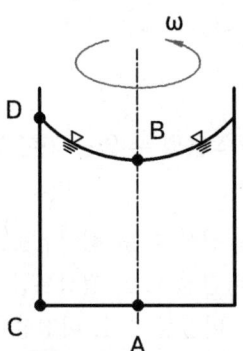

① 액체 표면의 가장자리 D
② 바닥면의 가장자리 C
③ 액체 표면의 중심점 B
④ 바닥면의 중심점 A

정답 28 ① 29 ① 30 ②

해설 압력

$P = \gamma h$에서 h가 클수록 압력이 크다.
따라서 연직 상방향으로 가장 h값이 큰 "C점"의 압력이 가장 높다.

31 (상)(중)(하)

양정 220 [m], 유량 0.025 [m³/s], 회전수 2900 [rpm]인 4단 원심 펌프의 비교회전도(비속도) [m³/min·m·rpm]는 얼마인가?

① 176
② 167
③ 45
④ 23

해설 비속도(비교회전도)

$$\text{비속도 } N_s = \frac{N\sqrt{Q}}{\left(\frac{H}{n}\right)^{\frac{3}{4}}}$$

비속도란 1 [m³/min]의 유량을 1 [m] 송수하는 데 필요한 펌프의 회전수이다.

$$\text{비속도 } N_s = \frac{N\sqrt{Q}}{\left(\frac{H}{n}\right)^{\frac{3}{4}}} = \frac{2900\sqrt{0.025 \times 60}}{\left(\frac{220}{4}\right)^{\frac{3}{4}}}$$

$$= 175.86 \,[m^3/min \cdot m \cdot rpm]$$

N_s : 비속도(비교회전도) [m³/min·m·rpm]
N : 회전수 [rpm]
Q : 유량 [m³/min]
H : 양정 [m]
n : 단수

32 (상)(중)(하)

체적탄성계수가 2.086 [GPa]인 기름의 체적을 1 [%] 감소시키려면 가해야 할 압력은 몇 [Pa]인가?

① 2.086×10^7
② 2.086×10^4
③ 2.086×10^3
④ 2.086×10^2

해설 체적탄성계수

$$\text{체적탄성계수 } K = -\frac{\Delta P}{\Delta V/V_1} = -\frac{\Delta P}{\frac{(V_2 - V_1)}{V_1}}$$

$$2.086 \times 10^9 \, Pa = -\frac{\Delta P}{\left(\frac{-1}{100}\right)}$$

$$\therefore \Delta P = 2.086 \times 10^7 \, Pa$$

※ $\frac{\Delta V}{V_1}$가 (-)인 이유 : 체적이 감소하기 때문

보충 ▶ 1 [GPa] = 1000 [MPa]
G[기가] : 10^9, M[메가] : 10^6, k[킬로] : 10^3

33 (상)(중)(하)

관로 내 물이 30 [m/s]로 흐르고 있으며 그 지점의 정압이 100 [kPa]일 때 정체압은 몇 [kPa]인가?

① 0.45
② 100
③ 450
④ 550

해설 정체점 압력

정체점의 압력(전압)
= 정압 + 동압
$= P_{\text{정압}} + \gamma\frac{V^2}{2g}$ ($\because P_{\text{동압}} = \gamma h = \gamma\frac{V^2}{2g}$)
$= 100[kPa] + \left(9.8[kN/m^3] \times \frac{(30[m/s])^2}{2 \times 9.8[m/s^2]}\right)$
$= 550[kPa]$

34 (상 중 하)

수평으로 놓인 지름 10 [cm], 길이 200 [m]인 파이프에 완전히 열린 글로브밸브가 설치되어 있고, 흐르는 물의 평균속도는 2 [m/s]이다. 파이프의 관 마찰계수가 0.02이고, 전체 수두 손실이 10 [m]이면 글로브밸브의 손실계수는?

① 0.4
② 1.8
③ 5.8
④ 9

해설 수두 손실

배관의 손실수두	$H_L[m] = f \times \dfrac{L}{D} \times \dfrac{V^2}{2g}$
부차적 손실수두	$H_L[m] = K \times \dfrac{V^2}{2g}$

전체손실 $h_L = \left(f\dfrac{L}{D}\dfrac{V^2}{2g}\right) + \left(K\dfrac{V^2}{2g}\right) = \left(f\dfrac{L}{D} + K\right)\dfrac{V^2}{2g}$

$10 = \left(0.02 \times \dfrac{200}{0.1} + K\right) \times \dfrac{2^2}{2 \times 9.8}$

∴ $K = 9$

해설 유량측정장치

1) 관의 단면에 축소 부분이 있는 유량측정장치

유량 측정 장치	내용
노즐	
오리피스	
벤추리미터	

2) 로터미터

투명관과 계측용 부자(플로트)로 구성된 유량계로 이 투명관의 눈금을 읽어서 직접 유량을 측정하게 되어 있다. 유량이 클수록 위쪽으로 부자(플로트)를 올려 밀게 된다.

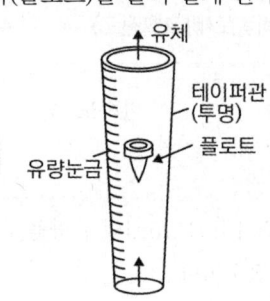

35 (상 중 하)

유량 측정 장치 중 관의 단면에 축소부분이 있어서 유체를 그 단면에서 가속시킴으로써 생기는 압력강하를 이용하여 측정하는 것이 있다. 다음 중 이러한 방식을 사용한 측정 장치가 아닌 것은?

① 노즐
② 오리피스
③ 로터미터
④ 벤투리미터

정답 34 ④ 35 ③

36 (중)

물이 5 [m/s]로 흐르는 관에서 에너지선(E.L.)과 수력기울기선(H.G.L.)의 높이 차이는 약 몇 [m]인가?

① 1.27 ② 2.24
③ 3.82 ④ 6.45

해설 에너지선과 수력구배선

1) 수력기울기선(수력구배선)은 에너지선보다 속도수두만큼 아래에 있다.
   (1) 에너지선 = 속도수두 + 압력수두 + 위치수두
   (2) 수력구배선 = 압력수두 + 위치수두

2) E.L. - H.G.L. = $\dfrac{V^2}{2g} = \dfrac{5^2}{2 \times 9.8} = 1.27 \,[m]$

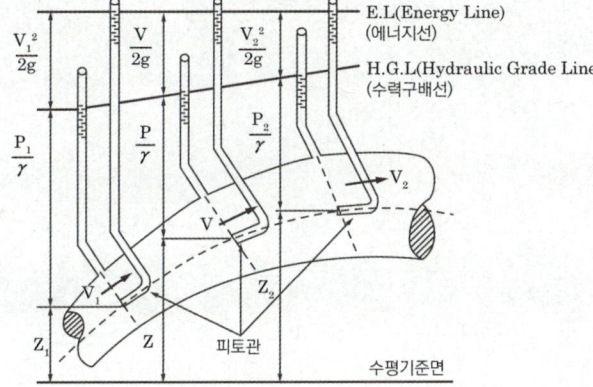

37 (중)

산 정상에서의 기압은 93.8 [kPa]이고, 온도는 11 [℃]이다. 이때 공기의 밀도는 약 몇 [kg/m³]인가? (단, 공기의 기체상수는 287 [J/kg·℃]이다)

① 0.00012 ② 1.15
③ 29.7   ④ 1150

해설 공기의 밀도

$$\text{이상기체 상태방정식 } PV = nRT = \dfrac{W}{M}RT = W\overline{R}T$$

$PV = W\overline{R}T \Rightarrow \dfrac{W}{V} = \dfrac{P}{\overline{R}T}$

$\rho = \dfrac{P}{\overline{R}T} = \dfrac{93.8 \times 10^3 \,[Pa]}{287 \,[J/kg \cdot K] \times (273+11)\,[K]}$

$= 1.15 \,[kg/m^3]$

ρ : 밀도 [kg/m³]
P : 절대압력 [Pa]
V : 부피 [m³]
W : 기체의 질량 [kg]
$\overline{R}$: 특정기체상수 [J/kg·K]
T : 절대온도 [K](273 + ℃)

38 (중)

물질의 열역학적 변화에 대한 설명으로 틀린 것은?

① 마찰은 비가역성의 원인이 될 수 있다.
② 열역학 제1법칙은 에너지 보존에 대한 것이다.
③ 이상기체는 이상기체 상태방정식을 만족한다.
④ 가역단열과정은 엔트로피가 증가하는 과정이다.

해설 가역단열과정

가역단열과정은 엔트로피가 일정한 과정

정답 36 ① 37 ② 38 ④

39 (상 중 하)

점성계수의 단위로 사용되는 푸아즈(Poise)의 환산 단위로 옳은 것은?

① cm^2/s
② $N \cdot s^2/m^2$
③ $dyne/cm \cdot s$
④ $dyne \cdot s/cm^2$

해설 점성계수 단위

1) 점성계수 μ
   $1[poise] = 1[g/cm \cdot s] = 1[dyne \cdot s/cm^2]$
2) 동점도(= 동점성계수) ν
   $1[stokes] = 1[cm^2/s]$

40 (상 중 하)

다음 중 열역학 제1법칙에 관한 설명으로 옳은 것은?

① 열은 그 자신만으로 저온에서 고온으로 이동할 수 없다.
② 일은 열로 변환시킬 수 있고 열은 일로 변환시킬 수 있다.
③ 사이클과정에서 열이 모두 일로 변화할 수 없다.
④ 열평형 상태에 있는 물체의 온도는 같다.

해설 열역학법칙

열역학법칙	내용
제0법칙	• 열평형의 법칙 • 온도는 높은 곳에서 낮은 곳으로 흐름 • 온도계의 원리
제1법칙	• 에너지보존의 법칙(엔탈피의 법칙) • 가역법칙 • 열량은 일량으로, 일량은 열량으로 변환 가능
제2법칙	• 손실의 법칙(엔트로피의 법칙) • 에너지의 방향성과 비가역설을 설명 • 열은 저온에서 고온으로 흐르지 않음 • 열을 완전히 일로 바꿀 수 있는 열기관은 만들 수 없음
제3법칙	• 물체의 온도를 절대영도까지 내릴 수 없음

정답 39 ④ 40 ②

2023년 2회 소방관계법규

41 상중하

소방청장, 소방본부장 또는 소방서장은 관할구역에 있는 소방대상물에 대해 화재안전조사를 실시할 수 있다. 화재안전조사를 실시하는 경우로 알맞지 않은 것은?

① 국가적 행사 등 주요 행사가 개최되는 장소 및 그 주변의 관계 지역에 대해 소방안전관리 실태를 점검할 필요가 있는 경우
② 화재가 자주 발생하였거나 발생할 우려가 뚜렷한 곳에 대한 점검이 필요한 경우
③ 관계인이 실시하는 자체점검 등이 불성실하거나 불완전하다고 인정되는 경우
④ 소방청장, 소방본부장, 소방서장이 토의로 화재안전조사를 실시해야 한다고 결정한 경우

해설 화재안전조사 대상

1) 조사권자 : 소방관서장
2) 개인의 주거에 대한 화재안전조사는 관계인의 승낙이 있거나 화재발생의 우려가 뚜렷하여 긴급한 필요가 있는 때로 한정
3) 화재안전조사 실시할 수 있는 경우
   (1) 관계인이 실시하는 자체점검 등이 불성실하거나 불완전하다고 인정되는 경우
   (2) 화재예방강화지구 등 법령에서 화재안전조사를 하도록 규정되어 있는 경우
   (3) 화재예방안전진단이 불성실하거나 불완전하다고 인정되는 경우
   (4) 국가적 행사 등 주요 행사가 개최되는 장소 및 그 주변의 관계 지역에 대하여 소방안전관리 실태를 점검할 필요가 있는 경우
   (5) 화재가 자주 발생하였거나 발생할 우려가 뚜렷한 곳에 대한 점검이 필요한 경우
   (6) 재난예측정보, 기상예보 등을 분석한 결과 소방대상물에 화재의 발생 위험이 높다고 판단되는 경우
   (7) 그 밖의 긴급한 상황이 발생한 경우 인명 또는 재산 피해의 우려가 현저하다고 판단되는 경우
   ① 화재안전조사의 항목 : 대통령령
   ② 소방관서장은 화재안전조사를 실시하는 경우 다른 목적을 위해 조사권을 남용하지 않을 것

42 상중하 (신유형)

위험물안전관리법령상 위험물을 취급함에 있어서 정전기가 발생할 우려가 있는 설비에 설치할 수 있는 정전기 제거방법이 아닌 것은?

① 접지에 의한 방법
② 자동적으로 압력의 상승을 정지시키는 방법
③ 공기를 이온화하는 방법
④ 공기 중의 상대습도를 70 [%] 이상으로 하는 방법

해설 정전기방지대책

- 배관 내 유속 제한
- 접지 및 본딩
- 상대습도 70 [%] 이상
- 대전방지제 사용
- 공기의 이온화

정답 41 ④ 42 ②

43 상(중)하

위험물안전관리법령상 제조소 또는 일반 취급소의 위험물 취급탱크 노즐 또는 맨홀을 신설하는 경우, 노즐 또는 맨홀의 직경이 몇 [mm]를 초과하는 경우 변경허가를 받아야 하는가?

① 200
② 250
③ 300
④ 450

해설 제조소등의 설치 및 변경

1) 설치허가자 : 시·도지사(행전안전부령)
2) 위험물 품명·수량·지정수량의 배수 변경신고 : 변경하고자 하는 날의 1일 전
3) 제조소·일반취급소 변경허가를 받아야 하는 경우
   (1) 제조소·일반취급소 위치 이전
   (2) 배출설치 또는 불활성기체 봉입장치 신설
   (3) 위험물취급탱크 신설·교체·철거·보수
   (4) 위험물취급탱크 노즐 또는 맨홀 신설(노즐 또는 맨홀 직경 250 [mm] 초과하는 경우)
   (5) 위험물취급탱크 탱크전용실 증설 또는 교체
4) 변경허가·변경신고 제외 장소
   (1) 주택의 난방시설(공동주택의 중앙난방시설 제외)을 위한 저장소·취급소
   (2) 농예용·축산용·수산용으로 필요한 난방시설 또는 건조시설을 위한 지정수량 20배 이하의 저장소

44 상(중)하

소방시설 설치 및 관리에 관한 법령상 스프링클러설비를 설치하여야 하는 특정소방대상물의 기준으로 옳은 것은?

① 6층 이상인 특정소방대상물로서 전 층
② 지하상가로서 연면적 500 [m²] 이상
③ 정신병원과 의료재활시설을 제외한 요양병원으로 사용되는 바닥면적의 합계가 300 [m²] 이상 600 [m²] 미만인 시설
④ 정신의료기관으로 사용되는 바닥면적의 합계가 600 [m²] 미만인 시설

해설 스프링클러설비 설치대상

설치대상	기준
• 문화 및 집회시설(동·식물원 제외) • 종교시설 • 운동시설(물놀이형 시설 및 바닥이 불연재료이고 관람석이 없는 운동시설은 제외)	• 수용인원 100명 이상 • 영화상영관 바닥면적 : 지하층·무창층 500 [m²](그 외 1000 [m²]) 이상 • 무대부 : 지하층·무창층, 4층 이상 300 [m²](그 외 500 [m²]) 이상
• 판매시설, 운수시설 • 창고시설(물류터미널)	• 수용인원 500명 이상 • 바닥면적 합계 5000 [m²] 이상
6층 이상인 특정소방대상물	전 층
• 의료시설(정신의료기관, 종합병원, 병원, 치과병원, 한방병원, 요양병원) • 노유자시설 • 숙박 가능한 수련시설 • 숙박시설 • 산후조리원, 조산원	바닥면적 합계 600 [m²] 이상인 것은 모든 층
지하상가	연면적 1000 [m²] 이상
기숙사(교육연구시설·수련시설 내에 있는 학생 수용을 위한 것), 복합건축물	연면적 5000 [m²] 이상인 모든 층
특수가연물 저장·취급시설	지정수량 1000배 이상
랙식 창고의 높이가 10 [m] 초과	바닥면적 또는 랙이 설치된 부분의 합계가 1500 [m²] 이상인 경우 모든 층
전기저장시설, 교정 및 군사시설 중 보호감호소, 교도소, 구치소 및 그 지소, 보호관찰소, 갱생보호시설, 치료감호시설, 소년원 및 소년분류심사원의 수용거실, 보호시설(외국인보호소의 경우에는 보호대상자의 생활공간으로 한정), 유치장	-

정답 43 ② 44 ①

45 ㊤중하

특정소방대상물의 소방시설등에 대한 자체점검 기술자격자의 범위에서 행정안전부령으로 정하는 기술자격자는?

① 소방안전관리자로 선임된 위험물산업기사
② 소방안전관리자로 선임된 소방시설관리사 및 소방기술사
③ 소방안전관리자로 선임된 소방설비산업기사
④ 소방안전관리자로 선임된 소방설비기사

해설 종합점검 대상

대상	기준
가. 최초점검 대상물 나. 스프링클러설비가 설치된 특정소방대상물 다. 물분무등소화설비[호스릴방식의 물분무등소화설비만을 설치한 경우는 제외]가 설치된 연면적 5000 [m²] 이상인 특정소방대상물(위험물 제조소등은 제외) 라. 다중이용업의 영업장이 설치된 특정소방대상물로서 연면적이 2000 [m²] 이상인 것(단란주점과 유흥주점, 영화상영관, 비디오물감상실업, 복합영상물제공업, 노래연습장, 산후조리원, 고시원, 안마시술소) 마. 제연설비가 설치된 터널 바. 공공기관 중 연면적(터널·지하구의 경우 그 길이와 평균폭을 곱하여 계산된 값)이 1000 [m²] 이상인 것으로서 옥내소화전설비 또는 자동화재탐지설비가 설치된 것(소방대가 근무하는 공공기관은 제외)	가. 관리업에 등록된 소방시설관리사 나. <u>소방안전관리자로 선임된 소방시설관리사 또는 소방기술사</u>

46 상㊥하

소방기본법령상 소방의 날 제정과 운영 등에 관한 사항으로 틀린 것은?

① 국민의 안전의식과 화재에 대한 경각심을 높이고 안전문화를 정착시키기 위한 목적이다.
② 소방의 날은 매년 11월 9일이다.
③ 소방의 날 행사에 관하여 필요한 사항은 소방청장 또는 시·도지사가 따로 정하여 시행할 수 있다.
④ 시·도지사는 소방행정 발전에 공로가 있다고 인정되는 사람을 명예직 소방대원으로 위촉할 수 있다.

해설 소방의 날 제정과 운영 등

1) 국민의 안전의식과 화재에 대한 경각심을 높이고 안전문화를 정착시키기 위하여 매년 11월 9일을 소방의 날로 정하여 기념행사를 한다.
2) 소방의 날 행사에 관하여 필요한 사항은 소방청장 또는 시·도지사가 따로 정하여 시행할 수 있다.
3) <u>소방청장은 다음에 해당하는 사람을 명예직 소방대원으로 위촉할 수 있다.</u>
   (1) 「의사상자등 예우 및 지원에 관한 법률」에 따른 의사상자에 해당하는 사람
   (2) 소방행정 발전에 공로가 있다고 인정되는 사람

정답 45 ② 46 ④

47

위험물안전관리법령상 경보설비에 대한 기준으로 틀린 것은?

① 지정수량의 10배 이상의 위험물을 저장 또는 취급하는 제조소등(이동탱크저장소를 제외한다)에는 화재발생 시 이를 알릴 수 있는 경보설비를 설치하여야 한다.
② 경보설비는 자동화재탐지설비·자동화재속보설비·비상경보설비(비상벨장치 또는 경종을 포함한다)·확성장치(휴대용확성기를 포함한다) 및 비상방송설비로 구분한다.
③ 자동신호장치를 갖춘 스프링클러설비 또는 물분무등소화설비를 설치한 제조소등에 있어서는 자동화재탐지설비를 설치한 것으로 본다.
④ 제조소 및 일반취급소에 있어서 연면적 1000 [m²] 이상인 것은 자동화재탐지설비를 설치한다.

해설 경보설비 설치기준

1) 제조소등별 설치해야 하는 경보설비

특정소방대상물	소방시설
• 연면적 500 [m²] 이상 • 옥내에서 지정수량 100배 이상 취급 • 일반취급소로 사용되는 부분 외의 부분이 있는 건축물에 설치된 일반취급소	자동화재탐지설비
• 지정수량 10배 이상 저장 또는 취급 (이동탱크저장소 제외)	• 자동화재탐지설비 • 비상경보설비 • 비상방송설비 • 확성장치 중 1종 이상

2) 자동신호장치 갖춘 스프링클러설비 또는 물분무등소화설비 설치한 제조소등은 자동화재탐지설비 설치한 것으로 봄
3) 자동화재탐지설비·비상경보설비(비상벨장치 또는 경종 포함)·확성장치(휴대용 확성기 포함) 및 비상방송설비로 구분

48

소방시설관리사증을 빌려주거나 둘 이상의 업체에 취업한 자에 대한 벌칙기준으로 옳은 것은?

① 6개월 이하의 징역 또는 1000만 원 이하의 벌금
② 1년 이하의 징역 또는 1000만 원 이하의 벌금
③ 3년 이하의 징역 또는 1500만 원 이하의 벌금
④ 3년 이하의 징역 또는 3000만 원 이하의 벌금

해설 1년 1000만 원 이하의 벌금

1) 자체점검을 하지 않거나 관리업자에게 정기점검하게 하지 아니한 자
2) 소방시설관리사증을 빌려주거나 빌리거나 이를 알선한 자
3) 동시에 둘 이상의 업체에 취업한 자
4) 자격정지처분을 받고 자격정지기간 중에 관리사의 업무를 한 자
5) 관리업 등록증, 등록수첩을 다른 자에게 빌려주거나 빌리거나 이를 알선한 자
6) 영업정지처분을 받고 영업정지기간 중에 관리업의 업무를 한 자
7) 제품검사 합격표시 허위·위조·변조한 자
8) 형식승인의 변경승인을 받지 아니한 자
9) 제품검사에 합격하지 아니한 소방용품에 성능인증을 받았다는 표시 또는 제품검사에 합격하였다는 표시를 하거나 성능인증을 받았다는 표시 또는 제품검사에 합격하였다는 표시를 위조 또는 변조하여 사용한 자
10) 성능인증의 변경인증을 받지 아니한 자
11) 우수품질 표시 허위·위조·변조하여 사용한 자
12) 관계인의 업무 방해하거나 출입·검사 시 알게 된 비밀을 누설한 자

정답 47 ④ 48 ②

49

자동화재탐지설비를 설치하여야 하는 특정소방대상물의 기준으로 틀린 것은?

① 지하구
② 터널로서 길이 700 [m] 이상인 것
③ 교정시설로서 연면적 2000 [m²] 이상인 것
④ 복합건축물로서 연면적 600 [m²] 이상인 것

해설 자동화재탐지설비 설치대상

설치대상	기준
• 교육연구시설(교육시설 내에 있는 기숙사 및 합숙소를 포함한다), 수련시설 (기숙사·합숙소 포함, 숙박시설 제외) • 동·식물 관련 시설, 교정 및 군사시설 • 자원순환 관련 시설 • 교정 및 군사시설 • 묘지 관련 시설	연면적 2000 [m²] 이상인 경우에는 모든 층
목욕장, 문화 및 집회시설, 종교시설, 판매시설, 운동시설, 운수시설, 업무시설, 창고시설, 공장, 지하상가, 위험물 저장 및 처리시설, 항공기 및 자동차 관련 시설, 교정 및 군사시설 중 국방·군사시설, 방송통신시설, 발전시설, 관광 휴게시설	연면적 1000 [m²] 이상인 경우에는 모든 층
• 근린생활시설(목욕장 제외) • 의료시설(정신의료기관, 요양병원 제외) • 위락시설, 장례시설 및 복합건축물	연면적 600 [m²] 이상인 경우에는 모든 층
정신의료기관, 의료재활시설	• 바닥면적합계 300 [m²] 이상 • 바닥면적 합계 300 [m²] 미만, 창살 설치
터널	길이 1000 [m] 이상
공장 및 창고시설	500배 이상 특수가연물
요양병원, 지하구, 전통시장, 조산원, 산후조리원	–
전기저장시설, 노유자생활시설	–
공동주택 중 아파트등·기숙사, 숙박시설, 6층 이상인 건축물	–
노유자시설	연면적 400 [m²] 이상인 경우에는 모든 층
숙박시설이 있는 수련시설	수용인원 100명 이상인 경우에는 모든 층

50

소방기본법령상 소방용수시설에서 저수조의 설치기준으로 틀린 것은?

① 소방펌프자동차가 쉽게 접근할 수 있도록 할 것
② 지면으로부터의 낙차가 4.5 [m] 이하일 것
③ 흡수부분의 수심이 6 [m] 이상일 것
④ 흡수관의 투입구가 원형의 경우에는 지름이 60 [cm] 이상일 것

해설 소방용수시설 설치기준

1) 소화전
   • 상수도와 연결, 지하식·지상식 구조
   • 연결금속구 구경 : 65 [mm]
2) 급수탑
   • 급수배관 구경 : 100 [mm] 이상
   • 개폐밸브 : 지상 1.5 [m] 이상 1.7 [m] 이하
3) 저수조
   • 지면으로부터의 낙차 : 4.5 [m] 이하
   • 흡수부분 수심 : 0.5 [m] 이상일 것
   • 흡수관 투입구 : 사각형 한 변 60 [cm]
                    원형 지름 60 [cm] 이상

51 (상⑤하)

소방시설공사업법령에 따른 성능위주설계를 할 수 있는 자의 설계범위기준 중 틀린 것은?

① 연면적 30000 [m²] 이상인 특정소방대상물로서 공항시설
② 연면적 200000 [m²] 이상인 특정소방대상물(공동주택 중 주택으로 5층 이상 제외)
③ 지하층을 포함한 층수가 30층 이상인 특정소방대상물(단, 아파트등은 제외)
④ 하나의 건축물에 영화상영관이 5개 이상인 특정소방대상물

해설 성능위주설계 특정소방대상물

1) 연면적 200000 [m²] 이상 특정소방대상물 - 다만 아파트등(공동주택 중 주택으로 쓰이는 층수가 5층 이상인 주택) 제외
2) 50층 이상(지하층 제외)이거나 지상으로부터 높이가 200 [m] 이상인 아파트등
3) 30층 이상(지하층 포함)이거나 지상으로부터 높이가 120 [m] 이상인 특정소방대상물(아파트등은 제외)
4) 연면적 30000 [m²] 이상 특정소방대상물
   - 철도 및 도시철도 시설
   - 공항시설
5) 하나의 건축물에 영화상영관 10개 이상
6) 지하연계 복합건축물
7) 연면적 10만 [m²] 이상이거나 지하 2층 이하이고 지하층 바닥면적의 합이 3만 [m²] 이상인 창고시설
8) 터널 중 수저(水底)터널 또는 길이가 5000 [m] 이상인 것

52 (상⑤하)

소방시설의 하자가 발생한 경우 통보를 받은 공사업자는 며칠 이내에 이를 보수하거나 보수 일정을 기록한 하자보수계획을 관계인에게 서면으로 알려야 하는가?

① 3일
② 5일
③ 14일
④ 30일

해설 하자보수

1) 관계인은 하자보수 보증기간 이내에 소방시설 하자 발생 시 공사업자에게 그 사실을 알려야 한다.
2) 통보받은 공사업자는 3일 이내 하자보수 또는 하자보수계획을 관계인에게 서면으로 알려야 한다.
3) 관계인은 공사업자가 다음 각 호의 어느 하나에 해당하는 경우에는 소방본부장·서장에게 그 사실을 알릴 수 있음
   (1) 3일 이내에 하자보수를 이행하지 아니한 경우
   (2) 3일 이내에 하자보수계획을 서면으로 알리지 아니한 경우
   (3) 하자보수계획이 불합리하다고 인정되는 경우

53 (상⑤하)

소방기본법령상 소방대장은 화재, 재난·재해 그 밖의 위급한 상황이 발생한 현장에 소방활동구역을 정하여 소방활동에 필요한 자로서 대통령령으로 정하는 사람 외에는 그 구역에의 출입을 제한할 수 있다. 다음 중 소방활동구역에 출입할 수 없는 사람은?

① 소방활동구역 안에 있는 소방대상물의 소유자·관리자 또는 점유자
② 전기·가스·수도·통신·교통의 업무에 종사하는 사람으로서 원활한 소방활동을 위하여 필요한 사람
③ 자원봉사자
④ 의사·간호사 그 밖에 구조·구급업무에 종사하는 사람

정답 51 ④ 52 ① 53 ③

해설 소방활동구역 출입자

1) 설정
   (1) 설정권자 : 소방대장
   (2) 소방활동구역을 정하여 소방활동에 필요한 사람으로서 대통령령으로 정하는 사람 외에는 그 구역에 출입하는 것을 제한
2) 출입자
   (1) 소방활동구역 안에 있는 소방대상물의 소유자·관리자·점유자
   (2) 전기·가스·수도·통신·교통의 업무 종사자로서 소방활동을 위해 필요한 사람
   (3) 의사·간호사 그 밖의 구조·구급업무 종사자
   (4) 취재인력 등 보도업무 종사자
   (5) 수사업무 종사자
   (6) 그 밖에 소방대장이 소방활동을 위해 출입을 허가한 사람
3) 경찰공무원은 소방대가 소방활동구역에 있지 않거나 소방대장의 요청이 있을 때에는 출입제한 조치를 할 수 있음

54 (상중하)

소방시설 설치 및 관리에 관한 법령상 소화설비를 구성하는 제품 또는 기기에 해당하지 않는 것은?

① 가스누설경보기
② 소방호스
③ 스프링클러헤드
④ 분말자동소화장치

해설 소방용품

1) 소화설비 구성 제품·기기
   • 소화기구(소화약제 외의 것 제외)
   • 자동소화장치
   • 소화전, 관창, 소방호스, 스프링클러헤드, 기동용 수압개폐장치, 유수제어밸브 및 가스관선택밸브
2) 경보설비 구성 제품·기기
   • 누전경보기 및 가스누설경보기
   • 발신기, 수신기, 중계기, 감지기, 경종

3) 피난구조설비 구성 제품·기기
   • 피난사다리, 구조대, 완강기(간이완강기 및 지지대 포함)
   • 공기호흡기(충전기 포함)
   • 피난구유도등, 통로유도등, 객석유도등 및 예비전원 내장된 비상조명등
4) 소화용 제품·기기
   • 소화약제(소화설비용만 해당)
   • 방염제(방염액·방염도료·방염성 물질)

55 (상중하)

소방시설공사업법령상 하자보수를 하여야 하는 소방시설 중 하자보수 보증기간이 3년이 아닌 것은?

① 자동소화장치
② 비상방송설비
③ 스프링클러설비
④ 상수도소화용수설비

해설 소방시설 하자보수 보증기간

소방시설	기간
• 피난기구·유도등 • 비상경보설비 • 비상조명등 • 비상방송설비 • 무선통신보조설비	2년
• 자동소화장치 • 옥내·외소화전설비 • 스프링클러·간이스프링클러설비 • 물분무등소화설비 • 자동화재탐지설비 • 상수도소화용수설비 • 소화활동설비(무선통신보조설비 제외) • 화재알림설비	3년

암기 이년 피비무
TIP 전기는 2년, 기계는 3년
(피난기구와 자동화재탐지설비 및 화재알림설비 제외)

56 (상중하)

화재의 예방 및 안전관리에 관한 법령상 화재의 예방상 위험하다고 인정되는 행위를 하는 사람에게 행위의 금지 또는 제한 명령을 할 수 있는 사람은?

① 소방본부장
② 시·도지사
③ 의용소방대원
④ 소방대상물의 관리자

해설 화재의 예방조치

1) 누구든지 화재예방강화지구 및 이에 준하는 대통령령으로 정하는 장소에서는 다음에 해당하는 행위를 하여서는 아니 된다. 다만 행정안전부령으로 정하는 바에 따라 안전조치를 한 경우에는 그러하지 아니한다.
   (1) 모닥불, 흡연 등 화기의 취급
   (2) 풍등 등 소형열기구 날리기
   (3) 용접·용단 등 불꽃을 발생시키는 행위
   (4) 그 밖에 대통령령으로 정하는 화재발생 위험이 있는 행위
2) 소방관서장은 화재발생 위험이 크거나 소화활동에 지장을 줄 수 있다고 인정되는 행위나 물건에 대하여 행위 당사자나 그 물건의 소유자, 관리자 또는 점유자에게 다음의 명령을 할 수 있다. 다만 다음에 해당하는 물건의 소유자, 관리자 또는 점유자를 알 수 없는 경우 소속 공무원으로 하여금 그 물건을 옮기거나 보관하는 등 필요한 조치를 하게 할 수 있다.
   (1) 다음 어느 하나에 해당하는 행위의 금지 또는 제한
   (2) 목재, 플라스틱 등 가연성이 큰 물건의 제거, 이격, 적재 금지 등
   (3) 소방차량의 통행이나 소화활동에 지장을 줄 수 있는 물건의 이동
3) 2)의 단서에 따라 옮긴 물건 등에 대한 보관기간 및 보관기간 경과 후 처리 등에 필요한 사항은 대통령령으로 정한다.
4) 보일러, 난로, 건조설비, 가스·전기시설, 그 밖에 화재발생 우려가 있는 대통령령으로 정하는 설비 또는 기구 등의 위치·구조 및 관리와 화재 예방을 위하여 불을 사용할 때 지켜야 하는 사항은 대통령령으로 정한다.
5) 화재가 발생하는 경우 불길이 빠르게 번지는 고무류·플라스틱류·석탄 및 목탄 등 대통령령으로 정하는 특수가연물(特殊可燃物)의 저장 및 취급기준은 대통령령으로 정한다.

57 (상중하)

소방청장, 소방본부장 또는 소방서장이 화재안전조사 조치명령서를 해당 소방대상물의 관계인에게 발급하는 경우가 아닌 것은?

① 소방대상물의 신축
② 소방대상물의 개수
③ 소방대상물의 이전
④ 소방대상물의 제거

해설 화재안전조사 결과에 따른 조치명령

1) 명령권자 : 소방관서장
2) 관계인에게 그 소방대상물의 개수·이전·제거, 사용의 금지 또는 제한, 사용폐쇄, 공사의 정지 또는 중지, 그 밖에 필요한 조치
   (1) 소방대상물의 위치·구조·설비 또는 관리에 보완 필요 시
   (2) 화재발생 시 인명 또는 재산 피해가 클 것으로 예상될 때
3) 관계인에게 조치를 명령 또는 관계 행정기관의 장에게 필요한 조치 요청
   (1) 법령을 위반하여 건축 또는 설비
   (2) 소방시설등, 피난시설·방화구획, 방화시설 등이 법령에 적합하게 설치·관리되지 않은 경우

58 (상중하)

옥내저장소의 위치·구조 및 설비의 기준 중 지정수량의 몇 배 이상의 저장창고(제6류 위험물의 저장창고 제외)에 피뢰침을 설치해야 하는가? (단, 저장창고 주위의 상황이 안전상 지장이 없는 경우는 제외한다)

① 10배
② 20배
③ 30배
④ 40배

해설 위험물 제조소 피뢰설비

지정수량 10배 이상인 옥외탱크저장소 피뢰침 설치(제6류 위험물 제조소 제외)

정답 56 ① 57 ① 58 ①

59 (중)

행정안전부령으로 정하는 연소 우려가 있는 구조에 대한 기준 중 다음 ( ) 안에 알맞은 것은?

> 건축물대장의 건축물 현황도에 표시된 대지 경계선 안에 2 이상의 건축물이 있는 경우로서 각각의 건축물이 다른 건축물의 외벽으로부터 수평거리가 1층의 경우에는 (㉠) [m] 이하, 2층 이상의 경우에는 (㉡) [m] 이하이고 개구부가 다른 건축물을 향하여 설치된 구조를 말한다.

① ㉠ 3, ㉡ 5
② ㉠ 5, ㉡ 8
③ ㉠ 6, ㉡ 8
④ ㉠ 6, ㉡ 10

해설 연소우려가 있는 구조
- 대지경계선 안 2 이상의 건축물
- 다른 건축물 외벽으로부터 수평거리가 <u>1층 6 [m] 이하, 2층 이상 10 [m] 이하</u>
- 개구부가 다른 건축물 향하여 설치

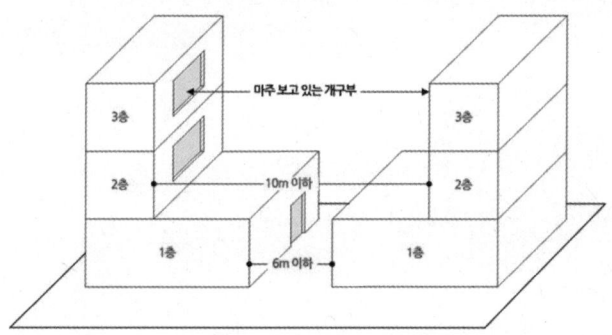

60 (중)

화재예방강화지구의 지정대상이 아닌 것은?

① 공장·창고가 밀집한 지역
② 목조건물이 밀집한 지역
③ 농촌지역
④ 시장지역

해설 화재예방강화지구

1) 지정권자 : 시·도지사
2) 화재예방강화지구 지정 요청 : 소방청장
3) 화재예방강화지구
   (1) 시장지역
   (2) 공장·창고가 밀집한 지역
   (3) 목조건물이 밀집한 지역
   (4) 노후·불량건축물이 밀집한 지역
   (5) 위험물의 저장 및 처리 시설이 밀집한 지역
   (6) 석유화학제품을 생산하는 공장이 있는 지역
   (7) 산업입지 및 개발에 관한 법률에 따른 산업단지
   (8) 소방시설·소방용수시설·소방출동로가 없는 지역
   (9) 물류단지
   (10) (1) ~ (9)까지 준하는 지역으로서 소방관서장이 화재예방강화지구로 지정할 필요가 있다고 인정하는 지역

정답 59 ④ 60 ③

2023년 2회 소방기계시설의 구조 및 원리

61
주방용 자동소화장치의 설치기준으로 틀린 것은?

① 아파트의 각 세대별 주방 및 오피스텔의 각 실별 주방에 설치한다.
② 소화약제 방출구는 환기구의 청소부분과 분리되어 있어야 한다.
③ 주방용 자동소화장치에 사용하는 차단장치는 상시 확인 및 점검 가능하도록 설치
④ 주방용 자동소화장치의 탐지부는 수신부와 분리하여 설치하되, 공기보다 무거운 가스를 사용하는 장소에는 바닥면으로부터 20 [cm] 이하의 위치에 설치한다.

해설 주거용 주방자동소화장치의 탐지부

1) 공기보다 가벼운 가스(LNG)
   천장면으로부터 30 [cm] 이하의 위치에 설치
2) 공기보다 무거운 가스(LPG)
   바닥면으로부터 30 [cm] 이하의 위치에 설치

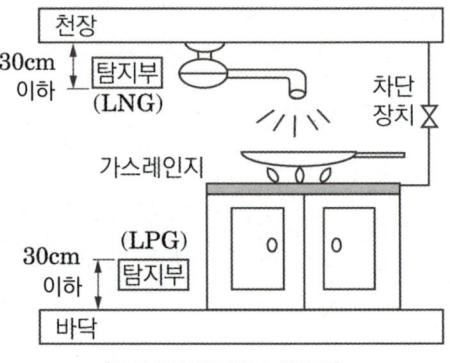

[주거용 주방자동소화장치]

62
분말소화설비의 화재안전성능기준상 다음 (　) 안에 알맞은 것은?

분말소화약제의 가압용 가스용기에는 (　)의 압력에서 조정이 가능한 압력조정기를 설치해야 한다.

① 2.5 [MPa] 이하
② 2.5 [MPa] 이상
③ 25 [MPa] 이하
④ 25 [MPa] 이상

해설 분말소화약제의 가압용 가스용기

분말소화약제의 가압용 가스용기에는 2.5 [MPa] 이하의 압력에서 조정이 가능한 압력조정기를 설치해야 한다.

정답 61 ④　62 ①

63 (상 중 하)

스프링클러설비 배관의 설치기준으로 틀린 것은?

① 급수배관의 구경은 수리계산에 따르는 경우 가지배관의 유속은 6 [m/s], 그 밖의 배관의 유속은 10 [m/s]를 초과할 수 없다.
② 교차배관에서 분기되는 지점을 기점으로 한쪽 가지배관에 설치되는 헤드의 개수(반자 아래와 반자 속의 헤드를 하나의 가지배관 상에 병설하는 경우에는 반자 아래에 설치하는 헤드의 개수)는 8개 이하로 해야 한다.
③ 수직배수배관의 구경은 50 [mm] 이상으로 해야 한다.
④ 가지배관에는 헤드의 설치지점 사이마다 1개 이상의 행거를 설치하되, 헤드 간의 거리가 4.5 [m]를 초과하는 경우에는 4.5 [m] 이내마다 1개 이상 설치해야 한다.

해설 스프링클러설비의 배관 행거 설치기준

1) 가지배관에는 헤드의 설치지점 사이마다 1개 이상의 행거를 설치하되, 헤드 간의 거리가 3.5 [m]를 초과하는 경우에는 3.5 [m] 이내마다 1개 이상 설치할 것. 이 경우 상향식 헤드와 행거 사이에는 8 [cm] 이상의 간격을 두어야 함

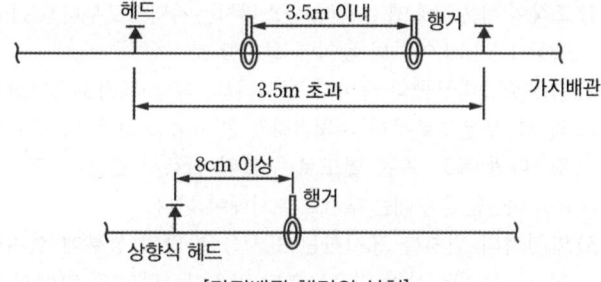

[가지배관 행거의 설치]

2) 교차배관에는 가지배관 사이 거리 4.5 [m] 초과 시 4.5 [m] 이내마다 1개 이상 설치
3) 수평주행배관에는 4.5 [m] 이내마다 1개 이상 설치

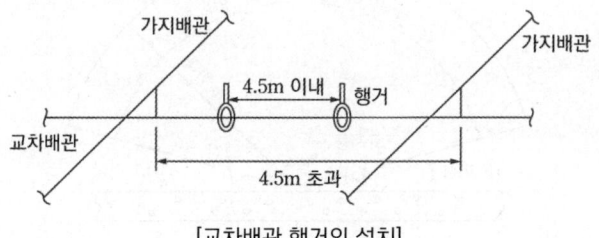

[교차배관 행거의 설치]

64 (상 중 하)

스프링클러설비의 누수로 인한 유수검지장치의 오작동을 방지하기 위한 목적으로 설치하는 것은?

① 솔레노이드밸브
② 리타딩 챔버
③ 물올림 장치
④ 성능시험배관

해설 리타딩 챔버

1) 안전밸브 역할
2) 유수검지장치의 오작동방지
3) 배관 및 압력스위치의 손상을 보호

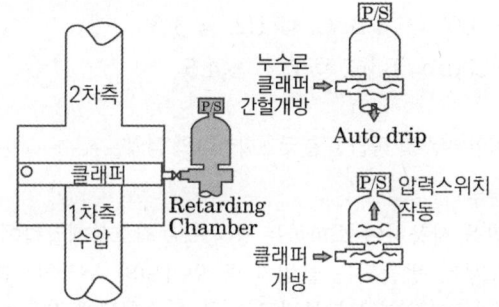

정답 63 ④ 64 ②

65 (중)

미분무소화설비의 화재안전성능기준상 용어의 정의 중 다음 ( ) 안에 알맞은 것은?

> "미분무"란 물만을 사용하여 소화하는 방식으로 최소설계압력에서 헤드로부터 방출되는 물입자 중 99 [%]의 누적체적분포가 (㉠) [μm] 이하로 분무되고 (㉡)급 화재에 적응성을 갖는 것을 말한다.
> "중압 미분무소화설비"란 사용압력이 (㉢) [MPa]을 초과하고 (㉣) [MPa] 이하인 미분무소화설비를 말한다.

① ㉠ 400, ㉡ A, B, C, ㉢ 1.2, ㉣ 3.5
② ㉠ 400, ㉡ B, C, ㉢ 1.2, ㉣ 4.5
③ ㉠ 200, ㉡ A, B, C, ㉢ 1.2, ㉣ 3.5
④ ㉠ 200, ㉡ B, C, ㉢ 2.3, ㉣ 4.5

해설 미분무 및 중압 미분무소화설비의 정의

1) 미분무
   물만을 사용하여 소화하는 방식으로 최소설계압력에서 헤드로부터 방출되는 물입자 중 99 [%]의 누적체적분포가 400 [μm] 이하로 분무되고 A, B, C급 화재에 적응성을 갖는 것을 말한다.
2) 중압 미분무소화설비
   사용압력이 1.2 [MPa]을 초과하고 3.5 [MPa] 이하인 미분무소화설비를 말한다.

[여러 개의 오리피스에서 방사되는 미분무헤드]

66 (중)

포소화설비의 자동식 기동장치의 설치기준 중 다음 ( ) 안에 알맞은 것은? (단, 화재감지기를 사용하는 경우이며, 자동화재탐지설비의 수신기가 설치된 장소에 상시 사람이 근무하고 있고, 화재 시 즉시 해당 조작부를 작동시킬 수 있는 경우는 제외한다)

> 화재감지기회로에는 다음의 기준에 따른 발신기를 설치할 것. 특정소방대상물의 층마다 설치하되, 해당 특정소방대상물의 각 부분으로부터 수평거리가 (㉠) [m] 이하가 되도록 할 것. 다만 복도 또는 별도로 구획된 실로서 보행거리가 (㉡) [m] 이상일 경우에는 추가로 설치해야 한다.

① ㉠ 25, ㉡ 30
② ㉠ 25, ㉡ 40
③ ㉠ 15, ㉡ 30
④ ㉠ 15, ㉡ 40

해설 포소화설비 화재감지기회로에 설치하는 발신기

1) 조작이 쉬운 장소에 설치하고, 스위치는 바닥으로부터 0.8 [m] 이상 1.5 [m] 이하의 높이에 설치할 것
2) 특정소방대상물의 층마다 설치하되, 해당 특정소방대상물의 각 부분으로부터 수평거리가 25 [m] 이하가 되도록 할 것. 다만 복도 또는 별도로 구획된 실로서 보행거리가 40 [m] 이상일 경우에는 추가로 설치해야 한다.
3) 발신기의 위치를 표시하는 표시등은 함의 상부에 설치하되, 그 불빛은 부착 면으로부터 15° 이상의 범위 안에서 부착지점으로부터 10 [m] 이내의 어느 곳에서도 쉽게 식별할 수 있는 적색등으로 할 것

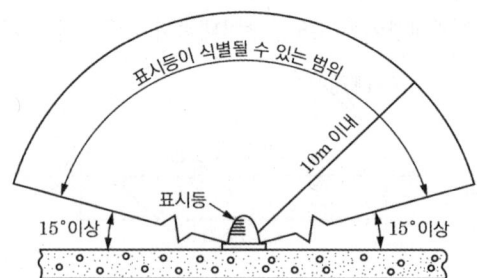

67 (하)

소화기구 및 자동소화장치의 화재안전기술기준상 대형소화기의 정의 중 다음 ( ) 안에 알맞은 것은?

> 화재 시 사람이 운반할 수 있도록 운반대와 바퀴가 설치되어 있고 능력단위가 A급 (㉠)단위 이상, B급 (㉡)단위 이상인 소화기를 말한다.

① ㉠ 20, ㉡ 10
② ㉠ 10, ㉡ 20
③ ㉠ 10, ㉡ 5
④ ㉠ 5, ㉡ 10

해설 소화기의 능력단위

1) 소형소화기 : 능력단위가 1단위 이상이고 대형소화기의 능력단위 미만인 소화기
2) 대형소화기 : 화재 시 사람이 운반할 수 있도록 운반대와 바퀴가 설치되어 있고 능력단위가 A급 10단위 이상, B급 20단위 이상인 소화기

[소형소화기]   [대형소화기]

68 (중)

물분무소화설비의 화재안전기술기준상 차고 또는 주차장에 설치하는 물분무소화설비의 배수설비기준으로 틀린 것은?

① 차량이 주차하는 바닥은 배수구를 향하여 100분의 1 이상의 기울기를 유지할 것
② 차량이 주차하는 장소의 적당한 곳에 높이 10 [cm] 이상의 경계턱으로 배수구를 설치할 것
③ 배수설비는 가압송수장치의 최대송수능력의 수량을 유효하게 배수할 수 있는 크기 및 기울기로 할 것
④ 배수구에는 새어나온 기름을 모아 소화할 수 있도록 길이 40 [m] 이하마다 집수관·소화핏트 등 기름분리장치를 설치할 것

해설 물분무소화설비의 배수설비 설치기준

1) 차량이 주차하는 장소의 적당한 곳에 높이 10 [cm] 이상의 경계턱으로 배수구를 설치할 것
2) 배수구에는 새어 나온 기름을 모아 소화할 수 있도록 길이 40 [m] 이하마다 집수관·소화핏트 등 기름분리장치를 설치할 것
3) 차량이 주차하는 바닥은 배수구를 향하여 100분의 2 이상의 기울기를 유지할 것
4) 배수설비는 가압송수장치의 최대송수능력의 수량을 유효하게 배수할 수 있는 크기 및 기울기로 할 것

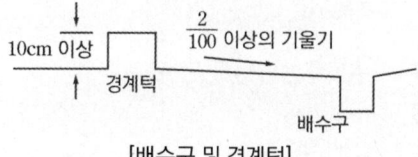

[배수구 및 경계턱]

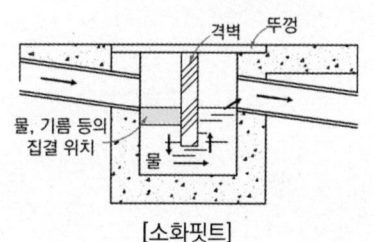

[소화핏트]

69 (상)중(하)

소화기구 및 자동소화장치의 화재안전기술기준상 소화기구의 소화약제별 적응성 중 C급 화재에 적응성이 없는 소화약제는?

① 팽창 진주암
② 할로겐화합물 및 불활성기체소화약제
③ 이산화탄소소화약제
④ 중탄산염류소화약제

해설 소화기구의 소화약제별 적응성

소화약제 구분	가스		분말	기타
적응대상	이산화탄소 소화약제	할로겐화합물 및 불활성기체 소화약제	중탄산염류 소화약제	팽창질석 · 팽창진주암
일반화재(A급)	-	○	-	○
유류화재(B급)	○	○	○	○
전기화재(C급)	○	○	○	-

※ 중탄산염류소화약제 : 제1·2·4종 분말소화약제

TIP 마른모래, 팽창질석, 팽창진주암은 C급 화재에 적응성 없음

70 (상)중(하)

이산화탄소소화설비의 화재안전성능기준상 소화약제 저장용기의 내부 용적과 소화약제의 중량과의 비가 고압식인 것은?

① 68 [L], 45 [kg]
② 72 [L], 62 [kg]
③ 68 [L], 50 [kg]
④ 50 [L], 45 [kg]

해설 이산화탄소소화설비 저장용기의 충전비

- 고압식 : 1.5 이상 1.9 이하
- 저압식 : 1.1 이상 1.4 이하

① 68 [L], 45 [kg] ⇒ 충전비 = $\frac{68}{45}$ = 1.51(고압식)

② 72 [L], 62 [kg] ⇒ 충전비 = $\frac{72}{62}$ = 1.16(저압식)

③ 68 [L], 50 [kg] ⇒ 충전비 = $\frac{68}{50}$ = 1.36(저압식)

④ 50 [L], 45 [kg] ⇒ 충전비 = $\frac{50}{45}$ = 1.11(저압식)

보충 충전비 = $\frac{\text{소화약제 저장용기의 내부 용적}[L]}{\text{소화약제의 중량}[kg]}$

정답 69 ① 70 ①

71 포소화약제의 혼합장치에 대한 설명 중 옳은 것은?

① 라인 프로포셔너방식이란 펌프의 토출관과 흡입관 사이의 배관 도중에 설치한 흡입기에 펌프에서 토출된 물의 일부를 보내고, 농도 조정밸브에서 조정된 포소화약제의 필요량을 포소화약제 탱크에서 펌프 흡입 측으로 보내어 이를 혼합하는 방식을 말한다.
② 프레셔사이드 프로포셔너방식이란 펌프의 토출관에 압입기를 설치하여 포소화약제 압입용 펌프로 포소화약제를 압입시켜 혼합하는 방식을 말한다.
③ 프레셔 프로포셔너방식이란 펌프와 발포기 중간에 설치된 벤추리관의 벤추리작용에 따라 포소화약제를 흡입·혼합하는 방식을 말한다.
④ 펌프 프로포셔너방식이란 펌프와 발포기의 중간에 설치된 벤추리관의 벤추리작용과 펌프 가압수의 포소화약제 저장탱크에 대한 압력에 따라 포소화약제를 흡입·혼합하는 방식을 말한다.

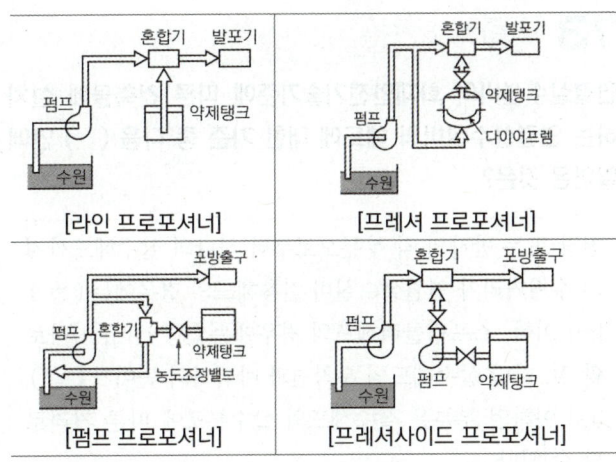

해설 포소화설비 포혼합장치의 종류

1) 라인 프로포셔너방식 : 벤추리관의 벤추리작용에 따라 소화약제를 흡입·혼합하는 방식
2) 프레셔 프로포셔너방식 : 벤추리관의 벤추리작용과 포소화제 저장탱크압력에 따라 소화약제를 흡입·혼합하는 방식
3) 펌프 프로포셔너방식 : 흡입기에 물 일부를 보내고, 농도 조정밸브에서 조정된 포소화약제의 필요량을 소화약제 탱크에서 펌프 흡입 측으로 보내는 방식
4) 프레셔사이드 프로포셔너방식 : 압입기 설치하여 소화약제 압입용 펌프로 소화약제를 압입시켜 혼합하는 방식
5) 압축공기포 믹싱챔버방식 : 물, 포소화약제 및 공기를 믹싱챔버로 강제주입시켜 챔버 내에서 포수용액을 생성한 후 포를 방사하는 방식

72 상수도소화용수설비의 소화전은 특정소방대상물의 수평투영면의 각 부분으로부터 몇 [m] 이하가 되도록 설치해야 하는가?

① 200
② 140
③ 100
④ 70

해설 상수도소화용수설비 설치기준

1) 호칭지름 75 [mm] 이상의 수도배관에 호칭지름 100 [mm] 이상의 소화전을 접속할 것
2) 소화전은 소방자동차 등의 진입이 쉬운 도로변 또는 공지에 설치할 것
3) 소화전은 특정소방대상물의 수평투영면의 각 부분으로부터 140 [m] 이하가 되도록 설치할 것

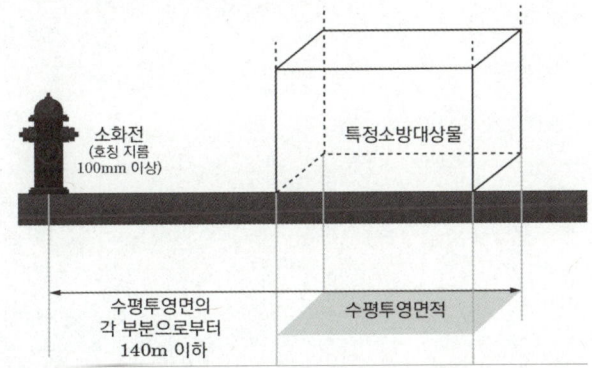

정답 71 ② 72 ②

73 ⟨중⟩

연결살수설비의 화재안전기술기준에 따른 건축물에 설치하는 연결살수설비의 헤드에 대한 기준 중 다음 ( ) 안에 알맞은 것은?

> 천장 또는 반자의 각 부분으로부터 하나의 살수헤드까지의 수평거리가 연결살수설비 전용헤드의 경우에는 (㉠) [m] 이하, 스프링클러헤드의 경우에는 (㉡) [m] 이하로 할 것. 다만 살수헤드의 부착면과 바닥과의 높이가 (㉢) [m] 이하인 부분은 살수헤드의 살수분포에 따른 거리로 할 수 있다.

① ㉠ 3.7, ㉡ 2.3, ㉢ 2.1
② ㉠ 3.7, ㉡ 2.3, ㉢ 2.3
③ ㉠ 2.3, ㉡ 3.7, ㉢ 2.3
④ ㉠ 2.3, ㉡ 3.7, ㉢ 2.1

해설 연결살수설비의 헤드에 대한 기준

천장 또는 반자의 각 부분으로부터 하나의 살수헤드까지의 수평거리가 연결살수설비 전용헤드의 경우에는 3.7 [m] 이하, 스프링클러헤드의 경우에는 2.3 [m] 이하로 할 것. 다만 살수헤드의 부착면과 바닥과의 높이가 2.1 [m] 이하인 부분은 살수헤드의 살수분포에 따른 거리로 할 수 있다.

74 ⟨중⟩

옥내소화전설비의 화재안전성능기준상 배관의 설치기준으로 틀린 것은?

① 연결송수관설비의 배관과 겸용할 경우 방수구로 연결되는 배관의 구경은 65 [mm] 이상의 것으로 한다.
② 펌프의 흡입 측 배관은 수조가 펌프보다 낮게 설치된 경우에는 각 펌프(충압펌프를 포함한다)마다 수조로부터 별도로 설치한다.
③ 연결송수관설비의 배관과 겸용할 경우의 주배관은 구경 100 [mm] 이상으로 한다.
④ 펌프 토출 측 배관은 공기고임이 생기지 않는 구조로 하고, 여과장치를 설치한다.

해설 옥내소화전설비 배관 등

1) 연결송수관설비의 배관과 겸용할 경우의 주배관은 구경 100 [mm] 이상, 방수구로 연결되는 배관의 구경은 65 [mm] 이상의 것으로 해야 함
2) 펌프의 흡입 측 배관은 수조가 펌프보다 낮게 설치된 경우에는 각 펌프(충압펌프를 포함)마다 수조로부터 별도로 설치할 것

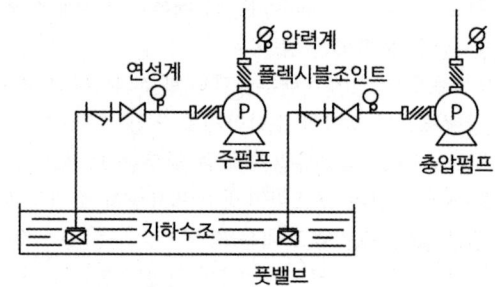

3) 펌프의 흡입 측 배관은 공기 고임이 생기지 않는 구조로 하고 여과장치를 설치할 것

75 상중하

폐쇄형 스프링클러헤드의 방호구역·유수검지장치에 대한 기준으로 틀린 것은?

① 하나의 방호구역에는 1개 이상의 유수검지장치를 설치하되, 화재발생 시 접근이 쉽고 점검하기 편리한 장소에 설치할 것
② 하나의 방호구역에는 2개 층에 미치지 아니하도록 할 것. 다만 1개 층에 설치되는 스프링클러헤드의 수가 10개 이하인 경우와 복층형구조의 공동주택에는 3개 층 이내로 할 수 있다.
③ 송수구를 통하여 스프링클러헤드에 공급되는 물은 유수검지장치 등을 지나도록 할 것
④ 하나의 방호구역의 바닥면적은 3000 [m²] 초과하지 않을 것

해설 폐쇄형 스프링클러헤드의 방호구역·유수검지 장치

스프링클러헤드에 공급되는 물은 유수검지장치를 지나도록 할 것. 다만 송수구를 통하여 공급되는 물은 그렇지 않음

76 상중하

피난사다리의 형식승인 및 제품검사의 기술기준상 내림식사다리의 구조로 옳지 않은 것은?

① 사용 시 소방대상물로부터 10 [cm] 이상의 거리를 유지하기 위한 유효한 돌자를 횡봉의 위치마다 설치하여야 한다. 다만 그 돌자를 설치하지 아니하여도 사용 시 소방대상물에서 10 [cm] 이상의 거리를 유지할 수 있는 것은 그러하지 아니하다.
② 종봉의 끝 부분에는 가변식 걸고리 또는 걸림장치가 부착되어 있어야 한다.
③ 하부 지지점에는 미끄러짐을 막는 장치를 설치하여야 한다.
④ 하향식 피난구용 내림식사다리는 사다리를 접거나 천천히 펼쳐지게 하는 완강장치를 부착할 수 있다.

해설 내림식사다리의 구조

1) 사용 시 소방대상물로부터 10 [cm] 이상의 거리를 유지하기 위한 유효한 돌자를 횡봉의 위치마다 설치해야 함. 다만 그 돌자를 설치하지 아니하여도 사용 시 소방대상물에서 10 [cm] 이상의 거리를 유지할 수 있는 것은 그렇지 않음

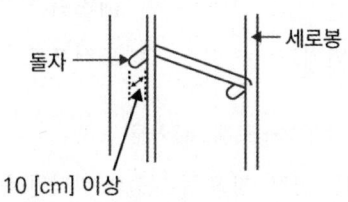

2) 종봉의 끝 부분에는 가변식 걸고리 또는 걸림장치가 부착되어 있어야 함
3) 2)의 규정에 의한 걸림장치 등은 쉽게 이탈하거나 파손되지 아니하는 구조이어야 함
4) 하향식 피난구용 내림식사다리는 사다리를 접거나 천천히 펼쳐지게 하는 완강장치를 부착할 수 있음
※ 하부 지지점에는 미끄러짐을 막는 장치를 설치해야 함 → 올림식사다리의 구조

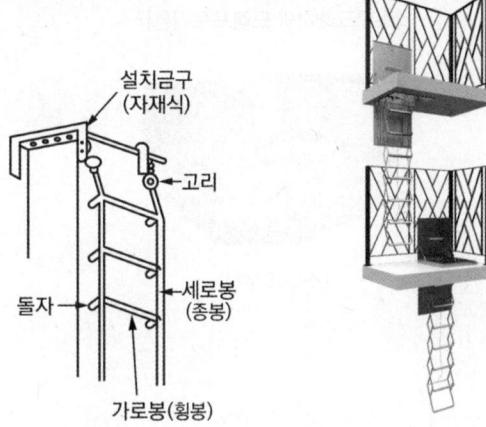

[내림식사다리]　　[하향식 피난구용 내림식사다리]

77 공장, 창고 등의 용도로 사용하는 단층 건축물의 바닥면적이 큰 건축물에 스모크해치를 설치하는 경우 그 효과를 높이기 위한 장치는?

① 제연덕트 ② 배출기
③ 보조제연기 ④ 드래프트커튼

해설 스모크해치와 드래프트커튼

스모크해치는 공장, 창고 등 단층의 바닥면적이 큰 건물의 지붕에 설치하는 배연구로서 드래프트커튼과 조합하여 연기를 일정 구간에 가두고 스모크해치를 개방하여 연기를 외부로 배출시킴

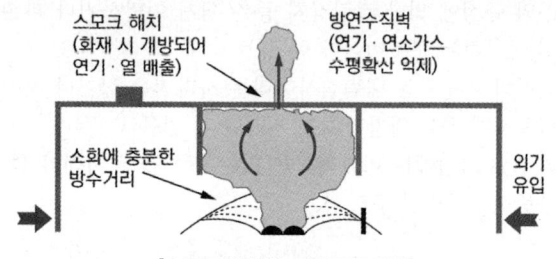
[스모크해치와 드래프트커튼]

[스모크해치]

78 특별피난계단의 계단실 및 부속실 제연설비에 대한 안전기준 내용으로 틀린 것은?

① 제연구역과 옥내와의 사이에 유지하여야 하는 최소차압은 40 [Pa] 이상으로 하여야 한다.
② 제연설비가 가동되었을 경우 출입문의 개방에 필요한 힘은 110 [N] 이상으로 하여야 한다.
③ 계단실과 부속실을 동시에 제연하는 경우 부속실의 기압은 계단실과 같게 하거나 압력 차이가 5 [Pa] 이하가 되도록 하여야 한다.
④ 계단실 및 그 부속실을 동시에 제연하는 것 또는 계단실만 제연할 때의 방연풍속은 0.5 [m/s] 이상이어야 한다.

해설 특별피난계단의 계단실 및 부속실 제연설비의 차압 등

1) 제연구역과 옥내와의 사이에 유지해야 하는 최소차압 : 40 [Pa] 이상(옥내에 스프링클러설비가 설치된 경우에는 12.5 [Pa] 이상)
2) 제연설비가 가동되었을 경우 출입문의 개방에 필요한 힘 : 110 [N] 이하
3) 출입문이 일시적으로 개방되는 경우 개방되지 않은 제연구역과 옥내와의 차압은 기준에 따른 차압의 70 [%] 이상이어야 함
4) 계단실과 부속실을 동시에 제연하는 경우 부속실의 기압은 계단실과 같게 하거나 계단실의 기압보다 낮게 할 경우에는 부속실과 계단실의 압력 차이는 5 [Pa] 이하가 되도록 할 것

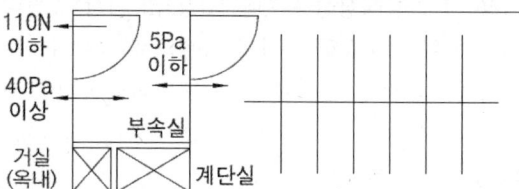

79

분말소화설비에 사용하는 소화약제 중 제3종 분말의 주성분으로 옳은 것은?

① 탄산수소칼륨
② 인산염
③ 탄산수소나트륨
④ 요소

해설 분말소화약제 주성분

- 제1종 : 중탄산나트륨(탄산수소나트륨)
- 제2종 : 중탄산칼륨(탄산수소칼륨)
- 제3종 : 제1인산 암모늄(인산염)
- 제4종 : 중탄산칼륨 + 요소

80

제연설비의 배출기와 배출풍도에 관한 설명 중 틀린 것은?

① 배출기와 배출풍도의 접속 부분에 사용하는 캔버스는 내열성이 있는 것으로 할 것
② 배출기의 전동기부분과 배풍기 부분은 분리하여 설치할 것
③ 배출기의 흡입 측 풍도 안의 풍속은 15 [m/s] 이상으로 할 것
④ 배출기의 배출 측 풍도 안의 풍속은 20 [m/s] 이하로 할 것

해설 제연설비 풍도 안의 풍속 및 공기유입구 순간 풍속

1) 배출기 흡입 측 풍속 : 15 [m/s] 이하
2) 배출기 배출 측 풍속 : 20 [m/s] 이하
3) 유입풍도 안의 풍속 : 20 [m/s] 이하
4) 예상제연구역에 공기 유입 순간의 풍속 : 5 [m/s] 이하

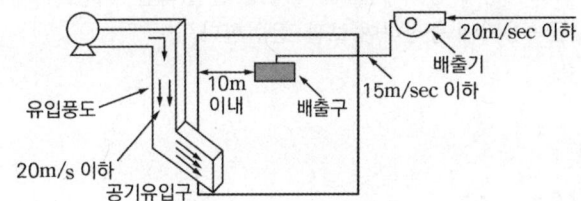

정답 79 ② 80 ③

2023년 4회 소방원론

01 (상 중 하)

아세틸렌 저장 실린더 또는 용기 내에 사용되는 용매로 쓰이는 것은?

① 에틸아민 ② 벤젠
③ 아세톤   ④ 톨루엔

해설 아세틸렌

1) 분해폭발을 하는 가스로 압축시키면 폭발 가능성이 높다.
2) 아세틸렌은 불안정하기 때문에, 아세톤이나 디메틸포름아미드(DMF)에 용해시킨 후, 다공성 물질(목탄·석탄)을 채운 금속용기에 충전하여 보관·운반한다.

02 (상 중 하)

할론소화설비에서 할론 1211 약제의 분자식은?

① CBr_2ClF ② CF_2BrCl
③ CCl_2BrF ④ BrC_2ClF

해설 할론소화약제

종류	분자식	상온·상압
할론 1211	CF_2ClBr	기체
할론 1301	CF_3Br	
할론 1011	CH_2ClBr	액체
할론 2402	$C_2F_4Br_2$	

03 (상 중 하)

표준 상태에서 MOC(Minimum Oxygen Concentratio : 최소산소농도)가 가장 작은 물질은?

① 메테인   ② 에테인
③ 프로페인 ④ 뷰테인

해설 최소산소농도(MOC)

1) MOC(최소산소농도, 한계산소농도)
   MOC = LFL(연소하한계) × 산소몰수
2) 연소하한계

종류	메테인(메탄)	에테인(에탄)	프로페인(프로판)	뷰테인(부탄)
연소범위 [vol%]	5 ~ 15	3 ~ 12.4	2.1 ~ 9.5	1.8 ~ 8.4

3) 연소반응식

메테인(메탄)	$CH_4 + 2O_2 \rightarrow CO_2 + 2H_2O$
에테인(에탄)	$C_2H_6 + 3.5O_2 \rightarrow 2CO_2 + 3H_2O$
프로페인(프로판)	$C_3H_8 + 5O_2 \rightarrow 3CO_2 + 4H_2O$
뷰테인(부탄)	$C_4H_{10} + 6.5O_2 \rightarrow 4CO_2 + 5H_2O$

① 메테인 = 5 × 2 [mol] = 10 [%]
② 에테인 = 3 × 3.5 [mol] = 10.5 [%]
③ 프로페인 = 2.1 × 5 [mol] = 10.5 [%]
④ 뷰테인 = 1.8 × 6.5 [mol] = 11.7 [%]

∴ 메테인 < 에테인 = 프로페인 < 뷰테인

보충 MOC : 화염 전파를 위해 필요한 최소한의 산소 농도 (연료와 공기의 혼합기 중 산소의 부피[%])

정답 01 ③ 02 ② 03 ①

04 상중(하)

정전기로 인한 화재를 줄이고 방지하기 위한 대책 중 틀린 것은?

① 공기 중 습도를 일정 값 이상으로 유지한다.
② 기기의 전기 절연성을 높이기 위하여 부도체로 차단공사를 한다.
③ 공기 이온화 장치를 설치하여 가동시킨다.
④ 정전기 축적을 막기 위해 접지선을 이용하여 대지로 연결 작업을 한다.

해설 정전기 방지대책
1) 배관 내 유속을 제한한다(1 [m/s] 이하).
2) 접지 및 본딩을 한다.
3) 상대습도 70 [%] 이상을 유지한다.
4) 대전방지제 사용한다.
5) 공기를 이온화한다.
6) 제전기(제진기)를 사용한다.

보충 정전기는 부도체의 마찰에 의해서 발생 가능하다.

05 상중(하)

물의 기화열이 539.6 [cal/g]인 것은 어떤 의미인가?

① 0 [℃]의 물 1 [g]이 얼음으로 변화하는 데 539.6 [cal]의 열량이 필요하다.
② 0 [℃]의 얼음 1 [g]이 물로 변화하는 데 539.6 [cal]의 열량이 필요하다.
③ 0 [℃]의 물 1 [g]이 100 [℃]의 물로 변화하는 데 539.6 [cal]의 열량이 필요하다.
④ 100 [℃]의 물 1 [g]이 수증기로 변화하는 데 539.6 [cal]의 열량이 필요하다.

해설 물의 잠열
1) 얼음 융해잠열 : 80 [cal/g] (= 334 [kJ/kg])
2) 물의 증발잠열 : 539 [cal/g] (= 2257 [kJ/kg])
3) 0 [℃] 물 1 [g] → 100 [℃] 수증기 : 639 [cal/g]
4) 0 [℃] 얼음 1 [g] → 100 [℃] 수증기 : 719 [cal/g]

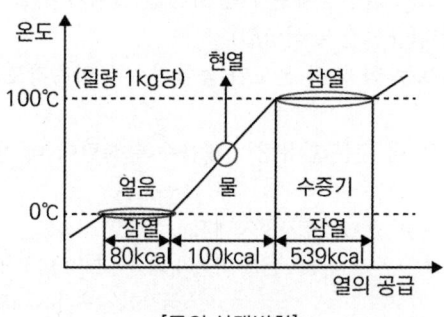

[물의 상태변화]

보충 물의 기화열 539 [cal/g]은 100 [℃]의 물 1 [g]이 100 [℃]의 수증기가 될 때 필요한 열량

06 상(중)하

화재에 의한 콘크리트 구조물의 열화현상에 대한 설명으로 틀린 것은?

① 콘크리트는 열을 받으면 열팽창률 차이에 의해, 온도 상승에 따른 수분 증발과 수산화석회의 분해로 접착면이 파괴되어 강도가 저하된다.
② 400 [℃] 이하에서 화학적 결합수가 방출된다.
③ 콘크리트는 화재 시 온도가 높아질수록 압축강도가 작아진다.
④ 400 [℃] 이상에서 석영질 골재가 폭렬이 더 잘 발생한다.

해설 ▶ 콘크리트의 물리적·화학적 성질
1) 콘크리트는 열을 받으면 열팽창률 차이에 의해, 온도 상승에 따른 수분 증발과 수산화석회의 분해로 접착면이 파괴되어 강도가 저하된다.
2) 400[℃] 이상에서 화학적 결합수가 방출된다.
3) 일반적으로 열팽창계수가 큰 규산질 골재가 폭렬이 더 잘 발생한다(규산질 ≒ 석영질).
4) 콘크리트는 화재 시 온도가 높아질수록 압축강도가 작아진다.
5) 콘크리트 내 수분 함유량이 많을수록 폭렬이 더 발생하게 된다.

보충 ▶ 폭렬 : 콘크리트가 화재에 의해 온도가 상승하는 경우 일정 온도 이상이 되면 일부가 박리, 쪼개지며 급격히 강도가 저하되는 현상

07 (상) 중 하

폭발범위(연소범위)에 관한 설명으로 옳지 않은 것은?

① 관경 5[cm] 이상의 용기로 연소범위를 측정하면 화염이 관 벽에 냉각되어 연소범위가 좁아진다.
② 화염이 상방으로 전파할 때 연소범위가 넓어진다.
③ 온도가 높아질수록 폭발범위는 넓어진다.
④ 가연물의 양과 유동 상태 및 방출속도 등에 따라 영향을 받는다.

해설 ▶ 연소범위
1) 정의
연소가 일어나는 데 필요한 가연성 가스나 증기의 농도 범위를 말한다.
2) 영향 요소
 (1) 온도 : 온도가 높으면 기체분자의 운동이 증가하여 연소범위가 넓어진다.
 (2) 압력 : 압력 상승 시 연소범위가 넓어진다.
 (3) 산소농도 : 산소농도가 증가하면 연소 범위가 넓어진다.
 (4) 불활성 기체 : 불활성 기체가 첨가되면 연소범위가 좁아진다.

3) 연소범위의 측정
 (1) 화염의 전파방향
  화염은 상방 전파를 하므로 위쪽으로 전파하는 상방전파 > 수평전파 > 하방전파 순으로 폭발범위가 넓어져 상방전파 값을 구하는 것이 일반적이다.
 (2) 측정용기의 직경
  측정을 위한 관의 관경이 작을수록 화염이 관벽에 냉각되어 연소범위가 좁아진다.

08 상 중 (하)

연소의 4대 요소로 옳은 것은?

① 가연물, 열, 산소, 발열량
② 가연물, 발화온도, 산소, 반응속도
③ 가연물, 열, 산소, 순조로운 연쇄반응
④ 가연물, 산화반응, 발열량, 반응속도

해설 ▶ 연소의 3요소와 4요소

구분	연소의 3요소	연소의 4요소
정의	연소가 시작할 수 있는 필수 요소	연소가 지속될 수 있는 필수 요소
연소형태	불꽃 없이 빛만 내며 연소하는 심부화재	불꽃을 내며 연소하는 표면화재
소화방법	물리적 소화	물리적 소화, 화학적 소화
요소	가연물, 산소공급원, 점화원	가연물, 산소공급원, 점화원, 연쇄반응

암기 ▶ 가산점

09 상 중 하

다음 원소 중 전기 음성도가 가장 큰 것은?

① F   ② Br
③ Cl ④ I

해설 할로겐족 원소

1) 주기율표 17족 원소 : F, Cl, Br, I
2) 전기음성도(결합력) : F > Cl > Br > I
3) 부촉매효과(소화능력) : F < Cl < Br < I

암기 ▶ FC바르셀로나 아이

10 상 중 하

인화점이 낮은 것부터 높은 순서로 옳게 나열된 것은?

① 에틸알코올 < 이황화탄소 < 아세톤
② 이황화탄소 < 에틸알코올 < 아세톤
③ 에틸알코올 < 아세톤 < 이황화탄소
④ 이황화탄소 < 아세톤 < 에틸알코올

해설 인화점

물질	인화점 [℃]
다이에틸에터(디에틸에테르)	-45
가솔린(휘발유)	-43
산화프로필렌	-37
이황화탄소	-30
아세톤	-18
메틸알코올	11
에틸알코올	13
등유	39
경유	41

• 이황화탄소 < 아세톤 < 에틸알코올

암기 ▶ 인가산이아 / 메에 / 등경

11 상 중 하

나이트로셀룰로오스에 대한 설명으로 틀린 것은?

① 질화도가 낮을수록 위험성이 크다.
② 물을 첨가하여 습윤시켜 운반한다.
③ 화약의 원료로 쓰인다.
④ 고체이다.

해설 나이트로셀룰로오스(니트로셀룰로오스)

1) 제5류 위험물로 질산에스터류에 속함
2) 용도 : 다이너마이트 및 화약 원료
3) 저장 : 물이 함유된 알코올로 습면시켜 저장
4) 소화 : 다량 주수에 의한 냉각소화
5) 위험성
   (1) 질화도가 높을수록 위험성이 큼
   (2) 건조된 것은 충격, 마찰 등에 민감하여 발화하기 쉽고 점화되면 폭발함

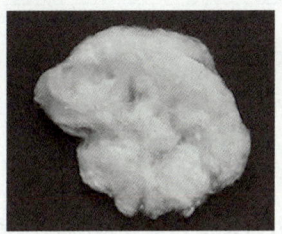

[나이트로셀룰로오스]

정답 09 ① 10 ④ 11 ①

12 (상,중,하)

연기에 의한 감광계수가 0.1 [m⁻¹]일 때 가시거리로 옳은 것은?

① 1 ~ 2 [m] ② 3 [m]
③ 5 [m] ④ 20 ~ 30 [m]

해설 감광계수

감광계수 [m⁻¹]	가시거리 [m]	내용
0.1	20 ~ 30	연기감지기 작동할 때
0.3	5	건물에 익숙한 사람이 피난에 지장을 느낄 때
0.5	3	어두움을 느낄 때
1	1 ~ 2	거의 앞이 보이지 않음
10	0.2 ~ 0.5	최성기 때 연기농도
30	-	출화실에서 연기 분출

13 (상,중,하)

인화점이 낮아 가연성 증기로 존재하는 것을 막기 위하여 물과 함께 저장하는 물질은 무엇인가?

① 무기과산화물 ② 마그네슘
③ 이황화탄소 ④ 아세톤

해설 이황화탄소

1) 일반적 성질
   (1) 인화점 -30 [℃], 착화점 100 [℃]
   (2) 물보다 무겁고 물에 녹지 않음
2) 위험성
   (1) 휘발성 및 인화성이 강함
   (2) 인체에 대한 독성이 있어 흡입 시 유해함
3) 저장 및 취급방법
   (1) 가연성 증기의 발생 억제를 위해 물속에 저장
   (2) 직사광선을 피하고 용기는 밀봉하여 냉암소에 저장

14 (상,중,하)

건축물에 설치하는 방화구획의 기준에 관한 설명으로 옳지 않은 것은?

① 스프링클러소화설비가 설치된 10층 이하의 층은 바닥면적 3000 [m²] 이내마다 구획한다.
② 10층 이하의 층은 바닥면적 1000 [m²] 이내마다 구획한다.
③ 11층 이상의 층은 바닥면적 600 [m²] 이내마다 구획한다.
④ 벽 및 반자에 실내에 접하는 부분의 마감이 불연재료이고 스프링클러소화설비가 설치된 11층 이상의 층은 1500 [m²] 이내마다 구획한다.

해설 방화구획 설치기준

분류	구획단위
면적별	• 10층 이하의 층 : 바닥면적 1000 [m²] 이내마다 구획할 것 • 11층 이상의 층 : 바닥면적 200 [m²] 이내마다 구획할 것 (벽 및 반자의 실내에 접하는 부분의 마감을 불연재료로 한 경우 : 500 [m²] 이내마다) ※ 스프링클러 기타 이와 유사한 자동식 소화설비를 설치한 경우 : 위 바닥면적의 3배를 기준면적으로 함
층별	매층마다 구획할 것(다만 지하 1층에서 지상으로 직접 연결하는 경사로 부위는 제외한다)

정답 12 ④ 13 ③ 14 ③

15 상중하

제1종 분말소화약제에 대해 적응성이 없는 장소로 옳은 것은?

① 전산실
② 전기시설
③ 면화류 창고
④ 경유 저장 탱크

해설 분말소화약제 적응성

제1종 분말소화약제는 B, C급 화재에 적응성이 있음
① 전산실 → C급 화재(통전 중일 경우)
② 전기시설 → C급 화재(통전 중일 경우)
③ 면화류 창고 → A급 화재
④ 경유 저장 탱크 → B급 화재

보충 ▶ 제1, 2, 4종 분말소화약제의 적응성 : B, C급 화재
제3종 분말소화약제의 적응성 : A, B, C급 화재

16 상중하

에터(에테르)의 공기 중 연소범위를 1.9 ~ 48 [vol%]라고 할 때 이에 대한 설명으로 틀린 것은?

① 공기 중 에터(에테르) 증기가 48 [vol%]를 넘으면 연소한다.
② 연소범위의 상한점이 48 [vol%]이다.
③ 공기 중 에터(에테르) 증기가 1.9 ~ 48 [vol%] 범위에 있을 때 연소한다.
④ 연소범위의 하한점이 1.9 [vol%]이다.

해설 다이에틸에터(에테르)의 연소범위

1) 연소범위
   점화원 존재 시 발화나 폭발이 일어날 수 있는 공기 중 가연성 가스의 농도 범위

2) 연소 하한계(LFL)
   그 농도 이하에서는 발화원과 접촉하여도 화염 전파가 일어나지 않는 공기 중의 증기 또는 가스의 최소 농도

3) 연소 상한계(UFL)
   그 농도 이상에서는 발화원과 접촉하여도 화염 전파가 일어나지 않는 공기 중의 증기 또는 가스의 최고 농도
   ⇒ 공기 중 에터(에테르) 증기가 48 [vol%]를 넘으면 연소가 일어나지 않는다.

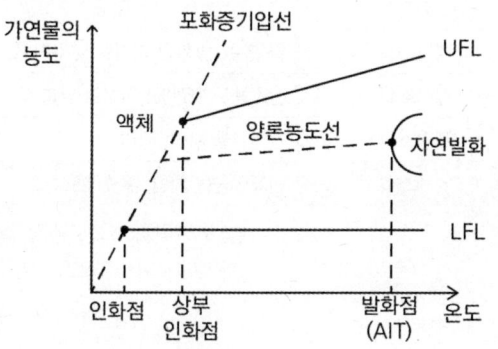

17 상중하

건물의 주요구조부가 아닌 것은?

① 최하층 바닥
② 지붕틀
③ 내력벽
④ 주계단

해설 건물의 주요구조부

1) 바닥(최하층 바닥 제외)
2) 보(작은 보 제외)
3) 지붕틀(차양 제외)
4) 내력벽(비내력벽 제외)
5) 주계단(옥외계단 제외)
6) 기둥(사잇기둥 제외)

암기 ▶ 바보지내주기

정답 15 ③ 16 ① 17 ①

18 (상 중 하)

다음 중 소화효과가 아닌 것은?

① 활성화효과 ② 냉각소화효과
③ 질식소화효과 ④ 제거소화효과

해설 소화의 형태

소화	내용
냉각소화	열 흡수, 발화점 이하로 낮추어 소화
질식소화	산소농도 15 [%] 이하로 낮춤
제거소화	가연물을 차단, 격리
억제소화	연쇄반응을 차단, 부촉매소화

보충 물리적 소화 : 냉각, 질식, 제거
화학적 소화 : 억제소화(부촉매소화)

19 (상 중 하)

구획실 화재에서 화재의 최성기에 돌입하기 전에 가연성 물질의 표면온도가 상승되어, 다량의 열분해 가스가 발생된다. 이때 복사열에 의해 동시에 가연성 가스가 연소되면서 구획실 내의 모든 가연물이 동시에 발화하는 현상은?

① 패닉(Panic)현상
② 스택(Stack)현상
③ 화이어 볼(Fire Ball)현상
④ 플래시 오버(Flash Over)현상

해설 실내화재 발생현상

1) 플래시 오버
   - 온도가 급격히 상승하여 화재가 순간적으로 실내 전체에 확산되는 현상
   - 발생 시기 : 성장기 ~ 최성기 직전

2) 백드래프트
   - 훈소 상태일 때 신선한 공기 유입으로 실내의 축적된 가스가 단시간 연소, 폭발하여 실외로 분출
   - 발생 시기 : 감쇄기(최성기 이후)

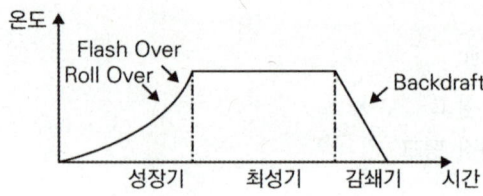

20 (상 중 하)

다음 중 인화점이 가장 낮은 물질은?

① 메틸에틸케톤 ② 벤젠
③ 에탄올 ④ 다이에틸에터

해설 인화점

물질	인화점 [℃]
다이에틸에터(디에틸에테르)	-45
가솔린(휘발유)	-43
산화프로필렌	-37
이황화탄소	-30
아세톤	-18
벤젠	-11
메틸에틸케톤	-1
메틸알코올	11
에틸알코올(에탄올)	13
등유	39
경유	41

암기 인가산이아 / 메에 / 등경

정답 18 ① 19 ④ 20 ④

2023년 4회 소방유체역학

21 상 중 하

그림과 같이 물이 유량 Q로 저수조로 들어가고, 속도 $V=\sqrt{2gh}$ 로 저수조 바닥에 있는 면적 A_2의 구멍을 통하여 나간다. 저수조의 수면 높이가 변화하는 속도 $\dfrac{dh}{dt}$ 는?

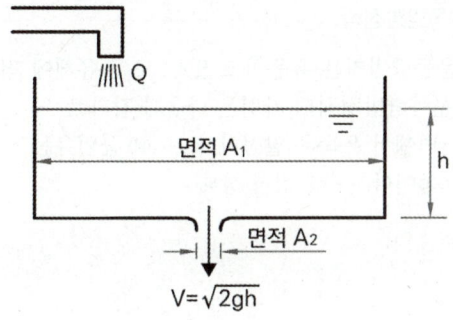

① $\dfrac{Q}{A_2}$
② $\dfrac{A_2\sqrt{2gh}}{A_1}$
③ $\dfrac{Q-A_2\sqrt{2gh}}{A_2}$
④ $\dfrac{Q-A_2\sqrt{2gh}}{A_1}$

해설 수면 높이가 변화하는 속도(연속방정식)

1) 2지점의 유량 Q_2
$$Q_2 = A_2V_2 = A_2\sqrt{2gh}$$

2) 1지점의 유량 Q_1
유량 Q가 저수조로 들어가므로 $Q_1 = A_1V_1 + Q$
여기서 수면의 높이는 시간 t에 따라 감소되므로
$$Q_1 = A_1V_1 + Q = A_1\left(-\dfrac{dh}{dt}\right) + Q$$

3) $Q_1 = Q_2$ 이므로
$$A_1V_1 = A_2V_2$$
$$A_2\sqrt{2gh} = A_1\left(-\dfrac{dh}{dt}\right) + Q$$
$$\therefore \dfrac{dh}{dt} = \dfrac{Q-A_2\sqrt{2gh}}{A_1}$$

22 상 중 하

그림과 같은 물탱크에서 원형 형상의 출구를 통해 물이 유출되고 있다. 출구의 형상을 동일한 단면적의 사각형으로 변경했을 때 유출되는 유량의 변화는? (단, 사각 및 원형 형상 출구의 손실계수는 각각 0.5 및 0.04이다)

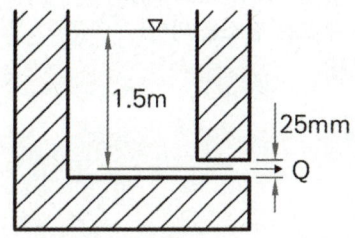

① 0.00044 [m³/s]만큼 증가한다.
② 0.00044 [m³/s]만큼 감소한다.
③ 0.00088 [m³/s]만큼 증가한다.
④ 0.00088 [m³/s]만큼 감소한다.

정답 21 ④ 22 ②

해설 손실수두를 고려한 수정 베르누이방정식

$$\frac{P_1}{\gamma}+\frac{V_1^2}{2g}+Z_1=\frac{P_2}{\gamma}+\frac{V_2^2}{2g}+Z_2+\Delta h_L$$

여기서 Δh_L : 손실수두 [m]

1) 출구 형상이 원형일 때 유속 $V_2(V_{원형})$

$$\frac{P_1}{\gamma}+\frac{V_1^2}{2g}+Z_1=\frac{P_2}{\gamma}+\frac{V_2^2}{2g}+Z_2+K_{원형}\frac{V_2^2}{2g}$$

$$0+0+1.5=0+\frac{V_2^2}{2\times9.8}+0+0.04\frac{V_2^2}{2\times9.8}$$

$$\therefore V_2(V_{원형})=5.3169\,[m/s]$$

2) 출구 형상이 사각형일 때 유속 $V_2'(V_{사각})$

$$\frac{P_1}{\gamma}+\frac{V_1^2}{2g}+Z_1=\frac{P_2}{\gamma}+\frac{(V_2')^2}{2g}+Z_2+K_{사각}\frac{(V_2')^2}{2g}$$

$$0+0+1.5=0+\frac{(V_2')^2}{2\times9.8}+0+0.5\frac{(V_2')^2}{2\times9.8}$$

$$\therefore V_2'(V_{사각})=4.4272\,[m/s]$$

3) 유량 차이($Q_{사각}-Q_{원형}$)

$$\begin{aligned}Q_{사각}-Q_{원형}&=AV_{사각}-AV_{원형}\\&=A(V_{사각}-V_{원형})\\&=\frac{\pi}{4}0.025^2\times(4.4272-5.3169)\\&=-0.00044\,[m^3/s]\end{aligned}$$

(여기서 − 부호는 감소를 의미)

23 상 중 하

단순화된 선형 운동량방정식 $\Sigma\vec{F}=m(\vec{V_2}-\vec{V_1})$이 성립되기 위하여 [보기] 중 꼭 필요한 조건을 모두 고른 것은? (단, [m]은 질량유량, $\vec{V_1}$는 검사체적 입구평균속도, $\vec{V_2}$는 출구 평균속도이다)

(가) 정상 상태	(나) 균일유동
(다) 비정상유동	

① (가) ② (가), (나)
③ (나), (다) ④ (가), (나), (다)

해설 운동량방정식

유체의 운동량법칙은 유동하고 있는 모든 유체에 적용할 수 있으며, 운동량방정식의 가정은 다음과 같다.
1) 유동단면에서 유속은 일정하다. → (나) 균일유동
2) 정상유동이다. → (가) 정상 상태

24 상 중 하

가스가 좁은 통로를 흐를 때 교축작용이 일어난다. 이때 밸브 입구 측과 출구 측의 엔탈피 변화로 옳은 것은? (단, h_i는 밸브 입구 엔탈피, h_e는 밸브 출구 엔탈피이다)

① $h_i>h_e$ ② $h_i<h_e$
③ $h_i+h_e=0$ ④ $h_i=h_e$

해설 교축과정

1) 교축과정 : 가스가 밸브나 오리피스 등 좁은 통로를 흐를 때 마찰이나 난류 등으로 인해서 압력이 급격히 강하되는 현상을 말한다.
2) 교축과정에서 엔탈피는 일정($h_1=h_2$)하고 엔트로피는 증가($\Delta s>0$), 압력은 감소($P_1>P_2$)된다.

정답 23 ② 24 ④

25

전양정이 60 [m], 유량이 6 [m³/min], 효율이 60 [%]인 펌프를 작동시키는 데 필요한 동력 [kW]는?

① 44
② 60
③ 98
④ 117

해설 펌프의 축동력

$$\text{축동력}\ P = \frac{\gamma Q H}{\eta}$$

$P = \dfrac{\gamma[kN/m^3] \times Q[m^3/s] \times H[m]}{\eta}$

$= \dfrac{9.8 \times \frac{6}{60} \times 60}{0.6} = 98\,[kW]$

26

물의 체적탄성계수가 2.5 [GPa]일 때 물의 체적을 1 [%] 감소시키기 위해서 얼마의 압력 [MPa]을 가하여야 하는가?

① 20
② 25
③ 30
④ 35

해설 체적탄성계수

$$\text{체적탄성계수}\ K = -\frac{\Delta P}{\Delta V / V_1}$$

$K = -\dfrac{\Delta P}{\Delta V / V_1}$

$2500\,[MPa] = -\dfrac{\Delta P}{\left(\dfrac{-1}{100}\right)}$

∴ $\Delta P = 25\,[MPa]$

※ $\dfrac{\Delta V}{V_1}$가 $\dfrac{-1}{100}$인 이유

체적이 감소하기 때문에 (−)부호임

보충 ▶ 1 [GPa] = 1000 [MPa]

G[기가] : 10^9, M[메가] : 10^6, k[킬로] : 10^3

27

지름이 10 [cm]인 원통에 물이 담겨져 있다. 수직인 중심축에 대하여 300 [rpm]의 속도로 원통을 회전시킬 때 수면의 최고점과 최저점의 수직 높이 차는 약 몇 [cm]인가?

① 0.126
② 4.2
③ 8.4
④ 12.6

해설 등속회전 운동을 받는 유체

$$\text{액면 상승 높이}\ h = \frac{r^2 w^2}{2g}$$

만약 $r \Rightarrow r_0$이면, $h \Rightarrow h_0$이므로 $h_0 = \dfrac{r_0^2 w^2}{2g}$

$h_0 = \dfrac{r_0^2 w^2}{2g} = \dfrac{r_0^2 \left(\dfrac{2\pi N}{60}\right)^2}{2g} = \dfrac{0.05^2 \times \left(\dfrac{2\pi \times 300}{60}\right)^2}{2 \times 9.8}$

$= 0.1258\,[m] \fallingdotseq 12.6\,[cm]$

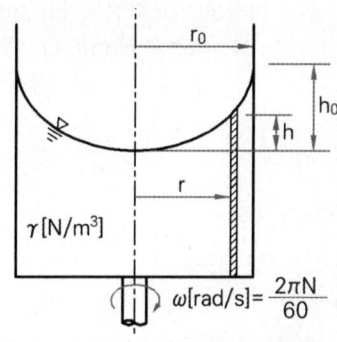

h : 임의의 반경 r에서의 액면 상승 높이 [m]

$w\left(=\dfrac{2\pi N}{60}\right)$: 각속도 [m/s]

N : 회전수 [rpm]

g : 중력가속도 [m/s²]

정답 25 ③ 26 ② 27 ④

28 (상,중,하)

양정 220 [m], 유량 0.025 [m³/s], 회전수 2900 [rpm]인 4단 원심 펌프의 비교회전도(비속도)[m³/min·m·rpm]는 얼마인가?

① 176   ② 167
③ 45   ④ 23

해설 비속도(비교회전도)

$$비속도\ N_s = N\frac{\sqrt{Q}}{\left(\frac{H}{n}\right)^{\frac{3}{4}}}$$

$$N_s = N\frac{\sqrt{Q}}{\left(\frac{H}{n}\right)^{\frac{3}{4}}} = 2900\frac{\sqrt{0.025\times 60}}{\left(\frac{220}{4}\right)^{\frac{3}{4}}}$$

$$= 175.86\ [m^3/min\cdot m\cdot rpm]$$

N_s : 비속도(비교회전도) [m³/min·m·rpm]
N : 회전수 [rpm], Q : 유량 [m³/min]
H : 양정 [m], n : 단수

29 (상,중,하)

관마찰계수가 0.025인 원관의 손실수두와 부차적 손실계수가 10인 밸브의 손실수두가 서로 같을 때 이 밸브의 등가길이는 관지름의 몇 배인가?

① 200   ② 40
③ 20   ④ 400

해설 손실수두를 이용한 등가길이 계산

$$관의\ 손실수두\ h_L = f\frac{L_e}{D}\frac{V^2}{2g}$$

$$부차적\ 손실수두\ h_L = K\frac{V^2}{2g}$$

여기서 손실수두가 서로 같으므로

$$f\frac{L_e}{D}\frac{V^2}{2g} = K\frac{V^2}{2g}$$

$$f\frac{L_e}{D} = K$$

$$0.025\frac{L_e}{D} = 10$$

$$L_e = \frac{10}{0.025}D$$

$$\therefore L_e = 400D$$

30 (상,중,하)

지름 2 [cm]의 금속 공은 선풍기를 켠 상태에서 냉각하고, 지름 4 [cm]의 금속 공은 선풍기를 끄고 냉각할 때 동일 시간당 발생하는 대류 열전달량의 비(2 [cm] 공 : 4 [cm] 공)는? (단, 두 경우 온도 차는 같고, 선풍기를 켜면 대류 열전달계수가 10배가 된다고 가정한다)

① 1 : 0.3375   ② 1 : 0.4
③ 1 : 5   ④ 1 : 10

해설 대류 열전달

$$대류열량\ Q = hA\triangle T$$

1) 구의 표면적 $A = 4\pi r^2$
2) 온도 차가 같으므로 $\triangle T = \triangle T_1 = \triangle T_2$
3) 대류 열전달
   (1) 지름 2 [cm] 금속 공의 대류열량 Q_1
   (선풍기를 켠 상태로 냉각 → $h_1 = 10\times h_2$)
   $$Q_1 = h_1 A_1 \triangle T = h_1(4\pi r_1^2)\triangle T$$
   $$= (10\times h_2)\times(4\times\pi\times 1^2)\times\triangle T = 40\pi h_2\triangle T$$
   (2) 지름 4 [cm] 금속 공의 대류열량 Q_2
   (선풍기를 끄고 냉각)
   $$Q_2 = h_2 A_2 \triangle T = h_2(4\pi r_2^2)\triangle T$$
   $$= h_2\times(4\times\pi\times 2^2)\times\triangle T = 16\pi h_2\triangle T$$
4) 열전달량 비율 $Q_1 : Q_2 = 40 : 16 = 1 : 0.4$

31 (상中하)

다음 비열에 대한 설명 중 틀린 것은?

① 정적비열은 체적이 일정하게 유지되는 동안 온도에 대한 내부에너지 변화율이다.
② 정압비열을 정적비열로 나눈 것이 비열비이다.
③ 비열비는 일반적으로 1보다 크나 1보다 작은 물질도 있다.
④ 정압비열은 압력이 일정하게 유지될 때 온도에 대한 엔탈피 변화율이다.

해설 비열비

1) 정적비열 $C_V = \left(\dfrac{\partial U}{\partial T}\right)_V$

2) 정압비열 $C_P = \left(\dfrac{\partial q}{\partial T}\right)_P$

3) 비열비 $k = \dfrac{C_P}{C_V} > 1$ (k는 항상 1보다 크다)

k : 비열비
C_p : 정압비열
C_v : 정적비열

32 (상中하)

지름이 5 [cm]인 원형 관 내에 어떤 이상기체가 흐르고 있다. 다음 보기 중 이 기체의 흐름이 층류이면서 가장 빠른 속도는? (단, 이 기체의 절대압력은 200 [kPa], 온도는 27 [℃], 기체상수는 2080 [J/kg·K], 점성계수는 2 × 10⁻⁵ [N·s/m²], 층류에서 하임계 레이놀즈 값은 2200으로 한다)

① 0.3 [m/s]
② 2.8 [m/s]
③ 8.3 [m/s]
④ 15.5 [m/s]

해설 층류이면서 가장 빠른 속도

레이놀즈수 $Re = \dfrac{\rho V D}{\mu}$

ρ : 밀도 [kg/m³], V : 유속 [m/s]
D : 직경 [m], μ : 점성계수 [N·s/m²]

1) 밀도 $\rho = \dfrac{P}{RT} = \dfrac{200 \times 10^3}{2080 \times (273+27)}$
   $= 0.3205 [kg/m^3]$

2) 유속 $V = \dfrac{Re \times \mu}{D \times \rho} = \dfrac{2200 \times (2 \times 10^{-5})}{0.05 \times 0.3205}$
   $= 2.8 [m/s]$

3) 층류는 $Re < 2200$ 이므로 유속 2.8 [m/s] 이하여야 한다. 따라서 가장 빠른 속도 ②번이 정답이다.

정답 31 ③ 32 ②

33 (상 중 하)

질량 2 [kg]의 이상기체로 구성된 밀폐계가 600 [kJ]의 열을 받아 350 [kJ]의 일을 하였다. 이 기체의 온도는 몇 [℃] 상승하였는가? (단, 이 기체의 정적비열은 5 [kJ/kg·K], 정압비열은 6 [kJ/kg·K]이다)

① 95.0 ② 20.8
③ 79.2 ④ 25.0

해설 밀폐계의 열량

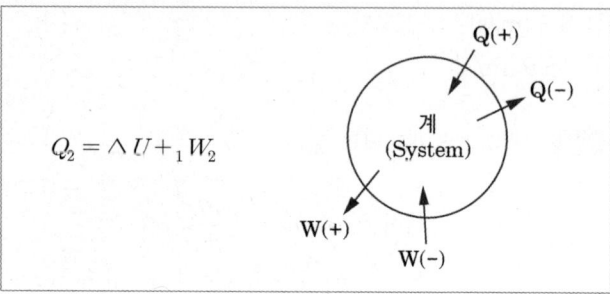

$_1Q_2 = \triangle U + {_1W_2}$
$_1Q_2 = mC_V \triangle T + {_1W_2}$
$600[kJ] = 2[kg] \times 5[kJ/kg \cdot K] \times \triangle T[K] + 350[kJ]$
$\therefore \triangle T = 25[K]$

$_1Q_2$: 열량 [kJ]
$\triangle U$: 내부에너지 [kJ], m : 질량 [kg]
C_V : 정적비열 [kJ/kg·K], $\triangle T$: 온도차 [K]

34 (상 중 하)

소방펌프의 회전수를 2배로 증가시키면 소방펌프 동력은 몇 배로 증가하는가? (단, 기타 조건은 동일)

① 2 ② 4
③ 6 ④ 8

해설 펌프의 상사법칙(동력)

$$P_2 = P_1 \left(\frac{N_2}{N_1}\right)^3 = P_1 \left(\frac{2N_1}{N_1}\right)^3 = P_1(2)^3 = 8P_1$$
$$\therefore P_2 = 8P_1$$

35 (상 중 하)

점성계수가 0.08 [kg/m·s]이고 밀도가 800 [kg/m³]인 유체의 동점성계수는 몇 [cm²/s]인가?

① 0.08
② 1.0
③ 0.0001
④ 8.0

해설 동점성계수

$$\text{동점성계수 } \nu = \frac{\mu}{\rho}$$

$\nu = \dfrac{\mu}{\rho} = \dfrac{0.08[kg/m \cdot s]}{800[kg/m^3]} = \dfrac{1}{10000}[m^2/s]$

$= \dfrac{1}{10000}[m^2/s] \times \dfrac{10^4[cm^2]}{1[m^2]}$

$= 1[cm^2/s]$

정답 33 ④ 34 ④ 35 ②

36 (상 중 하)

관 A에는 비중 $S_1 = 1.5$인 유체가 있으며, 마노미터유체는 비중 $S_2 = 13.6$인 수은이고, 마노미터에서의 수은의 높이 차 h_2는 20 [cm]이다. 이후 관 A의 압력을 종전보다 40 [kPa] 증가했을 때, 마노미터에서 수은의 새로운 높이 차 (h_2')는 약 몇 [cm]인가?

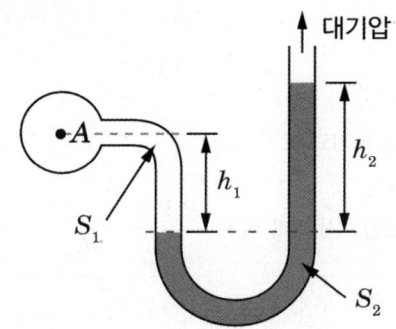

① 28.4　　② 35.9
③ 46.2　　④ 51.8

해설 변화된 높이 차 계산

1) A점 압력 증가 전

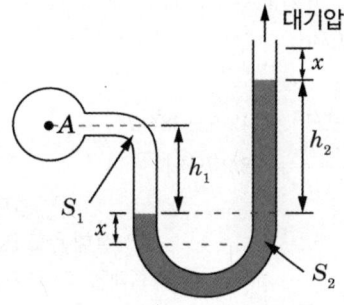

$P_A + \gamma_1 h_1 = \gamma_2 h_2$

2) A점 압력 증가 후

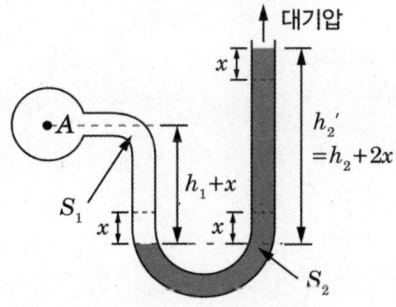

$P_A + 40000[Pa] + \gamma_1(h_1+x) = \gamma_2(h_2+2x)$
$40000[Pa] + \gamma_1 x = \gamma_2 2x$
$40000[Pa] + S_1\gamma_w x = S_2\gamma_w 2x$
$40000[Pa] + 1.5 \times 9800 \times x = 13.6 \times 9800 \times 2x$
$x = 0.159m = 15.9cm$

3) 새로운 높이 차 $h_2'[cm]$
$h_2'[cm] = h_2 + 2x = 20 + (2 \times 15.9) = 51.8[cm]$

37 (상 중 하)

그림과 같이 안지름 10 [cm], 바깥지름 18 [cm]인 매끈한 동심 2중관(Annular Pipe)에 물이 가득 차 흐르고 있다. 동심관에 흐르는 물의 평균 유속이 1 [m/s]라 하면 길이 100 [m]에 대하여 손실수두는 약 몇 [m]인가? (단, 동점성계수 $v = 10^{-6}$ [m²/s], 관마찰계수 $f = 0.0188$이다)

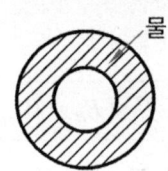

① 1.2　　② 2.4
③ 5.2　　④ 4.8

해설 동심 2중관(Annular Pipe) 손실수두 계산

$$\text{손실수두 } h = f\frac{L}{D_h}\frac{V^2}{2g} \text{ (여기서 } D_h : \text{수력직경)}$$

1) 수력직경 D_h

① 수력반경 $R_h = \frac{1}{4}(D-d)$

② 수력직경 $D_h = 4R_h = 4 \times \frac{1}{4}(D-d) = D-d$
$= 0.18 - 0.1 = 0.08[m]$

2) 손실수두 h

$h = f\frac{L}{D_h}\frac{V^2}{2g} = 0.0188 \frac{100}{0.08} \frac{1^2}{2 \times 9.8} ≒ 1.2[m]$

38 (상 중 하)

체적 0.05 [m³]인 구 안에 가득 찬 유체가 있다. 이 구를 그림과 같이 물속에 넣고 수직 방향으로 100 [N]의 힘을 가해서 들어 주면 구가 물속에 절반만 잠긴다. 구 안에 있는 유체의 비중량[N/m³]은? (단, 구의 두께와 무게는 모두 무시할 정도로 작다고 가정한다)

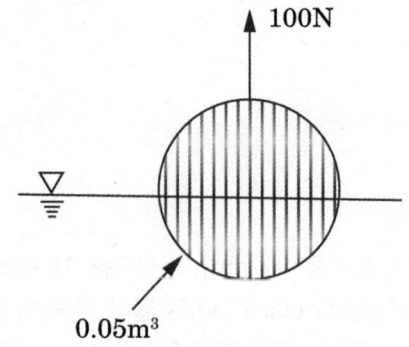

① 6900 ② 7250
③ 7580 ④ 7850

해설 물체가 떠 있을 때 부력 F_B

$$부력\ F_B = W$$

1) 부력 $F_B = \gamma_{유체} V_{잠긴체적}$
2) 무게 $W = \gamma_{물체} V_{전체} - 100[N]$
3) 부력 $F_B = W$

$\gamma_{유체} V_{잠긴체적} = \gamma_{물체} V_{전체} - 100[N]$

$9800 \times \dfrac{0.05}{2} = \gamma_{물체} \times 0.05 - 100$

∴ $\gamma_{물체} = 6900 [N/m^3]$

39 (상 중 하)

고속주행 시 타이어의 온도가 20 [℃]에서 80 [℃]로 상승하였다. 타이어의 체적이 변화하지 않고, 타이어 내의 공기를 이상기체를 하였을 때 압력 상승은 약 몇 [kPa]인가? (단, 온도 20 [℃]에서의 게이지압력은 0.183 [MPa], 대기압은 101.3 [kPa]이다)

① 37   ② 58
③ 286 ④ 345

해설 타이어 내 공기의 압력 상승

$$보일-샤를의\ 법칙\ \dfrac{P_1 V_1}{T_1} = \dfrac{P_2 V_2}{T_2}$$

여기서 체적이 변화하지 않으므로 $V_1 = V_2$

따라서 $\dfrac{P_1}{T_1} = \dfrac{P_2}{T_2}$

여기서 P_1과 P_2는 절대압력이므로

P_1 = 대기압 + 게이지압
   $= 101.3 [kPa] + 183 [kPa] = 284.3 [kPa]$

$\dfrac{284.3 [kPa]}{(273+20)[K]} = \dfrac{P_2}{(273+80)[K]}$

∴ $P_2 = 342.5 [kPa]$

그러므로
압력 상승 $(P_2 - P_1) = 342.5 - 284.3$
$= 58.2 [kPa]$

P : 절대압력 [kPa]
T : 절대온도 [K](273 + ℃)

보충 절대압력 = 대기압 + 게이지압

정답 38 ① 39 ②

40

노즐의 계기압력 400 [kPa]로 방사되는 옥내소화전에서 저수조의 수량이 10 [m³]이라면 저수조의 물이 전부 소비되는 데 걸리는 시간은 약 몇 분인가? (단, 노즐의 직경은 10 [mm]이다)

① 75
② 95
③ 150
④ 180

해설 저수조의 물이 소비되는 데 걸리는 시간

$$시간\ t[min] = \frac{저수조의\ 수량\ V_t[L]}{방사량\ Q[L/min]}$$

1) 방사량 Q

$Q[L/min] = 2.086 \times D[mm]^2 \times \sqrt{P[MPa]}$
$= 131.93[L/min]$

2) 물을 소비하는 데 걸리는 시간 [min]

$시간\ t[min] = \dfrac{저수조의\ 수량\ V_t[L]}{방사량\ Q[L/min]}$

$= \dfrac{10\,000[L]}{131.93[L/min]} = 75.79[min]$

정답 40 ①

2023년 4회 소방관계법규

41 상 중 하

위험물안전관리법령상 자동화재탐지설비를 설치해야 하는 사항으로 틀린 것을 고르시오.

① 연면적이 500 [m²] 이상인 제조소 및 일반취급소
② 지정수량의 100배 이상을 저장 또는 취급하는 옥내저장소(고인화점 위험물만을 저장 또는 취급하는 것은 제외한다)
③ 옥내주유취급소
④ 특수인화물, 제1석유류 및 알코올류를 저장 또는 취급하는 옥외탱크저장소의 탱크 용량이 3000만 리터 이상인 것

해설 경보설비 설치기준

1) 제조소등별 설치해야 하는 경보설비

특정소방대상물	소방시설
• 연면적 500 [m²] 이상 • 옥내에서 지정수량 100배 이상 취급	• 자동화재탐지설비
• 지정수량 10배 이상 저장 또는 취급 (이동탱크저장소 제외)	• 자동화재탐지설비 • 비상경보설비 • 비상방송설비 • 확성장치 중 1종 이상

2) 자동신호장치 갖춘 스프링클러설비 또는 물분무등소화설비 설치한 제조소등은 자동화재탐지설비 설치한 것으로 봄
3) 자동화재탐지설비·자동화재속보설비·비상경보설비(비상벨장치 또는 경종 포함)·확성장치(휴대용 확성기 포함) 및 비상방송설비로 구분

42 상 중 하 (신유형!)

위험물안전관리법령상 시·도지사가 한국소방산업기술원에 위탁하는 사항이 아닌 것은?

① 용량이 100만 리터 이상인 액체위험물을 저장하는 탱크
② 암반탱크
③ 저장용량이 10만 리터인 옥외탱크저장소 또는 암반탱크저장소의 설치 또는 변경에 따른 완공검사
④ 지정수량의 1천 배 이상의 위험물을 취급하는 제조소 또는 일반취급소의 설치 또는 변경에 따른 완공검사

해설 기술원에 위탁하는 업무

1) 탱크안전성능검사
   (1) 용량 1000000 [L] 이상인 액체위험물 저장탱크
   (2) 암반탱크
   (3) 지하탱크저장소 위험물탱크 중 행정안전부령으로 정하는 액체위험물탱크
2) 완공검사
   (1) 지정수량 1000배 이상의 위험물을 취급하는 제조소 또는 일반취급소의 설치·변경에 따른 완공검사
   (2) 옥외탱크저장소(저장용량 500000 [L]) 또는 암반탱크저장소의 설치·변경에 따른 완공검사
3) 운반용기검사

정답 41 ④ 42 ③

43 (상**중**하)

다음 소방시설 중 소방시설공사업법령상 하자보수 보증기간이 틀리게 연결된 것을 고르시오.

① 유도등 - 2년
② 무선통신보조설비 - 3년
③ 자동화재탐지설비 - 3년
④ 자동소화장치 - 3년

해설 소방시설 하자보수 보증기간

소방시설	기간
• 피난기구·유도등 • 비상경보설비 • 비상조명등 • 비상방송설비 • 무선통신보조설비	2년
• 자동소화장치 • 옥내·외소화전설비 • 스프링클러·간이스프링클러설비 • 물분무등소화설비 • 자동화재탐지설비 • 상수도소화용수설비 • 화재알림설비	3년

암기 이년 피비무

44 (**상**중하) 신유형!

소방시설공사업법령상 소방시설공사업을 등록하려는 자는 금융회사 또는 소방산업공제조합이 자본금 기준금액의 100분의 20 이상에 해당하는 금액의 담보를 제공받거나 현금의 예치 또는 출자를 받은 사실을 증명하여 발행하는 확인서를 제출해야 한다. 이때 누가 지정하는 금융회사인지 고르시오.

① 시·도지사
② 소방청장
③ 소방대장
④ 소방본부장

해설 소방시설공사업 등록

소방시설공사업의 등록을 하려는 자는 소방청장이 지정하는 금융회사 또는 「소방산업의 진흥에 관한 법률」 제23조에 따른 소방산업공제조합이 자본금 기준금액의 100분의 20 이상에 해당하는 금액의 담보를 제공받거나 현금의 예치 또는 출자를 받은 사실을 증명하여 발행하는 확인서를 특별시장·광역시장·특별자치시장·도지사 또는 특별자치도지사(이하 "시·도지사"라 한다)에게 제출하여야 한다.

45 상 중 하

소방시설 설치 및 관리에 관한 법령상 소방시설관리업의 등록기준이 미달하게 된 경우, 2차 위반했을 때 행정처분기준으로 알맞은 것을 고르시오.

① 경고
② 영업정지 3개월
③ 영업정지 6개월
④ 등록취소

해설 소방시설관리업 행정처분기준

위반사항	행정처분기준		
	1차 위반	2차 위반	3차 이상 위반
1) 거짓이나 그 밖의 부정한 방법으로 등록을 한 경우	등록취소		
2) 점검을 하지 않거나 거짓으로 한 경우	-		
가) 점검을 하지 않은 경우	영업정지 1개월	영업정지 3개월	등록취소
나) 거짓으로 점검한 경우	경고 (시정명령)	영업정지 3개월	등록취소
3) 등록기준에 미달하게 된 경우.	경고 (시정명령)	영업정지 3개월	등록취소
4) 등록의 결격사유에 해당하게 된 경우	등록취소		
5) 등록증 또는 등록수첩을 빌려준 경우	등록취소		
6) 점검능력 평가를 받지 않고 자체점검을 한 경우	영업정지 1개월	영업정지 3개월	등록취소

46 상 중 하

소방용품의 형식승인 받지 아니하고 제조·수입 또는 거짓이나 그 밖의 부정한 방법으로 형식승인을 받은 자의 벌칙으로 맞는 것은?

① 3년 이하의 징역 또는 3000만 원 이하의 벌금
② 2년 이하의 징역 또는 1500만 원 이하의 벌금
③ 1년 이하의 징역 또는 1000만 원 이하의 벌금
④ 1년 이하의 징역 또는 500만 원 이하의 벌금

해설 3년 3000만 원의 벌칙

1) 조치명령 위반사항에 대한 명령을 정당한 사유 없이 위반
2) 관리업 등록을 하지 않고 영업을 한 자
3) 소방용품 형식승인 받지 아니하고 제조·수입 또는 거짓이나 그 밖의 부정한 방법으로 형식승인을 받은 자
4) 제품검사를 받지 아니한 자 또는 거짓이나 그 밖의 부정한 방법으로 제품검사를 받은 자
5) 소방용품을 판매·진열하거나 소방시설공사에 사용한 자
6) 거짓이나 그 밖의 부정한 방법으로 성능인증 또는 제품검사를 받은 자
7) 제품검사를 받지 아니하거나 합격표시를 하지 아니한 소방용품을 판매·진열하거나 소방시설공사에 사용한 자
8) 구매자에게 명령을 받은 사실을 알리지 아니하거나 필요한 조치를 하지 아니한 자
9) 거짓이나 그 밖의 부정한 방법으로 전문기관으로 지정을 받은 자

정답 45 ② 46 ①

47 상(중)하

화재의 예방 및 안전관리에 관한 법령상 화재예방강화지구에 해당하지 않는 것은?

① 공장·창고가 밀집한 지역
② 노후·불량건축물이 밀집한 지역
③ 고층 건축물이 밀집한 지역
④ 시장지역

해설 화재예방강화지구

1) 지정권자 : 시·도지사
2) 화재예방강화지구 지정 요청 : 소방청장
3) 화재예방강화지구
   (1) 시장지역
   (2) 공장·창고가 밀집한 지역
   (3) 목조건물이 밀집한 지역
   (4) 노후·불량건축물이 밀집한 지역
   (5) 위험물의 저장 및 처리 시설이 밀집한 지역
   (6) 석유화학제품을 생산하는 공장이 있는 지역
   (7) 산업입지 및 개발에 관한 법률에 따른 산업단지
   (8) 소방시설·소방용수시설·소방출동로가 없는 지역
   (9) 물류단지
   (10) (1) ~ (9)까지 준하는 지역으로서 소방관서장이 화재예방강화지구로 지정할 필요가 있다고 인정하는 지역

48 상(중)하

소방기본법에서 사용하는 용어의 정의로 틀린 것을 고르시오.

① 소방대상물이란 건축물, 차량, 선박항구에 매어 둔 선박만 해당한다), 선박 건조 구조물, 산림, 그 밖의 인공구조물 또는 물건을 말한다.
② 관계지역이란 소방대상물이 있는 장소 및 그 이웃 지역으로서 화재의 예방·경계·진압, 구조·구급 등의 활동에 필요한 지역을 말한다.
③ 관계인이란 소방대상물의 소유자·관리자 또는 참여자를 말한다.
④ 소방대장이란 소방본부장 또는 소방서장 등 화재, 재난·재해, 그 밖의 위급한 상황이 발생한 현장에서 소방대를 지휘하는 사람을 말한다.

해설 소방용어 정의

1) 소방대상물
   (1) 건축물
   (2) 차량
   (3) 선박(항구에 매어 둔 것)
   (4) 산림, 그 밖의 인공구조물 또는 물건
2) 관계지역
   소방대상물이 있는 장소 및 그 이웃 지역으로 화재의 예방·경계·진압, 구조·구급 등의 활동에 필요한 지역
3) 관계인
   소방대상물의 소유자·관리자·점유자
4) 소방대
   화재 진압 및 화재, 재난·재해, 그 밖의 위급한 상황에서 구조·구급 활동
   (1) 소방공무원
   (2) 의무소방원
   (3) 의용소방대원   **암기▶ 공무용**
5) 소방본부장
   특별시·광역시·특별자치시·도 또는 특별자치도(이하 "시·도"라 한다)에서 화재의 예방·경계·진압·조사 및 구조·구급 등의 업무를 담당하는 부서의 장
6) 소방대장
   소방본부장 또는 소방서장 등 화재, 재난·재해, 그 밖의 위급한 상황이 발생한 현장에서 소방대를 지휘하는 사람

정답 47 ③ 48 ③

49 (상중하)

소방기본법령상 소방신호의 종류로 틀린 것을 고르시오.

① 경보신호
② 발화신호
③ 해제신호
④ 훈련신호

해설 소방신호

1) 종류
   (1) 경계신호 : 화재예방상 필요하다고 인정되거나 화재위험경보 시 발령
   (2) 발화신호 : 화재가 발생한 때 발령
   (3) 해제신호 : 소화활동이 필요 없다고 인정되는 때 발령
   (4) 훈련신호 : 훈련상 필요하다고 인정되는 때 발령
2) 방법

종별	타종신호	사이렌신호
경계신호	1타, 연 2타 반복	5초 간격 30초씩 3회
발화신호	난타	5초 간격 5초씩 3회
해제신호	상당한 간격 1타씩 반복	1분간 1회
훈련신호	연 3타 반복	10초 간격 1분씩 3회

50 (상중하)

소방기본법령상 국고보조 대상사업에 해당하지 않는 것을 고르시오.

① 소방전용통신설비
② 소방관서용 청사의 건축
③ 소방헬리콥터 및 소방정
④ 사무용 집기

해설 소방장비 등에 대한 국고보조

1) 국고보조
   (1) 국가는 시·도 소방장비구입 등의 경비를 일부 보조함
   (2) 국가보조 대상사업의 범위와 기준 보조율 : 대통령령인 「보조금관리에 관한 법률 시행령」
   (3) 소방활동장비 및 설비의 종류와 규격 : 행정안전부령
2) 국고보조 대상사업의 범위
   (1) 소방활동장비와 설비의 구입 및 설치
      ① 소방자동차
      ② 소방헬리콥터 및 소방정
      ③ 소방전용통신설비 및 전산설비
      ④ 그 밖에 방화복 등 소방활동에 필요한 소방장비
   (2) 소방관서용 청사의 건축

51 (상중하)

소방시설 설치 및 관리에 관한 법령상 간이스프링클러설비의 설치기준으로 틀린 것을 고르시오.

① 조산원 및 산후조리원으로서 연면적 600 [m²] 미만인 시설
② 종합병원 및 요양병원으로 사용되는 바닥면적의 합계가 600 [m²] 미만인 시설
③ 정신의료기관 또는 의료재활시설로 사용되는 바닥면적의 합계가 300 [m²] 이상 600 [m²] 미만인 시설
④ 정신의료기관 또는 의료재활시설로 사용되는 바닥면적의 합계가 300 [m²] 이상이고 창살이 설치된 시설

해설 간이스프링클러설비 설치대상

설치대상	기준
근린생활시설	• 바닥면적 합계 1000 [m²] 이상인 것은 모든 층 • 의원, 치과의원, 한의원으로서 입원실이 있는 것 • 조산원 및 산후조리원 연면적 600 [m²] 미만 시설
교육시설 내 합숙소	연면적 100 [m²] 이상인 경우에는 모든 층
의료시설(종합병원, 병원, 치과병원, 요양병원)	바닥면적 합계 600 [m²] 미만
• 정신의료기관, 의료재활시설 • 노유자시설	• 바닥면적 합계 300 [m²] 이상 600 [m²] 미만 • 바닥면적 합계 300 [m²] 미만, 창살*) 설치
복합건축물	연면적 1000 [m²] 이상 전 층
연립주택 및 다세대주택	–
숙박시설	바닥면적 합계 300 [m²] 이상 600 [m²] 미만

보충 *) 창살 : 철재·플라스틱·목재 등으로 사람의 탈출을 막기 위하여 설치하는 것을 말하며, 화재 시 자동으로 열리는 구조로 되어 있는 창살을 제외함

53

위험물안전관리법령상 위험물을 취급하는 건축물에는 환기설비를 설치해야 하는데, 이때 급기구가 설치된 실의 바닥면적이 100 [m²]이라면 급기구의 면적은 얼마 이상인지 고르시오.

① 150 [cm²]
② 300 [cm²]
③ 450 [cm²]
④ 600 [cm²]

해설 급기구의 면적

1) 급기구가 설치된 실의 바닥면적 : 150 [m²]마다 1개 이상
2) 급기구 크기 : 800 [cm²] 이상
3) 바닥면적 150 [m²] 미만인 경우

바닥면적	급기구 크기
60 [m²] 미만	150 [cm²] 이상
60 [m²] 이상 90 [m²] 미만	300 [cm²] 이상
90 [m²] 이상 120 [m²] 미만	450 [cm²] 이상
120 [m²] 이상 150 [m²] 미만	600 [cm²] 이상

52

소방시설 설치 및 관리에 관한 법령상 운수시설에 해당하지 않는 것을 고르시오.

① 여객자동차터미널
② 공항시설
③ 철도 및 도시철도시설
④ 하역장

해설 운수시설

여객자동차터미널, 철도 및 도시철도 시설(정비창 포함), 공항시설(항공관제탑 포함), 항만시설 및 종합여객시설
※ 하역장 : 창고시설

54

위험물안전관리법령상 위험물의 지정수량이 500 [kg]인 것끼리 연결된 것을 고르시오.

① 황화인 - 마그네슘 - 철분
② 인화성 고체 - 적린 - 황
③ 황화인 - 철분 - 금속분
④ 마그네슘 - 철분 - 금속분

정답 52 ④ 53 ③ 54 ④

해설 ▶ 제2류 위험물 지정수량

위험물	지정수량
황화인	
적린	100 [kg]
황	
마그네슘	
철분	500 [kg]
금속분	
인화성 고체	1000 [kg]

암기 ▶ 황화적황 마철금 인고

55 상중하

소방시설공사업법령상 소방시설공사업을 등록한 자는 소방시설공사의 착공 전까지 소방본부장 또는 소방서장에게 신고를 해야 한다. 착공신고 대상으로 알맞지 않는 것을 고르시오.

① 옥내소화전설비(호스릴옥내소화전설비를 포함한다)의 신설
② 자동화재탐지설비의 신설
③ 무선통신보조설비(소방용 외의 용도와 겸용되는 무선통신보조설비를 정보통신공사업자가 공사하는 경우)의 신설
④ 연결송수관설비의 신설

해설 ▶ 착공신고 대상

특정소방대상물에 다음의 설비를 신설(제조소등 또는 다중이용업소 제외)
1) 옥내소화전설비(호스릴옥내소화전설비를 포함), 옥외소화전설비, 스프링클러설비·간이스프링클러설비(캐비닛형 간이스프링클러설비를 포함) 및 화재조기진압용 스프링클러설비, 물분무소화설비·포소화설비·이산화탄소소화설비·할론소화설비·할로겐화합물 및 불활성기체소화설비·미분무소화설비·강화액소화설비 및 분말소화설비, 연결송수관설비, 연결살수설비, 제연설비, 소화용수설비, 연소방지설비
2) 자동화재탐지, 비상경보, 비상방송, 비상콘센트, 무선통신보조설비

56 상중하

소방시설공사업법령상 소방공사감리를 실시함에 있어 용도와 구조에서 특별히 안전성과 보안성이 요구되는 소방대상물로서 소방시설물에 대한 감리를 감리업자가 아닌 자가 감리할 수 있는 장소는?

① 정보기관의 청사
② 교도소 등 교정 관련 시설
③ 국방 관계시설 설치장소
④ 원자력안전법상 관계시설이 설치되는 장소

해설 ▶ 감리업자

1) 감리업자 업무
  (1) 소방시설등 설치계획표 적법성 검토
  (2) 소방시설등 설계도서 적합성 검토
  (3) 소방시설등 설계 변경 사항 적합성 검토
  (4) 소방용품 위치·규격 및 사용 자재 적합성 검토
  (5) 공사업자가 한 소방시설 시공이 설계도서와 화재안전기준에 맞는지 지도·감독
  (6) 완공된 소방시설등의 성능시험
  (7) 공사업자가 작성한 시공 상세도면 적합성 검토
  (8) 피난시설 및 방화시설 적법성 검토
  (9) 실내장식물의 불연화와 방염 물품의 적법성 검토
2) 감리업자가 아닌 자가 감리할 수 있는 보안성 등이 요구되는 소방대상물 시공장소 : 「원자력안전법」에 따른 관계시설이 설치되는 장소
3) 감리업자는 업무를 수행할 때에는 대통령령으로 정하는 감리의 종류 및 대상에 따라 공사기간 동안 소방시설공사 현장에 소속 감리원을 배치하고 업무수행 내용을 감리일지에 기록하는 등 대통령령으로 정하는 감리의 방법에 따라야 한다.

57

위험물안전관리법령에 따라 위험물안전관리자를 해임하거나 퇴직한 때에는 해임하거나 퇴직한 날부터 며칠 이내에 다시 안전관리자를 선임하여야 하는가?

① 30일
② 35일
③ 40일
④ 55일

해설 위험물안전관리자

- 안전관리자 선임 : 관계인
- 안전관리자 해임, 퇴직 시 : 해임, 퇴직한 날부터 30일 이내 재선임
- 선임신고기간 : 소방본부장·소방서장에게 선임 날부터 14일 이내 신고
- 직무대행기간 : 30일 이내

58

소방시설 설치 및 관리에 관한 법령상 특정소방대상물 중 오피스텔은 어느 시설에 해당하는가?

① 숙박시설
② 일반업무시설
③ 공동주택
④ 근린생활시설

해설 업무시설

1) 공공업무시설 : 국가 또는 지방자치단체의 청사, 외국공관의 건축물
2) 일반업무시설 : 금융업소, 사무소, 신문사, 오피스텔
3) 주민자치센터(동사무소), 경찰서, 지구대, 파출소, 소방서, 119안전센터, 우체국, 보건소, 공공도서관, 국민건강보험공단
4) 마을회관, 마을공동작업소, 마을공동구판장
5) 변전소, 양수장, 정수장, 대피소, 공중화장실

59

소방기본법령상 소방용수시설별 설치기준 중 틀린 것은?

① 급수탑 개폐밸브는 지상에서 1.5 [m] 이상 1.7 [m] 이하의 위치에 설치하도록 할 것
② 소화전은 상수도와 연결하여 지하식 또는 지상식의 구조로 하고, 소방용 호스와 연결하는 소화전의 연결금속구의 구경은 100 [mm]로 할 것
③ 저수조 흡수관의 투입구가 사각형의 경우에는 한 변의 길이가 60 [cm] 이상, 원형의 경우에는 지름이 60 [cm] 이상일 것
④ 저수조는 지면으로부터의 낙차가 4.5 [m] 이하일 것

해설 소방용수시설 설치기준

1) 소화전
   - 상수도와 연결, 지하식·지상식 구조
   - 연결금속구 구경 : 65 [mm]
2) 급수탑
   - 급수배관 구경 : 100 [mm] 이상
   - 개폐밸브 : 지상 1.5 [m] 이상 1.7 [m] 이하
3) 저수조
   - 지면으로부터의 낙차 : 4.5 [m] 이하
   - 흡수부분 수심 : 0.5 [m] 이상일 것
   - 흡수관 투입구 : 사각형 한 변 60 [cm]
     원형 지름 60 [cm] 이상

정답 57 ① 58 ② 59 ②

60 (상 중 하)

소방시설 설치 및 관리에 관한 법령상 제조 또는 가공 공정에서 방염처리를 한 물품 중 방염대상물품이 아닌 것은?

① 창문에 설치하는 커튼류(블라인드를 포함한다)
② 벽지류(두께가 2 [mm] 미만인 종이벽지 포함)
③ 암막·무대막에 따른 영화상영관에 설치하는 스크린
④ 노래연습장업의 영업장에 설치하는 섬유류 또는 합성수지류 등을 원료로 하여 제작된 소파·의자

해설 방염대상물품

1) 제조·가공 공정에서 방염처리한 물품
   (1) 창문에 설치하는 커튼류(블라인드 포함)
   (2) 카펫
   (3) 벽지류(두께 2 [mm] 미만인 종이벽지 제외)
   (4) 전시용 합판·목재 또는 섬유판, 무대용 합판·목재 또는 섬유판(합판·목재류의 경우 불가피하게 설치 현장에서 방염처리한 것을 포함한다)
   (5) 암막·무대막(영화상영관 스크린, 가상체험체육시설의 스크린 포함)
   (6) 섬유류, 합성수지류 등을 원료로 하여 제작된 소파·의자(단란주점영업, 유흥주점, 노래연습장업의 영업장에 설치하는 것만 해당)

2) 건축물 내부의 천장이나 벽에 부착하거나 설치하는 것, 다만 가구류(옷장·찬장·식탁·식탁용 의자·사무용 책상·사무용 의자·계산대 등)와 너비 10 [cm] 이하 반자돌림대 등과 내부 마감재료는 제외
   (1) 종이류(두께 2 [mm] 이상)·합성수지류·섬유류를 주원료로 한 물품
   (2) 합판, 목재
   (3) 공간 구획하는 간이 칸막이(접이식 등 이동 가능한 벽체나 천장 또는 반자가 실내에 접하는 부분까지 구획하지 않는 벽체를 말한다)
   (4) 흡음(吸音)을 위하여 설치하는 흡음재(흡음용 커튼을 포함한다)
   (5) 방음(防音)을 위하여 설치하는 방음재(방음용 커튼을 포함한다)

보충 시·도지사 : 설치현장 방염처리 합판·목재

정답 60 ②

2023년 4회 소방기계시설의 구조 및 원리

61 상(중)하

연결살수설비의 화재안전기술기준상 송수구의 설치기준으로 틀린 것은?

① 송수구로부터 주배관에 이르는 연결배관에는 개폐밸브를 설치하지 않을 것
② 지면으로부터 높이가 0.5 [m] 이상 1 [m] 이하의 위치에 설치할 것
③ 송수구는 구경 65 [mm]의 쌍구형으로 설치할 것
④ 개방형 헤드를 사용하는 송수구의 호스접결구는 송수구역 3개마다 1개 설치할 것

해설 연결살수설비 송수구 설치기준

1) 소방차가 쉽게 접근할 수 있고 노출된 장소에 설치할 것
2) 가연성 가스의 저장·취급시설에 설치하는 연결살수설비의 송수구는 그 방호대상물로부터 20 [m] 이상의 거리를 두거나 방호대상물에 면하는 부분이 높이 1.5 [m] 이상 폭 2.5 [m] 이상의 철근콘크리트 벽으로 가려진 장소에 설치해야 함
3) 송수구는 구경 65 [mm]의 쌍구형으로 설치할 것(단, 하나의 송수구역에 부착하는 살수헤드의 수가 10개 이하인 것은 단구형인 것으로 가능)
4) 개방형 헤드를 사용하는 송수구의 호스접결구는 각 송수구역마다 설치할 것
5) 송수구는 지면으로부터 높이가 0.5 [m] 이상 1 [m] 이하의 위치에 설치할 것
6) 송수구로부터 주배관에 이르는 연결배관에는 개폐밸브를 설치하지 않을 것
7) 송수구의 부근에는 "연결살수설비 송수구"라고 표시한 표지와 송수구역 일람표를 설치할 것
8) 송수구에는 이물질을 막기 위한 마개를 씌울 것

[연결살수설비 송수구 쌍구형]

62 상 중(하)

소화수조 및 저수조의 화재안전성능기준상 가압송수장치 설치기준 중 다음 ( ) 안에 알맞은 것은?

소화수조가 옥상 또는 옥탑의 부분에 설치된 경우에는 지상에 설치된 채수구에서의 압력이 ( ) [MPa] 이상이 되도록 해야 한다.

① 0.1
② 0.15
③ 0.17
④ 0.25

해설 소화수조가 옥상 또는 옥탑에 설치하는 경우

소화수조가 옥상 또는 옥탑의 부분에 설치된 경우에는 지상에 설치된 채수구에서의 압력이 0.15 [MPa] 이상이 되도록 할 것

63 (상⊙하)

특별피난계단의 계단실 및 부속실 제연설비의 화재안전성능기준상 제연설비의 시험 등에 대한 기준으로 틀린 것은?

① 제연구역의 모든 출입문 등의 크기와 열리는 방향이 설계 시와 동일한지 여부를 확인한다.
② 제연구역의 출입문 및 복도와 거실(옥내가 복도와 거실로 되어 있는 경우에 한한다) 사이의 출입문마다 제연설비가 작동하고 있는 상태에서 그 폐쇄력을 측정한다.
③ 층별로 화재감지기(수동기동장치를 포함)를 동작시켜 제연설비가 작동하는지 여부를 확인한다.
④ 기준에 따라 제연설비가 작동하는 경우 제연구역의 출입문이 모두 닫혀 있는 상태에서 제연설비를 가동시킨 후 출입문의 개방에 필요한 힘을 측정하여 규정에 따른 개방력에 적합한지 여부를 확인한다.

[해설] 부속실 제연 시험·측정·조정 등(TAB)

제연설비는 설계목적에 적합한지 검토하고 제연설비의 성능과 관련된 건물의 모든 부분(건축설비를 포함한다)이 완성되는 시점에 맞추어 시험·측정 및 조정(이하 "시험 등"이라 한다)을 해야 한다.
1) 제연구역의 모든 출입문 등의 크기와 열리는 방향이 설계 시와 동일한지 여부를 확인할 것
2) 제연구역의 출입문 및 복도와 거실(옥내가 복도와 거실로 되어 있는 경우에 한한다) 사이의 출입문마다 <u>제연설비가 작동하고 있지 아니한 상태</u>에서 그 폐쇄력을 측정할 것
3) 층별로 화재감지기(수동기동장치를 포함한다)를 동작시켜 제연설비가 작동하는지 여부를 확인할 것
4) 3)의 기준에 따라 제연설비가 작동하는 경우 다음의 기준에 따른 시험 등을 실시할 것
  (1) 부속실과 면하는 옥내 및 계단실의 출입문을 동시에 개방할 경우 규정에 따른 방연풍속에 적합한지 여부를 확인하고, 적합하지 아니한 경우에는 급기구의 개구율과 송풍기의 풍량조절댐퍼 등을 조정하여 적합하게 할 것
  (2) (1)에 따른 시험 등의 과정에서 출입문을 개방하지 않은 제연구역의 실제 차압이 기준에 적합한지 여부를 출입문 등에 차압측정공을 설치하고 이를 통하여 차압측정기구로 실측하여 확인·조정할 것
  (3) 제연구역의 출입문이 모두 닫혀 있는 상태에서 제연설비를 가동시킨 후 출입문의 개방에 필요한 힘을 측정하여 규정에 따른 개방력에 적합한지 여부를 확인하고, 적합하지 아니한 경우에는 급기구의 개구율 조정 및 플랩댐퍼(설치하는 경우에 한한다)와 풍량조절용댐퍼 등의 조정에 따라 적합하도록 조치할 것
  (4) (1)에 따른 시험 등의 과정에서 부속실의 개방된 출입문이 자동으로 완전히 닫히는지 여부를 확인하고, 닫힌 상태를 유지할 수 있도록 조정할 것

64 (상 중⊙)

소화기구 및 자동소화장치의 화재안전성능기준에 따른 수동으로 조작하는 대형소화기 B급의 능력단위기준은 몇 단위 이상인가?

① 10   ② 15
③ 20   ④ 25

[해설] 소화기 능력단위

1) 소형소화기 : 능력단위가 1단위 이상이고 대형소화기의 능력단위 미만인 소화기
2) 대형소화기 : 화재 시 사람이 운반할 수 있도록 운반대와 바퀴가 설치되어 있고 능력단위가 A급 10단위 이상, B급 20단위 이상인 소화기

[소형소화기]

[대형소화기]

65 상중하

분말소화설비의 화재안전성능기준상 소화약제의 종별과 호스릴방식의 분말소화설비의 하나의 노즐마다 1분당 방출하는 소화약제의 최소량으로 틀린 것은?

① 제2종 분말 : 27 [kg]
② 제4종 분말 : 20 [kg]
③ 제3종 분말 : 27 [kg]
④ 제1종 분말 : 45 [kg]

해설 호스릴방식의 분말소화설비

소화약제의 종별	1종	2·3종	4종
1분당 방출하는 소화약제의 양	45 [kg]	27 [kg]	18 [kg]

66 상중하

인명구조기구의 화재안전성능기준상 특정소방대상물의 용도 및 장소별로 설치해야 할 인명구조기구 설치기준 중 ( )에 들어갈 내용은?

> 물분무등소화설비 중 (㉠)소화설비를 설치하는 특정소방대상물에는 (㉠)소화설비가 설치된 장소의 출입구 외부 인근에 (㉡)개 이상의 (㉢)을/를 비치할 것

① ㉠ 할론, ㉡ 1, ㉢ 방열복
② ㉠ 이산화탄소, ㉡ 2, ㉢ 방화복
③ ㉠ 할론, ㉡ 2, ㉢ 공기호흡기
④ ㉠ 이산화탄소, ㉡ 1, ㉢ 공기호흡기

해설 용도 및 장소별 인명구조기구

특정소방대상물	인명구조기구	설치 수량
지하층을 포함하는 층수가 7층 이상인 관광호텔 및 5층 이상인 병원	• 방열복 또는 방화복 • 공기호흡기 • 인공소생기	각 2개 이상 비치할 것 (단, 병원의 경우 인공소생기 설치 제외 가능)
• 문화 및 집회시설 중 수용인원 100명 이상의 영화상영관 • 판매시설 중 대규모 점포 • 운수시설 중 지하역사 • 지하가 중 지하상가	공기호흡기	층마다 2개 이상 비치할 것
물분무등소화설비 중 이산화탄소소화설비를 설치해야 하는 특정소방대상물	공기호흡기	CO_2소화설비가 설치된 장소의 출입구 외부 인근에 1개 이상 비치할 것

[방열복]　[방화복]　[공기호흡기]　[인공소생기]

67 상중하

포소화설비의 화재안전기술기준상 특정소방대상물에 따라 적용하는 포소화설비의 설치기준 중 특수가연물을 저장·취급하는 공장 또는 창고에 적응성을 갖는 포소화설비가 아닌 것은?

① 포헤드설비
② 고정포방출설비
③ 압축공기포소화설비
④ 호스릴포소화설비

해설 특수가연물 저장·취급하는 장소에 적응성이 있는 포소화설비

• 포워터스프링클러설비
• 포헤드설비
• 고정포방출설비
• 압축공기포소화설비

68 상(중)하

물분무소화설비의 화재안전기술기준상 물분무소화설비의 가압송수장치로 압력수조의 필요한 압력을 산출할 때 필요한 것이 아닌 것은?

① 낙차의 환산수두압
② 소방용 호스의 마찰손실수두압
③ 배관의 마찰손실수두압
④ 물분무헤드의 설계압력

해설 물분무설비 압력수조 필요압력

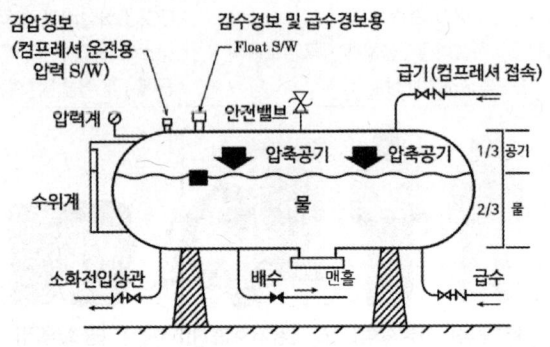

필요압력 $P = P_1 + P_2 + P_3$

P_1 : 물분무헤드의 설계압력 [MPa]
P_2 : 배관의 마찰손실수두압 [MPa]
P_3 : 낙차의 환산수두압 [MPa]

물분무소화설비에는 호스가 사용되지 않으므로 '② 소방용 호스의 마찰손실수두압'은 압력수조의 필요한 압력을 산출할 때 필요하지 않다.

69 상(중)하

스프링클러설비의 화재안전기술기준상 스프링클러설비의 배관에 대한 내용으로 틀린 것은?

① 수직배수배관의 구경은 65 [mm] 이상으로 해야 한다.
② 급수배관 중 가지배관의 배열은 토너먼트방식이 아니어야 한다.
③ 교차배관의 청소구는 교차배관 끝에 개폐밸브를 설치한다.
④ 습식 스프링클러설비 또는 부압식 스프링클러설비 외의 설비에는 헤드를 향하여 상향으로 가지배관의 기울기를 $\frac{1}{250}$ 이상으로 한다.

해설 스프링클러 배관 설치기준

1) 수직배수배관 : 50 [mm] 이상
2) 가지배관의 배열은 토너먼트 배관방식이 아닐 것
3) 교차배관은 가지배관과 수평으로 설치하거나 또는 가지배관 밑에 설치하고, 최소구경이 40 [mm] 이상이 되도록 할 것
4) 청소구는 교차배관 끝에 40 [mm] 이상 크기의 개폐밸브를 설치하고, 호스접결이 가능한 나사식 또는 고정배수 배관식으로 할 것
5) 습식 스프링클러설비 또는 부압식 스프링클러설비 외의 설비에는 헤드를 향하여 상향으로 수평주행배관의 기울기를 500분의 1 이상, 가지배관의 기울기를 250분의 1 이상으로 할 것

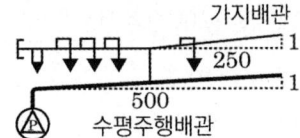

70 상(중)하

할로겐화합물 및 불활성기체소화설비의 화재안전기술기준에 따른 할로겐화합물 및 불활성기체소화설비의 수동식 기동장치의 설치기준에 대한 설명으로 틀린 것은?

① 50 [N] 이상의 힘을 가하여 기동할 수 있는 구조로 할 것
② 전기를 사용하는 기동장치에는 전원표시등을 설치할 것
③ 기동장치의 방출용 스위치는 음향경보장치와 연동하여 조작될 수 있는 것으로 할 것
④ 해당 방호구역의 출입구 부근 등 조작을 하는 자가 쉽게 피난할 수 있는 장소에 설치할 것

해설 할로겐화합물 및 불활성기체소화설비 수동식 기동장치

수동식 기동장치 부근에는 소화약제의 방출을 지연시킬 수 있는 방출지연스위치를 설치해야 함
1) 방호구역마다 설치할 것
2) 해당 방호구역의 출입구 부분 등 조작을 하는 자가 쉽게 피난할 수 있는 장소에 설치할 것
3) 기동장치의 조작부는 바닥으로부터 높이 0.8 [m] 이상 1.5 [m] 이하 위치에 설치하고, 보호판 등에 따른 보호장치를 설치할 것
4) 기동장치 인근의 보기 쉬운 곳에 "할로겐화합물 및 불활성기체소화설비 수동식 기동장치"라는 표지를 할 것
5) 전기를 사용하는 기동장치에는 전원표시등을 설치할 것
6) 기동장치의 방출용 스위치는 음향경보장치와 연동하여 조작될 수 있는 것으로 할 것
7) 50 [N] 이하의 힘을 가하여 기동할 수 있는 구조로 할 것
8) 기동장치에는 보호장치를 설치해야 하며, 보호장치를 개방하는 경우 기동장치에 설치된 부저 또는 벨 등에 의하여 경고음을 발할 것 〈시행 2024.8.1.〉
9) 기동장치를 옥외에 설치하는 경우 빗물 또는 외부 충격의 영향을 받지 아니하도록 설치할 것 〈시행 2024.8.1.〉

71 상(중)하

스프링클러설비를 설치해야 할 특정소방대상물에 있어서 스프링클러헤드를 설치하지 않을 수 있는 장소가 아닌 장소는?

① 목욕실
② 통신기기실
③ 발전실
④ 사무실

해설 스프링클러헤드의 설치 제외 장소

1) 천장 및 반자의 재료에 따른 기준으로서 다음 어느 하나에 해당하는 경우

천장 및 반자의 재료	천장과 반자 사이의 거리
양쪽 모두 불연재료 + 벽이 불연재료 (그 사이에 가연물이 존재 ×)	2 [m] 이상
양쪽 모두 불연재료	2 [m] 미만
천장·반자 중 한쪽이 불연재료	1 [m] 미만
양쪽 모두 불연재료 외의 것	0.5 [m] 미만

2) 계단실·경사로·승강기의 승강로·비상용 승강기의 승강장·파이프덕트 및 덕트피트·목욕실·수영장(관람석부분 제외)·화장실·직접 외기에 개방되어 있는 복도
3) 통신기기실·전자기기실·기타 이와 유사한 장소
4) 발전실·변전실·변압기·기타 이와 유사한 전기설비가 설치되어 있는 장소
5) 병원의 수술실·응급처치실·기타 이와 유사한 장소
6) 펌프실·물탱크실 엘리베이터 권상기실 그 밖의 이와 비슷한 장소
7) 현관 또는 로비 등으로서 바닥으로부터 높이가 20 [m] 이상인 장소
8) 영하의 냉장창고의 냉장실 또는 냉동창고의 냉동실
9) 고온의 노가 설치된 장소 또는 물과 격렬하게 반응하는 물품의 저장 또는 취급장소
10) 실내 테니스장·게이트볼장·정구장 또는 이와 비슷한 장소로서 실내 바닥·벽·천장이 불연재료 또는 준불연재료로 구성되어 있고 가연물이 존재하지 않는 장소로서 관람석이 없는 운동시설(지하층은 제외)
11) 공동주택 중 아파트의 대피공간

[공동주택의 화재안전기술기준(NFTC 608)에 명시되어 있음]

정답 70 ① 71 ④

72

피난기구의 화재안전성능기준상 피난기구 설치기준 중 ( )에 들어갈 내용은?

(㉠)층 이상의 층에 피난사다리(하향식 피난구용 내림식사다리는 제외한다)를 설치하는 경우에는 (㉡) 고정사다리를 설치하고, 당해 고정사다리에는 쉽게 피난할 수 있는 구조의 (㉢)를 설치할 것

① ㉠ 6, ㉡ 금속성, ㉢ 피난구
② ㉠ 6, ㉡ 수납식, ㉢ 노대
③ ㉠ 4, ㉡ 금속성, ㉢ 노대
④ ㉠ 4, ㉡ 접이식, ㉢ 피난구

해설 4층 이상의 층에 피난사다리를 설치하는 경우

4층 이상의 층에 피난사다리(하향식 피난구용 내림식사다리는 제외한다)를 설치하는 경우에는 금속성 고정사다리를 설치하고, 당해 고정사다리에는 쉽게 피난할 수 있는 구조의 노대를 설치할 것

73

포소화설비의 화재안전성능기준상 팽창비의 정의로 옳은 것은?

① 팽창비 = $\dfrac{최종 발생한 포 체적}{포 발생 전의 포 수용액의 체적}$

② 팽창비 = $\dfrac{최종 발생한 포 체적}{포 발생 전의 포 원액의 체적}$

③ 팽창비 = $\dfrac{최종 발생한 포 체적}{포 발생 전의 포 수용액의 질량}$

④ 팽창비 = $\dfrac{최종 발생한 포 체적}{포 발생 전의 포 원액의 질량}$

해설 포소화설비 – 팽창비

- "팽창비"란 최종 발생한 포 체적을 포 발생 전의 포 수용액의 체적으로 나눈 값을 말한다.

⇒ 팽창비 = $\dfrac{최종 발생한 포 체적}{포 발생 전의 포 수용액의 체적}$

74

위험물안전관리에 관한 세부기준상 부상지붕구조의 탱크에 상부포주입법을 이용하는 포방출구는 무엇인가?

① Ⅰ
② Ⅱ
③ 특형방출구
④ Ⅳ

해설 포방출구의 종류

탱크구조		포방출구
고정지붕구조 (콘루프 탱크)	상부포주입법	Ⅰ, Ⅱ형
	저부포주입법	Ⅲ, Ⅳ형
부상지붕구조 (플로팅루프 탱크)	상부포주입법	특형

75

지하구의 화재안전성능기준상 지하구에 설치하는 연소방지설비 송수구의 설치기준으로 틀린 것은?

① 송수구로부터 주배관에 이르는 연결배관에는 개폐밸브를 설치하지 않을 것
② 지면으로부터 높이가 0.5 [m] 이상 1 [m] 이하의 위치에 설치할 것
③ 구경 65 [mm]의 쌍구형으로 할 것
④ 송수구로부터 3 [m] 이내에 살수구역 안내표지를 설치할 것

정답 72 ③ 73 ① 74 ③ 75 ④

해설 지하구의 연소방지설비 송수구

1) 소방차가 쉽게 접근할 수 있는 노출된 장소에 설치하되, 눈에 띄기 쉬운 보도 또는 차도에 설치할 것
2) 송수구는 구경 65 [mm]의 쌍구형으로 할 것
3) 송수구로부터 1 [m] 이내에 살수구역 안내표지를 설치할 것
4) 지면으로부터 높이가 0.5 [m] 이상 1 [m] 이하의 위치에 설치할 것
5) 송수구의 가까운 부분에 자동배수밸브(또는 직경 5 [mm] 의 배수공)를 설치할 것. 이 경우 자동배수밸브는 배관 안의 물이 잘 빠질 수 있는 위치에 설치하되, 배수로 인하여 다른 물건 또는 장소에 피해를 주지 않아야 한다.
6) 송수구로부터 주배관에 이르는 연결배관에는 개폐밸브를 설치하지 않을 것
7) 송수구에는 이물질을 막기 위한 마개를 씌울 것

76 (상중하)

할론소화설비의 화재안전기술기준상 배관의 설치기준 중 ( )에 들어갈 내용은?

> 강관을 사용하는 경우의 배관은 ( ) 이상의 것 또는 이와 동등 이상의 강도를 가진 것으로서 아연도금 등에 따라 방식 처리된 것을 사용할 것

① 압력배관용 탄소강관 중 스케줄 80
② 압력배관용 탄소강관 중 스케줄 40
③ 배관용 탄소강관 중 스케줄 80
④ 배관용 탄소강관 중 스케줄 40

해설 할론소화설비의 배관 설치기준

1) 배관은 전용으로 할 것
2) 강관을 사용하는 경우의 배관은 압력배관용 탄소강관 중 스케줄 40 이상의 것 또는 이와 동등 이상의 강도를 가진 것으로서 아연도금 등에 따라 방식 처리된 것을 사용할 것
3) 동관을 사용하는 경우에는 이음이 없는 동 및 동합금관의 것으로서 고압식은 16.5 [MPa] 이상, 저압식은 3.75 [MPa] 이상의 압력에 견딜 수 있는 것을 사용할 것
4) 배관 부속 및 밸브류는 강관 또는 동관과 동등 이상의 강도 및 내식성이 있는 것으로 할 것

77 (상중하)

연결송수관설비의 화재안전성능기준상 배관을 습식 설비로 설치해야 하는 특정소방대상물은 무엇인가?

① 지면으로부터의 높이가 21 [m] 이상 또는 지상 5층 이상인 특정소방대상물
② 지면으로부터의 높이가 21 [m] 이상 또는 지상 6층 이상인 특정소방대상물
③ 지면으로부터의 높이가 31 [m] 이상 또는 지상 8층 이상인 특정소방대상물
④ 지면으로부터의 높이가 31 [m] 이상 또는 지상 11층 이상인 특정소방대상물

해설 연결송수관설비의 배관 설치기준

1) 주배관의 구경은 100 [mm] 이상의 전용배관으로 할 것. 다만 주배관의 구경이 100 [mm] 이상인 옥내소화전설비의 배관과는 겸용할 수 있다.
2) 지면으로부터의 높이가 31 [m] 이상인 특정소방대상물 또는 지상 11층 이상인 특정소방대상물에 있어서는 습식 설비로 할 것

78 (상중하)

물분무소화설비의 화재안전기술기준에 따라 바닥면적이 60 [m²]인 주차장에 물분무소화설비를 설치하고자 한다. 수원의 최소 저수량으로 맞는 것은?

① 8 [m³]
② 24 [m³]
③ 16 [m³]
④ 28 [m³]

정답 76 ② 77 ④ 78 ②

해설 물분무소화설비 수원 저수량

소방대상물	토출량	비고
특수가연물을 저장·취급하는 특정소방대상물	10 [L/min·m²]	최소 바닥면적 50 [m²]
절연유봉입 변압기·컨베이어벨트	10 [L/min·m²]	-
케이블트레이·케이블덕트	12 [L/min·m²]	-
차고·주차장	20 [L/min·m²]	최소 바닥면적 50 [m²]

- 저수량 = 면적 × 토출량 × 방수시간(20 [min])
  = 60 [m²] × 20 [L/min·m²] × 20 [min]
  = 24000 [L] = 24 [m³]

암기 특절컨 10, 케이드 12, 차주 20

79 상중하

소화기구 및 자동소화장치의 화재안전기술기준상 특정소방대상물에 따른 소화기구의 능력단위 외에 부속용도별로 추가해야 할 소화기구 및 자동소화장치의 설치기준 중 다음 ( )에 들어갈 내용은?

> 건조실·세탁소·대량화기취급소
> 1. 해당 용도의 바닥면적 (㉠) [m²]마다 능력단위 (㉡) 단위 이상의 소화기로 할 것
> 2. 자동확산소화기는 해당 용도의 바닥면적을 기준으로 (㉢) [m²] 이하는 1개, (㉢) [m²] 초과는 2개 이상을 설치하되 방호대상에 유효하게 분사될 수 있는 위치에 배치될 수 있는 수량으로 설치할 것

① ㉠ 20, ㉡ 2, ㉢ 10
② ㉠ 25, ㉡ 2, ㉢ 30
③ ㉠ 25, ㉡ 1, ㉢ 10
④ ㉠ 20, ㉡ 1, ㉢ 20

해설 부속용도별 추가해야 할 소화기구 및 자동소화장치

용도별	소화기구의 능력단위
1. 다음 각목의 시설(다만 스프링클러설비·간이스프링클러설비·물분무등소화설비 또는 상업용 주방자동소화장치가 설치된 경우에는 자동확산소화기를 설치하지 않을 수 있다) 가) 보일러실·건조실·세탁소·대량화기취급소 나) 음식점·다중이용업소·호텔·기숙사·노유자시설·의료시설·업무시설·공장·장례식장·교육연구시설·교정 및 군사시설의 주방 다) 관리자의 출입이 곤란한 변전실·송전실·변압기실 및 배전반실	1. 해당 용도의 바닥면적 25 [m²]마다 능력단위 1단위 이상의 소화기[주방에 설치하는 소화기 중 1개 이상은 주방화재용 소화기(K급) 설치] 2. 자동확산소화기는 바닥면적 10 [m²] 이하는 1개, 10 [m²] 초과는 2개 이상 설치 [방호대상에 유효하게 분사될 수 있는 위치에 배치될 수 있는 수량으로 설치]
2. 발전실·변전실·송전실·변압기실·배전반실·통신기기실·전산기기실 기타 이와 유사한 시설이 있는 장소 (관리자의 출입이 곤란한 장소 제외)	해당 용도의 바닥면적 50 [m²]마다 적응성이 있는 소화기 1개 이상
3. 마그네슘 합금 칩을 저장 또는 취급하는 장소 〈시행 2024.7.25.〉	금속화재용 소화기(D급) 1개 이상을 금속재료로부터 보행거리 20 [m] 이내로 설치할 것

정답 79 ③

80 (상⦁중⦁하)

제연설비의 화재안전성능기준에 따라 제연구역을 구획하려 한다. 거실의 바닥면적이 400 [m²], 통로의 바닥면적이 300 [m²]라고 할 때 제연구역의 최소 개수로 옳은 것은?

① 1개 ② 2개
③ 3개 ④ 4개

해설 제연설비의 제연구역 구획기준

1) 하나의 제연구역 면적 : 1000 [m²] 이내
2) 거실과 통로(복도 포함)는 각각 제연구획할 것
3) 통로상의 제연구역은 보행중심선의 길이가 60 [m]를 초과하지 않을 것
4) 하나의 제연구역은 직경 60 [m] 원 내에 들어갈 수 있을 것
5) 하나의 제연구역은 2 이상 층에 미치지 않도록 할 것

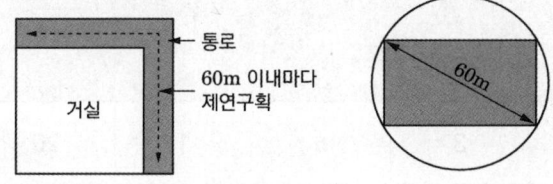

여기서,
① 거실과 통로는 각각 제연구획하고,
② 거실의 바닥면적(400 [m²])이 1000 [m²] 이내이고 통로의 바닥면적(300 [m²])이 1000 [m²] 이내이므로
∴ 제연구역의 최소 개수 = 2

정답 80 ②

2022 출제경향 분석

[소방원론]

CHAPTER 연도 및 회차		연소	연소생성물	폭발	화재	위험물	소화	안전관리 및 건축방재	합계
2022년	1	4	2	2	2	3	6	1	20
	2	7	2	1	3	2	5	0	20
	4	7	2	2	3	2	4	0	20

[소방유체역학]

CHAPTER 연도 및 회차		유체이론	정수역학	동수역학	배관과 펌프	열역학	합계
2022년	1	5	4	2	6	3	20
	2	4	3	5	5	3	20
	4	3	6	5	4	2	20

격차를 뛰어넘어 압도적인 격차를 만들다

[소방관계법규]

CHAPTER 연도 및 회차		소방기본법	소방시설법	화재예방법	소방공사업법	위험물 안전관리법	합계
2022년	1	3	4	3	6	4	20
	2	4	6	4	2	4	20
	4	7	3	4	2	4	20

[소방기계시설의 구조 및 원리]

CHAPTER 연도 및 회차		소화기구 및 자동 소화장치	옥내 소화전 설비	옥외 소화전 설비	스프링클러 설비	물분무 소화 설비	미분무 소화 설비	포소화 설비	이산화 탄소 소화 설비	할론 소화 설비	할로겐화합물 및 불활성기체 소화설비	분말 소화 설비	피난기구 및 인명 구조기구	소화 용수 설비	제연 설비	연결 송수관 설비	연결 살수 설비	기타	합계
2022년	1	2	0	1	3	1	1	2	0	2	0	2	2	2	2	0	0	0	20
	2	0	1	1	3	1	1	2	1	1	0	2	3	0	2	0	0	2	20
	4	2	0	1	6	2	1	3	1	0	0	1	1	2	0	0	0	0	20

2022년 1회 소방원론

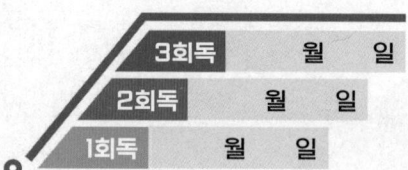

01

소화원리에 대한 설명으로 틀린 것은?

① 억제소화 : 불활성 기체를 방출하여 연소범위 이하로 낮추어 소화하는 방법
② 냉각소화 : 물의 증발잠열을 이용하여 가연물의 온도를 낮추는 소화방법
③ 제거소화 : 가연성 가스의 분출화재 시 연료공급을 차단시키는 소화방법
④ 질식소화 : 포소화약제 또는 불연성 기체를 이용해서 공기 중의 산소공급을 차단하여 소화하는 방법

해설 소화의 형태

소화	내용
냉각소화	열 흡수, 발화점 이하로 낮추어 소화
질식소화	산소농도 15 [%] 이하로 낮춤
제거소화	가연물을 차단, 격리
억제소화	연쇄반응을 차단, 부촉매소화

02

위험물의 유별에 따른 분류가 잘못된 것은?

① 제1류 위험물 : 산화성 고체
② 제3류 위험물 : 자연발화성 물질 및 금수성 물질
③ 제4류 위험물 : 인화성 액체
④ 제6류 위험물 : 가연성 액체

해설 위험물의 분류

구분	개요
제1류	산화성 고체
제2류	가연성 고체
제3류	자연발화성 및 금수성 물질
제4류	인화성 액체
제5류	자기반응성 물질
제6류	산화성 액체

암기 ▶ 산가자 인자산

03

고층 건축물 내 연기거동 중 굴뚝효과에 영향을 미치는 요소가 아닌 것은?

① 건물 내·외의 온도차
② 화재실의 온도
③ 건물의 높이
④ 층의 면적

해설 굴뚝효과(연돌효과)

1) 온도차에 의해 건물 내에 기류 이동 발생
2) 내부온도 > 외부온도 : 공기가 위쪽으로 이동
3) 영향 요인 : 실내외 온도차, 외벽 기밀성, 층간 공기누설, 건물의 높이

정답 01 ① 02 ④ 03 ④

04 상(중)하

화재에 관련된 국제적인 규정을 제정하는 단체는?

① IMO(International Maritime Organization)
② SFPE(Society of Fire Protection Engineers)
③ NFPA(Nation Fire Protection Association)
④ ISO(International Organization for Standardization) TC 92

해설 ISO(국제표준화기구)

- IMO : 국제해사기구
- SFPE : 미국소방기술사회
- NFPA : 미국방화협회
- ISO : 국제표준화기구
- ※ TC 92 : '화재안전'에 관한 국제 규격의 제·개정 활동을 통하여 국제 무역 증진을 도모하고 화재로부터 인명 및 재산을 보호할 목적으로 1958년에 설립된 ISO산하 기술위원회(TC : Technical Committee)

05 상(중)하

제연설비의 화재안전기술기준상 예상제연구역에 공기가 유입되는 순간의 풍속은 몇 [m/s] 이하가 되도록 하여야 하는가?

① 2
② 3
③ 4
④ 5

해설 예상제연구역에 설치되는 유입구 설치기준

예상제연구역에 공기가 유입되는 순간의 풍속은 5 [m/s] 이하가 되도록 하고, 유입구의 구조는 유입공기를 상향으로 분출하지 않도록 설치해야 한다.
다만 유입구가 바닥에 설치되는 경우에는 상향으로 분출이 가능하며 이때의 풍속은 1 [m/s] 이하가 되도록 해야 한다.

06 상(중)하

화재의 정의로 옳은 것은?

① 가연성 물질과 산소와의 격렬한 산화반응이다.
② 사람의 과실로 인한 실화나 고의에 의한 방화로 발생하는 연소현상으로서 소화할 필요성이 있는 연소현상이다.
③ 가연물과 공기와의 혼합물이 어떤 점화원에 의하여 활성화되어 열과 빛을 발하면서 일으키는 격렬한 발열반응이다.
④ 인류의 문화와 문명의 발달을 가져오게 한 근본 존재로서 인간의 제어수단에 의하여 컨트롤할 수 있는 연소현상이다.

해설 화재의 정의

사람의 과실로 인한 실화나 고의에 의한 방화로 발생하는 연소현상으로서 소화할 필요성이 있는 연소현상

07 상(중)하

물에 황산을 넣어 묽은 황산을 만들 때 발생되는 열은?

① 연소열
② 분해열
③ 용해열
④ 자연발열

해설 화학열의 종류

구분	내용
연소열	물질이 완전 산화되는 과정에서 발생되는 열
분해열	화합물이 분해될 때 발생되는 열
용해열	용질이 용매에 녹을 때 발생하는 열
자연발화열	외부의 열원이 없어도 물질 자체적으로 열을 축적하여 온도가 상승할 때 발생

보충 용매 : 용질을 녹여서 용액을 만드는 물질
용질 : 용매에 용해하여 용액을 만드는 물질
⒠ 설탕을 물에 녹이는 과정에서 물이 용매, 설탕이 용질

08 (상중하)

이산화탄소소화약제의 임계온도는 약 몇 [℃]인가?

① 24.4 ② 31.4
③ 56.4 ④ 78.4

해설 이산화탄소(CO_2)의 물성

구분		구분	
분자량	44 [g/mol]	임계온도	31.35 [℃]
증기비중	1.529	임계압력	75.2 [kg_f/cm^2]
증발열	137 [cal/g]	융해열	45.2 [cal/g]
삼중점	-57 [℃]	비점	-78 [℃]

09 (상중하)

상온·상압의 공기 중에서 탄화수소류의 가연물을 소화하기 위한 이산화탄소소화약제의 농도는 약 몇 [%]인가? (단, 탄화수소류는 산소농도가 10 [%]일 때 소화된다고 가정한다)

① 28.57 ② 35.48
③ 49.56 ④ 52.38

해설 이산화탄소의 농도

$$CO_2 \text{ 농도 [vol\%]} = \frac{21 - O_2[vol\%]}{21} \times 100$$

CO_2 농도 $= \frac{21 - O_2}{21} \times 100$

$= \frac{21 - 10}{21} \times 100$

$\fallingdotseq 52.38 \text{ [vol\%]}$

10 (상중하)

과산화수소 위험물의 특성이 아닌 것은?

① 비수용성이다.
② 무기화합물이다.
③ 불연성 물질이다.
④ 비중은 물보다 무겁다.

해설 제6류 위험물 – 과산화수소 특성

• 농도가 36 [wt%] 이상인 것
1) 일반적 성질
   (1) 산화성 액체이며 <u>무기화합물</u>
   (2) <u>불연성</u>이지만 분자 내에 산소를 많이 함유하고 있어 다른 물질의 연소를 돕는 조연성 물질
   (3) <u>비중이 1보다 큼</u>
   (4) 물에 잘 녹음(수용성)
   (5) 부식성이 강하고 증기는 유독함
2) 소화
   소량일 때는 다량의 물로 희석소화

TIP ▶ 1, 2, 5, 6류 위험물은 비중이 1보다 큼

정답 08 ② 09 ④ 10 ①

11 상(중)하

건축물의 피난·방화구조 등의 기준에 관한 규칙상 방화구획의 설치기준 중 스프링클러를 설치한 10층 이하의 층은 바닥면적 몇 [m²] 이내마다 방화구획을 구획하여야 하는가?

① 1000
② 1500
③ 2000
④ 3000

해설 방화구획 설치기준

분류	구획단위
면적별	• 10층 이하의 층 : 바닥면적 1000 [m²] 이내마다 구획할 것 • 11층 이상의 층 : 바닥면적 200 [m²] 이내마다 구획할 것 (벽 및 반자의 실내에 접하는 부분의 마감을 불연재료로 한 경우 : 500 [m²] 이내마다) ※ 스프링클러 기타 이와 유사한 자동식 소화설비를 설치한 경우 : 위 바닥면적의 3배를 기준면적으로 함
층별	매층마다 구획할 것(다만 지하 1층에서 지상으로 직접 연결되는 경사로 부위는 제외한다)

스프링클러(자동식 소화설비)를 설치하였으므로
⇒ $1000[m^2] \times 3 = 3000[m^2]$

12 상(중)하

다음 중 분진폭발의 위험성이 가장 낮은 것은?

① 시멘트가루
② 알루미늄분
③ 석탄분말
④ 밀가루

해설 분진폭발을 일으키지 않는 물질

물과 반응하여 가연성 기체를 발생하지 않는 것
• 시멘트
• 석회석
• 탄산칼슘($CaCO_3$)
• 생석회(CaO) = 산화칼슘
• 소석회

암기 ▶ 분시석 탄생소

13 상 중(하)

백열전구가 발열하는 원인이 되는 열은?

① 아크열
② 유도열
③ 저항열
④ 정전기열

해설 전기적 점화원(전기열)의 종류

구분	내용
아크열	전기회로나 개폐기 등의 접촉 불량 등에 의해 발생(전기불꽃, 스파크)
유도열	도체주의의 자장변화에 의한 전위차발생으로 전류흐름에 의한 저항열
저항열	도체에 전류가 흘렀을 때 전기저항 때문에 발생하는 열 (백열전구, 전기장판)
정전기열	정지된 전기, 마찰대전에 의한 발생열(마찰전기)

14 상(중)하

동식물유류에서 "아이오딘값이 크다"라는 의미를 옳게 설명한 것은?

① 불포화도가 높다.
② 불건성유이다.
③ 자연발화성이 낮다.
④ 산소와의 결합이 어렵다.

해설 아이오딘값(요오드가, Iodine Value)

1) 유지 100 [g]에 흡수되는 아이오딘의 [g] 수
2) 불포화 지방 함유량
3) 아이오딘값(요오드가)이 클수록 불포화도가 높고, 산소와 결합하기 쉬우며, 자연발화 위험성이 크다.
4) 위험성 : 건성유 > 반건성유 > 불건성유

정답 11 ④ 12 ① 13 ③ 14 ①

15 (상⦁중⦁하)

단백포소화약제의 특징이 아닌 것은?

① 내열성이 우수하다.
② 유류에 대한 유동성이 나쁘다.
③ 유류를 오염시킬 수 있다.
④ 변질의 우려가 없어 저장 유효기간의 제한이 없다.

해설 포소화약제 종류

종류	특징
단백포	• 부식성이 큼 • 내열성이 우수함 • 유동성, 내유성이 좋지 않음 • 변질의 우려가 있어 장기 저장 불가 • 포안정제로 염화제1철염 첨가
수성막포 (AFFF)	• 안전성이 좋음 • 분말소화약제와 겸용하여 사용 가능 • 점성이 작아 기름 표면에 피막을 형성하여 유류 증발 억제
불화단백포	• 소화성능 가장 우수 • 단백포 + 수성막포 • 표면하주입방식
합성 계면활성제포	• 저팽창포, 고팽창포 모두 사용 가능 • 유동성이 좋음
내알코올포 (알코올형포)	• 수용성 유류화재에 적응성이 있음 • 가연성 액체에 사용함

16 (상⦁중⦁하)

이산화탄소소화약제의 주된 소화효과는?

① 제거소화
② 억제소화
③ 질식소화
④ 냉각소화

해설 소화약제별 주된 소화효과

소화약제	소화효과
물(H_2O)	냉각효과
이산화탄소(CO_2)	질식소화
포	
할론	억제소화(부촉매소화)

17 (상⦁중⦁하)

전기불꽃, 아크 등이 발생하는 부분을 기름 속에 넣어 폭발을 방지하는 방폭구조는?

① 내압 방폭구조
② 유입 방폭구조
③ 안전증 방폭구조
④ 특수 방폭구조

해설 방폭구조

방폭구조	특징	구조
본질안전 방폭구조	정상·이상 상태에서 점화원이 위험성 분위기에 폭발을 발생시킬 수 없는 구조	
내압 방폭구조	용기 내부로 폭발성 가스가 침입해도 외부 위험성 분위기에는 영향이 없도록 최대안전틈새 이내로 격리시키는 구조	
압력 방폭구조	용기 내에 불활성 가스를 압입시켜 외부의 폭발성 가스로부터 점화원을 격리하는 구조	
유입 방폭구조	점화원이 될 우려가 있는 부분에 오일을 주입하여 폭발성 가스로부터 점화원을 격리하는 구조	
안전증 방폭구조	정상 상태에서 전기기기의 고장이 발생하지 않도록 안전도를 높이는 방식	

정답 15 ④ 16 ③ 17 ②

18 상 중 하

자연발화의 방지방법이 아닌 것은?

① 통풍이 잘 되도록 한다.
② 퇴적 및 수납 시 열이 쌓이지 않게 한다.
③ 높은 습도를 유지한다.
④ 저장실의 온도를 낮게 한다.

해설 자연발화 방지대책

1) 가연성 물질 제거
2) 통풍이나 환기를 통한 열 축적 방지
3) 저장실의 온도를 낮출 것
4) 습도 높은 곳 피할 것(수분 : 촉매작용)
5) 열전도성 좋게 할 것

20 상 중 하

상온에서 무색의 기체로서 암모니아와 유사한 냄새를 가지는 물질은?

① 에틸벤젠
② 에틸아민
③ 산화프로필렌
④ 사이클로프로페인

해설 에틸아민($CH_3CH_2NH_2$)의 특징

1) 에탄올에 아민을 작용시켜 생산하는 유기 화합물
2) 강한 암모니아 냄새가 있는 무색, 가연성, 휘발성 액체
3) 물과 알코올에 녹음

19 상 중 하

소화약제의 형식승인 및 제품검사의 기술기준상 강화액소화약제의 응고점은 몇 [℃] 이하이어야 하는가?

① 0
② -20
③ -25
④ -30

해설 강화액(K_2CO_3)의 특징

$K_2CO_3 + H_2O \rightarrow K_2O + H_2O + CO_2 - Q$ [kcal]

1) 사용온도가 -20 ~ 40 [℃]로 겨울철이나 한랭지역의 소화에 적합(응고점 : -20 [℃] 이하)
2) pH 11 ~ 12 강알칼리성
3) 계면활성제를 첨가하여 표면장력을 낮추어 침투력과 분산력 증가
4) 냉각 및 연쇄반응 차단의 억제소화가 효과적
5) 무상방사 시 A, B, C, K급 소화에 적합

정답 18 ③ 19 ② 20 ②

2022년 1회 소방유체역학

21 (상 중 하)

30 [℃]에서 부피가 10 [L]인 이상기체를 일정한 압력으로 0 [℃]로 냉각시키면 부피는 약 몇 [L]로 변하는가?

① 3 ② 9
③ 12 ④ 18

해설 압력이 일정할 때 부피 변화(샤를의 법칙)

보일 - 샤를의 법칙 $\dfrac{P_1 V_1}{T_1} = \dfrac{P_2 V_2}{T_2}$

일정한 압력으로 냉각시키므로 $P_1 = P_2$

따라서

$\dfrac{V_1}{T_1} = \dfrac{V_2}{T_2}$

$\dfrac{10}{273+30} = \dfrac{V_2}{273+0}$

$\therefore V_2 = \dfrac{273}{303} \times 10 = 9.0099 \, [L]$

보충 보일-샤를의 법칙에서 온도(T)는 반드시 절대온도[K]를 대입한다.

22 (상 중 하)

비중이 0.6이고 길이 20 [m], 폭 10 [m], 높이 3 [m]인 직육면체 모양의 소방정 위에 비중이 0.9인 포소화약제 5톤을 실었다. 바닷물의 비중이 1.03일 때 바닷물 속에 잠긴 소방정의 깊이는 몇 [m]인가?

① 3.54 ② 2.5
③ 1.77 ④ 0.6

해설 물체의 잠긴 깊이 계산

1) $W = F_B$

$\gamma_{물체} V_{전체} + m_{약제} g = \gamma_{유체} V_{잠긴}$

$S_{물체} \gamma_w V_{전체} + m_{약제} g = S_{유체} \gamma_w V_{잠긴}$

$0.6 \times 9800 \times (20 \times 10 \times 3) + 5000 \times 9.8$
$= 1.03 \times 9800 \times V_{잠긴}$

2) $V_{잠긴} = 354.37 \, [m^3] = 20 \times 10 \times h_{잠긴높이}$

$h_{잠긴높이} = 1.77 \, [m]$

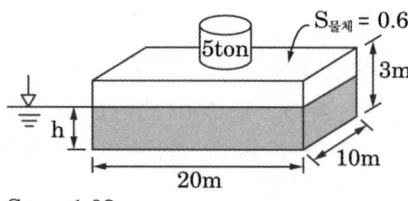

보충 1 [ton] = 1000 [kg]

정답 21 ② 22 ③

23

그림과 같이 대기압 상태에서 V의 균일한 속도로 분출된 직경 D의 원형 물제트가 원판에 충돌할 때 원판이 U의 속도로 오른쪽으로 계속 동일한 속도로 이동하려면 외부에서 원판에 가해야 하는 힘 F는? (단, ρ는 물의 밀도, g는 중력가속도이다)

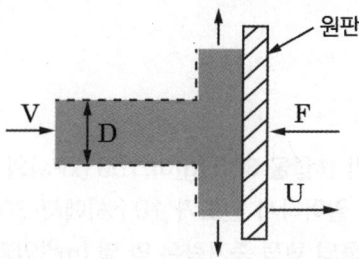

① $\rho \frac{\pi}{4} D^2 (V-U)^2$

② $\rho \frac{\pi}{4} D^2 (V+U)^2$

③ $\rho \pi D^2 (V-U)(V+U)$

④ $\rho \frac{\pi}{4} D^2 (V-U)(V+U)$

해설 이동평판에 작용하는 힘 F

이동평판에 작용하는 힘 $F = \rho Q \Delta V = \rho A (\Delta V)^2$

$F = \rho Q \Delta V = \rho A (\Delta V)^2$
$= \rho \frac{\pi}{4} D^2 (V-U)^2$

24

그림과 같이 폭이 넓은 두 평판 사이를 흐르는 유체의 속도분포 u(y)가 다음과 같을 때, 평판 벽에 작용하는 전단응력은 약 몇 [Pa]인가? (단, u_m = 1 [m/s], h = 0.01 [m], 유체의 점성계수는 0.1 [N·s/m²]이다)

$$u(y) = u_m \left[1 - \left(\frac{y}{h}\right)^2\right]$$

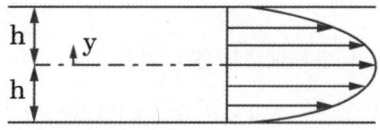

① 1 ② 2
③ 10 ④ 20

해설 전단응력

$$전단응력\ \tau [N/m^2] = \mu \frac{du}{dy}$$

1) 속도구배

$$\frac{du}{dy} = \frac{d}{dy}\left[u_m - u_m \frac{y^2}{h^2}\right] = \left[2u_m \frac{y}{h^2}\right]_{y=h}$$

(∵ 평판 벽에 작용하는 전단응력을 구하는 것이므로 $y = h$)

2) 전단응력 $\tau = \mu \frac{du}{dy}$

$$= \mu \left[2u_m \frac{y}{h^2}\right]_{y=h}$$

$$= 0.1 \times \left(2 \times 1 \times \frac{0.01}{0.01^2}\right) = 20 [Pa]$$

※ 기본 미분공식

1) 상수 함수의 미분 : $\frac{d}{dx}[c] = 0$

상수 c는 변화하지 않기 때문에 미분은 0이 됨

2) 거듭제곱 함수의 미분 : $\frac{d}{dx}[x^n] = nx^{n-1}$

미분을 하면 지수가 하나 줄어들고 원래의 지수 값이 앞에 곱해짐

정답 23 ① 24 ④

25 상중하

-15 [℃]의 얼음 10 [g]을 100 [℃]의 증기로 만드는 데 필요한 열량은 약 몇 [kJ]인가? (단, 얼음의 융해열은 335 [kJ/kg], 물의 증발잠열은 2256 [kJ/kg], 얼음의 평균 비열은 2.1 [kJ/kg·K]이고, 물의 평균 비열은 4.18 [kJ/kg·K]이다)

① 7.85
② 27.1
③ 30.4
④ 35.2

Q : 열량 [kJ]
m : 질량 [kg], C : 비열 [kJ/kg·K]
r : 잠열 [kJ/kg], $\triangle T$: 온도차 [K]

보충 ▶ 잠열 $Q = mr$
현열 $Q = mC\triangle T$

해설 물의 상태변화 에너지(현열, 잠열)

$$\boxed{-15℃\ 얼음} \xrightarrow{Q_1} \boxed{0℃\ 얼음} \xrightarrow{Q_2} \boxed{0℃\ 물} \xrightarrow{Q_3} \boxed{100℃\ 물}$$
$$\xrightarrow{Q_4} \boxed{100℃\ 수증기}$$

1) 현열 Q_1 : 얼음 (-15 [℃]) ⇒ 얼음 (0 [℃])
   $Q_1 = mC_{얼음}\triangle T$
   $= 0.01 \times 2.1 \times 15 = 0.315 [kJ]$

2) 잠열 Q_2 : 얼음 (0 [℃]) ⇒ 물 (0 [℃])
   $Q_2 = mr_{융해}$
   $= 0.01 \times 335 = 3.35 [kJ]$

3) 현열 Q_3 : 물 (0 [℃]) ⇒ 물 (100 [℃])
   $Q_3 = mC_{물}\triangle T$
   $= 0.01 \times 4.18 \times 100 = 4.18 [kJ]$

4) 잠열 Q_4 : 물 (100 [℃]) ⇒ 수증기 (100 [℃])
   $Q_4 = mr_{증발}$
   $= 0.01 \times 2256 = 22.56 [kJ]$

5) 총 필요열량 $= Q_1 + Q_2 + Q_3 + Q_4$
   $= 0.315 + 3.35 + 4.18 + 22.56$
   $= 30.405 [kJ]$

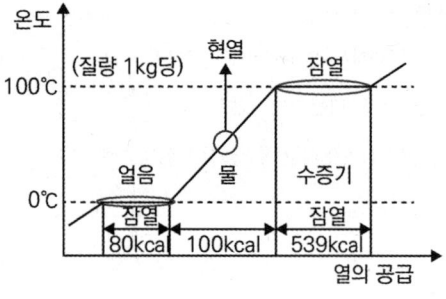
[물의 상태변화]

26 상중하

포화액-증기 혼합물 300 [g]이 100 [kPa]의 일정한 압력에서 기화가 일어나서 건도가 10 [%]에서 30 [%]로 높아진다면 혼합물의 체적 증가량은 약 몇 [m³]인가? (단, 100 [kPa]에서 포화액과 포화증기의 비체적은 각각 0.00104 [m³/kg]과 1.694 [m³/kg]이다)

① 3.386
② 1.693
③ 0.508
④ 0.102

해설 포화액-증기 상태 체적

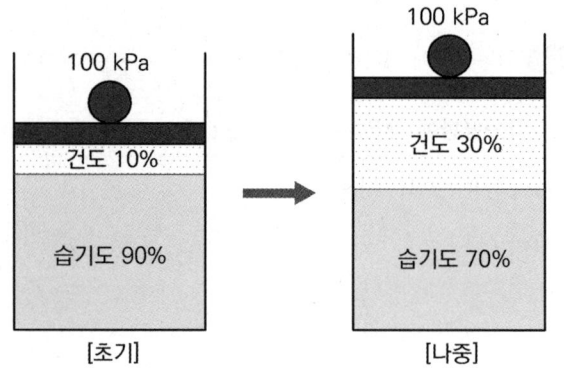

1) 초기체적(증기 10 [%], 액체 90 [%])
   $= 0.9 \times 질량[kg] \times 액체의\ 비체적[m^3/kg]$
   $\quad + 0.1 \times 질량[kg] \times 증기의\ 비체적[m^3/kg]$
   $= 0.9 \times (0.3 \times 0.00104)$
   $\quad + 0.1 \times (0.3 \times 1.694) = 0.0511 [m^3]$

정답 25 ③ 26 ④

2) 나중체적(증기 30 [%], 액체 70 [%])
$= 0.7 \times 질량[kg] \times 액체의\ 비체적[m^3/kg]$
$+ 0.3 \times 질량[kg] \times 증기의\ 비체적[m^3/kg]$
$= 0.7 \times (0.3 \times 0.00104)$
$+ 0.3 \times (0.3 \times 1.694) = 0.1527 [m^3]$

3) 체적증가량 = 나중체적 - 초기체적
$= 0.1527 - 0.0511$
$= 0.1016 [m^3]$

27 (상 중 하)

비중량 및 비중에 대한 설명으로 옳은 것은?

① 비중량은 단위부피당 유체의 질량이다.
② 비중은 유체의 질량 대 표준 상태유체의 질량비이다.
③ 기체인 수소의 비중은 액체인 수은의 비중보다 크다.
④ 압력의 변화에 대한 액체의 비중량 변화는 기체 비중량 변화보다 작다.

해설 비중량과 비중

1) 비중량 : 물체의 단위 부피당 중량 $[N/m^3]$
2) 비중 : 어떤 물질의 비중량과 물의 비중량의 비
$\left(= \dfrac{어떤\ 물질의\ 비중량}{4℃\ 물의\ 비중량}\right)$
3) 압력에 의해 기체가 액체보다 더 큰 부피(비중량) 변화가 발생한다.
따라서 압력의 변화에 대한 비중량 변화는 액체가 기체보다 작다.

28 (상 중 하)

물분무소화설비의 가압송수장치로 전동기 구동형 펌프를 사용하였다. 펌프의 토출량 800 [L/min], 전양정 50 [m], 효율 0.65, 전달계수 1.1인 경우 적당한 전동기 용량은 몇 [kW]인가?

① 4.2 ② 4.7
③ 10.0 ④ 11.1

해설 전동기 동력

$$P[kW] = \frac{\gamma[kN/m^3] \times Q[m^3/s] \times H[m]}{\eta} \times K$$

$P = \dfrac{\gamma QH}{\eta} \times K$

$= \dfrac{9.8 \times \dfrac{0.8}{60} \times 50}{0.65} \times 1.1 = 11.06\ [kW]$

γ : 물의 비중량 $[9.8\ kN/m^3]$
Q : 유량 $[m^3/s]$
H : 전양정 [m]
η : 효율
K : 전달계수

29 (상 중 하)

수평 원관 속을 층류 상태로 흐르는 경우 유량에 대한 설명으로 틀린 것은?

① 점성계수에 반비례한다.
② 관의 길이에 반비례한다.
③ 관 지름의 4제곱에 비례한다.
④ 압력강하량에 반비례한다.

정답 27 ④ 28 ④ 29 ④

해설 층류 상태에서 유량

하겐 포아젤공식 $\Delta P[Pa] = \dfrac{128\mu L Q}{\pi D^4}$

따라서 $Q \propto \dfrac{1}{\mu}$, $Q \propto \dfrac{1}{L}$, $Q \propto D^4$, $Q \propto \Delta P$

즉, 유량(Q)은 압력강하량(ΔP)에 비례한다.

Q : 유량 [m³/s]
μ : 점성계수 [N·s/m²]
L : 관의 길이 [m]
D : 관의 내경 [m]

30 (상중하)

부차적 손실계수 K가 2인 관 부속품에서의 손실수두가 2 [m]이라면 이때의 유속은 약 몇 [m/s]인가?

① 4.43
② 3.14
③ 2.21
④ 2.00

해설 유속 계산

부차적 손실 $h_L = K\dfrac{V^2}{2g}$

$2 = 2\dfrac{V^2}{2 \times 9.8}$

$\therefore V = 4.427\,[m/s]$

31 (상중하)

관 내에 흐르는 유체의 흐름을 구분하는 데 사용되는 레이놀즈수의 물리적인 의미는?

① 관성력/중력
② 관성력/점성력
③ 관성력/탄성력
④ 관성력/압축력

해설 레이놀즈수

레이놀즈수 $Re = \dfrac{\rho V D}{\mu}$

ρ : 밀도 [kg/m³], V : 유속 [m/s]
D : 직경 [m], μ : 점성계수 [N·s/m²]

1) 유체의 흐름을 구분하는 무차원수
2) 물리적인 의미 : $Re = \dfrac{관성력}{점성력}$

32 (상중하)

그림과 같은 U자관 차압액주계에서 γ_1 = 9.8 [kN/m³], γ_2 = 133 [kN/m³], γ_3 = 9.0 [kN/m³], h_1 = 0.2 [m], h_3 = 0.1 [m]이고 압력차 $P_A - P_B$ = 30 [kPa]이다. h_2는 몇 [m]인가?

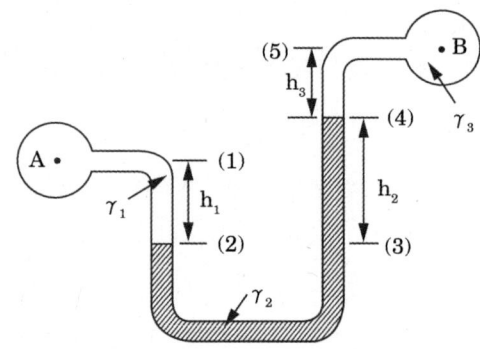

① 0.218
② 0.226
③ 0.234
④ 0.247

정답 30 ① 31 ② 32 ③

해설 시차 액주계 압력차

$P_{(2)} = P_{(3)}$
$P_{(2)} = P_A + \gamma_1 h_1$
$P_{(3)} = P_B + \gamma_2 h_2 + \gamma_3 h_3$
$P_A + \gamma_1 h_1 = P_B + \gamma_2 h_2 + \gamma_3 h_3$
$P_A - P_B = \gamma_3 h_3 + \gamma_2 h_2 - \gamma_1 h_1$
$30 = 9 \times 0.1 + 133 \times h_2 - 9.8 \times 0.2$
$\therefore h_2 = 0.2335 \, [m]$

γ : 비중량 [kN/m³], h : 유체 높이 [m]

33 상중하

펌프와 관련된 용어의 설명으로 옳은 것은?

① 캐비테이션 : 송출압력과 송출유량이 주기적으로 변하는 현상
② 서징 : 액체가 포화 증기압 이하에서 비등하여 기포가 발생하는 현상
③ 수격작용 : 관을 흐르던 물이 갑자기 정지할 때 압력파에 의해 이상음(異常音)이 발생하는 현상
④ NPSH : 펌프에서 상사법칙을 나타내기 위한 비속도

해설 펌프의 이상현상

1) 수격작용(Water Hammering) : 펌프 토출 측에서 속도변화에 의해 충격파가 전달되는 현상
2) 서징현상(Surging) : 압력계가 흔들리고 송출유량이 주기적으로 변하는 현상
3) 공동현상(Cavitation) : 관 내 유체의 정압이 포화수증기압보다 낮아져 유체에 기포가 발생하는 현상
4) NPSH : 펌프 운용에 사용되는 인자로 NPSH$_{av}$(유효흡입양정)와 NPSH$_{re}$(필요흡입양정)로 나뉜다.

34 상중하

베르누이의 정리($\frac{P}{\gamma} + \frac{V^2}{2g} + Z = Const.$)가 적용되는 조건이 될 수 없는 것은?

① 압축성의 흐름이다.
② 정상 상태의 흐름이다.
③ 마찰이 없는 흐름이다.
④ 베르누이 정리가 적용되는 임의의 두 점은 같은 유선 상에 있다.

해설 베르누이방정식의 조건

1) 유체입자는 유선을 따라 흐름
2) 정상류
3) 비점성 유체(유체입자는 마찰이 없다)
4) 비압축성 유체

35 상중하

그림과 같이 수평과 30° 경사된 폭 50 [cm]인 수문 AB가 A점에서 힌지(Hinge)로 되어 있다. 이 문을 열기 위한 최소한의 힘 F(수문에 직각 방향)는 약 몇 [kN]인가? (단, 수문의 무게는 무시하고, 유체의 비중은 1이다)

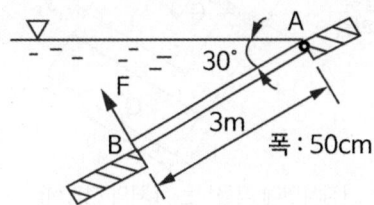

① 11.5 ② 7.35
③ 5.51 ④ 2.71

해설 수문의 개방력

1) 유체의 전압력 F_1

$$F_1 = \gamma \bar{h} A$$
$$= 9800[N/m^3] \times (1.5[m] \times \sin 30) \times (0.5 \times 3)[m^2]$$
$$= 11025[N]$$

2) 작용점의 위치 y_F

$$y_F = \bar{y} + \frac{I_G}{A \times \bar{y}} = \bar{y} + \frac{\frac{bh^3}{12}}{A \times \bar{y}}$$

$$= 1.5 + \frac{\frac{0.5 \times 3^3}{12}}{(0.5 \times 3) \times 1.5} = 2[m]$$

3) 수문의 개방력

$F_1 \times L_1 = F_2 \times L_2$ 이므로

$$F_2 = \frac{F_1 \times L_1}{L_2} = \frac{11025[N] \times 2[m]}{3[m]}$$
$$= 7350[N] = 7.35[kN]$$

$\bar{h}$: 수면에서 수문의 도심점까지 수직거리
$\bar{y}$: 수면에서 수문의 도심점까지 직선거리
I_G : 단면 2차모멘트(사각형 : $bh^3/12$)
L_1 : 힌지에서 작용점의 위치까지 거리
L_2 : 힌지에서 힘을 가할 지점까지 거리
A : 수문의 단면적

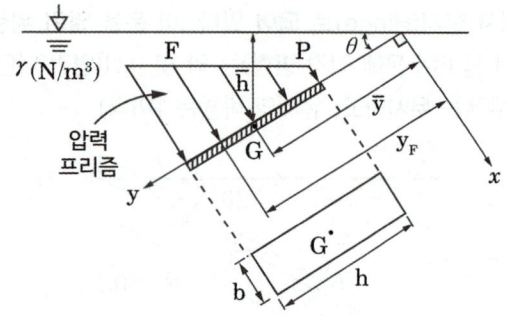

[경사면에 작용하는 유체의 전압력]

36 상 중 ㉠

성능이 같은 3대의 펌프를 병렬로 연결하였을 경우 양정과 유량은 얼마인가? (단, 펌프 1대의 유량은 Q, 양정은 H이다)

① 유량은 3Q, 양정은 H
② 유량은 3Q, 양정은 3H
③ 유량은 9Q, 양정은 H
④ 유량은 9Q, 양정은 3H

해설 펌프 2대의 직/병렬 운전

구분	직렬 운전	병렬 운전
개념도	(P)-(P)	(P)∥(P)
$H-Q$ 곡선	양정 H / 2대운전, 1대운전 / 유량 Q	양정 H / 2대운전, 1대운전 / 유량 Q
특징	① 유량 : Q ② 양정 : $2H$	① 유량 : $2Q$ ② 양정 : H

※ 펌프 3대의 병렬 운전 시
  ① 유량 : $3Q$ ② 양정 : H

정답 36 ①

37 (상 중 하)

수평 배관 설비에서 상류 지점인 A지점의 배관을 조사해 보니 지름 100 [mm], 압력 0.45 [MPa], 평균 유속 1 [m/s]이었다. 또, 하류의 B지점을 조사해 보니 지름 50 [mm], 압력 0.4 [MPa]이었다면 두 지점 사이의 손실수두는 약 몇 [m]인가? (단, 배관 내 유체의 비중은 1이다)

① 4.34 ② 4.95
③ 5.87 ④ 8.67

해설 손실수두 계산(베르누이방정식)

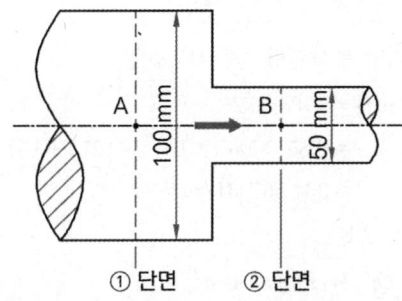
① 단면   ② 단면

1) A지점을 1단면, B지점을 2단면으로 놓았을 때

$$\frac{P_1}{\gamma}+\frac{V_1^2}{2g}+Z_1=\frac{P_2}{\gamma}+\frac{V_2^2}{2g}+Z_2+H_L$$

$Z_1 = Z_2$ (수평)이므로

$$\frac{P_1}{\gamma}+\frac{V_1^2}{2g}=\frac{P_2}{\gamma}+\frac{V_2^2}{2g}+H_L$$

2) 2단면의 유속 V_2

$Q_1 = Q_2$ 이므로 $A_1 V_1 = A_2 V_2$

$$\frac{\pi D_1^2}{4}\times V_1 = \frac{\pi D_2^2}{4}\times V_2$$

$$V_2 = \frac{D_1^2}{D_2^2}\times V_1 = \frac{100^2}{50^2}\times 1 = 4 [m/s]$$

3) 손실수두 H_L

$$\frac{P_1}{\gamma}+\frac{V_1^2}{2g}=\frac{P_2}{\gamma}+\frac{V_2^2}{2g}+H_L$$

$$\frac{450}{9.8}+\frac{1^2}{2g}=\frac{400}{9.8}+\frac{4^2}{2g}+H_L$$

∴ $H_L = 4.337 [m]$

38 (상 중 하)

원관 속을 층류 상태로 흐르는 유체의 속도분포가 다음과 같을 때 관 벽에서 30 [mm] 떨어진 곳에서 유체의 속도기울기(속도구배)는 약 몇 s^{-1}인가?

| $u = 3y^{\frac{1}{2}}$ | • u : 유속(m/s)
• y : 관 벽으로부터의 거리(m) |

① 0.87 ② 2.74
③ 8.66 ④ 27.4

해설 속도구배

$u = 3y^{\frac{1}{2}}$ 의 양변을 y에 대해 미분하면

$$\frac{du}{dy}=\frac{d}{dy}(3y^{0.5})$$
$$=[3\times 0.5\times y^{-0.5}]_{y=0.03}$$
$$=3\times 0.5\times 0.03^{-0.5}=8.66 [s^{-1}]$$

∵ 관 벽에서 30 [mm](= 0.03 [m]) 떨어진 곳에서 유체의 속도기울기이므로 $y = 0.03$

보충 $\frac{d}{dy}(y^{0.5})=0.5\times y^{-0.5}$

※ 기본 미분공식

1) 상수 함수의 미분 : $\frac{d}{dx}[c]=0$

 상수 c는 변화하지 않기 때문에 미분은 0이 됨

2) 거듭제곱 함수의 미분 : $\frac{d}{dx}[x^n]=nx^{n-1}$

 미분을 하면 지수가 하나 줄어들고 원래의 지수 값이 앞에 곱해짐

정답 37 ① 38 ③

39

대기의 압력이 106 [kPa]이라면 게이지 압력이 1226 [kPa]인 용기에서 절대압력은 몇 [kPa]인가?

① 1120
② 1125
③ 1327
④ 1332

해설 절대압력

절대압 = 대기압 + 계기압
= 106 + 1226 = 1332 [kPa]

보충 절대압력 : 완전진공을 기준으로 측정한 압력
(1) 절대압력 = 대기압 + 게이지압력
(2) 절대압력 = 대기압 − 진공압

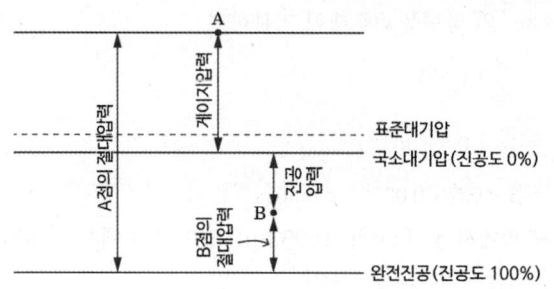

[절대압력과 게이지압력]

40

표면온도 15 [℃], 방사율 0.85인 40 [cm] × 50 [cm] 직사각형 나무판의 한쪽 면으로부터 방사되는 복사열은 약 몇 [W]인가? (단, 스테판 볼츠만 상수는 5.67 × 10⁻⁸ [W/m²·K⁴]이다)

① 12
② 66
③ 78
④ 521

해설 스테판 볼츠만법칙

$$\text{단위 면적당 복사열량 } \dot{Q}''\,[W/m^2] = \varepsilon \times \sigma \times T^4$$

1) 단위 면적당 복사열량 $\dot{Q}''\,[W/m^2]$

$$\dot{Q}''\,[W/m^2] = \varepsilon \times \sigma \times T^4$$
$$= 0.85 \times 5.67 \times 10^{-8} \times (273+15)^4$$
$$= 331.567\,[W/m^2]$$

2) 복사열량 $\dot{Q}[W]$

$$\dot{Q}[W] = \dot{Q}''\,[W/m^2] \times A[m^2]$$
$$= 331.567 \times (0.4 \times 0.5)$$
$$= 66.31\,[W]$$

ε : 방사율(흑체일 때 $\varepsilon = 1$)
σ : 스테판 볼츠만 계수 $[W/m^2 \cdot K^4]$
T : 절대온도 [K]

2022년 1회 소방관계법규

41 상 중 하

소방시설 설치 및 관리에 관한 법령상 건축허가등을 할 때 미리 소방본부장 또는 소방서장의 동의를 받아야 하는 건축물등의 범위가 아닌 것은?

① 연면적 200 [m²] 이상인 노유자시설 및 수련시설
② 항공기격납고, 관망탑
③ 차고·주차장으로 사용되는 바닥면적이 100 [m²] 이상인 층이 있는 건축물
④ 지하층 또는 무창층이 있는 건축물로서 바닥면적이 150 [m²] 이상인 층이 있는 것

해설 건축허가 동의대상물 범위

구분	기준
학교시설	연면적 100 [m²] 이상
노유자(老幼者)시설 및 수련시설	연면적 200 [m²] 이상
지하층·무창층이 있는 건축물	바닥면적 150 [m²] 공연장 100 [m²]) 이상
정신의료기관, 장애인 의료재활시설	연면적 300 [m²] 이상
일반용도의 특정소방대상물	연면적 400 [m²] 이상
차고, 주차장 또는 주차용도로 사용되는 시설	바닥면적 200 [m²] 이상
	기계식 주차시설 자동차 20대 이상

구분	기준
• 노인 관련 시설 중 노인주거복지시설, 노인의료복지시설, 재가노인복지시설, 학대피해노인 전용쉼터 • 아동복지시설(아동상담소, 아동전용시설 및 지역아동센터는 제외한다) • 장애인 거주시설 • 정신질환자 관련 시설(공동생활가정을 제외한 재활훈련시설과 종합시설 중 24시간 주거를 제공하지 않는 시설은 제외한다) • 노숙인 관련 시설 중 노숙인자활시설·노숙인재활시설·노숙인요양시설 • 결핵환자나 한센인이 24시간 생활하는 노유자시설	단독주택, 공동주택에 설치되는 시설 제외
• 6층 이상 건축물 • 항공기격납고, 관망탑, 항공관제탑, 방송용 송수신탑 • 요양병원(의료재활시설 제외) • 위험물 저장 및 처리시설, 지하구, 전기저장시설, 풍력발전소 • 조산원, 산후조리원, 의원(입원실 또는 인공신장실이 있는 것) • 공장 또는 창고시설로서 지정 수량의 750배 이상의 특수가연물을 저장·취급하는 것 • 가스시설로서 지상에 노출된 탱크의 저장용량의 합계가 100톤 이상인 것	–

정답 41 ③

42 (상 중 하)

화재의 예방 및 안전관리에 관한 법령상 일반음식점에서 음식조리를 위해 불을 사용하는 설비를 설치하는 경우 지켜야 하는 사항으로 틀린 것은?

① 주방시설에는 동물 또는 식물의 기름을 제거할 수 있는 필터 등을 설치할 것
② 열을 발생하는 조리기구는 반자 또는 선반으로부터 0.6 [m] 이상 떨어지게 할 것
③ 주방설비에 부속된 배출덕트는 0.2 [mm] 이상의 아연도금강판으로 설치할 것
④ 열을 발생하는 조리기구로부터 0.15 [m] 이내의 거리에 있는 가연성 주요구조부는 석면판 또는 단열성이 있는 불연재료로 덮어씌울 것

해설 음식조리를 위하여 설치하는 설비
- 주방설비에 부속된 배출덕트는 0.5 [mm] 이상 아연도금강판 또는 동등 이상의 내식성 불연재료로 설치
- 동·식물 기름 제거 가능한 필터 설치
- 열 발생 조리기구는 반자 또는 선반으로부터 0.6 [m] 이상 떨어지게 할 것
- 열 발생 조리기구로부터 0.15 [m] 이내 거리의 가연성 주요구조부는 석면판 또는 단열성 있는 불연재료로 덮어씌울 것

43 (상 중 하)

소방시설공사업법령상 소방시설업의 감독을 위하여 필요할 때에 소방시설업자나 관계인에게 필요한 보고나 자료 제출을 명할 수 있는 사람이 아닌 것은?

① 시·도지사 ② 119안전센터장
③ 소방서장 ④ 소방본부장

해설 소방시설업의 감독
1) 명령권자 : 시·도지사, 소방본부장, 소방서장
2) 소방시설업의 감독을 위하여 필요할 때에 소방시설업자나 관계인에게 필요한 보고나 자료 제출을 명할 수 있다.

44 (상 중 하)

화재의 예방 및 안전관리에 관한 법령상 화재가 발생할 우려가 높거나 화재가 발생하는 경우 그로 인하여 피해가 클 것으로 예상되는 지역을 화재예방강화지구로 지정할 수 있는 자는?

① 한국소방안전협회장
② 소방시설관리사
③ 소방본부장
④ 시·도지사

해설 화재예방강화지구 지정
1) 지정권자 : 시·도지사
2) 화재예방강화지구 지정 요청 : 소방청장
3) 화재예방강화지구
  (1) 시장지역
  (2) 공장·창고가 밀집한 지역
  (3) 목조건물이 밀집한 지역
  (4) 노후·불량건축물이 밀집한 지역
  (5) 위험물의 저장 및 처리 시설이 밀집한 지역
  (6) 석유화학제품을 생산하는 공장이 있는 지역
  (7) 산업입지 및 개발에 관한 법률에 따른 산업단지
  (8) 소방시설·소방용수시설·소방출동로가 없는 지역
  (9) 물류단지
  (10) (1) ~ (9)까지 준하는 지역으로서 소방관서장이 화재예방강화지구로 지정할 필요가 있다고 인정하는 지역

정답 42 ③ 43 ② 44 ④

45 상(중)하

소방시설공사업법령상 소방시설업에 대한 행정처분기준에서 1차 행정처분 사항으로 등록취소에 해당하는 것은?

① 거짓이나 그 밖의 부정한 방법으로 등록한 경우
② 소방시설업자의 지위를 승계한 사실을 소방시설공사 등을 맡긴 특정소방대상물의 관계인에게 통지를 하지 아니한 경우
③ 화재안전기준 등에 적합하게 설계·시공을 하지 아니하거나 법에 따라 적합하게 감리를 하지 아니한 경우
④ 등록을 한 후 정당한 사유 없이 1년이 지날 때까지 영업을 시작하지 아니하거나 계속하여 1년 이상 휴업한 때

해설 등록취소와 영업정지

1) 명령권자 : 시·도지사(행정안전부령)
2) 등록 취소 및 6개월 이내의 기간 영업정지((1), (3), (6) : 등록취소)
   (1) <u>거짓이나 그 밖의 부정한 방법으로 등록한 경우</u>
   (2) 등록기준에 미달하게 된 후 30일이 경과한 경우
   (3) <u>등록 결격사유에 해당하게 된 경우. 다만 법인이 그 사유가 발생한 날부터 3개월 이내에 그 사유를 해소한 경우는 제외</u>
   (4) 등록 후 정당한 사유 없이 1년 지날 때까지 영업을 시작하지 않거나 1년 이상 휴업한 때
   (5) 다른 자에게 소방시설업 등록증이나 등록수첩을 빌려준 경우
   (6) <u>영업정지 기간 중에 소방시설공사 등을 한 경우</u>
   (7) 소방시설업자가 통지를 하지 아니하거나 관계서류를 보관하지 아니한 경우
   (8) 화재안전기준 등에 적합하게 설계·시공·감리하지 않은 경우
   (9) 소방시설공사등의 업무수행의무 등을 고의 또는 과실로 위반하여 다른 자에게 상해를 입히거나 재산피해를 입힌 경우
   (10) 소속 소방기술자를 공사현장에 배치하지 않거나 거짓으로 한 경우
   (11) 착공신고(변경신고를 포함한다)를 하지 아니하거나 거짓으로 한 때 또는 완공검사(부분완공검사를 포함한다)를 받지 아니한 경우
   (12) 착공신고사항 중 중요한 사항에 해당하지 아니하는 변경사항을 같은 항 각 호의 어느 하나에 해당하는 서류에 포함하여 보고하지 아니한 경우
   (13) 하자보수 기간 내에 하자보수를 하지 아니하거나 하자보수계획을 통보하지 아니한 경우
   ※ 이하 생략

46 상(중)하

소방시설공사업법령상 소방시설업자가 소방시설공사 등을 맡긴 특정소방대상물의 관계인에게 지체 없이 그 사실을 알려야 하는 경우가 아닌 것은?

① 소방시설업자의 지위를 승계한 경우
② 소방시설업의 등록취소처분 또는 영업정지처분을 받은 경우
③ 휴업하거나 폐업한 경우
④ 소방시설업의 주소지가 변경된 경우

해설 소방시설업 운영

1) 소방시설업자는 다른 자에게 자기의 성명이나 상호를 사용하여 소방시설공사 등을 수급·시공하게 하거나 소방시설업의 등록증·등록수첩을 다른 자에게 빌려주어서는 아니 됨
2) 영업정지·등록취소처분 받은 소방시설업자는 그날부터 소방시설공사 등을 하면 아니 됨
3) 소방시설업자는 하자보수 보증기간 동안 관계서류 보관해야 함
4) 소방시설업자는 다음의 경우 특정소방대상물 관계인에게 지체 없이 그 사실을 알려야 함
   (1) <u>소방시설업자의 지위 승계</u>
   (2) <u>소방시설업 등록취소처분·영업정지처분</u>
   (3) <u>휴업 및 폐업</u>

47 (상중하)

화재의 예방 및 안전관리에 관한 법률에 따라 2급 소방안전관리대상물의 소방안전관리자 선임 기준으로 틀린 것은?

① 1급 소방안전관리대상물 소방안전관리자 자격 인정되는 자
② 소방공무원으로 3년 이상 근무한 경력이 있는 사람
③ 의용소방대원으로 5년 이상 근무한 경력이 있는 사람
④ 위험물산업기사 자격을 가진 사람

해설 2급 소방안전관리대상물 소방안전관리자

2급 소방안전관리자(다음 어느 하나에 해당하는 사람으로서 2급 소방안전관리자 자격증을 발급 받은 사람 또는 특급, 1급 소방안전관리대상물의 소방안전관리자 자격증을 발급받은 사람)
1) 위험물기능장·위험물산업기사·위험물기능사 자격자
2) 소방공무원으로 3년 이상 근무 경력
3) 「기업활동 규제완화에 관한 특별조치법」에 따라 소방안전관리자로 선임된 사람
4) 소방청장 실시 2급 소방안전관리 시험 합격자

48 (상중하)

소방시설공사업법령상 감리업자는 소방시설공사가 설계도서 또는 화재안전기준에 적합하지 아니한 때에는 가장 먼저 누구에게 알려야 하는가?

① 감리업체 대표자 ② 시공자
③ 관계인   ④ 소방서장

해설 감리원의 위반사항에 대한 조치

감리업자는 소방시설공사가 설계도서 또는 화재안전기준에 적합하지 아니한 때에는 <u>관계인</u>에게 알리고, 공사업자에게 그 공사의 시정 또는 보완 등을 요구
• 공사업자가 요구에 따르지 않을 시 300만 원 이하의 과태료 부과

49 (상중하)

소방시설 설치 및 관리에 관한 법령상 특정소방대상물의 수용인원 산정방법으로 옳은 것은?

① 침대가 없는 숙박시설은 해당 특정소방대상물의 종사자의 수에 숙박시설의 바닥면적의 합계를 4.6 [m²]로 나누어 얻은 수를 합한 수로 한다.
② 강의실로 쓰이는 특정소방대상물은 해당 용도로 사용하는 바닥면적의 합계를 4.6 [m²]로 나누어 얻은 수로 한다.
③ 관람석이 없을 경우 강당, 문화 및 집회시설, 운동시설, 종교시설은 해당 용도로 사용하는 바닥면적의 합계를 4.6 [m²]로 나누어 얻은 수로 한다.
④ 백화점은 해당 용도로 사용하는 바닥면적의 합계를 4.6 [m²]로 나누어 얻은 수로 한다.

해설 수용인원 산정방법

숙박시설이 있는 특정소방대상물
• 침대 있는 경우 : 종사자 수 + 침대 수
• 침대 없는 경우 : 종사자 수 + $\dfrac{바닥면적 합계}{3\,m^2}$

보충 숙박시설 이외의 특정소방대상물
• 강의실·교무실·상담실·실습실·휴게실 용도로 쓰이는 특정소방대상물 : 바닥면적 합계 / 1.9 [m²]
• <u>강당·문화집회시설·운동시설·종교시설 : 바닥면적 합계 / 4.6 [m²]</u>
• 관람석에 고정식 의자가 있는 경우 : 의자 수
• 관람석에 긴 의자가 있는 경우 : 의자의 정면너비 / 0.45 [m]
• 그 밖의 대상물 : 바닥면적 합계 / 3 [m²]

정답 47 ③ 48 ③ 49 ③

50 ⓢⓒⓗ

위험물안전관리법령상 제조소등이 아닌 장소에서 지정수량 이상의 위험물 취급에 대한 설명으로 틀린 것은?

① 임시로 저장 또는 취급하는 장소에서의 저장 또는 취급의 기준은 시·도의 조례로 정한다.
② 필요한 승인을 받아 지정수량 이상의 위험물을 120일 이내의 기간 동안 임시로 저장 또는 취급하는 경우 제조소등이 아닌 장소에서 지정수량 이상의 위험물을 취급할 수 있다.
③ 제조소등이 아닌 장소에서 지정수량 이상의 위험물을 취급할 경우 관할 소방서장의 승인을 받아야 한다.
④ 군부대가 지정수량 이상의 위험물을 군사목적으로 임시로 저장 또는 취급하는 경우 제조소등이 아닌 장소에서 지정수량 이상의 위험물을 취급할 수 있다.

해설 위험물 저장

1) 위험물의 저장·취급
   (1) 지정수량 미만인 위험물의 저장·취급에 관한 기술상의 기준 : 시·도의 조례
   (2) 지정수량 이상의 위험물을 저장소가 아닌 장소에서 저장하거나 제조소등이 아닌 장소에서 취급해서는 안 된다.
   (3) 임시 저장·취급 장소의 위치·구조·설비의 기준 : 시·도의 조례
2) 위험물을 임시 저장·취급하는 경우
   (1) 시·도 조례가 정하는 바에 따라 관할 소방서장의 승인을 받아 지정수량 이상의 위험물을 90일 이내 기간 동안 임시 저장·취급
   (2) 군부대가 지정수량 이상의 위험물을 군사목적으로 임시 저장·취급

51 ⓢⓒⓗ

소방시설공사업법령상 소방시설업 등록의 결격사유에 해당되지 않는 법인은?

① 법인의 대표자가 피성년후견인인 경우
② 법인의 임원이 피성년후견인인 경우
③ 법인의 대표자가 소방시설공사업법에 따라 소방시설업 등록이 취소된 지 2년이 지나지 아니한 자인 경우
④ 법인의 임원이 소방시설공사업법에 따라 소방시설업 등록이 취소된 지 2년이 지나지 아니한 자인 경우

해설 소방시설업 등록 결격사유

1) 피성년후견인
2) 금고 이상의 실형을 선고받고 집행이 끝나거나 면제된 날부터 2년이 지나지 않은 사람
3) 금고 이상의 형의 집행유예를 선고받고 그 유예기간 중에 있는 사람
4) 등록하려는 소방시설업 등록이 취소된 날부터 2년이 지나지 않은 자
5) 법인 대표가 위 규정에 해당하는 경우 그 법인
6) 법인 임원이 위 규정에 해당하는 경우 그 법인

52 ⓢⓒⓗ

소방시설 설치 및 관리에 관한 법령상 특정소방대상물의 소방시설 설치의 면제기준에 따라 연결살수설비를 설치 면제 받을 수 있는 경우는?

① 송수구를 부설한 간이스프링클러설비를 설치하였을 때
② 송수구를 부설한 옥내소화전설비를 설치하였을 때
③ 송수구를 부설한 옥외소화전설비를 설치하였을 때
④ 송수구를 부설한 연결송수관설비를 설치하였을 때

정답 50 ② 51 ② 52 ①

해설 소방시설 설치 면제기준

설치 면제	설치 면제기준
연결살수설비	• 송수구를 부설한 SP, 간이SP, 물분무, 미분무소화설비를 설치하였을 때 • 물분무장치등에 6시간 이상 공급할 수 있는 수원 확보
비상경보설비, 단독경보형 감지기	자동화재탐지설비 또는 화재알림설비 설치
물분무등소화설비	차고·주차장에 S/P 설치한 경우
자동화재탐지설비	자동화재탐지설비의 기능·성능 가진 화재알림설비, 스프링클러설비, 물분무등소화설비 설치

53 상중하

소방시설공사업 법령상 소방공사감리업을 등록한 자가 수행하여야 할 업무가 아닌 것은?

① 완공된 소방시설등의 성능시험
② 소방시설등 설계 변경 사항의 적합성 검토
③ 소방시설등의 설치계획표의 적법성 검토
④ 소방용품 형식승인 및 제품검사의 기술기준에 대한 적합성 검토

해설 감리업자

1) 감리업자 업무
  (1) 소방시설등 설치계획표 적법성 검토
  (2) 소방시설등 설계도서 적합성 검토
  (3) 소방시설등 설계 변경 사항 적합성 검토
  (4) 소방용품 위치·규격 및 사용 자재 적합성 검토
  (5) 공사업자가 한 소방시설 시공이 설계도서와 화재안전기준에 맞는지 지도·감독
  (6) 완공된 소방시설등의 성능시험
  (7) 공사업자가 작성한 시공 상세도면 적합성 검토
  (8) 피난시설 및 방화시설 적법성 검토
  (9) 실내장식물의 불연화와 방염 물품의 적법성 검토

2) 감리업자가 아닌 자가 감리할 수 있는 보안성 등이 요구되는 소방대상물 시공장소 : 「원자력안전법」에 따른 관계시설이 설치되는 장소
3) 감리업자는 업무를 수행할 때에는 대통령령으로 정하는 감리의 종류 및 대상에 따라 공사기간 동안 소방시설공사 현장에 소속 감리원을 배치하고 업무수행 내용을 감리일지에 기록하는 등 대통령령으로 정하는 감리의 방법에 따라야 한다.

54 상중하

소방기본법령상 소방업무의 응원에 대한 설명 중 틀린 것은?

① 소방본부장이나 소방서장은 소방활동을 할 때에 긴급한 경우에는 이웃한 소방본부장 또는 소방서장에게 소방업무의 응원을 요청할 수 있다.
② 소방업무의 응원 요청을 받은 소방본부장 또는 소방서장은 정당한 사유 없이 그 요청을 거절하여서는 아니 된다.
③ 소방업무의 응원을 위하여 파견된 소방대원은 응원을 요청한 소방본부장 또는 소방서장의 지휘에 따라야 한다.
④ 시·도지사는 소방업무의 응원을 요청하는 경우를 대비하여 출동 대상지역 및 규모와 필요한 경비의 부담 등에 관하여 필요한 사항을 대통령령으로 정하는 바에 따라 이웃하는 시·도지사와 협의하여 미리 규약으로 정하여야 한다.

해설 소방업무 응원

• 소방본부장·소방서장은 긴급 시 이웃 소방본부장·소방서장에게 소방업무 응원 요청
• 응원 요청 받은 소방본부장·소방서장은 정당한 사유 없이 요청 거절 금지
• 응원 위해 파견된 소방대원은 응원 요청한 소방본부장·소방서장의 지휘를 따라야 함
• 시·도지사는 출동 대상지역과 규모, 필요 경비 부담 등 필요사항을 행정안전부령에 따라 협의하여 미리 규약으로 정해야 함

정답 53 ④ 54 ④

55 (상중하)

소방기본법령상 이웃하는 다른 시·도지사와 소방업무에 관하여 시·도지사가 체결할 상호응원협정 사항이 아닌 것은?

① 화재조사활동
② 응원출동의 요청 방법
③ 소방교육 및 응원출동훈련
④ 응원출동대상지역 및 규모

해설 소방업무 상호응원협정

1) 상호응원협정 체결 : 시·도지사
2) 소방활동에 관한 사항
   • 화재 경계·진압활동
   • 구조·구급업무 지원
   • 화재조사활동
3) 응원출동대상지역 및 규모
4) 소요경비 부담에 관한 사항
   • 출동대원 수당·식사 및 피복 수선
   • 소방장비 및 기구 정비와 연료 보급
5) 응원출동 요청방법
6) 응원출동훈련 및 평가

56 (상중하)

위험물안전관리 법령상 옥내주유취급소에 있어서 당해 사무소 등의 출입구 및 피난구와 당해 피난구로 통하는 통로·계단 및 출입구에 설치해야 하는 피난설비는?

① 유도등
② 구조대
③ 피난사다리
④ 완강기

해설 피난설비

1) 주유취급소 중 건축물 2층 이상의 부분을 점포·휴게음식점·전시장 용도로 사용하는 것에 있어서는 당해 건축물 2층 이상으로부터 주유취급소 부지 밖으로 통하는 출입구와 당해 출입구로 통하는 통로·계단·출입구에 유도등 설치
2) 옥내주유취급소에 있어서 당해 사무소 등의 출입구 및 피난구와 당해 피난구로 통하는 통로·계단·출입구에 유도등 설치

57 (상중하)

위험물안전관리법령상 위험물 및 지정수량에 대한 기준 중 다음 (   ) 안에 알맞은 것은?

> 금속분이라 함은 알칼리금속·알칼리토류금속·철 및 마그네슘 외의 금속의 분말을 말하고, 구리분·니켈분 및 (㉠) 마이크로미터의 체를 통과하는 것이 (㉡) 중량퍼센트 미만인 것은 제외한다.

① ㉠ 150, ㉡ 50
② ㉠ 53, ㉡ 50
③ ㉠ 50, ㉡ 150
④ ㉠ 50, ㉡ 53

해설 위험물의 정의(금속분)

• 알칼리금속·알칼리토류금속·철·마그네슘 외의 금속 분말
• 구리분·니켈분 및 150 [μm]의 체를 통과하는 것이 50중량퍼센트 미만인 것 제외

정답 55 ③ 56 ① 57 ①

58 ⟨상⟩⟨중⟩⟨하⟩

위험물안전관리법령상 제조소등의 관계인은 위험물의 안전관리에 관한 직무를 수행하게 하기 위하여 제조소등마다 위험물의 취급에 관한 자격이 있는 자를 위험물안전관리자로 선임하여야 한다. 이 경우 제조소등의 관계인이 지켜야 할 기준으로 틀린 것은?

① 제조소등의 관계인은 안전관리자를 해임하거나 안전관리자가 퇴직한 때에는 해임하거나 퇴직한 날부터 15일 이내에 다시 안전관리자를 선임하여야 한다.
② 제조소등의 관계인이 안전관리자를 선임한 경우에는 선임한 날부터 14일 이내에 소방본부장 또는 소방서장에게 신고하여야 한다.
③ 제조소등의 관계인은 안전관리자가 여행·질병 그 밖의 사유로 인하여 일시적으로 직무를 수행할 수 없는 경우에는 국가기술자격법에 따른 위험물의 취급에 관한 자격취득자 또는 위험물 안전에 관한 기본지식과 경험이 있는 자를 대리자로 지정하여 그 직무를 대행하게 하여야 한다. 이 경우 대행하는 기간은 30일을 초과할 수 없다.
④ 안전관리자는 위험물을 취급하는 작업을 하는 때에는 작업자에게 안전관리에 관한 필요한 지시를 하는 등 위험물의 취급에 관한 안전관리와 감독을 하여야 하고, 제조소등의 관계인은 안전관리자의 위험물안전관리에 관한 의견을 존중하고 그 권고에 따라야 한다.

해설 위험물안전관리자

- 안전관리자 선임 : 관계인
- 안전관리자 해임, 퇴직 시 해임, 퇴직한 날부터 30일 이내 재선임
- 선임신고기간 : 소방본부장·소방서장에게 선임한 날부터 14일 이내 신고
- 직무대행기간 : 30일 이내

59 ⟨상⟩⟨중⟩⟨하⟩

다음 중 소방기본법령상 한국소방안전원의 업무가 아닌 것은?

① 소방기술과 안전관리에 관한 교육 및 조사·연구
② 위험물탱크 성능시험
③ 소방기술과 안전관리에 관한 각종 간행물 발간
④ 화재 예방과 안전관리의식 고취를 위한 대국민 홍보

해설 한국소방안전원

1) 승인 및 감독 : 소방청장
2) 한국소방안전원의 설립목적
   (1) 소방기술과 안전관리기술의 향상·홍보
   (2) 교육·훈련 등 행정기관이 위탁하는 업무의 수행
   (3) 소방관계 종사자의 기술 향상
3) 한국소방안전원의 업무
   (1) 소방기술과 안전관리에 관한 교육 및 조사·연구
   (2) 소방기술과 안전관리에 관한 각종 간행물 발간
   (3) 화재 예방과 안전관리의식 고취를 위한 대국민 홍보
   (4) 소방업무에 관하여 행정기관이 위탁하는 업무
   (5) 소방안전에 관한 국제협력
   (6) 그 밖에 회원에 대한 기술지원 등 정관으로 정하는 사항

정답 58 ① 59 ②

60

소방시설 설치 및 관리에 관한 법령상 소방시설의 종류에 대한 설명으로 옳은 것은?

① 소화기구, 옥외소화전설비는 소화설비에 해당된다.
② 유도등, 비상조명등은 경보설비에 해당된다.
③ 소화수조, 저수조는 소화활동설비에 해당된다.
④ 연결송수관설비는 소화용수설비에 해당된다.

해설 소방시설 종류

구분	정의
소화설비	물, 소화약제 사용하여 소화
경보설비	화재발생을 통보하는 설비
피난구조설비	화재발생 시 피난 목적 설비
소화용수설비	화재를 진압하는 데 필요한 물을 공급·저장하는 설비
소화활동설비	화재진압에 필요한 물 공급·저장

암기 ▶ 소경피 용활

정답 60 ①

2022년 1회 소방기계시설의 구조 및 원리

61 상 중 하

소화기구 및 자동소화장치의 화재안전성능기준상 대형소화기의 정의 중 다음 ( ) 안에 알맞은 것은?

> 화재 시 사람이 운반할 수 있도록 운반대와 바퀴가 설치되어 있고 능력단위가 A급 (㉠)단위 이상, B급 (㉡)단위 이상인 소화기를 말한다.

① ㉠ 20, ㉡ 10
② ㉠ 10, ㉡ 20
③ ㉠ 10, ㉡ 5
④ ㉠ 5, ㉡ 10

해설 화기의 능력단위

1) 소형소화기 : 능력단위가 1단위 이상이고 대형소화기의 능력단위 미만인 소화기
2) 대형소화기 : 화재 시 사람이 운반할 수 있도록 운반대와 바퀴가 설치되어 있고 능력단위가 A급 10단위 이상, B급 20단위 이상인 소화기

[소형소화기]

[대형소화기]

62 상 중 하

분말소화설비의 화재안전기술기준상 분말소화약제의 가압용 가스 또는 축압용 가스의 설치기준으로 틀린 것은?

① 가압용 가스에 질소가스를 사용하는 것의 질소가스는 소화약제 1 [kg]마다 40 [L](35 [℃]에서 1기압의 압력 상태로 환산한 것) 이상으로 할 것
② 가압용 가스에 이산화탄소를 사용하는 것의 이산화탄소는 소화약제 1 [kg]에 대하여 20 [g]에 배관의 청소에 필요한 양을 가산한 양 이상으로 할 것
③ 축압용 가스에 질소가스를 사용하는 것의 질소가스는 소화약제 1 [kg]에 대하여 40 [L](35 [℃]에서 1기압의 압력 상태로 환산한 것) 이상으로 할 것
④ 축압용 가스에 이산화탄소를 사용하는 것의 이산화탄소는 소화약제 1 [kg]에 대하여 20 [g]에 배관의 청소에 필요한 양을 가산한 양 이상으로 할 것

해설 분말소화설비 가압용 가스용기와 가압·축압용 가스

1) 가압용 가스용기
   (1) 가스용기는 분말소화약제의 저장용기에 접속하여 설치할 것
   (2) 가압용 가스용기를 3병 이상 설치한 경우에는 2개 이상의 용기에 전자개방밸브를 부착해야 함
   (3) 가압용 가스용기에는 2.5 [MPa] 이하의 압력에서 조정이 가능한 압력조정기를 설치해야 함
2) 분말소화설비 가압·축압용 가스
   (1) 가압용 가스 또는 축압용 가스는 질소가스 또는 이산화탄소로 할 것

정답 61 ② 62 ③

(2) 소화약제 1 [kg]당(35 [℃], 1기압으로 환산)

구분	가압식	축압식
질소	40 [L] 이상	10 [L] 이상
이산화탄소	20 [g] 이상 + 배관청소에 필요한 양	

(3) 저장용기 및 배관의 청소에 필요한 양의 가스는 별도의 용기에 저장할 것

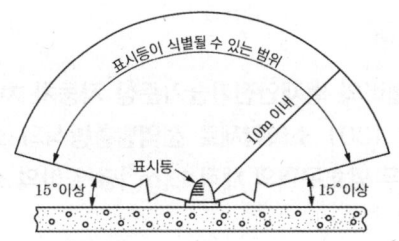

63 상 중 하

포소화설비의 화재안전기술기준상 포소화설비의 자동식 기동장치에 화재감지기를 사용하는 경우 화재감지기회로의 발신기 설치기준 중 ( ) 안에 알맞은 것은? (단, 자동화재탐지설비의 수신기가 설치된 장소에 상시 사람이 근무하고 있고, 화재 시 즉시 해당 조작부를 작동시킬 수 있는 경우는 제외한다)

특정소방대상물의 층마다 설치하되, 해당 특정소방대상물의 각 부분으로부터 수평거리가 (㉠) [m] 이하가 되도록 할 것. 다만 복도 또는 별도로 구획된 실로서 보행거리가 (㉡) [m] 이상일 경우에는 추가로 설치하여야 한다.

① ㉠ 25, ㉡ 30
② ㉠ 25, ㉡ 40
③ ㉠ 15, ㉡ 30
④ ㉠ 15, ㉡ 40

해설 포소화설비의 화재감지기회로의 발신기 설치기준

1) 스위치 높이 : 바닥으로부터 0.8 [m] 이상 1.5 [m] 이하의 높이에 설치
2) 층마다 설치하되, 각 부분으로부터 하나의 발신기까지 수평거리가 25 [m] 이하가 되도록 할 것(단, 복도 또는 별도로 구획된 실로서 보행거리가 40 [m] 이상일 경우에는 추가로 설치해야 함)
3) 발신기의 위치를 표시하는 표시등은 함의 상부에 설치하되, 그 불빛은 부착 면으로부터 15° 이상의 범위 안에서 부착지점으로부터 10 [m] 이내의 어느 곳에서도 쉽게 식별할 수 있는 적색등으로 할 것

64 상 중 하

특별피난계단의 계단실 및 부속실 제연설비의 화재안전기술기준상 급기풍도 단면의 긴 변 길이가 1300 [mm]인 경우 강판의 두께는 최소 몇 [mm] 이상이어야 하는가?

① 0.6
② 0.8
③ 1.0
④ 1.2

해설 풍도 크기와 강판 두께

긴 변 또는 직경	450 [mm] 이하	750 [mm] 이하	1500 [mm] 이하	2250 [mm] 이하	2250 [mm] 초과
두께	0.5 [mm]	0.6 [mm]	0.8 [mm]	1.0 [mm]	1.2 [mm]

65 상 중 하

옥외소화전설비의 화재안전성능기준상 옥외소화전설비에서 성능시험배관의 직관부에 설치된 유량측정장치는 펌프 및 정격토출량의 최소 몇 [%] 이상 측정할 수 있는 성능이 있어야 하는가?

① 175
② 150
③ 75
④ 50

해설 성능시험배관의 유량측정장치

유량측정장치는 펌프의 정격토출량의 175 [%] 이상까지 측정할 수 있는 성능이 있을 것

정답 63 ② 64 ② 65 ①

66 (상,중,하)

할론소화설비의 화재안전기술기준상 자동차 차고나 주차장에 할론 1301 소화약제로 전역방출방식의 소화설비를 설치한 경우 방호구역의 체적 1 [m³]당 얼마의 소화약제가 필요한가?

① 0.32 [kg] 이상 0.64 [kg] 이하
② 0.36 [kg] 이상 0.71 [kg] 이하
③ 0.40 [kg] 이상 1.10 [kg] 이하
④ 0.60 [kg] 이상 0.71 [kg] 이하

해설 할론 1301 전역방출방식 – 소요약제량

소방대상물	소요약제량 [kg/m³]
• 차고 · 주차장 · 선기실 · 통신기기실 · 전산실 등 전기설비	0.32 이상
• 특수가연물 중 가연성 고체 · 가연성 액체류 · 합성수지류	0.64 이하

67 (상,중,하)

소화기구 및 자동소화장치의 화재안전성능기준상 타고 나서 재가 남는 일반화재에 해당하는 일반 가연물은?

① 고무   ② 타르
③ 솔벤트   ④ 유성도료

해설 화재의 분류

등급	화재	표시색	가연물
A급	일반화재	백색	나무, 섬유, 종이, 고무, 플라스틱류
B급	유류화재	황색	인화성 액체, 가연성 액체, 석유 그리스, 타르, 오일, 유성도료, 솔벤트, 래커, 알코올 및 인화성 가스 등
C급	전기화재	청색	전류가 흐르고 있는 전기기기, 배선 등
D급	금속화재	무색	마그네슘 합금 등 가연성 금속
K급	주방화재	–	주방에서 동식물유를 취급하는 조리기구

68 (상,중,하)

특별피난계단의 계단실 및 부속실 제연설비의 화재안전기술기준상 차압 등에 관한 기준으로 옳은 것은?

① 제연설비가 가동되었을 경우 출입문의 개방에 필요한 힘은 150 [N] 이하로 하여야 한다.
② 제연구역과 옥내와의 사이에 유지하여야 하는 최소차압은 옥내에 스프링클러설비가 설치된 경우에는 40 [Pa] 이상으로 하여야 한다.
③ 계단실과 부속실을 동시에 제연하는 경우 부속실의 기압은 계단실과 같게 하거나 계단실의 기압보다 낮게 할 경우에는 부속실과 계단실의 압력 차이는 3 [Pa] 이하가 되도록 하여야 한다.
④ 피난을 위하여 제연구역의 출입문이 일시적으로 개방되는 경우 개방되지 아니하는 제연구역과 옥내와의 차압은 기준에 따른 차압의 70 [%] 이상이어야 한다.

해설 특별피난계단의 계단실 및 부속실 제연설비의 차압 등

1) 제연구역과 옥내와의 사이에 유지해야 하는 최소차압 : 40 [Pa] 이상(옥내에 스프링클러설비가 설치된 경우에는 12.5 [Pa] 이상)
2) 제연설비가 가동되었을 경우 출입문의 개방에 필요한 힘 : 110 [N] 이하
3) 출입문이 일시적으로 개방되는 경우 개방되지 않은 제연구역과 옥내와의 차압은 기준에 따른 차압의 70 [%] 이상이어야 함
4) 계단실과 부속실을 동시에 제연하는 경우 부속실의 기압은 계단실과 같게 하거나 계단실의 기압보다 낮게 할 경우에는 부속실과 계단실의 압력 차이는 5 [Pa] 이하가 되도록 할 것

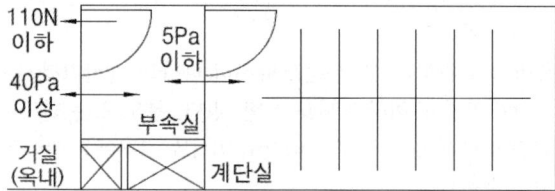

69 (상중하)

스프링클러설비의 화재안전기술기준상 고가수조를 이용한 가압송수장치의 설치기준 중 고가수조에 설치하지 않아도 되는 것은?

① 수위계
② 배수관
③ 압력계
④ 오버플로우관

해설 스프링클러설비 고가수조 부대설비

수위계, 배수관, 급수관, 오버플로우관, 맨홀

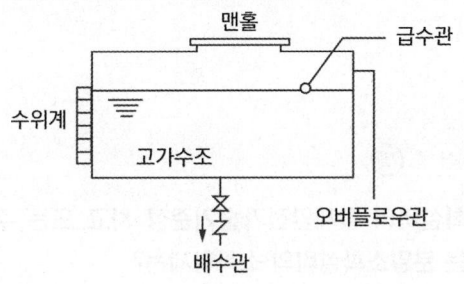

보충 압력계는 압력수조에 설치

70 (상중하)

상수도소화용수설비의 화재안전성능기준상 소화전은 특정소방대상물의 수평투영면의 각 부분으로부터 최대 몇 [m] 이하가 되도록 설치하여야 하는가?

① 100
② 120
③ 140
④ 150

해설 상수도소화용수설비의 설치기준

1) 호칭지름 75 [mm] 이상의 수도배관에 호칭지름 100 [mm] 이상의 소화전을 접속할 것
2) 소화전은 소방자동차의 진입이 쉬운 도로변 또는 공지에 설치할 것
3) 소화전은 특정소방대상물의 수평투영면의 각 부분으로부터 140 [m] 이하가 되도록 설치할 것

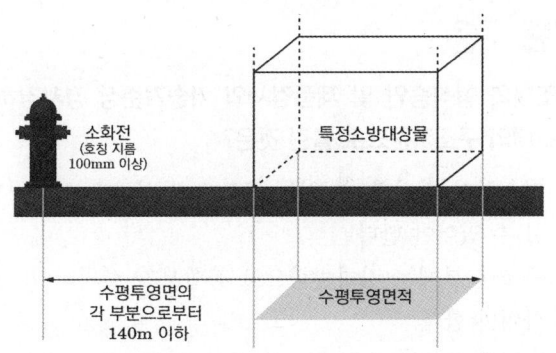

71 (상중하)

상수도소화용수설비의 화재안전성능기준상 상수도소화용수설비 소화전의 설치기준 중 다음 ( ) 안에 알맞은 것은?

호칭지름 (㉠) [mm] 이상의 수도배관에 호칭지름 (㉡) [mm] 이상의 소화전을 접속할 것

① ㉠ 65, ㉡ 120
② ㉠ 75, ㉡ 100
③ ㉠ 80, ㉡ 90
④ ㉠ 100, ㉡ 100

해설 상수도소화용수설비의 설치기준

1) 호칭지름 75 [mm] 이상의 수도배관에 호칭지름 100 [mm] 이상의 소화전을 접속할 것
2) 소화전은 소방자동차의 진입이 쉬운 도로변 또는 공지에 설치할 것
3) 소화전은 특정소방대상물의 수평투영면의 각 부분으로부터 140 [m] 이하가 되도록 설치할 것

72 (상⦁중⦁하)

구조대의 형식승인 및 제품검사의 기술기준상 경사강하식 구조대의 구조기준으로 틀린 것은?

① 연속하여 활강할 수 있는 구조로 안전하고 쉽게 사용할 수 있어야 한다.
② 구조대 본체는 강하방향으로 봉합부가 설치되지 아니하여야 한다.
③ 입구틀 및 취부틀의 입구는 지름 40 [cm] 이상의 구체가 통할 수 있어야 한다.
④ 본체의 포지는 하부지지장치에 인장력이 균등하게 걸리도록 부착하여야 하며 하부지지장치는 쉽게 조작할 수 있어야 한다.

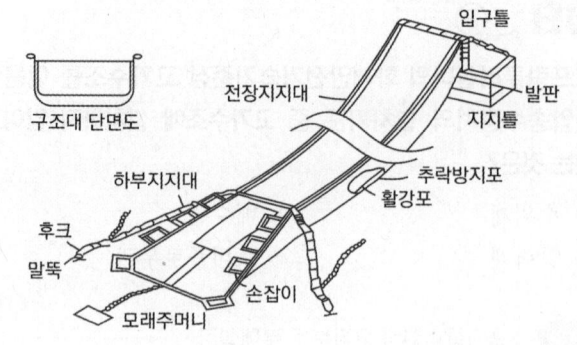

해설 경사강하식구조대 구조

1) 연속하여 활강할 수 있고 안전하고 쉽게 사용할 수 있는 구조일 것
2) 입구틀 및 취부틀의 입구는 지름 60 [cm] 이상의 구체가 통과할 수 있는 것이어야 함
3) 포지는 사용 시에 수직방향으로 현저하게 늘어나지 않을 것
4) 포지, 지지틀, 취부틀 그 밖의 부속장치 등은 견고하게 부착되어야 함
5) 구조대 본체는 강하방향으로 봉합부가 설치되지 않을 것
6) 구조대 본체의 활강부는 낙하방지를 위해 포를 2중구조로 하거나 망목의 변의 길이가 8 [cm] 이하인 망을 설치해야 함
7) 본체의 포지는 하부지지장치에 인장력이 균등하게 걸리도록 부착해야 하며, 하부지지장치는 쉽게 조작할 수 있어야 함
8) 손잡이는 출구부근에 좌우 각 3개 이상 균일한 간격으로 견고하게 부착해야 함
9) 구조대본체의 끝부분에는 길이 4 [m] 이상, 지름 4 [mm] 이상의 유도선을 부착하여야 하며, 유도선 끝에는 중량 3 [N](300 [g]) 이상의 모래주머니 등을 설치해야 함
10) 땅에 닿을 때 충격을 받는 부분에는 완충장치로서 받침포 등을 부착해야 함

73 (상⦁중⦁하)

분말소화설비의 화재안전기술기준상 차고 또는 주차장에 설치하는 분말소화설비의 소화약제는?

① 제1종 분말
② 제2종 분말
③ 제3종 분말
④ 제4종 분말

해설 분말소화약제 적응성

차고 또는 주차장에 설치하는 분말소화설비의 소화약제는 제3종 분말로 해야 한다.

74 상 중 하

피난사다리의 형식승인 및 제품검사의 기술기준상 피난사다리의 일반구조기준으로 옳은 것은?

① 피난사다리는 2개 이상의 횡봉으로 구성되어야 한다. 다만 고정식사다리인 경우에는 횡봉의 수를 1개로 할 수 있다.
② 피난사다리(종봉이 1개인 고정식사다리는 제외)의 종봉의 간격은 최외각 종봉 사이의 안치수가 15 [cm] 이상이어야 한다.
③ 피난사다리의 횡봉은 지름 15 [mm] 이상 25 [mm] 이하의 원형인 단면이거나 또는 이와 비슷한 손으로 잡을 수 있는 형태의 단면이 있는 것이어야 한다.
④ 피난사다리의 횡봉은 종봉에 동일한 간격으로 부착한 것이어야 하며, 그 간격은 25 [cm] 이상 35 [cm] 이하이어야 한다.

해설 피난사다리 종봉 및 횡봉

1) 2개 이상의 종봉 및 횡봉으로 구성. 다만 고정식사다리인 경우에는 종봉의 수를 1개로 할 수 있다.
2) 피난사다리(종봉이 1개인 고정식사다리 제외)의 종봉의 간격은 최외각 종봉 사이의 안치수가 30 [cm] 이상이어야 한다.
3) 횡봉은 지름 14 [mm] 이상 35 [mm] 이하의 원형인 단면 또는 이와 비슷한 손으로 잡을 수 있는 형태의 단면이 있는 것이어야 한다.
4) 횡봉은 종봉에 동일한 간격으로 부착한 것이어야 하며, 그 간격은 25 [cm] 이상 35 [cm] 이하이어야 한다.

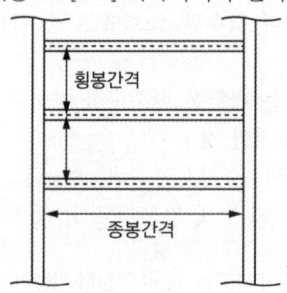

75 상 중 하

간이스프링클러설비의 화재안전기술기준상 간이스프링클러설비의 배관 및 밸브 등의 설치순서로 맞는 것은? (단, 수원이 펌프보다 낮은 경우이다)

① 상수도직결형은 수도용 계량기, 급수차단장치, 개폐표시형밸브, 체크밸브, 압력계, 유수검지장치, 2개의 시험밸브 순으로 설치할 것
② 펌프 설치 시에는 수원, 연성계 또는 진공계, 펌프 또는 압력수조, 압력계, 체크밸브, 개폐표시형밸브, 유수검지장치, 2개의 시험밸브 순으로 설치할 것
③ 가압수조 이용 시에는 수원, 가압수조, 압력계, 체크밸브, 개폐표시형밸브, 유수검지장치, 1개의 시험밸브 순으로 설치할 것
④ 캐비닛형인 경우 수원, 펌프 또는 압력수조, 압력계, 체크밸브, 연성계 또는 진공계, 개폐표시형밸브 순으로 설치할 것

해설 배관 및 밸브 설치순서

1) 상수도직결형
   수도용 계량기 → 급수차단장치 → 개폐표시형밸브 → 체크밸브 → 압력계 → 유수검지장치 → 2개의 시험밸브 순으로 설치
2) 펌프 등을 가압송수장치로 이용하는 경우
   수원 → 연성계 또는 진공계 → 펌프 또는 압력수조 → 압력계 → 체크밸브 → 성능시험배관 → 개폐표시형밸브 → 유수검지장치 → 시험밸브의 순으로 설치
3) 가압수조를 가압송수장치의 경우
   수원 → 가압수조 → 압력계 → 체크밸브 → 성능시험배관 → 개폐표시형밸브 → 유수검지장치 → 2개의 시험밸브 순으로 설치
4) 캐비닛형의 가압송수장치의 경우
   수원 → 연성계 또는 진공계 → 펌프 또는 압력수조 → 압력계 → 체크밸브 → 개폐표시형밸브 → 2개의 시험밸브 순으로 설치
5) 주택전용 간이스프링클러설비(상수도에 직접 연결하는 방식) [시행 2024. 12. 1.]
   수도용 계량기 → 수도용 역류방지밸브 → 개폐표시형밸브 → 세대별 개폐밸브 및 간이헤드의 순으로 설치

암기 상수도직결 – 수 급 개 체 압 유 2 시
펌프 – 수 연 펌 압 체 성 개 유 시

정답 74 ④ 75 ①

76 상중하

스프링클러설비의 화재안전기술기준상 스프링클러헤드 설치 시 살수가 방해되지 아니하도록 벽과 스프링클러헤드 간의 공간은 최소 몇 [cm] 이상으로 하여야 하는가?

① 60
② 30
③ 20
④ 10

해설 스프링클러헤드 설치기준

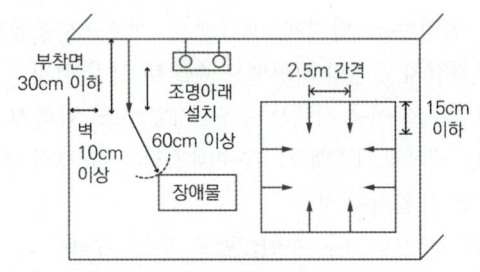

1) 헤드로부터 보유 공간 : 반경 60 [cm] 이상
2) 벽과 헤드 간의 공간은 10 [cm] 이상
3) 헤드와 그 부착면과의 거리는 30 [cm] 이하
4) 배관·행거 및 조명기구 등 살수를 방해하는 것이 있는 경우 그로부터 아래에 설치하여 살수에 장애가 없도록 할 것
5) 스프링클러헤드의 반사판은 그 부착면과 평행하게 설치
6) 연소할 우려가 있는 개구부
   (1) 그 상하좌우에 2.5 [m] 간격으로 헤드 설치
   (2) 헤드와 개구부의 내측 면으로부터 직선거리는 15 [cm] 이하

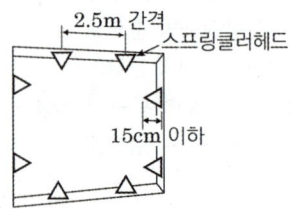

[연소할 우려가 있는 개구부]

7) 측벽형 스프링클러헤드
   (1) 폭이 4.5 [m] 미만인 실 : 긴 변의 한쪽 벽에 일렬로 3.6 [m] 이내마다 설치
   (2) 폭이 4.5 [m] 이상 9 [m] 이하인 실 : 긴 변의 양쪽에 각각 일렬로 설치하되 마주보는 스프링클러헤드가 나란히꼴이 되도록 3.6 [m] 이내마다 설치

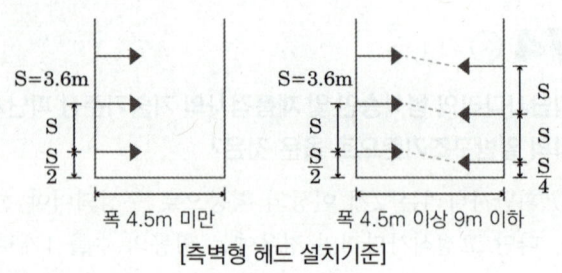

[측벽형 헤드 설치기준]

77 상중하

물분무소화설비의 화재안전기술기준상 차고 또는 주차장에 설치하는 물분무소화설비의 배수설비기준으로 틀린 것은?

① 차량이 주차하는 바닥은 배수구를 향하여 100분의 2 이상의 기울기를 유지할 것
② 차량이 주차하는 장소의 적당한 곳에 높이 5 [cm] 이상의 경계턱으로 배수구를 설치할 것
③ 배수설비는 가압송수장치의 최대송수능력의 수량을 유효하게 배수할 수 있는 크기 및 기울기로 할 것
④ 배수구에는 새어나온 기름을 모아 소화할 수 있도록 길이 40 [m] 이하마다 집수관·소화핏트 등 기름분리장치를 설치할 것

해설 물분무소화설비를 설치하는 차고 또는 주차장의 배수설비

1) 차량이 주차하는 장소의 적당한 곳에 높이 10 [cm] 이상의 경계턱으로 배수구를 설치할 것
2) 배수구에는 새어 나온 기름을 모아 소화할 수 있도록 길이 40 [m] 이하마다 집수관·소화핏트 등 기름분리장치를 설치할 것
3) 차량이 주차하는 바닥은 배수구를 향하여 100분의 2 이상의 기울기를 유지할 것
4) 배수설비는 가압송수장치의 최대송수능력의 수량을 유효하게 배수할 수 있는 크기 및 기울기로 할 것

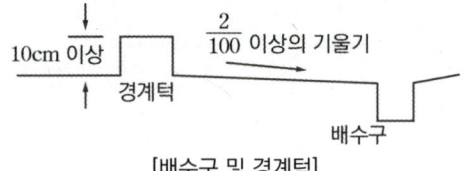

[배수구 및 경계턱]

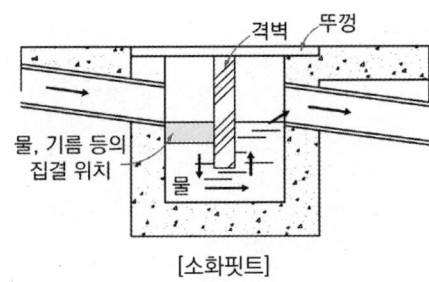

[소화핏트]

78 상 중 하

미분무소화설비의 화재안전성능기준상 용어의 정의 중 다음 ( ) 안에 알맞은 것은?

"미분무"란 물만을 사용하여 소화하는 방식으로 최소설계압력에서 헤드로부터 방출되는 물입자 중 99 [%]의 누적체적분포가 (㉠) [μm] 이하로 분무되고 (㉡)급 화재에 적응성을 갖는 것을 말한다.

① ㉠ 400, ㉡ A, B, C
② ㉠ 400, ㉡ B, C
③ ㉠ 200, ㉡ A, B, C
④ ㉠ 200, ㉡ B, C

해설 미분무소화설비 미분무 정의

"미분무"란 물만을 사용하여 소화하는 방식으로 최소설계압력에서 헤드로부터 방출되는 물입자 중 99 [%]의 누적체적분포가 400 [μm] 이하로 분무되고 A, B, C급 화재에 적응성을 갖는 것을 말한다.

[여러 개의 오리피스에서 방사되는 미분무헤드]

79 상 중 하

포소화설비의 화재안전기술기준상 포소화설비의 자동식 기동장치에 폐쇄형 스프링클러헤드를 사용하는 경우에 대한 설치기준 중 다음 ( ) 안에 알맞은 것은? (단, 자동화재탐지설비의 수신기가 설치된 장소에 상시 사람이 근무하고 있고, 화재 시 즉시 해당 조작부를 작동시킬 수 있는 경우는 제외한다)

• 표시온도가 (㉠) [℃] 미만인 것을 사용하고 1개의 스프링클러헤드의 경계 면적은 (㉡) [m^2] 이하로 할 것
• 부착면의 높이는 바닥면으로부터 (㉢) [m] 이하로 하고 화재를 유효하게 감지할 수 있도록 할 것

① ㉠ 60, ㉡ 10, ㉢ 7
② ㉠ 60, ㉡ 20, ㉢ 7
③ ㉠ 79, ㉡ 10, ㉢ 5
④ ㉠ 79, ㉡ 20, ㉢ 5

해설 포소화설비 자동식 기동장치 – 폐쇄형 S/P헤드

1) 표시온도 : 79 [℃] 미만
2) 1개의 스프링클러헤드의 경계면적 : 20 [m^2] 이하
3) 부착면의 높이 : 바닥으로부터 5 [m] 이하
4) 하나의 감지장치 경계구역은 하나의 층이 되도록 할 것

80 (상중하)

할론소화설비의 화재안전기술기준상 할론소화약제 저장용기의 설치기준 중 다음 ( ) 안에 알맞은 것은?

> 축압식 저장용기의 압력은 온도 20[℃]에서 할론 1301을 저장하는 것은 (㉠)[MPa] 또는 (㉡) MPa이 되도록 질소가스로 축압할 것

① ㉠ 2.5, ㉡ 4.2
② ㉠ 2.0, ㉡ 3.5
③ ㉠ 1.5, ㉡ 3.0
④ ㉠ 1.1, ㉡ 2.5

해설 할론 1301 소화약제의 저장용기 ─────

축압식 저장용기의 압력은 온도 20[℃]에서 할론 1301을 저장하는 것은 2.5[MPa] 또는 4.2[MPa]이 되도록 질소가스로 축압할 것

정답 80 ①

2022년 2회
소방원론

01 상 중 하

정전기로 인한 화재를 줄이고 방지하기 위한 대책 중 틀린 것은?

① 공기 중 습도를 일정값 이상으로 유지한다.
② 기기의 전기 절연성을 높이기 위하여 부도체로 차단공사를 한다.
③ 공기 이온화 장치를 설치하여 가동시킨다.
④ 정전기 축적을 막기 위해 접지선을 이용하여 대지로 연결 작업을 한다.

해설 정전기 방지대책

1) 배관 내 유속을 제한한다(1 [m/s] 이하).
2) 접지 및 본딩을 한다.
3) 상대습도 70 [%] 이상을 유지한다.
4) 대전방지제 사용한다.
5) 공기를 이온화한다.
6) 제전기(제진기)를 사용한다.

TIP 정전기현상은 부도체 표면 간의 접촉에 따라 발생하므로 '부도체로 차단공사를 하는 것'은 정전기 방지대책이 아님

02 상 중 하

위험물안전관리법령상 위험물로 분류되는 것은?

① 과산화수소 ② 압축산소
③ 프로페인가스 ④ 포스겐

해설 위험물의 분류

구분	개요
제1류	산화성 고체
제2류	가연성 고체
제3류	자연발화성 및 금수성 물질
제4류	인화성 액체
제5류	자기반응성 물질
제6류	산화성 액체(과산화수소)

암기 산가자 인자산

03 상 중 하

이산화탄소 20 [g]은 약 몇 [mol]인가?

① 0.23 ② 0.45
③ 2.2 ④ 4.4

해설 이산화탄소의 분자량을 이용한 몰수 구하기

- 이산화탄소의 분자량 : 44 [g/mol] → 1 [mol]당 44 [g]
- 1 [mol] : CO_2 1[mol]당 질량 [g]
  = CO_2가 20 [g]일 때 몰수 x [mol] : 20[g]
  1 [mol] : 44 [g] = x : 20 [g]
  $x = \dfrac{20 \times 1}{44} \fallingdotseq 0.45$ [mol]

정답 01 ② 02 ① 03 ②

04 (상 중 하)

물질의 연소 시 산소공급원이 될 수 없는 것은?

① 탄화칼슘
② 과산화나트륨
③ 질산나트륨
④ 압축공기

해설 산소공급원

1) 산소공급원(산화성 물질)
   제1류·제5류·제6류 위험물
2) 산소공급원 가능 여부

물질	분류	산소공급원 가능 여부
탄화칼슘	제3류 위험물 (금수성 물질)	×
과산화나트륨	제1류 위험물 (산화성 고체)	○
질산나트륨	제1류 위험물 (산화성 고체)	○
압축공기	-	○

※ 탄화칼슘(제3류위험물 - 금수성 물질)
- 물과 접촉하여 발화, 가연성 가스(아세틸렌) 발생
- 산화성 물질이 아니므로 산소공급원이 될 수 없음

보충 대기 중 산소는 약 21 [vol%]로 압축공기 내에도 산소가 있어 산소공급원이 될 수 있다.

05 (상 중 하)

Fourier법칙(전도)에 대한 설명으로 틀린 것은?

① 이동열량은 전열체의 단면적에 비례한다.
② 이동열량은 전열체의 두께에 비례한다.
③ 이동열량은 전열체의 열전도도에 비례한다.
④ 이동열량은 전열체 내·외부의 온도차에 비례한다.

해설 Fourier의 열전도법칙

전도 열량 $Q[W] = \dfrac{kA\Delta T}{l}$

따라서 $Q \propto \dfrac{1}{l}$ (열량은 전열체의 두께에 반비례)

k : 열전도도 [W/m·K]
A : 단면적 [m^2]
ΔT : 온도차 [K]
l : 전열체(벽체) 두께 [m]

TIP 두께만 반비례

06 (상 중 하)

할론소화설비에서 할론 1211 약제의 분자식은?

① CBr$_2$ClF
② CF$_2$BrCl
③ CCl$_2$BrF
④ BrC$_2$ClF

해설 할론소화약제

종류	분자식	상온·상압
할론 1211	CF$_2$ClBr	기체
할론 1301	CF$_3$Br	기체
할론 1011	CH$_2$ClBr	액체
할론 2402	C$_2$F$_4$Br$_2$	액체

07 (상 중 하)

제4류 위험물의 성질로 옳은 것은?

① 가연성 고체
② 산화성 고체
③ 인화성 액체
④ 자기반응성 물질

정답 04 ① 05 ② 06 ② 07 ③

해설 ▶ 위험물의 분류

구분	개요
제1류	산화성 고체
제2류	가연성 고체
제3류	자연발화성 및 금수성 물질
제4류	인화성 액체
제5류	자기반응성 물질
제6류	산화성 액체

암기 ▶ 산가자 인자산

해설 ▶ 물소화약제

1) 비열, 증발잠열(기화잠열)이 큼
2) 가격이 저렴하고 쉽게 많은 양을 구할 수 있음
3) 무상주수 시 중질유 화재 적응성이 있음
4) 밀폐된 곳에서 물이 증발하여 수증기가 되면 공기 중 산소의 농도가 감소
5) 수소결합으로 안정성이 높아 각종 첨가제 혼합이 가능

08 (상 중 하)

목재 화재 시 다량의 물을 뿌려 소화할 경우 기대되는 주된 소화효과는?

① 제거효과
② 냉각효과
③ 부촉매효과
④ 희석효과

해설 ▶ 냉각소화

열을 흡수하여 발화점 이하로 낮추는 소화
예) 목재 화재 시 다량의 물을 뿌려 소화

10 (상 중 하)

분말소화약제 중 탄산수소칼륨[$KHCO_3$]과 요소[$(NH_2)_2CO$]와의 반응물을 주성분으로 하는 소화약제는?

① 제1종 분말
② 제2종 분말
③ 제3종 분말
④ 제4종 분말

해설 ▶ 분말소화약제

종별	소화약제	약제색	적응화재
1종	탄산수소나트륨 ($NaHCO_3$)	백색	BC급
2종	탄산수소칼륨 ($KHCO_3$)	담자색 (담회색)	BC급
3종	제1인산암모늄 ($NH_4H_2PO_4$)	담홍색	ABC급
4종	탄산수소칼륨 + 요소 ($KHCO_3$ + $(NH_2)_2CO$)	회(백)색	BC급

암기 ▶ 백담사 홍어회

09 (상 중 하)

물이 소화약제로서 사용되는 장점이 아닌 것은?

① 가격이 저렴하다.
② 많은 양을 구할 수 있다.
③ 증발잠열이 크다.
④ 가연물과 화학반응이 일어나지 않는다.

정답 08 ② 09 ④ 10 ④

11 상(중)하

다음 중 가연물의 제거를 통한 소화방법과 무관한 것은?

① 산불의 확산방지를 위하여 산림의 일부를 벌채한다.
② 화학반응기의 화재 시 원료 공급관의 밸브를 잠근다.
③ 전기실 화재 시 IG-541 약제를 방출한다.
④ 유류탱크 화재 시 주변에 있는 유류탱크의 유류를 다른 곳으로 이동시킨다.

해설 제거소화

방법	내용
격리	• 바람을 일으켜 가연물과 불꽃을 격리
소멸	• 가스밸브를 차단하여 가스 공급을 소멸 • 드레인밸브(배출밸브)를 개방하여 기름 배출 • 가연물을 다른 지역으로 이동
파괴	• 산불 화재 시 맞불, 벌목

보충 화재 시 IG-541 약제 방출 : 질식소화

12 상(중)하

건물화재의 표준시간-온도곡선에서 화재 발생 후 1시간이 경과할 경우 내부 온도는 약 몇 [℃] 정도 되는가?

① 125   ② 325
③ 640   ④ 925

해설 표준시간-온도곡선

1) 30분 내화 : 840 [℃]
2) 1시간 내화 : 925 [℃]
3) 2시간 내화 : 1010 [℃]
4) 3시간 내화 : 1050 [℃]

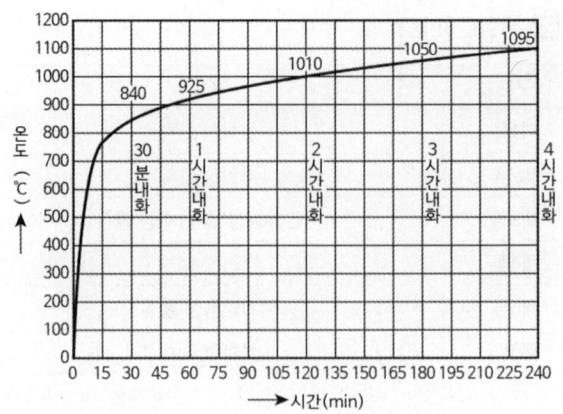

[내화구조 표준시간-온도 곡선]

암기 1시간 구미호

13 상(중)하

물질의 취급 또는 위험성에 대한 설명 중 틀린 것은?

① 융해열은 점화원이다.
② 질산은 물과 반응 시 발열 반응하므로 주의를 해야 한다.
③ 네온, 이산화탄소, 질소는 불연성 물질로 취급한다.
④ 암모니아를 충전하는 공업용 용기의 색상은 백색이다.

해설 물질의 취급 또는 위험성

1) 융해열은 점화원이 될 수 없음
2) 질산은 제6류 위험물로 물과 반응 시 발열반응(대량일 때는 주수소화가 곤란)
3) 네온, 이산화탄소, 질소는 불연성 물질로 취급
4) 암모니아를 충전하는 공업용 용기 색상 : 백색

[암모니아 공업용 용기]

보충 점화원이 될 수 없는 것 : 기화열, 융해열, 단열팽창

정답 11 ③ 12 ④ 13 ①

14 상(중)하

폭굉(Detonation)에 관한 설명으로 틀린 것은?

① 연소속도가 음속보다 느릴 때 나타난다.
② 온도의 상승은 충격파의 압력에 기인한다.
③ 압력상승은 폭연의 경우보다 크다.
④ 폭굉의 유도거리는 배관의 지름과 관계가 있다.

해설 폭연(Deflagration), 폭굉(Detonation)

1) 폭연과 폭굉의 비교

가스폭발은 물적 조건과 에너지조건이 만족되면 화염이 발생하여 일정한 속도로 전파되는데, 음속 이하를 폭연(Deflagration), 음속 이상을 폭굉(Detonation)이라고 한다.

구분	폭연	폭굉
전파속도	음속 이하 (0.1 ~ 10 [m/s])	음속 이상 (1000 ~ 3500 [m/s])
특징	폭굉으로 전이될 수 있음	압력 상승이 폭연의 10배 이상
에너지 전달	전도, 대류, 복사 (열에 의한 연소파)	충격파

2) 폭굉 유도거리

(1) 폭굉 유도거리란 정상적인 연소에서 폭굉으로 전이되는 데 필요한 거리를 말한다.
(2) 폭굉 유도거리가 짧을수록 위험성이 크다.
(3) 폭굉유도거리가 짧아지는 조건
　① 점화원의 에너지가 클수록 (+)
　② 연소속도가 클수록 (+)
　③ 주위온도가 높을수록 (+)
　④ 배관의 압력이 클수록 (+)
　⑤ 배관 내 장애물이 많을수록 (+)
　⑥ 배관의 관경이 가늘수록(작을수록) (-)

15 상(중)하

자연발화가 일어나기 쉬운 조건이 아닌 것은?

① 열전도율이 클 것
② 적당량의 수분이 존재할 것
③ 주위의 온도가 높을 것
④ 표면적이 넓을 것

해설 자연발화의 조건

1) 발열량이 클수록 자연발화가 쉽다.
2) 산소와 접촉할 수 있는 표면적이 넓을수록 자연발화가 쉽다.
3) 주위의 온도가 높을수록 자연발화가 쉽다.
4) 열전도율이 작을수록 열축적이 용이하여 자연발화가 쉽다.
5) 일정 수분은 촉매제 역할을 한다.

16 상(중)하

목조건축물의 화재특성으로 틀린 것은?

① 습도가 낮을수록 연소 확대가 빠르다.
② 화재진행속도는 내화건축물보다 빠르다.
③ 화재최성기의 온도는 내화건축물보다 낮다.
④ 화재성장속도는 횡방향보다 종방향이 빠르다.

해설 건축물 화재 특징

구분	목조건축물	내화건축물
화재성상	고온 단기형	저온 장기형
최성기 온도	1000 ~ 1300 [℃]	800 ~ 1000 [℃]

정답 14 ① 15 ① 16 ③

17 상중하

다음 물질 중 공기 중에서의 연소범위가 가장 넓은 것은?

① 뷰테인
② 프로페인
③ 메테인
④ 수소

해설 주요 물질의 연소범위

가스	하한계 [vol%]	상한계 [vol%]
이황화탄소	1.2	44
아세틸렌	2.5	81
수소	4	75
일산화탄소	12.5	74
에틸렌	2.7	36
암모니아	15	28
메테인(메탄)	5	15
에테인(에탄)	3	12.4
프로페인(프로판)	2.1	9.5
뷰테인(부탄)	1.8	8.4

18 상중하

플래시 오버(Flash Over)에 대한 설명으로 옳은 것은?

① 도시가스의 폭발적 연소를 말한다.
② 휘발유 등 가연성 액체가 넓게 흘러서 발화한 상태를 말한다.
③ 옥내화재가 서서히 진행하여 열 및 가연성 기체가 축적되었다가 일시에 연소하여 화염이 크게 발생하는 상태를 말한다.
④ 화재층의 불이 상부층으로 올라가는 현상을 말한다.

해설 실내화재 발생현상

1) 플래시 오버
  (1) 온도가 급격히 상승하여 화재가 순간적으로 실내 전체에 확산되는 현상
  (2) 발생 시기 : 성장기 ~ 최성기 직전
2) 백드래프트
  (1) 훈소 상태일 때 신선한 공기 유입으로 실내의 축적된 가스가 단시간 연소, 폭발하여 실외로 분출
  (2) 발생 시기 : 감쇄기(최성기 이후)

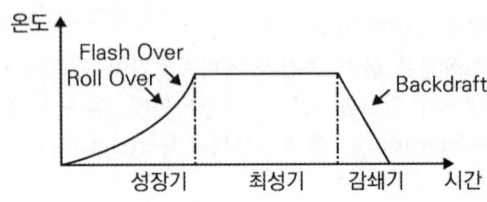

19 상중하

연기에 의한 감광계수가 0.1 [m^{-1}], 가시거리가 20 ~ 30 [m]일 때의 상황으로 옳은 것은?

① 건물 내부에 익숙한 사람이 피난에 지장을 느낄 정도
② 연기감지기가 작동할 정도
③ 어두운 것을 느낄 정도
④ 앞이 거의 보이지 않을 정도

해설 감광계수

감광계수[m^{-1}]	가시거리[m]	내용
0.1	20 ~ 30	연기감지기 작동할 때
0.3	5	건물에 익숙한 사람이 피난에 지장을 느낄 때
0.5	3	어두움을 느낄 때
1	1 ~ 2	거의 앞이 보이지 않음
10	0.2 ~ 0.5	최성기 때 연기농도
30	–	출화실에서 연기 분출

정답 17 ④ 18 ③ 19 ②

20 상(중)하

프로페인가스의 최소점화에너지는 일반적으로 약 몇 [mJ] 정도 되는가?

① 0.25
② 2.5
③ 25
④ 250

해설 최소점화에너지(MIE)

1) 가연성 물질을 점화시키는 데 필요한 최소에너지
2) 최소점화에너지가 작을수록 작은 에너지에 의해 연소(또는 폭발)에 대한 가능성이 크다.
3) 탄화수소계 : 약 0.25 [mJ]

물질	최소발화에너지 [mJ]
메테인(메탄, CH_4)	0.28
에테인(에탄, C_2H_6)	0.25
프로페인(프로판, C_3H_8)	0.26
뷰테인(부탄, C_4H_{10})	0.25

정답 20 ①

2022년 2회 소방유체역학

21

2 [MPa], 400 [℃]의 과열 증기를 단면확대 노즐을 통하여 20 [kPa]로 분출시킬 경우 최대 속도는 약 몇 [m/s]인가? (단, 노즐입구에서 엔탈피는 3243.3 [kJ/kg]이고, 출구에서 엔탈피는 2345.8 [kJ/kg]이며, 입구속도는 무시한다)

① 1340
② 1349
③ 1402
④ 1412

해설 엔탈피를 이용한 속도 계산

$$H_1[J] = H_2[J] + \frac{1}{2}mV^2[J]$$

여기서 양변을 질량 m[kg]으로 나누면

$$h_1[J/kg] = h_2[J/kg] + \frac{1}{2}V^2[J/kg]$$

$$h_1[J/kg] - h_2[J/kg] = \frac{1}{2}V^2[J/kg]$$

$$(3243.3 - 2345.8) \times 1000 = \frac{1}{2}V^2$$

$$\therefore V = 1339.78\,[m/s]$$

h_1 : 입구에서의 비엔탈피 [J/kg]
h_2 : 출구에서의 비엔탈피 [J/kg]
$\frac{1}{2}V^2$: 단위질량당 운동에너지 [J/kg]

22

원형 물탱크의 안지름이 1 [m]이고, 아래쪽 옆면에 안지름 100 [mm]인 송출관을 통해 물을 수송할 때의 순간 유속이 3 [m/s]이었다. 이때 탱크 내 수면이 내려오는 속도는 몇 [m/s]인가?

① 0.015
② 0.02
③ 0.025
④ 0.03

해설 탱크 수면 하강 속도

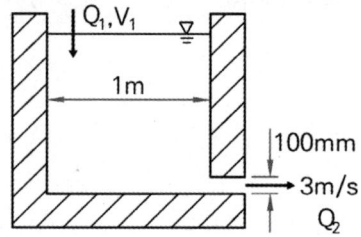

$Q_1 = Q_2$
$A_1 V_1 = A_2 V_2$

$$\left(\frac{\pi}{4}D_1^2\right) \times V_1 = \left(\frac{\pi}{4}D_2^2\right) \times V_2$$

$$\left(\frac{\pi}{4} \times 1^2\right) \times V_1 = \left(\frac{\pi}{4} \times 0.1^2\right) \times 3$$

$$\therefore V_1 = 0.03\,[m/s]$$

정답 21 ① 22 ④

23

지름 5 [cm]인 구가 대류에 의해 열을 외부공기로 방출한다. 이 구는 50 [W]의 전기히터에 의해 내부에서 가열되고 있고, 구 표면과 공기 사이의 온도차가 30 [℃]라면 공기와 구 사이의 대류 열전달계수는 약 몇 [W/(m²·℃)]인가?

① 111　　② 212
③ 313　　④ 414

해설 대류 열전달

대류열 $\dot{Q}[W] = hA\triangle T = hA(T_2 - T_1)$

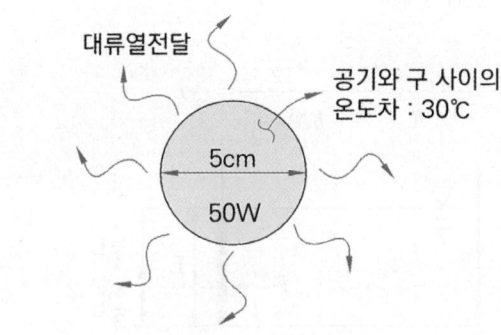

$h = \dfrac{\dot{Q}}{A\triangle T} = \dfrac{50}{(4\pi \times 0.025^2) \times 30}$

$= 212.21 [W/m^2 \cdot ℃]$

h : 대류열전달계수 [W/m²·K]
A : 면적 [m²]
$\triangle T (= T_2 - T_1)$: 온도차 [℃]

보충 구의 표면적 $= 4\pi r^2$

24

소화펌프의 회전수가 1450 [rpm]일 때 양정이 25 [m], 유량이 5 [m³/min]이었다. 펌프의 회전수를 1740 [rpm]으로 높일 경우 양정[m]과 유량[m³/min]은? (단, 완전상사가 유지되고, 회전차의 지름은 일정하다)

① 양정 : 17, 유량 : 4.2
② 양정 : 21, 유량 : 5
③ 양정 : 30.2, 유량 : 5.2
④ 양정 : 36, 유량 : 6

해설 펌프의 상사법칙

① 유량 $Q_2 = \left(\dfrac{N_2}{N_1}\right)^1 \times \left(\dfrac{D_2}{D_1}\right)^3 \times Q_1$

② 양정 $H_2 = \left(\dfrac{N_2}{N_1}\right)^2 \times \left(\dfrac{D_2}{D_1}\right)^2 \times H_1$

③ 동력 $L_2 = \left(\dfrac{N_2}{N_1}\right)^3 \times \left(\dfrac{D_2}{D_1}\right)^5 \times L_1$

1) 변경 후 양정 H_2

$H_2 = \left(\dfrac{N_2}{N_1}\right)^2 H_1 = \left(\dfrac{1740}{1450}\right)^2 \times 25 = 36 [m]$

2) 변경 후 유량 Q_2

$Q_2 = \left(\dfrac{N_2}{N_1}\right) Q_1 = \left(\dfrac{1740}{1450}\right) \times 5 = 6 [m^3/min]$

Q_1, Q_2 : 유량 [m³/min]
H_1, H_2 : 양정 [m]
L_1, L_2 : 동력 [kW]
N_1, N_2 : 임펠러의 회전수 [rpm]
D_1, D_2 : 임펠러의 직경 [m]

정답 23 ② 24 ④

25 (상 중 ⓗ)

다음 중 이상기체에서 폴리트로픽 지수(n)가 1인과정은?

① 단열과정　　② 정압과정
③ 등온과정　　④ 정적과정

해설 폴리트로픽 지수(n)

폴리트로픽 지수	n = 0	n = 1	n = k	n = ∞
변화	등압	등온	단열	정적

26 (ⓢ 중 하)

정수력에 의해 수직평판의 힌지(Hinge)점에 작용하는 단위폭당 모멘트를 바르게 표시한 것은? (단, ρ는 유체의 밀도, g는 중력가속도이다)

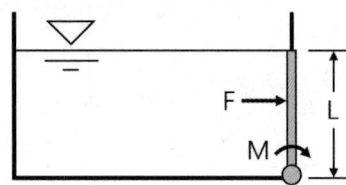

① $\frac{1}{6}\rho g L^3$　　② $\frac{1}{3}\rho g L^3$
③ $\frac{1}{2}\rho g L^3$　　④ $\frac{2}{3}\rho g L^3$

해설 힌지에 작용하는 모멘트

※ 모멘트 M
물체를 회전시키려고 하는 힘의 작용(물체에 작용하는 힘의 효과)

$$M = F \times S$$

F : 힘의 크기 [N]
S : 회전축으로부터 힘의 작용점까지 직선 길이 [m]

1) 전압력의 크기 F

$$F = \gamma \bar{h} A = \rho g \times \frac{L}{2} \times (b \times L) = \rho g \frac{L^2}{2} b$$

(여기서 평판의 폭을 b라고 가정한다)

2) 작용점의 위치 y_F

$$y_F = \bar{y} + \frac{I_G}{A \times \bar{y}} = \frac{L}{2} + \frac{\frac{bL^3}{12}}{bL \times \frac{L}{2}} = \frac{2}{3}L$$

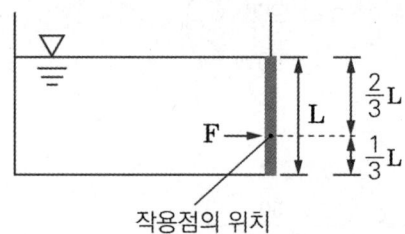

3) 힌지점에 작용하는 모멘트 M

$$M = F \times S = \rho g \frac{L^2}{2} b \times \frac{1}{3}L = \frac{1}{6}\rho g L^3 \times b$$

4) 단위 폭당 모멘트 M'

$$M' = \frac{M}{b} = \frac{\frac{1}{6}\rho g L^3 \times b}{b} = \frac{1}{6}\rho g L^3$$

b : 평판의 폭 길이 [m]
M : 모멘트 [N·m]
S : 힌지점을 기준으로 전압력이 작용하는 위치까지의 거리 [m]

정답 25 ③ 26 ①

27 (중)

그림과 같은 중앙 부분에 구멍이 뚫린 원판에 지름 20 [cm]의 원형 물제트가 대기압 상태에서 5 [m/s]의 속도로 충돌하여, 원판 뒤로 지름 10 [cm]의 원형 물제트가 5 [m/s]의 속도로 흘러나가고 있을 때 원판을 고정하기 위한 힘은 약 몇 [N]인가?

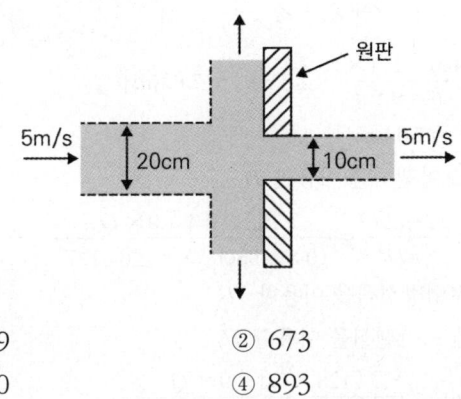

① 589
② 673
③ 770
④ 893

해설 원판이 받는 힘

> 고정평판에 작용하는 힘
> $F = \rho Q V = \rho A V^2 = \rho \times \left(\dfrac{\pi}{4} \times D^2\right) \times V^2$

원판이 받는 힘은 물제트가 원판에 충돌할 때 작용하는 힘 ($\rho A_1 V_1^2$)에서 원판의 구멍을 통해 나가는 유체에 의한 힘 ($\rho A_2 V_2^2$)을 제외하고 구한다.

$F = \rho A_1 V_1^2 - \rho A_2 V_2^2$
$= \rho \dfrac{\pi}{4} D_1^2 V_1^2 - \rho \dfrac{\pi}{4} D_2^2 V_2^2$
$= 1000 \times \dfrac{\pi}{4} 0.2^2 \times 5^2 - 1000 \times \dfrac{\pi}{4} 0.1^2 \times 5^2$
$= 1000 \times \dfrac{\pi}{4} \times 5^2 \times (0.2^2 - 0.1^2) = 589.05 \,[N]$

ρ : 유체의 밀도 [kg/m³, N·s²/m⁴]
A : 배관 단면적 [m²]
V : 유속 [m/s]

보충 물의 밀도 1000 [kg/m³]

28 (하)

펌프의 공동현상(Cavitation)을 방지하기 위한 방법이 아닌 것은?

① 펌프의 설치 위치를 되도록 낮게 하여 흡입양정을 짧게 한다.
② 펌프의 회전수를 크게 한다.
③ 펌프의 흡입 관경을 크게 한다.
④ 단흡입펌프보다는 양흡입펌프를 사용한다.

해설 공동현상(Cavitation)

1) 개념 : 펌프 흡입 측 배관 손실이 증가하여 정압이 증기압 이하로 낮아져 기포가 발생하는 현상이다.
2) 방지대책
   (1) 펌프의 위치를 수원보다 낮게 한다.
   (2) 흡입배관의 구경을 크게 한다.
   (3) 펌프의 회전수를 낮춘다.
   (4) 양흡입펌프를 사용한다.
   (5) 2대 이상의 펌프를 사용한다.
   (6) 펌프의 흡입 측을 가압한다.
   (7) 입형펌프를 사용하고, 회전차를 수중에 완전히 잠기게 한다.
   (8) 흡입관의 길이를 줄이거나 밸브, 플랜지 등을 조정하여 흡입 손실수두를 줄인다.

정답 27 ① 28 ②

29 (상·중·하)

물을 송출하는 펌프의 소요축동력이 70 [kW], 펌프의 효율이 78 [%], 전양정이 60 [m]일 때 펌프의 송출유량은 약 몇 [m³/min]인가?

① 5.57　　② 2.57
③ 1.09　　④ 0.093

해설 펌프의 송출유량 계산

$$축동력\ P[kW] = \frac{\gamma[kN/m^3] \times Q[m^3/s] \times H[m]}{\eta}$$

축동력 $P = \dfrac{\gamma Q H}{\eta}$

$70 = \dfrac{9.8 \times Q \times 60}{0.78}$

∴ $Q = 0.09286\ [m^3/s] = 5.57\ [m^3/min]$

γ : 물의 비중량 [9.8 kN/m³]
Q : 유량 [m³/s]
H : 전양정 [m]
η : 효율

30 (상·중·하)

그림에 표시된 원형 관로로 비중이 0.8, 점성계수가 0.4 [Pa·s]인 기름이 층류로 흐른다. ① 지점의 압력이 111.8 [kPa]이고, ② 지점의 압력이 206.9 [kPa]일 때 유체의 유량은 약 몇 [L/s]인가?

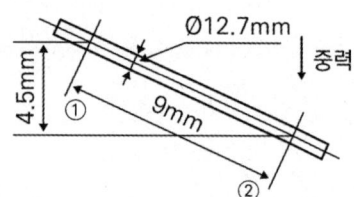

① 0.0149　　② 0.0138
③ 0.0121　　④ 0.0106

해설 유체의 유량 계산(베르누이방정식)

1) 베르누이방정식을 이용한 H_L

$$\frac{P_2}{\gamma} + \frac{V_2^2}{2g} + Z_2 = \frac{P_1}{\gamma} + \frac{V_1^2}{2g} + Z_1 + H_L$$

(② 지점의 압력이 높으므로 ② → ①로 흐름)
유량이 일정하므로 $V_1 = V_2$

$H_L = \dfrac{P_2 - P_1}{\gamma} + Z_2 - Z_1$

$= \dfrac{206.9 - 111.8}{0.8 \times 9.8} - (4.5 - 0) = 7.63\ [m]$

∴ $H_L = 7.63\ [m]$

2) 하겐 포아젤식을 이용한 H_L

$H_L = \dfrac{128 \mu L Q}{\gamma \pi D^4} = \dfrac{128 \times 0.4 \times 9 \times Q}{(0.8 \times 9800) \times \pi \times 0.0127^4}$

3) 베르누이방정식을 이용한 H_L
= 하겐 포아젤식을 이용한 H_L

$7.63\ [m] = \dfrac{128 \times 0.4 \times 9 \times Q}{(0.8 \times 9800) \times \pi \times 0.0127^4}$

$Q = 1.06 \times 10^{-5}\ [m^3/s] = 1.06 \times 10^{-2}\ [L/s]$

∴ $Q = 0.0106\ [L/s]$

31 (상·중·하)

다음 중 점성계수 μ의 차원은 어느 것인가? (단, M : 질량, L : 길이, T : 시간의 차원이다)

① $ML^{-1}T^{-1}$　　② $ML^{-1}T^{-2}$
③ $ML^{-2}T^{-1}$　　④ $M^{-1}L^{-1}T$

해설 동점성계수와 점성계수 차원

구분	절대단위	차원
점성계수	[kg/m·s]	$ML^{-1}T^{-1}$
동점성계수	[m²/s]	L^2T^{-1}

정답 29 ①　30 ④　31 ①

32 (상중하)

20 [℃]의 이산화탄소소화약제가 체적 4 [m³]의 용기 속에 들어 있다. 용기 내 압력이 1 [MPa]일 때 이산화탄소소화약제의 질량은 약 몇 [kg]인가? (단, 이산화탄소의 기체상수는 189 [J/(kg·K)]이다)

① 0.069　　② 0.072
③ 68.9　　　④ 72.2

해설 이산화탄소소화약제 질량 계산

$$\text{이상기체 상태방정식 } PV = nRT = \frac{W}{M}RT = W\overline{R}T$$

$$W[kg] = \frac{PV}{\overline{R}T} = \frac{1000[kPa] \times 4[m^3]}{0.189[kJ/kg\cdot K] \times (273+20)[K]}$$
$$= 72.23[kg]$$

P : 절대압력 [kPa]
V : 부피 [m³]
W : 기체의 질량 [kg]
$\overline{R}$: 특정기체상수 [kJ/kg·K]
T : 절대온도 [K](273 + ℃)

33 (상중하)

압축률에 대한 설명으로 틀린 것은?

① 압축률은 체적탄성계수의 역수이다.
② 압축률의 단위는 압력의 단위인 [Pa]이다.
③ 밀도와 압축률의 곱은 압력에 대한 밀도의 변화율과 같다.
④ 압축률이 크다는 것은 같은 압력변화를 가할 때 압축하기 쉽다는 것을 의미한다.

해설 압축률

$$\text{압축률 } \beta = \frac{1}{K[Pa]} = -\frac{\Delta V/V}{\Delta P} [m^2/N]$$

보충 밀도와 압축률의 곱 $= \rho \times \beta = \frac{\rho}{K} = \frac{\rho[kg/m^3]}{K[Pa]}$

34 (상중하)

밸브가 장치된 지름 10 [cm]인 원관에 비중 0.8인 유체가 2 [m/s]의 평균속도로 흐르고 있다. 밸브 전후의 압력 차이가 4 [kPa]일 때 이 밸브의 등가길이는 몇 [m]인가? (단, 관의 마찰계수는 0.02이다)

① 10.5　　② 12.5
③ 14.5　　④ 16.5

해설 등가길이 계산

$$\text{손실수두 } h_L[m] = f \times \frac{L_e}{D} \times \frac{V^2}{2g}$$

$$h_L = \frac{\Delta P}{\gamma} = f\frac{L_e}{D}\frac{V^2}{2g}$$

$$\Delta P = \gamma \times f\frac{L_e}{D}\frac{V^2}{2g}$$

$$\Delta P = S \cdot \gamma_w \times f\frac{L_e}{D}\frac{V^2}{2g}$$

$$4 = (0.8 \times 9.8) \times \left(0.02 \times \frac{L_e}{0.1} \times \frac{2^2}{2 \times 9.8}\right)$$

$$\therefore L_e = 12.5[m]$$

h_L : 손실수두 [m]
ΔP : 압력강하 [kPa], γ : 비중량 [kN/m³]
f : 마찰손실계수, L_e : 등가길이 [m]
D : 배관의 관경 [m], V : 유속 [m/s]

정답 32 ④　33 ②　34 ②

35 (상/중/하)

그림과 같이 물이 수조에 연결된 원형 파이프를 통해 분출하고 있다. 수면과 파이프의 출구 사이에 총 손실수두가 200 [mm]이라고 할 때 파이프에서의 방출유량은 약 몇 [m³/s]인가? (단, 수면 높이의 변화 속도는 무시한다)

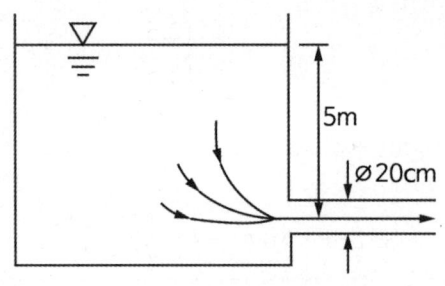

① 0.285
② 0.295
③ 0.305
④ 0.315

해설 파이프 방출 유량

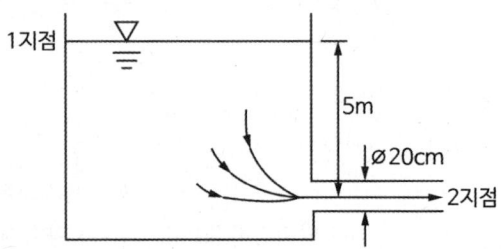

$$\frac{P_1}{\gamma}+\frac{V_1^2}{2g}+Z_1=\frac{P_2}{\gamma}+\frac{V_2^2}{2g}+Z_2+H_L$$

여기서 $P_1=P_2=0$(대기압), $V_1=0$이므로

$$Z_1=\frac{V_2^2}{2g}+Z_2+H_L$$

$$V_2=\sqrt{2g\times\{(Z_1-Z_2)-H_L\}}$$

이때 $Z_1-Z_2=5[m]$, $H_L=0.2[m]$이므로

$$V_2=\sqrt{2\times 9.8\times(5-0.2)}=9.7[m/s]$$

따라서

$$Q_2=A_2V_2=\frac{\pi}{4}0.2^2\times 9.7=0.305\ [m^3/s]$$

36 (상/중/하)

유체의 흐름에 적용되는 다음과 같은 베르누이방정식에 관한 설명으로 옳은 것은?

$$\frac{P}{\gamma}+\frac{V^2}{2g}+Z=C(일정)$$

① 비정상 상태의 흐름에 대해 적용된다.
② 동일한 유선상이 아니더라도 흐름유체의 임의점에 대해 항상 적용된다.
③ 흐름유체의 마찰효과가 충분히 고려된다.
④ 압력수두, 속도수두, 위치수두의 합이 일정함을 표시한다.

해설 베르누이방정식

배관 내 모든 위치에서 일정한 에너지(압력, 속도, 위치)를 갖는다. 즉, 압력수두, 속도수두, 위치수두의 합이 일정하다.

37 (상/중/하)

유체의 흐름 중 난류 흐름에 대한 설명으로 틀린 것은?

① 원관 내부유동에서는 레이놀즈수가 약 4000 이상인 경우에 해당한다.
② 유체의 각 입자가 불규칙한 경로를 따라 움직인다.
③ 유체의 입자가 갖는 관성력이 입자에 작용하는 점성력에 비하여 매우 크다.
④ 원관 내 완전 발달유동에서는 평균속도가 최대속도의 $\frac{1}{2}$이다.

해설 난류 특징

흐름	평균유속	최대유속
층류	$\frac{1}{2}V_{max}\ (0.5V_{max})$	V_{max}
난류	$\frac{4}{5}V_{max}\ (0.8V_{max})$	V_{max}

정답 35 ③ 36 ④ 37 ④

38 (중)

어떤 물체가 공기 중에서 무게는 588 [N]이고, 수중에서 무게는 98 [N]이었다. 이 물체의 체적(V)과 비중(S)은?

① V = 0.05 [m³], S = 1.2
② V = 0.05 [m³], S = 1.5
③ V = 0.5 [m³], S = 1.2
④ V = 0.5 [m³], S = 1.5

해설 부력 F_B

1) $F_B = W_{공기중} - W_{수중} = 588 - 98 = 490[N]$
2) $F_B = \gamma_{유체} V_{잠긴} = \gamma_{유체} V_{물체}$
   ∴ $\gamma_{유체} V_{물체} = 490[N]$
3) 물체의 전체 체적($V_{물체}$)

$$V_{물체} = \frac{490[N]}{\gamma_{유체}} = \frac{490[N]}{9800[N/m^3]} = 0.05[m^3]$$

4) 물체의 비중($S_{물체}$)

$S_{물체} = \dfrac{\gamma_{물체}}{\gamma_w}$ 이므로 $\gamma_{물체}$를 먼저 구하면

$$\gamma_{물체} = \frac{W_{무게}}{V_{물체}} = \frac{588}{0.05} = 11760[N/m^3]$$

∴ $S_{물체} = \dfrac{\gamma_{물체}}{\gamma_w} = \dfrac{11760}{9800} = 1.2$

γ_w : 물의 비중량 [9800 N/m³]

39 (하)

유체에 관한 설명 중 옳은 것은?

① 실제유체는 유동할 때 마찰손실이 생기지 않는다.
② 이상유체는 높은 압력에서 밀도가 변화하는 유체이다.
③ 유체에 압력을 가하면 체적이 줄어드는 유체는 압축성 유체이다.
④ 압력을 가해도 밀도변화가 없으며 점성에 의한 마찰손실만 있는 유체가 이상유체이다.

해설 압축성 유체

압력 변화에 대하여 변수[밀도(ρ), 비중량(γ), 체적(V) 등]의 변화를 무시할 수 없는 유체, 즉 변하는 유체

40 (하)

그림에서 물과 기름의 표면은 대기에 개방되어 있고, 물과 기름 표면의 높이가 같을 때 h는 약 몇 [m]인가? (단, 기름의 비중은 0.8, 액체 A의 비중은 1.6이다)

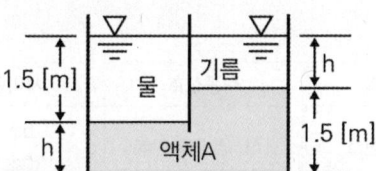

① 1
② 1.1
③ 1.125
④ 1.25

해설 U자관에서의 높이

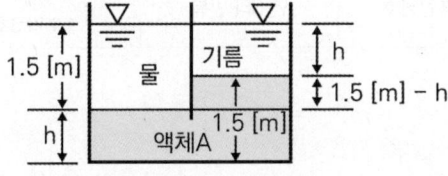

$\gamma_물 \times 1.5 = \gamma_{기름} \times h + \gamma_A \times (1.5 - h)$
$S_물 \times 1.5 = S_{기름} \times h + S_A \times (1.5 - h)$
$1 \times 1.5 = 0.8 \times h + 1.6 \times (1.5 - h)$
∴ $h = 1.125[m]$

2022년 2회 소방관계법규

41

다음 중 소방기본법령에 따라 화재예방상 필요하다고 인정되거나 화재위험경보 시 발령하는 소방신호의 종류로 옳은 것은?

① 경계신호
② 발화신호
③ 경보신호
④ 훈련신호

해설 소방신호

1) 종류
   (1) <u>경계신호 : 화재예방상 필요하다고 인정되거나 화재위험경보 시 발령</u>
   (2) 발화신호 : 화재가 발생한 때 발령
   (3) 해제신호 : 소화활동이 필요 없다고 인정되는 때 발령
   (4) 훈련신호 : 훈련상 필요하다고 인정되는 때 발령

2) 방법

종별	타종신호	사이렌신호
경계신호	1타, 연 2타 반복	5초 간격 30초씩 3회
발화신호	난타	5초 간격 5초씩 3회
해제신호	상당한 간격 1타씩 반복	1분간 1회
훈련신호	연 3타 반복	10초 간격 1분씩 3회

42

화재의 예방 및 안전관리에 관한 법률상 보일러 등의 위치·구조 및 관리와 화재예방을 위하여 불의 사용에 있어서 지켜야 하는 사항 중 보일러에 경유·등유 등 액체연료를 사용하는 경우에 연료탱크는 보일러 본체로부터 수평거리 최소 몇 [m] 이상의 간격을 두어 설치해야 하는가?

① 0.5
② 0.6
③ 1
④ 2

해설 보일러 화재예방(경유·등유 사용)

1) 가연성 벽·바닥·천장과 접촉하는 증기기관·연통의 부분은 규조토 등 난연성 단열재로 덮어씌울 것
2) 액체연료(경유·등유 등)을 사용하는 경우
   (1) <u>연료탱크는 보일러 본체로부터 수평거리 1 [m] 이상</u>
   (2) 연료차단 개폐밸브는 연료탱크로부터 0.5 [m] 이내
   (3) 연료탱크 또는 연료공급 배관에는 여과장치 설치
   (4) 사용이 허용된 연료만 사용
   (5) 불연재료 받침대를 설치하여 넘어짐 방지
3) 기체연료 설치기준
   (1) 환기구 설치 등 가연성 가스가 머무르지 않도록 함
   (2) 연료를 공급하는 배관은 금속관
   (3) 연료차단 개폐밸브는 연료용기 등으로부터 0.5 [m] 이내
   (4) 가스누설경보기 설치

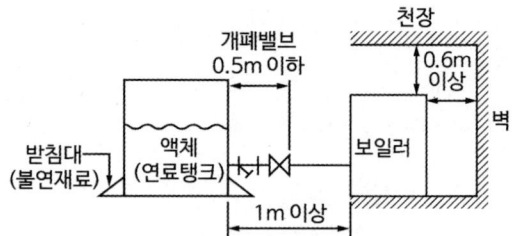

정답 41 ① 42 ③

43 상(중)하

다음은 소방기본법령상 소방본부에 대한 설명이다. ( )에 알맞은 내용은?

소방업무를 수행하기 위하여 ( ) 직속으로 소방본부를 둔다.

① 경찰서장 ② 시·도지사
③ 행정안전부장관 ④ 소방청장

해설 소방기관의 설치 등

소방업무를 수행하기 위하여 시·도지사 직속으로 소방본부를 둔다.

44 상(중)하

다음 소방기본법령상 용어 정의에 대한 설명으로 옳은 것은?

① 소방대상물이란 건축물, 차량, 선박(항구에 매어 둔 선박은 제외) 등을 말한다.
② 관계인이란 소방대상물의 점유예정자를 포함한다.
③ 소방대란 소방공무원, 의무소방원, 의용소방대원으로 구성된 조직체이다.
④ 소방대장이란 화재, 재난·재해, 그 밖의 위급한 상황이 발생한 현장에서 소방대를 지휘하는 사람(소방서장은 제외)이다.

해설 소방기본법 용어 정의

1) 소방대상물
 (1) 건축물
 (2) 차량
 (3) 선박(항구에 매어 둔 것)
 (4) 산림, 그 밖의 인공구조물 또는 물건
2) 관계지역
 소방대상물이 있는 장소 및 그 이웃 지역으로 화재의 예방·경계·진압, 구조·구급 등의 활동에 필요한 지역
3) 관계인
 소방대상물의 소유자·관리자·점유자
4) 소방대
 화재 진압 및 화재, 재난·재해, 그 밖의 위급한 상황에서 구조·구급 활동
 (1) 소방공무원
 (2) 의무소방원
 (3) 의용소방대원   **암기** 공무용
5) 소방본부장
 특별시·광역시·특별자치시·도 또는 특별자치도(이하 "시·도"라 한다)에서 화재의 예방·경계·진압·조사 및 구조·구급 등의 업무를 담당하는 부서의 장
6) 소방대장
 소방본부장 또는 소방서장 등 화재, 재난·재해, 그 밖의 위급한 상황이 발생한 현장에서 소방대를 지휘하는 사람

45 상(중)하

소방기본법령상 상업지역에 소방용수시설 설치 시 소방대상물 과의 수평거리기준은 몇 [m] 이하인가?

① 100 ② 120
③ 140 ④ 160

해설 소방용수시설 수평거리

- 주거지역·상업지역·공업지역 : 100 [m] 이하
- 그 외의 지역 : 140 [m] 이하

암기 주상공100

정답 43 ② 44 ③ 45 ①

46 상 중 하

소방시설공사업법령상 일반 소방시설설계업(기계분야)의 영업범위에 대한 기준 중 ( )에 알맞은 내용은? (단, 공장의 경우는 제외한다)

> 연면적 ( ) [m²] 미만의 특정소방대상물(제연설비가 설치되는 특정소방대상물은 제외한다)에 설치되는 기계분야 소방시설의 설계

① 10000 ② 20000
③ 30000 ④ 50000

해설 일반소방시설설계업 등록기준

소방시설 설계업		기술인력(이상)	영업범위
전문		• 주 인력 : 소방기술사 1인 • 보조인력 : 1명	모든 특정소방대상물
일반	기계 분야	• 주 인력 : 소방기술사 또는 소방기사[기계] 1명 • 보조인력 : 1명	• 아파트 소방 기계분야 (제연 제외) • 연 3만 [m²](공장 1만 [m²]) 미만(제연 제외) • 위험물제조소등
	전기 분야	• 주 인력 : 소방기술사 또는 소방기사[전기] 1명 • 보조인력 : 1명	• 아파트 소방전기 분야 • 연 3만 [m²](공장 1만 [m²]) 미만 • 위험물제조소등

47 상 중 하

소방시설공사업법령상 소방시설업의 등록을 하지 아니하고 영업을 한 자에 대한 벌칙기준으로 옳은 것은?

① 1년 이하의 징역 또는 1천만 원 이하의 벌금
② 2년 이하의 징역 또는 2천만 원 이하의 벌금
③ 3년 이하의 징역 또는 3천만 원 이하의 벌금
④ 5년 이하의 징역 또는 5천만 원 이하의 벌금

해설 소방시설공사업법 벌칙

[3년 3000만 원]
1) 소방시설업 등록하지 아니하고 영업을 한 자
2) 부정한 청탁을 받고 재물 또는 재산상의 이익을 취득하거나 부정한 청탁을 하면서 재물 또는 재산상의 이익을 제공한 자

[1년 1000만 원]
1) 영업정지 처분을 받고 그 기간에 영업한 자
2) 법과 NFTC를 위반한 설계·시공자
3) 적법하지 않게 감리를 하거나 거짓으로 감리한 자
4) 공사 감리자를 지정하지 아니한 관계인
5) 공사업자가 감리업자의 시정보완 요구를 무시하고 그 공사를 계속할 경우 감리업자는 그 사실을 소방본부장 또는 소방서장에게 보고하여야 한다. 이 사실을 거짓으로 보고한 감리업자
6) 공사감리 결과보고서의 제출을 거짓으로 한 감리업자
7) 무등록 소방시설업자에게 소방공사 도급한 관계인 또는 발주자
8) 도급받은 소방시설의 설계, 시공, 감리를 하도급한 자
9) 하도급받은 소방시설공사를 다시 하도급한 하수급인
10) 소방기술자가 법 또는 명령을 따르지 않고 업무를 수행한 자

정답 46 ③ 47 ③

48

위험물안전관리법령에서 정하는 제3류 위험물에 해당하는 것은?

① 나트륨
② 염소산염류
③ 무기과산화물
④ 유기과산화물

해설 제3류 위험물(자연발화성 물질 및 금수성 물질)

품명	지정수량
칼륨	10 [kg]
나트륨	
알킬알루미늄	
알킬리튬	
황린	20 [kg]
알칼리금속 및 알칼리토금속	50 [kg]
유기금속화합물	
금속의 수소화물	300 [kg]
금속의 인화물	
칼슘 또는 알루미늄 탄화물	

1) 물과 접촉하여 발화, 가연성 가스 발생
2) 소화 : 마른모래, 팽창질석, 팽창진주암에 의한 질식소화

보충 황화인 : 제2류 위험물

49

소방시설 설치 및 관리에 관한 법률상 자동화재탐지설비를 설치하여야 하는 특정소방대상물의 기준으로 틀린 것은?

[법 개정으로 인한 문제 수정]

① 공장 및 창고시설로서 「소방기본법 시행령」에서 정하는 수량의 500배 이상의 특수가연물을 저장·취급하는 것
② 지하상가로서 연면적 600 [m²] 이상인 것
③ 숙박시설이 있는 수련시설로서 수용인원 100명 이상인 것
④ 장례시설 및 복합건축물로서 연면적 1000 [m²] 이상인 것

해설 자동화재탐지설비 설치대상

설치대상	기준
• 교육연구시설(교육시설 내에 있는 기숙사 및 합숙소를 포함한다), 수련시설(기숙사·합숙소 포함, 숙박시설 제외) • 동·식물 관련 시설, 교정 및 군사시설 • 자원순환 관련 시설 • 교정 및 군사시설 • 묘지 관련 시설	연면적 2000 [m²] 이상인 경우에는 모든 층
목욕장, 문화 및 집회시설, 종교시설, 판매시설, 운수시설, 운동시설, 업무시설, 창고시설, 공장, 지하상가, 위험물 저장 및 처리시설, 항공기 및 자동차 관련 시설, 교정 및 군사시설 중 국방·군사시설, 방송통신시설, 발전시설, 관광 휴게시설	연면적 1000 [m²] 이상인 경우에는 모든 층
• 근린생활시설(목욕장 제외) • 의료시설(정신의료기관, 요양병원 제외) • 위락시설, 장례시설 및 복합건축물	연면적 600 [m²] 이상인 경우에는 모든 층
정신의료기관, 의료재활시설	• 바닥면적합계 300 [m²] 이상 • 바닥면적 합계 300 [m²] 미만, 창살 설치
터널	길이 1000 [m] 이상
공장 및 창고시설	500배 이상 특수가연물
요양병원, 지하구, 전통시장, 조산원, 산후조리원	-

설치대상	기준
전기저장시설, 노유자생활시설	-
공동주택 중 아파트등·기숙사, 숙박시설, 6층 이상인 건축물	-
노유자시설	연면적 400 [m²] 이상인 경우에는 모든 층
숙박시설이 있는 수련시설	수용인원 100명 이상인 경우에는 모든 층

50

소방시설 설치 및 관리에 관한 법령상 종합점검 실시 대상이 되는 특정소방대상물의 기준 중 다음 ( ) 안에 알맞은 것은?

물분무등소화설비[호스릴(Hose Reel)방식의 물분무등소화설비만을 설치한 경우는 제외한다]가 설치된 연면적 ( ) [m²] 이상인 특정소방대상물(위험물 제조소등은 제외한다)

① 2000 ② 3000
③ 4000 ④ 5000

해설 종합점검 대상

1) 최초점검 대상물
2) 스프링클러설비가 설치된 특정소방대상물
3) 물분무등소화설비[호스릴방식의 물분무등소화설비만을 설치한 경우는 제외]가 설치된 연면적 5000 [m²] 이상인 특정소방대상물(위험물 제조소등은 제외)
4) 다중이용업의 영업장이 설치된 특정소방대상물로서 연면적이 2000 [m²] 이상인 것(단란주점과 유흥주점, 영화상영관, 비디오물감상실업, 복합영상물제공업, 노래연습장, 산후조리원, 고시원, 안마시술소)
5) 제연설비가 설치된 터널
6) 공공기관 중 연면적(터널·지하구의 경우 그 길이와 평균폭을 곱하여 계산된 값)이 1000 [m²] 이상인 것으로서 옥내소화전설비 또는 자동화재탐지설비가 설치된 것(소방대가 근무하는 공공기관은 제외)

51

화재의 예방 및 안전관리에 관한 법령상 특수가연물의 저장 및 취급의 기준 중 ( )에 들어갈 내용으로 옳은 것은? (단, 석탄·목탄류의 경우는 제외한다)

쌓는 높이는 (㉠) [m] 이하가 되도록 하고, 쌓는 부분의 바닥면적은 (㉡) [m²] 이하가 되도록 할 것

① ㉠ 15, ㉡ 200
② ㉠ 15, ㉡ 300
③ ㉠ 10, ㉡ 30
④ ㉠ 10, ㉡ 50

해설 특수가연물 저장기준

1) 품명별로 구분하여 쌓을 것
2) 일반적인 경우
   (1) 쌓는 높이 : 10 [m] 이하
   (2) 쌓는 부분 바닥 : 50 [m²] 이하(석탄·목탄류 : 200 [m²] 이하)
3) 살수설비, 대형 수동식 소화기 설치하는 경우
   (1) 쌓는 높이 : 15 [m] 이하
   (2) 쌓는 부분의 바닥면적 : 200 [m²] 이하(석탄·목탄류 : 300 [m²] 이하)

52

위험물안전관리법령상 제4류 위험물을 저장·취급하는 제조소에 "화기엄금"이란 주의사항을 표시하는 게시판을 설치할 경우 게시판의 색상은?

① 청색바탕에 백색문자
② 적색바탕에 백색문자
③ 백색바탕에 적색문자
④ 백색바탕에 흑색문자

정답 50 ④ 51 ④ 52 ②

해설 위험물제조소 게시판 설치기준

분류	주의사항	색상
• 제1류 위험물 중 알칼리금속의 과산화물 • 제3류 위험물 중 금수성 물질	물기엄금	청색바탕 백색문자
• 제2류 위험물(인화성 고체 제외)	화기주의	
• 제2류 위험물 중 인화성 고체 • 제3류 위험물 중 자연발화성 물질 • <u>제4류 위험물</u> • 제5류 위험물	화기엄금	적색바탕 백색문자
• 제6류 위험물	별도 표시 안함	

암기▶ 물청바, 화적바

53 상중하

위험물안전관리법령상 유별을 달리하는 위험물을 혼재하여 저장할 수 있는 것으로 짝지어진 것은?

① 제1류 - 제2류
② 제2류 - 제3류
③ 제3류 - 제4류
④ 제5류 - 제6류

해설 위험물의 혼재 가능기준

• 제1류 + 제6류
• 제2류 + 제4류·5류
• <u>제3류 + 제4류</u>
• 제4류 + 제5류

보충▶ 철분 : 2류, 유기과산화물 : 5류

1↓	6		혼재 가능
2↓	5↑	4	혼재 가능
3→	4↑		혼재 가능

암기▶ 1 2 3 4 5 6 적은 후 4 추가

54 상중하

소방시설 설치 및 관리에 관한 법령상 방염성능기준 이상의 실내장식물 등을 설치하여야 하는 특정소방대상물이 아닌 것은?

① 방송국
② 종합병원
③ 11층 이상의 아파트
④ 숙박이 가능한 수련시설

해설 방염

1) 방염성능기준 : 대통령령
2) 방염성능기준 이상의 실내장식물 등을 설치해야 하는 특정소방대상물
   (1) 근린생활시설 중 의원, 조산원, 산후조리원, 체력단련장, 공연장 및 종교집회장, 치과의원, 한의원
   (2) 건축물의 옥내에 있는 시설
       ① 문화 및 집회시설
       ② 종교시설
       ③ 운동시설(수영장 제외)
   (3) 의료시설
   (4) 교육연구시설 중 합숙소
   (5) 노유자시설
   (6) 숙박이 가능한 수련시설
   (7) 숙박시설
   (8) 방송통신시설 중 방송국 및 촬영소
   (9) 다중이용업소
   (10) <u>층수가 11층 이상인 것(아파트 제외)</u>

정답 53 ③ 54 ③

55 (상,중,하)

소방시설 설치 및 관리에 관한 법령상 건축허가등을 할 때 미리 소방본부장 또는 소방서장의 동의를 받아야 하는 건축물등의 범위기준이 아닌 것은?

① 노유자시설 및 수련시설로서 연면적 100 [m²] 이상인 건축물
② 지하층 또는 무창층이 있는 건축물로서 바닥면적이 150 [m²] 이상인 층이 있는 것
③ 차고·주차장으로 사용되는 바닥면적이 200 [m²] 이상인 층이 있는 건축물이나 주차시설
④ 장애인 의료재활시설로서 연면적 300 [m²] 이상인 건축물

해설 건축허가 동의대상물 범위

구분	기준
학교시설	연면적 100 [m²] 이상
노유자(老幼者)시설 및 수련시설	연면적 200 [m²] 이상
지하층·무창층이 있는 건축물	바닥면적 150 [m²](공연장 100 [m²]) 이상
정신의료기관, 장애인 의료재활시설	연면적 300 [m²] 이상
일반용도의 특정소방대상물	연면적 400 [m²] 이상
차고, 주차장 또는 주차용도로 사용되는 시설	바닥면적 200 [m²] 이상 기계식 주차시설 자동차 20대 이상
• 노인 관련 시설 중 노인주거복지시설, 노인의료복지시설, 재가노인복지시설, 학대피해노인 전용쉼터 • 아동복지시설 (아동상담소, 아동전용시설 및 지역아동센터는 제외한다) • 장애인 거주시설 • 정신질환자 관련 시설(공동생활가정을 제외한 재활훈련시설과 종합시설 중 24시간 주거를 제공하지 않는 시설은 제외한다.) • 노숙인 관련 시설 중 노숙인자활시설·노숙인재활시설·노숙인요양시설 • 결핵환자나 한센인이 24시간 생활하는 노유자시설	단독주택, 공동주택에 설치되는 시설 제외

구분	기준
• 6층 이상 건축물 • 항공기격납고, 관망탑, 항공관제탑, 방송용송수신탑 • 요양병원(의료재활시설 제외) • 위험물 저장 및 처리시설, 지하구, 전기저장시설, 풍력발전소 • 조산원, 산후조리원, 의원(입원실 또는 인공신장실이 있는 것) • 공장 또는 창고시설로서 지정 수량의 750배 이상의 특수가연물을 저장·취급하는 것 • 가스시설로서 지상에 노출된 탱크의 저장용량의 합계가 100톤 이상인 것	-

56 (상,중,하)

위험물안전관리법령상 관계인이 예방규정을 정하여야 하는 위험물 제조소등에 해당하지 않는 것은?

① 지정수량 10배의 특수인화물을 취급하는 일반취급소
② 지정수량 20배의 휘발유를 고정된 탱크에 주입하는 일반 취급소
③ 지정수량 40배의 제3석유류를 용기에 옮겨 담는 일반취급소
④ 지정수량 15배의 알코올을 버너에 소비하는 장치로 이루어진 일반취급소

해설 관계인이 예방규정을 정해야 하는 제조소

• <u>취급제조소 : 지정수량 10배 이상
단, 제4류만 지정수량 50배 이하로 취급 시 제외(알콜류, 제1석유류는 10배 이하)</u>
• 옥외저장소 : 지정수량 100배 이상
• 옥내저장소 : 지정수량 150배 이상
• 옥외탱크저장소 : 지정수량 200배 이상
• 암반탱크저장소

정답 55 ① 56 ③

- 이송취급소
- 지정수량 10배 이상의 위험물을 취급하는 일반취급소, 다만 제4류 위험물(특수인화물 제외)만을 지정수량의 50배 이하로 취급하는 일반취급소(제1석유류, 알코올류의 취급량이 지정수량의 10배 이하인 경우에 한함)로서 다음 어느 하나에 해당하는 것은 제외
  ① 보일러·버너 또는 이와 비슷한 것으로서 위험물을 소비하는 장치로 이루어진 일반취급소
  ② 위험물을 용기에 옮겨 담거나 차량에 고정된 탱크에 주입하는 일반취급소

2) 건축물 내부의 천장이나 벽에 부착하거나 설치하는 것, 다만 가구류(옷장·찬장·식탁·식탁용 의자·사무용 책상·사무용 의자·계산대 등)와 너비 10 [cm] 이하 반자돌림대 등과 내부 마감재료는 제외
  (1) 종이류(두께 2 [mm] 이상)·합성수지류·섬유류를 주원료로 한 물품
  (2) 합판, 목재
  (3) 공간 구획하는 간이 칸막이
  (4) 흡음·방음을 위하여 설치하는 흡음재, 방음재

57 상(중)하

소방시설 설치 및 관리에 관한 법령상 제조 또는 가공 공정에서 방염처리를 한 물품 중 방염대상물품이 아닌 것은?

① 카펫
② 전시용 합판
③ 창문에 설치하는 커튼류
④ 두께가 2 [mm] 미만인 종이벽지

해설 방염대상물품

1) 제조·가공 공정에서 방염처리한 물품
  (1) 창문에 설치하는 커튼류(블라인드 포함)
  (2) 카펫
  (3) 벽지류(두께 2 [mm] 미만인 종이벽지 제외)
  (4) 전시용 합판·목재 또는 섬유판, 무대용 합판·목재 또는 섬유판(합판·목재류의 경우 불가피하게 설치 현장에서 방염처리한 것을 포함한다)
  (5) 암막·무대막(영화상영관 스크린, 가상체험체육시설의 스크린 포함)
  (6) 섬유류, 합성수지류 등을 원료로 하여 제작된 소파·의자(단란주점영업, 유흥주점, 노래연습장업의 영업장에 설치하는 것만 해당)

58 상(중)하

소방시설 설치 및 관리에 관한 법령상 무창층으로 판정하기 위한 개구부가 갖추어야 할 요건으로 틀린 것은?

① 크기는 반지름 3 [cm] 이상의 원이 내접할 수 있을 것
② 해당 층의 바닥면으로부터 개구부 밑부분까지 높이가 1.2 [m] 이내일 것
③ 도로 또는 차량이 진입할 수 있는 빈터를 향할 것
④ 화재 시 건축물로부터 쉽게 피난할 수 있도록 창살이나 그 밖의 장애물이 설치되지 아니할 것

해설 무창층, 개구부

1) 무창층 : 개구부 면적 합계가 해당 층 바닥면적의 1/30 이하가 되는 층
2) 개구부기준
  - 크기 : 지름 50 [cm] 이상의 원이 통과
  - 개구부 밑 부분까지의 높이 : 1.2 [m] 이내
  - 도로 또는 차량이 진입 가능한 빈터를 향할 것
  - 화재 시 건물로부터 쉽게 피난할 수 있도록 창살이나 장애물이 설치되지 아니할 것
  - 내부, 외부에서 쉽게 부수거나 열 수 있을 것

59 상(중)하

화재의 예방 및 안전관리에 관한 법령상 공동 소방안전관리자를 선임하여야 하는 특정소방대상물 중 고층 건축물은 지하층을 제외한 층수가 최소 몇 층 이상인 건축물만 해당되는가?

① 6층　　② 11층
③ 20층　　④ 30층

해설 관리의 권원이 분리된 특정소방대상물의 소방안전관리

1) 관리의 권원이 분리된 특정소방대상물의 소방안전관리 : 대통령령
2) 소방안전관리자 선임 대상
   (1) <u>복합건축물(지하층 제외한 층수가 11층 이상 또는 연면적 3만 [m²] 이상)</u>
   (2) 지하가(지하 인공구조물 안에 설치된 상점 및 사무실, 그 밖에 이와 비슷한 시설이 연속하여 지하도에 접하여 설치된 것과 그 지하도를 합한 것)
   (3) 판매시설 중 도매시장, 소매시장 및 전통시장
3) 선임된 소방안전관리자 및 총괄소방안전관리자는 공동소방안전관리협의회를 구성하고, 해당 특정소방대상물에 대한 소방안전관리를 공동으로 수행하여야 함. 이 경우 공동소방안전관리협의회의 구성·운영 및 공동소방안전관리의 수행 등에 필요한 사항은 대통령령으로 정함
4) 공동소방안전관리 협의회 업무사항 구성 및 운영
   (1) 공동소방안전관리협의회는 선임된 소방안전관리자 및 총괄소방안전관리자로 구성
   (2) 총괄소방안전관리자등은 공동소방안전관리 업무를 협의회의 협의를 거쳐 다음 업무를 공동으로 수행
   ① 특정소방대상물 전체의 소방계획 수립 및 시행에 관한 사항
   ② 특정소방대상물 전체의 소방훈련 및 교육의 실시에 관한 사항
   ③ 공용 부분의 소방시설 및 피난·방화 시설의 유지·관리에 관한 사항
   ④ 그 밖에 공동 소방안전관리업무 수행에 필요한 사항

60 상(중)하

화재의 예방 및 안전관리에 관한 법령상 특정소방대상물의 관계인이 수행하여야 하는 소방안전관리 업무가 아닌 것은? [법 개정으로 인한 문제 수정]

① 소방훈련의 지도/감독
② 화기 취급의 감독
③ 피난시설, 방화구획 및 방화시설의 관리
④ 소방시설이나 그 밖의 소방 관련 시설의 관리

해설 특정소방대상물 소방안전관리자와 관계인의 업무

1) 소방안전관리자의 업무
   (1) 피난계획 관련 사항과 대통령령으로 정하는 사항이 포함된 소방계획서 작성 및 시행
   (2) 자위소방대 및 초기대응체계 구성·운영·교육
   (3) 피난시설, 방화구획, 방화시설의 관리
   (4) 소방훈련 및 교육
   (5) 소방시설이나 그 밖의 소방 관련 시설의 관리
   (6) <u>화기 취급의 감독</u>
   (7) 소방안전관리에 관한 업무수행에 관한 기록·유지((3), (5), (6)항 업무)
   (8) 화재발생 시 초기대응
   (9) 그 밖에 소방안전관리에 필요한 업무
2) 특정소방대상물 관계인의 업무
   (1) <u>피난시설, 방화구획, 방화시설의 관리</u>
   (2) <u>소방시설이나 그 밖의 소방 관련 시설의 관리</u>
   (3) 화기 취급의 감독
   (4) 화재발생 시 초기대응
   (5) 그 밖에 소방안전관리에 필요한 업무

정답 59 ② 60 ①

2022년 2회 소방기계시설의 구조 및 원리

61
할론소화설비의 화재안전기술기준에 따른 할론소화설비의 수동식 기동장치의 설치기준으로 틀린 것은?

① 국소방출방식은 방호대상물마다 설치할 것
② 기동장치의 방출용 스위치는 음향경보장치와 개별적으로 조작될 수 있는 것으로 할 것
③ 전기를 사용하는 기동장치에는 전원표시등을 설치할 것
④ 조작부는 바닥으로부터 높이 0.8 [m] 이상 1.5 [m] 이하의 위치에 설치할 것

해설 할론소화설비 수동식 기동장치

1) 수동식 기동장치의 부근에는 소화약제의 방출을 지연시킬 수 있는 방출지연스위치(자동복귀형 스위치)를 설치해야 함
2) 전역방출방식은 방호구역마다, 국소방출방식은 방호대상물마다 설치할 것
3) 해당 방호구역의 출입구 부근 등 조작을 하는 자가 쉽게 피난할 수 있는 장소에 설치할 것
4) 기동장치의 조작부는 바닥으로부터 0.8 [m] 이상 1.5 [m] 이하의 위치에 설치하고, 보호판 등에 따른 보호장치를 설치할 것
5) 기동장치 인근의 보기 쉬운 곳에 "할론소화설비 수동식 기동장치"라는 표지를 할 것
6) 전기를 사용하는 기동장치에는 전원표시등을 설치할 것
7) 기동장치의 방출용 스위치는 음향경보장치와 연동하여 조작될 수 있는 것으로 할 것

62
미분무소화설비의 화재안전기술기준에 따라 최저사용압력이 몇 [MPa]를 초과할 때 고압 미분무소화설비로 분류하는가?

① 1.2
② 2.5
③ 3.5
④ 4.2

해설 미분무소화설비 분류

1) 저압 미분무소화설비 : 최고사용압력 1.2 [MPa] 이하
2) 중압 미분무소화설비 : 사용압력 1.2 [MPa] 초과 3.5 [MPa] 이하
3) 고압 미분무소화설비 : 최저사용압력 3.5 [MPa] 초과

63
피난기구의 화재안전기술기준에 따른 피난기구의 설치 및 유지에 관한 사항 중 틀린 것은?

① 피난기구를 설치하는 개구부는 서로 동일 직선상의 위치에 있을 것
② 설치장소에는 피난기구의 위치를 표시하는 발광식 또는 축광식 표지와 그 사용방법을 표시한 표지(외국어 및 그림병기)를 부착할 것
③ 피난기구는 소방대상물의 기둥·바닥·보 기타 구조상 견고한 부분에 볼트조임·매입·용접 기타의 방법으로 견고하게 부착할 것
④ 피난기구는 계단·피난구 기타 피난시설로부터 적당한 거리에 있는 안전한 구조로 된 피난 또는 소화활동상 유효한 개구부에 고정하여 설치할 것

정답 61 ② 62 ③ 63 ①

해설 피난기구의 설치 및 유지에 관한 사항

피난기구를 설치하는 개구부는 서로 동일 직선상이 아닌 위치에 있을 것

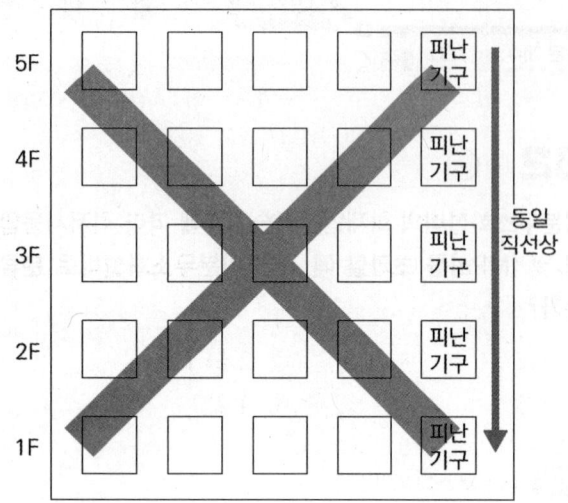

64 상(중)하

이산화탄소소화설비의 화재안전기술기준에 따라 케이블실에 전역방출방식으로 이산화탄소소화설비를 설치하고자 한다. 방호구역 체적은 750 [m³], 개구부의 면적은 3 [m²]이고, 개구부에는 자동폐쇄장치가 설치되어 있지 않다. 이 때 필요한 소화약제의 양은 최소 몇 [kg] 이상인가?

① 930 ② 1005
③ 1230 ④ 1530

해설 이산화탄소소화설비 약제량 산정

• 전역방출방식 심부화재 소화약제량

방호대상물	방호구역 1 [m³]에 대한 소화약제량
유압기기를 제외한 전기설비, 케이블실	1.3 [kg] 이상
체적 55 [m³] 미만의 전기설비	1.6 [kg] 이상
서고, 전자제품창고, 목재가공품창고, 박물관	2.0 [kg] 이상
고무류, 모피창고, 집진설비, 석탄창고, 면화류창고	2.7 [kg] 이상

소화약제량 W [kg] $= V \times \alpha + A \times \beta$
$= 750$ [m³] $\times 1.3$ [kg/m³] $+ 3$ [m²] $\times 10$ [kg/m²]
$= 1005$ [kg]

V : 방호구역의 체적 [m³]
α : 1m³에 대한 약제량 [kg/m³]
A : 개구부 면적 [m²]
β : 개구부 가산량 [kg/m²]
(개구부에 자동폐쇄장치 미설치 시 10 [kg/m²])

65 상(중)하

다음 중 피난기구의 화재안전기술기준에 따라 의료시설에 구조대를 설치하여야 할 층은?

① 지상 2층 ② 지하 1층
③ 지상 1층 ④ 지상 3층

해설 설치장소별 피난기구의 적응성

구분	3층	4층 이상 10층 이하
의료시설·근린생활시설 중 입원실이 있는 의원·접골원·조산원	• 미끄럼대 • 구조대 • 다수인피난장비 • 승강식 피난기 • 피난교 • 피난용 트랩	• 구조대 • 다수인피난장비 • 승강식피난기 • 피난교 • 피난용 트랩

66 상(중)하

화재안전기술기준상 물계통의 소화설비 중 펌프의 성능시험배관에 사용되는 유량측정장치는 펌프의 정격 토출량의 몇 [%] 이상 측정할 수 있는 성능이 있어야 하는가?

① 65 ② 100
③ 120 ④ 175

해설 성능시험배관의 유량측정장치

유량측정장치는 펌프의 정격토출량의 175 [%] 이상까지 측정할 수 있는 성능이 있을 것

정답 64 ② 65 ④ 66 ④

67

피난기구의 화재안전기술기준상 근린생활시설 4층에 적응성이 없는 피난기구는? (단, 근린생활시설 중 입원실이 있는 의원·접골원·조산원에 한한다)

① 피난용 트랩
② 미끄럼대
③ 구조대
④ 피난교

해설 설치장소별 피난기구의 적응성

구분	3층	4층 이상 10층 이하
의료시설· 근린생활 시설 중 입원실이 있는 의원·접골원· 조산원	• 미끄럼대 • 구조대 • 다수인피난장비 • 승강식 피난기 • 피난교 • 피난용 트랩	• 구조대 • 다수인피난장비 • 승강식피난기 • 피난교 • 피난용 트랩

68

제연설비의 화재안전기술기준에 따른 배출풍도의 설치기준 중 다음 ( ) 안에 알맞은 것은?

> 배출기의 흡입 측 풍도 안의 풍속은 (㉠) [m/s] 이하로 하고 배출 측 풍속은 (㉡) [m/s] 이하로 할 것

① ㉠ 15, ㉡ 10
② ㉠ 10, ㉡ 15
③ ㉠ 20, ㉡ 15
④ ㉠ 15, ㉡ 20

해설 제연설비 풍도 안의 풍속 및 공기유입구 순간 풍속

1) 배출기 흡입 측 풍속 : 15 [m/s] 이하
2) 배출기 배출 측 풍속 : 20 [m/s] 이하
3) 유입풍도 안의 풍속 : 20 [m/s] 이하
4) 예상제연구역에 공기 유입 순간의 풍속 : 5 [m/s] 이하

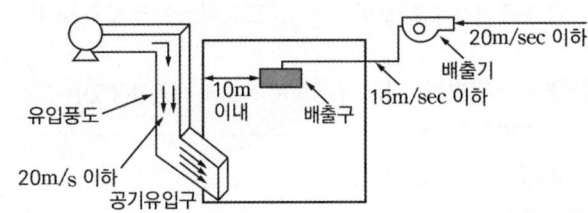

69

스프링클러헤드에서 이융성 금속으로 융착되거나 이융성 물질에 의하여 조립된 것은?

① 프레임(Frame)
② 디플렉터(Deflector)
③ 유리벌브(Glass Bulb)
④ 퓨지블링크(Fusible Link)

해설 스프링클러헤드 감열체 종류

1) 퓨지블링크 : 감열체가 이융성 금속으로 융착 또는 조립된 것
2) 유리벌브 : 감열체 중 유리구 안에 액체 등을 넣어 봉한 것

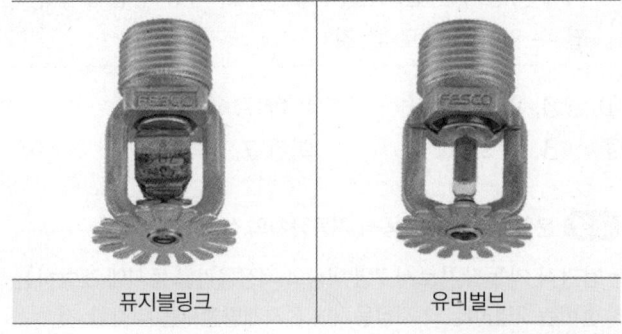

정답 67 ② 68 ④ 69 ④

70

포소화설비의 화재안전성능기준상 특수가연물을 저장·취급하는 공장 또는 창고에 적응성이 없는 포소화설비는?

① 고정포방출설비
② 포소화전설비
③ 압축공기포소화설비
④ 포워터스프링클러설비

해설 특수가연물을 저장·취급하는 장소에 적응성이 있는 포소화설비

- 포워터스프링클러설비
- 포헤드설비
- 고정포방출설비
- 압축공기포소화설비

암기 포포고압

71

분말소화설비의 화재안전기술기준상 자동화재탐지설비의 감지기의 작동과 연동하는 분말소화설비 자동식 기동장치의 설치기준 중 다음 ( ) 안에 알맞은 것은?

- 전기식 기동장치로서 (㉠)병 이상의 저장용기를 동시에 개방하는 설비는 2병 이상의 저장용기에 전자개방밸브를 부착할 것
- 가스압력식 기동장치의 기동용 가스용기 및 해당 용기에 사용하는 밸브는 (㉡) [MPa] 이상의 압력에 견딜 수 있는 것으로 할 것

① ㉠ 3, ㉡ 2.5
② ㉠ 7, ㉡ 2.5
③ ㉠ 3, ㉡ 25
④ ㉠ 7, ㉡ 25

해설 분말소화설비 자동식 기동장치의 설치기준

- 전기식 기동장치로서 7병 이상의 저장용기를 동시에 개방하는 설비는 2병 이상의 저장용기에 전자개방밸브를 부착할 것
- 가스압력식 기동장치의 기동용 가스용기 및 해당 용기에 사용하는 밸브는 25 [MPa] 이상의 압력에 견딜 수 있는 것으로 할 것

72

분말소화설비의 화재안전기술기준상 분말소화약제의 가압용 가스용기에 대한 설명으로 틀린 것은?

① 가압용 가스용기를 3병 이상 설치한 경우에는 2개 이상의 용기에 전자개방밸브를 부착할 것
② 가압용 가스용기에는 2.5 [MPa] 이하의 압력에서 조정이 가능한 압력조정기를 설치할 것
③ 가압용 가스에 질소가스를 사용하는 것의 질소가스는 소화약제 1 [kg]마다 20 [L](35 [℃]에서 1기압의 압력 상태로 환산한 것) 이상으로 할 것
④ 축압용 가스에 질소가스를 사용하는 것의 질소가스는 소화약제 1 [kg]에 대하여 10 [L](35 [℃]에서 1기압의 압력 상태로 환산한 것) 이상으로 할 것

해설 분말소화설비 가압용 가스용기와 가압·축압용 가스

1) 가압용 가스용기
   (1) 가스용기는 분말소화약제의 저장용기에 접속하여 설치할 것
   (2) 가압용 가스용기를 3병 이상 설치한 경우에는 2개 이상의 용기에 전자개방밸브를 부착해야 함
   (3) 가압용 가스용기에는 2.5 [MPa] 이하의 압력에서 조정이 가능한 압력조정기를 설치해야 함

2) 분말소화설비 가압·축압용 가스
   (1) 가압용 가스 또는 축압용 가스는 질소가스 또는 이산화탄소로 할 것
   (2) 소화약제 1 [kg]당(35 [℃], 1기압으로 환산)

구분	가압식	축압식
질소	40 [L] 이상	10 [L] 이상
이산화탄소	20 [g] 이상 + 배관청소에 필요한 양	

   (3) 저장용기 및 배관의 청소에 필요한 양의 가스는 별도의 용기에 저장할 것

73

화재조기진압용 스프링클러설비의 화재안전기술기준상 화재조기진압용 스프링클러설비 가지배관의 배열기준 중 천장의 높이가 9.1 [m] 이상 13.7 [m] 이하인 경우 가지배관 사이의 거리기준으로 옳은 것은?

① 2.4 [m] 이상 3.1 [m] 이하
② 2.4 [m] 이상 3.7 [m] 이하
③ 6.0 [m] 이상 8.5 [m] 이하
④ 6.0 [m] 이상 9.3 [m] 이하

해설 화재조기진압용 S/P 가지배관의 배열

1) 토너먼트 배관방식이 아닐 것
2) 가지배관 사이의 거리

천장의 높이	가지배관 사이의 거리
9.1 [m] 미만	2.4 [m] 이상 3.7 [m] 이하
9.1 [m] 이상 13.7 [m] 이하	2.4 [m] 이상 3.1 [m] 이하

74

포소화설비에서 펌프의 토출관에 압입기를 설치하여 포소화약제 압입용 펌프로 포소화약제를 압입시켜 혼합하는 방식은?

① 라인 프로포셔너방식
② 펌프 프로포셔너방식
③ 프레셔 프로포셔너방식
④ 프레셔사이드 프로포셔너방식

해설 포소화설비 포혼합장치의 종류

1) 라인 프로포셔너방식 : 벤추리관의 벤추리작용에 따라 소화약제를 흡입·혼합하는 방식
2) 프레셔 프로포셔너방식 : 벤추리관의 벤추리작용과 포소화약제 저장탱크압력에 따라 소화약제를 흡입·혼합하는 방식
3) 펌프 프로포셔너방식 : 흡입기에 물 일부를 보내고, 농도 조정밸브에서 조정된 포소화약제의 필요량을 소화약제 탱크에서 펌프 흡입 측으로 보내는 방식
4) 프레셔사이드 프로포셔너방식 : 압입기 설치하여 소화약제 압입용 펌프로 소화약제를 압입시켜 혼합하는 방식
5) 압축공기포 믹싱챔버방식 : 물, 포소화약제 및 공기를 믹싱챔버로 강제주입시켜 챔버 내에서 포수용액을 생성한 후 포를 방사하는 방식

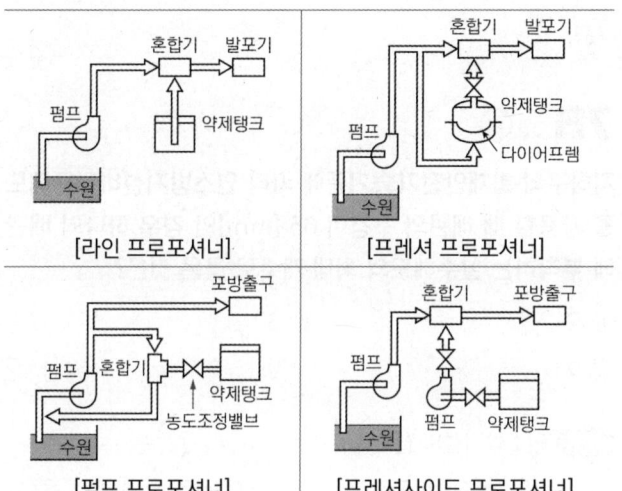

75

스프링클러설비의 화재안전기술기준상 스프링클러설비의 배관 내 사용압력이 몇 [MPa] 이상일 때 압력배관용 탄소강관을 사용해야 하는가?

① 0.1   ② 0.5
③ 0.8   ④ 1.2

해설 사용압력에 따른 스프링클러설비의 배관

1) 배관 내 사용압력 1.2 [MPa] 미만
   (1) 배관용 탄소 강관
   (2) 이음매 없는 구리 및 구리합금관, 다만 습식의 배관에 한함
   (3) 배관용 스테인리스 강관 또는 일반배관용 스테인리스 강관
   (4) 덕타일 주철관
2) 배관 내 사용압력 1.2 [MPa] 이상
   (1) 압력배관용 탄소 강관
   (2) 배관용 아크용접 탄소강 강관

76 상(중)하

지하구의 화재안전기술기준에 따라 연소방지설비전용헤드를 사용할 때 배관의 구경이 65 [mm]인 경우 하나의 배관에 부착하는 살수헤드의 최대 개수로 옳은 것은?

① 2
② 3
③ 5
④ 6

해설 연소방지설비 살수헤드 개수

헤드개수	1개	2개	3개	4개 또는 5개	6개 이상
배관구경(mm)	32	40	50	65	80

77 상(중)하

지하구의 화재안전기술기준에 따른 지하구의 통합감시시설 설치기준으로 틀린 것은?

① 소방관서와 지하구의 통제실 간에 화재 등 소방활동과 관련된 정보를 상시 교환할 수 있는 정보통신망을 구축할 것
② 수신기는 방재실과 공동구의 입구 및 연소방지설비 송수구가 설치된 장소(지상)에 설치할 것
③ 정보통신망(무선통신망 포함)은 광케이블 또는 이와 유사한 성능을 가진 선로일 것
④ 수신기는 화재신호, 경보, 발화지점 등 수신기에 표시되는 정보가 기준에 적합한 방식으로 119상황실이 있는 관할 소방관서의 정보통신장치에 표시되도록 할 것

해설 지하구 통합감시시설기준

1) 소방관서와 지하구 통제실 간 소방활동 관련 정보를 상시 교환할 수 있는 정보통신망 구축할 것
2) 정보통신망은 광케이블 또는 이와 유사한 성능의 것으로 할 것
3) 수신기는 화재신호, 경보, 발화지점 등 수신기에 표시되는 정보가 기준에 적합한 방식으로 119상황실이 있는 관할 소방관서의 정보통신장치에 표시되도록 할 것

78 상 중(하)

소화수조 및 저수조의 화재안전기술기준에 따라 소화용수설비에 설치하는 채수구의 지면으로부터 설치높이기준은?

① 0.3 [m] 이상 1 [m] 이하
② 0.3 [m] 이상 1.5 [m] 이하
③ 0.5 [m] 이상 1 [m] 이하
④ 0.5 [m] 이상 1.5 [m] 이하

해설 채수구 설치높이

설치높이 : 지면으로부터 0.5 [m] 이상 1 [m] 이하

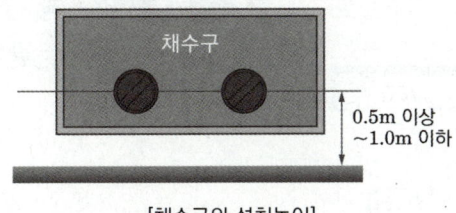

[채수구의 설치높이]

79 (상**중**하)

다음은 물분무소화설비의 화재안전기술기준에 따른 수원의 저수량기준이다. ( )에 들어갈 내용으로 옳은 것은?

> 특수가연물을 저장 또는 취급하는 특정소방대상물 또는 그 부분에 있어서 수원의 저수량은 그 바닥면적 1 [m²]에 대하여 ( ) [L/min]로 20분간 방수할 수 있는 양 이상으로 할 것

① 10
② 12
③ 15
④ 20

해설 물분무소화설비 수원의 저수량

소방대상물	토출량	비고
특수가연물을 저장·취급하는 특정소방대상물	10 [L/min·m²]	최소 바닥면적 50 [m²]
절연유봉입 변압기·컨베이어벨트	10 [L/min·m²]	-
케이블트레이·케이블덕트	12 [L/min·m²]	-
차고·주차장	20 [L/min·m²]	최소 바닥면적 50 [m²]

• 저수량 = 면적 × 토출량 × 방수시간(20 [min])

암기 특절컨 10, 케이트 12, 차주 20

80 (상**중**하)

제연설비의 화재안전기술기준상 제연설비 설치장소의 제연구역 구획기준으로 틀린 것은?

① 하나의 제연구역의 면적은 1000 [m²] 이내로 할 것
② 하나의 제연구역은 직경 60 [m] 원 내에 들어갈 수 있을 것
③ 하나의 제연구역은 3개 이상 층에 미치지 아니하도록 할 것
④ 통로상의 제연구역은 보행중심선의 길이가 60 [m]를 초과하지 아니할 것

해설 제연설비의 제연구역 구획기준

1) 하나의 제연구역 면적 : 1000 [m²] 이내
2) 거실과 통로(복도 포함)는 각각 제연구획할 것
3) 통로상의 제연구역은 보행중심선의 길이가 60 [m]를 초과하지 않을 것
4) 하나의 제연구역은 직경 60 [m] 원 내에 들어갈 수 있을 것
5) 하나의 제연구역은 2 이상 층에 미치지 않도록 할 것

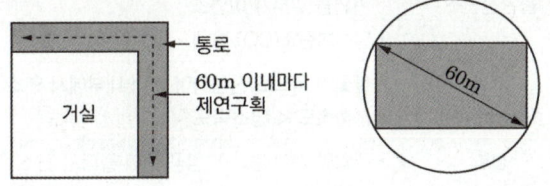

2022년 4회 소방원론

01 (하)

가스연소의 이상현상 중 연소속도보다 가스 분출속도가 클 때 나타나는 현상은?

① 리프팅(선화)
② 백파이어(역화)
③ 블로우오프
④ 백드래프트

해설 연소의 이상현상

구분	특징
불완전연소	• 산소의 공급이 부족하여 완전연소되지 못하고 가연물 일부가 미연소 • 일산화탄소(CO) 발생
역화 (Backfire)	• 불꽃이 역으로 진행하여 버너 내부에서 연소 • 분출속도 < 연소속도
선화 (Lifting)	• 내압이 커져 불꽃이 염공 위에 들떠서 연소 • 분출속도 > 연소속도
블로우오프 (Blow Off)	• 공기의 유속이 빨라 불꽃이 꺼지는 현상 • 분출속도 ≫ 연소속도
황염 (Yellow Tip)	• 불완전연소의 일종으로 노란 그을음(공기가 부족할 때 발생)

02 (하)

제1인산암모늄이 주성분인 분말소화약제는?

① 제3종 분말소화약제
② 제4종 분말소화약제
③ 제2종 분말소화약제
④ 제1종 분말소화약제

해설 분말소화약제

종별	소화약제	약제색	적응화재
1종	탄산수소나트륨 ($NaHCO_3$)	백색	BC급
2종	탄산수소칼륨 ($KHCO_3$)	담자색 (담회색)	BC급
3종	제1인산암모늄 ($NH_4H_2PO_4$)	담홍색	ABC급
4종	탄산수소칼륨 + 요소 ($KHCO_3+(NH_2)_2CO$)	회(백)색	BC급

암기 ▶ 백담사 홍어회

03 (중)

화재 시 이산화탄소를 방출하여 산소농도를 13 [vol%]로 낮추어 소화하기 위한 공기 중 이산화탄소의 농도는 약 몇 [vol%]인가?

① 9.5
② 25.8
③ 38.1
④ 61.5

정답 01 ① 02 ① 03 ③

해설 이산화탄소의 농도

$$CO_2 \text{ 농도 } [vol\%] = \frac{21 - O_2[vol\%]}{21} \times 100$$

CO_2 농도 $= \frac{21 - O_2}{21} \times 100$
$= \frac{21 - 13}{21} \times 100 ≒ 38.095 \, [vol\%]$

해설 분진폭발을 일으키지 않는 물질

물과 반응하여 가연성 기체를 발생하지 않는 것
- 시멘트
- 석회석
- 탄산칼슘($CaCO_3$)
- 생석회(CaO) = 산화칼슘
- 소석회

암기 ▶ 분시석 탄생소

04 상중(하)

다음 중 화재 발생 가능성이 가장 낮은 경우는?

① 폭발 하한계가 낮을 때
② 활성화에너지가 클 때
③ 주위온도가 높을 때
④ 인화점이 낮을 때

해설 화재의 위험성

1) 연소상한계가 높을수록, 연소하한계가 낮을수록, 연소범위가 넓을수록 화재위험성이 높음
2) 활성화에너지가 작을수록 화재위험성이 높음
3) 주위온도가 높을수록 연소범위는 넓어짐(연소범위가 넓을수록 화재위험성 높음)
4) 인화점, 착화점이 낮을수록 화재위험성이 높음

05 상중(하)

다음 중 분진폭발의 위험성이 가장 낮은 것은?

① 시멘트가루 ② 알루미늄분
③ 석탄분말   ④ 밀가루

06 상(중)하

화재하중에 대한 설명 중 틀린 것은?

① 화재하중이 크면 단위면적당의 발열량이 크다.
② 화재하중은 화재구획실 내의 가연물 총량을 목재 중량당 비로 환산하여 면적으로 나눈 수치이다.
③ 화재하중이 크다는 것은 화재구획의 공간이 넓다는 것이다.
④ 화재하중이 같더라도 물질의 상태에 따라 가혹도는 달라진다.

해설 화재하중

1) 화재하중이란 <u>화재실의 단위면적당 등가가연물(목재)의 양</u>으로 건물화재 시 발열량 및 화재위험성 척도가 된다.
2) 화재구획실 내에 존재하는 가연물은 각각 단위중량당 발열량[kcal/kg]이 다르기 때문에 <u>목재의 발열량으로 환산하여 화재하중을 산정</u>한다.
   예) 종이 : 4000[kcal/kg], 고무 : 9000 [kcal/kg]
3) 화재 시 주수시간을 결정하는 주요인이다.
4) <u>화재하중이 같더라도</u> 가연물의 비표면적, 가연물의 배열 상태, 가연물의 발열량, 화재실의 구조(단열성), 공기(산소)의 공급 상황 등이 화재강도에 영향을 미치므로 이에 따라 <u>화재가혹도도 달라진다.</u>

정답 04 ② 05 ① 06 ③

5) 화재하중 $q = \dfrac{\sum GH_i}{HA} = \dfrac{\sum Q}{4500A}$ [kg/m²]

　　　　G : 가연물의 양 [kg]
　　　　H_i : 단위중량당 발열량 [kcal/kg]
　　　　H : 목재의 단위중량당 발열량 [4500 kcal/kg]
　　　　A : 화재실의 바닥면적 [m²]
　　　　$\sum Q$: 화재실 내 가연물의 전발열량 [kcal]

TIP▶ 화재가혹도 = 화재강도 × 화재하중

보충▶ 화재하중이 크다 = 가연물의 양 대비 화재구획의 공간이 좁다

07 (상중하)

표준 상태에서 44 [g]의 프로페인 1몰이 완전 연소할 경우 발생한 이산화탄소의 부피는 약 몇 [L]인가?

① 22.4　　　② 44.8
③ 89.6　　　④ 67.2

해설 ▶ 완전연소 시 발생하는 이산화탄소의 양

1) 프로페인(프로판, C_3H_8)의 완전연소반응식
　• $C_3H_8 + 5O_2 \rightarrow 3CO_2 + 4H_2O$
　⇨ 프로페인(C_3H_8) 1 [mol] 연소 시
　　CO_2는 3 [mol] 발생

2) CO_2의 부피 [L]
　표준 상태(0 [℃], 1기압)에서 1 [mol]의 부피는 22.4 [L]이므로
　∴ CO_2의 부피 [L] = 22.4 [L/mol] × 3 [mol]
　　　　　　　　　　= 67.2 [L]

보충▶ • 프로페인(프로판, C_3H_8)의 분자량 : 44 [g/mol]
　　　• 원자량(C : 12, H : 1)

08 (상중하)

0 [℃], 1기압에서 44.8 [m³]의 용적을 가진 이산화탄소를 액화하여 얻을 수 있는 액화탄산가스의 무게는 약 몇 [kg]인가?

① 88　　　② 44
③ 22　　　④ 11

해설 ▶ 이상기체 상태방정식

$$PV = nRT = \dfrac{W}{M}RT$$

$W = \dfrac{PVM}{RT} = \dfrac{1 \times 44.8 \times 44}{0.082 \times (273+0)} \fallingdotseq 88 \text{ [kg]}$

　P : 절대압력 [atm], n : 몰수 [kmol]
　T : 절대온도 [K](273 + ℃)
　W : 기체의 질량 [kg]
　V : 부피 [m³](1 [m³] = 1000 [L])
　R : 기체상수(0.082 [atm·m³/kmol·K])
　M : 분자량 [kg/kmol](CO_2 분자량 : 44)

09 (상중하)

다음 중 가연성 가스가 아닌 것은?

① 일산화탄소　　　② 프로페인
③ 아르곤　　　　　④ 메테인

해설 ▶ 가연성 가스

구분	가연성 가스	조연성 가스
정의	자기 자신이 연소하는 가스	자기 자신은 타지 않고 연소를 도와주는 가스
종류	일산화탄소(CO) 수소(H_2) 메테인(메탄, CH_4) 프로페인(프로판, C_3H_8) 암모니아(NH_3) 뷰테인(부탄, C_4H_{10})	오존(O_3) 공기 산소(O_2) 염소(Cl) 불소(F)

※ 아르곤 : 불활성 가스

정답 07 ④ 08 ① 09 ③

10 (상 중 하)

질소 79.2 [vol%], 산소 20.8 [vol%]로 이루어진 공기의 평균 분자량은?

① 28.83
② 20.21
③ 36.00
④ 15.44

해설 공기의 평균 분자량

- $N_2 = 14 \times 2 = 28$ [g/mol]
- $O_2 = 16 \times 2 = 32$ [g/mol]
- 공기 분자량 = $(28 \times 0.792) + (32 \times 0.208)$
  ≒ 28.83 [g/mol]

11 (상 중 하)

연기 농도에서 감광계수 0.1 [m⁻¹]은 어떤 현상을 의미하는가?

① 화재 최성기의 연기 농도
② 연기감지기가 작동하는 정도의 농도
③ 거의 앞이 보이지 않을 정도의 농도
④ 출화실에서 연기가 분출될 때의 연기농도

해설 감광계수

감광계수[m⁻¹]	가시거리[m]	내용
0.1	20 ~ 30	연기감지기 작동할 때
0.3	5	건물에 익숙한 사람이 피난에 지장을 느낄 때
0.5	3	어두움을 느낄 때
1	1 ~ 2	거의 앞이 보이지 않음
10	0.2 ~ 0.5	최성기 때 연기농도
30	-	출화실에서 연기 분출

12 (상 중 하)

인화칼슘과 물이 반응할 때 생성되는 가스는?

① 아세틸렌
② 황화수소
③ 황산
④ 포스핀

해설 물과 반응 시 발생가스

물질	가스
탄화칼슘(CaC_2)	아세틸렌(C_2H_2)
탄화알루미늄(Al_4C_3)	메테인(메탄, CH_4)
인화칼슘(Ca_3P_2)	포스핀(PH_3)
인화알루미늄(AlP)	
수소화리튬(LiH)	수소(H_2)

암기 탄칼아, 탄알메, 인포

13 (상 중 하)

소화약제인 IG-541의 성분이 아닌 것은?

① 질소
② 아르곤
③ 헬륨
④ 이산화탄소

해설 불활성기체소화약제 중 IG-541

계열	소화약제	상품명	성분
IG	IG-541	Inergen	N_2, Ar, CO_2

14 (상 중 하)

과산화칼륨이 물과 반응하였을 때 발생하는 기체는?

① 아세틸렌
② 메테인
③ 수소
④ 산소

해설 과산화칼륨과 물과의 반응

1) 과산화칼륨 : 제1류 위험물 중 무기과산화물
2) 과산화칼륨과 물과의 반응성 : 산소 발생

$$2K_2O_2 + 2H_2O \rightarrow 4KOH + O_2\uparrow$$

보충 제1류 위험물 중 무기과산화물 : 과산화나트륨, 과산화칼륨, 과산화리튬 등

15 (상중**하**)

목조건축물에서 화재가 최성기에 이르면 천장, 대들보 등이 무너지고 강한 복사열을 발생한다. 이때 나타낼 수 있는 최고 온도는 약 몇 [℃]인가?

① 600
② 300
③ 1300
④ 900

해설 건축물 화재 특징

구분	목조건축물	내화건축물
화재성상	고온 단기형	저온 장기형
최성기 온도	1000 ~ 1300 [℃]	800 ~ 1000 [℃]

16 (상중**하**)

전열기의 표면온도가 250 [℃]에서 650 [℃]로 상승되면 복사열은 약 몇 배 정도 상승하는가?

① 17.2배
② 2.6배
③ 45.7배
④ 9.7배

해설 스테판 볼츠만의 법칙

$$단위\ 면적당\ 복사열량\ Q\,[W/m^2] = \sigma T^4$$

복사 : 열전달 매질 없이 전자파 형태로 열이 전달
스테판 볼츠만의 법칙에 의해 복사열은 절대온도의 4승에 비례한다.

보충 매질 : 파동을 전달시키는 물질

$$\frac{Q_2}{Q_1} = \frac{(273+t_2)^4}{(273+t_1)^4} = \frac{(273+650)^4}{(273+250)^4} \fallingdotseq 9.7배$$

σ : 스테판 볼츠만 상수 $[W/m^2 \cdot K^4]$
T : 절대온도 $[K](=273+t℃)$

17 (상중**하**)

유류 저장탱크의 화재에서 일어날 수 있는 현상과 거리가 먼 것은?

① 플래시 오버(Flash Over)
② 보일 오버(Boil Over)
③ 프로스 오버(Froth Over)
④ 슬롭 오버(Slop Over)

해설 유류탱크 화재 재해현상

현상	설명
보일 오버	중질유 탱크 저부의 에멀전(물)이 증발하면서 부피가 팽창하여 기름이 탱크 밖으로 화재를 동반하며 방출하는 현상
슬롭 오버	고온 기름 표면에 물 살수 시 급격한 수분 증발로 기름이 팽창되어 탱크 밖으로 분출하는 현상
프로스 오버	고온 아스팔트가 물이 존재하는 탱크에 옮겨지면서 화재를 수반하지 않고 기름을 분출하는 현상
블레비	비등액체 증기폭발, 주변 화재로 탱크 내 액체가 비등하고 압력이 상승하여 탱크가 파열되는 현상, 파이어 볼 발생 ※ 파이어 볼 : 인화성 액체가 대량 기화되어 갑자기 발화될 때 발생하는 공 모양 화염

보충 플래시 오버 : 온도가 급격히 상승하여 화재가 순간적으로 실내 전체에 확산되는 현상

18 (상 중 하)

화재를 발생시키는 에너지인 열원의 물리적 원인으로만 나열한 것은?

① 마찰, 충격, 단열
② 압축, 분해, 단열
③ 압축, 단열, 용해
④ 마찰, 충격, 분해

해설 점화원 형태에 의한 분류

구분	종류
기계열 (물리적)	압축열, 마찰열, 마찰스파크, 충격열, 단열압축
전기열	유도열, 유전열, 저항열, 아크열, 정전기열, 낙뢰에 의한 열
화학열	연소열, 분해열, 용해열, 생성열, 자연발화열

19 (상 중 하)

이산화탄소 20 [g]은 약 몇 [mol]인가?

① 0.23
② 0.45
③ 2.2
④ 4.4

해설 이산화탄소의 분자량을 이용한 몰수 구하기

- 이산화탄소의 분자량 : 44 [g/mol]
  → 1 [mol] 당 44 [g]
- 1 [mol] : CO_2 1[mol]당 질량 [g]
  = CO_2가 20 [g]일 때 몰수 x [mol] : 20[g]
  1 [mol] : 44 [g] = x : 20 [g]
  $x = \dfrac{20 \times 1}{44} ≒ 0.45$ [mol]

20 (상 중 하)

CF_3Br 소화약제의 명칭을 옳게 나타낸 것은?

① 할론 1011
② 할론 1211
③ 할론 1301
④ 할론 2402

해설 할론소화약제

종류	분자식	상온·상압
할론 1211	CF_2ClBr	기체
할론 1301	CF_3Br	
할론 1011	CH_2ClBr	액체
할론 2402	$C_2F_4Br_2$	

정답 18 ① 19 ② 20 ③

2022년 4회 소방유체역학

21 상 중 하

단위 및 차원에 대한 설명으로 틀린 것은?

① 밀도의 단위로 [kg/m³]을 사용한다.
② 운동량의 차원은 MLT이다.
③ 점성계수의 차원은 $ML^{-1}T^{-1}$이다.
④ 압력의 단위로 [N/m²]을 사용한다.

해설 운동량

1) 물체의 질량과 속도에 비례하는 벡터량
2) 단위 : [kg·m/s]
3) MLT계 차원 : MLT^{-1}
   FLT계 차원 : FT

22 상 중 하

그림에서 1 [m] × 3 [m]의 사각 평판이 수면과 45°기울어져 물에 잠겨 있다. 한쪽 면에 작용하는 유체력의 크기(F)와 작용점의 위치(y_f)는 각각 얼마인가?

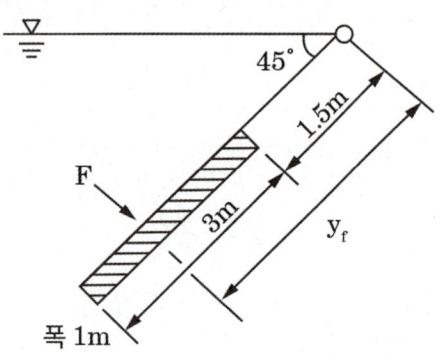

① $F = 62.4kN$, $y_f = 3.25m$
② $F = 132.3kN$, $y_f = 3.25m$
③ $F = 132.3kN$, $y_f = 3.5m$
④ $F = 62.4kN$, $y_f = 3.5m$

해설 경사면에 작용하는 전압력과 작용점의 위치

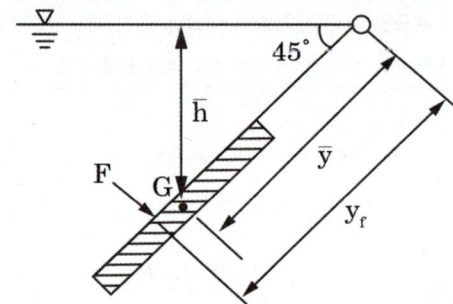

1) 유체의 전압력(= 유체력)의 크기 F

$$F = \gamma \bar{h} A = \gamma(\bar{y}\sin\theta)A$$
$$= 9.8[kN/m^3] \times (1.5[m] + \frac{3}{2}[m]) \times \sin 45°$$
$$\times (3 \times 1)[m^2]$$
$$= 62.366 ≒ 62.4 [N]$$

2) 작용점의 위치 y_f

$$y_f = \bar{y} + \frac{I_G}{A \times \bar{y}}$$
$$= 3 + \frac{\frac{1 \times 3^3}{12}}{(3 \times 1) \times 3} = 3.25[m]$$

$\bar{h}$: 수면에서 평판의 도심점까지 수직거리
$\bar{y}$: 수면에서 평판의 도심점까지 직선거리
I_G : 단면2차모멘트(사각형 : $bh^3/12$)
A : 평판의 단면적

정답 21 ② 22 ①

23 (상 중 하)

그림과 같이 평형 상태를 유지하고 있을 때 오른쪽 관에 있는 유체의 비중[S]은? (단, 물의 밀도는 1000 [kg/m³]이다)

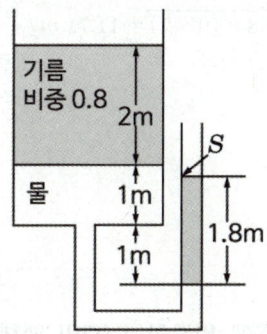

① 0.9
② 1.8
③ 2.0
④ 2.2

해설 유체의 비중

$P_1 = P_2$

$\gamma_w h_w + \gamma_{기름} h_{기름} = \gamma_{유체} h_{유체}$

$(\gamma_w \times 2) + (\gamma_{기름} \times 2) = (\gamma_{유체} \times 1.8)$

$(\gamma_w \times 2) + (S_{기름} \cdot \gamma_w \times 2) = (S \cdot \gamma_w \times 1.8)$

$(9800 \times 2) + (0.8 \times 9800 \times 2) = (S \times 9800 \times 1.8)$

∴ $S = 2$

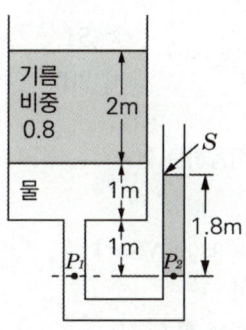

γ : 비중량[N/m³], h : 유체 높이[m]

보충 $\gamma = S \times \gamma_w,\ \rho = S \times \rho_w$

24 (상 중 하)

그림과 같은 면적 A_1인 원형관의 출구에 노즐이 볼트로 연결되어 있으며 노즐 끝의 면적은 A_2이고, 노즐 끝(2 지점)에서 물의 속도는 V, 물의 밀도는 ρ이다. 전체 볼트에 작용하는 힘이 F_B일 때 1 지점에서의 게이지압력을 구하는 식은?

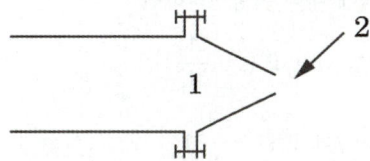

① $\dfrac{F_B}{A_1} - \rho V^2 \left(1 - \dfrac{A_2}{A_1}\right) \dfrac{A_2}{A_1}$

② $\dfrac{F_B}{A_1} - \rho V^2 \left(1 - \dfrac{A_2}{A_1}\right)$

③ $\dfrac{F_B}{A_1} - \rho V^2 \left(1 + \dfrac{A_2}{A_1}\right)$

④ $\dfrac{F_B}{A_1} + \rho V^2 \left(1 - \dfrac{A_2}{A_1}\right) \dfrac{A_2}{A_1}$

해설 플랜지볼트에 작용하는 힘 F_B

> 플랜지볼트에 작용하는 힘 F_x
> $F_x = P_{1g} A_1 - \rho Q \Delta V$

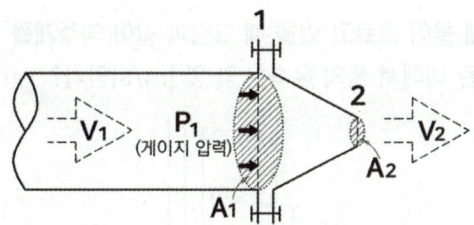

1) V_1과 V의 관계

$Q_1 = Q_2$이므로 $A_1 V_1 = A_2 V$

∴ $V_1 = \dfrac{A_2 V}{A_1}$

정답 23 ③ 24 ④

2) $F_B = P_1A_1 - \rho Q \triangle V$

$F_B = P_1A_1 - \rho(A_2V)(V - V_1)$

$F_B = P_1A_1 - \rho A_2V\left(V - \dfrac{A_2V}{A_1}\right)$

$F_B = P_1A_1 - \rho A_2V^2\left(1 - \dfrac{A_2}{A_1}\right)$

여기서 P_1에 대해 이항정리하면

$P_1A_1 = F_B + \rho A_2V^2\left(1 - \dfrac{A_2}{A_1}\right)$

$P_1 = \dfrac{F_B + \rho A_2V^2\left(1 - \dfrac{A_2}{A_1}\right)}{A_1}$

$= \dfrac{F_B}{A_1} + \dfrac{\rho A_2V^2\left(1 - \dfrac{A_2}{A_1}\right)}{A_1}$

$= \dfrac{F_B}{A_1} + \rho V^2\left(1 - \dfrac{A_2}{A_1}\right)\dfrac{A_2}{A_1}$

Q : 유량
$\triangle V$: 유속 차 $(V_2 - V_1)$
P_1 : 1 지점(원형관)에서의 게이지압력

TIP 문제에 언급된 기호로만 P_1(게이지압)을 나타낸다.

25 (상 중 하)

관 내에 물이 흐르고 있을 때 그림과 같이 액주계를 설치하였다. 관 내에서 물의 유속은 약 몇 [m/s]인가?

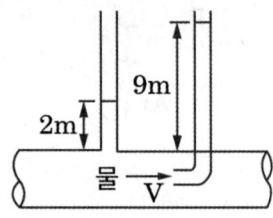

① 2.6   ② 7
③ 11.7 ④ 137.2

해설 피토관(토리첼리식)

> 관 내 유속(토리첼리식) $V = \sqrt{2g\triangle h}$

유속 $V = \sqrt{2g\triangle h}$
$= \sqrt{2 \times 9.8 \times (9-2)} = 11.71\ m/s$

g : 중력가속도 [m/s²]
$\triangle h$: 액주계의 높이 차 [m]

26 (상 중 하)

그림과 같이 수조에 비중이 1.03인 액체가 담겨있다. 이 수조의 바닥면적이 4 [m²]일 때의 수조바닥 전체에 작용하는 힘은 약 몇 [kN]인가? (단, 대기압은 무시한다)

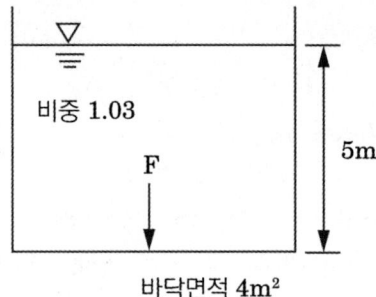

① 98   ② 51
③ 156   ④ 202

해설 수조바닥에 작용하는 힘

1) 비중량
$\gamma = S\gamma_w = 1.03 \times 9800\ [N/m^3]$
$= 10094\ [N/m^3]$

2) 수조 밑에 작용하는 힘 F
$F = \gamma h A$
$= 10094\ [N/m^3] \times 5\ [m] \times 4\ [m^2]$
$= 201880\ [N] = 202\ [kN]$

27 상 ㉢ 하

물탱크에 담긴 물의 수면의 높이가 10 [m]인데, 물탱크 바닥에 원형 구멍이 생겨서 10 [L/s]만큼 물이 유출되고 있다. 원형 구멍의 지름은 약 몇 [cm]인가? (단, 구멍의 유량보정계수는 0.6이다)

① 2.7
② 3.1
③ 3.5
④ 3.9

해설 구멍의 지름

1) 유속 V

$V = \sqrt{2gh}$
$= \sqrt{2 \times 9.8 \times 10} = 14 [m/s]$

2) 직경 D ($Q = AV$ 공식)

$Q = C \times A \times V$

$0.01 [m^3/s] = 0.6 \times \dfrac{\pi}{4}(D[m])^2 \times 14 [m/s]$

$D ≒ 0.039 [m] = 3.9 [cm]$

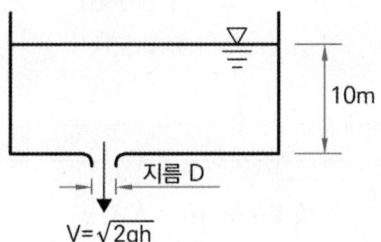

C : 유량보정계수

28 상 중 ㉢

점성계수가 0.08 [kg/m·s]이고 밀도가 800 [kg/m³]인 유체의 동점성계수는 몇 [cm²/s]인가?

① 0.08
② 1.0
③ 0.0001
④ 8.0

해설 동점성계수

$$동점성계수\ \nu = \dfrac{\mu}{\rho}$$

$\nu = \dfrac{\mu}{\rho} = \dfrac{0.08 [kg/m \cdot s]}{800 [kg/m^3]} = \dfrac{1}{10000}[m^2/s]$

$= \dfrac{1}{10000}[m^2/s] \times \dfrac{10^4 [cm^2]}{1[m^2]}$

$= 1 [cm^2/s]$

29 상 ㉢ 하

이상적인 카르노사이클의 과정인 단열압축과 등온압축의 엔트로피 변화에 관한 설명으로 옳은 것은?

① 등온압축의 경우 엔트로피 변화는 없고 단열압축의 경우 엔트로피 변화는 감소한다.
② 등온압축의 경우 엔트로피 변화는 없고 단열압축의 경우 엔트로피 변화는 증가한다.
③ 단열압축의 경우 엔트로피 변화는 없고 등온압축의 경우 엔트로피 변화는 감소한다.
④ 단열압축의 경우 엔트로피 변화는 없고 등온압축의 경우 엔트로피 변화는 증가한다.

해설 카르노사이클 엔트로피 변화

• 단열압축의 경우 엔트로피 변화는 없음
• 등온압축의 경우 엔트로피 변화는 감소

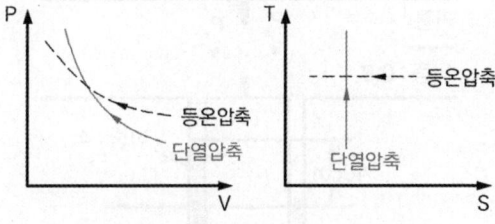

30 (상 중 하)

용기 속의 물에 압력을 가하였더니 물의 체적이 0.1 [%] 감소하였다. 이때 가해진 압력은 몇 [MPa]인가? (단, 물의 체적탄성계수는 2 [GPa]이다)

① 9.8 ② 2
③ 98 ④ 4.9

해설 체적탄성계수

$$체적탄성계수\ K = -\frac{\Delta P}{\Delta V/V_1} = -\frac{\Delta P}{\frac{(V_2 - V_1)}{V_1}}$$

$2000\,MPa = -\dfrac{\Delta P}{\left(\dfrac{-0.1}{100}\right)}$

∴ $\Delta P = 2\,[MPa]$

※ $\dfrac{\Delta V}{V_1}$가 (-)인 이유 : 체적이 감소하기 때문

보충 1 [GPa] = 1000 [MPa]
G[기가] : 10^9, M[메가] : 10^6, k[킬로] : 10^3

31 (상 중 하)

그림과 같이 기름이 흐르는 관에 오리피스가 설치되어 있고, 그 사이의 압력을 측정하기 위해 U 자형 차압 액주계가 설치되어 있다. 이때 두 지점 간의 압력차($P_x - P_y$)는 약 몇 [kPa]인가?

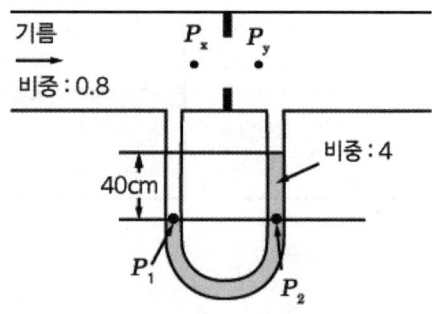

① 28.8 ② 15.7
③ 12.5 ④ 3.14

해설 마노미터 압력차 ΔP

$\Delta P = (\gamma_{유체} - \gamma_{기름})h$
$= (S_{유체}\gamma_w - S_{기름}\gamma_w)h$
$= (4 \times 9.8 - 0.8 \times 9.8) \times 0.4$
$= 12.5\,[kPa]$

γ : 비중량 [kN/m³]
h : 유체 높이 [m]

보충 물의 비중량 $\gamma_w = 9.8\,[kN/m^3]$
$\gamma = S \times \gamma_w,\ \rho = S \times \rho_w$

32 (상 중 하)

파이프 단면적이 2.5배로 급격하게 확대되는 구간을 지난 후의 유속이 1.2 [m/s]이다. 부차적 손실 계수가 0.36이라면 급격확대로 인한 손실수두는 몇 [m]인가?

① 0.165 ② 0.0561
③ 0.0264 ④ 0.331

해설 돌연확대관 손실

$$손실수두\ H_L = K \times \frac{V_1^2}{2g}$$

1) V_1 (확대 전 유속)
$Q_1 = Q_2$
$A_1 V_1$(확대 전) $= A_2 V_2$(확대 후)
$V_1 = \dfrac{A_2}{A_1} \times V_2 = \dfrac{2.5}{1} \times 1.2 = 3\,[m/s]$

2) 손실수두 $H_L = K \times \dfrac{V_1^2}{2g}$
$= 0.36 \times \dfrac{3^2}{2 \times 9.8} = 0.165\,[m]$

K : 부차적 손실계수
V_1 : 단면적 확대 전 유속 [m/s]
V_2 : 단면적 확대 후 유속 [m/s]

정답 30 ② 31 ③ 32 ①

33 (중)

외부지름이 30 [cm]이고 내부지름이 20 [cm]인 길이 10 [m]의 환형(Annular)관에 물이 2 [m/s]의 평균속도로 흐르고 있다. 이때 손실수두가 1 [m]일 때 수력직경에 기초한 마찰계수는 얼마인가?

① 0.049　　　② 0.054
③ 0.065　　　④ 0.078

해설 환형관(이중 동심관) 마찰계수 계산

$$\text{손실수두 } h = f \frac{L}{D_h} \frac{V^2}{2g} \text{ (여기서 } D_h : \text{수력직경)}$$

1) 수력직경 D_h

　(1) 수력반경 $R_h = \frac{1}{4}(D-d)$

　(2) 수력직경 $D_h = 4R_h = 4 \times \frac{1}{4}(D-d) = D-d$
　　　$= 0.3 - 0.2 = 0.1 [m]$

2) 마찰계수 f

$$h = f \frac{L}{D_h} \frac{V^2}{2g}$$

$$1 = f \times \frac{10}{0.1} \times \frac{2^2}{2 \times 9.8}$$

∴ $f = 0.049$

f : 마찰계수
L : 배관의 길이 [m]
V : 유속 [m/s]

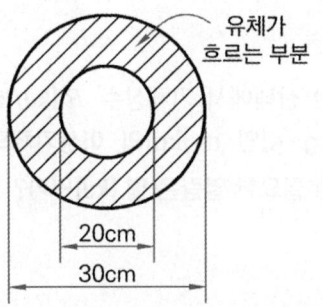

유체가 흐르는 부분
20cm
30cm

34 (중)

다음은 유체 운동학과 관련된 설명이다. 옳은 것을 모두 고른 것은?

(ㄱ) 유적선은 유체 입자의 이동 경로를 그린 선이다.
(ㄴ) 유맥선은 유동장 내의 어느 한 점을 지나는 유체 입자들로 만들어지는 선이다.
(ㄷ) 정상유동에서는 유선, 유적선, 유맥선이 모두 일치한다.

① ㄱ, ㄴ
② ㄱ, ㄷ
③ ㄴ, ㄷ
④ ㄱ, ㄴ, ㄷ

해설 유선, 유관, 유적선, 유맥선의 정의

1) 유선 : 유동장 내에서 유체 입자가 곡선을 따라 움직인다고 할 때, 그 곡선이 갖는 접선과 유체입자의 속도벡터 방향이 일치하도록 운동 해석을 할 때의 그 가상 곡선
2) 유관 : 유선으로 이루어진 관(= 유선관)
3) 유적선 : 한 유체입자가 일정한 기간 내에 이동한 경로(궤적, 자취, 흔적)
4) 유맥선 : 공간 내의 한 점을 지나는 모든 유체입자들의 순간 궤적(예 담배연기)
5) 정상류 흐름에서 유선, 유적선, 유맥선이 일치함

정답 33 ① 34 ④

35 (상 중 하)

피토관을 사용하여 일정 속도로 흐르고 있는 물의 유속(V)을 측정하기 위해 그림과 같이 비중 S인 유체를 갖는 액주계를 설치하였다. S = 2일 때 액주의 높이 차이가 H = h가 되면, S = 3일 때 액주의 높이 차(H)는 얼마가 되는가?

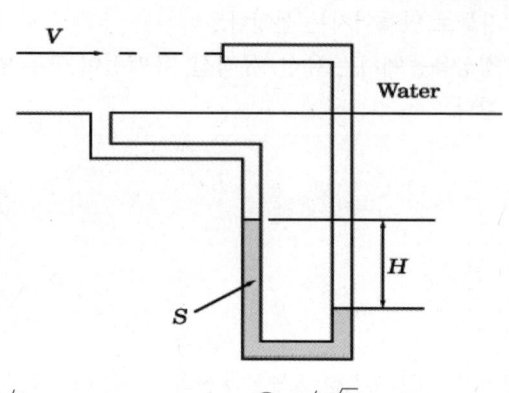

① $h/9$
② $h/\sqrt{3}$
③ $h/3$
④ $h/2$

해설 액주의 높이 차

$$배관\ 내\ 물의\ 유속\ V = \sqrt{2gH\left(\frac{S}{S_w} - 1\right)}$$

1) 비중이 2일 때 액주의 높이 차가 h이므로

$$S = 2일\ 때\ 유속\ V_1 = \sqrt{2gh\left(\frac{2}{1} - 1\right)} = \sqrt{2gh}$$

2) 비중이 3일 때 액주의 높이 차가 H라면

$$S = 3일\ 때\ 유속\ V_2 = \sqrt{2gH\left(\frac{3}{1} - 1\right)} = \sqrt{4gH}$$

물이 일정 속도로 흐르고 있으므로

$V_1 = V_2$

$\sqrt{2gh} = \sqrt{4gH}$

∴ 액주의 높이 차 $H = \frac{2gh}{4g} = \frac{1}{2}h = \frac{h}{2}$

V : 유속 [m/s]
H : 임의의 비중 S에 대한 액주의 높이 차 [m]

36 (상 중 하)

표준대기압하에서 게이지 압력 190 [kPa]을 절대압력으로 환산하면 몇 [kPa]이 되겠는가?

① 88.7
② 291.3
③ 120
④ 190

해설 절대압력

절대압 = 대기압 + 계기압
= 101.325 [kPa] + 190 [kPa]
= 291.325 [kPa]

보충 절대압력 : 완전진공을 기준으로 측정한 압력
(1) 절대압력 = 대기압 + 게이지압력
(2) 절대압력 = 대기압 - 진공압

암기 절대게 절대마진

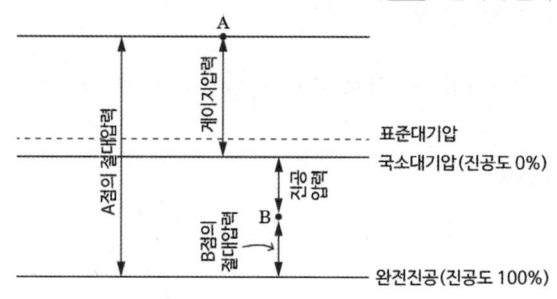

[절대압력과 게이지압력]

37 (상 중 하)

압력이 일정한 상태에서 기체상수 R [kJ/kg·K], 정적비열 C_V [kJ/kg·K]인 m [kg]의 이상기체의 온도를 10 [℃] 높이는 데 필요한 열량은 몇 [kJ]인가?

① $10\,m\,C_V$
② $373\,m\,C_V$
③ $10\,m(C_V + R)$
④ $373\,m(C_V + R)$

해설 ▶ 정압비열과 정적비열 관계

1) 정압비열($C_P[kJ/kg \cdot K]$)
   압력이 일정한 상태에서 1 [kg]의 기체를 온도 1 [K]만큼 높이는 데 필요한 열량
2) 기체의 온도를 높이는 데 필요한 열량 $Q[kJ]$
$$Q = mC_P \Delta T$$
$$= m[kg] \times (C_V + R)[kJ/kg \cdot K] \times 10[K]$$
$$= 10m(C_V + R)$$

R : 기체상수 [kJ/kg·K]
C_P : 정압비열 [kJ/kg·K]
C_V : 정적비열 [kJ/kg·K]
m : 질량 [kg]
ΔT : 온도차 [K]

보충 ▶ 기체상수 $R = C_P - C_V$

38 (상 중 하)

캐비테이션 방지법이 아닌 것은?

① 양흡입 펌프를 사용한다.
② 흡입관 내면의 마찰저항을 될 수 있으면 적게 한다.
③ 회전속도를 낮추어 흡입속도를 줄인다.
④ 펌프 흡입관의 직경을 펌프 구경보다 될 수 있으면 작게 한다.

해설 ▶ 공동현상(Cavitation)

1) 개념
   펌프 흡입 측 배관의 손실이 증가하여 소화수의 정압이 증기압 이하로 낮아져서 기포가 발생하는 현상이다.
2) 방지대책
   (1) 펌프의 위치를 수원보다 낮게 한다.
   (2) 흡입배관의 구경을 크게 한다.
   (3) 펌프의 회전수를 낮춘다.
   (4) 양흡입펌프를 사용한다.
   (5) 2대 이상의 펌프를 사용한다.
   (6) 펌프의 흡입 측을 가압한다.
   (7) 입형펌프를 사용하고, 회전차를 수중에 완전히 잠기게 한다.
   (8) 흡입관의 길이를 줄이거나 밸브, 플랜지 등을 조정하여 흡입 손실수두를 줄인다.

39 (상 중 하)

정용적형 베인펌프의 회전속도가 1500 [rpm]이고 압력상승이 6.86 [MPa], 송출량이 53 [L/min]일 때 소비된 축동력은 7.4 [kW]이다. 이 펌프의 전효율은 약 몇 [%]인가?

① 94.6
② 79.8
③ 80.3
④ 81.9

해설 ▶ 펌프의 축동력과 전효율

$$축동력\ P[kW] = \frac{\gamma[kN/m^3] \times Q[m^3/s] \times H[m]}{\eta}$$

1) 압력 6.86 [MPa] ⇒ 전양정[m]으로 환산
$$6.86[MPa] \times \frac{10.332[mAq]}{0.101325[MPa]} = 699.507[mAq]$$

2) 펌프의 전효율 η
$$축동력\ P = \frac{\gamma QH}{\eta}$$

$$7.4[kW] = \frac{9.8[kN/m^3] \times \frac{0.053}{60}[m^3/s] \times 699.507[m]}{\eta}$$

$$\eta = \frac{9.8[kN/m^3] \times \frac{0.053}{60}[m^3/s] \times 699.507[m]}{7.4[kW]}$$

$\eta = 0.81829$
∴ $\eta = 81.83[\%]$

γ : 물의 비중량 [9.8 kN/m³]
Q : 유량 [m³/s]
H : 전양정 [m]
η : 효율

40 (상)중 하

그림과 같은 탱크에 비중 0.8인 액체와 비중 1인 물이 들어 있다. 이 액체와 물에 의해 6 [m] × 5 [m] 형태의 벽면 AB에 작용하는 힘은 약 몇 [kN]인가?

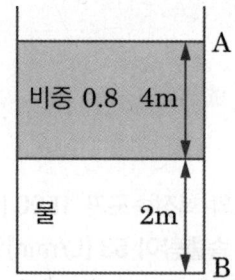

① 618 ② 314
③ 725 ④ 411

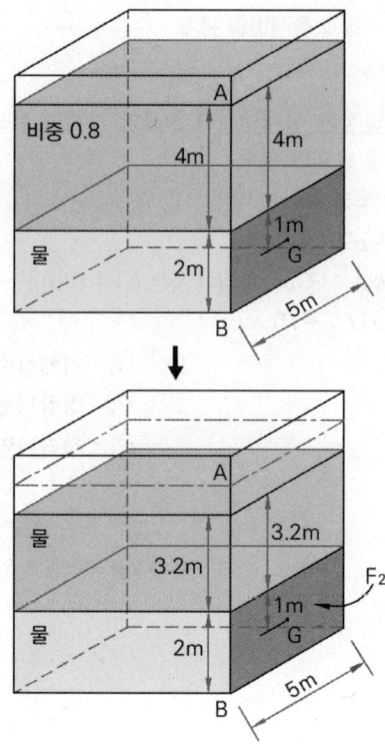

해설 벽면에 작용하는 힘

1) 비중 0.8인 액체에 의해 벽면이 받는 힘 F_1

$$F_1 = \gamma_1 \overline{h_1} A_1$$
$$= 0.8 \times 9.8 [kN/m^3] \times \frac{4}{2}[m] \times (4 \times 5)[m^2]$$
$$= 313.6 [kN]$$

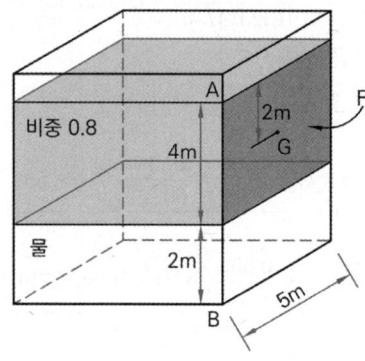

2) 물(비중 1)인 액체에 의해 벽면이 받는 힘 F_2

(1) 비중 0.8인 유체의 높이 4 [m]를 물(비중 1)의 높이로 변환

$$\gamma_1 h_1 = \gamma_w h_w$$
$$(0.8 \times 9.8) \times 4 = 9.8 \times h_w$$
$$\therefore h_w = 3.2 [m]$$

(2) $F_2 = \gamma_w \overline{h_2} A_2$

$$= 9.8 [kN/m^3] \times \left(3.2 + \frac{2}{2}\right)[m] \times (2 \times 5)[m^2]$$
$$= 411.6 [kN]$$

3) 벽면에 작용하는 힘 F

$$F = F_1 + F_2 = 313.6 [kN] + 411.6 [kN] = 725.2 [kN]$$

$\overline{h}$: 유체의 표면으로부터 평판의 도심점까지 거리 [m]
A : 평판의 면적 [m²]

보충 수직으로 잠겨 있는 평판은 각도가 90°인 경사평판으로 해석할 수 있다.

정답 40 ③

2022년 4회 소방관계법규

41
화재의 예방 및 안전관리에 관한 법령상 특수가연물의 저장 및 취급기준 중 석탄·목탄류를 저장하는 경우 쌓는 부분의 바닥면적은 몇 [m²] 이하인가? (단, 살수설비를 설치하거나, 방사능력 범위에 해당 특수가연물이 포함되도록 대형 수동식 소화기를 설치하는 경우이다)

① 200
② 250
③ 300
④ 350

해설 특수가연물 저장기준

1) 품명별로 구분하여 쌓을 것
2) 일반적인 경우
   (1) 쌓는 높이 : 10 [m] 이하
   (2) 쌓는 부분 바닥 : 50 [m²] 이하(석탄·목탄류 : 200 [m²] 이하)
3) 살수설비, 대형 수동식 소화기 설치하는 경우
   (1) 쌓는 높이 : 15 [m] 이하
   (2) 쌓는 부분의 바닥면적 : 200 [m²] 이하(석탄·목탄류 : 300 [m²] 이하)

42
소방기본법령상 저수조의 설치기준으로 틀린 것은?

① 지면으로부터의 낙차가 4.5 [m] 이상일 것
② 흡수부분의 수심이 0.5 [m] 이상일 것
③ 흡수에 지장이 없도록 토사 및 쓰레기 등을 제거할 수 있는 설비를 갖출 것
④ 흡수관의 투입구가 사각형의 경우에는 한변의 길이가 60 [cm] 이상, 원형의 경우에는 지름이 60 [cm] 이상일 것

해설 소방용수시설 설치기준

1) 소화전
   • 상수도와 연결, 지하식·지상식 구조
   • 연결금속구 구경 : 65 [mm]
2) 급수탑
   • 급수배관 구경 : 100 [mm] 이상
   • 개폐밸브 : 지상 1.5 [m] 이상 1.7 [m] 이하
3) 저수조
   • 지면으로부터의 낙차 : 4.5 [m] 이하
   • 흡수부분 수심 : 0.5 [m] 이상일 것
   • 흡수관 투입구 : 사각형 한 변 60 [cm]
                   원형 지름 60 [cm] 이상

정답 41 ③ 42 ①

43 상중하

위험물안전관리법령에 따른 위험물제조소의 옥외에 있는 위험물취급탱크 용량이 100 [m³] 및 180 [m³]인 2개의 취급탱크 주위에 하나의 방유제를 설치하는 경우 방유제의 최소 용량은 몇 [m³]이어야 하는가?

① 100
② 140
③ 180
④ 280

해설 위험물제조소 방유제 용량

1) 위험물제조소 방유제 용량
   - 탱크 1기 : 탱크 용량 50 [%] 이상
   - 탱크 2기 이상 : 최대 탱크 용량 50 [%] + 나머지 10 [%] 이상
2) 방유제 용량 = (180 × 0.5) + (100 × 0.1)
              = 100 [m³]
※ 옥외탱크저장소 방유제 용량
   ① 탱크 1기 : 탱크용량 110 [%] 이상
   ② 탱크 2기 이상 : 최대 탱크 용량 110 [%] 이상

44 상중하

다음 위험물안전관리법령의 자체소방대기준에 대한 설명으로 틀린 것은?

> 다량의 위험물을 저장·취급하는 제조소등으로서 대통령령이 정하는 제조소등이 있는 동일한 사업소에서 대통령령이 정하는 수량 이상의 위험물을 저장 또는 취급하는 경우 당해 사업소 관계인은 대통령령이 정하는 바에 따라 당해 사업소에 자체 소방대를 설치하여야 한다.

① "대통령령이 정하는 제조소등"은 제4류 위험물을 취급하는 제조소를 포함한다.
② "대통령령이 정하는 제조소등"은 제4류 위험물을 취급하는 일반취급소를 포함한다.
③ "대통령령이 정하는 수량 이상의 위험물"은 제4류 위험물의 최대수량의 합이 지정수량의 3천 배 이상인 것을 포함한다.
④ "대통령령이 정하는 제조소등"은 보일러로 위험물을 소비하는 일반취급소를 포함한다.

해설 자체소방대 설치 사업소

사업소	지정수량
제4류 위험물 취급 제조소·일반취급소	3000배 이상
제4류 위험물 저장 옥외탱크저장소	500000배 이상

정답 43 ① 44 ④

45 상(중)하

소방시설업 등록사항의 변경신고사항이 아닌 것은?

① 상호 ② 대표자
③ 보유설비 ④ 기술인력

해설 등록사항 변경신고

1) 변경신고 : 30일 이내(시·도지사)
2) 제출서류
   (1) 명칭·상호·영업소소재지 변경 : 소방시설관리업등록증 및 등록수첩
   (2) 대표자 변경 : 소방시설관리업등록증 및 등록수첩
   (3) 기술인력 변경
      ① 소방시설관리업등록수첩
      ② 변경된 기술인력 기술자격증(경력수첩 포함)
      ③ 소방기술인력대장

46 상(중)하

위험물안전관리법상 업무상 과실로 제조소등에서 위험물을 유출·방출 또는 확산시켜 사람의 생명·신체 또는 재산에 대하여 위험을 발생시킨 자에 대한 벌칙기준은?

① 5년 이하의 금고 또는 2000만 원 이하의 벌금
② 5년 이하의 금고 또는 7000만 원 이하의 벌금
③ 7년 이하의 금고 또는 2000만 원 이하의 벌금
④ 7년 이하의 금고 또는 7000만 원 이하의 벌금

해설 위험물법 벌칙

- 5년 이하 징역 또는 1억 원 이하 벌금
  제조소등의 설치허가를 받지 아니하고 제조소등을 설치한 자
- 7년 이하 금고 또는 7천만 원 이하 벌금
  업무상 과실로 위험물 유출·방출시켜 생명·신체·재산에 위험을 발생시킨 자
- 10년 이하 금고 또는 1억 원 이하 벌금
  업무상 과실로 위험물 유출·방출시켜 사람을 사상에 이르게 한 자

47 상(중)하

화재의 예방 및 안전관리에 관한 법령상 일반음식점에서 음식조리를 위해 불을 사용하는 설비를 설치하는 경우 지켜야 하는 사항으로 틀린 것은?

① 주방시설에는 동물 또는 식물의 기름을 제거할 수 있는 필터 등을 설치할 것
② 열을 발생하는 조리기구는 반자 또는 선반으로부터 0.6 [m] 이상 떨어지게 할 것
③ 주방설비에 부속된 배출덕트는 0.2 [mm] 이상의 아연도금강판으로 설치할 것
④ 열을 발생하는 조리기구로부터 0.15 [m] 이내의 거리에 있는 가연성 주요구조부는 석면판 또는 단열성이 있는 불연재료로 덮어씌울 것

해설 음식조리를 위하여 설치하는 설비

- 주방설비에 부속된 배출덕트는 0.5 [mm] 이상 아연도금강판 또는 동등 이상의 내식성 불연재료로 설치
- 동·식물 기름 제거 가능한 필터 설치
- 열 발생 조리기구는 반자 또는 선반으로부터 0.6 [m] 이상 떨어지게 할 것
- 열 발생 조리기구로부터 0.15 [m] 이내 거리의 가연성 주요구조부는 석면판 또는 단열성 있는 불연재료로 덮어씌울 것

48 상(중)하

소방용수시설의 설치기준 중 주거지역·상업지역 및 공업지역에 설치하는 경우 소방대상물과의 수평거리는 최대 몇 [m] 이하인가?

① 50 ② 100
③ 150 ④ 200

해설 소방용수시설 수평거리

- 주거지역·상업지역·공업지역 : 100 [m] 이하
- 그 외의 지역 : 140 [m] 이하

암기 ▶ 주상공 100

정답 45 ③ 46 ④ 47 ③ 48 ②

49 (상 중 하)

위험물안전관리법령상 관계인이 예방규정을 정하여야 하는 위험물을 취급하는 제조소의 지정수량기준으로 옳은 것은?

① 지정수량의 10배 이상
② 지정수량의 100배 이상
③ 지정수량의 150배 이상
④ 지정수량의 200배 이상

해설 관계인이 예방규정을 정해야 하는 제조소

- 취급제조소 : 지정수량 10배 이상
- 옥외저장소 : 지정수량 100배 이상
- 옥내저장소 : 지정수량 150배 이상
- 옥외탱크저장소 : 지정수량 200배 이상
- 암반탱크저장소
- 이송취급소
- 지정수량 10배 이상의 위험물을 취급하는 일반취급소, 다만 제4류 위험물(특수인화물 제외)만을 지정수량의 50배 이하로 취급하는 일반취급소(제1석유류. 알코올류의 취급량이 지정수량의 10배 이하인 경우에 한함)로서 다음 어느 하나에 해당하는 것은 제외
  ① 보일러·버너 또는 이와 비슷한 것으로서 위험물을 소비하는 장치로 이루어진 일반취급소
  ② 위험물을 용기에 옮겨 담거나 차량에 고정된 탱크에 주입하는 일반취급소

50 (상 중 하)

소방시설공사업법령상 소방시설공사의 하자보수 보증기간이 3년이 아닌 것은?

① 자동소화장치
② 무선통신보조설비
③ 자동화재탐지설비
④ 간이스프링클러설비

해설 소방시설 하자보수 보증기간

소방시설	기간
• 피난기구·유도등 • 비상경보설비 • 비상조명등 • 비상방송설비 • 무선통신보조설비	2년
• 자동소화장치 • 옥내·외소화전설비 • 스프링클러·간이스프링클러설비 • 물분무등소화설비 • 자동화재탐지설비 • 상수도소화용수설비 • 화재알림설비	3년

암기 ▶ 이년 피비무

51 (상 중 하)

시장지역에서 화재로 오인할 만한 우려가 있는 불을 피우거나 연막소독을 하려는 자가신고를 하지 아니하여 소방자동차를 출동하게 한 자에 대한 과태료 부과·징수권자는?

① 국무총리
② 시·도지사
③ 행정안전부 장관
④ 소방본부장 또는 소방서장

정답 49 ① 50 ② 51 ④

해설 20만 원 이하의 과태료

화재로 오인할 만한 우려가 있는 불을 피우거나 연막 소독을 하기 전에 신고를 하지 않아 소방자동차를 출동하게 한 자
1) 부과권자 : 소방본부장, 소방서장
2) 과태료 : 20만 원 이하

52 (상중하)

소방체험관의 설립·운영권자는?

① 국무총리
② 소방청장
③ 시·도지사
④ 소방본부장 및 소방서장

해설 소방박물관, 소방체험관

소방박물관	소방체험관
소방청장	시·도지사
행정안전부령	시·도 조례
① 국내·외의 소방의 역사 ② 소방공무원의 복장 및 소방장비 등의 변천 및 발전에 관한 자료를 수집·보관 및 전시	① 재난·안전사고 유형에 따른 예방, 대처, 대응 등에 관한 체험교육 ② 체험교육 프로그램의 개발 및 국민 안전의식 향상을 위한 홍보·전시 ③ 체험교육 인력의 양성 및 유관기관·단체 등과 협력 ④ 시·도지사가 인정하는 사업
① 소방박물관장 1인(소방공무원 중 소방청장이 임명), 부관장 1인 ② 운영위원회 : 7인 이내	-

53 (상중하)

다음 중 품질이 우수하다고 인정되는 소방용품에 대하여 우수품질인증을 할 수 있는 자는?

① 산업통상자원부장관
② 시·도지사
③ 소방청장
④ 소방본부장 또는 소방서장

해설 우수품질 제품 인증

1) 소방청장은 형식승인의 대상이 되는 소방용품 중 품질이 우수하다고 인정하는 소방용품에 대하여 인증(이하 "우수품질인증"이라 한다)을 할 수 있다.
2) 우수품질인증을 받으려는 자는 행정안전부령으로 정하는 바에 따라 소방청장에게 신청하여야 한다.
3) 우수품질인증을 받은 소방용품에는 우수품질인증 표시를 할 수 있다.
4) 우수품질인증의 유효기간은 5년의 범위에서 행정안전부령으로 정한다.
5) 소방청장은 다음 각 호의 어느 하나에 해당하는 경우에는 우수품질인증을 취소할 수 있다. 다만 제1호에 해당하는 경우에는 우수품질인증을 취소하여야 한다.
   (1) 거짓이나 그 밖의 부정한 방법으로 우수품질인증을 받은 경우
   (2) 우수품질인증을 받은 제품이 「발명진흥법」에 따른 산업재산권 등 타인의 권리를 침해하였다고 판단되는 경우
6) 1)부터 5)까지에서 규정한 사항 외에 우수품질인증을 위한 기술기준, 제품의 품질관리 평가, 우수품질인증의 갱신, 수수료, 인증표시 등 우수품질인증에 필요한 사항은 행정안전부령으로 정한다.

54 (중)

화재의 예방 및 안전관리에 관한 법령상 화재예방강화지구의 지정대상이 아닌 것은? (단, 소방청장 소방본부장 또는 소방서장이 화재예방강화지구로 지정할 필요가 있다고 인정하는 지역은 제외한다)

① 시장지역
② 농촌지역
③ 목조건물이 밀집한 지역
④ 공장 창고가 밀집한 지역

해설 화재예방강화지구 지정

1) 지정권자 : 시·도지사
2) 화재예방강화지구 지정 요청 : 소방청장
3) 화재예방강화지구
   (1) 시장지역
   (2) 공장·창고가 밀집한 지역
   (3) 목조건물이 밀집한 지역
   (4) 노후·불량건축물이 밀집한 지역
   (5) 위험물의 저장 및 처리 시설이 밀집한 지역
   (6) 석유화학제품을 생산하는 공장이 있는 지역
   (7) 산업입지 및 개발에 관한 법률에 따른 산업단지
   (8) 소방시설·소방용수시설·소방출동로가 없는 지역
   (9) 물류단지
   (10) (1) ~ (9)까지 준하는 지역으로서 소방관서장이 화재예방강화지구로 지정할 필요가 있다고 인정하는 지역

55 (하)

행정안전부령으로 정하는 연소 우려가 있는 구조에 대한 기준 중 다음 (   ) 안에 알맞은 것은?

> 건축물대장의 건축물 현황도에 표시된 대지 경계선 안에 2 이상의 건축물이 있는 경우로서 각각의 건축물이 다른 건축물의 외벽으로부터 수평거리가 1층의 경우에는 (㉠) [m] 이하, 2층 이상의 경우에는 (㉡) [m] 이하이고 개구부가 다른 건축물을 향하여 설치된 구조를 말한다.

① ㉠ 3, ㉡ 5
② ㉠ 5, ㉡ 8
③ ㉠ 6, ㉡ 8
④ ㉠ 6, ㉡ 10

해설 연소우려가 있는 구조

- 대지경계선 안 2 이상의 건축물
- 다른 건축물 외벽으로부터 수평거리가 <u>1층 6 [m] 이하, 2층 이상 10 [m] 이하</u>
- 개구부가 다른 건축물 향하여 설치

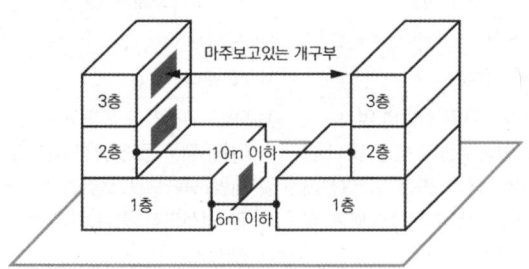

56 (중)

소방시설 설치 및 관리에 관한 법령상 특정소방대상물 중 오피스텔이 해당하는 것은?

① 숙박시설
② 업무시설
③ 공동주택
④ 근린생활시설

정답 54 ② 55 ④ 56 ②

해설 업무시설
1) 공공업무시설 : 국가 또는 지방자치단체의 청사, 외국공관의 건축물
2) 일반업무시설 : 금융업소, 사무소, 신문사, 오피스텔
3) 주민자치센터(동사무소), 경찰서, 지구대, 파출소, 소방서, 119안전센터, 우체국, 보건소, 공공도서관, 국민건강보험공단
4) 마을회관, 마을공동작업소, 마을공동구판장
5) 변전소, 양수장, 정수장, 대피소, 공중화장실

57 상중하

소화난이도등급 Ⅲ인 지하탱크저장소에 설치하여야 하는 소화설비의 설치기준으로 옳은 것은?

① 능력단위 수치가 3 이상의 소형 수동식 소화기 등 1개 이상
② 능력단위 수치가 3 이상의 소형 수동식 소화기 등 2개 이상
③ 능력단위 수치가 2 이상의 소형 수동식 소화기 등 1개 이상
④ 능력단위 수치가 2 이상의 소형 수동식 소화기 등 2개 이상

해설 소화난이도등급 Ⅲ 지하탱크저장소

소화설비	설치기준	
소형 수동식 소화기 등	능력단위 수치 3 이상	2개 이상

58 상중하

소방기본법에 따른 소방력의 기준에 따라 관할구역의 소방력을 확충하기 위하여 필요한 계획을 수립하여 시행하여야 하는 자는?

① 소방서장
② 소방본부장
③ 시·도지사
④ 행정안전부장관

해설 소방력
1) 소방청장 → 시·도지사에게 요청
2) 동원요청 인정사항
   (1) 시·도 소방력으로 소방활동이 어려운 화재
   (2) 재난·재해
   (3) 그 밖에 구조구급 필요사항
   (4) 국가적 차원의 소방활동 필요
3) 동원 요청방법 : 소방청장은 시·도지사에게 동원 요청 사실과 다음의 요청사항을 팩스 또는 전화 등의 방법으로 통지(단, 긴급을 요하는 경우 시·도 소방본부 또는 소방서의 종합실장에게 직접 요청)
   (1) 동원을 요청하는 인력 및 장비
   (2) 소방력 이송 수단 및 집결장소
   (3) 소방활동을 수행하게 될 재난의 규모, 원인 등 소방활동에 필요한 정보
4) 요청을 받은 시·도지사는 정당한 사유 없이 요청을 거절하여서는 아니 됨
5) 소방청장은 필요한 경우 직접 소방대를 편성하여 소방에 필요한 활동을 하게 할 수 있음
6) 동원된 소방력은 지역 관할하는 소방본부장·서장의 지휘에 따라야 함. 다만 소방청장이 직접 소방대를 편성하여 소방활동을 하는 경우에는 소방청장의 지휘에 따라야 함
7) 소방활동을 수행하는 과정에서 발생하는 경비 부담, 보상주체, 보상기준, 소방력 운용에 관한 사항 : 대통령령
   (1) 동원된 소방력의 소방활동 수행과정에서 발생하는 경비 : 시·도지사
   (2) 동원된 민간 소방인력이 소방활동 수행 중 사망하거나 부상 입은 경우의 보상 : 시·도지사

정답 57 ② 58 ③

59 상중하

소방기본법령상 소방안전교육사의 배치대상별 배치기준으로 틀린 것은?

① 소방청 : 2명 이상 배치
② 소방서 : 1명 이상 배치
③ 소방본부 : 2명 이상 배치
④ 한국소방안전원(본회) : 1명 이상 배치

해설 소방안전교육사 배치대상별 배치기준

배치대상	배치기준(이상)
소방청	2명
소방본부	2명
소방서	1명
한국소방안전원	본회 : 2명 시·도지부 : 1명
한국소방산업기술원	2명

60 상중하

소방기본법령상 소방본부 종합상황실의 실장이 서면·팩스 또는 컴퓨터통신 등으로 소방청 종합상황실에 보고하여야 하는 화재의 기준이 아닌 것은?

① 이재민이 100인 이상 발생한 화재
② 재산피해액이 50억 원 이상 발생한 화재
③ 사망자가 3인 이상 발생하거나 사상자가 5인 이상 발생한 화재
④ 층수가 5층 이상이거나 병상이 30개 이상인 종합병원에서 발생한 화재

해설 종합상황실 실장 보고 화재

종합상황실의 실장은 다음에 해당하는 상황이 발생하는 때에는 그 사실을 지체 없이 서면·팩스 또는 컴퓨터통신 등으로 소방서의 종합상황실의 경우는 소방본부의 종합상황실에, 소방본부의 종합상황실의 경우는 소방청의 종합상황실에 각각 보고해야 한다.

1) 다음에 해당하는 화재
   (1) 사망자가 5인 이상 발생한 화재
   (2) 사상자가 10인 이상 발생한 화재
   (3) 이재민이 100인 이상 발생한 화재
   (4) 재산피해액이 50억 원 이상 발생한 화재
   (5) 관공서·학교·정부미도정공장·국가유산·지하철 또는 지하구의 화재
   (6) 관광호텔, 층수가 11층 이상인 건축물, 지하상가, 시장, 백화점
   (7) 지정수량의 3천 배 이상의 위험물의 제조소·저장소·취급소
   (8) 층수가 5층 이상이거나 객실이 30실 이상인 숙박시설, 층수가 5층 이상이거나 병상이 30개 이상인 종합병원·정신병원·한방병원·요양소
   (9) 연면적 15000 [m^2] 이상인 공장 또는 화재예방강화지구에서 발생한 화재
   (10) 철도차량, 항구에 매어 둔 총 톤수가 1천 톤 이상인 선박, 항공기, 발전소 또는 변전소에서 발생한 화재
   (11) 가스 및 화약류의 폭발에 의한 화재
   (12) 다중이용업소의 화재
2) 통제단장의 현장지휘가 필요한 재난상황
3) 언론에 보도된 재난상황
4) 그 밖에 소방청장이 정하는 재난상황

정답 59 ④ 60 ③

2022년 4회 소방기계시설의 구조 및 원리

61 상 중 하

화재조기진압용 스프링클러설비의 화재안전기술기준상 화재조기진압용 스프링클러설비 설치장소의 구조기준으로 틀린 것은?

① 천장은 평평하여야 하며 철재나 목재트러스 구조인 경우 철재나 목재의 돌출부분이 102 [mm]를 초과하지 아니할 것
② 해당 층의 높이가 10 [m] 이하일 것. 다만 3층 이상일 경우에는 해당 층의 바닥을 내화구조로 하고 다른 부분과 방화구획할 것
③ 천장의 기울기가 1000분의 168을 초과하지 않아야 하고, 이를 초과하는 경우에는 반자를 지면과 수평으로 설치할 것
④ 창고 내의 선반의 형태는 하부로 물이 침투되는 구조로 할 것

해설 화재조기진압용 S/P 설치장소의 구조기준

1) 해당 층의 높이가 13.7 [m] 이하일 것
   다만 2층 이상일 경우 해당 층의 바닥을 내화구조로 하고 다른 부분과 방화구획할 것
2) 천장의 기울기 168/1000을 초과하지 않아야 하고 초과 시 반자를 지면과 수평으로 설치할 것
3) 천장은 평평하여야 하며 철재나 목재트러스 구조인 경우 철재나 목재 돌출부분이 102 [mm]를 초과하지 않을 것
4) 보로 사용되는 목재·콘크리트 및 철재 사이 간격은 0.9 [m] 이상 2.3 [m] 이하일 것
5) 창고 내 선반 형태는 하부로 물이 침투되는 구조로 할 것

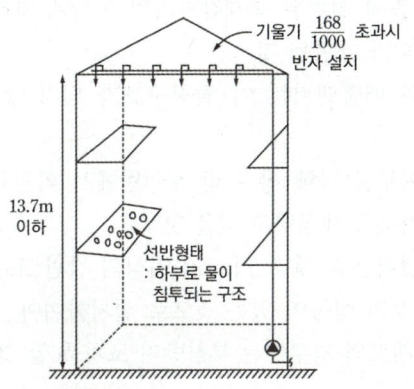

62 상 중 하

어떤 공장을 신축하면서 외부에 옥외소화전설비의 화재안전기술기준에 따라 옥외소화전을 15개 설치한다. 옥외소화전함은 최소 몇 개를 설치해야 하는가?

① 11개 ② 15개
③ 8개   ④ 10개

해설 옥외소화전함의 설치개수

옥외소화전	옥외소화전함의 개수
10개 이하	옥외소화전마다 5 [m] 이내의 장소에 1개 이상 설치
11개 이상 30개 이하	11개 이상의 소화전함을 각각 분산하여 설치
31개 이상	옥외소화전 3개마다 1개 이상 설치

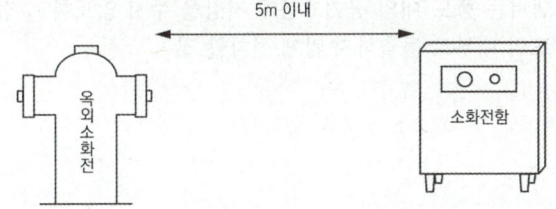

63 ❨중❩

특별피난계단의 계단실 및 부속실 제연설비의 화재안전기술 기준상 수직풍도에 따른 배출기준 중 각층의 옥내와 면하는 수직풍도의 관통부에 설치하여야 하는 배출댐퍼 설치기준으로 틀린 것은?

① 화재 층에 설치된 화재감지기의 동작에 따라 당해 층의 댐퍼가 개방될 것
② 풍도의 배출댐퍼는 이·탈착구조가 되지 않도록 설치할 것
③ 개폐여부를 당해 장치 및 제어반에서 확인할 수 있는 감지기능을 내장하고 있을 것
④ 배출댐퍼는 두께 1.5 [mm] 이상의 강판 또는 이와 동등 이상의 성능이 있는 것으로 설치하여야 하며, 비내식성 재료의 경우에는 부식방지 조치를 할 것

[해설] 수직풍도의 관통부 배출댐퍼의 설치기준

각층의 옥내와 면하는 수직풍도의 관통부에는 다음 각목의 기준에 적합한 댐퍼(이하 "배출댐퍼"라 한다)를 설치해야 한다.
1) 배출댐퍼는 두께 1.5 [mm] 이상의 강판 또는 이와 동등 이상의 성능이 있는 것으로 설치해야 하며 비내식성 재료의 경우에는 부식방지 조치를 할 것
2) 평상시 닫힌 구조로 기밀 상태를 유지할 것
3) 개폐 여부를 당해 장치 및 제어반에서 확인할 수 있는 감지기능을 내장하고 있을 것
4) 구동부의 작동 상태와 닫혀 있을 때의 기밀 상태를 수시로 점검할 수 있는 구조일 것
5) 풍도의 내부마감 상태에 대한 점검 및 댐퍼의 정비가 가능한 이·탈착구조로 할 것
6) 화재 층에 설치된 화재감지기의 동작에 따라 당해 층의 댐퍼가 개방될 것
7) 개방 시의 실제 개구부(개구율을 감안한 것을 말한다)의 크기는 기준에 따른 수직풍도의 최소 내부단면적 이상으로 할 것
8) 댐퍼는 풍도 내의 공기흐름에 지장을 주지 않도록 수직풍도의 내부로 돌출하지 않게 설치할 것

64 ❨상❩

소화수조 및 저수조의 화재안전기술기준에 따라 소화용수설비를 설치하여야 할 특정소방대상물에 유수를 사용할 수 있는 경우에는 유수의 양이 1분당 몇 [m³] 이상이면 소화수조를 설치하지 않아도 되는가?

① 0.8　　② 1
③ 1.5　　④ 2

[해설] 소화용수설비 설치 제외

소화용수설비를 설치해야 할 특정소방대상물에 있어서 유수의 양이 0.8 [m³/min] 이상인 유수를 사용할 수 있는 경우에는 소화수조를 설치하지 않을 수 있다.

65 ❨중❩

물분무소화설비의 화재안전기술기준에 따른 물분무소화설비의 수원의 저수량기준에 대한 설명으로 다음 (　) 안에 알맞은 것은?

> · 차고 또는 주차장은 그 바닥면적(최대방수구역의 바닥면적을 기준으로 하며, 50 [m²] 이하인 경우에는 50 [m²]) 1 [m²]에 대하여 (㉠) [L/min]로 20분간 방수할 수 있는 양 이상으로 할 것
> · 절연유 봉입 변압기는 바닥부분을 제외한 표면적을 합한 면적 1 [m²]에 대하여 (㉡) [L/min]로 20분간 방수할 수 있는 양 이상으로 할 것
> · 케이블트레이, 케이블덕트 등은 투영된 바닥면적 1 [m²]에 대하여 (㉢) [L/min]로 20분간 방수할 수 있는 양 이상으로 할 것

① ㉠ 20, ㉡ 10, ㉢ 12
② ㉠ 20, ㉡ 20, ㉢ 12
③ ㉠ 10, ㉡ 20, ㉢ 5
④ ㉠ 10, ㉡ 10, ㉢ 5

정답 63 ② 64 ① 65 ①

해설 물분무소화설비의 수원

소방대상물	토출량	비고
특수가연물을 저장·취급	10 [L/min·m²]	최소 바닥면적 50 [m²]
절연유봉입 변압기	10 [L/min·m²]	-
컨베이어벨트	10 [L/min·m²]	-
케이블트레이·케이블덕트	12 [L/min·m²]	-
차고·주차장	20 [L/min·m²]	최소 바닥면적 50 [m²]

암기 특절컨 10, 케이트 12, 차주 20

66 상(중)하

포소화설비의 화재안전기술기준상 포헤드의 설치기준 중 다음 괄호 안에 알맞은 것은?

> 압축공기포소화설비의 분사헤드는 천장 또는 반자에 설치하되 방호대상물에 따라 측벽에 설치할 수 있으며 유류탱크 주위에는 바닥면적 (㉠) [m²]마다 1개 이상, 특수가연물저장소에는 바닥면적 (㉡) [m²]마다 1개 이상으로 당해 방호대상물의 화재를 유효하게 소화할 수 있도록 할 것

① ㉠ 8, ㉡ 9
② ㉠ 9, ㉡ 8
③ ㉠ 9.3, ㉡ 13.9
④ ㉠ 13.9, ㉡ 9.3

해설 압축공기포소화설비의 분사헤드

유류탱크주위	바닥면적 13.9 [m²]마다 1개 이상
특수가연물저장소	바닥면적 9.3 [m²]마다 1개 이상

67 상(중)하

포소화설비의 화재안전기술기준상 펌프 관련기준으로 적합하지 않은 것은?

① 성능시험배관의 유량측정장치는 펌프의 정격토출량의 150 [%] 이상 측정할 수 있는 성능이 있어야 한다.
② 펌프의 성능시험배관은 펌프의 토출 측에 설치된 개폐밸브 이전에서 분기하여 설치한다.
③ 펌프의 성능은 정격토출량의 150 [%]로 운전 시 정격토출압력의 65 [%] 이상이 되어야 한다.
④ 펌프의 성능은 체절운전 시 정격토출압력의 140 [%]를 초과하지 않아야 한다.

해설 포소화설비 펌프 관련기준(수계 공통)

1) 펌프의 성능은 체절운전 시 정격토출압력의 140 [%]를 초과하지 않고, 정격토출량의 150 [%]로 운전 시 정격토출압력의 65 [%] 이상이 되어야 하며, 펌프의 성능을 시험할 수 있는 성능시험배관을 설치할 것. 다만 충압펌프의 경우에는 그렇지 않다.
2) 성능시험배관은 펌프의 토출 측에 설치된 개폐밸브 이전에서 분기하여 직선으로 설치하고, 유량측정장치를 기준으로 전단 직관부에는 개폐밸브를 후단 직관부에는 유량조절밸브를 설치할 것. 이 경우 개폐밸브와 유량측정장치 사이의 직관부 거리 및 유량측정장치와 유량조절밸브 사이의 직관부 거리는 해당 유량측정장치 제조사의 설치사양에 따르고, 성능시험배관의 호칭지름은 유량측정장치의 호칭지름에 따른다.
3) 유량측정장치는 <u>펌프의 정격토출량의 175 [%]</u> 이상 측정할 수 있는 성능이 있을 것

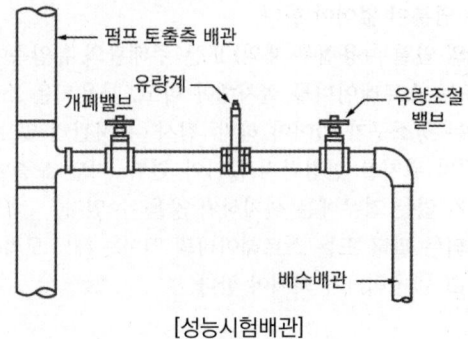

[성능시험배관]

정답 66 ④ 67 ①

68 (하)

스프링클러설비의 가압송수장치의 정격토출압력은 하나의 헤드선단에 얼마의 방수압력이 될 수 있는 크기이어야 하는가? (단, 가압송수장치는 전동기에 따른 펌프를 이용한다)

① 0.01 [MPa] 이상 0.05 [MPa] 이하
② 0.1 [MPa] 이상 1.2 [MPa] 이하
③ 1.5 [MPa] 이상 2.0 [MPa] 이하
④ 2.5 [MPa] 이상 3.3 [MPa] 이하

해설 스프링클러헤드 방수압력

헤드 방수압력 : 0.1 [MPa] 이상 1.2 [MPa] 이하

69 (중)

미분무소화설비의 화재안전기술기준에 따라 저수조 등에 충수할 경우 사용되는 필터 또는 스트레이너의 메쉬는 헤드 오리피스 지름의 최대 몇 [%] 이하가 되어야 하는가?

① 70   ② 80
③ 60   ④ 90

해설 미분무소화설비의 수원

1) 미분무소화설비에 사용되는 소화용수는 「먹는물관리법」 제5조에 적합하고, 저수조 등에 충수할 경우 필터 또는 스트레이너를 통해야 하며, 사용되는 물에는 입자·용해고체 또는 염분이 없어야 한다.
2) 배관의 연결부(용접부 제외) 또는 주배관의 유입측에는 필터 또는 스트레이너를 설치해야 하고, 사용되는 스트레이너에는 청소구가 있어야 하며, 검사·유지관리 및 보수 시에 배치 위치를 변경하지 않아야 한다. 다만 노즐이 막힐 우려가 없는 경우에는 설치하지 않을 수 있다.
3) 사용되는 필터 또는 스트레이너의 메쉬는 헤드 오리피스 지름의 80 [%] 이하가 되어야 한다.

70 (중)

스프링클러설비의 화재안전기술기준상 건식 스프링클러설비에서 헤드를 향하여 상향으로 수평주행배관의 기울기가 최소 몇 이상이 되어야 하는가?

① 1/500
② 1/1000
③ 0
④ 1/250

해설 기울기 Summary

구분	설명
1/100 이상	연결살수설비 수평주행배관
2/100 이상	물분무소화설비 배수설비
1/250 이상	S/P 습식·부압식 외 가지배관
1/500 이상	S/P 습식·부압식 외 수평주행배관

[S/P 습식·부압식 외의 설비]

71 상(중)하

제연설비 화재안전기술기준에 따라 예상제연구역 바닥면적 400 [m²] 이상 거실의 공기 유입구 설치기준으로 옳은 것은? (단, 제연경계에 따른 구획을 제외한다)

① 천장에 설치하되 배출구와 10 [m] 거리를 둔다.
② 바닥으로부터 1.5 [m] 이하의 높이에 설치한다.
③ 주변 3 [m] 이내에는 가연성 내용물이 없도록 한다.
④ 천장과 바닥에 관계없이 배출구와 5 [m] 이상의 직선거리만 확보한다.

해설 예상제연구역의 공기유입구 설치기준

1) 바닥면적 400 [m²] 미만의 거실
   공기유입구와 배출구 간의 직선거리는 5 [m] 이상 또는 구획된 실의 장변의 2분의 1 이상으로 할 것
2) 바닥면적이 400 [m²] 이상의 거실
   바닥으로부터 1.5 [m] 이하의 높이에 설치하고 그 주변은 공기의 유입에 장애가 없도록 할 것

72 상(중)하

소화기구 및 자동소화장치의 화재안전성능기준상 간이소화용구로서 마른모래를 사용하려 할 때 다음 ( )에 알맞은 내용은?

- 마른모래 1포의 기준은 삽을 상비한 (㉠) [L] 이상의 것이다.
- 능력단위 2단위로 설치하기 위해 마른모래는 (㉡)포를 설치해야 한다.

① ㉠ 160, ㉡ 2   ② ㉠ 50, ㉡ 2
③ ㉠ 160, ㉡ 4   ④ ㉠ 50, ㉡ 4

해설 간이소화용구의 능력단위

간이소화용구		능력단위
마른모래	삽을 상비한 50 [L] 이상의 것 1포	0.5 단위

포의 수 = $\dfrac{2[단위]}{0.5[단위/포]}$ = 4 [포]

73 상(중)하

피난사다리의 형식승인 및 제품검사의 기술기준상 피난사다리의 횡봉에 대한 기준 중 ( )에 알맞은 것은?

횡봉의 간격은 (㉠) [cm] 이상 (㉡) [cm] 이하이어야 하고, 횡봉은 지름 (㉢) [mm] 이상 (㉣) [mm] 이하의 원형인 단면이거나 또는 이와 비슷한 손으로 잡을 수 있는 형태의 단면이 있는 것이어야 한다.

① ㉠ 25, ㉡ 35, ㉢ 20, ㉣ 30
② ㉠ 20, ㉡ 40, ㉢ 20, ㉣ 40
③ ㉠ 20, ㉡ 30, ㉢ 14, ㉣ 40
④ ㉠ 25, ㉡ 35, ㉢ 14, ㉣ 35

해설 피난사다리의 구조

1) 피난사다리는 2개 이상의 종봉 및 횡봉으로 구성되어야 한다. 다만 고정식사다리인 경우에는 종봉의 수를 1개로 할 수 있다.
2) 피난사다리(종봉이 1개인 고정식사다리는 제외)의 종봉의 간격은 최외각 종봉 사이의 안치수가 30 [cm] 이상이어야 한다.
3) 피난사다리의 횡봉은 지름 14 [mm] 이상 35 [mm] 이하의 원형인 단면이거나 또는 이와 비슷한 손으로 잡을 수 있는 형태의 단면이 있는 것이어야 한다.
4) 피난사다리의 횡봉은 종봉에 동일한 간격으로 부착한 것이어야 하며, 그 간격은 25 [cm] 이상 35 [cm] 이하이어야 한다.
5) 피난사다리 횡봉의 디딤면은 미끄러지지 아니하는 구조이어야 한다.

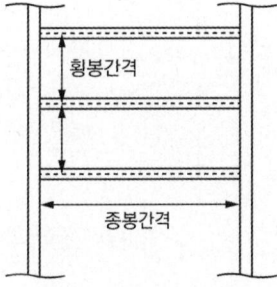

정답 71 ② 72 ④ 73 ④

74 (상 중 하)

포소화설비의 화재안전기술기준상 포소화설비의 배관에 대한 설명으로 틀린 것은?

① 포헤드설비의 가지배관의 배열은 토너먼트방식으로 한다.
② 송액관은 적당한 기울기를 유지하도록 하고 그 낮은 부분에 배액밸브를 설치한다.
③ 송액관은 전용으로 한다.
④ 포워터스프링클러설비의 교차배관에서 분기되는 지점을 기점으로 한쪽 가지배관에 설치되는 헤드의 수는 8개 이하로 한다.

해설 포소화설비 배관

1) 포워터스프링클러설비 또는 포헤드설비의 가지배관 배열은 토너먼트방식 아닐 것(압축공기포 제외)
2) 송액관은 전용으로 할 것
3) 송액관은 포 방출 종료 후 배관 안에 액을 배출하기 위해 적당한 기울기 유지하고 그 낮은 부분에 배액밸브 설치해야 함
4) 교차배관에서 분기하는 지점을 기점으로 한쪽 가지배관에 설치하는 헤드의 수 : 8개 이하
5) 포소화설비 성능에 지장이 없는 경우 다른 설비와 겸용이 가능

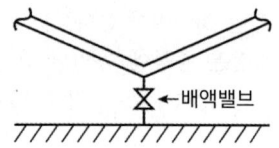

75 (상 중 하)

공동주택의 화재안전기술기준에 따라 층수가 16층인 아파트 건축물에 각 세대마다 12개의 폐쇄형 스프링클러헤드를 설치하였다. 이때 수원은 몇 [m³] 이상 확보되어야 하는가? (단, 아파트의 각 동이 주차장으로 서로 연결된 구조가 아니다)

① 48
② 480
③ 16
④ 160

해설 공동주택에 폐쇄형 스프링클러헤드를 사용하는 경우 수원의 양

폐쇄형 스프링클러헤드를 사용하는 아파트등은 기준개수 10개에 1.6 [m³]를 곱한 양 이상의 수원이 확보되도록 할 것(다만 아파트등의 각 동이 주차장으로 서로 연결된 구조인 경우 해당 주차장 부분의 기준개수는 30개로 할 것)

• 수원의 양 = N(기준개수) × 1.6 [m³]
  = 10개 × 1.6 [m³]
  = 16 [m³]

76 (상 중 하)

간이스프링클러설비의 화재안전기술기준에 따른 간이헤드의 설치기준 중 A, B에 들어갈 내용은?

> 간이헤드의 작동온도는 실내의 최대 주위천장온도가 (A) [℃] 이상 66 [℃] 이하인 경우에는 공칭작동온도가 (B) [℃]에서 109 [℃]의 것을 사용할 것

① A : 39, B : 79
② A : 39, B : 59
③ A : 19, B : 59
④ A : 19, B : 79

정답 74 ① 75 ③ 76 ①

해설 간이헤드

1) 폐쇄형 간이헤드를 사용할 것
2) 간이헤드의 작동온도는 실내의 최대 주위 천장온도가 0[℃] 이상 38[℃] 이하인 경우 공칭작동온도가 57[℃]에서 77[℃]의 것을 사용하고, 39[℃] 이상 66[℃] 이하인 경우에는 공칭작동온도가 79[℃]에서 109[℃]의 것을 사용할 것
3) 간이헤드를 설치하는 천장·반자·천장과 반자 사이·덕트·선반 등의 각 부분으로부터 간이헤드까지의 수평거리는 2.3[m] 이하가 되도록 해야 한다.

77 상중하

다음 화재조기진압용 스프링클러설비의 화재안전기술기준상 수원의 기준 중 ( )에 들어갈 내용은?

화재조기진압용 스프링클러설비의 수원은 수리학적으로 가장 먼 가지배관 (㉠)개에 각각 (㉡)개의 스프링클러헤드가 동시에 개방되었을 때 헤드선단의 압력이 규정에 따른 값 이상으로 (㉢)분간 방사할 수 있는 양으로 계산한다.

① ㉠ 4, ㉡ 4, ㉢ 60
② ㉠ 3, ㉡ 3, ㉢ 90
③ ㉠ 3, ㉡ 4, ㉢ 60
④ ㉠ 4, ㉡ 3, ㉢ 90

해설 화재조기진압용 S/P 설비의 수원

화재조기진압용 스프링클러설비의 수원은 수리학적으로 가장 먼 가지배관 3개에 각각 4개의 스프링클러헤드가 동시에 개방되었을 때 헤드선단의 압력이 규정에 따른 값 이상으로 60분간 방수할 수 있는 양 이상으로 계산한다.

78 상중하

물분무소화설비의 화재안전기술기준에 따른 가압송수장치의 설치기준 중 틀린 것은? (단, 전동기 또는 내연기관에 따른 펌프를 이용하는 가압송수장치이다)

① 기동용 수압개폐장치(압력챔버)를 사용할 경우 그 용적은 100[L] 이상으로 한다.
② 수원의 수위가 펌프보다 낮은 위치에 있는 가압송수장치에는 물올림장치를 설치한다.
③ 기동용 수압개폐장치를 기동장치로 사용할 경우에 설치하는 충압펌프의 토출압력은 가압송수장치의 정격 토출압력과 같게 한다.
④ 가압송수장치가 기동된 경우에는 자동으로 정지되도록 한다.

해설 물분무소화설비 가압송수장치

1) 기동용 수압개폐장치 중 압력챔버를 사용할 경우 그 용적은 100[L] 이상의 것으로 할 것
2) 수원의 수위가 펌프보다 낮은 위치에 있는 가압송수장치에는 다음의 기준에 따른 물올림장치를 설치할 것
3) 기동용 수압개폐장치를 기동장치로 사용할 경우에는 다음의 기준에 따른 충압펌프를 설치할 것
   (1) 펌프의 토출압력은 그 설비의 최고위 살수장치의 자연압보다 적어도 0.2[MPa]이 더 크도록 하거나 가압송수장치의 정격토출압력과 같게 할 것
   (2) 펌프의 정격토출량은 정상적인 누설량보다 적어서는 안되며, 물분무소화설비가 자동적으로 작동할 수 있도록 충분한 토출량을 유지할 것
4) 가압송수장치가 기동이 된 경우에는 자동으로 정지되지 않도록 할 것. 다만 충압펌프의 경우에는 그렇지 않다.

79 (하)

소화기구 및 자동소화장치의 화재안전기술기준에 따라 부속용도로 사용하고 있는 통신기기실의 경우 바닥면적 몇 [m²]마다 수동식 소화기 1개 이상을 추가로 비치하여야 하는가?

① 30
② 50
③ 60
④ 40

해설 부속용도별 추가해야 할 소화기구 및 자동소화장치

용도별	소화기구의 능력단위
1. 다음 각목의 시설(다만 스프링클러설비·간이스프링클러설비·물분무등소화설비 또는 상업용 주방자동소화장치가 설치된 경우에는 자동확산소화기를 설치하지 않을 수 있다) 가) 보일러실·건조실·세탁소·대량화기취급소 나) 음식점·다중이용업소·호텔·기숙사·노유자시설·의료시설·업무시설·공장·장례식장·교육연구시설·교정 및 군사시설의 주방 다) 관리자의 출입이 곤란한 변전실·송전실·변압기실 및 배전반실	1. 소화기 해당 용도의 바닥면적 25 [m²]마다 능력단위 1단위 이상의 소화기[주방에 설치하는소화기 중 1개 이상은 주방화재용 소화기(K급)로 설치] 2. 자동확산소화기 해당 용도의 바닥면적 10 [m²] 이하는 1개, 10 [m²] 초과는 2개 이상을 설치[방호대상에 유효하게 분사될 수 있는 위치에 배치될 수 있는 수량으로 설치할 것]
2. 발전실·변전실·송전실·변압기실·배전반실·통신기기실·전산기기실 기타 이와 유사한 시설이 있는 장소(관리자의 출입이 곤란한 장소 제외)	해당 용도의 바닥면적 50 [m²]마다 적응성이 있는 소화기 1개 이상

80 (중)

이산화탄소소화설비의 화재안전기술기준에 따른 소화약제의 저장용기 설치기준으로 틀린 것은?

① 용기 간의 간격은 점검에 지장이 없도록 2 [cm] 이상의 간격을 유지할 것
② 방화문으로 구획된 실에 설치할 것
③ 방호구역 외의 장소에 설치할 것
④ 온도가 40 [℃] 이하이고, 온도변화가 적은 곳에 설치할 것

해설 이산화탄소소화설비 저장용기 설치장소

1) 방호구역 외의 장소에 설치할 것
2) 온도가 40 [℃] 이하이고, 온도변화가 적은 곳에 설치할 것
3) 직사광선 및 빗물이 침투할 우려가 없는 곳에 설치할 것
4) 방화문으로 구획된 실에 설치할 것
5) 용기의 설치장소에는 해당 용기가 설치된 곳임을 표시하는 표지를 할 것
6) 용기 간의 간격은 점검에 지장이 없도록 3 [cm] 이상 간격을 유지할 것
7) 저장용기와 집합관을 연결하는 연결배관에는 체크밸브를 설치할 것

정답 79 ② 80 ①

모아바 www.moa-ba.com
모아소방전기학원 www.moate.co.kr

2021 출제경향 분석

[소방원론]

CHAPTER 연도 및 회차		연소	연소생성물	폭발	화재	위험물	소화	안전관리 및 건축방재	합계
2021년	1	6	2	1	1	3	5	2	20
	2	5	2	0	2	5	5	1	20
	4	3	1	1	3	4	7	1	20

[소방유체역학]

CHAPTER 연도 및 회차		유체이론	정수역학	동수역학	배관과 펌프	열역학	합계
2021년	1	4	3	6	4	3	20
	2	3	3	5	5	4	20
	4	2	5	4	5	4	20

격차를 뛰어넘어 압도적인 격차를 만들다

[소방관계법규]

CHAPTER 연도 및 회차		소방기본법	소방시설법	화재예방법	소방공사업법	위험물 안전관리법	합계
2021년	1	5	7	2	2	4	20
	2	3	7	4	2	4	20
	4	3	4	5	3	5	20

[소방기계시설의 구조 및 원리]

CHAPTER 연도 및 회차		소화기구 및 자동소화장치	옥내소화전설비	옥외소화전설비	스프링클러설비	물분무소화설비	미분무소화설비	포소화설비	이산화탄소소화설비	할론소화설비	할로겐화합물 및 불활성기체 소화설비	분말소화설비	피난기구 및 인명구조기구	소화용수설비	제연설비	연결송수관설비	연결살수설비	기타	합계
2021년	1	3	1	0	3	2	0	2	1	0	1	2	2	2	1	0	0	0	20
	2	2	3	0	2	2	1	2	1	1	0	2	1	1	1	0	1	0	20
	4	2	1	0	3	3	0	2	1	1	0	1	2	1	1	1	0	1	20

2021년 1회 소방원론

목표시간: 20분 | 시작: _시 _분 | 종료: _시 _분 | 맞은 개수: _/20

---

01 (상 중 **하**)

건축법령상 내력벽, 기둥, 바닥, 보, 지붕틀 및 주계단을 무엇이라 하는가?

① 내진구조부
② 건축설비부
③ 보조구조부
④ 주요구조부

해설 건물의 주요구조부

1) 바닥(최하층 바닥 제외)
2) 보(작은 보 제외)
3) 지붕틀(차양 제외)
4) 내력벽(비내력벽 제외)
5) 주계단(옥외계단 제외)
6) 기둥(사잇기둥 제외)

암기 ▶ 바보지내주기

---

02 (상 **중** 하)

이산화탄소의 물성으로 옳은 것은?

① 임계온도: 31.35 [℃], 증기비중: 0.529
② 임계온도: 31.35 [℃], 증기비중: 1.529
③ 임계온도: 0.35 [℃], 증기비중: 1.529
④ 임계온도: 0.35 [℃], 증기비중: 0.529

해설 이산화탄소(CO_2)의 물성

구분		구분	
분자량	44 [g/mol]	임계온도	31.35 [℃]
증기비중	1.529	임계압력	75.2 [kg_f/cm^2]
증발열	137 [cal/g]	융해열	45.2 [cal/g]
삼중점	-57 [℃]	비점	-78 [℃]

---

03 (상 **중** 하)

소화약제로 사용하는 물의 증발잠열로 기대할 수 있는 소화효과는?

① 냉각소화
② 질식소화
③ 제거소화
④ 촉매소화

해설 물의 소화효과

효과	설명
냉각효과	증발(기화) 잠열에 의한 열 흡수
질식효과	기화 시 체적이 약 1650배 증가하여 주변 산소농도 낮춤
유화효과	에멀전 형성, 가연성 혼합기 생성 억제
희석효과	분해가스나 증기의 농도 낮춤

보충 ▶ 부촉매효과: 분말, 할로겐화합물

---

04 (상 **중** 하)

블레비(BLEVE)현상과 관계가 없는 것은?

① 핵분열
② 가연성 액체
③ 화구(Fire Ball)의 형성
④ 복사열의 대량 방출

해설 블레비(BLEVE)

1) 비등액체 증기폭발
2) 탱크 내 인화성·가연성 액체가 비등하고 가스압력 상승으로 탱크가 파열하고 폭발
3) 복사열 대량 방출
4) 파이어 볼 발생

보충 ▶ 파이어 볼: 인화성 액체가 대량 기화되어 갑자기 발화될 때 발생하는 공 모양 화염

정답 01 ④ 02 ② 03 ① 04 ①

05

할론소화약제에 관한 설명으로 옳지 않은 것은?

① 연쇄반응을 차단하여 소화한다.
② 할로겐족 원소가 사용된다.
③ 전기의 도체이므로 전기화재에 효과가 있다.
④ 소화약제의 변질, 분해 위험성이 낮다.

해설 할론소화약제

1) 연쇄반응 차단하여 부촉매소화
2) 라디컬포착제로 자유활성기 생성 억제
3) 할로겐족 원소 사용(F, Cl, Br, I 등)
4) 부식성이 낮음
5) 전기의 부도체로 전기화재에 효과적
6) 적응성 : 통신기기실, 미술관, 전산실 등

06

스테판 볼츠만의 법칙에 의해 복사열과 절대온도와의 관계를 옳게 설명한 것은?

① 복사열은 절대온도의 제곱에 비례한다.
② 복사열은 절대온도의 4제곱에 비례한다.
③ 복사열은 절대온도의 제곱에 반비례한다.
④ 복사열은 절대온도의 4제곱에 반비례한다.

해설 스테판 볼츠만의 법칙

$$단위\ 면적당\ 복사열량\ Q\,[W/m^2] = \sigma T^4$$

복사 : 열전달 매질 없이 전자파 형태로 열이 전달
스테판 볼츠만의 법칙에 의해 복사열은 절대온도의 4승에 비례한다.

보충 ▶ 매질 : 파동을 전달시키는 물질
σ : 스테판 볼츠만 상수 $[W/m^2 \cdot K^4]$
T : 절대온도 $[K](= 273 + t\,℃)$

07

분자식이 CF_2BrCl인 할론소화약제는?

① 할론 1301
② 할론 1211
③ 할론 2402
④ 할론 2021

해설 할론소화약제

종류	분자식	상온·상압
할론 1211	CF_2ClBr	기체
할론 1301	CF_3Br	
할론 1011	CH_2ClBr	액체
할론 2402	$C_2F_4Br_2$	

08

대두유가 침적된 기름걸레를 쓰레기통에 장시간 방치한 결과 자연발화에 의하여 화재가 발생한 경우 그 이유로 옳은 것은?

① 융해열 축적
② 산화열 축적
③ 증발열 축적
④ 발효열 축적

해설 자연발화의 원인

분류	개념	종류
산화열	가연물이 산소와 결합하여 발생	불포화 섬유지, 석탄, 기름걸레
분해열	물질이 분해하며 열 축적에 의해 발화	셀룰로이드, 아세틸렌
흡착열	흡착 시 발생하는 열	활성탄, 목탄
중합열	중합반응에 의한 열, 분해열과 반대	액화 시안화수소
발효열	미생물에 의해 발효되면서 발생	먼지, 퇴비

정답 05 ③ 06 ② 07 ② 08 ②

09 (중)

조연성 가스에 해당하는 것은?

① 일산화탄소 ② 산소
③ 수소 ④ 뷰테인

해설 가연성 가스와 조연성 가스

구분	가연성 가스	조연성 가스
정의	자기 자신이 연소하는 가스	자기 자신은 타지 않고 연소를 도와주는 가스
종류	일산화탄소(CO) 수소(H_2) 메테인(메탄, CH_4) 프로페인(프로판, C_3H_8) 암모니아(NH_3) 뷰테인(부탄, C_4H_{10})	오존(O_3) 공기 산소(O_2) 염소(Cl) 불소(F)

암기 조 오공산 염불

10 (중)

물에 저장하는 것이 안전한 물질은?

① 나트륨 ② 수소화칼슘
③ 이황화탄소 ④ 탄화칼슘

해설 위험물의 저장

위험물	저장장소
황린 이황화탄소(CS_2)	물속
나이트로셀룰로오스 (니트로셀룰로오스)	알코올 속
칼륨(K) 나트륨(Na) 리튬(Li)	석유류(등유) 속

암기 황물 나이알 ㅠㅠ

11 (중)

다음 각 물질과 물이 반응하였을 때 발생하는 가스의 연결이 틀린 것은?

① 탄화칼슘 - 아세틸렌
② 탄화알루미늄 - 이산화황
③ 인화칼슘 - 포스핀
④ 수소화리튬 - 수소

해설 물과 반응 시 발생가스

물질	가스
탄화칼슘(CaC_2)	아세틸렌(C_2H_2)
탄화알루미늄(Al_4C_3)	메테인(메탄, CH_4)
인화칼슘(Ca_3P_2)	포스핀(PH_3)
인화알루미늄(AlP)	
수소화리튬(LiH)	수소(H_2)

암기 탄칼아, 탄알메, 인포

12 (중)

건축물의 화재 시 피난자들의 집중으로 패닉(Panic)현상이 일어날 수 있는 피난방향은?

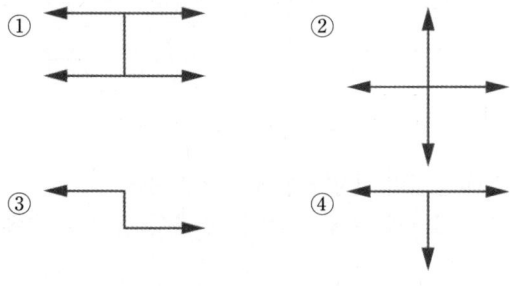

정답 09 ② 10 ③ 11 ② 12 ①

해설 피난형태

형태	피난방향	비고
X형	↑←→↓	분산하여 피난하므로 피난이 용이
Y형	↖↗↓	
CO형	↓→□←↑	피난자들이 집중되므로 병목현상의 발생 및 패닉 우려
H형	←→ — ←→	

13 (상 중 하)

위험물별 저장방법에 대한 설명 중 틀린 것은?

① 황은 정전기가 축적되지 않도록 하여 저장한다.
② 적린은 화기로부터 격리하여 저장한다.
③ 마그네슘은 건조하면 부유하여 분진폭발의 위험이 있으므로 물에 적시어 보관한다.
④ 황화인은 산화제와 격리하여 저장한다.

해설 금수성 물질

물과 접촉하여 발화, 가연성 가스 발생

구분	현상
무기과산화물	산소(O_2) 발생
금속분 마그네슘(Mg) 나트륨(Na) 칼륨(K) 리튬(Li)	수소(H_2) 발생
탄화칼슘 (칼슘카바이드)	아세틸렌(C_2H_2) 발생

14 (상 중 하)

전기화재의 원인으로 거리가 먼 것은?

① 단락
② 과전류
③ 누전
④ 절연 과다

해설 전기화재 원인

1) 과전류(과부하)에 의한 발화
2) 단락(합선)에 의한 발화
3) 누전에 의한 발화
4) 낙뢰에 의한 발화
5) 전기불꽃에 의한 발화
6) 정전기로 인한 스파크 발생에 의한 발화

보충
- 절연 : 전기 또는 열을 통하지 않게 하는 것
- 단락 : 전기회로의 두 점 사이의 절연이 잘 안 되어서 두 점 사이가 접속되는 일
- 누전 : 절연이 불완전하거나 시설이 손상되어 전기가 전깃줄 밖으로 새어 흐름

15 (상 중 하)

인화점이 낮은 것부터 높은 순서로 옳게 나열된 것은?

① 에틸알코올 < 이황화탄소 < 아세톤
② 이황화탄소 < 에틸알코올 < 아세톤
③ 에틸알코올 < 아세톤 < 이황화탄소
④ 이황화탄소 < 아세톤 < 에틸알코올

해설 **인화점**

물질	인화점 [℃]
다이에틸에터(디에틸에테르)	-45
가솔린(휘발유)	-43
산화프로필렌	-37
이황화탄소	-30
아세톤	-18
메틸알코올	11
에틸알코올	13
등유	39
경유	41

• 이황화탄소 < 아세톤 < 에틸알코올

암기▶ 인가산이아 / 메에 / 등경

16 상(중)하

가연성 가스이면서도 독성 가스인 것은?

① 질소　　② 수소
③ 염소　　④ 황화수소

해설 **유해가스**

연소가스	특징
일산화탄소 (CO)	• 불완전연소 시 발생 • 유독성 • 흡입 시 헤모글로빈과 결합하여 산소운반 저해
이산화탄소 (CO_2)	• 완전연소 시 발생 • 연소가스 중 가장 많은 양 발생 • 다량 흡입 시 호흡속도 증가
암모니아 (NH_3)	• 인체에 자극성이 큰 가연성 가스 • 질소함유물, 수지류, 나무 등이 연소 시 발생
포스겐 ($COCl_2$)	• PVC, 수지류, 염소가 함유된 가연물 연소 시 발생 • 맹독성(0.1 [ppm])
황화수소(H_2S)	• 달걀 썩는 냄새 • 독성, 부식성, 가연성 가스
시안화수소 (HCN)	• 질소함유물 등이 불완전연소 시 발생 • 청산가스
아크롤레인 (CH_2CHCHO)	• 맹독성(0.1 [ppm]) • 석유제품, 유지 등 연소 시 생성

17 상(중)하

1기압 상태에서, 100 [℃] 물 1 [g]이 모두 기체로 변할 때 필요한 열량은 몇 [cal]인가?

① 429　　② 499
③ 539　　④ 639

해설 **물의 잠열**

1) 얼음 융해잠열 : 80 [cal/g] (= 334 [kJ/kg])
2) 물의 증발잠열 : 539 [cal/g] (= 2257 [kJ/kg])
3) 0 [℃] 물 1 [g] → 100 [℃] 수증기 : 639 [cal/g]
4) 0 [℃] 얼음 1 [g] → 100 [℃] 수증기 : 719 [cal/g]

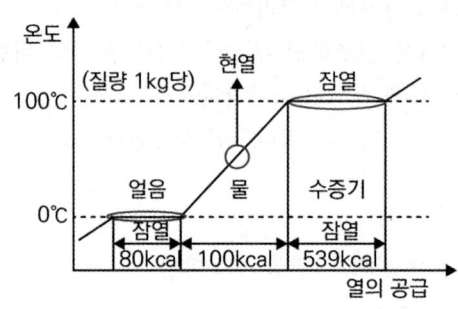

[물의 상태변화]

보충▶ 물의 기화열 539 [cal/g]은 100 [℃]의 물 1 [g]이 100 [℃]의 수증기가 될 때 필요한 열량

정답 16 ④　17 ③

18 (상 중 하)

다음 물질 중 연소범위를 통해 산출한 위험도 값이 가장 높은 것은?

① 수소
② 에틸렌
③ 메테인
④ 이황화탄소

해설 위험도

1) 위험도 $H = \dfrac{U-L}{L}$
2) 주요물질 연소범위

가스	하한계 L	상한계 U	위험도 H
이황화탄소	1.2	44	35.67
아세틸렌	2.5	81	31.4
다이에틸에터 (디에틸에테르)	1.9	48	24.26
수소	4	75	17.75
에틸렌	2.7	36	12.33
일산화탄소	12.5	74	4.92
뷰테인(부탄)	1.8	8.4	3.67
프로페인(프로판)	2.1	9.5	3.52
에테인(에탄)	3	12.4	3.13
메테인(메탄)	5	15	2

① 수소 $H = \dfrac{75-4}{4} = 17.75$

② 에틸렌 $H = \dfrac{36-2.7}{2.7} = 12.33$

③ 메테인 $H = \dfrac{15-5}{5} = 2$

④ 이황화탄소 $H = \dfrac{44-1.2}{1.2} = 35.67$

암기 (이황)일이사사, (수)사치료, (에틸)이찌삼육, (메)오싫오

19 (상 중 하)

일반적으로 공기 중 산소농도를 몇 [vol%] 이하로 감소시키면 연소속도의 감소 및 질식소화가 가능한가?

① 15
② 21
③ 25
④ 31

해설 소화의 형태

소화	내용
냉각소화	열 흡수, 발화점 이하로 낮추어 소화
질식소화	산소농도 15 [%] 이하로 낮춤
제거소화	가연물을 차단, 격리
억제소화	연쇄반응을 차단, 부촉매소화

보충 물리적 소화 : 냉각, 질식, 제거
화학적 소화 : 억제소화(부촉매소화)

20 (상 중 하)

가연물질의 구비조건으로 옳지 않은 것은?

① 화학적 활성이 클 것
② 열의 축적이 용이할 것
③ 활성화에너지가 작을 것
④ 산소와 결합할 때 발열량이 작을 것

해설 가연물의 구비조건

1) 활성화에너지가 작을 것 (-)
2) 열전도율이 작을 것 (-)
3) 산소와 접촉하는 표면적이 넓을 것 (+)
4) 발열량이 클 것 (+)
5) 산소와 친화력이 클 것 (+)
6) 연쇄반응을 일으킬 것 (+)

TIP 활성화에너지, 열전도율 (−)

정답 18 ④ 19 ① 20 ④

2021년 1회 소방유체역학

21 (하)

대기압이 90 [kPa]인 곳에서 진공 76 [mmHg]는 절대압력[kPa]으로 약 얼마인가?

① 10.1
② 79.9
③ 99.9
④ 101.1

해설 절대압력

1) 압력단위환산

$$76[mmHg] \times \frac{101.325[kPa]}{760[mmHg]} = 10.1325[kPa]$$

2) 절대압 = 대기압 − 진공압
   = 90 [kPa] − 10.1325 [kPa]
   = 79.9 [kPa]

보충 ▶ 절대압력 : 완전진공을 기준으로 측정한 압력
(1) 절대압력 = 대기압 + 게이지압력
(2) 절대압력 = 대기압 − 진공압

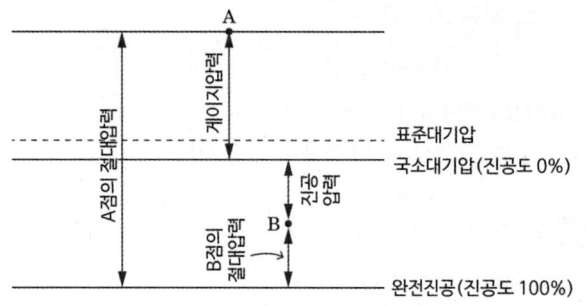

[절대압력과 게이지압력]

22 (중)

지름 0.4 [m]인 관에 물이 0.5 [m³/s]로 흐를 때 길이 300 [m]에 대한 동력 손실은 60 [kW]이었다. 이때 관 마찰계수(f)는 얼마인가?

① 0.0151
② 0.0202
③ 0.0256
④ 0.0301

해설 관 마찰손실계수 f

$$손실수두\ H_L[m] = f \times \frac{L}{D} \times \frac{V^2}{2g}$$

1) 양정 H(손실수두)
   손실 동력 $P[kW] = \gamma QH$
   $60 = 9.8 \times 0.5 \times H$
   ∴ $H = 12.24[m]$

2) 유속 V
   $$V = \frac{4Q}{\pi D^2} = \frac{4 \times 0.5}{\pi \times 0.4^2} = 3.98[m/s]$$

3) 관 마찰계수 f
   $$H = f \frac{L}{D} \frac{V^2}{2g}$$
   $$12.24 = f \times \frac{300}{0.4} \times \frac{3.98^2}{2 \times 9.8}$$
   ∴ $f = 0.0202$

γ : 물의 비중량 [9.8 kN/m³]
Q : 유량 [m³/s]
H : 손실양정(수두) [m]
D : 관경 [m]
f : 관마찰계수
L : 배관의 길이 [m]
g : 중력가속도 [9.8 m/s²]

정답 21 ② 22 ②

23 (상중**하**)

액체 분자들 사이의 응집력과 고체면에 대한 부착력의 차이에 의하여 관 내 액체표면과 자유표면 사이에 높이 차이가 나타나는 것과 가장 관계가 깊은 것은?

① 관성력
② 점성
③ 뉴턴의 마찰법칙
④ 모세관현상

해설 모세관현상

1) 모세관현상이란 액체분자들 사이의 응집력과 고체면에 대한 부착력의 차이의 의하여 관 내 액체표면과 자유표면 사이에 높이 차이가 발생하는 현상이다.
2) 액체와 고체가 접촉하면 상호 부착하려는 성질을 갖는데, 이 부착력과 액체의 응집력의 상대적 크기에 의해 일어나는 현상이다.
3) 모세관의 상승 높이

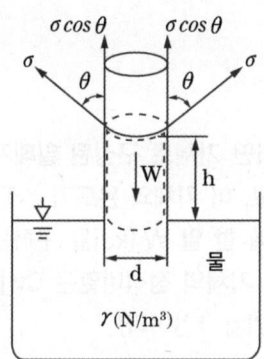

모세관 상승높이 $h\,[m] = \dfrac{4\sigma\cos\theta}{\gamma d}$

σ : 표면장력 [N/m], θ : 각도 [°]
γ : 비중량(γ_w = 9800 N/m³)
d : 관의 내경 [m]

보충 ▶ 자유표면 : 액체가 기체에 접하고 있는 표면

24 (상중**하**)

피스톤이 설치된 용기 속에서 1 [kg]의 공기가 일정온도 50 [℃]에서 처음 체적의 5배로 팽창되었다면 이때 전달된 열량[kJ]은 얼마인가? (단, 공기의 기체상수는 0.287 [kJ/(kg·K)]이다)

① 149.2
② 170.6
③ 215.8
④ 240.3

해설 등온과정 열량계산

1) 열역학 제1법칙 $_1Q_2 = \triangle U +\, _1W_2$
2) $\triangle U$(내부에너지) $= m\,C_V\triangle T$
   $\triangle U = 0\,(\because 일정 온도 50\,[℃]이므로 \triangle T = 0)$
   따라서 $_1Q_2 =\, _1W_2$

$_1Q_2 =\, _1W_2 = \displaystyle\int_1^2 P\,dV = \int_1^2 \dfrac{m\overline{R}\,T}{V}\,dV$

$= m\overline{R}\,T\ln\left(\dfrac{V_2}{V_1}\right)$

$= 1 \times 0.287 \times (50+273) \times \ln\left(\dfrac{5}{1}\right)$

$= 149.2\,[kJ]$

$_1Q_2$: 열량 [kJ]
$\triangle U$: 내부에너지 [kJ]
$_1W_2$: 절대일 [kJ]
m : 질량 [kg]
$\overline{R}$: 기체상수 [kJ/kg·K]
T : 절대온도 [K](273 + ℃)

정답 23 ④ 24 ①

25 (중)

호주에서 무게가 20 [N]인 어떤 물체를 한국에서 재어보니 19.8 [N]이었다면 한국에서의 중력가속도[m/s²]는 얼마인가? (단, 호주에서의 중력가속도는 9.82 [m/s²]이다)

① 9.46
② 9.61
③ 9.72
④ 9.82

해설 한국에서 중력가속도(비례식 이용)

$W = mg$ 이므로 $W \propto g$

$9.82[m/s^2] : 20[N] = x[m/s^2] : 19.8[N]$

$\therefore x = 9.72 [m/s^2]$

W : 무게 [N]
m : 질량 [kg]
g : 중력가속도 [m/s²]

26 (중)

두께 20 [cm]이고 열전도율 4 [W/(m·K)]인 벽의 내부 표면온도는 20 [℃]이고, 외부 벽은 −10 [℃]인 공기에 노출되어 있어 대류열전달이 일어난다. 외부의 대류열전달계수가 20 [W/(m²·K)]일 때 정상 상태에서 벽의 외부표면온도[℃]는 얼마인가? (단, 복사열전달은 무시한다)

① 5
② 10
③ 15
④ 20

해설 열전달(전도열, 대류열)

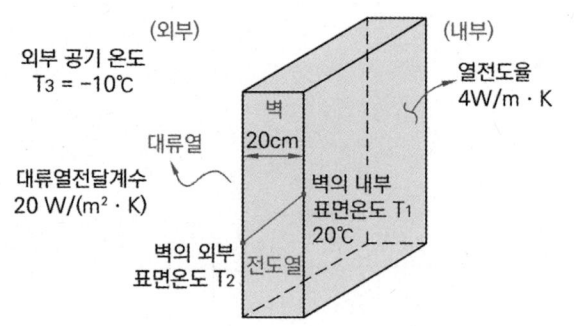

1) 전도열 $\dot{Q}_{전도} = \dfrac{k}{l} \times A \times (T_1 - T_2)$

2) 대류열 $\dot{Q}_{대류} = hA\Delta T = hA(T_2 - T_3)$

3) 전도열과 대류열은 같은 열량을 가짐

$\dot{Q}_{전도} = \dot{Q}_{대류}$

$\dfrac{k}{l} \times A \times (T_1 - T_2) = hA(T_2 - T_3)$

$\dfrac{4}{0.2} \times \{(273+20) - T_2\} = 20 \times \{T_2 - (273-10)\}$

$T_2 = 278[K] = 5[℃]$

k : 전도열전달계수(열전도율) [W/m·K]
h : 대류열전달계수 [W/m²·K]
A : 면적 [m²]
T_1 : 내부표면온도 [K]
T_2 : 외부표면온도 [K]
T_3 : 외부공기온도 [K]

27 (중)

질량 m [kg]의 어떤 기체로 구성된 밀폐계가 Q [kJ]의 열을 받아 일을 하고, 이 기체의 온도가 △T [℃] 상승하였다면 이 계가 외부에 한 일 W [kJ]을 구하는 계산식으로 옳은 것은? (단, 이 기체의 정적비열은 Cv [kJ/(kg·K)], 정압비열은 Cp [kJ/kg·K])이다)

① $W = Q - mC_v \Delta T$
② $W = Q + mC_v \Delta T$
③ $W = Q - mC_p \Delta T$
④ $W = Q + mC_p \Delta T$

해설 열역학 제1법칙

$Q = \Delta U + W$
$W = Q - \Delta U = Q - mC_v \Delta T$

정답 25 ③ 26 ① 27 ①

28 (상⦿하)

정육면체의 그릇에 물을 가득 채울 때 그릇밑면이 받는 압력에 의한 수직방향 평균 힘의 크기를 P라고 하면 한 측면이 받는 압력에 의한 수평방향 평균 힘의 크기는 얼마인가?

① 0.5P ② P
③ 2P   ④ 4P

해설 측면이 받는 힘의 크기

1) 그릇 밑면이 받는 압력에 의한 힘 F_1
$$F_1 = \gamma h A = \gamma \times a \times a^2 = \gamma \times a^3 (= P)$$

2) 한 측면이 받는 압력에 의한 힘 F_2
$$F_2 = \gamma \bar{h} A = \gamma \times \frac{a}{2} \times a^2 = \gamma \times \frac{a^3}{2} (= \frac{P}{2})$$

측면이 받는 압력에 의한 힘의 크기는 $\frac{P}{2}$

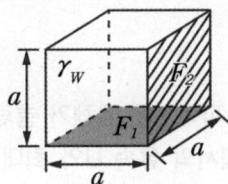

γ : 비중량
h : 유체의 표면으로부터 바닥면까지 수직거리
$\bar{h}$: 유체의 표면으로부터 측면의 도심점까지 수직거리
A : 면적

보충 수직으로 잠겨있는 평판은 각도가 90°인 경사평판으로 해석할 수 있다.

29 (상 중⦿)

베르누이방정식을 적용할 수 있는 기본 전제조건으로 옳은 것은?

① 비압축성 흐름, 점성 흐름, 정상유동
② 압축성 흐름, 비점성 흐름, 정상유동
③ 비압축성 흐름, 비점성 흐름, 비정상유동
④ 비압축성 흐름, 비점성 흐름, 정상유동

해설 베르누이방정식의 조건

1) 유체입자는 유선을 따라 흐름
2) 정상류
3) 비점성 유체(유체입자는 마찰이 없다)
4) 비압축성 유체

30 (상⦿하)

Newton의 점성법칙에 대한 옳은 설명으로 모두 짝지은 것은?

㉮ 전단응력은 점성계수와 속도기울기의 곱이다.
㉯ 전단응력은 점성계수에 비례한다.
㉰ 전단응력은 속도기울기에 반비례한다.

① ㉮, ㉯   ② ㉯, ㉰
③ ㉮, ㉰   ④ ㉮, ㉯, ㉰

해설 뉴턴의 점성법칙(전단응력)

$$\text{전단응력 } \tau[N/m^2] = \mu \frac{du}{dy}$$

1) 점성계수와 속도구배(속도기울기)의 곱
2) 속도기울기에 비례
3) 점성계수에 비례
4) 속도구배가 0이면 전단응력은 0

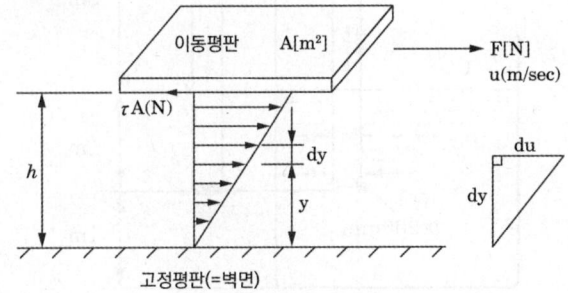

정답 28 ① 29 ④ 30 ①

31 (상 중 하)

물이 배관 내에 유동하고 있을 때 흐르는 물속 어느 부분의 정압이 그때 물의 온도에 해당하는 증기압 이하로 되면 부분적으로 기포가 발생하는 현상을 무엇이라고 하는가?

① 수격현상　　② 서징현상
③ 공동현상　　④ 와류현상

해설 베르누이방정식의 조건

1) 맥동현상(Surging) : 압력계가 흔들리고 송출유량이 주기적으로 변하는 현상
2) 공동현상(Cavitation) : 관 내 유체의 정압이 포화수증기압보다 낮아져 유체에 기포가 발생하는 현상
3) 수격현상(Water Hammering) : 유체가 흐를 때 급격한 속도 변화로 내부압력에 급변화가 생기는 현상

32 (상 중 하)

그림과 같이 사이펀에 의해 용기 속의 물이 4.8 [m³/min]로 방출된다면 전체 손실수두[m]는 얼마인가? (단, 관 내 마찰은 무시한다)

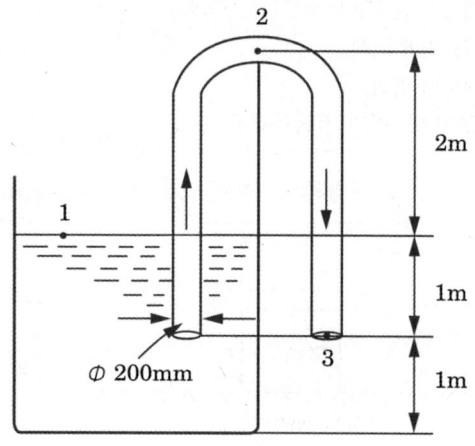

① 0.668　　② 0.330
③ 1.043　　④ 1.826

해설 사이펀 손실수두 계산

앞의 사이펀 그림에서 1지점과 3지점 사이의 수정베르누이방정식을 세우면

$$\frac{P_1}{\gamma} + \frac{V_1^2}{2g} + Z_1 = \frac{P_3}{\gamma} + \frac{V_3^2}{2g} + Z_3 + H_L$$

(여기서 $P_1 = P_3 = 0$(대기압), $V_1 ≒ 0$, $H_L =$ 손실수두)

$$H_L = Z_1 - Z_3 - \frac{V_3^2}{2g} = 1 - 0 - \frac{V_3^2}{2 \times 9.8} \cdots\cdots (1)식$$

위 식에서 V_3는 $Q = AV$에 의해

$$V_3 = \frac{Q}{A} = \frac{4Q}{\pi D^2} = \frac{4 \times \left(\frac{4.8}{60}\right)}{\pi \times 0.2^2} = 2.55 [m/s]$$

이므로 $V_3 = 2.55 [m/s]$를 (1)식에 대입하면

$$\therefore H_L = 1 - 0 - \frac{(2.55)^2}{2 \times 9.8} = 0.668 [m]$$

33 (상 중 하)

반지름 R_0인 원형 파이프에 유체가 층류로 흐를 때, 중심으로부터 거리 R에서의 유속 U와 최대속도 U_{max}의 비에 대한 분포식으로 옳은 것은?

① $\frac{U}{U_{max}} = (\frac{R}{R_0})^2$　　② $\frac{U}{U_{max}} = 2(\frac{R}{R_0})^2$

③ $\frac{U}{U_{max}} = (\frac{R}{R_0})^2 - 2$　　④ $\frac{U}{U_{max}} = 1 - (\frac{R}{R_0})^2$

해설 배관 내 층류유동 시 속도 분포

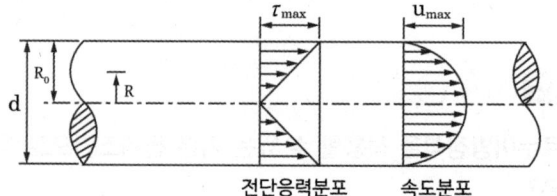

$$\frac{U}{U_{max}} = 1 - (\frac{R}{R_0})^2$$

TIP $R = 0$일 때, $U = U_{max}$
($R = 0$일 때 관 중심이 되므로 유속은 최대유속이어야 함)

정답 31 ③ 32 ① 33 ④

34

이상기체의 기체상수에 대한 설명으로 바르게 짝지어진 것은?

a. 기체상수의 단위는 비열의 단위와 차원이 같다.
b. 기체상수는 온도가 높을수록 커진다.
c. 분자량이 큰 기체의 기체상수가 분자량이 작은 기체의 기체상수보다 크다.
d. 기체상수의 값은 기체의 종류와 관계없이 일정하다.

① a
② a, c
③ b, c
④ a, b, d

해설 이상기체 상태방정식의 기체상수

이상기체 상태방정식 $PV = nRT = \dfrac{W}{M}RT = W\overline{R}T$

1) 일반기체상수 $R = \dfrac{PV}{nT}[atm \cdot m^3/kmol \cdot K]$

   특정기체상수 $\overline{R} = \dfrac{PV}{WT}[atm \cdot m^3/kg \cdot K]$

2) $\overline{R} = C_p - C_v$ 이므로 기체상수와 비열은 같은 차원

3) 특정기체상수는 온도와 관련 없고 분자량이 커질수록 값이 작아짐. 따라서 기체 종류에 따라 값이 달라짐

P : 절대압력 [atm]
V : 부피 [m^3]
M : 분자량 [kg/kmol]
W : 기체의 질량 [kg]
R : 일반기체상수 [$atm \cdot m^3/kmol \cdot K$]
$\overline{R}$: 특정기체상수 [$atm \cdot m^3/kg \cdot K$]
T : 절대온도 [K](273 + ℃)

35

그림에서 두 피스톤이 지름이 각각 30 [cm]와 5 [cm]이다. 큰 피스톤이 1 [cm] 아래로 움직이면 작은 피스톤은 위로 몇 [cm] 움직이는가?

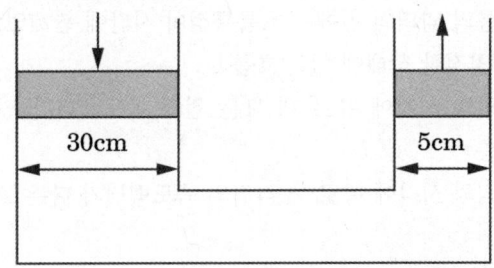

① 1
② 5
③ 30
④ 36

해설 파스칼의 원리

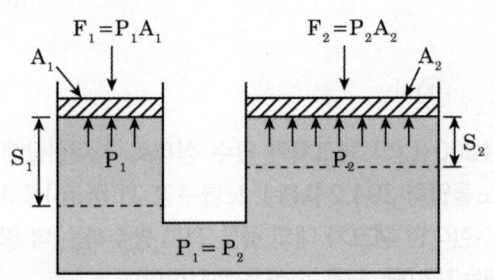

1) 각 피스톤의 이동거리를 S_1, S_2라고 하면, 각 실린더에서 유체의 이동량은 같아야 하므로 이동한 체적은 동일함

2) $A_1 S_1 = A_2 S_2$

$$S_2 = \dfrac{A_1}{A_2}S_1 = \dfrac{\frac{\pi}{4}d_1^2}{\frac{\pi}{4}d_2^2}S_1 = \dfrac{d_1^2}{d_2^2}S_1$$

$$= \dfrac{30^2}{5^2} \times 1 = 36 \, [cm]$$

S_1, S_2 : 피스톤이 움직인 거리 [cm]
A_1, A_2 : 피스톤의 면적 [cm^2]

36 ⓢⓜⓗ

흐르는 유체에서 정상류의 의미로 옳은 것은?

① 흐름의 임의의 점에서 흐름특성이 시간에 따라 일정하게 변하는 흐름
② 흐름의 임의의 점에서 흐름특성이 시간에 관계없이 항상 일정한 상태에 있는 흐름
③ 임의의 시각에 유로 내 모든 점의 속도벡터가 일정한 흐름
④ 임의의 시각에 유로 내 각점의 속도벡터가 다른 흐름

해설 정상류

② 흐름의 임의의 점에서 흐름특성이 시간에 관계없이 항상 일정한 상태에 있는 흐름

37 ⓢⓜⓗ

용량 1000 [L]의 탱크차가 만수 상태로 화재현장에 출동하여 노즐압력 294.2 [kPa], 노즐구경 21 [mm]를 사용하여 방수한다면 탱크차 내의 물을 전부 방수하는 데 몇 분이 소요되는가? (단, 모든 손실은 무시한다)

① 1.7분　　② 2분
③ 2.3분　　④ 2.7분

해설 방수시간 계산

$$시간\ t[min] = \frac{저수조의\ 수량\ V_t[L]}{방사량\ Q[L/min]}$$

1) 방사량 Q
$$Q[L/min] = 2.086 \times D[mm]^2 \times \sqrt{P[MPa]}$$
$$= 2.086 \times 21^2 \times \sqrt{0.2942}$$
$$= 498.97[L/min]$$

2) 물을 소비하는 데 걸리는 시간 [min]
$$시간\ t[min] = \frac{저수조의\ 수량\ V_t[L]}{방사량\ Q[L/min]}$$
$$= \frac{1000[L]}{498.97[L/min]} = 2.00[min]$$

38 ⓢⓜⓗ

그림과 같이 60°로 기울어진 고정된 평판에 직경 50 [mm]의 물 분류가 속도(V) 20 [m/s]로 충돌하고 있다. 분류가 충돌할 때 판에 수직으로 작용하는 충격력 R[N]은?

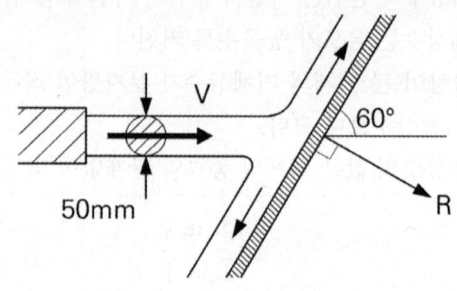

① 296　　② 393
③ 680　　④ 785

해설 판에 작용하는 충격력

고정평판에 작용하는 힘 $F = \rho QV = \rho A V^2$

충격량(= 충격적 = 역적)과 운동량의 크기가 같으므로 분류가 충돌할 때 판에 수직으로 작용하는 충격력은 평판에 작용하는 힘 $F = \rho QV$와 같다.

1) 충격력 $R = F = \rho A V^2 = 1000 \times \frac{\pi}{4} 0.05^2 \times 20^2$
$$= 785.40[N]$$

2) 물의 운동 방향과 R 방향은 30° 차이이므로
충격력 $R = F \times \cos 30°$
$$= 785.40 \times \cos 30° = 680.17[N]$$

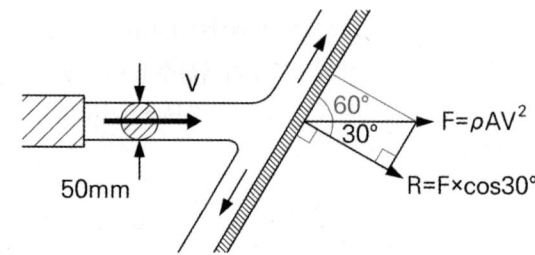

ρ : 물의 밀도 [1000 kg/m³, N·s²/m⁴]
A : 노즐 단면적 [m²]
V : 노즐에서의 유속 [m/s]

39

외부지름이 30 [cm]이고, 내부지름이 20 [cm]인 길이 10 [m]의 환형(Annular)관에 물이 2 [m/s]의 평균속도로 흐르고 있다. 이때 손실수두가 1 [m]일 때 수력직경에 기초한 마찰계수는 얼마인가?

① 0.049　　② 0.054
③ 0.065　　④ 0.078

해설 환형관(이중 동심관) 마찰계수 계산

손실수두 $h = f \dfrac{L}{D_h} \dfrac{V^2}{2g}$ (여기서 D_h : 수력직경)

1) 수력직경 D_h

　(1) 수력반경 $R_h = \dfrac{1}{4}(D-d)$

　(2) 수력직경 $D_h = 4R_h = 4 \times \dfrac{1}{4}(D-d) = D-d$
　　　　　　　　$= 0.3 - 0.2 = 0.1 [m]$

2) 마찰계수 f

$h = f \dfrac{L}{D_h} \dfrac{V^2}{2g}$

$1 = f \times \dfrac{10}{0.1} \times \dfrac{2^2}{2 \times 9.8}$

∴ $f = 0.049$

f : 마찰계수
L : 배관의 길이 [m]
V : 유속 [m/s]

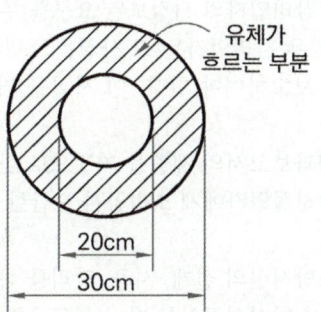

40

토출량이 0.65 [m³/min]인 펌프를 사용하는 경우 펌프의 소요 축동력[kW]은? (단, 전양정은 40 [m]이고, 펌프의 효율은 50 [%]이다)

① 4.2　　② 8.5
③ 17.2　　④ 50.9

해설 펌프의 축동력

$$축동력\ P[kW] = \dfrac{\gamma [kN/m^3] \times Q[m^3/s] \times H[m]}{\eta}$$

축동력 $P = \dfrac{\gamma Q H}{\eta}$

$= \dfrac{9.8 \times \dfrac{0.65}{60} \times 40}{0.5}$

$= 8.49\ kW$

γ : 물의 비중량 [9.8 kN/m³]
Q : 유량 [m³/s]
H : 전양정 [m]
η : 효율

정답　39 ①　40 ②

2021년 1회 소방관계법규

41

소방기본법령상 저수조의 설치기준으로 틀린 것은?

① 지면으로부터의 낙차가 4.5 [m] 이상일 것
② 흡수부분의 수심이 0.5 [m] 이상일 것
③ 흡수에 지장이 없도록 토사 및 쓰레기 등을 제거할 수 있는 설비를 갖출 것
④ 흡수관의 투입구가 사각형의 경우에는 한변의 길이가 60 [cm] 이상, 원형의 경우에는 지름이 60 [cm] 이상일 것

해설 소방용수시설 설치기준

1) 소화전
   - 상수도와 연결, 지하식·지상식 구조
   - 연결금속구 구경 : 65 [mm]
2) 급수탑
   - 급수배관 구경 : 100 [mm] 이상
   - 개폐밸브 : 지상 1.5 [m] 이상 1.7 [m] 이하
3) 저수조
   - 지면으로부터의 낙차 : 4.5 [m] 이하
   - 흡수부분 수심 : 0.5 [m] 이상일 것
   - 흡수관 투입구 : 사각형 한 변 60 [cm]
     원형 지름 60 [cm] 이상

42

소방시설공사업법령상 소방시설업 등록을 하지 아니하고 영업을 한 자에 대한 벌칙은?

① 500만 원 이하의 벌금
② 1년 이하의 징역 또는 1000만 원 이하의 벌금
③ 3년 이하의 징역 또는 3000만 원 이하의 벌금
④ 5년 이하의 징역

해설 소방공사업법 벌금

[3년 3000만 원]
1) 소방시설업 등록하지 아니하고 영업을 한 자
2) 부정한 청탁을 받고 재물 또는 재산상의 이익을 취득하거나 부정한 청탁을 하면서 재물 또는 재산상의 이익을 제공한 자

[1년 1000만 원]
1) 영업정지 처분을 받고 그 기간에 영업한 자
2) 법과 NFTC를 위반한 설계·시공자
3) 적법하지 않게 감리를 하거나 거짓으로 감리한 자
4) 공사 감리자를 지정하지 아니한 관계인
5) 공사업자가 감리업자의 시정보완 요구를 무시하고 그 공사를 계속할 경우 감리업자는 그 사실을 소방본부장 또는 소방서장에게 보고하여야 한다. 이 사실을 거짓으로 보고한 감리업자
6) 공사감리 결과보고서의 제출을 거짓으로 한 감리업자
7) 무등록 소방시설업자에게 소방공사 도급한 관계인 또는 발주자
8) 도급받은 소방시설의 설계, 시공, 감리를 하도급한 자
9) 하도급받은 소방시설공사를 다시 하도급한 하수급인
10) 소방기술자가 법 또는 명령을 따르지 않고 업무를 수행한 자

정답 41 ① 42 ③

43 (중)

소방시설 설치 및 관리에 관한 법령상 대통령령 또는 화재안전기준이 변경되어 그 기준이 강화되는 경우 기존 특정소방대상물의 소방시설 중 강화된 기준을 적용하여야 하는 소방시설은?

① 비상경보설비 ② 비상방송설비
③ 비상콘센트설비 ④ 옥내소화전설비

해설 소방시설기준 적용 특례(강화기준)

1) 대통령령 또는 화재안전기준으로 정하는 것
   - 소화기구
   - 비상경보설비
   - 자동화재속보설비
   - 피난구조설비
   - 자동화재탐지설비
2) 공동구 설치 소방시설(지하구)
3) 노유자시설, 의료시설설치 소방시설

44 (중)

소방본부장 또는 소방서장은 건축허가등의 동의요구서류를 접수한 날부터 최대 며칠 이내에 건축허가등의 동의 여부를 회신하여야 하는가? (단, 허가 신청한 건축물은 지상으로부터 높이가 200 [m]인 아파트이다)

[법 개정으로 인한 문제 수정]

① 5일   ② 7일
③ 10일 ④ 15일

해설 건축허가 동의요구

- 승인자 : 소방본부장, 소방서장
- 회신 : 동의요구서류 접수한 날로부터 5일(특급소방안전관리대상물 10일) 이내
- 동의요구서·첨부서류 보완 : 4일 이내
- 건축허가 취소 사실 통보 : 7일 이내

보충 200 [m] 이상 아파트 : 특급소방안전관리대상물

45 (중)

소방기본법령상 소방신호의 방법으로 틀린 것은?

① 타종에 의한 훈련신호는 연 3타 반복
② 사이렌에 의한 발화신호는 5초 간격을 두고 10초씩 3회
③ 타종에 의한 해제신호는 상당한 간격을 두고 1타씩 반복
④ 사이렌에 의한 경계신호는 5초 간격을 두고 30초씩 3회

해설 소방신호

1) 종류
   (1) 경계신호 : 화재예방상 필요하다고 인정되거나 화재위험경보 시 발령
   (2) 발화신호 : 화재가 발생한 때 발령
   (3) 해제신호 : 소화활동이 필요 없다고 인정되는 때 발령
   (4) 훈련신호 : 훈련상 필요하다고 인정되는 때 발령
2) 방법

종별	타종신호	사이렌신호
경계신호	1타, 연 2타 반복	5초 간격 30초씩 3회
발화신호	난타	5초 간격 5초씩 3회
해제신호	상당한 간격 1타씩 반복	1분간 1회
훈련신호	연 3타 반복	10초 간격 1분씩 3회

46 (하)

화재의 예방 및 안전관리에 관한 법령상 특정소방대상물의 관계인이 수행하여야 하는 소방안전관리 업무가 아닌 것은?

① 소방훈련의 지도/감독
② 화기 취급의 감독
③ 피난시설, 방화구획 및 방화시설의 관리
④ 소방시설이나 그 밖의 소방 관련 시설의 관리

정답 43 ① 44 ③ 45 ② 46 ①

해설 **특정소방대상물 소방안전관리자와 관계인의 업무**

1) 소방안전관리자의 업무
   (1) 피난계획 관련 사항과 대통령령으로 정하는 사항이 포함된 소방계획서 작성 및 시행
   (2) 자위소방대 및 초기대응체계 구성·운영·교육
   (3) 피난시설, 방화구획, 방화시설의 관리
   (4) 소방훈련 및 교육
   (5) 소방시설이나 그 밖의 소방 관련 시설의 관리
   (6) 화기 취급의 감독
   (7) 소방안전관리에 관한 업무수행에 관한 기록·유지((3), (5), (6)항 업무)
   (8) 화재발생 시 초기대응
   (9) 그 밖에 소방안전관리에 필요한 업무

2) 특정소방대상물 소방관계인의 업무
   (1) 피난시설, 방화구획, 방화시설의 관리
   (2) 소방시설이나 그 밖의 소방 관련 시설의 관리
   (3) 화기 취급의 감독
   (4) 화재발생 시 초기대응
   (5) 그 밖에 소방안전관리에 필요한 업무

47 상(중)하

소방기본법에서 정의하는 소방대의 조직구성원이 아닌 것은?

① 의무소방원　　② 소방공무원
③ 의용소방대원　④ 공항소방대원

해설 **소방대 구성원**
- 소방공무원
- 의무소방원
- 의용소방대원

암기 공무용

48 상(중)하

위험물안전관리법령상 인화성액체위험물(이황화탄소를 제외)의 옥외탱크저장소의 탱크주위에 설치하여야 하는 방유제의 기준 중 틀린 것은?

① 방유제의 용량은 방유제 안에 설치된 탱크가 하나인 때에는 그 탱크 용량의 110 [%] 이상으로 할 것
② 방유제의 용량은 방유제 안에 설치된 탱크가 2기 이상인 때에는 그 탱크 중 용량이 최대인 것의 용량의 110 [%] 이상으로 할 것
③ 방유제는 높이 1 [m] 이상 2 [m] 이하, 두께 0.2 [m] 이상, 지하매설 깊이 0.5 [m] 이상으로 할것
④ 방유제 내의 면적은 80000 [m^2] 이하로 할 것

해설 **방유제**

1) 방유제 용량
   (1) 탱크 1기 : 탱크용량 110 [%] 이상
   (2) 탱크 2기 이상 : 최대 탱크 용량 110 [%] 이상
2) 방유제 높이 : 0.5 [m] 이상 3 [m] 이하
3) 방유제 두께 : 0.2 [m] 이상
4) 지하매설길이 : 1 [m] 이상
5) 방유제 면적 : 80000 [m^2] 이하
6) 방유제 내에 설치하는 옥외저장탱크 수 : 10기 이하
7) 방유제 재질 : 철근콘크리트, 흙담

※ 위험물 제조소 방유제 용량
- 탱크 1기 : 탱크 용량 50 [%] 이상
- 탱크 2기 이상 : 최대 탱크 용량 50 [%] + 나머지 10 [%] 이상

49 (하)

위험물안전관리법상 시·도지사의 허가를 받지 아니하고 당해 제조소등을 설치할 수 있는 기준 중 다음 ( )안에 알맞은 것은?

> 농예용·축산용 또는 수산용으로 필요한 난방시설 또는 건조시설을 위한 지정수량 ( )배 이하의 저장소

① 20 ② 30
③ 40 ④ 50

해설 제조소 설치 및 변경

1) 설치허가자 : 시·도지사(행전안전부령)
2) 변경신고 : 변경하고자 하는 날의 1일 전
3) 허가 제외 장소
   - 주택의 난방시설(공동주택 중앙난방시설 제외)을 위한 저장소·취급소
   - 농예용·축산용·수산용으로 필요한 난방·건조시설을 위한 지정수량 20배 이하의 저장소

암기 농축수 20

50 (중)

소방시설 설치 및 관리에 관한 법령상 건축허가등의 동의대상물의 범위기준 중 틀린 것은?

① 건축 등을 하려는 학교시설 : 연면적 200 [m²] 이상
② 노인주거복지시설
③ 정신의료기관(입원실이 없는 정신건강의학과 의원은 제외) : 연면적 300 [m²] 이상
④ 장애인 의료재활시설 : 연면적 300 [m²] 이상

해설 건축허가 동의대상물 범위

구분	기준
학교시설	연면적 100 [m²] 이상
노유자(老幼者)시설 및 수련시설	연면적 200 [m²] 이상
지하층·무창층이 있는 건축물	바닥면적 150 [m²] (공연장 100 [m²]) 이상
정신의료기관, 장애인 의료재활시설	연면적 300 [m²] 이상
일반용도의 특정소방대상물	연면적 400 [m²] 이상
차고, 주차장 또는 주차용도로 사용되는 시설	바닥면적 200 [m²] 이상
	기계식 주차시설 자동차 20대 이상
• 노인 관련 시설 중 노인주거복지시설, 노인의료복지시설, 재가노인복지시설, 학대피해노인 전용쉼터 • 아동복지시설(아동상담소, 아동전용시설 및 지역아동센터는 제외한다) • 장애인 거주시설 • 정신질환자 관련 시설(공동생활가정을 제외한 재활훈련시설과 종합시설 중 24시간 주거를 제공하지 않는 시설은 제외한다) • 노숙인 관련 시설 중 노숙인자활시설·노숙인재활시설·노숙인요양시설 • 결핵환자나 한센인이 24시간 생활하는 노유자시설	단독주택, 공동주택에 설치되는 시설 제외
• 6층 이상 건축물 • 항공기격납고, 관망탑, 항공관제탑, 방송용송수신탑 • 요양병원(의료재활시설 제외) • 위험물 저장 및 처리시설, 지하구, 전기저장시설, 풍력발전소 • 조산원, 산후조리원, 의원(입원실 또는 인공신장실이 있는 것) • 공장 또는 창고시설로서 지정 수량의 750배 이상의 특수가연물을 저장·취급하는 것 • 가스시설로서 지상에 노출된 탱크의 저장용량의 합계가 100톤 이상인 것	-

정답 49 ① 50 ①

51 (중)

소방시설 설치 및 관리에 관한 법령상 지하상가는 연면적이 최소 몇 [m²] 이상이어야 스프링클러설비를 설치하여야 하는 특정소방대상물에 해당하는가? (단, 터널은 제외한다)

① 100 ② 200
③ 1000 ④ 2000

해설 스프링클러설비 설치대상

설치대상	기준
• 문화 및 집회시설(동·식물원 제외) • 종교시설 • 운동시설(물놀이형 시설 및 바닥이 불연재료이고 관람석이 없는 운동시설은 제외)	• 수용인원 100 명 이상 • 영화상영관 바닥면적 : 지하층·무창층 500 [m²](그 외 1000 [m²]) 이상 • 무대부 : 지하층·무창층, 4층 이상 300 [m²](그 외 500 [m²]) 이상
• 판매시설, 운수시설 • 창고시설(물류터미널)	• 수용인원 500명 이상 • 바닥면적 합계 5000 [m²] 이상
6층 이상인 특정소방대상물	전 층
• 의료시설(정신의료기관, 종합병원, 병원, 치과병원, 한방병원, 요양병원) • 노유자시설 • 숙박 가능한 수련시설 • 숙박시설 • 산후조리원, 조산원	바닥면적 합계 600 [m²] 이상인 것은 모든 층
지하상가	연면적 1000 [m²] 이상
기숙사(교육연구시설·수련시설 내에 있는 학생 수용을 위한 것), 복합건축물	연면적 5000 [m²] 이상인 모든 층
특수가연물 저장·취급시설	지정수량 1000배 이상
랙식 창고의 높이가 10 [m]를 초과	바닥면적 또는 랙이 설치된 부분의 합계 1500 [m²] 이상인 경우 모든 층
전기저장시설, 교정 및 군사시설 중 보호감호소, 교도소, 구치소 및 그 지소, 보호관찰소, 갱생보호시설, 치료감호시설, 소년원 및 소년분류심사원의 수용거실, 보호시설(외국인보호소의 경우에는 보호대상자의 생활공간으로 한정), 유치장	-

52 (중)

화재의 예방 및 안전관리에 관한 법령상 소방안전관리대상물의 소방계획서에 포함되어야 하는 사항이 아닌 것은?

① 소방시설·피난시설 및 방화시설의 점검·정비계획
② 위험물안전관리법에 따라 예방규정을 정하는 제조소 등의 위험물 저장·취급에 관한사항
③ 특정소방대상물의 근무자 및 거주자의 자위소방대 조직과 대원의 임무에 관한 사항
④ 방화구획, 제연구획, 건축물의 내부마감재료(불연재료·준불연재료 또는 난연재료로 사용된 것) 및 방염물품의 사용현황과 그 밖의 방화구조 및 설비의 유지·관리계획

해설 소방계획서 포함사항

1) 소방안전관리대상물 위치·구조·연면적·용도·수용인원 등 일반 현황
2) 소방안전관리대상물에 설치한 소방·방화·전기·가스·위험물 시설 현황
3) 화재 예방을 위한 자체점검계획 및 대응대책
4) <u>소방시설·피난시설·방화시설 점검·정비계획</u>
5) 피난층·피난시설 위치, 피난경로 설정, 화재안전취약자의 피난계획 등을 포함한 피난계획
6) <u>방화구획, 제연구획, 건축물 내부 마감재료·방염물품 사용현황, 방화구조 및 설비유지·관리계획</u>
7) 관리의 권원이 분리된 특정소방대상물의 소방안전관리에 관한 사항
8) 소방훈련·교육에 관한 계획
9) 소방안전관리대상물의 근무자 및 거주자의 자위소방대 조직과 대원의 임무(화재안전취약자의 피난 보조 임무를 포함)에 관한 사항
10) 화기 취급 작업에 대한 사전 안전조치 및 감독 등 공사 중 소방안전관리에 관한 사항
11) 소화에 관한 사항과 연소방지에 관한 사항
12) <u>위험물의 저장·취급에 관한 사항(예방규정을 정하는 제조소등은 제외)</u>
13) 소방안전관리에 대한 업무수행에 관한 기록 및 유지에 관한 사항(월 1회 이상 작성. 2년간 보관)

정답 51 ③ 52 ②

14) 화재발생 시 화재경보, 초기소화 및 피난유도 등 초기대응에 관한 사항
15) 그 밖에 소방본부장 또는 소방서장이 소방안전관리대상물의 위치·구조·설비 또는 관리 상황 등을 고려하여 소방안전관리에 필요하여 요청하는 사항

53 (상중하)

위험물안전관리법상 업무상 과실로 제조소등에서 위험물을 유출·방출 또는 확산시켜 사람의 생명·신체 또는 재산에 대하여 위험을 발생시킨 자에 대한 벌칙기준은?

① 5년 이하의 금고 또는 2000만 원 이하의 벌금
② 5년 이하의 금고 또는 7000만 원 이하의 벌금
③ 7년 이하의 금고 또는 2000만 원 이하의 벌금
④ 7년 이하의 금고 또는 7000만 원 이하의 벌금

해설 위험물법 벌칙

- 5년 이하 징역 또는 1억 원 이하 벌금
  제조소등의 설치허가를 받지 아니하고 제조소등을 설치한 자
- 7년 이하 금고 또는 7천만 원 이하 벌금
  업무상 과실로 위험물 유출·방출시켜 생명·신체·재산에 위험을 발생시킨 자
- 10년 이하 금고 또는 1억 원 이하 벌금
  업무상 과실로 위험물 유출·방출시켜 사람을 사상에 이르게 한 자

54 (상중하)

소방기본법령상 소방용수시설의 설치기준 중 급수탑의 급수배관의 구경은 최소 몇 [mm] 이상이어야 하는가?

① 100 ② 150
③ 200 ④ 250

해설 소방용수시설 설치기준

1) 소화전
   - 상수도와 연결, 지하식·지상식 구조
   - 연결금속구 구경 : 65 [mm]
2) 급수탑
   - 급수배관 구경 : 100 [mm] 이상
   - 개폐밸브 : 지상 1.5 [m] 이상 1.7 [m] 이하
3) 저수조
   - 지면으로부터의 낙차 : 4.5 [m] 이하
   - 흡수부분 수심 : 0.5 [m] 이상일 것
   - 흡수관 투입구 : 사각형 한 변 60 [cm]
     원형 지름 60 [cm] 이상

55 (상중하)

소방시설공사업법령상 공사감리자 지정대상 특정소방대상물의 범위가 아닌 것은?

① 물분무등소화설비(호스릴방식의 소화설비는 제외)를 신설·개설하거나 방호·방수구역을 증설할 때
② 제연설비를 신설·개설하거나 제연구역을 증설할 때
③ 연소방지설비를 신설·개설하거나 살수구역을 증설할 때
④ 캐비닛형 간이스프링클러설비를 신설·개설하거나 방호·방수구역을 증설할 때

정답 53 ④ 54 ① 55 ④

해설 공사감리자 지정대상 특정소방대상물 범위

1) 옥내소화전설비 신설·개설·증설
2) 스프링클러설비등(캐비닛형 간이SP 제외) 신설·개설하거나 방호·방수구역을 증설
3) 물분무등소화설비(호스릴 제외) 신설·개설하거나 방호·방수구역을 증설
4) 옥외소화전설비 신설·개설·증설
5) 자동화재탐지설비 신설·개설
6) 화재알림설비 신설·개설
7) 비상방송설비 신설·개설
8) 통합감시시설 신설·개설
9) 소화용수설비 신설·개설
10) 다음 각 목에 따른 소화활동설비에 대하여 각 목에 따른 시공을 할 때
    ① 제연설비 신설·개설하거나 제연구역 증설
    ② 연결송수관설비 신설·개설
    ③ 연결살수설비 신설·개설하거나 송수구역 증설
    ④ 비상콘센트설비 신설·개설하거나 전용회로 증설
    ⑤ 무선통신보조설비 신설·개설
    ⑥ 연소방지설비를 신설·개설하거나 살수구역 증설

56 (상 중 **하**)

소방시설 설치 및 관리에 관한 법령상 자동화재탐지설비를 설치하여야 하는 특정소방대상물에 대한 기준 중 ( )에 알맞은 것은?

근린생활시설(목욕탕 제외), 의료시설(정신의료기관 또는 요양병원 제외), 위락시설, 장례시설 및 복합건축물로서 연면적 ( ) [m²] 이상인 것

① 400　　　　② 600
③ 1000　　　④ 3500

해설 자동화재탐지설비 설치대상

설치대상	기준
• 교육연구시설, 수련시설(기숙사·합숙소 포함, 숙박시설 제외) • 동·식물 관련 시설, 교정 및 군사시설 • 자원순환 관련 시설 • 교정 및 군사시설 • 묘지 관련 시설	연면적 2000 [m²] 이상인 경우에는 모든 층
목욕장, 문화 및 집회시설, 종교시설, 판매시설, 운수시설, 운동시설, 업무시설, 창고시설, 공장, 지하상가, 위험물 저장 및 처리시설, 항공기 및 자동차 관련 시설, 교정 및 군사시설 중 국방·군사시설, 방송통신시설, 발전시설, 관광 휴게시설	연면적 1000 [m²] 이상인 경우에는 모든 층
• 근린생활시설(목욕장 제외) • 의료시설(정신의료기관, 요양병원 제외) • 위락시설, 장례시설 및 복합건축물	연면적 600 [m²] 이상인 경우에는 모든 층
정신의료기관, 의료재활시설	• 바닥면적합계 300 [m²] 이상 • 바닥면적 합계 300 [m²] 미만, 창살 설치
터널	길이 1000 [m] 이상
공장 및 창고시설	500배 이상 특수가연물
요양병원, 지하구, 전통시장, 조산원, 산후조리원	–
전기저장시설, 노유자생활시설	–
공동주택 중 아파트등·기숙사, 숙박시설, 6층 이상인 건축물	–
노유자시설	연면적 400 [m²] 이상인 경우에는 모든 층
숙박시설이 있는 수련시설	수용인원 100명 이상인 경우에는 모든 층

암기 근육(근린생활시설 6)

정답 56 ②

57

소방시설 설치 및 관리에 관한 법령상 형식승인을 받지 아니한 소방용품을 판매하거나 판매목적으로 진열하거나 소방시설공사에 사용한 자에 대한 벌칙기준은?

① 3년 이하의 징역 또는 3000만 원 이하의 벌금
② 2년 이하의 징역 또는 1500만 원 이하의 벌금
③ 1년 이하의 징역 또는 1000만 원 이하의 벌금
④ 1년 이하의 징역 또는 500만 원 이하의 벌금

해설 3년 이하 징역 또는 3000만 원 이하 벌금

1) 조치명령 위반사항에 대한 명령을 정당한 사유 없이 위반
2) 관리업 등록을 하지 않고 영업을 한 자
3) 소방용품 형식승인 받지 아니하고 제조·수입 또는 거짓이나 그 밖의 부정한 방법으로 형식승인을 받은 자
4) 제품검사를 받지 아니한 자 또는 거짓이나 그 밖의 부정한 방법으로 제품검사를 받은 자
5) 소방용품을 판매·진열하거나 소방시설공사에 사용한 자
6) 거짓이나 그 밖의 부정한 방법으로 성능인증 또는 제품검사를 받은 자
7) 제품검사를 받지 아니하거나 합격표시를 하지 아니한 소방용품을 판매·진열하거나 소방시설공사에 사용한 자
8) 구매자에게 명령을 받은 사실을 알리지 아니하거나 필요한 조치를 하지 아니한 자
9) 거짓이나 그 밖의 부정한 방법으로 전문기관으로 지정을 받은 자

58

소방기본법에서 정의하는 소방대상물에 해당하지 않는 것은?

① 산림
② 차량
③ 건축물
④ 항해 중인 선박

해설 소방대상물

- 건축물
- 차량
- 선박(항구에 매어 둔 것)
- 산림, 그 밖의 인공구조물 또는 물건

59

소방시설 설치 및 관리에 관한 법령상 특정소방대상물의 소방시설 설치의 면제기준 중 다음 (   ) 안에 알맞은 것은?

> 물분무등소화설비를 설치하여야 하는 차고·주차장에 (   )를 설치한 경우에는 그 설비의 유효범위에서 설치가 면제된다.

① 옥내소화전설비
② 스프링클러설비
③ 간이스프링클러설비
④ 청정소화약제소화설비

해설 소방시설 설치 면제기준

설치 면제	설치 면제기준
스프링클러설비	• 적응성 있는 자동소화장치 및 물분무등소화설비 설치한 경우(발전시설 중 전기저장시설은 제외) • 전기저장시설에 소화설비를 소방청장이 정하여 고시하는 방법에 따라 설치한 경우
물분무등소화설비	차고·주차장 : 스프링클러설비 설치
비상경보설비, 단독경보형 감지기	자동화재탐지설비 또는 화재알림설비 설치
연소방지설비	스프링클러설비, 물분무, 미분무소화설비 설치한 경우
자동화재탐지설비	자동화재탐지설비의 기능·성능 가진 화재알림설비, 스프링클러설비, 물분무등소화설비 설치

정답 57 ① 58 ④ 59 ②

60 상 중 하

위험물안전관리법령상 위험물의 유별 저장/취급의 공통기준 중 다음 (   ) 안에 알맞은 것은?

> (   ) 위험물은 산화제와의 접촉·혼합이나 불티·불꽃·고온체와의 접근 또는 과열을 피하는 한편, 철분·금속분·마그네슘 및 이를 함유한 것에 있어서는 물이나 산과의 접촉을 피하고 인화성 고체에 있어서는 함부로 증기를 발생시키지 아니하여야 한다.

① 제1류 ② 제2류
③ 제3류 ④ 제4류

해설 제2류 위험물 저장·취급 공통기준
- 산화제와의 접촉·혼합, 불티·불꽃·고온체와의 접근 및 과열을 피해야 함
- 철분·금속분·마그네슘은 물 접촉 금지
- 인화성 고체 증기 발생 금지

정답 60 ②

2021년 1회
소방기계시설의 구조 및 원리

61 상(중)하

폐쇄형 스프링클러헤드의 방호구역·유수검지장치에 대한 기준으로 틀린 것은?

① 하나의 방호구역에는 1개 이상의 유수검지장치를 설치하되, 화재발생 시 접근이 쉽고 점검하기 편리한 장소에 설치할 것
② 하나의 방호구역에는 2개 층에 미치지 아니하도록 할 것. 다만 1개 층에 설치되는 스프링클러헤드의 수가 10개 이하인 경우와 복층형구조의 공동주택에는 3개 층 이내로 할 수 있다.
③ 송수구를 통하여 스프링클러헤드에 공급되는 물은 유수검지장치 등을 지나도록 할 것
④ 조기반응형 스프링클러헤드를 설치하는 경우에는 습식 유수검지장치 또는 부압식 스프링클러설비를 설치할 것

해설 폐쇄형 스프링클러헤드의 방호구역·유수검지장치
스프링클러헤드에 공급되는 물은 유수검지장치를 지나도록 할 것. 다만 송수구를 통하여 공급되는 물은 그렇지 않다.

62 상(중)하

스프링클러설비의 화재안전기술기준상 조기반응형 스프링클러헤드를 설치해야 하는 장소가 아닌 것은?

① 수련시설의 침실
② 공동주택의 거실
③ 오피스텔의 침실
④ 병원의 입원실

해설 조기반응형 스프링클러헤드 설치장소
1) 공동주택·노유자시설의 거실
2) 오피스텔·숙박시설의 침실
3) 병원·의원의 입원실

암기 공노거 오숙침 병의입

63 상(중)하

스프링클러설비의 화재안전기술기준상 스프링클러설비를 설치하여야 할 특정소방대상물에 있어서 스프링클러헤드를 설치하지 아니할 수 있는 장소기준으로 틀린 것은?

① 천장과 반자 양쪽이 불연재료로 되어 있고 천장과 반자 사이의 거리가 2.5 [m] 미만인 부분
② 천장 및 반자가 불연재료 외의 것으로 되어 있고 천장과 반자 사이의 거리가 0.5 [m] 미만인 부분
③ 천장·반자 중 한쪽이 불연재료로 되어 있고 천장과 반자 사이의 거리가 1 [m] 미만인 부분
④ 현관 또는 로비 등으로서 바닥으로부터 높이가 20 [m] 이상인 장소

정답 61 ③ 62 ① 63 ①

해설 스프링클러헤드의 설치 제외 장소

1) 천장 및 반자의 재료에 따른 기준으로서 다음 어느 하나에 해당하는 경우

천장 및 반자의 재료	천장과 반자 사이의 거리
양쪽 모두 불연재료 + 벽이 불연재료 (그 사이에 가연물이 존재 ×)	2 [m] 이상
양쪽 모두 불연재료	2 [m] 미만
천장·반자 중 한쪽이 불연재료	1 [m] 미만
양쪽 모두 불연재료 외의 것	0.5 [m] 미만

2) 계단실·경사로·승강기의 승강로·비상용 승강기의 승강장·파이프덕트 및 덕트피트·목욕실·수영장(관람석 부분 제외)·화장실·직접 외기에 개방되어 있는 복도
3) 통신기기실·전자기기실·기타 이와 유사한 장소
4) 발전실·변전실·변압기·기타 이와 유사한 전기설비가 설치되어 있는 장소
5) 병원의 수술실·응급처치실·기타 이와 유사한 장소
6) 펌프실·물탱크실 엘리베이터 권상기실 그 밖의 이와 비슷한 장소
7) 현관 또는 로비 등으로서 바닥으로부터 높이가 20 [m] 이상인 장소
8) 영하의 냉장창고의 냉장실 또는 냉동창고의 냉동실
9) 고온의 노가 설치된 장소 또는 물과 격렬하게 반응하는 물품의 저장 또는 취급장소
10) 실내 테니스장·게이트볼장·정구장 또는 이와 비슷한 장소로서 실내 바닥·벽·천장이 불연재료 또는 준불연재료로 구성되어 있고 가연물이 존재하지 않는 장소로서 관람석이 없는 운동시설(지하층은 제외)
11) 공동주택 중 아파트의 대피공간

[공동주택의 화재안전기술기준(NFTC 608)에 명시되어 있음]

64

물분무소화설비의 화재안전기술기준상 배관의 설치기준으로 틀린 것은?

① 펌프 흡입 측 배관은 공기고임이 생기지 않는 구조로 하고 여과장치를 설치한다.
② 펌프의 흡입 측 배관은 수조가 펌프보다 낮게 설치된 경우에는 각 펌프(충압펌프를 포함한다)마다 수조로부터 별도로 설치한다.
③ 급수배관에 설치되어 급수를 차단할 수 있는 개폐밸브는 개폐표시형으로 해야 한다.
④ 연결송수관설비의 배관과 겸용할 경우 방수구로 연결되는 배관의 구경은 100 [mm] 이상으로 한다.

해설 물분무소화설비의 화재안전기술기준상 배관

1) 펌프의 흡입 측 배관은 다음의 기준에 따라 설치해야 한다.
   (1) 공기 고임이 생기지 않는 구조로 하고 여과장치를 설치할 것
   (2) 수조가 펌프보다 낮게 설치된 경우에는 각 펌프(충압펌프를 포함한다)마다 수조로부터 별도로 설치할 것

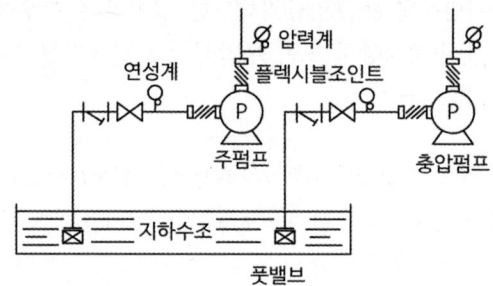

정답 64 ④

2) 급수배관에 설치되어 급수를 차단할 수 있는 개폐밸브는 개폐표시형으로 해야 한다. 이 경우 펌프의 흡입 측 배관에는 버터플라이밸브 외의 개폐표시형밸브를 설치해야 한다.

버터플라이밸브

밸브 몸체 속에 축을 기준으로 디스크(평판)가 회전함으로써 개폐되는 밸브이다. 완전 개방 시에도 유로 상에 디스크(평판)가 존재하므로 마찰저항이 커서 소화펌프의 흡입 측 배관에는 사용할 수 없다.

※ 연결송수관설비의 배관
연결송수관설비의 주배관은 구경 100 [mm] 이상의 전용배관으로 할 것. 다만 주배관의 구경이 100 [mm] 이상인 옥내소화전설비의 배관과는 겸용할 수 있다.
⇒ 연결송수관설비는 옥내소화전설비의 배관만 겸용 가능함
[시행 2024.7.1.]

65 상(중)하

분말소화설비의 화재안전기술기준상 배관에 관한 기준으로 틀린 것은?

① 배관은 전용으로 할 것
② 배관은 모두 스케줄 40 이상으로 할 것
③ 동관을 사용하는 경우의 배관은 고정압력 또는 최고사용압력의 1.5배 이상의 압력에 견딜 수 있는 것을 사용할 것
④ 밸브류는 개폐위치 또는 개폐방향을 표시한 것으로 할 것

해설 분말소화설비 배관

1) 배관은 전용으로 할 것
2) 강관 사용 배관 : 아연도금에 따른 배관용 탄소강관이나 이와 동등 이상의 강도·내식성 및 내열성을 가진 것으로 할 것(단, 축압식 분말소화설비에 사용하는 것 중 20 [℃]에서 압력이 2.5 [MPa] 이상 4.2 [MPa] 이하인 것은 압력배관용 탄소강관 중 이음이 없는 스케줄 40 이상의 것 또는 이와 동등 이상의 강도를 가진 것으로서 아연도금으로 방식 처리된 것을 사용해야 함)
3) 동관 사용 배관 : 고정압력 또는 최고사용압력의 1.5배 이상의 압력에 견딜 수 있는 것을 사용할 것
4) 밸브류는 개폐위치 또는 개폐방향을 표시한 것
5) 배관의 관부속 및 밸브류는 배관과 동등 이상의 강도 및 내식성이 있는 것으로 할 것

66 상(중)하

물분무소화설비의 화재안전기술기준상 수원의 저수량 설치기준으로 틀린 것은?

① 특수가연물을 저장 또는 취급하는 특정소방대상물 또는 그 부분에 있어서 그 바닥면적(최대 방수구역의 바닥면적을 기준으로 하며, 50 [m²] 이하인 경우에는 50 [m²]) 1 [m²]에 대하여 10 [L/min]로 20분간 방수할 수 있는 양 이상으로 할 것
② 차고 또는 주차장은 그 바닥면적(최대방수구역의 바닥면적을 기준으로 하며, 50 [m²] 이하인 경우에는 50 [m²]) 1 [m²]에 대하여 20 [L/min]로 20분간 방수할 수 있는 양 이상으로 할 것
③ 케이블트레이, 케이블덕트 등은 투영된 바닥면적 1 [m²]에 대하여 12 [L/min]로 20분간 방수할 수 있는 양 이상으로 할 것
④ 컨베이어 벨트 등은 벨트부분의 바닥면적 1 [m²]에 대하여 20 [L/min]로 20분간 방수할 수 있는 양 이상으로 할 것

해설 물분무소화설비 수원의 저수량

소방대상물	토출량	비고
특수가연물을 저장·취급하는 특정소방대상물	10 [L/min·m²]	최소 바닥면적 50 [m²]
절연유봉입 변압기·컨베이어벨트	10 [L/min·m²]	-
케이블트레이·케이블덕트	12 [L/min·m²]	-
차고·주차장	20 [L/min·m²]	최소 바닥면적 50 [m²]

• 저수량 = 면적 × 토출량 × 방수시간(20 [min])

암기 특절컨 10, 케이트 12, 차주 20

68

옥내소화전설비의 화재안전기술기준상 가압송수장치를 기동용 수압개폐장치(압력챔버)로 사용할 경우 압력챔버의 용적기준은?

① 50 [L] 이상
② 100 [L] 이상
③ 150 [L] 이상
④ 200 [L] 이상

해설 기동용 수압개폐장치(압력챔버)의 용적

기동용 수압개폐장치(압력챔버)를 사용할 경우 그 용적은 100 [L] 이상의 것으로 할 것

67

분말소화설비의 화재안전기술기준상 제1종 분말을 사용한 전역방출방식 분말소화설비에서 방호구역의 체적 1 [m³]에 대한 소화약제의 양은 몇 [kg]인가?

① 0.24
② 0.36
③ 0.60
④ 0.72

해설 분말소화설비의 전역방출방식 소화약제

소화약제의 종별	방호구역의 체적 1 [m³]당 소화약제의 양
제1종 분말	0.60 [kg]
제2종 분말 제3종 분말	0.36 [kg]
제4종 분말	0.24 [kg]

69

포소화설비의 화재안전기술기준상 포헤드를 소방대상물의 천장 또는 반자에 설치하여야 할 경우 헤드 1개가 방호해야 할 바닥면적은 최대 몇 [m²]인가?

① 3
② 5
③ 7
④ 9

해설 포헤드

특정소방대상물의 천장 또는 반자에 설치하되, 바닥면적 9 [m²]마다 1개 이상으로 하여 해당 방호대상물의 화재를 유효하게 소화할 수 있도록 할 것

[포헤드]

70

소화기구 및 자동소화장치의 화재안전성능기준상 규정하는 화재의 종류가 아닌 것은?

① A급 화재
② B급 화재
③ G급 화재
④ K급 화재

해설 화재의 분류

등급	화재	표시색	가연물
A급	일반화재	백색	나무, 섬유, 종이, 고무, 플라스틱류
B급	유류화재	황색	인화성 액체, 가연성 액체, 석유 그리스, 타르, 오일, 유성도료, 솔벤트, 래커, 알코올 및 인화성 가스 등
C급	전기화재	청색	전류가 흐르고 있는 전기기기, 배선 등
D급	금속화재	무색	마그네슘 합금 등 가연성 금속
K급	주방화재	-	주방에서 동식물유를 취급하는 조리기구

71

상수도소화용수설비의 화재안전성능기준상 소화전은 구경(호칭지름)이 최소 얼마 이상의 수도배관에 접속하여야 하는가?

① 50 [mm] 이상의 수도배관
② 75 [mm] 이상의 수도배관
③ 85 [mm] 이상의 수도배관
④ 100 [mm] 이상의 수도배관

해설 상수도소화용수설비의 설치기준

1) 호칭지름 75 [mm] 이상의 수도배관에 호칭지름 100 [mm] 이상의 소화전을 접속할 것
2) 소화전은 소방자동차의 진입이 쉬운 도로변 또는 공지에 설치할 것
3) 소화전은 특정소방대상물의 수평투영면의 각 부분으로부터 140 [m] 이하가 되도록 설치할 것

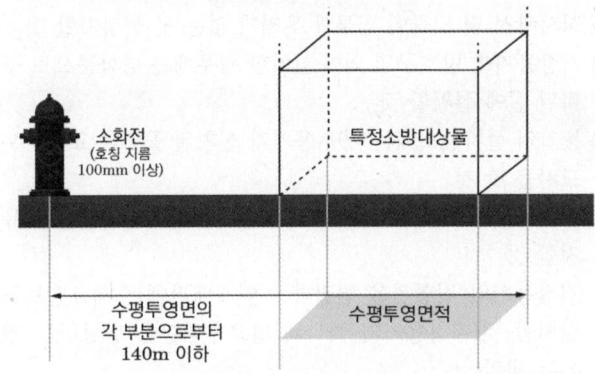

정답 70 ③ 71 ②

72

할로겐화합물 및 불활성기체소화설비의 화재안전기술기준상 저장용기 설치기준으로 틀린 것은?

① 온도가 40 [℃] 이하이고 온도의 변화가 작은 곳에 설치할 것
② 용기 간의 간격은 점검에 지장이 없도록 3 [cm] 이상의 간격을 유지할 것
③ 직사광선 및 빗물이 침투할 우려가 없는 곳에 설치할 것
④ 저장용기를 방호구역 외에 설치한 경우에는 방화문으로 구획된 실에 설치할 것

해설 할로겐화합물 및 불활성기체소화약제 저장용기
1) 방호구역 외의 장소에 설치할 것. 다만 방호구역 내에 설치할 경우에는 피난 및 조작이 용이하도록 피난구 부근에 설치할 것
2) 온도가 55 [℃] 이하이고 온도의 변화가 작은 곳에 설치할 것
3) 직사광선 및 빗물이 침투할 우려가 없는 곳에 설치할 것
4) 저장용기를 방호구역 외에 설치한 경우에는 방화문으로 구획된 실에 설치할 것
5) 용기의 설치장소에는 해당 용기가 설치된 곳임을 표시하는 표지를 할 것
6) 용기 간의 간격은 점검에 지장이 없도록 3 [cm] 이상을 유지할 것
7) 저장용기와 집합관을 연결하는 연결배관에는 체크밸브를 설치할 것(저장용기가 하나의 방호구역만을 담당하는 경우는 제외)

73

제연설비의 화재안전기술기준상 제연풍도의 설치기준으로 틀린 것은?

① 배출기의 전동기 부분과 배풍기 부분은 분리하여 설치할 것
② 배출기와 배출풍도의 접속 부분에 사용하는 캔버스는 내열성이 있는 것으로 할 것
③ 배출기의 흡입 측 풍도 안의 풍속은 20 [m/s] 이하로 할 것
④ 유입풍도 안의 풍속은 20 [m/s] 이하로 할 것

해설 제연설비의 배출기, 배출풍도, 유입풍도
1) 배출기
   (1) 배출기와 배출풍도의 접속 부분에 사용하는 캔버스는 내열성(석면재료 제외)이 있는 것으로 할 것
   (2) 배출기의 전동기부분과 배풍기 부분은 분리하여 설치해야 하며 배풍기 부분은 유효한 내열처리를 할 것
2) 배출풍도
   (1) 배출풍도는 아연도금강판 또는 이와 동등 이상의 내식성·내열성이 있는 것으로 할 것
   (2) 불연재료(석면재료 제외)인 단열재로 풍도 외부에 유효한 단열 처리를 할 것
   (3) 배출기 흡입 측 풍속 : 15 [m/s] 이하
   (4) 배출기 배출 측 풍속 : 20 [m/s] 이하
3) 유입풍도
   (1) 유입풍도는 아연도금강판 또는 이와 동등 이상의 내식성·내열성이 있는 것으로 할 것
   (2) 유입풍도 안의 풍속 : 20 [m/s] 이하

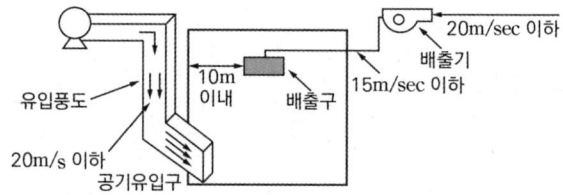

74 (중)

포소화설비의 화재안전기술기준상 압축공기포소화설비의 분사헤드를 유류탱크 주위에 설치하는 경우 바닥면적 몇 [m²]마다 1개 이상 설치하여야 하는가?

① 9.3
② 10.8
③ 12.3
④ 13.9

해설 압축공기포소화설비의 분사헤드

유류탱크주위	바닥면적 13.9 [m²]마다 1개 이상
특수가연물저장소	바닥면적 9.3 [m²]마다 1개 이상

75 (중)

소화기구 및 자동소화장치의 화재안전기술기준상 일반화재, 유류화재, 전기화재 모두에 적응성이 있는 소화약제는?

① 마른모래
② 인산염류소화약제
③ 중탄산염류소화약제
④ 팽창질석 · 팽창진주암

해설 소화기구의 소화약제별 적응성

소화약제 구분	분말		기타	
적응대상	인산염류소화약제	중탄산염류소화약제	마른모래	팽창질석 · 팽창진주암
일반화재(A급)	○	-	○	○
유류화재(B급)	○	○	○	○
전기화재(C급)	○	○	-	-

※ 인산염류소화약제 : 제3종 분말소화약제
※ 중탄산염류소화약제 : 제1 · 2 · 4종 분말소화약제

76 (중)

소화기구 및 자동소화장치의 화재안전기술기준상 바닥면적이 280 [m²]인 발전실에 부속용도별로 추가해야 할 적응성이 있는 소화기의 최소 수량은 몇 개인가?

① 2
② 4
③ 6
④ 12

해설 부속용도별 추가해야 할 소화기구 및 자동소화장치

$$소화기 개수 = \frac{해당 바닥면적 [m^2]}{50 [m^2/개]}$$

$$= \frac{280 [m^2]}{50 [m^2/개]} = 5.6 \rightarrow 6 [개]$$

용도별	소화기구의 능력단위
1. 다음 각목의 시설(다만 스프링클러설비 · 간이스프링클러설비 · 물분무등소화설비 또는 상업용 주방자동소화장치가 설치된 경우에는 자동확산소화기를 설치하지 않을 수 있다) 가) 보일러실 · 건조실 · 세탁소 · 대량화기취급소 나) 음식점 · 다중이용업소 · 호텔 · 기숙사 · 노유자시설 · 의료시설 · 업무시설 · 공장 · 장례식장 · 교육연구시설 · 교정 및 군사시설의 주방 다) 관리자의 출입이 곤란한 변전실 · 송전실 · 변압기실 및 배전반실	1. 소화기 해당 용도의 바닥면적 25 [m²]마다 능력단위 1단위 이상의 소화기[주방에 설치하는 소화기 중 1개 이상은 주방화재용 소화기(K급)로 설치] 2. 자동확산소화기 해당 용도의 바닥면적 10 [m²] 이하는 1개, 10 [m²] 초과는 2개 이상을 설치 [방호대상에 유효하게 분사될 수 있는 위치에 배치될 수 있는 수량으로 설치할 것]
2. 발전실 · 변전실 · 송전실 · 변압기실 · 배전반실 · 통신기기실 · 전산기기실 기타 이와 유사한 시설이 있는 장소(관리자의 출입이 곤란한 장소 제외)	해당 용도의 바닥면적 50 [m²]마다 적응성이 있는 소화기 1개 이상
3. 마그네슘 합금 칩을 저장 또는 취급하는 장소 〈시행 2024.7.25.〉	금속화재용 소화기(D급) 1개 이상을 금속재료로부터 보행거리 20 [m] 이내로 설치할 것

정답 74 ④ 75 ② 76 ③

77 상중하

상수도소화용수설비의 화재안전성능기준상 소화전은 소방대상물의 수평투영면의 각 부분으로부터 최대 몇 [m] 이하가 되도록 설치하는가?

① 75
② 100
③ 125
④ 140

해설 상수도소화용수설비의 설치기준

1) 호칭지름 75 [mm] 이상의 수도배관에 호칭지름 100 [mm] 이상의 소화전을 접속할 것
2) 소화전은 소방자동차의 진입이 쉬운 도로변 또는 공지에 설치할 것
3) 소화전은 특정소방대상물의 수평투영면의 각 부분으로부터 140 [m] 이하가 되도록 설치할 것

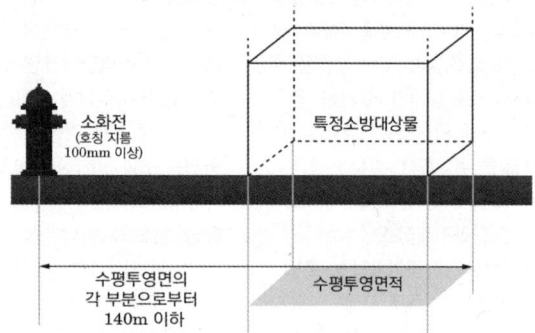

78 상중하

이산화탄소소화설비의 화재안전기술기준상 배관의 설치기준 중 다음 ( ) 안에 알맞은 것은?

> 고압식의 1차 측(개폐밸브 또는 선택밸브 이전) 배관부속의 최소사용설계압력은 (㉠) [MPa]로 하고, 고압식의 2차 측과 저압식의 배관부속의 최소사용설계압력은 (㉡) [MPa]로 할 것

① ㉠ 4.0, ㉡ 2.0
② ㉠ 9.5, ㉡ 4.5
③ ㉠ 9.5, ㉡ 2.0
④ ㉠ 4.5, ㉡ 9.5

해설 이산화탄소소화설비의 배관

구분		설치조건
강관 (압력배관용 탄소강관)	고압식	스케줄 80 이상 (20 [mm] 이하 : 스케줄 40 이상인 것)
	저압식	스케줄 40 이상
동관 (이음이 없는 동 및 동합금관)	고압식	16.5 [MPa] 이상의 압력에 견딜 수 있는 것
	저압식	3.75 [MPa] 이상의 압력에 견딜 수 있는 것
배관부속	고압식 1차 측	최소사용설계압력 : 9.5 [MPa]
	고압식 2차 측과 저압식	최소사용설계압력 : 4.5 [MPa]

정답 77 ④ 78 ②

79 (상중하)

피난기구의 화재안전기술기준상 의료시설에 구조대를 설치해야 할 층이 아닌 것은?

① 2
② 3
③ 4
④ 5

해설 설치장소별 피난기구의 적응성

구분	3층	4층 이상 10층 이하
의료시설·근린생활시설 중 입원실이 있는 의원·접골원·조산원	• 미끄럼대 • 구조대 • 다수인피난장비 • 승강식 피난기 • 피난교 • 피난용 트랩	• 구조대 • 다수인피난장비 • 승강식피난기 • 피난교 • 피난용 트랩

80 (상중하)

인명구조기구의 화재안전기술기준상 특정소방대상물의 용도 및 장소별로 설치하여야 할 인명구조기구 종류의 기준 중 다음 ( ) 안에 알맞은 것은?

특정소방대상물	인명구조기구의 종류
물분무등소화설비 중 ( )를 설치하여야 하는 특정소방대상물	공기호흡기

① 분말소화설비
② 할론소화설비
③ 이산화탄소소화설비
④ 할로겐화합물 및 불활성기체소화설비

해설 용도 및 장소별로 설치해야 할 인명구조기구

특정소방대상물	인명구조기구	설치수량
지하층을 포함하는 층수가 7층 이상인 관광호텔 및 5층 이상인 병원	• 방열복 또는 방화복 • 공기호흡기 • 인공소생기	각 2개 이상 비치할 것 (단, 병원의 경우 인공소생기 설치 제외 가능)
• 문화 및 집회시설 중 수용인원 100명 이상의 영화상영관 • 판매시설 중 대규모 점포 • 운수시설 중 지하역사 • 지하가 중 지하상가	공기호흡기	층마다 2개 이상 비치할 것
물분무등소화설비 중 이산화탄소소화설비를 설치해야 하는 특정소방대상물	공기호흡기	이산화탄소소화설비가 설치된 장소의 출입구 외부 인근에 1개 이상 비치할 것

[방열복]

[방화복]

[공기호흡기]

[인공소생기]

정답 79 ① 80 ③

2021년 2회 소방원론

01 상 중 하

제3종 분말소화약제의 주성분은?

① 인산암모늄
② 탄산수소칼륨
③ 탄산수소나트륨
④ 탄산수소칼륨과 요소

해설 분말소화약제

종별	소화약제	약제색	적응화재
1종	탄산수소나트륨 ($NaHCO_3$)	백색	BC급
2종	탄산수소칼륨 ($KHCO_3$)	담자색 (담회색)	BC급
3종	제1인산암모늄 ($NH_4H_2PO_4$)	담홍색	ABC급
4종	탄산수소칼륨 + 요소 ($KHCO_3+(NH_2)_2CO$)	회(백)색	BC급

암기 백담사 홍어회

02 상 중 하

화재 발생 시 피난기구로 직접 활용할 수 없는 것은?

① 완강기
② 무선통신보조설비
③ 피난사다리
④ 구조대

해설 피난기구

미끄럼대, 구조대, 다수인피난장비, 승강식피난기, 완강기, 간이완강기, 공기안전매트, 피난사다리, 피난교, 피난용 트랩

보충 무선통신보조설비 : 소화활동설비

03 상 중 하

소화약제 중 HFC-125의 화학식으로 옳은 것은?

① CHF_2CF_3
② CHF_3
③ CF_3CHFCF_3
④ CF_3I

해설 할로겐화합물 및 불활성기체소화약제 계열

계열	소화약제	상품명	기타
FC	FC-3-1-10	CEA-410	C_4F_{10}
HFC	HFC-23	FE-13	CHF_3
HFC	HFC-125	FE-25	CHF_2CF_3
HFC	HFC-227ea	FM-200	CF_3CHFCF_3
HCFC	HCFC-124	FE-241	$CHClFCF_3$
HCFC	HCFC BLEND A	NAF-S-III	HCFC-22 : 82 [%] HCFC-123 : 4.75 [%] HCFC-124 : 9.5 [%] $C_{10}H_{16}$: 3.75 [%]
IG	IG-541	Inergen	N_2, Ar, CO_2

정답 01 ① 02 ② 03 ①

04 (상 중 하)

위험물안전관리법령상 제6류 위험물을 수납하는 운반용기의 외부에 주의사항을 표시하여야 할 경우 어떤 내용을 표시하여야 하는가?

① 물기엄금
② 화기엄금
③ 화기주의·충격주의
④ 가연물접촉주의

해설 위험물 운반용기 외부 표시사항

위험물		주의사항
제1류	알칼리금속의 과산화물 함유	· 화기·충격주의 · 가연물접촉주의 · 물기엄금
	알칼리금속의 과산화물 제외	· 화기·충격주의 · 가연물접촉주의
제2류	철분·금속분·마그네슘 함유	· 화기주의 · 물기엄금
	인화성 고체	· 화기주의 · 화기엄금
제3류	자연발화성 물질	· 화기엄금 · 공기접촉엄금
	금수성 물질	· 물기엄금
제4류		· 화기엄금
제5류		· 화기엄금 · 충격주의
제6류		· 가연물접촉주의

05 (상 중 하)

분말소화약제 중 A급, B급, C급 화재에 모두 사용할 수 있는 것은?

① 제1종 분말
② 제2종 분말
③ 제3종 분말
④ 제4종 분말

해설 분말소화약제

종별	소화약제	약제색	적응화재
1종	탄산수소나트륨 ($NaHCO_3$)	백색	BC급
2종	탄산수소칼륨 ($KHCO_3$)	담자색 (담회색)	BC급
3종	제1인산암모늄 ($NH_4H_2PO_4$)	담홍색	ABC급
4종	탄산수소칼륨 + 요소 ($KHCO_3+(NH_2)_2CO$)	회(백)색	BC급

암기 백담사 홍어회

06 (상 중 하)

열전도도(Thermal Conductivity)를 표시하는 단위에 해당하는 것은?

① $J/m^2 \cdot h$
② $kcal/h \cdot ℃^2$
③ $W/m \cdot K$
④ $J \cdot K/m^3$

해설 열전도도 k

1) 열전도도(열전도도계수) k의 단위 : $[W/m \cdot K]$
2) 물체가 열을 전달하는 능력의 척도
3) 열전도도가 높을수록 열에너지 더 잘 전달함

07 (상 중 하)

알킬알루미늄 화재에 적합한 소화약제는?

① 물
② 이산화탄소
③ 팽창질석
④ 할로겐화합물

정답 04 ④ 05 ③ 06 ③ 07 ③

해설 위험물 소화방법

종류	소화방법
제1류	물에 의한 냉각소화 (무기과산화물 : 마른모래 등에 의한 질식소화)
제2류	물에 의한 냉각소화 (황화인[황화린], 철분, 마그네슘, 금속분은 마른모래 등에 의한 질식소화)
제3류	마른모래, 팽창질석, 팽창진주암에 의한 질식소화
제4류	포, 분말, CO_2, 할론소화약제에 의한 질식소화
제5류	화재 초기 대량의 물로 냉각소화
제6류	마른모래 등에 의한 질식소화 (과산화수소 : 다량의 물로 희석소화)

보충 알킬알루미늄 : 제3류 위험물

09 (상 중 하)

다음 연소생성물 중 인체에 독성이 가장 높은 것은?

① 이산화탄소
② 일산화탄소
③ 수증기
④ 포스겐

해설 TLV(독성허용농도)

구분	허용농도 [ppm]
포스겐($COCl_2$), 아크롤레인(CH_2CHCHO)	0.1
시안화수소(HCN), 황화수소(H_2S)	10
일산화탄소(CO)	50
이산화탄소(CO_2)	5000

TIP 독성허용농도 낮을수록 독성이 높음

08 (상 중 하)

가연물질의 종류에 따라 화재를 분류하였을 때 섬유류 화재가 속하는 것은?

① A급 화재
② B급 화재
③ C급 화재
④ D급 화재

해설 화재의 분류

등급	화재	표시색	가연물
A급	일반화재	백색	나무, 섬유, 종이, 고무, 플라스틱류
B급	유류화재	황색	인화성 액체, 가연성 액체, 석유 그리스, 타르, 오일, 유성도료, 솔벤트, 래커, 알코올 및 인화성 가스 등
C급	전기화재	청색	전류가 흐르고 있는 전기기기, 배선 등
D급	금속화재	무색	마그네슘 합금 등 가연성 금속
K급	주방화재	–	주방에서 동식물유를 취급하는 조리기구

10 (상 중 하)

내화건축물과 비교한 목조건축물 화재의 일반적인 특징을 옳게 나타낸 것은?

① 고온, 단시간형
② 저온, 단시간형
③ 고온, 장시간형
④ 저온, 장시간형

해설 건축물 화재 특징

구분	목조건축물	내화건축물
화재성상	고온 단기형	저온 장기형
최성기 온도	1000 ~ 1300 [℃]	800 ~ 1000 [℃]

정답 08 ① 09 ④ 10 ①

11 (상-중-하)

정전기에 의한 발화과정으로 옳은 것은?

① 방전 → 전하의 축적 → 전하의 발생 → 발화
② 전하의 발생 → 전하의 축적 → 방전 → 발화
③ 전하의 발생 → 방전 → 전하의 축적 → 발화
④ 전하의 축적 → 방전 → 전하의 발생 → 발화

해설 정전기

1) 전하가 정지 상태에 있어 머물러 있는 전기
2) 전하의 발생 → 전하의 축적 → 방전 → 발화
3) 정전기 발생 억제 : 금속 배관 사용

12 (상-중-하)

물리적 소화방법이 아닌 것은?

① 산소공급원 차단
② 연쇄반응 차단
③ 온도 냉각
④ 가연물 제거

해설 소화의 형태

소화	내용
냉각소화	열 흡수, 발화점 이하로 낮추어 소화
질식소화	산소농도 15 [%] 이하로 낮춤
제거소화	가연물을 차단, 격리
억제소화	연쇄반응을 차단, 부촉매소화

보충▶ 물리적 소화 : 냉각, 질식, 제거
　　　화학적 소화 : 억제소화(부촉매소화)

13 (상-중-하)

이산화탄소 소화기의 일반적인 성질에서 단점이 아닌 것은?

① 밀폐된 공간에서 사용 시 질식의 위험성이 있다.
② 인체에 직접 방출 시 동상의 위험성이 있다.
③ 소화약제의 방사 시 소음이 크다.
④ 전기가 잘 통하기 때문에 전기설비에 사용할 수 없다.

해설 이산화탄소(CO_2) 소화기 성질

1) 전기실·통신실에 적응성 있음
2) 산소농도를 낮춰 질식의 위험성 있음
3) 인체에 직접 방출 시 동상의 위험성 있음
4) 소화약제 방사 시 소음이 큼
5) 공기비중의 1.5배로 연소물 덮음

14 (상-중-하)

위험물안전관리법령상 위험물에 대한 설명으로 옳은 것은?

① 과염소산은 위험물이 아니다.
② 황린은 제2류 위험물이다.
③ 황화인의 지정수량은 100 [kg]이다.
④ 산화성 고체는 제6류 위험물의 성질이다.

해설 위험물 지정수량

구분	개요	위험물	지정수량
제1류	산화성 고체	-	-
제2류	가연성 고체	황화인(황린)	100 [kg]
제3류	자연발화성 물질	황린	20 [kg]
제6류	산화성 액체	과염소산	300 [kg]

정답 11 ② 12 ② 13 ④ 14 ③

15 (상⦁중⦁하)

탄화칼슘이 물과 반응할 때 발생되는 기체는?

① 일산화탄소 ② 아세틸렌
③ 황화수소   ④ 수소

해설 금수성 물질

물과 접촉하여 발화, 가연성 가스 발생

구분	현상
무기과산화물	산소(O_2) 발생
금속분 마그네슘(Mg) 나트륨(Na) 칼륨(K) 리튬(Li)	수소(H_2) 발생
탄화칼슘(칼슘카바이드)	아세틸렌(C_2H_2) 발생

16 (상⦁중⦁하)

다음 중 증기 비중이 가장 큰 것은?

① 할론 1301 ② 할론 2402
③ 할론 1211 ④ 할론 104

해설 증기비중

$$증기비중 = \frac{분자량}{29(공기 분자량)}$$

① 할론 1301(CF_3Br) : $\frac{149}{29} ≒ 5.1$

② 할론 2402($C_2F_4Br_2$) : $\frac{260}{29} ≒ 9$

③ 할론 1211(CF_2ClBr) : $\frac{165.5}{29} ≒ 5.7$

④ 할론 104(CCl_4) : $\frac{154}{29} ≒ 5.31$

따라서
할론 2402 > 할론1211 > 할론104 > 할론1301

보충 원자량(C : 12, F : 19, Br : 80, Cl : 35.5)

17 (상⦁중⦁하)

분자내부에 나이트로기를 갖고 있는 TNT, 나이트로셀룰로오스 등과 같은 제5류 위험물의 연소형태는?

① 분해연소 ② 자기연소
③ 증발연소 ④ 표면연소

해설 연소의 형태

구분	내용	종류
분해연소	열분해로 생성된 가연성 가스가 연소	목재, 석탄, 종이, 플라스틱
표면연소	불꽃이 없고 표면에서 연소	숯, 코크스, 목탄, 금속분
증발연소	열분해 없이 증발하여 연소	황(유황), 가솔린, 나프탈렌, 양초
자기연소	물질 자체에 산소를 함유하고 있어 별도 산소 없이 연소	나이트로셀룰로오스(니트로셀룰로오스), 나이트로글리세린(니트로글리세린), 유기과산화물
확산연소	확산 화염에 의한 연소	메테인(메탄), 암모니아, 수소
예혼합연소	미리 공기와 혼합된 연료가 연소	LNG, LPG, 가연성 가스

18 (상⦁중⦁하)

IG-541이 15 [℃]에서 내용적 50 [L] 압력용기에 155 [kg$_f$/cm²]으로 충전되어 있다. 온도가 30 [℃]가 되었다면 IG-541 압력은 약 몇 [kg$_f$/cm²]가 되겠는가? (단, 용기의 팽창은 없다고 가정한다)

① 78   ② 155
③ 163 ④ 310

정답 15 ② 16 ② 17 ② 18 ③

해설 보일-샤를의 법칙

$$\text{보일 - 샤를의 법칙 } \frac{P_1 V_1}{T_1} = \frac{P_2 V_2}{T_2}$$

여기서 용기의 팽창은 없으므로 $V_1 = V_2$
따라서
$$\frac{P_1}{T_1} = \frac{P_2}{T_2}$$
$$P_2 = P_1 \times \frac{T_2}{T_1} = 155 \times \frac{(273+30)}{(273+15)}$$
$$\fallingdotseq 163.07 \, [\text{kg}_f/\text{cm}^2]$$

보충 ▶ 보일-샤를의 법칙에서 온도(T)는 반드시 절대온도[K]를 대입한다.

19 상 중 하

프로페인 50 [vol%], 뷰테인 40 [vol%], 프로필렌 10 [vol%]로 된 혼합가스의 폭발하한계는 약 몇 [vol%]인가? (단, 각 가스의 폭발하한계는 프로페인은 2.2 [vol%], 뷰테인은 1.9 [vol%], 프로필렌은 2.4 [vol%]이다)

① 0.83
② 2.09
③ 5.05
④ 9.44

해설 르 샤틀리에법칙

$$\text{르 샤틀리에법칙 } \frac{100}{L} = \frac{V_1}{L_1} + \frac{V_2}{L_2} + \cdots + \frac{V_n}{L_n}$$

르 샤틀리에법칙으로 혼합가스의 폭발하한계 및 상한계를 계산할 수 있다.

$$\frac{100}{L} = \frac{50}{2.2} + \frac{40}{1.9} + \frac{10}{2.4}$$

$$L = \frac{100}{\frac{50}{2.2} + \frac{40}{1.9} + \frac{10}{2.4}}$$

∴ $L \fallingdotseq 2.09 \, [\%]$

L : 혼합가스 폭발하한계 [vol%]
$L_1 \sim L_n$: 가연성 가스 폭발하한계 [vol%]
$V_1 \sim V_n$: 가연성 가스 용량 [vol%]

20 상 중 하

조연성 가스에 해당하는 것은?

① 수소
② 일산화탄소
③ 산소
④ 에테인

해설 가연성 가스와 조연성 가스

구분	가연성 가스	조연성 가스
정의	자기 자신이 연소하는 가스	자기 자신은 타지 않고 연소를 도와주는 가스
종류	일산화탄소(CO) 수소(H_2) 메테인(메탄, CH_4) 프로페인(프로판, C_3H_8) 암모니아(NH_3) 뷰테인(부탄, C_4H_{10})	오존(O_3) 공기 산소(O_2) 염소(Cl) 불소(F)

암기 ▶ 조 오공산 염불

정답 19 ② 20 ③

2021년 2회 소방유체역학

21 (하)

직경 20 [cm]의 소화용 호스에 물이 392 [N/s]이 흐른다. 이때의 평균유속 [m/s]은?

① 2.96　　② 4.34
③ 3.68　　④ 1.27

해설 물의 평균속도(중량유량)

$$중량유량\ G[N/s] = \gamma A V$$

따라서 유속 $V = \dfrac{G}{\gamma A}$

$$V = \dfrac{392}{9800 \times \left(\dfrac{\pi}{4} \times 0.2^2\right)} = 1.27\,m/s$$

γ : 비중량 [N/m³]
A : 배관 단면적 [m²]
V : 유속 [m/s]

22 (중)

수은이 채워진 U자관에 수은보다 비중이 작은 어떤 액체를 넣었다. 액체 기둥의 높이가 10 [cm], 수은과 액체의 자유 표면의 높이 차이가 6 [cm]일 때 이 액체의 비중은? (단, 수은의 비중은 13.6이다)

① 5.44　　② 8.16
③ 9.63　　④ 10.88

해설 액주계에서 유체의 비중

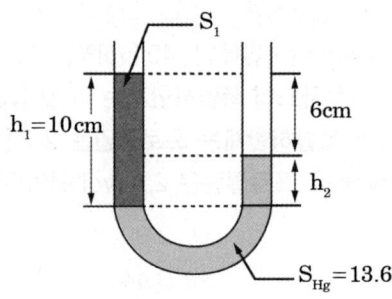

$S_1 \times \gamma_w \times h_1 = S_{Hg} \times \gamma_w \times h_2$
$S_1 \times h_1 = S_{Hg} \times h_2$
$S_1 \times 0.1 = 13.6 \times 0.04$
$\therefore S_1 = 5.44$

γ : 비중량 [N/m³]
h : 유체 높이 [m]

보충 자유표면 : 액체가 기체에 접하고 있는 표면

정답 21 ④　22 ①

23

수압기에서 피스톤의 반지름이 각각 20 [cm]와 10 [cm]이다. 작은 피스톤에 19.6 [N]의 힘을 가하는 경우 평형을 이루기 위해 큰 피스톤에는 몇 [N]의 하중을 가하여야 하는가?

① 4.9
② 9.8
③ 68.4
④ 78.4

해설 파스칼의 원리

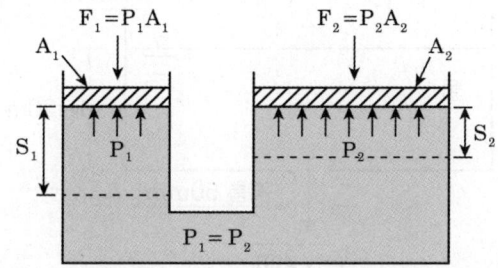

- 밀폐된 용기 속에 작용한 외부 압력은 용기 내부 유체에 그대로 전달된다.

$$P_1 = P_2$$

$$\frac{F_1}{A_1} = \frac{F_2}{A_2}$$

$$F_2 = \frac{F_1}{A_1} \times A_2 = \frac{F_1}{\frac{\pi}{4}D_1^2} \times \frac{\pi}{4}D_2^2 = \frac{F_1}{D_1^2} \times D_2^2$$

따라서

$$F_2 = \frac{19.6}{0.1^2} \times 0.2^2 = 78.4[N]$$

P_1, P_2 : 압력 [Pa]
F_1, F_2 : 힘 [N]
A_1, A_2 : 면적 [m²]

24

그림과 같이 중앙부분에 구멍이 뚫린 원판에 지름 D의 원형 물제트가 대기압 상태에서 V의 속도로 충돌하여 원판 뒤로 지름 D/2의 원형 물제트가 V의 속도로 흘러나가고 있을 때, 이 원판이 받는 힘은 얼마인가? (단, ρ는 물의 밀도이다)

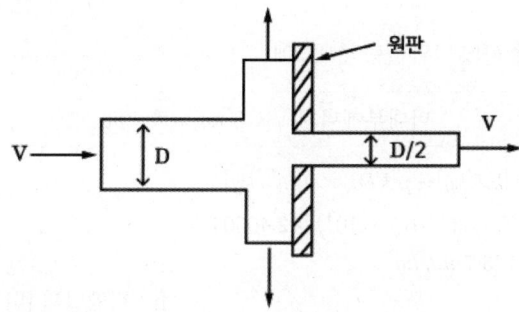

① $\frac{3}{16}\rho\pi V^2 D^2$
② $\frac{3}{8}\rho\pi V^2 D^2$
③ $\frac{3}{4}\rho\pi V^2 D^2$
④ $3\rho\pi V^2 D^2$

해설 원판이 받는 힘

고정평판에 작용하는 힘
$F = \rho QV = \rho AV^2 = \rho\left(\frac{\pi}{4}D^2\right)V^2 = \frac{1}{4}\rho\pi D^2 V^2$

- 원판이 받는 힘

$$F = \frac{1}{4}\rho\pi D^2 V^2 - \frac{1}{4}\rho\pi \left(\frac{D}{2}\right)^2 V^2$$

$$= \frac{1}{4}\rho\pi D^2 V^2 - \frac{1}{16}\rho\pi D^2 V^2$$

$$= \frac{3}{16}\rho\pi D^2 V^2$$

F : 힘 [N]
ρ : 유체의 밀도 [kg/m³, N·s²/m⁴]
Q : 유량 [m³/s]
A : 배관 단면적 [m²]
V : 유속 [m/s]

정답 23 ④ 24 ①

25

압력 0.1 [MPa], 온도 250 [℃] 상태인 물의 엔탈피가 2974.33 [kJ/kg]이고 비체적은 2.40604 [m³/kg]이다. 이 상태에서 물의 내부에너지(kJ/kg)는?

① 2733.7　　② 2974.1
③ 3214.9　　④ 3582.7

해설 물의 단위 질량당 내부에너지

비내부에너지 $u[kJ/kg] = h - pv$

$u = h[kJ/kg] - p[kPa] \times v[m^3/kg]$
$= 2974.33 - (0.1 \times 10^3) \times 2.40604$
$= 2733.7 [kJ/kg]$

h : 비엔탈피 [kJ/kg]
u : 비내부에너지 [kJ/kg]
v : 비체적 [m³/kg], p : 압력 [kPa]

26

300 [K]의 저온 열원을 가지고 카르노사이클로 작동하는 열기관의 효율이 70 [%]가 되기 위해서 필요한 고온 열원의 온도[K]는?

① 800　　② 900
③ 1000　　④ 1100

해설 카르노사이클의 효율

카르노사이클의 열효율
$\eta_c = \dfrac{W}{Q_H} = \dfrac{Q_H - Q_L}{Q_H} = 1 - \dfrac{Q_L}{Q_H} = 1 - \dfrac{T_L}{T_H}$

$\eta_c = 1 - \dfrac{T_L}{T_H}$　　$0.7 = 1 - \dfrac{300}{T_H}$

∴ $T_H = 1000 [K]$

W : 외부에 하는 일 [kJ]
T_L : 저온[K], T_H : 고온[K]
Q_L : 저온 열량 [kJ], Q_H : 고온 열량 [kJ]

27

물이 들어 있는 탱크에 수면으로부터 20 [m] 깊이에 지름 50 [mm]의 오리피스가 있다. 이 오리피스에서 흘러나오는 유량은 약 몇 [m³/min]인가? (단, 탱크의 수면 높이는 일정하고 모든 손실은 무시한다)

① 1.3　　② 2.3
③ 3.3　　④ 4.3

해설 오리피스에서 흘러나오는 유량

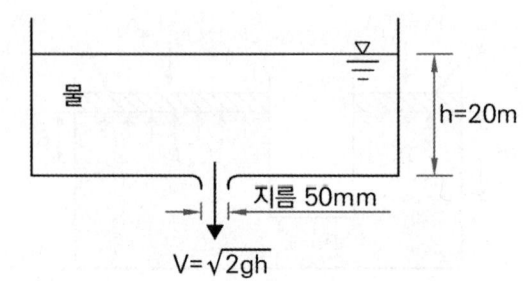

1) 오리피스에서 방출되는 물의 유속 V
$V = \sqrt{2gh}$
$= \sqrt{2 \times 9.8 \times 20} = 19.8 [m/s]$

2) 오리피스에서 방출되는 물의 유량 Q
$Q = AV$
$= \left(\dfrac{\pi}{4} \times 0.05^2\right)[m^2] \times 19.8[m/s] = 0.038 [m^3/s]$
$= 2.3 [m^3/min]$

V : 유속 [m/s]
g : 중력가속도 [m/s²]
h : 유체 높이 [m]

28 (상 중 하)

다음 중 열전달 매질이 없이도 열이 전달되는 형태는?

① 전도　　　② 자연대류
③ 복사　　　④ 강제대류

해설 열전달(복사)

복사 : 열전달 매질 없이 전자파 형태로 열이 전달
스테판 볼츠만의 법칙에 의해 복사열은 절대온도의 4승에 비례한다.

29 (상 중 하)

양정 220 [m], 유량 0.025 [m³/s], 회전수 2900 [rpm]인 4단 원심 펌프의 비교회전도(비속도)[m³/min·m·rpm]는 얼마인가?

① 176　　　② 167
③ 45　　　④ 23

해설 비속도(비교회전도)

$$비속도\ N_s = \frac{N\sqrt{Q}}{\left(\frac{H}{n}\right)^{\frac{3}{4}}}$$

비속도란 1 [m³/min]의 유량을 1 [m] 송수하는 데 필요한 펌프의 회전수이다.

$$비속도\ N_s = \frac{N\sqrt{Q}}{\left(\frac{H}{n}\right)^{\frac{3}{4}}} = \frac{2900\sqrt{0.025 \times 60}}{\left(\frac{220}{4}\right)^{\frac{3}{4}}}$$

$$= 175.86\ [m^3/min \cdot m \cdot rpm]$$

N_s : 비속도(비교회전도) [m³/min·m·rpm]
N : 회전수 [rpm]
Q : 유량 [m³/min]
H : 양정 [m]
n : 단수

30 (상 중 하)

동력(Power)의 차원을 옳게 표시한 것은? (단, M : 질량, L : 길이, T : 시간을 나타낸다)

① MLT^{-1}
② L^2T^{-2}
③ ML^2T^{-3}
④ MLT^{-2}

해설 동력의 차원 해석

1) 동력의 단위 [W]

$$W = J/s = \frac{N \cdot m}{s} = \frac{(kg \cdot m/s^2) \cdot m}{s} = \frac{kg \cdot m^2}{s^3}$$

2) 동력의 차원

$$ML^2T^{-3}$$

31 (상 중 하)

직사각형 단면의 덕트에서 가로와 세로가 각각 a 및 1.5a이고, 길이가 L이며, 이 안에서 공기가 V의 평균속도로 흐르고 있다. 이때 손실수두를 구하는 식으로 옳은 것은? (단, f는 이 수력지름에 기초한 마찰계수이고, g는 중력가속도를 의미한다)

① $f\dfrac{L}{a}\dfrac{V^2}{2.4g}$

② $f\dfrac{L}{a}\dfrac{V^2}{2g}$

③ $f\dfrac{L}{a}\dfrac{V^2}{1.4g}$

④ $f\dfrac{L}{a}\dfrac{V^2}{g}$

해설 덕트 손실수두(달시식 이용)

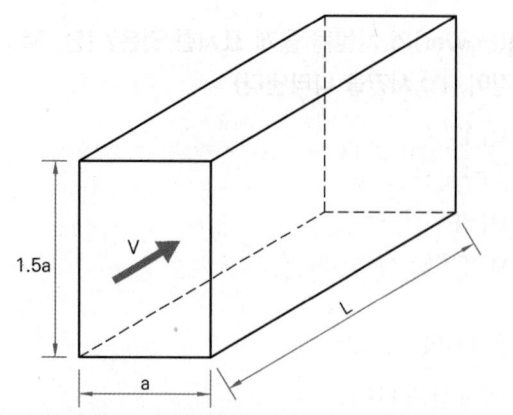

손실수두 $h = f \dfrac{L}{D_h} \dfrac{V^2}{2g}$ (여기서 D_h : 수력직경)

1) 유동 단면적 $A = $ 가로 $\times$ 세로 $= a \times 1.5a = 1.5a^2$
2) 접수길이 $L = 2(a + 1.5a) = 5a$
3) 수력직경 $D_h = 4R_h = 4\dfrac{A}{L} = 4 \times \dfrac{1.5a^2}{5a} = 1.2a$
4) 손실수두 h(달시식)

$$h = f\dfrac{L}{D_h}\dfrac{V^2}{2g} = f\dfrac{L}{1.2a}\dfrac{V^2}{2g} = f\dfrac{L}{a}\dfrac{V^2}{2.4g}$$

32 (상 중 ⓗ)

무차원수 중 레이놀즈수(Reynolds Number)의 물리적인 의미는?

① 관성력/중력 ② 관성력/탄성력
③ 관성력/점성력 ④ 관성력/음속

해설 레이놀즈수

레이놀즈수 $Re = \dfrac{\rho VD}{\mu}$

ρ : 밀도 [kg/m³], V : 유속 [m/s]
D : 직경 [m], μ : 점성계수 [N·s/m²]

1) 유체의 흐름을 구분하는 무차원수
2) 물리적인 의미 : $Re = \dfrac{\text{관성력}}{\text{점성력}}$

33 (상 ⓒ 하)

동일한 노즐구경을 갖는 소방차에서 방수압력이 1.5배가 되면 방수량은 몇 배가 되는가?

① 1.22배 ② 1.41배
③ 1.52배 ④ 2.25배

해설 방수량 계산

방수량 $Q_1[L/min] = 2.086 \times D^2 \times \sqrt{P_1}$

여기서 방수압력이 1.5배가 되면 ($P_2 = 1.5P_1$)

방수량 $Q_2[L/min] = 2.086 \times D^2 \times \sqrt{P_2}$
$= 2.086 \times D^2 \times \sqrt{1.5P_1}$
$= \sqrt{1.5} \times (2.086 \times D^2 \times \sqrt{P_1})$
$= \sqrt{1.5} \times Q_1$

$\therefore Q_2 = 1.22 \times Q_1$

Q : 유량 [L/min]
D : 관경 [mm], P : 방수압 [MPa]

34 (상 중 ⓗ)

전양정 80 [m], 토출량 500 [L/min]인 물을 사용하는 소화펌프가 있다. 펌프효율 65 [%], 전달계수[K] 1.1인 경우 필요한 전동기의 최소동력 [kW]은?

① 9 ② 11
③ 13 ④ 15

해설 전동기의 동력

$$P[kW] = \dfrac{\gamma[kN/m^3] \times Q[m^3/s] \times H[m]}{\eta} \times K$$

동력 $P = \dfrac{\gamma QH}{\eta} \times K = \dfrac{9.8 \times \left(\dfrac{500}{1000 \times 60}\right) \times 80}{0.65} \times 1.1$
$= 11.06 \, [kW]$

γ : 물의 비중량 [9.8 kN/m³]
Q : 유량 [m³/s] H : 전양정 [m]
η : 효율 K : 전달계수

정답 32 ③ 33 ① 34 ②

35 (상)중 하

안지름 10 [cm]인 수평 원관의 층류유동으로 4 [km] 떨어진 곳에 원유(점성계수 0.02 [N·s/m²], 비중 0.86)를 0.10 [m³/min]의 유량으로 수송하려 할 때 펌프에 필요한 동력 [W]은? (단, 펌프의 효율은 100 [%]로 가정한다)

① 76
② 91
③ 10900
④ 9100

해설 펌프의 동력

$$P[W] = \frac{\gamma[N/m^3] \times Q[m^3/s] \times H[m]}{\eta} \times K$$

※ 동력을 구할 때 조건상 효율(η)이나 전달계수(K)가 주어져 있지 않다면, 효율과 전달계수를 제외하고 산출한다.

[풀이 1] (달시 웨버공식 풀이)

1) 원관의 마찰손실수두 H

$$H = f\frac{L}{D}\frac{V^2}{2g} = 0.0702 \frac{4000}{0.1} \frac{0.212^2}{2 \times 9.8} = 6.439[m]$$

(1) 유속 V

$$V = \frac{Q}{A} = \frac{\frac{0.1}{60}}{\frac{\pi}{4}0.1^2} = 0.212 \, [m/s]$$

(2) 레이놀즈수 Re

$$Re = \frac{\rho VD}{\mu} = \frac{(0.86 \times 1000) \times 0.212 \times 0.1}{0.02} = 911.6$$

$Re < 2100$ 이므로 층류

(3) 마찰손실계수 f

$$f = \frac{64}{Re} = \frac{64}{911.6} = 0.0702$$

2) 동력 P

$$P = \gamma QH = S\gamma_w QH$$
$$= 0.86 \times 9800 \times \frac{0.1}{60} \times 6.439 = 90.45[W]$$

[풀이 2] (하겐 포아젤공식 풀이)

여기서 층류유동으로 가정하고 [하겐 포아젤공식]을 사용한다.

1) 양정 H (하겐 포아젤공식 풀이)

$$H[m] = \frac{128 \times \mu \times L \times Q}{\gamma \times \pi \times D^4}$$
$$= \frac{128 \times 0.02 \times 4000 \times \frac{0.1}{60}}{(0.86 \times 9800) \times \pi \times 0.1^4}$$
$$= 6.446[m]$$

2) 동력 P

$$P = \gamma QH = S\gamma_w QH$$
$$= (0.86 \times 9800) \times \frac{0.1}{60} \times 6.446$$
$$= 90.545 ≒ 90.55[W]$$

γ : 비중량 [N/m³]
Q : 유량 [m³/s]
H : 전양정 [m]
η : 효율
K : 전달계수

36 상(중)하

유속 6 [m/s]로 정상류의 물이 화살표 방향으로 흐르는 배관에 압력계와 피토계가 설치되어 있다. 이때 압력계의 계기압력이 300 [kPa]이었다면 피토계의 계기압력은 약 몇 [kPa]인가?

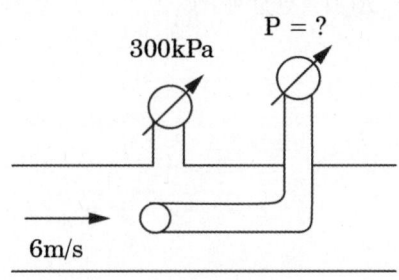

① 180
② 280
③ 318
④ 336

해설 피토계의 계기압력

관 내 유속 $V = \sqrt{2gh}$

1) 속도수두 h
$$h = \frac{V^2}{2g} = \frac{(6[m/s])^2}{2 \times 9.8[m/s^2]} ≒ 1.836[m]$$

2) 피토계 계기압력 P
전압 P = 정압 + 동압
$= 300[kPa] + \gamma h[kPa]$
$= 300[kPa] + (9.8[kN/m^3] \times 1.836[m])$
$≒ 318 kPa$

g : 중력가속도 [m/s²]
h : 속도수두 [m]

37 상 중 하

유체의 압축률에 관한 설명으로 올바른 것은?

① 압축률 = 밀도 × 체적탄성계수
② 압축률 = 1/체적탄성계수
③ 압축률 = 밀도/체적탄성계수
④ 압축률 = 체적탄성계수/밀도

해설 압축률

압축률 $\beta = \dfrac{1}{K(\text{체적탄성계수})}$

38 상 중 하

질량이 5 [kg]인 공기(이상기체)가 온도 333 [K]로 일정하게 유지되면서 체적이 10배가 되었다. 이 계(System)가 한 일[kJ]은? (단, 공기의 기체상수는 287 [J/kg·K]이다)

① 220
② 478
③ 1100
④ 4779

해설 한 일의 양 계산

$$_1W_2 = \int_{V_1}^{V_2} PdV = \int_{V_1}^{V_2} \frac{m\overline{R}T}{V}dV$$
$$= m\overline{R}T\ln\left(\frac{V_2}{V_1}\right) = 5 \times 287 \times 333 \times \ln\left(\frac{10}{1}\right)$$
$$= 1100301[J] = 1100[kJ]$$

$_1W_2$: 절대일 [kJ]
m : 질량 [kg]
$\overline{R}$: 기체상수 [J/kg·K]
T : 절대온도 [K](273 + ℃)

39 상 중 하

무한한 두 평판 사이에 유체가 채워져 있고 한 평판은 정지해 있고, 또 다른 평판은 일정한 속도로 움직이는 Couette 유동을 하고 있다. 유체 A만 채워져 있을 때 평판을 움직이기 위한 단위면적당 힘을 τ_1이라 하고, 같은 평판 사이에 점성이 다른 유체 B만 채워져 있을 때 필요한 힘을 τ_2라 하면 유체 A와 B가 반반씩 위아래로 채워져 있을 때 평판을 같은 속도로 움직이기 위한 단위면적당 힘에 대한 표현으로 옳은 것은?

① $\dfrac{\tau_1 + \tau_2}{2}$
② $\sqrt{\tau_1 \tau_2}$
③ $\dfrac{2\tau_1\tau_2}{\tau_1 + \tau_2}$
④ $\tau_1 + \tau_2$

정답 37 ② 38 ③ 39 ③

해설 단위면적당 힘

$$\tau = \frac{2\tau_1 \tau_2}{\tau_1 + \tau_2}$$

τ : 단위면적당 힘 [N]

보충 ▶ Couette유동이란?
두 개의 무한한 평판 사이로 비압축성 점성유동을 하는 것.
(뉴턴유체가 정상류, 층류유동을 하는 것)
여기서 위쪽 평판은 속도 V로 움직이고 아래쪽 평판은 정지 상태이다.

40 상중하

2 [m] 깊이로 물이 차 있는 물탱크 바닥에 한 변이 20 [cm]인 정사각형 모양의 관측창이 설치되어 있다. 관측창이 물로 인하여 받는 순 힘(Net Force)은 몇 [N]인가? (단, 관측창 밖의 압력은 대기압이다)

① 784
② 392
③ 196
④ 98

해설 관측창이 받는 힘(전압력)

전압력 $F = \gamma h A$

$F = PA = \gamma h A = 9800 \times 2 \times 0.2^2$
$\quad = 784 [N]$

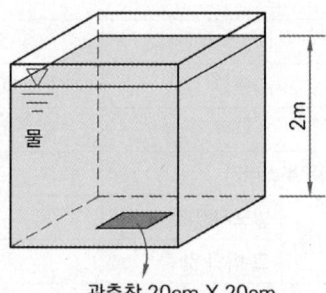
관측창 20cm X 20cm

γ : 비중량 [kN/m³]
h : 도심점으로부터 액면까지 연직 상방의 높이 [m]
A : 면적 [m²]

정답 40 ①

2021년 2회 소방관계법규

41 (상 중 하)

소방시설공사업법령에 따른 완공검사를 위한 현장확인 대상 특정소방대상물의 범위기준으로 틀린 것은?

① 연면적 1만 [m²] 이상이거나 11층 이상인 특정소방대상물(아파트는 제외)
② 가연성 가스를 제조·저장 또는 취급하는 시설 중 지상에 노출된 가연성 가스탱크의 저장용량 합계가 1000톤 이상인 시설
③ 호스릴방식의 소화설비가 설치되는 특정소방대상물
④ 문화 및 집회시설, 종교시설, 판매시설, 노유자시설, 수련시설, 운동시설, 숙박시설, 창고시설, 지하상가

해설 완공검사 현장 확인 특정소방대상물

1) 문화 및 집회시설, 종교시설, 판매시설, 노유자시설, 수련시설, 운동시설, 숙박시설, 창고시설, 지하상가 및 다중이용업소
2) 설비가 설치되는 특정소방대상물
   - 스프링클러설비등
   - 물분무등소화설비(호스릴방식 제외)
3) 연면적 10000 [m²] 이상, 11층 이상의 특정소방대상물(아파트 제외)
4) 가연성 가스 제조·저장·취급시설 중 지상에 노출된 가연성 가스탱크의 저장용량 합계 1000톤 이상

42 (상 중 하)

화재의 예방 및 안전관리에 관한 법령에 따른 특수가연물의 기준 중 다음 ( ) 안에 알맞은 것은?

품명	수량
나무껍질 및 대팻밥	(㉠) [kg] 이상
면화류	(㉡) [kg] 이상

① ㉠ 200, ㉡ 400
② ㉠ 200, ㉡ 1000
③ ㉠ 400, ㉡ 200
④ ㉠ 400, ㉡ 1000

해설 특수가연물

품명		수량
면화류		200 [kg] 이상
나무껍질 및 대팻밥		400 [kg] 이상
넝마 및 종이부스러기		1000 [kg] 이상
사류, 볏짚류		1000 [kg] 이상
가연성 고체류		3000 [kg] 이상
석탄·목탄류		10000 [kg] 이상
가연성 액체류		2 [m³] 이상
목재가공품 및 나무부스러기		10 [m³] 이상
고무류·플라스틱류	발포시킨 것	20 [m³] 이상
	그 밖의 것	3000 [kg] 이상

암기 면이 나대싸 넘사벽 천 가고삼 석목만 가액이 고발이

정답 41 ③ 42 ③

43 ③

소방시설 설치 및 관리에 관한 법령상 스프링클러설비를 설치하여야 할 특정소방대상물에 화재안전기준에 적합하게 설치하면 면제 받을 수 있는 소방시설이 아닌 것은?

[출제 오류로 인한 문제 수정]

① 포소화설비
② 물분무소화설비
③ 간이스프링클러설비
④ 이산화탄소소화설비

해설 소방시설 설치 면제기준

설치 면제	설치 면제기준
스프링클러설비	• 적응성 있는 자동소화장치 및 물분무등소화설비 설치한 경우(발전시설 중 전기저장시설은 제외) • 전기저장시설에 소화설비를 소방청장이 정하여 고시하는 방법에 따라 설치한 경우
물분무등소화설비	차고·주차장 : 스프링클러설비 설치
비상경보설비, 단독경보형 감지기	자동화재탐지설비 또는 화재알림설비 설치
연소방지설비	스프링클러설비, 물분무, 미분무소화설비 설치한 경우
자동화재탐지설비	자동화재탐지설비의 기능·성능 가진 화재알림설비, 스프링클러설비, 물분무등소화설비 설치

44 ④

소방기본법령상 출동한 소방대원에게 폭행 또는 협박을 행사하여 화재진압·인명구조 또는 구급활동을 방해한 사람에 대한 벌칙기준은?

① 500만 원 이하의 과태료
② 1년 이하의 징역 또는 1000만 원 이하의 벌금
③ 3년 이하의 징역 또는 3000만 원 이하의 벌금
④ 5년 이하의 징역 또는 5000만 원 이하의 벌금

해설 5년 이하 징역 또는 5000만 원 이하 벌금

1) 위력을 사용하여 출동한 소방대의 화재진압·인명구조·구급활동을 방해하는 행위
2) 소방대가 화재진압·인명구조·구급활동을 위하여 현장에 출동하거나 현장에 출입하는 것을 고의로 방해하는 행위
3) 출동한 소방대원에게 폭행·협박을 행사하여 화재진압·인명구조·구급활동 방해(음주 또는 약물로 인한 심신장애 상태에서 위반 시 형법의 감경 미적용)
4) 출동한 소방대의 소방장비를 파손하거나 그 효용을 해하여 화재진압·인명구조·구급활동 방해하는 행위
5) 소방자동차의 출동을 방해한 사람
6) 사람을 구출하는 일 또는 불을 끄거나 불이 번지지 않도록 하는 일을 방해한 사람
7) 정당한 사유 없이 소방용수시설·비상소화장치를 사용하거나 소방용수시설·비상소화장치의 효용을 해치거나 그 정당한 사용을 방해한 사람

45 (중)

위험물안전관리법령상 제조소 또는 일반 취급소에서 취급하는 제4류 위험물의 최대 수량의 합이 지정수량의 48만배 이상인 사업소의 자체소방대에 두는 화학소방자동차 및 인원기준으로 다음 ( ) 안에 알맞은 것은?

화학소방자동차	자체소방대원의 수
(㉠)	(㉡)

① ㉠ 1대, ㉡ 5인
② ㉠ 2대, ㉡ 10인
③ ㉠ 3대, ㉡ 15인
④ ㉠ 4대, ㉡ 20인

해설 화학소방차

제조소·일반취급소에서 취급하는 제4류 위험물 최대수량	화학소방 자동차	자체 소방대원 수
12만 배 미만	1대	5인
12만 배 이상 ~ 24만 배 미만	2대	10인
24만 배 이상 ~ 48만 배 미만	3대	15인
48만 배 이상	4대	20인

TIP 옥외탱크저장소에 저장하는 제4류 위험물 최대수량이 지정수량 500000배 이상 사업소 : 화학소방자동차 2대, 자체소방대원 10인

46 (중)

소방시설 설치 및 관리에 관한 법령상 음료수 공장의 충전을 하는 작업장 등과 같이 화재안전기준을 적용하기 어려운 특정소방대상물에 설치하지 아니할 수 있는 소방시설의 종류가 아닌 것은?

① 상수도소화용수설비
② 스프링클러설비
③ 연결송수관설비
④ 연결살수설비

해설 화재안전기준 적용 어려운 특정소방대상물

구분	특정소방대상물	소방시설
화재위험도가 낮은 특정소방대상물	석재, 불연성금속, 불연성 건축재료 등의 가공공장, 기계조립공장, 불연성물품 저장 창고	옥외소화전설비, 연결살수설비
화재안전기준 적용 어려운 특정소방대상물	펄프공장의 작업장, 음료수 공장의 세정·충전 작업장 등	스프링클러설비, 상수도소화용수설비, 연결살수설비
	정수장, 수영장, 목욕장, 농예·축산·어류양식용 시설 등	자동화재탐지, 상수도소화용수, 연결살수설비
화재안전기준을 달리 적용하여야 하는 특수한 용도·구조의 특정소방대상물	• 원자력발전소 • 중·저준위방사성폐기물의 저장시설	연결송수관설비, 연결살수설비
위험물안전관리법에 따라 자체소방대 설치된 특정소방대상물	자체소방대가 설치된 위험물 제조소등에 부속된 사무실	옥내소화전설비, 소화용수설비, 연결살수설비 및 연결송수관설비

정답 45 ④ 46 ③

47 ⓢⓒⓗ
소방기본법의 정의상 소방대상물의 관계인이 아닌 자는?

① 감리자
② 관리자
③ 점유자
④ 소유자

해설 소방용어 정의
1) 소방대상물
   ⑴ 건축물
   ⑵ 차량
   ⑶ 선박(항구에 매어 둔 것)
   ⑷ 산림, 그 밖의 인공구조물 또는 물건
2) 관계지역 : 소방대상물이 있는 장소 및 그 이웃 지역으로 화재의 예방·경계·진압, 구조·구급 등의 활동에 필요한 지역
3) 관계인 : 소방대상물의 소유자·관리자·점유자
4) 소방대 : 화재 진압 및 화재, 재난·재해, 그 밖의 위급한 상황에서 구조·구급 활동
   ⑴ 소방공무원
   ⑵ 의무소방원
   ⑶ 의용소방대원   **암기** 공무용
5) 소방본부장
   특별시·광역시·특별자치시·도 또는 특별자치도(이하 "시·도"라 한다)에서 화재의 예방·경계·진압·조사 및 구조·구급 등의 업무를 담당하는 부서의 장
6) 소방대장
   소방본부장 또는 소방서장 등 화재, 재난·재해, 그 밖의 위급한 상황이 발생한 현장에서 소방대를 지휘하는 사람

48 ⓢⓒⓗ
위험물안전관리법령상 위험물별 성질로서 틀린 것은?

① 제1류 : 산화성 고체
② 제2류 : 가연성 고체
③ 제4류 : 인화성 액체
④ 제6류 : 인화성 고체

해설 위험물의 분류

구분	개요
제1류	산화성 고체
제2류	가연성 고체
제3류	자연발화성·금수성 물질
제4류	인화성 액체
제5류	자기반응성 물질
제6류	산화성 액체

암기 산가자 인자산

49 ⓢⓒⓗ
소방시설 설치 및 관리에 관한 법령상 시·도지사가 소방시설등의 자체점검을 하지 아니한 관리업자에게 영업정지를 명할 수 있으나, 이로 인해 국민에게 심한 불편을 줄 때에는 영업정지 처분을 갈음하여 과징금 처분을 한다. 과징금의 기준은?

① 1000만 원 이하
② 2000만 원 이하
③ 3000만 원 이하
④ 5000만 원 이하

해설 소방시설관리업의 등록취소와 영업정지
1) 명령권자 : 시·도지사(행정안전부령)
2) 등록 취소 및 6개월 이내의 기간 영업정지(⑴, ⑷, ⑸ : 등록취소)
   ⑴ 거짓이나 그 밖의 부정한 방법으로 등록한 경우
   ⑵ 점검을 하지 않거나 거짓으로 한 경우
   ⑶ 등록기준에 미달하게 된 경우
   ⑷ 등록 결격사유에 해당하게 된 경우
   ⑸ 다른 자에게 등록증이나 등록수첩 빌려준 경우
   ⑹ 점검능력 평가를 받지 아니하고 자체점검을 한 경우
3) 영업정지 과징금
   시·도지사는 영업정지가 국민에게 심한 불편을 주거나 그 밖에 공익을 해칠 우려가 있을 때에는 영업정지처분을 갈음하여 3000만 원 이하의 과징금 부과할 수 있다.

50 상 중 하

소방기본법령상 소방대장은 화재, 재난·재해 그 밖의 위급한 상황이 발생한 현장에 소방활동구역을 정하여 소방활동에 필요한 자로서 대통령령으로 정하는 사람 외에는 그 구역에의 출입을 제한할 수 있다. 다음 중 소방활동구역에 출입할 수 없는 사람은?

① 소방활동구역 안에 있는 소방대상물의 소유자·관리자 또는 점유자
② 전기·가스·수도·통신·교통의 업무에 종사하는 사람으로서 원활한 소방활동을 위하여 필요한 사람
③ 시·도지사가 소방활동을 위하여 출입을 허가한 사람
④ 의사·간호사 그 밖에 구조·구급업무에 종사하는 사람

해설 소방활동구역 출입자

- 소방활동구역 안에 있는 소방대상물의 소유자·관리자 또는 점유자
- 전기·가스·수도·통신·교통 업무 종사자로 소방활동 위하여 필요한 사람
- 의사·간호사, 구조·구급업무 종사자
- 취재인력 등 보도업무 종사자
- 수사업무 종사자
- 소방대장이 소방활동 위해 출입을 허가한 자

51 상 중 하

위험물안전관리법령상 취급하는 위험물의 최대수량이 지정수량의 10배 이하인 경우 공지의 너비기준은?

① 2 [m] 이하
② 2 [m] 이상
③ 3 [m] 이하
④ 3 [m] 이상

해설 제조소 보유공지

취급하는 위험물 최대수량	공지 너비
지정수량 10배 이하	3 [m] 이상
지정수량 10배 초과	5 [m] 이상

52 상 중 하

화재의 예방 및 안전관리에 관한 법령상 화재안전조사위원회의 위원에 해당하지 아니하는 사람은?

① 소방기술사
② 소방시설관리사
③ 소방 관련 분야의 석사학위 이상을 취득한 사람
④ 소방 관련 법인 또는 단체에서 소방 관련 업무에 3년 이상 종사한 사람

해설 화재안전조사위원회

1) 구성
   - 위원장 1명(소방본부장)
   - 7명 이내의 위원(성별 고려)
2) 위원 자격 : 소방본부장 임명 및 위촉
   - 과장급 직위 이상의 소방공무원
   - 소방기술사
   - 소방시설관리사
   - 소방 관련 분야 석사 이상 취득한 자
   - 소방 관련 법인·단체에서 소방 관련 업무 5년 이상 종사자
   - 소방공무원 교육기관, 학교, 연구소에서 소방 관련 교육·연구 5년 이상 종사자
3) 위촉위원 임기 : 2년, 1차례 연임

정답 50 ③ 51 ④ 52 ④

53

화재의 예방 및 안전관리에 관한 법령상 특수가연물의 저장 및 취급기준이 아닌 것은? (단, 석탄·목탄류를 발전용으로 저장하는 경우는 제외)

① 품명별로 구분하여 쌓는다.
② 쌓는 높이는 20 [m] 이하가 되도록 한다.
③ 쌓는 부분의 바닥면적 사이는 1.2 [m] 이상이 되도록 한다.
④ 특수가연물을 저장 또는 취급하는 장소에는 품명·최대수량 및 화기취급의 금지표지를 설치해야 한다.

해설 특수가연물 저장·취급기준

1) 품명별로 구분하여 쌓을 것
2) 일반적인 경우
   (1) 쌓는 높이 : 10 [m] 이하
   (2) 쌓는 부분 바닥 : 50 [m²] 이하(석탄·목탄류 : 200 [m²] 이하)
3) 살수설비, 대형 수동식 소화기 설치하는 경우
   (1) 쌓는 높이 : 15 [m] 이하
   (2) 쌓는 부분의 바닥면적 : 200 [m²] 이하(석탄·목탄류 : 300 [m²] 이하)

54

소방시설 설치 및 관리에 관한 법령상 소화설비를 구성하는 제품 또는 기기에 해당하지 않는 것은?

① 가스누설경보기
② 소방호스
③ 스프링클러헤드
④ 분말자동소화장치

해설 소화설비

구분	종류
소화기구	• 소화기 • 간이소화용구 • 자동확산소화기
자동소화장치	• 주거용 주방자동소화장치 • 상업용 주방자동소화장치 • 캐비닛형 자동소화장치 • 가스자동소화장치 • 분말자동소화장치 • 고체에어로졸자동소화장치
옥내소화전설비	(호스릴 포함)
스프링클러설비등	• 스프링클러설비 • 간이스프링클러설비(캐비닛형 포함) • 화재조기진압용 스프링클러설비
물분무등소화설비	• 물분무소화설비 • 미분무소화설비 • 포소화설비 • 이산화탄소소화설비 • 할론소화설비 • 할로겐화합물 및 불활성기체소화설비 • 분말소화설비 • 강화액소화설비 • 고체에어로졸소화설비
옥외소화전설비	–

보충 가스누설경보기 : 경보설비

55 (중)

소방시설공사업법령상 하자보수를 하여야 하는 소방시설 중 하자보수 보증기간이 3년이 아닌 것은?

① 자동소화장치
② 비상방송설비
③ 스프링클러설비
④ 상수도소화용수설비

해설 소방시설 하자보수 보증기간

소방시설	기간
• 피난기구·유도등 • 비상경보설비 • 비상조명등 • 비상방송설비 • 무선통신보조설비	2년
• 자동소화장치 • 옥내·외소화전설비 • 스프링클러·간이스프링클러설비 • 물분무등소화설비 • 자동화재탐지설비 • 상수도소화용수설비 • 소화활동설비(무선통신보조설비 제외) • 화재알림설비	3년

암기 ▶ 이년 피비무

56 (중)

위험물안전관리법령상 소화난이도등급 Ⅰ의 옥내탱크저장소에서 황만을 저장·취급할 경우 설치하여야 하는 소화설비로 옳은 것은?

① 물분무소화설비
② 스프링클러설비
③ 포소화설비
④ 옥내소화전설비

해설 소화난이도등급 Ⅰ 옥내탱크저장소소화설비

구분	소화설비
황만 저장취급	물분무소화설비
인화점 70 [℃] 이상 제4류 위험물만 저장취급	물분무소화설비, 고정식 포소화설비, 이동식 이외 불활성가스소화설비, 이동식 이외 할로젠화합물소화설비, 이동식 이외 분말소화설비
그 밖	고정식 포소화설비, 이동식 이외 불활성가스소화설비, 이동식 이외 할로젠화합물소화설비, 이동식 이외 분말소화설비

57 (중)

소방시설 설치 및 관리에 관한 법령상 대통령령 또는 화재안전기준이 변경되어 그 기준이 강화되는 경우 기존 특정소방대상물의 소방시설 중 강화된 기준을 설치장소와 관계없이 항상 적용하여야 하는 것은? (단, 건축물의 신축·개축·재축·이전 및 대수선 중인 특정소방대상물을 포함한다)

① 제연설비
② 비상경보설비
③ 옥내소화전설비
④ 화재조기진압용 스프링클러설비

해설 소방시설기준 적용 특례(강화기준)

1) 대통령령 또는 화재안전기준으로 정하는 것
  • 소화기구
  • 비상경보설비
  • 자동화재속보설비
  • 피난구조설비
  • 자동화재탐지설비
2) 공동구 설치 소방시설(지하구)
3) 노유자시설, 의료시설 설치 소방시설

정답 55 ② 56 ① 57 ②

58 (중)

소방시설 설치 및 관리에 관한 법령상 소방시설등의 종합점검 대상기준에 맞게 (   )에 들어갈 내용으로 옳은 것은?

> 물분무등소화설비(호스릴방식의 물분무등소화설비만을 설치한 경우는 제외)가 설치된 연면적 (   ) [m²] 이상인 특정소방대상물(위험물 제조소등은 제외)

① 2000 ② 3000
③ 4000 ④ 5000

해설 종합점검 대상

1) 최초점검 대상물
2) 스프링클러설비가 설치된 특정소방대상물
3) <u>물분무등소화설비[호스릴방식의 물분무등소화설비만을 설치한 경우는 제외]가 설치된 연면적 5000 [m²] 이상인 특정소방대상물(위험물 제조소등은 제외)</u>
4) 다중이용업의 영업장이 설치된 특정소방대상물로서 연면적이 2000 [m²] 이상인 것(단란주점과 유흥주점, 영화상영관, 비디오물감상실업, 복합영상물제공업, 노래연습장, 산후조리원, 고시원, 안마시술소)
5) 제연설비가 설치된 터널
6) 공공기관 중 연면적(터널·지하구의 경우 그 길이와 평균폭을 곱하여 계산된 값)이 1000 [m²] 이상인 것으로서 옥내소화전설비 또는 자동화재탐지설비가 설치된 것(소방대가 근무하는 공공기관은 제외)

59 (중)

소방시설 설치 및 관리에 관한 법령상 건축허가등의 동의 대상물의 범위로 틀린 것은?

① 항공기 격납고
② 방송용 송·수신탑
③ 연면적이 400 [m²] 이상인 건축물
④ 지하층 또는 무창층이 있는 건축물로서 바닥면적이 50 [m²] 이상인 층이 있는 것

해설 건축허가 동의대상물 범위

구분	기준
학교시설	연면적 100 [m²] 이상
노유자(老幼者)시설 및 수련시설	연면적 200 [m²] 이상
지하층·무창층이 있는 건축물	바닥면적 150 [m²](공연장 100 [m²]) 이상
정신의료기관, 장애인 의료재활시설	연면적 300 [m²] 이상
일반용도의 특정소방대상물	연면적 400 [m²] 이상
차고, 주차장 또는 주차용도로 사용되는 시설	바닥면적 200 [m²] 이상 기계식 주차시설 자동차 20대 이상
• 노인 관련 시설 중 노인주거복지시설, 노인의료복지시설, 재가노인복지시설, 학대피해노인 전용쉼터 • 아동복지시설(아동상담소, 아동전용시설 및 지역아동센터는 제외한다) • 장애인 거주시설 • 정신질환자 관련 시설(공동생활가정을 제외한 재활훈련시설과 종합시설 중 24시간 주거를 제공하지 않는 시설은 제외한다) • 노숙인 관련 시설 중 노숙인자활시설·노숙인재활시설·노숙인요양시설 • 결핵환자나 한센인이 24시간 생활하는 노유자시설	단독주택, 공동주택에 설치되는 시설 제외
• 6층 이상 건축물 • 항공기격납고, 관망탑, 항공관제탑, 방송용송수신탑 • 요양병원(의료재활시설 제외) • 위험물 저장 및 처리시설, 지하구, 전기저장시설, 풍력발전소 • 조산원, 산후조리원, 의원(입원실 또는 인공신장실이 있는 것) • 공장 또는 창고시설로서 지정 수량의 750배 이상의 특수가연물을 저장·취급하는 것 • 가스시설로서 지상에 노출된 탱크의 저장용량의 합계가 100톤 이상인 것	-

60 상 중 하

화재의 예방 및 안전관리에 관한 법령상 화재의 예방상 위험하다고 인정되는 행위를 하는 사람에게 행위의 금지 또는 제한 명령을 할 수 있는 사람은?

① 소방본부장
② 시·도지사
③ 의용소방대원
④ 소방대상물의 관리자

해설 소방본부장, 소방서장, 소방대장 권한

구분	권한
소방청장	• 소방박물관 설립 (* 소방체험관 : 시·도지사) • 한국소방안전원 감독 • 소방력 동원 요청
소방청장, 소방본부장, 소방서장	• 소방활동
소방본부장, 소방서장	• 소방업무 응원요청 • 지리조사
소방본부장, 소방서장, 소방대장	• 소방활동 종사명령 • 강제처분 • 피난명령 • 위험시설 긴급조치
소방대장	• 소방활동구역 설정

정답 60 ①

2021년 2회 소방기계시설의 구조 및 원리

61 상중하

화재조기진압용 스프링클러설비의 화재안전기술기준상 헤드의 설치기준 중 ( ) 안에 알맞은 것은?

> 헤드 하나의 방호면적은 (ⓐ) [m²] 이상 (ⓑ) [m²] 이하로 할 것

① ⓐ 2.4, ⓑ 3.7
② ⓐ 3.7, ⓑ 9.1
③ ⓐ 6.0, ⓑ 9.3
④ ⓐ 9.1, ⓑ 13.7

해설 화재조기진압용 S/P 헤드의 방호면적

헤드 하나의 방호면적 : 6.0 [m²] 이상 9.3 [m²] 이하

62 상중하

분말소화설비의 화재안전기술기준상 수동식 기동장치의 부근에 설치하는 방출지연스위치에 대한 설명으로 옳은 것은?

① 자동복귀형 스위치로서 수동식 기동장치의 타이머를 순간정지시키는 기능의 스위치를 말한다.
② 자동복귀형 스위치로서 수동식 기동장치가 수신기를 순간정지시키는 기능의 스위치를 말한다.
③ 수동복귀형 스위치로서 수동식 기동장치의 타이머를 순간정지시키는 기능의 스위치를 말한다.
④ 수동복귀형 스위치로서 수동식 기동장치가 수신기를 순간정지시키는 기능의 스위치를 말한다.

해설 분말소화설비의 수동식 기동장치

분말소화설비의 수동식 기동장치 부근에는 소화약제의 방출을 지연시킬 수 있는 방출지연스위치(자동복귀형 스위치로서 수동식 기동장치의 타이머를 순간정지시키는 기능의 스위치를 말한다)를 설치하여야 한다.

63 상중하

할론소화설비의 화재안전기술기준상 화재표시반의 설치기준이 아닌 것은?

① 소화약제 방출지연스위치를 설치할 것
② 소화약제의 방출을 명시하는 표시등을 설치할 것
③ 수동식 기동장치는 그 방출용 스위치의 작동을 명시하는 표시등을 설치할 것
④ 자동식 기동장치는 자동·수동의 절환을 명시하는 표시등을 설치할 것

해설 할론소화설비의 화재표시반

1) 각 방호구역마다 음향경보장치의 조작 및 감지기의 작동을 명시하는 표시등과 이와 연동하여 작동하는 벨·부저 등의 경보기를 설치할 것. 이 경우 음향경보장치의 조작 및 감지기의 작동을 명시하는 표시등을 겸용할 수 있다.
2) 수동식 기동장치는 그 방출용 스위치의 작동을 명시하는 표시등을 설치할 것
3) 소화약제의 방출을 명시하는 표시등을 설치할 것
4) 자동식 기동장치는 자동·수동의 절환을 명시하는 표시등을 설치할 것

보충 방출지연스위치는 수동식 기동장치 부근에 설치함

정답 61 ③ 62 ① 63 ①

64 (상 중 하)

피난기구의 화재안전기술기준상 노유자 시설의 4층 이상 10층 이하에서 적응성이 있는 피난기구가 아닌 것은?

① 피난교
② 다수인피난장비
③ 승강식피난기
④ 미끄럼대

해설 설치장소별 피난기구의 적응성

구분	1층, 2층, 3층	4층 이상 10층 이하
노유자시설	• 미끄럼대 • 구조대 • 다수인피난장비 • 승강식피난기 • 피난교	• 구조대[1] • 다수인피난장비 • 승강식피난기 • 피난교

• 구조대의 적응성 : 장애인 관련 시설로서 주된 사용자 중 스스로 피난이 불가한 자가 있는 경우 추가로 설치하는 경우에 한함

65 (상 중 하)

분말소화설비의 화재안전기술기준상 다음 ( ) 안에 알맞은 것은?

> 분말소화약제의 가압용 가스용기에는 ( )의 압력에서 조정이 가능한 압력조정기를 설치하여야 한다.

① 2.5 [MPa] 이하
② 2.5 [MPa] 이상
③ 25 [MPa] 이하
④ 25 [MPa] 이상

해설 분말소화약제의 가압용 가스용기

분말소화약제의 가압용 가스용기에는 2.5 [MPa] 이하의 압력에서 조정이 가능한 압력조정기를 설치하여야 한다.

66 (상 중 하)

스프링클러설비의 화재안전성능기준상 개방형 스프링클러설비에서 하나의 방수구역을 담당하는 헤드의 개수는 최대 몇 개 이하로 해야 하는가? (단, 방수구역은 나누어져 있지 않고 하나의 구역으로 되어 있다)

① 50
② 40
③ 30
④ 20

해설 개방형 스프링클러설비의 방수구역

1) 하나의 방수구역은 2개 층에 미치지 않도록 할 것
2) 방수구역마다 일제개방밸브 설치해야 함
3) 하나의 방수구역을 담당하는 헤드의 개수 : 50개 이하(단, 2개 이상의 방수구역으로 나눌 경우 : 하나의 방수구역을 담당하는 헤드의 개수는 25개 이상으로 해야 함)

67 (상 중 하)

연결살수설비의 화재안전기술기준상 배관의 설치기준 중 하나의 배관에 부착하는 살수헤드의 개수가 3개인 경우 배관의 구경은 최소 몇 [mm] 이상으로 설치해야 하는가? (단, 연결살수설비 전용 헤드를 사용하는 경우이다)

① 40
② 50
③ 65
④ 80

해설 연결살수설비의 헤드수량별 배관구경

헤드개수	1개	2개	3개	4개 또는 5개	6개 이상 10개 이하
배관구경 [mm]	32	40	50	65	80

정답 64 ④ 65 ① 66 ① 67 ②

68 (상중하)

이산화탄소소화설비의 화재안전기술기준상 수동식 기동장치의 설치기준에 적합하지 않은 것은?

① 전역방출방식에 있어서는 방호대상물마다 설치
② 전기를 사용하는 기동장치에는 전원표시등을 설치할 것
③ 기동장치의 조작부는 바닥으로부터 높이 0.8 [m] 이상 1.5 [m] 이하의 위치에 설치하고, 보호판 등에 따른 보호장치를 설치할 것
④ 기동장치의 방출용 스위치는 음향경보장치와 연동하여 조작될 수 있는 것으로 할 것

해설 이산화탄소소화설비 기동장치

수동식 기동장치 부근에는 소화약제의 방출을 지연시킬 수 있는 방출지연스위치를 설치해야 한다.
1) 수동식 기동장치는 전역방출방식은 방호구역마다 국소방출방식은 방호대상물마다 설치할 것
2) 해당 방호구역의 출입구 부근 등 조작을 하는 자가 쉽게 피난할 수 있는 장소에 설치할 것
3) 수동식 기동장치의 조작부는 바닥으로부터 0.8 [m] 이상 1.5 [m] 이하의 위치에 설치하고, 보호판 등에 따른 보호장치를 설치할 것
4) 기동장치 인근의 보기 쉬운 곳에 "이산화탄소소화설비 수동식 기동장치"라는 표지를 할 것
5) 전기를 사용하는 기동장치에는 전원표시등을 설치할 것
6) 기동장치의 방출용 스위치는 음향경보장치와 연동하여 조작될 수 있는 것으로 할 것
7) 기동장치에는 보호장치를 설치해야 하며, 보호장치를 개방하는 경우 기동장치에 설치된 부저 또는 벨 등에 의하여 경고음을 발할 것 〈시행 2024.8.1.〉
8) 기동장치를 옥외에 설치하는 경우 빗물 또는 외부 충격의 영향을 받지 아니하도록 설치할 것 〈시행 2024.8.1.〉

69 (상중하)

옥내소화전설비의 화재안전기술기준상 옥내소화전펌프의 풋밸브를 소방용 설비 외의 다른 설비의 풋밸브보다 낮은 위치에 설치한 경우의 유효수량으로 옳은 것은? (단, 옥내소화전설비와 다른 설비 수원을 저수조로 겸용하여 사용한 경우이다)

① 저수조의 바닥면과 상단 사이의 전체 수량
② 옥내소화전설비 풋밸브와 소방용 설비외의 다른 설비의 풋밸브 사이의 수량
③ 옥내소화전설비의 풋밸브와 저수조 상단 사이의 수량
④ 저수조의 바닥면과 소방용 설비 외의 다른 설비의 풋밸브 사이의 수량

해설 옥내소화전설비의 수원

옥내소화전설비의 수원을 수조로 설치하는 경우에는 소방설비의 전용수조로 하여야 한다.
다만 다른 설비와 겸용하여 수조를 설치하는 경우에는 옥내소화전설비와 다른 설비 각각의 풋밸브·흡수구 또는 수직배관의 급수구와의 사이의 수량을 그 유효수량으로 한다.

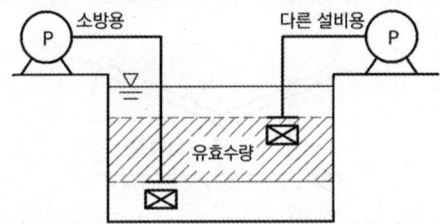

보충 다른 설비와 겸용하여 고가수조를 설치하는 경우에는 소방용 급수구를 다른 설비용 급수구보다 더 낮은 위치에 설치한다.

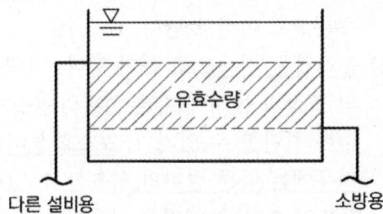

정답 68 ① 69 ②

70 (상 중 하)

포소화설비의 화재안전기술기준상 포소화설비의 배관 등의 설치기준으로 옳은 것은?

① 포워터스프링클러설비 또는 포헤드설비의 가지 배관의 배열은 토너먼트방식으로 한다.
② 송액관은 겸용으로 하여야 한다. 다만 포소화전의 기동장치의 조작과 동시에 다른 설비의 용도에 사용하는 배관의 송수를 차단할 수 있거나, 포소화설비의 성능에 지장이 없는 경우에는 전용으로 할 수 있다.
③ 송액관은 포의 방출 종료 후 배관안의 액을 배출하기 위하여 적당한 기울기를 유지하도록 하고, 그 낮은 부분에 배액밸브를 설치하여야 한다.
④ 연결송수관설비의 배관과 겸용할 경우의 주배관은 구경 100 [mm] 이상, 방수구로 연결되는 배관의 구경은 65 [mm] 이상의 것으로 하여야 한다.

해설 포소화설비 배관

1) 송액관은 포의 방출 종료 후 배관 안의 액을 배출하기 위하여 적당한 기울기를 유지하도록 하고 그 낮은 부분에 배액밸브를 설치해야 한다.

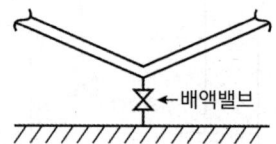

2) 포워터스프링클러설비 또는 포헤드설비의 가지배관의 배열은 <u>토너먼트방식이 아니어야</u> 하며, 교차배관에서 분기하는 지점을 기점으로 한쪽 가지배관에 설치하는 헤드의 수는 8개 이하로 한다.
3) <u>송액관은 전용</u>으로 해야 한다. 다만 포소화전의 기동장치의 조작과 동시에 다른 설비의 용도에 사용하는 배관의 송수를 차단할 수 있거나, <u>포소화설비의 성능에 지장이 없는 경우에는 다른 설비와 겸용</u>할 수 있다.
4) 펌프의 흡입 측 배관은 다음의 기준에 따라 설치해야 한다.
   (1) 공기 고임이 생기지 않는 구조로 하고 여과장치를 설치할 것
   (2) 수조가 펌프보다 낮게 설치된 경우에는 각 펌프(충압펌프를 포함한다)마다 수조로부터 별도로 설치할 것

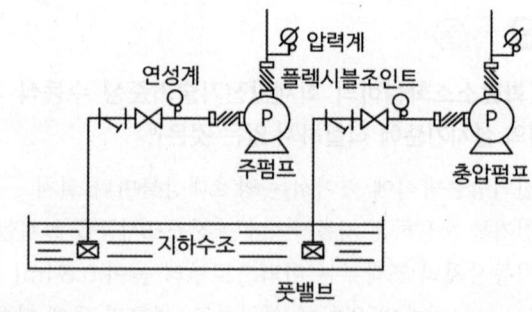

5) 급수배관에 설치되어 급수를 차단할 수 있는 개폐밸브(포헤드·고정포방출구 또는 이동식 포노즐은 제외한다)는 개폐표시형으로 해야 한다. 이 경우 펌프의 흡입 측 배관에는 버터플라이밸브 외의 개폐표시형밸브를 설치해야 한다.

버터플라이밸브

밸브 몸체 속에 축을 기준으로 디스크(평판)가 회전함으로써 개폐되는 밸브이다. 완전 개방 시에도 유로 상에 디스크(평판)가 존재하므로 마찰저항이 커서 소화펌프의 흡입 측 배관에는 사용할 수 없다.

※ 연결송수관설비의 배관
연결송수관설비의 주배관은 구경 100 [mm] 이상의 전용배관으로 할 것. 다만 주배관의 구경이 100 [mm] 이상인 옥내소화전설비의 배관과는 겸용할 수 있다.
⇨ 연결송수관설비는 <u>옥내소화전설비의 배관만 겸용 가능함</u>
[시행 2024.7.1.]

정답 70 ③

71 (중)

물분무소화설비의 화재안전기술기준상 송수구의 설치기준으로 틀린 것은?

① 구경 65 [mm]의 쌍구형으로 할 것
② 지면으로부터 높이가 0.5 [m] 이상 1 [m] 이하의 위치에 설치할 것
③ 송수구는 하나의 층의 바닥면적이 1500 [m²]를 넘을 때마다 1개(5개를 넘을 경우에는 5개로 한다) 이상을 설치할 것
④ 가연성 가스의 저장·취급시설에 설치하는 송수구는 그 방호대상물로부터 20 [m] 이상의 거리를 두거나 방호대상물에 면하는 부분이 높이 1.5 [m] 이상, 폭 2.5 [m] 이상의 철근콘크리트 벽으로 가려진 장소에 설치할 것

해설 물분무소화설비 송수구

1) 송수구는 화재 층으로부터 지면으로 떨어지는 유리창 등이 송수 및 그 밖의 소화작업에 지장을 주지 않는 장소에 설치할 것. 이 경우 가연성 가스의 저장·취급시설에 설치하는 송수구는 그 방호대상물로부터 20 [m] 이상의 거리를 두거나, 방호대상물에 면하는 부분이 높이 1.5 [m] 이상 폭 2.5 [m] 이상의 철근콘크리트 벽으로 가려진 장소에 설치해야 함
2) 송수구로부터 물분무소화설비의 주배관에 이르는 연결배관에 개폐밸브를 설치한 때에는 그 개폐 상태를 쉽게 확인 및 조작할 수 있는 옥외 또는 기계실 등의 장소에 설치할 것
3) 송수구는 구경 65 [mm]의 쌍구형으로 할 것
4) 송수구에는 그 가까운 곳의 보기 쉬운 곳에 송수압력범위를 표시한 표지를 할 것
5) 송수구는 하나의 층의 바닥면적이 3000 [m²]를 넘을 때마다 1개 이상(5개를 넘을 경우에는 5개)을 설치할 것
6) 지면으로부터 높이가 0.5 [m] 이상 1 [m] 이하의 위치에 설치할 것
7) 송수구의 부근에는 자동배수밸브(또는 직경 5 [mm]의 배수공) 및 체크밸브를 설치할 것

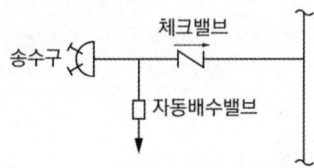

[송수구 - 자동배수밸브 - 체크밸브]

72 (중)

미분무소화설비의 화재안전기술기준상 미분무소화설비의 성능을 확인하기 위하여 하나의 발화원을 가정한 설계도서 작성 시 고려하여야 할 인자를 모두 고른 것은?

㉠ 화재 위치
㉡ 점화원의 형태
㉢ 시공 유형과 내장재 유형
㉣ 초기 점화되는 연료 유형
㉤ 공기조화설비, 자연형(문, 창문) 및 기계형 여부
㉥ 문과 창문의 초기 상태(열림, 닫힘) 및 시간에 따른 변화 상태

① ㉠, ㉢, ㉥
② ㉠, ㉡, ㉢, ㉤
③ ㉠, ㉡, ㉣, ㉤, ㉥
④ ㉠, ㉡, ㉢, ㉣, ㉤, ㉥

해설 미분무소화설비의 설계도서 작성

1) 점화원의 형태
2) 초기 점화되는 연료 유형
3) 화재 위치
4) 문과 창문의 초기 상태(열림, 닫힘) 및 시간에 따른 변화 상태
5) 공기조화설비, 자연형(문, 창문) 및 기계형 여부
6) 시공 유형과 내장재 유형

73 (중)

특별피난계단의 계단실 및 부속실 제연설비의 화재안전기술기준상 차압 등에 관한 기준 중 다음 괄호 안에 알맞은 것은?

제연설비가 가동되었을 경우 출입문의 개방에 필요한 힘은 ( ) [N] 이하로 하여야 한다.

① 12.5   ② 40
③ 70   ④ 110

정답 71 ③ 72 ④ 73 ④

해설 특별피난계단의 계단실 및 부속실 제연설비의 차압 등

1) 제연구역과 옥내와의 사이에 유지해야 하는 최소차압 : 40 [Pa] 이상(옥내에 스프링클러설비가 설치된 경우에는 12.5 [Pa] 이상)
2) 제연설비가 가동되었을 경우 출입문의 개방에 필요한 힘 : 110 [N] 이하
3) 출입문이 일시적으로 개방되는 경우 개방되지 않은 제연구역과 옥내와의 차압은 기준에 따른 차압의 70 [%] 이상이어야 함
4) 계단실과 부속실을 동시에 제연하는 경우 부속실의 기압은 계단실과 같게 하거나 계단실의 기압보다 낮게 할 경우에는 부속실과 계단실의 압력 차이는 5 [Pa] 이하가 되도록 할 것

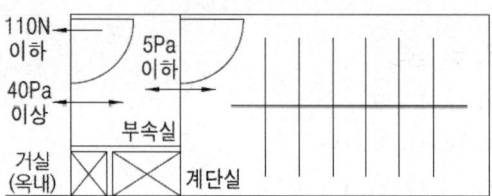

3) 펌프 프로포셔너방식 : 흡입기에 물 일부를 보내고, 농도 조정밸브에서 조정된 포소화약제의 필요량을 소화약제 탱크에서 펌프 흡입 측으로 보내는 방식
4) 프레셔사이드 프로포셔너방식 : 압입기 설치하여 소화약제 압입용 펌프로 소화약제를 압입시켜 혼합하는 방식
5) 압축공기포 믹싱챔버방식 : 물, 포 소화약제 및 공기를 믹싱챔버로 강제주입시켜 챔버 내에서 포수용액을 생성한 후 포를 방사하는 방식

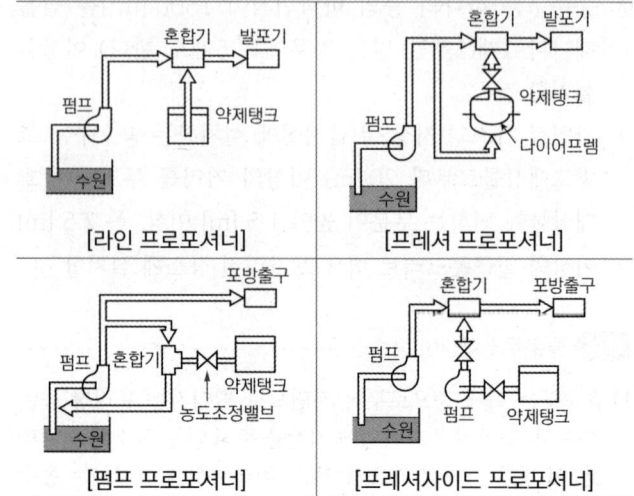

74 상**중**하

포소화설비의 화재안전기술기준상 펌프의 토출관에 압입기를 설치하여 포소화약제 압입용 펌프로 포소화약제를 압입시켜 혼합하는 방식은?

① 라인 프로포셔너방식
② 펌프 프로포셔너방식
③ 프레셔 프로포셔너방식
④ 프레셔사이드 프로포셔너방식

해설 포소화설비 포혼합장치의 종류

1) 라인 프로포셔너방식 : 벤추리관의 벤추리작용에 따라 소화약제를 흡입·혼합하는 방식
2) 프레셔 프로포셔너방식 : 벤추리관의 벤추리작용과 포소화약제 저장탱크압력에 따라 소화약제를 흡입·혼합하는 방식

75 상**중**하

소화기구 및 자동소화장치의 화재안전성능기준에 따라 다음과 같이 간이소화용구를 비치하였을 경우 능력 단위의 합은?

- 삽을 상비한 마른모래 50 [L] 포 2개
- 삽을 상비한 팽창질석 80 [L] 포 1개

① 1단위
② 1.5단위
③ 2.5단위
④ 3단위

정답 74 ④ 75 ②

해설 간이소화용구 능력단위(소화약제 외의 것)

간이소화용구		능력단위
마른모래	삽을 상비한 50 [L] 이상의 것 1포	0.5 단위
팽창질석, 팽창진주암	삽을 상비한 80 [L] 이상의 것 1포	

- 삽을 상비한 마른모래 50 [L] 포 2개
  ⇒ 0.5단위 × 2 = 1단위
- 삽을 상비한 팽창질석 80 [L] 포 1개
  ⇒ 0.5단위
∴ 능력단위의 합 = 1단위 + 0.5단위
            = 1.5단위

76 상중하

소화수조 및 저수조의 화재안전기술기준상 연면적이 40000 [m²]인 특정소방대상물에 소화용수설비를 설치하는 경우 소화수조의 최소 저수량은 몇 [m³]인가? (단, 지상 1층 및 2층의 바닥면적 합계가 15000 [m²] 이상인 경우이며, 창고시설이 아니다)

① 53.3   ② 60
③ 106.7 ④ 120

해설 소화수조 또는 저수조의 저수량

$$저수량 = \frac{연면적}{기준면적}(소수점 이하 절상) \times 20m^3$$
$$= \frac{40000(m^2)}{7500(m^2)}(절상) \times 20m^3$$
$$= 6 \times 20m^3 = 120m^3$$

[소화용수설비의 저수량 기준면적]

구분	기준면적
1층 및 2층의 바닥면적 합계가 15000 [m²] 이상인 특정소방대상물	7500 [m²]
그 밖의 특정소방대상물	12500 [m²]

77 상중하

소화기구 및 자동소화장치의 화재안전기술기준에 따른 용어에 대한 정의로 틀린 것은?

① "소화약제"란 소화기구 및 자동소화장치에 사용되는 소화성능이 있는 고체·액체 및 기체의 물질을 말한다.
② "대형소화기"란 화재 시 사람이 운반할 수 있도록 운반대와 바퀴가 설치되어 있고 능력 단위가 A급 20단위 이상, B급 10단위 이상인 소화기를 말한다.
③ "전기화재(C급 화재)"란 전류가 흐르고 있는 전기기기, 배선과 관련된 화재를 말한다.
④ "능력단위"란 소화기 및 소화약제에 따른 간이소화용구에 있어서는 소방시설법에 따라 형식승인된 수치를 말한다.

해설 소화기의 능력단위

1) 소형소화기 : 능력단위가 1단위 이상이고 대형소화기의 능력단위 미만인 소화기
2) 대형소화기 : 화재 시 사람이 운반할 수 있도록 운반대와 바퀴가 설치되어 있고 능력단위가 A급 10단위 이상, B급 20단위 이상인 소화기

[소형소화기]   [대형소화기]

78 상중하

옥내소화전설비의 화재안전기술기준상 배관 등에 관한 설명으로 옳은 것은?

① 펌프의 토출 측 주배관의 구경은 유속이 5 [m/s] 이하가 될 수 있는 크기 이상으로 하여야 한다.
② 연결송수관설비의 배관과 겸용할 경우의 주배관은 구경 80 [mm] 이상, 방수구로 연결되는 배관의 구경은 65 [mm] 이상의 것으로 하여야 한다.
③ 성능시험배관은 펌프의 토출 측에 설치된 개폐밸브 이전에서 분기하여 설치하고, 유량측정장치를 기준으로 전단 직관부에 개폐밸브를 후단 직관부에는 유량조절밸브를 설치하여야 한다.
④ 가압송수장치의 체절운전 시 수온의 상승을 방지하기 위하여 체크밸브와 펌프 사이에서 분기한 구경 20 [mm] 이상의 배관에 체절압력 이상에서 개방되는 릴리프밸브를 설치하여야 한다.

해설 옥내소화전설비의 배관

1) 펌프의 토출 측 주배관의 구경은 유속이 4 [m/s] 이하가 될 수 있는 크기 이상으로 하여야 한다.
2) 연결송수관설비의 배관과 겸용할 경우 주배관은 구경 100 [mm] 이상, 방수구로 연결되는 배관의 구경은 65 [mm] 이상의 것으로 하여야 한다.
3) 성능시험배관은 펌프의 토출 측에 설치된 개폐밸브 이전에서 분기하여 설치하고, 유량측정장치를 기준으로 전단 직관부에 개폐밸브를 후단 직관부에는 유량조절밸브를 설치하여야 한다.
4) 가압송수장치의 체절운전 시 수온 상승을 방지하기 위하여 체크밸브와 펌프 사이에서 분기한 구경 20 [mm] 이상의 배관에 체절압력 미만에서 개방되는 릴리프밸브를 설치하여야 한다.

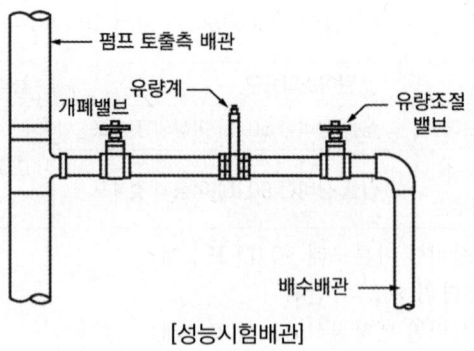

[성능시험배관]

79 상중하

소화전함의 성능인증 및 제품검사의 기술기준상 옥내 소화전함의 재질을 합성수지재료로 할 경우 두께는 최소 몇 [mm] 이상이어야 하는가?

① 1.5
② 2.0
③ 3.0
④ 4.0

해설 소화전함의 재료의 두께

1) 강판 : 두께 1.5 [mm] 이상
2) 합성수지재료 : 두께 4.0 [mm] 이상

정답 78 ③ 79 ④

80

소화설비용 헤드의 성능인증 및 제품검사의 기술기준상 소화설비용 헤드의 분류 중 수류를 살수판에 충돌하여 미세한 물방울을 만드는 물분무헤드 형식은?

① 디프렉타형   ② 충돌형
③ 슬리트형   ④ 분사형

해설 물분무헤드

헤드의 종류	원리
충돌형	유수와 유수의 충돌에 의해 미세한 물방울을 만드는 물분무헤드
분사형	소구경의 오리피스로부터 고압으로 분사하여 미세한 물방울을 만드는 물분무헤드
선회류형	선회류에 의해 확산방출 또는 선회류와 직선류의 충돌에 의해 확산방출하여 미세한 물방울로 만드는 물분무헤드
디프렉타형	수류를 살수판에 충돌하여 미세한 물방울을 만드는 물분무헤드
슬리트형	수류를 슬리트에 의해 방출하여 수막상의 분무를 만드는 물분무헤드

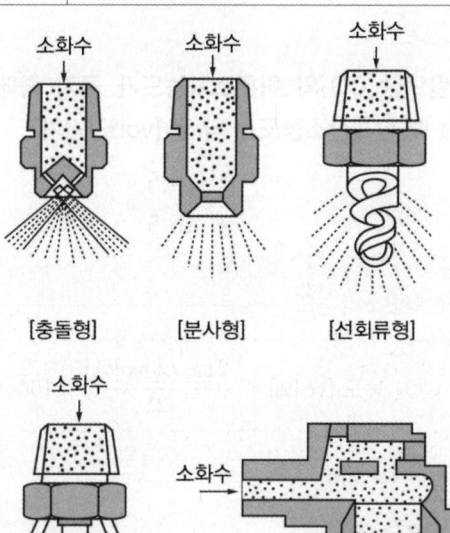

[충돌형]   [분사형]   [선회류형]

[디프렉타형]   [슬리트(Slit)형]

정답 80 ①

2021년 4회 소방원론

01

다음 중 피난자의 집중으로 패닉현상이 일어날 우려가 가장 큰 형태는?

① T형　　② X형
③ Z형　　④ H형

해설 피난형태

형태	피난방향	비고
X형		분산하여 피난하므로 피난이 용이
Y형		
CO형		피난자들이 집중되므로 병목현상의 발생 및 패닉 우려
H형		

02

연기감지기가 작동할 정도이고 가시거리가 20 ~ 30 [m]에 해당하는 감광계수는 얼마인가?

① 0.1 [m⁻¹]　　② 1.0 [m⁻¹]
③ 2.0 [m⁻¹]　　④ 10 [m⁻¹]

해설 감광계수

감광계수[m⁻¹]	가시거리[m]	내용
0.1	20 ~ 30	연기감지기 작동할 때
0.3	5	건물에 익숙한 사람이 피난에 지장을 느낄 때
0.5	3	어두움을 느낄 때
1	1 ~ 2	거의 앞이 보이지 않음
10	0.2 ~ 0.5	최성기 때 연기농도
30	-	출화실에서 연기 분출

03

소화에 필요한 CO_2의 이론소화농도가 공기 중에서 37 [vol%]일 때 한계산소농도는 약 몇 [vol%]인가?

① 13.2　　② 14.5
③ 15.5　　④ 16.5

해설 이산화탄소의 농도

$$CO_2 \text{ 농도 [vol\%]} = \frac{21 - O_2[vol\%]}{21} \times 100$$

$37 = \frac{21 - O_2}{21} \times 100$

∴ $O_2 = 13.23 [vol\%]$

정답　01 ④　02 ①　03 ①

04 (상중하)

건물화재 시 패닉(Panic)의 발생 원인과 직접적인 관계가 없는 것은?

① 연기에 의한 시계 제한
② 유독가스에 의한 호흡 장애
③ 외부와 단절되어 고립
④ 불연내장재의 사용

해설 패닉의 발생원인

1) 연기에 의한 가시거리 제한
2) 유독가스에 의한 호흡 장애
3) 외부와 단절된 심리적인 고립감

TIP 불연성 내장재의 사용 : 화재 확대방지
보충 시계(視界) : 시력이 미치는 범위

05 (상중하)

소화기구 및 자동소화장치의 화재안전기술기준에 따르면 소화기구(자동확산소화기는 제외)는 거주자 등이 손쉽게 사용할 수 있는 장소에 바닥으로부터 높이 몇 [m] 이하의 곳에 비치하여야 하는가?

① 0.5
② 1.0
③ 1.5
④ 2.0

해설 소화기구의 설치높이(자동확산소화기 제외)

거주자 등이 손쉽게 사용할 수 있는 장소에 바닥으로부터 높이 1.5 [m] 이하의 곳에 비치

06 (상중하)

물리적 폭발에 해당하는 것은?

① 분해폭발
② 분진폭발
③ 중합폭발
④ 수증기폭발

해설 폭발의 형태

화학적 폭발	물리적 폭발
가스폭발	
유증기폭발	수증기폭발
분진폭발	전선폭발
산화폭발	상전이폭발
분해폭발	압력방출에 의한 폭발
중합폭발	

보충 기상폭발 : 가스폭발, 분무폭발, 분진폭발

07 (상중하)

소화약제로 사용되는 이산화탄소에 대한 설명으로 옳은 것은?

① 산소와 반응 시 흡열반응을 일으킨다.
② 산소와 반응하여 불연성 물질을 발생시킨다.
③ 산화하지 않으나 산소와는 반응한다.
④ 산소와 반응하지 않는다.

해설 이산화탄소의 특징

1) 무색, 무취이며 전기적으로 비전도성
2) 공기보다 1.5배 비중이 커서 심부화재에 적응성이 있음
3) 상온에서는 기체지만, 고압용기에 액화시켜 보관
4) 흡입 시 질식 우려가 있음
5) 산소와 이미 결합하여 산화반응하지 않는 물질
   [물(H_2O), 산소(O_2), 이산화탄소(CO_2) 등]

08 할론 1211의 화학식에 해당하는 것은?

① CH_2BrCl
② CF_2ClBr
③ CH_2BrF
④ CF_2HBr

해설 할론소화약제

종류	분자식	상온·상압
할론 1211	CF_2ClBr	기체
할론 1301	CF_3Br	기체
할론 1011	CH_2ClBr	액체
할론 2402	$C_2F_4Br_2$	액체

09 건축물 화재에서 플래시 오버(Flash Over)현상이 일어나는 시기는?

① 초기에서 성장기로 넘어가는 시기
② 성장기에서 최성기로 넘어가는 시기
③ 최성기에서 감쇠기로 넘어가는 시기
④ 감쇠기에서 종기로 넘어가는 시기

해설 실내화재 발생현상

1) 플래시 오버
   (1) 온도가 급격히 상승하여 화재가 순간적으로 실내 전체에 확산되는 현상
   (2) 발생 시기 : 성장기 ~ 최성기 직전
2) 백드래프트
   (1) 훈소 상태일 때 신선한 공기 유입으로 실내의 축적된 가스가 단시간 연소, 폭발하여 실외로 분출
   (2) 발생 시기 : 감쇠기(최성기 이후)

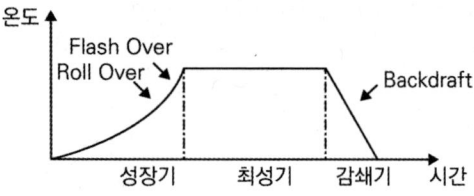

10 인화칼슘과 물이 반응할 때 생성되는 가스는?

① 아세틸렌 ② 황화수소
③ 황산 ④ 포스핀

해설 물과 반응 시 발생가스

물질	가스
탄화칼슘(CaC_2)	아세틸렌(C_2H_2)
탄화알루미늄(Al_4C_3)	메테인(메탄, CH_4)
인화칼슘(Ca_3P_2)	포스핀(PH_3)
인화알루미늄(AlP)	포스핀(PH_3)
수소화리튬(LiH)	수소(H_2)

암기 ▶ 탄칼아, 탄알메, 인포

11 위험물안전관리법령상 자기반응성 물질의 품명에 해당하지 않는 것은?

① 나이트로화합물 ② 할로겐화합물
③ 질산에스터류 ④ 하이드록실아민염류

해설 제5류 위험물(자기반응성 물질)

품명	지정수량
유기과산화물	
질산에스터류(질산에스테르류)	
나이트로화합물(니트로화합물)	
나이트로화합물(니트로소화합물)	제1종 : 10 [kg]
아조화합물	제2종 : 100 [kg]
다이아조화합물(디아조화합물)	
하이드라진유도체(히드라진 유도체)	
하이드록실아민(히드록실아민)	
하이드록실아민염류 (히드록실아민염류)	

12 (상(중)하)

마그네슘의 화재에 주수하였을 때 물과 마그네슘의 반응으로 인하여 생성되는 가스는?

① 산소
② 수소
③ 일산화탄소
④ 이산화탄소

해설 금수성 물질

물과 접촉하여 발화, 가연성 가스 발생

구분	현상
무기과산화물	산소(O_2) 발생
금속분 마그네슘(Mg) 나트륨(Na) 칼륨(K) 리튬(Li)	수소(H_2) 발생
탄화칼슘(칼슘카바이드)	아세틸렌(C_2H_2) 발생

14 (상(중)하)

물과 반응하였을 때 가연성 가스를 발생하여 화재의 위험성이 증가하는 것은?

① 과산화칼슘
② 메탄올
③ 칼륨
④ 과산화수소

해설 금수성 물질

물과 접촉하여 발화, 가연성 가스 발생

구분	현상
무기과산화물	산소(O_2) 발생
금속분 마그네슘(Mg) 나트륨(Na) 칼륨(K) 리튬(Li)	수소(H_2) 발생
탄화칼슘(칼슘카바이드)	아세틸렌(C_2H_2) 발생

13 (상(중)하)

제2종 분말소화약제의 주성분으로 옳은 것은?

① NaH_2PO_4
② KH_2PO_4
③ $NaHCO_3$
④ $KHCO_3$

해설 분말소화약제

종별	소화약제	약제색	적응화재
1종	탄산수소나트륨 ($NaHCO_3$)	백색	BC급
2종	탄산수소칼륨 ($KHCO_3$)	담자색 (담회색)	BC급
3종	제1인산암모늄 ($NH_4H_2PO_4$)	담홍색	ABC급
4종	탄산수소칼륨 + 요소 ($KHCO_3+(NH_2)_2CO$)	회(백)색	BC급

암기 백담사 홍어회

15 (상(중)하)

물리적 소화방법이 아닌 것은?

① 연쇄반응의 억제에 의한 방법
② 냉각에 의한 방법
③ 공기와의 접촉 차단에 의한 방법
④ 가연물 제거에 의한 방법

해설 소화의 형태

소화	내용
냉각소화	열 흡수, 발화점 이하로 낮추어 소화
질식소화	산소농도 15 [%] 이하로 낮춤
제거소화	가연물을 차단, 격리
억제소화	연쇄반응을 차단, 부촉매소화

보충 물리적 소화 : 냉각, 질식, 제거
화학적 소화 : 억제소화(부촉매소화)

정답 12 ② 13 ④ 14 ③ 15 ①

16 상(중)하

다음 중 착화온도가 가장 낮은 것은?

① 아세톤
② 휘발유
③ 이황화탄소
④ 벤젠

해설 발화점 = 착화점 = 착화온도

물질	발화점 [℃]
벤젠	498
톨루엔	480
아세톤	465
에틸알코올	423
휘발유(가솔린)	280
적린, 황화인(황화린)	260
등유	220
경유	210
이황화탄소	90
황린	34

암기 발벤톨 / 아에 / 휘적 / 등경 / 이황

17 상(중)하

화재의 분류방법 중 유류화재를 나타낸 것은?

① A급 화재
② B급 화재
③ C급 화재
④ D급 화재

해설 화재의 분류

등급	화재	표시색	가연물
A급	일반화재	백색	나무, 섬유, 종이, 고무, 플라스틱류
B급	유류화재	황색	인화성 액체, 가연성 액체, 석유 그리스, 타르, 오일, 유성도료, 솔벤트, 래커, 알코올 및 인화성 가스 등
C급	전기화재	청색	전류가 흐르고 있는 전기기기, 배선 등
D급	금속화재	무색	마그네슘 합금 등 가연성 금속
K급	주방화재	-	주방에서 동식물유를 취급하는 조리기구

18 상(중)하

소화약제로 사용되는 물에 관한 소화성능 및 물성에 대한 설명으로 틀린 것은?

① 비열과 증발잠열이 커서 냉각소화효과가 우수하다.
② 물(15 [℃])의 비열은 약 1 [cal/g·℃]이다.
③ 물(100 [℃])의 증발잠열은 439.6 [kcal/g]이다.
④ 물의 기화에 의한 팽창된 수증기는 질식소화 작용을 할 수 있다.

해설 물의 물리·화학적 성질

구분	내용
물리적 성질	• 상온에서 물은 무겁고 안정된 액체 • 융해잠열 : 80 [kcal/kg] (= 334 [kJ/kg]) • 증발잠열 : 539.6 [kcal/kg] (= 2257 [kJ/kg]) • 비열 : 1 [kcal/kg·℃] = 1 [cal/g·℃] (= 4.18 [kJ/kg·K]) • 잠열, 비열, 표면장력이 크다 • 증발 시 체적 약 1650배 증가
화학적 성질	• 수소 2 원자, 산소 1 원자(H_2O) • 물은 극성 분자, 수소결합

정답 16 ③ 17 ② 18 ③

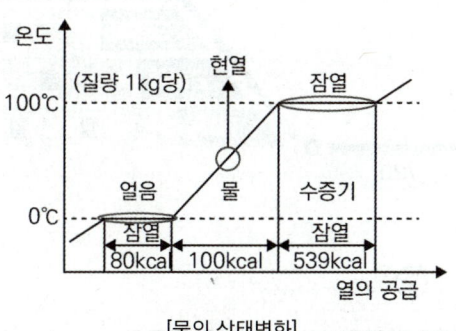

[물의 상태변화]

(1) 다이에틸에터(디에틸에테르)
$$H = \frac{48 - 1.9}{1.9} = 24.26$$

(2) 수소 $H = \frac{75 - 4}{4} = 17.75$

(3) 에틸렌 $H = \frac{36 - 2.7}{2.7} = 12.33$

(4) 뷰테인(부탄) $H = \frac{8.4 - 1.8}{1.8} = 3.67$

19 상 중 하

다음 중 공기에서의 연소범위를 기준으로 했을 때 위험도 (H) 값이 가장 큰 것은?

① 다이에틸에터 ② 수소
③ 에틸렌   ④ 뷰테인

해설 위험도 계산

1) 위험도 $H = \dfrac{U - L}{L}$

2) 주요물질 연소범위

가스	하한계 L	상한계 U	위험도 H
이황화탄소	1.2	44	35.67
아세틸렌	2.5	81	31.4
다이에틸에터(디에틸에테르)	1.9	48	24.26
수소	4	75	17.75
에틸렌	2.7	36	12.33
일산화탄소	12.5	74	4.92
뷰테인(부탄)	1.8	8.4	3.67
프로페인(프로판)	2.1	9.5	3.52
에테인(에탄)	3	12.4	3.13
메테인(메탄)	5	15	2

20 상 중 하

조연성 가스로만 나열되어 있는 것은?

① 질소, 불소, 수증기
② 산소, 불소, 염소
③ 산소, 이산화탄소, 오존
④ 질소, 이산화탄소, 염소

해설 가연성 가스와 조연성 가스

구분	가연성 가스	조연성 가스
정의	자기 자신이 연소하는 가스	자기 자신은 타지 않고 연소를 도와주는 가스
종류	일산화탄소(CO) 수소(H_2) 메테인(메탄, CH_4) 프로페인(프로판, C_3H_8) 암모니아(NH_3) 뷰테인(부탄, C_4H_{10})	오존(O_3) 공기 산소(O_2) 염소(Cl) 불소(F)

암기 ▶ 조 오공산 염불

정답 19 ① 20 ②

2021년 4회 소방유체역학

21

지름이 5 [cm]인 원형 관 내에 이상기체가 층류로 흐른다. 다음 중 이 기체의 속도가 될 수 있는 것을 모두 고르면? (단, 이 기체의 절대압력은 200 [kPa], 온도는 27 [℃], 기체상수는 2080 [J/kg·K], 점성계수는 2 × 10⁻⁵ [N·s/m²], 하임계 레이놀즈수는 2200으로 한다)

㉠ 0.3 [m/s] ㉡ 1.5 [m/s]
㉢ 8.3 [m/s] ㉣ 15.5 [m/s]

① ㉠
② ㉠, ㉡
③ ㉠, ㉡, ㉢
④ ㉠, ㉡, ㉢, ㉣

해설 층류 유속 결정

레이놀즈수 $Re = \dfrac{\rho V D}{\mu}$

ρ : 밀도 [kg/m³], V : 유속 [m/s]
D : 직경 [m], μ : 점성계수 [N·s/m²]

1) 밀도 $\rho = \dfrac{P}{RT} = \dfrac{200 \times 10^3}{2080 \times (273+27)}$
$= 0.3205 [kg/m^3]$

2) 유속 $V = \dfrac{Re\mu}{D\rho} = \dfrac{2200 \times (2 \times 10^{-5})}{0.05 \times 0.3205}$
$= 2.8 [m/s]$

3) 층류는 $Re < 2200$ 이므로 유속 2.8 [m/s] 이하여야 한다. 따라서 [보기] 중 ㉠, ㉡이 정답이다.

22

표면장력에 관련된 설명 중 옳은 것은?

① 표면장력의 차원은 힘/면적이다.
② 액체와 공기의 경계면에서 액체분자의 응집력보다 공기분자와 액체분자 사이의 부착력이 클 때 발생된다.
③ 대기 중의 물방울은 크기가 작을수록 내부압력이 크다.
④ 모세관현상에 의한 수면 상승 높이는 모세관의 직경에 비례한다.

해설 표면장력

1) 액 표면적을 최소화하기 위해 작용하는 장력
2) 표면장력의 차원은 힘/길이이다.
3) 액체와 공기의 경계면에서 액체분자의 응집력보다 공기분자와 액체분자 사이의 부착력이 작을 때 발생된다.
4) 표면장력 $\sigma [N/m] = \dfrac{\Delta P d}{4} \left(d \propto \dfrac{1}{\Delta P} \right)$

⇒ 물방울의 직경 d는 내부초과압력 ΔP과 반비례한다. 즉, 대기 중의 물방울은 크기가 작을수록 내부압력이 크다.

5) 상승높이 $h[m] = \dfrac{4\sigma \cos\beta}{\gamma d} \left(h \propto \dfrac{1}{d} \right)$

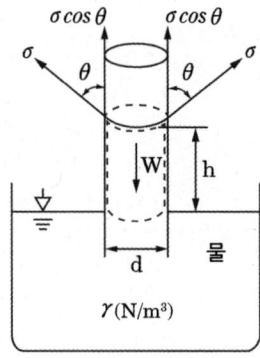

⇒ 모세관현상에 의한 수면 상승 높이는 모세관의 직경에 반비례한다.

σ : 표면장력 [N/m], θ : 각도 [°]
γ : 비중량 [N/m³], d : 관의 내경 [m]

정답 21 ② 22 ③

23 상 중 하

유체의 점성에 대한 설명으로 틀린 것은?

① 질소 기체의 동점성계수는 온도 증가에 따라 감소한다.
② 물(액체)의 점성계수는 온도 증가에 따라 감소한다.
③ 점성은 유동에 대한 유체의 저항을 나타낸다.
④ 뉴턴유체에 작용하는 전단응력은 속도기울기에 비례한다.

해설 점성의 특징

$$동점성계수\ \nu = \frac{\mu}{\rho}$$

기체 온도 상승 시 분자의 운동량이 증가하므로 기체의 점성은 증가하고, 동점성계수 또한 증가한다.

24 상 중 하

회전속도 1000 [rpm]일 때 송출량 Q [m³/min], 전양정 H [m]인 원심펌프가 상사한 조건에서 송출량이 1.1Q [m³/min]가 되도록 회전속도를 증가시킬 때 전양정은 어떻게 되는가?

① 0.91H ② H
③ 1.1H   ④ 1.21H

해설 펌프의 상사법칙

① 유량 $Q_2 = \left(\frac{N_2}{N_1}\right)^1 \times \left(\frac{D_2}{D_1}\right)^3 \times Q_1$

② 양정 $H_2 = \left(\frac{N_2}{N_1}\right)^2 \times \left(\frac{D_2}{D_1}\right)^2 \times H_1$

③ 동력 $L_2 = \left(\frac{N_2}{N_1}\right)^3 \times \left(\frac{D_2}{D_1}\right)^5 \times L_1$

1) 상사법칙 $Q_2 = \frac{N_2}{N_1} Q_1$

$\frac{N_2}{N_1} = \frac{Q_2}{Q_1} = \frac{1.1Q_1}{Q_1} = 1.1$ (회전수비 = 유량비)

2) 회전속도 증가 후 양정 H_2

$H_2 = \left(\frac{N_2}{N_1}\right)^2 H_1 = (1.1)^2 H_1 = 1.21 H_1$

Q_1, Q_2 : 유량 [m³/min]
H_1, H_2 : 양정 [m]
L_1, L_2 : 동력 [kW]
N_1, N_2 : 임펠러의 회전수 [rpm]
D_1, D_2 : 임펠러의 직경 [m]

25 상 중 하

그림과 같이 노즐이 달린 수평관에서 계기압력이 0.49 [MPa]이었다. 이 관의 안지름이 6 [cm]이고, 관의 끝에 달린 노즐의 지름이 2 [cm]이라면 노즐의 분출속도는 몇 [m/s]인가? (단, 노즐에서의 손실은 무시하고, 관 마찰계수는 0.025이다)

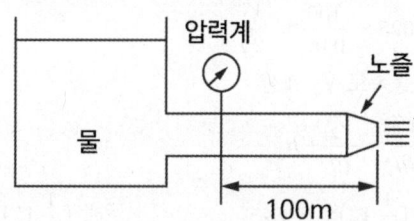

① 16.8   ② 20.4
③ 25.5   ④ 28.4

정답 23 ① 24 ④ 25 ③

해설 베르누이방정식의 응용

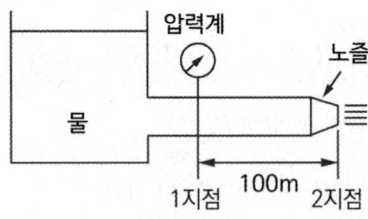

$$\frac{P_1}{\gamma}+\frac{V_1^2}{2g}+Z_1=\frac{P_2}{\gamma}+\frac{V_2^2}{2g}+Z_2+h_L$$

$Z_1=Z_2$, $P_2=0$(대기압)이므로

$$\frac{P_1}{\gamma}+\frac{V_1^2}{2g}=\frac{V_2^2}{2g}+h_L$$

1) V_1과 V_2

$Q_1=Q_2$이므로 $A_1V_1=A_2V_2$

$\left(\frac{\pi}{4}\times 6^2\right)\times V_1=\left(\frac{\pi}{4}\times 2^2\right)\times V_2$

∴ $V_1=\frac{1}{9}V_2$

2) 마찰손실수두 h_L

여기서 노즐에서의 손실은 무시하므로 수평관의 손실만 고려한다.

$h_L=f\frac{L}{D}\frac{V_1^2}{2g}$ (∵수평관 내 유속 V_1을 적용)

$=0.025\times\frac{100}{0.06}\times\frac{V_1^2}{2g}$

3) 노즐 분출속도 V_2 계산

$\frac{P_1}{\gamma}+\frac{V_1^2}{2g}=\frac{V_2^2}{2g}+h_L$

$\frac{490}{9.8}+\frac{(\frac{1}{9}V_2)^2}{2g}=\frac{V_2^2}{2g}+0.025\times\frac{100}{0.06}\times\frac{(\frac{1}{9}V_2)^2}{2g}$

∴ $V_2=25.5\,m/s$

26 상(중)하

원심펌프가 전양정 120 [m]에 대해 6 [m³/s]의 물을 공급할 때 필요한 축동력이 9530 [kW]이었다. 이때 펌프의 체적효율과 기계효율이 각각 88 [%], 89 [%]라고 하면 이 펌프의 수력효율은 약 몇 [%]인가?

① 74.1
② 84.2
③ 88.5
④ 94.5

해설 펌프의 효율 계산

$$축동력\ P[kW]=\frac{\gamma[kN/m^3]\times Q[m^3/s]\times H[m]}{\eta}$$

1) 축동력 $P=\frac{\gamma QH}{\eta}$

$9530=\frac{9.8\times 6\times 120}{\eta}$

∴ 전효율 $\eta=0.74$

2) $\eta_{수력}$

전효율 $\eta=\eta_{수력}\times\eta_{체적}\times\eta_{기계}$

$0.74=0.89\times 0.88\times\eta_{수력}$

∴ $\eta_{수력}=0.9454=94.5\%$

γ : 물의 비중량 [9.8 kN/m³]
Q : 유량 [m³/s]
H : 전양정 [m]
η : 효율

정답 26 ④

27 (상,중,하)

안지름 4 [cm], 바깥지름 6 [cm]인 동심 이중관의 수력직경(Hydraulic Diameter)은 몇 [cm]인가?

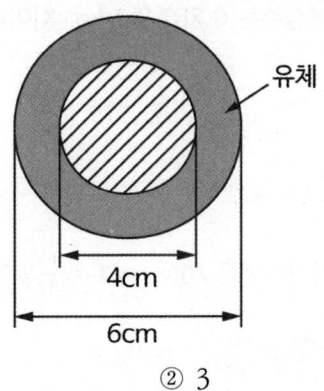

유체

① 2
② 3
③ 4
④ 5

해설 수력직경 D_h

- 동심 이중관의 수력직경 D_h
$D_h = D - d = 6 - 4 = 2 \,[cm]$

※ 동심 이중관일 때, 수력직경 D_h의 유도과정

$$D_h = 4R_h = 4\frac{A}{L} = 4\frac{\frac{\pi}{4}D^2 - \frac{\pi}{4}d^2}{\pi D + \pi d}$$

$$= \frac{D^2 - d^2}{D+d} = \frac{(D+d)(D-d)}{D+d}$$

$$= D - d$$

D : 큰 관의 지름 [m]
d : 작은 관의 지름 [m]
A : 유동 단면적 [m²]
L : 접수길이 [m]

28 (상,중,하)

열역학 관련 설명 중 틀린 것은?

① 삼중점에서는 물체의 고상, 액상, 기상이 공존한다.
② 압력이 증가하면 물의 끓는점도 높아진다.
③ 열을 완전히 일로 변환할 수 있는 효율이 100 [%]인 열기관은 만들 수 없다.
④ 기체의 정적비열은 정압비열보다 크다.

해설 정적비열, 정압비열 및 비열비

비열비 $k = \dfrac{C_p}{C_v} \,(k > 1)$

항상 $C_p > C_v$ 이다.

29 (상,중,하)

다음 중 차원이 서로 같은 것을 모두 고르면? (단, P : 압력, ρ : 밀도, V : 속도, h : 높이, F : 힘, m : 질량, g : 중력가속도)

| ㉠ ρV^2 | ㉡ ρgh |
| ㉢ P | ㉣ F/m |

① ㉠, ㉡
② ㉠, ㉢
③ ㉠, ㉡, ㉢
④ ㉠, ㉡, ㉢, ㉣

해설 차원 비교

단위가 같으면 차원이 같다.
따라서 [보기]의 단위를 정리하면 ㉠, ㉡, ㉢은 차원이 서로 같다.

㉠ $\rho V^2 : \left(\dfrac{N \cdot s^2}{m^4}\right)\left(\dfrac{m}{s}\right)^2 = N/m^2$

㉡ $\rho gh : \left(\dfrac{N \cdot s^2}{m^4}\right) \cdot \left(\dfrac{m}{s^2}\right) \cdot m = N/m^2$

㉢ $P : N/m^2$

㉣ $F/m : N/m$

30 (하)

밀도가 10 [kg/m³]인 유체가 지름 30 [cm]인 관 내를 1 [m³/s]로 흐른다. 이때의 평균유속은 몇 [m/s]인가?

① 4.25
② 14.1
③ 15.7
④ 84.9

해설 유속 계산

$Q = AV$

$V = \dfrac{Q}{A} = \dfrac{1[m^3/s]}{\dfrac{\pi}{4}0.3^2 [m^2]} = 14.15 [m/s]$

31 (중)

초기 상태에서 압력 100 [kPa], 온도 15 [℃]인 공기가 있다. 공기의 부피가 초기 부피의 1/20이 될 때까지 가역단열 압축할 때 압축 후의 온도는 약 몇 [℃]인가? (단, 공기의 비열비는 1.4이다)

① 54
② 348
③ 682
④ 912

해설 단열변화 관계식

단열 지수 관계 $\dfrac{T_2}{T_1} = \left(\dfrac{V_1}{V_2}\right)^{k-1} = \left(\dfrac{P_2}{P_1}\right)^{\frac{k-1}{k}}$

$\dfrac{T_2}{T_1} = \left(\dfrac{V_1}{V_2}\right)^{k-1}$

$\dfrac{t_2 + 273}{15 + 273} = \left(\dfrac{V_1}{V_1 \times \dfrac{1}{20}}\right)^{1.4-1}$

∴ $t_2 = 681.56 [℃]$

k : 비열비
t_2 : 압축 후의 온도 [℃]
T_1, T_2 : 압축 전, 후의 온도 [K]

TIP 문제에서 묻는 단위를 기준으로 미지수 x를 설정하면 최종 답에서 실수를 줄일 수 있다.
(절대온도 K가 아닌 섭씨온도 ℃를 미지수 t로 둔다)

32 (중)

부피가 240 [m³]인 방 안에 들어 있는 공기의 질량은 약 몇 [kg]인가? (단, 압력은 100 [kPa], 온도는 300 [K]이며, 공기의 기체상수는 0.287 [kJ/kg·K]이다)

① 0.279
② 2.79
③ 27.9
④ 279

해설 이상기체 상태방정식

이상기체 상태방정식 $PV = nRT = \dfrac{W}{M}RT = W\overline{R}T$

$W = \dfrac{PV}{\overline{R}T} = \dfrac{100 \times 240}{0.287 \times 300} = 278.75 kg$

P : 절대압력 [kPa]
V : 부피 [m³]
M : 분자량 [kg/kmol]
W : 기체의 질량 [kg]
R : 일반기체상수 [kPa·m³/kmol·K]
$\overline{R}$: 특정기체상수 [kJ/kg·K]
T : 절대온도 [K](273 + ℃)

33 (하)

그림의 액주계에서 밀도 ρ_1 = 1000 [kg/m³], ρ_2 = 13600 [kg/m³], 높이 h_1 = 500 [mm], h_2 = 800 [mm]일 때 중심 A의 계기압력은 몇 [kPa]인가?

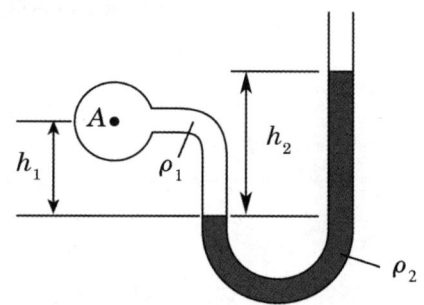

① 101.7
② 109.6
③ 126.4
④ 131.7

정답 30 ② 31 ③ 32 ④ 33 ①

해설 액주계 압력계산

$P_A + \gamma_1 h_1 = \gamma_2 h_2$

$P_A + \rho_1 g h_1 = \rho_2 g h_2$

$P_A + 1000 \times 9.8 \times 0.5 = 13600 \times 9.8 \times 0.8$

$\therefore P_A = 101724 [Pa] = 101.7 [kPa]$

3) 거리 x_1 = 거리 x_2 (거리 x = 속도 V × 시간 t)

$\sqrt{2gh_1} \times \sqrt{\dfrac{2y_1}{g}} = \sqrt{2gh_2} \times \sqrt{\dfrac{2y_2}{g}}$

$h_1 y_1 = h_2 y_2$

h : 액면으로부터 노즐 중심까지의 거리 [m]
y : 자유낙하 높이 [m]
g : 중력가속도 [m/s²]
t : 자유낙하 시 걸리는 시간 [s]

34 (상중하)

그림과 같이 수조의 두 노즐에서 물이 분출하여 한 점(A)에서 만나려고 하면 어떤 관계가 성립되어야 하는가? (단, 공기저항과 노즐의 손실은 무시한다)

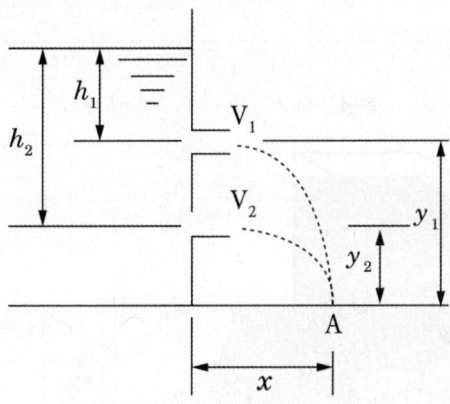

① $h_1 y_1 = h_2 y_2$
② $h_1 y_2 = h_2 y_1$
③ $h_1 h_2 = y_1 y_2$
④ $h_1 y_1 = 2 h_2 y_2$

해설 토리첼리공식 응용

유출 유속 $V = \sqrt{2gh}$

자유낙하 높이공식 $y = \dfrac{1}{2} g t^2$

1) 속도 V
 $V_1 = \sqrt{2gh_1}$, $V_2 = \sqrt{2gh_2}$

2) 시간 t
 자유낙하 높이 $y = \dfrac{1}{2} g t^2$
 $t_1 = \sqrt{\dfrac{2y_1}{g}}$, $t_2 = \sqrt{\dfrac{2y_2}{g}}$

35 (상중하)

길이 100 [m], 직경 50 [mm], 상대조도 0.01인 원형 수도관 내에 물이 흐르고 있다. 관 내 평균유속이 3 [m/s]에서 6 [m/s]로 증가하면 압력손실은 몇 배가 되겠는가? (단, 유동은 마찰계수가 일정한 완전난류로 가정한다)

① 1.41배
② 2배
③ 4배
④ 8배

해설 달시 바이스 바하공식

압력손실(손실수두) $\Delta h [m] = f \times \dfrac{L}{D} \times \dfrac{V^2}{2g}$

$\Delta h [m] = f \times \dfrac{L}{D} \times \dfrac{V^2}{2g}$

따라서 $\Delta h \propto V^2$ 이므로

$\Delta h_1 : \Delta h_2 = V_1^2 : V_2^2$

$\Delta h_1 : \Delta h_2 = 3^2 : 6^2$

$\Delta h_2 = \dfrac{6^2}{3^2} \times \Delta h_1$

$\therefore \Delta h_2 = 4 \times \Delta h_1$

f : 관마찰계수
L : 배관의 길이 [m]
D : 관경 [m]
V : 유속 [m/s]
g : 중력가속도 [m/s²]

정답 34 ① 35 ③

36 (상)중 하

한 변이 8 [cm]인 정육면체를 비중이 1.26인 글리세린에 담그니 절반의 부피가 잠겼다. 이때 정육면체를 수직 방향으로 눌러 완전히 잠기게 하는 데 필요한 힘은 약 몇 [N]인가?

① 2.56   ② 3.16
③ 6.53   ④ 12.5

해설 글리세린에 작용하는 부력

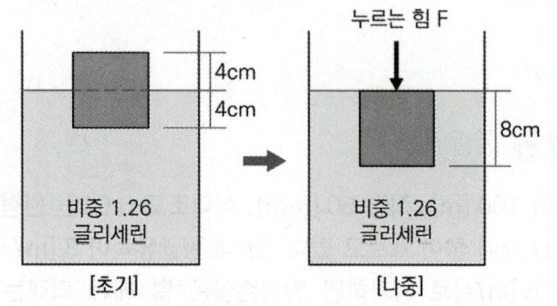

잠기지 않은 정육면체 절반의 체적을 완전히 잠기게 하기 위해서는
완전히 잠겼을 때 부력 = 물체의 무게 + 누르는 힘
이어야 한다.
따라서
누르는 힘 = 완전히 잠겼을 때 부력 − 물체의 무게
여기서
물체의 무게 W는 '물체가 글리세린에 절반의 부피만큼 잠겼을 때의 부력 F_B'과 같다. ($F_B = W$)

누르는 힘 $= \gamma_{글리세린} \times V_{전체} - \gamma_{글리세린} \times V_{잠긴}$
$= \gamma_{글리세린} \times (V_{전체} - V_{정육면체절반})$
$= (S_{글리세린} \times \gamma_w) \times (V_{전체} - V_{정육면체절반})$
$= (S_{글리세린} \times \gamma_w) \times V_{정육면체절반}$
$= 1.26 \times 9800 \times (0.08 \times 0.08 \times 0.04)$
$= 3.16 [N]$

보충 $\gamma = S \times \gamma_w,\ \rho = S \times \rho_w$

37 상(중)하

그림과 같이 반지름이 0.8 [m]이고 폭이 2 [m]인 곡면 AB가 수문으로 이용된다. 물에 의한 힘의 수평성분의 크기는 약 몇 [kN]인가? (단, 수문의 폭은 2 [m]이다)

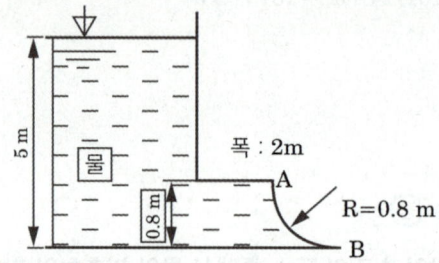

① 72.1   ② 84.7
③ 90.2   ④ 95.4

해설 수평분력

$$수평분력\ F_x (또는\ F_h) = \gamma h A$$

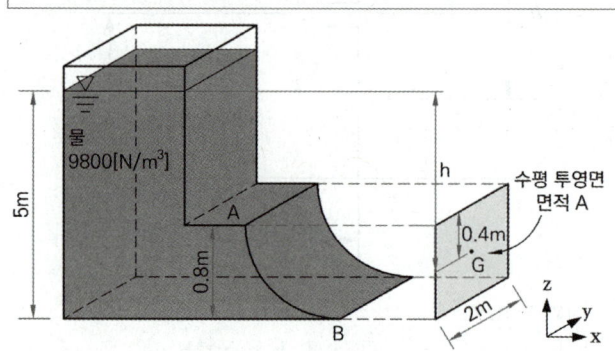

1) 높이 $h = \left(5 - \dfrac{0.8}{2}\right)[m] = 4.6 [m]$
2) 단면적 $A = 0.8[m] \times 2[m] = 1.6 [m^2]$
3) 수평분력 $F_h = \gamma h A$
$= 9.8 [kN/m^3] \times 4.6 [m] \times 1.6 [m^2]$
$= 72.128 [kN] ≒ 72.1 [kN]$

38 (하)

펌프 운전 시 발생하는 캐비테이션의 발생을 예방하는 방법이 아닌 것은?

① 펌프의 회전수를 높여 흡입 비속도를 높게 한다.
② 펌프의 설치높이를 될 수 있는 대로 낮춘다.
③ 입형펌프를 사용하고 회전차를 수중에 완전히 잠기게 한다.
④ 양흡입 펌프를 사용한다.

해설 공동현상(Cavitation)

1) 개념 : 급격한 유속변화로 인해 소화수의 정압이 증기압 이하로 낮아져서 기포가 발생하는 현상
2) 방지대책
   (1) 펌프의 위치를 수원보다 낮게 한다.
   (2) 흡입배관의 구경을 크게 한다.
   (3) 펌프의 회전수를 낮춘다.
   (4) 양흡입펌프를 사용한다.
   (5) 2대 이상의 펌프를 사용한다.
   (6) 펌프의 흡입 측을 가압한다.
   (7) 입형펌프를 사용하고, 회전차를 수중에 완전히 잠기게 한다.
   (8) 흡입관의 길이를 줄이거나 밸브, 플랜지 등을 조정하여 흡입 손실수두를 줄인다.

39 (하)

실내의 난방용 방열기(물-공기 열교환기)에는 대부분 방열 핀(Fin)이 달려 있다. 그 주된 이유는?

① 열전달 면적 증가
② 열전달계수 증가
③ 방사율 증가
④ 열저항 증가

해설 방열 핀(Fin)

1) 난방용 방열기 냉각관 사이의 얇은 구리판
2) 방열 핀에 의해 열전달 면적이 증가하여 열전도 효과가 증대

[방열 핀]

정답 38 ① 39 ①

40 (상⦁중⦁하)

그림에서 물탱크차가 받는 추력은 약 몇 [N]인가? (단, 노즐의 단면적은 0.03 [m²]이며, 탱크 내의 계기압력은 40 [kPa]이다. 또한 노즐에서 마찰 손실은 무시한다)

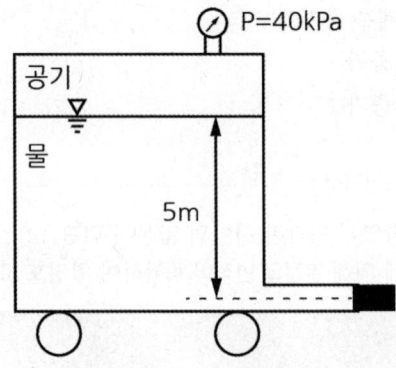

① 812 ② 1490
③ 2710 ④ 5340

해설 물탱크가 받는 추진력

$$추력 \ F = \rho A V^2 = \rho A (\sqrt{2gh})^2$$

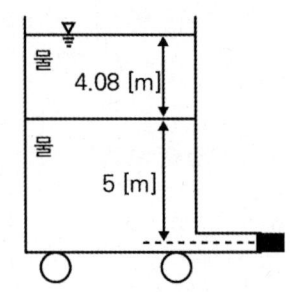

[공기압 40 [kPa]을 물의 높이[m]로 환산]

1) 수두 h

   공기의 압력을 수두[m]로 환산하여 노즐 중심으로부터 수면까지의 높이 h를 구한다.

   (1) 공기의 압력[kPa] → 수두[mAq]

   $$40 \ [kPa] \times \frac{10.332 \ [mAq]}{101.325 \ [kPa]} = 4.08 \ [m]$$

   (2) 전체 물의 높이 h

   h = 원래 물의 높이 + 공기압력을 수두로 환산한 높이
   $= 5 + 4.08 = 9.08$

2) 유속 V

   $$V = \sqrt{2gh} = \sqrt{2 \times 9.8 \times 9.08} = 13.34 \ [m/s]$$

3) 추력 F

   $$F = \rho A V^2 = \rho A (\sqrt{2gh})^2$$
   $$= 1000 \times 0.03 \times 13.34^2 ≒ 5338.668 \ [N]$$

정답 40 ④

2021년 4회 소방관계법규

41 상 중 하

다음 위험물안전관리법령의 자체소방대기준에 대한 설명으로 틀린 것은?

> 다량의 위험물을 저장·취급하는 제조소등으로서 대통령령이 정하는 제조소등이 있는 동일한 사업소에서 대통령령이 정하는 수량 이상의 위험물을 저장 또는 취급하는 경우 당해 사업소 관계인은 대통령령이 정하는 바에 따라 당해 사업소에 자체 소방대를 설치하여야 한다.

① "대통령령이 정하는 제조소등"은 제4류 위험물을 취급하는 제조소를 포함한다.
② "대통령령이 정하는 제조소등"은 제4류 위험물을 취급하는 일반취급소를 포함한다.
③ "대통령령이 정하는 수량 이상의 위험물"은 제4류 위험물의 최대수량의 합이 지정수량의 3천 배 이상인 것을 포함한다.
④ "대통령령이 정하는 제조소등"은 보일러로 위험물을 소비하는 일반취급소를 포함한다.

해설 자체소방대 설치 사업소

사업소	지정수량
제4류 위험물 취급 제조소·일반취급소	3000배 이상
제4류 위험물 저장 옥외탱크저장소	500000배 이상

42 상 중 하

위험물안전관리법령상 제조소등에 설치하여야 할 자동화재탐지설비의 설치기준 중 ( ) 안에 알맞은 내용은? (단, 광전식 분리형 감지기 설치는 제외한다)

> 하나의 경계구역의 면적은 (㉠) [m²] 이하로 하고 그 한 변의 길이는 (㉡) [m] 이하로 할 것. 다만 당해 건축물 그 밖의 공작물의 주요한 출입구에서 그 내부의 전체를 볼 수 있는 경우에 있어서는 그 면적을 1000 [m²] 이하로 할 수 있다.

① ㉠ 300, ㉡ 20
② ㉠ 400, ㉡ 30
③ ㉠ 500, ㉡ 40
④ ㉠ 600, ㉡ 50

해설 자동화재탐지설비 경계구역

1) 수평적 경계구역
　(1) 하나의 경계구역이 2개 건축물 및 2 이상의 층에 미치지 않을 것
　　2개의 층을 하나의 경계구역으로 산정하는 경우 : 바닥합 500 [m²] 이하
　(2) 하나의 경계구역 면적 : 600 [m²] 이하
　　① 한 변 길이 : 50 [m] 이하
　　② 주출입구에서 내부 전체 보이는 것 : 한 변 길이가 50 [m]의 범위 내 1000 [m²] 이하
2) 수직적 경계구역
　(1) 계단·경사로(에스컬레이터 포함)는 별도의 경계구역 산정 → 45 [m] 이하
　(2) 엘리베이터 승강로(권상기실 포함)·린넨슈트·파이프피트 및 덕트 기타 이와 유사한 부분은 별도의 경계구역 산정 → 높이기준 없음

정답 41 ④ 42 ④

(3) 지하층의 계단 및 경사로(지하층 층수 1일 경우 제외)는 별도로 경계구역 산정
3) 외기 면하는 경계구역
차고·주차장·창고 등 : 5 [m] 미만의 범위 안 부분은 면적 산입 제외

43 상중하

소방시설공사업법령상 전문 소방시설공사업의 등록기준 및 영업범위의 기준에 대한 설명으로 틀린 것은?

① 법인인 경우 자본금은 최소 1억 원 이상이다.
② 개인인 경우 자산평가액은 최소 1억 원 이상이다.
③ 주된 기술인력 최소 1명 이상, 보조기술인력 최소 3명 이상을 둔다.
④ 영업범위는 특정소방대상물에 설치되는 기계분야 및 전기분야 소방시설의 공사·개설·이전 및 정비이다.

해설 전문소방시설공사업 등록기준

소방시설공사업		기술인력(이상)	영업범위
전문		• 주 인력 : 소방기술사 또는 소방기사[전기·기계] 각 1명(소방기사 전기·기계 동시 보유자 1명) • 보조인력 : 2명	특정소방대상물에 설치되는 기계·전기분야
일반	기계분야	• 주 인력 : 소방기술사 또는 소방기사[기계] 1명 • 보조인력 : 1명	• 연 1만 [m²] 미만 • 위험물제조소등
	전기분야	• 주 인력 : 소방기술사 또는 소방기사[전기] 1명 • 보조인력 : 1명	• 연 1만 [m²] 미만 • 위험물제조소등

44 상중하

소방시설 설치 및 관리에 관한 법령상 특정소방대상물의 관계인이 특정소방대상물의 규모·용도 및 수용인원 등을 고려하여 갖추어야 하는 소방시설의 종류에 대한 기준 중 다음 ( ) 안에 알맞은 것은?

> 화재안전기준에 따라 소화기구를 설치하여야 하는 특정소방대상물은 연면적 (㉠) [m²] 이상인 것. 다만 노유자시설의 경우에는 투척용 소화용구 등을 화재안전기준에 따라 산정된 소화기 수량의 (㉡) 이상으로 설치할 수 있다.

① ㉠ 33, ㉡ 1/2
② ㉠ 33, ㉡ 1/5
③ ㉠ 50, ㉡ 1/2
④ ㉠ 50, ㉡ 1/5

해설 소화기구 설치대상
1) 연면적 33 [m²] 이상(노유자시설 : 투척용 소화용구 등을 산정된 소화기 수량의 1/2 이상 설치)
2) 가스시설, 발전시설 중 전기저장시설 및 국가유산
3) 터널, 지하구

45 상중하

화재의 예방 및 안전관리에 관한 법령상 천재지변 및 그 밖에 대통령령으로 정하는 사유로 화재안전조사를 받기 곤란하여 화재안전조사의 연기를 신청하려는 자는 화재안전조사 시작 최대 며칠 전까지 연기신청서 및 증명서류를 제출해야 하는가?

① 3
② 5
③ 7
④ 10

정답 43 ③ 44 ① 45 ①

해설 화재안전조사 연기

연기의 사유 및 기간 등을 적어 제출 : 화재안전조사 시작 3일 전까지

※ 연기의 사유
1) 재난이 발생한 경우
2) 관계인의 질병, 사고, 장기출장의 경우
3) 권한 있는 기관에 자체점검기록부, 교육·훈련일지 등 화재안전조사에 필요한 장부·서류 등이 압수되거나 영치되어 있는 경우
4) 소방대상물의 증축·용도변경 또는 대수선 등의 공사로 화재안전조사를 실시하기 어려운 경우

46 (상 중 하)

위험물안전관리법령상 정기점검의 대상인 제조소등의 기준으로 틀린 것은?

① 지하탱크저장소
② 이동탱크저장소
③ 지정수량의 10배 이상의 위험물을 취급하는 제조소
④ 지정수량의 20배 이상의 위험물을 저장하는 옥외탱크저장소

해설 정기점검 대상 제조소

1) 지정수량 10배 이상의 위험물을 취급하는 제조소
2) 지정수량 100배 이상의 위험물을 저장하는 옥외저장소
3) 지정수량 150배 이상의 위험물을 저장하는 옥내저장소
4) 지정수량 200배 이상의 위험물을 저장하는 옥외탱크저장소
5) 암반탱크저장소
6) 이송취급소
7) 지정수량 10배 이상의 위험물을 취급하는 일반취급소(제4류 위험물만 지정수량 50배 이하로 취급하는 일반취급소)
8) 지하탱크저장소
9) 이동탱크저장소
10) 위험물 취급 탱크로서 지하에 매설된 탱크가 있는 제조소·주유취급소·일반취급소

47 (상 중 하)

위험물안전관리법령상 제4류 위험물 중 경유의 지정수량은 몇 리터인가?

① 500
② 1000
③ 1500
④ 2000

해설 제4류 위험물(인화성 액체)

품명		지정수량	대표물질
특수인화물		50 [L]	다이에틸에테르
제1석유류	비수용성	200 [L]	휘발유
	수용성	400 [L]	아세톤
알코올류		400 [L]	변성알코올
제2석유류	비수용성	1000 [L]	등유, 경유
	수용성	2000 [L]	아세트산
제3석유류	비수용성	2000 [L]	중유
	수용성	4000 [L]	글리세린
제4석유류		6000 [L]	실린더유
동식물유류		10000 [L]	아마인유

정답 46 ④ 47 ②

48 상중하

화재의 예방 및 안전관리에 관한 법령상 1급 소방안전관리 대상물의 소방안전관리자 선임대상기준 중 ( ) 안에 알맞은 내용은? [법 개정으로 인한 문제 수정]

소방공무원으로 ( )년 이상 근무 경력이 있는 자

① 1년 이상　② 7년 이상
③ 3년 이상　④ 5년 이상

해설 1급 소방안전관리자
1) 소방설비기사, 소방설비산업기사 자격
2) 소방공무원 7년 이상 근무 경력
3) 소방청장 실시 1급 소방안전관리 시험합격자(1급 소방안전관리 시험 응시자격 요건)
   ① 소방안전관리학과 전공 졸업자로서 졸업 후 2년 이상 2급·3급 소방안전관리자로 근무한 실무경력
   ② 소방안전 관련 학과 전공 졸업자로서 졸업 후 3년 이상 2급·3급 소방안전관리자로 근무한 실무경력
   ③ 5년 이상 2급 소방안전관리자로 근무한 실무경력
   ④ 특급·1급 소방안전관리 강습교육 수료자
   ⑤ 2급 소방안전관리자 선임 가능한 자격자로서 특급·1급 소방안전관리보조자로 5년 이상 근무한 실무경력

49 상중하

소방시설 설치 및 관리에 관한 법령상 용어의 정의 중 ( ) 안에 알맞은 것은?

특정소방대상물이란 소방시설을 설치하여야 하는 소방대상물로서 ( )으로 정하는 것을 말한다.

① 대통령령　② 국토교통부령
③ 행정안전부령　④ 고용노동부령

해설 용어의 정의

구분	정의
소방시설	소화설비, 경보설비, 피난구조설비, 소화용수설비, 소화활동설비(대통령령)
소방시설등	소방시설과 비상구, 그 밖에 소방 관련 시설(방화문, 자동방화셔터)(대통령령)
특정 소방대상물	건축물등의 규모·용도 및 수용인원 등을 고려하여 소방시설을 설치하여야 하는 소방대상물(대통령령)
소방용품	소방시설등을 구성하거나 소방용으로 사용되는 제품 또는 기기(대통령령)
화재안전성능	화재를 예방하고 화재발생 시 피해를 최소화하기 위하여 소방대상물의 재료, 공간 및 설비등에 요구되는 안전성능
화재안전기준	성능기준 : 화재안전 확보를 위하여 재료, 공간 및 설비등에 요구되는 안전성능(소방청장 고시)
	기술기준 : 성능기준을 충족하는 상세한 규격, 특정한 수치 및 시험방법 등에 관한 기준(소방청장 승인)

50 상중하

소방기본법 제1장 총칙에서 정하는 목적의 내용으로 거리가 먼 것은?

① 구조, 구급 활동 등을 통하여 공공의 안녕 및 질서 유지
② 풍수해의 예방, 경계, 진압에 관한 계획, 예산 지원 활동
③ 구조, 구급 활동 등을 통하여 국민의 생명, 신체, 재산 보호
④ 화재, 재난, 재해 그 밖의 위급한 상황에서의 구조, 구급 활동

해설 소방기본법의 목적
1) 화재 예방·경계·진압
2) 화재, 재난·재해, 그 밖의 위급한 상황에서의 구조·구급 활동
3) 국민의 생명·신체 및 재산을 보호함으로써 공공의 안녕 및 질서 유지와 복리증진

정답 48 ② 49 ① 50 ②

51 ⓢⓒⓗ

소방기본법령상 소방본부 종합상황실의 실장이 서면·팩스 또는 컴퓨터통신 등으로 소방청 종합상황실에 보고하여야 하는 화재의 기준이 아닌 것은?

① 이재민이 100인 이상 발생한 화재
② 재산피해액이 50억 원 이상 발생한 화재
③ 사망자가 3인 이상 발생하거나 사상자가 5인 이상 발생한 화재
④ 층수가 5층 이상이거나 병상이 30개 이상인 종합병원에서 발생한 화재

해설 종합상황실 실장 보고 화재

종합상황실의 실장은 다음에 해당하는 상황이 발생하는 때에는 그 사실을 지체 없이 서면·팩스 또는 컴퓨터통신 등으로 소방서의 종합상황실의 경우는 소방본부의 종합상황실에, 소방본부의 종합상황실의 경우는 소방청의 종합상황실에 각각 보고해야 한다.

1) 다음에 해당하는 화재
  (1) <u>사망자가 5인 이상 발생한 화재</u>
  (2) <u>사상자가 10인 이상 발생한 화재</u>
  (3) 이재민이 100인 이상 발생한 화재
  (4) 재산피해액이 50억 원 이상 발생한 화재
  (5) 관공서·학교·정부미도정공장·국가유산·지하철 또는 지하구의 화재
  (6) 관광호텔, 층수가 11층 이상인 건축물, 지하상가, 시장, 백화점
  (7) 지정수량의 3천 배 이상의 위험물의 제조소·저장소·취급소
  (8) 층수가 5층 이상이거나 객실이 30실 이상인 숙박시설, 층수가 5층 이상이거나 병상이 30개 이상인 종합병원·정신병원·한방병원·요양소
  (9) 연면적 1만 5000 [m²] 이상인 공장 또는 화재예방강화지구에서 발생한 화재
  (10) 철도차량, 항구에 매어 둔 총 톤수가 1천 톤 이상인 선박, 항공기, 발전소 또는 변전소에서 발생한 화재
  (11) 가스 및 화약류의 폭발에 의한 화재
  (12) 다중이용업소의 화재
2) 통제단장의 현장지휘가 필요한 재난상황
3) 언론에 보도된 재난상황
4) 그 밖에 소방청장이 정하는 재난상황

52 ⓢⓒⓗ

소방시설 설치 및 관리에 관한 법령상 자체점검 결과의 조치를 하지 아니한 관계인 또는 관계인에게 중대위반사항을 알리지 아니한 관리업자에 대한 벌칙기준은?

[법 개정으로 인한 문제 수정]

① 100만 원 이하의 벌금
② 200만 원 이하의 벌금
③ 300만 원 이하의 벌금
④ 500만 원 이하의 벌금

해설 300만 원 이하의 벌금

1) 업무를 수행하면서 알게 된 비밀을 이 법에서 정한 목적 외의 용도로 사용하거나 다른 사람 또는 기관에 제공하거나 누설한 자
2) 방염성능검사에 합격하지 아니한 물품에 합격표시를 하거나 합격표시를 위조하거나 변조하여 사용한 자
3) 방염성능검사 시 거짓 시료 제출
4) <u>자체점검 결과의 조치를 하지 아니한 관계인 또는 관계인에게 중대위반사항을 알리지 아니한 관리업자 등</u>

53 ⓢⓒⓗ

소방시설 설치 및 관리에 관한 법령상 분말형태의 소화약제를 사용하는 소화기의 내용연수로 옳은 것은? (단, 소방용품의 성능을 확인받아 그 사용기한을 연장하는 경우는 제외한다)

① 3년   ② 5년
③ 7년   ④ 10년

해설 내용연수 설정 대상 소방용품

정소방대상물의 관계인은 내용연수가 경과한 소방용품을 교체하여야 함
※ 내용연수를 설정하여야 하는 소방용품의 종류 및 그 내용연수 연한에 필요한 사항 : 대통령령
  ① 내용연수 설정하여야 하는 소방용품 : 분말형태의 소화약제를 사용하는 소화기
  ② <u>소방용품의 내용연수 : 10년</u>

정답 51 ③ 52 ③ 53 ④

54 (상 중 하)

소방시설공사업법령상 소방시설공사업자가 소속 소방기술자를 소방시설공사 현장에 배치하지 않았을 경우의 과태료 기준은?

① 100만 원 이하
② 200만 원 이하
③ 300만 원 이하
④ 400만 원 이하

해설 200만 원 이하의 과태료

1) 등록·휴폐업·지위승계·착공·감리지정신고하지 않거나 거짓신고
2) 관계인에게 지위승계·행정처분·휴폐업 사실을 거짓 알림
3) 소방감리 배치통보 및 변경통보하지 않거나 거짓통보
4) 하도급 등의 통지를 하지 않은 경우
5) 소방공무원 감독 명령을 위반하여 미보고, 자료 미제출, 거짓보고·제출
6) 하자보수기간에 관계서류 보관하지 않은 공사업자
7) 소방기술자 공사현장에 배치하지 않은 공사업자
8) 완공검사 받지 않은 공사업자
9) 감리 변경 시 감리 관계 서류를 인수·인계하지 않은 경우
10) 방염성능기준 미만으로 방염한 경우
11) 방염처리능력 평가 관련 서류를 거짓으로 제출한 경우
12) 도급(하도급)계약 체결 시 의무를 이행하지 않은 경우
13) 시공능력평가 서류를 거짓으로 제출한 경우
14) 사업수행능력평가 서류를 위조·변조하여 거짓·부정한 방법으로 입찰에 참여한 자
15) 공사대금의 지급보증, 담보의 제공 또는 보험료 등의 지급을 정당한 사유 없이 이행하지 아니한 자
16) 3일 이내 하자보수 안 하거나, 보수계획 거짓통보

55 (상 중 하)

화재의 예방 및 안전관리에 관한 법령상 위험물 또는 물건의 보관기간은 소방본부 또는 소방서의 게시판에 공고하는 기간의 종료일 다음 날부터 며칠로 하는가?

① 3
② 4
③ 5
④ 7

해설 위험물 또는 물건의 보관

1) 다음 물건의 소유자·관리자·점유자를 알 수 없는 경우 소속 공무원으로 하여금 그 물건을 옮기거나 보관하는 등 필요한 조치를 하게 할 수 있음
   (1) 목재, 플라스틱 등 가연성이 큰 물건의 제거, 이격, 적재 금지 등
   (2) 소방차량의 통행이나 소화활동에 지장을 줄 수 있는 물건의 이동
2) 옮기거나 치운 물건 등은 보관해야 함
3) 공고기간 : 14일 동안
4) 보관기간 : 공고기간 종료일 다음 날부터 7일
5) 보관기간이 종료되는 때에는 보관하고 있는 옮긴 물건을 매각 : 소방관서장
6) 소방관서장은 보관하던 옮긴 물건을 매각한 경우 지체 없이 「국가재정법」에 따라 세입조치할 것
7) 소방관서장은 매각되거나 폐기된 옮긴 물건의 소유자가 보상 요구 시 보상금액에 대하여 소유자와 협의를 거쳐 보상할 것

정답 54 ② 55 ④

56 (중)

소방기본법령상 소방활동장비와 설비의 구입 및 설치 시 국고보조의 대상이 아닌 것은?

① 소방자동차
② 사무용 집기
③ 소방헬리콥터 및 소방정
④ 소방전용통신설비 및 전산설비

해설 소방장비 등에 대한 국고보조

1) 국고보조
   (1) 국가는 시·도 소방장비구입 등의 경비를 일부 보조함
   (2) 국가보조 대상사업의 범위와 기준 보조율 : 대통령령인 「보조금관리에 관한 법률 시행령」
   (3) 소방활동장비 및 설비의 종류와 규격 : 행정안전부령
2) 국고보조 대상사업의 범위
   (1) 소방활동장비와 설비의 구입 및 설치
      ① 소방자동차
      ② 소방헬리콥터 및 소방정
      ③ 소방전용통신설비 및 전산설비
      ④ 그 밖에 방화복 등 소방활동에 필요한 소방장비
   (2) 소방관서용 청사의 건축

57 (중)

화재의 예방 및 안전관리에 관한 법령상 특정소방대상물의 관계인은 소방안전관리자를 기준일로부터 30일 이내에 선임하여야 한다. 다음 중 기준일로 틀린 것은?

① 소방안전관리자를 해임한 경우 : 소방안전관리자를 해임한 날
② 특정소방대상물을 양수하여 관계인의 권리를 취득한 경우 : 해당 권리를 취득한 날
③ 신축으로 해당 특정소방대상물의 소방안전관리자를 신규로 선임하여야 하는 경우 : 해당 특정소방대상물의 사용승인일
④ 증축으로 인하여 특정소방대상물이 소방안전관리대상물로 된 경우 : 증축공사의 개시일

해설 소방안전관리자 선임신고

1) 선임권자 : 관계인
2) 선임 : 30일 이내
3) 선임신고 : 14일 이내 소방본부장, 소방서장에게 신고하고, 소방안전관리대상물의 출입자가 쉽게 알 수 있도록 소방안전관리자의 성명과 그 밖에 행정안전부령으로 정하는 사항을 게시하여야 함
4) 선임신고 기준일
   (1) 신축·증축·개축·재축·대수선·용도변경으로 특정소방대상물 소방안전관리자 신규 선임해야 하는 경우 : 해당 특정소방대상물의 사용승인일
   (2) 증축·용도변경으로 특정소방대상물이 소방안전관리대상물로 된 경우 : 증축공사사용승인일, 용도변경 사실을 건축물관리대장에 기재한 날
   (3) 특정소방대상물 양수, 경매, 환가, 매각 등에 의해 관계인의 권리 취득한 경우 : 해당 권리를 취득한 날, 관할 소방서장으로부터 소방안전관리자 선임 안내 받은 날
   (4) 관리의 권원이 분리된 경우 : 관리의 권원이 분리되거나 소방본부장 또는 소방서장이 관리의 권원을 조정한 날
   (5) 소방안전관리자 해임, 퇴직한 경우 : 소방안전관리자 해임, 퇴직한 날
   (6) 소방안전관리업무를 대행하는 자를 감독할 수 있는 사람을 소방안전관리자로 선임한 경우로서 그 업무대행 계약이 해지 또는 종료된 경우 : 소방안전관리업무 대행이 끝난 날
   (7) 소방안전관리자 자격이 정지 또는 취소된 경우 : 소방안전관리자 자격이 정지 또는 취소된 날

58 (상)

위험물안전관리법령상 위험물을 취급함에 있어서 정전기가 발생할 우려가 있는 설비에 설치할 수 있는 정전기 제거 설비방법이 아닌 것은?

① 접지에 의한 방법
② 공기를 이온화하는 방법
③ 자동적으로 압력의 상승을 정지시키는 방법
④ 공기 중의 상대습도를 70 [%] 이상으로 하는 방법

정답 56 ② 57 ④ 58 ③

해설 정전기방지 대책
1) 배관 내 유속을 제한한다(1 [m/s] 이하).
2) 접지 및 본딩을 한다.
3) 상대습도 70 [%] 이상을 유지한다.
4) 대전방지제를 사용한다.
5) 공기를 이온화한다.
6) 제전기(제진기)를 사용한다.

59 상중하

화재의 예방 및 안전관리에 관한 법령상 특수가연물의 수량기준으로 옳은 것은?

① 면화류 : 200 [kg] 이상
② 가연성 고체류 : 500 [kg] 이상
③ 나무껍질 및 대팻밥 : 300 [kg] 이상
④ 넝마 및 종이부스러기 : 400 [kg] 이상

해설 특수가연물

품명		수량
면화류		200 [kg] 이상
나무껍질 및 대팻밥		400 [kg] 이상
넝마 및 종이부스러기		1000 [kg] 이상
사류, 볏짚류		1000 [kg] 이상
가연성 고체류		3000 [kg] 이상
석탄·목탄류		10000 [kg] 이상
가연성 액체류		2 [m³] 이상
목재가공품 및 나무부스러기		10 [m³] 이상
고무류·플라스틱류	발포시킨 것	20 [m³] 이상
	그 밖의 것	3000 [kg] 이상

암기 ▶ 면이 나대싸 넘사벽 천 가고삼 석목만 가액이 고발이

60 상중하

화재의 예방 및 안전관리에 관한 법령상 소방관서장은 화재안전조사를 실시하려는 경우 사전에 조사대상, 조사기간 및 조사사유 등 조사계획을 소방청, 소방본부 또는 소방서의 인터넷 홈페이지나 전산시스템을 통해 며칠 이상 공개해야 하는가?

① 7 ② 10
③ 12 ④ 14

해설 화재안전조사 방법 및 절차
1) 화재안전조사 절차
 (1) 소방관서장은 화재안전조사를 실시하려는 경우 사전에 조사대상, 조사기간 및 조사사유 등 조사계획을 소방청, 소방본부 또는 소방서(이하 "소방관서"라 한다)의 인터넷 홈페이지나 전산시스템을 통해 7일 이상 공개해야 한다.
 (2) 소방관서장은 사전 통지 없이 화재안전조사를 실시하는 경우에는 화재안전조사를 실시하기 전에 관계인에게 조사사유 및 조사범위 등을 현장에서 설명해야 한다.
 (3) 소방관서장은 화재안전조사를 위하여 소속 공무원으로 하여금 관계인에게 보고 또는 자료의 제출을 요구하거나 소방대상물의 위치·구조·설비 또는 관리 상황에 대한 조사·질문을 하게 할 수 있다.
2) 화재안전조사 결과에 따른 조치명령
 (1) 소방대상물의 개수·이전·제거
 (2) 사용의 금지 또는 제한, 사용폐쇄
 (3) 공사의 정지 또는 중지
3) 화재안전조사 연기
 연기의 사유 및 기간 등을 적어 제출 : 3일 전

정답 59 ① 60 ①

2021년 4회 소방기계시설의 구조 및 원리

61 상(중)하

특별피난계단의 계단실 및 부속실 제연설비의 화재안전기술기준상 수직풍도에 따른 배출기준 중 각층의 옥내와 면하는 수직풍도의 관통부에 설치하여야 하는 배출댐퍼 설치기준으로 틀린 것은?

① 화재 층에 설치된 화재감지기의 동작에 따라 당해 층의 댐퍼가 개방될 것
② 풍도의 배출댐퍼는 이·탈착구조가 되지 않도록 설치할 것
③ 개폐 여부를 당해 장치 및 제어반에서 확인할 수 있는 감지기능을 내장하고 있을 것
④ 배출댐퍼는 두께 1.5 [mm] 이상의 강판 또는 이와 동등 이상의 성능이 있는 것으로 설치하여야 하며, 비내식성 재료의 경우에는 부식방지 조치를 할 것

해설 수직풍도의 관통부 배출댐퍼의 설치기준

각층의 옥내와 면하는 수직풍도의 관통부에는 다음 각목의 기준에 적합한 댐퍼 (이하 "배출댐퍼"라 한다)를 설치해야 한다.
1) 배출댐퍼는 두께 1.5 [mm] 이상의 강판 또는 이와 동등 이상의 성능이 있는 것으로 설치해야 하며 비내식성 재료의 경우에는 부식방지 조치를 할 것
2) 평상시 닫힌 구조로 기밀 상태를 유지할 것
3) 개폐 여부를 당해 장치 및 제어반에서 확인할 수 있는 감지기능 내장하고 있을 것
4) 구동부의 작동 상태와 닫혀 있을 때의 기밀 상태를 수시로 점검할 수 있는 구조일 것
5) 풍도의 내부마감 상태에 대한 점검 및 댐퍼의 정비가 가능한 이·탈착구조로 할 것
6) 화재 층에 설치된 화재감지기 동작에 따라 당해 층의 댐퍼 개방될 것
7) 개방 시의 실제 개구부(개구율을 감안한 것을 말한다)의 크기는 기준에 따른 수직풍도의 최소 내부단면적 이상으로 할 것
8) 댐퍼는 풍도 내의 공기흐름에 지장을 주지 않도록 수직풍도의 내부로 돌출하지 않게 설치할 것

62 상(중)하

포소화설비의 화재안전기술기준에 따라 포소화설비 송수구의 설치기준에 대한 설명으로 옳은 것은?

① 구경 65 [mm]의 쌍구형으로 할 것
② 지면으로부터 높이가 0.5 [m] 이상 1.5 [m] 이하의 위치에 설치할 것
③ 하나의 층 바닥면적이 2000 [m²]를 넘을 때마다 1개 이상을 설치할 것
④ 송수구의 가까운 부분에 자동배수밸브(또는 직경 3 [mm]의 배수공) 및 안전밸브를 설치할 것

해설 포소화설비 송수구

1) 구경 65 [mm]의 쌍구형으로 할 것
2) 지면으로부터 높이 0.5 [m] 이상 1 [m] 이하의 위치에 설치할 것
3) 한 층의 바닥면적 3000 [m²]를 넘을 때마다 1개 이상을 설치할 것
4) 송수구의 가까운 부분에 자동배수밸브(또는 직경 5 [mm]의 배수공) 및 체크밸브를 설치할 것

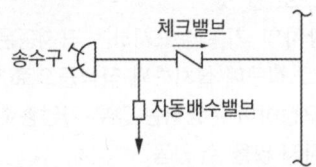

[송수구 - 자동배수밸브 - 체크밸브]

정답 61 ② 62 ①

63

스프링클러설비 본체 내의 유수현상을 자동적으로 검지하여 신호 또는 경보를 발하는 장치는?

① 기동용 수압개폐장치
② 물올림장치
③ 일제개방밸브장치
④ 유수검지장치

해설 유수검지장치

본체 내의 유수현상을 자동적으로 검지하여 신호 또는 경보를 발하는 장치

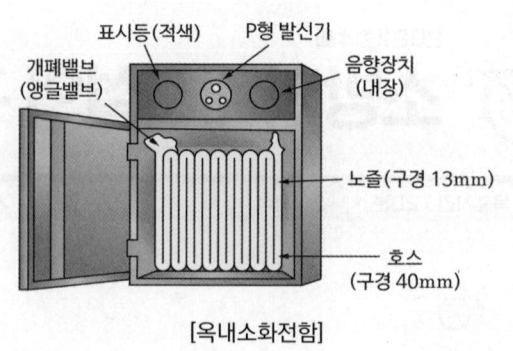

[옥내소화전함]

64

옥내소화전설비 화재안전기술기준에 따라 옥내소화전설비의 표시등 설치기준으로 옳은 것은?

① 가압송수장치의 기동을 표시하는 표시등은 옥내소화전함의 상부 또는 그 직근에 설치한다.
② 가압송수장치의 기동을 표시하는 표시등은 녹색등으로 한다.
③ 자체소방대를 구성하여 운영하는 경우 가압송수장치의 기동표시등을 반드시 설치해야 한다.
④ 옥내소화전설비의 위치를 표시하는 표시등은 함의 하부에 설치하되, 「표시등의 성능인증 및 제품검사의 기술기준」에 적합한 것으로 한다.

해설 옥내소화전 표시등기준

1) 옥내소화전설비의 위치를 표시하는 표시등은 함의 상부에 설치하되, 「표시등의 성능인증 및 제품검사의 기술기준」에 적합한 것으로 할 것
2) 가압송수장치의 기동을 표시하는 표시등은 옥내소화전함의 상부 또는 그 직근에 설치하되 적색등으로 할 것. 다만 자체소방대를 구성하여 운영하는 경우 가압송수장치의 기동표시등을 설치하지 않을 수 있음

65

소화기구 및 자동소화장치의 화재안전기술기준상 건축물의 주요구조부가 내화구조이고, 벽 및 반자의 실내에 면하는 부분이 불연재료로 된 바닥면적이 600 [m²]인 노유자시설에 필요한 소화기구의 능력단위는 최소 얼마 이상으로 하여야 하는가?

① 2단위 ② 3단위
③ 4단위 ④ 6단위

해설 특정소방대상물별 소화기구의 능력단위

특정소방대상물	소화기구의 능력단위
1. 위락시설	해당 용도의 바닥면적 30 [m²]마다 능력단위 1단위 이상
2. 공연장·집회장·관람장·문화재·장례식장 및 의료시설	해당 용도의 바닥면적 50 [m²]마다 능력단위 1단위 이상
3. 근린생활시설·판매시설·운수시설·숙박시설·노유자시설·전시장·공동주택·업무시설·방송통신시설·공장·창고시설·항공기 및 자동차 관련 시설 및 관광휴게시설	해당 용도 바닥면적 100 [m²]마다 능력단위 1단위 이상
4. 그 밖의 것	해당 용도 바닥면적 200 [m²]마다 능력단위 1단위 이상

※ 소화기구의 능력단위를 산정함에 있어서 건축물의 주요구조부가 내화구조이고, 벽 및 반자의 실내에 면하는 부분이 불연·준불연·난연재료로 된 특정소방대상물에 있어서는 위 표의 바닥면적의 2배를 해당 특정소방대상물의 기준면적으로 한다.

정답 63 ④ 64 ① 65 ②

• 능력단위 = $\dfrac{\text{바닥면적}[m^2]}{\text{소화기구의 능력단위}[m^2/\text{단위}]}$

  $= \dfrac{600[m^2]}{2 \times 100[m^2/\text{단위}]} = 3[\text{단위}]$

66 상 중 하

분말소화설비의 화재안전기술기준에 따라 분말소화설비의 자동식 기동장치의 설치기준으로 틀린 것은? (단, 자동식 기동장치는 자동화재탐지설비의 감지기의 작동과 연동하는 것이다)

① 기동용 가스용기 및 해당 용기에 사용하는 밸브는 25 [MPa] 이상의 압력에 견딜 수 있는 것으로 할 것
② 자동식 기동장치에는 수동으로도 기동할 수 있는 구조로 할 것
③ 전기식 기동장치로서 3병 이상의 저장용기를 동시에 개방하는 설비는 2병 이상의 저장용기에 전자개방밸브를 부착할 것
④ 기동용 가스용기에는 내압시험압력의 0.8배 내지 내압시험압력 이하에서 작동하는 안전장치를 설치할 것

해설 분말소화설비 자동식 기동장치

1) 자동화재탐지설비의 감지기의 작동과 연동하는 것으로 할 것
2) 자동식 기동장치에는 수동으로도 기동할 수 있는 구조로 할 것
3) 전기식 기동장치로서 7병 이상의 저장용기를 동시에 개방하는 설비는 2병 이상의 저장용기에 전자 개방밸브를 부착할 것
4) 기계식 기동장치는 저장용기를 쉽게 개방할 수 있는 구조로 할 것
5) 가스압력식 기동장치는 다음의 기준에 따를 것
   (1) 기동용 가스용기 및 해당 용기에 사용하는 밸브는 25 [MPa] 이상의 압력에 견딜 수 있는 것으로 할 것
   (2) 기동용 가스용기에는 내압시험압력의 0.8배부터 내압시험압력 이하에서 작동하는 안전장치를 설치할 것

(3) 기동용 가스용기의 체적은 5 [L] 이상으로 하고, 해당 용기에 저장하는 질소 등의 비활성 기체는 6.0 [MPa] 이상(21 [℃] 기준)의 압력으로 충전할 것(다만 기동용 가스용기의 체적을 1 [L] 이상으로 하고, 해당 용기에 저장하는 이산화탄소의 양은 0.6 [kg] 이상으로 하며, 충전비는 1.5 이상 1.9 이하의 기동용 가스용기로 할 수 있다)

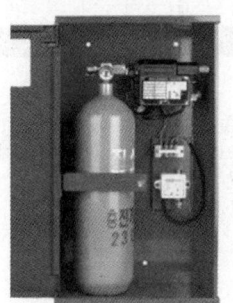

[기동용 가스용기함 내부]

67 상 중 하

상수도소화용수설비의 화재안전성능기준에 따른 설치기준 중 다음 ( ) 안에 알맞은 것은?

호칭지름 (㉠) [mm] 이상의 수도배관에 호칭지름 (㉡) [mm] 이상의 소화전을 접속해야 하며 소화전은 특정소방대상물의 수평투영면의 각 부분으로부터 (㉢) [m] 이하가 되도록 설치할 것

① ㉠ 65, ㉡ 80, ㉢ 120
② ㉠ 65, ㉡ 100, ㉢ 140
③ ㉠ 75, ㉡ 80, ㉢ 120
④ ㉠ 75, ㉡ 100, ㉢ 140

해설 상수도소화용수설비의 설치기준

1) 호칭지름 75 [mm] 이상의 수도배관에 호칭지름 100 [mm] 이상의 소화전을 접속할 것
2) 소화전은 소방자동차의 진입이 쉬운 도로변 또는 공지에 설치할 것

정답 66 ③ 67 ④

3) 소화전은 특정소방대상물의 수평투영면의 각 부분으로부터 140 [m] 이하가 되도록 설치할 것

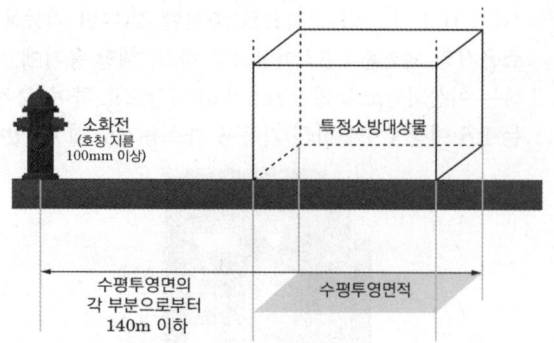

68 상중하

스프링클러설비의 화재안전기술기준에 따라 스프링클러헤드를 설치하지 않을 수 있는 장소로만 나열된 것은?

① 계단실, 병실, 목욕실, 냉동창고의 냉동실, 아파트(대피공간 제외)
② 발전실, 병원의 수술실·응급처치실, 통신기기실, 관람석이 없는 실내 테니스장(실내 바닥·벽 등이 불연재료)
③ 냉동창고의 냉동실, 변전실, 병실, 목욕실, 수영장 관람석
④ 병원의 수술실, 관람석이 없는 실내 테니스장(실내 바닥·벽 등이 불연재료), 변전실, 발전실, 아파트(대피공간 제외)

해설 스프링클러헤드의 설치 제외 장소

1) 천장 및 반자의 재료에 따른 기준으로서 다음 어느 하나에 해당하는 경우

천장 및 반자의 재료	천장과 반자 사이의 거리
양쪽 모두 불연재료 + 벽이 불연재료 (그 사이에 가연물이 존재 ×)	2 [m] 이상
양쪽 모두 불연재료	2 [m] 미만
천장·반자 중 한쪽이 불연재료	1 [m] 미만
양쪽 모두 불연재료 외의 것	0.5 [m] 미만

2) 계단실·경사로·승강기의 승강로·비상용 승강기의 승강장·파이프덕트 및 덕트피트·목욕실·수영장(관람석 부분 제외)·화장실·직접 외기에 개방되어 있는 복도
3) 통신기기실·전자기기실·기타 이와 유사한 장소
4) 발전실·변전실·변압기·기타 이와 유사한 전기설비가 설치되어 있는 장소
5) 병원의 수술실·응급처치실·기타 이와 유사한 장소
6) 펌프실·물탱크실 엘리베이터 권상기실 그 밖의 이와 비슷한 장소
7) 현관 또는 로비 등으로서 바닥으로부터 높이가 20 [m] 이상인 장소
8) 영하의 냉장창고의 냉장실 또는 냉동창고의 냉동실
9) 고온의 노가 설치된 장소 또는 물과 격렬하게 반응하는 물품의 저장 또는 취급장소
10) 실내 테니스장·게이트볼장·정구장 또는 이와 비슷한 장소로서 실내 바닥·벽·천장이 불연재료 또는 준불연재료로 구성되어 있고 가연물이 존재하지 않는 장소로서 관람석이 없는 운동시설(지하층은 제외)
11) 공동주택 중 아파트의 대피공간

[공동주택의 화재안전기술기준(NFTC 608)에 명시되어 있음]

69 상중하

포소화설비의 화재안전기술기준에 따라 포소화설비에 소방용 합성수지배관을 설치할 수 있는 경우로 틀린 것은?

① 배관을 지하에 매설하는 경우
② 다른 부분과 내화구조로 구획된 덕트 또는 피트의 내부에 설치하는 경우
③ 동결방지조치로 하거나 동결의 우려가 없는 경우
④ 천장과 반자를 불연재료 또는 준불연재료로 설치하고, 소화배관 내부에 항상 소화수가 채워진 상태로 설치하는 경우

해설 포소화설비 합성수지배관 설치기준

1) 배관을 지하에 매설하는 경우
2) 다른 부분과 내화구조로 구획된 덕트 또는 피트 내부에 설치하는 경우
3) 천장과 반자를 불연재료 또는 준불연재료로 설치하고, 소화배관 내부에 항상 소화수가 채워진 상태로 설치하는 경우

70 상중하

다음 중 피난기구의 화재안전기술기준에 따라 피난기구를 설치하지 아니하여도 되는 소방대상물로 틀린 것은?

① 발코니 등을 통하여 인접세대로 피난할 수 있는 구조로 되어 있는 계단실형 아파트
② 주요구조부가 내화구조로서 거실의 각 부분으로 직접 복도로 피난할 수 있는 학교(강의실 용도로 사용되는 층에 한함)
③ 무인공장 또는 자동창고로서 사람의 출입이 금지된 장소
④ 문화집회 및 운동시설·판매시설 및 영업시설 또는 노유자시설의 용도로 사용되는 층으로서 그 층의 바닥면적이 1000 [m²] 이상인 것

해설 피난기구 설치하지 않을 수 있는 소방대상물 또는 그 부분

1) 주요구조부가 내화구조이고 지하층을 제외한 층수가 4층 이하이며 소방사다리차가 쉽게 통행할 수 있는 도로 또는 공지에 면하는 부분에 개구부가 2 이상 설치되어 있는 층(문화집회 및 운동시설·판매시설 및 영업시설 또는 노유자시설의 용도로 사용되는 층으로서 그 층의 바닥면적이 1000 [m²] 이상인 것을 제외)
2) 갓복도식 아파트 또는 인접세대로 피난할 수 있는 아파트
3) 주요구조부가 내화구조로서 거실의 각 부분으로 직접 복도로 피난할 수 있는 학교(강의실 용도로 사용되는 층에 한함)
4) 무인공장 또는 자동창고로서 사람의 출입이 금지된 장소

71 상중하

지하구의 화재안전기술기준에 따라 연소방지설비헤드의 설치기준으로 옳은 것은?

① 헤드 간의 수평거리는 연소방지설비 전용헤드의 경우에는 1.5 [m] 이하로 할 것
② 헤드 간의 수평거리는 스프링클러헤드의 경우에는 2 [m] 이하로 할 것
③ 천장 또는 벽면에 설치할 것
④ 한쪽 방향의 살수구역의 길이는 2 [m] 이상으로 할 것

해설 지하구의 연소방지설비 살수헤드

1) 천장 또는 벽면에 설치할 것
2) 헤드 간 수평거리 연소방지설비 전용헤드 경우 2 [m] 이하, 스프링클러헤드 경우 1.5 [m] 이하
3) 소방대원의 출입이 가능한 환기구·작업구마다 지하구의 양쪽 방향으로 살수헤드를 설정하되, 한쪽 방향의 살수구역의 길이는 3 [m] 이상으로 할 것
4) 환기구 사이의 간격이 700 [m]를 초과할 경우에는 700 [m] 이내마다 살수구역을 설정하되, 지하구의 구조를 고려하여 방화벽을 설치한 경우에는 그렇지 않음

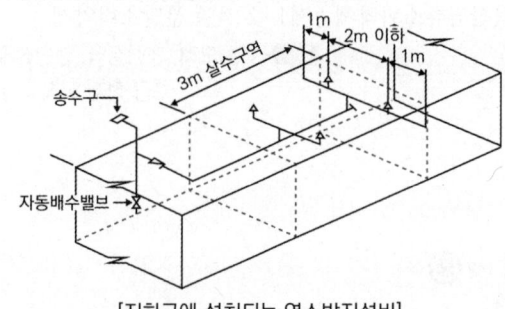

[지하구에 설치되는 연소방지설비]

72 (상 **중** 하)

소화기구 및 자동소화장치의 화재안전기술기준상 소화기구의 소화약제별 적응성 중 C급 화재에 적응성이 없는 소화약제는?

① 마른모래
② 할로겐화합물 및 불활성기체소화약제
③ 이산화탄소소화약제
④ 중탄산염류소화약제

해설 소화기구의 소화약제별 적응성

소화약제 구분	가스		분말	기타
적응대상	이산화탄소 소화약제	할로겐화합물 및 불활성기체소화약제	중탄산염류 소화약제	마른모래
일반화재(A급)	−	○	−	○
유류화재(B급)	○	○	○	○
전기화재(C급)	○	○	○	−

※ 중탄산염류소화약제 : 제1·2·4종 분말소화약제

TIP 마른모래, 팽창질석, 팽창진주암은 C급 화재에 적응성 없음

73 (상 **중** 하)

이산화탄소소화설비 및 할론소화설비의 국소방출방식에 대한 설명으로 옳은 것은?

① 고정식 소화약제 공급장치에 배관 및 분사헤드를 설치하여 직접 화점에 소화약제를 방출하는 방식이다.
② 고정된 분사헤드에서 밀폐 방호구역 공간 전체로 소화약제를 방출하는 방식이다.
③ 호스 선단에 부착된 노즐을 이동하여 방호대상물에 직접 소화약제를 방출하는 방식이다.
④ 소화약제 용기 노즐 등을 운반기구에 적재하고 방호대상물에 직접 소화약제를 방출하는 방식이다.

해설 방출방식에 따른 분류

1) 전역방출방식 : 소화약제 공급장치에 배관 및 분사헤드 등을 설치하여 밀폐 방호구역 전체에 소화약제를 방출하는 방식
2) 국소방출방식 : 소화약제 공급장치에 배관 및 분사헤드를 등을 설치하여 직접 화점에 소화약제를 방출하는 방식
3) 호스릴방식 : 소화수 또는 소화약제 저장용기 등에 연결된 호스릴을 이용하여 사람이 직접 화점에 소화수 또는 소화약제를 방출하는 방식

74 (상 **중** 하)

특고압의 전기시설을 보호하기 위한 소화설비로 물분무소화설비를 사용한다. 그 주된 이유로 옳은 것은?

① 물분무 설비는 다른 물소화설비에 비해서 신속한 소화를 보여주기 때문이다.
② 물분무 설비는 다른 물소화설비에 비해서 물의 소모량이 적기 때문이다.
③ 분무 상태의 물은 전기적으로 비전도성이기 때문이다.
④ 물분무 입자 역시 물이므로 전기전도성이 있으나 전기시설물을 젖게 하지 않기 때문이다.

해설 물분무소화설비 특징

물분무소화설비는 분무 상태의 작은 입자로 비전도성을 가져 C급(전기) 화재에 적응성 있다.

정답 72 ① 73 ① 74 ③

75 (상ⓒ하)

물분무소화설비의 화재안전기술기준에 따라 물분무소화설비를 설치하는 차고 또는 주차장의 배수설비 설치기준으로 틀린 것은?

① 차량이 주차하는 바닥은 배수구를 향해 1/100 이상의 기울기를 유지할 것
② 배수구에서 새어나온 기름을 모아 소화할 수 있도록 길이 40 [m] 이하마다 집수관·소화핏트 등 기름분리장치를 설치할 것
③ 차량이 주차하는 장소의 적당한 곳에 높이 10 [cm] 이상의 경계턱으로 배수구를 설치할 것
④ 배수설비는 가압송수장치의 최대송수능력의 수량을 유효하게 배수할 수 있는 크기 및 기울기로 할 것

해설 물분무소화설비의 배수설비 설치기준

1) 차량이 주차하는 장소의 적당한 곳에 높이 10 [cm] 이상의 경계턱으로 배수구를 설치할 것
2) 배수구에는 새어 나온 기름을 모아 소화할 수 있도록 길이 40 [m] 이하마다 집수관·소화핏트 등 기름분리장치를 설치할 것
3) 차량이 주차하는 바닥은 배수구를 향하여 100분의 2 이상의 기울기를 유지할 것
4) 배수설비는 가압송수장치의 최대송수능력의 수량을 유효하게 배수할 수 있는 크기 및 기울기로 할 것

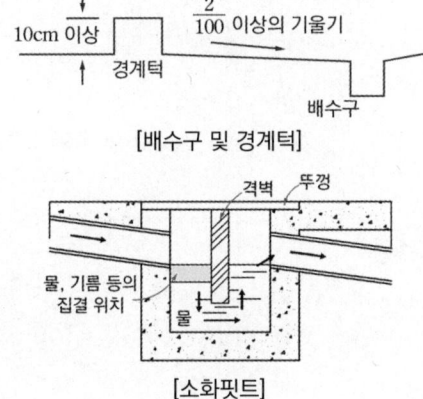

76 (상ⓒ하)

연결송수관설비의 화재안전기술기준에 따라 송수구가 부설된 옥내소화전을 설치한 특정소방대상물로서 연결송수관설비의 방수구를 설치하지 아니할 수 있는 층의 기준 중 다음 ( ) 안에 알맞은 것은? (단, 집회장·관람장·백화점·도매시장·소매시장·판매시설·공장·창고시설 또는 지하가를 제외한다)

- 지하층을 제외한 층수가 (㉠)층 이하이고 연면적이 (㉡) [m²] 미만인 특정소방대상물의 지상층의 용도로 사용되는 층
- 지하층의 층수가 (㉢) 이하인 특정소방대상물의 지하층

① ㉠ 3, ㉡ 5000, ㉢ 3
② ㉠ 4, ㉡ 6000, ㉢ 2
③ ㉠ 5, ㉡ 3000, ㉢ 3
④ ㉠ 6, ㉡ 4000, ㉢ 2

해설 연결송수관설비 방수구를 설치하지 않을 수 있는 층

1) 아파트의 1층 및 2층
2) 소방차 접근이 가능하고 소방대원이 소방차부터 쉽게 도달할 수 있는 피난층
3) 송수구가 부설된 옥내소화전을 설치한 특정소방대상물(집회장·관람장·백화점·도매시장·소매시장·판매시설·공장·창고시설 또는 지하가를 제외한다)로서 다음의 어느 하나에 해당하는 층
  (1) 지하층을 제외한 층수가 4층 이하이고 연면적 6000 [m²] 미만인 특정소방대상물의 지상층
  (2) 지하층의 층수가 2 이하인 특정소방대상물의 지하층

77 (중)

스프링클러설비의 화재안전기술기준에 따라 폐쇄형 스프링클러헤드를 최고 주위온도 40 [℃]인 장소(공장 및 창고 제외)에 설치할 경우 표시온도는 몇 [℃]의 것을 설치하여야 하는가?

① 79 [℃] 미만
② 79 [℃] 이상 121 [℃] 미만
③ 121 [℃] 이상 162 [℃] 미만
④ 162 [℃] 이상

해설 폐쇄형 스프링클러헤드 표시온도

설치장소 최고 주위온도 [℃]	표시온도 [℃]
39 미만	79 미만
39 이상 64 미만	79 이상 121 미만
64 이상 106 미만	121 이상 162 미만
106 이상	162 이상

78 (중)

할론소화설비의 화재안전기술기준상 할론 1211을 국소방출방식으로 방출할 때 분사헤드의 방출압력기준은 몇 [MPa] 이상인가?

① 0.1   ② 0.2
③ 0.9   ④ 1.05

해설 할론 전역방출방식 방출압력

1) 할론 2402 : 0.1 [MPa] 이상
2) 할론 1211 : 0.2 [MPa] 이상
3) 할론 1301 : 0.9 [MPa] 이상

79 (하)

물분무소화설비의 화재안전기술기준상 물분무헤드를 설치하지 아니할 수 있는 장소의 기준 중 다음 (   ) 안에 알맞은 것은?

> 운전 시에 표면의 온도가 (   ) [℃] 이상으로 되는 등 직접 분무를 하는 경우 그 부분에 손상을 입힐 우려가 있는 기계장치 등이 있는 장소

① 160   ② 200
③ 260   ④ 300

해설 물분무헤드 설치 제외 장소

1) 물에 심하게 반응하는 물질 또는 물과 반응하여 위험한 물질을 생성하는 물질을 저장 또는 취급하는 장소
2) 고온의 물질 및 증류범위가 넓어 끓어 넘치는 위험이 있는 물질을 저장 또는 취급하는 장소
3) 운전 시에 표면의 온도가 260 [℃] 이상으로 되는 등 직접 분무를 하는 경우 그 부분에 손상을 입힐 우려가 있는 기계장치 등이 있는 장소

정답 77 ② 78 ② 79 ③

80 ⑤❸⑨

인명구조기구의 화재안전기술기준에 따라 특정소방대상물의 용도 및 장소별로 설치해야 할 인명구조기구의 기준으로 틀린 것은?

① 지하가 중 지하상가는 인공소생기를 층마다 2개 이상 비치할 것
② 판매시설 중 대규모 점포는 공기호흡기를 층마다 2개 이상 비치할 것
③ 지하층을 포함하는 층수가 7층 이상인 관광호텔은 방열복(또는 방화복), 공기호흡기, 인공소생기를 각 2개 이상 비치할 것
④ 물분무등소화설비 중 이산화탄소소화설비를 설치해야 하는 특정소방대상물은 공기호흡기를 이산화탄소소화설비가 설치된 장소의 출입구 외부 인근에 1대 이상 비치할 것

해설 용도 및 장소별로 설치해야 할 인명구조기구

특정소방대상물	인명구조기구	설치수량
지하층을 포함하는 층수가 7층 이상인 관광호텔 및 5층 이상인 병원	• 방열복 또는 방화복 • 공기호흡기 • 인공소생기	각 2개 이상 비치할 것(단, 병원의 경우 인공소생기 설치 제외 가능)
• 문화 및 집회시설 중 수용인원 100명 이상의 영화상영관 • 판매시설 중 대규모 점포 • 운수시설 중 지하역사 • 지하가 중 지하상가	공기호흡기	층마다 2개 이상 비치할 것
물분무등소화설비 중 이산화탄소소화설비를 설치해야 하는 특정소방대상물	공기호흡기	이산화탄소소화설비가 설치된 장소의 출입구 외부 인근에 1개 이상 비치할 것

[방열복] [방화복]

[공기호흡기]

[인공소생기]

정답 80 ①

2020 출제경향 분석

[소방원론]

연도 및 회차	CHAPTER	연소	연소생성물	폭발	화재	위험물	소화	안전관리 및 건축방재	합계
2020년	1,2	4	2	1	3	3	6	1	20
	3	5	1	0	2	2	9	1	20
	4	5	0	1	3	2	6	3	20

[소방유체역학]

연도 및 회차	CHAPTER	유체이론	정수역학	동수역학	배관과 펌프	열역학	합계
2020년	1,2	3	4	4	6	3	20
	3	3	3	8	4	2	20
	4	2	4	5	5	4	20

격차를 뛰어넘어 압도적인 격차를 만들다

[소방관계법규]

CHAPTER 연도 및 회차		소방기본법	소방시설법	화재예방법	소방공사업법	위험물 안전관리법	합계
2020년	1,2	4	6	3	3	4	20
	3	3	8	3	2	4	20
	4	2	7	5	2	4	20

[소방기계시설의 구조 및 원리]

CHAPTER 연도 및 회차		소화기구 및 자동 소화장치	옥내 소화전 설비	옥외 소화전 설비	스프링클러 설비	물분무 소화 설비	미분무 소화 설비	포소화 설비	이산화탄소 소화설비	할론 소화 설비	할로겐 화합물 및 불활성기체 소화설비	분말 소화 설비	피난기구 및 인명 구조기구	소화 용수 설비	제연 설비	연결 송수관 설비	연결 살수 설비	기타	합계
2020년	1,2	2	0	1	3	2	0	2	1	1	0	2	2	2	1	0	1	0	20
	3	2	1	0	3	1	0	2	2	0	0	2	2	1	2	0	0	2	20
	4	3	1	0	3	0	2	2	0	1	1	2	2	2	0	0	0	1	20

2020년 1, 2회 소방원론

01 (상 중 하)

이산화탄소에 대한 설명으로 틀린 것은?

① 임계온도는 97.5 [℃]이다.
② 고체의 형태로 존재할 수 있다.
③ 불연성 가스로 공기보다 무겁다.
④ 드라이아이스와 분자식이 동일하다.

해설 이산화탄소(CO_2)의 물성

구분		구분	
분자량	44 [g/mol]	임계온도	31.35 [℃]
증기비중	1.529	임계압력	75.2 [kg_f/cm^2]
증발열	137 [cal/g]	융해열	45.2 [cal/g]
삼중점	-57 [℃]	비점	-78 [℃]

02 (상 중 하)

물질의 화재 위험성에 대한 설명으로 틀린 것은?

① 인화점 및 착화점이 낮을수록 위험
② 착화에너지가 작을수록 위험
③ 비점 및 융점이 높을수록 위험
④ 연소범위가 넓을수록 위험

해설 화재의 위험성

1) 인화점, 착화점이 낮을수록 위험 (-)
2) 착화 에너지기 작을수록 위험 (-)
3) 비점, 융점이 낮을수록 위험 (-)
4) 열전도율이 작을수록 위험 (-)
5) 연소범위가 넓을수록 위험 (+)

TIP 연소범위만 (+)

03 (상 중 하)

다음 중 연소범위를 근거로 계산한 위험도 값이 가장 큰 물질은?

① 이황화탄소   ② 메테인
③ 수소   ④ 일산화탄소

해설 위험도

1) 위험도 $H = \dfrac{U-L}{L}$

2) 주요물질 연소범위

가스	하한계 L	상한계 U	위험도 H
이황화탄소	1.2	44	35.67
아세틸렌	2.5	81	31.4
다이에틸에터 (디에틸에테르)	1.9	48	24.26
수소	4	75	17.75
에틸렌	2.7	36	12.33
일산화탄소	12.5	74	4.92
뷰테인(부탄)	1.8	8.4	3.67
프로페인(프로판)	2.1	9.5	3.52
에테인(에탄)	3	12.4	3.13
메테인(메탄)	5	15	2

(1) 이황화탄소 $H = \dfrac{44-1.2}{1.2} = 35.67$

(2) 메테인 $H = \dfrac{15-5}{5} = 2$

(3) 수소 $H = \dfrac{75-4}{4} = 17.75$

(4) 일산화탄소 $H = \dfrac{74-12.5}{12.5} = 4.92$

정답 01 ① 02 ③ 03 ①

04 (상)중하

위험물안전관리법령상 제2석유류에 해당하는 것으로만 나열된 것은?

① 아세톤, 벤젠
② 중유, 아닐린
③ 에터(에테르), 이황화탄소
④ 아세트산, 아크릴산

해설 제4류 위험물(인화성 액체)

품명	종류
특수인화물	다이에틸에터(디에틸에테르), 이황화탄소, 아세트알데하이드(아세트알데히드), 산화프로필렌
제1석유류	아세톤, 휘발유, 벤젠
제2석유류	등유, 경유, 초산, 아세트산, 아크릴산
제3석유류	중유, 크레오소트유, 아닐린
제4석유류	기어유, 실린더유

05 상(중)하

종이, 나무, 섬유류 등에 의한 화재에 해당하는 것은?

① A급 화재
② B급 화재
③ C급 화재
④ D급 화재

해설 화재의 분류

등급	화재	표시색	가연물
A급	일반화재	백색	나무, 섬유, 종이, 고무, 플라스틱류
B급	유류화재	황색	인화성 액체, 가연성 액체, 석유 그리스, 타르, 오일, 유성도료, 솔벤트, 래커, 알코올 및 인화성 가스 등
C급	전기화재	청색	전류가 흐르고 있는 전기기기, 배선 등
D급	금속화재	무색	마그네슘 합금 등 가연성 금속
K급	주방화재	-	주방에서 동식물유를 취급하는 조리기구

06 상(중)하

0 [℃], 1기압에서 44.8 [m³]의 용적을 가진 이산화탄소를 액화하여 얻을 수 있는 액화탄산 가스의 무게는 약 몇 [kg]인가?

① 88
② 44
③ 22
④ 11

해설 이상기체 상태방정식

$$PV = nRT = \frac{W}{M}RT$$

$$W = \frac{PVM}{RT} = \frac{1 \times 44.8 \times 44}{0.082 \times (273+0)} ≒ 88 \text{ [kg]}$$

P : 절대압력 [atm]
T : 절대온도 [K](273 + ℃)
W : 기체의 질량 [kg]
V : 부피 [m³]
R : 기체상수(0.082 [atm·m³/kmol·K])
M : CO_2 분자량(44 [kg/kmol])

07 상 중(하)

가연물이 연소가 잘 되기 위한 구비조건으로 틀린 것은?

① 열전도율이 클 것
② 산소와 화학적으로 친화력이 클 것
③ 표면적이 클 것
④ 활성화에너지가 작을 것

해설 가연물이 연소가 잘 되기 위한 구비조건

1) 활성화에너지가 작을 것 (-)
2) 열전도율이 작을 것 (-)
3) 산소와 접촉하는 표면적이 넓을 것 (+)
4) 발열량이 클 것 (+)
5) 산소와 친화력이 클 것 (+)
6) 연쇄반응을 일으킬 것 (+)

TIP 활성화에너지, 열전도율 (-)

정답 04 ④ 05 ① 06 ① 07 ①

08 (상 중 하)

다음 중 소화에 필요한 이산화탄소소화약제의 최소 설계농도 값이 가장 높은 물질은?

① 메테인
② 에틸렌
③ 천연가스
④ 아세틸렌

해설 가연성 액체 또는 가연성 가스의 소화에 필요한 이산화탄소소화약제의 설계농도

가연성 액체·가스	설계농도 [%]
수소	75
아세틸렌	66
일산화탄소	64
산화에틸렌	53
에틸렌	49
에테인(에탄)	40
석탄가스, 천연가스	37
프로페인(프로판)	36
뷰테인(부탄)	34
메테인(메탄)	34

09 (상 중 하)

이산화탄소의 증기비중은 약 얼마인가? (단, 공기의 분자량은 29이다)

① 0.81
② 1.52
③ 2.02
④ 2.51

해설 증기비중

1) 증기비중 $= \dfrac{분자량}{29(공기\ 분자량)}$
 $= \dfrac{44(CO_2\ 분자량)}{29} ≒ 1.52$

2) 공기에 대한 가스의 무게비

증기비중	공기에 대한 무게
증기비중 > 1	공기보다 무거움
증기비중 < 1	공기보다 가벼움

보충 원자량(H : 1, C : 12, N : 14, O : 16)

10 (상 중 하)

유류탱크 화재 시 기름 표면에 물을 살수하면 기름이 탱크 밖으로 비산하여 화재가 확대되는 현상은?

① 슬롭 오버(Slop Over)
② 플래시 오버(Flash Over)
③ 프로스 오버(Froth Over)
④ 블레비(BLEVE)

해설 유류탱크 화재 재해현상

현상	설명
보일 오버	중질유 탱크 저부의 에멀전(물)이 증발하면서 부피가 팽창하여 기름이 탱크 밖으로 화재를 동반하며 방출하는 현상
슬롭 오버	고온 기름 표면에 물 살수 시 급격한 수분 증발로 기름이 팽창되어 탱크 밖으로 분출하는 현상
프로스 오버	고온 아스팔트가 물이 존재하는 탱크에 옮겨지면서 화재를 수반하지 않고 기름을 분출하는 현상
블레비	비등액체 증기폭발, 주변 화재로 탱크 내 액체가 비등하고 압력이 상승하여 탱크가 파열되는 현상, 파이어 볼 발생 ※ 파이어 볼 : 인화성 액체가 대량 기화되어 갑자기 발화될 때 발생하는 공 모양 화염

보충 플래시 오버 : 온도가 급격히 상승하여 화재가 순간적으로 실내 전체에 확산되는 현상

정답 08 ④ 09 ② 10 ①

11

실내 화재 시 발생한 연기로 인한 감광계수(m^{-1})와 가시거리에 대한 설명 중 틀린 것은?

① 감광계수가 0.1일 때 가시거리는 20~30 [m]이다.
② 감광계수가 0.3일 때 가시거리는 15~20 [m]이다.
③ 감광계수가 1.0일 때 가시거리는 1~2 [m]이다.
④ 감광계수가 10일 때 가시거리는 0.2~0.5 [m]이다.

해설 감광계수

감광계수[m^{-1}]	가시거리[m]	내용
0.1	20~30	연기감지기 작동할 때
0.3	5	건물에 익숙한 사람이 피난에 지장을 느낄 때
0.5	3	어두움을 느낄 때
1	1~2	거의 앞이 보이지 않음
10	0.2~0.5	최성기 때 연기농도
30	-	출화실에서 연기 분출

12

$NH_4H_2PO_4$를 주성분으로 한 분말소화약제는 제몇 종 분말소화약제인가?

① 제1종 ② 제2종
③ 제3종 ④ 제4종

해설 분말소화약제

종별	소화약제	약제색	적응화재
1종	탄산수소나트륨 ($NaHCO_3$)	백색	BC급
2종	탄산수소칼륨 ($KHCO_3$)	담자색 (담회색)	BC급
3종	제1인산암모늄 ($NH_4H_2PO_4$)	담홍색	ABC급
4종	탄산수소칼륨 + 요소 ($KHCO_3$+$(NH_2)_2CO$)	회(백)색	BC급

암기 ▶ 백남사 롱어회

13

다음 물질 중 연소하였을 때 시안화수소를 가장 많이 발생시키는 물질은?

① Polyethylene
② Polyurethane
③ Polyvinyl Chloride
④ Polystyrene

해설 폴리우레탄(Polyurethane)

[폴리우레탄 사용 예]

1) 가연성 물질
2) 연소하면 일산화탄소(CO)·시안화수소(HCN) 등의 유독가스 배출
3) 단열재로 사용되는 경질품 및 소리를 흡수시키는 방음재 등으로 주로 쓰이며, 엔지니어링플라스틱, 시트 쿠션, 페인트, 접착제, 기능성 섬유 등으로 용도가 매우 다양함

보충 ▶ 폴리우레탄 : 고분자의 주 사슬에 우레탄 결합이 반복적으로 들어있는 고분자 화합물의 통칭
C, H, O, N으로 이루어짐

정답 11 ② 12 ③ 13 ②

14 (상)중(하)

다음 물질의 저장창고에서 화재가 발생하였을 때 주수소화를 할 수 없는 물질은?

① 부틸리튬
② 질산에틸
③ 나이트로셀룰로오스
④ 적린

해설 금수성 물질

1) 부틸리튬 : 제3류 위험물(알킬리튬)
   → 물과 접촉 시 심하게 발열하고 가연성 가스인 수소가스를 발생시킴
2) 질산에틸 : 제5류 위험물(질산에스터류)
3) 나이트로셀룰로오스(니트로셀룰로오스) : 제5류 위험물(질산에스터류)
4) 적린 : 제2류 위험물

※ 금수성 물질
물과 접촉하면 발열·발화, 가연성 가스를 발생시킴

금수성 물질	물과 접촉 시 발생현상
무기과산화물	산소(O_2) 발생
금속분 마그네슘(Mg) 나트륨(Na) 칼륨(K) 리튬(Li) 수소화리튬(LiH) 부틸리튬(C_4H_9Li)	수소(H_2) 발생
탄화칼슘(칼슘카바이드)	아세틸렌(C_2H_2) 발생

15 상(중)하

다음 중 상온·상압에서 액체인 것은?

① 탄산가스
② 할론 1301
③ 할론 2402
④ 할론 1211

해설 할론소화약제

종류	분자식	상온·상압
할론 1211	CF_2ClBr	기체
할론 1301	CF_3Br	기체
할론 1011	CH_2ClBr	액체
할론 2402	$C_2F_4Br_2$	액체

16 상(중)하

밀폐된 내화건물의 실내에 화재가 발생했을 때 그 실내의 환경변화에 대한 설명 중 틀린 것은?

① 기압이 급강하한다.
② 산소가 감소된다.
③ 일산화탄소가 증가한다.
④ 이산화탄소가 증가한다.

해설 밀폐된 내화건물 화재

1) 실내 기압이 상승 (+)
2) 일산화탄소·이산화탄소 증가 (+)
3) 산소량 감소 (-)

TIP 산소량만 (-)

정답 14 ① 15 ③ 16 ①

17 상 중 하

제거소화의 예에 해당하지 않는 것은?

① 밀폐 공간에서의 화재 시 공기를 제거한다.
② 가연성 가스 화재 시 가스의 밸브를 닫는다.
③ 산림화재 시 확산을 막기 위하여 산림의 일부를 벌목한다.
④ 유류탱크 화재 시 연소되지 않은 기름을 다른 탱크로 이동시킨다.

해설 제거소화

방법	내용
격리	• 바람을 일으켜 가연물과 불꽃을 격리
소멸	• 가스밸브를 차단하여 가스 공급을 소멸 • 드레인밸브(배출밸브)를 개방하여 기름 배출 • 가연물을 다른 지역으로 이동
파괴	• 산불 화재 시 맞불, 벌목

보충 ▶ 밀폐 공간에서의 화재 시 공기 제거 : 질식소화

18 상 중 하

화재 시 나타나는 인간의 피난 특성으로 볼 수 없는 것은?

① 어두운 곳으로 대피한다.
② 최초로 행동한 사람을 따른다.
③ 발화지점의 반대방향으로 이동한다.
④ 평소에 사용하던 문, 통로를 사용한다.

해설 화재 시 인간의 피난 특성

본능	특성
귀소본능	친숙한 경로를 따라 대피
지광본능	화재나 정전 시 밝은 쪽으로 피난
추종본능	많은 사람들이 리더를 추종
퇴피본능	화재 공포감으로 화염 반대방향 이동
좌회본능	좌측통행, 시계반대방향 회전
직진본능	비상시 직진

19 상 중 하

산소의 농도를 낮추어 소화하는 방법은?

① 냉각소화   ② 질식소화
③ 제거소화   ④ 억제소화

해설 소화의 형태

소화	내용
냉각소화	열 흡수, 발화점 이하로 낮추어 소화
질식소화	산소농도 15 [%] 이하로 낮춤
제거소화	가연물을 차단, 격리
억제소화	연쇄반응을 차단, 부촉매소화

보충 ▶ 물리적 소화 : 냉각, 질식, 제거
화학적 소화 : 억제소화(부촉매소화)

20 상 중 하

인화알루미늄의 화재 시 주수소화하면 발생하는 물질은?

① 수소   ② 메테인
③ 포스핀   ④ 아세틸

해설 물과 반응 시 발생가스

물질	가스
탄화칼슘(CaC_2)	아세틸렌(C_2H_2)
탄화알루미늄(Al_4C_3)	메테인(메탄, CH_4)
인화칼슘(Ca_3P_2)	포스핀(PH_3)
인화알루미늄(AlP)	
수소화리튬(LiH)	수소(H_2)

암기 탄칼아, 탄알메, 인포

2020년 1, 2회 소방유체역학

21 (상중하)

비중이 0.8인 액체가 한 변이 10 [cm]인 정육면체 모양 그릇의 반을 채울 때 액체의 질량 [kg]은?

① 0.4
② 0.8
③ 400
④ 800

해설 액체의 질량

$$밀도\ \rho[kg/m^3] = \frac{m}{V}$$

질량 $m[kg] = \rho V = (S \cdot \rho_w)V$

$$= (0.8 \times 1000) \times \frac{0.1^3}{2} = 0.4[kg]$$

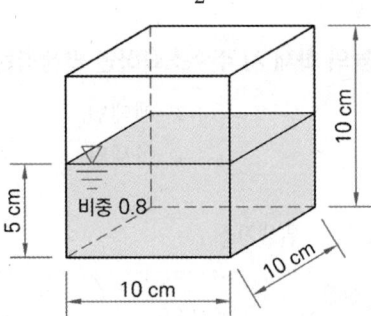

ρ : 밀도 [kg/m³], V : 체적 [m³]

22 (상중하)

펌프의 입구에서 진공계의 계기압력은 -160 [mmHg], 출구에서 압력계의 계기압력은 300 [kPa], 송출 유량은 10 [m³/min]일 때 펌프의 수동력 [kW]은? (단, 진공계와 압력계 사이의 수직거리는 2 [m]이고, 흡입관과 송출관의 직경은 같으며, 손실은 무시한다)

① 5.7
② 56.8
③ 557
④ 3400

해설 펌프의 수동력

$$수동력\ P[kW] = \gamma[kN/m^3] \times Q[m^3/s] \times H[m]$$

1) 전양정 H [m]

H = 흡입양정 + 토출양정 + 실양정

$= 2.2 + 30.6 + 2 = 34.8$

(1) 흡입양정

$$160[mmHg] \times \frac{10.332[mAq]}{760[mmHg]} = 2.2[m]$$

(2) 토출양정

$$300[kPa] \times \frac{10.332[mAq]}{101.325[kPa]} = 30.6[m]$$

2) 유량 $Q = \frac{10}{60}$ [m³/s]

3) 수동력 P

$P[kW] = \gamma QH$

$= 9.8[kN/m^3] \times \frac{10}{60}[m^3/s] \times 34.8[m]$

$= 56.84[kW]$

γ : 물의 비중량 [9.8 kN/m³]
Q : 유량 [m³/s]
H : 전양정 [m]

정답 21 ① 22 ②

23

다음 (ㄱ), (ㄴ)에 알맞은 것은?

파이프 속을 유체가 흐를 때 파이프 끝의 밸브를 갑자기 닫으면 유체의 (ㄱ) 에너지가 압력으로 변환되면서 밸브 직전에서 높은 압력이 발생하고 상류로 압축파가 전달되는 (ㄴ)현상이 발생한다.

① (ㄱ) 운동, (ㄴ) 서징
② (ㄱ) 운동, (ㄴ) 수격작용
③ (ㄱ) 위치, (ㄴ) 서징
④ (ㄱ) 위치, (ㄴ) 수격작용

해설 수격작용

1) 배관에 유체 속도가 급격히 변화 시 발생
2) 유체의 과도한 압력 변화가 배관에 충격
3) 급격한 운동에너지가 압력에너지로 변화

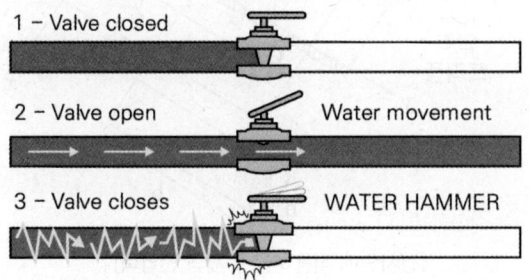

해설 과열증기

정압하에서 포화증기를 가열한 증기로 과열증기의 압력은 해당 온도에서의 포화압력과 같다.

※ 정압하에서의 증발
순수물질인 물을 밀폐된 실린더 속에 넣고 일정한 압력 상태에서 가열하면, 온도가 상승하면서 물이 수증기로 증발하여 아래와 같은 과정으로 변화함(모든 순수물질은 동일한 일반적 거동을 나타냄)

구분			
명칭	압축수 (과냉액체)	포화수 (포화액)	습증기 (= 습포화증기)
건도(x)	$x=0$	$x=0$	$0<x<1(100[\%])$

구분		
명칭	건포화증기 (= 포화증기)	과열증기
건도(x)	$x=1(100[\%])$	$x=1(100[\%])$

24

과열증기의 대한 설명으로 틀린 것은?

① 과열증기의 압력은 해당 온도에서의 포화압력보다 높다.
② 과열증기의 온도는 해당 압력에서의 포화온도보다 높다.
③ 과열증기의 비체적은 해당 온도에서의 포화증기의 비체적보다 크다.
④ 과열증기의 엔탈피는 해당 압력에서의 포화증기의 엔탈피보다 크다.

25

비중이 0.85이고 동점성계수가 3×10^{-4} [m²/s]인 기름이 직경 10 [cm]의 수평 원형 관 내에 20 [L/s]으로 흐른다. 이 원형 관의 100 [m] 길이에서의 수두손실 [m]은? (단, 정상 비압축성 유동이다)

① 16.6
② 25.0
③ 49.8
④ 82.2

해설 배관 손실수두 계산

[풀이 1] (달시 웨버공식 풀이)

$$손실수두\ H_L[m] = f \times \frac{L}{D} \times \frac{V^2}{2g}$$

1) 유속 V ($Q = AV$)

$$0.02 = \frac{\pi}{4} \times 0.1^2 \times V$$

$$\therefore V = 2.55\ [m/s]$$

2) 레이놀즈수 Re

$$Re = \frac{VD}{\nu} = \frac{2.55 \times 0.1}{3 \times 10^{-4}} = 850$$

3) 관 마찰계수 f

$$f = \frac{64}{Re} = \frac{64}{850} = 0.075$$

4) 마찰손실수두 H_L

$$H_L[m] = f \times \frac{L}{D} \times \frac{V^2}{2g}$$

$$= 0.075 \times \frac{100}{0.1} \times \frac{2.55^2}{2 \times 9.8} = 24.88$$

[풀이 2] (하겐 포아젤공식 풀이)

$$하겐\ 포아젤공식\ P[Pa] = \frac{128\mu LQ}{\pi D^4}$$

층류유동으로 가정하고 [하겐 포아젤공식]을 사용한다.

$$H[m] = \frac{P}{\gamma} = \frac{128\mu LQ}{\gamma \times \pi D^4} = \frac{128 \times (\rho \times \nu) \times L \times Q}{(S \times \gamma_w) \times \pi D^4}$$

$$= \frac{128 \times (S \times \rho_w \times \nu) \times L \times Q}{(S \times \gamma_w) \times \pi D^4}$$

$$= \frac{128 \times (0.85 \times 1000 \times 3 \times 10^{-4}) \times 100 \times \frac{20}{1000}}{(0.85 \times 9800) \times \pi \times 0.1^4}$$

$$= 24.945[m]$$

보충 $\gamma = S \times \gamma_w$, $\rho = S \times \rho_w$
$\gamma_w = 9800[N/m^3]$, $\rho_w = 1000[kg/m^3]$

26 상(중)하

그림과 같이 수족관에 직경 3 [m]의 투시경이 설치되어 있다. 이 투시경에 작용하는 힘 [kN]은?

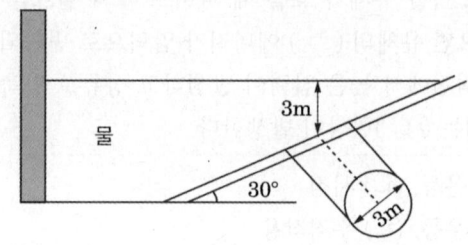

① 207.8 ② 123.9
③ 87.1   ④ 52.4

해설 투시경에 작용하는 힘

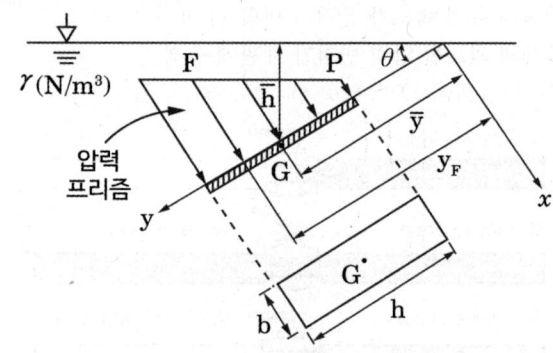

[경사면에 작용하는 유체의 전압력]

힘 $F = \gamma \bar{h} A = 9.8 \times 3 \times (\frac{\pi}{4} \times 3^2) = 207.8\ [kN]$

γ : 비중량 [kN/m³]
$\bar{h}$: 도심점으로부터 액면까지 연직 상방의 높이 [m]
A : 면적 [m²]

정답 26 ①

27 (상 중 하)

점성에 관한 설명으로 틀린 것은?

① 액체의 점성은 분자 간 결합력에 관계된다.
② 기체의 점성은 분자 간 운동량 교환에 관계된다.
③ 온도가 증가하면 기체의 점성은 감소된다.
④ 온도가 증가하면 액체의 점성은 감소된다.

해설 점성 특징

1) 온도가 증가하면 기체의 점성은 증가
   ⇒ 온도가 증가하면 기체의 저항이 증가
2) 온도가 증가하면 액체의 점성 감소

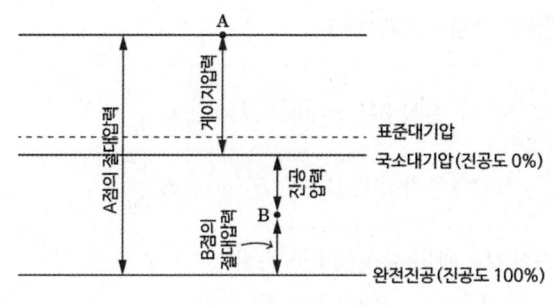

[절대압력과 게이지압력]

28 (상 중 하)

240 [mmHg]의 절대압력은 계기압력으로 약 몇 [kPa]인가? (단, 대기압은 760 [mmHg]이고, 수은의 비중은 13.6이다)

① -32.0　　② 32.0
③ -69.3　　④ 69.3

해설 절대압력

1) 절대압 = 대기압 + 계기압
   240 = 760 + 계기압
   계기압 = -520 [mmHg]
2) 단위환산

$$-520 \, mmHg \times \frac{101.325 \, kPa}{760 \, mmHg}$$

$$= -69.345 \, kPa$$

보충 절대압력 : 완전진공을 기준으로 측정한 압력
(1) 절대압력 = 대기압 + 게이지압력
(2) 절대압력 = 대기압 - 진공압

암기 절대게 절대마진

29 (상 중 하)

관의 길이가 l이고, 지름이 d, 관 마찰계수가 f일 때, 총 손실수두 H [m]를 식으로 바르게 나타낸 것은? (단, 입구 손실계수가 0.5, 출구 손실계수가 1.0, 속도수두는 $V^2/2g$이다)

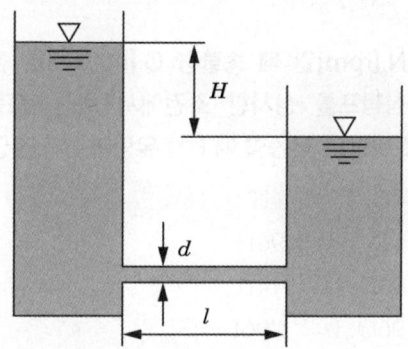

① $\left(1.5 + f\dfrac{l}{d}\right)\dfrac{V^2}{2g}$

② $\left(f\dfrac{l}{d} + 1\right)\dfrac{V^2}{2g}$

③ $\left(0.5 + f\dfrac{l}{d}\right)\dfrac{V^2}{2g}$

④ $\left(f\dfrac{l}{d}\right)\dfrac{V^2}{2g}$

정답 27 ③　28 ③　29 ①

해설 총 손실수두 계산

$$손실수두\ H_L[m] = f \times \frac{L}{D} \times \frac{V^2}{2g}$$

$$부차적\ 손실수두\ H_L[m] = K\frac{V^2}{2g}$$

총 손실 H = 관 손실 + 입출구 손실

$$H = f\frac{l}{d}\frac{V^2}{2g} + (K_{입구} + K_{출구})\frac{V^2}{2g}$$

$$H = f\frac{l}{d}\frac{V^2}{2g} + (0.5+1)\frac{V^2}{2g}$$

$$= \left(1.5 + f\frac{l}{d}\right)\frac{V^2}{2g}$$

1) 유량 $Q_2 = \frac{N_2}{N_1} \times Q_1$

$$Q_2 = \frac{1.4 \times N_1}{N_1} \times Q_1 = 1.4 Q_1$$

2) 양정 $H_2 = \left(\frac{N_2}{N_1}\right)^2 \times H_1$

$$H_2 = \left(\frac{1.4 N_1}{N_1}\right)^2 \times H_1 = 1.96 H_1$$

Q_1, Q_2 : 유량 [m³/min]
H_1, H_2 : 양정 [m]
L_1, L_2 : 동력 [kW]
N_1, N_2 : 임펠러의 회전수 [rpm]
D_1, D_2 : 임펠러의 직경 [m]

30 상중하

회전속도 N [rpm]일 때 송출량 Q [m³/min], 전양정 H [m]인 원심펌프를 상사한 조건에서 회전속도를 1.4N [rpm]으로 바꾸어 작동할 때 (ㄱ) 유량과 (ㄴ) 전양정은?

① (ㄱ) 1.4Q, (ㄴ) 1.4H
② (ㄱ) 1.4Q, (ㄴ) 1.96H
③ (ㄱ) 1.96Q, (ㄴ) 1.4H
④ (ㄱ) 1.96Q, (ㄴ) 1.96H

해설 펌프 상사법칙

① 유량 $Q_2 = \left(\frac{N_2}{N_1}\right)^1 \times \left(\frac{D_2}{D_1}\right)^3 \times Q_1$

② 양정 $H_2 = \left(\frac{N_2}{N_1}\right)^2 \times \left(\frac{D_2}{D_1}\right)^2 \times H_1$

③ 동력 $L_2 = \left(\frac{N_2}{N_1}\right)^3 \times \left(\frac{D_2}{D_1}\right)^5 \times L_1$

31 상중하

그림과 같이 길이 5 [m], 입구직경(D_1) 30 [cm], 출구직경(D_2) 16 [cm]인 직관을 수평면과 30° 기울어지게 설치하였다. 입구에서 0.3 [m³/s]로 유입되어 출구에서 대기 중으로 분출된다면 입구에서의 절대압력 [kPa]은? (단, 대기는 표준대기압 상태이고 마찰손실은 없다)

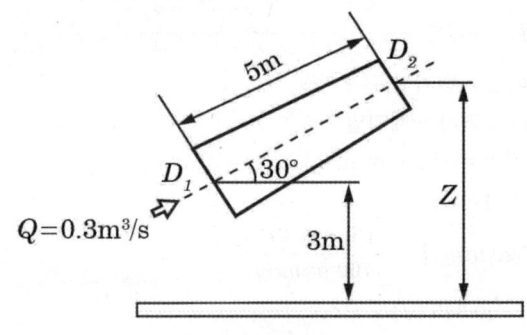

① 24.5
② 102
③ 127
④ 228

해설 입구에서의 압력

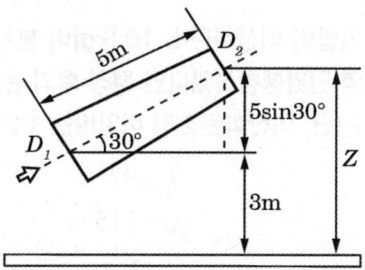

입구 측을 1단면, 출구 측을 2단면으로 가정한다.
1) 출구 측 위치수두 $Z_2 = 3 + 5\sin 30° = 5.5\,m$
2) 유속 $V\,(Q=AV)$

$$0.3 = \frac{\pi \times 0.3^2}{4} \times V_1, \therefore V_1 = 4.24\,m/s$$

$$0.3 = \frac{\pi \times 0.16^2}{4} \times V_2, \therefore V_2 = 14.92\,m/s$$

3) 입구에서의 압력 P_1 (계기압)

$$\frac{P_1}{\gamma} + \frac{V_1^2}{2g} + Z_1 = \frac{P_2}{\gamma} + \frac{V_2^2}{2g} + Z_2$$

$$P_1 = \gamma\left(\frac{V_2^2}{2g} + \frac{P_2}{\gamma} + Z_2 - \frac{V_1^2}{2g} - Z_1\right)$$

여기서 대기 중으로 분출되므로 $P_2 = 0$ (대기압)

$$P_1 = 9.8\left(\frac{14.92^2}{2\times 9.8} + \frac{0}{9.8} + 5.5 - \frac{4.24^2}{2\times 9.8} - 3\right)$$
$$= 127\,kPa$$

4) 절대압 = 대기압 + 계기압
   = 101.325 [kPa] + 127 [kPa]
   = 228 [kPa]

32 (상 중 하)

다음 중 배관의 유량을 측정하는 계측 장치가 아닌 것은?

① 로터미터(Rotameter)
② 유동노즐(Flow Nozzle)
③ 마노미터(Manometer)
④ 오리피스(Orifice)

해설 유체의 측정

구분	측정기기
유량	벤추리미터, 오리피스, 로터미터, 위어, 노즐
압력 (정압)	피에조미터, 정압관, 부르돈(관)압력계, 마노미터
유속 (동압)	피토관, 피토정압관, 시차액주계, 열선풍속계

33 (상 중 하)

지름 10 [cm]의 호스에 출구 지름이 3 [cm]인 노즐이 부착되어 있고, 1500 [L/min]의 물이 대기 중으로 뿜어져 나온다. 이때 4개의 플랜지 볼트를 사용하여 노즐을 호스에 부착하고 있다면 볼트 1개에 작용되는 힘의 크기[N]는? (단, 유동에서 마찰이 존재하지 않는다고 가정한다)

① 58.3
② 899.4
③ 1018.4
④ 4098.2

해설 플랜지볼트에 작용하는 힘

플랜지볼트에 작용하는 힘 F_x
$$F_x = P_{1g}A_1 - \rho Q \Delta V$$

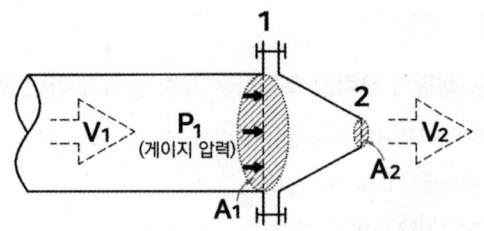

1) 유속 $V(Q=AV)$

$$0.025 = \frac{\pi \times 0.1^2}{4} \times V_1, \quad \therefore V_1 = 3.2 [m/s]$$

$$0.025 = \frac{\pi \times 0.03^2}{4} \times V_2, \quad \therefore V_2 = 35.4 [m/s]$$

2) 압력 P_1

베르누이방정식을 통해 P_1을 도출한다.

$$\frac{P_1}{\gamma} + \frac{V_1^2}{2g} + Z_1 = \frac{P_2}{\gamma} + \frac{V_2^2}{2g} + Z_2$$

여기서 노즐과 호스의 높이 차에 대한 조건이 없으므로 수평하다고 간주하여 $Z_1 = Z_2$, $P_2 = 0$(대기압)이다.

따라서 $\frac{P_1}{\gamma} + \frac{V_1^2}{2g} = \frac{V_2^2}{2g}$

압력 $P_1 = (\frac{V_2^2 - V_1^2}{2g}) \times \gamma$

$$= (\frac{35.4^2 - 3.2^2}{2 \times 9.8})[m] \times 9800[N/m^3]$$

$$= 620371 [Pa]$$

3) 플랜지 볼트 전체(4개)에 작용하는 힘 F_x

$F_x = P_1 A_1 - \rho Q \Delta V$

$$= 620731 \times \frac{\pi}{4} \times 0.1^2$$

$$- 1000 \times 0.025 \times (35.4 - 3.2)$$

$$= 4067.4 [N]$$

∴ 플랜지볼트에 1개에 작용하는 힘

$$= \frac{F_x}{4[개]} = \frac{4067.4[N]}{4[개]} = 1016.85[N]$$

34 상중하

-10 [℃], 6기압의 이산화탄소 10 [kg]이 분사노즐에서 1기압까지 가역 단열팽창하였다면 팽창 후의 온도는 몇 [℃]가 되겠는가? (단, 이산화탄소의 비열비는 1.289이다)

① -85
② -97
③ -105
④ -115

해설 단열과정에서 상태변화

단열 지수 관계 $\frac{T_2}{T_1} = (\frac{V_1}{V_2})^{k-1} = (\frac{P_2}{P_1})^{\frac{k-1}{k}}$

$$\frac{T_2}{T_1} = (\frac{P_2}{P_1})^{\frac{k-1}{k}}$$

$$\frac{(t_2 + 273)}{(-10 + 273)} = (\frac{1}{6})^{\frac{1.289-1}{1.289}}$$

$\therefore t_2 = -97 [℃]$

P_1, P_2 : 절대압력 [kPa]
T_1, T_2 : 절대온도 [K](273 + ℃)
t_2 : 압축 후의 섭씨온도 [℃]
k : 비열비

TIP 문제에서 묻는 단위를 기준으로 미지수 x를 설정하면 최종 답에서 실수를 줄일 수 있다.
(절대온도 [K]가 아닌 섭씨온도 [℃]를 미지수 t로 둔다)

정답 34 ②

35

다음 그림에서 A, B점의 압력차 [kPa]는? (단, A는 비중 1의 물, B는 비중 0.899의 벤젠이다)

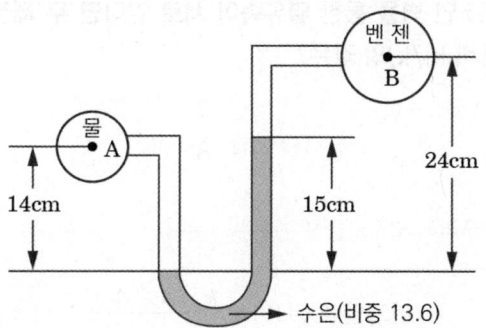

① 278.7   ② 191.4
③ 23.07   ④ 19.4

해설 시차 액주계 압력차

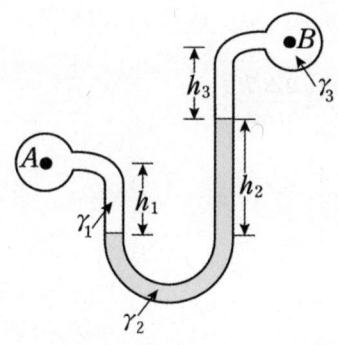

$P_A + \gamma_1 h_1 = P_B + \gamma_3 h_3 + \gamma_2 h_2$

$P_A - P_B = \gamma_3 h_3 + \gamma_2 h_2 - \gamma_1 h_1$

$\quad = S_3 \gamma_w h_3 + S_2 \gamma_w h_2 - \gamma_w h_1$

$\quad = (0.899 \times 9.8 kN/m^3 \times 0.09 m)$
$\quad + (13.6 \times 9.8 kN/m^3 \times 0.15 m)$
$\quad - (9.8 kN/m^3 \times 0.14 m)$

$\quad = 19.4 \ [kPa]$

36

펌프의 일과 손실을 고려할 때 베르누이 수정방정식을 바르게 나타낸 것은? (단, H_P와 H_L은 펌프의 수두와 손실수두를 나타내며, 하첨자 1, 2는 각각 펌프의 전후 위치를 나타낸다)

① $\dfrac{v^2}{2g} + \dfrac{P_1}{\gamma} + z_1 = \dfrac{v_2^2}{2g} + \dfrac{P_2}{\gamma} + H_L$

② $\dfrac{v_1^2}{2g} + \dfrac{P_1}{\gamma} + z_1 + H_P = \dfrac{v_2^2}{2g} + \dfrac{P_2}{\gamma} + H_L$

③ $\dfrac{v_1^2}{2g} + \dfrac{P_1}{\gamma} + H_P = \dfrac{v_2^2}{2g} + \dfrac{P_2}{\gamma} + z_2 + H_L$

④ $\dfrac{v_1^2}{2g} + \dfrac{P_1}{\gamma} + z_1 + H_P = \dfrac{v_2^2}{2g} + \dfrac{P_2}{\gamma} + z_2 + H_L$

해설 수정 베르누이방정식

$\dfrac{P_1}{\gamma} + \dfrac{V_1^2}{2g} + Z_1 + H_P = \dfrac{P_2}{\gamma} + \dfrac{V_2^2}{2g} + Z_2 + H_L$

H_P : 펌프의 수두(전양정), H_L : 손실수두

정답 35 ④ 36 ④

37 (상)중(하)

그림과 같이 단면 A에서 정압이 500 [kPa]이고, 10 [m/s]로 난류의 물이 흐르고 있을 때 단면 B에서의 유속 [m/s]은?

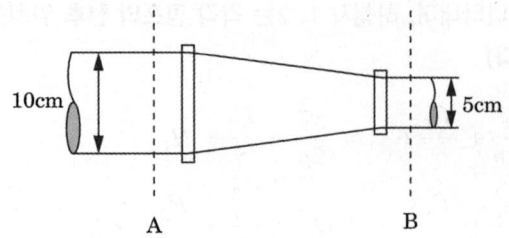

① 20   ② 40
③ 60   ④ 80

해설 연속방정식 체적유량

$Q = A_1 V_1 = A_2 V_2$

$V_2 = \dfrac{A_1 V_1}{A_2} = \dfrac{D_1^2 V_1}{D_2^2} = \dfrac{10^2 \times 10}{5^2} = 40$

Q : 유량
A : 배관 단면적
V : 유속

38 (상)중(하)

압력이 100 [kPa]이고 온도가 20 [℃]인 이산화탄소를 완전기체라고 가정할 때 밀도 [kg/m³]는? (단, 이산화탄소의 기체상수는 188.95 [J/kg·K]이다)

① 1.1   ② 1.8
③ 2.56 ④ 3.8

해설 기체 밀도

이상기체 상태방정식 $PV = nRT = \dfrac{W}{M} RT = W\overline{R}T$

밀도 $\rho = \dfrac{P}{RT} = \dfrac{100 \times 10^3 [Pa]}{188.95 [J/kg \cdot K] \times (273 + 20) [K]}$

$= 1.806 [kg/m^3]$

39 (상)중(하)

온도 차이가 △T, 열전도율이 k_1, 두께 x인 벽을 통한 열유속(Heat Flux)과 온도 차이가 2△T, 열전도율이 k_2, 두께 $0.5x$인 벽을 통한 열유속이 서로 같다면 두 재질의 열전도율비 k_1/k_2의 값은?

① 1   ② 2
③ 4   ④ 8

해설 푸리에 열전도법칙

전도열량 $\dot{Q}[W] = \dfrac{k \times A \times \triangle T}{l}$

k : 열전도율(열전도계수) [W/m·K]
A : 열전달 면적 [m²]
$\triangle T$: 온도 차 [K]
l : 전열체의 두께 [m]

열유속 $\dot{Q}''[W/m^2] = k \times \dfrac{\triangle T}{l}$

$k_1 \times \dfrac{\triangle T}{x} = k_2 \times \dfrac{2\triangle T}{0.5x}$

∴ $\dfrac{k_1}{k_2} = \dfrac{2}{0.5} = 4$

정답 37 ② 38 ② 39 ③

40 ⓢ 중 하

표준대기압 상태인 어떤 지방의 호수 밑 72.4 [m]에 있던 공기의 기포가 수면으로 올라오면 기포의 부피는 최초 부피의 몇 배가 되는가? (단, 기포 내의 공기는 보일의 법칙을 따른다)

① 2　　　　　　② 4
③ 7　　　　　　④ 8

해설 기포의 부피(보일의 법칙)

$$\text{보일의 법칙 } P_1 V_1 = P_2 V_2$$

$P_1 V_1 = P_2 V_2$

$(P_{\text{대기압}} + \text{수압}) \times V_1 = P_{\text{대기압}} \times V_2$

1) 표준대기압 $= 101.325 [kPa]$
2) 수압 $P = \gamma H = 9.8 [kN/m^3] \times 72.4 [m]$
   $= 709.52 [kPa]$

여기서 $V_1 = 1$로 보았을 때,

$(101.325 + 709.52)[kPa] \times 1 = 101.325 [kPa] \times V_2$

∴ $V_2 = 8$

즉, 기포가 수면으로 올라오면 기포의 부피(V_2)는 최초 부피(V_1)의 8배가 된다.

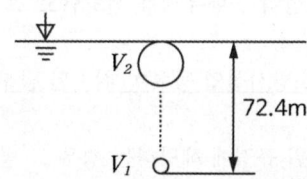

V_1 : 최초의 기포 부피
P_1 : 최초의 기포에 작용하는 압력
V_2 : 기포가 수면으로 올라왔을 때 기포의 부피
P_2 : 기포가 수면으로 올라왔을 때 작용하는 압력

보충 보일의 법칙에서 압력(P)는 반드시 절대압력을 대입한다.

정답 40 ④

2020년 1, 2회 소방관계법규

41
소방시설공사업법령상 소방공사감리를 실시함에 있어 용도와 구조에서 특별히 안전성과 보안성이 요구되는 소방대상물로서 소방시설물에 대한 감리를 감리업자가 아닌 자가 감리할 수 있는 장소는?

① 정보기관의 청사
② 교도소 등 교정 관련 시설
③ 국방 관계시설 설치장소
④ 원자력안전법상 관계시설이 설치되는 장소

해설 감리업자

1) 감리업자 업무
  (1) 소방시설등 설치계획표 적법성 검토
  (2) 소방시설등 설계도서 적합성 검토
  (3) 소방시설등 설계 변경 사항 적합성 검토
  (4) 소방용품 위치·규격 및 사용 자재 적합성 검토
  (5) 공사업자가 한 소방시설 시공이 설계도서와 화재안전기준에 맞는지 지도·감독
  (6) 완공된 소방시설등의 성능시험
  (7) 공사업자가 작성한 시공 상세도면 적합성 검토
  (8) 피난시설 및 방화시설 적법성 검토
  (9) 실내장식물의 불연화와 방염 물품의 적법성 검토
2) 감리업자가 아닌 자가 감리할 수 있는 보안성 등이 요구되는 소방대상물 시공장소 : 「원자력안전법」에 따른 관계시설이 설치되는 장소
3) 감리업자는 업무를 수행할 때에는 대통령령으로 정하는 감리의 종류 및 대상에 따라 공사기간 동안 소방시설공사 현장에 소속 감리원을 배치하고 업무수행 내용을 감리일지에 기록하는 등 대통령령으로 정하는 감리의 방법에 따라야 한다.

42
소방시설공사업법령에 따른 소방시설업 등록이 가능한 사람은?

① 피성년후견인
② 위험물안전관리법에 따른 금고 이상의 형의 집행 유예를 선고받고 그 유예기간 중에 있는 사람
③ 등록하려는 소방시설업 등록이 취소된 날부터 3년이 지난 사람
④ 소방기본법에 따른 금고 이상의 실형을 선고받고 그 집행이 면제된 날부터 1년이 지난 사람

해설 소방시설업 등록 결격사유

1) 피성년후견인
2) 금고 이상의 실형을 선고받고 집행이 끝나거나 면제된 날부터 2년이 지나지 않은 사람
3) 금고 이상의 형의 집행유예를 선고받고 그 유예기간 중에 있는 사람
4) <u>등록하려는 소방시설업 등록이 취소된 날부터 2년이 지나지 않은 자</u>
5) 법인 대표가 위 규정에 해당하는 경우 그 법인
6) 법인 임원이 위 규정에 해당하는 경우 그 법인

43
소방기본법령상 소방업무 상호응원협정 체결 시 포함되어야 하는 사항이 아닌 것은?

① 응원출동의 요청방법
② 응원출동훈련 및 평가
③ 응원출동대상지역 및 규모
④ 응원출동 시 현장지휘에 관한 사항

정답 41 ④ 42 ③ 43 ④

해설 소방업무 상호응원협정

1) 상호응원협정 체결 : 시·도지사
2) 소방활동에 관한 사항
   - 화재 경계·진압활동
   - 구조·구급업무 지원
   - 화재조사활동
3) 응원출동대상지역 및 규모
4) 소요경비 부담에 관한 사항
   - 출동대원 수당·식사 및 피복 수선
   - 소방장비 및 기구 정비와 연료 보급
5) 응원출동 요청방법
6) 응원출동훈련 및 평가

44 (상 중 하)

소방기본법령에 따른 소방용수시설 급수탑 개폐밸브의 설치기준으로 맞는 것은?

① 지상에서 1.0 [m] 이상 1.5 [m] 이하
② 지상에서 1.2 [m] 이상 1.8 [m] 이하
③ 지상에서 1.5 [m] 이상 1.7 [m] 이하
④ 지상에서 1.5 [m] 이상 2.0 [m] 이하

해설 소방용수시설 설치기준

1) 소화전
   - 상수도와 연결, 지하식·지상식 구조
   - 연결금속구 구경 : 65 [mm]
2) 급수탑
   - 급수배관 구경 : 100 [mm] 이상
   - 개폐밸브 : 지상 1.5 [m] 이상 1.7 [m] 이하
3) 저수조
   - 지면으로부터의 낙차 : 4.5 [m] 이하
   - 흡수부분 수심 : 0.5 [m] 이상일 것
   - 흡수관 투입구 : 사각형 한 변 60 [cm]
     원형 지름 60 [cm] 이상

45 (상 중 하)

소방기본법에 따라 화재 등 그 밖의 위급한 상황이 발생한 현장에서 소방활동을 위하여 필요한 때에는 그 관할구역에 사는 사람 또는 그 현장에 있는 사람으로 하여금 사람을 구출하는 일 또는 불을 끄는 등의 일을 하도록 명령할 수 있는 권한이 없는 사람은?

① 소방서장　　　② 소방대장
③ 시·도지사　　④ 소방본부장

해설 소방활동 종사 명령

소방활동을 위해 그 관할구역에 사는 사람 또는 그 현장에 있는 사람을 통해 사람을 구출하는 일 또는 불을 끄거나 불이 번지지 않도록 하는 일

1) 소방활동 종사명령자 : 소방본부장, 소방서장, 소방대장
2) 명령대상 : 화재·재난 시 그 관할구역에 사는 사람, 그 현장에 있는 사람
3) 명령내용 : 사람을 구출하는 일, 불을 끄거나 불이 번지지 않도록 하는 일
4) 종사 명령 시 소방본부장·서장·대장은 소방활동에 필요한 보호장구를 지급하는 등 안전을 위한 조치할 것
5) 소방활동에 종사한 사람은 시·도지사로부터 소방활동비용을 지급 받을 수 있음. 다만 다음 경우는 제외
   (1) 소방대상물에 화재, 재난·재해, 그 밖의 위급상황 발생한 경우 그 관계인
   (2) 고의 또는 과실로 화재 또는 구조, 구급활동이 필요한 상황을 발생시킨 사람
   (3) 화재 또는 구조·구급 현장에서 물건을 가져간 사람

46 (상 중 하)

소방시설 설치 및 관리에 관한 법령상 소방용품의 형식승인을 받지 아니하고 소방용품을 제조하거나 수입한 자에 대한 벌칙기준은?

① 100만 원 이하의 벌금
② 300만 원 이하의 벌금
③ 1년 이하 징역 또는 1천만 원 이하 벌금
④ 3년 이하 징역 또는 3천만 원 이하 벌금

정답 44 ③　45 ③　46 ④

해설 3년 이하 징역 또는 3000만 원 이하 벌금

1) 조치명령 위반사항에 대한 명령을 정당한 사유 없이 위반
2) 관리업 등록을 하지 않고 영업을 한 자
3) 소방용품 형식승인 받지 아니하고 제조·수입 또는 거짓이나 그 밖의 부정한 방법으로 형식승인을 받은 자
4) 제품검사를 받지 아니한 자 또는 거짓이나 그 밖의 부정한 방법으로 제품검사를 받은 자
5) 소방용품을 판매·진열하거나 소방시설공사에 사용한 자
6) 거짓이나 그 밖의 부정한 방법으로 성능인증 또는 제품검사를 받은 자
7) 제품검사를 받지 아니하거나 합격표시를 하지 아니한 소방용품을 판매·진열하거나 소방시설공사에 사용한 자
8) 구매자에게 명령을 받은 사실을 알리지 아니하거나 필요한 조치를 하지 아니한 자
9) 거짓이나 그 밖의 부정한 방법으로 전문기관으로 지정을 받은 자

47 상 중 ⓗ

위험물안전관리법령에 따라 위험물안전관리자를 해임하거나 퇴직한 때에는 해임하거나 퇴직한 날부터 며칠 이내에 다시 안전관리자를 선임하여야 하는가?

① 30일　　　② 35일
③ 40일　　　④ 55일

해설 위험물안전관리자

- 안전관리자 선임 : 관계인
- 안전관리자 해임, 퇴직 시 : 해임, 퇴직한 날부터 30일 이내 재선임
- 선임신고기간 : 소방본부장·소방서장에게 선임 날부터 14일 이내 신고
- 직무대행기간 : 30일 이내

48 상 ⓜ 하

소방시설 설치 및 관리에 관한 법령상 화재위험도가 낮은 특정소방대상물 중 불연성물품 저장 창고에 설치하지 아니할 수 있는 소방시설인 것은? [법 개정으로 인한 문제 수정]

① 스프링클러설비
② 상수도소화용수설비
③ 자동화재탐지설비
④ 옥외소화전설비

해설 화재위험도 낮은 특정소방대상물

구분	특정소방대상물	소방시설
화재위험도가 낮은 특정소방대상물	석재, 불연성금속, 불연성 건축재료 등의 가공공장, 기계 조립공장, 불연성물품 저장 창고	옥외소화전설비, 연결살수설비
화재안전기준 적용 어려운 특정소방대상물	펄프공장의 작업장, 음료수 공장의 세정·충전 작업장 등	스프링클러설비, 상수도소화용수설비, 연결살수설비
	정수장, 수영장, 목욕장, 농예·축산·어류양식용시설 등	자동화재탐지, 상수도소화용수, 연결살수설비
화재안전기준을 달리 적용하여야 하는 특수한 용도·구조의 특정소방대상물	• 원자력발전소 • 중·저준위방사성폐기물의 저장시설	연결송수관설비, 연결살수설비
위험물안전관리법에 따라 자체소방대 설치된 특정소방대상물	자체소방대가 설치된 위험물 제조소등에 부속된 사무실	옥내소화전설비, 소화용수설비, 연결살수설비 및 연결송수관설비

정답 47 ① 48 ④

49

화재의 예방 및 안전관리에 관한 법령상 불꽃을 사용하는 용접·용단 기구의 용접 또는 용단 작업장에서 지켜야 하는 사항 중 다음 (   ) 안에 알맞은 것은?

용접 또는 용단 작업장 주변 반경 (㉠) [m] 이내에 소화기를 갖추어 둘 것. 용접 또는 용단 작업장 주변 반경 (㉡) [m] 이내에는 가연물을 쌓아두거나 놓아두지 말 것. 다만 가연물의 제거가 곤란하여 방지포 등으로 방호조치를 한 경우는 제외한다.

① ㉠ 3, ㉡ 5
② ㉠ 5, ㉡ 3
③ ㉠ 5, ㉡ 10
④ ㉠ 10, ㉡ 5

해설 불꽃 사용 용접·용단 기구
- 용접, 용단 작업장 주변 반경 5 [m] 이내 소화기 갖출 것
- 용접, 용단 작업장 주변 반경 10 [m] 이내 가연물 쌓아두거나 놓아두지 말 것

50

다음 소방시설 중 경보설비가 아닌 것은?

① 통합감시시설
② 가스누설경보기
③ 비상콘센트설비
④ 자동화재속보설비

해설 경보설비
1) 단독경보형 감지기
2) 비상경보설비
   - 비상벨설비
   - 자동식 사이렌설비
3) 시각경보기
4) 자동화재탐지설비
5) 비상방송설비
6) 자동화재속보설비
7) 통합감시시설
8) 누전경보기
9) 가스누설경보기
10) 화재알림설비

보충 비상콘센트설비 : 소화활동설비

51

화재의 예방 및 안전관리에 관한 법령상 소방안전관리대상물의 소방안전관리자의 업무가 아닌 것은?

① 소방시설 공사
② 소방훈련 및 교육
③ 소방계획서의 작성 및 시행
④ 자위소방대의 구성·운영·교육

해설 특정소방대상물 소방안전관리자와 관계인의 업무
1) 소방안전관리자의 업무
   (1) 피난계획 관련 사항과 대통령령으로 정하는 사항이 포함된 소방계획서 작성 및 시행
   (2) 자위소방대 및 초기대응체계 구성·운영·교육
   (3) 피난시설, 방화구획, 방화시설의 관리
   (4) 소방훈련 및 교육
   (5) 소방시설이나 그 밖의 소방 관련 시설의 관리
   (6) 화기 취급의 감독
   (7) 소방안전관리에 관한 업무수행에 관한 기록·유지((3), (5), (6)항 업무)
   (8) 화재발생 시 초기대응
   (9) 그 밖에 소방안전관리에 필요한 업무
2) 특정소방대상물 관계인의 업무
   (1) 피난시설, 방화구획, 방화시설의 관리
   (2) 소방시설이나 그 밖의 소방 관련 시설의 관리
   (3) 화기 취급의 감독
   (4) 화재발생 시 초기대응
   (5) 그 밖에 소방안전관리에 필요한 업무

정답 49 ③ 50 ③ 51 ①

52 (상 중 **하**)

소방기본법령에 따라 주거지역·상업지역 및 공업지역에 소방용수시설을 설치하는 경우 소방대상물과의 수평거리를 몇 [m] 이하가 되도록 해야 하는가?

① 50
② 100
③ 150
④ 200

해설 소방용수시설 수평거리

- 주거지역·상업지역·공업지역 : 100 [m] 이하
- 그 외의 지역 : 140 [m] 이하

암기 ▶ 주상공 100

53 (상 중 **하**)

위험물안전관리법령상 다음의 규정을 위반하여 위험물의 운송에 관한 기준을 따르지 아니한 자에 대한 과태료기준은?

> 위험물운송자는 이동탱크저장소에 의하여 위험물을 운송하는 때에는 행정안전부령으로 정하는 기준을 준수하는 등 당해 위험물의 안전확보를 위하여 세심한 주의를 기울여야 한다.

① 50만 원 이하
② 100만 원 이하
③ 300만 원 이하
④ 500만 원 이하

해설 500만 원 이하 과태료(위험물법)

1) 지정수량 이상의 위험물을 임시로 저장 또는 취급하는 경우 승인을 받지 아니한 자
2) 위험물의 저장 또는 취급에 관한 세부기준을 위반한 자
3) 품명 등의 변경신고를 기간 이내에 하지 아니하거나 허위로 한 자
4) 지위승계신고를 기간 이내에 하지 아니하거나 허위로 한 자
5) 제조소등의 폐지신고, 안전관리자의 선임신고를 기간 이내에 하지 않고 허위로 한 자
6) 사용 중지신고 또는 재개신고를 기간 이내에 하지 아니하거나 거짓으로 한 자
7) 안전관리자의 선임신고를 기간 이내에 하지 아니하거나 허위로 한 자
8) 등록사항의 변경신고를 기간 이내에 하지 아니하거나 허위로 한 자
9) 점검결과를 기록·보존하지 아니한 자
10) 기간 이내에 점검결과를 제출하지 아니한 자
11) 위험물의 운반에 관한 세부기준을 위반한 자
12) 위험물 운송에 관한 기준을 따르지 아니한 자

54 (상 **중** 하)

소방시설 설치 및 관리에 관한 법령상 소방시설등에 대한 자체점검 중 종합점검 대상인 것은?

① 제연설비가 설치되지 않은 터널
② 스프링클러설비가 설치된 연면적이 5000 [m²]이고 12층인 아파트
③ 물분무등소화설비가 설치된 연면적이 5000 [m²]인 위험물 제조소
④ 호스릴방식의 물분무등소화설비만을 설치한 연면적 3000 [m²]인 특정소방대상물

해설 종합점검 대상

1) 최초점검 대상물
2) 스프링클러설비가 설치된 특정소방대상물
3) 물분무등소화설비[호스릴방식의 물분무등소화설비만을 설치한 경우는 제외]가 설치된 연면적 5000 [m²] 이상인 특정소방대상물(위험물 제조소등은 제외)
4) 다중이용업의 영업장이 설치된 특정소방대상물로서 연면적이 2000 [m²] 이상인 것(단란주점과 유흥주점, 영화상영관, 비디오물감상실업, 복합영상물제공업, 노래연습장, 산후조리원, 고시원, 안마시술소)
5) 제연설비가 설치된 터널
6) 공공기관 중 연면적(터널·지하구의 경우 그 길이와 평균폭을 곱하여 계산된 값)이 1000 [m²] 이상인 것으로서 옥내소화전설비 또는 자동화재탐지설비가 설치된 것(소방대가 근무하는 공공기관은 제외)

정답 52 ② 53 ④ 54 ②

55 (상㊥하)

소방시설 설치 및 관리에 관한 법령상 건축허가등의 동의 대상물이 아닌 것은?

① 항공기 격납고
② 연면적이 300 [m²]인 공연장
③ 바닥면적이 300 [m²]인 차고
④ 연면적이 300 [m²]인 노유자 시설

해설 건축허가 동의대상물 범위

구분	기준
학교시설	연면적 100 [m²] 이상
노유자(老幼者)시설 및 수련시설	연면적 200 [m²] 이상
지하층·무창층이 있는 건축물	바닥면적 150 [m²] (공연장 100 [m²]) 이상
정신의료기관, 장애인 의료재활시설	연면적 300 [m²] 이상
일반용도의 특정소방대상물	연면적 400 [m²] 이상
차고, 주차장 또는 주차용도로 사용되는 시설	바닥면적 200 [m²] 이상 기계식 주차시설 자동차 20대 이상
• 노인 관련 시설 중 노인주거복지시설, 노인의료복지시설, 재가노인복지시설, 학대피해노인 전용쉼터 • 아동복지시설(아동상담소, 아동전용시설 및 지역아동센터는 제외한다) • 장애인 거주시설 • 정신질환자 관련 시설(공동생활가정을 제외한 재활훈련시설과 종합시설 중 24시간 주거를 제공하지 않는 시설은 제외한다) • 노숙인 관련 시설 중 노숙인자활시설·노숙인재활시설·노숙인요양시설 • 결핵환자나 한센인이 24시간 생활하는 노유자시설	단독주택, 공동주택에 설치되는 시설 제외

구분	기준
• 6층 이상 건축물 • 항공기격납고, 관망탑, 항공관제탑, 방송용송수신탑 • 요양병원(의료재활시설 제외) • 위험물 저장 및 처리시설, 지하구, 전기저장시설, 풍력발전소 • 조산원, 산후조리원, 의원 (입원실 또는 인공신장실이 있는 것) • 공장 또는 창고시설로서 지정 수량의 750배 이상의 특수가연물을 저장·취급하는 것 • 가스시설로서 지상에 노출된 탱크의 저장 용량의 합계가 100톤 이상인 것	–

※ 지하층·무창층이 있는 건축물은 연면적기준이 아니라 바닥면적기준임

56 (상㊥하)

위험물안전관리법령상 제조소등의 경보설비 설치기준에 대한 설명으로 틀린 것은?

① 제조소 및 일반취급소의 연면적이 500 [m²] 이상인 것에는 자동화재탐지설비를 설치한다.
② 자동신호장치를 갖춘 스프링클러설비 또는 물분무등소화설비를 설치한 제조소등에 있어서는 자동화재탐지설비를 설치한 것으로 본다.
③ 경보설비는 자동화재탐지설비·자동화재속보설비·비상경보설비(비상벨장치 또는 경종 포함)·확성장치(휴대용 확성기 포함) 및 비상방송설비로 구분한다.
④ 지정수량의 10배 이상의 위험물을 저장 또는 취급하는 제조소등(이동탱크저장소를 포함한다)에는 화재발생 시 이를 알릴 수 있는 경보설비를 설치하여야 한다.

정답 55 ② 56 ④

해설 경보설비 설치기준

1) 제조소등별 설치해야 하는 경보설비

특정소방대상물	소방시설
• 연면적 500 [m²] 이상 • 옥내에서 지정수량 100배 이상 취급	• 자동화재탐지설비
• 지정수량 10배 이상 저장 또는 취급 (이동탱크저장소 제외)	• 자동화재탐지설비 • 비상경보설비 • 비상방송설비 • 확성장치 중 1종 이상

2) 자동신호장치 갖춘 스프링클러설비 또는 물분무등소화설비 설치한 제조소등은 자동화재탐지설비 설치한 것으로 봄
3) 자동화재탐지설비·자동화재속보설비·비상경보설비(비상벨장치 또는 경종 포함)·확성장치(휴대용확성기 포함) 및 비상방송설비로 구분

57 상(중)하

화재의 예방 및 안전관리에 관한 법령상 정당한 사유 없이 화재의 예방조치에 관한 명령에 따르지 아니한 경우에 대한 벌칙은?

① 100만 원 이하의 벌금
② 200만 원 이하의 벌금
③ 300만 원 이하의 벌금
④ 500만 원 이하의 벌금

해설 300만 원 이하의 벌금

1) 화재안전조사를 정당한 사유 없이 거부·방해 또는 기피한 자
2) 화재발생 위험이 크거나 소화활동에 지장을 줄 수 있다고 인정되는 행위나 물건에 따른 명령을 정당한 사유 없이 따르지 아니하거나 방해한 자
   (1) 다음에 해당하는 행위의 금지 또는 제한
      ① 모닥불, 흡연 등 화기의 취급
      ② 풍등 등 소형열기구 날리기
      ③ 용접·용단 등 불꽃을 발생시키는 행위
      ④ 그 밖에 대통령령으로 정하는 화재발생 위험이 있는 행위
   (2) 목재, 플라스틱 등 가연성이 큰 물건의 제거, 이격, 적재 금지 등
   (3) 소방차량의 통행이나 소화활동에 지장을 줄 수 있는 물건의 이동
3) 소방안전관리자, 총괄소방안전관리자 또는 소방안전관리보조자를 선임하지 아니한 자
4) 소방시설·피난시설·방화시설 및 방화구획 등이 법령에 위반된 것을 발견하였음에도 필요한 조치를 할 것을 요구하지 아니한 소방안전관리자
5) 소방안전관리자에게 불이익한 처우를 한 관계인
6) 화재예방안전진단, 위탁받은 업무를 위반하여 업무를 수행하면서 알게 된 비밀을 정한 목적 외의 용도로 사용하거나 다른 사람, 기관에 제공, 누설한 자

58 상(중)하

소방시설 설치 및 관리에 관한 법령상 방염성능기준 이상의 실내장식물 등을 설치해야 하는 특정소방대상물이 아닌 것은?

① 숙박이 가능한 수련시설
② 층수가 11층 이상인 아파트
③ 건축물 옥내에 있는 종교시설
④ 방송통신시설 중 방송국 및 촬영소

해설 방염

1) 방염성능기준 : 대통령령
2) 방염성능기준 이상의 실내장식물 등을 설치해야 하는 특정소방대상물
   (1) 근린생활시설 중 의원, 조산원, 산후조리원, 체력단련장, 공연장 및 종교집회장, 치과의원, 한의원
   (2) 건축물의 옥내에 있는 시설
      ① 문화 및 집회시설
      ② 종교시설
      ③ 운동시설(수영장 제외)
   (3) 의료시설
   (4) 교육연구시설 중 합숙소
   (5) 노유자시설

정답 57 ③ 58 ②

(6) 숙박이 가능한 수련시설
(7) 숙박시설
(8) 방송통신시설 중 방송국 및 촬영소
(9) 다중이용업소
(10) 층수가 11층 이상인 것(아파트 제외)

59 상(중)하

소방시설공사업법령에 따른 소방시설업의 등록권자는?

① 국무총리
② 소방서장
③ 시·도지사
④ 한국소방안전협회장

해설 소방시설공사업 등록

1) 소방시설업 등록 : 시·도지사(자본금, 기술인력 등) → 소방시설협회에 제출(업무의 위탁)
   ※ 이때 소방시설업 등록에 필요한 사항 : 행정안전부령
2) 등록신청 서류 : 소방시설업 등록신청서 + 다음 각 호의 첨부서류
   (1) 신청인의 성명, 주민등록번호 및 주소지 등의 인적사항이 적힌 서류
   (2) 기술인력 증빙서류
       ① 국가기술자격증
       ② 소방기술 인정 자격수첩 또는 소방기술자 경력수첩
   (3) 소방청장 지정 금융회사 또는 소방산업공제조합 출자·예치·담보 금액 확인서(소방시설공사업만 해당)
   (4) 최근 90일 이내 작성한 자산평가액 또는 기업진단 보고서(소방시설공사업만 해당)
3) 등록신청 서류 보완
   (1) 기간 : 10일 이내
   (2) 해당 경우
       ① 첨부서류가 첨부되지 않은 경우
       ② 신청서 및 첨부서류에 기재 내용이 기재되어 있지 않거나 명확하지 않은 경우

60 상(중)하

위험물안전관리법령상 정기검사를 받아야 하는 특정·준특정옥외탱크저장소의 관계인은 특정·준특정옥외탱크저장소의 설치허가에 따른 완공검사합격확인증을 발급받은 날부터 몇 년 이내에 정밀정기검사를 받아야 하는가?

① 9
② 10
③ 11
④ 12

해설 특정·준특정옥외탱크저장소 정밀정기검사

- 완공검사합격확인증 발급 날 : 12년 이내
- 최근 정기검사 받은 날 : 11년 이내

정답 59 ③ 60 ④

2020년 1, 2회 소방기계시설의 구조 및 원리

61 (중)

분말소화설비의 화재안전기술기준상 차고 또는 주차장에 설치하는 분말소화설비의 소화약제는?

① 인산염을 주성분으로 한 분말
② 탄산수소칼륨을 주성분으로 한 분말
③ 탄산수소칼륨과 요소가 화합된 분말
④ 탄산수소나트륨을 주성분으로 한 분말

해설 분말소화약제 적응성

차고·주차장 : 제3종 분말(인산암모늄)

62 (하)

할론소화설비의 화재안전기술기준상 축압식 할론소화약제 저장용기에 사용되는 축압용 가스로서 적합한 것은?

① 질소
② 산소
③ 이산화탄소
④ 불활성 가스

해설 할론소화설비 저장용기 가압가스

가압·축압용 가스 : 질소(N_2)

63 (중)

물분무소화설비의 화재안전기술기준에 따른 물분무소화설비의 설치장소별 1 [m^2]당 수원의 최소 저수량으로 맞는 것은?

① 차고 : 30 [L/min] × 20분 × 바닥면적
② 케이블트레이 : 12 [L/min] × 20분 × 투영된 바닥면적
③ 컨베이어벨트 : 37 [L/min] × 20분 × 벨트부분의 바닥면적
④ 특수가연물을 취급하는 특정소방대상물 : 20 [L/min] × 20분 × 바닥면적

해설 물분무소화설비 수원의 저수량

소방대상물	토출량	비고
특수가연물을 저장·취급하는 특정소방대상물	10 [L/min·m^2]	최소 바닥면적 50 [m^2]
절연유봉입 변압기·컨베이어벨트	10 [L/min·m^2]	-
케이블트레이·케이블덕트	12 [L/min·m^2]	-
차고·주차장	20 [L/min·m^2]	최소 바닥면적 50 [m^2]

• 저수량
 = 면적 × 토출량 × 방수시간(20 [min])

암기 특절컨 10, 케이트 12, 차주 20

정답 61 ① 62 ① 63 ②

64 (상⊙하)

소방시설 설치 및 관리에 관한 법률상 자동소화장치를 모두 고른 것은?

- ㉠ 분말자동소화장치
- ㉡ 액체자동소화장치
- ㉢ 고체에어로졸자동소화장치
- ㉣ 공업용 주방자동소화장치
- ㉤ 캐비닛형 자동소화장치

① ㉠, ㉡
② ㉡, ㉢, ㉣
③ ㉠, ㉢, ㉤
④ ㉠, ㉡, ㉢, ㉣, ㉤

해설 자동소화장치 종류
1) 주거용 주방자동소화장치
2) 상업용 주방자동소화장치
3) 캐비닛형 자동소화장치
4) 가스자동소화장치
5) 고체에어로졸자동소화장치
6) 분말자동소화장치

암기 주상께 가고픈

65 (상⊙하)

피난기구를 설치하여야 할 소방대상물 중 피난기구의 2분의 1을 감소할 수 있는 조건이 아닌 것은?

① 주요구조부가 내화구조로 되어 있다.
② 특별피난계단이 2 이상 설치되어 있다.
③ 소방구조용(비상용) 엘리베이터가 설치되어 있다.
④ 직통계단인 피난계단이 2 이상 설치되어 있다.

해설 피난기구 1/2 감소 조건
피난기구를 설치하여야 할 특정소방대상물 중 다음의 기준에 적합한 층에는 피난기구의 2분의 1을 감소할 수 있다.
1) 주요구조부가 내화구조로 되어 있을 것
2) 직통계단인 피난계단 또는 특별피난계단이 2 이상 설치되어 있을 것

66 (상⊙하)

소화수조 및 저수조의 화재안전기술기준에 따라 소화용수설비에 설치하는 채수구의 수는 소요수량이 40 [m³] 이상 100 [m³] 미만인 경우 몇 개를 설치해야 하는가?

① 1
② 2
③ 3
④ 4

해설 소화수조 및 저수조 채수구 설치기준

채수구는 구경 65 [mm] 이상 나사식 결합금속구를 설치

수량	20 [m³] 이상 40 [m³] 미만	40 [m³] 이상 100 [m³] 미만	100 [m³] 이상
채수구	1개	2개	3개

67 (상⊙하)

포소화설비의 화재안전기술기준에 따라 바닥면적이 180 [m²]인 건축물 내부에 호스릴방식의 포소화설비를 설치할 경우 가능한 포소화약제의 최소 필요량은 몇 [L]인가? (단, 호스 접결구 : 2개, 약제 농도 : 3 [%])

① 180
② 270
③ 650
④ 720

해설 옥내포소화전 또는 호스릴방식 소화약제량

옥내포소화전방식 또는 호스릴방식에 있어서는 다음의 식에 따라 산출한 양 이상으로 할 것. 다만 바닥면적 200 [m²] 미만인 건축물에 있어서는 75 [%]로 할 수 있다.

$$\text{소화약제량 } Q = N \times S \times 6000 \text{ [L]}$$

소화약제량 $Q = N \times S \times 6000$ [L] $\times 0.75$
$= 2 \times 0.03 \times 6000 \times 0.75$
$= 270$ [L]

Q : 포소화약제 양 [L]
N : 호스 접결구수(5개 이상은 5)
S : 포소화약제 사용농도 [%]

정답 64 ③ 65 ③ 66 ② 67 ②

68 (상 중 하)

소화수조 및 저수조의 화재안전기술기준에 따라 소화용수설비를 설치하여야 할 특정소방대상물에 있어서 유수의 양이 최소 몇 [m³/min] 이상인 유수를 사용할 수 있는 경우에 소화수조를 설치하지 아니할 수 있는가?

① 0.8
② 1
③ 1.5
④ 2

해설 소화용수설비 설치 제외

소화용수설비를 설치하여야 할 특정소방대상물에 있어서 유수의 양이 0.8 [m³/min] 이상인 유수를 사용할 수 있는 경우에는 소화수조를 설치하지 아니할 수 있다.

69 (상 중 하)

스프링클러설비의 화재안전기술기준에 따라 개방형 스프링클러설비에서 하나의 방수구역을 담당하는 헤드 개수는 최대 몇 개 이하로 설치하여야 하는가?

① 30
② 40
③ 50
④ 60

해설 개방형 스프링클러설비의 방수구역

1) 하나의 방수구역은 2개 층에 미치지 않도록 할 것
2) 방수구역마다 일제개방밸브 설치해야 함
3) 하나의 방수구역을 담당하는 헤드의 개수 : 50개 이하(단, 2개 이상의 방수구역으로 나눌 경우 : 하나의 방수구역을 담당하는 헤드의 개수는 25개 이상으로 해야 함)

70 (상 중 하)

완강기의 형식승인 및 제품검사의 기술기준상 완강기의 최대사용하중은 최소 몇 [N] 이상의 하중이어야 하는가?

① 800
② 1000
③ 1200
④ 1500

해설 완강기 최대사용하중

최대사용하중 : 1500 [N] 이상

보충 ▶ 최대사용하중 :
완강기, 간이완강기 및 지지대를 사용함에 있어서 당해 완강기, 간이완강기 및 지지대에 가할 수 있는 최대하중

71 (상 중 하)

옥외소화전설비의 화재안전기술기준에 따라 옥외소화전 배관은 특정소방대상물의 각 부분으로부터 하나의 호스접결구까지의 수평거리가 최대 몇 [m] 이하가 되도록 설치하여야 하는가?

① 25
② 35
③ 40
④ 50

해설 옥외소화전 수평거리

특정소방대상물의 각 부분으로부터 하나의 호스접결구까지 수평거리 : 40 [m] 이하

72 (상 중 하)

난방설비가 없는 교육장소에 비치하는 소화기로 가장 적합한 것은? (단, 교육장소의 겨울 최저온도는 -15 [℃]이다)

① 화학포소화기
② 기계포소화기
③ 산알칼리소화기
④ ABC분말소화기

정답 68 ① 69 ③ 70 ④ 71 ③ 72 ④

해설 소화기 사용온도 범위
1) 강화액소화기 : -20 [℃] 이상 40 [℃] 이하
2) 분말소화기 : -20 [℃] 이상 40 [℃] 이하
3) 기타 소화기 : 0 [℃] 이상 40 [℃] 이하

73 (상중하)

스프링클러설비의 화재안전기술기준에 따라 연소할 우려가 있는 개구부에 드렌처설비를 설치한 경우 해당 개구부에 한하여 스프링클러헤드를 설치하지 아니할 수 있다. 관련기준으로 틀린 것은?

① 드렌처헤드는 개구부 위 측에 2.5 [m] 이내마다 1개를 설치할 것
② 제어밸브는 특정소방대상물 층마다에 바닥면으로부터 0.5 [m] 이상 1.5 [m] 이하의 위치에 설치할 것
③ 드렌처헤드가 가장 많이 설치된 제어밸브에 설치된 드렌처헤드를 동시에 사용하는 경우에 각 헤드 선단의 방수압력은 0.1 [MPa] 이상이 되도록 할 것
④ 드렌처헤드가 가장 많이 설치된 제어밸브에 설치된 드렌처헤드를 동시에 사용하는 경우에 각 헤드선단의 방수량은 80 [L/min] 이상이 되도록 할 것

해설 드렌처설비 설치기준
1) 드렌처헤드는 개구부 위 측에 2.5 [m] 이내마다 1개 설치
2) 제어밸브 설치높이 : 바닥면으로부터 0.8 [m] 이상 1.5 [m] 이하의 위치
3) 헤드 선단의 방수압력 : 0.1 [MPa] 이상
4) 헤드 선단의 방수량 : 80 [L/min] 이상
5) 수원의 수량 : 드렌처헤드의 설치개수 × 1.6 [m³] 이상

[드렌처헤드]

74 (상중하)

연결살수설비의 화재안전기술기준에 따른 건축물에 설치하는 연결살수설비의 헤드에 대한 기준 중 다음 ( ) 안에 알맞은 것은?

천장 또는 반자의 각 부분으로부터 하나의 살수헤드까지의 수평거리가 연결살수설비 전용헤드의 경우는 (㉠) [m] 이하, 스프링클러헤드의 경우는 (㉡) [m] 이하로 할 것. 다만 살수헤드의 부착면과 바닥과의 높이가 (㉢) [m] 이하인 부분은 살수헤드의 살수분포에 따른 거리로 할 수 있다.

① ㉠ 3.7, ㉡ 2.3, ㉢ 2.1
② ㉠ 3.7, ㉡ 2.3, ㉢ 2.3
③ ㉠ 2.3, ㉡ 3.7, ㉢ 2.3
④ ㉠ 2.3, ㉡ 3.7, ㉢ 2.1

해설 연결살수설비의 헤드에 대한 기준
천장 또는 반자의 각 부분으로부터 하나의 살수헤드까지의 수평거리가 연결살수설비 전용헤드의 경우에는 3.7 [m] 이하, 스프링클러헤드의 경우에는 2.3 [m] 이하로 할 것. 다만 살수헤드의 부착면과 바닥과의 높이가 2.1 [m] 이하인 부분은 살수헤드의 살수분포에 따른 거리로 할 수 있다.

75 (상중하)

분말소화설비의 화재안전기술기준에 따라 분말소화약제의 가압용 가스용기에는 최대 몇 [MPa] 이하의 압력에서 조정이 가능한 압력조정기를 설치하여야 하는가?

① 1.5
② 2.0
③ 2.5
④ 3.0

정답 73 ② 74 ① 75 ③

해설 분말소화약제 가압용 가스용기

1) 분말소화약제의 가스용기는 분말소화약제의 저장용기에 접속하여 설치할 것
2) 분말소화약제의 가압용 가스용기를 3병 이상 설치한 경우에는 2개 이상의 용기에 전자개방밸브를 부착할 것
3) 분말소화약제의 가압용 가스용기에는 2.5 [MPa] 이하의 압력에서 조정이 가능한 압력조정기를 설치할 것
4) 가압용 가스 또는 축압용 가스는 질소가스 또는 이산화탄소로 할 것

76 상중하

포소화설비의 화재안전기술기준상 차고·주차장에 설치하는 포소화전설비의 설치기준 중 다음 ( ) 안에 알맞은 것은? (단, 1개 층의 바닥면적이 200 [m²] 이하인 경우는 제외한다)

특정소방대상물의 어느 층에 있어서도 그 층에 설치된 포소화전방수구(포소화전방수구가 5개 이상 설치된 경우에는 5개)를 동시에 사용할 경우 각 이동식 포 노즐선단의 포수용액 방사압력이 (㉠) [MPa] 이상이고 (㉡) [L/min] 이상의 포수용액을 수평거리 15 [m] 이상으로 방사할 수 있도록 할 것

① ㉠ 0.25, ㉡ 230
② ㉠ 0.25, ㉡ 300
③ ㉠ 0.35, ㉡ 230
④ ㉠ 0.35, ㉡ 300

해설 포소화전 설치기준(차고·주차장)

1) 방사압력 : 0.35 [MPa] 이상
2) 방사량 : 300 [L/min] 이상
3) 방사거리 : 수평거리 15 [m] 이상

77 상중하

이산화탄소소화설비의 화재안전기술기준에 따른 이산화탄소소화설비 기동장치의 설치기준으로 맞는 것은?

① 가스압력식 기동장치 기동용 가스용기의 용적은 3 [L] 이상으로 한다.
② 수동식 기동장치는 전역방출방식에 있어서 방호대상물마다 설치한다.
③ 수동식 기동장치의 부근에는 소화약제의 방출을 지연시킬 수 있는 방출지연스위치를 설치해야 한다.
④ 전기식 기동장치로서 5병의 저장용기를 동시에 개방하는 설비는 2병 이상의 저장용기에 전자개방밸브를 부착해야 한다.

해설 이산화탄소소화설비 기동장치

1) 가스압력식 기동장치
   (1) 기동용 가스용기 및 해당 용기에 사용하는 밸브는 25 [MPa] 이상의 압력에 견딜 수 있는 것으로 할 것
   (2) 기동용 가스용기에는 내압시험압력의 0.8배부터 내압시험압력 이하에서 작동하는 안전장치를 설치할 것
   (3) 기동용 가스용기의 체적은 5 [L] 이상으로 하고, 해당 용기에 저장하는 질소 등의 비활성 기체는 6.0 [MPa] 이상 (21 [℃] 기준)의 압력으로 충전할 것
   (4) 기동용 가스용기에는 충전 여부를 확인할 수 있는 압력 게이지를 설치할 것
2) 전기식 기동장치로서 7병 이상의 저장용기를 동시에 개방하는 설비는 2병 이상의 저장용기에 전자 개방밸브를 부착할 것
3) 수동식 기동장치 부근에는 소화약제의 방출을 지연시킬 수 있는 방출지연스위치를 설치해야 함
4) 수동식 기동장치는 전역방출방식은 방호구역마다 국소방출방식은 방호대상물마다 설치할 것

[기동용 가스용기함 내부]

정답 76 ④ 77 ③

78 상(중)하

물분무소화설비의 화재안전기술기준에 따른 물분무소화설비의 저수량에 대한 기준 중 다음 ( ) 안의 내용으로 맞는 것은?

> 절연유 봉입 변압기는 바닥부분을 제외한 표면적을 합한 면적 1 [m²]에 대하여 ( ) [L/min]로 20분간 방수할 수 있는 양 이상으로 할 것

① 4 ② 8
③ 10 ④ 12

해설 물분무소화설비 수원의 저수량

소방대상물	토출량	비고
특수가연물을 저장·취급하는 특정소방대상물	10 [L/min·m²]	최소 바닥면적 50 [m²]
절연유봉입 변압기·컨베이어벨트	10 [L/min·m²]	-
케이블트레이·케이블덕트	12 [L/min·m²]	-
차고·주차장	20 [L/min·m²]	최소 바닥면적 50 [m²]

• 저수량
= 면적 × 토출량 × 방수시간(20 [min])

암기 특절컨 10, 케이트 12, 차주 20

79 상(중)하

화재조기진압용 스프링클러설비의 화재안전기술기준상 화재조기진압용 스프링클러설비 설치장소의 구조기준으로 틀린 것은?

① 창고 내의 선반의 형태는 하부로 물이 침투되는 구조로 할 것
② 천장의 기울기가 1000분의 168을 초과하지 않아야 하고, 이를 초과하는 경우에는 반자를 지면과 수평으로 설치할 것
③ 천장은 평평하여야 하며 철재나 목재트러스 구조인 경우 철재나 목재의 돌출부분이 102 [mm]를 초과하지 아니할 것
④ 해당 층의 높이가 10 [m] 이하일 것. 다만 3층 이상일 경우에는 해당 층의 바닥을 내화구조로 하고 다른 부분과 방화구획할 것

해설 화재조기진압용 S/P 설치장소의 구조기준

1) 해당 층 높이가 13.7 [m] 이하, 다만 2층 이상 경우 해당 층 바닥 내화구조로 하고 다른 부분과 방화구획할 것
2) 천장의 기울기가 168/1000을 초과하지 않고 초과 시 반자를 지면과 수평으로 설치할 것
3) 천장은 평평해야 하며 철재나 목재트러스 구조인 경우 철재나 목재 돌출부분이 102 [mm] 초과하지 않을 것
4) 보로 사용되는 목재·콘크리트 및 철재 사이 간격은 0.9 [m] 이상 2.3 [m] 이하일 것
5) 창고 내의 선반 등의 형태는 하부로 물이 침투되는 구조로 할 것

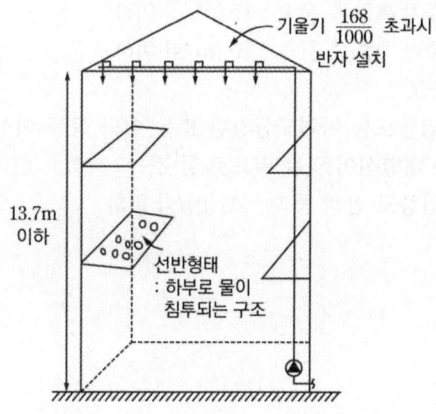

80 상(중)하

제연설비의 화재안전기술기준상 유입풍도 및 배출풍도에 관한 설명으로 맞는 것은?

① 유입풍도 안 풍속은 25 [m/s] 이하로 한다.
② 배출풍도는 석면재료와 같은 내열성의 단열재로 유효한 단열 처리를 한다.
③ 배출풍도와 유입풍도의 아연도금강판 최소 두께는 0.45 [mm] 이상으로 하여야 한다.
④ 배출기 흡입 측 풍도 안 풍속은 15 [m/s] 이하로 하고 배출 측 풍속은 20 [m/s] 이하로 한다.

해설 제연설비의 배출기, 배출풍도, 유입풍도

1) 배출기
   (1) 배출기와 배출풍도의 접속 부분에 사용하는 캔버스는 내열성(석면재료 제외)이 있는 것으로 할 것
   (2) 배출기의 전동기부분과 배풍기 부분은 분리하여 설치해야 하며, 배풍기 부분은 유효한 내열처리를 할 것
2) 배출풍도
   (1) 배출풍도는 아연도금강판 또는 이와 동등 이상의 내식성·내열성이 있는 것으로 할 것
   (2) 불연재료(석면재료 제외)인 단열재로 풍도 외부에 유효한 단열 처리를 할 것
   (3) 강판의 두께

긴 변 또는 직경	450 [mm] 이하	750 [mm] 이하	1500 [mm] 이하	2250 [mm] 이하	2250 [mm] 초과
두께	0.5 [mm]	0.6 [mm]	0.8 [mm]	1.0 [mm]	1.2 [mm]

   (4) 배출기 흡입 측 풍속 : 15 [m/s] 이하
   (5) 배출기 배출 측 풍속 : 20 [m/s] 이하
3) 유입풍도
   (1) 유입풍도는 아연도금강판 또는 이와 동등 이상의 내식성·내열성이 있는 것으로 할 것
   (2) 유입풍도 안의 풍속 : 20 [m/s] 이하

정답 80 ④

2020년 3회 소방원론

목표시간 : 20분 | 시작 : _시_분 | 종료 : _시_분 | 맞은 개수 : _/20

01 (상 중 **하**)

공기의 평균 분자량이 29일 때 이산화탄소 기체의 증기비중은 얼마인가?

① 1.44 ② 1.52
③ 2.88 ④ 3.24

해설 증기비중

1) 증기비중 = $\dfrac{분자량}{29(공기\ 분자량)}$
 = $\dfrac{44(CO_2\ 분자량)}{29}$ ≒ 1.52

2) 공기에 대한 가스의 무게비

증기비중	공기에 대한 무게
증기비중 > 1	공기보다 무거움
증기비중 < 1	공기보다 가벼움

보충 원자량(H : 1, C : 12, N : 14, O : 16)

02 (상 **중** 하)

밀폐된 공간에 이산화탄소를 방사하여 산소의 체적 농도를 12 [%]가 되게 하려면 상대적으로 방사된 이산화탄소의 농도는 얼마가 되어야 하는가?

① 25.40 [%] ② 28.70 [%]
③ 38.35 [%] ④ 42.86 [%]

해설 이산화탄소의 농도

$$CO_2\ 농도\ [vol\%] = \dfrac{21 - O_2[vol\%]}{21} \times 100$$

CO_2 농도 = $\dfrac{21 - O_2}{21} \times 100$
 = $\dfrac{21 - 12}{21} \times 100$
 ≒ 42.86 [vol%]

03 (상 중 **하**)

다음 중 고체 가연물이 덩어리보다 가루일 때 연소되기 쉬운 이유로 가장 적합한 것은?

① 발열량이 작아지기 때문이다.
② 공기와 접촉면이 커지기 때문이다.
③ 열전도율이 커지기 때문이다.
④ 활성에너지가 커지기 때문이다.

해설 가연물의 구비조건

1) 활성화에너지가 작을 것 (-)
2) 열전도율이 작을 것 (-)
3) 산소와 접촉하는 표면적이 넓을 것 (+)
4) 발열량이 클 것 (+)
5) 산소와 친화력이 클 것 (+)
6) 연쇄반응을 일으킬 것 (+)

TIP 활성화에너지, 열전도율 (-)

정답 01 ② 02 ④ 03 ②

04 (상㊥하)

다음 중 발화점이 가장 낮은 물질은?

① 휘발유　　　② 이황화탄소
③ 적린　　　　④ 황린

해설 발화점 = 착화점 = 착화온도

물질	발화점 [℃]
휘발유(가솔린)	280
적린	260
이황화탄소	90
황린	34

보충 ▶ 황린 : 제3류 위험물 중 자연발화성 물질로 발화점이 낮아 위험하여 물속에 보관

05 (상 중㊦)

질식소화 시 공기 중의 산소농도는 일반적으로 약 몇 [vol%] 이하로 하여야 하는가?

① 25　　　② 21
③ 19　　　④ 15

해설 소화의 형태

소화	내용
냉각소화	열 흡수, 발화점 이하로 낮추어 소화
질식소화	산소농도 15 [%] 이하로 낮춤
제거소화	가연물을 차단, 격리
억제소화	연쇄반응을 차단, 부촉매소화

06 (상㊥하)

화재하중의 단위로 옳은 것은?

① kg/m^2　　　② $℃/m^2$
③ $kg \cdot L/m^3$　　　④ $℃ \cdot L/m^3$

해설 화재하중

1) 화재하중이란 화재실의 단위면적당 등가가연물(목재)의 양으로 건물화재 시 발열량 및 화재위험성 척도가 된다.
2) 화재구획실 내에 존재하는 가연물은 각각 단위중량당 발열량[kcal/kg]이 다르기 때문에 목재의 발열량으로 환산하여 화재하중을 산정한다.
　예) 종이 : 4000 [kcal/kg], 고무 : 9000 [kcal/kg]
3) 화재 시 주수시간을 결정하는 주요인이다.
4) 화재하중 $q = \dfrac{\sum GH_i}{HA} = \dfrac{\sum Q}{4500A}$ [kg/m²]

G : 가연물의 양 [kg]
H_i : 단위중량당 발열량 [kcal/kg]
H : 목재의 단위중량당 발열량 [4500 kcal/kg]
A : 화재실의 바닥면적 [m²]
ΣQ : 화재실 내 가연물의 전발열량 [kcal]

07 (상㊥하)

제1종 분말소화약제 주성분으로 옳은 것은?

① $KHCO_3$
② $NaHCO_3$
③ $NH_4H_2PO_4$
④ $Al_2(SO_4)_3$

정답 04 ④　05 ④　06 ①　07 ②

해설 분말소화약제

종별	소화약제	약제색	적응화재
1종	탄산수소나트륨 (NaHCO₃)	백색	BC급
2종	탄산수소칼륨 (KHCO₃)	담자색 (담회색)	BC급
3종	제1인산암모늄 (NH₄H₂PO₄)	담홍색	ABC급
4종	탄산수소칼륨 + 요소 (KHCO₃+(NH₂)₂CO)	회(백)색	BC급

암기 ▶ 백담사 홍어회

09 상 중 하

다음 중 연소와 가장 관련 있는 화학반응은?

① 중화반응
② 치환반응
③ 환원반응
④ 산화반응

해설 연소

가연물이 공기 중의 산소와 결합하여 빛과 열을 수반하는 산화반응

08 상 중 하

소화약제인 IG-541의 성분이 아닌 것은?

① 질소
② 아르곤
③ 헬륨
④ 이산화탄소

해설 불활성기체소화약제

소화약제	분자식
IG-541	N₂ : 52 [%], Ar : 40 [%], CO₂ : 8 [%]
IG-01	Ar : 100 [%]
IG-55	N₂ : 50 [%], Ar : 50 [%]
IG-100	N₂ : 100 [%]

10 상 중 하

위험물과 위험물안전관리법령에서 정한 지정수량을 옳게 연결한 것은?

① 무기과산화물 - 300 [kg]
② 황화인 - 500 [kg]
③ 황린 - 20 [kg]
④ 질산에스터류 제1종 - 200 [kg]

해설 위험물 지정수량

구분	위험물	지정수량
제1류	무기과산화물	50 [kg]
제2류	황화인(황화린)	100 [kg]
제3류	황린	20 [kg]
제5류	질산에스터류 제1종	10 [kg]

암기 ▶ 제5류 위험물의 지정수량
제1종 : 10[kg], 제2종 : 100[kg]

정답 08 ③ 09 ④ 10 ③

11 (상 중 하)

화재의 종류에 따른 분류가 틀린 것은?

① A급 : 일반화재   ② B급 : 유류화재
③ C급 : 가스화재   ④ D급 : 금속화재

해설 화재의 분류

등급	화재	표시색	가연물
A급	일반화재	백색	나무, 섬유, 종이, 고무, 플라스틱류
B급	유류화재	황색	인화성 액체, 가연성 액체, 석유 그리스, 타르, 오일, 유성도료, 솔벤트, 래커, 알코올 및 인화성 가스 등
C급	전기화재	청색	전류가 흐르고 있는 전기기기, 배선 등
D급	금속화재	무색	마그네슘 합금 등 가연성 금속
K급	주방화재	-	주방에서 동식물유를 취급하는 조리기구

12 (상 중 하)

이산화탄소소화약제 저장용기의 설치장소에 대한 설명 중 옳지 않은 것은?

① 반드시 방호구역 내의 장소에 설치한다.
② 온도의 변화가 적은 곳에 설치한다.
③ 방화문으로 구획된 실에 설치한다.
④ 해당 용기가 설치된 곳임을 표시하는 표지를 한다.

해설 이산화탄소소화약제 저장용기의 설치장소

1) 방호구역 외의 장소에 설치할 것
2) 온도가 40 [℃] 이하이고, 온도변화가 적은 곳에 설치할 것
3) 직사광선 및 빗물이 침투할 우려가 없는 곳에 설치할 것
4) 방화문으로 구획된 실에 설치할 것
5) 용기의 설치장소에는 해당 용기가 설치된 곳임을 표시하는 표지를 할 것
6) 용기 간의 간격은 점검에 지장이 없도록 3 [cm] 이상 간격을 유지할 것
7) 저장용기와 집합관을 연결하는 연결배관에는 체크밸브를 설치할 것

13 (상 중 하)

화재의 소화원리에 따른 소화방법의 적용으로 틀린 것은?

① 냉각소화 : 스프링클러설비
② 질식소화 : 이산화탄소소화설비
③ 제거소화 : 포소화설비
④ 억제소화 : 할로겐화합물소화설비

해설 소화방법

소화원리	소화방법
냉각소화	• 스프링클러설비 • 옥내·외소화전설비
질식소화	• 이산화탄소소화설비 • 포소화설비 • 불활성기체소화설비 • 마른모래 · 팽창질석 · 팽창진주암
억제소화	• 할로겐화합물소화설비 • 분말소화설비

14 (상 중 하)

할론 1301의 분자식은?

① CH_3Cl ② CH_3Br
③ CF_3Cl ④ CF_3Br

해설 할론소화약제

종류	분자식	상온·상압
할론 1211	CF_2ClBr	기체
할론 1301	CF_3Br	기체
할론 1011	CH_2ClBr	액체
할론 2402	$C_2F_4Br_2$	액체

정답 11 ③ 12 ① 13 ③ 14 ④

15

소화효과를 고려하였을 경우 화재 시 사용할 수 있는 물질이 아닌 것은?

① 이산화탄소
② 아세틸렌
③ Halon 1211
④ Halon 1301

해설 아세틸렌(C_2H_2)

아세틸렌은 가연성 가스이므로 화재 시 사용 금지

17

다음 원소 중 전기 음성도가 가장 큰 것은?

① F
② Br
③ Cl
④ I

해설 할로겐족 원소

1) 주기율표 17족 원소 : F, Cl, Br, I
2) 전기음성도(결합력) : F > Cl > Br > I
3) 부촉매효과(소화능력) : F < Cl < Br < I

암기 FC바르셀로나 아이

16

탄화칼슘이 물과 반응 시 발생하는 가연성 가스는?

① 메테인
② 포스핀
③ 아세틸렌
④ 수소

해설 물과 반응 시 발생가스

물질	가스
탄화칼슘(CaC_2)	아세틸렌(C_2H_2)
탄화알루미늄(Al_4C_3)	메테인(메탄, CH_4)
인화칼슘(Ca_3P_2)	포스핀(PH_3)
인화알루미늄(AlP)	
수소화리튬(LiH)	수소(H_2)

암기 탄칼아, 탄알메, 인포

18

건축물의 내화구조에서 바닥의 경우에는 철근콘크리트의 두께가 몇 [cm] 이상이어야 하는가?

① 7
② 10
③ 12
④ 15

해설 내화구조 바닥기준

[두께 : 이상]

구조	두께
철근콘크리트조 또는 철골철근콘크리트조	10 [cm]
철재로 보강된 콘크리트블록조·벽돌조·석조로서 철재에 덮은 콘크리트블록등	5 [cm]
철재의 양면을 철망모르타르 또는 콘크리트로 덮은 것	5 [cm]

정답 15 ② 16 ③ 17 ① 18 ②

19 ⑤⑥⑥

화재 시 발생하는 연소가스 중 인체에서 헤모글로빈과 결합하여 혈액의 산소운반을 저해하고 두통, 근육조절의 장애를 일으키는 것은?

① CO_2
② CO
③ HCN
④ H_2S

해설 일산화탄소(CO)

1) 불완전 연소 시 발생
2) 증기비중 : 0.97(공기보다 약간 가벼움)
3) 유독성
4) 흡입 시 헤모글로빈(Hb)과 결합하여 혈액의 산소운반을 저해

20 ⑤⑥⑥

인화점이 20 [℃]인 액체 위험물을 보관하는 창고의 인화 위험성에 대한 설명 중 옳은 것은?

① 여름철에 창고 안이 더워질수록 인화의 위험성이 커진다.
② 겨울철에 창고 안이 추워질수록 인화의 위험성이 커진다.
③ 20 [℃]에서 가장 안전하고 20 [℃]보다 높아지거나 낮아질수록 인화의 위험성이 커진다.
④ 인화의 위험성은 계절의 온도와는 상관없다.

해설 인화의 위험성

1) 인화 : 가연물에서 점화가 되는 현상
2) 인화점 : 점화원 가했을 때 연소되는 최저온도
3) 내부 온도 상승 시 인화의 위험성 증대

2020년 3회 소방유체역학

21

체적 0.1 [m³]의 밀폐 용기 안에 기체상수가 0.4615 [kJ/kg·K]인 기체 1 [kg]이 압력 2 [MPa], 온도 250 [℃] 상태로 들어 있다. 이때 이 기체의 압축계수(또는 압축성인자)는?

① 0.578 ② 0.828
③ 1.21   ④ 1.73

해설 이상기체 상태방정식

$$이상기체\ 상태방정식\ PV=nRT=\frac{W}{M}RT=W\overline{R}T$$

이상기체 상태방정식에서 압축계수 Z가 주어지면,
$PV = W\overline{R}TZ$
$2000 \times 0.1 = 1 \times 0.4615 \times (273+250) \times Z$
∴ 압축계수 $Z = 0.8286$

P : 절대압력 [kPa]
V : 부피 [m³]
W : 기체의 질량 [kg]
$\overline{R}$: 특정기체상수 [kJ/kg·K]
T : 절대온도 [K](273 + ℃)

22

물의 체적탄성계수가 2.5 [GPa]일 때 물의 체적을 1 [%] 감소시키기 위해서 얼마의 압력(MPa)을 가하여야 하는가?

① 20 ② 25
③ 30 ④ 35

해설 체적탄성계수

$$체적탄성계수\ K=-\frac{\Delta P}{\Delta V/V_1}=-\frac{\Delta P}{\frac{(V_2-V_1)}{V_1}}$$

$2500\ MPa = -\dfrac{\Delta P}{\left(\dfrac{-1}{100}\right)}$

∴ $\Delta P = 25\ MPa$

※ $\dfrac{\Delta V}{V_1}$가 (-)인 이유 : 체적이 감소하기 때문

보충 1 [GPa] = 1000 [MPa]
G[기가] : 10^9, M[메가] : 10^6, k[킬로] : 10^3

23

안지름 40 [mm]의 배관 속을 정상류의 물이 매분 150 [L]로 흐를 때의 평균 유속[m/s]은?

① 0.99 ② 1.99
③ 2.45 ④ 3.01

해설 배관의 유속

$$체적유량\ Q[m^3/s] = A[m^2] \times V[m/s]$$

$Q = AV$
$\dfrac{150}{60 \times 1000}[m^3/s] = \dfrac{\pi \times 0.04^2}{4}[m^2] \times V[m/s]$
∴ $V = 1.99[m/s]$

Q : 유량 [m³/s]
A : 배관 단면적 [m²]
V : 유속 [m/s]

정답 21 ② 22 ② 23 ②

24 상 중 하

원심펌프를 이용하여 0.2 [m³/s]로 저수지의 물을 2 [m] 위의 물탱크로 퍼 올리고자 한다. 펌프의 효율이 80 [%]라고 하면 펌프에 공급해야 하는 동력(kW)은?

① 1.96   ② 3.14
③ 3.92   ④ 4.90

해설 펌프의 동력

$$동력\ P[kW] = \frac{\gamma[kN/m^3] \times Q[m^3/s] \times H[m]}{\eta} \times K$$

※ 동력을 구할 때 조건상 효율(η)이나 전달계수(K)가 주어져 있지 않다면, 효율과 전달계수를 제외하고 산출한다.

동력 $P = \dfrac{\gamma QH}{\eta}$

$= \dfrac{9.8 \times 0.2 \times 2}{0.8}$

$= 4.9\ kW$

γ : 물의 비중량 [9.8 kN/m³]
Q : 유량 [m³/s]
H : 전양정 [m]
η : 효율

25 상 중 하

원관에서 길이가 2배, 속도가 2배가 되면 손실수두는 원래의 몇 배가 되는가? (단, 두 경우 모두 완전발달 난류유동에 해당되며, 관 마찰계수는 일정하다)

① 동일하다.   ② 2배
③ 4배   ④ 8배

해설 손실수두(달시방정식)

$$손실수두\ H_L = f \times \frac{L}{D} \times \frac{V^2}{2g}$$

원관에서 길이(L)가 2배, 속도(V)가 2배가 되면
$L \to 2L,\ V \to 2V$가 되므로
나중 손실수두 H는

$H_{나중손실} = f \times \dfrac{2L}{D} \times \dfrac{(2V)^2}{2g}$

$= 8 \times \left(f \times \dfrac{L}{D} \times \dfrac{V^2}{2g}\right)$

$= 8 \times (H_{원래손실})$

따라서 나중 손실수두는 원래의 8배

26 상 중 하

펌프가 운전 중에 한숨을 쉬는 것과 같은 상태가 되어 펌프 입구의 진공계 및 출구의 압력계 지침이 흔들리고 송출유량도 주기적으로 변화하는 이상현상을 무엇이라고 하는가?

① 공동현상(Cavitation)
② 수격작용(Water Hammering)
③ 맥동현상(Surging)
④ 언밸런스(Unbalance)

해설 펌프 이상현상

1) 맥동현상(Surging) : 압력계가 흔들리고 송출유량이 주기적으로 변하는 현상
2) 공동현상(Cavitation) : 관 내 유체의 정압이 포화수증기압보다 낮아져 유체에 기포가 발생하는 현상
3) 수격현상(Water Hammering) : 유체가 흐를 때 급격한 속도변화로 내부압력에 급변화가 생기는 현상

27 (상 중 하)

터보팬을 6000 [rpm]으로 회전시킬 경우40 풍량은 0.5 [m³/min], 축동력은 0.049 [kW]이었다. 만약 터보팬의 회전수를 8000 [rpm]으로 바꾸어 회전시킬 경우 축동력 [kW]은?

① 0.0207
② 0.207
③ 0.116
④ 1.161

해설 상사법칙(축동력)

① 유량 $Q_2 = \left(\dfrac{N_2}{N_1}\right)^1 \times \left(\dfrac{D_2}{D_1}\right)^3 \times Q_1$

② 양정 $H_2 = \left(\dfrac{N_2}{N_1}\right)^2 \times \left(\dfrac{D_2}{D_1}\right)^2 \times H_1$

③ 동력 $L_2 = \left(\dfrac{N_2}{N_1}\right)^3 \times \left(\dfrac{D_2}{D_1}\right)^5 \times L_1$

$L_2[kW] = \left(\dfrac{N_2}{N_1}\right)^3 \times L_1$

$= \left(\dfrac{8000}{6000}\right)^3 \times 0.049 = 0.116\ [kW]$

Q_1, Q_2 : 유량 [m³/min]
H_1, H_2 : 양정 [m]
L_1, L_2 : 동력 [kW]
N_1, N_2 : 임펠러의 회전수 [rpm]
D_1, D_2 : 임펠러의 직경 [m]

28 (상 중 하)

어떤 기체를 20 [℃]에서 등온 압축하여 절대압력이 0.2 [MPa]에서 1 [MPa]으로 변할 때 체적은 초기 체적과 비교하여 어떻게 변화하는가?

① 5배로 증가한다.
② 10배로 증가한다.
③ 1/5로 감소한다.
④ 1/10로 감소한다.

해설 이상기체를 등온 압축할 때 체적의 변화

보일-샤를의 법칙 $\dfrac{P_1 V_1}{T_1} = \dfrac{P_2 V_2}{T_2}$

$\dfrac{P_1 V_1}{T_1} = \dfrac{P_2 V_2}{T_2}$에서 온도가 일정하므로 ($T_1 = T_2$)

$P_1 V_1 = P_2 V_2$

$V_2 = \dfrac{P_1}{P_2} \times V_1$

$= \dfrac{0.2}{1} \times V_1 = \dfrac{1}{5} \times V_1$

$\therefore V_2 = \dfrac{1}{5} \times V_1$

29 (상 중 하)

원관 속의 흐름에서 관의 직경, 유체의 속도, 유체의 밀도, 유체의 점성계수가 각각 D, V, ρ, μ로 표시될 때 층류 흐름의 마찰계수(f)는 어떻게 표현될 수 있는가?

① $f = \dfrac{64\mu}{DV\rho}$
② $f = \dfrac{64\rho}{DV\mu}$
③ $f = \dfrac{64D}{V\rho\mu}$
④ $f = \dfrac{64}{DV\rho\mu}$

해설 관마찰계수

층류유동일 때 관마찰계수 $f = \dfrac{64}{Re}$

레이놀즈수 $Re = \dfrac{\rho VD}{\mu}$ 이므로

$f = \dfrac{64}{Re} = \dfrac{64}{\dfrac{\rho VD}{\mu}}$

$\therefore f = \dfrac{64\mu}{DV\rho}$

30 (상 중 하)

그림과 같이 매우 큰 탱크에 연결된 길이 100 [m], 안지름 20 [cm]인 원관에 부차적 손실계수가 5인밸브 A가 부착되어 있다. 관 입구에서의 부차적 손실계수가 0.5, 관 마찰계수는 0.02이고, 평균속도가 2 [m/s]일 때 물의 높이 H[m]는?

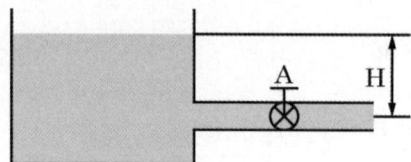

① 1.48
② 2.14
③ 2.81
④ 3.36

해설 수정 베르누이방정식

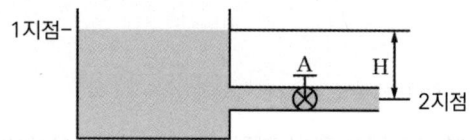

$$\frac{P_1}{\gamma}+\frac{V_1^2}{2g}+Z_1=\frac{P_2}{\gamma}+\frac{V_2^2}{2g}+Z_2+H_L$$

여기서 H_L : 손실수두

$$\frac{P_1}{\gamma}+\frac{V_1^2}{2g}+Z_1=\frac{P_2}{\gamma}+\frac{V_2^2}{2g}+Z_2+H_L$$

여기서 $P_1=P_2=0$(대기압), $V_1 ≒ 0$이므로

$$Z_1 = \frac{V_2^2}{2g}+Z_2+H_L$$

$$Z_1-Z_2 = \frac{V_2^2}{2g}+H_L$$

∴ $H = \frac{V_2^2}{2g}+H_L$

1) 속도수두

속도수두 $= \frac{V^2}{2g} = \frac{2^2}{2\times 9.8} = 0.2\ m$

2) 관 내 손실(주손실)과 관 입구 손실(부차적 손실)에 따른 손실수두 H_L

손실수두 $H_L = f\frac{L}{D}\frac{V^2}{2g}+K\frac{V^2}{2g}$

$= (f\frac{L}{D}+K)\frac{V^2}{2g}$

$= (0.02\times\frac{100}{0.2}+5.5)\frac{2^2}{2\times 9.8} = 3.16\ [m]$

3) 탱크의 물 높이 H

$H = \frac{V_2^2}{2g}+H_L = 0.2+3.16 = 3.36\ [m]$

31 (상 중 하)

마그네슘은 절대온도 293 [K]에서 열전도도가 156 [W/m·K], 밀도는 1740 [kg/m³]이고, 비열이 1017 [J/kg·K]일 때 열확산계수[m²/s]는?

① 8.96×10^{-2}
② 1.53×10^{-1}
③ 8.81×10^{-5}
④ 8.81×10^{-4}

해설 열확산계수

$$열확산계수 = \frac{k}{\rho C}$$

열확산계수 $= \frac{k}{\rho C}$

$= \frac{156}{1740\times 1017}$

$= 8.816\times 10^{-5}\ [m^2/s]$

k : 열전도도, ρ : 밀도, C : 비열

정답 30 ④ 31 ③

32 (중)

그림과 같이 반지름이 1 [m], 폭(y방향) 2 [m]인 곡면 AB에 작용하는 물에 의한 힘의 수직성분(z방향) Fz와 수평성분(x방향) Fx와의 비(Fz/Fx)는 얼마인가?

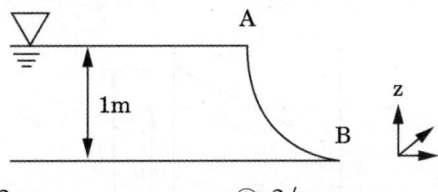

① $\pi/2$
② $2/\pi$
③ 2π
④ $1/2\pi$

해설 수평분력과 수직분력

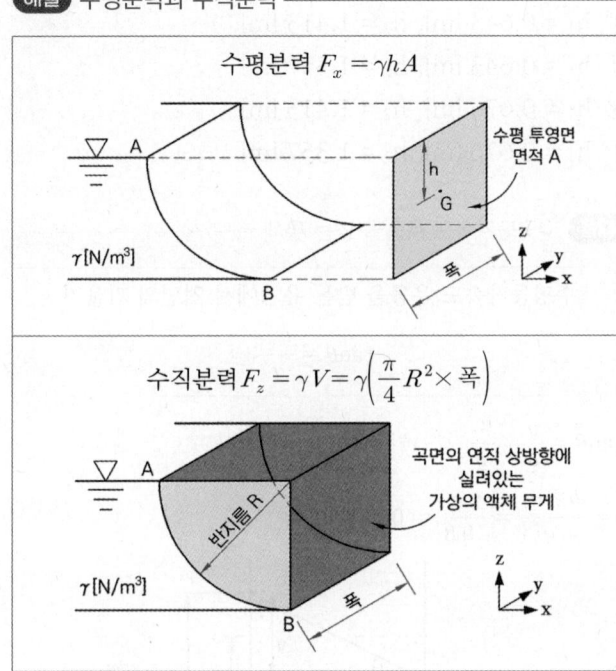

1) 수평분력 F_x

$$F_x = \gamma h A = \gamma \times \frac{R}{2} \times (R \times 폭)$$
$$= \gamma \times \frac{1}{2} \times (1 \times 2) = \gamma$$

2) 수직분력 F_z

$$F_z = \gamma V = \gamma \left(\frac{\pi}{4} R^2 \times 폭 \right)$$
$$= \gamma \left(\frac{\pi}{4} \times 1^2 \times 2 \right) = \gamma \frac{\pi}{2}$$

3) F_z와 F_x와의 비 ($\frac{F_z}{F_x}$)

$$\frac{F_z}{F_x} = \frac{\left(\gamma \frac{\pi}{2}\right)}{\gamma} = \frac{\pi}{2}$$

γ : 비중량
h : 투영면의 도심점까지 높이
A : 투영면적
R : 곡면의 반지름
V : 곡면 연직상방향의 체적

33 (중)

대기압하에서 10 [℃]의 물 2 [kg]이 전부 증발하여 100 [℃]의 수증기로 되는 동안 흡수되는 열량(kJ)은 얼마인가? (단, 물의 비열은 4.2 [kJ/kg·K], 기화열은 2250 [kJ/kg]이다)

① 756
② 2638
③ 5256
④ 5360

해설 물 상태변화에 필요한 열량

10℃ 물 → 100℃ 물 → 100℃ 수증기
　　　현열　　　　　잠열

열량 $Q = mC\Delta T + mr$
$= 2[kg] \times 4.2[kJ/kg \cdot K] \times (100-10)[K]$
$+ 2[kg] \times 2250[kJ/kg]$
$= 5256[kJ]$

m : 질량 [kg]
C : 비열 [kJ/kg·K]
ΔT : 온도차 [K]
r : 증발잠열(기화열) [kJ/kg]

정답 32 ① 33 ③

34 (상⦁중⦁하)

경사진 관로의 유체흐름에서 수력기울기선의 위치로 옳은 것은?

① 언제나 에너지선보다 위에 있다.
② 에너지선보다 속도수두만큼 아래에 있다.
③ 항상 수평이 된다.
④ 개수로의 수면보다 속도수두만큼 위에 있다.

해설 에너지선과 수력기울기선

1) 에너지선 = 속도수두 + 압력수두 + 위치수두
2) 수력기울기선 = 압력수두 + 위치수두

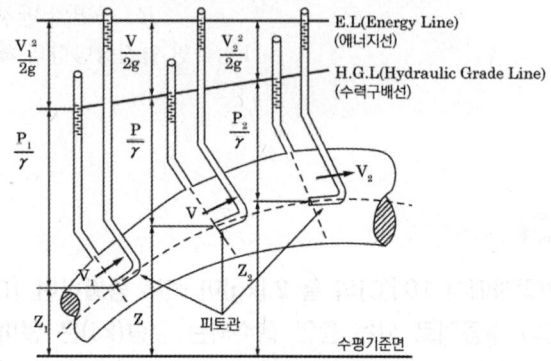

보충 수력기울기선(수력구배선)은 에너지선보다 속도수두만큼 아래 있다.

35 (상⦁중⦁하)

그림과 같이 폭(b)이 1 [m]이고 깊이(h_0) 1 [m]로 물이 들어있는 수조가 트럭 위에 실려 있다. 이 트럭이 7 [m/s^2]의 가속도로 달릴 때 물의 최대높이(h_2)와 최소높이(h_1)는 각각 몇 [m]인가?

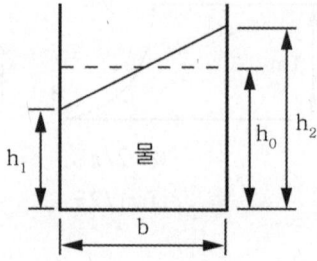

① h_1 = 0.643 [m], h_2 = 1.413 [m]
② h_1 = 0.643 [m], h_2 = 1.357 [m]
③ h_1 = 0.676 [m], h_2 = 1.413 [m]
④ h_1 = 0.676 [m], h_2 = 1.357 [m]

해설 수평등가속도 운동을 받는 유체

수평등가속도 운동을 받는 유체에서 액면의 기울기
$$\tan\theta = \frac{a_x}{g}$$

$$\tan\theta = \frac{y}{b} = \frac{a_x}{g}$$

$$y = \frac{b \times a_x}{g} = \frac{1 \times 7}{9.8} = 0.714 \, [m]$$

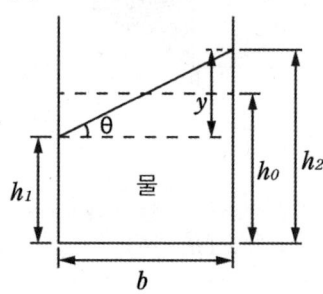

최소높이 $h_1 = h_0 - \frac{0.714}{2}$

$= 1 - \frac{0.714}{2} = 0.643 \, [m]$

정답 34 ② 35 ②

최대높이 $h_2 = h_0 + \dfrac{0.714}{2}$

$= 1 + \dfrac{0.714}{2} = 1.357\,[m]$

y : 액면의 기울기로 이루어진 삼각형의 높이 $[m]$
a_x : 가속도 $[m/s^2]$
g : 중력가속도 $[9.8m/s^2]$

36 (상/중/하)

유체의 거동을 해석하는 데 있어서 비점성 유체에 대한 설명으로 옳은 것은?

① 실제 유체를 말한다.
② 전단응력이 존재하는 유체를 말한다.
③ 유체유동 시 마찰저항이 속도 기울기에 비례하는 유체이다.
④ 유체유동 시 마찰저항을 무시한 유체를 말한다.

해설 비점성 유체

1) 유체유동 시 마찰저항을 무시할 수 있는 유체이다.
2) 점성이 클수록 마찰저항이 크다.

37 (상/중/하)

출구단면적이 0.0004 [m²]인 소방호스로부터 25 [m/s]의 속도로 수평으로 분출되는 물제트가 수직으로 세워진 평판과 충돌한다. 평판을 고정시키기 위한 힘(F)은 몇 [N]인가?

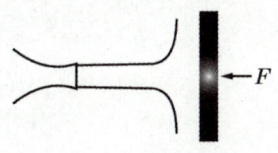

① 150
② 200
③ 250
④ 300

해설 고정평판에 작용하는 힘

고정평판에 작용하는 힘
$F = \rho Q V = \rho A V^2$

$F[N] = \rho Q V = \rho A V^2$
$= 1000[N \cdot s^2/m^4] \times 0.0004[m^2] \times (25[m/s])^2$
$= 250[N]$

ρ : 유체의 밀도 $[kg/m^3, N \cdot s^2/m^4]$
Q : 노즐에서의 유량 $[m^3/s]$
(유량 $Q = AV$: 노즐의 단면적 × 절대속도)
V : 노즐에서의 유출 유속 $[m/s]$
A : 노즐의 단면적 $[m^2]$

38 (상/중/하)

두 개의 가벼운 공을 그림과 같이 실로 매달아 놓았다. 두 개의 공 사이로 공기를 불어 넣으면 공은 어떻게 되겠는가?

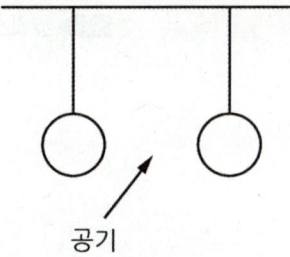

① 파스칼의 법칙에 따라 벌어진다.
② 파스칼의 법칙에 따라 가까워진다.
③ 베르누이의 법칙에 따라 벌어진다.
④ 베르누이의 법칙에 따라 가까워진다.

해설 베르누이법칙

1) 속도수두, 압력수두, 위치수두의 합은 일정하다.
2) 기류를 불어 넣으면 위치수두는 일정, 속도가 증가하여 압력이 감소하므로 가까워진다.

정답 36 ④ 37 ③ 38 ④

39 (상**중**하)

다음 중 뉴턴(Newton)의 점성법칙을 이용하여 만든 회전원통식 점도계는?

① 세이볼트(Saybolt) 점도계
② 오스왈트(Ostwald) 점도계
③ 레드우드(Redwood) 점도계
④ 맥미셸(MacMichael) 점도계

해설 점도계

구분	원리	점도계 종류
뉴턴의 점성법칙	회전원통법	• 스토머 점도계 • 맥미셸 점도계
스토크스법칙	낙구법	• 낙구식 점도계
하겐 포아젤의 법칙	세관법	• 오스왈트 점도계 • 세이볼트 점도계 • 앵글러 점도계 • 바베이 점도계 • 레드우드 점도계

암기 뉴회스맥, 스낙, 하오세

40 (상**중**하)

그림과 같이 수은 마노미터를 이용하여 물의 유속을 측정하고자 한다. 마노미터에서 측정한 높이 차(h)가 30 [mm]일 때 오리피스 전후의 압력 [kPa] 차이는? (단, 수은의 비중은 13.6이다)

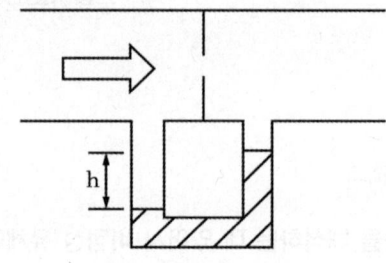

① 3.4
② 3.7
③ 3.9
④ 4.4

해설 마노미터 압력차

마노미터 압력차 $\triangle P$

$$\triangle P = (\gamma_{수은} - \gamma_w)h$$
$$= (S_{수은}\gamma_w - \gamma_w)h$$
$$= (13.6 \times 9.8 [kN/m^3] - 9.8 [kN/m^3]) \times 0.03 [m]$$
$$= 3.7 [kPa]$$

$\gamma_{수은}$: 수은의 비중량 [kN/m³]
γ_w : 물의 비중량 [kN/m³]
h : 유체 높이 차 [m]
S : 비중

보충 $\gamma = S \times \gamma_w$, $\rho = S \times \rho_w$

2020년 3회 소방관계법규

41

다음 중 화재의 예방 및 안전관리에 관한 법령상 특수가연물에 해당하는 품명별 기준수량으로 틀린 것은?

① 사류 1000 [kg] 이상
② 면화류 200 [kg] 이상
③ 나무껍질 및 대팻밥 400 [kg] 이상
④ 넝마 및 종이부스러기 500 [kg] 이상

해설 특수가연물

품명		수량
면화류		200 [kg] 이상
나무껍질 및 대팻밥		400 [kg] 이상
넝마 및 종이부스러기		1000 [kg] 이상
사류, 볏짚류		1000 [kg] 이상
가연성 고체류		3000 [kg] 이상
석탄·목탄류		10000 [kg] 이상
가연성 액체류		2 [m³] 이상
목재가공품 및 나무부스러기		10 [m³] 이상
고무류·플라스틱류	발포시킨 것	20 [m³] 이상
	그 밖의 것	3000 [kg] 이상

암기 면이 나대싸 넘사벽 천 가고삼 석목만 가액이 고발이

42

다음 중 소방시설 설치 및 관리에 관한 법령상 소방시설관리업을 등록할 수 있는 자는?

① 피성년후견인
② 소방시설관리업의 등록이 취소된 날부터 2년이 경과된 자
③ 금고 이상의 형의 집행유예를 선고받고 그 유예기간 중에 있는 자
④ 금고 이상의 실형을 선고받고 그 집행이 면제된 날부터 2년이 지나지 아니한 자

해설 소방시설업 등록 결격사유

1) 피성년후견인
2) 금고 이상의 실형을 선고받고 집행이 끝나거나 면제된 날부터 2년이 지나지 않은 사람
3) 금고 이상의 형의 집행유예를 선고받고 그 유예기간 중에 있는 사람
4) 등록하려는 소방시설업 등록이 취소된 날부터 2년이 지나지 않은 자
5) 법인 대표가 위 규정에 해당하는 경우 그 법인
6) 법인 임원이 위 규정에 해당하는 경우 그 법인

정답 41 ④ 42 ②

43 (상중하)

위험물안전관리법령상 위험물취급소의 구분에 해당하지 않는 것은?

① 이송취급소
② 관리취급소
③ 판매취급소
④ 일반취급소

해설 위험물 취급소 구분

- 주유취급소 : 자동차·항공기·선박 등의 연료탱크에 직접 주유
- 판매취급소 : 지정수량 40배 이하
- 이송취급소 : 위험물 이송
- 일반취급소 : 주유취급소, 판매취급소, 이송취급소 외의 장소

44 (상 중 하)

국민의 안전의식과 화재에 대한 경각심을 높이고 안전문화를 정착시키기 위한 소방의 날은 몇 월 며칠인가?

① 1월 19일
② 10월 9일
③ 11월 9일
④ 12월 19일

해설 소방의 날

1) 목적 : 국민의 안전의식과 화재에 대한 경각심을 높이고 안전문화를 정착시키기 위함
2) 소방의 날 : 매년 11월 9일
3) 소방의 날 행사 필요사항 : 소방청장 또는 시·도지사가 따로 정할 수 있음
4) 소방청장은 다음에 해당하는 사람을 명예직 소방대원으로 위촉할 수 있다.
   (1) 「의사상자 등 예우 및 지원에 관한 법률」에 따른 의사상자(義死傷者)에 해당하는 사람
   (2) 소방행정 발전에 공로가 있다고 인정되는 사람

45 (상중하)

화재의 예방 및 안전관리에 관한 법령상 화재안전조사 결과 소방대상물의 위치 상황이 화재 예방을 위하여 보완될 필요가 있을 것으로 예상되는 때에 소방대상물의 개수·이전·제거, 그 밖의 필요한 조치를 관계인에게 명령할 수 있는 사람은?

① 소방서장
② 경찰청장
③ 시·도지사
④ 해당구청장

해설 화재안전조사 결과에 따른 조치명령

1) 명령권자 : 소방관서장
2) 관계인에게 그 소방대상물의 개수·이전·제거, 사용의 금지 또는 제한, 사용폐쇄, 공사의 정지 또는 중지, 그 밖에 필요한 조치
   (1) 소방대상물의 위치·구조·설비 또는 관리에 보완 필요 시
   (2) 화재발생 시 인명 또는 재산 피해가 클 것으로 예상될 때
3) 관계인에게 조치를 명령 또는 관계 행정기관의 장에게 필요한 조치 요청
   (1) 법령을 위반하여 건축 또는 설비
   (2) 소방시설등, 피난시설·방화구획, 방화시설 등이 법령에 적합하게 설치·관리되지 않은 경우

정답 43 ② 44 ③ 45 ①

46 상(중)하

소방시설 설치 및 관리에 관한 법령상 터널로서 길이가 1000 [m]일 때 설치하지 않아도 되는 소방시설은?

① 인명구조기구
② 옥내소화전설비
③ 연결송수관설비
④ 무선통신보조설비

해설 터널길이에 따른 소방시설

터널길이	적용설비
500 [m] 이상	• 비상경보설비 • 비상조명등설비 • 비상콘센트설비 • 무선통신보조설비
1000 [m] 이상	• 옥내소화전설비 • 연결송수관설비 • 자동화재탐지설비

47 상(중)하

위험물안전관리법령상 허가를 받지 아니하고 당해 제조소 등을 설치하거나 그 위치·구조 또는 설비를 변경할 수 있으며, 신고를 하지 아니하고 위험물의 품명·수량 또는 지정수량의 배수를 변경할 수 있는 기준으로 옳은 것은?

① 축산용으로 필요한 건조시설을 위한 지정수량 40배 이하의 저장소
② 수산용으로 필요한 건조시설을 위한 지정수량 30배 이하의 저장소
③ 농예용으로 필요한 난방시설을 위한 지정수량 40배 이하의 저장소
④ 주택의 난방시설(공동주택의 중앙난방시설 제외)을 위한 저장소

해설 제조소 설치 및 변경

1) 설치허가자 : 시·도지사(행전안전부령)
2) 변경신고 : 변경하고자 하는 날의 1일 전
3) 허가 제외 장소
   • 주택의 난방시설(공동주택 중앙난방시설 제외)을 위한 저장소·취급소
   • 농예용·축산용·수산용으로 필요한 난방·건조시설을 위한 지정수량 20배 이하의 저장소

48 상(중)하

소방기본법령상 시장지역에서 화재로 오인할 만한 우려가 있는 불을 피우거나 연막소독을 하려는 자가 신고를 하지 아니하여 소방자동차를 출동하게 한 자에 대한 과태료 부과·징수권자는?

① 국무총리
② 시·도지사
③ 행정안전부 장관
④ 소방본부장 또는 소방서장

해설 20만 원 이하의 과태료

화재로 오인할 만한 우려가 있는 불을 피우거나 연막 소독을 하기 전에 신고를 하지 않아 소방자동차를 출동하게 한 자
1) 부과권자 : 소방본부장, 소방서장
2) 과태료 : 20만 원 이하

정답 46 ① 47 ④ 48 ④

49 (상⑨하)

소방시설공사업법령상 공사감리자 지정대상 특정소방대상물의 범위가 아닌 것은?

① 제연설비를 신설·개설하거나 제연구역을 증설할 때
② 연소방지설비를 신설·개설하거나 살수구역을 증설할 때
③ 캐비닛형 간이스프링클러설비를 신설·개설하거나 방호·방수구역을 증설할 때
④ 물분무등소화설비(호스릴방식의 소화설비 제외)를 신설·개설하거나 방호·방수구역을 증설할 때

해설 공사감리자 지정대상 특정소방대상물 범위

1) 옥내소화전설비 신설·개설·증설
2) 스프링클러설비등(캐비닛형 간이SP 제외) 신설·개설하거나 방호·방수구역을 증설
3) 물분무등소화설비(호스릴 제외) 신설·개설하거나 방호·방수구역을 증설
4) 옥외소화전설비 신설·개설·증설
5) 자동화재탐지설비 신설·개설
6) 화재알림설비 신설·개설
7) 비상방송설비 신설·개설
8) 통합감시시설 신설·개설
9) 소화용수설비 신설·개설
10) 다음 각 목에 따른 소화활동설비에 대하여 각 목에 따른 시공을 할 때
   (1) 제연설비 신설·개설하거나 제연구역 증설
   (2) 연결송수관설비 신설·개설
   (3) 연결살수설비 신설·개설하거나 송수구역 증설
   (4) 비상콘센트설비 신설·개설하거나 전용회로 증설
   (5) 무선통신보조설비 신설·개설
   (6) 연소방지설비를 신설·개설하거나 살수구역 증설

50 (상⑨하)

소방기본법령상 소방대장 권한이 아닌 것은?

① 화재 현장에 대통령령으로 정하는 사람 외에는 그 구역에 출입하는 것을 제한할 수 있다.
② 화재 진압 등 소방활동을 위하여 필요할 때에는 소방용수 외에 댐·저수지 등의 물을 사용할 수 있다.
③ 국민의 안전의식을 높이기 위하여 소방박물관 및 소방체험관을 설립하여 운영할 수 있다.
④ 불이 번지는 것을 막기 위하여 필요할 때에는 불이 번질 우려가 있는 소방대상물 및 토지를 일시적으로 사용할 수 있다.

해설 소방박물관, 체험관

소방박물관	소방체험관
소방청장	시·도지사
행정안전부령	시·도 조례
① 국내·외의 소방의 역사, ② 소방공무원의 복장 및 소방장비 등의 변천 및 발전에 관한 자료를 수집·보관 및 전시	① 재난·안전사고 유형에 따른 예방, 대처, 대응 등에 관한 체험교육 ② 체험교육 프로그램의 개발 및 국민 안전의식 향상을 위한 홍보·전시 ③ 체험교육 인력의 양성 및 유관기관·단체 등과 협력 ④ 시·도지사가 인정하는 사업
① 소방박물관장 1인(소방공무원 중 소방청장이 임명), 부관장 1인 ② 운영위원회 : 7인 이내	-

정답 49 ③ 50 ③

51 ㈜중하

소방시설 설치 및 관리에 관한 법령상 스프링클러설비를 설치하여야 하는 특정소방대상물의 기준으로 틀린 것은? (단, 위험물 저장 및 처리 시설 중 가스시설 또는 지하구는 제외한다)

① 복합건축물로서 연면적 3500 [m²] 이상인 경우에는 모든 층
② 창고시설(물류터미널은 제외)로서 바닥면적 합계가 5000 [m²] 이상인 경우에는 모든 층
③ 숙박이 가능한 수련시설 용도로 사용되는 시설의 바닥면적의 합계가 600 [m²] 이상인 것은 모든 층
④ 판매시설, 운수시설 및 창고시설(물류터미널에 한정)로서 바닥면적의 합계가 5000 [m²] 이상이거나 수용인원이 500명 이상인 경우에는 모든 층

해설 스프링클러설비 설치대상

설치대상	기준
• 문화 및 집회시설(동·식물원 제외) • 종교시설 • 운동시설(물놀이형 시설 및 바닥이 불연재료이고 관람석이 없는 운동시설은 제외)	• 수용인원 100 명 이상 • 영화상영관 바닥면적 : 지하층·무창층 500 [m²] (그 외 1000 [m²]) 이상 • 무대부 : 지하층·무창층, 4층 이상 300 [m²](그 외 500 [m²]) 이상
• 판매시설, 운수시설 • 창고시설(물류터미널)	• 수용인원 500명 이상 • 바닥면적 합계 5000 [m²] 이상
6층 이상인 특정소방대상물	전 층
• 의료시설(정신의료기관, 종합병원, 병원, 치과병원, 한방병원, 요양병원) • 노유자시설 • 숙박 가능한 수련시설 • 숙박시설 • 산후조리원, 조산원	바닥면적 합계 600 [m²] 이상인 것은 모든 층
지하상가	연면적 1000 [m²] 이상
기숙사(교육연구시설·수련시설 내에 있는 학생 수용을 위한 것), 복합건축물	연면적 5000 [m²] 이상인 모든 층
특수가연물 저장·취급시설	지정수량 1000배 이상
랙식 창고의 높이가 10 [m]를 초과	바닥면적 또는 랙이 설치된 부분의 합계가 1500 [m²] 이상인 경우 모든 층
전기저장시설, 교정 및 군사시설 중 보호감호소, 교도소, 구치소 및 그 지소, 보호관찰소, 갱생보호시설, 치료감호시설, 소년원 및 소년분류심사원의 수용거실, 보호시설(외국인보호소의 경우에는 보호대상자의 생활공간으로 한정), 유치장	–

52 ㈜중하

소방시설 설치 및 관리에 관한 법령상 단독경보형 감지기를 설치하여야 하는 특정소방대상물의 기준으로 맞는 것은?
[법 개정으로 인한 문제 수정]

① 연면적 400 [m²] 미만의 유치원
② 연면적 600 [m²] 미만의 숙박시설
③ 연면적 1000 [m²] 미만의 아파트
④ 교육연구시설 또는 수련시설 내에 있는 합숙소 또는 기숙사로서 연면적 1000 [m²] 미만인 것

해설 단독경보형 감지기 설치대상

설치대상	연면적
유치원	400 [m²] 미만
교육연구시설·수련시설 내에 있는 합숙소 또는 기숙사	2000 [m²] 미만
수련시설(숙박시설 있는 것)	수용인원 100명 미만
공동주택 중 연립주택 및 다세대주택	–

정답 51 ① 52 ①

53 (상)중(하)

소방시설공사업법령상 소방시설공사의 하자보수 보증기간이 3년이 아닌 것은?

① 자동소화장치
② 무선통신보조설비
③ 자동화재탐지설비
④ 간이스프링클러설비

해설 소방시설 하자보수 보증기간

소방시설	기간
• 피난기구 · 유도등 • 비상경보설비 • 비상조명등 • 비상방송설비 • 무선통신보조설비	2년
• 자동소화장치 • 옥내 · 외소화전설비 • 스프링클러 · 간이스프링클러설비 • 물분무등소화설비 • 자동화재탐지설비 • 상수도소화용수설비 • 화재알림설비	3년

암기 이년 피비무

54 상(중)하

위험물안전관리법령상 제조소의 기준에 따라 건축물의 외벽 또는 이에 상당하는 공작물의 외측으로부터 제조소의 외벽 또는 이에 상당하는 공작물의 외측까지의 안전거리기준으로 틀린 것은? (단, 제6류 위험물을 취급하는 제조소를 제외하고, 건축물에 불연재료로 된 방화상 유효한 담 또는 벽을 설치하지 않은 경우이다)

① 의료법에 의한 종합병원에 있어서는 30 [m] 이상
② 도시가스사업법에 의한 가스공급시설에 있어서는 20 [m] 이상
③ 사용전압 35000 [V]를 초과하는 특고압가공전선에 있어서는 5 [m] 이상
④ 문화재보호법에 의한 유형문화재에 기념물 중 지정문화재에 있어서는 30 [m] 이상

해설 제조소 안전거리

[거리 : 이상]

대상		거리
특고압가공전선 사용전압	7000 [V] 초과 35000 [V] 이하	3 [m]
	35000 [V] 초과	5 [m]
주거용으로 사용되는 것 (제조소 설치된 부지 내의 것 제외)		10 [m]
고압가스 · 액화석유가스 · 도시가스 저장 또는 취급하는 시설		20 [m]
학교 · 병원 · 극장 · 다수 수용 시설		30 [m]
지정문화재		50 [m]

보충 관련 법령 개정(2024.5.7.)에 따라 아래 내용을 병행하여 학습하기 바람
1) 문화재보호법 → 문화유산법
2) 유형문화재 → 유형문화유산
3) 지정문화재 → 지정문화유산

정답 53 ② 54 ④

55 (상중하)

소방시설 설치 및 관리에 관한 법령상 둘 이상의 특정소방대상물이 내화구조로 된 연결통로가 벽이 없는 구조로서 그 길이가 몇 [m] 이하인 경우 하나의 소방대상물로 보는가?

[법 개정으로 인한 문제 수정]

① 6 ② 9
③ 10 ④ 12

해설 하나의 소방대상물로 보는 경우

1) 내화구조로 된 연결통로로 연결된 경우
   (1) 벽이 없는 구조 : 길이 6 [m] 이하
   (2) 벽이 있는 구조 : 길이 10 [m] 이하
   - 벽 높이가 바닥에서 천장 높이의 1/2 이상 : 벽이 있는 구조
   - 벽 높이가 바닥에서 천장 높이의 1/2 미만 : 벽이 없는 구조

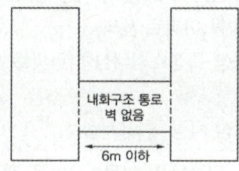
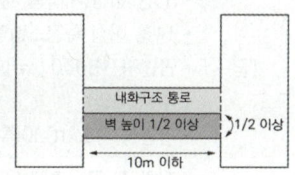

2) 내화구조가 아닌 연결통로로 연결된 경우
3) 컨베이어로 연결되거나 플랜트설비의 배관 등으로 연결되어 있는 경우
4) 지하보도, 지하상가, 터널로 연결된 경우
5) 자동방화셔터 또는 60분+ 방화문이 설치되지 않은 피트(전기설비 또는 배관설비등이 설치되는 공간)로 연결된 경우
6) 지하구로 연결된 경우

56 (상중하)

소방시설 설치 및 관리에 관한 법령상 특정소방대상물 중 오피스텔은 어느 시설에 해당하는가?

[법 개정으로 인한 문제 수정]

① 숙박시설 ② 일반업무시설
③ 공동주택 ④ 근린생활시설

해설 업무시설

1) 공공업무시설 : 국가 또는 지방자치단체의 청사, 외국공관의 건축물
2) 일반업무시설 : 금융업소, 사무소, 신문사, 오피스텔
3) 주민자치센터(동사무소), 경찰서, 지구대, 파출소, 소방서, 119안전센터, 우체국, 보건소, 공공도서관, 국민건강보험공단
4) 마을회관, 마을공동작업소, 마을공동구판장
5) 변전소, 양수장, 정수장, 대피소, 공중화장실

57 (상중하)

위험물안전관리법령상 위험물시설의 설치 및 변경 등에 관한 기준 중 다음 ( ) 안에 들어갈 내용으로 옳은 것은?

> 제조소등의 위치·구조 또는 설비의 변경 없이 당해 제조소등에서 저장하거나 취급하는 위험물의 품명·수량 또는 지정수량의 배수를 변경하고자 하는 자는 변경하고자 하는 날의 (㉠)일 전까지 (㉡)이 정하는 바에 따라 (㉢)에게 신고하여야 한다.

① ㉠ : 1, ㉡ : 대통령령, ㉢ : 소방본부장
② ㉠ : 1, ㉡ : 행정안전부령, ㉢ : 시·도지사
③ ㉠ : 14, ㉡ : 대통령령, ㉢ : 소방서장
④ ㉠ : 14, ㉡ : 행정안전부령, ㉢ : 시·도지사

정답 55 ① 56 ② 57 ②

해설 **제조소 설치 및 변경**

1) 설치허가자 : 시·도지사(행전안전부령)
2) 변경신고 : 변경하고자 하는 날의 1일 전
3) 허가 제외 장소
   - 주택의 난방시설(공동주택 중앙난방시설 제외)을 위한 저장소·취급소
   - 농예용·축산용·수산용으로 필요한 난방·건조시설을 위한 지정수량 20배 이하의 저장소

58 상(중)하

소방시설 설치 및 관리에 관한 법령상 수용인원 산정방법 중 침대가 없는 숙박시설로 해당 특정소방대상물 종사자의 수는 5명, 복도, 계단 및 화장실의 바닥면적을 제외한 바닥면적 158 [m²]인 경우 수용인원은 약 몇 명인가?

① 37
② 45
③ 58
④ 84

해설 **수용인원 산정방법**

1) 숙박시설이 있는 특정소방대상물
   - 침대 있는 경우 : 종사자 수 + 침대 수
   - 침대 없는 경우 : 종사자 수 + $\dfrac{바닥면적 합계}{3 m^2}$

2) 수용인원 = 5 + $\dfrac{158}{3}$ → 반올림해서 58명

보충 수용인원 산정에 있어서만 반올림한다.

보충 ▶ 숙박시설 이외의 특정소방대상물
- 강의실·교무실·상담실·실습실·휴게실 용도로 쓰이는 특정소방대상물 : 바닥면적 합계 / 1.9 [m²]
- 강당·문화집회시설·운동시설·종교시설 : 바닥면적 합계 / 4.6 [m²]
- 관람석에 고정식 의자가 있는 경우 : 의자 수
- 관람석에 긴 의자가 있는 경우 : 의자의 정면너비 / 0.45 [m]
- 그 밖의 대상물 : 바닥면적 합계 / 3 [m²]

59 상(중)하

화재의 예방 및 안전관리에 관한 법령상 1급 소방안전관리대상물에 해당하는 건축물은?

① 지하구
② 층수가 15층인 공공업무시설
③ 연면적 15000 [m²] 이상인 동물원
④ 층수가 20층이고, 지상으로부터 높이가 100 [m]인 아파트

해설 **소방안전관리대상물**

구분	기준
특급	• 50층 이상(지하층 제외), 높이 200 [m] 이상 아파트 • 30층 이상(지하층 포함), 높이 120 [m] 이상 특정소방대상물(아파트 제외) • 연면적 100000 [m²] 이상 특정소방대상물(아파트 제외)
1급	• 30층 이상(지하층 제외), 높이 120 [m] 이상 아파트 • 11층 이상 특정소방대상물(아파트 제외) • 연면적 15000 [m²] 이상 특정소방대상물(아파트 및 연립주택 제외) • 가연성 가스 1000톤 이상 저장·취급시설
2급	• 지하구, 공동주택(옥내, SP설치), 보물·국보로 지정된 목조건축물 • 가연성 가스 100톤 이상 1000톤 미만 저장·취급시설 • 옥내소화전, 스프링클러설비, 물분무등소화설비 설치대상 (호스릴방식 물분무등소화설비만을 설치한 경우 제외)
3급	간이스프링클러설비 또는 자동화재탐지설비를 설치하여야 하는 특정소방대상물
비고	동·식물원, 철강 등 불연성 물품 저장·취급 창고, 위험물 제조소등, 지하구는 특급 및 1급 소방안전관리대상물에서 제외

정답 58 ③ 59 ②

60 상(중)하

소방시설 설치 및 관리에 관한 법령상 1년 이하의 징역 또는 1천만 원 이하의 벌금기준에 해당하는 경우는?

① 소방용품의 형식승인을 받지 아니하고 소방용품을 제조하거나 수입한 자
② 형식승인을 받은 소방용품에 대하여 제품검사를 받지 아니한 자
③ 거짓이나 그 밖의 부정한 방법으로 제품검사 전문기관으로 지정을 받은 자
④ 소방용품에 대하여 형상 등의 일부를 변경한 후 형식승인의 변경승인을 받지 아니한 자

해설 1년 이하 징역 또는 1000만 원 이하 벌금

1) 자체점검을 하지 않거나 관리업자에게 정기점검하게 하지 아니한 자
2) 소방시설관리사증을 빌려주거나 빌리거나 이를 알선한 자
3) 동시에 둘 이상의 업체에 취업한 자
4) 자격정지처분을 받고 자격정지기간 중에 관리사의 업무를 한 자
5) 관리업 등록증. 등록수첩을 다른 자에게 빌려주거나 빌리거나 이를 알선한 자
6) 영업정지처분을 받고 영업정지기간 중에 관리업의 업무를 한 자
7) 제품검사 합격표시 허위·위조·변조한 자
8) <u>형식승인의 변경승인을 받지 아니한 자</u>
9) 제품검사에 합격하지 아니한 소방용품에 성능인증을 받았다는 표시 또는 제품검사에 합격하였다는 표시를 하거나 성능인증을 받았다는 표시 또는 제품검사에 합격하였다는 표시를 위조 또는 변조하여 사용한 자
10) 성능인증의 변경인증을 받지 아니한 자
11) 우수품질 표시 허위·위조·변조하여 사용한 자
12) 관계인의 업무 방해하거나 출입·검사 시 알게 된 비밀을 누설한 자

보충 ① ~ ③ : 3년 이하 징역 또는 3천만 원 이하 벌금

정답 60 ④

2020년 3회 소방기계시설의 구조 및 원리

61 (하)

다음 중 스프링클러설비에서 자동경보밸브에 리타딩 챔버(Retarding Chamber)를 설치하는 목적으로 가장 적절한 것은?

① 자동으로 배수하기 위하여
② 압력수의 압력을 조절하기 위하여
③ 자동경보밸브의 오보를 방지하기 위하여
④ 경보를 발하기까지 시간을 단축하기 위하여

해설 리타딩 챔버

1) 안전밸브 역할
2) 유수검지장치의 오작동방지
3) 배관 및 압력스위치의 손상을 보호

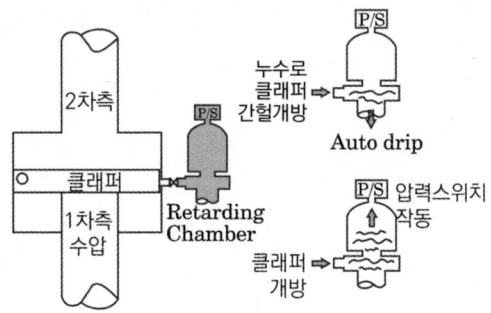

62 (중)

구조대의 형식승인 및 제품검사의 기술기준상 수직강하식 구조대의 구조기준 중 틀린 것은?

① 구조대는 연속하여 강하할 수 있는 구조이어야 한다.
② 구조대는 안전하고 쉽게 사용할 수 있는 구조이어야 한다.
③ 입구틀 및 취부틀의 입구는 지름 40 [cm] 이하의 구체가 통과할 수 있는 것이어야 한다.
④ 구조대의 포지는 외부포지와 내부포지로 구성하되, 외부포지와 내부포지의 사이에 충분한 공기층을 두어야 한다.

해설 수직강하식 구조대의 구조

1) 구조대는 안전하고 쉽게 사용할 수 있는 구조여야 함
2) 구조대의 포지는 외부포지와 내부포지로 구성하되, 외부포지와 내부포지의 사이에 충분한 공기층을 두어야 함
3) 입구틀 및 취부틀의 입구는 지름 60 [cm] 이상의 구체가 통과할 수 있는 것이어야 함
4) 구조대는 연속하여 강하할 수 있는 구조여야 함
5) 포지는 사용 시 수직방향으로 현저하게 늘어나지 않아야 함
6) 포지, 지지틀, 취부틀 그 밖의 부속장치 등은 견고하게 부착되어야 함

정답 61 ③ 62 ③

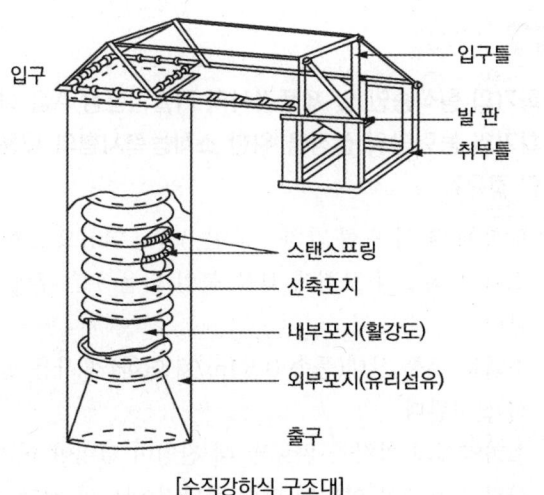

[수직강하식 구조대]

보충 ▶ 포지 : 포대(자루)를 연결하여 만든 형태

63 상 중 하

분말소화설비의 화재안전기술기준상 분말소화설비의 가압용 가스로 질소가스를 사용하는 경우 질소가스는 소화약제 1 [kg]마다 최소 몇 [L] 이상이어야 하는가? (단, 질소가스의 양은 35 [℃]에서 1기압의 압력 상태로 환산한 것이다)

① 10
② 20
③ 30
④ 40

해설 분말소화설비 가압·축압용 가스

1) 가압용 가스 또는 축압용 가스는 질소가스 또는 이산화탄소로 할 것
2) 소화약제 1 [kg]당(35 [℃], 1기압으로 환산)

구분	가압식	축압식
질소	40 [L] 이상	10 [L] 이상
이산화탄소	20 [g] 이상 + 배관청소에 필요한 양	

3) 저장용기 및 배관의 청소에 필요한 양의 가스는 별도의 용기에 저장할 것

64 상 중 하

도로터널의 화재안전기술기준상 옥내소화전설비 설치기준 중 괄호 안에 알맞은 것은?

가압송수장치는 옥내소화전 2개(4차로 이상의 터널인 경우 3개)를 동시에 사용할 경우 각 옥내소화전의 노즐선단에서의 방수압력은 (㉠) [MPa] 이상이고 방수량은 (㉡) [L/min] 이상이 되는 성능의 것으로 할 것

① ㉠ 0.1, ㉡ 130
② ㉠ 0.17, ㉡ 130
③ ㉠ 0.25, ㉡ 350
④ ㉠ 0.35, ㉡ 190

해설 도로터널의 옥내소화전설비

1) 설치간격
소화전함과 방수구는 주행차로 우측 측벽을 따라 50 [m] 이내의 간격으로 설치하며, 편도 2차선 이상의 양방향터널이나 4차로 이상의 일방향터널의 경우에는 양쪽 측벽에 각각 50 [m] 이내의 간격으로 엇갈리게 설치할 것
2) 수원
수원은 그 저수량이 옥내소화전의 설치개수 2개(4차로 이상의 터널의 경우 3개)를 동시에 40분 이상 사용할 수 있는 충분한 양 이상을 확보할 것
3) 가압송수장치
옥내소화전 2개(4차로 이상의 터널인 경우 3개)를 동시에 사용할 경우 각 옥내소화전의 노즐선단에서의 방수압력은 0.35 [MPa] 이상이고 방수량은 190 [L/min] 이상이 되는 성능의 것으로 할 것

정답 63 ④ 64 ④

65 (상ⓒ하)

물분무소화설비의 화재안전기술기준상 110 [kV] 초과 154 [kV] 이하의 고압 전기기기와 물분무헤드 사이의 이격거리는 최소 몇 [cm] 이상이어야 하는가?

① 110
② 150
③ 180
④ 210

해설 고압의 전기기기와 물분무헤드 사이의 거리

전압 [kV]	거리 [cm]
66 이하	70 이상
66 초과 77 이하	80 이상
77 초과 110 이하	110 이상
110 초과 154 이하	150 이상
154 초과 181 이하	180 이상
181 초과 220 이하	210 이상
220 초과 275 이하	260 이상

TIP 전압의 "이하 값"과 근사한 거리 이상

66 (상ⓒ하)

분말소화설비의 화재안전기술기준상 분말소화설비의 배관으로 동관을 사용하는 경우에는 최고사용압력의 최소 몇 배 이상의 압력에 견딜 수 있는 것을 사용하여야 하는가?

① 1
② 1.5
③ 2
④ 2.5

해설 분말소화설비 배관

1) 배관은 전용으로 할 것
2) 강관 사용 배관 : 아연도금에 따른 배관용 탄소강관이나 이와 동등 이상의 강도·내식성 및 내열성을 가진 것으로 할 것
3) 동관 사용 배관 : 고정압력 또는 최고사용압력의 1.5배 이상의 압력에 견딜 수 있는 것을 사용할 것
4) 밸브류는 개폐위치 또는 개폐방향을 표시한 것
5) 배관의 관부속 및 밸브류는 배관과 동등 이상의 강도 및 내식성이 있는 것으로 할 것

67 (상ⓒ하)

소화기의 형식승인 및 제품검사의 기술기준상 A급 화재용 소화기의 능력단위 산정을 위한 소화능력시험의 내용으로 틀린 것은?

① 모형 배열 시 모형 간의 간격은 3 [m] 이상으로 한다.
② 소화는 최초의 모형에 불을 붙인 다음 1분 후에 시작한다.
③ 소화는 무풍 상태(풍속 0.5 [m/s] 이하)와 사용 상태에서 실시한다.
④ 소화약제의 방사가 완료된 때 잔염이 없어야 하며, 방사완료 후 2분 이내에 다시 불타지 아니한 경우 그 모형은 완전히 소화된 것으로 본다.

해설 A급 화재 소화기 소화능력시험

1) 모형 배열 시 모형 간의 간격은 3 [m] 이상으로 함
2) 소화는 최초의 모형에 불을 붙인 다음 3분 후에 시작하되, 불을 붙인 순으로 함
3) 소화는 무풍 상태(풍속 0.5 [m/s] 이하)와 사용 상태에서 실시
4) 소화약제의 방사가 완료된 때 잔염이 없어야 하며, 방사완료 후 2분 이내에 다시 불타지 아니한 경우 그 모형은 완전히 소화된 것으로 봄

68 (상ⓒ하)

상수도소화용수설비의 화재안전성능기준상 소화전은 특정소방대상물의 수평투영면의 각 부분으로부터 몇 [m] 이하가 되도록 설치하여야 하는가?

① 70
② 100
③ 140
④ 200

해설 상수도소화용수설비의 설치기준

1) 호칭지름 75 [mm] 이상의 수도배관에 호칭지름 100 [mm] 이상의 소화전을 접속할 것
2) 소화전은 소방자동차의 진입이 쉬운 도로변 또는 공지에 설치할 것
3) 소화전은 특정소방대상물의 수평투영면의 각 부분으로부터 140 [m] 이하가 되도록 설치할 것

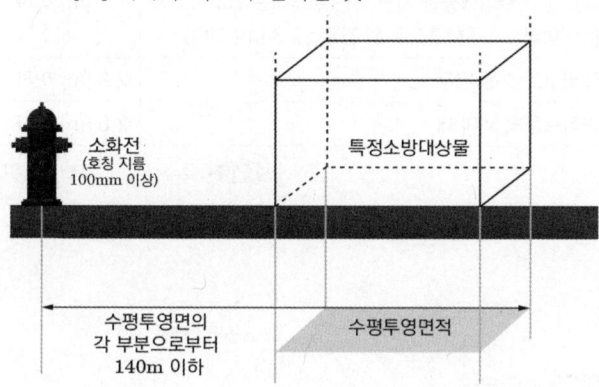

69 상중하

지하구의 화재안전기술기준에 따라 연소방지설비헤드의 설치기준으로 옳은 것은?

① 헤드 간의 수평거리는 연소방지설비 전용헤드의 경우에는 1.5 [m] 이하로 할 것
② 헤드 간의 수평거리는 스프링클러헤드의 경우에는 2 [m] 이하로 할 것
③ 천장 또는 벽면에 설치할 것
④ 한쪽 방향의 살수구역의 길이는 2 [m] 이상으로 할 것

해설 지하구의 연소방지설비 살수헤드

1) 천장 또는 벽면에 설치할 것
2) 헤드 간 수평거리 연소방지설비 전용헤드 경우 2 [m] 이하, 스프링클러헤드 경우 1.5 [m] 이하
3) 소방대원의 출입이 가능한 환기구·작업구마다 지하구의 양쪽방향으로 살수헤드를 설정하되, 한쪽 방향의 살수구역의 길이는 3 [m] 이상으로 할 것

4) 환기구 사이의 간격이 700 [m]를 초과할 경우에는 700 [m] 이내마다 살수구역을 설정하되, 지하구의 구조를 고려하여 방화벽을 설치한 경우에는 그렇지 않음

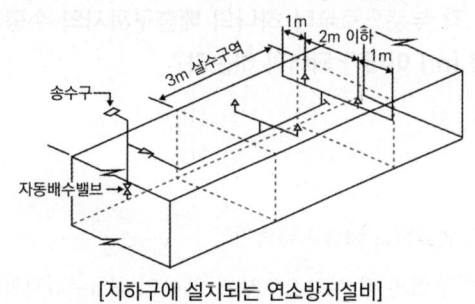

[지하구에 설치되는 연소방지설비]

70 상중하

포소화설비의 화재안전기술기준상 포헤드의 설치기준 중 다음 괄호 안에 알맞은 것은?

압축공기포소화설비의 분사헤드는 천장 또는 반자에 설치하되 방호대상물에 따라 측벽에 설치할 수 있으며 유류탱크 주위에는 바닥면적 (㉠) [m²]마다 1개 이상, 특수가연물저장소에는 바닥면적 (㉡) [m²]마다 1개 이상으로 당해 방호대상물의 화재를 유효하게 소화할 수 있도록 할 것

① ㉠ 8, ㉡ 9
② ㉠ 9, ㉡ 8
③ ㉠ 9.3, ㉡ 13.9
④ ㉠ 13.9, ㉡ 9.3

해설 압축공기포소화설비의 분사헤드

유류탱크주위	바닥면적 13.9 [m²]마다 1개 이상
특수가연물저장소	바닥면적 9.3 [m²]마다 1개 이상

71

제연설비의 화재안전기술기준상 배출구 설치 시 예상제연구역의 각 부분으로부터 하나의 배출구까지의 수평거리는 최대 몇 [m] 이내가 되어야 하는가?

① 5
② 10
③ 15
④ 20

해설 제연설비의 배출구 수평거리

예상제연구역의 각 부분으로부터 하나의 배출구까지의 수평거리는 10 [m] 이내가 되도록 해야 한다.

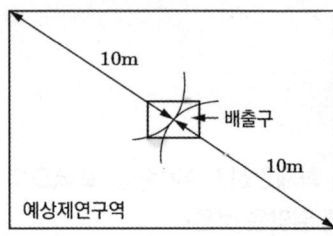

72

스프링클러헤드를 설치하는 천장·반자·천장과 반자 사이·덕트·선반 등의 각 부분으로부터 하나의 스프링클러헤드까지의 수평거리기준으로 틀린 것은? (단, 성능이 별도로 인정된 스프링클러헤드를 수리계산에 따라 설치하는 경우는 제외한다)

① 무대부에 있어서는 1.7 [m] 이하
② 아파트등의 세대 내 스프링클러헤드를 설치하는 경우에 있어서는 2.6 [m] 이하
③ 특수가연물을 저장 또는 취급하는 장소에 있어서는 2.1 [m] 이하
④ 내화구조로 된 경우에 있어서는 2.3 [m] 이하

해설 스프링클러헤드 수평거리

소방대상물	수평거리
• 특수가연물을 저장 또는 취급하는 장소 • 무대부	1.7 [m] 이하
기타구조로 된 경우(내화구조가 아닌 경우)	2.1 [m] 이하
라지드롭형 스프링클러헤드를 설치하는 창고 (단, ① 특수가연물을 저장 또는 취급하는 창고 : 1.7 [m] 이하, ② 내화구조로 된 경우 : 2.3 [m] 이하)	2.1 [m] 이하
내화구조로 된 경우	2.3 [m] 이하
아파트등의 세대 내	2.6 [m] 이하

암기 ▶ 특수 무 기 창 내 냬(아)

73

이산화탄소소화설비의 화재안전기술기준상 전역방출방식의 이산화탄소소화설비의 분사헤드 방출압력은 저압식인 경우 최소 몇 [MPa] 이상이어야 하는가?

① 0.5
② 1.05
③ 1.4
④ 2.0

해설 이산화탄소소화설비 헤드 방출압력

1) 저압식 : 1.05 [MPa] 이상의 것으로 할 것
2) 고압식 : 2.1 [MPa] 이상의 것으로 할 것

74 (중)

완강기의 형식승인 및 제품검사의 기술기준상 완강기 및 간이완강기의 구성으로 적합한 것은?

① 속도조절기, 속도조절기의 연결부, 하부지지장치, 연결금속구, 벨트
② 속도조절기, 속도조절기의 연결부, 로프, 연결금속구, 벨트
③ 속도조절기, 가로봉 및 세로봉, 로프, 연결금속구, 벨트
④ 속도조절기, 가로봉 및 세로봉, 로프, 하부지지장치, 벨트

해설 완강기 구성

1) 속도조절기
2) 속도조절기의 연결부
3) 로프
4) 연결금속구
5) 벨트

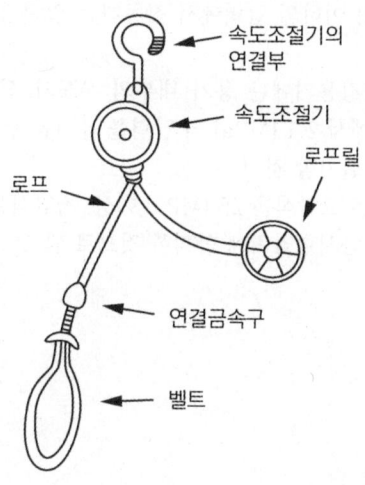

75 (하)

스프링클러설비의 화재안전기술기준상 스프링클러설비의 교차배관에서 분기되는 지점을 기점으로 한쪽 가지배관에 설치되는 헤드의 개수는 최대 몇 개 이하인가? (단, 방호구역 안에서 칸막이 등으로 구획하여 헤드를 증설하는 경우와 격자형 배관방식을 채택하는 경우는 제외한다)

① 8 ② 10
③ 12 ④ 15

해설 스프링클러 가지배관에 설치되는 헤드의 개수
교차배관에서 분기되는 지점을 기점으로 한쪽 가지배관에 설치되는 헤드 개수 : 8개 이하

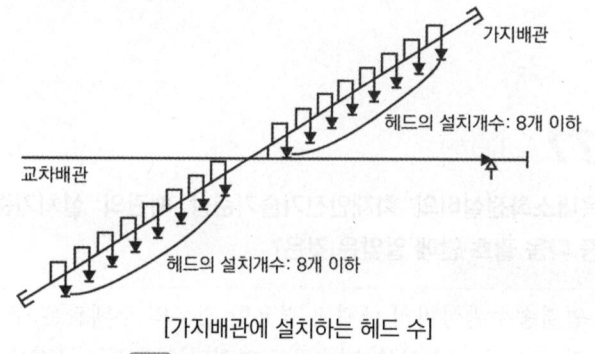

[가지배관에 설치하는 헤드 수]

비교 ▶ 연결살수설비 송수구역 살수헤드 수 10개 이하

76 (하)

제연설비의 화재안전기술기준상 제연설비의 설치장소기준 중 하나의 제연구역의 면적은 최대 몇 [m²] 이내로 하여야 하는가?

① 700 ② 1000
③ 1300 ④ 1500

정답 74 ② 75 ① 76 ②

해설 제연설비의 제연구역 구획기준

1) 하나의 제연구역 면적 : 1000 [m²] 이내
2) 거실과 통로(복도 포함)는 각각 제연구획할 것
3) 통로상의 제연구역은 보행중심선의 길이가 60 [m]를 초과하지 않을 것
4) 하나의 제연구역은 직경 60 [m] 원 내에 들어갈 수 있을 것
5) 하나의 제연구역은 2 이상 층에 미치지 않도록 할 것

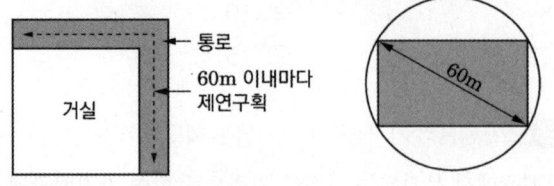

77 상㊥하

옥내소화전설비의 화재안전기술기준상 배관의 설치기준 중 다음 괄호 안에 알맞은 것은?

> 연결송수관설비의 배관과 겸용할 경우의 주배관은 구경 (㉠) [mm] 이상, 방수구로 연결되는 배관의 구경은 (㉡) [mm] 이상의 것으로 하여야 한다.

① ㉠ 80, ㉡ 65
② ㉠ 80, ㉡ 50
③ ㉠ 100, ㉡ 65
④ ㉠ 125, ㉡ 80

해설 연결송수관설비와 겸용할 경우 배관 구경

1) 주배관 : 100 [mm] 이상
2) 방수구로 연결되는 배관 : 65 [mm] 이상

78 상㊥하

이산화탄소소화설비의 화재안전기술기준상 저압식 이산화탄소소화약제 저장용기에 설치하는 안전밸브의 작동압력은 내압시험압력의 몇 배에서 작동해야 하는가?

① 0.24 ~ 0.4
② 0.44 ~ 0.6
③ 0.64 ~ 0.8
④ 0.84 ~ 1

해설 이산화탄소소화약제의 저장용기 설치기준

1) 저장용기의 충전비
   (1) 고압식 : 1.5 이상 1.9 이하
   (2) 저압식 : 1.1 이상 1.4 이하
2) 저압식 저장용기에는 내압시험압력의 0.64배부터 0.8배의 압력에서 작동하는 안전밸브와 내압시험압력의 0.8배부터 내압시험압력에서 작동하는 봉판을 설치할 것
3) 저압식 저장용기에는 액면계 및 압력계와 2.3 [MPa] 이상 1.9 [MPa] 이하의 압력에서 작동하는 압력경보장치를 설치할 것
4) 저압식 저장용기에는 용기 내부의 온도가 섭씨 영하 18 [℃] 이하에서 2.1 [MPa] 의 압력을 유지할 수 있는 자동냉동장치를 설치할 것
5) 저장용기는 고압식은 25 [MPa] 이상, 저압식은 3.5 [MPa] 이상의 내압시험압력에 합격한 것으로 할 것

정답 77 ③ 78 ③

79 (중)

소화기구 및 자동소화장치의 화재안전기술기준상 노유자 시설은 당해용도의 바닥면적 얼마마다 능력단위 1단위 이상의 소화기구를 비치해야 하는가?

① 바닥면적 30 [m²]마다
② 바닥면적 50 [m²]마다
③ 바닥면적 100 [m²]마다
④ 바닥면적 200 [m²]마다

해설 특정소방대상물별 소화기구의 능력단위

특정소방대상물	소화기구의 능력단위
1. 위락시설	해당 용도의 바닥면적 30 [m²]마다 능력단위 1단위 이상
2. 공연장 · 집회장 · 관람장 · 문화재 · 장례식장 및 의료시설	해당 용도의 바닥면적 50 [m²]마다 능력단위 1단위 이상
3. 근린생활시설 · 판매시설 · 운수시설 · 숙박시설 · 노유자시설 · 전시장 · 공동주택 · 업무시설 · 방송통신시설 · 공장 · 창고시설 · 항공기 및 자동차 관련 시설 및 관광휴게시설	해당 용도 바닥면적 100 [m²]마다 능력단위 1단위 이상
4. 그 밖의 것	해당 용도 바닥면적 200 [m²]마다 능력단위 1단위 이상

※ 소화기구의 능력단위를 산정함에 있어서 건축물의 주요구조부가 내화구조이고, 벽 및 반자의 실내에 면하는 부분이 불연·준불연·난연재료로 된 특정소방대상물에 있어서는 위 표의 바닥면적의 2배를 해당 특정소방대상물의 기준면적으로 한다.

80 (중)

포소화설비의 화재안전기술기준상 전역방출방식 고발포용 고정포방출구의 설치기준으로 옳은 것은? (단, 해당 방호구역에서 외부로 새는 양 이상의 포수용액을 유효하게 추가하여 방출하는 설비가 있는 경우는 제외한다)

① 개구부에 자동폐쇄장치를 설치할 것
② 바닥면적 600 [m²]마다 1개 이상으로 할 것
③ 방호대상물의 최고부분보다 낮은 위치에 설치할 것
④ 특정소방대상물 및 포의 팽창비에 따른 종별 관계없이 해당 방호구역 관포체적 1 [m³]에 대한 1분당 포수용액 방출량은 1 [L] 이상으로 할 것

해설 전역방출방식 고발포용 고정포방출구

고발포용 고정포방출구[전역방출방식]

1) 개구부에 자동폐쇄장치 설치할 것
2) 해당 방호구역의 관포체적 1 [m³]에 대한 1분당 방출량은 특정소방대상물 및 포의 팽창비에 따라 다름
3) 고정포방출구는 바닥면적 500 [m²]마다 1개 이상으로 할 것
4) 고정포방출구는 방호대상물의 최고부분보다 높은 위치에 설치할 것

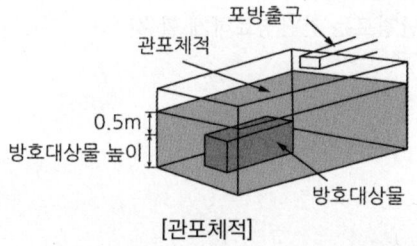

[관포체적]

보충 관포체적 : 해당 바닥 면으로부터 방호대상물의 높이보다 0.5 [m] 높은 위치까지의 체적

정답 79 ③ 80 ①

2020년 4회 소방원론

01 (상 중 하)

피난 시 하나의 수단이 고장 등으로 사용이 불가능하더라도 다른 수단 및 방법을 통해서 피난할 수 있도록 하는 것으로 2 방향 이상의 피난통로를 확보하는 피난대책의 일반 원칙은?

① Risk - Down 원칙
② Feed - Back 원칙
③ Fool - Proof 원칙
④ Fail - Safe 원칙

해설 피난대책 일반 원칙

피난대책은 Fail - Safe와 Fool - Proof 원칙에 따른다.
1) Fail – Safe
   (1) 하나의 수단이 고장으로 실패하여도 다른 수단을 이용할 수 있도록 할 것
   (2) 양방향 피난경로를 상시 확보해둘 것
   (3) 부분화, 다중화할 것
2) Fool - Proof
   (1) 피난수단은 조작이 간편한 원시적 방법으로 할 것
   (2) 비상시 판단능력 저하를 대비하여 누구나 알 수 있도록 간단한 그림이나 색채를 이용하여 표시할 것
   (3) 피난설비는 고정식 설비로 설치할 것
   (4) 피난경로는 간단명료하게 할 것

02 (상 중 하)

열분해에 의해 가연물 표면에 유리상의 메타인산 피막을 형성하여 연소에 필요한 산소의 유입을 차단하는 분말약제는?

① 요소
② 탄산수소칼륨
③ 제1인산암모늄
④ 탄산수소나트륨

해설 제1인산암모늄($NH_4H_2PO_4$)

1) 제3종 분말소화약제(제1인산암모늄)
2) 열분해 시 생성되는 메타인산(HPO_3)이 표면에 부착해 피막 형성하여 산소 차단
3) 적응 화재 : A·B·C급 화재
4) 적응 대상 : 차고, 주차장

03 (상 중 하)

공기 중의 산소의 농도는 약 몇 [vol%]인가?

① 10
② 13
③ 17
④ 21

해설 대기의 구성성분

- 산소(O_2) : 21 [%]
- 질소(N_2) : 78 [%]
- 아르곤(Ar) : 0.93 [%]
- 이산화탄소(CO_2) : 0.04 [%]
- 기타 : 0.03 [%]

정답 01 ④ 02 ③ 03 ④

04 (상,중,하)

일반적인 플라스틱 분류상 열경화성 플라스틱에 해당하는 것은?

① 폴리에틸렌
② 폴리염화비닐
③ 페놀수지
④ 폴리스티렌

해설 합성수지의 화재성상

열가소성 수지 (열에 의해 변형)	열경화성 수지 (열에 변형되지 않음)
PVC (폴리염화비닐수지) 폴리에틸렌수지 폴리스티렌수지	멜라민수지 페놀수지 요소수지

암기 가피폴폴 멜페요

05 (상,중,하)

자연발화 방지대책에 대한 설명 중 틀린 것은?

① 저장실의 온도를 낮게 유지한다.
② 저장실의 환기를 원활히 시킨다.
③ 촉매물질과의 접촉을 피한다.
④ 저장실의 습도를 높게 유지한다.

해설 자연발화 방지대책

1) 가연성 물질 제거
2) 통풍이나 환기를 통한 열 축적 방지
3) 저장실의 온도를 낮출 것
4) 습도 높은 곳 피할 것(수분 : 촉매작용)
5) 열전도성 좋게 할 것

06 (상,중,하)

공기 중에서 수소의 연소범위로 옳은 것은?

① 0.4 ~ 4 [vol%]
② 1 ~ 12.5 [vol%]
③ 4 ~ 75 [vol%]
④ 67 ~ 92 [vol%]

해설 주요 물질 연소범위

가스	하한계 [vol%]	상한계 [vol%]
이황화탄소	1.2	44
아세틸렌	2.5	81
수소	4	75
일산화탄소	12.5	74
에틸렌	2.7	36
암모니아	15	28
메테인(메탄)	5	15
에테인(에탄)	3	12.4
프로페인(프로판)	2.1	9.5
뷰테인(부탄)	1.8	8.4

암기 (이황)일이사사, (아)이고팔아파, (수)사치료, (일산)이리와 칠사, (에틸)이찌삼육, (메)오싫오, (프)이하나구오, (뷰)십팔팔사

정답 04 ③ 05 ④ 06 ③

07

탄산수소나트륨이 주성분인 분말소화약제는?

① 제1종 분말
② 제2종 분말
③ 제3종 분말
④ 제4종 분말

해설 분말소화약제

종별	소화약제	약제색	적응화재
1종	탄산수소나트륨 ($NaHCO_3$)	백색	BC급
2종	탄산수소칼륨 ($KHCO_3$)	담자색 (담회색)	BC급
3종	제1인산암모늄 ($NH_4H_2PO_4$)	담홍색	ABC급
4종	탄산수소칼륨 + 요소 ($KHCO_3 + (NH_2)_2CO$)	회(백)색	BC급

암기 백담사 홍어회

08

불연성 기체나 고체 등으로 연소물을 감싸 산소공급을 차단하는 소화방법은?

① 질식소화
② 냉각소화
③ 연쇄반응차단소화
④ 제거소화

해설 소화의 형태

소화	내용
냉각소화	열 흡수, 발화점 이하로 낮추어 소화
질식소화	산소농도 15 [%] 이하로 낮춤
제거소화	가연물을 차단, 격리
억제소화	연쇄반응을 차단, 부촉매소화

보충 물리적 소화 : 냉각, 질식, 제거
화학적 소화 : 억제소화(부촉매소화)

09

증발잠열을 이용하여 가연물의 온도를 떨어뜨려 화재를 진압하는 소화방법은?

① 제거소화
② 억제소화
③ 질식소화
④ 냉각소화

해설 물의 소화효과

효과	설명
냉각효과	증발(기화) 잠열에 의한 열 흡수
질식효과	기화 시 체적이 약 1650배 증가하여 주변 산소농도 낮춤
유화효과	에멀전 형성, 가연성 혼합기 생성 억제
희석효과	분해가스나 증기의 농도 낮춤

보충 부촉매효과 : 분말, 할로겐화합물

10

화재 발생 시 인간의 피난 특성으로 틀린 것은?

① 본능적으로 평상시 사용하는 출입구를 사용한다.
② 최초로 행동을 개시한 사람을 따라서 움직인다.
③ 공포감으로 인해서 빛을 피하여 어두운 곳으로 몸을 숨긴다.
④ 무의식중에 발화장소의 반대쪽으로 이동한다.

해설 화재 시 인간의 피난 특성

본능	특성
귀소본능	친숙한 경로를 따라 대피
지광본능	화재나 정전 시 밝은 쪽으로 피난
추종본능	많은 사람들이 리더를 추종
퇴피본능	화재 공포감으로 화염 반대방향 이동
좌회본능	좌측통행, 시계반대방향 회전
직진본능	비상시 직진

정답 07 ① 08 ① 09 ④ 10 ③

11 (상 중 하)

공기와 할론 1301의 혼합기체에서 할론 1301에 비해 공기의 확산속도는 약 몇 배인가? (단, 공기의 평균 분자량은 29, 할론 1301의 분자량은 149이다)

① 2.27배 ② 3.85배
③ 5.17배 ④ 6.46배

해설 그레이엄의 확산속도법칙

그레이엄의 확산속도법칙 $\dfrac{V_1}{V_2} = \sqrt{\dfrac{\rho_2}{\rho_1}} = \sqrt{\dfrac{m_2}{m_1}}$

$\dfrac{V_{공기}}{V_{할론1301}} = \sqrt{\dfrac{m_{할론1301}}{m_{공기}}}$

$= \sqrt{\dfrac{149}{29}} = 2.266 ≒ 2.27$

V_1, V_2 : 기체 1, 2 확산속도 [m/s]
ρ_1, ρ_2 : 기체 1, 2 밀도 [kg/m³]
m_1, m_2 : 기체 1, 2 분자량 [kg/kmol]

12 (상 중 하)

다음 원소 중 할로겐족 원소인 것은?

① Ne ② Ar
③ Cl ④ Xe

해설 할로겐족 원소

1) 주기율표 17족 원소 : F, Cl, Br, I
2) 전기음성도(결합력) : F > Cl > Br > I
3) 부촉매효과(소화능력) : F < Cl < Br < I

TIP 0족 불활성 기체 : 헬륨(He), 네온(Ne), 아르곤(Ar), 크립톤(Kr), 크세논(=제논, Xe), 라돈(Rn)

암기 FC바르셀로나 아이

13 (상 중 하)

건물 내 피난동선의 조건으로 옳지 않은 것은?

① 2개 이상의 방향으로 피난할 수 있어야 한다.
② 가급적 단순한 형태로 한다.
③ 통로의 말단은 안전한 장소이어야 한다.
④ 수직동선은 금하고 수평동선만 고려한다.

해설 피난동선(피난경로) 고려사항

1) 피난동선은 가급적 단순해야 한다.
2) 2개 이상의 방향으로 피난할 수 있어야 한다.
3) 피난동선은 상호 반대방향으로 다수의 출구와 연결되어야 한다.
4) 통로의 말단은 안전한 장소이어야 한다.
5) 피난동선은 병목현상이 발생하지 않도록 수평동선과 수직동선으로 구분하여 동선계획을 수립한다.

14 (상 중 하)

실내화재에서 화재의 최성기에 돌입하기 전에 다량의 가연성 가스가 동시에 연소되면서 급격한 온도상승을 유발하는 현상은?

① 패닉(Panic)현상
② 스택(Stack)현상
③ 화이어 볼(Fire Ball)현상
④ 플래쉬 오버(Flash Over)현상

해설 실내화재 발생현상

1) 플래시 오버
  (1) 온도가 급격히 상승하여 화재가 순간적으로 실내 전체에 확산되는 현상
  (2) 발생 시기 : 성장기 ~ 최성기 직전

2) 백드래프트
  (1) 훈소 상태일 때 신선한 공기 유입으로 실내의 축적된 가스가 단시간 연소, 폭발하여 실외로 분출
  (2) 발생 시기 : 감쇠기(최성기 이후)

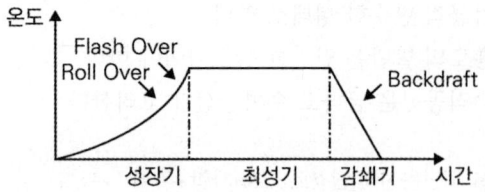

15 (상中하)

과산화수소와 과염소산의 공통성질이 아닌 것은?

① 산화성 액체　　② 유기화합물
③ 불연성 물질　　④ 비중이 1보다 크다.

해설 제6류 위험물(산화성 액체)

1) 일반적 성질
  (1) 산화성 액체이며 무기화합물
  (2) 불연성이지만 분자 내에 산소를 많이 함유하고 있어 다른 물질의 연소를 돕는 조연성 물질
  (3) 비중이 1보다 큼
  (4) 물에 잘 녹음(수용성)
  (5) 부식성이 강하고 증기는 유독함
2) 소화
  (1) 소량일 때는 다량의 물로 희석소화
  (2) 대량일 때는 주수소화가 곤란하므로 건조사 등으로 질식소화

TIP 1, 2, 5, 6류 위험물은 비중이 1보다 큼
보충 과염소산과 질산은 물과 접촉 시 심하게 발열

16 (상中하)

화재를 소화하는 방법 중 물리적 방법에 의한 소화가 아닌 것은?

① 억제소화　　② 제거소화
③ 질식소화　　④ 냉각소화

해설 소화의 형태

소화	내용
냉각소화	열 흡수, 발화점 이하로 낮추어 소화
질식소화	산소농도 15 [%] 이하로 낮춤
제거소화	가연물을 차단, 격리
억제소화	연쇄반응을 차단, 부촉매소화

보충 물리적 소화 : 냉각, 질식, 제거
화학적 소화 : 억제소화(부촉매소화)

17 (상中하)

물과 반응하여 가연성 기체를 발생하지 않는 것은?

① 칼륨　　② 인화아연
③ 산화칼슘　　④ 탄화알루미늄

해설 분진폭발을 일으키지 않는 물질

물과 반응하여 가연성 기체를 발생하지 않는 것
• 시멘트
• 석회석
• 탄산칼슘($CaCO_3$)
• 생석회(CaO) = 산화칼슘
• 소석회

암기 분시석 탄생소

정답 15 ② 16 ① 17 ③

18 (상[중]하)

목재건축물의 화재 진행과정을 순서대로 나열한 것은?

① 무염착화 - 발염착화 - 발화 - 최성기
② 무염착화 - 최성기 - 발염착화 - 발화
③ 발염착화 - 발화 - 최성기 - 무염착화
④ 발염착화 - 최성기 - 무염착화 - 발화

해설 건축물 화재 진행과정

1) 목조건축물
   무염착화 → 발염착화 → 발화 → 최성기
2) 내화건축물
   초기 → 성장기 → 최성기 → 감쇄기 → 진화

암기 무발발최 성최감진

19 (상[중]하)

다음 물질을 저장하고 있는 장소에서 화재가 발생하였을 때 주수소화가 적합하지 않은 것은?

① 적린
② 마그네슘 분말
③ 과염소산칼륨
④ 황

해설 금수성 물질

물과 접촉하여 발화, 가연성 가스 발생

구분	현상
무기과산화물	산소(O_2) 발생
금속분 마그네슘(Mg) 나트륨(Na) 칼륨(K) 리튬(Li)	수소(H_2) 발생
탄화칼슘(칼슘카바이드)	아세틸렌(C_2H_2) 발생

보충 적린(제2류) : 냉각소화(주수)
과염소산칼륨(제1류) : 냉각소화(주수)
황(제2류) : 냉각소화(주수) 또는 질식소화

20 (상[중]하)

다음 중 가연성 가스가 아닌 것은?

① 일산화탄소
② 프로페인
③ 아르곤
④ 메테인

해설 가연성 가스와 조연성 가스

구분	가연성 가스	조연성 가스
정의	자기 자신이 연소하는 가스	자기 자신은 타지 않고 연소를 도와주는 가스
종류	일산화탄소(CO) 수소(H_2) 메테인(메탄, CH_4) 프로페인(프로판, C_3H_8) 암모니아(NH_3) 뷰테인(부탄, C_4H_{10})	오존(O_3) 공기 산소(O_2) 염소(Cl) 불소(F)

※ 아르곤 : 불활성 가스

정답 18 ① 19 ② 20 ③

2020년 4회 소방유체역학

21 (중)

그림과 같이 수조의 밑 부분에 구멍을 뚫고 물을 유량 Q로 방출시키고 있다. 손실을 무시할 때 수위가 처음 높이의 1/2로 되었을 때 방출되는 유량은 어떻게 되는가?

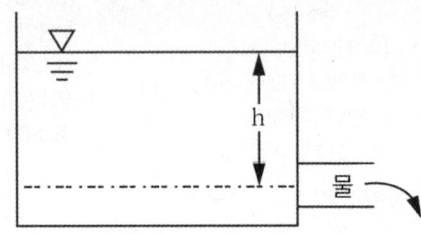

① $\dfrac{1}{\sqrt{2}}Q$ ② $\dfrac{1}{2}Q$

③ $\dfrac{1}{\sqrt{3}}Q$ ④ $\dfrac{1}{3}Q$

해설 수조의 방출 유량

$$\text{유출 유속 } V = \sqrt{2gh}$$

유량 $Q = AV = A\sqrt{2gh}$

따라서 $Q \propto \sqrt{h}$ 이므로

1) 수위가 h일 때 방출 유량 : Q

2) 나중 수위가 $\dfrac{h}{2}$로 되었을 때 방출 유량 : Q_2

로 하면

$Q : \sqrt{h} = Q_2 : \sqrt{h_2}$

$Q : \sqrt{h} = Q_2 : \sqrt{\dfrac{h}{2}}$

$Q_2 = \sqrt{\dfrac{1}{2}}\,Q_1 = \dfrac{1}{\sqrt{2}}Q_1$

∴ $Q_2 = \dfrac{1}{\sqrt{2}}Q$

22 (중)

다음 중 등엔트로피과정은 어느 과정인가?
① 가역 단열과정
② 가역 등온과정
③ 비가역 단열과정
④ 비가역 등온과정

해설 엔트로피 변화

구분	엔트로피 변화
가역 단열 상태	$\Delta S = 0$
비가역 단열 상태	$\Delta S > 0$

23 (중)

비중이 0.95인 액체가 흐르는 곳에 그림과 같이 피토 튜브를 직각으로 설치하였을 때 h가 150 [mm], H가 30 [mm]로 나타났다면 점 1 위치에서의 유속 [m/s]은?

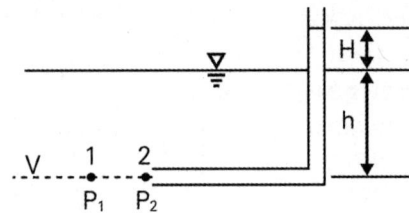

① 0.8   ② 1.6
③ 3.2   ④ 4.2

정답 21 ① 22 ① 23 ①

해설 유속(토리첼리식)

> 관 내 유속 $V = \sqrt{2gH}$

유속 $V = \sqrt{2gH}$
$= \sqrt{2 \times 9.8 \times 0.03} = 0.766 = 0.8 \, [m/s]$

g : 중력가속도 [m/s²]
H : 속도수두 [m]

24 상(중)하

어떤 밀폐계가 압력 200 [kPa], 체적 0.1 [m³]인 상태에서 100 [kPa], 0.3 [m³]인 상태까지 가역적으로 팽창하였다. 이 과정이 P-V 선도에서 직선으로 표시된다면 이 과정 동안에 밀폐계가 한 일[kJ]은?

① 20
② 30
③ 45
④ 60

해설 밀폐계의 한 일의 양(절대일)

> 밀폐계의 한 일의 양(절대일) $_1W_2 = \int_1^2 PdV$

밀폐계의 일량은 P-V 그래프에서 V축으로 투영한 면적과 같다.

$_1W_2 = \dfrac{(200-100) \times (0.3-0.1)}{2} + 100 \times (0.3-0.1)$
$= 30 \, kJ$

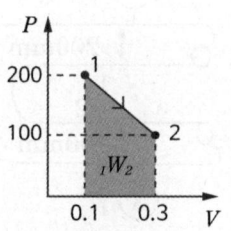

P : 절대압력 [kPa]
V : 부피 [m³]

25 상(중)하

유체에 관한 설명으로 틀린 것은?

① 실제유체는 유동할 때 마찰로 인한 손실이 생긴다.
② 이상유체는 높은 압력에서 밀도가 변화하는 유체이다.
③ 유체에 압력을 가하면 체적이 줄어드는 유체는 압축성 유체이다.
④ 전단력을 받았을 때 저항하지 못하고 연속적으로 변형하는 물질을 유체라 한다.

해설 유체의 특성

이상유체는 압력 변화에 따라 밀도가 변하지 않는다.

26 상(중)하

대기압에서 10 [℃]의 물 10 [kg]을 70 [℃]까지 가열할 경우 엔트로피 증가량 [kJ/K]은? (단, 물의 정압비열은 4.18 [kJ/kg·K]이다)

① 0.43
② 8.03
③ 81.3
④ 2508.1

해설 엔트로피 변화량(정압)

> 엔트로피 변화량 $\Delta S[kJ/K] = mC\ln\dfrac{T_2}{T_1}$

$\Delta S = mC_P\ln\dfrac{T_2}{T_1}$ (∵ 정압이므로 C_P를 대입)

$= 10 \times 4.18 \times \ln\left(\dfrac{273+70}{273+10}\right) = 8.037 \, [kJ/K]$

C_P : 정압비열 [kJ/kg·K]
T_1 : 처음 절대온도 [K]
T_2 : 나중 절대온도 [K]

정답 24 ② 25 ② 26 ②

27 상(중)하

물속에 수직으로 완전히 잠긴 원판의 도심과 압력 중심 사이의 최대 거리는 얼마인가? (단, 원판의 반지름은 R이며, 이 원판의 면적 관성모멘트는 $I_{XC}=\pi R^4/4$이다)

① R/8
② R/4
③ R/2
④ 2R/3

해설 도심과 압력 중심 사이의 거리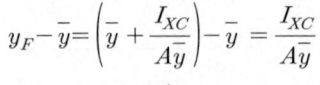

$$y_F-\bar{y}=\left(\bar{y}+\frac{I_{XC}}{A\bar{y}}\right)-\bar{y}=\frac{I_{XC}}{A\bar{y}}$$

$$=\frac{\frac{\pi R^4}{4}}{\pi R^2 \times R}=\frac{\pi R^4}{4\pi R^3}=\frac{R}{4}$$

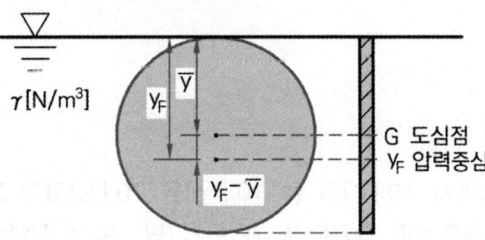

y_F : 압력 중심까지의 거리
$\bar{y}$: 도심까지의 거리
I_{xc} : 면적 관성모멘트
A : 단면적
R : 반지름

28 상(중)하

점성계수가 0.101 [N·s/m²], 비중이 0.85인 기름이 내경 300 [mm], 길이 3 [km]의 주철관 내부를 0.0444 [m³/s]의 유량으로 흐를 때 손실수두 [m]는?

① 7.1
② 7.7
③ 8.1
④ 8.9

해설 배관 손실수두 계산

$$\text{손실수두(달시공식)} \quad H_L = f \times \frac{L}{D} \times \frac{V^2}{2g} \ [m]$$

1) 유속 $V(Q=AV)$

$0.0444 = \frac{\pi}{4} \times 0.3^2 \times V$

∴ $V = 0.63 \ [m/s]$

2) 레이놀즈수 Re

$Re = \frac{\rho VD}{\mu} = \frac{850 \times 0.63 \times 0.3}{0.101} = 1590$

$Re < 2100$이므로 층류유동

3) 관 마찰계수 f

$f = \frac{64}{Re} = \frac{64}{1590} = 0.04$

4) 손실수두 H_L (달시방정식)

$H_L[m] = f \times \frac{L}{D} \times \frac{V^2}{2g}$

$= 0.04 \times \frac{3000}{0.3} \times \frac{0.63^2}{2 \times 9.8} = 8.1 \ [m]$

29 상(중)하

그림과 같은 곡관에 물이 흐르고 있을 때 계기 압력으로 P_1이 98 [kPa]이고, P_2가 29.42 [kPa]이면 이 곡관을 고정시키는 데 필요한 힘 [N]은? (단, 높이 차 및 모든 손실은 무시한다)

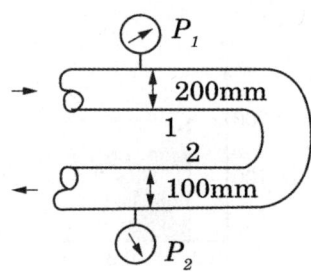

① 4141
② 4314
③ 4565
④ 4746

해설 유체가 곡관에 작용하는 힘

x방향에 대하여 운동량방정식을 적용하면
$\sum F_x = \rho Q(V_{x2} - V_{x1})$에서
$P_1 A_1 \cos\theta_1 - P_2 A_2 \cos\theta_2 - F_x$
$\qquad = \rho Q(V_2 \cos\theta_2 - V_1 \cos\theta_1)$
$\therefore F_x = P_1 A_1 \cos\theta_1 - P_2 A_2 \cos\theta_2$
$\qquad + \rho Q(V_1 \cos\theta_1 - V_2 \cos\theta_2)$

1) 유속 V_1, V_2 및 유량 Q 계산
   (1) $Q_1 = Q_2$
   $A_1 V_1 = A_2 V_2$
   $\dfrac{\pi}{4} 0.2^2 V_1 = \dfrac{\pi}{4} 0.1^2 V_2$
   $\therefore V_2 = 4 V_1$

   (2) $\dfrac{P_1}{\gamma} + \dfrac{V_1^2}{2g} + Z_1 = \dfrac{P_2}{\gamma} + \dfrac{V_2^2}{2g} + Z_2$ (단, $Z_1 = Z_2$)
   $\dfrac{98}{9.8} + \dfrac{V_1^2}{2 \times 9.8} = \dfrac{29.42}{9.8} + \dfrac{(4V_1)^2}{2g}$
   $\therefore V_1 = 3.024 \ [m/s]$
   $\therefore V_2 = 4V_1 = 4 \times 3.024 = 12.096 \ [m/s]$
   $\therefore Q = AV = \dfrac{\pi}{4} 0.2^2 \times 3.024 = 0.095 \ [m^3/s]$

2) 유체가 곡관에 작용하는 힘 F_x
   $F_x = P_1 A_1 \cos\theta_1 - P_2 A_2 \cos\theta_2$
   $\qquad + \rho Q(V_1 \cos\theta_1 - V_2 \cos\theta_2)$
   여기서 $\cos\theta_1 = \cos 0°$, $\cos\theta_2 = \cos 180°$ 이므로
   $F_x = P_1 A_1 + P_2 A_2 + \rho Q(V_1 + V_2)$
   $= (98000 \times \dfrac{\pi}{4} 0.2^2 + 29420 \times \dfrac{\pi}{4} 0.1^2)$
   $\qquad + 1000 \times 0.095 \times (3.024 + 12.096)$
   $= 4746.22 \ [N]$

30

물의 체적을 5 [%] 감소시키려면 얼마의 압력 [kPa]을 가하여야 하는가? (단, 물의 압축률은 5 × 10⁻¹⁰ [m²/N]이다)

① 1
② 10^2
③ 10^4
④ 10^5

해설 압축률

$$\text{압축률 } \beta = -\dfrac{\Delta V / V_1}{\Delta P} = -\dfrac{\dfrac{(V_2 - V_1)}{V_1}}{\Delta P}$$

$5 \times 10^{-10} [m^2/N] = -\dfrac{\dfrac{-5}{100}}{\Delta P [Pa]}$

$\therefore \Delta P = 10^8 \ [Pa] = 10^5 \ [kPa]$

※ $\dfrac{\Delta V}{V_1}$가 (-)인 이유 : 체적이 감소하기 때문

보충 ▶ 1 [kPa] = 1000 [Pa]
G[기가] : 10^9, M[메가] : 10^6, k[킬로] : 10^3

31

옥내소화전에서 노즐의 직경이 2 [cm]이고, 방수량이 0.5 [m³/min]이라면 방수압(계기압력, kPa)은?

① 35.18
② 351.8
③ 566.4
④ 56.64

해설 옥내소화전 방수량 Q

$$\text{옥내소화전 방수량 } Q = 2.086 D^2 \sqrt{P}$$

$500 = 2.086 \times 20^2 \times \sqrt{P}$

$\therefore P = 0.359 \ MPa = 359 \ kPa$

Q : 방수량 [L/min]
D : 노즐 직경 [mm]
P : 방수압 [MPa]

정답 30 ④ 31 ②

32 (상(중)하)

공기 중에서 무게가 941 [N]인 돌이 물속에서 500 [N]이라면 이 돌의 체적 [m³]은? (단, 공기의 부력은 무시한다)

① 0.012 ② 0.028
③ 0.034 ④ 0.045

해설 물체의 부력

부력 ① $F_B = \gamma V$

② F_B = 공기 중 무게 - 물 속 무게
   = 941 - 500 = 441 N

체적 $V = \dfrac{F_B}{\gamma} = \dfrac{441}{9800} = 0.045\,m^3$

γ : 비중량 [N/m³]
V : 부피 [m³]

33 (상(중)하)

그림과 같이 비중이 0.8인 기름이 흐르고 있는 관에 U자관이 설치되어 있다. A점에서의 계기압력이 200 [kPa]일 때 높이 h [m]는 얼마인가? (단, U자관 내의 유체의 비중은 13.6이다)

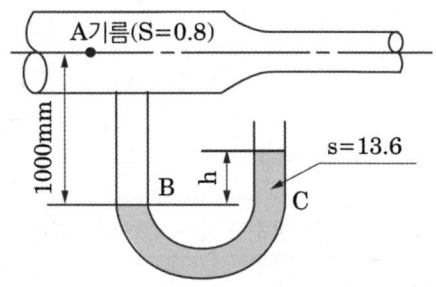

① 1.42 ② 1.56
③ 2.43 ④ 3.20

해설 U자관에서의 높이

$P_A + \gamma_{기름} h_{기름} = \gamma_{수은} h_{수은}$

$P_A + S_{기름} \gamma_w h_{기름} = S_{수은} \gamma_w h_{수은}$

$200 + 0.8 \times 9.8 \times 1 = 13.6 \times 9.8 \times h_{수은}$

$\therefore h_{수은} = 1.56\,m$

γ : 비중량 [kN/m³]
γ_w : 물의 비중량 [9.8 kN/m³]
h : 유체 높이 [m]

34 (상(중)하)

열전달 면적이 A이고, 온도 차이가 10 [℃], 벽의 열전도율이 10 [W/m·K], 두께 25 [cm]인 벽을 통한 열류량은 100 [W]이다. 동일한 열전달 면적에서 온도 차이가 2배, 벽의 열전도율이 4배가 되고 벽의 두께가 2배가 되는 경우 열류량 [W]은 얼마인가?

① 50 ② 200
③ 400 ④ 800

해설 푸리에 열전도법칙

전도열량 $\dot{Q}[W] = \dfrac{k \times A \times \triangle T}{l}$

k : 열전도율(열전도계수) [W/m·K]
A : 열전달 면적 [m²]
$\triangle T$: 온도 차 [K]
l : 전열체의 두께 [m]

$100[W] = \dfrac{kA\triangle T}{l}$ 에서

동일한 열전달 면적에서 온도 차이가 2배, 벽의 열전도율이 4배가 되고 벽의 두께가 2배가 되는 경우

$Q = \dfrac{(4 \times k) \times A \times (2 \times \triangle T)}{(2 \times l)}$

$= 4 \times \dfrac{kA\triangle T}{l} = 4 \times 100 = 400[W]$

35 (상 중 하)

지름 40 [cm]인 소방용 배관에 물이 80 [kg/s]로 흐르고 있다면 물의 유속 [m/s]은?

① 6.4 ② 0.64
③ 12.7 ④ 1.27

해설 연속방정식 질량유량

$$질량유량\ M = \rho A V$$

$M = \rho \cdot A \cdot V$

$80 = 1000 \times \dfrac{\pi}{4} \times 0.4^2 \times V$

$\therefore V = 0.64\ [m/s]$

M : 질량유량 [kg/s], A : 단면적 [m²]
V : 유속 [m/s], ρ : 밀도 [kg/m³]

36 (상 중 하)

지름이 400 [mm]인 베어링이 400 [rpm]으로 회전하고 있을 때 마찰에 의한 손실동력 [kW]은? (단, 베어링과 축 사이에는 점성계수가 0.049 [N·s/m²]인 기름이 차 있다)

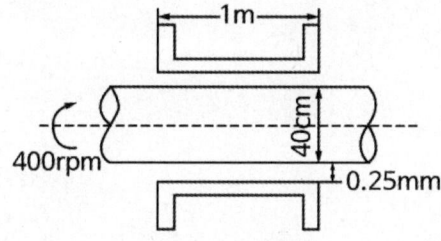

① 15.1 ② 15.6
③ 16.3 ④ 17.3

해설 베어링 손실동력

1) 유속 $V = \dfrac{\pi D N}{60}$

$= \dfrac{\pi \times 0.4 \times 400}{60} = 8.38\ [m/s]$

2) 면적 $A = \pi D L = \pi \times 0.4 \times 1 = 1.256\ [m^2]$
(∵ 마찰이 작용하는 면의 면적)

3) 전단응력 $\tau = \mu \dfrac{du}{dy}$

$= 0.049 \times \dfrac{8.38}{0.00025} = 1642.48\ [N/m^2]$

4) 전단력 $F = \tau A = 1642.48 \times 1.256 = 2062.55\ [N]$

5) 손실동력 $P = FV$
$= 2062.55\ [N] \times 8.38\ [m/s]$
$= 17287.6\ [W] = 17.28\ [kW]$

N : 회전수 [rpm]
D : 축의 지름 [m]
L : 베어링의 폭 [m]

37 (상 중 하)

12층 건물의 지하 1층에 제연설비용 배연기를 설치하였다. 이 배연기의 풍량은 500 [m³/min]이고, 풍압이 290 [Pa]일 때 배연기의 동력 [kW]은? (단, 배연기의 효율은 60 [%]이다)

① 3.55 ② 4.03
③ 5.55 ④ 6.11

해설 송풍기 동력

[풀이 1]

동력 $P[kW] = \dfrac{P_t[mmAq] \times Q[m^3/s]}{102\eta}$

$= \dfrac{\left(290Pa \times \dfrac{10332mmAq}{101325Pa}\right) \times \dfrac{500}{60}m^3/s}{102 \times 0.6}$

$= 4.027\ [kW]$

정답 35 ② 36 ④ 37 ②

[풀이 2]

동력 $P[kW] = \dfrac{P_t[kPa] \times Q[m^3/s]}{\eta}$

$= \dfrac{0.290 kPa \times \dfrac{500}{60} m^3/s}{0.6}$

$= 4.028 [kW]$

38 상중하

다음 중 배관의 출구 측 형상에 따라 손실계수가 가장 큰 것은?

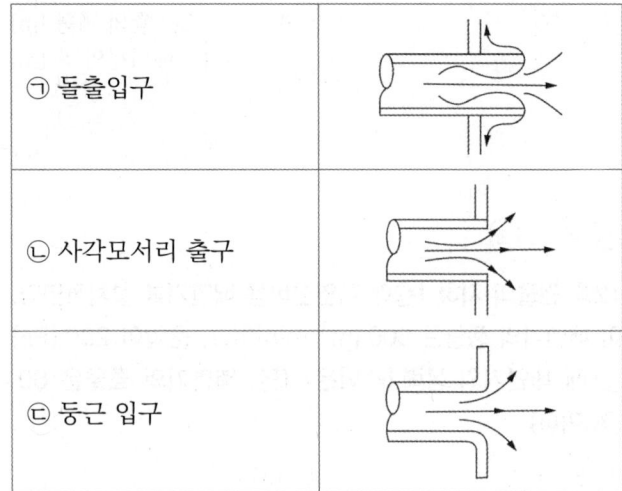

㉠ 돌출입구	
㉡ 사각모서리 출구	
㉢ 둥근 입구	

① ㉠ ② ㉡
③ ㉢ ④ 모두 같다.

해설 배관의 출구 손실계수

출구 손실계수는 형상에 관계없이 모두 같다.

39 상중하

원관 내에 유체가 흐를 때 유동의 특성을 결정하는 가장 중요한 요소는?

① 관성력과 점성력
② 압력과 관성력
③ 중력과 압력
④ 압력과 점성력

해설 레이놀즈수

레이놀즈수 $Re = \dfrac{\rho V D}{\mu}$
ρ : 밀도 [kg/m³], V : 유속 [m/s]
D : 직경 [m], μ : 점성계수 [N·s/m²]

1) 유체가 흐를 때 유동의 특성을 구분하는 척도가 되는 값으로 무차원수

2) 물리적인 의미 : $Re = \dfrac{관성력}{점성력}$

정답 38 ④ 39 ①

40 (하)

토출량이 1800 [L/min], 회전차의 회전수가 1000 [rpm]인 소화펌프의 회전수를 1400 [rpm]으로 증가시키면 토출량은 처음보다 얼마나 더 증가되는가?

① 10 [%] ② 20 [%]
③ 30 [%] ④ 40 [%]

해설 펌프 상사법칙

① 유량 $Q_2 = \left(\dfrac{N_2}{N_1}\right)^1 \times \left(\dfrac{D_2}{D_1}\right)^3 \times Q_1$

② 양정 $H_2 = \left(\dfrac{N_2}{N_1}\right)^2 \times \left(\dfrac{D_2}{D_1}\right)^2 \times H_1$

③ 동력 $L_2 = \left(\dfrac{N_2}{N_1}\right)^3 \times \left(\dfrac{D_2}{D_1}\right)^5 \times L_1$

$Q_2 = \left(\dfrac{N_2}{N_1}\right)^1 \times Q_1$

$= \dfrac{1400}{1000} \times Q_1 = 1.4 Q_1$

∴ 40 [%] 증가

Q_1, Q_2 : 유량 [L/min]
H_1, H_2 : 양정 [m]
L_1, L_2 : 동력 [kW]
N_1, N_2 : 임펠러의 회전수 [rpm]
D_1, D_2 : 임펠러의 직경 [m]

정답 40 ④

2020년 4회 소방관계법규

41

소방시설 설치 및 관리에 관한 법령상 소방시설등의 자체점검 중 종합점검을 받아야 하는 특정소방대상물 대상기준으로 틀린 것은?

① 제연설비가 설치된 터널
② 스프링클러설비 설치된 특정소방대상물
③ 공공기관 중 연면적이 1000 [m²] 이상인 것으로서 옥내소화전설비 또는 자동화재탐지설비가 설치된 것(단, 소방대가 근무하는 공공기관은 제외한다)
④ 호스릴방식의 물분무등소화설비만이 설치된 연면적 5000 [m²] 이상인 특정소방대상물(단, 위험물 제조소등은 제외한다)

해설 종합점검 대상

1) 최초점검 대상물
2) 스프링클러설비가 설치된 특정소방대상물
3) 물분무등소화설비[호스릴방식의 물분무등소화설비만을 설치한 경우는 제외]가 설치된 연면적 5000 [m²] 이상인 특정소방대상물(위험물 제조소등은 제외)
4) 다중이용업의 영업장이 설치된 특정소방대상물로서 연면적이 2000 [m²] 이상인 것(단란주점과 유흥주점, 영화상영관, 비디오물감상실업, 복합영상물제공업, 노래연습장, 산후조리원, 고시원, 안마시술소)
5) 제연설비가 설치된 터널
6) 공공기관 중 연면적(터널·지하구의 경우 그 길이와 평균폭을 곱하여 계산된 값)이 1000 [m²] 이상인 것으로서 옥내소화전설비 또는 자동화재탐지설비가 설치된 것(소방대가 근무하는 공공기관은 제외)

42

위험물안전관리법령상 제조소등이 아닌 장소에서 지정수량 이상의 위험물을 취급할 수 있는 경우에 대한 기준으로 맞는 것은? (단, 시·도의 조례가 정하는 바에 따른다)

① 관할 소방서장의 승인을 받아 지정수량 이상의 위험물을 60일 이내의 기간 동안 임시로 저장 또는 취급하는 경우
② 관할 소방대장의 승인을 받아 지정수량 이상의 위험물을 60일 이내의 기간 동안 임시로 저장 또는 취급하는 경우
③ 관할 소방서장의 승인을 받아 지정수량 이상의 위험물을 90일 이내의 기간 동안 임시로 저장 또는 취급하는 경우
④ 관할 소방대장의 승인을 받아 지정수량 이상의 위험물을 90일 이내의 기간 동안 임시로 저장 또는 취급하는 경우

해설 위험물 임시저장

1) 위치·구조·설비기준 : 시·도 조례
2) 제조소등이 아닌 장소에서 지정수량 이상 위험물 취급할 수 있는 경우
   - 관할 소방서장의 승인 받아 지정수량 이상 위험물 90일 이내로 임시 저장·취급
   - 군부대는 지정수량 이상 위험물 군사 목적으로 임시 저장·취급

정답 41 ④ 42 ③

43

화재의 예방 및 안전관리에 관한 법령상 화재예방강화지구 지정권자는?

① 소방서장
② 시·도지사
③ 소방본부장
④ 행정자치부장관

해설 화재예방강화지구 지정

1) 지정권자 : 시·도지사
2) 화재예방강화지구 지정 요청 : 소방청장
3) 화재예방강화지구
   (1) 시장지역
   (2) 공장·창고가 밀집한 지역
   (3) 목조건물이 밀집한 지역
   (4) 노후·불량건축물이 밀집한 지역
   (5) 위험물의 저장 및 처리 시설이 밀집한 지역
   (6) 석유화학제품을 생산하는 공장이 있는 지역
   (7) 산업입지 및 개발에 관한 법률에 따른 산업단지
   (8) 소방시설·소방용수시설·소방출동로가 없는 지역
   (9) 물류단지
   (10) (1) ~ (9)까지 준하는 지역으로서 소방관서장이 화재예방강화지구로 지정할 필요가 있다고 인정하는 지역

44

위험물안전관리법령상 위험물 중 제1석유류에 속하는 것은?

① 경유
② 등유
③ 중유
④ 아세톤

해설 제4류 위험물(인화성 액체)

품명		지정수량	대표물질
특수인화물		50 [L]	다이에틸에테르
제1석유류	비수용성	200 [L]	휘발유
	수용성	400 [L]	아세톤
알코올류		400 [L]	변성알코올
제2석유류	비수용성	1000 [L]	등유, 경유
	수용성	2000 [L]	아세트산
제3석유류	비수용성	2000 [L]	중유
	수용성	4000 [L]	글리세린
제4석유류		6000 [L]	실린더유
동식물유류		10000 [L]	아마인유

보충 제1석유류 : 인화점 21 [℃] 미만

45

소방시설 설치 및 관리에 관한 법령상 수용인원 산정방법 중 다음과 같은 시설의 수용인원은 몇 명인가?

숙박시설이 있는 특정소방대상물로서 종사자 수는 5명, 숙박시설은 모두 2인용 침대이며 침대수량은 50개이다.

① 55
② 75
③ 85
④ 105

해설 수용인원 산정방법

1) 숙박시설이 있는 특정소방대상물
   - 침대 있는 경우 : 종사자 수 + 침대 수
   - 침대 없는 경우 : 종사자 수 + $\dfrac{바닥면적 합계}{3\,m^2}$
2) 수용인원 = 5 + (50 × 2) = 105명

보충 ▶ 숙박시설 이외의 특정소방대상물
- 강의실·교무실·상담실·실습실·휴게실 용도로 쓰이는 특정소방대상물 : 바닥면적 합계 / 1.9 [m^2]
- 강당·문화집회시설·운동시설·종교시설 : 바닥면적 합계 / 4.6 [m^2]
- 관람석에 고정식 의자가 있는 경우 : 의자 수
- 관람석에 긴 의자가 있는 경우 : 의자의 정면너비 / 0.45 [m]
- 그 밖의 대상물 : 바닥면적 합계 / 3 [m^2]

TIP ▶ 2인용 침대는 2인으로 산정

46 상(중)하

위험물안전관리법령상 관계인이 예방규정을 정하여야 하는 위험물을 취급하는 제조소의 지정수량기준으로 옳은 것은?

① 지정수량의 10배 이상
② 지정수량의 100배 이상
③ 지정수량의 150배 이상
④ 지정수량의 200배 이상

해설 관계인이 예방규정을 정해야 하는 제조소

- <u>취급제조소 : 지정수량 10배 이상</u>
- 옥외저장소 : 지정수량 100배 이상
- 옥내저장소 : 지정수량 150배 이상
- 옥외탱크저장소 : 지정수량 200배 이상
- 암반탱크저장소
- 이송취급소
- 지정수량 10배 이상의 위험물을 취급하는 일반취급소, 다만 제4류 위험물(특수인화물 제외)만을 지정수량의 50배 이하로 취급하는 일반취급소(제1석유류. 알코올류의 취급량이 지정수량의 10배 이하인 경우에 한함)로서 다음 어느 하나에 해당하는 것은 제외
  ① 보일러·버너 또는 이와 비슷한 것으로서 위험물을 소비하는 장치로 이루어진 일반취급소
  ② 위험물을 용기에 옮겨 담거나 차량에 고정된 탱크에 주입하는 일반취급소

47 상(중)하

화재의 예방 및 안전관리에 관한 법령상 관리의 권원이 분리된 특정소방대상물의 소방안전관리자를 선임해야 할 대상인 것은? [법 개정으로 인한 문제 수정]

① 판매시설 중 도매시장 및 소매시장
② 복합건축물로서 층수가 5층 이상인 것
③ 지하층을 제외한 층수가 7층 이상인 고층 건축물
④ 복합건축물로서 연면적이 5000 [m^2] 이상인 것

해설 관리의 권원이 분리된 특정소방대상물의 소방안전관리자 선임 대상

- 복합건축물(지하층 제외한 층수가 11층 이상 또는 연면적 3만 [m^2] 이상)
- 지하가(지하 인공구조물 안에 설치된 상점 및 사무실, 그 밖에 이와 비슷한 시설이 연속하여 지하도에 접하여 설치된 것과 그 지하도를 합한 것)
- <u>판매시설 중 도매시장, 소매시장 및 전통시장</u>

48 상 중(하)

소방기본법령상 소방안전교육사의 배치대상별 배치기준으로 틀린 것은?

① 소방청 : 2명 이상 배치
② 소방서 : 1명 이상 배치
③ 소방본부 : 2명 이상 배치
④ 한국소방안전원(본회) : 1명 이상 배치

해설 소방안전교육사

소방안전교육의 기획·진행·분석 및 교수업무를 수행
1) 소방안전교육사 시험 실시 및 자격부여 : 소방청장
2) 소방안전교육사 시험 관련 필요사항 : 대통령령
3) 시험 주기 : 2년마다 1회 시행 원칙. 다만 소방청장이 필요하다고 인정하는 때에는 그 횟수를 증감

정답 46 ① 47 ① 48 ④

4) 소방안전교육사 배치대상 및 배치기준

배치대상	배치기준(이상)
소방청	2명
소방본부	2명
소방서	1명
한국소방안전원	본회 : 2명 시·도지부 : 1명
한국소방산업기술원	2명

49 상 중 하

소방시설공사업법령상 정의된 업종 중 소방시설업의 종류로 해당되지 않는 것은?

① 소방시설설계업
② 소방시설공사업
③ 소방시설경비업
④ 소방공사감리업

해설 소방시설업 종류

구분	정의
소방시설설계업	공사계획, 설계도면, 설계 설명서, 기술계산서 등의 서류 작성
소방시설공사업	설계도서에 따라 소방시설 신설, 증설, 개설, 이전 및 시공
소방공사감리업	발주자 권한 대행, 소방시설공사 적법 시공 확인, 품질·시공관리 기술지도
방염처리업	방염대상물품에 대하여 방염처리

50 상 중 하

소방기본법상 소방대장의 권한이 아닌 것은?

① 소방활동을 할 때에 긴급한 경우에는 이웃한 소방본부장 또는 소방서장에게 소방업무의 응원을 요청할 수 있다.
② 화재, 재난재해, 그 밖의 위급한 상황이 발생한 현상에서 소방활동을 위하여 필요할 때 그 관할구역에 사는 사람 또는 현장에 있는 사람으로 하여금 사람을 구출하는 일 또는 불을 끄거나 불이 번지지 아니하도록 하는 일을 하게 할 수 있다.
③ 사람을 구출하거나 불이 번지는 것을 막기 위하여 필요할 대에는 화재가 발생하거나 불이 번질 우려가 있는 소방대상물 및 토지를 일시적으로 사용하거나 그 사용의 제한 또는 소방활동에 필요한 처분을 할 수 있다.
④ 소방활동을 위하여 긴급하게 출동할 때에는 소방자동차의 통행과 소방활동에 방해가 되는 주차 또는 정차된 차량 및 물건 등을 제거하거나 이동시킬 수 있다.

해설 소방본부장, 소방서장, 소방대장 권한

구분	권한
소방청장	• 소방박물관 설립 (*소방체험관 : 시·도지사) • 한국소방안전원 감독 • 소방력 동원 요청
소방청장, 소방본부장, 소방서장	• 소방활동
소방본부장, 소방서장	• 소방업무 응원요청 • 지리조사
소방본부장, 소방서장, 소방대장	• 소방활동 종사명령 • 강제처분 • 피난명령 • 위험시설 긴급조치
소방대장	• 소방활동구역 설정

51 상중하

소방시설공사업법상 도급을 받은 자가 제3자에게 소방시설공사의 시공을 하도급한 경우에 대한 벌칙기준으로 옳은 것은? (단, 대통령령으로 정하는 경우는 제외한다)

① 100만 원 이하의 벌금
② 300만 원 이하의 벌금
③ 1년 이하 징역 또는 1000만 원 이하 벌금
④ 3년 이하 징역 또는 1500만 원 이하 벌금

해설 소방시설공사업법

[3년 3000만 원]
1) 소방시설업 등록하지 아니하고 영업을 한 자
2) 부정한 청탁을 받고 재물 또는 재산상의 이익을 취득하거나 부정한 청탁을 하면서 재물 또는 재산상의 이익을 제공한 자

[1년 1000만 원]
1) 영업정지 처분을 받고 그 기간에 영업한 자
2) 법과 NFTC를 위반한 설계·시공자
3) 적법하지 않게 감리를 하거나 거짓으로 감리한 자
4) 공사 감리자를 지정하지 아니한 관계인
5) 공사업자가 감리업자의 시정보완 요구를 무시하고 그 공사를 계속할 경우 감리업자는 그 사실을 소방본부장 또는 소방서장에게 보고하여야 한다. 이 사실을 거짓으로 보고한 감리업자
6) 공사감리 결과보고서의 제출을 거짓으로 한 감리업자
7) 무등록 소방시설업자에게 소방공사 도급한 관계인 또는 발주자
8) <u>도급받은 소방시설의 설계, 시공, 감리를 하도급한 자</u>
9) 하도급받은 소방시설공사를 다시 하도급한 하수급인
10) 소방기술자가 법 또는 명령을 따르지 않고 업무를 수행한 자

52 상중하

소방시설 설치 및 관리에 관한 법령상 주택의 소유자가 소방시설을 설치하여야 하는 대상이 아닌 것은?

① 아파트
② 연립주택
③ 다세대주택
④ 다가구주택

해설 주택에 설치하는 소방시설

1) 주택용소방시설의 종류 : 소화기, 단독경보형 감지기
2) 설치대상
   • 단독주택
   • 공동주택(<u>아파트 및 기숙사 제외</u>)(연립주택, 다세대주택, 다가구주택)

53 상중하

화재의 예방 및 안전관리에 관한 법령상 화재예방강화지구의 지정대상이 아닌 것은? (단, 소방청장 소방본부장 또는 소방서장이 화재예방강화지구로 지정할 필요가 있다고 인정하는 지역은 제외한다)

① 시장지역
② 농촌지역
③ 목조건물이 밀집한 지역
④ 공장 창고가 밀집한 지역

해설 화재예방강화지구 지정

1) 지정권자 : 시·도지사
2) 화재예방강화지구 지정 요청 : 소방청장
3) 화재예방강화지구
   (1) <u>시장지역</u>
   (2) <u>공장·창고가 밀집한 지역</u>
   (3) <u>목조건물이 밀집한 지역</u>

정답 51 ③ 52 ① 53 ②

(4) 노후·불량건축물이 밀집한 지역
(5) 위험물의 저장 및 처리 시설이 밀집한 지역
(6) 석유화학제품을 생산하는 공장이 있는 지역
(7) 산업입지 및 개발에 관한 법률에 따른 산업단지
(8) 소방시설·소방용수시설·소방출동로가 없는 지역
(9) 물류단지
(10) (1) ~ (9)까지 준하는 지역으로서 소방관서장이 화재예방강화지구로 지정할 필요가 있다고 인정하는 지역

54 상(중)하

위험물안전관리법령상 제4류 위험물별 지정수량기준의 연결이 틀린 것은?

① 특수인화물 - 50리터
② 알코올류 - 400리터
③ 동식물유류 - 1000리터
④ 제4석유류 - 6000리터

해설 제4류 위험물(인화성 액체)

품명		지정수량	대표물질
특수인화물		50 [L]	다이에틸에테르
제1석유류	비수용성	200 [L]	휘발유
	수용성	400 [L]	아세톤
알코올류		400 [L]	변성알코올
제2석유류	비수용성	1000 [L]	등유, 경유
	수용성	2000 [L]	아세트산
제3석유류	비수용성	2000 [L]	중유
	수용성	4000 [L]	글리세린
제4석유류		6000 [L]	실린더유
동식물유류		10000 [L]	아마인유

55 상(중)하

소방시설 설치 및 관리에 관한 법령상 소방시설등에 대한 자체점검을 하지 아니하거나 관리업자 등으로 하여금 정기적으로 점검하게 하지 아니한 자에 대한 벌칙기준으로 옳은 것은?

① 6개월 이하의 징역 또는 1000만 원 이하의 벌금
② 1년 이하의 징역 또는 1000만 원 이하의 벌금
③ 3년 이하의 징역 또는 1500만 원 이하의 벌금
④ 3년 이하의 징역 또는 3000만 원 이하의 벌금

해설 1년 이하 징역 또는 1000만 원 이하 벌금

1) 자체점검을 하지 않거나 관리업자에게 정기점검하게 하지 아니한 자
2) 소방시설관리사증을 빌려주거나 빌리거나 이를 알선한 자
3) 동시에 둘 이상의 업체에 취업한 자
4) 자격정지처분을 받고 자격정지기간 중에 관리사의 업무를 한 자
5) 관리업 등록증. 등록수첩을 다른 자에게 빌려주거나 빌리거나 이를 알선한 자
6) 영업정지처분을 받고 영업정지기간 중에 관리업의 업무를 한 자
7) 제품검사 합격표시 허위·위조·변조한 자
8) 형식승인의 변경승인을 받지 아니한 자
9) 제품검사에 합격하지 아니한 소방용품에 성능인증을 받았다는 표시 또는 제품검사에 합격하였다는 표시를 하거나 성능인증을 받았다는 표시 또는 제품검사에 합격하였다는 표시를 위조 또는 변조하여 사용한 자
10) 성능인증의 변경인증을 받지 아니한 자
11) 우수품질 표시 허위·위조·변조하여 사용한 자
12) 관계인의 업무 방해하거나 출입·검사 시 알게 된 비밀을 누설한 자

56 (중)

화재의 예방 및 안전관리에 관한 법령상 특수가연물의 저장 및 취급기준을 2회 위반한 경우 과태료 부과기준은?

① 200만 원
② 100만 원
③ 150만 원
④ 50만 원

해설 과태료 부과기준(200만 원 이하)

1) 불을 사용할 때 지켜야 하는 사항 및 특수가연물의 저장 및 취급기준을 위반한 경우
2) 소방설비등의 설치 명령을 정당한 사유 없이 따르지 아니한 경우
3) 기간 내에 선임신고를 하지 아니하거나 소방안전관리자의 성명 등을 게시하지 아니한 경우
4) 기간 내에 선임신고를 하지 아니한 자
5) 기간 내에 소방훈련 및 교육결과를 제출하지 아니한 경우

57 (중)

화재의 예방 및 안전관리에 관한 법령상 특수가연물의 품명과 지정수량기준의 연결이 틀린 것은?

① 사류 - 1000 [kg] 이상
② 볏짚류 - 3000 [kg] 이상
③ 석탄·목탄류 - 10000 [kg] 이상
④ 고무류 중 발포시킨 것 - 20 [m³] 이상

해설 특수가연물

품명	수량
면화류	200 [kg] 이상
나무껍질 및 대팻밥	400 [kg] 이상
넝마 및 종이부스러기	1000 [kg] 이상
사류, 볏짚류	1000 [kg] 이상
가연성 고체류	3000 [kg] 이상
석탄·목탄류	10000 [kg] 이상
가연성 액체류	2 [m³] 이상
목재가공품 및 나무부스러기	10 [m³] 이상
고무류·플라스틱류 발포시킨 것	20 [m³] 이상
고무류·플라스틱류 그 밖의 것	3000 [kg] 이상

암기 ▶ 면이 나대싸 넘사벽 천 가고삼 석목만 가액이 고발이

58 (중)

소방시설 설치 및 관리에 관한 법령상 특정소방대상물로서 숙박시설에 해당되지 않는 것은?

① 오피스텔
② 일반형 숙박시설
③ 생활형 숙박시설
④ 근린생활시설에 해당하지 않는 고시원

해설 숙박시설

- 일반형 숙박시설 : 호텔, 여관, 모텔
- 생활형 숙박시설 : 관광호텔, 한국전통호텔
- 고시원(근린생활시설에 해당되지 않는 것)

보충 ▶ 오피스텔 : 업무시설

정답 56 ① 57 ② 58 ①

59 ㊥

소방시설 설치 및 관리에 관한 법령상 정당한 사유 없이 피난시설, 방화구획 및 방화시설의 관리에 필요한 조치명령을 위반한 경우 이에 대한 벌칙기준으로 옳은 것은?

① 200만 원 이하의 벌금
② 300만 원 이하의 벌금
③ 1년 이하의 징역 또는 1000만 원 이하의 벌금
④ 3년 이하의 징역 또는 3000만 원 이하의 벌금

해설 3년 이하 징역 또는 3000만 원 이하 벌금

1) 조치명령 위반사항에 대한 명령을 정당한 사유 없이 위반
2) 관리업 등록을 하지 않고 영업을 한 자
3) 소방용품 형식승인 받지 아니하고 제조·수입 또는 거짓이나 그 밖의 부정한 방법으로 형식승인을 받은 자
4) 제품검사를 받지 아니한 자 또는 거짓이나 그 밖의 부정한 방법으로 제품검사를 받은 자
5) 소방용품을 판매·진열하거나 소방시설공사에 사용한 자
6) 거짓이나 그 밖의 부정한 방법으로 성능인증 또는 제품검사를 받은 자
7) 제품검사를 받지 아니하거나 합격표시를 하지 아니한 소방용품을 판매·진열하거나 소방시설공사에 사용한 자
8) 구매자에게 명령을 받은 사실을 알리지 아니하거나 필요한 조치를 하지 아니한 자
9) 거짓이나 그 밖의 부정한 방법으로 전문기관으로 지정을 받은 자

60 ㊦

소방시설 설치 및 관리에 관한 법령상 소방시설이 아닌 것은?

① 소화설비
② 경보설비
③ 방화설비
④ 소화활동설비

해설 소방시설 종류

구분	정의
소화설비	물, 소화약제를 사용하여 소화
경보설비	화재 발생을 통보하는 설비
피난구조설비	화재 발생 시 피난 목적 설비
소화용수설비	화재를 진압하는 데 필요한 물을 공급·저장하는 설비
소화활동설비	화재진압에 필요한 물 공급·저장

암기 ▶ 소경피 용활

정답 59 ④ 60 ③

2020년 4회 소방기계시설의 구조 및 원리

61 상중하

상수도소화용수설비의 화재안전성능기준에 따라 호칭지름 75 [mm] 이상의 수도배관에 호칭지름 100 [mm] 이상의 소화전을 접속한 경우 상수도소화용수설비 소화전의 설치기준으로 맞는 것은?

① 특정소방대상물의 수평투영면의 각 부분으로부터 80 [m] 이하가 되도록 설치할 것
② 특정소방대상물의 수평투영면의 각 부분으로부터 100 [m] 이하가 되도록 설치할 것
③ 특정소방대상물의 수평투영면의 각 부분으로부터 120 [m] 이하가 되도록 설치할 것
④ 특정소방대상물의 수평투영면의 각 부분으로부터 140 [m] 이하가 되도록 설치할 것

해설 상수도소화용수설비의 설치기준

1) 호칭지름 75 [mm] 이상의 수도배관에 호칭지름 100 [mm] 이상의 소화전을 접속할 것
2) 소화전은 소방자동차의 진입이 쉬운 도로변 또는 공지에 설치할 것
3) 소화전은 특정소방대상물의 수평투영면의 각 부분으로부터 140 [m] 이하가 되도록 설치할 것

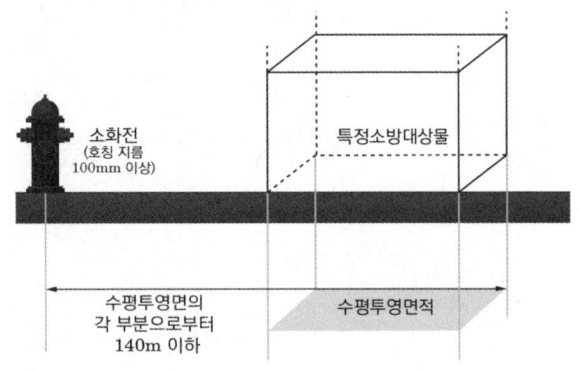

62 상중하

분말소화설비의 화재안전기술기준에 따른 분말소화설비의 배관과 선택밸브의 설치기준에 대한 내용으로 틀린 것은?

① 배관은 겸용으로 설치할 것
② 선택밸브는 방호구역 또는 방호대상물마다 설치할 것
③ 동관은 고정압력 또는 최고사용압력의 1.5배 이상의 압력에 견딜 수 있는 것을 사용할 것
④ 강관은 아연도금에 따른 배관용 탄소강관이나 이와 동등 이상의 강도 내식성 및 내열성을 가진 것을 사용할 것

해설 분말소화설비 배관과 선택밸브 설치기준

1) 배관
 (1) 배관은 전용으로 설치
 (2) 강관을 사용하는 경우의 배관은 아연도금에 따른 배관용 탄소강관이나 이와 동등 이상의 강도·내식성 및 내열성을 가진 것으로 할 것
 (3) 동관을 사용하는 경우의 배관은 고정압력 또는 최고사용압력의 1.5배 이상의 압력에 견딜 수 있는 것을 사용할 것
 (4) 밸브류는 개폐위치 또는 개폐방향을 표시한 것으로 할 것
 (5) 배관의 관부속 및 밸브류는 배관과 동등 이상의 강도 및 내식성이 있는 것으로 할 것
2) 선택밸브
 (1) 방호구역 또는 방호대상물마다 설치할 것
 (2) 각 선택밸브에는 해당 방호구역 또는 방호대상물을 표시할 것

정답 61 ④ 62 ①

63

피난기구의 화재안전기술기준에 따라 숙박시설·노유자시설 및 의료시설로 사용되는 층에 있어서는 그 층의 바닥면적이 몇 [m²]마다 피난기구를 1개 이상 설치해야 하는가?

① 300　　② 500
③ 800　　④ 1000

해설 피난기구 설치개수

1) 층마다 설치
2) 층별 용도에 따른 피난기구의 설치개수

용도	피난기구 설치개수
숙박시설·노유자시설·의료시설	바닥면적 500 [m²]마다 1개 이상
위락시설·문화 및 집회시설·운동시설·판매시설 또는 복합용도의 층	바닥면적 800 [m²]마다 1개 이상
그 밖의 용도의 층	바닥면적 1000 [m²]마다 1개 이상

암기 ▶ 숙노의 500

64

다음 설명은 미분무소화설비의 화재안전기술기준에 따른 미분무소화설비 기동장치의 화재감지기회로에서 발신기 설치기준이다. ( ) 안에 알맞은 내용은? (단, 자동화재탐지설비의 발신기가 설치된 경우는 제외한다)

- 조작이 쉬운 장소에 설치하고, 스위치는 바닥으로부터 0.8 [m] 이상 (㉠) [m] 이하의 높이에 설치할 것
- 소방대상물의 층마다 설치하되, 당해 소방대상물의 각 부분으로부터 하나의 발신기까지의 수평거리가 (㉡) [m] 이하가 되도록 할 것
- 발신기의 위치를 표시하는 표시등은 함의 상부에 설치하되, 그 불빛은 부착면으로부터 15° 이상의 범위 안에서 부착지점으로부터 (㉢) [m] 이내의 어느 곳에서도 쉽게 식별할 수 있는 적색등으로 할 것

① ㉠ 1.5, ㉡ 20, ㉢ 10　② ㉠ 1.5, ㉡ 25, ㉢ 10
③ ㉠ 2.0, ㉡ 20, ㉢ 15　④ ㉠ 2.0, ㉡ 25, ㉢ 15

해설 미분무소화설비 화재감지기회로 발신기

1) 화재감지기회로에는 기준에 따른 발신기를 설치할 것(단, 자동화재탐지설비의 발신기가 설치된 경우 그렇지 않음)
2) 스위치 높이 : 바닥으로부터 0.8 [m] 이상 1.5 [m] 이하의 높이에 설치
3) 층마다 설치하되, 각 부분으로부터 하나의 발신기까지 수평거리가 25 [m] 이하가 되도록 할 것(단, 복도 또는 별도로 구획된 실로서 보행거리가 40 [m] 이상일 경우에는 추가로 설치해야 함)
4) 발신기의 위치를 표시하는 표시등은 함의 상부에 설치하되, 그 불빛은 부착면으로부터 15° 이상의 범위 안에서 부착지점으로부터 10 [m] 이내의 어느 곳에서도 쉽게 식별할 수 있는 적색등으로 할 것

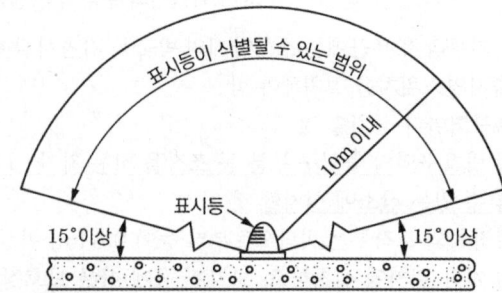

65

소화기구 및 자동소화장치의 화재안전기술기준에 따른 캐비닛형자동소화장치 분사헤드의 설치높이기준은 방호구역의 바닥으로부터 얼마이어야 하는가?

① 최소 0.1 [m] 이상 최대 2.7 [m] 이하
② 최소 0.1 [m] 이상 최대 3.7 [m] 이하
③ 최소 0.2 [m] 이상 최대 3.7 [m] 이하
④ 방호구역의 바닥으로부터 형식승인을 받은 범위 내에서 유효하게 소화약제를 방출시킬 수 있는 높이

해설 캐비닛형 자동소화장치 설치기준

분사헤드 설치높이 : 방호구역의 바닥으로부터 형식승인을 받은 범위 내에서 유효하게 소화약제를 방출시킬 수 있는 높이에 설치할 것

정답　63 ②　64 ②　65 ④

66 상⑥하

할로겐화합물 및 불활성기체소화설비의 화재안전기술기준에 따른 할로겐화합물 및 불활성기체소화설비의 설치기준에 대한 설명으로 틀린 것은?

① 50 [N] 이상의 힘을 가하여 기동할 수 있는 구조로 할 것
② 전기를 사용하는 기동장치에는 전원표시등을 설치할 것
③ 기동장치의 방출용 스위치는 음향경보장치와 연동하여 조작될 수 있는 것으로 할 것
④ 해당방호구역의 출입구부근 등 조작하는 자가 쉽게 피난할 수 있는 장소에 설치할 것

해설 할로겐화합물 및 불활성기체소화설비의 수동식 기동장치

수동식 기동장치 부근에는 소화약제의 방출을 지연시킬 수 있는 방출지연스위치를 설치해야 함
1) 방호구역마다 설치할 것
2) 해당 방호구역의 출입구 부분 등 조작을 하는 자가 쉽게 피난할 수 있는 장소에 설치할 것
3) 기동장치의 조작부는 바닥으로부터 높이 0.8 [m] 이상 1.5 [m] 이하 위치에 설치하고, 보호판 등에 따른 보호장치를 설치할 것
4) 기동장치 인근의 보기 쉬운 곳에 "할로겐화합물 및 불활성기체소화설비 수동식 기동장치"라는 표지를 할 것
5) 전기를 사용하는 기동장치에는 전원표시등을 설치할 것
6) 기동장치의 방출용 스위치는 음향경보장치와 연동하여 조작될 수 있는 것으로 할 것
7) 50 [N] 이하의 힘을 가하여 기동할 수 있는 구조로 할 것
8) 기동장치에는 보호장치를 설치해야 하며, 보호장치를 개방하는 경우 기동장치에 설치된 부저 또는 벨 등에 의하여 경고음을 발할 것 〈시행 2024.8.1.〉
9) 기동장치를 옥외에 설치하는 경우 빗물 또는 외부 충격의 영향을 받지 아니하도록 설치할 것 〈시행 2024.8.1.〉

67 상⑥하

지하구의 화재안전성능기준상 지하구에 설치하는 연소방지설비 송수구의 설치기준으로 틀린 것은?

① 송수구로부터 주배관에 이르는 연결배관에는 개폐밸브를 설치하지 않을 것
② 지면으로부터 높이가 0.5 [m] 이상 1 [m] 이하의 위치에 설치할 것
③ 구경 65 [mm]의 쌍구형으로 할 것
④ 송수구로부터 3 [m] 이내에 살수구역 안내표지를 설치할 것

해설 지하구의 연소방지설비 송수구

1) 소방차가 쉽게 접근할 수 있는 노출된 장소에 설치하되, 눈에 띄기 쉬운 보도 또는 차도에 설치할 것
2) 송수구는 구경 65 [mm]의 쌍구형으로 할 것
3) 송수구로부터 1 [m] 이내에 살수구역 안내표지를 설치할 것
4) 지면으로부터 높이가 0.5 [m] 이상 1 [m] 이하의 위치에 설치할 것
5) 송수구의 가까운 부분에 자동배수밸브(또는 직경 5 [mm]의 배수공)를 설치할 것. 이 경우 자동배수밸브는 배관 안의 물이 잘 빠질 수 있는 위치에 설치하되, 배수로 인하여 다른 물건 또는 장소에 피해를 주지 않아야 한다.
6) 송수구로부터 주배관에 이르는 연결배관에는 개폐밸브를 설치하지 않을 것
7) 송수구에는 이물질을 막기 위한 마개를 씌울 것

68 상중⑥

구조대의 형식승인 및 제품검사의 기술기준에 따른 경사강하식구조대의 구조에 대한 설명으로 틀린 것은?

① 구조대 본체는 강하방향으로 봉합부가 설치되어야 한다.
② 연속으로 활강할 수 있는 구조로 안전하고 쉽게 사용할 수 있어야 한다.
③ 땅에 닿을 때 충격을 받는 부분에는 완충 장치로서 받침포 등을 부착하여야 한다.
④ 입구틀 및 취부틀의 입구는 지름 60 [cm] 이상의 구체가 통과할 수 있어야 한다.

정답 66 ① 67 ④ 68 ①

해설 경사강하식구조대 구조

1) 연속하여 활강할 수 있고, 안전하고 쉽게 사용할 수 있는 구조일 것
2) 입구틀 및 취부틀의 입구는 지름 60 [cm] 이상의 구체가 통과할 수 있는 것이어야 함
3) 포지는 사용 시에 수직방향으로 현저하게 늘어나지 않을 것
4) 포지, 지지틀, 취부틀 그 밖의 부속장치 등은 견고하게 부착되어야 함
5) 구조대 본체는 강하방향으로 봉합부가 설치되지 않을 것
6) 구조대 본체의 활강부는 낙하방지를 위해 포를 2중구조로 하거나 망목의 변의 길이가 8 [cm] 이하인 망을 설치해야 함
7) 본체의 포지는 하부지지장치에 인장력이 균등하게 걸리도록 부착해야 하며, 하부지지장치는 쉽게 조작할 수 있어야 함
8) 손잡이는 출구부근에 좌우 각 3개 이상 균일한 간격으로 견고하게 부착해야 함
9) 구조대본체의 끝부분에는 길이 4 [m] 이상, 지름 4 [mm] 이상의 유도선을 부착하여야 하며, 유도선 끝에는 중량 3 [N](300 [g]) 이상의 모래주머니 등을 설치해야 함
10) 땅에 닿을 때 충격을 받는 부분에는 완충장치로서 받침포 등을 부착해야 함

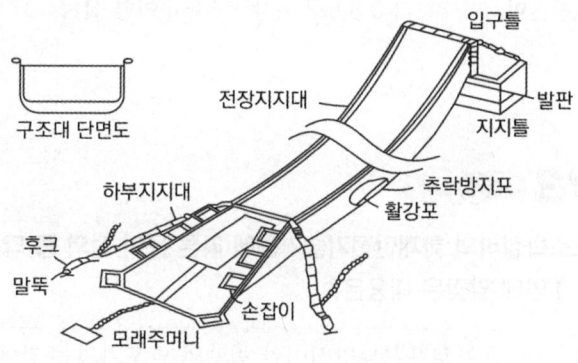

69 상⦗중⦘하

스프링클러설비의 화재안전기술기준에 따른 습식 유수검지장치를 사용하는 스프링클러설비 시험장치의 설치기준에 대한 설명으로 틀린 것은?

① 유수검지장치에서 가장 가까운 가지배관의 끝으로부터 연결하여 설치해야 한다.
② 시험배관의 끝에는 물받이 통 및 배수관을 설치하여 시험 중 방사된 물이 바닥에 흘러내리지 않도록 해야 한다.
③ 화장실과 같은 배수처리가 쉬운 장소에 시험배관을 설치한 경우에는 물받이 통 및 배수관을 생략할 수 있다.
④ 시험장치배관의 구경은 25 [mm] 이상으로 하고, 그 끝에 개폐밸브 및 개방형 헤드 또는 스프링클러헤드와 동등한 방수성능을 가진 오리피스를 설치해야 한다.

해설 시험장치 설치기준

1) 습식 및 부압식은 유수검지장치 2차 측 배관에 연결하여 설치
2) 건식은 유수검지장치에서 가장 먼 거리에 위치한 가지배관 끝에 연결하여 설치

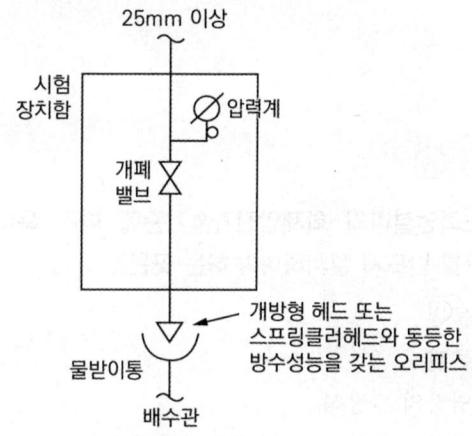

정답 69 ①

70 (상,중,하)

화재조기진압용 스프링클러설비의 화재안전기술기준에 따라 가지배관을 배열할 때 천장의 높이가 9.1 [m] 이상 13.7 [m] 이하인 경우 가지배관 사이의 거리기준으로 맞는 것은?

① 2.4 [m] 이상 3.1 [m] 이하
② 2.4 [m] 이상 3.7 [m] 이하
③ 6.0 [m] 이상 8.5 [m] 이하
④ 6.0 [m] 이상 9.3 [m] 이하

해설 화재조기진압용 S/P 가지배관의 배열

1) 토너먼트 배관방식이 아닐 것
2) 가지배관 사이의 거리

천장의 높이	가지배관 사이의 거리
9.1 [m] 미만	2.4 [m] 이상 3.7 [m] 이하
9.1 [m] 이상 13.7 [m] 이하	2.4 [m] 이상 3.1 [m] 이하

71 (상,중,하)

옥내소화전설비의 화재안전기술기준에 따라 옥내소화전 방수구를 반드시 설치하여야 하는 곳은?

① 식물원
② 수족관
③ 수영장의 관람석
④ 냉장창고 중 온도가 영하인 냉장실

해설 옥내소화전 방수구의 설치 제외

불연재료로 된 특정소방대상물 또는 그 부분으로서 다음의 어느 하나에 해당하는 곳에는 옥내소화전 방수구를 설치하지 않을 수 있다.

1) 냉장창고 중 온도가 영하인 냉장실 또는 냉동창고의 냉동실
2) 고온의 노가 설치된 장소 또는 물과 격렬하게 반응하는 물품의 저장 또는 취급 장소
3) 발전소·변전소 등 전기시설이 설치된 장소
4) 식물원·수족관·목욕실·수영장(관람석 부분을 제외) 또는 그 밖의 이와 비슷한 장소
5) 야외음악당·야외극장 또는 그 밖의 이와 비슷한 장소

72 (상,중,하)

스프링클러설비의 화재안전기술기준에 따른 특정소방대상물의 방호구역 층마다 설치하는 폐쇄형 스프링클러설비 유수검지장치의 설치높이기준은?

① 바닥으로부터 0.8 [m] 이상 1.2 [m] 이하
② 바닥으로부터 0.8 [m] 이상 1.5 [m] 이하
③ 바닥으로부터 1.0 [m] 이상 1.2 [m] 이하
④ 바닥으로부터 1.0 [m] 이상 1.5 [m] 이하

해설 스프링클러설비 유수검지장치 설치높이

설치높이 : 바닥부터 0.8 [m] 이상 1.5 [m] 이하 설치

73 (상,중,하)

포소화설비의 화재안전기술기준에 따른 용어 정의 중 다음 ( ) 안에 알맞은 내용은?

( ) 프로포셔너방식이란 펌프와 발포기의 중간에 설치된 벤추리관의 벤추리작용과 펌프 가압수의 포소화약제 저장탱크에 대한 압력에 따라 포소화약제를 흡입·혼합하는 방식을 말한다.

① 라인
② 펌프
③ 프레셔
④ 프레셔사이드

정답 70 ① 71 ③ 72 ② 73 ③

해설 포소화설비 포혼합장치의 종류

1) 라인 프로포셔너방식 : 벤추리관의 벤추리작용에 따라 소화약제를 흡입·혼합하는방식
2) 프레셔 프로포셔너방식 : 벤추리관의 벤추리작용과 포소화약제 저장탱크압력에 따라 소화약제를 흡입·혼합하는 방식
3) 펌프 프로포셔너방식 : 흡입기에 물 일부를 보내고, 농도 조정밸브에서 조정된 포소화약제의 필요량을 소화약제 탱크에서 펌프 흡입 측으로 보내는 방식
4) 프레셔사이드 프로포셔너방식 : 압입기 설치하여 소화약제 압입용 펌프로 소화약제를 압입시켜 혼합하는 방식
5) 압축공기포 믹싱챔버방식 : 물, 포소화약제 및 공기를 믹싱챔버로 강제주입시켜 챔버 내에서 포수용액을 생성한 후 포를 방사하는 방식

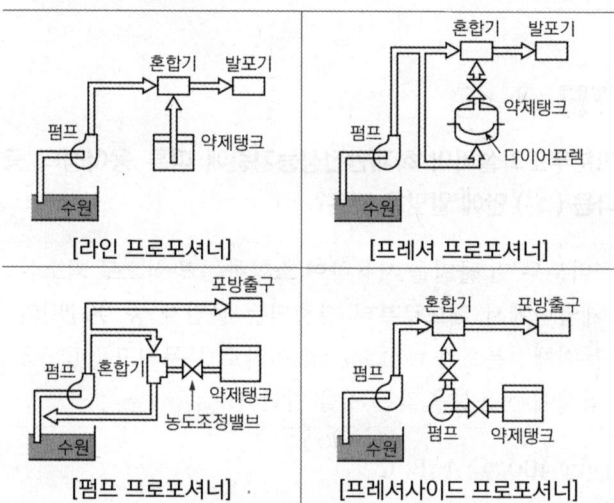

74 (상 중 하)

소화기구 및 자동소화장치의 화재안전기술기준에 따른 수동으로 조작하는 대형소화기 B급의 능력단위기준은?

① 10단위 이상
② 15단위 이상
③ 20단위 이상
④ 25단위 이상

해설 소화기의 능력단위

1) 소형소화기 : 능력단위가 1단위 이상이고 대형소화기의 능력단위 미만인 소화기
2) 대형소화기 : 화재 시 사람이 운반할 수 있도록 운반대와 바퀴가 설치되어 있고 능력단위가 A급 10단위 이상, B급 20단위 이상인 소화기

[소형소화기]   [대형소화기]

75 (상 중 하)

포소화설비의 화재안전기술기준에 따른 포소화설비의 포헤드 설치기준에 대한 설명으로 틀린 것은?

① 항공기격납고에 단백포소화약제가 사용되는 경우 1분당 방사량은 바닥면적 1 [m²]당 6.5 [L] 이상 방사되도록 할 것
② 특수가연물을 저장 취급하는 소방대상물에 단백포소화약제가 사용되는 경우 1분당 방사량은 바닥면적 1 [m²]당 6.5 [L] 이상 방사되도록 할 것
③ 특수가연물을 저장 취급하는 소방대상물에 합성계면활성제포소화약제가 사용되는 경우 1분당 방사량은 바닥면적 1 [m²]당 8.0 [L] 이상 방사되도록 할 것
④ 포헤드는 특정소방대상물의 천장 또는 반자에 설치하되, 바닥면적 9 [m²]마다 1개 이상으로 하여 해당 방호대상물의 화재를 유효하게 소화할 수 있도록 할 것

해설 포소화설비 포헤드 설치기준

1) 포헤드는 특정소방대상물의 천장 또는 반자에 설치하되, 바닥면적 9 [m²]마다 1개 이상으로 하여 해당 방호대상물의 화재를 유효하게 소화할 수 있도록 할 것
2) 소방대상물 및 포소화약제의 종류에 따른 포헤드의 방사량 (1분당 바닥면적 1 [m²]당 방사량)

소방대상물	포소화약제의 종류	방사량 [L/m²·min]
차고·주차장 및 항공기격납고	단백포 소화약제	6.5 이상
	합성계면활성제포 소화약제	8.0 이상
	수성막포 소화약제	3.7 이상
특수가연물을 저장·취급하는 소방대상물	단백포 소화약제	6.5 이상
	합성계면활성제포 소화약제	
	수성막포 소화약제	

76 (상 중 하)

소화기구 및 자동소화장치의 화재안전성능기준에 따라 대형소화기를 설치할 때 특정소방대상물의 각 부분으로부터 1개의 소화기까지의 보행거리가 최대 몇 [m] 이내가 되도록 배치하여야 하는가?

① 20
② 25
③ 30
④ 40

해설 소화기의 보행거리기준

1) 소형소화기 : 보행거리 20 [m] 이내
2) 대형소화기 : 보행거리 30 [m] 이내

77 (상 중 하)

소화수조 및 저수조의 화재안전기술기준에 따라 소화수조의 채수구는 소방차가 최대 몇 [m] 이내의 지점까지 접근할 수 있도록 설치하여야 하는가?

① 1
② 2
③ 4
④ 5

해설 채수구 또는 흡수관투입구의 위치

소화수조 및 저수조의 채수구 또는 흡수관투입구는 소방차가 2 [m] 이내 지점까지 접근할 수 있는 위치에 설치해야 한다.

78 (상 중 하)

미분무소화설비의 화재안전성능기준에 따른 용어정의 중 다음 ( ) 안에 알맞은 것은?

> "미분무"란 물만을 사용하여 소화하는 방식으로 최소설계압력에서 헤드로부터 방출되는 물입자 중 99 [%]의 누적체적분포가 (㉠) [μm] 이하로 분무되고 (㉡)급 화재에 적응성을 갖는 것을 말한다.

① ㉠ 400, ㉡ A, B, C
② ㉠ 400, ㉡ B, C
③ ㉠ 200, ㉡ A, B, C
④ ㉠ 200, ㉡ B, C

해설 미분무소화설비 미분무 정의

"미분무"란 물만을 사용하여 소화하는 방식으로 최소설계압력에서 헤드로부터 방출되는 물입자 중 99 [%]의 누적체적분포가 400 [μm] 이하로 분무되고 A, B, C급 화재에 적응성을 갖는 것을 말한다.

[여러 개의 오리피스에서 방사되는 미분무헤드]

정답 76 ③ 77 ② 78 ①

79 상⦿하

분말소화설비의 화재안전기술기준에 따라 분말소화약제 저장용기의 설치기준으로 맞는 것은?

① 저장용기의 충전비는 0.5 이상으로 할 것
② 제1종 분말(탄산수소나트륨을 주성분으로 한 분말)의 경우 소화약제 1 [kg]당 저장용기의 내용적은 1.25 [L]일 것
③ 저장용기에는 저장용기의 내부압력이 설정압력으로 되었을 때 주밸브를 개방하는 정압작동장치를 설치할 것
④ 저장용기에는 가압식은 최고사용압력 2배 이하, 축압식은 용기의 내압시험압력의 1배 이하의 압력에서 작동하는 안전밸브를 설치할 것

해설 분말소화약제 저장용기 설치기준

1) 저장용기의 내용적

소화약제	1종	2·3종	4종
약제 1 [kg]당 저장용기 내용적	0.8 [L]	1 [L]	1.25 [L]

2) 저장용기에는 <u>가압식은 최고사용압력의 1.8배 이하, 축압식은 용기의 내압시험압력의 0.8배 이하의 압력에서 작동하는 안전밸브를 설치할 것</u>
3)
4) 충전비 : <u>0.8 이상</u>
5) 저장용기의 내부 압력이 설정압력이 되었을 때 주밸브를 개방하는 정압작동장치를 설치할 것
6) 저장용기 및 배관에는 잔류 소화약제를 처리할 수 있는 청소장치를 설치할 것
7) 축압식 저장용기에는 사용압력 범위를 표시한 지시압력계를 설치할 것

80 상⦿하

할론소화설비의 화재안전기술기준에 따른 할론 1301 소화약제의 저장용기에 대한 설명으로 틀린 것은?

① 저장용기의 충전비는 0.9 이상 1.6 이하로 할 것
② 동일 집합관에 접속되는 용기의 충전비는 같도록 할 것
③ 저장용기의 개방밸브는 안전장치가 부착된 것으로 하며 수동으로 개방되지 않도록 할 것
④ 축압식 용기의 경우에는 20 [℃]에서 2.5 [MPa] 또는 4.2 [MPa]의 압력이 되도록 질소가스로 축압할 것

해설 할론 1301 저장용기 및 저장용기의 개방밸브

1) 축압식 저장용기의 압력은 <u>온도 20 [℃]에서 2.5 [MPa] 또는 4.2 [MPa]이 되도록 질소가스로 축압할 것</u>
2) 저장용기의 충전비는 <u>0.9 이상 1.6 이하로 할 것</u>
3) <u>동일 집합관에 접속되는 저장용기의 소화약제 충전량은 동일 충전비의 것으로 할 것</u>
4) 할론소화약제 저장용기의 개방밸브는 전기식·가스압력식 또는 기계식에 따라 자동으로 개방되고 수동으로도 개방되는 것으로서 안전장치가 부착된 것으로 해야 한다.

정답 79 ③ 80 ③

2019 출제경향 분석

[소방원론]

CHAPTER 연도 및 회차		연소	연소생성물	폭발	화재	위험물	소화	안전관리 및 건축방재	합계
2019년	1	5	0	1	3	4	4	3	20
	2	4	3	1	5	1	5	1	20
	4	3	1	1	3	0	8	4	20

[소방유체역학]

CHAPTER 연도 및 회차		유체이론	정수역학	동수역학	배관과 펌프	열역학	합계
2019년	1	3	4	5	5	3	20
	2	5	2	6	4	3	20
	4	4	3	4	5	4	20

격차를 뛰어넘어 압도적인 격차를 만들다

[소방관계법규]

CHAPTER 연도 및 회차		소방기본법	소방시설법	화재예방법	소방공사업법	위험물 안전관리법	합계
2019년	1	5	4	5	2	4	20
	2	6	5	2	3	4	20
	4	4	4	6	2	4	20

[소방기계시설의 구조 및 원리]

CHAPTER 연도 및 회차		소화기구 및 자동 소화장치	옥내 소화전 설비	옥외 소화전 설비	스프링 클러 설비	물분무 소화 설비	미분무 소화 설비	포소화 설비	이산화 탄소 소화 설비	할론 소화 설비	할로겐 화합물 및 불활성기체 소화설비	분말 소화 설비	피난기구 및 인명 구조기구	소화 용수 설비	제연 설비	연결 송수관 설비	연결 살수 설비	기타	합계
2019년	1	2	1	0	4	1	0	2	1	1	0	2	2	2	1	0	0	1	20
	2	2	1	0	3	2	0	2	1	1	0	2	2	2	2	0	0	0	20
	4	1	1	0	4	2	0	2	2	0	0	2	1	2	2	0	0	1	20

2019년 1회 소방원론

01
불활성 가스에 해당하는 것은?
① 수증기
② 일산화탄소
③ 아르곤
④ 아세틸렌

해설 가연물이 될 수 없는 물질(불연성)

구분	물질
산소와 결합해 있는 물질	물(H_2O), 산소(O_2), 이산화탄소(CO_2), 산화알루미늄(Al_2O_3), 오산화인(P_2O_5)
불활성 기체(0족)	헬륨(He), 네온(Ne), 아르곤(Ar), 크립톤(Kr), 크세논(= 제논, Xe), 라돈(Rn)
흡열반응 물질	질소(N_2)

암기 ▶ 헬네아 크세라

02
이산화탄소소화약제의 임계온도로 옳은 것은?
① 24.4 [℃]
② 31.1 [℃]
③ 56.4 [℃]
④ 78.2 [℃]

해설 이산화탄소(CO_2)의 물성

구분		구분	
분자량	44 [g/mol]	임계온도	31.35 [℃]
증기비중	1.529	임계압력	75.2 [kg_f/cm^2]
증발열	137 [cal/g]	융해열	45.2 [cal/g]
삼중점	-57 [℃]	비점	-78 [℃]

03
소화약제 중 A급, B급, C급 화재에 모두 사용할 수 있는 것은?
① Na_2CO_3
② $NH_4H_2PO_4$
③ $KHCO_3$
④ $NaHCO_3$

해설 분말소화약제

종별	소화약제	약제색	적응화재
1종	탄산수소나트륨 ($NaHCO_3$)	백색	BC급
2종	탄산수소칼륨 ($KHCO_3$)	담자색 (담회색)	BC급
3종	제1인산암모늄 ($NH_4H_2PO_4$)	담홍색	ABC급
4종	탄산수소칼륨 + 요소 ($KHCO_3+(NH_2)_2CO$)	회(백)색	BC급

암기 ▶ 백담사 홍어회

정답 01 ③ 02 ② 03 ②

04 (상,중,하)

방화구획의 설치기준 중 스프링클러 기타 이와 유사한 자동식 소화설비를 설치한 10층 이하의 층은 몇 [m²] 이내마다 구획하여야 하는가?

① 1000
② 1500
③ 2000
④ 3000

해설 방화구획 설치기준

분류	구획단위
면적별	• 10층 이하의 층 : 바닥면적 1000 [m²] 이내마다 구획할 것 • 11층 이상의 층 : 바닥면적 200 [m²] 이내마다 구획할 것 (벽 및 반자의 실내에 접하는 부분의 마감을 불연재료로 한 경우 : 500 [m²] 이내마다) ※ 스프링클러 기타 이와 유사한 자동식 소화설비를 설치한 경우 : 위 바닥면적의 3배를 기준면적으로 함
층별	매층마다 구획할 것(다만 지하 1층에서 지상으로 직접 연결되는 경사로 부위는 제외한다)

스프링클러(자동식 소화설비)를 설치하였으므로
$\Rightarrow 1000 [m^2] \times 3 = 3000 [m^2]$

05 (상,중,하)

탄화칼슘의 화재 시 물을 주수하였을 때 발생하는 가스로 옳은 것은?

① C_2H_2
② H_2
③ O_2
④ C_2H_6

해설 물과 반응 시 발생가스

물질	가스
탄화칼슘(CaC_2)	아세틸렌(C_2H_2)
탄화알루미늄(Al_4C_3)	메테인(메탄, CH_4)
인화칼슘(Ca_3P_2)	포스핀(PH_3)
인화알루미늄(AlP)	
수소화리튬(LiH)	수소(H_2)

암기 탄칼아, 탄알메, 인포

06 (상,중,하)

이산화탄소의 질식 및 냉각효과에 대한 설명 중 틀린 것은?

① 이산화탄소의 증기비중이 산소보다 크기 때문에 가연물과 산소의 접촉을 방해한다.
② 액체 이산화탄소가 기화되는 과정에서 열을 흡수한다.
③ 이산화탄소는 불연성 가스로서 가연물의 연소반응을 방해한다.
④ 이산화탄소는 산소와 반응하며 이 과정에서 발생한 연소열을 흡수하므로 냉각효과를 나타낸다.

해설 이산화탄소(CO_2) 소화효과

① 이산화탄소의 증기비중(1.53)이 산소(1.14)보다 크기 때문에 가연물과 산소의 접촉을 방해한다.
② 액체 이산화탄소가 기화되는 과정에서 열을 흡수한다.
③ 이산화탄소는 불연성 가스로서 가연물의 연소반응을 방해한다.
④ 이산화탄소는 산소와 반응하지 않는다.

※ 이산화탄소의 소화효과
1) 질식효과 : 산소농도 15 [%] 이하로 낮춤
2) 냉각효과 : 기화열에 의한 흡수
3) 피복효과 : 공기비중 1.5배로 연소물 덮음열

정답 04 ④ 05 ① 06 ④

07 상 중 하

증기비중의 정의로 옳은 것은? (단, 분자, 분모의 단위는 모두 [g/mol]이다)

① 분자량/22.4
② 분자량/29
③ 분자량/44.8
④ 분자량/100

해설 증기비중

1) 증기비중 = $\dfrac{분자량}{29(공기\ 분자량)}$

2) 공기에 대한 가스의 무게비

증기비중	공기에 대한 무게
증기비중 > 1	공기보다 무거움
증기비중 < 1	공기보다 가벼움

보충 ▶ 원자량(H : 1, C : 12, N : 14, O : 16)

08 상 중 하

화재의 분류방법 중 유류화재를 나타낸 것은?

① A급 화재
② B급 화재
③ C급 화재
④ D급 화재

해설 화재의 분류

등급	화재	표시색	가연물
A급	일반화재	백색	나무, 섬유, 종이, 고무, 플라스틱류
B급	유류화재	황색	인화성 액체, 가연성 액체, 석유 그리스, 타르, 오일, 유성도료, 솔벤트, 래커, 알코올 및 인화성 가스 등
C급	전기화재	청색	전류가 흐르고 있는 전기기기, 배선 등
D급	금속화재	무색	마그네슘 합금 등 가연성 금속
K급	주방화재	-	주방에서 동식물유를 취급하는 조리기구

09 상 중 하

공기와 접촉되었을 때 위험도(H)가 가장 큰 것은?

① 에터(에테르)
② 수소
③ 에틸렌
④ 뷰테인

해설 위험도 계산

1) 위험도 $H = \dfrac{U-L}{L}$

2) 주요물질 연소범위

가스	하한계 L	상한계 U	위험도 H
이황화탄소	1.2	44	35.67
아세틸렌	2.5	81	31.4
에터 (다이에틸에터)	1.9	48	24.26
수소	4	75	17.75
에틸렌	2.7	36	12.33
일산화탄소	12.5	74	4.92
뷰테인(부탄)	1.8	8.4	3.67
프로페인(프로판)	2.1	9.5	3.52
에테인(에탄)	3	12.4	3.13
메테인(메탄)	5	15	2

(1) 에터(다이에틸에터) $H = \dfrac{48-1.9}{1.9} = 24.26$

(2) 수소 $H = \dfrac{75-4}{4} = 17.75$

(3) 에틸렌 $H = \dfrac{36-2.7}{2.7} = 12.33$

(4) 뷰테인(부탄) $H = \dfrac{8.4-1.8}{1.8} = 3.67$

정답 07 ② 08 ② 09 ①

10 제2류 위험물에 해당하지 않는 것은?

① 황　　　　　② 황화인
③ 적린　　　　④ 황린

해설 제2류 위험물(가연성 고체)

1) 제2류 위험물 : 황화인(황화린), 적린, 황(유황), 마그네슘, 철분, 금속분, 인화성 고체
2) 산소 함유하지 않는 강 환원성 물질
3) 주수에 의한 냉각소화
4) 철분, 마그네슘, 금속분은 건조사에 의한피복 질식소화

암기 ▶ 제2류 위험물 : 황화적황 마철금 인고
보충 ▶ 황린 : 제3류 위험물

11

주요구조부가 내화구조로 된 건축물에서 거실 각 부분으로부터 하나의 직통계단에 이르는 보행거리는 피난자의 안전상 몇 [m] 이하이어야 하는가?

① 50　　　　　② 60
③ 70　　　　　④ 80

해설 직통계단의 설치

건축물의 피난층 외의 층에서는 피난층 또는 지상으로 통하는 직통계단을 거실의 각 부분으로부터 계단에 이르는 보행거리가 30 [m] 이하가 되도록 설치해야 한다. 다만 건축물의 주요구조부가 내화구조 또는 불연재료로 된 건축물은 그 보행거리가 50 [m](층수가 16층 이상인 공동주택의 경우 16층 이상인 층에 대해서는 40 [m]) 이하가 되도록 설치할 수 있으며, 자동화 생산시설에 스프링클러 등 자동식 소화설비를 설치한 공장으로서 국토교통부령으로 정하는 공장인 경우에는 그 보행거리가 75 [m](무인화 공장인 경우에는 100 [m]) 이하가 되도록 설치할 수 있다[건축법 시행령 제34조 제1항].

구분	거실 각 부분으로부터 계단에 이르는 보행거리
일반건축물	30 [m] 이하
건축물의 주요구조부가 내화구조, 불연재료로 된 건축물	50 [m] 이하 (층수가 16층 이상인 공동주택의 경우 16층 이상인 층 : 40 [m] 이하)
자동화 생산시설에 스프링클러 등 자동식 소화설비를 설치한 공장	75 [m] 이하 (무인화 공장 : 100 [m] 이하)

12 분말소화약제 분말입도의 소화성능에 관한 설명으로 옳은 것은?

① 미세할수록 소화성능이 우수하다.
② 입도가 클수록 소화성능이 우수하다.
③ 입도와 소화성능과는 관련이 없다.
④ 입도가 너무 미세하거나 너무 커도 소화 성능은 저하된다.

해설 분말소화약제 분말입도

1) 입도가 너무 미세하거나 너무 커도 소화성능 저하
2) 미세도의 분포가 골고루 되어 있어야 함
3) 20 ~ 30 [μm] 범위 분말입도가 가장 효과적

13 마그네슘의 화재에 주수하였을 때 물과 마그네슘의 반응으로 인하여 생성되는 가스는?

① 산소　　　　② 수소
③ 일산화탄소　④ 이산화탄소

정답 10 ④　11 ①　12 ④　13 ②

해설 금수성 물질

물과 접촉하여 발화, 가연성 가스 발생

구분	현상
무기과산화물	산소(O_2) 발생
금속분 마그네슘(Mg) 나트륨(Na) 칼륨(K) 리튬(Li)	수소(H_2) 발생
탄화칼슘(칼슘카바이드)	아세틸렌(C_2H_2) 발생

14 상중하

물질의 취급 또는 위험성에 대한 설명 중 틀린 것은?

① 융해열은 점화원이다.
② 질산은 물과 반응 시 발열 반응하므로 주의를 해야 한다.
③ 네온, 이산화탄소, 질소는 불연성 물질로 취급한다.
④ 암모니아를 충전하는 공업용 용기의 색상은 백색이다.

해설 물질의 취급 또는 위험성

1) 융해열은 점화원이 될 수 없음
2) 질산은 제6류 위험물로 물과 반응 시 발열반응(대량일 때는 주수소화가 곤란)
3) 네온, 이산화탄소, 질소는 불연성 물질로 취급
4) 암모니아를 충전하는 공업용 용기 색상 : 백색

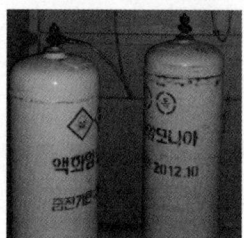

[암모니아 공업용 용기]

보충 ▶ 점화원이 될 수 없는 것 : 기화열, 융해열, 단열팽창

15 상중하

화재에 관련된 국제적인 규정을 제정하는 단체는?

① IMO(International Maritime Organization)
② SFPE(Society of Fire Protection Engineers)
③ NFPA(Nation Fire Protection Association)
④ ISO(International Organization for Standardization) TC 92

해설 ISO(국제 표준화 기구)

- IMO : 국제 해사 기구
- SFPE : 미국 소방기술사회
- NFPA : 미국 방화 협회
- ISO : 국제 표준화 기구
※ TC 92 : '화재안전'에 관한 국제 규격의 제·개정 활동을 통하여 국제 무역 증진을 도모하고 화재로부터 인명 및 재산을 보호할 목적으로 1958년에 설립된 ISO산하 기술위원회(TC : Technical Committee)

16 상중하

위험물안전관리법령상 위험물의 지정수량이 틀린 것은?

① 과산화나트륨 - 50 [kg]
② 적린 - 100 [kg]
③ 트라이나이트로톨루엔 제1종 - 10 [kg]
④ 탄화알루미늄 - 400 [kg]

해설 위험물 지정수량

구분	위험물	지정수량
1류	과산화나트륨	50 [kg]
2류	적린	100 [kg]
3류	탄화알루미늄	300 [kg]
5류	트라이나이트로톨루엔 (트리니트로톨루엔) 제1종	10 [kg]

암기 ▶ 제5류 위험물의 지정수량
제1종 : 10[kg], 제2종 : 100[kg]

정답 14 ① 15 ④ 16 ④

17 상(중)하

연면적이 1000 [m²] 이상인 목조건축물은 그 외벽 및 처마 밑의 연소할 우려가 있는 부분을 방화구조로 하여야 하는데 이때 연소할 우려가 있는 부분은? (단, 동일한 대지 안에 2동 이상의 건물이 있는 경우이며, 공원·광장, 하천의 공지나 수면 또는 내화구조의 벽 기타 이와 유사한 것에 접하는 부분을 제외한다)

① 상호의 외벽 간 중심선으로부터 1층은 3 [m] 이내의 부분
② 상호의 외벽 간 중심선으로부터 2층은 7 [m] 이내의 부분
③ 상호의 외벽 간 중심선으로부터 3층은 11 [m] 이내의 부분
④ 상호의 외벽 간 중심선으로부터 4층은 13 [m] 이내의 부분

해설 연소할 우려가 있는 부분

1) 연소할 우려가 있는 부분
   인접대지경계선·도로중심선 또는 동일한 대지안에 있는 2동 이상의 건축물 상호의 외벽 간의 중심선으로부터 1층에 있어서는 3 [m] 이내, 2층 이상에 있어서는 5 [m] 이내의 거리에 있는 건축물의 각 부분

   [건축물의 피난·방화구조 등의 기준에 관한 규칙]

2) 연소 우려가 있는 건축물의 구조
   건축물대장의 건축물 현황도에 표시된 대지 경계선 안에 2 이상의 건축물이 있는 경우로서 각각의 건축물이 다른 건축물의 외벽으로부터 수평거리가 1층의 경우에는 6 [m] 이하, 2층 이상의 경우에는 10 [m] 이하인 개구부가 다른 건축물을 향하여 설치된 구조를 말한다.

   [소방시설법 시행규칙]

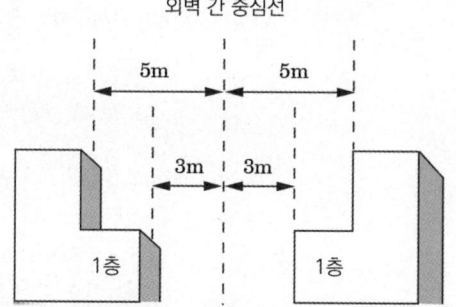

18 상 중(하)

물의 기화열이 539.6 [cal/g]인 것은 어떤 의미인가?

① 0 [℃]의 물 1 [g]이 얼음으로 변화하는 데 539.6 [cal]의 열량이 필요하다.
② 0 [℃]의 얼음 1 [g]이 물로 변화하는 데 539.6 [cal]의 열량이 필요하다.
③ 0 [℃]의 물 1 [g]이 100 [℃]의 물로 변화하는 데 539.6 [cal]의 열량이 필요하다.
④ 100 [℃]의 물 1 [g]이 수증기로 변화하는 데 539.6 [cal]의 열량이 필요하다.

해설 물의 잠열

1) 얼음 융해잠열 : 80 [cal/g] (= 334 [kJ/kg])
2) 물의 증발잠열 : 539 [cal/g] (= 2257 [kJ/kg])
3) 0 [℃] 물 1 [g] → 100 [℃] 수증기 : 639 [cal/g]
4) 0 [℃] 얼음 1 [g] → 100 [℃] 수증기 : 719 [cal/g]

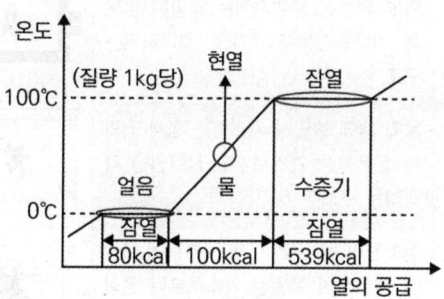

[물의 상태변화]

보충 물의 기화열 539 [cal/g]은 100 [℃]의 물 1 [g]이 100 [℃]의 수증기가 될 때 필요한 열량

정답 17 ① 18 ④

19 (중)

인화점이 40 [℃] 이하인 위험물을 저장, 취급하는 장소에 설치하는 전기설비는 방폭구조로 설치하는데, 용기의 내부에 기체를 압입하여 압력을 유지하도록 함으로써 폭발성 가스가 침입하는 것을 방지하는 구조는?

① 압력 방폭구조
② 유입 방폭구조
③ 안전증 방폭구조
④ 본질안전 방폭구조

해설 방폭구조

방폭구조	특징	구조
본질안전 방폭구조	정상·이상 상태에서 점화원이 위험성 분위기에 폭발을 발생시킬 수 없는 구조	
내압 방폭구조	용기 내부로 폭발성 가스가 침입해도 외부 위험성 분위기에는 영향이 없도록 최대안전틈새 이내로 격리시키는 구조	
압력 방폭구조	용기 내에 불활성 가스를 압입시켜 외부의 폭발성 가스로부터 점화원을 격리하는 구조	
유입 방폭구조	점화원이 될 우려가 있는 부분에 오일을 주입하여 폭발성 가스로부터 점화원을 격리하는 구조	
안전증 방폭구조	정상 상태에서 전기기기의 고장이 발생하지 않도록 안전도를 높이는 방식	

20 (중)

화재하중에 대한 설명 중 틀린 것은?

① 화재하중이 크면 단위면적당의 발열량이 크다.
② 화재하중이 크다는 것은 화재구획의 공간이 넓다는 것이다.
③ 화재하중이 같더라도 물질의 상태에 따라 가혹도는 달라진다.
④ 화재하중은 화재구획실 내의 가연물 총량을 목재 중량당비로 환산하여 면적으로 나눈 수치이다.

해설 화재하중

1) 화재하중이란 화재실의 단위면적당 등가가연물(목재)의 양으로 건물화재 시 발열량 및 화재위험성 척도가 된다.
2) 화재구획실 내에 존재하는 가연물은 각각 단위중량당 발열량[kcal/kg]이 다르기 때문에 목재의 발열량으로 환산하여 화재하중을 산정한다.
   예) 종이 : 4000 [kcal/kg], 고무 : 9000 [kcal/kg]
3) 화재 시 주수시간을 결정하는 주요인이다.
4) 화재하중이 같더라도 가연물의 비표면적, 가연물의 배열상태, 가연물의 발열량, 화재실의 구조(단열성), 공기(산소)의 공급 상황 등이 화재강도에 영향을 미치므로 이에 따라 화재가혹도도 달라진다.
5) 화재하중 $q = \dfrac{\sum GH_i}{HA} = \dfrac{\sum Q}{4500A}$ [kg/m²]

G : 가연물의 양 [kg]
H_i : 단위중량당 발열량 [kcal/kg]
H : 목재의 단위중량당 발열량 [4500 kcal/kg]
A : 화재실의 바닥면적 [m²]
ΣQ : 화재실 내 가연물의 전발열량 [kcal]

TIP 화재가혹도 = 화재강도 × 화재하중
보충 화재하중이 크다 = 가연물의 양 대비 화재구획의 공간이 좁다

정답 19 ① 20 ②

2019년 1회 소방유체역학

21 상(중)하

다음 중 열역학 제1법칙에 관한 설명으로 옳은 것은?

① 열은 그 자신만으로 저온에서 고온으로 이동할 수 없다.
② 일은 열로 변환시킬 수 있고 열은 일로 변환시킬 수 있다.
③ 사이클과정에서 열이 모두 일로 변화할 수 없다.
④ 열평형 상태에 있는 물체의 온도는 같다.

해설 열역학법칙

열역학법칙	내용
제0법칙	• 열평형의 법칙 • 온도는 높은 곳에서 낮은 곳으로 흐름 • 온도계의 원리
제1법칙	• 에너지보존의 법칙(엔탈피의 법칙) • 가역법칙 • 열량은 일량으로, 일량은 열량으로 변환 가능
제2법칙	• 손실의 법칙(엔트로피의 법칙) • 에너지의 방향성과 비가역설을 설명 • 열은 저온에서 고온으로 흐르지 않음 • 열을 완전히 일로 바꿀 수 있는 열기관은 만들 수 없음
제3법칙	• 물체의 온도를 절대영도까지 내릴 수 없음

22 상(중)하

안지름 25 [mm], 길이 10 [m]의 수평 파이프를 통해 비중 0.8, 점성계수는 5×10^{-3} [kg/m·s]인 기름을 유량 0.2×10^{-3} [m³/s]로 수송하고자 할 때 필요한 펌프의 최소 동력은 약 몇 [W]인가?

① 0.21　② 0.58
③ 0.77　④ 0.81

해설 펌프의 동력

$$P[W] = \frac{\gamma[N/m^3] \times Q[m^3/s] \times H[m]}{\eta} \times K$$

※ 동력을 구할 때 조건상 효율(η)이나 전달계수(K)가 주어져 있지 않다면, 효율과 전달계수를 제외하고 산출한다.

[풀이 1] (달시 바이스바하공식 풀이)

$$손실수두\ H_L[m] = f \times \frac{L}{D} \times \frac{V^2}{2g}$$

1) 양정 H

$$H = f\frac{L}{D}\frac{V^2}{2g} = 0.039 \frac{10}{0.025} \frac{0.407^2}{2 \times 9.8} = 0.1318[m]$$

2) $V = \frac{Q}{A} = \frac{0.2 \times 10^{-3}}{\frac{\pi}{4} \times 0.025^2} = 0.407[m/s]$

3) $Re = \frac{\rho VD}{\mu}$

$$= \frac{(0.8 \times 1000) \times 0.407 \times 0.025}{5 \times 10^{-3}} = 1628$$

$Re < 2100$ 이므로 층류유동

4) $f = \frac{64}{Re} = \frac{64}{1628} = 0.039$

정답 21 ② 22 ①

5) 동력 $P[W] = \gamma[N/m^3] \times Q[m^3/s] \times H[m]$
$= S\gamma_w QH$
$= 0.8 \times 9800 \times 0.2 \times 10^{-3} \times 0.1318$
$= 0.21 [W]$

[풀이 2] (하겐 - 포아젤공식 풀이)

하겐 포아젤공식 $P[Pa] = \dfrac{128\mu LQ}{\pi D^4}$

층류유동으로 가정하고 [하겐 - 포아젤공식]을 사용한다.

1) 압력손실 $H = \dfrac{128\mu LQ}{\gamma \pi D^4}$
$= \dfrac{128\mu LQ}{(S\gamma_w)\pi D^4}$
$= \dfrac{128 \times (5 \times 10^{-3}) \times 10 \times (0.2 \times 10^{-3})}{(0.8 \times 9800) \times \pi \times 0.025^4}$
$\fallingdotseq 0.133 [m]$

2) 동력 $P[W] = \gamma[N/m^3] \times Q[m^3/s] \times H[m]$
$= S\gamma_w QH$
$= (0.8 \times 9800) \times 0.2 \times 10^{-3} \times 0.133$
$= 0.208 \fallingdotseq 0.21 [W]$

γ : 비중량 [N/m³]
Q : 유량 [m³/s]
H : 전양정 [m]
η : 효율
K : 전달계수

23 상 중 하

수은의 비중이 13.6일 때 수은의 비체적은 몇 [m³/kg]인가?

① $\dfrac{1}{13.6}$ ② $\dfrac{1}{13.6} \times 10^{-3}$

③ 13.6 ④ 13.6×10^{-3}

해설 수은의 비체적

1) 밀도 $\rho = S \times \rho_w = 13.6 \times 1000 [kg/m^3]$

2) 비체적 $V_s = \dfrac{1}{\rho} = \dfrac{1}{13.6} \times 10^{-3} [m^3/kg]$

24 상 중 하

그림과 같은 U자관 차압 액주계에서 A와 B에 있는 유체는 물이고 그 중간에 유체는 수은(비중 13.6)이다. 또한 그림에서 h₁ = 20 [cm], h₂ = 30 [cm], h₃ = 15 [cm]일 때 A의 압력(P_A)와 B의 압력(P_B)의 차이(P_A - P_B)는 약 몇 [kPa]인가?

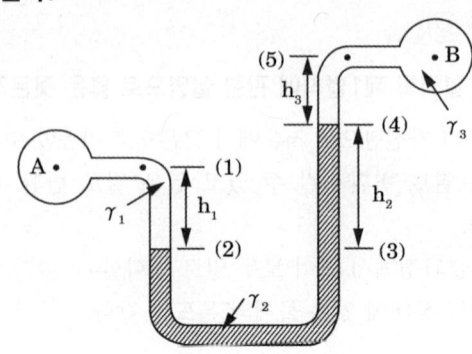

① 35.4 ② 39.5
③ 44.7 ④ 49.8

해설 시차 액주계 압력 차

$P_{(2)} = P_{(3)}$
$P_{(2)} = \gamma_1 h_1 + P_A$
$P_{(3)} = \gamma_3 h_3 + \gamma_2 h_2 + P_B$
$\gamma_1 h_1 + P_A = \gamma_3 h_3 + \gamma_2 h_2 + P_B$
$P_A - P_B = \gamma_3 h_3 + \gamma_2 h_2 - \gamma_1 h_1$
$= \gamma_w h_3 + S_2 \gamma_w h_2 - \gamma_w h_1$
$= (9.8 [kN/m^3] \times 0.15 [m])$
$\quad + (13.6 \times 9.8 [kN/m^3] \times 0.3 [m])$
$\quad - (9.8 [kN/m^3] \times 0.2 [m])$
$= 39.5 [kPa]$

보충 $\gamma = S \times \gamma_w$, $\rho = S \times \rho_w$

25 상 중 하

평균유속 2 [m/s]로 50 [L/s] 유량의 물을 흐르게 하는 데 필요한 관의 안지름은 약 몇 [mm]인가?

① 158 ② 168
③ 178 ④ 188

해설 관의 지름

$Q = AV$

$\dfrac{50}{1000}[m^3/s] = \dfrac{\pi}{4} \times D^2 \times 2$

$\therefore D = 0.178\ [m] = 178\ [mm]$

26 상 중 하

30 [℃]에서 부피가 10 [L]인 이상기체를 일정한 압력으로 0 [℃]로 냉각시키면 부피는 약 몇 [L]로 변하는가?

① 3 ② 9
③ 12 ④ 18

해설 압력이 일정할 때 부피 변화(샤를의 법칙)

보일-샤를의 법칙 $\dfrac{P_1V_1}{T_1} = \dfrac{P_2V_2}{T_2}$

$\dfrac{V_1}{T_1} = \dfrac{V_2}{T_2}$ (∵ 압력이 일정하므로)

$\dfrac{10}{(273+30)} = \dfrac{V_2}{(273+0)}$

$\therefore V_2 = \dfrac{273}{303} \times 10 = 9.0099\ L$

보충 보일-샤를의 법칙에서 온도(T)는 반드시 절대온도[K]를 대입한다.

27 상 중 하

이상적인 카르노사이클의 과정인 단열압축과 등온압축의 엔트로피 변화에 관한 설명으로 옳은 것은?

① 등온압축의 경우 엔트로피 변화는 없고 단열압축의 경우 엔트로피 변화는 감소한다.
② 등온압축의 경우 엔트로피 변화는 없고 단열압축의 경우 엔트로피 변화는 증가한다.
③ 단열압축의 경우 엔트로피 변화는 없고 등온압축의 경우 엔트로피 변화는 감소한다.
④ 단열압축의 경우 엔트로피 변화는 없고 등온압축의 경우 엔트로피 변화는 증가한다.

해설 카르노사이클 엔트로피 변화

1) 단열압축의 경우 엔트로피 변화는 없음
2) 등온압축의 경우 엔트로피 변화는 감소

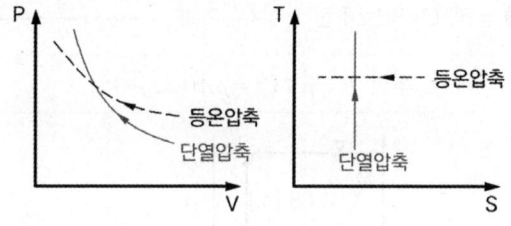

정답 25 ③ 26 ② 27 ③

28 (상)중 하

그림에서 물탱크차가 받는 추력은 약 몇 [N]인가? (단, 노즐의 단면적은 0.03 [m²]이며, 탱크 내의 계기압력은 40 [kPa]이다. 또한 노즐에서 마찰 손실은 무시한다)

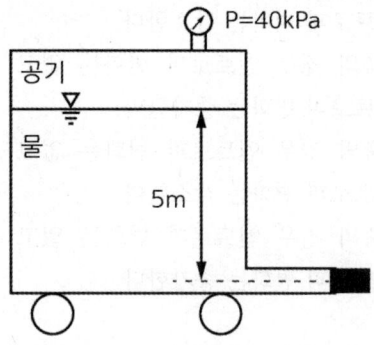

① 812
② 1489
③ 2709
④ 5343

해설 물탱크가 받는 추진력

$$추력\ F = \rho A V^2 = \rho A (\sqrt{2gh})^2$$

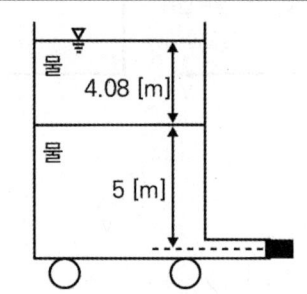

[공기압 40 [kPa]을 물의 높이[m]로 환산]

1) 수두 h

   공기의 압력을 수두[m]로 환산하여 노즐 중심으로부터 수면까지의 높이 h를 구한다.

   (1) 공기의 압력[kPa] → 수두[mAq]

   $$40\,[kPa] \times \frac{10.332\,[mAq]}{101.325\,[kPa]} = 4.08\,[m]$$

   (2) 전체 물의 높이 h

   h = 원래 물의 높이 + 공기압력을 수두로 환산한 높이
   $= 5 + 4.08 = 9.08$

2) 유속 V

$$V = \sqrt{2gh} = \sqrt{2 \times 9.8 \times 9.08} = 13.34\,[m/s]$$

3) 추력 F

$$F = \rho A V^2 = \rho A (\sqrt{2gh})^2$$
$$= 1000 \times 0.03 \times 13.34^2 ≒ 5338.668\,[N]$$

29 (상)중 하

비중이 0.877인 기름이 단면적이 변하는 원관을 흐르고 있으며 체적유량은 0.146 [m³/s]이다. A점에서는 안지름이 150 [mm], 압력이 91 [kPa]이고, B점에서는 안지름이 450 [mm], 압력이 60.3 [kPa]이다. 또한 B점은 A점보다 3.66 [m] 높은 곳에 위치한다. 기름이 A점에서 B점까지 흐르는 동안의 손실수두는 약 몇 [m]인가? (단, 물의 비중량은 9810 [N/m³]이다)

① 3.3
② 7.2
③ 10.7
④ 14.1

해설 관에서의 손실수두 H_L

1) 유속 $V\ (Q = AV)$

$$0.146 = \frac{\pi \times 0.15^2}{4} \times V_A, \quad \therefore V_A = 8.26$$

$$0.146 = \frac{\pi \times 0.45^2}{4} \times V_B, \quad \therefore V_B = 0.92$$

2) 손실수두 H_L (베르누이방정식)

$$\frac{P_A}{\gamma} + \frac{V_A^2}{2g} + Z_A = \frac{P_B}{\gamma} + \frac{V_B^2}{2g} + Z_B + H_L$$

$$H_L = \left(\frac{V_A^2 - V_B^2}{2g}\right) + \left(\frac{P_A - P_B}{\gamma}\right) + (Z_A - Z_B)$$

$$= \left(\frac{8.26^2 - 0.92^2}{19.6}\right) + \left(\frac{91 - 60.3}{0.877 \times 9.81}\right) - 3.66$$

$$= 3.34\,[m]$$

정답 28 ④ 29 ①

30 (상⦿하)

그림과 같이 피스톤의 지름이 각각 25 [cm]와 5 [cm]이다. 작은 피스톤을 화살표 방향으로 20 [cm] 만큼 움직일 경우 큰 피스톤이 움직이는 거리는 약 몇 [mm]인가? (단, 누설은 없고, 비압축성이라고 가정한다)

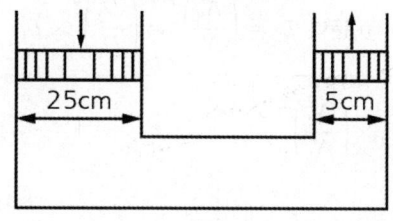

① 2
② 4
③ 8
④ 10

해설 피스톤이 움직인 거리(파스칼의 원리)

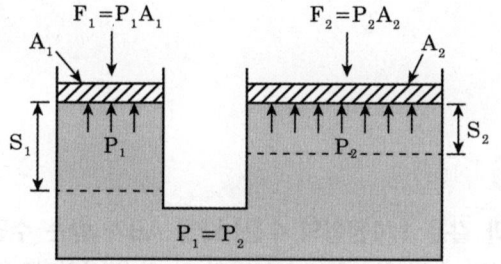

1) 각 피스톤의 이동거리를 S_1, S_2라고 하면, 각 실린더에서 유체의 이동량은 같아야 하므로 이동한 체적은 동일함

2) $A_1 S_1 = A_2 S_2$

$$S_2 = \frac{A_1}{A_2} S_1 = \frac{\frac{\pi}{4} d_1^2}{\frac{\pi}{4} d_2^2} S_1 = \frac{d_1^2}{d_2^2} S_1$$

$$= \frac{5^2}{25^2} \times 20 = 0.8 \,[cm] = 8 \,[mm]$$

S_1, S_2 : 피스톤이 움직인 거리 [cm]
A_1, A_2 : 피스톤의 면적 [cm²]

31 (상 중⦿)

스프링클러헤드의 방수압이 4배가 되면 방수량은 몇 배가 되는가?

① $\sqrt{2}$ 배
② 2배
③ 4배
④ 8배

해설 스프링클러헤드 방수량

$Q = K\sqrt{10P}$ 이므로
$Q \propto \sqrt{P}$
$Q_1 : \sqrt{P_1} = Q_2 : \sqrt{P_2}$
$Q_1 : \sqrt{P_1} = Q_2 : \sqrt{4 \times P_1}$
$Q_2 = 2 \times Q_1$
∴ 2배

32 (상 중⦿)

다음 중 표준대기압인 1기압에 가장 가까운 것은?

① 860 [mmHg]
② 10.33 [mAq]
③ 101.325 [bar]
④ 1.0332 [kg_f/m²]

해설 표준대기압

1 [atm] = 760 [mmHg]
= 10.332 [mAq] = 10332 [mmAq]
= 101325 [Pa] = 101.325 [kPa]
= 0.101325 [MPa]
= 1.01325 [bar] = 1.0332 [kg_f/cm²]

정답 30 ③ 31 ② 32 ②

33 상(중)하

안지름 10 [cm]의 관로에서 마찰손실수두가 속도수두와 같다면 그 관로의 길이는 약 몇 [m]인가? (단, 관마찰계수는 0.03이다)

① 1.58 ② 2.54
③ 3.33 ④ 4.52

해설 관로의 길이(달시방정식)

마찰손실수두 $H_L = f \dfrac{L}{D} \dfrac{V^2}{2g}$

속도수두 $H_v = \dfrac{V^2}{2g}$

마찰손실수두 H_L = 속도수두 H_v

$f \dfrac{L}{D} \dfrac{V^2}{2g} = \dfrac{V^2}{2g}$

$f \dfrac{L}{D} = 1$

∴ 관로의 길이 $L = \dfrac{D}{f} = \dfrac{0.1}{0.03} = 3.333\,[m]$

34 상 중(하)

원심식 송풍기에서 회전수를 변화시킬 때 동력변화를 구하는 식으로 옳은 것은? (단, 변화 전후의 회전수는 각각 N_1, N_2, 동력은 L_1, L_2이다)

① $L_2 = L_1 \times (\dfrac{N_1}{N_2})^3$

② $L_2 = L_1 \times (\dfrac{N_1}{N_2})^2$

③ $L_2 = L_1 \times (\dfrac{N_2}{N_1})^3$

④ $L_2 = L_1 \times (\dfrac{N_2}{N_1})^2$

해설 상사법칙(동력)

① 유량 $Q_2 = \left(\dfrac{N_2}{N_1}\right)^1 \times \left(\dfrac{D_2}{D_1}\right)^3 \times Q_1$

② 양정 $H_2 = \left(\dfrac{N_2}{N_1}\right)^2 \times \left(\dfrac{D_2}{D_1}\right)^2 \times H_1$

③ 동력 $L_2 = \left(\dfrac{N_2}{N_1}\right)^3 \times \left(\dfrac{D_2}{D_1}\right)^5 \times L_1$

동력 $L_2 = L_1 \times \left(\dfrac{N_2}{N_1}\right)^3$

Q_1, Q_2 : 유량
H_1, H_2 : 양정
L_1, L_2 : 동력
N_1, N_2 : 임펠러의 회전수
D_1, D_2 : 임펠러의 직경

35 상(중)하

그림과 같은 1/4원형의 수문(水門) AB가 받는 수평성분 힘(F_H)과 수직성분 힘(F_V)은 각각 약 몇 [kN]인가? (단, 수문의 반지름은 2 [m]이고, 폭은 3 [m]이다)

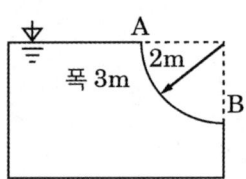

① F_H = 24.4, F_V = 46.2
② F_H = 24.4, F_V = 92.4
③ F_H = 58.8, F_V = 46.2
④ F_H = 58.8, F_V = 92.4

해설 수평분력과 수직분력

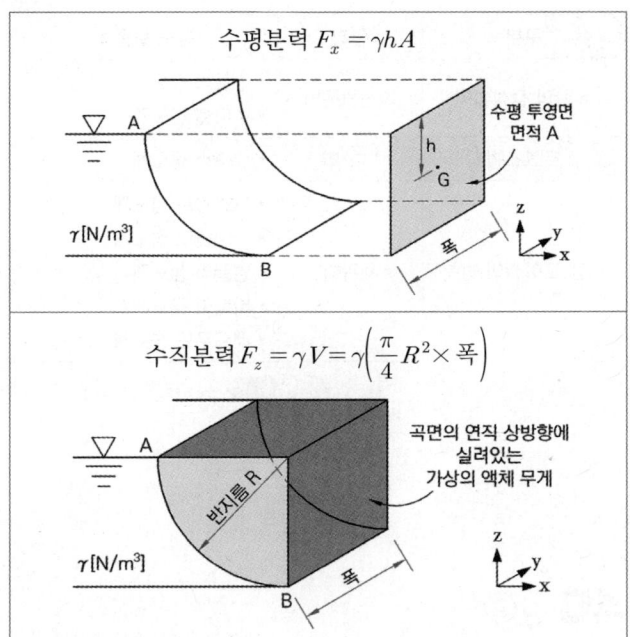

1) 수평분력 F_H

$F_H = \gamma h A = 9.8 \times \dfrac{2}{2} \times 2 \times 3 = 58.8 \ [kN]$

(1) 높이 $h = \dfrac{R}{2} = \dfrac{2}{2}$

(2) 면적 $A = $ 반지름 $\times$ 폭 $= 1 \times 3 = 3$

2) 수직분력 F_V

$F_V = \gamma V = 9.8 \times \left(\dfrac{\pi}{4} \times 2^2 \times 3\right) = 92.36 \ [kN]$

(여기서 체적 $V = \dfrac{\pi}{4} R^2 \times $ 폭)

36 (상 **중** 하)

펌프 중심으로부터 2 [m] 아래에 있는 물을 펌프 중심으로부터 15 [m] 위에 있는 송출수면으로 양수하려 한다. 관로의 전 손실수두가 6 [m]이고, 송출수량이 1 [m³/min]라면 필요한 펌프의 동력은 약 몇 [W]인가?

① 2777
② 3103
③ 3430
④ 3757

해설 펌프의 동력

$$P[W] = \dfrac{\gamma[N/m^3] \times Q[m^3/s] \times H[m]}{\eta} \times K$$

※ 동력을 구할 때 조건상 효율(η)이나 전달계수(K)가 주어져 있지 않다면, 효율과 전달계수를 제외하고 산출한다.

1) 전양정 $H \ [m]$

$H = 2 + 15 + 6 = 23 \ [m]$

2) 유량 $Q = 1 \ [m^3/min] = \dfrac{1}{60} \ [m^3/s]$

3) 동력 $P = \gamma Q H$

$= 9800 \ [N/m^3] \times \dfrac{1}{60} \ [m^3/s] \times 23 \ [m]$

$= 3756.66 \fallingdotseq 3757 \ [W]$

γ : 비중량 [N/m³]
Q : 유량 [m³/s]
H : 전양정 [m]
η : 효율
K : 전달계수

37 (상 중 **하**)

일반적인 배관 시스템에서 발생되는 손실을 주 손실과 부차적 손실로 구분할 때 다음 중 주 손실에 속하는 것은?

① 직관에서 발생하는 마찰 손실
② 파이프 입구와 출구에서의 손실
③ 단면의 확대 및 축소에 의한 손실
④ 배관부품(엘보, 리턴밴드, 티, 리듀서, 유니언, 밸브 등)에서 발생하는 손실

해설 배관에서의 손실

1) 주 손실 : 직관(직선 원관)에서의 손실
2) 부차적 손실 : 주 손실 이외의 손실

38 (하)

온도 차이 20 [℃], 열전도율 5 [W/(m·K)], 두께 20 [cm]인 벽을 통한 열유속(Heat Flux)과 온도차이 40 [℃], 열전도율 10 [W/(m·K)], 두께 t인 같은 면적을 가진 벽을 통한 열유속이 같다면 두께 t는 약 몇 [cm]인가?

① 10　　② 20
③ 40　　④ 80

해설 벽의 두께(푸리에 열전도법칙)

$$\text{전도열량 } \dot{Q}[W] = \frac{k \times A \times \triangle T}{l}$$

k : 열전도율(열전도계수) [W/m·K]
A : 열전달 면적 [m²]
$\triangle T$: 온도 차 [K]
l : 전열체의 두께 [m]

열유속 $\dot{Q}''[W/m^2] = k \times \frac{\triangle T}{l}$

$k_1 \times \frac{\triangle T_1}{l_1} = k_2 \times \frac{\triangle T_2}{l_2}$

$5 \times \frac{20}{20} = 10 \times \frac{40}{l_2}$

∴ $l_2 = 80 \, [cm]$

39 (중)

낙구식 점도계는 어떤 법칙을 이론적 근거로 하는가?

① Stokes의 법칙
② 열역학 제1법칙
③ Hagen-Poiseuille의 법칙
④ Boyle의 법칙

해설 점도계

구분	원리	점도계 종류
뉴턴의 점성법칙	회전원통법	• 스토머 점도계 • 맥미셸 점도계
스토크스법칙	낙구법	• 낙구식 점도계
하겐 포아젤의 법칙	세관법	• 오스왈트 점도계 • 세이볼트 점도계 • 앵글러 점도계 • 바베이 점도계 • 레드우드 점도계

암기 뉴회스맥, 스낙, 하오세

40 (하)

지면으로부터 4 [m]의 높이에 설치된 수평관 내로 물이 4 [m/s]로 흐르고 있다. 물의 압력이 78.4 [kPa]인 관 내의 한 점에서 전수두는 지면을 기준으로 약 몇 [m]인가?

① 4.76　　② 6.24
③ 8.82　　④ 12.81

해설 전수두(베르누이방정식)

$$\frac{P}{\gamma} + \frac{V}{2g} + Z = H(\text{전수두})$$

$\frac{P}{\gamma} + \frac{V}{2g} + Z$

$= \frac{78.4[kPa]}{9.8[kN/m^3]} + \frac{(4[m/s])^2}{2 \times 9.8[m/s^2]} + 4[m] = 12.81[m]$

정답 38 ④　39 ①　40 ④

2019년 1회 소방관계법규

41 상중하

화재의 예방 및 안전관리에 관한 법령상 소방본부장 또는 소방서장은 소방상 필요한 훈련 및 교육을 실시하고자 하는 때에는 화재예방강화지구 안의 관계인에게 훈련 또는 교육 며칠 전까지 그 사실을 통보하여야 하는가?

① 5 ② 7
③ 10 ④ 14

해설 화재예방강화지구 관리

- 관리자 : 소방관서장
- 화재안전조사 : 연 1회 이상
- 훈련 및 교육 : 화재예방강화지구 안의 관계인에 대하여 연 1회 이상 실시
- 훈련 및 교육 통보 : 화재예방강화지구 안의 관계인에게 교육 10일 전까지 통보

42 상중하

특정소방대상물의 관계인이 소방안전관리자를 해임한 경우 재선임신고를 해야 하는 기준은? (단, 선임한 날부터를 기준일로 한다)

① 14일 이내
② 20일 이내
③ 30일 이내
④ 40일 이내

해설 소방안전관리자 선임신고

1) 선임권자 : 관계인
2) 선임 : 30일 이내
3) 선임신고 : 14일 이내 소방본부장, 소방서장에게 신고하고, 소방안전관리대상물의 출입자가 쉽게 알 수 있도록 소방안전관리자의 성명과 그 밖에 행정안전부령으로 정하는 사항을 게시하여야 함
4) 선임신고 기준일
   (1) 신축·증축·개축·재축·대수선·용도변경으로 특정소방대상물 소방안전관리자 신규 선임해야 하는 경우 : 해당 특정소방대상물의 사용승인일
   (2) 증축·용도변경으로 특정소방대상물이 소방안전관리대상물로 된 경우 : 증축공사사용승인일, 용도변경 사실을 건축물관리대장에 기재한 날
   (3) 특정소방대상물 양수, 경매, 환가, 매각 등에 의해 관계인의 권리 취득한 경우 : 해당 권리를 취득한 날, 관할 소방서장으로부터 소방안전관리자 선임 안내 받은 날
   (4) 관리의 권원이 분리된 경우 : 관리의 권원이 분리되거나 소방본부장 또는 소방서장이 관리의 권원을 조정한 날
   (5) 소방안전관리자 해임, 퇴직한 경우 : 소방안전관리자 해임, 퇴직한 날
   (6) 소방안전관리업무를 대행하는 자를 감독할 수 있는 사람을 소방안전관리자로 선임한 경우로서 그 업무대행 계약이 해지 또는 종료된 경우 : 소방안전관리업무 대행이 끝난 날
   (7) 소방안전관리자 자격이 정지 또는 취소된 경우 : 소방안전관리자 자격이 정지 또는 취소된 날

정답 41 ③ 42 ①

43 (상 중 하)

소방용수시설 중 소화전과 급수탑의 설치기준으로 틀린 것은?

① 급수탑 급수배관의 구경은 100 [mm] 이상으로 할 것
② 소화전은 상수도와 연결하여 지하식 또는 지상식의 구조로 할 것
③ 소방용 호스와 연결하는 소화전의 연결금속구의 구경은 65 [mm]로 할 것
④ 급수탑의 개폐밸브는 지상에서 1.5 [m] 이상 1.8 [m] 이하의 위치에 설치할 것

해설 소방용수시설 설치기준

1) 소화전
   • 상수도와 연결, 지하식·지상식 구조
   • 연결금속구 구경 : 65 [mm]
2) 급수탑
   • 급수배관 구경 : 100 [mm] 이상
   • 개폐밸브 : 지상 1.5 [m] 이상 1.7 [m] 이하
3) 저수조
   • 지면으로부터의 낙차 : 4.5 [m] 이하
   • 흡수부분 수심 : 0.5 [m] 이상일 것
   • 흡수관 투입구 : 사각형 한 변 60 [cm]
                     원형 지름 60 [cm] 이상

44 (상 중 하)

경유의 저장량이 2000 [L], 중유의 저장량이 4000 [L], 등유의 저장량이 2000 [L]인 저장소에 있어서 지정수량의 배수는?

① 동일
② 6배
③ 3배
④ 2배

해설 지정수량 배수

1) 지정수량
   • 경유(제2석유류) : 1000 [L]
   • 중유(제3석유류) : 2000 [L]
   • 등유(제2석유류) : 1000 [L]
2) 지정수량 배수 = $\frac{저장량}{지정수량}$
   = $\frac{2,000}{1,000} + \frac{4,000}{2,000} + \frac{2,000}{1,000}$ = 6배

45 (상 중 하)

소방기본법상 명령권자가 소방본부장, 소방서장 또는 소방대장에게 있는 사항은?

① 소방 활동을 할 때에 긴급한 경우에는 이웃한 소방본부장 또는 소방서장에게 소방업무의 응원을 요청할 수 있다.
② 화재, 재난·재해, 그 밖의 위급한 상황이 발생한 현장에서 소방활동을 위하여 필요할 때에는 그 관할구역에 사는 사람 또는 그 현장에 있는 사람으로 하여금 사람을 구출하는 일 또는 불을 끄거나 불이 번지지 아니하도록 하는 일을 하게 할 수 있다.
③ 수사기관이 방화 또는 실화의 혐의가 있어서 이미 피의자를 체포하였거나 증거물을 압수하였을 때에 화재조사를 위하여 필요한 경우에는 수사에 지장을 주지 아니하는 범위에서 그 피의자 또는 압수된 증거물에 대한 조사를 할 수 있다.
④ 화재, 재난·재해, 그 밖의 위급한 상황이 발생하였을 때에는 소방대를 현장에 신속하게 출동시켜 화재진압과 인명구조·구급 등 소방에 필요한 활동을 하게 하여야 한다.

정답 43 ④ 44 ② 45 ②

해설 소방활동 종사명령

소방활동을 위해 그 관할구역에 사는 사람 또는 그 현장에 있는 사람을 통해 사람을 구출하는 일 또는 불을 끄거나 불이 번지지 않도록 하는 일
1) 소방활동 종사명령자 : 소방본부장, 소방서장, 소방대장
2) 명령대상 : 화재·재난 시 그 관할구역에 사는 사람, 그 현장에 있는 사람
3) 명령내용 : 사람을 구출하는 일, 불을 끄거나 불이 번지지 않도록 하는 일
4) 종사 명령 시 소방본부장·서장·대장은 소방활동에 필요한 보호장구를 지급하는 등 안전을 위한 조치할 것
5) 소방활동에 종사한 사람은 시·도지사로부터 소방활동비용을 지급 받을 수 있음. 다만 다음 경우는 제외
   ⑴ 소방대상물에 화재, 재난·재해, 그 밖의 위급상황 발생한 경우 그 관계인
   ⑵ 고의 또는 과실로 화재 또는 구조, 구급활동이 필요한 상황을 발생시킨 사람
   ⑶ 화재 또는 구조·구급 현장에서 물건을 가져간 사람

46 (상**중**하)

화재가 발생하는 경우 인명 또는 재산의 피해가 클 것으로 예상되는 때 소방대상물의 개수·이전·제거, 사용금지 등의 필요한 조치를 명할 수 있는 자는?

① 시·도지사
② 의용소방대장
③ 기초자치단체장
④ 소방본부장 또는 소방서장

해설 화재안전조사 결과에 따른 조치명령

1) 명령권자 : 소방관서장
2) 관계인에게 그 소방대상물의 개수·이전·제거, 사용의 금지 또는 제한, 사용폐쇄, 공사의 정지 또는 중지, 그 밖에 필요한 조치
   ⑴ 소방대상물의 위치·구조·설비 또는 관리에 보완 필요 시
   ⑵ 화재발생 시 인명 또는 재산 피해가 클 것으로 예상될 때
3) 관계인에게 조치를 명령 또는 관계 행정기관의 장에게 필요한 조치 요청
   ⑴ 법령을 위반하여 건축 또는 설비
   ⑵ 소방시설등, 피난시설·방화구획, 방화시설 등이 법령에 적합하게 설치·관리되지 않은 경우

47 (상**중**하)

화재의 예방 및 안전관리에 관한 법령상 보일러, 난로, 건조설비, 가스·전기시설, 그 밖에 화재발생 우려가 있는 설비 또는 기구 등의 위치·구조 및 관리와 화재 예방을 위하여 불을 사용할 때 지켜야 하는 사항은 무엇으로 정하는가?

① 총리령
② 대통령령
③ 시·도 조례
④ 행정안전부령

해설 불을 사용하는 설비 관리기준

• 제정 : 대통령령
1) 불꽃을 사용하는 용접·용단기구
2) 보일러
3) 난로
4) 건조설비 설치 시
5) 음식조리를 위해 설치하는 설비

48 (상,중,하)

아파트로 층수가 20층인 특정소방대상물에서 스프링클러설비를 하여야 하는 층수는? (단, 아파트는 신축을 실시하는 경우이다)

① 전 층
② 15층 이상
③ 11층 이상
④ 6층 이상

해설 스프링클러설비 설치대상

설치대상	기준
• 문화 및 집회시설(동·식물원 제외) • 종교시설 • 운동시설(물놀이형 시설 및 바닥이 불연재료이고 관람석이 없는 운동시설은 제외)	• 수용인원 100명 이상 • 영화상영관 바닥면적 : 지하층·무창층 500 [m²] (그 외 1000 [m²]) 이상 • 무대부 : 지하층·무창층, 4층 이상 300 [m²](그 외 500 [m²]) 이상
• 판매시설, 운수시설 • 창고시설(물류터미널)	• 수용인원 500명 이상 • 바닥면적 합계 5000 [m²] 이상
6층 이상인 특정소방대상물	전 층
• 의료시설(정신의료기관, 종합병원, 병원, 치과병원, 한방병원, 요양병원) • 노유자시설 • 숙박 가능한 수련시설 • 숙박시설 • 산후조리원, 조산원	바닥면적 합계 600 [m²] 이상인 것은 모든 층
지하상가	연면적 1000 [m²] 이상
기숙사(교육연구시설·수련시설 내에 있는 학생 수용을 위한 것), 복합건축물	연면적 5000 [m²] 이상인 모든 층
특수가연물 저장·취급시설	지정수량 1000배 이상
랙식 창고의 높이가 10 [m]를 초과	바닥면적 또는 랙이 설치된 부분의 합계가 1500 [m²] 이상인 경우 모든 층
전기저장시설, 교정 및 군사시설 중 보호감호소, 교도소, 구치소 및 그 지소, 보호관찰소, 갱생보호시설, 치료감호시설, 소년원 및 소년분류심사원의 수용거실, 보호시설(외국인보호소의 경우에는 보호대상자의 생활공간으로 한정), 유치장	-

49 (상,중,하)

소방기본법령상 소방본부 종합상황실 실장이 소방청의 종합상황실에 서면·팩스 또는 컴퓨터통신 등으로 보고하여야 하는 화재의 기준에 해당하지 않는 것은?

① 항구에 매어 둔 총 톤수가 1000톤 이상인 선박에서 발생한 화재
② 연면적 15000 [m²] 이상인 공장 또는 화재예방강화지구에서 발생한 화재
③ 지정수량 1000배 이상의 위험물 제조소·저장소·취급소에서 발생한 화재
④ 층수가 5층 이상이거나 병상이 30개 이상인 종합병원·정신병원·한방병원·요양소에서 발생한 화재

해설 종합상황실 실장 보고 화재

종합상황실의 실장은 다음에 해당하는 상황이 발생하는 때에는 그 사실을 지체 없이 서면·팩스 또는 컴퓨터통신 등으로 소방서의 종합상황실의 경우는 소방본부의 종합상황실에, 소방본부의 종합상황실의 경우는 소방청의 종합상황실에 각각 보고해야 한다.

1) 다음에 해당하는 화재
  (1) 사망자가 5인 이상 발생한 화재
  (2) 사상자가 10인 이상 발생한 화재
  (3) 이재민이 100인 이상 발생한 화재
  (4) 재산피해액이 50억 원 이상 발생한 화재
  (5) 관공서·학교·정부미도정공장·국가유산·지하철 또는 지하구의 화재
  (6) 관광호텔, 층수가 11층 이상인 건축물, 지하상가, 시장, 백화점
  (7) 지정수량의 3천 배 이상의 위험물의 제조소·저장소·취급소
  (8) 층수가 5층 이상이거나 객실이 30실 이상인 숙박시설, 층수가 5층 이상이거나 병상이 30개 이상인 종합병원·정신병원·한방병원·요양소
  (9) 연면적 1만 5000 [m²] 이상인 공장 또는 화재예방강화지구에서 발생한 화재
  (10) 철도차량, 항구에 매어 둔 총 톤수가 1천 톤 이상인 선박, 항공기, 발전소 또는 변전소에서 발생한 화재

정답 48 ① 49 ③

⑾ 가스 및 화약류의 폭발에 의한 화재
⑿ 다중이용업소의 화재
2) 통제단장의 현장지휘가 필요한 재난상황
3) 언론에 보도된 재난상황
4) 그 밖에 소방청장이 정하는 재난상황

50 상(중)하

소방시설 설치 및 관리에 관한 법령상 소방시설등에 대한 자체점검을 하지 아니하거나 관리업자 등으로 하여금 정기적으로 점검하게 하지 아니한 자에 대한 벌칙기준으로 옳은 것은?

① 1년 이하 징역 또는 1000만 원 이하 벌금
② 3년 이하 징역 또는 1500만 원 이하 벌금
③ 3년 이하 징역 또는 3000만 원 이하 벌금
④ 6개월 이하 징역 또는 1000만 원 이하 벌금

해설 1년 이하 징역 또는 1000만 원 이하 벌금

1) 자체점검을 하지 않거나 관리업자에게 정기점검하게 하지 아니한 자
2) 소방시설관리사증을 빌려주거나 빌리거나 이를 알선한 자
3) 동시에 둘 이상의 업체에 취업한 자
4) 자격정지처분을 받고 자격정지기간 중에 관리사의 업무를 한 자
5) 관리업 등록증. 등록수첩을 다른 자에게 빌려주거나 빌리거나 이를 알선한 자
6) 영업정지처분을 받고 영업정지기간 중에 관리업의 업무를 한 자
7) 제품검사 합격표시 허위·위조·변조한 자
8) 형식승인의 변경승인을 받지 아니한 자
9) 제품검사에 합격하지 아니한 소방용품에 성능인증을 받았다는 표시 또는 제품검사에 합격하였다는 표시를 하거나 성능인증을 받았다는 표시 또는 제품검사에 합격하였다는 표시를 위조 또는 변조하여 사용한 자
10) 성능인증의 변경인증을 받지 아니한 자
11) 우수품질 표시 허위·위조·변조하여 사용한 자
12) 관계인의 업무 방해하거나 출입·검사 시 알게 된 비밀을 누설한 자

51 상(중)하

화재의 예방 및 안전관리에 관한 법령상 특수가연물의 저장 및 취급기준 중 석탄·목탄류를 저장하는 경우 쌓는 부분의 바닥면적은 몇 [m²] 이하인가? (단, 살수설비를 설치하거나, 방사능력 범위에 해당 특수가연물이 포함되도록 대형 수동식 소화기를 설치하는 경우이다)

① 200
② 250
③ 300
④ 350

해설 특수가연물 저장기준

1) 품명별로 구분하여 쌓을 것
2) 일반적인 경우
   ⑴ 쌓는 높이 : 10 [m] 이하
   ⑵ 쌓는 부분 바닥 : 50 [m²] 이하(석탄·목탄류 : 200 [m²] 이하)
3) 살수설비, 대형 수동식 소화기 설치하는 경우
   ⑴ 쌓는 높이 : 15 [m] 이하
   ⑵ 쌓는 부분의 바닥면적 : 200 [m²] 이하(석탄·목탄류 : 300 [m²] 이하)

52 상 중(하)

제3류 위험물 중 금수성 물품에 적응성이 있는 소화약제는?

① 물
② 강화액
③ 팽창질석
④ 인산염류분말

해설 금수성 물질

- 물과 접촉하여 발화, 가연성 가스 발생
- 종류 : 칼륨, 나트륨, 알킬알루미늄, 알킬리튬
- 질식소화 : 마른모래, 팽창질석, 팽창진주암

정답 50 ① 51 ③ 52 ③

53 상(중)하

화재의 예방 및 안전관리에 관한 법령상 화재안전조사위원회의 위원에 해당하지 아니하는 사람은?

① 소방기술사
② 소방시설관리사
③ 소방 관련 분야의 석사학위 이상을 취득한 사람
④ 소방 관련 법인 또는 단체에서 소방 관련 업무에 3년 이상 종사한 사람

해설 화재안전조사위원회

1) 구성
   - 위원장 1명(소방관서장)
   - 7명 이내의 위원(성별 고려)
2) 위원 자격 : 소방본부장 임명 및 위촉
   - 과장급 직위 이상의 소방공무원
   - 소방기술사
   - 소방시설관리사
   - 소방 관련 분야 석사 이상 취득한 자
   - <u>소방 관련 법인·단체에서 소방 관련 업무 5년 이상 종사자</u>
   - 소방공무원 교육기관, 학교, 연구소에서 소방 관련 교육·연구 5년 이상 종사자
3) 위촉위원 임기 : 2년, 1차례 연임

54 상(중)하

화재안전조사 결과에 따른 조치명령으로 손실을 입어 손실을 보상하는 경우 그 손실을 입은 자는 누구와 손실보상을 협의하여야 하는가?

① 소방서장
② 시·도지사
③ 소방본부장
④ 행정안전부장관

해설 화재안전조사 손실보상

1) 손실보상 의무자 : 소방청장, 시·도지사
2) 화재안전조사 결과에 따른 조치명령으로 인해 손실을 입은 자가 있는 경우 대통령령으로 정하는 바에 따라 보상
3) 손실보상
   (1) 소방청장, 시·도지사가 손실을 보상하는 경우 : 시가로 보상
   (2) 손실 보상에 관하여 소방청장, 시·도지사와 손실을 입은 자가 협의
   (3) 보상금액에 관한 협의가 성립되지 않은 경우 소방청장, 시·도지사는 그 보상금액을 지급하거나 공탁하고 상대방에게 통지
   (4) 보상금의 지급 또는 공탁의 통지에 불복하는 자는 지급 또는 공탁의 통지를 받은 날부터 30일 이내에 중앙토지수용위원회 또는 관할 지방 토지수용위원회에 재결 신청
4) 손실보상청구서 첨부서류
   (1) 소방대상물의 관계인임을 증명할 수 있는 서류(건축물대장 제외)
   (2) 손실을 증명할 수 있는 사진 그 밖의 증빙자료

55 상(중)하

위험물운송자 자격을 취득하지 아니한 자가 위험물 이동탱크저장소 운전 시의 벌칙으로 옳은 것은?

① 100만 원 이하의 벌금
② 300만 원 이하의 벌금
③ 500만 원 이하의 벌금
④ 1000만 원 이하의 벌금

해설 1000만 원 이하 벌금(위험물법)

1) 위험물의 취급에 관한 안전관리와 감독을 하지 아니한 자
2) 안전관리자, 대리자가 미참여 상태에서 위험물을 취급한 자
3) 변경한 예방규정을 제출하지 아니한 관계인
4) 위험물의 운반에 관한 중요기준에 따르지 아니한 자
5) 검사받지 아니한 운반용기를 사용한 위험물 운반자
6) 위험물운송과 관련된 규정을 위반한 위험물운송자
7) 관계인의 정당한 업무를 방해하거나 출입·검사 등을 수행하면서 알게 된 비밀을 누설한 공무원

정답 53 ④ 54 ② 55 ④

56 상(중)하

1급 소방안전관리대상물이 아닌 것은?

① 15층인 특정소방대상물(아파트 제외)
② 가연성 가스 2000 톤 저장·취급하는 시설
③ 21층인 아파트로서 300세대인 것
④ 연면적 20000 [m²]인 문화집회 및 운동시설

해설 소방안전관리대상물

구분	기준
특급	• 50층 이상(지하층 제외), 높이 200 [m] 이상 아파트 • 30층 이상(지하층 포함), 높이 120 [m] 이상 특정소방대상물(아파트 제외) • 연면적 100000 [m²] 이상 특정소방대상물(아파트 제외)
1급	• 30층 이상(지하층 제외), 높이 120 [m] 이상 아파트 • 11층 이상 특정소방대상물(아파트 제외) • 연면적 15000 [m²] 이상 특정소방대상물(아파트 및 연립주택 제외) • 가연성 가스 1000톤 이상 저장·취급시설
2급	• 지하구, 공동주택(옥내, SP설치), 보물·국보로 지정된 목조건축물 • 가연성 가스 100톤 이상 1000톤 미만 저장·취급시설 • 옥내소화전, 스프링클러설비, 물분무등소화설비 설치대상 (호스릴방식 물분무등소화설비만을 설치한 경우 제외)
3급	간이스프링클러설비 또는 자동화재탐지설비를 설치하여야 하는 특정소방대상물
비고	동·식물원, 철강 등 불연성 물품 저장·취급 창고, 위험물 제조소등, 지하구는 특급 및 1급 소방안전관리대상물에서 제외

57 상(중)하

문화재보호법의 규정에 의한 유형문화재와 지정문화재에 있어서는 제조소등과의 수평거리를 몇 [m] 이상 유지하여야 하는가?

① 20   ② 30
③ 50   ④ 70

해설 제조소 안전거리

[거리 : 이상]

대상		거리
특고압가공전선 사용전압	7000 [V] 초과 35000 [V] 이하	3 [m]
	35000 [V] 초과	5 [m]
주거용으로 사용되는 것 (제조소 설치된 부지 내의 것 제외)		10 [m]
고압가스·액화석유가스·도시가스 저장 또는 취급하는 시설		20 [m]
학교·병원·극장·다수 수용 시설		30 [m]
지정문화재		50 [m]

보충 관련 법령 개정(2024.5.7.)에 따라 아래 내용을 병행하여 학습하기 바람
1) 문화재보호법 → 문화유산법
2) 유형문화재 → 유형문화유산
3) 지정문화재 → 지정문화유산

정답 56 ③ 57 ③

58 상중하

다음 중 중급기술자의 학력·경력자에 대한 기준으로 옳은 것은? (단, "학력·경력자"란 고등학교·대학 또는 이와 같은 수준 이상의 교육기관의 소방 관련학과의 정해진 교육과정을 이수하고 졸업하거나 그 밖의 관계법령에 따라 국내 또는 외국에서 이와 같은 수준 이상의 학력이 있다고 인정되는 사람을 말한다)

① 고등학교를 졸업 후 10년 이상 소방 관련 업무를 수행한 자
② 학사학위를 취득한 후 7년 이상 소방 관련 업무를 수행한 자
③ 석사학위를 취득한 후 2년 이상 소방 관련 업무를 수행한 자
④ 박사학위를 취득한 후 1년 이상 소방 관련 업무를 수행한 자

해설 소방기술자 학력·경력에 따른 기술등급

등급	소방 관련 학과 학력 경력자	소방 관련 학과 이외 경력자
특급	• 박사 + 3년 이상 • 석사 + 7년 이상 • 학사 + 11년 이상 • 전문학사학위 + 15년 이상	—
고급	• 박사 + 1년 이상 • 석사 + 4년 이상 • 학사 + 7년 이상 • 전문학사학위 + 10년 이상 • 고등학교 소방학과 + 13년 • 고등학교 졸업 + 15년 이상	• 학사 + 12년 이상 • 전문학사학위 + 15년 이상 • 고등학교 졸업 + 18년 이상 • 22년 이상 소방 관련 업무
중급	• 박사 • 석사 + 2년 이상 • 학사 + 5년 이상 • 전문학사학위 + 8년 이상 • 고등학교 소방학과 + 10년 • 고등학교 졸업 + 12년 이상	• 학사 + 9년 이상 • 전문학사학위 + 12년 이상 • 고등학교 졸업 + 15년 이상 • 18년 이상 소방 관련 업무
초급	• 석사, 학사 • 관련 학과 졸업 • 전문학사학위 + 2년 이상 • 고등학교 소방학과 + 3년 • 고등학교 졸업 +5년 이상	• 학사 + 3년 이상 • 전문학사학위 + 5년 이상 • 고등학교 졸업 + 7년 이상 • 9년 이상 소방 관련 업무

59 상중하

소방시설공사업법령상 상주 공사감리 대상기준 중 다음 ㉠, ㉡, ㉢에 알맞은 것은?

- 연면적 (㉠) [m²] 이상의 특정소방대상물(아파트는 제외)에 대한 소방시설의 공사
- 지하층을 포함한 층수가 (㉡)층 이상으로서 (㉢)세대 이상인 아파트에 대한 소방시설의 공사

① ㉠ 10000, ㉡ 11, ㉢ 600
② ㉠ 10000, ㉡ 16, ㉢ 500
③ ㉠ 30000, ㉡ 11, ㉢ 600
④ ㉠ 30000, ㉡ 16, ㉢ 500

해설 공사감리 대상

종류	대상	방법
상주 감리	• 연 3만 [m²] 이상(아파트 제외) • 16층(지하층 포함) 이상으로 500세대 이상 아파트	• 정한 기간에 현장 상주 • 감리업무 수행, 감리일지 작성 • 1일 이상 일탈 시 발주확인·업무대행
일반 감리	• 상주감리 이외 공사현장	• 배치기간에 현장 업무, 주 1회 이상 • 감리업무 수행, 감리일지 작성 • 14일 이내 수행 불가 시 대행자 지정 • 대행자 주 2회 이상 배치, 업무 내용통보

정답 58 ③ 59 ④

60 상중하

화재의 예방 및 안전관리에 관한 법령상 소방안전관리대상물의 소방안전관리자 업무가 아닌 것은?

① 소방시설의 공사
② 피난시설, 방화구획 및 방화시설의 관리
③ 자위소방대 및 초기대응체계의 구성·운영·교육
④ 피난계획에 관한 사항과 대통령령으로 정하는 사항이 포함된 소방계획서의 작성 및 시행

해설 특정소방대상물 소방안전관리자와 관계인의 업무

1) 소방안전관리자의 업무
   (1) 피난계획 관련 사항과 대통령령으로 정하는 사항이 포함된 소방계획서 작성 및 시행
   (2) 자위소방대 및 초기대응체계 구성·운영·교육
   (3) 피난시설, 방화구획, 방화시설의 관리
   (4) 소방훈련 및 교육
   (5) 소방시설이나 그 밖의 소방 관련 시설의 관리
   (6) 화기 취급의 감독
   (7) 소방안전관리에 관한 업무수행에 관한 기록·유지((3), (5), (6)항 업무)
   (8) 화재발생 시 초기대응
   (9) 그 밖에 소방안전관리에 필요한 업무

2) 특정소방대상물 관계인의 업무
   (1) 피난시설, 방화구획, 방화시설의 관리
   (2) 소방시설이나 그 밖의 소방 관련 시설의 관리
   (3) 화기 취급의 감독
   (4) 화재발생 시 초기대응
   (5) 그 밖에 소방안전관리에 필요한 업무

정답 60 ①

2019년 1회 소방기계시설의 구조 및 원리

61
대형 이산화탄소 소화기의 소화약제 충전량은 얼마인가?

① 20 [kg] 이상
② 30 [kg] 이상
③ 50 [kg] 이상
④ 70 [kg] 이상

해설 대형소화기에 충전하는 소화약제량

소화기 구분	충전량
물	80 [L] 이상
강화액	60 [L] 이상
포	20 [L] 이상
이산화탄소	50 [kg] 이상
할로겐화물	30 [kg] 이상
분말	20 [kg] 이상

암기 ▶ 물강포 이할분 / 862 532

62
개방형 스프링클러설비에서 하나의 방수구역을 담당하는 헤드의 개수는 몇 개 이하로 해야 하는가? (단, 방수구역은 나누어져 있지 않고 하나의 구역으로 되어 있다)

① 50
② 40
③ 30
④ 20

해설 개방형 스프링클러설비의 방수구역
1) 하나의 방수구역은 2개 층에 미치지 않도록 할 것
2) 방수구역마다 일제개방밸브 설치해야 함
3) 하나의 방수구역을 담당하는 헤드의 개수 : 50개 이하(단, 2개 이상의 방수구역으로 나눌 경우 : 하나의 방수구역을 담당하는 헤드의 개수는 25개 이상으로 해야 함)

63
분말소화설비의 가압용 가스용기에 대한 설명으로 틀린 것은?

① 가압용 가스용기를 3병 이상 설치한 경우에는 2개 이상의 용기에 전자개방밸브를 부착할 것
② 가압용 가스용기에는 2.5 [MPa] 이하의 압력에서 조정이 가능한 압력조정기를 설치할 것
③ 가압용 가스에 질소가스를 사용하는 것의 질소가스는 소화약제 1 [kg]마다 20 [L](35 [℃]에서 1기압의 압력상태로 환산한 것) 이상으로 할 것
④ 축압용 가스에 질소가스를 사용하는 것의 질소가스는 소화약제 1 [kg]마다 10 [L](35 [℃]에서 1기압의 압력상태로 환산한 것) 이상으로 할 것

정답 61 ③ 62 ① 63 ③

해설 분말소화설비 가압용 가스용기와 가압·축압용 가스

1) 가압용 가스용기
   (1) 가스용기는 분말소화약제의 저장용기에 접속하여 설치할 것
   (2) 가압용 가스용기를 3병 이상 설치한 경우에는 2개 이상의 용기에 전자개방밸브를 부착해야 함
   (3) 가압용 가스용기에는 2.5 [MPa] 이하의 압력에서 조정이 가능한 압력조정기를 설치해야 함

2) 분말소화설비 가압·축압용 가스
   (1) 가압용 가스 또는 축압용 가스는 질소가스 또는 이산화탄소로 할 것
   (2) 소화약제 1 [kg]당(35 [℃], 1기압으로 환산)

구분	가압식	축압식
질소	40 [L] 이상	10 [L] 이상
이산화탄소	20 [g] 이상 + 배관청소에 필요한 양	

   (3) 저장용기 및 배관의 청소에 필요한 양의 가스는 별도의 용기에 저장할 것

64 (상 중 하)

소화용수 설비의 소화수조가 옥상 또는 옥탑의 부분에 설치된 경우 지상에 설치된 채수구에서의 압력은 얼마 이상이어야 하는가?

① 0.15 [MPa] ② 0.20 [MPa]
③ 0.25 [MPa] ④ 0.35 [MPa]

해설 소화수조가 옥상 또는 옥탑에 설치된 경우

소화수조가 옥상 또는 옥탑의 부분에 설치된 경우에는 지상에 설치된 채수구에서의 압력이 0.15 [MPa] 이상이 되도록 할 것

65 (상 중 하)

스프링클러설비의 배관 내 압력이 얼마 이상일 때 압력배관용 탄소 강관을 사용해야 하는가?

① 0.1 [MPa] ② 0.5 [MPa]
③ 0.8 [MPa] ④ 1.2 [MPa]

해설 사용압력에 따른 스프링클러설비의 배관

1) 배관 내 사용압력 1.2 [MPa] 미만
   (1) 배관용 탄소 강관
   (2) 이음매 없는 구리 및 구리합금관, 다만 습식의 배관에 한함
   (3) 배관용 스테인리스 강관 또는 일반배관용 스테인리스 강관
   (4) 덕타일 주철관
2) 배관 내 사용압력 1.2 [MPa] 이상
   (1) 압력배관용 탄소 강관
   (2) 배관용 아크용접 탄소강 강관

66 (상 중 하)

할론소화설비에서 국소방출방식의 경우 할론소화약제의 양을 산출하는 식은 다음과 같다. 여기서 A는 무엇을 의미하는가? (단, 가연물이 비산할 우려가 있는 경우로 가정한다)

$$Q = X - Y\frac{a}{A}$$

① 방호공간의 벽면적의 합계
② 창문이나 문의 틈새면적의 합계
③ 개구부 면적의 합계
④ 방호대상물 주위에 설치된 벽의 면적의 합계

해설 할론소화설비 국소방출방식 약제량

약제량 $Q = X - Y\frac{a}{A}$

- Q : 방호공간 1 [m³]에 대한 소화약제 양 [kg/m³]
- a : 방호대상물 주위에 설치된 벽 면적 합계 [m²]
- A : 방호공간 벽면적 합계 [m²]

정답 64 ① 65 ④ 66 ①

67 (상(중)하)

이산화탄소소화약제의 저장용기 설치기준 중 옳은 것은?

① 저장용기의 충전비는 고압식은 1.9 이상 2.3 이하, 저압식은 1.5 이상 1.9 이하로 할 것
② 저압식 저장용기에는 액면계 및 압력계와 2.1 [MPa] 이상 1.7 [MPa] 이하의 압력에서 작동하는 압력경보장치를 설치할 것
③ 저장용기는 고압식은 25 [MPa] 이상, 저압식은 3.5 [MPa] 이상의 내압시험압력에 합격한 것으로 할 것
④ 저압식 저장용기에는 내압시험압력의 1.8배의 압력에서 작동하는 안전밸브와 내압시험압력의 0.8배부터 내압시험압력까지의 범위에서 작동하는 봉판을 설치할 것

해설 이산화탄소 저장용기 설치기준

1) 저장용기의 충전비
   (1) 고압식 : 1.5 이상 1.9 이하
   (2) 저압식 : 1.1 이상 1.4 이하
2) 저압식 저장용기에는 <u>내압시험압력의 0.64배부터 0.8배의 압력에서 작동하는 안전밸브</u>와 <u>내압시험압력의 0.8배부터 내압시험압력에서 작동하는 봉판을 설치할 것</u>
3) 저압식 저장용기에는 액면계 및 압력계와 2.3 [MPa] 이상 1.9 [MPa] 이하의 압력에서 작동하는 압력경보장치를 설치할 것
4) 저압식 저장용기에는 용기 내부의 온도가 섭씨 영하 18 [℃] 이하에서 2.1 [MPa] 의 압력을 유지할 수 있는 자동냉동장치를 설치할 것
5) 저장용기는 고압식은 25 [MPa] 이상, 저압식은 3.5 [MPa] 이상의 내압시험압력에 합격한 것으로 할 것

68 (상(중)하)

포헤드를 정방형으로 설치 시 헤드와 벽과의 최대 이격거리는 약 몇 [m]인가?

① 1.48　② 1.62
③ 1.76　④ 1.91

해설 포헤드 이격거리(정방형)

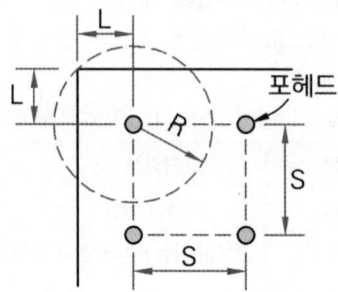

1) 포헤드 상호 간의 거리 S
   $S = 2 \times R \times \cos45°$
   $= 2 \times 2.1 \times \cos45° = 2.97$ [m]
2) 포헤드와 벽과 이격거리 L
   $L = \dfrac{S}{2} = \dfrac{2.97}{2} = 1.485$ [m]

포헤드 유효반경 R = 2.1 [m]

69 (상(중)하)

소화용수설비와 관련하여 다음 설명 중 괄호 안에 들어갈 항목으로 옳게 짝지어진 것은?

> 상수도소화용수설비를 설치해야 하는 특정소방대상물은 다음 각 목의 어느 하나에 해당하는 것으로 한다. 다만 상수도소화용수설비를 설치해야 하는 특정소방대상물의 대지 경계선으로부터 (ⓐ) [m] 이내에 지름 (ⓑ) [mm] 이상인 상수도용 배수관이 설치되지 않은 지역의 경우에는 화재안전기준에 따른 소화수조 또는 저수조를 설치해야한다.

① ⓐ : 150, ⓑ 75　② ⓐ : 150, ⓑ 100
③ ⓐ : 180, ⓑ 75　④ ⓐ : 180, ⓑ 100

정답 67 ③ 68 ① 69 ③

해설 소화용수설비 설치 특정소방대상물

상수도소화용수설비를 설치해야 하는 특정소방대상물은 다음 각 목의 어느 하나에 해당하는 것으로 한다. 다만 상수도소화용수설비를 설치해야 하는 특정소방대상물의 대지 경계선으로부터 180 [m] 이내에 지름 75 [mm] 이상인 상수도용 배수관이 설치되지 않은 지역의 경우에는 화재안전기준에 따른 소화수조 또는 저수조를 설치해야 한다.

가. 연면적 5천 [m²] 이상인 것. 다만 위험물 저장 및 처리 시설 중 가스시설, 지하가 중 터널 또는 지하구의 경우에는 제외한다.
나. 가스시설로서 지상에 노출된 탱크의 저장용량의 합계가 100톤 이상인 것
다. 자원순환 관련 시설 중 폐기물재활용 시설 및 폐기물처분 시설

70 (상 중 하)

지하구의 화재안전기술기준에 따라 연소방지설비전용헤드를 사용할 때 배관의 구경이 65 [mm]인 경우 하나의 배관에 부착하는 살수헤드의 최대 개수로 옳은 것은?

① 2
② 3
③ 5
④ 6

해설 연소방지설비 살수헤드 개수

헤드개수	1개	2개	3개	4개 또는 5개	6개 이상
배관구경 (mm)	32	40	50	65	80

71 (상 중 하)

예상제연구역 바닥면적 400 [m²] 미만 거실의 공기유입구와 배출구 간의 직선거리기준으로 옳은 것은? (단, 제연경계에 의한 구획을 제외한다)

① 2 [m] 이상 또는 구획된 실의 장변의 4분의 1 이상으로 할 것
② 3 [m] 이상 또는 구획된 실의 장변의 4분의 1 이상으로 할 것
③ 5 [m] 이상 또는 구획된 실의 장변의 2분의 1 이상으로 할 것
④ 10 [m] 이상 또는 구획된 실의 장변의 2분의 1 이상으로 할 것

해설 공기유입구와 배출구 간 이격거리

1) 바닥면적 400 [m²] 미만의 거실
   공기유입구와 배출구 간의 직선거리는 5 [m] 이상 또는 구획된 실의 장변의 2분의 1 이상으로 할 것
2) 바닥면적이 400 [m²] 이상의 거실
   바닥으로부터 1.5 [m] 이하의 높이에 설치하고 그 주변은 공기의 유입에 장애가 없도록 할 것

72 (상 중 하)

다음 중 스프링클러설비와 비교하여 물분무소화설비의 장점으로 옳지 않은 것은?

① 소량의 물을 사용함으로써 물의 사용량 및 방사량을 줄일 수 있다.
② 운동에너지가 크므로 파괴주수 효과가 크다.
③ 전기 절연성이 높아서 고압통전기기의 화재에도 안전하게 사용할 수 있다.
④ 물의 방수과정에서 화재열에 따른 부피증가량이 커서 질식효과를 높일 수 있다.

해설 물분무소화설비 장점

분무로 인한 운동에너지 작고 수손 피해가 작다.

정답 70 ③ 71 ③ 72 ②

73 상중하

주방용 자동소화장치의 설치기준으로 틀린 것은?

① 아파트의 각 세대별 주방 및 오피스텔의 각 실별 주방에 설치한다.
② 소화약제 방출구는 환기구의 청소부분과 분리되어 있어야 한다.
③ 주방용 자동소화장치에 사용하는 차단장치는 상시 확인 및 점검 가능하도록 설치한다.
④ 주방용 자동소화장치의 탐지부는 수신부와 분리하여 설치하되, 공기보다 무거운 가스를 사용하는 장소에는 바닥면으로부터 20 [cm] 이하의 위치에 설치한다.

해설 주거용 주방자동소화장치의 탐지부

1) 공기보다 가벼운 가스(LNG)
   천장면으로부터 30 [cm] 이하의 위치에 설치
2) 공기보다 무거운 가스(LPG)
   바닥면으로부터 30 [cm] 이하의 위치에 설치

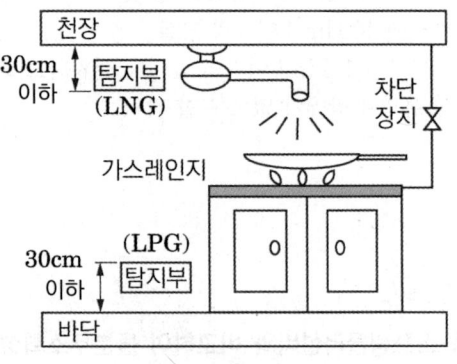

[주거용 주방자동소화장치]

74 상중하

수직강하식 구조대가 구조적으로 갖추어야 할 조건으로 옳지 않은 것은? (단, 건물 내부의 별실에 설치하는 경우는 제외한다)

① 구조대의 포지는 외부포지와 내부포지로 구성한다.
② 포지는 사용 시 충격을 흡수하도록 수직방향으로 현저하게 늘어나야 한다.
③ 구조대는 연속하여 강하할 수 있는 구조이어야 한다.
④ 입구틀 및 취부틀의 입구는 지름 60 [cm] 이상의 구체가 통과할 수 있어야 한다.

해설 수직강하식 구조대 구조

1) 구조대는 안전하고 쉽게 사용할 수 있는 구조여야 함
2) 구조대의 포지는 외부포지와 내부포지로 구성하되, 외부포지와 내부포지의 사이에 충분한 공기층을 두어야 함
3) 입구틀 및 취부틀의 입구는 지름 60 [cm] 이상의 구체가 통과할 수 있는 것이어야 함
4) 구조대는 연속하여 강하할 수 있는 구조여야 함
5) 포지는 사용 시 수직방향으로 현저하게 늘어나지 않아야 함
6) 포지, 지지틀, 취부틀 그 밖의 부속장치 등은 견고하게 부착되어야 함

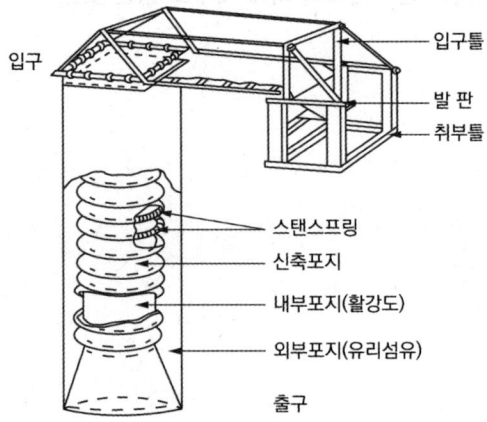

[수직강하식 구조대]

보충 포지 : 포대(자루)를 연결하여 만든 형태

정답 73 ④ 74 ②

75 (상 중 하)

주차장에 분말소화약제 120 [kg]을 저장하려고 한다. 이때 필요한 저장용기의 최소 내용적[L]은?

① 96
② 120
③ 150
④ 180

해설 분말소화약제 저장용기

1) 차고 또는 주차장에 설치하는 분말소화설비의 소화약제는 제3종 분말로 해야 한다.
2) 저장용기 내용적
   = 저장량 [kg] × 내용적 [L/kg]
   = 120 [kg] × 1 [L/kg] = 120 [L]

소화약제	1종	2·3종	4종
약제 1 [kg]당 저장용기 내용적	0.8 [L]	1 [L]	1.25 [L]

76 (상 중 하)

다음 중 노유자 시설의 4층 이상 10층 이하에서 적응성이 있는 피난기구가 아닌 것은?

① 피난교
② 다수인피난장비
③ 승강식피난기
④ 미끄럼대

해설 설치장소별 피난기구의 적응성

구분	1층, 2층, 3층	4층 이상 10층 이하
노유자 시설	• 미끄럼대 • 구조대 • 다수인피난장비 • 승강식피난기 • 피난교	• 구조대[1] • 다수인피난장비 • 승강식피난기 • 피난교

1) 구조대의 적응성 : 장애인 관련 시설로서 주된 사용자 중 스스로 피난이 불가한 자가 있는 경우 추가로 설치하는 경우에 한함

77 (상 중 하)

물분무소화설비를 설치하는 차고의 배수설비 설치기준 중 틀린 것은?

① 차량이 주차하는 장소의 적당한 곳에 높이 10 [cm] 이상의 경계턱으로 배수구 설치할 것
② 길이 40 [m] 이하마다 집수관, 소화핏트 등 기름분리장치를 설치할 것
③ 차량이 주차하는 바닥은 배수구를 향하여 100분의 1 이상의 기울기를 유지할 것
④ 배수설비는 가압송수장치의 최대 송수능력의 수량을 유효하게 배수할 수 있는 크기 및 기울기로 할 것

해설 물분무소화설비의 배수설비 설치기준

1) 차량이 주차하는 장소의 적당한 곳에 높이 10 [cm] 이상의 경계턱으로 배수구를 설치할 것
2) 배수구에는 새어 나온 기름을 모아 소화할 수 있도록 길이 40 [m] 이하마다 집수관·소화핏트 등 기름분리장치를 설치할 것
3) 차량이 주차하는 바닥은 배수구를 향하여 100분의 2 이상의 기울기를 유지할 것
4) 배수설비는 가압송수장치의 최대송수능력의 수량을 유효하게 배수할 수 있는 크기 및 기울기로 할 것

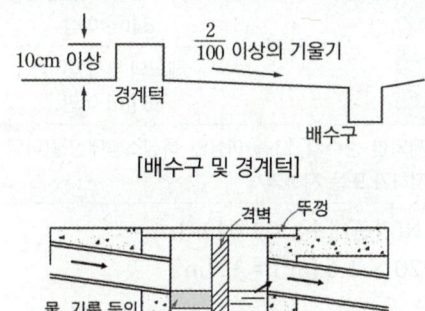

[배수구 및 경계턱]

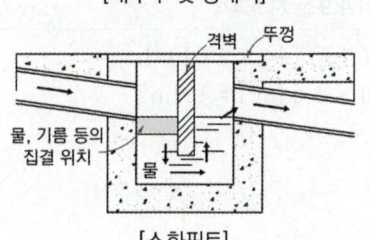

[소화핏트]

정답 75 ② 76 ④ 77 ③

78 상(중)하

층수가 10층인 공장에 습식 폐쇄형 스프링클러헤드가 설치되어 있다면 이 설비에 필요한 수원의 양은 얼마 이상이어야 하는가? (단, 이 공장은 특수가연물을 저장·취급하지 않는 일반물품을 적용하고, 헤드가 가장 많이 설치된 층은 8층으로서 40개가 설치되어 있다)

① 16 [m³]
② 32 [m³]
③ 48 [m³]
④ 64 [m³]

해설 폐쇄형 스프링클러설비 수원의 저수량

1) 설치장소별 기준개수

스프링클러설비 설치장소			기준 개수
지하층을 제외한 층수가 10층 이하인 특정소방대상물	공장	특수가연물을 저장·취급하는 것	30
		그 밖의 것	20
	근린생활시설·판매시설·운수시설·복합건축물	판매시설 또는 복합건축물 (판매시설이 설치된 복합건축물)	30
		그 밖의 것	20
	그 밖의 것	헤드의 부착높이가 8 [m] 이상	20
		헤드의 부착높이가 8 [m] 미만	10
지하층을 제외한 층수가 11층 이상인 특정소방대상물(아파트 제외)·지하가 또는 지하역사			30

2) 수원 = N(기준개수) × 1.6 [m³]
   = 20 × 1.6 [m³] = 32 [m³]

79 상 중(하)

포소화설비에서 펌프의 토출관에 압입기를 설치하여 포소화약제 압입용 펌프로 포소화약제를 압입시켜 혼합하는 방식은?

① 라인 프로포셔너방식
② 펌프 프로포셔너방식
③ 프레셔 프로포셔너방식
④ 프레셔사이드 프로포셔너방식

해설 포소화설비 포혼합장치의 종류

1) 라인 프로포셔너방식 : 벤추리관의 벤추리작용에 따라 소화약제를 흡입·혼합하는 방식
2) 프레셔 프로포셔너방식 : 벤추리관의 벤추리작용과 포소화약제 저장탱크압력에 따라 소화약제를 흡입·혼합하는 방식
3) 펌프 프로포셔너방식 : 흡입기에 물 일부를 보내고, 농도 조정밸브에서 소정된 포소화약제의 필요량을 소화약제 탱크에서 펌프 흡입 측으로 보내는 방식
4) 프레셔사이드 프로포셔너방식 : 압입기 설치하여 소화약제 압입용 펌프로 소화약제를 압입시켜 혼합하는 방식
5) 압축공기포 믹싱챔버방식 : 물, 포소화약제 및 공기를 믹싱챔버로 강제주입시켜 챔버 내에서 포수용액을 생성한 후 포를 방사하는 방식

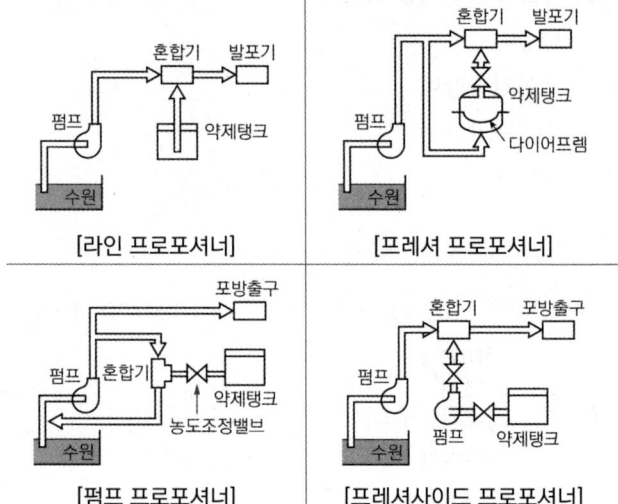

정답 78 ② 79 ④

80 상⦁중⦁하

다음 중 옥내소화전의 배관 등에 대한 설치방법으로 옳지 않은 것은?

① 펌프의 토출 측 주배관의 구경은 평균 유속을 5 [m/s]가 되도록 설치하였다.
② 배관 내 사용압력이 1.1 [MPa]인 곳에 배관용 탄소 강관을 사용하였다.
③ 옥내소화전 송수구를 단구형으로 설치하였다.
④ 송수구로부터 주배관에 이르는 연결배관에는 개폐밸브를 설치하지 않았다.

해설 옥내소화전 배관 등

1) 펌프의 토출 측 주배관의 구경은 유속이 4 [m/s] 이하가 될 수 있는 크기 이상으로 해야 하고, 옥내소화전방수구와 연결되는 가지배관의 구경은 40 [mm] 이상으로 해야 하며, 주배관 중 수직배관의 구경은 50 [mm]이상으로 해야 한다.
2) 배관 내 사용압력에 따른 배관

사용압력	배관의 종류
1.2 [MPa] 미만	• 배관용 탄소 강관 • 이음매 없는 구리 및 구리합금관(다만 습식의 배관에 한함) • 배관용 스테인리스 강관 또는 일반 배관용 스테인리스 강관 • 덕타일 주철관
1.2 [MPa] 이상	• 압력 배관용 탄소 강관 • 배관용 아크용접 탄소강 강관

3) 송수구는 구경 65 [mm]의 쌍구형 또는 단구형으로 할 것

[옥내소화전 송수구]

4) 송수구로부터 옥내소화전설비의 주배관에 이르는 연결배관에는 개폐밸브를 설치하지 않을 것. 다만 스프링클러설비·물분무소화설비·포소화설비·또는 연결송수관설비의 배관과 겸용하는 경우에는 그렇지 않다.

① 펌프의 토출 측 주배관의 구경은 평균 유속이 4 [m/s] 이하가 되도록 설치해야 한다.

정답 80 ①

2019년 2회 소방원론

01 상㊥하

목조건축물의 화재 진행상황에 관한 설명으로 옳은 것은?

① 화원 - 발염착화 - 무염착화 - 출화 - 최성기 - 소화
② 화원 - 발염착화 - 무염착화 - 소화 - 연소낙하
③ 화원 - 무염착화 - 발염착화 - 출화 - 최성기 - 소화
④ 화원 - 무염착화 - 출화 - 발염착화 - 최성기 - 소화

해설 건축물 화재 진행과정

1) 목조건축물
   <u>무염착화 → 발염착화 → 발화(출화) → 최성기</u>
2) 내화건축물
   초기 → 성장기 → 최성기 → 감쇄기 → 진화

암기 ▶ 무발발최 성최감진

02 상㊥하

연면적이 1000 [m²] 이상인 건축물에 설치하는 방화벽이 갖추어야 할 기준으로 틀린 것은?

① 내화구조로서 홀로 설 수 있는 구조일 것
② 방화벽이 양쪽 끝과 위쪽 끝을 건축물의 외벽 면 및 지붕면으로부터 0.1 [m] 이상 튀어 나오게 할 것
③ 방화벽에 설치하는 출입문의 너비는 2.5 [m] 이하로 할 것
④ 방화벽에 설치하는 출입문의 높이는 2.5 [m] 이하로 할 것

해설 방화벽 설치기준

구분	설치 및 구조기준
대상 건축물	주요구조부가 내화구조이거나 불연재료인 건축물이 아닌 연면적 1000 [m²] 이상인 건축물
구획	각 구획된 바닥면적의 합계 : 1000 [m²] 미만
구조	• 내화구조로서 홀로 설 수 있는 구조일 것 • 방화벽 양쪽 끝과 위쪽 끝을 건축물의 외벽면 및 지붕면으로부터 0.5 [m] 이상 튀어나오게 할 것 • 출입문 너비와 높이 : 2.5 [m] 이하 • 출입문 : 60분+ 방화문 또는 60분 방화문

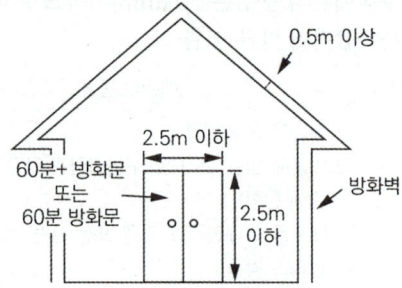

03 상 중㊦

화재의 일반적 특성으로 틀린 것은?

① 확대성   ② 정형성
③ 우발성   ④ 불안정성

해설 화재의 일반적 특성
우발성, 확대성, 불안정성

암기 ▶ 우확불

정답 01 ③ 02 ② 03 ②

04 (상)(중)(하)

공기의 부피 비율이 질소 79 [%], 산소 21 [%]인 전기실에 화재가 발생하여 이산화탄소소화약제를 방출하여 소화하였다. 이때 산소의 부피농도가 14 [%]이었다면 이 혼합 공기의 분자량은 약 얼마인가? (단, 화재 시 발생한 연소가스는 무시한다)

① 28.9
② 30.9
③ 33.9
④ 35.9

해설 혼합 공기의 분자량

1) 이산화탄소 방사 전
   - 질소(N_2) : 79 [%]
   - 산소(O_2) : 21 [%]
2) 이산화탄소 방사 후
   - $CO_2 = \dfrac{21-14}{21} = 33$ [%]
   - 산소(O_2) : 14 [%]
   - 질소(N_2) : 100 - (33 + 14) = 53 [%]
3) 각 기체의 분자량
   - CO_2 : 44 × 0.33 = 14.52
   - 산소(O_2) : 32 × 0.14 = 4.48
   - 질소(N_2) : 28 × 0.53 = 14.84
4) 혼합 공기의 분자량
   14.52 + 4.48 + 14.84 = 33.84 ≒ 33.9

보충 원자량(C : 12, N : 14, O : 16)

05 (상)(중)(하)

다음 가연성 기체 1몰이 완전 연소하는 데 필요한 이론공기량으로 틀린 것은? (단, 체적비로 계산하며 공기 중 산소의 농도를 21 [vol%]로 한다)

① 수소 - 약 2.38몰
② 메테인 - 약 9.52몰
③ 아세틸렌 - 약 16.91몰
④ 프로페인 - 약 23.81몰

해설 연소에 필요한 이론공기량

1) 수소 : $H_2 + \dfrac{1}{2}O_2 \rightarrow H_2O$

   ∴ 이론공기량 = $\dfrac{0.5 몰}{0.21(21\%)}$ ≒ 2.38몰

2) 메테인 : $CH_4 + 2O_2 \rightarrow CO_2 + 2H_2O$

   ∴ 이론공기량 = $\dfrac{2 몰}{0.21(21\%)}$ ≒ 9.52몰

3) 아세틸렌 : $C_2H_2 + \dfrac{5}{2}O_2 \rightarrow 2CO_2 + H_2O$

   ∴ 이론공기량 = $\dfrac{2.5 몰}{0.21(21\%)}$ ≒ 11.9몰

4) 프로페인 : $C_3H_8 + 5O_2 \rightarrow 3CO_2 + 4H_2O$

   ∴ 이론공기량 = $\dfrac{5 몰}{0.21(21\%)}$ ≒ 23.81몰

※ 참고

수소의 완전연소반응식은 $H_2 + \dfrac{1}{2}O_2 \rightarrow H_2O$이다.

따라서 수소 1 [mol]이 완전연소하기 위해서 필요한 산소가 $\dfrac{1}{2}$ [mol]이다. 이때 필요한 이론공기량 [mol]을 구할 때, 전체 공기를 100 [vol%], 공기 중 산소를 21 [vol%]라고 가정하면 다음과 같은 비례식을 세울 수 있다.

$\dfrac{1}{2}$ [mol](필요한 산소) : x [mol](필요한 공기량)

= 21 [vol%](공기 중 산소) : 100 [vol%](전체 공기)

∴ 필요한 공기량 $x[mol] = \dfrac{\dfrac{1}{2}[mol] \times 100[vol\%]}{21[vol\%]}$

$= \dfrac{\dfrac{1}{2}[mol]}{0.21}$

※ 가연성 기체 1몰이 완전 연소하는 데 필요한 이론공기량

$x[mol]$

$\dfrac{완전 연소하는 데 필요한 산소몰수[mol]}{0.21}$

정답 04 ③ 05 ③

06 (상 중 하)

물의 소화능력에 관한 설명 중 틀린 것은?

① 다른 물질보다 비열이 크다.
② 다른 물질보다 융해잠열이 작다.
③ 다른 물질보다 증발잠열이 크다.
④ 밀폐된 장소에서 증발가열되면 산소희석작용을 한다.

해설 물소화약제

1) 비열, 증발잠열(기화잠열)이 큼
2) 가격이 저렴하고 쉽게 구할 수 있음
3) 무상주수 시 중질유화재 적응성
4) 밀폐된 곳에서 증발가열하면 산소 희석

07 (상 중 하)

화재실의 연기를 옥외로 배출시키는 제연방식으로 효과가 가장 적은 것은?

① 자연 제연방식
② 스모크 타워 제연방식
③ 기계식 제연방식
④ 냉난방설비를 이용한 제연방식

해설 제연방식 종류

1) 밀폐 제연방식
2) 자연 제연방식
3) 스모크타워 제연방식
4) 기계 제연방식
   - 제1종 : 송풍기 + 배연기
   - 제2종 : 송풍기
   - 제3종 : 배연기

08 (상 중 하)

분말소화약제의 취급 시 주의사항으로 틀린 것은?

① 습도가 높은 공기 중에 노출되면 고화되므로 항상 주의를 기울인다.
② 충전 시 다른 소화약제와 혼합을 피하기 위하여 종별로 각각 다른 색으로 착색되어 있다.
③ 실내에서 다량 방사하는 경우 분말을 흡입하지 않도록 한다.
④ 분말소화약제와 수성막포를 함께 사용할 경우 포의 소포현상을 발생시키므로 병용해서는 안 된다.

해설 분말소화약제 취급 시 주의사항

1) 습도가 높으면 고화현상 발생
2) 다른 약제와 혼합을 방지하기 위해 색상으로 구분
3) 분말소화약제를 흡입 시 피해 우려

보충 분말 + 수성막포 = 트윈에이전트시스템

09 (상 중 하)

건축물의 화재를 확산시키는 요인이라 볼 수 없는 것은?

① 비화   ② 복사열
③ 자연발화   ④ 접염

해설 화재 확산 요인

접염, 비화, 복사열

정답 06 ② 07 ④ 08 ④ 09 ③

10 (상 중 하)

석유, 고무, 동물의 털, 가죽 등과 같이 황성분을 함유하고 있는 물질이 불완전 연소될 때 발생하는 연소가스로 계란 썩는 듯한 냄새가 나는 기체는?

① 아황산가스 ② 시안화가스
③ 황화수소   ④ 암모니아

해설 유해가스

연소가스	특징
일산화탄소 (CO)	• 불완전연소 시 발생 • 유독성 • 흡입 시 헤모글로빈과 결합하여 산소운반 저해
이산화탄소 (CO_2)	• 완전연소 시 발생 • 연소가스 중 가장 많은 양 발생 • 다량 흡입 시 호흡속도 증가
암모니아 (NH_3)	• 인체에 자극성이 큰 가연성 가스 • 질소함유물, 수지류, 나무 등이 연소 시 발생
포스겐 ($COCl_2$)	• PVC, 수지류, 염소가 함유된 가연물 연소 시 발생 • 맹독성(0.1 [ppm])
황화수소(H_2S)	• 달걀 썩는 냄새 • 독성, 부식성, 가연성 가스
시안화수소 (HCN)	• 질소함유물 등이 불완전연소 시 발생 • 청산가스
아크롤레인 (CH_2CHCHO)	• 맹독성(0.1 [ppm]) • 석유제품, 유지 등 연소 시 생성

11 (상 중 하)

다음 중 동일한 조건에서 증발잠열[kJ/kg]이 가장 큰 것은?

① 질소   ② 할론 1301
③ 이산화탄소 ④ 물

해설 물소화약제

1) 비열, 증발잠열(기화잠열)이 큼
2) 가격이 저렴하고 쉽게 구할 수 있음
3) 무상주수 시 중질유화재 적응성
4) 밀폐된 곳에서 증발가열하면 산소 희석

12 (상 중 하)

탱크화재 시 발생되는 보일 오버(Boil Over)의 방지방법으로 틀린 것은?

① 탱크 내용물의 기계적 교반
② 물의 배출
③ 과열방지
④ 위험물 탱크 내의 하부에 냉각수 저장

해설 보일 오버 방지대책

1) 주기적으로 탱크 하부의 물 배수
2) 탱크 내용물의 기계적 교반
3) 탱크의 과열방지

> ※ 보일 오버(Boil Over)
> 중질유 탱크 저부의 에멀전(물)이 증발하면서 부피가 팽창하여 기름이 탱크 밖으로 화재를 동반하며 방출하는 현상

보충 교반 : 물질을 섞어 혼합하는 일

13 (상 중 하)

화재 시 CO_2를 방사하여 산소농도를 11 [vol%]로 낮추어 소화하려면 공기 중 CO_2의 농도는 약 몇 [vol%]가 되어야 하는가?

① 47.6   ② 42.9
③ 37.9   ④ 34.5

해설 이산화탄소의 농도

$$CO_2 \text{ 농도 [vol\%]} = \frac{21 - O_2[vol\%]}{21} \times 100$$

$$CO_2 \text{ 농도} = \frac{21 - O_2}{21} \times 100$$

$$= \frac{21 - 11}{21} \times 100 ≒ 47.61 \text{ [vol\%]}$$

정답 10 ③ 11 ④ 12 ④ 13 ①

14 (상(중)하)

물소화약제를 어떠한 상태로 주수할 경우 전기화재의 진압에서도 소화능력을 발휘할 수 있는가?

① 물에 의한 봉상주수
② 물에 의한 적상주수
③ 물에 의한 무상주수
④ 어떤 상태의 주수에 의해서도 효과가 없다.

해설 물소화약제 주수형태

형태	내용	종류
봉상 주수	• 막대모양 물줄기로 주수 • 냉각효과, 파괴효과	옥내소화전 옥외소화전 연결송수관 설비
적상 주수	• 물방울 형태로 주수 • 냉각효과	스프링클러설비 연결살수설비
무상 주수	• 분무 상태로 주수 • 전기화재, 중질유화재	물분무소화설비 미분무소화설비

보충 물 입자가 작은 분무 상태로 무상주수 시 전기 통하지 않음

15 (상(중)하)

도장작업 공정에서의 위험도를 설명한 것으로 틀린 것은?

① 도장작업 그 자체 못지않게 건조공정도 위험하다.
② 도장작업에서는 인화성 용제가 쓰이지 않으므로 폭발의 위험이 없다.
③ 도장작업장은 폭발 시를 대비하여 지붕을 시공한다.
④ 도장실의 환기 덕트를 주기적으로 청소하여 도료가 덕트 내에 부착되지 않게 한다.

해설 도장작업

시너, 벤젠 등 인화물질 다량 사용하여 항상 폭발 위험성 존재

16 (상(중)하)

방호공간 안에서 화재의 세기를 나타내고 화재가 진행되는 과정에서 온도에 따라 변하는 것으로 온도-시간곡선으로 표시할 수 있는 것은?

① 화재저항
② 화재가혹도
③ 화재하중
④ 화재플럼

해설 화재가혹도

1) 화재가혹도란 화재 시 당해 건물과 그 내부의 수용재산 등을 파괴하거나 손상을 입히는 정도를 뜻한다.
2) 화재가혹도 = 화재강도 × 화재하중
3) 가연물의 비표면적, 가연물의 배열 상태, 가연물의 발열량, 화재실의 구조(단열성), 공기(산소)의 공급 상황 등이 화재강도에 영향을 미치므로 이에 따라 화재가혹도 달라진다.
4) 최고온도(화재강도)가 높을수록 지속시간(화재하중)이 길수록 화재가혹도가 커진다.
5) 방호공간 안에서 화재의 세기를 나타내고 화재가 진행되는 과정에서 온도에 따라 변하는 것으로 온도-시간 곡선으로 표시할 수 있다.

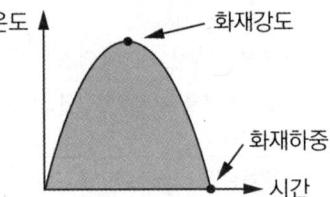

17 (상(중)하)

다음 위험물 중 특수인화물이 아닌 것은?

① 아세톤
② 다이에틸에터
③ 산화프로필렌
④ 아세트알데하이드

해설 제4류 위험물(인화성 액체)

품명	종류
특수인화물	다이에틸에터(디에틸에테르), 이황화탄소, 아세트알데하이드(아세트알데히드), 산화프로필렌
제1석유류	아세톤, 휘발유, 벤젠
제2석유류	등유, 경유, 초산, 아세트산, 아크릴산
제3석유류	중유, 크레오소트유, 아닐린
제4석유류	기어유, 실린더유

18 (상 중 하)

다음 중 가연물의 제거를 통한 소화방법과 무관한 것은?

① 산불의 확산방지를 위하여 산림의 일부를 벌채한다.
② 화학반응기의 화재 시 원료 공급관의 밸브를 잠근다.
③ 전기실 화재 시 IG-541 약제를 방출한다.
④ 유류탱크 화재 시 주변에 있는 유류탱크의 유류를 다른 곳으로 이동시킨다.

해설 제거소화

방법	내용
격리	• 바람을 일으켜 가연물과 불꽃을 격리
소멸	• 가스밸브를 차단하여 가스 공급을 소멸 • 드레인밸브(배출밸브)를 개방하여 기름 배출 • 가연물을 다른 지역으로 이동
파괴	• 산불 화재 시 맞불, 벌목

보충 화재 시 IG-541 약제를 방출 : 질식소화

19 (상 중 하)

화재 표면온도(절대온도)가 2배로 되면 복사에너지는 몇 배로 증가되는가?

① 2 ② 4
③ 8 ④ 16

해설 스테판 볼츠만의 법칙

$$\text{단위 면적당 복사열량 } Q[W/m^2] = \sigma T^4$$

복사 : 열전달 매질 없이 전자파 형태로 열이 전달
스테판 볼츠만의 법칙에 의해 복사열은 절대온도의 4승에 비례한다.

보충 매질 : 파동을 전달시키는 물질

[풀이 1]
• T[K]일 때 : $Q_1 = \sigma T^4$
• 2T[K]일 때 : $Q_2 = \sigma(2T)^4 = 16\sigma T^4$

$$\frac{Q_2}{Q_1} = \frac{16\sigma T^4}{\sigma T^4} = 16$$

$$\therefore Q_2 = 16 \times Q_1$$

[풀이 2]
$Q = \sigma T^4$
따라서 $Q \propto T^4$이므로
$Q_1 : T^4 = Q_2 : (2T)^4$
$Q_2 \times T^4 = Q_1 \times (2T)^4$
$\therefore Q_2 = 16 \times Q_1$

Q : 복사에너지 [W/m^2]
σ : 스테판 볼츠만 상수 [$W/m^2 \cdot K^4$]
T : 절대온도 [K]

20 (상 중 하)

산불화재의 형태로 틀린 것은?

① 지중화 형태 ② 수평화 형태
③ 지표화 형태 ④ 수관화 형태

해설 산불화재 형태

구분	산림 화재 형태
지중화	산림 지중 유기물(갈탄층) 연소
지표화	산림 지면의 낙엽, 관목이 타는 것
수간화	나무의 줄기가 타는 것
수관화	나무의 가지부분이 타는 것
비화	강풍에 의해 불꽃이 날아가 화염 확대

정답 18 ③ 19 ④ 20 ②

2019년 2회 소방유체역학

21

그림에서 물에 의하여 점 B에서 힌지된 사분원 모양의 수문이 평형을 유지하기 위하여 수면에서 수문을 잡아 당겨야 하는 힘 T는 약 몇 [kN]인가? (단, 수문의 폭 1 [m], 반지름 ($r = \overline{OB}$)은 2 [m], 4분원의 중심은 O점에서 왼쪽으로 $4r/3\pi$인 곳에 있다)

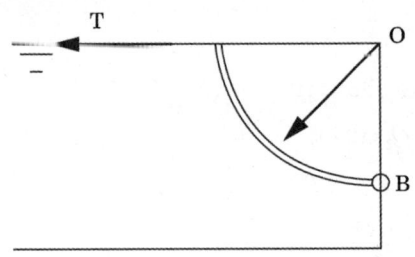

① 1.96
② 9.8
③ 19.6
④ 29.4

해설 수평분력

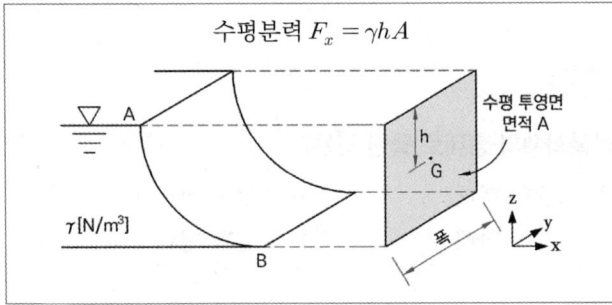

[풀이1]

수평분력 $F = \gamma h A$

$= 9.8 \times \dfrac{2}{2} \times (1 \times 2) = 19.6 \ [kN]$

[풀이2]

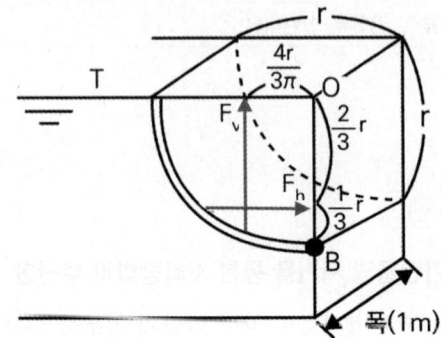

수문이 평형을 유지하기 위해서는 모멘트의 합이 서로 같아야 한다.

$T \times r = F_h \times \left(r \times \dfrac{1}{3} \right) + F_V \times \left(\dfrac{4r}{3\pi} \right)$

$T = \dfrac{F_h \times \left(r \times \dfrac{1}{3} \right) + F_V \times \left(\dfrac{4r}{3\pi} \right)}{r}$

$= F_h \times \left(\dfrac{1}{3} \right) + F_V \times \left(\dfrac{4}{3\pi} \right)$

$= \gamma_w \dfrac{r}{2}(r \times 폭) \times \dfrac{1}{3} + \gamma_w \dfrac{\pi}{4} r^2 \times 폭 \times \left(\dfrac{4}{3\pi} \right)$

$= \gamma_w \dfrac{r^2}{6} 폭 + \gamma_w \dfrac{r^2}{3} 폭$

$= \gamma_w \dfrac{r^2}{2} 폭$

$= \gamma_w \times \dfrac{r}{2} \times (r \times 폭)$

$= \gamma_w \times h \times A$

정답 21 ③

22

물의 온도에 상응하는 증기압보다 낮은 부분이 발생하면 물은 증발되고 물속에 있던 공기와 물이 분리되어 기포가 발생하는 펌프의 현상은?

① 피드백(Feed Back)
② 서징현상(Surging)
③ 공동현상(Cavitation)
④ 수격작용(Water Hammering)

해설 펌프 이상현상

- 맥동현상(Surging) : 압력계가 흔들리고 송출유량이 주기적으로 변하는 현상
- 공동현상(Cavitation) : 관 내 유체의 정압이 포화수증기압보다 낮아져 유체에 기포가 발생하는 현상
- 수격현상(Water Hammering) : 유체가 흐를 때 급격한 속도변화로 내부압력에 급변화가 생기는 현상

23

단면적이 A와 2A인 U자형 관에 밀도가 d인 기름이 담겨져 있다. 단면적이 2A인 관에 관벽과는 마찰이 없는 물체를 놓았더니 그림과 같이 평형을 이루었다. 이때 이 물체의 질량은?

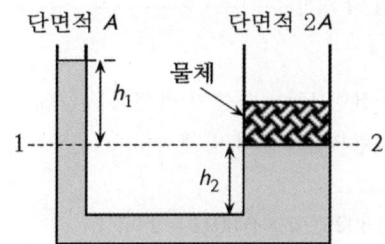

① $2Ah_1d$
② Ah_1d
③ $A(h_1+h_2)d$
④ $A(h_1-h_2)d$

해설 물체의 질량

1지점의 압력 $P_1 = \gamma \cdot h_1 = (d \cdot g) \cdot h_1$

2지점의 압력 $P_2 = \dfrac{F_2}{2A}$

$F_2 = m \cdot g$ 이므로 $P_2 = \dfrac{mg}{2A}$

$P_1 = P_2$ 이므로 $d \cdot g \cdot h_1 = \dfrac{m \cdot g}{2A}$

$m = 2A \cdot h_1 \cdot d$

보충 힘 $F = ma$ (무게 $W = mg$)

24

그림과 같이 물이 들어 있는 아주 큰 탱크에 사이펀이 장치되어 있다. 출구에서의 속도 V와 관의 상부 중심 A지점에서의 게이지 압력 P_A를 구하는 식은? (단, g는 중력가속도, ρ는 물의 밀도이며 관의 직경은 일정하고 모든 손실은 무시한다)

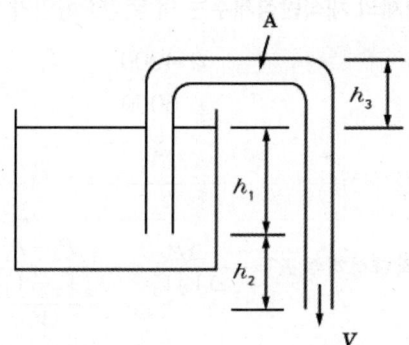

① $V = \sqrt{2g(h_1+h_2)}$, $P_A = -\rho g h_3$
② $V = \sqrt{2g(h_1+h_2)}$, $P_A = -\rho g(h_1+h_2+h_3)$
③ $V = \sqrt{2gh_2}$, $P_A = -\rho g(h_1+h_2+h_3)$
④ $V = \sqrt{2g(h_1+h_2)}$, $P_A = \rho g(h_1+h_2-h_3)$

해설 속도와 압력

$$유출속도\ V = \sqrt{2gH}$$
H : 수면에서부터 사이펀 출구까지의 길이[m]

1) 속도 V
$$V = \sqrt{2gH} = \sqrt{2g(h_1+h_2)}$$
2) 압력 P_A
$$P_A + \gamma h_1 + \gamma h_2 + \gamma h_3 = 0$$
$$P_A = -\gamma h_1 - \gamma h_2 - \gamma h_3$$
$$= -\gamma(h_1+h_2+h_3)$$
$$= -\rho g(h_1+h_2+h_3)$$

26 상 중 하

비중병의 무게가 비었을 때는 2 [N]이고, 액체로 충만되어 있을 때는 8 [N]이다. 액체의 체적이 0.5 [L]이면 이 액체의 비중량은 약 몇 [N/m³]인가?

① 11000　② 11500
③ 12000　④ 12500

해설 액체의 비중량

$$비중량\ \gamma = \frac{W}{V}$$
$$= \frac{(8-2)[N]}{0.5 \times 10^{-3}[m^3]} = 12000\ [N/m^3]$$

25 상 중 하

0.02 [m³]의 체적을 갖는 액체가 강체의 실린더 속에서 730 [kPa]의 압력을 받고 있다. 압력이 1030 [kPa]로 증가되었을 때 액체의 체적이 0.019 [m³]으로 축소되었다. 이때 이 액체의 체적탄성계수는 약 몇 [kPa]인가?

① 3000　② 4000
③ 5000　④ 6000

해설 체적탄성계수

$$체적탄성계수\ K = -\frac{\Delta P}{\Delta V / V_1} = -\frac{P_2-P_1}{\frac{(V_2-V_1)}{V_1}}$$

$$K = -\frac{P_2-P_1}{\frac{(V_2-V_1)}{V_1}} = -\frac{1030-730}{\frac{(0.019-0.02)}{0.02}}$$
$$= 6000\ [kPa]$$

27 상 중 하

10 [kg]의 수증기가 들어 있는 체적 2 [m³]의 단단한 용기를 냉각하여 온도를 200 [°C]에서 150 [°C]로 낮추었다. 나중 상태에서 액체 상태의 물은 약 몇 [kg]인가? (단, 150 [°C]에서 물의 포화액 및 포화증기의 비체적은 각각 0.0011 [m³/kg], 0.3925 [m³/kg]이다)

① 0.508　② 1.24
③ 4.92　④ 7.86

해설 액체의 양 계산

용기체적 $[m^3]$
= 수증기의 질량$[kg] \times$ 수증기 비체적$[m^3/kg]$
　+ 물의 질량$[kg] \times$ 물의 비체적$[m^3/kg]$

따라서
$$(10-x) \times 0.3925 + x \times 0.0011 = 2\ [m^3]$$
$$\therefore x = 4.918 ≒ 4.92\ [kg]$$

28 (상 중 하)

펌프의 입구 및 출구 측에 연결된 진공계와 압력계가 각각 25 [mmHg]와 260 [kPa]을 가리켰다. 이 펌프의 배출 유량이 0.15 [m³/s]가 되려면 펌프의 동력은 약 몇 [kW]가 되어야 하는가? (단, 펌프의 입구와 출구의 높이 차는 없고, 입구 측 안지름은 20 [cm], 출구 측 안지름은 15 [cm]이다)

① 3.95　　② 4.32
③ 39.5　　④ 43.2

해설 펌프의 동력

$$P[kW] = \frac{\gamma[kN/m^3] \times Q[m^3/s] \times H_P[m]}{\eta} \times K$$

※ 동력을 구할 때 조건상 효율(η)이나 전달계수(K)가 주어져 있지 않다면, 효율과 전달계수를 제외하고 산출한다.

1) 펌프 전양정 H_P[m]

$$\frac{P_1}{\gamma} + \frac{V_1^2}{2g} + Z_1 + H_P = \frac{P_2}{\gamma} + \frac{V_2^2}{2g} + Z_2$$

펌프의 입구와 출구의 높이 차가 없으므로 입구와 출구의 위치수두는 서로 같고($Z_1 = Z_2$), 입구 유속과 출구 유속을 알아야 위 베르누이방정식에 대입이 가능하므로 입구 유속(V_1), 출구 유속(V_2)을 먼저 구한다.
〈아래 '2) 유속 V'에서 V_1, V_2 구한 뒤, 베르누이방정식에 대입한다〉

$$H_P = \frac{P_2}{\gamma} - \frac{P_1}{\gamma} + \frac{V_2^2}{2g} - \frac{V_1^2}{2g}$$
$$= \frac{260}{9.8}m - \left(-25mmHg \times \frac{10.332mAq}{760mmHg}\right)$$
$$+ \frac{8.49^2}{2 \times 9.8} - \frac{4.77^2}{2 \times 9.8}$$
$$= 29.387 ≒ 29.39[m]$$

2) 유속 $V (Q = AV)$

$0.15 = \frac{\pi}{4} \times 0.2^2 \times V_1, \therefore V_1 = 4.77[m/s]$

$0.15 = \frac{\pi}{4} \times 0.15^2 \times V_2, \therefore V_2 = 8.49[m/s]$

3) 동력 P

$P = \gamma Q H_P = 9.8 \times 0.15 \times 29.39 = 43.2[kW]$

γ : 물의 비중량 [9.8 kN/m³]
Q : 유량 [m³/s]
H_P : 전양정 [m]
η : 효율
K : 전달계수

29 (상 중 하)

피토관을 사용하여 일정 속도로 흐르고 있는 물의 유속(V)을 측정하기 위해 그림과 같이 비중 S인 유체를 갖는 액주계를 설치하였다. S = 2일 때 액주의 높이 차이가 H = h가 되면, S = 3일 때 액주의 높이 차(H)는 얼마가 되는가?

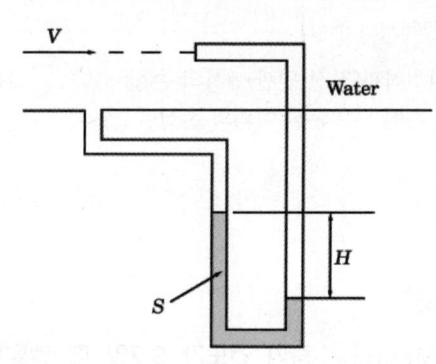

① $h/9$　　② $h/\sqrt{3}$
③ $h/3$　　④ $h/2$

해설 액주의 높이 차

$$배관\ 내\ 물의\ 유속\ V = \sqrt{2gH\left(\frac{S}{S_w} - 1\right)}$$

① 비중이 2일 때 액주의 높이 차가 h이므로

$S = 2$일 때 유속 $V_1 = \sqrt{2gh\left(\frac{2}{1} - 1\right)} = \sqrt{2gh}$

② 비중이 3일 때 액주의 높이 차가 H 라면

$S = 3$일 때 유속 $V_2 = \sqrt{2gH\left(\frac{3}{1} - 1\right)} = \sqrt{4gH}$

정답 28 ④　29 ④

물이 일정 속도로 흐르고 있으므로

$V_1 = V_2$

$\sqrt{2gh} = \sqrt{4gH}$

∴ 액주의 높이 차 $H = \dfrac{2gh}{4g} = \dfrac{1}{2}h = \dfrac{h}{2}$

V : 유속 [m/s]
H : 임의의 비중 S에 대한 액주의 높이 차이 [m]

30 (상 중 하)

관 내의 흐름에서 부차적으로 손실에 해당하지 않는 것은?

① 곡선부에 의한 손실
② 직선 원관 내의 손실
③ 유동단면의 장애물에 의한 손실
④ 관 단면의 급격한 확대에 의한 손실

해설 배관에서의 손실

1) 주 손실 : 직관(직선 원관)에서의 손실
2) 부차적 손실 : 주 손실 이외의 손실

31 (상 중 하)

압력 2 [MPa]인 수증기 건도가 0.2일 때 엔탈피는 몇 [kJ/kg]인가? (단, 포화증기 엔탈피는 2780.5 [kJ/kg]이고, 포화액의 엔탈피는 910 [kJ/kg]이다)

① 1284
② 1466
③ 1845
④ 2406

해설 습증기 비엔탈피 h

h = 포화증기 비엔탈피 + 포화액 비엔탈피
= $(0.2 \times 2780.5) + (1 - 0.2) \times 910$
= $1284.1 \, [kJ/kg]$

h : 비엔탈피 [kJ/kg]

32 (상 중 하)

출구 단면적이 0.02 [m²]인 수평 노즐을 통하여 물이 수평방향으로 8 [m/s]의 속도로 노즐 출구에 놓여있는 수직 평판에 분사될 때 평판에 작용하는 힘은 약 몇 [N]인가?

① 800
② 1280
③ 2560
④ 12544

해설 수직평판에 작용하는 힘

고정평판에 작용하는 힘 $F = \rho Q V = \rho A V^2$

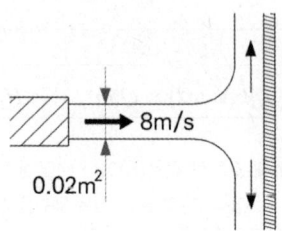

힘 $F = \rho Q V = \rho A V^2 = 1000 \times 0.02 \times 8^2$
    $= 1280 \, [N]$

33 (상 중 하)

안지름이 25 [mm]인 노즐 선단에서의 방수 압력은 계기 압력으로 5.8 × 10⁵ [Pa]이다. 이때 방수량은 약 [m³/s]인가?

① 0.017
② 0.17
③ 0.034
④ 0.34

해설 노즐 방수량 Q

$$방수량\ Q = 2.086 D^2 \sqrt{P}$$

$Q = 2.086 \times D^2 \times \sqrt{P}$
$= 2.086 \times 25^2 \times \sqrt{0.58}$
$= 992.91\ [L/min]$

따라서 유량 단위 변환 시

$992.91[L/min] \times \dfrac{1[m^3]}{1000[L]} \times \dfrac{1[min]}{60[s]} = 0.017\ [m^3/s]$

Q : 방수량 [L/min]
D : 노즐 직경 [mm]
P : 방수압 [MPa]

34 (상중하)

수평관의 길이가 100 [m]이고, 안지름이 100 [mm]인 소화설비 배관 내를 평균유속 2 [m/s]로 물이 흐를 때 마찰손실수두는 약 몇 [m]인가? (단, 관의 마찰계수는 0.05이다)

① 9.2　　　　② 10.2
③ 11.2　　　　④ 12.2

해설 배관 마찰손실수두(달시방정식)

$$손실수두\ H_L = f \times \dfrac{L}{D} \times \dfrac{V^2}{2g}$$

$H_L = f \times \dfrac{L}{D} \times \dfrac{V^2}{2g}$
$= 0.05 \times \dfrac{100}{0.1} \times \dfrac{2^2}{19.6} = 10.2\ [m]$

35 (상중하)

수평 원관 내 완전발달유동에서 유동을 일으키는 힘(ㄱ)과 방해하는 힘(ㄴ)은 각각 무엇인가?

① ㄱ : 압력차에 의한 힘, ㄴ : 점성력
② ㄱ : 중력 힘, ㄴ : 점성력
③ ㄱ : 중력 힘, ㄴ : 압력차에 의한 힘
④ ㄱ : 압력차에 의한 힘, ㄴ : 중력 힘

해설 압력차에 의한 힘, 점성력 비교

• 압력차에 의한 힘 : 완전발달유동에서 유동을 일으키는 힘
• 점성력 : 완전발달유동에서 유동을 방해하는 힘

※ 완전발달유동
① 입구영역을 지나 경계층의 형성으로 관 속의 속도분포가 완전하게 형성된 흐름
② 완전발달된 흐름은 파이프 내 정상흐름에서 길이 방향으로 속도분포가 변하지 않음

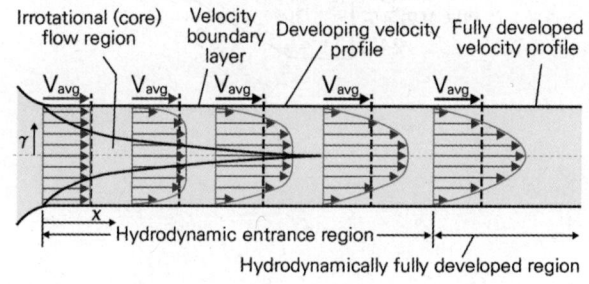

36 (상중하)

외부표면의 온도가 24 [℃], 내부표면의 온도가 24.5 [℃]일 때 높이 1.5 [m], 폭 1.5 [m], 두께 0.5 [cm]인 유리창을 통한 열전달률은 약 몇 [W]인가? (단, 유리창의 열전도계수는 0.8 [W/m·K]이다.

① 180　　　　② 200
③ 1800　　　④ 2000

정답 34 ② 35 ① 36 ①

해설 열전달량 Q(푸리에 열전도법칙)

전도열량 $\dot{Q}[W] = \dfrac{k \times A \times \Delta T}{l}$

k : 열전도율(열전도계수) [W/m·K]
A : 열전달 면적 [m²]
ΔT : 온도 차 [K]
l : 전열체의 두께 [m]

$\dot{Q}[W] = \dfrac{k \times A \times \Delta T}{l}$

$= \dfrac{0.8 \times (1.5 \times 1.5) \times (24.5 - 24)}{0.005} = 180\,[W]$

해설 가스의 체적(이상기체 상태방정식)

이상기체 상태방정식 $PV = nRT = \dfrac{W}{M}RT = W\overline{R}T$

$101 \times V = \dfrac{45}{44} \times 8.314 \times (273 + 15)$

∴ $V = 24.25\,[m^3]$

P : 절대압력 [kPa]
V : 부피 [m³]
M : 분자량 [kg/kmol]
W : 기체의 질량 [kg]
R : 일반기체상수 [kPa·m³/kmol·K]
　 = [kJ/kmol·K]
T : 절대온도 [K](273 + ℃)

38 (상 중 하)

점성계수와 동점성계수에 관한 설명으로 올바른 것은?

① 동점성계수 = 점성계수 × 밀도
② 점성계수 = 동점성계수 × 중력가속도
③ 동점성계수 = 점성계수/밀도
④ 점성계수 = 동점성계수/중력가속도

해설 동점성계수

동점성계수 $\nu = \dfrac{\text{점성계수 } \mu}{\text{밀도 } \rho}$

37 (상 중 하)

어떤 용기 내의 이산화탄소(45 [kg])가 방호공간에 가스 상태로 방출되고 있다. 방출 온도가 15 [℃], 압력이 101 [kPa]일 때 방출가스의 체적은 약 몇 [m³]인가? (단, 일반 기체상수는 8314 [J/kmol·K]이다)

① 2.2
② 12.2
③ 20.2
④ 24.3

정답 37 ④　38 ③

39 (상 중 하)

그림과 같은 관에 비압축성 유체가 흐를 때 A 단면의 평균속도가 V_1이라면 B단면에서의 평균속도 V_2는? (단, A 단면의 지름은 d_1이고 B단면의 지름은 d_2이다)

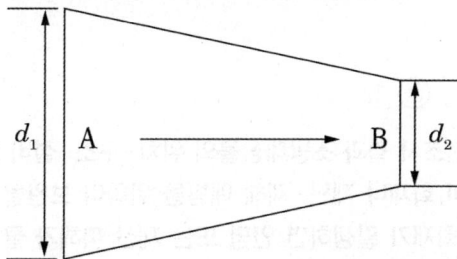

① $V_2 = \left(\dfrac{d_1}{d_2}\right) V_1$
② $V_2 = \left(\dfrac{d_1}{d_2}\right)^2 V_1$
③ $V_2 = \left(\dfrac{d_2}{d_1}\right) V_1$
④ $V_2 = \left(\dfrac{d_2}{d_1}\right)^2 V_1$

해설 평균속도

$Q = A_1 V_1 = A_2 V_2 \rightarrow \dfrac{\pi}{4} d_1^2 V_1 = \dfrac{\pi}{4} d_2^2 V_2$

$\therefore V_2 = \left(\dfrac{d_1}{d_2}\right)^2 \times V_1$

40 (상 중 하)

일률(시간당 에너지)의 차원을 기본 차원인 M(질량), L(길이), T(시간)로 올바르게 표시한 것은?

① $L^2 T^{-2}$
② $MT^{-2} L^{-1}$
③ $ML^2 T^{-2}$
④ $ML^2 T^{-3}$

해설 일률의 차원

동력(일률) $W = J/s$
$= N \cdot m/s$
$= (kg \cdot m/s^2) \cdot m/s$
$= kg \cdot m^2/s^3$

$\therefore$ 차원 $= ML^2 T^{-3}$

정답 39 ② 40 ④

2019년 2회 소방관계법규

41 [중]

소방시설을 구분하는 경우 소화설비에 해당되지 않는 것은?

① 스프링클러설비
② 제연설비
③ 자동확산소화기
④ 옥외소화전설비

해설 소화설비

구분	종류
소화기구	• 소화기 • 간이소화용구 • 자동확산소화기
자동소화장치	• 주거용 주방자동소화장치 • 상업용 주방자동소화장치 • 캐비닛형 자동소화장치 • 가스자동소화장치 • 분말자동소화장치 • 고체에어로졸자동소화장치
옥내소화전설비	(호스릴 포함)
스프링클러설비등	• 스프링클러설비 • 간이스프링클러설비(캐비닛형 포함) • 화재조기진압용 스프링클러설비
물분무등소화설비	• 물분무소화설비 • 미분무소화설비 • 포소화설비 • 이산화탄소소화설비 • 할론소화설비 • 할로겐화합물 및 불활성기체소화설비
물분무등소화설비	• 분말소화설비 • 강화액소화설비 • 고체에어로졸소화설비
옥외소화전설비	-

보충 제연설비 : 소화활동설비

42 [중]

화재안전조사 결과 소방대상물의 위치·구조·설비 또는 관리상황이 화재나 재난·재해 예방을 위하여 보완될 필요가 있거나 화재가 발생하면 인명 또는 재산 피해가 클 것으로 예상되는 때 관계인에게 그 소방대상물의 개수·이전·제거, 사용의 금지 또는 제한, 사용폐쇄, 공사의 정지 또는 중지, 그 밖의 필요한 조치를 명할 수 있는 자로 틀린 것은?

① 시·도지사
② 소방서장
③ 소방청장
④ 소방본부장

해설 화재안전조사 결과에 따른 조치명령

1) 명령권자 : 소방관서장
2) 관계인에게 그 소방대상물의 개수·이전·제거, 사용의 금지 또는 제한, 사용폐쇄, 공사의 정지 또는 중지, 그 밖에 필요한 조치
   (1) 소방대상물의 위치·구조·설비 또는 관리에 보완 필요 시
   (2) 화재발생 시 인명 또는 재산 피해가 클 것으로 예상될 때
3) 관계인에게 조치를 명령 또는 관계 행정기관의 장에게 필요한 조치 요청
   (1) 법령을 위반하여 건축 또는 설비
   (2) 소방시설등, 피난시설·방화구획, 방화시설 등이 법령에 적합하게 설치·관리되지 않은 경우

정답 41 ② 42 ①

43 (중)

소방시설 설치 및 관리에 관한 법령상 둘 이상의 특정소방 대상물이 내화구조로 된 연결통로가 벽이 없는 구조로서 그 길이가 몇 [m] 이하인 경우 하나의 소방대상물로 보는가?

① 6
② 9
③ 10
④ 12

해설 하나의 소방대상물로 보는 경우

1) 내화구조로 된 연결통로로 연결된 경우
   (1) 벽이 없는 구조 : 길이 6 [m] 이하
   (2) 벽이 있는 구조 : 길이 10 [m] 이하
   • 벽 높이가 바닥에서 천장 높이의 1/2 이상 : 벽이 있는 구조
   • 벽 높이가 바닥에서 천장 높이의 1/2 미만 : 벽이 없는 구조

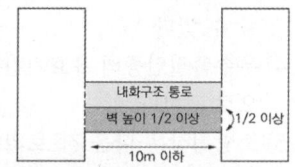

2) 내화구조가 아닌 연결통로로 연결된 경우
3) 컨베이어로 연결되거나 플랜트설비의 배관 등으로 연결되어 있는 경우
4) 지하보도, 지하상가, 터널로 연결된 경우
5) 자동방화셔터 또는 60분+ 방화문이 설치되지 않은 피트(전기설비 또는 배관설비등이 설치되는 공간)로 연결된 경우
6) 지하구로 연결된 경우

44 (하)

소방대라 함은 화재를 진압하고 화재, 재난·재해 그 밖의 위급한 상황에서 구조·구급 활동 등을 하기 위하여 구성된 조직체를 말한다. 소방대의 구성원으로 틀린 것은?

① 소방공무원
② 소방안전관리원
③ 의무소방원
④ 의용소방대원

해설 소방대 구성원

• 소방공무원
• 의무소방원
• 의용소방대원

암기 공무용

45 (중)

소방시설관리업자가 기술 인력을 변경하는 경우, 시·도지사에게 제출하여야 하는 서류로 틀린 것은?

① 소방시설관리업 등록수첩
② 변경된 기술인력 기술자격증(자격수첩)
③ 기술인력 연명부
④ 사업자등록증 사본

해설 등록사항 변경신고

1) 변경신고 : 30일 이내(시·도지사)
2) 제출서류
   (1) 명칭·상호·영업소소재지 변경 : 소방시설관리업등록증 및 등록수첩
   (2) 대표자 변경 : 소방시설관리업등록증 및 등록수첩
   (3) 기술인력 변경
      ① 소방시설관리업등록수첩
      ② 변경된 기술인력 기술자격증(경력수첩 포함)
      ③ 소방기술인력대장

정답 43 ① 44 ② 45 ④

46 (상 중 하)

제4류 위험물을 저장·취급하는 제조소에 "화기엄금"이란 주의사항을 표시하는 게시판을 설치할 경우 게시판의 색상은?

① 청색바탕에 백색문자
② 적색바탕에 백색문자
③ 백색바탕에 적색문자
④ 백색바탕에 흑색문자

해설 위험물제조소 게시판 설치기준

분류	주의사항	색상
• 제1류 위험물 중 알칼리금속의 과산화물 • 제3류 위험물 중 금수성 물질	물기엄금	청색바탕 백색문자
• 제2류 위험물(인화성 고체 제외)	화기주의	적색바탕 백색문자
• 제2류 위험물 중 인화성 고체 • 제3류 위험물 중 자연발화성 물질 • 제4류 위험물 • 제5류 위험물	화기엄금	
• 제6류 위험물	별도 표시 안함	

암기 물청바, 화적바

47 (상 중 하)

다음 중 품질이 우수하다고 인정되는 소방용품에 대하여 우수품질인증을 할 수 있는 자는?

① 산업통상자원부장관
② 시·도지사
③ 소방청장
④ 소방본부장 또는 소방서장

해설 우수품질 제품 인증

1) 소방청장은 형식승인의 대상이 되는 소방용품 중 품질이 우수하다고 인정하는 소방용품에 대하여 인증(이하 "우수품질인증"이라 한다)을 할 수 있다.
2) 우수품질인증을 받으려는 자는 행정안전부령으로 정하는 바에 따라 소방청장에게 신청하여야 한다.
3) 우수품질인증을 받은 소방용품에는 우수품질인증 표시를 할 수 있다.
4) 우수품질인증의 유효기간은 5년의 범위에서 행정안전부령으로 정한다.
5) 소방청장은 다음 각 호의 어느 하나에 해당하는 경우에는 우수품질인증을 취소할 수 있다. 다만 제1호에 해당하는 경우에는 우수품질인증을 취소하여야 한다.
   (1) 거짓이나 그 밖의 부정한 방법으로 우수품질인증을 받은 경우
   (2) 우수품질인증을 받은 제품이 「발명진흥법」에 따른 산업재산권 등 타인의 권리를 침해하였다고 판단되는 경우
6) 1)부터 5)까지에서 규정한 사항 외에 우수품질인증을 위한 기술기준, 제품의 품질관리 평가, 우수품질인증의 갱신, 수수료, 인증표시 등 우수품질인증에 필요한 사항은 행정안전부령으로 정한다.

정답 46 ② 47 ③

48 상중하

다음 중 고급기술자에 해당하는 학력·경력기준으로 옳은 것은?

① 박사학위를 취득한 후 2년 이상 소방 관련 업무를 수행한 사람
② 석사학위를 취득한 후 4년 이상 소방 관련 업무를 수행한 사람
③ 학사학위를 취득한 후 8년 이상 소방 관련 업무를 수행한 사람
④ 고등학교를 졸업 후 10년 이상 소방 관련 업무를 수행한 사람

해설 소방기술자 학력·경력에 따른 기술등급

등급	소방 관련 학과 학력 경력자	소방 관련 학과 이외 경력자
특급	• 박사 + 3년 이상 • 석사 + 7년 이상 • 학사 + 11년 이상 • 전문학사학위 + 15년 이상	–
고급	• 박사 + 1년 이상 • 석사 + 4년 이상 • 학사 + 7년 이상 • 전문학사학위 + 10년 이상 • 고등학교 소방학과 + 13년 • 고등학교 졸업 + 15년 이상	• 학사 + 12년 이상 • 전문학사학위 + 15년 이상 • 고등학교 졸업 + 18년 이상 • 22년 이상 소방 관련 업무
중급	• 박사 • 석사 + 2년 이상 • 학사 + 5년 이상 • 전문학사학위 + 8년 이상 • 고등학교 소방학과 + 10년 • 고등학교 졸업 + 12년 이상	• 학사 + 9년 이상 • 전문학사학위 + 12년 이상 • 고등학교 졸업 + 15년 이상 • 18년 이상 소방 관련 업무
초급	• 석사, 학사 • 관련 학과 졸업 • 전문학사학위 + 2년 이상 • 고등학교 소방학과 + 3년 • 고등학교 졸업 + 5년 이상	• 학사 + 3년 이상 • 전문학사학위 + 5년 이상 • 고등학교 졸업 + 7년 이상 • 9년 이상 소방 관련 업무

49 상중하

소방기본법령상 인접하고 있는 시·도 간 소방업무의 상호응원협정을 체결하고자 할 때, 포함되어야 하는 사항으로 틀린 것은?

① 소방교육·훈련의 종류에 관한 사항
② 화재의 경계·진압활동에 관한 사항
③ 출동대원의 수당·식사 및 피복의 수선의 소요경비의 부담에 관한 사항
④ 화재조사활동에 관한 사항

해설 소방업무 상호응원협정

1) 상호응원협정 체결 : 시·도지사
2) 소방활동에 관한 사항
   • 화재 경계·진압활동
   • 구조·구급업무 지원
   • 화재조사활동
3) 응원출동대상지역 및 규모
4) 소요경비 부담에 관한 사항
   • 출동대원 수당·식사 및 피복 수선
   • 소방장비 및 기구 정비와 연료 보급
5) 응원출동 요청방법
6) 응원출동훈련 및 평가

정답 48 ② 49 ①

50 (중)

화재의 예방 및 안전관리에 관한 법령상 위험물 또는 물건의 보관기간은 소방 본부 또는 소방서의 게시판에 공고하는 기간의 종료일 다음 날부터 며칠로 하는가?

① 3일 ② 5일
③ 7일 ④ 14일

해설 위험물 또는 물건의 보관

- 다음 물건의 소유자·관리자·점유자를 알 수 없는 경우 소속 공무원으로 하여금 그 물건을 옮기거나 보관하는 등 필요한 조치를 하게 할 수 있음
  ① 목재, 플라스틱 등 가연성이 큰 물건의 제거, 이격, 적재 금지 등
  ② 소방차량의 통행이나 소화활동에 지장을 줄 수 있는 물건의 이동
- 옮기거나 치운 물건 등은 보관해야 함
- 공고기간 : 14일 동안
- 보관기간 : 공고기간 종료일 다음 날부터 7일
- 보관기간이 종료되는 때에는 보관하고 있는 옮긴 물건을 매각 : 소방관서장
- 소방관서장은 보관하던 옮긴 물건을 매각한 경우 지체 없이 「국가재정법」에 따라 세입조치할 것
- 소방관서장은 매각되거나 폐기된 옮긴 물건의 소유자가 보상 요구 시 보상금액에 대하여 소유자와 협의를 거쳐 보상할 것

51 (하)

지정수량의 최소 몇 배 이상의 위험물을 취급하는 제조소에는 피뢰침을 설치해야 하는가? (단, 제6류 위험물을 취급하는 위험물제조소는 제외하고, 제조소 주위의 상황에 따라 안전상 지장이 없는 경우도 제외한다)

① 5배 ② 10배
③ 50배 ④ 100배

해설 위험물 제조소 피뢰설비

지정수량 10배 이상인 옥외탱크저장소 피뢰침 설치(제6류 위험물 제조소 제외)

암기 피식

52 (중)

산화성 고체인 제1류 위험물에 해당되는 것은?

① 질산염류 ② 특수인화물
③ 과염소산 ④ 유기과산화물

해설 제1류 위험물(산화성 고체)

품명	지정수량
아염소산염류	50 [kg]
염소산염류	
과염소산염류	
무기과산화물	
브로민산염류	300 [kg]
질산염류	
아이오드산염류	
과망가니즈산염류	1000 [kg]
다이크로뮴산염류	

암기 아염과무 브질아 과다

정답 50 ③ 51 ② 52 ①

53 (상중하)

위험물안전관리법상 청문을 실시하여 처분해야 하는 것은?

① 제조소등 설치허가의 취소
② 제조소등 영업정지 처분
③ 탱크시험자의 영업정지 처분
④ 과징금 부과 처분

해설 청문(위험물법)

1) 청문실시자 : 시·도지사, 소방본부장, 소방서장
2) 청문을 실시하는 경우
   • <u>제조소등 설치허가 취소</u>
   • 탱크시험자 등록취소

54 (상중하)

소방시설 설치 및 관리에 관한 법령상 특정소방대상물 중 오피스텔은 어느 시설에 해당하는가?

① 숙박시설
② 일반업무시설
③ 공동주택
④ 근린생활시설

해설 업무시설

1) 공공업무시설 : 국가 또는 지방자치단체의 청사, 외국공관의 건축물
2) <u>일반업무시설 : 금융업소, 사무소, 신문사, 오피스텔</u>
3) 주민자치센터(동사무소), 경찰서, 지구대, 파출소, 소방서, 119안전센터, 우체국, 보건소, 공공도서관, 국민건강보험공단
4) 마을회관, 마을공동작업소, 마을공동구판장
5) 변전소, 양수장, 정수장, 대피소, 공중화장실

55 (상중하)

소방시설 설치 및 관리에 관한 법령상, 종사자 수가 5명이고, 숙박시설이 모두 2인용 침대이며 침대수량은 50개인 청소년 시설에서 수용인원은 몇 명인가?

① 55   ② 75
③ 85   ④ 105

해설 수용인원 산정방법

1) 숙박시설이 있는 특정소방대상물
   • <u>침대 있는 경우 : 종사자 수 + 침대 수</u>
   • 침대 없는 경우 : 종사자 수 + $\dfrac{\text{바닥면적 합계}}{3\,m^2}$

2) 수용인원 = 5 + (50 × 2) = 105명

보충 ▶ 숙박시설 이외의 특정소방대상물
• 강의실·교무실·상담실·실습실·휴게실 용도로 쓰이는 특정소방대상물 : 바닥면적 합계 / 1.9 [m²]
• 강당·문화집회시설·운동시설·종교시설 : 바닥면적 합계 / 4.6 [m²]
• 관람석에 고정식 의자가 있는 경우 : 의자 수
• 관람석에 긴 의자가 있는 경우 : 의자의 정면너비 / 0.45 [m]
• 그 밖의 대상물 : 바닥면적 합계 / 3 [m²]

TIP ▶ 2인용 침대는 2인으로 산정

정답 53 ① 54 ② 55 ④

56 상(중)하

다음 중 300만 원 이하의 벌금에 해당되지 않는 것은?

① 등록수첩을 다른 자에게 빌려준 자
② 소방시설공사의 완공검사를 받지 아니한 자
③ 소방기술자가 동시에 둘 이상의 업체에 취업한 사람
④ 소방시설공사 현장에 감리원을 배치하지 아니한 자

해설 300만 원 이하 벌금

[소방시설법]
1) 업무를 수행하면서 알게 된 비밀을 이 법에서 정한 목적 외의 용도로 사용하거나 다른 사람 또는 기관에 제공하거나 누설한 자
2) 방염성능검사에 합격하지 아니한 물품에 합격표시를 하거나 합격표시를 위조하거나 변조하여 사용한 자
3) 방염성능검사 시 거짓 시료 제출
4) 자체점검 결과의 조치를 하지 아니한 관계인 또는 관계인에게 중대위반사항을 알리지 아니한 관리업자 등

[소방공사업법]
1) 다른 자에게 자기의 성명이나 상호를 사용하여 소방시설공사 등을 수급 또는 시공하게 하거나 소방시설업의 등록증이나 등록수첩을 빌려준 자
2) 소방시설공사 현장에 감리원을 배치하지 아니한 감리업자
3) 감리업자의 보완 요구에 따르지 아니한 공사업자
4) 감리업자가 공사업자의 위반사항을 소방서장에게 보고했다는 사유로 감리업자와의 공사감리 계약을 해지하거나 대가 지급을 거부하거나 지연시키거나 불이익을 준 관계인
5) 소방시설공사를 다른 업종의 공사와 분리하여 도급하지 아니한 관계인 또는 발주자
6) 자격수첩 또는 경력수첩을 빌려 준 사람
7) 동시에 둘 이상의 업체에 취업한 사람
8) 관계인의 정당한 업무를 방해하거나 업무상 알게 된 비밀을 누설한 관계 공무원

보충 관리업 등록증·등록수첩 빌려준 자 : 1년 이하의 징역 또는 1천 만 원 이하의 벌금
소방시설공사업 완공검사 받지 않은 자 : 과태료 200만 원

57 상(중)하

소방시설 설치 및 관리에 관한 법령상 건축허가등의 동의를 요구한 기관이 그 건축허가등을 취소하였을 때, 최소한 날부터 최대 며칠 이내에 건축물등의 시공지 또는 소재지를 관할하는 소방본부장 또는 소방서장에게 그 사실을 통보하여야 하는가?

① 3일
② 4일
③ 7일
④ 10일

해설 건축허가 동의요구

- 승인자 : 소방본부장, 소방서장
- 회신 : 동의요구서류 접수한 날로부터 5일(특급소방안전관리대상물 10일) 이내
- 동의요구서·첨부서류 보완 : 4일 이내
- 건축허가 취소 사실 통보 : 7일 이내(관할 시공지·소재지 소방본부장, 소방서장)

58 상(중)하

소방기본법상 화재 현장에서의 피난 등을 체험할 수 있는 소방체험관의 설립·운영권자는?

① 시·도지사
② 행정안전부장관
③ 소방본부장 또는 소방서장
④ 소방청장

정답 56 ①, ② 57 ③ 58 ①

해설 소방박물관, 체험관

소방박물관	소방체험관
소방청장	시·도지사
행정안전부령	시·도 조례
① 국내·외의 소방의 역사, ② 소방공무원의 복장 및 소방장비 등의 변천 및 발전에 관한 자료를 수집·보관 및 전시	① 재난·안전사고 유형에 따른 예방, 대처, 대응 등에 관한 체험교육 ② 체험교육 프로그램의 개발 및 국민 안전의식 향상을 위한 홍보·전시 ③ 체험교육 인력의 양성 및 유관기관·단체 등과 협력 ④ 시·도지사가 인정하는 사업
① 소방박물관장 1인(소방공무원 중 소방청장이 임명), 부관장 1인 ② 운영위원회 : 7인 이내	-

59 (상㊥하)

소방기본법령상 소방활동구역의 출입자에 해당되지 않는 자는?

① 소방활동구역 안에 있는 소방대상물의 소유자·관리자 또는 점유자
② 전기·가스·수도·통신·교통의 업무에 종사하는 사람으로서 원활한 소방활동을 위하여 필요한 자
③ 화재건물과 관련 있는 부동산업자
④ 취재인력 등 보도업무에 종사하는 자

해설 소방활동구역

1) 설정
 (1) 설정권자 : 소방대장
 (2) 소방활동구역을 정하여 소방활동에 필요한 사람으로서 대통령령으로 정하는 사람 외에는 그 구역에 출입하는 것을 제한

2) 출입자
 (1) 소방활동구역 안에 있는 소방대상물의 소유자·관리자·점유자
 (2) 전기·가스·수도·통신·교통의 업무 종사자로서 소방활동을 위해 필요한 사람
 (3) 의사·간호사 그 밖의 구조·구급업무 종사자
 (4) 취재인력 등 보도업무 종사자
 (5) 수사업무 종사자
 (6) 그 밖에 소방대장이 소방활동을 위해 출입을 허가한 사람
3) 경찰공무원은 소방대가 소방활동구역에 있지 않거나 소방대장의 요청이 있을 때에는 출입제한 조치를 할 수 있음

60 (상㊥하)

소방본부장 또는 소방서장은 건축허가등의 동의요구 서류를 접수한 날부터 최대 며칠 이내에 건축허가등의 동의 여부를 회신하여야 하는가? (단, 허가 신청한 건축물은 지상으로부터 높이가 200 [m]인 아파트이다)

① 5일   ② 7일
③ 10일   ④ 15일

해설 건축허가 동의요구

- 승인자 : 소방본부장, 소방서장
- 회신 : 동의요구서류 접수한 날로부터 5일(**특급소방안전관리대상물 10일**) 이내
- 동의요구서·첨부서류 보완 : 4일 이내
- 건축허가 취소 사실 통보 : 7일 이내(관할 시공지·소재지 소방본부장, 소방서장)

보충 200 [m] 이상 아파트 : 특급소방안전관리대상물

정답 59 ③ 60 ③

2019년 2회 소방기계시설의 구조 및 원리

61 (하)

작동전압이 22900 [V]의 고압의 전기기기가 있는 장소에 물분무설비를 설치할 때 전기기기와 물분무헤드 사이의 최소 이격거리는 얼마로 해야 하는가?

① 70 [cm] 이상
② 80 [cm] 이상
③ 110 [cm] 이상
④ 150 [cm] 이상

해설 고압의 전기기기와 물분무헤드 사이의 거리

전압 [kV]	거리 [cm]
66 이하	70 이상
66 초과 77 이하	80 이상
77 초과 110 이하	110 이상
110 초과 154 이하	150 이상
154 초과 181 이하	180 이상
181 초과 220 이하	210 이상
220 초과 275 이하	260 이상

TIP 전압의 "이하 값"과 근사한 거리 이상

62 (하)

다음 중 일반화재(A급 화재)에 적응성을 만족하지 못한 소화약제는?

① 제2종 분말소화약제
② 강화액소화약제
③ 할론소화약제
④ 포소화약제

해설 분말소화약제 적응성
- 제1, 2, 4종 : B, C급 화재
- 제3종 : A, B, C급 화재

63 (중)

제연설비 설계 중 배출량 선정에 있어서 고려하지 않아도 되는 사항은?

① 예상제연구역의 수직거리
② 예상제연구역의 바닥면적
③ 제연설비의 배출방식
④ 자동식 소화설비 및 피난설비의 설치 유무

해설 제연설비 배출량 선정 시 고려 사항
1) 예상제연구역의 수직거리
2) 예상제연구역의 바닥면적
3) 제연설비의 배출방식

정답 61 ① 62 ① 63 ④

64 상중하

폐쇄형 스프링클러헤드를 최고 주위온도 40 [℃]인 장소(공장 및 창고 제외)에 설치할 경우 표시온도는 몇 [℃]의 것을 설치하여야 하는가?

① 79 [℃] 미만
② 79 [℃] 이상 121 [℃] 미만
③ 121 [℃] 이상 162 [℃] 미만
④ 162 [℃] 이상

해설 폐쇄형 스프링클러헤드 표시온도

설치장소 최고 주위온도 [℃]	표시온도 [℃]
39 미만	79 미만
39 이상 64 미만	79 이상 121 미만
64 이상 106 미만	121 이상 162 미만
106 이상	162 이상

암기 ▶ 39삼구야 79(친구)하자
64육사가게 12(시비)걸지마
106번버스타고 16(일루)가자

65 상중하

스프링클러헤드를 설치하지 않을 수 있는 장소로만 나열된 것은?

① 계단, 병실, 목욕실, 냉동창고의 냉동실, 아파트(대피공간 제외)
② 발전실, 수술실, 응급처치실, 통신기기실, 관람석이 없는 테니스장
③ 냉동창고의 냉동실, 변전실, 병실, 목욕실, 수영장 관람석
④ 수술실, 관람석이 없는 테니스장, 변전실, 발전실, 아파트(대피공간 제외)

해설 스프링클러헤드의 설치 제외 장소

1) 천장 및 반자의 재료에 따른 기준으로서 다음 어느 하나에 해당하는 경우

천장 및 반자의 재료	천장과 반자 사이의 거리
양쪽 모두 불연재료 + 벽이 불연재료 (그 사이에 가연물이 존재 ×)	2 [m] 이상
양쪽 모두 불연재료	2 [m] 미만
천장·반자 중 한쪽이 불연재료	1 [m] 미만
양쪽 모두 불연재료 외의 것	0.5 [m] 미만

2) 계단실·경사로·승강기의 승강로·비상용 승강기의 승강장·파이프덕트 및 덕트피트·목욕실·수영장(관람석 부분 제외)·화장실·직접 외기에 개방되어 있는 복도
3) 통신기기실·전자기기실·기타 이와 유사한 장소
4) 발전실·변전실·변압기·기타 이와 유사한 전기설비가 설치되어 있는 장소
5) 병원의 수술실·응급처치실·기타 이와 유사한 장소
6) 펌프실·물탱크실 엘리베이터 권상기실 그 밖의 이와 비슷한 장소
7) 현관 또는 로비 등으로서 바닥으로부터 높이가 20 [m] 이상인 장소
8) 영하의 냉장창고의 냉장실 또는 냉동창고의 냉동실
9) 고온의 노가 설치된 장소 또는 물과 격렬하게 반응하는 물품의 저장 또는 취급장소
10) 실내 테니스장·게이트볼장·정구장 또는 이와 비슷한 장소로서 실내 바닥·벽·천장이 불연재료 또는 준불연재료로 구성되어 있고 가연물이 존재하지 않는 장소로서 관람석이 없는 운동시설(지하층은 제외)
11) 공동주택 중 아파트의 대피공간

[공동주택의 화재안전기술기준(NFTC 608)에 명시되어 있음]

정답 64 ② 65 ②

66 ⓢ 중 하

학교, 공장, 창고시설에 설치하는 옥내소화전에서 가압송수장치 및 기동장치가 동결의 우려가 있는 경우 일부 사항을 제외하고는 주 펌프와 동등 이상의 성능이 있는 별도의 펌프로서 내연기관의 기동과 연동하여 작동되거나 비상전원을 연결한 펌프를 추가 설치해야 한다. 다음 중 이러한 조치를 취해야 하는 경우는?

① 지하층이 없이 지상층만 있는 건축물
② 고가수조를 가압송수장치로 설치한 경우다.
③ 수원이 건축물의 최상층에 설치된 방수구보다 높은 위치에 설치된 경우
④ 건축물의 높이가 지표면으로부터 10 [m] 이하인 경우

해설 옥내소화전 옥상수조 설치 제외

1) 지하층만 있는 건축물
2) 고가수조를 가압송수장치로 설치한 경우
3) 수원이 건축물의 최상층에 설치된 방수구보다 높은 위치에 설치된 경우
4) 건축물의 높이가 지표면으로부터 10 [m] 이하인 경우
5) 가압수조를 가압송수장치로 설치한 경우
6) 주펌프와 동등 이상 성능 있는 별도 펌프로 내연기관 기동과 연동하여 작동되거나 비상전원을 연결하여 설치한 경우
7) 학교, 공장, 창고시설로서 동결의 우려가 있는 장소에 있어서는 기동스위치에 보호판을 부착하여 옥내소화전함 내에 설치한 경우

67 상 ⓜ 하

다음은 할론소화설비의 수동 기동장치 점검 내용으로 옳지 않은 것은?

① 방호구역마다 설치되어 있는지 점검한다.
② 방출지연스위치가 설치되어 있는지 점검한다.
③ 화재감지기와 연동되어 있는지 점검한다.
④ 조작부는 바닥으로부터 0.8 [m] 이상 1.5 [m] 이하의 위치에 설치되어 있는지 점검한다.

해설 할론소화설비 수동식 기동장치

1) 수동식 기동장치의 부근에는 소화약제의 방출을 지연시킬 수 있는 방출지연스위치(자동복귀형 스위치)를 설치해야 함
2) 전역방출방식은 방호구역마다 국소방출방식은 방호대상물마다 설치할 것
3) 해당 방호구역의 출입구 부근 등 조작을 하는 자가 쉽게 피난할 수 있는 장소에 설치할 것
4) 기동장치의 조작부는 바닥으로부터 0.8 [m] 이상 1.5 [m] 이하의 위치에 설치하고, 보호판 등에 따른 보호장치를 설치할 것
5) 기동장치 인근의 보기 쉬운 곳에 "할론소화설비 수동식 기동장치"라는 표지를 할 것
6) 전기를 사용하는 기동장치에는 전원표시등을 설치할 것
7) 기동장치의 방출용 스위치는 음향경보장치와 연동하여 조작될 수 있는 것으로 할 것

TIP 화재감지기와 연동은 자동식 기동장치

정답 66 ① 67 ③

68 (상 중 하)

화재 시 연기가 찰 우려가 없는 장소로서 호스릴분말소화설비를 설치할 수 있는 기준 중 다음 ( ) 안에 알맞은 것은?

- 지상 1층 및 피난층에 있는 부분으로서 지상에서 수동 또는 원격조작에 따라 개방할 수 있는 개구부의 유효면적의 합계가 바닥면적의 (㉠) [%] 이상이 되는 부분
- 전기설비가 설치되어 있는 부분 또는 다량의 화기를 사용하는 부분의 바닥면적이 해당 설비가 설치되어 있는 구획의 바닥면적의 (㉡) 미만이 되는 부분

① ㉠ 15, ㉡ 1/5
② ㉠ 15, ㉡ 1/2
③ ㉠ 20, ㉡ 1/5
④ ㉠ 20, ㉡ 1/2

해설 호스릴분말소화설비 설치장소

화재 시 현저하게 연기가 찰 우려가 없는 장소로서 다음의 어느 하나에 해당하는 장소에는 호스릴분말소화설비를 설치할 수 있음(다만 차고 또는 주차의 용도로 사용되는 장소는 제외)
1) 지상 1층 및 피난층에 있는 부분으로서 지상에서 수동 또는 원격조작에 따라 개방할 수 있는 개구부의 유효면적 합계가 바닥면적의 15 [%] 이상이 되는 부분
2) 전기설비가 설치되어 있는 부분 또는 다량의 화기를 사용하는 부분의 바닥면적이 해당 설비가 설치되어 있는 구획의 바닥면적 1/5 미만이 되는 부분

69 (상 중 하)

다음 ( ) 안에 들어가는 기기로 옳은 것은?

- 분말소화약제 가압용 가스용기를 3병 이상 설치한 경우에는 2대의 이상의 용기에 (ⓐ)를 부착하여야 한다.
- 분말소화약제 가압용 가스용기에는 2.5 [MPa] 이하의 압력에서 조정이 가능한 (ⓑ)를 설치하여야 한다.

① ⓐ 전자개방밸브, ⓑ 압력조정기
② ⓐ 전자개방밸브, ⓑ 정압작동장치
③ ⓐ 압력조정기, ⓑ 전자개방밸브
④ ⓐ 압력조장기, ⓑ 정압개방밸브

해설 분말소화약제 가압용 가스용기

1) 분말소화약제의 가스용기는 분말소화약제의 저장용기에 접속하여 설치할 것
2) 분말소화약제의 가압용 가스용기를 3병 이상 설치한 경우에는 2개 이상의 용기에 전자개방밸브를 부착할 것
3) 분말소화약제의 가압용 가스용기에는 2.5 [MPa] 이하의 압력에서 조정이 가능한 압력조정기를 설치할 것
4) 가압용 가스 또는 축압용 가스는 질소가스 또는 이산화탄소로 할 것

정답 68 ① 69 ①

70 (하)

이산화탄소소화약제의 저장용기에 관한 일반적인 설명으로 옳지 않은 것은?

① 방호구역 내의 장소에 설치하되 피난구 부근을 피하여 설치할 것
② 온도가 40 [℃] 이하이고 온도변화가 적은 곳에 설치할 것
③ 직사광선 및 빗물이 침투할 우려가 없는 곳에 설치할 것
④ 용기 간의 간격은 점검에 지장이 없도록 3 [cm] 이상의 간격을 유지할 것

해설 이산화탄소 저장용기 설치장소

1) 방호구역 외의 장소에 설치할 것
2) 온도가 40 [℃] 이하이고 온도변화가 적은 곳에 설치할 것
3) 직사광선 및 빗물이 침투할 우려가 없는 곳에 설치할 것
4) 방화문으로 구획된 실에 설치할 것
5) 용기의 설치장소에는 해당 용기가 설치된 곳임을 표시하는 표지를 할 것
6) 용기 간의 간격은 점검에 지장이 없도록 3 [cm] 이상 간격을 유지할 것
7) 저장용기와 집합관을 연결하는 연결배관에는 체크밸브를 설치할 것

71 (상)

다음 중 피난사다리 하부 지지점에 미끄럼 방지장치를 설치하여야 하는 것은?

① 내림식사다리
② 올림식사다리
③ 수납식사다리
④ 신축식사다리

해설 올림식사다리 하부 지지점

피난자가 사다리를 올렸을 때 넘어짐을 방지하기 위해 사다리 하부 지지점에 미끄럼 방지장치 설치

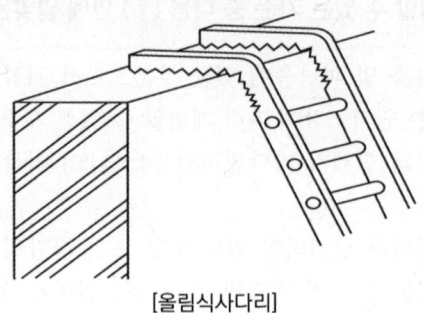

[올림식사다리]

72 (하)

포소화약제의 혼합장치 중 펌프의 토출관에 압입기를 설치하여 포소화약제 압입용 펌프로 소화약제를 압입시켜 혼합하는 방식은?

① 펌프 프로포셔너방식
② 프레셔사이드 프로포셔너방식
③ 라인 프로포셔너방식
④ 프레셔 프로포셔너방식

해설 포소화설비 포혼합장치의 종류

1) 라인 프로포셔너방식 : 벤추리관의 벤추리작용에 따라 소화약제를 흡입·혼합하는 방식
2) 프레셔 프로포셔너방식 : 벤추리관의 벤추리작용과 포소화약제 저장탱크압력에 따라 소화약제를 흡입·혼합하는 방식
3) 펌프 프로포셔너방식 : 흡입기에 물 일부를 보내고, 농도 조정밸브에서 조정된 포소화약제의 필요량을 소화약제 탱크에서 펌프 흡입 측으로 보내는 방식
4) 프레셔사이드 프로포셔너방식 : 압입기 설치하여 소화약제 압입용 펌프로 소화약제를 압입시켜 혼합하는 방식

5) 압축공기포 믹싱챔버방식 : 물, 포소화약제 및 공기를 믹싱챔버로 강제주입시켜 챔버 내에서 포수용액을 생성한 후 포를 방사하는 방식

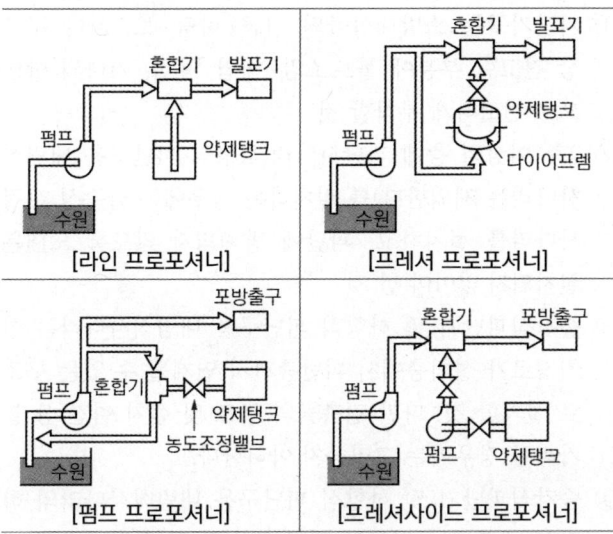

73 상 중 (하)

제연설비에서 예상제연구역의 각 부분으로부터 하나의 배출구까지의 수평거리를 몇 [m] 이내가 되도록 하여야 하는가?

① 10 [m] ② 12 [m]
③ 15 [m] ④ 20 [m]

해설 제연설비의 배출구 수평거리

예상제연구역의 각 부분으로부터 하나의 배출구까지의 수평거리는 10 [m] 이내가 되도록 해야 한다.

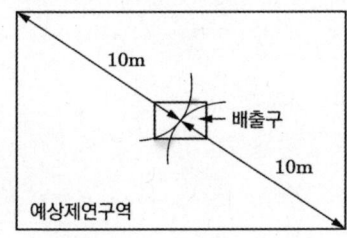

74 (상) 중 하

상수도 소화용수 설비의 소화전은 특정 소방대상물의 수평투영면 각 부분으로부터 최대 몇 [m] 이하가 되도록 설치하는가?

① 25 [m] ② 40 [m]
③ 100 [m] ④ 140 [m]

해설 상수도소화용수설비의 설치기준

- 호칭지름 75 [mm] 이상의 수도배관에 호칭지름 100 [mm] 이상의 소화전을 접속할 것
- 소화전은 소방자동차의 진입이 쉬운 도로변 또는 공지에 설치할 것
- 소화전은 특정소방대상물의 수평투영면의 각 부분으로부터 140 [m] 이하가 되도록 설치할 것

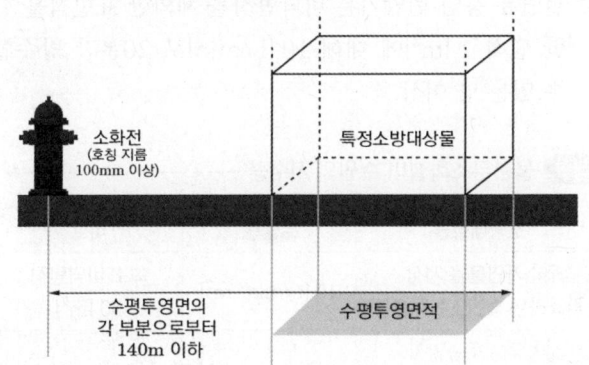

정답 73 ① 74 ④

75 상(중)하

물분무소화설비 가압송수장치 토출량에 대한 최소기준으로 옳은 것은? (단, 특수가연물을 저장 취급하는 특정 소방대상물 및 차고 주차장의 바닥면적은 50 [m²] 이하인 경우는 50 [m²]를 기준으로 한다)

① 차고 또는 주차장의 바닥면적 1 [m²]에 대해 10 [L/min]로 20분간 방수할 수 있는 양 이상
② 특수가연물을 저장·취급하는 특정 소방대상물의 바닥면적 1 [m²]에 대해 20 [L/min]로 20분간 방수할 수 있는 양 이상
③ 케이블 트레이, 케이블 덕트는 투영된 바닥면적 1 [m²]에 대해 10 [L/min]로 20분간 방수할 수 있는 양 이상
④ 절연유 봉입 변압기는 바닥면적을 제외한 표면적을 합한 면적 1 [m²]에 대해 10 [L/min]로 20분간 방수할 수 있는 양 이상

해설 물분무소화설비 수원의 저수량

소방대상물	토출량	비고
특수가연물을 저장·취급하는 특정소방대상물	10 [L/min·m²]	최소 바닥면적 50 [m²]
절연유봉입 변압기·컨베이어벨트	10 [L/min·m²]	-
케이블트레이·케이블덕트	12 [L/min·m²]	-
차고·주차장	20 [L/min·m²]	최소 바닥면적 50 [m²]

• 저수량
  = 면적 × 토출량 × 방수시간(20 [min])

암기 특절컨 10, 케이트 12, 차주 20

76 상 중(하)

피난기구 설치기준으로 옳지 않은 것은?

① 피난기구는 소방대상물의 기둥·바닥·보, 기타 구조상 견고한 부분에 볼트조임·매입·용접, 기타의 방법으로 견고하게 부착할 것
② 2층 이상의 층에 피난사다리(하향식 피난구용 내림식사다리는 제외한다)를 설치하는 경우에는 금속성 고정사다리를 설치하고, 피난에 방해되지 않도록 노대는 설치되지 않아야 할 것
③ 승강식피난기 및 하향식 피난구용 내림식사다리는 설치경로가 설치층에서 피난층까지 연계될 수 있는 구조로 설치할 것. 다만 건축물의 구조 및 설치 여건 상 불가피한 경우에는 그러하지 아니한다.
④ 승강식피난기 및 하향식 피난구용 내림식사다리의 하강식 내측에는 기구의 연결 금속구 등이 없어야 하며 전개된 피난기구는 하강구 수평투영면적 공간 내의 범위를 침범하지 않는 구조이어야 할 것. 단, 직경 60 [cm] 크기의 범위를 벗어난 경우이거나 직하층의 바닥면으로부터 높이 50 [cm] 이하의 범위는 제외한다.

해설 피난기구 설치기준

4층 이상의 층에 피난사다리(하향식 피난구용 내림식사다리는 제외)를 설치하는 경우
1) 금속성 고정사다리를 설치하고,
2) 당해 고정사다리에는 쉽게 피난할 수 있는 구조의 노대를 설치할 것

정답 75 ④ 76 ②

77

포소화설비의 자동식 기동장치를 폐쇄형 스프링클러헤드의 개방과 연동하여 가압송수장치·일제개방밸브 및 포소화약제 혼합 장치를 기동하는 경우 다음 ( ) 안에 알맞은 것은? (단, 자동화재탐지설비의 수신기가 설치된 장소에 상시 사람이 근무하고 있고, 화재 시 즉시 해당 조작부를 작동시킬 수 있는 경우는 제외한다)

표시온도가 (㉠) [℃] 미만인 것을 사용하고, 1개의 스프링클러헤드의 경계면적은 (㉡) [m²] 이하로 할 것

① ㉠ 79, ㉡ 8
② ㉠ 121, ㉡ 8
③ ㉠ 79, ㉡ 20
④ ㉠ 121, ㉡ 20

해설 포소화설비 자동식 기동장치 - 폐쇄형 S/P헤드

1) 표시온도 : 79 [℃] 미만
2) 1개의 스프링클러헤드의 경계면적 : 20 [m²] 이하
3) 부착면의 높이 : 바닥으로부터 5 [m] 이하
4) 하나의 감지장치 경계구역은 하나의 층이 되도록 할 것

78

특정소방대상물별 소화기구의 능력단위의 기준 중 다음 ( ) 안에 알맞은 것은?

특정 소방대상물	소화기구의 능력단위
장례식장 및 의료시설	해당 용도의 바닥면적 (㉠) [m²]마다 능력 단위 1단위 이상
노유자시설	해당 용도의 바닥면적 (㉡) [m²]마다 능력 단위 1단위 이상
위락시설	해당 용도의 바닥면적 (㉢) [m²]마다 능력 단위 1단위 이상

① ㉠ 30 ㉡ 50 ㉢ 100
② ㉠ 30 ㉡ 100 ㉢ 50
③ ㉠ 50 ㉡ 100 ㉢ 30
④ ㉠ 50 ㉡ 30 ㉢ 100

해설 특정소방대상물별 소화기구의 능력단위

특정소방대상물	소화기구의 능력단위
1. 위락시설	해당 용도의 바닥면적 30 [m²] 마다 능력단위 1단위 이상
2. 공연장·집회장·관람장·문화재·장례식장 및 의료시설	해당 용도의 바닥면적 50 [m²] 마다 능력단위 1단위 이상
3. 근린생활시설·판매시설·운수시설·숙박시설·노유자시설·전시장·공동주택·업무시설·방송통신시설·공장·창고시설·항공기 및 자동차 관련 시설 및 관광휴게시설	해당 용도 바닥면적 100 [m²] 마다 능력단위 1단위 이상
4. 그 밖의 것	해당 용도 바닥면적 200 [m²] 마다 능력단위 1단위 이상

※ 소화기구의 능력단위를 산정함에 있어서 건축물의 주요구조부가 내화구조이고, 벽 및 반자의 실내에 면하는 부분이 불연·준불연·난연재료로 된 특정소방대상물에 있어서는 위 표의 바닥면적의 2배를 해당 특정소방대상물의 기준면적으로 한다.

79 (상/중/하)

아래 평면도와 같이 반자가 있는 어느 실내에 전등이나 공조용 디퓨져 등의 시설물을 무시하고 수평거리를 2.1 [m]로 하여 스프링클러헤드를 정방형으로 설치하고자 할 때 최소 몇 개의 헤드를 설치해야 하는가? (단, 반자 속에는 헤드를 설치하지 아니하는 것으로 본다)

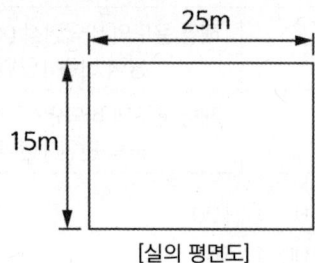

[실의 평면도]

① 24개   ② 42개
③ 54개   ④ 72개

해설 스프링클러 정방형 헤드 간격

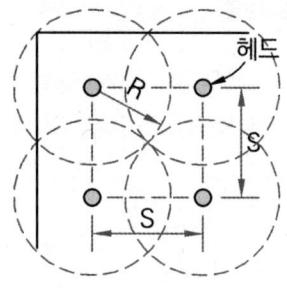

1) 헤드 간 거리 S
   S = 2 R cos45°
     = 2 × 2.1 × cos45° = 2.97 [m]
2) 가로에 설치할 헤드 개수
   25 ÷ 2.97 = 8.41 ≒ 9개
3) 세로에 설치할 헤드 개수
   15 ÷ 2.97 = 5.05 ≒ 6개
4) 총 설치할 헤드개수
   = 가로 설치개수 × 세로 설치개수
   = 9 × 6 = 54개

S : 정방형 배치 시 헤드 간 거리 [m]
R : 수평거리 [m]

80 (상/중/하)

소화용수설비 중 소화수조 및 저수조에 대한 설명으로 틀린 것은?

① 소화수조, 저수조의 채수구 또는 흡수관투입구는 소방차가 2 [m] 이내의 지점까지 접근할 수 있는 위치에 설치할 것
② 지하에 설치하는 소화용수설비의 흡수관투입구는 그 한 변이 0.6 [m] 이상인 것으로 할 것
③ 채수구는 지면으로부터의 높이가 0.5 [m] 이상 1 [m] 이하의 위치에 설치하고 "채수구"라고 표시한 표지를 할 것
④ 소화수조가 옥상 또는 옥탑의 부분에 설치된 경우에는 지상에 설치된 채수구에서의 압력이 0.1 [MPa] 이상이 되도록 할 것

해설 소화수조가 옥상 또는 옥탑에 설치된 경우

소화수조가 옥상 또는 옥탑의 부분에 설치된 경우에는 지상에 설치된 채수구에서의 압력이 0.15 [MPa] 이상이 되도록 할 것

정답 79 ③ 80 ④

2019년 4회 소방원론

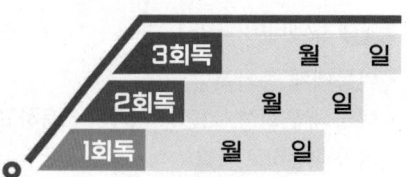

01 (중)

방화벽의 구조기준 중 다음 ( ) 안에 알맞은 것은?

- 방화벽의 양쪽 끝과 위쪽 끝을 건축물의 외벽면 및 지붕면으로부터 (㉠)[m] 이상 튀어나오게 할 것
- 방화벽에 설치하는 출입문의 너비 및 높이는 각각 (㉡)[m] 이하로 하고, 해당 출입문에는 60분+ 방화문 또는 60분 방화문을 설치할 것

① ㉠ 0.3, ㉡ 2.5   ② ㉠ 0.3, ㉡ 3.0
③ ㉠ 0.5, ㉡ 2.5   ④ ㉠ 0.5, ㉡ 3.0

해설 방화벽 설치기준

구분	설치 및 구조기준
대상 건축물	주요구조부가 내화구조이거나 불연재료인 건축물이 아닌 연면적 1000 [m²] 이상인 건축물
구획	각 구획된 바닥면적의 합계 : 1000 [m²] 미만
구조	• 내화구조로서 홀로 설 수 있는 구조일 것 • 방화벽 양쪽 끝과 위쪽 끝을 건축물의 외벽면 및 지붕면으로부터 0.5 [m] 이상 튀어나오게 할 것 • 출입문 너비와 높이 : 2.5 [m] 이하 • 출입문 : 60분+ 방화문 또는 60분 방화문

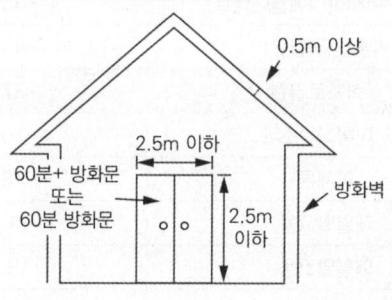

02 (하)

물의 소화력을 증대시키기 위하여 첨가하는 첨가제 중 물의 유실을 방지하고 건물, 임야 등의 입체 면에 오랫동안 잔류하게 하기 위한 것은?

① 증점제   ② 강화액
③ 침투제   ④ 유화제

해설 물의 소화력 증대를 위한 첨가제

종류	특성
증점제	산림에 장시간 부착(점도 증가)
침투제	계면활성제 첨가
부동액	물의 동결방지 위해 첨가
유화제	분무주수하면 효과적(에멀전 형성)
강화액	염류를 첨가하여 물의 소화효과와 강화액의 부촉매효과 이용

03 (중)

BLEVE현상을 설명한 것으로 가장 옳은 것은?

① 물이 뜨거운 기름표면 아래에서 끓을 때 화재를 수반하지 않고 Over Flow되는 현상
② 물이 연소유의 뜨거운 표면에 들어갈 때 발생되는 Over Flow현상
③ 탱크 바닥에 물과 기름의 에멀전이 섞여있을 때 물의 비등으로 인하여 급격하게 Over Flow되는 현상
④ 탱크 주위 화재로 탱크 내 인화성 액체가 비등하고 가스부분의 압력이 상승하여 탱크가 파괴되고 폭발을 일으키는 현상

정답 01 ③ 02 ① 03 ④

해설 ▶ 블레비(BLEVE)
- 비등액체 증기폭발
- 탱크 내 인화성·가연성 액체가 비등하고 가스압력 상승으로 탱크가 파열하고 폭발
- 복사열 대량 방출
- 파이어 볼 발생

보충 ▶ 파이어 볼 : 인화성 액체가 대량 기화되어 갑자기 발화될 때 발생하는 공 모양 화염

04 (상 중 하)

소화원리에 대한 설명으로 틀린 것은?

① 냉각소화 : 물의 증발잠열에 의해서 가연물의 온도를 저하시키는 소화방법
② 제거소화 : 가연성 가스의 분출화재 시 연료공급을 차단시키는 소화방법
③ 질식소화 : 포소화약제 또는 불연성 가스를 이용해서 공기 중의 산소공급을 차단하여 소화하는 방법
④ 억제소화 : 불활성 기체를 방출하여 연소범위 이하로 낮추어 소화하는 방법

해설 ▶ 소화의 형태

소화	내용
냉각소화	열 흡수, 발화점 이하로 낮추어 소화
질식소화	산소농도 15 [%] 이하로 낮춤
제거소화	가연물을 차단, 격리
억제소화	연쇄반응을 차단, 부촉매소화

05 (상 중 하)

화재강도(Fire Intensity)와 관계가 없는 것은?

① 가연물의 비표면적
② 발화원의 온도
③ 화재실의 구조
④ 가연물의 발열량

해설 ▶ 화재강도 영향 요인

1) 정의 : 화재실의 단위시간당 축적되는 열의 양으로 열 축적률이 크면 화재강도가 커진다.
2) 화재강도에 영향을 미치는 요인
   (1) 가연물의 비표면적
   (2) 가연물의 배열 상태
   (3) 가연물의 발열량
   (4) 화재실의 구조(단열성)
   (5) 공기(산소)의 공급

TIP ▶ 화재의 온도가 높으면 화재강도는 커짐

06 (상 중 하)

다음 중 인화점이 가장 낮은 물질은?

① 산화프로필렌   ② 이황화탄소
③ 메틸알코올   ④ 등유

해설 ▶ 인화점

물질	인화점 [℃]
다이에틸에터(디에틸에테르)	-45
가솔린(휘발유)	-43
산화프로필렌	-37
이황화탄소	-30
아세톤	-18
메틸알코올	11
에틸알코올	13
등유	39
경유	41

암기 ▶ 인가산이아 / 메에 / 등경

정답 ▶ 04 ④ 05 ② 06 ①

07 상(중)하

에터(에테르), 케톤, 에스터(에스테르), 알데하이드(알데히드), 카르복실산, 아민 등과 같은 가연성인 수용성 용매에 유효한 포소화약제는?

① 단백포
② 수성막포
③ 불화단백포
④ 내알코올포

해설 포소화약제 종류

종류	특징
단백포	• 부식성이 큼 • 내열성이 우수함 • 유동성, 내유성이 좋지 않음 • 변질의 우려가 있어 장기 저장 불가 • 포안정제로 염화제1철염 첨가
수성막포 (AFFF)	• 안전성이 좋음 • 분말소화약제와 겸용하여 사용 가능 • 점성이 작아 기름 표면에 피막을 형성하여 유류 증발 억제
불화단백포	• 소화성능 가장 우수 • 단백포 + 수성막포 • 표면하주입방식
합성 계면활성제포	• 저팽창포, 고팽창포 모두 사용 가능 • 유동성이 좋음
내알코올포 (알코올형포)	• 수용성 유류화재에 적응성이 있음 • 가연성 액체에 사용함

08 상(중)하

할로겐화합물소화약제는 일반적으로 열을 받으면 할로겐족이 분해되어 가연 물질의 연소과정에서 발생하는 활성종과 화합하여 연소의 연쇄반응을 차단한다. 연쇄반응의 차단과 가장 거리가 먼 소화약제는?

① FC-3-1-10
② HFC-125
③ IG-541
④ FIC-13I1

해설 할로겐화합물 및 불활성기체소화약제 종류

구분	할로겐화합물	불활성 기체
종류	FC-3-1-10 HCFC BLEND A HCFC-124 HCFC-125 HCFC-23 FIC-13I1 등	IG-01 IG-100 IG-541 IG-55
효과	부촉매효과(연쇄반응 차단)	질식효과

09 상 중(하)

화재 발생 시 인명피해방지를 위한 건물로 적합한 것은?

① 피난설비가 없는 건물
② 특별피난계단의 구조로 된 건물
③ 피난기구가 관리되고 있지 않은 건물
④ 피난구 폐쇄 및 피난구유도등이 미비되어 있는 건물

해설 인명피해방지 건물

1) 피난설비가 있는 건물
2) 특별피난계단의 구조로 된 건물
3) 피난기구가 관리되고 있는 건물
4) 피난구 개방 및 피난구유도등이 잘 설치되어 있는 건물

정답 07 ④ 08 ③ 09 ②

10 (상)중 하

특정소방대상물(소방안전관리대상물은 제외)의 관계인과 소방안전관리대상물의 소방안전관리자의 업무가 아닌 것은?

① 화기 취급의 감독
② 자체소방대의 운용
③ 소방 관련 시설의 유지·관리
④ 피난시설, 방화구획 및 방화시설의 유지·관리

해설 소방안전관리자의 업무

1) 피난계획에 관한 사항과 소방계획서의 작성 및 시행
2) 자위소방대 및 초기대응체계의 구성·운영·교육
3) 피난시설, 방화구획 및 방화시설의 유지·관리
4) 소방시설이나 그 밖의 소방관련시설의 관리
5) 소방훈련 및 교육
6) 화기취급 감독
7) 업무 수행에 관한 기록 유지
8) 화재 발생 시 초기대응
9) 그 밖에 소방안전관리에 필요한 업무

11 상(중)하

CF_3Br 소화약제의 명칭을 옳게 나타낸 것은?

① 할론 1011
② 할론 1211
③ 할론 1301
④ 할론 2402

해설 할론소화약제

종류	분자식	상온·상압
할론 1211	CF_2ClBr	기체
할론 1301	CF_3Br	기체
할론 1011	CH_2ClBr	액체
할론 2402	$C_2F_4Br_2$	액체

12 상(중)하

화재의 유형별 특성에 관한 설명으로 옳은 것은?

① A급 화재는 무색으로 표시하며 감전의 위험이 있으므로 주수소화를 엄금한다.
② B급 화재는 황색으로 표시하며 질식소화를 통해 화재를 진압한다.
③ C급 화재는 백색으로 표시하며 가연성이 강한 금속의 화재이다.
④ D급 화재는 청색으로 표시하며 연소 후에 재를 남긴다.

해설 화재별 소화방법

등급	화재	표시색	소화방법
A급	일반화재	백색	냉각소화
B급	유류화재	황색	질식소화
C급	전기화재	청색	질식소화
D급	금속화재	무색	마른모래, 팽창질석, 팽창진주암 D급 소화기
K급	주방화재	-	K급 소화기

13 상(중)하

다음 중 전산실, 통신기기실 등에서의 소화에 가장 적합한 것은?

① 스프링클러설비
② 옥내소화전설비
③ 분말소화설비
④ 할로겐화합물 및 불활성기체소화설비

해설 할로겐화합물 및 불활성기체소화설비의 적응성

통신기기실, 미술관, 정보통신실, 전산실

정답 10 ② 11 ③ 12 ② 13 ④

14 프로페인가스의 연소범위[vol%]에 가장 가까운 것은?

① 9.8 ~ 28.4
② 2.5 ~ 81
③ 4.0 ~ 75
④ 2.1 ~ 9.5

해설 주요 물질 연소범위

가스	하한계 [vol%]	상한계 [vol%]
이황화탄소	1.2	44
아세틸렌	2.5	81
수소	4	75
일산화탄소	12.5	74
에틸렌	2.7	36
암모니아	15	28
메테인(메탄)	5	15
에테인(에탄)	3	12.4
프로페인(프로판)	2.1	9.5
뷰테인(부탄)	1.8	8.4

암기 (이황)일이사사, (아)이고팔아파, (수)사치료, (일산)이리와 칠사, (에틸)이찌삼육, (메)오싫오, (프)이하나구오, (뷰)십팔팔사

15 가연물의 제거와 가장 관련이 없는 소화방법은?

① 유류화재 시 유류공급밸브를 잠근다.
② 산불화재 시 나무를 잘라 없앤다.
③ 팽창 진주암을 사용하여 진화한다.
④ 가스화재 시 중간밸브를 잠근다.

해설 제거소화

방법	내용
격리	• 바람을 일으켜 가연물과 불꽃을 격리
소멸	• 가스밸브를 차단하여 가스 공급을 소멸 • 드레인밸브(배출밸브)를 개방하여 기름 배출 • 가연물을 다른 지역으로 이동
파괴	• 산불 화재 시 맞불, 벌목

보충 팽창 진주암을 사용하는 것 : 질식소화

16 화재 시 이산화탄소를 방출하여 산소농도를 13 [vol%]로 낮추어 소화하기 위한 공기 중 이산화탄소의 농도는 약 몇 [vol%] 인가?

① 9.5
② 25.8
③ 38.1
④ 61.5

해설 이산화탄소의 농도

$$CO_2 \text{ 농도 [vol\%]} = \frac{21 - O_2[vol\%]}{21} \times 100$$

CO_2 농도 $= \frac{21 - O_2}{21} \times 100$
$= \frac{21 - 13}{21} \times 100$
$\fallingdotseq 38.095 \text{ [vol\%]}$

정답 14 ④ 15 ③ 16 ③

17 상(중)하

독성이 매우 높은 가스로서 석유제품, 유지 등이 연소할 때 생성되는 알데하이드(알데히드) 계통의 가스는?

① 시안화수소 ② 암모니아
③ 포스겐   ④ 아크롤레인

해설 유해가스

연소가스	특징
일산화탄소 (CO)	• 불완전연소 시 발생 • 유독성 • 흡입 시 헤모글로빈과 결합하여 산소운반 저해
이산화탄소 (CO_2)	• 완전연소 시 발생 • 연소가스 중 가장 많은 양 발생 • 다량 흡입 시 호흡속도 증가
암모니아 (NH_3)	• 인체에 자극성이 큰 가연성 가스 • 질소함유물, 수지류, 나무 등이 연소 시 발생
포스겐 ($COCl_2$)	• PVC, 수지류, 염소가 함유된 가연물 연소 시 발생 • 맹독성(0.1 [ppm])
황화수소(H_2S)	• 달걀 썩는 냄새 • 독성, 부식성, 가연성 가스
시안화수소 (HCN)	• 질소함유물 등이 불완전연소 시 발생 • 청산가스
아크롤레인 (CH_2CHCHO)	• 맹독성(0.1 [ppm]) • 석유제품, 유지 등 연소 시 생성

18 상(중)하

다음 중 인명구조 기구에 속하지 않는 것은?

① 방열복
② 공기안전매트
③ 공기호흡기
④ 인공소생기

해설 인명구조 기구의 종류

• 방열복 : 고온의 복사열에 가까이 접근하여 소방활동을 수행할 수 있는 내열피복
• 공기호흡기 : 소화활동 시에 화재로 인하여 발생하는 각종 유독가스 중에서 일정시간 사용할 수 있도록 제조된 압축공기식 개인호흡장비(보조마스크를 포함한다)를 말함
• 인공소생기 : 호흡 부전 상태인 사람에게 인공호흡을 시켜 환자를 보호하거나 구급하는 기구
• 방화복 : 화재진압 등의 소방활동을 수행할 수 있는 피복

[방열복] [방화복] [공기호흡기] [인공소생기]

TIP 공기안전매트 : 피난기구

19 상(중)하

불포화 섬유지나 석탄에 자연발화를 일으키는 원인은?

① 분해열   ② 산화열
③ 발효열   ④ 중합열

해설 자연발화의 원인

분류	개념	종류
산화열	가연물이 산소와 결합하여 발생	불포화 섬유지, 석탄, 기름걸레
분해열	물질이 분해하며 열 축적에 의해 발화	셀룰로이드, 아세틸렌
흡착열	흡착 시 발생하는 열	활성탄, 목탄
중합열	중합반응에 의한 열, 분해열과 반대	액화 시안화수소
발효열	미생물에 의해 발효되면서 발생	먼지, 퇴비

정답 17 ④ 18 ② 19 ②

20 (상 중 하)

화재의 지속시간 및 온도에 따라 목재건물과 내화건물을 비교했을 때 목재건물의 화재성상으로 가장 적합한 것은?

① 저온 장기형이다.
② 저온 단기형이다.
③ 고온 장기형이다.
④ 고온 단기형이다.

해설 건축물 화재 특징

구분	목조건축물	내화건축물
화재성상	온도(℃) / 시간 고온 단기형	온도(℃) / 시간 저온 장기형
최성기 온도	1000 ~ 1300 [℃]	800 ~ 1000 [℃]

정답 20 ④

2019년 4회 소방유체역학

21 (하)

아래 그림과 같이 두 개의 가벼운 공 사이로 빠른 기류를 불어 넣으면 두 개의 공은 어떻게 되겠는가?

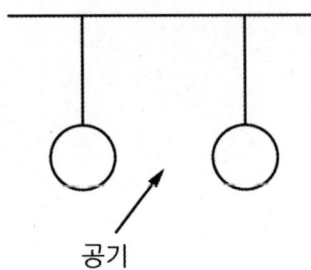

① 뉴턴의 법칙에 따라 벌어진다.
② 뉴턴의 법칙에 따라 가까워진다.
③ 베르누이의 법칙에 따라 벌어진다.
④ 베르누이의 법칙에 따라 가까워진다.

해설 베르누이의 법칙

베르누이방정식 $\dfrac{P}{\gamma}+\dfrac{V^2}{2g}+Z=C$

- 속도수두, 압력수두, 위치수두의 합은 일정하다.
- 기류를 불어 넣으면 위치수두는 일정, 속도가 증가하여 압력이 감소하므로 가까워진다.

22 (중)

다음 유체 기계들의 압력 상승이 일반적으로 큰 것부터 순서대로 바르게 나열한 것은?

① 압축기 > 블로어 > 팬
② 블로어 > 압축기 > 팬
③ 팬 > 블로어 > 압축기
④ 팬 > 압축기 > 블로어

해설 유체 기계들의 압력 상승

(단위 : [mmAq])

송풍기		압축기
Fan	Blower	Compressor
1000 미만	1000 ~ 10000	10000 이상

23 (하)

표면적이 같은 두 물체가 있다. 표면온도가 2000 [K]인 물체가 내는 복사에너지는 표면온도가 1000 [K]인 물체가 내는 복사에너지의 몇 배인가?

① 4 ② 8
③ 16 ④ 32

정답 21 ④ 22 ① 23 ③

해설 복사에너지(스테판 볼츠만법칙)

$$\text{단위 면적당 복사열량 } Q\,[W/m^2] = \sigma T^4$$

복사 : 열전달 매질 없이 전자파 형태로 열이 전달
스테판 볼츠만의 법칙에 의해 복사열은 절대온도의 4승에 비례한다.

보충 매질 : 파동을 전달시키는 물질

$$\frac{T_2^4}{T_1^4} = \frac{2000^4}{1000^4} = 16$$

σ : 스테판 볼츠만 상수 $[W/m^2 \cdot K^4]$
T : 절대온도 $[K](=273+t℃)$

24 (상 중 하)

이상기체의 폴리트로픽 변화 'PVⁿ = 일정'에서 n = 1인 경우 어느 변화에 속하는가? (단, P는 압력, V는 부피, n은 폴리트로픽 지수를 나타낸다)

① 단열변화   ② 등온변화
③ 정적변화   ④ 정압변화

해설 폴리트로픽 지수(n)

폴리트로픽 지수	n = 0	n = 1	n = k	n = ∞
변화	등압	등온	단열	정적

25 (상 중 하)

지름이 75 [mm]인 관로 속에 평균 속도 4 [m/s]로 흐르고 있을 때 유량 [kg/s]은?

① 15.52   ② 16.92
③ 17.67   ④ 18.52

해설 연속방정식(질량유량)

$$\text{질량유량 } M = \rho A V$$

$M = \rho \cdot A \cdot V$
$= 1000 \times \frac{\pi}{4} \times 0.075^2 \times 4$
$= 17.67\,[kg/s]$

M : 질량유량 [kg/s], A : 단면적 [m²]
V : 유속 [m/s], ρ : 밀도 [kg/m³]

26 (상 중 하)

초기에 비어 있는 체적이 0.1 [m³]인 견고한 용기 안에 공기(이상기체)를 서서히 주입한다. 공기 1 [kg]을 넣었을 때 용기 안의 온도가 300 [K]가 되었다면 이때 용기 안의 압력 (kPa)은? (단, 공기의 기체상수는 0.287 [kJ/kg·K]이다)

① 287   ② 300
③ 448   ④ 861

해설 용기 안의 압력(이상기체 상태방정식)

$$\text{이상기체 상태방정식 } PV = nRT = \frac{W}{M}RT = W\overline{R}T$$

$PV = W\overline{R}T$
$P \times 0.1 = 1 \times 0.287 \times 300$
$\therefore P = 861\,[kPa]$

P : 절대압력 [kPa]
V : 부피 [m³]
W : 기체의 질량 [kg]
$\overline{R}$: 특정기체상수 [kJ/kg·K]
T : 절대온도 [K](273 + ℃)

정답 24 ② 25 ③ 26 ④

27 (중)

다음 중 Stokes의 법칙과 관계되는 점도계는?

① Ostwald 점도계
② 낙구식 점도계
③ Saybolt 점도계
④ 회전식 점도계

해설 점도계

구분	원리	점도계 종류
뉴턴의 점성법칙	회전 원통법	• 스토머 점도계 • 맥미셀 점도계
스토크스법칙	낙구법	• 낙구식 점도계
하겐 포아젤의 법칙	세관법	• 오스왈트 점도계 • 세이볼트 점도계 • 앵글러 점도계 • 바베이 점도계 • 레드우드 점도계

암기 ▶ 뉴회스맥, 스낙, 하오세

28 (중)

피토관으로 파이프 중심선에서 흐르는 물의 유속을 측정할 때 피토관의 액주높이가 5.2 [m], 정압튜브의 액주높이가 4.2 [m]를 나타낸다면 유속 [m/s]은? (단, 속도계수(C_v)는 0.97이다)

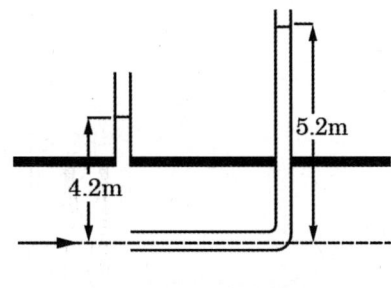

① 4.3 ② 3.5
③ 2.8 ④ 1.9

해설 피토관의 유속(토리첼리식)

$$\text{관 내 유속 } V = C_v \sqrt{2gh}$$

유속 $V = C_v \sqrt{2gh}$
$= 0.97\sqrt{2 \times 9.8 \times (5.2-4.2)} = 4.29 \, [m/s]$

g : 중력가속도 [m/s²]
h : 액주계의 높이 차 [m]

29 (중)

그림의 역U자관 마노미터에서 압력 차($P_x - P_y$)는 약 몇 [Pa]인가?

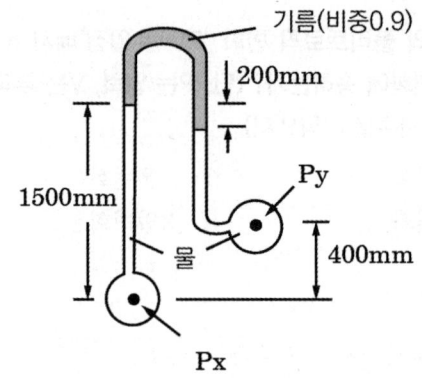

① 3215 ② 4116
③ 5045 ④ 6826

해설 역U자관 마노미터 압력차

$P_X - \gamma_1 h_1 = P_Y - \gamma_2 h_2 - \gamma_3 h_3$

$P_X - P_Y = \gamma_1 h_1 - \gamma_2 h_2 - \gamma_3 h_3$
$= \gamma_w h_1 - S_2 \gamma_w h_2 - \gamma_w h_3$
$= (9800 \, [N/m^3] \times 1.5 \, [m])$
$\quad - (0.9 \times 9800 \, [N/m^3] \times 0.2 \, [m])$
$\quad - (9800 \, [N/m^3] \times 0.9 \, [m])$
$= 4116 \, [Pa]$

정답 27 ② 28 ① 29 ②

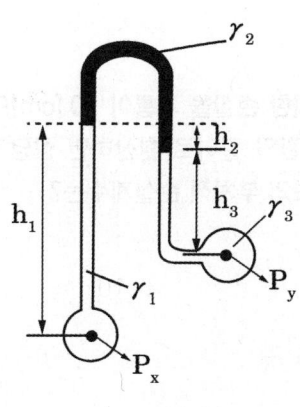

보충 $\gamma = S \times \gamma_w$, $\rho = S \times \rho_w$

$$P_1 = P_2 \Rightarrow \frac{F_1}{A_1} = \frac{F_2}{A_2}$$
$$F_1 A_2 = F_2 A_1$$
$$F_1 D_2^2 = F_2 D_1^2$$
$$F_1 D_2^2 = F_2 (2D_2)^2$$
$$\therefore F_1 = 4F_2$$

30 (상중하)

지름이 다른 두 개의 피스톤이 그림과 같이 연결되어 있다. "1" 부분의 피스톤의 지름이 "2" 부분의 2배일 때, 각 피스톤에 작용하는 힘 F_1과 F_2의 크기의 관계는?

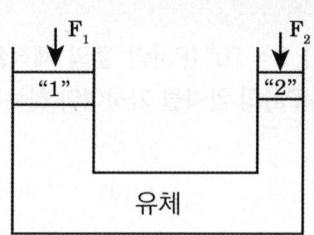

① $F_1 = F_2$　　　② $F_1 = 2F_2$
③ $F_1 = 4F_2$　　　④ $4F_1 = F_2$

해설 피스톤의 작용하는 힘(파스칼의 원리)

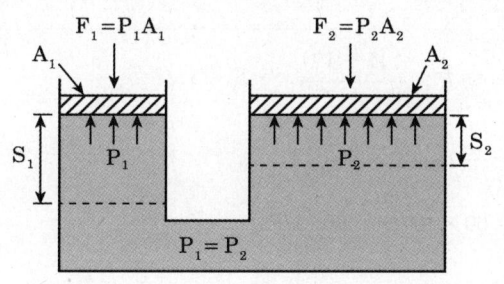

31 (상중하)

용량 2000 [L]의 탱크에 물을 가득 채운 소방차가 화재 현장에 출동하여 노즐압력 390 [kPa](계기압력), 노즐구경 2.5 [cm]를 사용하여 방수한다면 소방차 내의 물이 전부 방수되는 데 걸리는 시간은?

① 약 2분 26초　　　② 약 3분 35초
③ 약 4분 12초　　　④ 약 5분 44초

해설 방수시간 계산

$$\text{시간 } t[\min] = \frac{\text{저수조의 수량 } V_t[L]}{\text{방사량 } Q[L/\min]}$$

1) 방사량 Q
$$Q[L/\min] = 2.086 \times D^2 \times \sqrt{P}$$
$$= 2.086 \times 25^2 \times \sqrt{0.39}$$
$$= 814.1916 [L/\min]$$

2) 물을 소비하는 데 걸리는 시간 [min]
$$\text{시간 } t[\min] = \frac{\text{저수조의 수량 } V_t[L]}{\text{방사량 } Q[L/\min]}$$
$$= \frac{2000[L]}{814.1916[L/\min]}$$
$$= 2.456[\min]$$
$$= 대략 2분 27초$$

※ "분 → 초" 변환
$$0.456[\min] \times \frac{60[s]}{1[\min]} \fallingdotseq 27[s]$$

정답　30 ③　31 ①

32 (상중하)

거리가 1000 [m] 되는 곳에 안지름 20 [cm]의 관을 통하여 물을 수평으로 수송하려 한다. 한 시간에 800 [m³]를 보내기 위해 필요한 압력 [kPa]는? (단, 관의 마찰계수는 0.03이다)

① 1370
② 2010
③ 3750
④ 4580

해설 관에 필요한 압력(달시공식)

$$\text{손실수두 } H_L = f \times \frac{L}{D} \times \frac{V^2}{2g}$$

1) 유속 V ($Q = AV$)

$$V = \frac{Q}{A} = \frac{800[m^3/h] \times \frac{1[h]}{3600[s]}}{\frac{\pi}{4} \times 0.2^2 [m^2]} = 7.07 [m/s]$$

2) 손실수두 H_L

$$H_L = f \times \frac{L}{D} \times \frac{V^2}{2g}$$

$$= 0.03 \times \frac{1000}{0.2} \times \frac{7.07^2}{2 \times 9.8} = 382.54 [m]$$

3) 수두 [m] → 압력 [kPa]

$$382.54 [m] \times \frac{101.325 [kPa]}{10.332 [mAq]} = 3751.54 [kPa]$$

33 (상중하)

글로브밸브에 의한 손실을 지름이 10 [cm]이고 관 마찰계수가 0.025인 관의 길이로 환산하면 상당길이가 40 [m]가 된다. 이 밸브의 부차적 손실계수는?

① 0.25
② 1
③ 2.5
④ 10

해설 관의 상당길이

$$K = f \frac{L_e}{D} = 0.025 \times \frac{40}{0.1} = 10$$

보충 상당길이(등가길이) : 관 부속물에 유체가 흐를 때 발생되는 마찰 손실과 같은 크기의 마찰 손실을 가지는 동일 구경의 직관의 길이

34 (상중하)

체적탄성계수가 2 × 10⁹ [Pa]인 물의 체적을 3 [%] 감소시키려면 몇 [MPa]의 압력을 가하여야 하는가?

① 25
② 30
③ 45
④ 60

해설 체적탄성계수

$$\text{체적탄성계수 } K = -\frac{\Delta P}{\Delta V/V_1} = -\frac{P_2 - P_1}{\frac{(V_2 - V_1)}{V_1}}$$

$$\Delta P = -K \times \frac{(V_2 - V_1)}{V_1}$$

$$= -2 \times 10^9 \times \left(\frac{-3}{100}\right)$$

$$= 60 \times 10^6 Pa = 60 [MPa]$$

정답 32 ③ 33 ④ 34 ④

35 (상(중)하)

물질의 열역학적 변화에 대한 설명으로 틀린 것은?

① 마찰은 비가역성의 원인이 될 수 있다.
② 열역학 제1법칙은 에너지 보존에 대한 것이다.
③ 이상기체는 이상기체 상태방정식을 만족한다.
④ 가역단열과정은 엔트로피가 증가하는 과정이다.

해설 가역단열과정

가역단열과정은 엔트로피가 일정한 과정

36 (상(중)하)

폭이 4 [m]이고 반경이 1 [m]인 그림과 같은 1/4원형 모양으로 설치된 수문 AB가 있다. 이 수문이 받는 수직방향 분력 F_v의 크기 [N]는?

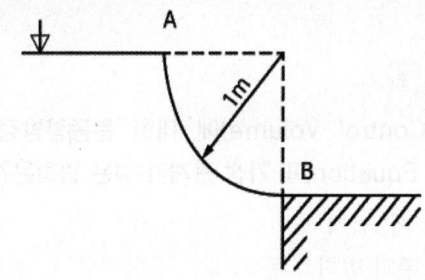

① 7613
② 9801
③ 30787
④ 123000

해설 수직분력

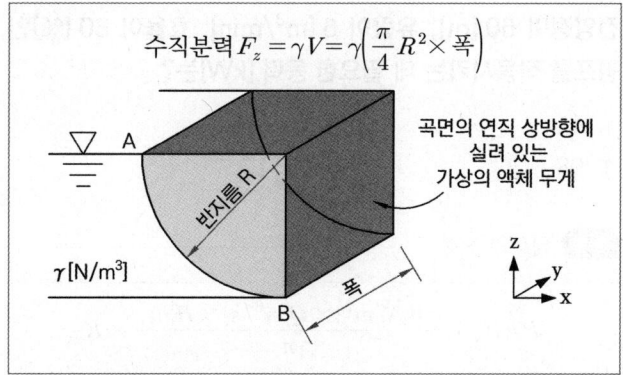

$$F_v = \gamma V = \gamma \left(\frac{\pi}{4} R^2 \times 폭 \right)$$
$$= 9800 \times \left(\frac{\pi}{4} \times 1^2 \times 4 \right) = 30787.6 [N]$$

37 (상(중)하)

다음 단위 중 3가지는 동일한 단위이고 나머지 하나는 다른 단위이다. 이 중 동일한 단위가 아닌 것은?

① J
② N·s
③ Pa·m³
④ kg·m²/s²

해설 일의 단위

$J = N \times m$
$= (kg \cdot m/s^2) \times m = kg \cdot m^2/s^2$
$= (Pa \cdot m^2) \times m = Pa \cdot m^3$

정답 35 ④ 36 ③ 37 ②

38 (상 중 하)

전양정이 60 [m], 유량이 6 [m³/min], 효율이 60 [%]인 펌프를 작동시키는 데 필요한 동력 [kW]은?

① 44　　　　　② 60
③ 98　　　　　④ 117

해설 펌프의 동력

$$P[kW] = \frac{\gamma[kN/m^3] \times Q[m^3/s] \times H[m]}{\eta} \times K$$

※ 동력을 구할 때 조건상 효율(η)이나 전달계수(K)가 주어져 있지 않다면, 효율과 전달계수를 제외하고 산출한다.

$$P = \frac{\gamma QH}{\eta} = \frac{9.8 \times \frac{6}{60} \times 60}{0.6} = 98[kW]$$

γ : 물의 비중량 [9.8 kN/m³]
Q : 유량 [m³/s]
H : 전양정 [m]
η : 효율
K : 전달계수

39 (상 중 하)

지름이 150 [mm]인 원관에 비중이 0.85, 동점성계수가 1.33 × 10⁻⁴ [m²/s] 기름이 0.01 [m³/s]의 유량으로 흐르고 있다. 이때 관 마찰계수는? (단, 임계 레이놀즈수는 2100이다)

① 0.10　　　　② 0.14
③ 0.18　　　　④ 0.22

해설 관 마찰계수

레이놀즈수 $Re = \frac{\rho VD}{\mu} = \frac{VD}{\nu}$

ρ : 밀도 [kg/m³], V : 유속 [m/s]
D : 직경 [m], μ : 점성계수 [N·s/m²]
ν : 동점성계수 [m²/s]

1) 유속 V

$$V = \frac{Q}{A} = \frac{0.01}{\frac{\pi}{4} \times 0.15^2} = 0.57[m/s]$$

2) 레이놀즈수 Re

$$Re = \frac{VD}{\nu} = \frac{0.57 \times 0.15}{1.33 \times 10^{-4}} = 638.12$$

Re < 2100 이므로 층류유동

3) 관 마찰계수 f

$$f = \frac{64}{Re} = \frac{64}{638.12} = 0.1$$

40 (상 중 하)

검사체적(Control Volume)에 대한 운동량방정식(Momentum Equation)과 가장 관계가 깊은 법칙은?

① 열역학 제2법칙
② 질량보존의 법칙
③ 에너지보존의 법칙
④ 뉴턴(Newton)의 법칙

해설 뉴턴의 법칙

검사체적에 대한 운동량방정식

※ 검사체적
유체의 유동을 쉽게 해석하기 위해 임의로 정한 가상의 체적

정답 38 ③　39 ①　40 ④

2019년 4회 소방관계법규

41

소방안전관리자 및 소방안전관리보조자에 대한 실무교육의 교육대상, 교육일정 등 실무교육에 필요한 계획을 수립하여 매년 누구의 승인을 얻어 교육을 실시하는가?

① 한국소방안전원장
② 소방본부장
③ 소방청장
④ 시·도지사

해설 소방안전관리자 실무교육

실무교육의 대상, 일정·횟수 등을 포함한 실무교육의 실시 계획을 매년 수립·시행해야 함
- 승인자 : <u>소방청장</u>
- 통보 : 교육실시 30일 전까지 교육대상자에게 통보
- 주기 : 선임된 날부터 6개월 이내, 교육실시 후 2년마다 1회 이상 실시

42

화재예방강화지구로 지정할 수 있는 대상이 아닌 것은?

① 시장지역
② 소방출동로가 있는 지역
③ 공장·창고가 밀집한 지역
④ 목조건물이 밀집한 지역

해설 화재예방강화지구 지정

1) 지정권자 : 시·도지사
2) 화재예방강화지구 지정 요청 : 소방청장
3) 화재예방강화지구
   (1) <u>시장지역</u>
   (2) <u>공장·창고가 밀집한 지역</u>
   (3) <u>목조건물이 밀집한 지역</u>
   (4) 노후·불량건축물이 밀집한 지역
   (5) 위험물의 저장 및 처리 시설이 밀집한 지역
   (6) 석유화학제품을 생산하는 공장이 있는 지역
   (7) 산업입지 및 개발에 관한 법률에 따른 산업단지
   (8) 소방시설·소방용수시설·소방출동로가 없는 지역
   (9) 물류단지
   (10) (1) ~ (9)까지 준하는 지역으로서 소방관서장이 화재예방강화지구로 지정할 필요가 있다고 인정하는 지역

43

화재의 예방 및 안전관리에 관한 법령상 정당한 사유 없이 화재안전조사결과에 따른 조치명령을 위반한 자에 대한 벌칙으로 옳은 것은?

① 100만 원 이하의 벌금
② 300만 원 이하의 벌금
③ 1년 이하의 징역 또는 1천만 원 이하의 벌금
④ 3년 이하의 징역 또는 3천만 원 이하의 벌금

정답 41 ③ 42 ② 43 ④

해설 3년 이하 징역 또는 3000만 원 이하 벌금
- 화재안전조사 결과에 대한 화재안전조사 결과 조치명령 위반
- 소방안전관리자 선임 또는 업무 이행에 따른 명령을 정당한 사유 없이 위반한 자
- 화재예방안전진단 결과에 따른 보수·보강 등의 조치명령을 정당한 사유 없이 위반한 자
- 거짓, 그 밖의 부정한 방법으로 진단기관으로 지정을 받은 자

44 상 중 하

다음 중 한국소방안전원의 업무에 해당하지 않는 것은?

① 소방용 기계·기구의 형식승인
② 소방업무에 관하여 행정기관이 위탁하는 업무
③ 화재예방과 안전관리의식 고취를 위한 대국민 홍보
④ 소방기술과 안전관리에 관한 교육, 조사·연구 및 각종 간행물 발간

해설 한국소방안전원
1) 승인 및 감독 : 소방청장
2) 한국소방안전원의 설립목적
   (1) 소방기술과 안전관리기술의 향상·홍보
   (2) 교육·훈련 등 행정기관이 위탁하는 업무의 수행
   (3) 소방관계 종사자의 기술 향상
3) 한국소방안전원의 업무
   (1) 소방기술과 안전관리에 관한 교육 및 조사·연구
   (2) 소방기술과 안전관리에 관한 각종 간행물 발간
   (3) 화재 예방과 안전관리의식 고취를 위한 대국민 홍보
   (4) 소방업무에 관하여 행정기관이 위탁하는 업무
   (5) 소방안전에 관한 국제협력
   (6) 그 밖에 회원에 대한 기술지원 등 정관으로 정하는 사항

45 상 중 하

소방기본법상 소방대의 구성원에 속하지 않는 자는?

① 소방공무원법에 따른 소방공무원
② 의용소방대 설치 및 운영에 관한 법률에 따른 의용소방대원
③ 위험물안전관리법에 따른 자체소방대원
④ 의무소방대설치법에 따라 임용된 의무소방원

해설 소방대 구성원
- 소방공무원
- 의무소방원
- 의용소방대원

암기 공무용

46 상 중 하

위험물안전관리법령상 제조소등이 아닌 장소에서 지정수량 이상의 위험물 취급할 수 있는 기준 중 다음 (   ) 안에 알맞은 것은?

> 시·도의 조례가 정하는 바에 따라 관할 소방서장의 승인을 받아 지정수량 이상의 위험물을 (   )일 이내의 기간 동안 임시로 저장 또는 취급하는 경우

① 15
② 30
③ 60
④ 90

해설 위험물 임시저장
1) 위치·구조·설비기준 : 시·도 조례
2) 제조소등이 아닌 장소에서 지정수량 이상 위험물 취급할 수 있는 경우
   - 관할 소방서장의 승인 받아 지정수량 이상 위험물 90일 이내로 임시 저장·취급
   - 군부대는 지정수량 이상 위험물 군사 목적으로 임시 저장·취급

47

화재의 예방 및 안전관리에 관한 법령상 소방대상물의 개수·이전·제거, 사용의 금지 또는 제한, 사용폐쇄, 공사의 정지 또는 중지, 그 밖의 필요한 조치로 인하여 손실을 받은 자가 손실보상청구서에 첨부하여야 하는 서류로 틀린 것은?

① 손실보상 합의서
② 손실을 증명할 수 있는 사진
③ 손실을 증명할 수 있는 증빙자료
④ 소방대상물의 관계인임을 증명할 수 있는 서류(건축물대장은 제외)

해설 화재안전조사 손실보상

1) 손실보상 의무자 : 소방청장, 시·도지사
2) 화재안전조사 결과에 따른 조치명령으로 인해 손실을 입은 자가 있는 경우 대통령령으로 정하는 바에 따라 보상
3) 손실보상
   (1) 소방청장, 시·도지사가 손실을 보상하는 경우 : 시가로 보상
   (2) 손실 보상에 관하여 소방청장, 시·도지사와 손실을 입은 자가 협의
   (3) 보상금액에 관한 협의가 성립되지 않은 경우 소방청장, 시·도지사는 그 보상금액을 지급하거나 공탁하고 상대방에게 통지
   (4) 보상금의 지급 또는 공탁의 통지에 불복하는 자는 지급 또는 공탁의 통지를 받은 날부터 30일 이내에 중앙토지수용위원회 또는 관할 지방 토지수용위원회에 재결 신청
4) 손실보상청구서 첨부서류
   (1) 소방대상물의 관계인임을 증명할 수 있는 서류(건축물대장 제외)
   (2) 손실을 증명할 수 있는 사진 그 밖의 증빙자료

보충 손실보상합의서 : 협의 이후 작성

48

화재의 예방 및 안전관리에 관한 법령상 소방청장, 소방본부장 또는 소방서장은 관할구역에 있는 소방대상물에 대하여 화재안전조사를 실시할 수 있다. 화재안전조사 대상과 거리가 먼 것은? (단, 개인 주거에 대하여는 관계인의 승낙을 득한 경우이다)

① 화재예방강화지구에 대한 화재안전조사 등 다른 법률에서 화재안전조사를 실시하도록 한 경우
② 관계인이 법령에 따라 실시하는 소방시설등, 방화시설, 피난시설 등에 대한 자체점검 등이 불성실하거나 불완전하다고 인정되는 경우
③ 화재가 발생할 우려는 없으나 소방대상물의 정기점검이 필요한 경우
④ 국가적 행사 등 주요행사가 개최되는 장소에 대하여 소방안전관리 실태를 점검할 필요가 있는 경우

해설 화재안전조사 대상

1) 조사권자 : 소방관서장
2) 개인의 주거에 대한 화재안전조사는 관계인의 승낙이 있거나 화재발생의 우려가 뚜렷하여 긴급한 필요가 있는 때로 한정
3) 화재안전조사 실시할 수 있는 경우
   (1) 관계인이 실시하는 자체점검 등이 불성실하거나 불완전하다고 인정되는 경우
   (2) 화재예방강화지구 등 법령에서 화재안전조사를 하도록 규정되어 있는 경우
   (3) 화재예방안전진단이 불성실하거나 불완전하다고 인정되는 경우
   (4) 국가적 행사 등 주요 행사가 개최되는 장소 및 그 주변의 관계 지역에 대하여 소방안전관리 실태를 점검할 필요가 있는 경우
   (5) 화재가 자주 발생하였거나 발생할 우려가 뚜렷한 곳에 대한 점검이 필요한 경우
   (6) 재난예측정보, 기상예보 등을 분석한 결과 소방대상물에 화재의 발생 위험이 높다고 판단되는 경우
   (7) 그 밖의 긴급한 상황이 발생한 경우 인명 또는 재산 피해의 우려가 현저하다고 판단되는 경우
      ① 화재안전조사의 항목 : 대통령령
      ② 소방관서장은 화재안전조사를 실시하는 경우 다른 목적을 위해 조사권을 남용하지 않은 것

49 (중)

다음 조건을 참고하여 숙박시설이 있는 특정소방대상물의 수용인원 산정 수로 옳은 것은?

> 침대가 있는 숙박시설로서 1인용 침대의 수는 20개이고 2인용 침대의 수는 10개이며 종업원의 수는 3명이다.

① 33명 ② 40명
③ 43명 ④ 46명

해설 수용인원 산정방법

1) 숙박시설이 있는 특정소방대상물
   - 침대 있는 경우 : 종사자 수 + 침대 수
   - 침대 없는 경우 : 종사자 수 + $\dfrac{\text{바닥면적 합계}}{3 m^2}$

2) 수용인원 = 3 + 20 + (10 × 2) = 43명

보충 숙박시설 이외의 특정소방대상물
- 강의실·교무실·상담실·실습실·휴게실 용도로 쓰이는 특정소방대상물 : 바닥면적 합계 / 1.9 [m^2]
- 강당·문화집회시설·운동시설·종교시설 : 바닥면적 합계 / 4.6 [m^2]
- 관람석에 고정식 의자가 있는 경우 : 의자 수
- 관람석에 긴 의자가 있는 경우 : 의자의 정면너비 / 0.45 [m]
- 그 밖의 대상물 : 바닥면적 합계 / 3 [m^2]

TIP 2인용 침대는 2인으로 산정

50 (중)

다음 중 상주 공사감리를 하여야 할 대상의 기준으로 옳은 것은?

① 지하층을 포함한 층수가 16층 이상으로서 300세대 이상인 아파트에 대한 소방시설의 공사
② 지하층을 포함한 층수가 16층 이상으로서 500세대 이상인 아파트에 대한 소방시설의 공사
③ 지하층을 포함하지 않은 층수가 16층 이상으로서 300세대 이상인 아파트에 대한 소방시설의 공사
④ 지하층을 포함하지 않은 층수가 16층 이상으로서 500세대 이상인 아파트에 대한 소방시설의 공사

해설 공사감리 대상

종류	대상	방법
상주감리	• 연 3만 [m^2] 이상(아파트 제외) • 16층(지하층 포함) 이상으로 500세대 이상 아파트	• 정한 기간에 현장 상주 • 감리업무 수행, 감리일지 작성 • 1일 이상 일탈 시 발주확인·업무대행
일반감리	• 상주감리 이외 공사현장	• 배치기간에 현장 업무, 주 1회 이상 • 감리업무 수행, 감리일지 작성 • 14일 이내 수행 불가 시 대행자 지정 • 대행자 주 2회 이상 배치, 업무내용통보

정답 49 ③ 50 ②

51 상(중)하

소방시설공사업법령에 따른 소방시설공사 중 특정소방대상물에 설치된 소방시설등을 구성하는 것의 전부 또는 일부를 개설, 이전 또는 정비하는 공사의 착공신고 대상이 아닌 것은?   [법 개정으로 인한 문제 수정]

① 수신반
② 소화펌프
③ 동력(감시) 제어반
④ 제연설비의 제연구역

해설 착공신고대상

- 수신반
- 소화펌프
- 동력제어반
- 감시제어반

※ 다만 고장·파손 등으로 인하여 작동시킬 수 없는 소방시설을 긴급히 교체하거나 보수하여야 하는 경우에는 신고하지 않을 수 있음

52 상(중)하

소방시설 설치 및 관리에 관한 법령상 간이스프링클러설비를 설치하여야 하는 특정소방대상물의 기준으로 옳은 것은?

① 근린생활시설로 사용하는 부분의 바닥면적 합계가 1000 [m²] 이상인 것은 모든 층
② 교육연구시설 내에 있는 합숙소로서 연면적 500 [m²] 이상인 것
③ 정신병원과 의료재활시설을 제외한 요양병원으로 사용되는 바닥면적의 합계가 300 [m²] 이상 600 [m²] 미만인 시설
④ 정신의료기관 또는 의료재활시설로 사용되는 바닥면적의 합계가 600 [m²] 미만인 시설

해설 간이스프링클러설비 설치대상

설치대상	기준
근린생활시설	• 바닥면적 합계 1000 [m²] 이상인 것은 모든 층 • 의원, 치과의원, 한의원으로서 입원실이 있는 것 • 조산원 및 산후조리원 연면적 600 [m²] 미만 시설
교육시설 내 합숙소	연면적 100 [m²] 이상인 경우에는 모든 층
의료시설(종합병원, 병원, 치과병원, 요양병원)	바닥면적 합계 600 [m²] 미만
• 정신의료기관, 의료재활시설 • 노유자시설	• 바닥면적 합계 300 [m²] 이상 600 [m²] 미만 • 바닥면적 합계 300 [m²] 미만, 창살 설치
복합건축물	연면적 1000 [m²] 이상 전 층
연립주택 및 다세대주택	–
숙박시설	바닥면적 합계 300 [m²] 이상 600 [m²] 미만

53 상(중)하

소방시설 설치 및 관리에 관한 법령상 소방시설등의 자체점검 시 점검인력 배치기준 중 종합점검에 대한 점검인력 1단위가 하루 동안 점검할 수 있는 특정소방대상물의 연면적기준으로 옳은 것은? (단, 보조인력을 추가하는 경우는 제외한다)

① 3500 [m²]
② 7000 [m²]
③ 8000 [m²]
④ 12000 [m²]

정답 51 ④ 52 ① 53 ③

해설 점검인력 배치기준
1) 점검한도 면적 : 점검인력 1단위가 하루에 점검할 수 있는 특정소방대상물 연면적
   (1) 종합점검 : 8000 [m²](보조인력 1명 추가 2000 [m²])
   (2) 작동점검 : 10000 [m²](보조인력 1명 추가 2500 [m²])
2) 점검한도 세대수 : 점검인력 1단위가 하루에 점검할 수 있는 아파트의 세대수
   (1) 종합점검 : 250세대(보조인력 1명 추가 60세대)
   (2) 작동점검 : 250세대(보조인력 1명 추가 60세대)

54 상중하

소방본부장 또는 소방서장은 화재예방강화지구안의 관계인에 대하여 소방상 필요한 훈련 및 교육은 연 몇 회 이상 실시할 수 있는가?

① 1 ② 2
③ 3 ④ 4

해설 화재예방강화지구 관리
- 관리자 : 소방관서장
- 화재안전조사 : 연 1회 이상
- 훈련 및 교육 : 화재예방강화지구 안의 관계인에 대하여 연 1회 이상 실시
- 훈련 및 교육 통보 : 화재예방강화지구 안의 관계인에게 교육 10일 전까지 통보

55 상중하

제조소등의 위치·구조 또는 설비의 변경 없이 당해 제조소등에서 저장하거나 취급하는 위험물의 품명·수량 또는 지정수량의 배수를 변경하고자 할 때는 누구에게 신고해야 하는가?

① 국무총리 ② 시·도지사
③ 관할 소방서장 ④ 행정안전부장관

해설 제조소 설치 및 변경
1) 설치허가자 : 시·도지사(행전안전부령)
2) 변경신고 : 변경하고자 하는 날의 1일 전
3) 허가 제외 장소
   - 주택의 난방시설(공동주택 중앙난방시설 제외)을 위한 저장소·취급소
   - 농예용·축산용·수산용으로 필요한 난방·건조시설을 위한 지정수량 20배 이하의 저장소

56 상중하

항공기격납고는 특정소방대상물 중 어느 시설에 해당하는가?

① 위험물 저장 및 처리 시설
② 항공기 및 자동차 관련 시설
③ 창고시설
④ 업무시설

해설 항공기 및 자동차 관련 시설
- 항공기격납고
- 차고, 주차용 건축물, 철골 조립식 주차시설, 기계장치 주차시설
- 세차장
- 폐차장
- 자동차 검사장, 자동차 매매장
- 자동차 정비공장, 운전학원·정비학원
- 건축물의 내부에 설치된 주차장, 운수사업법 및 건설기계관리법에 따른 차고 및 주기장

정답 54 ① 55 ② 56 ②

57 상ⓒ하

소방기본법령상 국고보조 대상사업의 범위 중 소방활동장비와 설비에 해당하지 않는 것은?

① 소방자동차
② 소방헬리콥터 및 소방정
③ 소화용수설비 및 피난구조설비
④ 방화복 등 소방활동에 필요한 소방장비

해설 국고보조

1) 국고보조
   (1) 국가는 시·도 소방장비구입 등의 경비를 일부 보조함
   (2) 국가보조 대상사업의 범위와 기준 보조율 : 대통령령인 「보조금관리에 관한 법률 시행령」
   (3) 소방활동장비 및 설비의 종류와 규격 : 행정안전부령
2) 국고보조 대상사업의 범위
   (1) 소방활동장비와 설비의 구입 및 설치
      ① 소방자동차
      ② 소방헬리콥터 및 소방정
      ③ 소방전용통신설비 및 전산설비
      ④ 그 밖에 방화복 등 소방활동에 필요한 소방장비
   (2) 소방관서용 청사의 건축

58 상ⓒ하

위험물안전관리법령상 제조소등의 관계인은 위험물의 안전관리에 관한 직무를 수행하게 하기 위하여 제조소등마다 위험물의 취급에 관한 자격이 있는 자를 위험물안전관리자로 선임하여야 한다. 이 경우 제조소등의 관계인이 지켜야 할 기준으로 틀린 것은?

① 제조소등의 관계인은 안전관리자를 해임하거나 안전관리자가 퇴직한 때에는 해임하거나 퇴직한 날부터 15일 이내에 다시 안전관리자를 선임하여야 한다.
② 제조소등의 관계인이 안전관리자를 선임한 경우에는 선임한 날부터 14일 이내에 소방본부장 또는 소방서장에게 신고하여야 한다.
③ 제조소등의 관계인은 안전관리자가 여행·질병 그 밖의 사유로 인하여 일시적으로 직무를 수행할 수 없는 경우에는 국가기술자격법에 따른 위험물의 취급에 관한 자격취득자 또는 위험물안전에 관한 기본지식과 경험이 있는 자를 대리자로 지정하여 그 직무를 대행하게 하여야 한다. 이 경우 대행하는 기간은 30일을 초과할 수 없다.
④ 안전관리자는 위험물을 취급하는 작업을 하는 때에는 작업자에게 안전관리에 관한 필요한 지시를 하는 등 위험물의 취급에 관한 안전관리와 감독을 하여야 하고, 제조소등의 관계인은 안전관리자의 위험물 안전관리에 관한 의견을 존중하고 그 권고에 따라야 한다.

해설 위험물안전관리자

- 안전관리자 선임 : 관계인
- 안전관리자 해임, 퇴직 시 : 해임, 퇴직한 날부터 30일 이내 재선임
- 선임신고기간 : 소방본부장·소방서장에게 선임 날부터 14일 이내 신고
- 직무대행기간 : 30일 이내

정답 57 ③ 58 ①

59 (상 중 하)

소방대상물의 방염 등과 관련하여 방염성능기준은 무엇으로 정하는가?

① 대통령령
② 행정안전부령
③ 소방청훈령
④ 소방청예규

해설 방염

1) 방염성능기준 : 대통령령
2) 방염성능기준 이상의 실내장식물 등을 설치해야 하는 특정소방대상물
   (1) 근린생활시설 중 의원, 조산원, 산후조리원, 체력단련장, 공연장 및 종교집회장, 치과의원, 한의원
   (2) 건축물의 옥내에 있는 시설
      ① 문화 및 집회시설
      ② 종교시설
      ③ 운동시설(수영장 제외)
   (3) 의료시설
   (4) 교육연구시설 중 합숙소
   (5) 노유자시설
   (6) 숙박이 가능한 수련시설
   (7) 숙박시설
   (8) 방송통신시설 중 방송국 및 촬영소
   (9) 다중이용업소
   (10) 층수가 11층 이상인 것(아파트 제외)

60 (상 중 하)

제6류 위험물에 속하지 않는 것은?

① 질산
② 과산화수소
③ 과염소산
④ 과염소산염류

해설 제6류 위험물(산화성 액체)

품명	지정수량
과염소산	
과산화수소	300 [kg]
질산	

보충 과염소산염류 : 제1류 위험물

정답 59 ① 60 ④

2019년 4회 소방기계시설의 구조 및 원리

61 상(중)하

이산화탄소소화설비의 기동장치에 대한 기준으로 틀린 것은?

① 자동식 기동장치에는 수동으로도 기동할 수 있는 구조이어야 한다.
② 가스압력식 기동장치에서 기동용 가스용기 및 해당용기에 사용하는 밸브는 20 [MPa] 이상의 압력에 견딜 수 있어야 한다.
③ 수동식 기동장치의 조작부는 바닥으로부터 높이 0.8 [m] 이상 1.5 [m] 이하의 위치에 설치한다.
④ 전기식 기동장치로서 7병 이상의 저장용기를 동시에 개방하는 설비는 2병 이상의 저장용기에 전자 개방밸브를 부착해야 한다.

해설 이산화탄소소화설비 기동장치 ─────

1) 자동식 기동장치
   (1) 자동식 기동장치에는 수동으로도 기동할 수 있는 구조로 할 것
   (2) 전기식 기동장치로서 7병 이상의 저장용기를 동시에 개방하는 설비는 2병 이상의 저장용기에 전자 개방밸브를 부착할 것
   (3) 가스압력식 기동장치는 다음의 기준에 따를 것
      ① 기동용 가스용기 및 해당 용기에 사용하는 밸브는 25 [MPa] 이상의 압력에 견딜 수 있는 것으로 할 것
      ② 기동용 가스용기에는 내압시험압력의 0.8배부터 내압시험압력 이하에서 작동하는 안전장치를 설치할 것
      ③ 기동용 가스용기의 체적은 5 [L] 이상으로 하고, 해당 용기에 저장하는 질소 등의 비활성 기체는 6.0 [MPa] 이상(21 [℃] 기준)의 압력으로 충전할 것
      ④ 질소 등의 비활성 기체 기동용가스용기에는 충전 여부를 확인할 수 있는 압력게이지를 설치할 것
   (4) 기계식 기동장치는 저장용기를 쉽게 개방할 수 있는 구조로 할 것

2) 수동식 기동장치
   (1) 수동식 기동장치 부근에는 소화약제의 방출을 지연시킬 수 있는 방출지연스위치를 설치해야 한다.
   (2) 전역방출방식은 방호구역마다 국소방출방식은 방호대상물마다 설치할 것
   (3) 수동식 기동장치의 조작부는 바닥으로부터 0.8 [m] 이상 1.5 [m] 이하의 위치에 설치하고, 보호판 등에 따른 보호장치를 설치할 것
   (4) 기동장치의 방출용 스위치는 음향경보장치와 연동하여 조작될 수 있는 것으로 할 것
   (5) 기동장치에는 보호장치를 설치해야 하며, 보호장치를 개방하는 경우 기동장치에 설치된 부저 또는 벨 등에 의하여 경고음을 발할 것 〈시행 2024.8.1.〉
   (6) 기동장치를 옥외에 설치하는 경우 빗물 또는 외부 충격의 영향을 받지 아니하도록 설치할 것 〈시행 2024.8.1.〉

[기동용 가스용기함 내부]

정답 61 ②

62 상중하

천장의 기울기가 10분의 1을 초과할 경우에 가지관의 최상부에 설치되는 톱날지붕의 스프링클러헤드는 천장의 최상부로부터의 수직거리가 몇 [cm] 이하가 되도록 설치하여야 하는가?

① 50
② 70
③ 90
④ 120

해설 스프링클러헤드 설치기준

가지관 최상부 설치 스프링클러헤드는 천장 최상부로부터 수직거리 90 [cm] 이하일 것. 톱날지붕, 둥근지붕 기타 유사한 지붕의 경우에도 준한다.

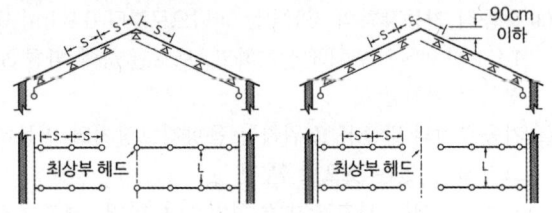

[천장기울기 1/10 초과하는 경사지붕의 헤드설치]

63 상중하

주요구조부가 내화구조이고 건널 복도가 설치된 층의 피난기구 수의 설치 감소방법으로 적합한 것은?

① 피난기구를 설치하지 아니할 수 있다.
② 피난기구의 수에서 1/2을 감소한 수로 한다.
③ 원래의 수에서 건널 복도 수를 더한 수로 한다.
④ 피난기구의 수에서 해당 건널 복도의 수의 2배의 수를 뺀 수로 한다.

해설 피난기구 설치 감소

주요구조부가 내화구조이고 기준에 적합한 건널 복도가 설치되어 있는 층에는 피난기구의 수에서 해당 건널 복도의 수의 2배의 수를 뺀 수(피난기구의 개수−건널 복도의 수 × 2)로 한다.

64 상중하

제연설비의 설치장소에 따른 제연구역의 구획기준으로 틀린 것은?

① 거실과 통로는 각각 제연구획할 것
② 하나의 제연구역의 면적은 600 [m²] 이내로 할 것
③ 하나의 제연구역은 직경 60 [m] 원 내에 들어갈 수 있을 것
④ 하나의 제연구역은 2 이상 층에 미치지 않도록 할 것

해설 제연설비의 제연구역 구획기준

1) 하나의 제연구역 면적 : 1000 [m²] 이내
2) 거실과 통로(복도 포함)는 각각 제연구획할 것
3) 통로상의 제연구역은 보행중심선의 길이가 60 [m]를 초과하지 않을 것
4) 하나의 제연구역은 직경 60 [m] 원 내에 들어갈 수 있을 것
5) 하나의 제연구역은 2 이상 층에 미치지 않도록 할 것

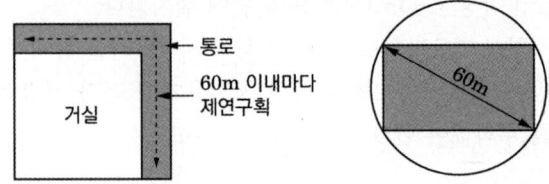

65 상중하

물분무소화설비의 가압송수장치로 압력수조의 필요압력을 산출할 때 필요한 것이 아닌 것은?

① 낙차의 환산수두압
② 물분무헤드의 설계압력
③ 배관의 마찰손실수두압
④ 소방용 호스의 마찰손실수두압

정답 62 ③ 63 ④ 64 ② 65 ④

해설 물분무소화설비의 압력수조에 필요한 압력

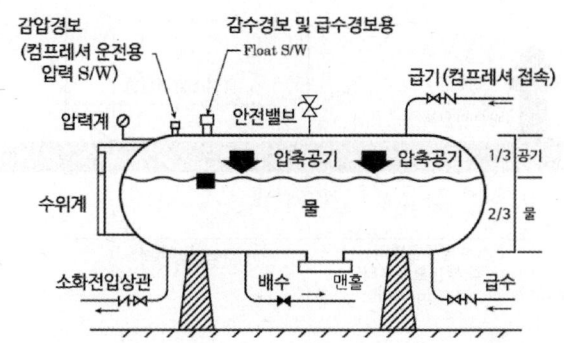

필요압력 P = $P_1 + P_2 + P_3$

P_1 : 물분무헤드의 설계압력 [MPa]
P_2 : 배관의 마찰손실수두압 [MPa]
P_3 : 낙차의 환산수두압 [MPa]

물분무소화설비에는 호스가 사용되지 않으므로 '④ 소방용 호스의 마찰손실수두압'은 압력수조의 필요한 압력을 산출할 때 필요하지 않다.

66 (상중하)

주거용 주방자동소화장치의 설치기준으로 틀린 것은?

① 감지부는 형식승인 받은 유효한 높이 및 위치에 설치해야 한다.
② 소화약제 방출구는 환기구의 청소부분과 분리되어 있어야 한다.
③ 가스차단 장치는 상시 확인 및 점검이 가능하도록 설치해야 한다.
④ 탐지부는 수신부와 분리하여 설치하되, 공기보다 무거운 가스를 사용하는 장소에는 바닥면으로부터 0.2 [m] 이하의 위치에 설치해야 한다.

해설 주거용 주방자동소화장치의 탐지부

1) 공기보다 가벼운 가스(LNG)
  천장면으로부터 30 [cm] 이하의 위치에 설치
2) 공기보다 무거운 가스(LPG)
  바닥면으로부터 30 [cm] 이하의 위치에 설치

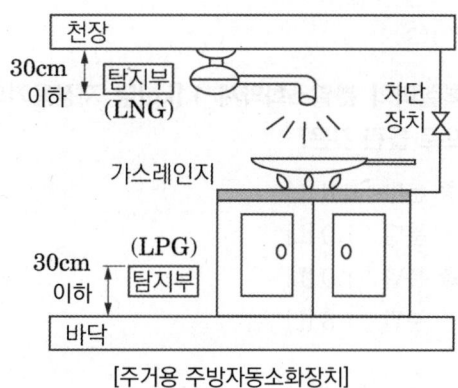

[주거용 주방자동소화장치]

67 (상중하)

물분무소화설비의 소화작용이 아닌 것은?

① 부촉매작용   ② 냉각작용
③ 질식작용   ④ 희석작용

해설 물분무소화설비 소화작용

냉각작용, 질식작용, 유화작용, 희석작용

암기▶ 냉, 질, 유, 희

68 (상중하)

소화용수설비에서 소화수조의 소요수량이 20 [m³] 이상 40 [m³] 미만인 경우에 설치하여야 하는 채수구의 개수는?

① 1개   ② 2개
③ 3개   ④ 4개

해설 소화수조 및 저수조 채수구 설치기준

채수구는 구경 65 [mm] 이상 나사식 결합금속구를 설치

수량	20 [m³] 이상 40 [m³] 미만	40 [m³] 이상 100 [m³] 미만	100 [m³] 이상
채수구	1개	2개	3개

정답 66 ④ 67 ① 68 ①

69 분말소화설비의 분말소화약제 1 [kg]당 저장용기의 내용적기준으로 틀린 것은?

① 제1종 분말 : 0.8 [L]
② 제2종 분말 : 1.0 [L]
③ 제3종 분말 : 1.0 [L]
④ 제4종 분말 : 1.8 [L]

해설 저장용기의 내용적

소화약제	1종	2·3종	4종
약제 1 [kg]당 저장용기 내용적	0.8 [L]	1 [L]	1.25 [L]

70 다음은 상수도소화용수설비의 설치기준에 관한 설명이다. ( ) 안에 들어갈 내용으로 알맞은 것은?

호칭지름 75 [mm] 이상의 수도배관에 호칭지름 ( ) [mm] 이상의 소화전을 접속할 것

① 50   ② 80
③ 100 ④ 125

해설 상수도소화용수설비의 설치기준

1) 호칭지름 75 [mm] 이상의 수도배관에 호칭지름 100 [mm] 이상의 소화전을 접속할 것
2) 소화전은 소방자동차의 진입이 쉬운 도로변 또는 공지에 설치할 것
3) 소화전은 특정소방대상물의 수평투영면의 각 부분으로부터 140 [m] 이하가 되도록 설치할 것

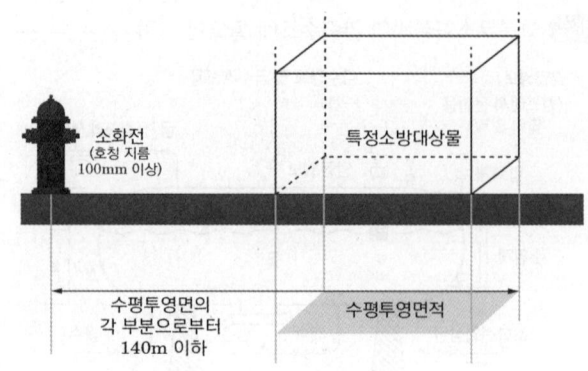

71 특별피난계단의 계단실 및 부속실 제연설비의 안전기준에 대한 내용으로 틀린 것은?

① 제연구역과 옥내와의 사이 유지해야 하는 최소 차압은 40 [Pa] 이상으로 하여야 한다.
② 제연설비가 가동되었을 경우 출입문 개방에 필요한 힘 110 [N] 이상으로 하여야 한다.
③ 계단실과 부속실을 동시에 제연하는 경우 부속실의 기압은 계단실과 같게 하거나 부속실과 계단실의 압력차이가 5 [Pa] 이하가 되도록 하여야 한다.
④ 계단실 및 그 부속실을 동시에 제연하거나 또는 계단실만 단독으로 제연할 때의 방연풍속은 0.5 [m/s] 이상이어야 한다.

해설 특별피난계단의 계단실 및 부속실 제연설비의 차압 등

1) 제연구역과 옥내와의 사이에 유지해야 하는 최소차압 : 40 [Pa] 이상(옥내에 스프링클러설비가 설치된 경우에는 12.5 [Pa] 이상)
2) 제연설비가 가동되었을 경우 출입문의 개방에 필요한 힘 : 110 [N] 이하
3) 출입문이 일시적으로 개방되는 경우 개방되지 않은 제연구역과 옥내와의 차압은 기준에 따른 차압의 70 [%] 이상이어야 함

정답 69 ④ 70 ③ 71 ②

4) 계단실과 부속실을 동시에 제연하는 경우 부속실의 기압은 계단실과 같게 하거나 계단실의 기압보다 낮게 할 경우에는 부속실과 계단실의 압력 차이는 5 [Pa] 이하가 되도록 할 것

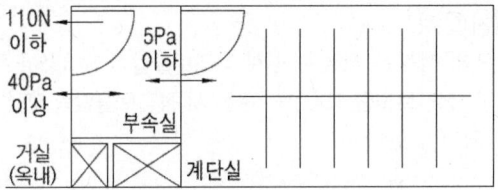

해설 스프링클러 가지배관에 설치되는 헤드의 개수
교차배관에서 분기되는 지점을 기점으로 한쪽 가지배관에 설치되는 헤드 개수 : 8개 이하

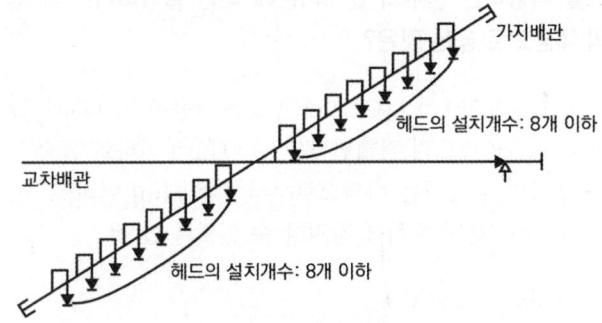

[가지배관에 설치하는 헤드 수]

비교 ▶ 연결살수설비 송수구역 살수헤드 수 10개 이하

72 (상 중 하)

스프링클러설비의 가압송수장치의 정격토출압력은 하나의 헤드선단에 얼마의 방수압력이 될 수 있는 크기이어야 하는가?

① 0.01 [MPa] 이상 0.05 [MPa] 이하
② 0.1 [MPa] 이상 1.2 [MPa] 이하
③ 1.5 [MPa] 이상 2.0 [MPa] 이하
④ 2.5 [MPa] 이상 3.3 [MPa] 이하

해설 스프링클러헤드 방수압력
방수압력 : 0.1 [MPa] 이상 1.2 [MPa] 이하

73 (상 중 하)

스프링클러설비의 교차배관에서 분기되는 지점을 기점으로 한쪽 가지배관에 설치되는 헤드는 몇 개 이하로 설치하여야 하는가? (단, 수리학적 배관방식의 경우는 제외한다)

① 8
② 10
③ 12
④ 18

74 (상 중 하)

지상으로부터 높이 30 [m]가 되는 창문에서 구조대용 유도로프의 모래주머니를 자연 낙하시킨 경우 지상에 도달할 때까지 걸리는 시간(초)은?

① 2.5
② 5
③ 7.5
④ 10

해설 자유낙하운동

자유낙하운동 시 물체가 낙하한 거리 $h = \dfrac{1}{2} g t^2$

$t = \sqrt{\dfrac{2h}{g}} = \sqrt{\dfrac{2 \times 30 [m]}{9.8 [m/s^2]}}$

$= 2.47 ≒ 2.5$초

g : 중력가속도 [9.8 m/s²]
h : 물체의 높이 [m]
t : 시간 [sec]

정답 72 ② 73 ① 74 ①

75 (상⦁중⦁하)

포소화설비의 자동식 기동장치에서 폐쇄형 스프링클러헤드를 사용하는 경우의 설치기준에 대한 설명이다. ㉠ ~ ㉢의 내용으로 옳은 것은?

- 표시온도가 (㉠) [℃] 미만인 것을 사용하고, 1개의 스프링클러헤드의 경계면적은 (㉡) [m²] 이하로 할 것
- 부착면의 높이는 바닥으로부터 (㉢) [m] 이하로 하고, 화재를 유효하게 감지할 수 있도록 할 것

① ㉠ 68, ㉡ 20, ㉢ 5
② ㉠ 68, ㉡ 30, ㉢ 7
③ ㉠ 79, ㉡ 20, ㉢ 5
④ ㉠ 79, ㉡ 30, ㉢ 7

해설 포소화설비 자동식 기동장치 – 폐쇄형 S/P헤드

1) 표시온도 : 79 [℃] 미만
2) 1개의 스프링클러헤드의 경계면적 : 20 [m²] 이하
3) 부착면의 높이 : 바닥으로부터 5 [m] 이하
4) 하나의 감지장치 경계구역은 하나의 층이 되도록 할 것

76 (상⦁중⦁하)

다음은 포소화설비에서 배관 등 설치기준에 관한 내용이다. ㉠ ~ ㉢ 안에 들어갈 내용으로 옳은 것은?

- 가압송수장치의 체절운전 시 수온의 상승을 방지하기 위하여 체크밸브와 펌프 사이에서 분기한 구경 (㉠) [mm] 이상의 배관에 체절압력 미만에서 개방되는 릴리프밸브를 설치할 것
- 펌프의 성능은 체절운전 시 정격토출압력의 (㉡) [%]를 초과하지 아니하고, 정격토출량의 150 [%]로 운전 시 정격토출압력의 (㉢) [%] 이상이 되어야 한다.

① ㉠ 15, ㉡ 120, ㉢ 65
② ㉠ 15, ㉡ 120, ㉢ 75
③ ㉠ 20, ㉡ 140, ㉢ 65
④ ㉠ 20, ㉡ 140, ㉢ 75

해설 포소화설비 배관 등

1) 가압송수장치의 체절운전 시 수온의 상승을 방지하기 위하여 체크밸브와 펌프 사이에서 분기한 구경 20 [mm] 이상의 배관에 체절압력 미만에서 개방되는 릴리프밸브를 설치할 것
2) 펌프의 성능은 체절운전 시 정격토출압력 140 [%] 초과하지 않고, 정격토출량 150 [%] 운전 시 정격토출압력 65 [%] 이상이 되어야 한다.

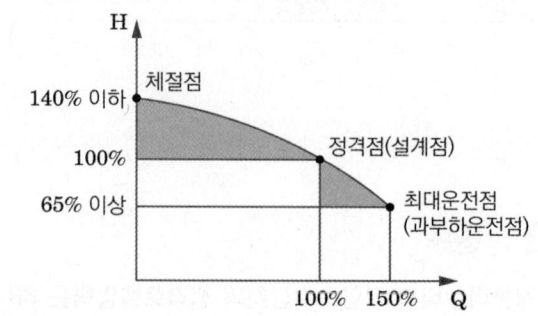

[소화펌프의 성능곡선]

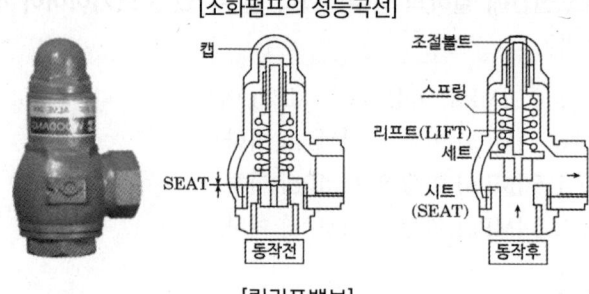

[릴리프밸브]

77 (상⦁중⦁하)

옥내소화전이 하나의 층에는 6개, 또 다른 층에는 3개, 나머지 모든 층에는 4개씩 설치되어 있다. 수원의 최소 수량 [m³] 기준은? (단, 30층 미만의 특정소방대상물이며, 창고시설이 아니다)

① 5.2
② 10.4
③ 13
④ 15.6

정답 75 ③ 76 ③ 77 ①

해설 옥내소화전 수원

• 수원량 [m³] = N × 2.6 [m³]
           = 2개 × 2.6 [m³] = 5.2 [m³]
   여기서 N : 옥내소화전의 설치개수가
   가장 많은 층의 설치개수(29층 이하 : 최대 2개)

78 (상 중 하)

스프링클러설비의 누수로 인한 유수검지장치의 오작동을 방지하기 위한 목적으로 설치하는 것은?

① 솔레노이드밸브 ② 리타딩 챔버
③ 물올림 장치   ④ 성능시험배관

해설 리타딩 챔버

1) 안전밸브 역할
2) 유수검지장치의 오작동방지
3) 배관 및 압력스위치의 손상을 보호

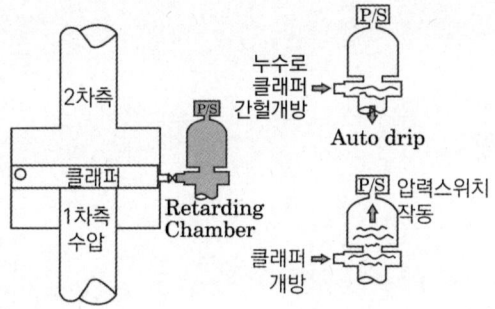

79 (상 중 하)

전역방출방식 분말소화설비에서 방호구역의 개구부에 자동폐쇄장치를 설치하지 아니한 경우 개구부의 면적 1 [m²]에 대한 분말소화약제의 가산량으로 잘못 연결된 것은?

① 제1종 분말 - 4.5 [kg]
② 제2종 분말 - 2.7 [kg]
③ 제3종 분말 - 2.5 [kg]
④ 제4종 분말 - 1.8 [kg]

해설 분말소화설비 전역방출방식 개구부 가산량

소화약제	1종	2·3종	4종
개구부 면적 1 [m²] 대한 소화약제 양	4.5 [L]	2.7 [L]	1.8 [L]

80 (상 중 하)

체적 100 [m³]의 면화류 창고에 전역방출방식의 이산화탄소소화설비를 설치하는 경우에 소화약제는 몇 [kg] 이상 저장하여야 하는가? (단, 방호구역의 개구부에 자동폐쇄장치가 부착되어 있다)

① 12   ② 27
③ 120   ④ 270

해설 이산화탄소소화설비 약제량 산정

1) 전역방출방식 심부화재 소화약제량

방호대상물	방호구역 1 [m³]에 대한 소화약제량
유압기기를 제외한 전기설비, 케이블실	1.3 [kg] 이상
체적 55 [m³] 미만의 전기설비	1.6 [kg] 이상
서고, 전자제품창고, 목재가공품창고, 박물관	2.0 [kg] 이상
고무류, 모피창고, 집진설비, 석탄창고, 면화류창고	2.7 [kg] 이상

2) 소화약제량 [kg] = V × α + A × β
              = 100 [m³] × 2.7 [kg/m³]
              = 270 [kg]
(개구부 가산량은 자동폐쇄장치가 설치되어 있으므로 가산하지 않음)

V : 방호구역의 체적 [m³]
α : 1 [m³]에 대한 약제량 [kg/m³]
A : 개구부 면적 [m²]
β : 개구부 가산량 [kg/m²]
(개구부에 자동폐쇄장치 미설치 시 10 [kg/m²])

정답 78 ② 79 ③ 80 ④

2026 초격차 소방설비기사 과년도 7개년 필기 기계

발행일	2025년 10월 15일 개정판 1쇄
지은이	황모아, 이지원, 오민정
발행인	황모아
발행처	(주)모아교육그룹
주 소	서울특별시 영등포구 영신로 32길 29 세화빌딩 2층
전 화	02-2068-2393(출판, 주문)
등 록	제2015-000006호 (2015.1.16.)
이메일	moagbooks@naver.com
ISBN	979-11-6804-455-5 (14500)
	979-11-6804-458-6 (14500) (전5권)

이 책의 가격은 뒤표지에 있습니다.

Copyright ⓒ (주)모아교육그룹 Co., Ltd. All Rights Reserved.

이 책은 저작권법에 의해 보호를 받는 저작물이므로 저자와 출판사의 서면 허락 없이 내용의 전부 또는 일부를 이용하는 것을 금합니다.

지금 **초격차**와 함께하는
당신의 다짐을 적어보세요! 99

나는
_____년 제 _____ 회
소방설비(산업)기사 자격 시험에
최선을 다해 합격할 것입니다.

_____ 년 _____ 월 _____ 일

2026 초격차 시리즈

👉 결과로 증명하는, 초압축 전략 교재!

모아소방전기학원, 모아바(moa-ba.com),
전국 온/오프라인 서점에서 만나보실 수 있습니다.

소방설비기사

필기
- 소방설비기사·산업기사 [필기 공통]
- 소방설비기사·산업기사 [필기 기계]
- 소방설비기사 과년도 7개년 [필기 기계]
- 소방설비기사·산업기사 [필기 전기]
- 소방설비기사 과년도 7개년 [필기 전기]

실기
- 소방설비기사·산업기사 [실기 기계]
- 소방설비기사 과년도 7개년 [실기 기계]
- 소방설비기사·산업기사 [실기 전기]
- 소방설비기사 과년도 7개년 [실기 전기]

소방설비산업기사

필기
- 소방설비기사·산업기사 [필기 공통]
- 소방설비기사·산업기사 [필기 기계]
- 소방설비산업기사 과년도 7개년 [필기 기계]
- 소방설비기사·산업기사 [필기 전기]
- 소방설비산업기사 과년도 7개년 [필기 전기]

실기
- 소방설비기사·산업기사 [실기 기계]
- 소방설비산업기사 과년도 7개년 [실기 기계]
- 소방설비기사·산업기사 [실기 전기]
- 소방설비산업기사 과년도 7개년 [실기 전기]

여러분의 합격은

모아의 보람입니다.

MOAG

정오표 안내

틀린 부분을 바로잡는 것은 모아의 책임입니다!
더 정확한 교재를 만들기 위해 항상 노력하겠습니다!

QR로 확인하실 경우

교재 뒤표지에 있는 **QR코드** 스캔

▼

정오표를 확인하실 수 있습니다.

PC로 확인하실 경우

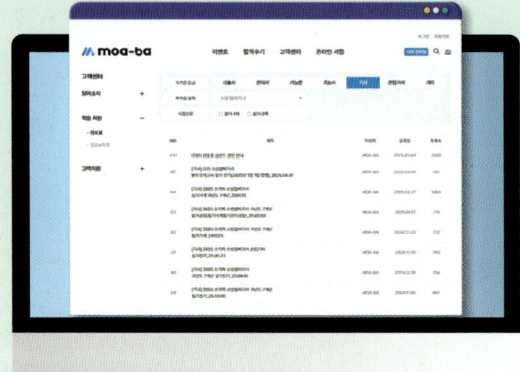

모아바(moa-ba.com) 접속

온라인서점

정오표로 이동

자격증 등급에서 **기사** 선택

자격증 종목에서 **소방설비기사** 선택

정오표를 확인하실 수 있습니다.

*모바일도 동일합니다.